소방설비기계기사 총정리 필기

마용화 편저

일진사

머리말

인구와 건축물들의 밀집도가 높은 현대 사회의 도시에서는 단 한 번의 화재로도 수많은 재산과 인명의 손실을 가져올 수 있다. 그러나 고층 건축물들의 발달과 특이하고 다양한 건축물의 등장으로 인하여 최근 발생되는 대형 화재들은 외부 진압에서부터 상당한 어려움이 뒤따른다. 따라서 소화에 대한 고도의 과학적인 지식을 필요로 하며, 그 무엇보다도 화재 초기에 이를 진압하기 위한 전문적인 기술이 강조되고 있다.

정부에서는 수십 년째 소방설비기계기사를 배출하였으나 아직도 각 업체에서는 공급 인원의 부족으로 어려움을 겪고 있다. 이에 전문적인 기술과 지식을 갖춘 소방관의 양성이 절실히 필요하다.

이 책은 소방설비기계기사 시험을 앞둔 수험생들에게 짧은 시간 안에 자신감을 키워주는 실전용 수험 대비서이다. 실제로 자격시험에서는 과년도 기출문제와 거의 똑같거나 유사한 문제가 출제되고 있으므로 기출문제를 많이 풀어 보고, 반복 학습을 해야 한다. 이 책은 과년도 기출문제를 중심으로 응용력을 키울 수 있도록 자세한 해설을 첨부하였다. 또한 앞부분에는 각 과목의 핵심 내용을 정리한 「과목별 핵심 노트」를 수록하였다.

소방설비기계기사 시험을 준비하는 모든 수험생 여러분에게 도움이 되도록 최선을 다하였으며, 미비한 점은 독자 여러분의 충고를 겸허하게 받아들여 계속 보완하여 나갈 것을 약속드린다. 끝으로 이 책의 출간에 힘써 주신 도서출판 **일진사** 직원 여러분의 노고에 진심으로 감사드리며, 무궁한 발전을 기원한다.

저자 씀

소방설비기계기사 출제기준(필기)

직무 분야	안전관리	자격 종목	소방설비기사(기계분야)	적용 기간	2019. 1. 1 ~ 2022. 12. 31

○ 직무내용 : 소방시설(기계)의 설계, 공사, 감리 및 점검업체 등에서 설계 도서류를 작성하거나 소방설비 도서류를 바탕으로 공사 관련 업무를 수행하고, 완공된 소방설비의 점검 및 유지관리 업무와 소방계획 수립을 통해 소화, 화재 통보 및 피난 등의 훈련을 실시하는 소방안전관리자로서의 주요 사항을 수행하는 직무

필 기 검정방법	객관식	문제수	80	시험 시간	2시간

필 기 과목명	주요 항목	세부 항목
소방원론 (20)	1. 연소 이론	(1) 연소 및 연소 현상 ① 연소의 원리와 성상 ② 연소생성물과 특성 ③ 열 및 연기의 유동의 특성 ④ 열에너지원과 특성 ⑤ 연소물질의 성상 ⑥ LPG, LNG의 성상과 특성
	2. 화재 현상	(1) 화재 및 화재 현상 ① 화재의 정의, 화재의 원인과 영향 ② 화재의 종류, 유형 및 특성 ③ 화재 진행의 제요소와 과정 (2) 건축물의 화재 현상 ① 건축물의 종류 및 화재 현상 ② 건축물의 내화성상 ③ 건축구조와 건축내장재의 연소 특성 ④ 방화구획 ⑤ 피난공간 및 동선계획 ⑥ 연기 확산과 대책
	3. 위험물	(1) 위험물 안전관리 ① 위험물의 종류 및 성상 ② 위험물의 연소 특성 ③ 위험물의 방호계획
	4. 소방안전	(1) 소방안전관리 ① 가연물·위험물의 안전관리 ② 화재 시 소방 및 피난계획 ③ 소방시설물의 관리 유지 ④ 소방안전관리계획 ⑤ 소방시설물 관리 (2) 소화론 ① 소화원리 및 방식 ② 소화부산물의 특성과 영향 ③ 소화설비의 작동원리 및 점검 (3) 소화약제 ① 소화약제 이론 ② 소화약제 종류와 특성 및 적용성 ③ 약제 유지 관리
소방유체역학 (20)	1. 소방유체역학	(1) 유체의 기본적 성질 ① 유체의 정의 및 성질 ② 차원 및 단위 ③ 밀도, 비중, 비중량, 음속, 압축률 ④ 체적탄성계수, 표면장력, 모세관 현상 등 ⑤ 유체의 점성 및 점성 측정

필 기 과목명	주요 항목	세부 항목
		(2) 유체정역학 ① 정지 및 강체유동(등가속도) 유체의 압력 변화, 부력 ② 마노미터(액주계), 압력 측정 ③ 평면 및 곡면에 작용하는 유체력 (3) 유체유동의 해석 ① 유체운동학의 기초, 연속방정식과 응용 ② 베르누이 방정식의 기초 및 기본 응용 ③ 에너지 방정식과 응용 ④ 수력기울기선, 에너지선 ⑤ 유량 측정(속도계수, 유량계수, 수축계수), 피토관, 속도 및 압력 측정 ⑥ 운동량 이론과 응용 (4) 관내의 유동 ① 유체의 유동형태(층류, 난류), 완전발달유동 ② 무차원수, 레이놀즈수, 관내 유량 측정 ③ 관내 유동에서의 마찰손실 ④ 부차적 손실, 등가길이, 비원형관손실 (5) 펌프 및 송풍기의 성능 특성 ① 기본 개념, 상사법칙, 비속도, 펌프의 동작(직렬, 병렬) 및 특성곡선, 펌프 및 송풍기 종류 ② 펌프 및 송풍기의 동력 계산 ③ 수격, 서징, 캐비테이션, NPSH, 방수압과 방수량
	2. 소방 관련 열역학	(1) 열역학 기초 및 열역학 법칙 ① 기본 개념(비열, 일, 열, 온도, 에너지, 엔트로피 등) ② 물질의 상태량(수증기 포함) ③ 열역학 1법칙(밀폐계, 교축과정 및 노즐) ④ 열역학 2법칙 (2) 상태변화 ① 상태변화(폴리트로픽 과정 등)에 따른 일, 열, 에너지 등 상태량의 변화량 (3) 이상기체 및 카르노 사이클 ① 이상기체의 상태방정식 ② 카르노 사이클 ③ 가역 사이클 효율 ④ 혼합가스의 성분 (4) 열전달 기초 ① 전도, 대류, 복사의 기초
소방관계법규 (20)	1. 소방기본법	(1) 소방기본법, 시행령, 시행규칙 ① 소방기본법 ② 소방기본법 시행령 ③ 소방기본법 시행규칙 ④ 소방기본법령에 관한 기타 관련사항
	2. 화재예방, 소방시설 설치유지 및 안전관리에 관한 법률	(1) 화재예방, 소방시설 설치유지 및 안전관리에 관한 법률, 시행령, 시행규칙 ① 화재예방, 소방시설 설치유지 및 안전관리에 관한 법률 ② 화재예방, 소방시설 설치유지 및 안전관리에 관한 법률 시행령 ③ 화재예방, 소방시설 설치유지 및 안전관리에 관한 법률 시행규칙 ④ 화재예방, 소방시설 설치유지 및 안전관리에 관한 법령 기타 관련사항
	3. 소방시설공사업법	(1) 소방시설공사업법, 시행령, 시행규칙 ① 소방시설공사업법 ② 소방시설공사업법 시행령 ③ 소방시설공사업법 시행규칙 ④ 소방시설공사업 법령에 관한 기타 관련사항

필 기 과목명	주요 항목	세부 항목
	4. 위험물안전관리법	(1) 위험물안전관리법, 시행령, 시행규칙 ① 위험물안전관리법 ② 위험물안전관리법 시행령 ③ 위험물안전 관리법 시행규칙 ④ 위험물안전관리 법령에 관한 기타 관련사항
소방기계 시설의 구조 및 원리 (20)	1. 소방기계시설 및 화재안전기준	(1) 옥내·외 소화전설비 ① 옥내소화전설비의 화재안전기준 및 기타 관련사항 ② 옥외소화전설비의 화재안전기준 및 기타 관련사항 ③ 설치대상과 기준, 종류, 특징, 동작원리 및 기타 관련사항 (2) 스프링클러설비 ① 스프링클러설비의 화재안전기준 및 기타 관련사항 ② 간이스프링클러소화설비의 화재안전기준 및 기타 관련사항 ③ 화재조기진압용 스프링클러설비의 화재안전기준 기타 관련사항 ④ 설치대상과 기준, 종류, 특징, 동작원리 및 기타 관련사항 (3) 포소화설비 ① 포소화설비의 화재안전기준 ② 설치대상과 기준, 종류, 특징, 동작원리 및 기타 관련사항 (4) 이산화탄소와 할로겐화합물 소화설비 및 청정소화약제 소화설비 ① 이산화탄소 소화설비의 화재안전기준 및 기타 관련사항 ② 할로겐화합물 소화설비의 화재안전기준 기타 관련사항 ③ 청정소화약제 소화설비 화재안전기준 기타 관련사항 ④ 설치대상과 기준, 종류, 특징, 동작원리 및 기타 관련사항 (5) 분말소화설비 ① 분말소화설비의 화재안전기준 ② 설치대상과 기준, 종류, 특징, 동작원리 및 기타 관련사항 (6) 물분무 및 미분무 소화설비 ① 물분무 및 미분무 소화설비의 화재안전기준 ② 설치대상과 기준, 종류, 특징, 동작원리 및 기타 관련사항 (7) 소화기구 ① 소화기구의 화재안전기준 ② 설치대상과 기준, 종류, 특징, 동작원리 및 기타 관련사항 (8) 피난설비 ① 피난기구의 화재안전기준 ② 인명구조기구의 화재안전기준 및 기타 관련사항 (9) 소화용수설비 ① 상수도 소화용수설비 ② 소화수조 및 저수조 화재안전기준 및 기타 관련사항 (10) 소화활동설비 ① 제연설비의 화재안전기준 및 기타 관련사항 ② 특별피난계 단 및 비상용승강기 승강장제연설비 ③ 연결송수관설비의 화재 안전기준 ④ 연결살수설비의 화재안전기준 및 기타 관련사항 ⑤ 연소방지시설의 화재안전기준 (11) 기타 소방기계설비 ① 기타 소방기계설비의 화재안전기준

차 례

제4과목 ─● **소방기계시설의 구조 및 원리**

─● **과년도 출제문제**

소방설비기계기사 필기

과목별 핵심 노트

제1과목

소방원론

제1장 화재론
제2장 방화론

제1장 화재론

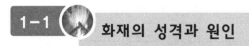

1-1 화재의 성격과 원인

1 화재의 특성과 원인

① 화재의 정의 : 불은 인류의 문명 발달을 가져오게 한 가장 기본적인 존재로 오늘 날의 우리 생활에 유용하게 이용되고 있다. 그러나 이러한 불을 잘못 사용 시 우 리의 재산 및 인명에 엄청난 피해를 가져오게 된다. 화재란 우리에게 재난을 가져 오는 해로운 불로서 특히 오늘날은 건축물의 고층화, 심층화로 인하여 화재 시 위 험성은 더욱 커지고 있다.

② 화재의 발생 원인 : 화재는 동절기에 주로 발생하며 인위적인 화재와 천재지변에 의한 자연적인 화재로 구분할 수 있다. 이러한 화재 발생 원인은 전기에 의한 것 이 가장 많은 것으로 나타나고 있다. 그러나 가스의 누설로 인한 화재 및 폭발이 화재에 의한 피해의 심각성을 더욱 가중시키고 있다.

2 화재의 종류

연소하는 가연물의 종류에 따라 화재의 급수를 A, B, C, D, E급으로 구분한다.

급수	명칭	색상	종류
A	일반 화재	백색	종이, 목재, 섬유류 등의 일반 가연물
B	유류 화재	황색	가연성 액체를 포함한 유류
C	전기 화재	청색	전기
D	금속 화재	－	금속
E	가스 화재	황색	가스(압축, 액화, 용해가스)

① 일반 화재 : 종이, 목재, 합성수지(폴리에틸렌, 폴리우레탄), 특수 가연물(면화 류, 목모 및 대팻밥, 넝마 및 종이 조각, 사류, 볏짚, 고무, 석탄), 목재 가공품 등에 의한 화재를 표시하는 것으로 발생 빈도 및 피해가 가장 많은 것으로 나타 난다.

㉮ 제1종 가연물 : 라커퍼티 및 고무풀(생고무에 인화성 용제를 가공하여 풀과 같은 상태에 있는 것을 말한다)과 그 밖의 상온에서 고체인 것으로서 섭씨 40도 미만에서 가연성 증기를 발생하는 것을 말한다.

㉯ 면화류 : 불연성, 난연성이 아닌 면상 또는 톱상의 섬유 및 마사원료를 말한다.

㉰ 제2종 가연물 : 나프탈렌, 송지, 고체 파라핀 및 장뇌와 그 밖의 상온에서 고체인 것으로 다음에 해당하는 것으로 한다.

- 섭씨 40도 이상 100도 미만에서 가연성 증기를 발생하는 것
- 섭씨 100도 이상 200도 미만에서 가연성 증기를 발생하는 것으로서 연소 열량이 1 g당 8000 cal 이상인 것
- 섭씨 200도 이상에서 가연성 증기를 발생하는 것으로서 연소 열량이 1 g당 8000 cal 이상이고 융점이 섭씨 100도 미만인 것

㉱ 사류 : 불연성, 난연성이 아닌 실과 누에고치를 말한다.

㉲ 볏짚류 : 마른 볏짚, 마른 북더기 또는 이들의 제품과 마른 풀을 말한다.

㉳ 고무류 : 불연성, 난연성이 아닌 고무 제품, 고무 반제품, 원료 고무 및 고무 조각을 말한다.

㉴ 합성 수지류 : 불연성, 난연성이 아닌 고체의 합성수지 제품, 합성수지 반제품, 원료 합성수지 및 합성수지 부스러기를 말하며 고무류, 섬유류 및 지류와 이들의 부스러기를 말한다.

[발생 원인]
- 어린이 불장난에 의한 화재
- 타다 남은 불티에 의한 화재
- 담뱃불의 취급 부주의에 의한 화재
- 성냥, 양초 사용 중 취급 부주의에 의한 화재

② 유류 화재 : 특수 인화물, 제1석유류, 제2석유류, 제3석유류, 제4석유류, 알코올류, 동식물유류로 구분하고 있다.

㉮ 특수 인화물 : 이황화탄소, 디에틸에테르 그 밖에 1기압에서 발화점이 섭씨 100도 이하인 것 또는 인화점이 섭씨 영하 20도 이하이고 비점이 섭씨 40도 이하인 것을 말한다.

㉯ 제1석유류 : 아세톤, 휘발유 그 밖에 1기압에서 인화점이 섭씨 21도 미만인 것

㉰ 제2석유류 : 등유, 경유 그 밖에 1기압에서 인화점이 섭씨 21도 이상 70도 미만인 것. 다만, 도료류 그 밖의 물품에 있어서 가연성 액체량이 40중량퍼센트 이하이면서 인화점이 섭씨 40도 이상인 동시에 연소점이 섭씨 60도 이상인 것은 제외한다.

㉱ 제3석유류 : 중유, 클레오소트유 그 밖에 1기압에서 인화점이 섭씨 70도 이상 섭씨 200도 미만인 것. 다만, 도료류 그 밖의 물품은 가연성 액체량이 40중량

퍼센트 이하인 것은 제외한다.

㈐ 제4석유류 : 기어유, 실린더유 그 밖에 1기압에서 인화점이 섭씨 200도 이상 섭씨 250도 미만의 것을 말한다. 다만, 도료류 그 밖의 물품은 가연성 액체량이 40중량퍼센트 이하인 것은 제외한다.

㈑ 알코올류 : 1분자를 구성하는 탄소 원자의 수가 1개부터 3개까지인 포화 1가 알코올(변성 알코올을 포함한다)을 말한다. 다만, 다음 각 목의 1에 해당하는 것은 제외한다.

- 1분자를 구성하는 탄소 원자의 수가 1개 내지 3개의 포화 1가 알코올의 함유량이 60중량퍼센트 미만인 수용액
- 가연성 액체량이 60중량퍼센트 미만이고 인화점 및 연소점(태그개방식인화점측정기에 의한 연소점을 말한다. 이하 같다)이 에틸알코올 60중량퍼센트 수용액의 인화점 및 연소점을 초과하는 것

㈒ 동식물유류 : 동물의 지육 등 또는 식물의 종자나 과육으로부터 추출한 것으로서 1기압에서 인화점이 섭씨 250도 미만인 것을 말한다. 다만, 행정안전부령으로 정하는 용기기준과 수납·저장기준에 따라 수납되어 저장·보관되고 용기의 외부에 물품의 통칭명, 수량 및 화기엄금의 표시가 있는 경우를 제외한다.

[발생 원인]
- 연소 기구, 난방 기구의 전도 및 전락에 의한 발화
- 유류의 증기가 연소 범위 내에서 점화원과 접촉하였을 경우
- 유류 기구의 과열에 의한 발화
- 취급 부주의로 인한 유류에 점화원이 공급되었을 경우

③ 전기 화재 : 자유전자의 흐름을 전기라 하며 이러한 전기의 누전, 합선 등의 원인으로 발화가 되는 화재로서 원인 규명이 상당히 곤란한 경우가 많다.

[발생 원인]
- 누전에 의한 발화
- 과전류(과부하)에 의한 발화
- 단락(합선)에 의한 발화
- 아크 용접에 의한 발화
- 전열 기기의 과열에 의한 발화

④ 금속 화재 : 위험물 제2류 중 철분, 마그네슘, 금속분류, 제3류 전부(칼륨, 나트륨, 알킬알루미늄, 알킬리튬, 알칼리금속류(Na, K은 제외) 및 알칼리 토금속류, 유기금속 화합물류(알킬알루미늄, 알킬리튬 제외), 금속 수소 화합물류, 금속인 화합물류, 칼슘 또는 알루미늄의 탄화물류 등의 금속에 대한 취급 부주의에 의해서 발생된다. 금속 화재를 일으킬 수 있는 분진의 양은 30~80 mg/L이며 건조사에 의해 소화한다.

주수 소화 시에는 다음과 같은 반응이 일어난다.

(가) 알칼리 금속의 과산화물

$$2Na_2O_2 + 2H_2O \rightarrow 4NaOH + O_2$$

$$2K_2O_2 + 2H_2O \rightarrow 4KOH + O_2$$

(나) 금속분류

$$2Na + 2H_2O \rightarrow 2NaOH + H_2 + Q$$

$$2K + 2H_2O \rightarrow 2KOH + H_2 + Q$$

참고

① 철분 : 50마이크로미터의 표준체를 통과하는 것이 50중량퍼센트 이상인 것
② 마그네슘 또는 마그네슘을 함유한 것 중 2 mm의 체를 통과하지 아니하는 덩어리를 제외한다.
③ 금속분류 : 알칼리 금속, 알칼리 토금속류, 철 및 마그네슘 이외의 금속분을 말하며 구리, 니켈분과 150마이크로미터의 체를 통과하는 것이 50중량퍼센트 미만인 것을 제외한다.
④ 자연 발화성 물질 및 금수성 물질 : 고체 또는 액체로서 공기 중에서 발화의 위험성이 있는 것 또는 물과 접촉하여 발화하거나 가연성 가스의 발화 위험성이 있는 것

⑤ 가스 화재 : 가정용 연료로 사용되고 있는 LPG, LNG, 도시가스 및 공업용으로 이용되고 있는 수소, 산소 등 각종 가스의 누출로 인한 질식, 폭발로 대형 사고를 일으킬 위험이 크고 사고 시 그 피해 정도가 매우 심각하다.

(가) 상태에 의한 분류

• 압축가스 : 헬륨, 수소, 네온, 질소, 공기, 일산화탄소, 불소, 아르곤, 산소, 산화질소, 메탄, 크립톤, 크세논, 라돈 등이 압축가스의 종류에 포함되는 것으로 용기에 기체 상태로 압축 충전되어 있는 가스를 말한다. 이음매 없는 용기에 충전하며 최고충전압력(FP)은 15 MPa, 내압시험(TP)은 25 MPa이다.

$$TP = FP \times \frac{5}{3} \qquad\qquad FP = TP \times \frac{3}{5}$$

• 액화가스 : −78 ℃ 이상에서 액화가 가능한 것으로 LPG (프로판, 부탄 등), 암모니아, 염소 등과 같이 용기에 액화시켜 충전하는 가스로서 용접 용기에 충전한다. 사용하는 만큼 액이 기화하므로 액이 존재하는 한 항상 일정한 압력을 유지할 수 있다. 누설 시 주위로부터 기화잠열을 흡수하므로 누설 부위에 서리가 생기기도 하며 대량으로 누설되면 아지랑이 현상을 일으키기도 한다.

• 용해가스 : 아세틸렌은 분해 폭발을 일으킬 위험이 있으므로 용기에 압축 가스나 액화 가스와 같이 충전을 할 수가 없다. 이를 방지하기 위하여 용기에 다공성물질(규조토, 산화철, 다공성 플라스틱, 활성탄, 목탄, 석면 등)을 충전하고(다공도 75 % 이상 92 % 미만) 용제(아세톤, 디메틸 포름아미드)를 넣은 다음 아세틸렌

을 압축 용해시킨다. 이를 용해 아세틸렌이라 한다.

> **참고** 아세틸렌의 폭발
>
> ① 분해 폭발 : $C_2H_2 \rightarrow 2C + H_2 + Q[\text{kcal}]$
> ② 산화 폭발 : $2C_2H_2 + 5O_2 \rightarrow 4CO_2 + 2H_2O + Q[\text{kcal}]$
> ③ 화합 폭발 : $C_2H_2 + (Hg, Ag, Cu)$ ("금속" 아세틸라이트 생성)

(나) 연소성에 의한 분류
- 불연성 가스 : 가연물질의 연소를 도와주지 못하고 또한 스스로 연소도 할 수 없는 가스로서 질소, 이산화탄소, 주기율표에서 0족(He, Ne, Ar, Kr, Xe, Rn) 원소들이 여기에 포함된다.
- 지(조)연성 가스 : 스스로는 연소하지 못하나 다른 가연물질의 연소를 도와주는 가스로서 산소, 공기, 오존, 염소, 불소, 초산 등이 여기에 포함된다.
- 가연성 가스 : 공기 중에서 스스로 연소할 수 있는 가스로서 폭발한계의 하한값이 10 % 이하이거나 폭발한계의 하한과 상한의 차가 20 % 이상인 가스

공기 중의 폭발 범위(vol%)

가스의 종류	하한계(%)	상한계(%)	가스의 종류	하한계(%)	상한계(%)
아세틸렌	2.5	81	수소	4	75
에틸렌	3.1	32	암모니아	15	28
메탄	5.0	15	일산화탄소	12.5	74
프로판	2.2	9.5	부탄	1.8	8.4
벤젠	1.4	7.1	산화에틸렌	3.0	80

> **참고**
>
> 압력이 높을수록 산소의 농도가 클수록 폭발범위는 넓어진다. 즉, 폭발 하한값은 변화가 거의 없으나 폭발 상한값이 넓어진다.
>
> | 가스의 종류 | 공기 중 V[%] | 산소 중 V[%] |
> |---|---|---|
> | 아세틸렌 | 2.5~81 | 2.5~93 |
> | 수소 | 4.0~75 | 4.0~94 |
> | 암모니아 | 15~28 | 15~79 |

(다) 위험도 : 폭발범위가 넓을수록 또 같은 폭발범위에서도 폭발하한이 낮을수록 위험도는 증가한다.

$$H = \frac{U - L}{L}$$

여기서, H : 위험도, U : 폭발상한값(vol%), L : 폭발하한값(vol%)

㈐ 르샤틀리에의 공식 : 단독의 가연성 가스로 존재하지 않고 여러 가지 혼합의 가연성 가스로 존재할 때 이들 혼합 가연성 가스는 체적에 따라 달라지는데 이를 산출하는 데 르샤틀리에의 공식이 이용된다.

$$\frac{100}{L} = \frac{V_1}{L_1} + \frac{V_2}{L_2} + \frac{V_3}{L_3} + \cdots\cdots$$

여기서, L : 혼합 가스의 폭발한계값(%)
$L_1, L_2, L_3 \ldots$: 각 성분가스의 폭발하한값(%)
$V_1, V_2, V_3 \ldots$: 각 성분기체의 체적(%)

 예제

아세틸렌과 수소의 위험도를 구하시오.

해설 아세틸렌 위험도 $H = \dfrac{81 - 2.5}{2.5} = 31.4$

수소의 위험도 $H = \dfrac{75 - 4}{4} = 17.75$

 예제

용량 %가 메탄 80 %, 에탄 15 %, 프로판 4 %, 부탄 1%인 혼합가스의 폭발하한계를 구하시오. (단, 가스의 폭발하한값은 메탄 5 %, 에탄 3 %, 프로판 2.2 %, 부탄 1.9%이다.)

해설 $\dfrac{100}{L} = \dfrac{80}{5} + \dfrac{15}{3} + \dfrac{4}{2.2} + \dfrac{1}{1.9}$

$L = 4.28 \%$

㈑ 폭굉(detonation) : 폭발 중에서도 특히 격렬하여 화염전파속도가 음속보다 빠른 경우로 파면선단에 충격파라고 하는 솟구치는 압력파가 생겨 격렬한 파괴작용을 하며 폭굉 속도가 클수록 파괴 작용은 격렬해진다.

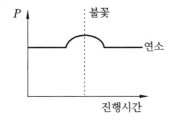

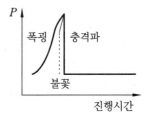

(ㅂ) 폭굉 유도거리(DID) : 최초의 완만한 연소가 격렬한 폭굉으로 발전할 때까지의
거리를 말하며 폭굉 유도거리가 짧을수록 폭발 위험성은 커진다.

> **참고** ○ **폭굉 유도거리가 짧아지는 조건**
> ① 정상 연소 속도가 큰 혼합가스일수록
> ② 관 속에 방해물이 있거나 관지름이 가늘수록
> ③ 공급압력이 높을수록
> ④ 점화원 에너지가 강할수록

(ㅅ) 안전 간격 : 8리터 정도의 구형 용기 안에서 폭발성 혼합가스를 채우고 착화시
켜 가스가 발화될 때 화염이 용기 외부의 폭발성 혼합가스에 전달되는가의 여부
를 보아 화염을 전달시킬 수 없는 한계의 틈을 말한다.
- 폭발 1등급(안전간격 0.6 mm 이상) : 암모니아, 프로판, 부탄 및 기타
- 폭발 2등급(안전간격 0.4 ~ 0.6 mm) : 에틸렌, 석탄가스
- 폭발 3등급(안전간격 0.4 mm 이하) : 수소, 수성가스, 이황화탄소, 아세틸렌

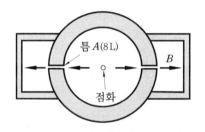

안전 간격 측정 방법

(ㅇ) 발화온도(착화온도) : 공기 중에서 가연물질이 점화원 없이 연소할 수 있는 최
저 온도로 온도, 압력, 조성, 용기의 크기와 형태에 따라 달라진다.

가연물질의 종류와 착화온도

가연물질	착화온도(℃)	가연물질	착화온도(℃)
부탄	430~510	프로판	460~520
아세틸렌	400~440	수소	580~590
일산화탄소	637~658	메탄	615~682
가솔린	210~300	목재	410~450
종이류	405~410	고무	440~450
목탄	320~370	셀룰로이드	180

㉾ 인화온도 : 가연물질이 연소할 때 점화원에 의해서 연소할 수 있는 최저 온도

목재의 종류에 따른 인화점과 발화점

종류	인화점(℃)	발화점(℃)	종류	인화점(℃)	발화점(℃)
오동나무	269	435	계수나무	270	455
소나무	253	–	밤나무	260~272	460
느티나무	264	426	낙엽송	271	–
삼나무	264~270	–	나한백	258	–

㉿ 가연물질의 연소에 의한 불꽃

색상	온도(℃)	색상	온도(℃)
암적색	700	적색	850
휘적색	950	황적색	1100
백적색	1300	휘백색	1500

㉾ 각종 가스를 용기에 충전 시 외부에서 쉽게 알 수 있도록 색상으로 표시하는데 다음과 같이 나타낸다.

충전가스명	용기의 색상	충전가스명	용기의 색상
이산화탄소	청색	산소	녹색
아세틸렌	황색	수소	주황색
암모니아	백색	염소	갈색

㈜ 위의 용기 색상 이외의 것은 회색으로 표시된다.

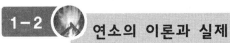

1-2 연소의 이론과 실제

1 연소

① 연소의 정의 : 가연물질이 산소 공급원과 산화 반응을 하면서 빛과 열을 동반하는 발열반응이다. 이러한 연소에는 완전 연소와 불완전 연소가 있으며 대부분 탄화수소로 이루어져 완전 연소 시에는 이산화탄소와 수증기가 발생되며 불완전 연소 시에는 이산화탄소, 수증기 외에 일산화탄소와 수소 가스가 발생된다. 완전 연소는 충분한 공기가 공급되었을 경우 일어나며 공기 중의 산소의 농도가 16 % 이하가 되면 불완전 연소가 되면서 연소 반응이 억제된다. 또한 가연물질이 연소하기 위하여 활

성화 에너지가 필요하다. 활성화 에너지란 가연물질이 최초 연소 시 필요한 열량으로 활성화 에너지가 작을수록 연소가 잘 이루어진다. 활성화 에너지는 점화원이라고도 하며 단열압축, 마찰, 충격, 자외선, 충격파, 나화, 고온 표면, 정전기, 전기 불꽃, 산화열, 복사열 등이 여기에 속한다.

② 연소의 3요소와 4요소 : 안정된 연소가 이루어지기 위해서는 가연물질과 산소 공급원, 점화 에너지가 필요하며 연소가 계속되기 위하여 연쇄반응이 진행되어야 한다. 산소 공급원의 압력이 높을수록 연소는 활발해지며 아레니우스의 화학 반응 속도론에 의하여 온도가 10℃ 상승함에 따라 연소 속도는 2~3배가 빨라진다.

　※ 연소의 3 요소 : 가연물질, 산소 공급원, 점화 에너지

　※ 연소의 4 요소 : 가연물질, 산소 공급원, 점화 에너지, 연쇄반응

㈎ 가연물질 : 산소와 화학 반응 시 발열 반응을 하며 연소가 계속될 수 있는 물질로 이러한 가연물질의 구비 조건은 다음과 같다.

• 산소 공급원과 화학 반응 시 발열반응을 해야 한다.

• 열의 축적이 용이해야 한다(열 전도도가 작아야 한다).

• 활성화 에너지가 작아야 한다.

• 가연물질의 표면적이 넓어야 한다.

• 연쇄반응이 쉽게 일어날 수 있어야 한다.

㈏ 산소 공급원 : 일반적으로는 공기가 가장 대표적이며 위험물에서는 강산화제로서 제1류, 제6류 위험물과 자기 반응성 물질인 제5류 위험물이 있다. 강산화제로는 염소산염류, 과염소산염류, 과산화물, 초산염류, 과망간산염류 등이 있으며 제5류 위험물인 자기 반응성 물질이 있다. 자기 반응성 물질은 고체 또는 액체로서 가열, 충격 등에 민감하여 폭발의 우려가 있고 물질 내에 함유된 산소 등에 의하여 스스로 연소할 수 있는 것으로 유기 과산화물류, 질산에스테르류, 셀룰로이드류, 니트로 화합물류, 니트로소 화합물류, 아조 화합물류, 디아조 화합물류, 히드라진 유도체류 등이 있다.

• 흑색 화약 : 탄소, 황, 질산칼륨의 혼합물로 이루어져 있으며 이들의 화학 반응에 의하여 산소를 공급한다.

• 질산나트륨 : 칠레 초석이라고도 하며 열분해에 의하여 산소를 공급한다.

• 니트로글리세린($C_3H_5(ONO_2)_3$) : 다이너마이트의 원료로 사용되는 것으로 가벼운 충격이나 가열 시에 폭발의 위험이 있다.

• 니트로셀룰로오스($C_6H_7O_2(ONO_2)_3$) : 질화면이라고도 하며 셀룰로오스에 농질산과 농황산을 혼합하여 제조한 것으로 면화약의 원료이다.

• 트리니트로톨루엔(T.N.T)[$C_6H_2(CH_3)(NO_2)_3$] : 3개의 니트로기(NO_2)를 함유하고 있는 강력한 폭발성 물질이다.

㈐ 점화원(점화 에너지, 활성화 에너지) : 가연물질의 연소 반응을 위해 공급되는 에너지를 점화원이라 하며 원활한 연소가 이루어지기 위해서는 가연물질의 활성화 에너지가 작을수록 좋다. 이러한 활성화 에너지의 종류는 자연발화, 충격 및 마찰, 단열압축, 나화 및 고온 표면, 정전기, 전기불꽃, 복사열 등이 있다.

- 자연발화 : 외부에서 점화원의 공급이 없어도 기름걸레 등은 밀폐된 곳에 보관 시 시간의 경과와 더불어 발생되는 열의 축적에 의해 발화가 되는 현상으로 산화열, 중합열, 분해열, 발효열 등이 자연발화를 일으키는 원인이 된다.
- 충격 및 마찰 : 주로 금속과 금속, 금속과 돌 등의 충격, 마찰로 인하여 발생되는 열이 발화 에너지가 적은 가연물질, 즉 인화성 물질에 접촉되어 발화를 일으킬 염려가 있다.
- 단열압축 : 열역학 제2 법칙에 의해 열은 높은 곳에서 낮은 곳으로 이동이 되나 압축기에서 압축 시 압력이 상승하면 여기에 비례하여 온도가 상승하게 된다. 이 때 높아진 온도는 외부와 열교환이 전혀 없는 것으로 간주하는 것을 단열압축이라 한다. 이러한 현상은 압축 시 윤활 작용을 하는 오일을 열분해시켜 탄화수소를 생성시키고 대부분 가연성 가스인 탄화수소는 급격히 발생하는 열에 의해 점화가 되어 연소 및 폭발을 일으킬 우려가 있다. 고압가스 용기 및 장치에 설치된 밸브의 개폐 조작을 급격히 하였을 경우 이와 같은 현상을 초래한다.
- 나화 및 고온 표면 : 화염을 발생하는 화기 사용 시 일어나는 현상으로 위험물 및 고압가스 저장시설 부근에서 용접 또는 기타 화기를 사용 시에는 안전 조치 및 상당한 주의를 해야 한다.
- 정전기 : 두 가지 이상의 물체가 서로 접촉되어 있다가 분리될 때 발생하는 현상으로 수천 볼트의 전압이 발생되어 발화를 일으킬 수가 있다. 이를 방지하기 위하여 접지시설을 갖추거나 공기 중의 상대습도를 70 % 이상으로 높여 방전시킨다.
- 전기불꽃 : 전기 기기 조작 잘못으로 인한 스파크 및 합선(단락)에 의해 발생되는 아크에 의한 열이 점화의 원인이 된다.

$$E = \frac{1}{2CV^2} = \frac{1}{2QV}$$

여기서, E : 전기불꽃 에너지, C : 전기용량
V : 방전전압, Q : 전기량

- 복사열 : 고체의 물체에서 발산하는 열선에 의한 열의 이동을 복사라 하며 이 열로 인하여 가연물에 누적이 되면 일정 시간의 경과 후 발화의 원인이 된다. 화재 진압한 뒤에도 이 복사열에 의해 재발화의 위험성이 뒤따르므로 화재 시에는 전도열, 대류열보다 복사열에 의한 위험성이 더 큰 것으로 나타난다.

② 연소의 형태

기체 연소, 액체 연소, 고체 연소로 나누어지며 완전 연소, 불완전 연소에 따라 생성되는 물질의 종류가 달라진다.

① 기체의 연소 : 가연성 가스가 공기와의 일정 비율로 반응한 상태에서 점화원에 의해 연소가 일어나는 형태로 주로 폭발을 동반한다. 이러한 기체의 연소는 공기 중에서 확산되어 연소되며 불꽃은 존재하나 불티가 없는 연소이므로 이를 발염 연소(확산 연소)라 한다.

② 액체의 연소 : 액체 스스로의 연소가 아니라 증발 또는 분해에 의해 연소가 이루어진다. 이를 증발 연소, 분해 연소라 한다.

　㈎ 증발 연소 : 휘발성 액체에 점화원이 공급되면 액체가 기화되면서 연소가 된다. 이는 액체 표면에서 연소가 이루어지는 것으로 알코올류, 아세톤, 에테르 등이 해당된다.

　㈏ 분해 연소 : 비휘발성 가연성 액체에 점화원이 가해지면 열분해에 의해 가연성 가스가 생성되어 연소되는 현상으로 중유, 벙커C유 등이 해당된다. 특히 벙커C유는 가열에 의해 점도를 저하시켜 이를 분무기로 분무시키면 안개 상태의 작은 미립자로 방출된다. 이 상태에서 연소시키는 것을 액적 연소라 한다.

③ 고체의 연소 : 목재를 연소 시 열을 가하면 목재 속의 수분이 증발하고 열분해에 의해 메틸 알코올의 생성·연소가 일어난다. 이때 목재는 표면으로부터 가열되면서 점차 내부로 탄화가 진행된다. 이러한 목재의 연소는 함수율, 열전도율 등에 따라 달라진다. 이와 같이 고체의 연소는 증발 연소, 분해 연소를 거치면서 남은 고체의 고형물은 표면 연소를 일으킨다.

　㈎ 표면 연소(작열 연소) : 고체의 가연물에 열을 공급할 때 증발·분해 등의 생성물이 발생되지 않고 고체 표면이 직접 연소하는 현상으로 코크스, 목탄, 금속분 등이 해당된다. 직접 연소라고도 하며 고체 가연물의 표면적과 산소공급량에 의해 연소 속도가 결정되는데, 다른 물질에 비해 연소 속도가 느린 편이다.

　㈏ 분해 연소 : 목재나 석탄, 플라스틱 등과 같이 열분해에 의해 가연성 가스가 발생되어 공기 중의 산소와 반응하여 연소가 된다. 이때 발생되는 열에 의해 고체 가연물의 분해가 계속되어 연소가 연속적으로 일어난다.

　㈐ 증발 연소 : 양초(파라핀), 유황, 나프탈렌 등과 같은 고체에 열을 가하면 분해가 일어나지 않고 액체로 변하며 이 액체가 지속적으로 열을 받으면 기화하여 연소가 되는 현상이다.

　㈑ 자기 연소(내부 연소) : 니트로셀룰로오스(질화면), 니트로 화합물, 셀룰로이드류 등과 같이 열에 의해 산소를 발생시켜 연소가 이루어지므로 공기가 없는 곳에서도 연소가 가능하다.

3 연소의 성상

완전 연소에 의해 발생되는 기체는 주로 이산화탄소와 수증기로서 인체에는 직접적인 해가 없지만 불완전 연소가 일어나는 경우에는 독성가스인 일산화탄소 발생으로 위험이 크다. 또한 연기의 발생으로 질식 및 공포현상을 일으킨다.

① 완전 연소 및 공기비

(개) 탄화수소의 완전 연소 반응식

$$C_m H_n + \left(m + \frac{n}{4}\right) O_2 \rightarrow m\,CO_2 + \frac{n}{2}\,H_2O$$

(내) 아보가드로의 법칙 : 모든 기체 1몰(1 mol)은 표준상태(0℃, 1 atm)에서 22.4 L의 체적을 차지하며 그 속에는 6.02×10^{23}개의 분자수가 들어 있다.

$$\text{몰수} = \frac{\text{질량}}{\text{분자량}} = \frac{\text{체적}}{22.4\text{L}}$$

 예제

프로판(C_3H_8) 2 kg을 표준상태에서 기화 시 몇 m^3의 기체가 되겠는가?

해설

		분자량	부피
C_3H_8	1몰	44 g	22.4 L
		2 kg	$x\,[m^3]$

$$x = 22.4 \times \frac{2}{44} = 1.018 m^3$$

(대) 이상 기체 상태 방정식

$$P \times V = n \times R \times T$$

여기서, P : 압력(atm), V : 체적(L), n : 몰수(mol)
    T : 절대온도(K), R : 상수(atm · L / mol · K)

$$P \times V = G \times R \times T$$

여기서, P : 압력(kg/m^2), V : 체적(m^3), G : 질량(kg)
    T : 절대온도(K), R : 상수(kg · m/kmol · K)

아보가드로의 법칙에 의해서

$$R = \frac{P \times V}{n \times T} = \frac{1\,atm \times 22.4\,L}{1\,mol \times 273\,K} = 0.082\,atm \cdot L/mol \cdot K$$

예제

10 kg의 이산화탄소를 2 kg/cm², 27℃에서 방출 시 이때의 부피(m³)는?

해설 이상 기체 상태 방정식에 의해

$$V = \frac{G \times R \times T}{P} = \frac{10 \times 848 \times (273 + 27)}{44 \times 2 \times 10^4} = 2.89 \text{m}^3$$

(라) 실제공기량 : 가연물이 연소할 때에는 연료와 공기와의 확산이나 혼합의 불충분 또는 연소실 내에서 충분히 반응시간 동안 체류가 되지 않는 등의 원인으로 이론공기량만으로는 완전 연소가 불가능하므로 이론공기량 외에 과잉공기를 공급하는데 이때의 전체의 공기량을 실제공기량이라고 한다.

실제공기량 = 이론공기량 + 과잉공기량

(마) 공기비(공기과잉계수)

$$\frac{\text{실제공기량}}{\text{이론공기량}} = \frac{\text{실제공기량}}{\text{실제공기량} - \text{과잉공기량}}$$

기체 연료 : 1.1~1.3, 액체 연료 : 1.2~1.4, 고체 연료 : 1.4~2.0

참고 ◉ **공기비가 연소에 미치는 영향**

(1) 공기비가 클 경우
  ① 연소온도 저하
  ② 통풍력이 강하여 배기가스에 의한 열손실 증대
  ③ 연소가스 중에 SO_2의 양이 증대되어 저온 부식 촉진
  ④ 연소가스 중에 NO의 발생이 심하여 대기오염 유발
(2) 공기비가 작을 경우
  ① 불완전 연소에 의한 매연 발생 극심
  ② 미연소에 의한 열손실 증가
  ③ 미연소 가스에 의한 폭발사고의 발생 위험성 증가

(바) 증기-공기 밀도 : 공기와 증기의 혼합물로서 다음과 같은 식으로 표시된다.

$$증기 - 공기 \ 밀도 = \frac{P_b d}{P_a} + \frac{P_a - P_b}{P_a}$$

여기서, P_a : 대기압, P_b : 주변 온도에서의 증기량, d : 증기압

② 연소용 공기 공급

(가) 1차 공기 : 연료가 무화 또는 산화 반응하여 연소할 수 있도록 공기 노즐에서 연소실로 연료와 함께 공급되는 공기이다.

(나) 2차 공기 : 1차 공기에 의해서 연소하여 발생한 가스를 완전 연소시키기 위한

공기로서 연소실로 신선하게 공급되는 공기이다.

③ 연소상의 문제점

㉮ 역화(back fire) : 염공에서 분출되는 가스의 속도보다 연소 속도가 빠를 경우 불꽃이 염공 내부로 혼입되는 현상으로 이때 폭음을 동반하게 된다. 이를 역화 또는 플래시 백이라고도 한다.

[발생 원인]
- 염공(노즐)이 과열되었을 때
- 염공이 지나치게 클 때
- 염공의 부식이 일어난 경우
- 공급압력이 낮을 경우

㉯ 선화 현상(lift) : 역화의 반대 현상으로 불꽃이 염공을 떠나 공간에서 연소하는 현상이며 리프트(lift)라고 한다.

[발생 원인]
- 연소 속도보다 공급가스의 압력이 높을 때
- 1차 공기량의 과잉 공급 시
- 염공이 지나치게 적을 경우

㉰ 블로 오프(blow off) : 촛불을 입으로 불면 불꽃은 옆으로 옮겨가게 된다. 이때 증발된 파라핀의 공급이 중단되어 촛불은 꺼지게 된다.

㉱ 보일 오버(boil over) : 상부가 개방된 유류 저장 탱크에서 화재 발생 시에 일어나는 현상으로 기름 표면에서 장시간 조용히 연소하다 일정 시간 경과 후 잔존 기름의 갑작스런 분출이나 넘침(over flow)이 일어나는 현상이다. 특히 유화(emulsion) 현상이 심한 기름에서 일어난다.

㉲ 슬롭 오버(slop over) : 기름 속에 존재하는 수분이 비등점 이상이 되면 수증기가 되어 상부로 튀어나오게 되는데 이때 기름의 일부가 같이 비산되는 현상을 말한다.

㉳ 프로스 오버(froth over) : 유류 탱크 속에 존재하는 물이 상부의 뜨거운 기름 속에서 끓을 때 점성이 큰 기름이 탱크 외부로 넘쳐 흐르는 현상을 말한다.

㉴ BLEVE(boiling liquid expanding vapor explosion) : 가연성 액화가스 저장 용기에 열이 공급되면 액의 증발로 인하여 급격한 체적 팽창이 일어나 용기가 파열되는 현상으로 액체의 일부도 같이 비산한다.

1-3 불의 행위와 특성

1 불의 성상

　건축물 내부에서 화재가 발생하면 가연물질의 연소에 의해 실내 온도가 상승하게 되고 유독성 가스(HCN, CO, SO_2, NH_3 등) 및 가연성 가스를 동반하는 연기를 방출하게 된다. 이러한 연소가 지속적으로 진행되면 실내의 온도가 상승되어 천장, 반자 등 실내 상부에 존재하는 연기 중의 가연성 가스에 점화되어 일시에 연소가 되어 실내 전체가 화염에 휩싸이게 되는데, 이를 플래시 오버(flash over)라 한다. 플래시 오버 온도는 연기의 성상, 실내의 온도, 가연물질의 종류에 따라 다르지만 일반적으로 800~900℃ 정도이며 모든 화재는 플래시 오버 이전에 진압하는 것이 이상적이다.

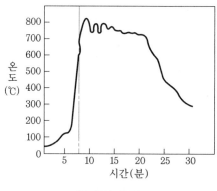

플래시 오버

2 연기의 특성

　연기는 실내의 가연물이 연소할 때 주로 불완전 연소에 의해 발생되며 인체에 유해한 유독성 가스와 화재의 진행을 도와주는 가연성 가스(CO, H_2, HCN, NH_3 등) 및 이산화탄소와 같은 불연성 가스, 고체의 미립자 등으로 혼합된 상태이다.

　이러한 연기는 피난 시 사람의 행동 반경을 감소시키며 시야의 방해, 질식, 호흡기 계통에 악영향을 미치며 이로 인해 심리적 긴장 및 패닉(panic) 상태에 빠지게 되면 2차적인 재해를 일으키게 된다.

　연기는 열에너지에 의해 유동이 되며 수평이동(0.5~1.0 m/s)보다 수직이동(2.0~3.0 m/s)이 빠르므로 벽, 천장을 따라 진행을 하다가 계단, 샤프트 등에 의해 급속히 상부로 이동된다. 또 실내에서는 천장, 반자로부터 아래쪽으로 이동이 된다.

연기의 농도와 가시거리

감광계수(C)	가시거리(m)	영향
0.1	20~30	연기 감지기 작동
0.3	5	건물 내부에 익숙한 사람이 피난에 지장
0.5	3	어두움을 느낄 정도
1.0	1~2	앞을 분간하기 어려움
10	0.2~0.5	연기로 인하여 유도등이 보이지 않을 정도
30	–	출화실에서 연기가 분출될 때의 농도

1-4 🔥 건축물의 화재 성상

1 목재 건축물의 화재

목재 건축물의 화재가 발생되어 소화가 될 때까지의 과정은 다음과 같다.

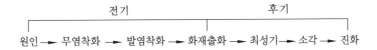

참고 ◎ **무염착화**

불꽃 없이 착화하는 현상으로 숯불이 재 속에 존재하는 상태이며 발염착화는 무염 상태의 물질에 강한 압력의 공기를 공급하면 불꽃이 일어나는 현상을 말한다. 화재의 원인에서부터 출화까지를 전기라 하며 출화 이후부터 진화까지를 후기라 한다.

2 내화 건축물의 화재

① 초기 : 목조 건축물에 비해 연소 속도가 늦기 때문에 개구부 등을 폐쇄시켜 질식 소화시키는 것이 좋다.

② 성장기 : 초기 연소에서 공기 공급이 이루어질 경우 연소의 확대로 실내 전체가 화염에 둘러싸이는 듯한 현상을 보이며 검은 연기가 개구부 등으로 분출한다. 이러한 연소가 계속 진행되면 플래시 오버(flash over)가 발생되어 최성기에 도달하게 된다.

③ 최성기 : 화세가 최고에 도달했을 경우로 실내 온도가 800℃ 이상으로 장시간 유지되며 천장, 벽 등에 부착된 콘크리트, 장식물 등이 떨어진다.

④ 종기 : 화세가 점차로 약해지며 연기 또한 줄어든다. 그러나 실내 온도는 감소되지 않은 상태이므로 함부로 실내에 들어가지 않도록 해야 한다.

1-5 위험물

1 위험물의 정의

인체에 치명적인 영향을 미치는 독극물, 폭발물, 고압의 가스 등이 해당된다. 소방에서는 위험물을 제1류에서 제6류까지로 나누어 구분한다.

2 위험물의 분류

① 제1류 위험물

(가) 일반적인 성상 : 충격, 마찰 또는 열에 의해 쉽게 분해되므로 이때 많은 산소를 방출함으로써 가연물질의 연소를 도와주고 폭발을 일으킬 수 있다. 대부분 백색 분말이나 무색 결정으로 조해성이 있다.

(나) 저장 및 취급 방법

- 가열, 충격, 마찰을 피할 것
- 화기와의 이격을 시킬 것
- 분해를 일으키는 물질과 접촉을 피할 것
- 통풍이 양호한 곳에 저장하여야 하며 용기는 밀봉할 것
- 산 또는 산화성 물질과 격리시킬 것

(다) 소화 방법

- 알칼리 금속 등의 과산화물은 물과 반응하여 발열하므로 건조사로 질식 소화한다.
- 분해로 방출되는 산소가 가연물의 연소를 도와주는 형태이므로 이를 방지하기 위하여 물로 냉각시켜야 한다.

② 제2류 위험물

(가) 일반적인 성상 : 낮은 온도에서 착화하기 쉬운 가연성 고체물질로 연소 속도가 매우 빠르며 연소 시 유독성 가스를 발생한다. 금속분류는 수분과 산에 접촉 시 발열한다.

(나) 저장 및 취급 방법

- 점화원 및 화기와 이격을 시킨다.
- 산화제와의 접촉을 피한다.

- 철분, Mg, 금속분류 등은 수분 또는 산과의 접촉을 피한다.
  - (다) 소화 방법
  - 주수 소화
  - 철분, Mg, 금속분류 등은 건조사를 사용한다.

③ 제3류 위험물

(가) 일반적인 성상 : 수분과의 반응 시 열 또는 가연성 가스(H_2)를 발생시키며 발화한다.

(나) 저장 및 취급
  - 황린은 자연발화의 위험성이 있으므로 물속에 저장한다.
  - 저장 용기의 부식, 파손에 유의하여야 하며 수분과의 접촉을 피하여야 한다.
  - 산과의 접촉을 금지하여야 한다.
  - 금수성 물질은 화기와의 접촉을 피한다.

(다) 소화 방법
  - 초지 화재에는 건조사로 질식 소화가 가능하다.
  - 팽창질석, 팽창진주암 사용

④ 제4류 위험물

(가) 일반적인 성상 : 가연성 액체로 인화하기 쉽고 증기는 공기보다 무거우나 액체는 물보다 무겁다(단, 중유는 제외). 그러나 물에는 불용이며 주수 소화 시에는 물의 유동에 의해 화재면이 확대가 될 우려가 있다.

(나) 저장 및 취급
  - 인화점 이상이 되지 않도록 할 것
  - 발생된 증기는 폭발 범위 이하로 유지하여야 하며 통풍에 유의해야 한다.
  - 화기 및 그 밖의 점화원과 접촉을 피해야 한다.
  - 전기 설비는 모두 접지해야 한다.

(다) 소화 방법
  - 공기의 공급을 차단하여 질식 소화를 한다.
  - 수용성 액체인 경우에는 내알코올포 소화약제를 사용한다.
  - 수용성 액체 이외의 경우에는 포말, 할로겐, 이산화탄소, 분말 등의 소화약제를 사용한다.

⑤ 제5류 위험물

(가) 일반적인 성상 : 자체 내에 함유하고 있는 산소에 의해 연소가 이루어지며 장기간 저장하면 자연발화의 위험이 있다. 연소 속도가 매우 빠르며 가열, 충격 등에 의해 폭발하는 유기질화물로 이루어져 있다.

(나) 저장 및 취급

- 화기 엄금, 충격 주의
- 저장 용기의 부식 및 균열, 파열에 유의해야 한다.
- 실내온도, 통풍에 유의해야 한다.
- 불꽃 고온체와의 접근 금지, 기타 분해를 촉진시키는 원인 제거

(다) 소화 방법

- 초기 화재는 다량의 주수 소화
- 자기 연소(내부 연소)물질이기 때문에 질식 소화는 효과가 없다.
- 화재가 진행된 상태에서는 소화가 불가능하다.

⑥ 제6류 위험물

(가) 일반적인 성상 : 물보다 비중이 크며 수용성 액체로 물과 반응 시 발열하며 반응한다. 특히 산소 함유량이 많아 가연물의 연소를 도와주며 유독성, 부식성이 강하다.

(나) 저장 및 취급

- 물, 유기물, 가연물과의 접촉을 피한다.
- 내산성 용기에 잘 밀봉하여 보관한다.

(다) 소화 방법

- 유출된 액은 건조사를 사용하거나 중화제로 중화한다.
- 사염화탄소를 소화제로 사용 시에는 맹독성인 포스겐가스를 발생할 우려가 있으므로 환기가 불량한 곳에는 사용을 금지한다.

제2장 방화론

2-1 🔥 건축물의 내화 성상

1 건축물의 내화구조

건축법 시행령에 따르면 내화구조란 화재에 견딜 수 있는 성능을 가진 구조로서 국토교통부령으로 정하는 기준에 적합한 구조를 말한다.

① 벽
  ⑦ 철근 콘크리트조 또는 철골 철근 콘크리트조로서 두께가 10 cm 이상인 것
  ⑭ 골구를 철골조로 하고 그 양면을 두께 4 cm 이상의 철망 모르타르(그 바름 바탕을 불연재료로 하지 않은 것은 제외) 또는 두께 5 cm 이상의 콘크리트 블록·벽돌 또는 석재로 덮은 것
  ⑮ 철재로 보강된 콘크리트 블록조, 벽돌조 또는 석조로서 철재에 덮은 두께가 5 cm 이상인 것

② 외벽 중 비내력벽
  ⑦ 철근 콘크리트조 또는 철골 철근 콘크리트조로서 두께가 70 cm 이상인 것
  ⑭ 골구를 철골조로 하고 그 양면을 두께 3 cm 이상의 철망 모르타르 또는 두께 4 cm 이상의 콘크리트 블록, 벽돌 또는 석재로 덮은 것
  ⑮ 철재로 보강된 콘크리트 블록조, 벽돌조 또는 석조로서 철재에 덮은 두께가 4 cm 이상인 것
  ⑯ 무근 콘크리트조, 콘크리트 블록조, 벽돌조 또는 석조로서 두께가 7 cm 이상인 것

③ 기둥(작은 지름 25 cm 이상)
  ⑦ 철근 콘크리트조 또는 철골 철근 콘크리트조
  ⑭ 철골을 두께 6 cm(경량 골재를 사용한 경우에는 5 cm) 이상의 철망 모르타르 또는 두께 7 cm 이상의 콘크리트 블록, 벽돌 또는 석재로 덮은 것
  ⑮ 철골을 두께 5 cm 이상의 콘크리트로 덮은 것

④ 바닥

  ⑦ 철근 콘크리트조 또는 철골 철근 콘크리트조로서 두께가 10 cm 이상인 것

  ⑭ 철재로 보강된 콘크리트 블록조, 벽돌조 또는 석조로서 철재에 덮은 두께가 5 cm 이상인 것

  ⑭ 철재의 양면을 두께 5 cm 이상의 철망 모르타르 또는 콘크리트로 덮은 것

⑤ 보

  ⑦ 철근 콘크리트조 또는 철골 철근 콘크리트조

  ⑭ 철골을 두께 6 cm(경량 골재를 사용한 경우에는 5 cm) 이상의 철망 모르타르 또는 두께 5 cm 이상의 콘크리트조로 덮은 것

  ⑭ 철골조의 지붕틀(바닥으로부터 그 아래 부분까지의 높이가 4 cm 이상의 것)로서 그 바로 아래에 반자가 없거나 불연재료로 된 반자가 있는 것

⑥ 지붕

  ⑦ 철근 콘크리트조 또는 철골 철근 콘크리트조

  ⑭ 철재로 보강된 콘크리트 블록조, 벽돌조 또는 석조

  ⑭ 철재로 보강된 유리 블록 또는 망입유리로 된 것

⑦ 계단

  ⑦ 철근 콘크리트조 또는 철골 철근 콘크리트조

  ⑭ 무근 콘크리트조, 콘크리트 블록조, 벽돌조 또는 석조

  ⑭ 철재로 보강된 콘크리트 블록조, 벽돌조 또는 석조

  ⑭ 철골조

2 화재 하중

실내 바닥면적(m^2)에 저장하는 가연물질의 양 (kg)을 나타내는 것으로 주택, 아파트에서는 30 ~60 kgf/m^2, 사무실은 10~20 kgf/m^2, 점포는 100 ~200 kgf/m^2, 창고는 200 ~ 1000 kgf/m^2으로 되어 있다. 또 가연물질의 양에 따른 내화시간은 오른쪽 표와 같다.

가연물질의 양과 내화시간

가연물질의 양(kg/m^2)	내화시간
50	1.0~1.5
100	1.5~3.0
200	3.0~4.0

3 건축물의 방화 구조

철망, 모르타르 바르기, 회반죽 바르기 등의 구조로서 다음의 규정에 적합하여야 한다.

① 철망 모르타르 바르기 : 바름 두께가 2 cm 이상인 것

② 석면 시멘트판 또는 석고판 위에 시멘트 모르타르 또는 회반죽을 바른 것 : 두께의 합계가 2.5 cm 이상인 것

③ 두께 1.2 cm 이상의 석고판 위에 석면 시멘트판을 붙인 것

④ 두께 2.5 cm 이상의 암면 보온판 위에 석면 시멘트판을 붙인 것

⑤ 심벽에 흙으로 맞벽치기한 것

4 개구부의 종류 및 내화도

① A급 개구부 : 건축물과 건축물 사이의 벽에서의 개구부로서 내화율은 3시간 이상 이다.

② B급 개구부 : 건축물 내의 수직 이동이 가능한 개구부(계단, 엘리베이터)로서 내화율은 1시간 30분 이상이다.

③ C급 개구부 : 복도와 복도, 복도와 거실, 거실과 거실 사이의 개구부로서 내화율은 45분이다.

④ D급 개구부 : 건축물 외부와 접하는 곳으로 재해의 우려가 있는 개구부로서 내화율은 1.5시간 이상으로 한다.

⑤ E급 개구부 : 외부에서 침투하는 개구부의 복사열이 일상적인 것으로 내화시간은 45분이다.

5 건축물의 내화 성능 구조

구분			최상층, 최상층에서 2~4 사이의 층	최상층에서 5~14 사이의 층	최상층에서 15 이상의 층
벽		칸막이 벽	1시간	2시간	2시간
	비내력벽	내력벽	1시간	2시간	2시간
		연소 우려가 있는 부분	1시간	1시간	1시간
		연소 우려가 있는 부분 이외의 부분	30분	30분	30분
기둥			1시간	2시간	3시간
바닥			1시간	2시간	2시간
보			1시간	2시간	3시간
지붕			30분	30분	30분

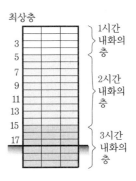

층별 내화시간 구분

2-2 ☀ 건축물의 방화 계획

1 건축물 방화의 기본적인 사항

화재 발생 시 화재의 확대 방지 및 방화, 피난 등의 안전성에 대한 공간적 대응과 설비적 대응으로 나눌 수 있다.

① 공간적 대응 : 사람이 재해 발생 시 위험으로부터 안전한 공간으로 이동할 수 있는 대응을 공간적 대응이라 하며 3가지로 구분한다.

  ㉮ 대항성 대응 : 화재 발생에 대항하는 항력으로 건축물의 내화 성능, 방연 성능, 방화 구획 성능, 화재 방어 대응성, 초기 소화 대응력 등이 있다.

  ㉯ 회피성 대응 : 화재 예방조치 및 발화, 확대 등을 감소시키기 위한 것으로 건축물의 불연화, 난연화, 내장제한, 구획의 세분화, 방화 훈련, 불조심 등이 있다.

  ㉰ 도피성 대응 : 화재로부터 위험을 느끼지 않고 안전한 장소로 피난할 수 있는 공간성과 체계 등을 말한다.

② 설비적 대응 : 건축물의 화재에 대비하는 안전조치 사항을 설비적 대응이라 한다. 자동 화재탐지설비, 자동 화재속보설비, 스프링클러 설비, 제연설비, 방화문, 방화 셔터, 피난 유도설비 등이 포함된다.

2 건축물의 방재 계획

건축물의 화재 발생 시 사람의 생명과 재산을 보호하기 위한 계획으로 다음과 같이 구분한다.

① 부지 선정과 배치 계획 : 건축물의 설치 위치와 주위 시설물과의 관계를 연관시켜 선정, 배치하여야 한다.

  ㉮ 주위 위험물 시설과 충분한 안전 공간 확보 유무를 점검

  ㉯ 소방차가 진입할 수 있는 충분한 공간 확보 유무를 점검

  ㉰ 소화 활동에 지장을 주지 않는 공간 확보 유무를 점검

  ㉱ 피난 시에 공포감을 주지 않는 구조 유무를 점검

② 평면 계획 : 화재 발생으로 인해 다른 공간, 다른 거실로 화염이 이동하지 않도록 하여야 하며 연기 또한 건축물 내로 확산되는 것을 방지하는 계획을 말한다.

③ 단면 계획 : 계단, 엘리베이터, 통풍장치, 환기장치 등과 같이 화재 발생으로 생기는 화염 또는 연기 등이 건축물의 수직이동하는 것을 방지하는 계획을 말한다.

④ 입면 계획 : 화재 예방, 연소 방지, 소화, 피난 등을 고려하여 설치하는 벽과 개구부, 피난봉, 트랩, 옥외계단 등이 있다.

⑤ 재료 계획 : 착화성, 연소성, 유독가스 발생 등에 유의하여 화재 예방을 위해 불
연재료를 사용하여야 한다.

3 연소 확대 방지

건축물의 화재가 발생한 경우 화염 및 연기가 다른 공간 또는 이웃한 건축물로 확대
되지 않도록 하기 위해 수평 구획, 수직 구획, 용도 구획 등으로 나누어 구획한다.

① 수평 구획 : 화재 규모를 가능한 한 최소 범위로 줄이기 위해 일정한 면적마다 방
화구획을 해야 한다. 특히 방화문은 자동 및 수동으로 개폐가 용이하도록 하여야
하며 폐쇄 시 연기가 새어 나오지 않도록 한다.

② 수직 구획 : 건축물의 아래·위로 통하는 계단, 승강기, 파이프 등은 화재 발생
시에 화염과 연기의 이동 속도가 매우 빠르므로 이를 고려하여 구획하여야 한다.

③ 용도 구획 : 복합 건축물의 경우 화재 위험을 많이 가지고 있으므로 피해를 최소
로 줄이기 위해 안전한 공간으로 구획하여야 한다. 불연재료를 사용하는 것도 하
나의 대책이다.

4 방연 및 제연

화재 발생으로 인한 연기를 한정된 장소에서 다른 장소로 이동하지 못하도록 차단하
는 것을 방연이라 하며, 한정된 장소의 연기를 건축물 외부로 배출하는 것을 제연이라
한다. 즉, 방연 및 제연은 피난 통로인 복도나 계단 등에 연기가 침입하는 것을 방지
하고 사람이 안전하게 피난하도록 하는 것이다. 특히 방연방식은 건축물의 벽과 문으
로서 밀폐가 가능하므로 구획을 작게 할 수가 있다. 제연방식으로는 자연 제연방식,
스모그 타워 제연방식 및 기계 제연방식 등 3종류로 나누어진다.

① 자연 제연방식 : 건축물 각 층별로 설치된 창이나 제연구를 이용하여 화재 발생으
로 인한 열 기류의 부력으로 실외로 배출하는 방식이다.

② 스모그 타워 제연방식 : 제연 전용의 시프트를 설치하여 화재 시 발생되는 열에 의
해 온도가 상승할 때 생긴 부력 및 루프 모니터 등의 외력에 의한 통기력으로 제
연하는 방식이다.

③ 기계 제연방식 : 송풍기와 배풍기의 설치에 의해 이루어지는 제연방식으로 제1종
제연방식, 제2종 제연방식, 제3종 제연방식으로 나누어진다.

㉮ 제1종 제연방식 : 화재 발생실에 급기와 배기가 동시에 이루어지는 것으로 이
때 급기량이 배기량보다 크게 되면 오히려 화재를 확대시킬 우려가 있으므로 주
의를 요한다. 배연은 화재 발생실에서 이루어지지만 급기인 경우는 복도와 계단
을 통해 이루어지므로 화재 발생실로부터의 누연을 방지할 수 있다. 그러나 급
기와 배기가 기계에 의해 형성되므로 장치가 복잡해진다.

(나) 제 2 종 제연방식 : 복도, 계단실로 외부의 공기를 공급하여 그 압력으로 화재 발
    생실의 연기가 누연되는 것을 방지하는 방식으로 가압 방연방식 또는 가압 차연
    방식이라고도 한다. 그러나 급기량이 과잉되면 오히려 화재를 확산시킬 우려가
    있으므로 화재 발생실의 창이나 배연구 등이 충분히 선정되어 있어야 한다.

(다) 제 3 종 제연방식 : 배풍기만 설치되어 화재 발생실의 연기를 강제적으로 옥외로
    배연하며 화재 발생실의 내압이 낮아지면 복도, 계단, 문 등으로부터 급기가 이
    루어지는 방식이다. 화재 초기에는 사용이 가능하나 화재 중기에는 배풍기의 능
    력 한계 및 내열성 부족으로 사용이 어렵게 된다.

제 1 종 제연방식   제 2 종 제연방식   제 3 종 제연방식

5 연기의 유출속도 및 배풍기의 소요동력

① 연기의 유출속도

$$V_s = \sqrt{2gh\frac{(\gamma_a - \gamma_s)}{\gamma_s}}$$

여기서, V_s : 연기의 유출속도(m/s)
    g : 중력가속도(9.8 m/s^2)
    h : 연기의 유출높이(m)
    γ_a : 공기의 비중량(kg/cm^3)
    γ_s : 연기의 비중량(kg/cm^3)

예제

화재실의 층고가 2 m이며 연기의 유출온도가 600℃, 외기온도가 30℃일 때 연기의 유출속
도(m/s)는? (단, 600℃에서의 비중량은 0.33 kg/cm^3, 30℃에서의 비중량은 1.20 kg/cm^3
이다.)

해설 $V_s = \sqrt{2gh\frac{(\gamma_a - \gamma_s)}{\gamma_s}} = \sqrt{2 \times 9.8 \times 2 \times \frac{(1.2 - 0.33)}{0.33}} = 10.2 \text{ m/s}$

② 배풍기의 소요동력

$$P = \frac{P_t\,[\mathrm{kgf/m^2}] \times Q\,[\mathrm{m^3/s}]}{102\,\mathrm{kgf \cdot m/s}} \times K$$

여기서, P : 동력(kW), P_t : 풍압 (kgf/m² = mmH₂O), Q : 풍량 (m³/s), K : 전달계수

$$P = P_t \times Q$$

여기서, P : 동력(kW), P_t : 풍압(kPa = kN/m²), Q : 풍량(m³/s)

※ $1\,\mathrm{kW} = 1\,\mathrm{kJ/s},\ 1\,\mathrm{kJ} = 1\,\mathrm{kN \cdot m}$

6 피난의 안전 대책

① 피난 행동의 특성 : 화재 발생 시에 사람의 행동 상태를 살펴보면 다음과 같이 분류할 수 있다.

(개) 평형 상태에서의 행동 : 화재 초기 현상으로 화염이나 연기 등의 발생이 적은 상태로 사람에게 위험을 초래하기가 어려운 상태이며 피난자가 비교적 평상 상태를 유지하며 행동할 수 있다.

(내) 긴장 상태에서의 행동 : 화재 초기 현상을 지나 최성기에 도달할 경우 고온의 화염과 짙은 연기로 피난자의 공포로 비명을 지르며 극도의 긴장 상태에 이르게 된다. 이때에는 판단 능력이 없어 좌충우돌하므로 누군가의 강력한 피난 지시를 필요로 한다.

(대) 패닉(panic) 상태에서의 행동 : 극도의 공포 상태로 사람의 사고력이 완전히 마비된 상태이다. 고층 건축물에서 뛰어 내리는 경우 또는 태풍이 몰아치는 바다에 뛰어드는 경우로 사람이 생각할 수 없는 비상식적인 행동이다.

② 피난자의 보행 : 피난 시 피난자의 보행은 다음과 같이 분류한다.

(개) 계단 보행 속도 : 수평 방향에서는 사람의 보행 속도에 따라 달라지며 수직 방향, 즉 계단에서의 보행 속도는 보행수에 따라 달라진다. 한 계단, 한 계단 내려가는 경우와 두 계단, 세 계단씩 내려가는 경우의 차이점이다.

(내) 군집 보행 속도 : 일반적인 보행 속도는 1.0~2.0 m/s 정도이나 많은 사람이 모여서 이동하는 경우에는 선행자의 속도에 따라 보행이 이루어진다. 이를 군집 보행 속도라 한다.

(대) 군집 유동 계수 : 협소한 출구나 계단으로 많은 사람이 한꺼번에 몰리는 경우 일부의 사람만이 나오게 되며 나머지 사람은 지체하게 된다. 이것을 폭(1 m)과 단위시간(1 s)으로 나타낸 것을 군집 유동 계수라 한다. 건축법에 의해 군집 유동 계수는 1.33(인/m · s)으로 표시된다.

③ 피난 방법과 피난 통로 : 피난로는 사람들을 분산시키기 위해 반드시 2방향 이상

으로 설치하여야 하며 서로 반대 방향으로 설치하는 것이 바람직하다. 피난 경로를 살펴보면 다음과 같이 나타낼 수 있다.

㈎ 각실 → 출구 → 복도 → 계단 → 피난층 → 출구 → 지상

㈏ 각실 → 출구 → 복도 → 계단 → 옥상층 → 구조 → 지상

피난 방향에 따라 분류하면 다음과 같은 종류가 있다.

CO형, H형, Z형, ZZ형, I형, T형, X형, Y형 등이 있으나 CO형, H형은 패닉 우

려가 있으므로 가급적 설치를 피하는 것이 좋으며 X형, Y형이 가장 좋은 피난 방향을 준다.

구분	피난 방향의 종류	피난로의 방향
X 형		확실한 피난로가 보장된다.
Y 형		
T 형		방향이 확실하여 분간하기 쉽다.
I 형		
Z 형		중앙 복도형에서 core식 중 양호하다.
ZZ 형		
H 형		중앙 core 식으로 피난자들의 집중으로 panic 현상이 일어날 우려가 있다.
CO 형		

④ 피난 시설의 안전 구획 : 복도를 1차 안전 구획, 부실(계단 전실)을 2차 안전 구획, 계단을 3차 안전 구획이라 한다.

㈎ 복도 : 복도는 화재 시 사람의 1차적인 도피 장소로 거실의 연기나 화염이 전파되는 것을 막기 위해 거실 제연을 필요로 한다. 또 피난자가 부실이나 계단의 위치를 확실히 알 수 있도록 명시하여야 하며 쉽게 도달할 수 있게 설계되어야 한다.

㈏ 부실(계단 전실) : 많은 사람이 일시에 계단으로 모이게 되면 계단 입구에서 지체가 되어 상당한 혼잡이 예상된다. 이를 방지하기 위하여 대형 건축물에서는 부실을 설치하여 안전 구획하면 피난자의 동요를 방지할 수 있다. 부실은 불연화 및 방연 처리하여야 하며 가능한 한 외기에 면하도록 하여야 한다. 부실의 크기는 그 층의 사람을 전부 수용할 수 있는 크기로 하는 것이 이상적이며 인원수는

$0.2 \sim 0.3(m^2/\text{인})$으로 표시된다.

⒟ 계단 : 피난자의 피난을 도와주는 가장 중요한 통로로서 항상 안전을 확보해야 한다. 이러한 계단은 2방향 이상으로 설치하여야 하며 서로 대칭으로 설치하여야 효과적으로 피난을 도울 수가 있다.

⒠ 차연방법 : 댐퍼에 의한 차연, 흡입식에 의한 차연, 피난로 가압에 의한 차연 방식이 있다.

- 댐퍼에 의한 차연 : 제연 덕트에 설치된 연기 감지기와 연동하여 작동하는 댐퍼를 설치하는 방식이다.
- 흡입식에 의한 차연 : 화재 발생실의 연기를 흡입하여 연기가 다른 거실 및 복도로 배출되는 것을 방지하는 방식이다.
- 피난로 가압에 의한 차연 : 피난 계단, 복도 등으로 외기의 공기를 공급하여 공기 압력에 의해 연기가 유입되는 것을 방지하는 방식이다.

⒨ 배출구

- 연기를 배출시키는 개구부의 크기는 바닥 면적의 $1/100(1\%)$ 이상이어야 한다. $1/100$ 이하에서는 강제 배연방식을 채택한다.
- 개구부의 면적 환산 기준
  - 회전 창 : 창 면적의 100%
  - 미닫이 창 : 창 면적의 $1/2(50\%)$
  - 붙박이 창, 개방 각도 20도 이하의 활출 창 : 개구 면적 0%

⒰ 방화벽

- 연면적 $1000\,m^2$ 이상인 경우는 $1000\,m^2$ 미만마다 방화벽으로 구획할 것
- 내화 구조로 홀로 설 수 있는 구조로 할 것
- 건축물의 외벽, 지붕면으로부터 $0.5\,m$ 이상 돌출될 것
- 출입문의 폭 및 높이는 $2.5\,m$ 이하로 갑종 방화문을 설치할 것

⑤ 방화문의 종류

⒜ 갑종 방화문

- 골구를 철재로 하고 그 양면에 각각 두께가 $0.5\,mm$ 이상인 철판
- 철재로서 철판의 두께가 $1.5\,mm$ 이상

⒝ 을종 방화문

- 철재로서 철판의 두께가 $0.8\,mm$ 이상 $1.5\,mm$ 미만인 것
- 철재 및 망이 들어있는 유리로 된 것
- 골구를 방화목재로 하고 옥내면에 두께 $1.2\,mm$ 이상의 석고판을, 옥외면에 철판을 붙인 것

2-3 소화의 원리(약제 화학)

1 소화의 종류

① 질식 소화 : 공기 중의 산소는 부피 %로 약 21 %가 존재하나 이것을 15 % 이하로 낮추면 연소가 중단되며 소화가 된다. 즉, 산소의 농도를 희박하게 하여 소화시키는 방법을 질식 소화라 한다. 여기에 사용되는 소화약제로는 질소, 수증기, 이산화탄소 등이 있으나 주로 질식성이 강한 이산화탄소가 이용되며 또 포말소화약제를 사용하면 연소 물질을 도포하여 질식 소화를 일으킨다.

② 냉각 소화 : 가장 대표적인 물질이 물이다. 물은 주로 일반 화재의 소화약제로 이용되며 봉상 주수와 무상 주수로 나누어진다. 물을 화염에 공급하면 온도가 상승하면서 현열(감열)을 빼앗고 기화되면서 증발잠열을 흡수하여 냉각 소화한다. 현열을 필요로 할 때에는 비열과 관계가 있으며 물의 비열은 $4.186\,J/g\cdot{}^\circ\!C$로서 다른 냉각 물질에 비해 큰 편이다. 또한 물은 $100{}^\circ\!C$에서의 증발잠열이 $2256.25\,J/g$으로서 화재가 발생된 장소 및 주위를 냉각시키는 데 적합하다.

③ 제거 소화 : 가연물질의 연속적인 연소가 이루어지지 않도록 하는 방법으로 고체, 액체, 기체에 따라 다음과 같이 분류한다.

(가) 고체인 경우 가연물을 제거한다.

(나) 전기 화재의 경우 전기 공급을 차단시킨다.

(다) 가스 화재의 경우 가스 공급을 중지시킨다.

(라) 수용성 가연성 액체인 경우 물로 희석시켜 연소 한계 이하로 낮춘다.

④ 화학 소화(부촉매 소화) : 가연물질의 연쇄 반응을 차단하는 소화 방법으로 주로 할로겐 화합물 소화약제가 사용되고 있다. 할로겐 원소(F, Cl, Br 등)는 가연물질에 함유된 수소와 친화력이 우수하므로 연소 시 수소와 공기 중의 산소와의 반응을 차단하는 부촉매 역할을 한다.

참고

> 자기 자신은 변하지 않으며 다른 물질의 화학 변화 속도를 빠르게(정촉매) 또는 느리게(부촉매) 하는 것을 촉매라 한다.

2 소화 기구(소화기)

소화기는 수동으로 조작하여 방사하는 것으로 초기 화재 진압용으로 사용된다. 이러한 소화기는 축압식, 가압식으로 구분되며 축압식인 경우에는 소화기 내에 약제와 방사원이 함께 가압 내장되어 있어 소화기 작동만 하면 언제든지 약제가 방출할 수 있으며 가압식인 경우 소화약제 용기와 가압용 용기가 따로 되어 있어 필요시 인위적 또는 물리적인 방법으로 가압하여 소화약제를 방출한다. 축압용 또는 가압용으로 사용되는 방사원은 주로 이산화탄소나 질소, 공기가 이용되고 있다.

화재의 종류	색상	소화 방법	적용 소화 기구
일반 화재(A급)	백색	냉각 소화	물, 산·알칼리, 강화액, 포, 분말(ABC급)
유류 화재(B급)	황색	질식 소화	강화액, 포, 분말(ABC급, BC급), CO_2, 할론
전기 화재(C급)	청색	질식 소화	강화액, 분말(ABC급, BC급), CO_2, 할론
금속 화재(D급)	–	질식 소화	분말, CO_2, 할론 소화기, 마른 모래
가스 화재(E급)	황색	질식 소화	분말, CO_2, 할론 소화기

① 물 소화기 : 물의 증발잠열 및 현열을 이용하는 것으로 압축 공기를 이용한 축압식, 수동 펌프를 이용한 펌프식 등이 있다. 물은 가장 우수한 소화약제로서 가급적 순수한 물을 사용하는 것이 좋다.

② 강화액 소화기 : 물에 탄산칼륨(K_2CO_3)을 첨가하여 물의 빙점을 강하시킨 것으로 진한 알칼리성 액체이다. 동절기에도 사용이 가능하며 액 비중은 1.3~1.4, 응고점은 $-17 \sim -30℃$, 독성 및 부식성이 없다.

  ⑺ 축압식 : 용기 내에 소화약제와 공기 또는 질소를 축압하여 함께 내장된 것으로 압력계가 부착되어 있다. 유지 압력 범위 : $8.0 \sim 9.8 \, kgf/cm^2$

  ⑻ 가스 압력식 : 용기 내에 가압용 가스 용기를 부착하여 소화기 사용 시 푸시 금구에 의해 파열되어 나오는 압력에 의해 약제가 분출된다.

  ⑼ 파병식 : 탄산칼륨 수용액에 황산을 반응시켜 발생되는 이산화탄소의 압력에 의해 분출된다.

$$K_2CO_3 + H_2SO_4 \rightarrow K_2SO_4 + H_2O + CO_2$$

③ 산·알칼리 소화기 : 물 소화기와 동일하게 냉각 소화를 하며 수용액의 pH 5.5 이하의 산성이다. 무상으로 분무 시에는 전기 화재에도 사용할 수 있다.

  ⑺ 파병식 : 소화 용기 중앙 상단에 설치된 앰플의 농유산을 파열시켜 용기 내에 중탄산나트륨 수용액과 화학 반응 시 생성되는 이산화탄소(방사원)에 의해 방사되는 방식이다.

$$2NaHCO_3 + C - H_2SO_4 \rightarrow Na_2SO_4 + 2CO_2 + 2H_2O$$

  ⑻ 전도식 : 외통제에는 중탄산나트륨($NaHCO_3$), 내통제에는 농유산이 함유되어 전도에 의해 반응된 이산화탄소(방사원)가 소화약제를 방사한다.

④ 포(말)소화기 : 포소화는 기계포와 화학포가 있으나 일반적으로 화학포를 나타낸

것으로 B 약제는 유산반토(Al$_2$(SO$_4$)$_3$)로 내통에 충전하며 A 약제는 중탄산나트륨 (NaHCO$_3$)으로 외통에 충전한다. A 약제와 B 약제가 서로 혼합 반응하면 포가 생성되고 체적 팽창으로 인한 압력이 생성되어 방사된다.

$$Al_2(SO_4)_3 \cdot 18H_2O + 6NaHCO_3 \rightarrow 3Na_2SO_4 + 2Al(OH)_3 + 6CO_2 + 18H_2O$$

사용 시에는 소화기를 전도하여 밑부분의 손잡이를 잡고 소화기를 흔들면 A, B 소화약제의 혼합 반응으로 기포가 생성되어 호스와 노즐을 통해 즉시 방사된다. 이 때 B 약제인 중탄산나트륨에는 기포 안정제(분해 단백질, 계면 활성제, 샤포닝)가 첨가되어 방사된 포가 쉽게 물로 환원되는 것을 방지한다. 화학포는 장기간 보존 시 변질의 우려가 있으므로 6개월에 1회 정도로 소화약제를 교환하는 것이 바람직하다.

㈎ 1약 건식 : A, B 약제를 1개의 용기에 저장하며 사용 시 물을 주입하여 방출하는 설비

㈏ 2약 건식 : A, B 약제를 따로 저장하였다가 사용 시 A, B 약제를 혼합하고 여기에 물을 주입하여 방출하는 설비

㈐ 2약 습식 : A, B 약제를 수용액으로 저장하였다가 사용 시 혼합기에서 혼합하여 방출하는 설비로서 화학포에서 가장 많이 사용한다.

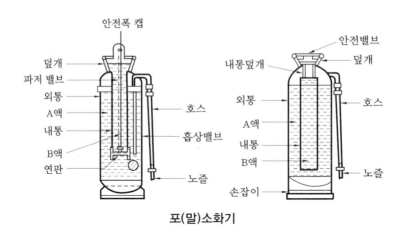

포(말)소화기

⑤ 분말소화기 : 분말소화약제를 화염 발생된 곳에 방사하게 되면 즉시 이산화탄소가 발생되어 공기의 공급을 차단하는 질식 작용을 일으키며 복사열 차단 효과도 얻을 수 있다. 이러한 소화약제를 방사하기 위하여 소화기는 축압식과 가압식으로 구분된다.

㈎ 축압식 : 소화용기에 약제를 충전하고 질소 또는 이산화탄소로 약 9 kgf/cm^{2}의 압력을 유지한다.

㈏ 가압식 : 소화약제 용기 내에 가압용 용기가 설치되어 있어 사용 시 상부에 설치된 안전핀을 제거하고 손잡이를 누르면 가압용 용기의 봉판이 파괴되어 약제에 압력이 작용한다. 주로 이산화탄소가 가압용 가스로 사용된다.

⒟ 소화약제의 종류

종별	소화약제	착색	적용 대상
제1종 분말	중탄산나트륨	백색	유류, 전기 화재
제2종 분말	중탄산칼륨	자색	유류, 전기 화재
제3종 분말	제1인산 암모늄	담홍색	일반, 유류, 전기 화재
제4종 분말	중탄산칼륨+요소	회색	유류, 전기 화재

⒠ 소화약제의 열분해 반응식
  • 제1종 소화분말약제
    1차 열분해 반응식(270℃에서)

    $$2NaHCO_3 \rightarrow Na_2CO_3 + CO_2 + H_2O - Q[kcal]$$

    2차 열분해 반응식(850℃에서)

    $$2NaHCO_3 \rightarrow Na_2O + 2CO_2 + H_2O - Q[kcal]$$

  • 제2종 소화분말약제
    1차 열분해 반응식(190℃에서)

    $$2KHCO_3 \rightarrow K_2CO_3 + CO_2 + H_2O - Q[kcal]$$

    2차 열분해 반응식(590℃에서)

    $$2KHCO_3 \rightarrow K_2O + 2CO_2 + H_2O - Q[kcal]$$

  • 제3종 소화분말약제

    $$NH_4H_2PO_4 \rightarrow HPO_3 + NH_3 + H_2O - Q[kcal]$$

  • 제4종 소화분말약제

    $$2KHCO_3 + (NH_2)_2CO \rightarrow K_2CO_3 + 2NH_3 + 2CO_2 - Q[kcal]$$

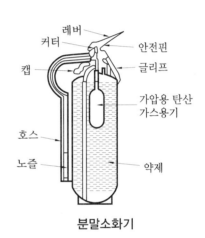

분말소화기

    위의 반응식에서 생성되는 이산화탄소는 질식 작용을 하며 수증기는 냉각 작용을 한다. 또한 열분해에 의해 생성되는 나트륨 이온(Na^+)과 칼륨 이온(K^+), 암모늄 이온(NH_4^+)은 부촉매 역할을 한다. 특히 제3종 약제의 생성물인 메타인산(HPO_3)은 방진 작용을 하며 오산화인(P_2O_5)을 생성한다.
⑥ 이산화탄소 소화기 : 소화약제가 이산화탄소이며 고압가스 안전관리법에 적용을 받아 용기에 액화가스로 충전된다. 용기의 색상은 청색이며 내압시험(TP) 250 kgf/cm^{2}에 합격한 것으로 충전비는 1.5 L/kg이다. 이산화탄소는 불연성 가스로서 연소 부위에 방사하면 산소의 공급을 차단시켜 질식 작용 및 피복 효과가 뛰어나며 절연성이 우수하여 전기 화재에도 적합하다. 그러나 방사 시에 줄-톰슨 효과에 의해 액체의 기화잠열을 다량으로 필요하므로 동상에 유의해야 하며 고압 용기이므로 취급 시 화기의 영향을 받지 않는 곳에 보관하여야 한다. 용기 보관 온도는 40℃ 이하로 습기

의 영향이 없는 양호한 통풍 구조로 한다. 밀폐된 장소에서는 소화 효과가 우수하지만 사람을 질식시킬 우려가 있으므로 유의해야 한다. 연소 후 증거 보존에 유리하다.

(가) 삼중점 : −56.7℃

(나) 무색, 무미, 무취의 기체

(다) 고체(dryice)인 경우 승화열(−78.5℃에서 137 cal/g)을 필요

(라) 공기 중에 0.03 vol%로 존재

(마) 4 vol% 이상 존재하면 두통, 귀울림, 구토 등을 일으키며 8 vol% 이상 존재하면 호흡 곤란, 10 vol% 이상 존재하면 의식 상실, 20 vol% 이상 존재하면 사망하게 된다.

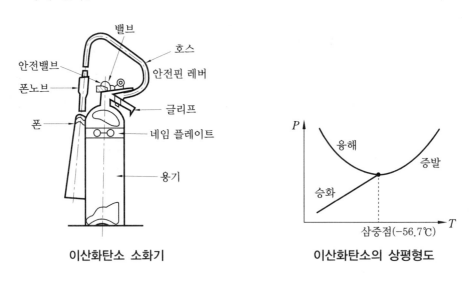

이산화탄소 소화기   이산화탄소의 상평형도

실전 테스트 1

□**1.** 주요 구조부가 내화구조로 된 건축물에서 거실 각 부분으로부터 하나의 직통계단에 이르는 보행거리는 피난자의 안전상 몇 m 이내이어야 하는가?

① 50　　　　　② 60　　　　　③ 70　　　　　④ 80

> **해설** 일반 건축물인 경우에는 30 m, 16층 이상인 공동주택인 경우에는 40 m, 내화구조 또는 불연재료인 경우에는 50 m이다.

□**2.** 산소 농도를 15 % 이하로 제어하면 일반적으로 소화가 가능하다고 한다. 만약 이산화탄소를 방사하여 산소 농도가 12 %가 되었다면 이때 공기 중의 이산화탄소의 농도는 몇 %인가?

① 42.9　　　　　② 45.9　　　　　③ 78.9　　　　　④ 88.9

> **해설** 이산화탄소 농도 $= \dfrac{(21 - O_2)}{21} \times 100 = \dfrac{(21 - 12)}{21} \times 100 = 42.86\,\%$

□**3.** 플래시 오버(flash over)를 설명한 것은?

① 도시가스의 폭발적인 연소를 말한다.
② 휘발유 등 가연성 액체가 넓게 흘러서 발화한 상태를 말한다.
③ 옥내 화재가 서서히 진행하여 열 및 가연성 기체가 축적되었다가 일시에 연소하여 화염이 크게 발생하는 상태를 말한다.
④ 화재 층의 불이 상부 층으로 옮겨 붙는 현상을 말한다.

> **해설** 플래시 오버(flash over) : 연기의 성상, 실내의 온도, 가연물질의 종류에 따라 다르지만 일반적으로 800∼900℃ 정도이며 모든 화재는 플래시 오버 이전에 진압하는 것이 이상적이다.

□**4.** 내용적이 20 m³인 전기실에 화재가 발생되어 이산화탄소 소화약제를 방출하여 소화를 하였다면 이곳에 방출하여야 하는 이산화탄소 소화약제의 양(m³)은 얼마가 되겠는가?(단, 한계 산소 농도는 15 %이다.)

① 3　　　　　② 4　　　　　③ 8　　　　　④ 9

> **해설** 이산화탄소 소화약제의 양 $= \dfrac{(21 - O_2)}{O_2} \times V = \dfrac{(21 - 15)}{15} \times 20\,m^3 = 8\,m^3$

정답 1. ①　2. ①　3. ③　4. ③

□5. 옥외 피난계단의 계단 폭은 최소 어느 정도가 가장 적당한가?

① 70 cm 이상　　② 80 cm 이상　　③ 90 cm 이상　　④ 100 cm 이상

해설 옥외 피난계단의 계단 폭은 90 cm 이상으로 한다.

□6. 25℃에서 증기압이 76 mmHg이고, 증기 밀도가 2인 인화성 액체가 있다. 25℃에서의 증기−공기 밀도는? (단, 대기압은 760 mmHg이다.)

① 0.9　　　　　② 1.0　　　　　③ 1.1　　　　　④ 1.2

해설 $증기-공기의\ 밀도 = \left(\dfrac{증기압 \times 증기\ 밀도}{대기압}\right) + \left(\dfrac{대기압 - 증기압}{대기압}\right)$

$$= \left(\frac{76\ \text{mmHg} \times 2}{760\ \text{mmHg}}\right) + \left(\frac{760 - 76\ \text{mmHg}}{760\ \text{mmHg}}\right) = 1.1$$

□7. 골재를 사용한 콘크리트 중 내화성이 가장 좋지 못한 것은?

① 화강암　　　　② 현무암　　　　③ 인공경량 골재　　　④ 연산암

해설 화강암은 열(500℃ 정도)에 의한 급격한 체적 팽창으로 분해 우려가 있다.

□8. 저장 시 분해 또는 중합되어 폭발을 일으킬 수 있는 위험물은?

① 아세틸렌　　　　　　　　② 시안화수소
③ 산화에틸렌　　　　　　　④ 염소산칼륨

해설 아세틸렌 : 분해폭발, 시안화수소 : 중합폭발, 산화에틸렌 : 분해폭발, 중합폭발

□9. 전기화재의 발생 가능성이 가장 낮은 부분은?

① 코드접촉부　　② 전기장판　　③ 전열기　　　④ 배선차단기

해설 배선차단기는 과전류 시에 전원을 차단하므로 화재의 우려가 적다.

10. 표면온도가 300℃에서 안전하게 작동하도록 설계된 히터의 표면온도가 360℃로 상승하면 얼마나 더 많은 열을 방출할 수 있는가?

① 1.1배　　　　② 1.5배　　　　③ 2배　　　　　④ 2.5배

해설 슈테판 볼츠만의 법칙 : 복사열은 절대온도 차이의 4제곱에 비례한다.

정답 5. ③　6. ③　7. ①　8. ③　9. ④　10. ②

$$\left(\frac{273+360}{273+300}\right)^4 = 1.49 \fallingdotseq 1.5$$

---

11. 가연성 가스를 액화시켜 저장한 저장 탱크 내의 액화가스가 누설되어 저장 탱크의 상부에 부유 또는 확산하여 있다가 착화원과 접촉할 경우 폭발을 일으키며 이것으로 인하여 저장 탱크 또는 저장 용기가 파열되어 그 내부에 있던 액화가스가 공중으로 확산하면서 화구 형태의 폭발 현상을 보여 줄 때를 말한다. 이런 것을 무엇이라 하는가?

① 플래시 오버   ② 보일 오버   ③ 블레비 현상   ④ 폭굉 현상

해설 유류화재의 종류

(1) BLEVE(boiling liquid expanding vapor explosion) : 가연성 액화가스 저장 용기에 열이 공급되면 액이 증발하여 급격한 체적 팽창이 일어나 용기가 파열되는 현상으로 액체의 일부도 같이 비산한다.

(2) slop over(슬롭 오버) : 기름 속에 존재하는 수분이 비등점 이상이 되면 수증기가 되어 상부로 튀어나오게 되는데 이때 기름 일부가 같이 비산되는 현상이다.

(3) froth over(프로스 오버) : 유류 탱크 속에 존재하는 물이 상부의 뜨거운 기름 속에서 끓을 때 점성이 큰 기름이 탱크 외부로 넘쳐 흐르는 현상이다.

(4) boil over(보일 오버) : 상부가 개방된 유류 저장 탱크에서 화재 발생 시 일어나는 현상으로 기름 표면에서 장시간 조용히 연소하다가 일정 시간 경과 후 잔존 기름이 갑작스럽게 분출하거나 넘친다. 특히 유화(emulsion) 현상이 심한 기름에서 일어난다.

(5) blow off(블로 오프) : 촛불을 입으로 불면 불꽃은 옆으로 옮겨가게 된다. 이때 증발된 파라핀의 공급이 중단되어 촛불은 꺼지게 된다.

---

12. 화재의 연소한계에 관한 설명 중 옳지 않은 것은?

① 가연성 가스와 공기의 혼합가스에는 연소에 도달할 수 있는 농도의 범위가 있다.

② 농도가 낮은 편을 연소하한계라 하고, 농도가 높은 편을 연소상한계라고 한다.

③ 휘발유의 연소상한계는 10.5 %이고 연소하한계는 2.7 %이다.

④ 혼합가스가 농도의 범위를 벗어날 때에는 연소하지 않는다.

해설 휘발유의 연소상한계는 7.6 %이고 연소하한계는 1.4 %이다. 연소한계는 가연성 가스의 폭발한계(상한계와 하한계)와 같은 뜻이다.

---

13. 건물화재의 초기소화를 위한 설비계획이 아닌 것은?

① 옥내소화전 설비   ② 스프링클러 설비   ③ 연결송수관 설비   ④ 소화기류

정답 11. ③   12. ③   13. ③

해설 연결송수관 설비는 화재 시 출동한 소방대원에 의해 소화용수를 공급하는 설비로서 화재 중기에 사용하는 설비이다.

---

14. 화재 시 연기의 유동에 관한 현상으로 옳게 설명한 것은?

① 연기는 수직방향보다 수평방향의 전파속도가 더 빠르다.

② 연기 층의 두께는 연도의 강하에 관계없이 대체로 일정하다.

③ 연소에 필요한 신선한 공기는 연기의 유동방향과 같은 방향으로 유동한다.

④ 화재실로부터 분출한 연기는 공기보다 무거우므로 통로의 하부를 따라 유동한다.

해설 ① 연기의 이동속도는 수직방향(2~3 m/s)이 수평방향(0.5~1 m/s)보다 빠르다.

② 연기 층의 두께는 연도의 강하에 따라 변하게 된다.

④ 연기는 대부분 공기보다 가벼우므로 통로의 상부를 따라 이동하게 된다.

---

15. 화염의 안정범위가 넓고 조작이 용이하며 역화의 위험이 없는 연소는?

① 분무연소   ② 확산연소

③ 분해연소   ④ 예혼합연소

해설 연소의 종류

(1) 역화(back fire) : 유출속도보다 연소속도가 빠른 경우에 발생하는 현상

(2) 분무연소 : 가연물질의 입자가 가루 형태로 분사되어 연소하는 현상

(3) 확산연소 : 공기 중에서 연소속도보다 확산되는 속도가 빠른 경우로 특히 기체의 분자량이 작을수록(수소의 경우 확산속도 : 1.8 km/s) 심하다.

(4) 분해연소 : 흡열반응의 물질(예 : 아세틸렌)이 분해 시 발생되는 열에 의해 연소 또는 폭발을 일으키는 현상

(5) 예혼합연소 : 가연성 가스와 지연성 가스가 연소 전에 미리 혼합되어 있는 상태로 연소가 되는 현상

---

16. 화재실 또는 화재공간의 단위바닥면적에 대한 등가 가연물량의 값을 화재 하중이라 하며 식으로 $Q = \Sigma \dfrac{G_t \cdot H_t}{H \cdot A}$ 와 같이 표현할 수 있다. 여기서 H는 무엇을 나타내는가?

① 목재의 단위발열량

② 가연물의 단위발열량

③ 화재실 내 가연물의 전발열량

④ 목재의 단위발열량과 가연물의 단위발열량을 합한 것

해설 여기서, Q : 화재 하중($\mathrm{kgf/m^2}$)

     G_t : 가연물질의 중량(kgf)

     H_t : 가연물질의 단위발열량(kcal/kg)

     H : 목재의 단위발열량(4500 kcal/kg)

     A : 화재실의 바닥면적($\mathrm{m^2}$)

---

17. 대기압 750 mmHg하에서 계기압력이 3.25 kgf/cm^{2}이었다. 이때의 절대압력은 몇 kgf/cm^{2}인가 ?

 ① 3.77   ② 4.27   ③ 4.77   ④ 5.27

해설 절대압력 = 대기압 + 계기압

$$= \frac{750\,\mathrm{mmHg}}{760\,\mathrm{mmHg}} \times 1.0332\,\mathrm{kgf/cm^2} + 3.25\,\mathrm{kgf/cm^2} = 4.27\,\mathrm{kgf/cm^2}$$

---

18. 가연물이 아닌 것은 ?

 ① 아세톤   ② 사염화탄소   ③ 가솔린   ④ 질산암모늄

해설 사염화탄소는 불연성 가스이다.

---

19. 불연재료가 아닌 것은 ?

 ① 석면 슬레이트   ② 석고보드

 ③ 글라스 울   ④ 모르타르

해설 석고보드는 내화성능을 가진 건축물의 재료로 사용된다. 내화구조로는 철근콘크리트조, 석조 또는 연와조 등이 있다.

---

20. 유류 저장 탱크의 화재 중 열류층(heat layer)을 형성해 화재의 진행과 더불어 열류층이 점차 탱크 바닥으로 도달해 탱크 저부에 물 또는 물－기름 에멀션이 수증기로 변해 부피 팽창에 의해 유류의 갑작스런 탱크 외부로의 분출을 발생시키면서 화재를 확대시키는 현상은 ?

 ① 보일 오버(boil over)   ② 슬롭 오버(slop over)

 ③ 프로스 오버(froth over)   ④ 플래시 오버(flash over)

해설 문제 11번 해설 참조

정답 17. ②   18. ②   19. ②   20. ①

실전 테스트 2

□1. 지하층 및 무창층에서 사용이 제한되는 소화기의 조합으로 옳은 것은?

① 이산화탄소, 할론 1301
② 강화액, 인산암모늄분말
③ 이산화탄소, 할론 1211
④ 가압식 분말, 축압식 분말

해설 지하층 및 무창층 또는 바닥면적 $20\ m^2$ 미만인 곳에는 질식의 우려로 할론(할론 1301 제외) 및 이산화탄소 소화약제를 방사할 수 없다.

□2. 다음 중 제4류 위험물, 즉 인화성 액체에 대한 특성 및 소화방법에 대한 설명으로 틀린 것은?

① 액체의 증기는 일반적으로 공기보다 무겁기 때문에 낮은 바닥에서 가연성 혼합기체를 형성하기 쉽다.
② 정전기 발생으로 인한 폭발 위험이 있다.
③ 일반적으로 물보다 가볍고 물에 녹지 않기 때문에 화재 시 주수하게 되면 화면을 확산시키게 된다.
④ 일반적으로 액체이기 때문에 질식소화로는 효과가 없다.

해설 제4류 위험물(인화성 액체) : 특수인화물, 제1석유류~제4석유류, 알코올류, 동·식물류 등

① 성상 및 취급방법 : 인화가 쉽고 증기는 공기보다 무거우나 액체는 물보다 가볍다(단, 중유는 제외). 통풍에 유의해야 하며 인화점 이상이 되지 않도록 할 것. 전기설비는 모두 접지한다.
② 소화방법 : 주수소화 시 물의 유동에 의해 화재가 확대될 우려가 있으므로 질식소화에 의함. 포, 이산화탄소, 할론, 분말소화약제 사용

□3. 체적비로 메탄 80 %, 에탄 15 %, 프로판 4 %, 부탄이 1 %인 혼합기체가 있다. 이 기체의 공기 중에서의 폭발하한계는 약 몇 %인가? (단, 공기 중 단일 가스의 폭발하한계는 CH_4 : 5 %, C_2H_6 : 2 %, C_3H_8 : 2 %, C_4H_{10} : 1.8 %이다.)

① 3.2
② 3.8
③ 4.2
④ 5.2

해설 르 샤틀리에의 공식

$$\frac{100}{L} = \frac{V_1}{L_1} + \frac{V_2}{L_2} + \frac{V_3}{L_3} + \cdots$$

정답 1. ③ 2. ④ 3. ②

여기서, L : 혼합가스의 폭발한계값(%)

V_1, V_2, V_3, ⋯ : 각 성분 가스의 체적(%)

L_1, L_2, L_3, ⋯ : 각 가연성 가스의 폭발한계값(%)

$$\frac{100}{L} = \frac{80}{5} + \frac{15}{2} + \frac{4}{2} + \frac{1}{1.8}$$

$$\therefore\ L = 3.84\,\%$$

□**4.** 위험물의 제조소에서 게시판에 주의사항을 표시하려고 한다. 제 4 류 위험물에 대한 표시는 어떻게 하는 것이 적당하겠는가?

① 물기주의   ② 접근금지   ③ 화기엄금   ④ 충격주의

해설 제 4 류 위험물은 인화성 액체이므로 "화기엄금" 표시

□**5.** 발화의 전기적 열원이 될 수 없는 것은?

① 전기저항   ② 정전기   ③ 아크   ④ 전선피복

해설 전선피복은 전기적 열원에 의해 발화되는 것을 방지한다.

□**6.** 목조건물에 화재가 발생하여 잔화정리를 할 때의 주의사항으로 잘못된 것은?

① 타서 떨어지기 쉬운 물건에 주의한다.

② 불티가 남기 쉬운 천장 속을 주의한다.

③ 도괴된 건물 밑은 위험하므로 살피지 않는다.

④ 연소된 인접 건물의 지붕 등의 잔화정리에도 주의한다.

해설 도괴된 건물 밑 역시 잔류 불티가 존재하는지 확인하여야 한다.

□**7.** 특수가연물로 볼 수 없는 것은?

① 대팻밥   ② 면화류   ③ 파라핀   ④ 볏짚류

해설 특수가연물 : 대팻밥, 면화류, 볏짚류, 사류, 넝마 및 종이 부스러기

□**8.** 건축물의 주요 구조부에 해당하는 것은?

① 작은 보   ② 옥외 계단

③ 지붕틀   ④ 최하층 바닥

정답 4. ③   5. ④   6. ③   7. ③   8. ③

해설 건물의 주요 구조부 : 기둥, 바닥, 벽, 보, 지붕틀

---

9. 화재의 3요소에는 산소 공급원이 있다. 이 산소 공급원이 될 수 없는 것은?

① 공기 　　　　　② 산화제 　　　　　③ 환원제 　　　　　④ 바람

해설 환원제 : 다른 물질을 환원시키는 성질이 강한 물질, 즉 그 자신이 산화되기 쉬운 물질로 오히려 산소를 빼앗기 때문에 산소 공급원이 될 수 없다.

---

10. 연소의 3요소로 짝지어진 것은?

① 가연물, 조연물, 일정한 온도(점화 에너지)
② 가연물, 물체, 일정한 온도(점화 에너지)
③ 조연물, 물체, 장소(공간)
④ 물체, 장소(공간), 공기

해설 연소의 3요소 : 가연물, 조연물(산소 공급원), 일정한 온도(점화 에너지)

---

11. 질산염류 화재 시 이용되는 소화방법은?

① 탄산가스를 방사한다. 　　　　　② 사염화탄소를 방사한다.
③ 포를 방사한다. 　　　　　　　　④ 대량 주수를 한다.

해설 제1류 위험물(산화성 고체) : 아염소산 염류, 염소산 염류, 과염소산 염류, 질산 염류, 중크롬산 염류, 과망간산 염류 등
(1) 성상 및 취급방법 : 충격, 마찰, 열에 의해 쉽게 분해하여 많은 산소를 방출함으로써 연소 및 폭발을 유발한다. 통풍이 양호한 곳에 저장하고 충격을 피할 것. 화기와 이격시킨다.
(2) 소화방법 : 건조사로 질식소화하거나 물로 냉각소화

---

12. 화재 시 화원과 격리된 인접 가연물에 불이 옮겨 붙는 것은 무엇 때문인가?

① 대류열 　　　　　② 복사열 　　　　　③ 전도열 　　　　　④ 적외선열

해설 열의 이동
(1) 전도
　• 전도 : 고체 내부에서의 열의 이동($kcal/h \cdot m \cdot ℃$)
　• 전달 : 유체 ↔ 고체로의 열의 이동($kcal/h \cdot m^2 \cdot ℃$)
　• 통과 : 고체를 사이에 둔 유체 간의 열의 이동($kcal/h \cdot m^2 \cdot ℃$)

정답 **9.** ③ 　**10.** ① 　**11.** ④ 　**12.** ②

(2) 대류 : 밀도 차이에 의한 유체 간의 이동(자연대류, 강제대류)

(3) 복사 : 고체의 물체에서 발산하는 열선에 의한 열의 이동

---

13. 소화제의 적응대상에 따라 분류한 화재의 종류 중 A급 화재에 속하지 않는 것은?

① 목재 화재

② 섬유류 화재

③ 합성수지류 화재

④ 전기 화재

해설 화재의 종류와 표시사항

화재의 종류	기호 표시	색깔 표시
일반 화재	A급 화재	백색
유류 화재	B급 화재	황색
전기 화재	C급 화재	청색
금속 화재	D급 화재	색 표시 없음

---

14. 전기실이나 통신실 등의 소화설비에 적합한 것은?

① 스프링클러 설비

② 옥내소화전 설비

③ 분말소화설비

④ 할로겐 화합물 소화설비, CO_2 소화설비

해설 전기실이나 통신실은 질식소화를 하여야 하며, 물을 소화약제로 사용하면 전기에 의해 감전의 위험이 있다.

---

15. 공기 중의 산소는 용적으로 약 몇 % 정도인가?

① 15

② 21

③ 25

④ 30

해설 공기의 조성(체적) : 질소 : 78 %, 산소 : 21 %, 아르곤 : 1 %

∴ 공기의 평균 분자량 : $28 \times 0.78 + 32 \times 0.21 + 40 \times 0.01 = 28.96 ≒ 29$

---

16. "압력이 일정할 때 기체의 부피는 온도에 비례하여 변한다"라고 하는 것은 누구의 법칙인가?

① 보일의 법칙

② 샤를의 법칙

③ 보일 샤를의 법칙

④ 뉴턴의 제1법칙

해설 ① 보일의 법칙 : 일정 온도하에서 완전가스 체적은 절대압력에 반비례한다.

$(P_1 \times V_1 = P_2 \times V_2)$

정답 13. ④ 14. ④ 15. ② 16. ②

② 샤를의 법칙 : 일정 압력하에서 완전가스 체적은 절대온도에 정비례한다.

$$\left(\frac{V_1}{T_1} = \frac{V_2}{T_2}\right)$$

③ 보일 샤를의 법칙 : 완전가스 체적은 절대압력에 반비례하고 절대온도에 정비례한다.

$$\left(\frac{P_1 \cdot V_1}{T_1} = \frac{P_2 \cdot V_2}{T_2}\right)$$

---

17. 방화구조가 아닌 것은?

① 두께 1.2 cm 이상의 석고판 위에 석면 시멘트 판을 붙인 것

② 석고판 위에 회반죽을 바른 것으로 그 두께의 합계가 2.0 cm 이상인 것

③ 심벽에 흙으로 맞벽치기한 것

④ 철망 모르타르 바르기로서 그 바름 두께가 2 cm 이상인 것

해설 방화구조

(1) 석고판 위에 회반죽을 바른 것으로 그 두께의 합계가 2.5 cm 이상인 것

(2) 시멘트 모르타르 위에 타일을 붙인 것

(3) 철망 모르타르 바르기로서 그 바름 두께가 2 cm 이상인 것

(4) 심벽에 흙으로 맞벽치기한 것

(5) 두께 1.2 cm 이상의 석고판 위에 석면 시멘트 판을 붙인 것

---

18. 다음 중 도시 건축물의 화재 발생 시 인근 건축물로 화재가 전파될 때 영향이 가장 적은 것은?

① 비화   ② 복사열   ③ 화염접촉   ④ 가열된 공기

해설 가열된 공기는 밀도 차이로 인하여 공중으로 솟아오르기 때문에 영향이 가장 적다.

---

19. 난연재의 성능을 가지는 물질의 성분으로 부적합한 것은?

① 인   ② 나트륨   ③ 안티몬   ④ 불소

해설 나트륨은 금수성 물질이다.

---

20. 산화열에 의해 자연 발화될 수 있는 물질이 아닌 것은?

① 석탄   ② 건성유   ③ 고무 분말   ④ 퇴비

해설 퇴비는 미생물에 의한 발화열 형태이다.

정답 17. ② 18. ④ 19. ② 20. ④

실전 테스트 3

1. 전기절연의 불량에 의한 발열은 무엇 때문인가?

① 저항열   ② 아크열

③ 유전열   ④ 유도열

해설 (1) 유전열 : 전기절연의 불량에 의한 발열
(2) 저항열 : 전기 흐름의 방해로 발열

2. 황린은 어디에 보관해야 좋은가?

① 물속   ② 진공 중

③ 냉장창고   ④ 석유 속

해설 황린은 공기 중의 산소와 반응하여 발열이 되므로 물속에 보관한다.

3. 건물의 피난동선에 대한 설명으로 옳지 않은 것은?

① 피난동선은 가급적 단순 형태가 좋다.

② 피난동선은 가급적 상호 반대방향으로 다수의 출구와 연결되는 것이 좋다.

③ 피난동선은 수평 동선과 수직 동선으로 구분된다.

④ 피난동선이라 함은 복도 · 계단 · 엘리베이터와 같은 피난전용의 통행구조를 말한다.

해설 엘리베이터는 화재 시 연기가 유동하는 연도가 되므로 피난동선에서는 제외된다.

4. 플래시 오버(flash over)에 대한 설명으로 가장 타당한 것은?

① 에너지가 느리게 집적되는 현상   ② 가연성 가스가 방출되는 현상

③ 가연성 가스가 분해되는 현상   ④ 급격한 화염의 확대 현상

해설 플래시 오버(flash over) : 건축물 내부에서 화재가 발생하면 가연물질의 연소에 의해 실내 온도가 상승하게 되고 유독성 가스 및 가연성 가스를 동반하는 연기를 방출하게 된다. 이러한 연소가 지속적으로 진행되면 실내온도가 상승되어 천장, 반자 등 실내 상부에 존재하는 연기 중 가연성 가스에 점화되어 일시에 연소가 되어 실내 전체가 화염에 휩싸이게 되는데 이를 플래시 오버라 한다.

정답 1. ③   2. ①   3. ④   4. ④

5. 연소 시 생성물로서 인체에 유해한 영향을 미치는 것으로 옳게 설명된 것은?

① 암모니아는 냉매로 사용되고 있으므로, 누출 시 동상의 위험은 있으나 자극성은 없다.

② 황화수소 가스는 무자극성이나, 조금만 호흡해도 감지능력을 상실케 한다.

③ 일산화탄소는 산소와의 결합력이 극히 강하여 질식작용에 의한 독성을 나타낸다.

④ 아크롤레인은 독성은 약하나 화학제품의 연소 시 다량 발생하므로 쉽게 치사농도에 이르게 한다.

> **해설** ① 암모니아 : 독성가스로 피부 오염시에는 자극성이 있어 희붕산용액 등으로 세척한다. 제빙용 냉동기 및 선박(식품 동결용)에 냉매로 사용한다.
> ② 황화수소 : 달걀 썩는 냄새가 나며 강한 자극성이 있는 독성가스이다.
> ④ 아크롤레인 : 맹독성 가스로 화학제품의 연소 시 다량 발생하므로 쉽게 치사농도에 이르게 한다.

6. 물의 냉각 특성으로 옳지 않은 것은?

① 물은 온도가 낮을수록 냉각효과가 크다.

② 건조한 상태에서 증발이 용이하다.

③ 분무상태일 때에는 냉각효과가 적다.

④ 물방울 크기가 작은 분무상태일 때 냉각효과가 크다.

> **해설** ① 물은 온도가 낮을수록 증발잠열이 커지므로 냉각효과가 크다.
> ② 건조한 상태에서는 상대습도가 낮으므로 증발이 용이하다.
> ③ 분무상태에서는 질식과 냉각을 동시에 행할 수 있으나 냉각능력은 적상 또는 봉상주수보다 떨어진다.

7. 에틸렌의 연소 생성물에 속하지 않는 것은?

① 이산화탄소   ② 일산화탄소   ③ 수증기   ④ 염화수소

> **해설** 에틸렌(C_2H_4)은 탄화수소이다.
> (1) 탄화수소의 완전 연소 시 생성물 : CO_2, H_2O
> (2) 탄화수소의 불완전 연소 시 생성물 : CO_2, H_2O, CO, H_2

8. 건축물의 방화계획과 직접적인 관계가 없는 것은?

① 건물의 층고   ② 건물과 소방대와의 거리

③ 계단의 폭   ④ 통신시설

> **해설** 통신시설은 화재 시 필요한 시설이다.

정답 5. ③   6. ③   7. ④   8. ④

◁9. 액화석유가스(LPG)에 대한 설명 중 틀린 것은?

① 무색무취이다.

② 물에는 녹지 않으나 유기용매에 용해된다.

③ 공기 중에서 쉽게 연소·폭발하지 않는다.

④ 천연고무를 잘 녹인다.

[해설] 액화석유가스(LPG)의 특성

(1) 공기 중에서 무색, 무취(냄새가 나는 것은 누설 시 감지할 수 있도록 향료 사용)

(2) 물에 용해되지 않으므로 누설검사 시에는 비눗물 사용(발포법)

(3) 공기 중에서 폭발하한계가 낮아 쉽게 연소, 폭발한다(폭발범위 : 2.2~9.5 %).

(4) 천연고무를 용해하므로 패킹재료는 합성고무 또는 인조고무를 사용하여야 한다.

(5) 공기보다 무거우므로 누설 시 낮은 곳에 체류한다(가스 누설 검지기 필요).

(6) 액화가스로 저장되며 기화 시 체적은 250배 정도 팽창한다.

10. 내화구조에 대한 설명으로 옳지 않은 것은?

① 철근콘크리트조, 연와조, 기타 이와 유사한 구조이다.

② 화재 시 쉽게 연소가 되지 않는 구조를 말한다.

③ 화재에 대하여 상당한 시간동안 구조상 내력이 감소되지 않아야 한다.

④ 보통 방화구획 밖에서 진화되어 인접부분에 화기의 전달이 되어야 한다.

[해설] 내화구조는 화재 시 인접부분에 화기가 전달되지 않아야 한다.

11. 그림에서 내화 건물의 화재 온도 표준곡선은?

① a

② b

③ c

④ d

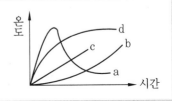

[해설] (1) a : 목조 건축물(고온 단시간)

(2) d : 내화 건축물(저온 장시간)

12. 프로판가스의 정전기 점화에너지는 일반적으로 최소 몇 MJ 정도 되는가?

① 0.3

② 30

③ 50

④ 100

[해설] ②항 → 목분, ④항 → 철분

[정답] **9.** ③　**10.** ④　**11.** ④　**12.** ①

---

13. 다음 물질 중 공기 중에서 연소 상한값이 가장 큰 물질은?

① 아세틸렌   ② 수소

③ 가솔린   ④ 프로판

> **해설** 공기 중에서의 폭발범위
>
> ① 아세틸렌 : 2.5~81 %   ② 수소 : 4~75 %
>
> ③ 가솔린 : 1.4~76 %   ④ 프로판 : 2.2~9.5 %

---

14. 에틸에테르의 연소범위는 1.9~48 %이다. 이것에 대한 설명으로 틀린 것은?

① 공기 중 에테르 증기가 48 % 이상일 때 연소한다.

② 공기 중 에테르 증기가 1.9 %일 때 폭발위험이 있다.

③ 공기 중 에테르 증기가 용적 비율로 1.9~48 % 사이에 있을 때만 연소한다.

④ 연소범위의 하한점이 1.9 %이다.

> **해설** 연소범위 = 폭발범위이므로 연소범위 1.9~48 %라 함은 에틸에테르가 공기와 혼합 시 1.9~48 % 범위에서만 연소가 가능하므로 이를 벗어나게 되면 연소가 이루어지지 않는다.

---

15. 분말소화설비의 적응대상으로 적당하지 않은 것은?

① 가연성 기체 또는 액체류

② 변전설비 및 개폐기 등 전기시설물

③ 주방, 후드 및 덕트

④ 전화교환 기계실

> **해설** 분말소화설비의 적응대상 : 유류, 전기화재에 적합하며 제 3 종 분말의 경우에는 일반화재에도 적합하다. 특히 급격히 확대되는 가연성 액체, 기체의 표면화재를 소화하는 데 가장 효과적이다.

---

16. 자기연소를 일으키는 가연물질로만 짝지어진 것은?

① 니트로셀룰로오스, 유황, 등유   ② 질산에스테르류, 니트로 화합물

③ 발연황산, 목탄   ④ 질산에스테르류, 황린, 염소산칼륨

> **해설** 자기연소는 자기 반응성 물질로 제 5 류 위험물이 해당된다. 제 5 류 위험물(자기 반응성 물질) : 유기과산화물류, 질산에스테르류, 셀룰로이드류, 니트로 화합물류, 디아조 화합물류 등

정답 **13.** ①   **14.** ①   **15.** ③   **16.** ②

(1) 성상 및 취급방법 : 자체 내에 산소를 함유하고 있어 장시간 보존 시 자연발화의 위험이 있다. 연소속도가 매우 빠르며 가열, 충격 등에 의해 폭발하는 유기질 화합물로 이루어져 있다. 화기엄금, 충격주의

(2) 소화방법 : 초기에는 다량의 주수소화. 화재가 진행된 상태에서는 소화가 불가능하다. 자기연소물질이기 때문에 질식소화는 효과가 없다.

---

17. 방화문 구조의 기준으로서 틀린 것은?

① 갑종 방화문은 골구를 철재로 하고 그 양면에 각각 5 mm 이상의 철판을 부착한 것

② 갑종 방화문은 철재로서 철판의 두께가 1.5 mm 이상인 것

③ 을종 방화문은 철재 및 망입유리로 된 것

④ 을종 방화문은 철재로서 철판의 두께가 0.8 mm 이상 1.5 mm 미만인 것

해설 (1) 갑종 방화문
- 골구를 철재로 하고 그 양면에 각각 0.5 mm 이상의 철판을 부착한 것
- 철재로서 철판의 두께가 1.5 mm 이상인 것

(2) 을종 방화문
- 철재로서 철판의 두께가 0.8 mm 이상 1.5 mm 미만인 것
- 철재 및 망입유리로 된 것
- 골구를 방화목재로 하고, 옥내면에는 두께 1.2 cm 이상의 석고판을, 옥외면에는 철판을 붙인 것

---

18. 포소화설비 중 펌프와 발포기의 배관 도중에 벤투리관을 설치하여 벤투리 작용에 의하여 포소화약제를 혼합하는 방식은?

① 펌프 프로포셔너 방식

② 프레셔 프로포셔너 방식

③ 라인 프로포셔너 방식

④ 프레셔 사이드 프로포셔너 방식

해설 포소화약제 혼합방식의 종류

(1) 펌프 프로포셔너(pump proportioner) 방식 : 포말소화설비의 포약제 혼합방식으로 펌프 토출측과 흡입측에 바이패스를 설치하고, 그 바이패스의 도중에 설치한 어댑터(adaptor)로 펌프 토출측 수량의 일부를 통과시켜 공기포 용액을 만드는 방식이다.

(2) 프레셔 프로포셔너(pressure proportioner) 방식 : 차압혼합방식이라고도 하며 펌프와 발포기 중간에 설치된 벤투리관의 벤투리 작용과 펌프 가압수의 포소화약제 저장 탱크에 대한 압력에 의하여 포소화약제를 흡입·혼합하는 방식이다.

정답 **17.** ① **18.** ③

(3) 라인 프로포셔너(line proportioner) 방식 : 관로혼합방식이라고도 하며 펌프와 발포기 중간에 설치된 벤투리관의 벤투리 작용에 의하여 포소화약제를 흡입·혼합하는 방식이다.

(4) 프레셔 사이드 프로포셔너(pressure side proportioner) 방식 : 압입혼합방식이라고도 하며 펌프의 토출관에 압입기를 설치하여 포소화약제 압입용 펌프로 포소화약제를 압입시켜 혼합하는 방식이다.

---

19. 산불화재의 유형이 아닌 것은?

① 지표화(地表火)　　　　　　　② 지면화(地面火)

③ 수관화(樹冠火)　　　　　　　④ 수간화(樹幹火)

해설 산불화재의 유형

(1) 지표화 : 지표의 낙엽, 마른 풀 등이 연소하는 형태

(2) 수관화 : 마른 나무의 잔가지가 연소하는 형태

(3) 수간화 : 나무 줄기가 연소하는 형태

(4) 지중화 : 고목이나 썩은 나무가 연소하는 형태

---

20. 자연발화에 대한 예방책으로 적당하지 않은 것은?

① 통풍이나 환기 방법 등을 고려하여 열의 축적을 방지한다.

② 활성이 강한 황린은 물속에 저장한다.

③ 반응속도가 온도에 좌우되므로 주위온도를 낮게 유지한다.

④ 가능한 한 물질을 분말상태로 저장한다.

해설 분말의 입자가 작으면 연소점이 낮아지고 쉽게 발화된다.

실전 테스트 **4**

1. 금수성 물질인 것은?

① 염소산염류　　② 적린　　③ 금속칼슘　　④ 과산화물

해설 제3류 위험물(자연발화성 물질 및 금수성 물질) : 황린, 칼륨, 나트륨, 알킬알루미늄, 알킬리튬, 알칼리 금속류 및 알칼리 토금속류 등
(1) 성상 및 취급방법 : 수분과 반응 시 발열 또는 수소(H_2)를 발생시키며 발화한다. 수분, 산과의 접촉을 피해야 하며 화기와 이격시킨다. 황린은 자연발화의 우려가 있으므로 물속에 저장한다.
(2) 소화방법 : 초기 화재에는 건조사로 질식 소화가 가능하며, 팽창 진주암, 팽창질석을 사용한다.

2. 일산화탄소(CO)를 1시간 정도 호흡했을 경우 생명에 위험을 주는 위험농도는 몇 % 정도인가?

① 0.05　　② 0.1　　③ 0.2　　④ 0.4

해설 일산화탄소(CO) : 허용농도 50 ppm의 독성가스이다. 0.03%일 때 두통, 0.06%일 때 구토, 0.1% 정도에 이르면 사망할 수 있다.

3. 건축물의 주요 구조부가 아닌 것은?

① 내력벽　　② 지붕틀　　③ 보　　④ 옥외계단

해설 건축물의 주요 구조부 : 기둥, 지붕틀, 내력벽, 바닥, 보, 주계단 등

4. 액화천연가스(LNG)의 주성분은?

① CH_4　　② H_2　　③ C_3H_8　　④ C_2H_2

해설 (1) 액화천연가스(LNG) : 메탄(CH_4), 대체천연가스(SNG) : 메탄(CH_4)
(2) 압축천연가스(CNG) : 메탄(CH_4), 액화석유가스(LPG) : 프로판(C_3H_8), 부탄(C_4H_{10})

5. 발화의 전기적 열원이 될 수 없는 것은?

① 전기저항　　② 정전기　　③ 아크　　④ 전선피복

해설 전선피복은 절연을 해주므로 발화를 방지한다.

정답 1. ③　2. ②　3. ④　4. ①　5. ④

◻6. 소화제의 적응대상에 따라 분류한 화재 종류 중 A급 화재에 속하지 않는 것은?

① 목재 화재

② 섬유류 화재

③ 합성수지류 화재

④ 전기 화재

해설 화재의 종류와 기호

화재의 종류	기호 표시	색깔 표시
일반 화재	A급 화재	백색
유류 화재	B급 화재	황색
전기 화재	C급 화재	청색
금속 화재	D급 화재	색 표시 없음

◻7. 다음 중 방화구획을 하지 않아도 되는 경우는 어느 것인가?

① 3층 이상의 층

② 승강기의 승강로 부분

③ 지하층

④ 공동주택(아파트)

해설 승강기의 승강로 부분은 화재 시 연도(굴뚝)의 역할을 하므로 방화구획에서 제외한다.

◻8. 다음 유별 위험물 중 불연성 물질로 맞게 짝지어진 것은?

① 1류, 2류

② 3류, 4류

③ 5류, 6류

④ 1류, 6류

해설 (1) 제1류 위험물(산화성 고체) : 아염소산 염류, 염소산 염류, 과염소산 염류, 질산 염류, 중크롬산 염류, 과망간산 염류 등

• 성상 및 취급방법 : 충격, 마찰, 열에 의해 쉽게 분해하여 많은 산소를 방출함으로써 연소 및 폭발을 유발한다. 통풍이 양호한 곳에 저장하고 충격을 피할 것. 화기와 이격시킨다.

• 소화방법 : 건조사로 질식소화, 물로 냉각소화

(2) 제6류 위험물(산화성 액체) : 과염소산, 과산화수소, 황산, 질산

• 성상 및 취급방법 : 물보다 비중이 크며 수용성 액체로 물과 반응 시 발열반응한다. 유독성, 부식성이 강하다. 내산성 용기에 잘 밀봉하여 보관한다.

• 소화방법 : 유출된 액은 건조사를 사용하거나 중화제로 중화한다. 환기가 불량한 곳에는 사용 불가

정답 6. ④ 7. ② 8. ④

9. 주간 화재 시의 현상이 아닌 것은?

① 연기는 대개 백색이며 폭발적인 강한 세력으로 상승한다.

② 연기는 급속으로 퍼지며 끊임없이 상승한다.

③ 연기는 상승함에 따라 흑갈색이 되며 동요가 심하다.

④ 바람이 강할 때는 연기가 지상에 감돌기 때문에 단절하며 급속도로 상승한다.

해설 화재 초기에는 백색 연기이지만 최성기에 도달하면 연기는 암흑색으로 변한다.

10. 불꽃의 색깔에 의한 온도의 측정에서 낮은 온도에서부터 높은 온도의 순서대로 옳게 나열한 것은?

① 암적색, 백적색, 황적색, 휘백색　　② 암적색, 휘백색, 적색, 황적색

③ 암적색, 황적색, 백적식, 휘백색　　④ 암적색, 휘적색, 황적색, 적색

해설 어두운 색에서 밝은 색으로 변하면 온도는 높아진다.

색상	암적색	적색	휘적색	황적색	백적색	휘백색
온도	700℃	850℃	950℃	1100℃	1300℃	1500℃

11. 피난에 관한 설명으로 틀린 것은?

① 피난층은 곧바로 지상으로 갈 수 있는 출입구가 있는 층이다.

② 피난층은 하나의 건축물에 반드시 1개만 존재한다.

③ 직통계단은 건축물의 어떤 층에서 피난층 또는 지상까지 이르는 경로가 계단과 계단참만을 통하여 오르내릴 수 있는 계단을 말한다.

④ 피난을 위한 피난계단 또는 특별피난계단은 돌음 계단으로 하여서는 아니 된다.

해설 피난층은 하나의 건축물에 반드시 2방향 이상으로 선정하여야 한다.

12. 산소와 흡열반응을 하며 연료에 함유량이 많을수록 발열량을 감소시키는 것은?

① 황　　　　　　　　　　　　② 수소

③ 탄소　　　　　　　　　　　④ 질소

해설 질소는 산소와 반응하여 산화질소를 생성한다. 이때 흡열반응을 하므로 질소는 가연성 가스가 아니다.

$$N_2 + O_2 \rightarrow 2NO - Q[kcal]$$

정답　9. ①　10. ③　11. ②　12. ④

13. 급격한 화학반응에 의하여 본래의 물질이 고온, 고압의 기체로 격렬한 팽창에 의하여 생기는 현상을 폭발이라 할 수 있으며 폭발은 크게 4가지 변화의 결과에 의하여 발생한다. 이에 해당되지 않는 것은?

① 화학적 변화
② 기계적 변화
③ 열적 변화
④ 전기적 변화

해설 폭발의 종류
(1) 물리적 폭발
(2) 화학적 폭발
(3) 기계적 폭발
(4) 열적 폭발

14. 건물 밀집지역에서 강풍 시 연소속도는 그 구조면에서 볼 때 내화조 1, 방화조 3의 비율일 때 목조는 어느 정도인가?

① 2
② 4
③ 6
④ 8

해설 강풍 시 연소속도 : 내화구조 1, 방화조 3, 목조 6

15. 플래시 오버에 대한 설명을 나타내고 있는 것은?

① 목조건축물로서 연소온도는 100℃이다.
② 무염착화와 동시에 일어난다.
③ 순간적인 연소 확대 현상이다.
④ 느리게 연소되어 점차적으로 온도가 올라간다.

해설 플래시 오버(flash over) : 건축물 내부에서 화재가 발생하면 가연물질의 연소에 의해 실내온도가 상승하게 되고 유독성 가스 및 가연성 가스를 동반하는 연기를 방출하게 된다. 이러한 연소가 지속적으로 진행되면 실내온도가 상승되어 천장, 반자 등 실내 상부에 존재하는 연기 중 가연성 가스에 점화되어 일시에 연소가 되어 실내 전체가 화염에 휩싸이게 되는데, 이를 플래시 오버라 한다.

16. 화재로 인한 피해에는 직접 피해와 간접 피해로 나눌 수 있다. 간접 피해에 속하는 것은?

① 소화수에 의한 설비 피해
② 인명 피해
③ 업무중지에 의한 피해
④ 내장재료의 피해

해설 물질적 피해는 직접 피해이지만 업무중지에 의한 피해는 간접 피해이다.

정답 13. ④ 14. ③ 15. ③ 16. ③

17. 방화문에 관한 설명으로 옳은 것은?

① 철재 및 망입유리로 된 것은 갑종 방화문이다.

② 철재로서 철판의 두께가 1.2 mm인 것은 갑종 방화문이다.

③ 골구를 철재로 하고 양면에 0.3 m 이상의 철판을 붙인 것은 갑종 방화문이다.

④ 철재로서 철판의 두께가 0.8 mm 이상 1.5 mm 미만인 것은 을종 방화문이다.

[해설] (1) 갑종 방화문
- 골구를 철재로 하고 그 양면에 각각 0.5 mm 이상의 철판을 부착한 것
- 철재로서 철판의 두께가 1.5 mm 이상인 것

(2) 을종 방화문
- 철재로서 철판의 두께가 0.8 mm 이상 1.5 mm 미만인 것
- 철재 및 망입유리로 된 것
- 골구를 방화목재로 하고, 옥내면에는 두께 1.2 cm 이상의 석고판을, 옥외면에는 철판을 붙인 것

18. 다음 발화원의 종류 중 자연발화 형태가 틀린 것은?

① 건성유   ② 고무분말   ③ 원면   ④ 퇴비

[해설] 건성유, 고무분말, 원면 등은 산화열에 의한 발화, 퇴비는 미생물에 의한 발화이다.

19. 소화에 관한 설명으로 틀린 것은?

① 분무주수는 냉각효과와 희석효과가 있다.

② 연소진압 후의 주수는 수손 방지에 유의하여야 한다.

③ 분말 소화약제는 연쇄반응 차단과 산소공급 차단의 효과가 있다.

④ 유류화재 시의 소화방법으로는 방수포를 이용하여 직사주수하는 것이 효과적이다.

[해설] 유류화재 시의 소화방법으로는 분무주수로 질식소화를 해야 한다.

20. 다음 중 설치기준 및 목적이 고가차량(고가사다리 또는 굴절차)과 직접적으로 관련이 있는 것은?

① 옥내소화전 설비   ② 자동 화재탐지설비

③ 비상용 승강기   ④ 가스계 소화설비

[해설] 비상용 승강기에 갇힌 사람은 고가차량(고가사다리 또는 굴절차)으로 구조한다.

[정답] 17. ④   18. ④   19. ④   20. ③

실전 테스트 5

1. 화재 초기에 연소가 활발하지 않고 연기가 많이 발생한 단계에서 연소에 참여하는 공기 중의 산소농도는 용적으로 몇 % 정도인가?

① 5~7 　　　　② 8~10 　　　　③ 16~19 　　　　④ 20~30

해설 공기 중 산소는 약 21%지만 화재 초기 연소에 참여하는 산소의 농도는 8~10% 정도이다.

2. 일반적으로 자연발화의 방지법이 아닌 것은?

① 습도를 높일 것 　　　　　　② 통풍을 원활하게 할 것
③ 저장실의 온도를 낮출 것 　　④ 위험물과 분리하여 보관할 것

해설 저장실의 습도가 높게 되면 열의 축적이 용이하여 자연발화의 위험이 있다.

3. 햇빛에 방치한 기름걸레가 자연발화를 일으켰다. 가장 관계가 깊은 것은?

① 점화원 　　　② 산소공급열 　　　③ 단열압축 　　　④ 축적된 산화열

해설 자연발화의 원인은 열의 축적에 의해 비롯된다.

4. 데토네이션(detonation)과 관계없는 것은?

① 충격파에 의한 폭발의 진행 　　② 초음속의 반응 확산
③ 핵 폭발 　　　　　　　　　　　④ 초대형 산림화재

해설 (1) 디플래그레이션(deflagration) : 폭연으로서 연소속도가 음속보다 느릴 때 발생한다.
(2) 데토네이션(detonation) : 폭굉으로서 충격파라고 하는 강력한 폭발성 반응을 일으키는 것으로 화염전파속도가 음속보다 빠른 경우를 말한다.

5. 저장용기로부터 할론 1301 소화약제를 대기로 방출하였더니 체적이 0.85 m³이었다. 대기 중으로 방출시킨 소화약제의 양은 몇 kg이겠는가? (단, 대기온도는 21℃, 분자량은 148.93, 기체상수는 0.082 L · atm/mol · K이다.)

① 3.18 　　　　② 5.25 　　　　③ 7.54 　　　　④ 9.35

정답 1. ②　　2. ①　　3. ④　　4. ④　　5. ②

해설 이상기체 상태 방정식에 의하여 $P \cdot V = \dfrac{W}{M} \cdot R \cdot T$ 에서 $W = \dfrac{P \cdot V \cdot M}{R \cdot T}$

$$W = \frac{1\,\text{atm} \times 850\,\text{L} \times 148.93\,\text{g}}{0.082\,\text{L} \cdot \text{atm}\,/\,\text{mol} \cdot \text{K} \times (273+21)\,\text{K}} = 5250.97\,\text{g} = 5.25\,\text{kg}$$

---

6. 화재 시 거의 빠짐없이 발생하는 일산화탄소에 관한 설명 중 옳지 않은 것은?

① 일산화탄소는 가연물에 존재하는 탄소 성분이 불완전 연소되어 발생한다.

② 화염의 색깔이 진하고 붉을수록 일산화탄소가 많이 발생한다.

③ 일산화탄소는 인체 속의 영양소를 파괴한다.

④ 일산화탄소는 미량만으로도 인체의 허파 속에 필요한 산소의 분압을 급감시킨다.

해설 일산화탄소는 헤모글로빈을 파괴하여 혈액의 산소 운반을 억제하는 작용을 한다.

---

7. 다음 연소가스 중에서 TLV(Threshold Limit Value)값을 기준으로 할 때 독성이 가장 큰 것은?

① 일산화탄소   ② 포스겐

③ 암모니아   ④ 염화수소

해설 일산화탄소 : 50 ppm, 포스겐 : 0.1 ppm, 암모니아 : 25 ppm, 염화수소 : 100 ppm

---

8. 건물 내 화재 시 연기를 확산시키는 주요 요인이 아닌 것은?

① 굴뚝효과   ② 화재 시 공조설비의 운전

③ 팽창   ④ 기온의 저하

해설 연기는 화재 시 불완전 연소에 의해 발생되는 기체로서 주변 온도의 상승으로 슈테판 볼츠만의 법칙에 의해 온도 상승 폭의 4제곱의 속도로 확산이 더 빨라진다.

---

9. 내화구조에 관한 설명으로 가장 적당한 것은?

① 불연재료의 성질이 있는 것

② 주요구조부에 쓰이는 철근 콘크리트조

③ 난연재료의 성질이 있는 것

④ 철근 콘크리트조, 연와조 기타 이와 유사한 구조로서 내화성능을 가진 것

해설 ④항은 내화구조의 정의를 나타내는 것이다.

정답 6. ③   7. ②   8. ④   9. ④

10. 스프링클러 설비의 헤드를 반드시 설치하여야 하는 곳은?

① 계단실, 목욕실, 화장실

② 보일러실

③ 발전실, 변압기 등 전기설비가 설치되어 있는 장소

④ 반자가 불연재료로 되어 있고 천장과 반자 사이의 거리가 1 m 미만인 부분

해설 ①, ③, ④항은 스프링클러 설비 제외 대상이다.

11. 화재의 소화원리에 따른 소화방법의 적용이 잘못된 것은?

① 냉각소화-스프링클러 설비　　② 질식소화-이산화탄소 소화설비

③ 제거소화-포소화설비　　④ 억제소화-할로겐 화합물 소화설비

해설 포소화설비는 질식 및 냉각소화가 주된 소화이다.

12. 피난기구의 설치 기준으로 옳지 않은 것은?

① 피난기구를 설치하는 개구부는 서로 동일 직선상이 아닌 위치에 설치한다.

② 피난기구는 계단, 피난구 기타 피난시설로부터 적당한 거리에 있는 안전한 구조의 피난구 또는 개구부에 설치한다.

③ 4층 이상의 층에 설치하는 사다리는 이동식의 것으로 설치한다.

④ 완강기는 강하 시 로프가 소방대상물에 접촉하여 손상되지 않도록 설치한다.

해설 4층 이상의 층에 설치하는 사다리는 금속성 고정식 사다리로 설치한다.

13. 연소 확대 방지를 위한 방화구획과 관계가 없는 것은?

① 층 또는 면적별 구획　　② 비상용 승강기 승강장 구획

③ 위험용도별 구획　　④ 방화 댐퍼 설치

해설 비상용 승강기 승강장은 화재 시 연기의 유동 통로로 될 우려가 있다.

14. 가연성 액체의 화재나 유류화재 시 물로 소화할 수 없는 이유는?

① 연소면을 확대　　② 인화점의 변화

③ 발화점의 변화　　④ 수용상으로 되어 인화점 상승

해설 물의 유동으로 화재면이 확대될 우려가 있다.

정답　10. ②　11. ③　12. ③　13. ②　14. ①

15. 연쇄반응과 관계가 없는 것은?

① 불꽃연소   ② 작열연소

③ 분해연소   ④ 증발연소

해설 작열연소는 표면연소라고도 하며 숯과 같이 자체 표면에서 연소하므로 연쇄반응 또는 확산연소 등은 일어나지 않는다.

16. 제1류 위험물로서 그 성질이 산화성 고체인 것은?

① 아염소산염류   ② 과염소산

③ 금속분   ④ 질산에스테르류

17. 감광계수 0.1(가시거리가 20~30 m)은 다음 중 어떤 현상을 의미하는가?

① 건물 내 숙지자의 피난한계 농도

② 화재 최성기의 연기 농도

③ 연기감지기가 작동하는 정도의 농도

④ 거의 앞이 보이지 않을 정도의 농도

해설 (1) 감광계수 0.1(가시거리가 20~30 m) : 연기감지기가 작동하는 정도의 농도

(2) 감광계수 10(가시거리가 0.2~0.5 m) : 화재 최성기의 연기 농도로 거의 앞이 보이지 않을 정도이다.

18. 방화문에 관한 설명 중 옳지 않은 것은?

① 방화문은 직접 손으로 열 수 있어야 한다.

② 철재로서 철판의 두께가 1.6 mm 이상인 것은 갑종 방화문이라 할 수 있다.

③ 철재 및 망입 유리로 된 것은 을종 방화문이다.

④ 피난계단에 설치하는 방화문에 한해 자동폐쇄장치가 요구된다.

해설 (1) 갑종 방화문
- 철재로서 철판의 두께가 1.5 mm 이상인 것
- 골구를 철재로 하고 그 양면에 각각 두께 0.5 mm 이상의 철판을 붙인 것

(2) 을종 방화문
- 철재로서 철판의 두께가 0.8 mm 이상 1.5 mm 이하인 것

정답 15. ② 16. ① 17. ③ 18. ④

•철재 및 망입 유리로 된 것
•골구를 방화목재로 하고 옥내면에는 두께 1.2 cm 이상의 석고판을, 옥외면에는 철판을 붙인 것

---

19. 방화구조에 대한 설명 중 틀린 것은?

① 철망 모르타르로서 그 바름 두께가 2 cm 이상인 것
② 두께 1.2 cm 이상의 석고판 위에 석면 시멘트판을 붙인 것
③ 두께 2.5 cm 이상의 암면 보온판 위에 석면 시멘트판을 붙인 것
④ 두께 2.5 cm 이상의 암면 보온판 위에 암면 시멘트판을 붙인 것

---

20. 불꽃연소의 4대 요소가 모두 열거된 것은?

① 온도, 산소, 연료, 습도
② 온도, 산소, 순조로운 연쇄반응, 바람
③ 온도, 순조로운 연쇄반응, 산소, 연료
④ 온도, 산소, 순조로운 연쇄반응, 기후

해설 연소의 4대 요소
(1) 가연물질   (2) 산소공급원
(3) 점화원   (4) 연쇄반응

실전 테스트 6

□1. 특별피난계단을 설치하여야 하는 층에 관한 기술로서 적당하지 않은 것은?

① 위락시설로서 5층 이상의 층
② 공동주택으로서 16층 이상의 층
③ 지하 3층 이하의 층
④ 병원으로서 11층 이상의 층

해설 위락시설로서 5층 이상의 층은 특별피난계단 설치 제외 사항이다.

□2. 이산화탄소의 소화작용이 아닌 것은?

① 질식작용   ② 냉각작용
③ 화염에 대한 피복작용   ④ 억제작용

해설 이산화탄소의 소화작용
(1) 질식작용
(2) 냉각작용
(3) 화염에 대한 피복작용
※ 억제작용은 부촉매효과와 같으므로 할론 또는 분말소화약제에서 행할 수 있다.

□3. 어떤 인화성 액체가 공기 중에서 열을 받아 점화원의 존재하에 지속적인 연소를 일으킬 수 있는 최저온도를 무엇이라고 하는가?

① 발화점   ② 인화점
③ 연소점   ④ 산화점

해설 연소점은 인화점보다 5℃ 정도 높게 유지하여 연소가 지속되는 온도이다.

□4. 철골구조의 내화피복 종류로서 내화성이 좋은 것은?

① 라스 모르타르 바름   ② 석면 뿜칠과 안면 뿜칠
② 경량성 형판 붙임   ④ 인공경량골재 콘크리트 쌓기

해설 철골구조의 내화피복 종류 중 인공경량골재 콘크리트 쌓기는 내화성이 우수하다.

정답 1. ① 2. ④ 3. ③ 4. ④

□5. 연소(燃燒) 확대의 방지대책으로 볼 수 없는 것은?

① 방화구획   ② 방연구획   ③ 특별피난계단   ④ 방화문

해설 연소 확대 방지대책
- 수평 구획 : 방화문
- 수직 구획 : 방연구획
- 용도 구획 : 방화구획

□6. 실내에서의 연기의 이동 속도는?

① 수직 1 m/s, 수평 5 m/s 정도   ② 수직 3 m/s, 수평 1 m/s 정도
③ 수직 5 m/s, 수평 7 m/s 정도   ④ 수직 7 m/s, 수평 9 m/s 정도

해설 연기의 이동 속도 : 수평이동 0.5~1 m/s, 수직이동 2~3 m/s

□7. 프로판가스의 특성에 대한 설명으로 옳은 것은?

① 액화프로판이 기화하면 용적은 약 500배가 된다.
② 기체가스 비중은 약 0.5이다.
③ 연소범위는 2.1~9.5 vol%이다.
④ 용기 내에서는 액화프로판의 양이 감소함에 따라 압력도 감소한다.

해설 프로판가스의 특성
① 액화프로판이 기화하면 용적은 약 250배가 된다.
② 기체가스 비중은 약 1.52배(44/29)로 공기보다 무거워 누설 시 바닥에 체류한다.
③ 폭발범위 : 프로판(2.1~9.5 %), 부탄(1.8~8.4 %)
④ 액화가스로 용기에 충전되어 있어 용기 내에 액체가 존재하면 용기 내의 압력은 일정하다.

□8. 연소의 3대 요소가 아닌 것은?

① 가연물   ② 산소   ③ 점화원   ④ 습도

해설 (1) 연소의 3대 요소 : 가연물질 + 산소 공급원 + 점화원
(2) 연소의 4대 요소 : 가연물질 + 산소 공급원 + 점화원 + 순조로운 연쇄반응

□9. 물질의 성질 변화가 절대온도와는 관계가 없는 것은?

① 밀도   ② 비열   ③ 증기압   ④ 만유인력

정답 5. ③ 6. ② 7. ③ 8. ④ 9. ④

해설 물질의 성질 변화가 절대온도와 관계 있는 것은 결국 이상기체와 관계가 있으며 만유인력은 실제유체와 관계가 있다.

10. 건물에서 화재 가혹도(fire severity)와 관련이 없는 것은?

① 화재하중　　　　　　　　　② 공조설비 상황
③ 가연물의 배열상태　　　　　④ 창문 등 개구부의 크기

해설 화재 가혹도(fire severity) = 최고온도 × 지속시간

화재의 강도를 판단하는 척도로 이용하기 때문에 공조설비 상황과는 무관하다.

11. 피부에 화상을 입었을 때 물집이 생기는 정도는 몇 도 화상으로 분류하는가?

① 1도 화상　　　　　　　　　② 2도 화상
③ 3도 화상　　　　　　　　　④ 4도 화상

해설 • 1도 화상 : 피부 얇은 층 화상
• 2도 화상 : 물집과 통증, 흉터 우려
• 3도 화상 : 피부 전층 화상
• 4도 화상 : 근육, 뼈 조직 손상

12. 난연재의 성능을 가지는 물질의 성분으로 부적합한 것은?

① 인　　　　　　　　　　　　② 나트륨
③ 안티몬　　　　　　　　　　④ 불소

해설 나트륨은 금수성 물질이므로 난연재 성능이 없다.

13. 비상용 승강기의 안전에 대한 장치가 잘못된 것은?

① 동력이 끊어질 때에 타성에 의한 원동기의 회전을 제지하는 장치
② 정전등의 비상시에 승강기 안에서 외부로 연락할 수 있는 장치
③ 정전 시에도 100 럭스 이상의 조도를 확보할 수 있는 조명장치
④ 비상시 안전하게 승강기의 외부로 탈출할 수 있는 비상탈출장치

해설 정전 시에도 1 럭스 이상의 조도를 확보할 수 있는 조명장치

정답　10. ②　11. ②　12. ②　13. ③

14. 연소는 화학반응의 일종이다. 연소가 진행하는 속도와 관련이 있는 것은?

① 열의 발생속도　　　　　　　　② 착화속도

③ 산화속도　　　　　　　　　　④ 환원속도

해설 산화 : 산소와의 화학반응을 나타내는 것

(1) 부식 또는 부패

(2) 연소

(3) 폭발

15. 질산염류 화재 시 이용되는 소화방법은?

① 탄산가스를 방사한다.　　　　② 사염화탄소를 방사한다.

③ 포를 방사한다.　　　　　　　④ 주수를 한다.

해설 제1류 위험물(산화성 고체) : 아염소산염류, 염소산염류, 과염소산염류, 질산염류, 중크롬산염류, 과망간산염류 등

(1) 성상 및 취급방법 : 충격, 마찰, 열에 의해 쉽게 분해하여 많은 산소를 방출함으로써 연소 및 폭발을 유발한다. 통풍이 양호한 곳에 저장하고 충격을 피할 것. 화기와 이격시킨다.

(2) 소화방법 : 건조사로 질식소화, 물로 냉각소화

16. 공기 중의 산소농도를 희박하게 하거나 연소하는 데 필요한 공기량을 조절하는 소화방법으로 옳은 것은?

① 파괴소화　　　　　　　　　　② 제거소화

③ 냉각소화　　　　　　　　　　④ 질식소화

해설 (1) 질식소화 : 공기 중의 산소농도를 16 % 이하로 낮추어 소화시키는 방법으로 물분무 등 소화설비가 여기에 해당된다.

(2) 물분무 등 소화설비 : 물분무 소화설비, 포소화설비, 분말소화설비, 이산화탄소 소화설비, 할로겐 화합물 소화설비

17. 포소화약제 중 유류화재의 소화 시 성능이 가장 우수한 것은?

① 단백포　　　　　　　　　　　② 수성막포

③ 합성 계면활성제포　　　　　　④ 내알코올포

정답 14. ③　15. ④　16. ④　17. ②

해설 소화약제의 종류
① 단백포 : 짐승의 **뼈**, **뿔**, 피 등의 동물성 단백질을 가수분해시켜 얻은 것으로 장기간 보존 시 변질, 부패의 우려가 있으므로 일정 기간이 지나면 교환, 재충전을 필요로 한다. 3 %, 6 %형이 있으며 저발포로 방출된다. 특히, 유류소화를 위해 옥외저장 탱크의 측벽에 설치하여 사용하는 고정포 방출구(Ⅱ형)가 있다.
② 수성막포 : 불소계통의 합성계면활성제를 물과 혼합하여 사용한다. 유류 표면에 도포하여 질식소화시키는 것으로 단백포에 비해 3~5배 정도의 효과가 뛰어나며 반면 약제 사용량은 $\frac{1}{3}$ 정도이다. 일명 라이트워터(light water)라 하며 3 %, 6 %형이 있으며 유류저장 탱크, 비행기 격납고, 정유공장, 주유소 등에 이용된다.
③ 합성 계면활성제포 : 합성 계면활성제(고급 알코올, 황산에스테르, 알킬벤젠, 술폰산염)를 물과 혼합하고 기포 안정제를 첨가한 것으로 무취의 연한 황색의 액체이다. 유류 표면을 포로 덮어 질식소화를 하며 유화작용을 하므로 재연소 방지에 적합하다. 쉽게 분해되지 않아 공해의 원인이 되기도 한다. 주유소, 차고, 정유공장 등의 소화설비에 사용되며, 고발포용으로 1 %, 1.5 %, 2 %형이 있으며 저발포용으로는 3 %, 6 %형이 있다.
④ 내알코올포 : 동물성 단백질의 가수분해물에 계면활성제를 첨가하여 유화 분산시켜 물에 불용성 물질을 생성한다. 알코올, 에테르, 아세트알데히드류 등의 소화약제로 사용한다. 단백포나 수성막포, 합성 계면활성제포를 알코올, 에테르, 아세트알데히드류 등의 소화약제로 사용하면 포가 물로 환원되는 소포성이 있으므로 부적합하다. 6 %형이 있으며 6배 이상의 저발포에 의해 방출된다.

18. 다음 설명 중 틀린 것은?
① 흡열반응은 가연물질의 연소반응과 관계가 없다.
② 액화천연가스의 주성분은 메탄으로서 공기보다 무겁다.
③ 가연성 가스의 폭발범위에 영향을 주는 것에는 온도, 압력, 농도가 있다.
④ 분진폭발을 일으키는 분진의 양은 30~80 mg/m^3 이상 들어 있어야 한다.

해설 메탄은 분자량 16으로 공기보다 가볍다(비중 : 16/29 = 0.55).

19. 불꽃이 붙은 후 점화원을 뗀 때부터 불꽃을 올리지 아니하고 연소하는 상태가 그칠 때까지의 경과시간은?
① 방진시간　② 방염시간
③ 잔진시간　④ 잔염시간

정답 18. ② 19. ③

해설 방염성능을 측정하는 기준

(1) 잔진시간 : 버너의 불꽃을 제거한 때부터 불꽃을 올리지 아니하고 연소하는 상태가 그칠 때까지의 시간으로 30초 이내

(2) 잔염시간 : 버너의 불꽃을 제거한 때부터 불꽃을 올리며 연소하는 상태가 그칠 때까지의 시간으로 20초 이내

(3) 탄화한 면적 50 cm^2 이내, 탄화한 길이 20 cm 이내

(4) 불꽃 접촉횟수는 3회 이상

---

20. 포말소화설비의 혼합방식에 관한 것이다. 소화원액 가압 펌프를 별도로 사용하는 방식은?

① 관로 혼합방식   ② 펌프 혼합방식

③ 압입 혼합방식   ④ 차압 혼합방식

해설 포소화약제 혼합방식의 종류

(1) 펌프 프로포셔너(pump proportioner) 방식 : 포말소화설비의 포약제 혼합방식으로 펌프 토출측과 흡입측에 바이패스를 설치하고, 그 바이패스의 도중에 설치한 어댑터(adaptor)로 펌프 토출측 수량의 일부를 통과시켜 공기포 용액을 만드는 방식이다.

(2) 프레셔 프로포셔너(pressure proportioner) 방식 : 차압 혼합방식이라고도 하며 펌프와 발포기 중간에 설치된 벤투리관의 벤투리 작용과 펌프 가압수의 포소화약제 저장 탱크에 대한 압력에 의하여 포소화약제를 흡입·혼합하는 방식이다.

(3) 라인 프로포셔너(line proportioner) 방식 : 관로 혼합방식이라고도 하며 펌프와 발포기 중간에 설치된 벤투리관의 벤투리 작용에 의하여 포소화약제를 흡입·혼합하는 방식이다.

(4) 프레셔 사이드 프로포셔너(pressure side proportioner) 방식 : 압입 혼합방식이라고도 하며 펌프의 토출관에 압입기를 설치하여 포소화약제 압입용 펌프로 포소화약제를 압입시켜 혼합하는 방식이다.

정답 20. ③

제 2 과목

소방유체역학

제1장   소방유체역학

제1장 소방유체역학

1-1 유체의 기본 성질

1 유체의 개요

① 유체역학(fluid mechanics)의 정의

　㈎ 정지 또는 움직이는 유체에 관한 현상을 연구하는 학문으로 수력학(hydraulics) 이라고도 한다.

　㈏ 액체, 특히 물의 역학적 성질을 공학상의 응용을 목적으로 연구하는 학문이다.

② 유체의 정의 : 아주 작은 전단력(shear force)이라도 작용하면 연속적으로 변형이 일어나는 물질을 말한다.

　㈎ 물질 : 고체, 액체, 기체, 플라스마(plasma)

　㈏ 힘

　　• 접촉력 : 수직력(압축력, 인장력), 전단력(shear force)

　　• 체적력 : 중력, 전자기력

　　• 표면장력(surface tension)

 참고

> 보통 유체가 받는 힘 : 압축력, 전단력, 중력, 원심력 등이 있다.

③ 액체와 기체의 차이

　㈎ 액체 : 한정된 체적을 점유하며 자유표면(free surface)을 가진다.

　㈏ 기체 : 주어진 용기 전체를 점유할 때까지 팽창한다.

2 연속체(continuum)

① 유체의 성질을 간직하는 기본 알맹이들이 유체 내에 골고루 연속적으로 분포되어 그 사이에는 아무런 빈 공간도 존재하지 않는다.

② 연속체로 취급하기 위한 가정 : 물체의 특성 길이가 분자의 평균 자유행로(mean free

path) 또는 분자의 크기보다 훨씬 크다. 즉, 분자의 충돌시간이 아주 짧아야 한다.

㈎ 연속체의 가정이 직접적으로 필요하게 되는 두 가지의 경우

- 밀도 : 단위 부피당의 유체의 질량

$$\rho = \lim_{\Delta V \to 0} \frac{\Delta M}{\Delta V}$$

- 압력 : 고체면에 작용하는 단위 면적당의 수직력

$$P = \lim_{\Delta A \to 0} \frac{\Delta F}{\Delta A}$$

3 유체의 분류

① 유체의 점성(viscosity)에 의한 분류

㈎ 이상유체(ideal fluid) 또는 완전유체(perfect fluid) 라고 한다.

- 점성이 없는 비압축성 유체이다.
- 존재하지 않는다(열역학의 가역과정과 유사하다).

㈏ 실제유체(real fluid)

② 유체의 압축성(compressible)에 의한 분류

㈎ 비압축성 유체 : 압력의 변화에 대하여 유체 흐름의 성질의 변화가 없는 유체

예 액체, 음속 이하의 흐름 $\dfrac{\partial \rho}{\partial P} = 0$

㈏ 압축성 유체

예 기체, 음속 이상의 흐름, 수격작용 $\dfrac{\partial \rho}{\partial P} \neq 0$

4 단위

① 힘(force) 의 단위 : kgf, N, dyn, lb(= pound)

㈎ $1\,\mathrm{N} = 1\,\mathrm{kg} \times 1\,\mathrm{m/s}^2$

㈏ $1\,\mathrm{kgf} = 1\,\mathrm{kg} \times 9.8\,\mathrm{m/s}^2 = 9.8\,\mathrm{kg} \cdot \mathrm{m/s}^2 = 9.8\,\mathrm{N}$

㈐ $1\,\mathrm{dyn} = 1\,\mathrm{g} \times 1\,\mathrm{cm/s}^2 = \dfrac{1}{10^5}\,\mathrm{kg} \cdot \mathrm{m/s}^2 = \dfrac{1}{10^5}\,\mathrm{N}$

㈑ $1\,\mathrm{lb} = 1\,\mathrm{slug} \times 1\,\mathrm{ft/s}^2$

② 일(work, energy, moment, torque)의 단위 : kgf · m, N · m = J, dyn · cm = erg

㈎ $1\,\mathrm{kgf} \cdot \mathrm{m} = 9.8\,\mathrm{N} \cdot \mathrm{m} = 9.8\,\mathrm{J}$

㈏ $1\,\mathrm{erg} = 1\,\mathrm{dyn} \cdot \mathrm{cm}$

(다) $1\,J = 1\,N \cdot m = 10^5\,dyn \cdot 100\,cm = 10^7\,dyn \cdot cm = 10^7\,erg$

③ 동력(power, 일률, 공률) : 단위 시간당 행한 일량

(단위 : $kgf \cdot m/s$, $N \cdot m/s = J/s$, $dyn \cdot cm/s = erg/s$, $lb \cdot ft/s$)

(가) $1\,HP(=PS) = 75\,kgf \cdot m/s$

(나) $1\,kW = 102\,kgf \cdot m/s$

(다) $1\,W = 1\,J/s = 1\,N \cdot m/s = \dfrac{1}{9.8}\,kgf \cdot m/s$

④ 압력(pressure) : 단위 면적당 작용하는 힘

$$P = \frac{F}{A}$$

(가) $1\,Pa(pascal) = 1\,N/m^2 = \dfrac{1}{9.8}\,kgf/m^2$

(나) $1\,bar = 10^5\,Pa$

 참고

① 1 atm(표준 대기압) = 1.0332 kgf/cm^2 = 760 mmHg = 760 torr

= 10.332 mAq = 14.7 psi(lb/in^2)

② 1 at(공학 기압) = 1 kgf/cm^2

물리량의 차원

물리량	절대 단위계	공학 단위계	물리량	절대 단위계	공학 단위계
길이	L	L	각도	1	1
질량	M	$FL^{-1}T^2$	각속도	T^{-1}	T^{-1}
시간	T	T	각가속도	T^{-2}	T^{-2}
힘	F	MLT^{-2}	회전력	ML^2T^{-2}	FL
면적	L^2	L^2	모멘트	ML^2T^{-2}	FL
체적	L^3	L^3	표면장력	MT^{-2}	FLT^{-1}
속도	LT^{-1}	LT^{-1}	동력	$ML^{-1}T^{-1}$	$FL^{-2}T$
가속도	LT^{-2}	LT^{-2}	절대점성계수	$ML^{-1}T^{-1}$	$FL^{-2}T$
탄성계수	$ML^{-1}T^{-2}$	FT^{-2}	동점성계수	L^2T^{-2}	L^2T^{-1}
밀도	ML^{-3}	$FL^{-4}T^2$	압력	$ML^{-1}T^{-2}$	FL^{-2}
비중량	$ML^{-2}T^{-2}$	FL^{-3}	에너지	ML^2T^{-2}	FL

5 유체흐름의 성질

① 비중량(specific weight)

$$\gamma = \rho \cdot g = \frac{1}{v} = \frac{G}{V}\left[\frac{\mathrm{kgf}}{\mathrm{m}^3}\right] \quad \therefore \ G = \gamma \cdot V$$

→ 물의 비중량 $\gamma = 1000\dfrac{\mathrm{kgf}}{\mathrm{m}^3}$

② 비체적

$$v = \frac{1}{\gamma}$$

(가) $\dfrac{\mathrm{m}^3}{\mathrm{kgf}}$: 중력 단위계

(나) $\dfrac{\mathrm{m}^3}{\mathrm{kg}}$: 절대 단위계(정의, 차원)

③ 밀도

$$\rho = \frac{\gamma}{g} = \frac{m}{v}\left[\frac{\mathrm{kg}}{\mathrm{m}^3}\right] \quad \therefore \ m = \rho v \,(※ \ \gamma = \rho \cdot g = \frac{1}{v})$$

→ 물의 밀도 $\rho = 102\dfrac{\mathrm{kgf} \cdot \mathrm{s}^2}{\mathrm{m}^4}$

④ 비중

$$S = \frac{\gamma}{\gamma_w} = \frac{\rho}{\rho_w} = \frac{w}{w_w}$$

6 Newton의 점성법칙

① 유체의 점성 : 유체에 전단력(마찰력)이 생기게 하는 성질을 말한다.

(가) 액체 : 온도 상승↑, 점성 감소↓

(나) 기체 : 온도 상승↑, 점성 증가↑

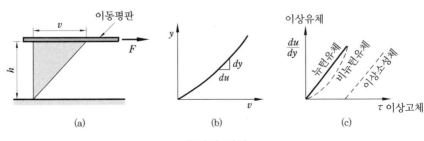

유체의 점성

$$\tau = \frac{F}{A} = \mu \frac{du}{dy}$$

$$\mu = \frac{\tau y}{u} [\text{kgf} \cdot \text{s/m}^2]$$

여기서, μ : 점성계수

② 동점성계수

$$v = \frac{\mu}{\rho} [\text{m}^2/\text{s}]$$

(가) $1 \text{ poise} = \frac{1}{98} \text{ kgf} \cdot \text{s}/\text{m}^2$

(나) $1 \text{ stokes}(\text{cm}^2/\text{s}) = 10^{-4} \text{ m}^2/\text{s}$

7 이상기체 상태 방정식

$$PV = GRT$$

여기서, P : 압력(kg/m^2)

$\quad V$: 체적(m^3)

$\quad T$: 절대온도(K)

$\quad G$: 질량(kg)

$\quad R$: 기체상수$\left(\dfrac{848}{M}\text{kg} \cdot \text{m/kg} \cdot \text{K}\right)$

$\quad$※ M : 기체 분자량

8 체적탄성계수 및 압축률

① 체적 탄성계수

$$K = -\frac{\Delta P}{\dfrac{\Delta V}{V}} = \frac{\Delta P}{\dfrac{\Delta Y}{Y}} = \frac{\Delta P}{\dfrac{\Delta \rho}{\rho}} \left[\frac{\text{kgf}}{\text{m}^2}\right]$$

여기서, $K(E) = P \rightarrow$ 등온압축, $K(E) = kP \rightarrow$ 단열압축

② 압축률

$$\beta = \frac{1}{K} \left[\frac{\text{m}^2}{\text{kgf}}\right]$$

9 표면장력(σ)

액체의 자유표면이 응집력에 의해서 수축하려는 힘(kgf/m)을 말한다.

$$\sigma = \Delta P \cdot d$$

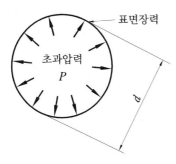
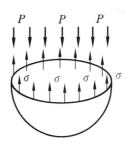

표면장력

㈎ 구 : $\Delta P = \dfrac{2\sigma}{R} = \dfrac{4\sigma}{d}$

㈏ 원주 : $\Delta P = \dfrac{\sigma}{R}$

㈐ 일반표면 : $\Delta P = \sigma\left(\dfrac{1}{R_1} + \dfrac{1}{R_2}\right)$

🔟 모세관 현상

응집력과 부착력에 의하여 자유표면보다 액주의 높이가 높거나 낮게 되는 현상을 말한다.

$$H = \dfrac{4\sigma\cos\theta}{\gamma d}$$

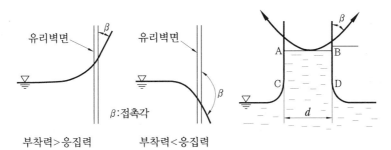

모세관 현상

1-2 유체 정역학

1 유체 정역학의 개요

① 정적상태 : 유체가 정지하고 있거나 균일속도로 움직일 때 전단력을 받지 않고 압력만을 받는 상태를 말한다.

② Pascal의 원리

㉮ 정지하고 있는 유체 속의 한 점에 작용하는 힘의 세기는 모든 방향에서 같다.

㉯ 밀폐된 공기 중에 정지유체의 일부에 가해진 압력은 유체 중의 모든 부분에 일정하게 전달된다.

$$P = \frac{F_1}{A_1} = \frac{F_2}{A_2}$$

2 정지유체 내의 압력변화

① 압력 : $P = \dfrac{W}{A} \left[\dfrac{\mathrm{kgf}}{\mathrm{m}^2} \right]$

② $\Delta P = \gamma h$

3 액주계

① 작은 압력이나 압력차를 측정하는 데 적절하다.

② 정의 : 액주의 높이를 측정하여 압력을 구하는 계기이다.

③ $\Delta P = \gamma h$의 관계를 이용한다.

④ 절대압력을 구하려면 대기압을 고려해야 한다.

• 경사 미압계 : $\Delta P = \gamma l \left(\sin\alpha + \dfrac{P}{A} \right)$

액주계

4 평면에 미치는 유체의 전압력

① 수평, 수직, 경사면에 작용하는 유체의 전압력

$$F = P \cdot A = \gamma h_c A, \quad y_p = \bar{y} + \frac{I_G}{A \bar{y}}$$

여기서, h_c : 압력 프리즘의 중심, I_G : 단면 2차 관성모멘트

② 곡면에 작용하는 유체의 전압력

㉮ 수평분력(F_x) : 곡면의 수평 투영면적에 작용하는 전압력

$$F_x = \gamma h_c A$$

㉯ 수직분력(F_y) : 곡면의 연직상방에 있는 유체 무게

$$F_y = \gamma v$$

$$F = \sqrt{F_x^2 + F_y^2}$$

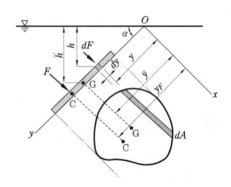

$$\tan\theta = \frac{F_y}{F_x}$$

5 부력

물체와 같은 체적의 유체 무게로서 연직상방으로 작용하는 힘을 말한다.

$$F_B = \gamma V(단, V 는 잠긴 체적)$$

6 등속운동을 받는 유체

① 수평 등가속도를 받는 유체 : $\tan\theta = \dfrac{a}{g} = \dfrac{H}{l}$

② 연직방향 등가속도를 받는 유체 : $\Delta P = \gamma h \left(1 + \dfrac{a}{g}\right)$

③ 등속 원운동을 하는 유체 : $h = \dfrac{v^2}{2g} = \dfrac{\gamma^2 \omega^2}{2g}$

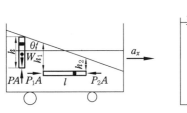
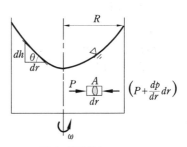

수평 등가속도	연직방향 등가속도	등속 원운동

1-3 🔥 유체 운동학

1 유체 운동학의 개요

① 유체의 유동

 (가) 층류 유동 : 유체 입자들이 층을 이루면서 규칙 정연하게 흐르는 유동

 (나) 난류 유동 : 유체 입자들이 극히 불규칙한 경로를 따라 회전하면서 불규칙하게 흐르는 유동

 (다) 정상 유동 : 유동 조건이 시간에 무관하고 일정한 유동

$$\frac{\partial T}{\partial t} = 0, \ \frac{\partial v}{\partial t} = 0, \ \frac{\partial P}{\partial t} = 0, \ \frac{\partial \rho}{\partial t} = 0$$

㈃ 비정상 유동 : 유동 특성들이 시간에 따라 변하는 흐름

② 유선 : 유체 흐름에서 어느 순간에 각 점에서의 속도방향과 접선방향이 일치하는 연속적인 가상곡선을 말한다.

$$\vec{u} \times \vec{ds} = 0, \ \frac{dx}{u} = \frac{dy}{v} = \frac{dz}{w}$$

2 연속 방정식

흐르는 유체에 질량 보존의 법칙을 적용하여 얻은 방정식을 말한다.

$$\rho A V \rightarrow \frac{\text{kg}}{\text{m}^3} \cdot \text{m}^2 \cdot \frac{\text{m}}{\text{s}}$$

① $\rho_1 A_1 V_1 = \rho_2 A_2 V_2$

$$\dot{m}(\text{질량 유량 : kg/s}) = \rho_1 A_1 V_1 = \rho_2 A_2 V_2 = \rho A V = \text{const}$$

$d(\rho A V) = 0$: 미분형 표시

$\rho' A V + \rho A' V + \rho A V' = 0$

$d\rho A V + \rho d A V + \rho A d V = 0$

각 항을 $\rho A V$로 나누어 주면

$$\frac{d\rho A V}{\rho A V} + \frac{\rho d A V}{\rho A V} + \frac{\rho A d V}{\rho A V} = 0$$

$$\therefore \ \frac{d\rho}{\rho} + \frac{dA}{A} + \frac{dV}{V} = 0$$

$$\dot{G}(\text{중량 유량 : kgf/s}) = \gamma_1 A_1 V_1 = \gamma_2 A_2 V_2 = \gamma A V = \text{const}$$

② 비압축성 $\left(\dfrac{\partial \rho}{\partial P} = 0 \right)$ 유체일 때 $\gamma, \ \rho$는 일정하다.

$\rho_1 A_1 V_1 = \rho_2 A_2 V_2$ $\gamma_1 A_1 V_1 = \gamma_2 A_2 V_2$

$A_1 V_1 = A_2 V_2$ $A_1 V_1 = A_2 V_2$

$$Q(\text{체적 유량 : m}^3\text{/s}) = A_1 V_1 = A_2 V_2 = A V = \text{const}$$

③ 압축성 유체의 정상 흐름 : 유관의 모든 단면을 통과하는 질량 유량, 중량 유량이 일정하다.

④ 비압축성 유체의 정상 흐름 : 유관의 모든 단면을 통과하는 체적 유량이 일정하다.

   (가) 질량 유량$\left(\dfrac{\mathrm{kg}}{\mathrm{s}} \right)$: $m = \rho A V$

   (나) 중량 유량$\left(\dfrac{\mathrm{kgf}}{\mathrm{s}} \right)$: $G = \gamma A V$

   (다) 체적 유량$\left(\dfrac{\mathrm{m}^3}{\mathrm{s}} \right)$: $Q = A V$

⑤ 일반적 연속 방정식

$$\frac{\partial \rho}{\partial t} + \frac{\partial \rho V_x}{\partial x} + \frac{\partial \rho V_y}{\partial_y} + \frac{\partial \rho V_z}{\partial_z} = 0$$

$$\Delta = \frac{\partial}{\partial x} i + \frac{\partial}{\partial y} j + \frac{\partial}{\partial z} k$$

$$\Delta \cdot (\rho \overrightarrow{V}) = -\frac{\partial \rho}{\partial t}$$

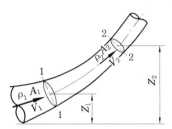

⑥ 비압축성 유체일 때 연속 방정식

$$\frac{V_x}{\partial x} + \frac{\partial V_y}{\partial y} + \frac{\partial V_z}{\partial z} = 0$$

⑦ 정상류일 때 연속 방정식

$$\frac{\partial \rho V_x}{\partial x} + \frac{\partial \rho V_y}{\partial y} + \frac{\partial \rho V_z}{\partial z} = 0, \ \Delta \cdot (\rho \overrightarrow{V}) = 0$$

⑧ 3차원 정상류 비압축성 연속 방정식

$$\frac{\partial V_x}{\partial x} + \frac{\partial V_y}{\partial y} + \frac{\partial V_z}{\partial z} = 0, \ \Delta \cdot \overrightarrow{V} = 0 \ \text{또는} \ \mathrm{div} \ \overrightarrow{V} = 0$$

   여기서, $\overrightarrow{A} \cdot \overrightarrow{B} = A B \cos\theta$

3 Euler의 운동 방정식

① Euler의 운동 방정식(Euler equation of motion)

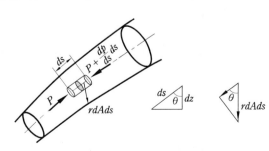

> Newton's second law $F = ma$

$$PdA - \left(P + \frac{\partial P}{\partial S}ds\right)dA - \rho gdAds\sin\theta = \frac{W}{g}\frac{dV}{dt}$$

$$PdA - PdA - \frac{\partial P}{\partial S}dsdA - \rho gdAds\frac{dz}{ds} = \frac{W}{g}\frac{dV}{dt}$$

$$-\frac{\partial P}{\partial S}dsdA - \rho gdAdz = \frac{\rho gdAds}{g}\frac{dV}{dt}$$

양변 $\div \rho dAds$

$$-\frac{\partial P}{\partial S}\frac{dsdA}{\rho dAds} - \frac{\rho g dAdz}{\rho dAds} = \frac{\rho dAds}{\rho dAds}\frac{dV}{dt}$$

$$\frac{1}{\rho}\frac{\partial P}{\partial S} + g\frac{dz}{ds} + \frac{dV}{dt} = 0$$

> $V = f(s, t)$ ←속도는 길이와 시간의 함수이다.
>
> $$dV = \frac{\partial V}{\partial s}ds + \frac{\partial V}{\partial t}dt, \qquad \frac{dV}{dt} = \frac{\partial V}{\partial s}\frac{ds}{dt} + \frac{\partial V}{\partial t}\frac{dt}{dt}$$

$$\frac{1}{\rho}\frac{\partial P}{\partial S} + g\frac{dz}{ds} + V\frac{\partial V}{\partial s} + \frac{dV}{dt} = 0 \;\rightarrow\; \text{가정 : 정상류}\left(\frac{\partial \rho}{\partial t} = 0\right)$$

$$\frac{1}{\rho}\frac{\partial P}{\partial S} + g\frac{dz}{ds} + V\frac{\partial V}{\partial s} = 0$$

양변 $\times ds$: $\dfrac{\partial P}{\rho} + g\,dz + V\partial V = 0$

② Euler의 운동 방정식의 가정

　㈎ 유체 입자는 유선(stream line)을 따라 흐른다.

　㈏ 유체는 마찰이 없다(비점성 유체).

　㈐ 정상유동을 한다(steady flow).

　㈑ 압축성, 비압축성일 때 다 쓰인다.

③ Euler의 운동 방정식의 결과

> $$\frac{1}{\rho}\frac{\partial P}{\partial S} + g\frac{dz}{ds} + V\frac{\partial V}{\partial s} = 0, \qquad \frac{\partial P}{\rho} + g\,dz + V\partial V = 0$$

4 베르누이 방정식

① 베르누이 방정식(Bernoulli equation) : Euler의 운동 방정식을 적분한 것

$$\int \frac{1}{\rho} dP + \int g\,dZ + \int V\,dV = 0$$

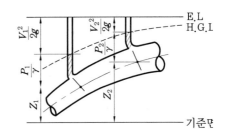

(가) 가정 : 비압축성$\left(\dfrac{\partial \rho}{\partial P} = 0 \right)$ 유체

$$\frac{1}{\rho} \int dP + g \int dZ + \int V\,dV = 0$$

$$\frac{P}{\rho} + gZ + \frac{1}{2} V^2 = C$$

양변 $\div g$

$$\frac{P}{\rho g} + \frac{gZ}{g} + \frac{V^2}{2g} = C$$

$$\frac{P}{\gamma} + Z + \frac{V^2}{2g} = C$$

(나) 베르누이 방정식의 결과

$$\frac{P}{\gamma} + \frac{V^2}{2g} + Z = H$$

- 압력수두(pressure head)
- 위치수두(potential head)
- 속도수두(velocity head)
- 전수두(total head)

전수두 (E.L) = 압력수두 + 속도수두 + 위치수두
수력 구배선(H.G.L) = 압력수두 + 위치수두

[가정]
- 유체입자는 유선을 따라 흐른다.
- 유체는 마찰이 없다.
- 정상유동을 한다.
- 비압축성이다.

② 베르누이 방정식의 응용

(가) 오리피스

$$\frac{P_1}{\gamma} + \frac{V_1^2}{2g} + Z_1 = \frac{P_2}{\gamma} + \frac{V_2^2}{2g} + Z_2$$

$P_1 = P_2$: 대기압, $V_1 = 0$

$$\therefore \ V_2 = \sqrt{2g(Z_2 - Z_1)} = \sqrt{2gH} \ : \text{이론속도}$$

실제속도는 이론속도보다 항상 작다.

$$\therefore \ V_{실제} = C_v \sqrt{2gH}$$

여기서, C_v : 속도계수(단, 항상 1보다 작다.)

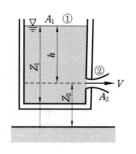

만약 그림의 ①, ② 단면에 d_1과 d_2를 준다면 $Q\left[\dfrac{\text{m}^3}{\text{s}}\right]$로 풀어야 한다.

(나) 피토관 : 그림의 점 2는 정체점 ← 속도 0

정체압 = 전압(total pressure) = 총압

$$\frac{P_1}{\gamma} + \frac{V_1^2}{2g} + Z_1 = \frac{P_2}{\gamma} + \frac{V_2^2}{2g} + Z_2$$

$$\therefore \ Z_1 = Z_2 : \text{동일 수평면 상}$$

양변$\times \gamma$

$$P_1 + \frac{\gamma V_1^2}{2g} = P_2$$

- 전압 : 닿는 면 전체에 작용하는 압력
- 정압 : 정지하고 있는 액체 속의 압력

$$\therefore \ V_1 = \sqrt{\frac{2g(P_2 - P_1)}{\gamma}} = \sqrt{\frac{2g(\gamma_0 - \gamma)h}{\gamma}} = \sqrt{2gh\left(\frac{\gamma_0}{\gamma} - 1\right)}$$

$$P_1 + \gamma k + \gamma_0 h = P_2 + \gamma(k + h)$$

$$P_1 + \gamma k + \gamma_0 h = P_2 + \gamma k + \gamma h$$

$$\therefore \ P_2 - P_1 = (\gamma_0 - \gamma)h$$

$$A_1 V_1 = A_2 V_2 \text{ 에서 } V_2 = \frac{A_1}{A_2} V_1 ,$$

또는 $\dfrac{V_1^2}{2g} = \dfrac{P_2 - P_1}{\gamma}$

$$\gamma V_1^2 = 2g(P_2 - P_1)$$

$$\therefore \ \gamma V_1^2 = 2gh(\gamma_0 - \gamma)$$

$$V_1^2 = 2gh\left(\frac{\gamma_0}{\gamma} - 1\right)$$

$$\therefore \ V_1 = \sqrt{2gh\left(\frac{\gamma_0}{\gamma} - 1\right)}$$

- $P_1 = \gamma h$
- $P_2 = \gamma (\Delta h + h)$

$$\frac{P_1}{\gamma} + \frac{V_1^2}{2g} + Z_1 = \frac{P_2}{\gamma} + \frac{V_2^2}{2g} + Z_2$$

$$\therefore Z_1 = Z_2 : \text{동일 수평면상}\ V_2 = 0$$

양변$\times \gamma$

$$P_1 + \frac{\gamma V_1^2}{2g} = P_2$$

$$\gamma h + \frac{\gamma V_1^2}{2g} = \gamma (\Delta h + h) = \gamma \Delta h + \gamma h$$

$$\frac{\gamma V_1^2}{2g} = \gamma \Delta h + \gamma h - \gamma h$$

$$V_1^2 = 2g\Delta h \quad \therefore V_1 = \sqrt{2g\Delta h}$$

또는 $\dfrac{V_1^2}{2g} = \dfrac{P_2 - P_1}{\gamma}$

$$V_1^2 = \frac{2g}{\gamma}\gamma \Delta h = 2g\Delta h \quad \therefore V_1 = \sqrt{2g\Delta h}$$

(다) 벤투리관(시차 액주계)

$$P_1 + \gamma (k + h) = P_2 + \gamma k + \gamma_0 h\ P_1 + Yk + Yh = P_2 + Yk + Y_0 h$$

$$\therefore P_1 - P_2 = (\gamma_0 - \gamma) h$$

$$\frac{P_1}{\gamma} + \frac{V_1^2}{2g} + Z_1 = \frac{P_2}{\gamma} + \frac{V_2^2}{2g} + Z_2$$

$$\therefore Z_1 = Z_2 : \text{동일 수평면상}$$

$$\frac{P_1 - P_2}{\gamma} = \frac{V_2^2 - V_1^2}{2g} \rightarrow Q = A_1 V_1 = A_2 V_2$$

$$\therefore V_1 = \frac{A_2}{A_1} V_2$$

$$\frac{(\gamma_0 - \gamma) h}{\gamma} = \frac{1}{2g}\left\{ V_2^2 - V_1^2 \right\} = \frac{1}{2g}\left\{ V_2^2 - \left(\frac{A_2}{A_1}\right)^2 V_2^2 \right\}$$

$$\frac{2g (\gamma_0 - \gamma) h}{\gamma} = V_2^2 \left\{ 1 - \left(\frac{A_2}{A_1}\right)^2 \right\}$$

$$\therefore \ V_2 = \sqrt{\dfrac{2\,g\,h\left(\dfrac{\gamma_0}{\gamma}-1\right)}{1-\left(\dfrac{A_2}{A_1}\right)^2}} = \sqrt{\dfrac{2\,g\,h\left(\dfrac{\gamma_0}{\gamma}-1\right)}{1-\left(\dfrac{d_2}{d_1}\right)^4}}$$

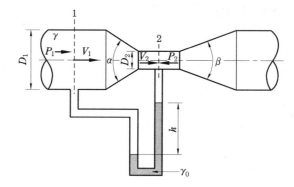

5 동력 $(\gamma\,Q\,H)$

① 수동력

$$\mathrm{HP} = \frac{\gamma\,Q\,H}{75}, \quad \mathrm{HP} = \frac{F_x \cdot u}{75}$$

② 축동력

$$H_{\mathrm{kW}} = \frac{\gamma\,Q\,H}{102}$$

1-4 운동량 법칙

1 역적 · 운동량

$$Ft = m\,v, \ F = \rho\,Q\,V(\text{동적인 힘})$$

2 운동량 방정식

① $F_x = \rho\,Q\,(V_2\cos\alpha_2 - V_1\cos\alpha_1) + P_2\,A_2\cos\alpha_2 - P_1\,A_1\cos\alpha_1$

② $F_y = \rho\,Q\,(V_2\sin\alpha_2 - V_1\sin\alpha_1) + P_2\,A_2\sin\alpha_2 - P_1\,A_1\sin\alpha_1$

$\therefore \ F = \sqrt{F_x^{\,2} + F_y^{\,2}}, \ \tan\alpha = \dfrac{F_y}{F_x}$

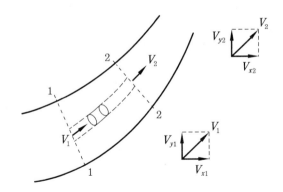

3 운동량 방정식의 응용

① 고정판의 흐름

(가) 판에 수직으로 작용하는 힘 : $F = \rho QV \sin\theta$

(나) 분류방향에 대한 분력 : $F' = \rho QV \sin^2\theta$

(다) 유량 : $Q_1 = \dfrac{Q}{2}(1 + \cos\theta)$

$Q_2 = \dfrac{Q}{2}(1 - \cos\theta)$

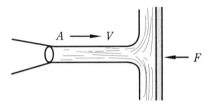

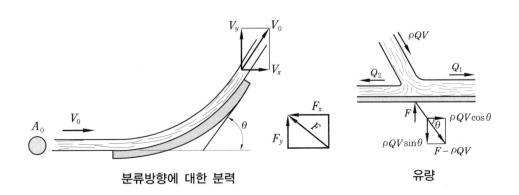

분류방향에 대한 분력   유량

② 움직이는 평판

(가) $Q = A(V - u)$

(나) $F = \rho QV = \rho A(V - u)^2$

③ 고정 곡면판

(가) $F_x = \rho QV(1 - \cos\theta)$

(나) $F_y = \rho QV \sin\theta$

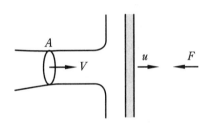

④ 이동 곡면판

(가) $F_x = \rho Q V(1 - \cos\theta) = \rho A (V - u)^2 (1 - \cos\theta)$

(나) $F_y = \rho Q V \sin\theta = \rho A (V - u)^2 \sin\theta$

4 분사 추진

$$v = \sqrt{2gh}, \quad F = \rho Q V = 2\gamma A h$$

추진동력 : $L = F \cdot V = \gamma Q H$

5 운동 에너지 · 운동량 수정계수

① 운동 에너지 수정계수

$$\alpha = \frac{1}{A} \int \left(\frac{u}{V}\right)^3 dA \ [\text{kg} \cdot \text{m}]$$

② 운동량 수정계수

$$\beta = \frac{1}{A} \int \left(\frac{u}{V}\right)^2 dA [\text{kg} \cdot \text{m}]$$

③ Propeller 이론

(가) control volume 1에서

$\sum F = 0$

$F + \rho A V_1 - \rho Q V_4 = 0$

$\therefore F = \rho Q = (V_4 - V_1)$ ·· ①

(나) control volume 2에서

$\sum F = 0$

$F + P_2 A_2 - P_3 A_3 = 0 \, (단, \ A_2 = A_3)$

$\therefore F = (P_3 - P_2) A$ ·· ②

$\therefore F = \rho Q (V_4 - V_1) = (P_3 - P_2) A$ ·· ③

$\rightarrow \rho A V (V_4 - V_1) = (P_3 - P_2) A$

$\therefore P_3 - P_2 = \rho V (V_4 - V_1)$ ·· ④

(다) control volume 1과 control volume 2에 Bernoulli equation을 적용하면

$$\frac{P_1}{\gamma} + \frac{V_1^2}{2g} + Z_1 = \frac{P_2}{\gamma} + \frac{V_2^2}{2g} + Z_2$$

압력으로 변형시키면

$$P_1 + \frac{\rho V_1^2}{2} = P_2 + \frac{\rho V_2^2}{2}$$

$$\therefore \ P_2 = \frac{\rho V_1^2}{P_2} + \frac{\rho V_2^2}{2} \ \text{......................................} \ ⑤$$

$$\rightarrow \frac{P_3}{\gamma} + \frac{V_3^2}{2g} + Z_3 = \frac{P_4}{\gamma} + \frac{V_4^2}{2g} + Z_4$$

압력으로 변형시키면

$$P_3 + \frac{\rho V_3^2}{2} = P_4 + \frac{\rho V_4^2}{2}$$

$$\therefore \ P_3 = \frac{\rho V_4^2}{2} - \frac{\rho V_3^2}{2} \ \text{......................................} \ ⑥$$

$$\rightarrow P_3 - P_2 = \frac{\rho V_4^2}{2} - \frac{\rho V_3^2}{2} - \frac{\rho V_1^2}{2} + \frac{\rho V_2^2}{2} = \frac{\rho}{2}\left(V_4^2 - V_1^2 \right) \ \text{...............} \ ⑦$$

여기서, $V_2 = V_3$

식 ④ = 식 ⑦이므로

$$\rho V\left(V_4 - V_1 \right) = \frac{\rho}{2}\left(V_4^2 - V_1^2 \right) = \frac{\rho}{2}\left(V_4 + V_1 \right)\left(V_4 - V_1 \right)$$

$$\therefore \ V(평균속도) = \frac{\left(V_4 + V_1 \right)}{2} = V_1 + \frac{\Delta V}{2} \ \text{...............................} \ ⑧$$

여기서, $V_4 = V_1 + \Delta V$

④ 프로펠러의 입력 power

식 ②에서

$$F = \left(P_3 - P_2 \right) A \ \leftarrow \ ⑦식을 대입해 보면$$

$$= \frac{\rho}{2}\left(V_4^2 - V_1^2 \right) A \ \text{......................................} \ ⑨$$

$\rightarrow$ power (입력)

$$\therefore \ P\,입력 = \frac{\rho}{2}\left(V_4^2 - V_1^2 \right) A \cdot V = \frac{\rho Q}{2}\left(V_4^2 - V_1^2 \right)$$

$$= \rho Q \frac{\left(V_4 + V_1 \right)\left(V_4 - V_1 \right)}{2}$$

$$= \rho Q \left(V_4 - V_1 \right) V \ \text{......................................} \ ⑩$$

⑤ 프로펠러의 출력 power

식 ①에서

$$F = \rho\,Q\,(V_4 - V_1) \rightarrow \text{power (출력)}$$

$$\therefore\ P\,출력 = \rho\,Q\,(V_4 - V_1)\cdot V_1 \ \cdots\cdots\cdots\cdots\cdots\cdots\cdots\cdots\cdots\cdots \ ⑪$$

⑥ efficiency of the propeller

$$\eta = \frac{\text{power output}}{\text{power input}} = \frac{\rho\,Q\,(V_4 - V_1)\cdot V_1}{\rho\,Q\,(V_4 - V_1)\cdot V} = \frac{V_1}{V} \ \cdots\cdots\cdots\cdots\cdots\cdots \ ⑫$$

⑦ 단면 2, 3을 통과하는 유량

$$Q = A\,V = \frac{\pi d^2}{4}\left(\frac{V_1 + V_4}{2}\right) = \frac{\pi d^2}{4}\left(V_1 + \frac{\Delta V}{2}\right)$$

1-5 실제유체의 흐름

① 층류 : 유체층 사이에 입자의 교환 없이 질서 정연하게 미끄러지면서 흐르는 유동 상태로 Newton의 점성법칙이 성립된다.

$$\tau = \mu\frac{du}{dy} = \frac{F}{A}$$

② 난류 : 유체 입자들이 불규칙하게 난동을 일으키면서 흐르는 유동 상태이다.

$$\tau = (\mu + \eta)\frac{du}{dy}$$

여기서, η : 와점성계수(eddy viscosity) 또는 기계점성계수(mechanical viscosity)로 난류도와 유체의 밀도에 따라 정해진다.

③ 레이놀즈수(Reynold number : Re)

㈎ 층류와 난류를 구분하는 척도

㈏ 무차원수 $Re = \dfrac{관성력}{점성력} = \dfrac{Vd}{\nu} = \dfrac{\rho Vd}{\mu}$ (수평원관)

- 상임계 Re(층류에서 난류로 변하는 Re) = 4000
- 하임계 Re(난류에서 층류로 변하는 Re) = 2100
- $Re < 2100$: 층류
- $2100 < Re < 4000$: 천이구역
- $Re > 4000$: 난류

④ 와동의 발생 소멸 원인 : 유체운동에 있어서 와동(난류)의 발생 소멸 원인은 압력 작용과 점성작용 때문이다.

⑤ 속도, 전단응력 : 속도는 중앙에서 최대, 벽에서 0(zero)이고, 전단응력은 중앙에서 0, 벽면에서는 최대이다.

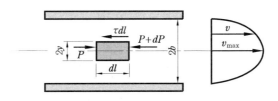

⑥ 고정된 평판 사이의 층류 유동(2차원)

(가) 속도 분포 $= -\dfrac{1}{2\mu}\dfrac{dP}{dl}(b^2 - y^2)$

(나) $V_{최대} = -\dfrac{1}{2\mu}\dfrac{dP}{dl}$ ※ $V_{최대} = \dfrac{3}{2}V_{평균}$

⑦ 수평 원관 내의 층류 유동(3차원)

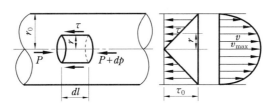

(가) 속도 분포 $= \dfrac{1}{4\mu}\dfrac{dP}{dl}(r_0^2 - r^2)$

(나) $V_{최대} = -\dfrac{r_0^2}{4\mu}\dfrac{dP}{dl}(\therefore r_0 : 관의 반지름)$ ※ $V_{최대} = 2V_{평균}$

(다) $Q[\mathrm{m^3/s}] = \dfrac{\Delta P\,\pi d^4}{128\,\mu L}$, $Q = AV(V : 평균속도)$

참고

① 하겐-푸아죄유식 : 3차원식, 층류에서만 적용
② 1차원식 특징 : 점성 무시

⑧ 난류

(가) $\tau = (\mu + \eta)\dfrac{du}{dy}$(여기서, η : 와점성계수)

(나) 속도 분포 근사식(난류 유동의 7승근 법칙)

$$\frac{V}{V_{최대}} = \left(\frac{y}{r_0}\right)^{\frac{1}{7}}$$

유체가 반지름 r_0인 수평원관 속을 층류로 흐르고 있을 때 속도와 평균속도가 같게 되는 위치(관의 중심에서부터의 거리)

(다) $r = \dfrac{r_0}{\sqrt{2}}$ (여기서, r_0 : 관의 반지름)

⑨ 관 벽에서의 전단응력 : 단면이 균일한 수평원관 속의 흐름이 충분히 발달한 정상류일 때, 층류, 난류에 다 성립한다.

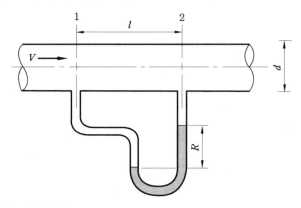

(가) 관 벽에서의 전단응력

$$\tau = \frac{R}{2}\frac{\Delta P}{l}$$

(나) 다르시 – 바이스바흐(Darcy – Weisbach) 식 : 층류, 난류에 다 쓸 수 있다.

• $H_l = \lambda\,\dfrac{l}{d}\,\dfrac{v^2}{2g}$ (여기서, H_l : 마찰손실수두)

$\Delta P = r\,H_l$

• 층류에서 λ(관마찰계수) $= \dfrac{64}{Re}$

• 층류 : λ는 Re만의 함수

• 천이구역 난류 흐름 : λ는 Re와 상대조도 $\left(\dfrac{e}{D}\right)$의 함수(일반적)

• 완전 난류 흐름 : λ는 상대조도 $\left(\dfrac{e}{D}\right)$만의 함수

여기서, e(절대조도) : 관의 표면에서 돌출부의 평균높이, D : 관의 지름

(대) 난류에서 Blasius의 실험식

$$\lambda = 0.3164 \, Re^{-\frac{1}{4}} \ (여기서, \ 3 \times 10^3 < Re < 10^5)$$

※ Re가 10^5을 초과하면 오차가 크므로 주의한다.

⑩ Moody 선도 : 상대조도의 Re와의 관계에서 λ를 구하는 선도

⑪ 비원형 관로에서의 압력손실

$$R_h(수력\ 반지름,\ 유체\ 평균\ 깊이) = \frac{접수\ 면적}{접수길이\,(벽하고\ 닿는\ 부분)}$$

$$R_h = \frac{ab}{2(a+b)}, \ R_h = \frac{\pi d^2}{4\pi d} = \frac{d}{4}, \ R_h = \frac{\dfrac{\pi d^2}{4} - ab}{2(a+b) + \pi d}$$

⑫ 비원관에서의 Re

(가) $Re = \dfrac{Vd}{\nu}$에서 비원관 λ와 원관의 λ를 비교하여 보면

원관의 $R_h = \dfrac{d}{4}$

(나) $Re = \dfrac{4VR_h}{\nu}, \ \dfrac{e}{d} = \dfrac{e}{4R_h}$

$\therefore \ d = 4R_h$

Darcy-Weisbach의 식에서

$$H = \lambda \frac{l}{4R_h} \frac{V^2}{2g}$$

⑬ 돌연 확대관과 돌연 축소관

(가) 돌연 확대관 : 돌연 확대 부분에서는 흐름이 넓게 퍼져서 와류가 생기고 손실이 발생한다.

$$H_l = \frac{(V_1 - V_2)^2}{2g} = \left(1 - \frac{A_1}{A_2}\right)^2 \cdot \frac{V_1^2}{2g} = K \frac{V_1^2}{2g}$$

$$= \left(1 - \frac{A_1}{A_2}\right)^2 = \left\{1 - \left(\frac{D_1}{D_2}\right)^2\right\}^2$$

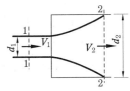

여기서, K : 돌연 확대관에서의 손실계수

$\therefore \ A_1 < A_2$인 경우 $K = 1$이 된다.

(나) 돌연 축소관

$$H_l = \frac{(V_0 - V_2)^2}{2g}$$

$$= \left(\frac{1}{C_0} - 1\right)^2 \cdot \frac{V_2^2}{2g} = K\frac{V_2^2}{2g}$$

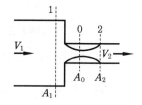

여기서, C_0 (단면 수축계수) $= \dfrac{A_c}{A_2}$

$\rightarrow K$ (돌연 축소관에서의 손실계수) $= \left(\dfrac{1}{C_c} - 1\right)^2$

⑭ 점차 확대관 : 유체의 속도를 감소시키고 압력을 상승시키고자 할 때 사용한다.

$$H_l = K\frac{(V_1 - V_2)^2}{2g}$$

여기서, K는 α에 따라 변화하는 손실계수

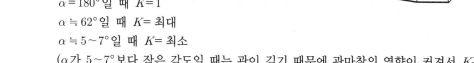

    $\alpha = 180°$일 때 $K = 1$

    $\alpha ≒ 62°$일 때 $K =$ 최대

    $\alpha ≒ 5 \sim 7°$일 때 $K =$ 최소

    (α가 $5 \sim 7°$보다 작은 각도일 때는 관이 길기 때문에 관마찰의 영향이 커져서 K는 다시 증가한다.)

⑮ 점차 축소관

(가) 유체의 속도를 증가시키고 압력을 감소시키는 것이 목적이다.

(나) 박리현상은 거의 없고 일반적으로 마찰손실만 고려한다.

$$H_l = K\frac{v_2^2}{2g}$$

⑯ 개수로(open channel) 유동

(가) 개수로는 자유표면, 즉 대기와 접하는 면을 갖는 유로를 말한다.

(나) 관의 유동의 원인이 압력차에 있지만 개수로에서의 압력은 모두 대기압이므로 수로의 기울기, 즉 중력의 영향에 의해서만 흐른다.

(다) 관의 흐름이라도 자유표면을 가질 때에는 개수로 유동에 속한다.

    예 강, 하천, 운하, 하수도

⑰ 개수로 흐름의 특성

(가) 수력구배선(hydraulic grade lines)은 항상 자유표면과 일치한다.

(나) 에너지선(energy line)은 자유표면보다 속도수두만큼 위에 있다.

㈐ 에너지선의 기울기를 S, 개수로를 따르는 길이 L 사이의 손실수두를 H_l이라 할 때 $S = \dfrac{H_l}{L}$

㈑ 등류에서는 수면과 에너지선이 평행하다. 따라서, 수면의 기울기, 수로 바닥의 기울기, 에너지선의 기울기는 모두 같다.

⑱ 개수로의 레이놀즈수(Re)

　㈎ $Re = \dfrac{V R_h}{\nu}$　　　　　　　㈏ 층류 : $Re < 500$

　㈐ 천이 구역 : $500 < Re < 2000$　　　㈑ 난류 : $Re > 2000$

　㈒ 대부분의 개수로에서는 수력 반지름(R_h)이 크므로 흐름은 난류이다.

　㈓ 벽에서의 전단응력은 속도의 제곱에 비례하고, 마찰계수는 레이놀즈수(Re)에 관계없이 벽의 조도(거칠기)에 의해서만 정해지므로 개수로의 Re는 별로 중요하지 않다.

⑲ 개수로에서 등류 흐름

　㈎ 벽면에서의 평균 전단응력(τ_0)

　　　$\tau_0 = \gamma R_h S$(여기서, S(기울기) $= \sin\theta$: 단위시간당 손실수두)

　㈏ Chezy의 식

　　　$V = C \sqrt{R_h S}$ (여기서, C : Chezy 상수 또는 유속계수)

　　　$Q = A V = A C \sqrt{R_h S}$

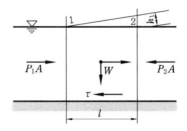

⑳ 최적 수력단면[best hydraulic cross section, 최대 효율단면(most efficient cross section)]

　㈎ 개수로에서 주어진 기울기와 벽면 조건에 대하여 유량을 최대로 하는 단면

　㈏ 주어진 유량에 대하여 최대 수력반경 또는 최소 접수길이(최소 단면적)를 갖는 단면

- 직사각형 단면
  - 최적 조건 : (접수길이) $= 4b$, $b = 2y$

    즉, 직사각형 단면의 개수로에서는 폭이 높이의 2배일 때가 최적 수력단면이다.

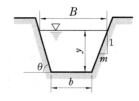

- 사다리꼴 단면
  - 최적 조건 : $\theta = 60°$ 일 때, $B = 2b$

    즉, 정육각형의 절반과 같은 형상일 때 최적 수력단면이다.

㉑ 원형 수로 : 원형 수로라도 물이 꽉 차서 흐르지 않을 때는 개수로로 취급한다.

- 유량이 최대일 경우 $\theta = 308.18°(5.3785\text{rad})$

㉒ 중력파의 전파속도 : 액체 표면에 발생한 파동의 전파속도는 중력가속도 g 와 유체의 깊이 y 의 함수이므로 이 파를 중력파라고 한다.

$$C = \sqrt{gy}$$

㉓ 수력 도약(hydraulic jump) : 개수로 유동에서 빠른 흐름이 느린 흐름으로 변할 때 수심이 깊어지는데, 이것은 곧 운동 에너지가 위치 에너지로 변하는 현상이다.

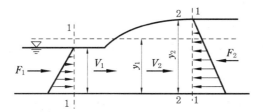

[발생 원인]

- 프루드 수$(Fr) = \dfrac{V^2}{Lg} > 1$ 인 경우 발생한다.

- 개수로의 경사가 급경사에서 완만한 경사로 변할 때 발생한다.

- 사류(유동속도가 기본파의 진행속도보다 빠를 때의 흐름)에서 상류(유동속도가 기본파의 진행속도보다 느릴 때의 흐름)로 변할 때 발생한다.

㉔ 항력(drag)과 양력(lift)

$$D = \frac{1}{2} C_D \rho A V^2$$

여기서, C_D : 항력계수, A : 투상면적

$$L = \frac{1}{2} C_L \rho A V^2$$

여기서, C_L : 양력계수, A : 투상면적

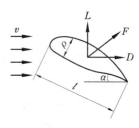

항력과 양력

㉕ Stokes' law

㈎ C_D, C_L을 주지 않을 때 사용한다.

㈏ Re 가 1보다 작을 때 사용한다.

㈐ $D = 3\pi \mu d V$

㉖ Mach 수

$$M = \frac{V}{C} = \frac{\sqrt{2gh}}{\sqrt{kgRT}}$$

여기서, V : 물체의 속도, C : 음속

∴ $M < 1$: 아음속 흐름, $M > 1$: 초음속 흐름

㉗ Mach 각 : $\sin\alpha = \dfrac{1}{M}$

㉘ 경계층(boundary layer) : 점성 유체가 물체 주위를 흐를 때 물체 근방에서는 점성의 영향을 받으나 물체에서 멀리 떨어질수록 점성의 영향은 약화되어 결국은 이상유체의 흐름과 같아진다. 이와 같이 점성이 영향을 미치는 층을 경계층이라 한다.

㈎ 경계층의 임계 레이놀즈수

$$Re = 5 \times 10^5$$

㈏ 평판의 레이놀즈수

$$Re = \frac{Vx}{\nu}$$

여기서, x : 평판선단으로부터의 거리

• 층류에서 경계층의 두께

$$\delta = \frac{5x}{\sqrt{Re}} = 5x \, Re^{-\frac{1}{2}}$$

• 난류에서 : $\dfrac{u}{V} = \left(\dfrac{y}{\delta}\right)^{\frac{1}{7}}$

• 경계층 두께 : $\delta = \dfrac{u}{V} = 0.99$

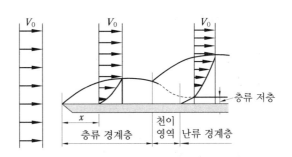

㉙ 유체의 계측

㈎ 밀도(ρ) 및 비중(S)의 측정 방법

• 용기(비중병)를 이용하는 방법

• 추를 이용(아르키메데스 원리를 이용)하는 방법

• 비중계를 이용하는 방법

• U 자관을 이용하는 방법

(나) 점성계수(μ)의 측정 방법

• Ostward 점도계

• 낙구식 점도계

• Saybolt 점도계

• 회전식 점도계

(다) 정압 측정 방법

• 피에조 미터를 이용하는 방법

• 정압관을 이용하는 방법

(라) 유속 측정 방법

• 피토관

• 시차 액주계

• 피토 정압관

(마) 유량 측정방법

• 오리피스(orifice) : 관로

• 노즐(nozzle) : 관로

• 벤투리 미터(venturi meter) : 관로

• 위어 : 개수로

　– 삼각 위어 : $Q[\text{m}^3/\text{min}] = KH^{\frac{5}{2}}$ 이며, 소유량 측정에 사용한다.

　　여기서, K : 유량계수, H : 위어의 수두 (m)

　– 사각 위어 : $Q[\text{m}^3/\text{min}] = KbH^{\frac{3}{2}}$

㉚ π 정리 : 무차원 수량의 개수 = 측정 물리량의 개수 – 기본차원의 개수

㉛ 상사 법칙

(가) 기하학적 상사 : 길이의 비

(나) 운동학적 상사 : 속도의 비

(다) 역학적 상사 : 힘의 비

㉜ 무차원 수

(가) 레이놀즈수 : $Re = \dfrac{Vd}{\nu} = \dfrac{\rho Vd}{\mu} = \dfrac{관성력}{점성력}$

(나) 프루드수 : $Fr = \dfrac{V}{\sqrt{gL}} = \dfrac{관성력}{중력}$

(다) 오일러수 : $Eu = \dfrac{\rho V^2}{P} = \dfrac{\text{압축력}}{\text{관성력}}$

(라) 마하수 : $M = \dfrac{V}{C} = \dfrac{\text{속도}}{\text{음파속도}}$

(마) 웨버수 : $We = \dfrac{\rho V^2 L}{\sigma} = \dfrac{\text{관성력}}{\text{표면장력}}$

(바) 코시수 : $Ca = \dfrac{\rho V^2}{K} = \dfrac{\text{관성력}}{\text{탄성력}}$

(사) 압력계수 : $P = \dfrac{\Delta P}{\dfrac{\rho V^2}{2}} = \dfrac{\text{정압}}{\text{동압}}$

(아) 비열비 : $K = \dfrac{C_p}{C_v} = \dfrac{\text{정압비열}}{\text{정적비열}}$

각종 문제 내용 및 중요한 무차원 수

① 관속유동 ② 비행기의 양력과 항력 ③ 잠수함 ④ 경계층 문제 ⑤ 압축성 유체의 유동 　(단, 유동속도가 $M < 0.3$일 때)	$(Re)_p = (Re)_m$
자유표면을 갖는 유동 문제 • 개수로 • 수력도약 • 수면 위에 떠 있는 배의 조파저항 문제	$(Fr)_p = (Fr)_m$
① 풍동 문제 ② 유체기계(유체의 압축성을 무시할 경우에는 Re만 고려하면 된다.)	$(Re)_p = (Re)_m$ 또는 Mach number

실전 테스트 1

□1. 포소화약제의 pH는 어느 정도가 적합한가?

① 0~4 　　　② 6~8 　　　③ 8~10 　　　④ 10~14

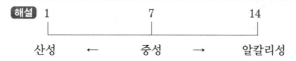

해설

```
1            7            14
|------------|------------|
산성   ←   중성   →   알칼리성
```

약제의 pH는 중성이 가장 좋으며 약산성 또는 약알칼리성으로 유지하는 것이 좋다.

□2. 어떤 액체의 동점성계수가 2 stokes이며, 비중량이 8×10^{-3} N/cm³이다. 이 액체의 점성계수는 얼마인가?

① 1.633×10^{-5} N·s/cm²　　　② 2.633×10^{-5} N·s/cm²

③ 16.333×10^{-5} N·s/cm²　　　④ 26.333×10^{-5} N·s/cm²

해설 $1 \, St = 1 \, cm^2/s$이므로 $2 \, St = 2 \, cm^2/s$이다.

$$\mu = \rho \times \nu = \frac{\gamma \times \nu}{g} = \frac{8 \times 10^{-3} \, N/cm^3 \times 2 \, cm^2/s}{980 \, cm/s^2} = 1.6326 \times 10^{-5} \, N \cdot s/cm^2$$

□3. 하겐 푸아죄유(Hagen-Poiseuille) 방정식에 대한 설명 중 옳은 것은?

① 수평원통관 속의 난류 흐름에 대한 유량을 구하는 식이다.

② 수평원통관 속의 층류 및 난류 흐름에서 마찰손실을 구하는 식이다.

③ 수평원통관 속의 층류의 흐름에서 유량, 관경, 점성계수, 길이, 압력강하 등의 관계식이다.

④ 수평원통관 속의 층류의 흐름에서 레이놀즈수와 유량과의 관계식이다.

해설 하겐 푸아죄유 방정식 : 층류 흐름의 경우에만 적용할 수 있다.

$$\Delta p = \frac{128 \times \mu \times l \times Q}{\pi \times d^4}$$에서 길이와 유량에 비례하고 관지름의 4제곱에 반비례한다.

□4. 다음 원소 중 할로겐족 원소인 것은?

① Ne(네온)　　　② Ar(아르곤)　　　③ Cl(염소)　　　④ Xe(크세논)

정답 1. ②　　2. ①　　3. ③　　4. ③

해설 • 할로겐족(7족) : 불소(F), 염소(Cl), 취소(Br), 옥소(I), 아스타틴(At)
　　• 비활성기체(0족) : 헬륨(He), 네온(Ne), 아르곤(Ar), 크립톤(Kr), 크세논(Xe), 라돈(Rn)

5. 압력이 2 MPa, 건도 100 %인 수증기 12 g이 정적하에 냉각되어 최종의 건도가 0.0132가 되었다. 이때의 엔탈피는 얼마인가? (단, 포화증기 $1'' = 2799.5$ kJ/kg, 포화액 $1' = 908.77$ kJ/kg이다.)

① 약 945.7 kJ/kg　　　　　　　　② 약 908.87 kJ/kg
③ 약 939.7 kJ/kg　　　　　　　　④ 약 933.7 kJ/kg

해설 엔탈피 $= 908.77 + 0.0132 \times (2799.5 - 908.77) = 933.73$ kJ/kg

6. 고체의 평면벽과 평행으로 물이 흐르고 있을 때 벽면에서 y 면 위치에서의 유속 $u = 3y - y^2$ [m/s]이라면 물의 온도 10℃에 대한 벽면의 전단응력은 얼마인가? (단, 10℃일 때 물의 점성계수는 1.3×10^{-3} N · s/m^{2}이다.)

① 3.9×10^{-3} Pa　　　　　　② 4.7×10^{-3} Pa
③ 6.5×10^{-3} Pa　　　　　　④ 7.8×10^{-3} Pa

해설 벽면에서의 유속은 "0"이 되므로 $\dfrac{du}{dy} = [3y - y^2]_{y=0} = 3$

$\tau = 1.3 \times 10^{-3} \times 3 = 3.9 \times 10^{-3} \text{N/m}^2 = 3.9 \times 10^{-3} \text{Pa}$

7. 베르누이 방정식을 실제기체에 적용시키려면?

① 실제유체에는 적용이 불가능하다.
② 베르누이 방정식의 위치수두를 수정해야 한다.
③ 손실수두의 항을 삽입시키면 된다.
④ 베르누이 방정식은 이상유체와 실제유체에 같이 적용된다.

해설 베르누이 방정식에서 압력수두, 속도수두, 위치수두 합은 일정하다. 여기에 손실수두를 더하면 실제기체에 적용된다.

8. 20℃의 물 1 L를 사용하여 거실의 화재를 소화하였다. 이 물 1 L가 기화하는 데 흡수한 열량은 몇 kcal인가?

① 50　　　　　　② 60　　　　　　③ 539　　　　　　④ 619

───────────────────────────────

정답 5. ④　 6. ①　 7. ③　 8. ④

해설 20℃의 물 → 100℃의 물 → 100℃의 수증기

$Q = G \times (C \times \Delta t + \gamma) = 1\,kg \times (1\,kcal/kg \cdot ℃ \times 80℃ + 539\,kcal/kg) = 619\,kcal$

여기서, G : 질량(kg), 물 1 L = 1 kg, C : 비열(kcal/kg · ℃), 물의 비열 : 1 kcal/kg · ℃

Δt : 온도차 (100 − 20 = 80℃)

γ : 잠열(kcal/kg) ┌ 물의 증발잠열, 수증기의 응축잠열 → 539 kcal/kg
└ 물의 응고잠열, 얼음의 융해잠열 → 79.68 kcal/kg

9. 한계산소농도(% O_2)를 알 경우 이산화탄소의 이론적 최소소화농도(% CO_2)를 구하는 식으로 맞는 것은?

① % $CO_2 = \dfrac{23 - \% O_2}{23} \times 100$ ② % $CO_2 = \dfrac{21 - \% O_2}{21} \times 100$

③ % $CO_2 = \dfrac{79 - \% O_2}{79} \times 100$ ④ % $CO_2 = \dfrac{34 - \% O_2}{34} \times 100$

해설 공기 중의 산소농도는 약 21 % 존재하는 것으로 한다.

10. 유체의 흐름에서 적용되는 베르누이 방정식에 관한 설명으로 타당한 것은?

① 비정상상태의 흐름에 대해 적용된다.
② 동일한 유선상이 아니더라도 흐름유체의 임의점에 대해 적용된다.
③ 흐름유체의 마찰효과가 충분히 고려된다.
④ 압력수두, 속도수두, 위치수두의 합이 일정함을 표시한다.

해설 베르누이 방정식

$H = \dfrac{P}{\gamma} + \dfrac{V^2}{2g} + z$ (여기서, $\dfrac{P}{\gamma}$: 압력수두, $\dfrac{V^2}{2g}$: 속도수두, z : 위치수두)

11. 펌프나 송풍기 운전 시 서징 현상이 발생될 수 있는데 이 현상과 관계 없는 것은?

① 서징이 일어나면 진동과 소음이 일어난다.
② 펌프에서는 워터해머보다 더 빈번하게 발생한다.
③ 펌프의 특성 곡선이 산 모양이고 운전점이 그 정상부일 때 발생하기 쉽다.
④ 풍량 또는 토출량을 줄여 서징을 방지할 수 있다.

해설 서징(surging) 현상
　(1) 정의 : 펌프의 토출압력과 토출량이 운전 시 규칙적으로 변동이 일어나 펌프의 운동과
　　　양정이 주기적으로 변화하는 현상을 말한다.

(2) 발생 원인
- 토출배관에 공기 고임이 있을 경우
- 펌프의 양정 곡선이 산형 특성이며 우상 특성일 경우
- 토출 유량 제어 밸브가 공기 저장기보다 하부에 설치된 경우

(3) 대책
- 임펠러의 회전수를 변동한다.
- 배관 내에 존재하는 공기를 신속히 배제시킨다.
- 펌프의 양수량을 증가시킨다.

---

12. 피토−정압관과 액주계를 이용하여 공기의 속도를 측정하였다. 비중이 1.0인 액주계의 차압은 10 mm이고 공기 밀도는 1.22 kg/m³이다. 공기의 속도는 몇 m/s인가?

① 2.1 ② 12.7 ③ 68.4 ④ 160.2

해설 공기의 속도

$$V = \sqrt{2 \cdot g \cdot H \cdot \left(\frac{\gamma_s}{\gamma_a} - 1 \right)} = \sqrt{2 \cdot 9.8 \cdot 0.01 \cdot \left(\frac{1000}{1.22} - 1 \right)} = 12.67 \, \text{m/s}$$

여기서, g : 중력가속도(9.8 m/s²), H : 차압(0.01 mH₂O), γ_s : 연기의 비중량(kg/m³)
→ 비중 1.0(1000 kg/m³), γ_a : 공기의 비중량(1.22 kg/m³)

---

13. 유량을 측정하기 위하여 그림과 같은 벤투리 관에 물이 흐르고 있다. 단면 1과 2의 단면적비가 2이고 압력수두차가 Δh일 때 단면 2를 흐르고 있는 유체의 속도 V_2는? (단, 모든 손실은 무시한다.)

① $\sqrt{2g\Delta h}$ ② $2\sqrt{g\Delta h}$

③ $\sqrt{\dfrac{2g\Delta h}{3}}$ ④ $2\sqrt{\dfrac{2g\Delta h}{3}}$

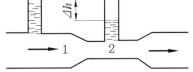

해설 $V_2 = \dfrac{Q}{A_2} = \dfrac{1}{\sqrt{1 - \left(\dfrac{1}{2}\right)^2}} \times \sqrt{2g\Delta h} = 2\sqrt{\dfrac{2g\Delta h}{3}}$

---

14. 지름 7.5 cm인 원관을 통하여 3 m/s의 유속으로 물을 흘려보내려 한다. 관의 길이가 200 m이면 압력강하는 몇 kPa인가? (단, 관마찰계수 $f = 0.03$이다.)

① 122 ② 360 ③ 734 ④ 1350

[해설] 다르시(Darcy) 방정식에 의해

$$H = \frac{f \times l \times V^2 \times \gamma}{D \times 2 \cdot g} = \frac{0.03 \times 200 \times 3^2 \times 1000}{0.075 \times 2 \times 9.8} = 36734.69\,\mathrm{kg/m^2}$$

$$= \frac{101.325\,\mathrm{kPa} \times 36734.69\,\mathrm{kg/m^2}}{10332\,\mathrm{kg/m^2}} = 360\,\mathrm{kPa}$$

15. 펌프에 의하여 유체에 실제로 주어지는 동력은? (단, L_W : 동력(kW), γ : 물의 비중량(N/m³), Q : 토출량(m³/min), H : 전양정(m), g : 중력가속도(m/s²)이다.)

① $L_W = \dfrac{\gamma QH}{102 \times 60}$ 　　② $L_W = \dfrac{\gamma QH}{1000 \times 60}$

③ $L_W = \dfrac{\gamma QHg}{102 \times 60}$ 　　④ $L_W = \dfrac{\gamma QHg}{106 \times 60}$

16. 외부와 완전히 단열된 체적이 0.5m³인 탱크 속 공기의 압력과 온도가 각각 7 MPa, 523 K이다. 단열된 상태에서 탱크의 밸브를 열어서 압력이 0.4 MPa까지 떨어졌다면 공기의 질량은 몇 kg이 줄었는가?

① 23.3　　　　② 20.3　　　　③ 18.3　　　　④ 16.3

[해설] 이상기체 상태방정식에 의해 $P_1 V_1 = G_1 R T_1$에서 G_1을 구하면

$$G_1 = \frac{P_1 V_1}{R T_1} = \frac{7 \times 10^6\,\mathrm{N/m^2\,(Pa)} \times 0.5\,\mathrm{m^3}}{287\,\mathrm{N \cdot m/kg \cdot K} \times 523\,\mathrm{K}} = 23.32\,\mathrm{kg}$$

$$T_2 = T_1 \times \left(\frac{P_2}{P_1}\right)^{\frac{k-1}{k}} = 523 \times \left(\frac{0.4}{7}\right)^{\frac{1.4-1}{1.4}} = 230.86\,\mathrm{K}\text{이므로}$$

$$G_2 = \frac{P_2 V_2}{R T_2} = \frac{0.4 \times 10^6\,\mathrm{N/m^2\,(Pa)} \times 0.5\,\mathrm{m^3}}{287\,\mathrm{N \cdot m/kg \cdot K} \times 230.86\,\mathrm{K}} = 3.02\,\mathrm{kg}$$

∴ 줄어든 공기량 = 23.32 kg − 3.02 kg = 20.3 kg

17. 다음 중 열역학 제1법칙의 표현으로 맞는 것은?

① 에너지는 소멸된다.

② 계가 한 잠열은 계가 받은 잠열량과 같지 않다.

③ 에너지는 생성되지 않고 파괴되기만 한다.

④ 열과 일이란 모두 에너지의 한 가지 형태로서 상호간의 변환이 가능하다.

[해설] 열역학 법칙

(1) 열역학 제0법칙 : 두 물체의 온도가 같으면 열의 이동이 없이 평형을 유지한다.

(2) 열역학 제 1 법칙 : 열은 일로 일은 열로 변하는 비율은 일정하다.

(3) 열역학 제 2 법칙 : 일은 열로 변하기 쉬우나 열은 일로 변하기 어렵다. 단, 열은 높은 곳에서 낮은 곳으로 흐른다.

(4) 열역학 제 3 법칙 : 열은 어떠한 상태, 어떠한 경우에 있어서도 그 절대온도 (−273℃)에 도달할 수 없다.

---

18. 다음은 수성막포 (AFFF)의 장점을 설명한 것이다. 옳지 않은 것은 ?

① 석유류 표면장력을 현저히 증가시킨다.

② 석유류 표면에 신속히 피막을 형성하여 유류 증발을 억제한다.

③ 안정성이 좋아 장기 보관이 가능하다.

④ 내약품성이 좋아 타약제와 겸용 사용도 가능하다.

해설 수성막포 소화약제 : 불소계통의 합성계면활성제를 물과 혼합하여 사용한다. 유류 표면에 도포하여 질식소화시키는 것으로 단백포에 비해 3~5배 정도의 효과가 뛰어나며 반면 약제 사용량은 $\frac{1}{3}$ 정도이다. 일명 라이트워터(light water)라 하고 3 %, 6 %형이 있으며 유류저장 탱크, 비행기 격납고, 정유공장, 주유소 등에 이용된다. 석유류 표면장력과는 무관하다.

---

19. 유체가 관 속을 흐를 때 점진 확대관로에서 손실이 최대가 되는 확대각과 최소가 되는 확대각으로 적당한 것은 ?

① 65°, 2°   ② 65°, 6°   ③ 95°, 12°   ④ 95°, 17°

해설 점차 확대관의 손실수두 : 점차 확대되는 원형 단면에서는 확대각 θ에 따라 손실이 달라지게 된다. Gibson의 실험에 의하면 최대손실은 θ가 65° 근방에서, 최소손실은 6~7°에서 생긴다.

---

20. 어느 물체가 유체 속에 잠겨져 있다. 물체에 작용하는 부력은 ?

① 물체의 무게보다 부력은 크다.

② 물체의 부력은 물체가 받는 중력과 같다.

③ 물체에 의해 배제된 유체 무게와 같다.

④ 물체의 부력은 유체의 비중량과 같다.

해설 • 부력 : 정지유체 중에 잠겨 있거나 떠 있는 물체가 유체로부터 받는 전압력
• 힘의 작용선 : 잠겨진 물체에 해당하는 유체의 중심을 통과한다.

정답 18. ① 　 19. ② 　 20. ③

실전 테스트 2

□1. 이상기체의 성질을 설명한 것 중 틀린 것은?

① 압축률이 큰 기체는 압축하기가 어렵다.
② 체적탄성계수의 단위는 압력의 단위와 같다.
③ 이상기체를 등온압축시킬 때 체적탄성계수는 절대압력과 같은 값이다.
④ 동일 온도와 압력에서 일정량의 기체가 차지하는 부피는 기체의 종류에 관계없이 일정하다.

> **해설** 이상기체는 압축률이 커서 압축하기가 쉬운 기체이며, 실제기체는 비압축성 기체로 압축률이 작다.

□2. 수평면과 45° 경사를 갖는 지름 250 mm인 원관으로부터 상방향으로 유출하는 물 제트의 유출 속도가 9.8 m/s라고 한다면 출구로부터의 물 제트의 최고 수직 상승 높이는 몇 m인가?(단, 공기의 저항은 무시함)

① 2.45 m   ② 3 m   ③ 3.45 m   ④ 4.45 m

> **해설** $H = \dfrac{(V \times \sin\theta)^2}{2 \cdot g} = \dfrac{(9.8 \times \sin 45°)^2}{2 \times 9.8} = 2.45\,\text{m}$

□3. 다음 점도계 중 하겐 푸아죄유의 법칙을 이용한 것은?

① 낙구식 점도계   ② Ostwald 점도계
③ MacMichael 점도계   ④ Stomer 점도계

> **해설** 오스트발트(Ostwald) 점도계, 세이볼트 점도계 → 하겐 푸아죄유 법칙 이용
> 낙구식 점도계 → 스토크스 법칙 이용, 맥미첼(MacMichael) 점도계 → 뉴턴의 점성법칙 이용

□4. 기체를 액체로 변화시킬 때의 조건으로 적합한 것은?

① 온도와 압력을 동시에 증가시킨다.   ② 온도를 낮추고 압력을 높인다.
③ 온도와 압력을 동시에 낮춘다.   ④ 압력을 낮추고 온도를 높인다.

> **해설** 압력을 높이면 비등점이 상승하며 이때 온도를 낮추면 쉽게 액화할 수 있다. 용기에 액화가스로 충전된 소화약제들은 모두 이와 같은 방식을 응용한 것이다.

정답 1. ①   2. ①   3. ②   4. ②

5. 안지름 50 mm의 관에 기름이 2.5 m/s의 속도로 흐를 때 관마찰계수는 얼마인가？
(단, 기름의 동점성계수는 1.31×10^{-4} m²/s이다.)

① 0.0013   ② 0.1250   ③ 0.95   ④ 0.0671

해설 $Re = d \times \dfrac{\nu}{\mu} = 0.05\,\text{m} \times \dfrac{2.5\,\text{m}/\text{s}}{1.31 \times 10^{-4}\,\text{m}^2/\text{s}} = 954.198$

$\therefore\ f = \dfrac{64}{Re} = \dfrac{64}{954.198} = 0.06707$

6. 그림에서와 같이 단면 1, 2에서의 수은의 높이 차가 h[m]이다. 압력 차 $P_1 - P_2$는
몇 Pa인가？(단, 축소관에서의 부차적 손실은 무시하고 수은의 비중은 13.5, 물의 비중
은 1이다.)

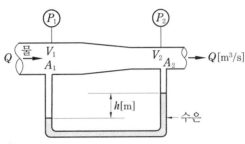

① $122500h$ ② $12.25h$
③ $132500h$ ④ $13.25h$

해설 $P_1 - P_2 = (\gamma_1 - \gamma_2) \times h = 9800\,\text{N/m}^3 \times (13.5 - 1) \times h = 122500h$

7. 무차원수에 해당되는 것은？

① 점성계수   ② 표면장력   ③ 비중   ④ 밀도

해설 비중은 무차원수로 표시된다.

8. 포소화약제의 팽창비를 바르게 나타낸 것은？

① 팽창비 = 발포 후의 체적/포수용액의 체적
② 팽창비 = 발포 후의 체적/원액의 체적
③ 팽창비 = 수용액의 체적/원액의 체적
④ 팽창비 = 물의 체적/원액의 체적

정답 5. ④   6. ①   7. ③   8. ①

해설 기계포는 팽창비에 따라 저발포와 고발포로 나누어진다.

(1) 저발포 : 팽창비 6배 이상 20배 이하

(2) 고발포

  • 제 1 종 기계포 : 팽창비 80배 이상 250배 미만

  • 제 2 종 기계포 : 팽창비 250배 이상 500배 미만

  • 제 3 종 기계포 : 팽창비 500배 이상 1000배 미만

---

9. 비중 S인 액체가 액면으로부터 $h[\text{cm}]$ 깊이에 있는 점의 압력은 수은주로 몇 mmHg 인가 ? (단, 수은의 비중은 13.6이다.)

① $13.6Sh$ ② $\dfrac{1000Sh}{13.6}$ ③ $\dfrac{Sh}{13.6}$ ④ $\dfrac{10Sh}{13.6}$

해설 $P=\gamma \cdot h$ 에서 $h=\dfrac{P}{\gamma}$

$$h=\frac{1000S[\text{kg/m}^3]\times 0.01h[\text{m}]}{13.6\times 1000\,\text{kg/m}^3}=\frac{0.01Sh[\text{m}]}{13.6}=\frac{10Sh[\text{mm}]}{13.6}$$

---

10. 0.5 kg의 어느 기체를 압축하는 데 15 kJ의 일을 필요로 하였다. 이때 12 kJ의 열이 계 밖으로 손실 전달되었다. 내부 에너지의 변화는 몇 kJ인가 ?

① -27 ② 27   ③ 3   ④ -3

해설 내부 에너지 = 15 kJ − 12 kJ = 3 kJ

---

11. 유량의 측정과 가장 거리가 먼 것은 ?

① 벤투리 미터(venturi meter)

② 로터 미터(rota meter)

③ 피에조 미터(piezo meter)

④ 오리피스 미터(orifice meter)

해설 • 유량 계측 : 벤투리 미터, 로터 미터, 오리피스 미터, 위어, 유동 노즐, 체적계

  • 정압 계측 : 피에조 미터, 정압관

  • 유속 측정 : 피토관, 시차액주계, 피토 정압관

---

12. 할론 1301 (CF_3Br) 소화약제가 열분해할 때 발생하는 기체로서 틀린 것은 ?

① FBr

② HF

③ HBr

④ Br_2

정답   9. ④   10. ③   11. ③   12. ①

해설 양이온과 음이온의 결합 또는 같은 원소끼리 공유 결합은 이루어지나 불소(F)와 취소 (Br)는 결합하지 않는다.

---

13. 그림과 같은 단순 피토관에서 물의 유속(V)은 몇 m/s인가?

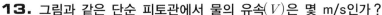
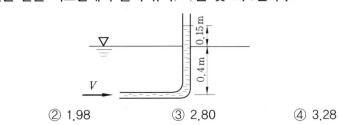

① 1.71　　　② 1.98　　　③ 2.80　　　④ 3.28

해설 $V = \sqrt{2 \times g \times h} = \sqrt{2 \times 9.8 \times 0.15} = 1.71\,\mathrm{m/s}$

---

14. 안지름 25 cm인 원관으로 수평거리 1500 m 떨어진 곳에 2.36 m/s로 물을 보내는데 필요한 압력은 몇 kPa인가?(단, 관마찰계수는 0.035이다.)

① 484　　　② 584　　　③ 620　　　④ 670

해설 다르시 방정식에 의하여

$$H = \frac{f \times l \times V^2 \times \gamma}{D \times 2 \cdot g} = \frac{0.035 \times 1500 \times 2.36^2 \times 1000}{0.25 \times 2 \times 9.8}$$

$$= 59674.29\,\mathrm{kg/m^2} = \frac{101.325\,\mathrm{kPa} \times 59674.29\,\mathrm{kg/m^2}}{10332\,\mathrm{kg/m^2}} = 585.2\,\mathrm{kPa}$$

---

15. 어떤 수평관 속에 물이 2.8 m/s의 평균속도와 46 kPa의 압력으로 흐르고 있다. 이 물의 유량이 0.75 m³/s이고 손실수두를 무시할 경우 물의 동력은?

① 37 kW　　　② 3.8 kW　　　③ 49 kW　　　④ 5 kW

해설 양정을 먼저 구하면

$$H = \frac{P}{\gamma} + \frac{V^2}{2 \cdot g}$$

$$= \frac{10.332\,\mathrm{mH_2O} \times 46\,\mathrm{kPa}}{101.325\,\mathrm{kPa}} + \frac{(2.8\,\mathrm{m/s})^2}{2 \times 9.8\,\mathrm{m/s^2}} = 5.09\,\mathrm{m}$$

$$H_{kW} = \frac{1000 \times 0.75\,\mathrm{m^3/s} \times 5.09\,\mathrm{m}}{102} = 37.42\,\mathrm{kW}$$

---

16. 유체역학 이론에서 에너지 보존 법칙으로 대표되는 계산식은?

① 베르누이 식

② 라울 식

③ 다르시 바이스바흐 식

④ 하겐 윌리엄스 식

해설 에너지 보존 법칙 : 베르누이(Bernoulli's) 방정식

$$H = \frac{P_1}{\gamma} + \frac{V_1^2}{2g} + Z_1 = \frac{P_2}{\gamma} + \frac{V_2^2}{2g} + Z_2$$

17. 완전가스의 상태변화 중 비가역 변화인 것은?

① 등적변화

② 폴리트로픽 변화

③ 교축변화

④ 단열변화

해설 교축변화 : 유체가 좁은 곳을 통과하면 교축작용을 일으키는데 이때 압력과 온도는 떨어지나 이론상 단열 교축과정으로 간주하면 엔탈피는 불변이 된다.

18. 다음 소화약제의 주성분 중에서 A, B, C급 모두에 적응성이 있는 소화약제는 어느 것인가?

① $KHCO_3$

② $NaHCO_3$

③ $A_{12}(SO_4)_3$

④ $NH_4H_2PO_4$

해설 분말소화약제의 종류와 적용 화재

소화약제 종별	색상	적용화재
제 1 종(탄산수소나트륨, $NaHCO_3$) 분말	백색	B, C
제 2 종(탄산수소칼륨, $KHCO_3$) 분말	자색	B, C
제 3 종(제1인산암모늄, $NH_4H_2PO_4$) 분말	담홍색	A, B, C
제 4 종(탄산수소칼륨＋요소, $KHCO_3 + (NH_2)_2CO$) 분말	회색	B, C

19. 분말소화약제가 방출된 후에는 배관 및 관로상을 어떻게 하여야 하는가?

① 물로 청소한다.

② 기름으로 청소한다.

③ 고압기체로 청소한다.

④ 그대로 두어도 된다.

정답 16. ① 17. ③ 18. ④ 19. ③

해설 클리닝 배관을 통하여 질소 또는 이산화탄소를 방사하여 분말이 배관상에서 수분과 혼합하여 응고하는 것을 방지한다.

(1) 축압식 : 소화약제 1 kg에 대하여 질소 10 L 이상, 이산화탄소 20 g 이상

(2) 가압식 : 소화약제 1 kg에 대하여 질소 40 L 이상, 이산화탄소 20 g 이상

---

20. 펌프의 비속도(n_s)를 구하는 식으로 맞는 것은? (단, 기호는 Q : 유량, N : 회전수, H : 전양정이다.)

① $n_s = N \dfrac{\sqrt{Q}}{H^{\frac{4}{3}}}$

② $n_s = N \dfrac{\sqrt{H}}{Q^{\frac{3}{4}}}$

③ $n_s = Q \dfrac{\sqrt{N}}{H^{\frac{3}{4}}}$

④ $n_s = N \dfrac{\sqrt{Q}}{H^{\frac{3}{4}}}$

해설 비속도(n_s) = 비교 회전도

실전 테스트 **3**

1. 분말소화약제의 분말 입도와 소화성능에 대하여 옳은 것은?

① 미세할수록 소화성능이 우수하다.

② 입도가 클수록 소화성능이 우수하다.

③ 입도와 소화성능과는 관련이 없다.

④ 입도가 너무 미세하거나 너무 커도 소화성능이 저하된다.

해설 입도의 크기는 $20 \sim 25 \mu$ 정도가 적당하다.

2. 열량 단위 cal는 물 1 g의 온도를 14.5℃에서 15.5℃까지 올리는 데 필요한 열량으로 정의된다. 1 cal는 몇 J인가?

① 0.24   ② 1.00   ③ 2.38   ④ 4.18

해설 $1 \, cal = 4.18 \, J$

3. 포소화약제가 갖추어야 할 조건 중 옳지 않은 것은?

① 내화성이 좋을 것

② 부패 및 변질이 없을 것

③ 수용액의 침전량이 0.3 % 이하일 것

④ 포 방사 후 1분간 수용액의 환원량이 25 % 이하일 것

해설 수용액의 침전량이 0.1 % 이하이어야 한다.

4. 다음의 무차원수 중 압축력과 관성력의 비로 표시되는 수는 무엇인가?

① 코시수(Cauchy number)   ② 프란틀수(Prandtl number)

③ 오일러수(Euler number)   ④ 레이놀즈수(Raynolds number)

해설 무차원수

(1) 레이놀즈수(Raynolds number) $= \dfrac{관성력}{점성력}$

(2) 프루드(Froude)수 $= \dfrac{관성력}{중력}$

정답 1. ④   2. ④   3. ③   4. ③

(3) 코시수(Cauchy number) = $\dfrac{관성력}{탄성력}$

(4) 오일러수(Euler number) = $\dfrac{압축력}{관성력}$

(5) 마하수(Mach number) = $\dfrac{속도}{음속}$

☐5. 뉴턴(Newton)의 점성법칙을 이용하여 만든 점도계는?

① 세이볼트(Saybolt) 점도계
② 오스트발트(Ostwald) 점도계
③ 레드우드(Redwood) 점도계
④ 맥미첼(Macmichael) 점도계

해설 • Ostwald 점도계, 세이볼트 점도계 → 하겐 푸아죄유 법칙 이용

• 낙구식 점도계 → 스토크스 법칙 이용

☐6. 1 piose는 몇 N · s/m^{2}인가?

① 10^{-1}
② 10^{-2}
③ 10^{-3}
④ 10^{-4}

해설 $1\,\text{P} = 10^{-1}\,\text{N} \cdot \text{s/m}^2$

☐7. 관에서의 마찰손실이 다르시 식으로 표현될 때 지름 d_1, 길이 L_1인 관에서의 손실수두와 같은 크기의 손실수두를 갖는 지름 d_2인 관에서의 길이를 L_2라 할 때 올바른 관계식은?

① $L_2 = L_1 \cdot \dfrac{f_1}{f_2} \cdot \dfrac{d_1}{d_2} \cdot \left(\dfrac{V_1}{V_2}\right)^2$

② $L_2 = L_1 \cdot \dfrac{f_1}{f_2} \cdot \dfrac{V_2}{V_1} \cdot \left(\dfrac{d_1}{d_2}\right)^2$

③ $L_2 = L_1 \cdot \dfrac{f_2}{f_1} \cdot \dfrac{V_1}{V_2} \cdot \left(\dfrac{d_1}{d_2}\right)^2$

④ $L_2 = L_1 \cdot \dfrac{f_1}{f_2} \cdot \dfrac{d_2}{d_1} \cdot \left(\dfrac{V_1}{V_2}\right)^2$

해설 $H_1 = f_1 \times \dfrac{L_1}{D_1} \times \dfrac{V_1{}^2}{2 \cdot g}$, $H_2 = f_2 \times \dfrac{L_2}{D_2} \times \dfrac{V_2{}^2}{2 \cdot g}$ 에서 $H_1 = H_2$이므로

$f_1 \times \dfrac{L_1}{D_1} \times \dfrac{V_1{}^2}{2 \cdot g} = f_2 \times \dfrac{L_2}{D_2} \times \dfrac{V_2{}^2}{2 \cdot g}$ 에서 L_2를 구하면

$L_2 = L_1 \cdot \dfrac{f_1}{f_2} \cdot \dfrac{D_2}{D_1} \cdot \left(\dfrac{V_1}{V_2}\right)^2$

정답 5. ④ 6. ① 7. ④

8. 지름 5 cm, 길이 20 m, 관마찰계수 0.02인 원관 속을 난류의 물이 흐른다. 관 출구와 입구의 압력차가 0.2기압이면 유량(L/s)은?

① 4.33　　　　② 6.33　　　　③ 2.74　　　　④ 4.94

해설 $H = \dfrac{\Delta P}{\gamma} = \dfrac{0.2 \times 1.0332 \times 10^4 \,\mathrm{kg/m^2}}{1000 \,\mathrm{kg/m^3}} = 2.0664 \,\mathrm{m}$

$H = \dfrac{f \times L}{D} \times \dfrac{V^2}{2 \cdot g}$ 에서, $2.0664 = \dfrac{0.02 \times 20}{0.05} \times \dfrac{V^2}{2 \times 9.8}$

$V = 2.25 \,\mathrm{m/s}$, $Q = A \times V$이므로 $Q = \dfrac{\pi}{4} \times 0.05^2 \times 2.25 = 0.00433 \,\mathrm{m^3/s} = 4.33 \,\mathrm{L/s}$

9. 지름 40 cm인 소방호스에 물이 785 N/s로 흐르고 있다. 물의 유속은 몇 m/s인가?

① 12.7　　　　② 6.4　　　　③ 1.27　　　　④ 0.64

해설 $1 \,\mathrm{kgf} = 9.8 \,\mathrm{N}$이므로

$785 \,\mathrm{N/s} = 80.10204 \,\mathrm{kgf/s} \rightarrow \dfrac{80.10204 \,\mathrm{kgf/s}}{1000 \,\mathrm{kgf/m^3}} = 0.08 \,\mathrm{m^3/s}$

$V = \dfrac{0.08 \,\mathrm{m^3/s}}{\left(\dfrac{\pi}{4} \times 0.4\right)^2} = 0.6369 \,\mathrm{m/s}$

10. 인산암모늄을 주성분으로 한 분말소화약제는 몇 종 분말소화약제인가?

① 제 1 종　　　　② 제 2 종　　　　③ 제 3 종　　　　④ 제 4 종

해설 소화약제의 종류

소화약제 종별	색상	적용화재
제 1 종(탄산수소나트륨, $NaHCO_3$) 분말	백색	B, C
제 2 종(탄산수소칼륨, $KHCO_3$) 분말	자색	B, C
제 3 종(제 1 인산암모늄, $NH_4H_2PO_4$) 분말	담홍색	A, B, C
제 4 종(탄산수소칼륨+요소, $KHCO_3 + (NH_2)_2CO$) 분말	회색	B, C

11. 공기 1 kg을 정적과정으로 40℃에서 120℃까지 가열하고 다음에 정압과정으로 120℃에서 220℃까지 가열한다면 전체 가열에 필요한 열량은 몇 kJ/kg인가? (단, C_v : 0.71 kJ/kg · ℃, C_p : 1.00 kJ/kg · ℃이다.)

① 156.8　　　　② 151.0　　　　③ 127.8　　　　④ 180.0

정답 8. ①　　9. ④　　10. ③　　11. ①

해설 정적과정과 정압과정 모두 현열(감열)과정이므로

$$Q_v = 1\,\text{kg} \times 0.71\,\text{kJ}/\text{kg·℃} \times (120℃ - 40℃) = 56.8\,\text{kJ}$$

$$Q_p = 1\,\text{kg} \times 1.00\,\text{kJ}/\text{kg·℃} \times (220℃ - 120℃) = 100\,\text{kJ}$$

$$Q = Q_v + Q_p = 56.8 + 100 = 156.8\,\text{kJ}$$

---

12. 원관 속을 층류상태로 흐르는 유체의 속도분포가 $u = 3y^{1/2}$ (u [m/s]는 유속, y [m]는 관벽으로부터의 거리)일 때 관벽에서 30 mm 떨어진 곳의 유체의 속도구배 (1/s)는?

① 0.87　　　　　② 8.66　　　　　③ 2.74　　　　　④ 27.4

해설 $u = 3y^{\frac{1}{2}}$ 에서

$$\frac{du}{dy} = 3 \cdot \frac{1}{2} y^{\frac{1}{2}-1} = \frac{3}{2} y^{-\frac{1}{2}} = \frac{3}{2} \times 0.03^{-\frac{1}{2}} = 8.66$$

---

13. 그림과 같이 곡면판이 제트를 달고 있다. 제트 속도 V[m/s], 유량 Q[m/s], ρ[kg/m³], 유출방향을 θ라 하면 곡면판이 x방향에 받는 힘을 나타내는 식은?

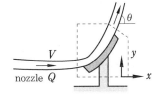

① $\rho Q V^2 \cos\theta$　　　　② $\rho Q V \cos\theta$

③ $\rho Q V \sin\theta$　　　　④ $\rho Q V (1 - \cos\theta)$

해설 ③항은 y방향에 받는 힘을 나타내는 식이다.

---

14. 다음 중 유량 측정기가 아닌 것은?

① 벤투리미터(venturi meter)　　　　② 로터미터(rotameter)

③ 마노미터(manometer)　　　　④ 오리피스(orifice)

해설 마노미터(manometer)는 압력 측정용으로 사용된다.

---

15. 1 MPa에서 작동하는 장치 내로 포화상태의 물이 유입되어 건도 x의 습증기로 유출될 때 물 m [kg]을 습증기로 변화시키는 데 필요한 열량(kJ)을 구하는 식으로 옳은 것은? (단, 1 MPa에 해당하는 포화액의 엔탈피는 h_l[kg/kJ]이고, 포화증기의 엔탈피는 h_g[kg/kJ]이다.)

① $m \times h_g$　　　　　　　② $m \times x\,h_g$

③ $m \times (h_g - h_l)$　　　　　④ $m \times x \times (h_g - h_l)$

해설 건도는 액 중에 포함된 기체(수증기)의 양을 표시하는 것이다. 포화증기 엔탈피에서 포화액 엔탈피를 빼면 증발잠열이 되므로 여기에 건도(건조도)를 곱하고 또 질량을 곱하면 필요한 열량을 구할 수 있다.

---

16. 실내의 CO_2 농도가 20 %를 넘을 때 1분 정도 흡입한다면 어떤 영향을 미치겠는가?

① 호흡수 증가나 두통   ② 호흡곤란이 되거나 토한다.

③ 의식불명이 되거나 혈압 상승   ④ 치사량에 달함

해설 CO_2 농도에 따른 인체의 변화

CO_2 농도	인체에 미치는 영향
2 %	불쾌감을 느낀다.
3 %	호흡이 어렵고 힘들어진다.
4 %	두통, 귀울림, 혈압상승 등의 현상과 눈, 목 등에 자극이 있다.
8 %	호흡이 심하게 곤란해진다.
9 %	구토를 하며 심할 경우 실신한다.
10 %	시력장애와 심한 몸 떨림이 있으며 1분 이내에 의식을 잃는다.
20 %	중추신경 마비로 인하여 사망한다.

---

17. 공기 중에서 941 N인 돌이 물에 잠겨 있다. 물에서의 무게가 500 N이면 돌의 체적은 몇 m^3인가?

① 0.045 m^3 ② 0.034 m^3 ③ 0.028 m^3 ④ 0.012 m^3

해설 $\dfrac{941\,N}{9.8} = 96.02\,kgf$, $\dfrac{500\,N}{9.8} = 51.02\,kgf$ $(9.8\,kgf = 1\,N)$

$51.02\,kgf + F = 96.02\,kgf$, $F = 45\,kgf$

$F = 1000 \cdot V = 45$, $V = 0.045\,m^3$

※ 돌의 비중량 $\gamma = \dfrac{W}{V} = \dfrac{96.02\,kgf}{0.045\,m^3} = 2133.78\,kgf/m^3$

돌의 비중 $s = \dfrac{\gamma}{\gamma_w} = \dfrac{2133.78}{1000} = 2.134$

---

18. 어느 소화설비에 필요한 방수량이 390 L/min이고, 전양정이 90 m, 사용펌프의 효율이 70 %이고, 전달계수(k)가 1.1일 때 펌프를 구동하기 위한 전동기의 용량은 몇 kW인가?

① 8.19   ② 10.99   ③ 9   ④ 18.99

정답 16. ④   17. ①   18. ③

해설 $H_{kw} = \dfrac{1000 \times Q \times H}{102 \times 60 \times E} \times k$

$= \dfrac{1000 \times 0.39 \times 90}{102 \times 60 \times 0.7} \times 1.1 = 9\,\mathrm{kW}$

---

19. 다음 설명 중 틀린 것은?

① 관의 마찰손실수두는 속도의 제곱에 반비례한다.

② 동일 지름의 관에 유량을 2배로 흐르게 하려면 압력을 4배로 높여야 한다.

③ 관의 마찰손실수두는 관의 길이에 비례하여 증가한다.

④ 관 마찰계수는 레이놀즈수와 상대조도의 함수이다.

해설 다르시 방정식에 의해

$H = \dfrac{f \times l \times V^2}{D \times 2 \cdot g}$ 에서 관의 마찰손실수두는 속도의 제곱에 비례한다.

---

20. 수격작용(water hammer)을 방지하는 대책으로 관계가 없는 것은?

① 유속을 높인다. ② 벨로스곡을 완만히 한다.

③ 펌프에 플라이휠을 설치한다. ④ 서지 탱크를 관선에 설치한다.

해설 수격작용(water hammering)

(1) 정의 : 펌프 토출측 배관에서 유체의 급격한 압력 변동으로 인하여 발생되는 에너지가 관내의 벽에 충격을 가하는 현상을 말한다.

(2) 발생 원인

- 정전 등으로 갑자기 펌프가 정지할 경우
- 펌프의 토출측 밸브를 급격히 개폐할 경우
- 펌프 토출측 배관에 공기 등의 존재로 유체의 압력 변동이 심할 경우

(3) 대책

- 펌프 토출측 유속을 늦춘다.
- 펌프의 급격한 토출압력 변화를 방지할 것
- 토출측 배관에 수격 방지기를 설치한다.
- 에어 체임버를 설치한다.
- 펌프에 플라이휠을 부착하여 속도를 조절한다.

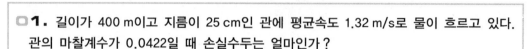

□1. 길이가 400 m이고 지름이 25 cm인 관에 평균속도 1.32 m/s로 물이 흐르고 있다. 관의 마찰계수가 0.0422일 때 손실수두는 얼마인가?

① 0.6 m　　　　② 6 m　　　　③ 0.12 m　　　　④ 12 m

> **해설** 다르시 방정식에 의하여
>
> $$H = \frac{f \times l \times V^2}{D \times 2 \cdot g} = \frac{0.0422 \times 400\,\mathrm{m} \times (1.32\,\mathrm{m/s})^2}{0.25\,\mathrm{m} \times 2 \times 9.8} = 6\,\mathrm{m}$$

□2. 점성계수의 단위에 해당하는 것은?

① g/cm · s　　　　② m²/s　　　　③ kg · m/s　　　　④ N/m²

> **해설** 물의 점성계수 : 0.01 g/cm · s

□3. 보정계수 $C = 0.98$인 피토 정압관으로 물의 유속을 측정하려고 한다. 액주계에는 비중이 13.6인 수은이 들어 있고 액주계에서 수은의 높이가 20 cm일 때 유속은 몇 m/s인가?

① 1.4　　　　② 6.8　　　　③ 7.7　　　　④ 10.5

> **해설** $V = 0.98 \times \sqrt{2 \cdot g \cdot h \left(\frac{\gamma_a}{\gamma_b} - 1 \right)} = 0.98 \times \sqrt{2 \times 9.8 \times 0.2 \left(\frac{13.6}{1} - 1 \right)} = 6.8\,\mathrm{m/s}$

□4. 다음 중 펌프(pump)의 이상현상에 해당되지 않는 것은?

① 공동현상(cavitation)　　　　② 수격작용(water hammer)

③ 맥동현상(surging)　　　　④ 진공현상(vacuum)

> **해설** 펌프(pump)의 이상현상
> - 공동현상(cavitation) : 펌프 흡입배관에서의 압력 강하로 인하여 발생된 기체가 펌프의 상부에 모이게 되면 액의 송출을 방해하는 현상
> - 수격작용(Water Hammering) : 펌프 토출측 배관에서 유체의 급격한 압력 변동으로 인하여 발생되는 에너지가 관내의 벽에 충격을 가하는 현상
> - 서징(surging) 현상 : 펌프의 토출압력과 토출량이 운전 시 규칙적으로 변동이 일어나 펌프의 운동과 양정이 주기적으로 변화하는 현상

정답 1. ②　2. ①　3. ②　4. ④

□**5.** 탄산수소나트륨 (NaHCO₃)이 열분해하여 생성되는 물질이 아닌 것은?

① 탄산나트륨　　　② 이산화탄소　　　③ 수증기　　　④ 암모니아

> **해설**　분말소화약제의 열분해 반응식
>
> (1) 제 1 종 분말소화약제
>
> 　　1차 열분해(270℃)　　　　　　　　　　　　2차 열분해(850℃)
>
> 　　$2\,NaHCO_3 \rightarrow Na_2CO_3 + H_2O + CO_2 - Q\,kcal$　　$2\,NaHCO_3 \rightarrow Na_2O + H_2O + 2\,CO_2 - Q\,kcal$
>
> (2) 제 2 종 분말소화약제
>
> 　　1차 열분해(190℃)　　　　　　　　　　　　2차 열분해(590℃)
>
> 　　$2\,KHCO_3 \rightarrow K_2CO_3 + H_2O + CO_2 - Q\,kcal$　　$2\,KHCO_3 \rightarrow K_2O + H_2O + 2CO_2 - Q\,kcal$
>
> (3) 제 3 종 분말소화약제
>
> 　　$NH_4H_2PO_4 \rightarrow HPO_3 + NH_3 + H_2O - Q\,kcal$　　$2\,HPO_3 \rightarrow P_2O_5 + H_2O$
>
> (4) 제 4 종 분말소화약제
>
> 　　$2\,KHCO_3 + (NH_2)_2CO \rightarrow K_2CO_3 + 2\,NH_3 + 2\,CO_2 - Q\,kcal$
>
> 　　$6\,NaHCO_3 + Al_2(SO_4)_3 \cdot 18\,H_2O \rightarrow 3\,Na_2SO_4 + 2\,Al(OH)_3 + 6\,CO_2 + 18\,H_2O$: 화학포 소화설비
>
> 반응식이다.

□**6.** 다음 중 레이놀즈수에 대한 설명으로 옳은 것은?

① 점성과 비점성의 관계　　　　　② 압축성과 비압축성의 관계

③ 층류와 난류의 관계　　　　　　④ 정상류와 비정상류의 관계

> **해설**　$Re < 2100$: 층류,　$Re > 4000$: 난류,　$2100 < Re < 4000$: 천이구역

□**7.** 동점성계수(ν)를 기본차원 질량(M), 길이(L), 시간(T)으로 표시하면?

① $ML^{-1}T^{-1}$　　　　　　　　　② $ML^{-2}T^{-1}$

③ MLT^2　　　　　　　　　　　　④ L^2T^{-1}

> **해설**　동점성계수는 유체의 점성계수를 밀도로 나눈 값으로 단위는 cm^2/s, m^2/s이다.

□**8.** 기화 (증발)잠열이 384.2 kJ/kg인 천연부탄 3 kg이 기화될 때 필요한 열량은 몇 kJ 인가?

① 1152.6　　　　② 274.4　　　　③ 115.26　　　　④ 27.44

> **해설**　$Q = 384.2\,kJ/kg \times 3\,kg = 1152.6\,kJ$

정답　5. ④　6. ③　7. ④　8. ①

○9. 부차적 손실이 $H = K\dfrac{v^2}{2g}$ 인 관의 상당길이 L_e 는? (단, d 는 관지름, f 는 관마찰계수, K 는 부차적 손실계수)

① $\dfrac{Kd}{f}$

② $\dfrac{f}{Kd}$

③ $\dfrac{fK}{d}$

④ $\dfrac{d}{fK}$

10. 이산화탄소가 압력 $2 \times 10^5\,Pa$, 비체적 $0.04\ m^3/kg$ 상태로 저장되었다가, 온도가 일정한 상태로 압축되어 압력이 $8 \times 10^5\,Pa$ 로 되었다면, 변화 후 비체적은 몇 m^3/kg 인가?

① 0.01   ② 0.02   ③ 0.16   ④ 0.32

해설 비체적$(\gamma) = \dfrac{R \cdot T}{P \cdot M}$

압력과 비체적은 반비례하므로 $\gamma_1 : \dfrac{1}{P_1} = \gamma_2 : \dfrac{1}{P_2}$

$0.04\,m^3/kg : \dfrac{1}{2 \times 10^5\,Pa} = \gamma_2 : \dfrac{1}{8 \times 10^5\,Pa}$, $\therefore \gamma_2 = 0.01\,m^3/kg$

11. 그림과 같이 U자형의 용기에 물이 채워져 있고 지면으로부터 같은 높이에서 수평방향으로 설치된 똑같은 두 개의 노즐로부터 물이 쏟아져 나올 때 지면까지의 살수거리는 어떻게 되는가?

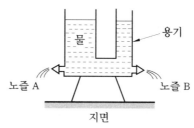

① 두 노즐의 살수거리는 같다.
② A 노즐이 B 노즐보다 살수거리가 길다.
③ B 노즐이 A 노즐보다 살수거리가 길다.
④ 물의 양에 따라 달라진다.

해설 위치수두와 압력수두가 같으므로 속도수두 또한 같다. 두 노즐의 살수거리는 같다.

정답 9. ①   10. ①   11. ①

12. ABC급 소화성능을 가지는 분말소화약제는 ?

① 탄산수소나트륨 ② 탄산수소칼륨

③ 제 1 인산암모늄 ④ 탄산수소칼륨＋요소

해설 분말소화약제의 종류와 기호

소화약제의 종류	색상	적용화재
제 1 종 (탄산수소나트륨, $NaHCO_3$) 분말	백색	B, C
제 2 종 (탄산수소칼륨, $KHCO_3$) 분말	자색	B, C
제 3 종 (제 1 인산암모늄, $NH_4H_2PO_4$) 분말	담홍색	A, B, C
제 4 종 (탄산수소칼륨＋요소, $KHCO_3 + (NH_2)_2CO$) 분말	회색	B, C

13. 호스릴 이산화탄소 소화설비에서는 하나의 노즐에 대하여 몇 kg 이상의 소화약제를 저장하여야 하는가 ?

① 150 ② 120

③ 90 ④ 60

해설 소화약제 저장량 : 90 kg, 분당 방사량 : 60 kg

14. 이상기체의 상태 방정식에서 기체상수로서 옳은 것은 ?

① 0.08205 kg · m/mol · ℃ ② 0.08205 kg · m/mol · K

③ 0.08205 atm · L/mol · ℃ ④ 0.08205 atm · L/mol · K

해설 기체상수 ＝ 0.08205 atm · L/mol · K

아보가드로의 법칙에 의하여 모든 기체 1 mol은 0℃, 1 atm하에서 22.4 L의 체적을 차지하며 그 속에는 6.02×10^{23}개의 분자수가 들어 있다.

$$R = \frac{PV}{nT} = \frac{1 \, atm \times 22.4 \, L}{1 \, mol \times 273 \, K} = 0.08205 \, atm \cdot L/mol \cdot K$$

15. 목재의 표면화재에 소화상 필요한 할론 1301의 농도는 얼마 이상이어야 하는가 ?

① 5 % ② 10 %

③ 15 % ④ 20 %

해설 5 % 이상이어야 한다.

정답 **12.** ③ **13.** ③ **14.** ④ **15.** ①

16. 유동하는 유체의 동압을 Wheatstone 브리지의 원리를 이용하여 전압을 측정하고 그 값을 속도로 환산하여 유속을 측정하는 장치는?

① 피에조미터   ② 열선풍속계

③ 섀도그래프   ④ 피토관

해설 열선풍속계는 가는 금속선(주로 백금선)을 가열하여 기체 유동 속에 놓으면 기체의 유동속도에 따라 금속선의 온도가 변화하고, 따라서 금속선의 전기 저항이 변화하는 것을 이용해서 기체 속도를 추정한다. 섀도그래프, 간섭계, 슐리렌 방법은 빛을 이용하여 밀도 변화를 측정한다.

17. 다음 그림과 같은 수조차의 탱크 측벽에 설치된 노즐에서 분출하는 분수의 힘에 의해 그 반작용으로 분류 반대방향으로 수조차가 힘 F를 받아서 움직인다. 속도계수 : C_v, 수축계수 : C_c, 노즐의 단면적 : A, 비중량 : γ, 분류의 속도 : V로 놓고 노즐에서 유량계수 $C = C_v$, $C_c = 1$ 로 놓으면 F는 얼마인가?

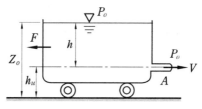

① $F = \gamma A h$ ② $F = 2\gamma A h$

③ $F = \dfrac{1}{2}\gamma A h$ ④ $F = \gamma\sqrt{A h}$

18. 체적이 $0.5\,\mathrm{m^3}$인 탱크에 산소 $10\,\mathrm{kg}$이 들어 있다. 그때의 온도가 23℃라 할 때 압력은 몇 MPa인가?

① 1.452   ② 1.538   ③ 1.653   ④ 1.725

해설 이상기체 상태 방정식에 의하여

$$P = \frac{n \times R \times T}{V} = \frac{\dfrac{W}{M} \times R \times T}{V}$$

$$= \frac{10\,\mathrm{kg} \times 0.08205\,\mathrm{atm \cdot L/mol \cdot K} \times (273 + 23)\,\mathrm{K}}{0.5\,\mathrm{m^3} \times 32\,\mathrm{kg}} = 15.18\,\mathrm{atm}\ (\text{기압})$$

$$= 15.18 \times 0.101325\,\mathrm{MPa}\ (1\,\mathrm{atm} = 101.325\,\mathrm{kPa}) = 1.538\mathrm{MPa}$$

정답 16. ②   17. ②   18. ②

19. 평균유속 5 m/s의 물이 지름 20 cm의 관내를 수평으로 흐를 때 압력이 100 kPa이었다면 이 물의 동력은 몇 kW인가?

① 15.7
② 38.4
③ 52.5
④ 77.5

해설 $H = \dfrac{10.332 \text{ m H}_2\text{O} \times 100 \text{ kPa}}{101.325 \text{ kPa}} = 10.2 \text{ m}$

$Q = A \times V = \dfrac{\pi}{4} \times (0.2 \text{ m})^2 \times 5 \text{ m/s} = 0.157 \text{ m}^3/\text{s}$

$H_{kW} = \dfrac{1000 \times 0.157 \text{ m}^3/\text{s} \times 10.2 \text{ m}}{102} = 15.7 \text{ kW}$

20. 다음 중 연속방정식이 아닌 것은? (단, u, v, w는 x, y, z 방향의 속도성분, A : 단면적, ρ : 밀도, V : 속도)

① $\dfrac{dx}{u} = \dfrac{dy}{v} = \dfrac{dz}{w}$

② $\dfrac{dA}{A} + \dfrac{d\rho}{\rho} + \dfrac{dv}{v} = 0$

③ $d(\rho A V) = 0$

④ $\rho A V = C$

실전 테스트 5

□1. 일정한 유량의 물이 원관 속을 층류로 흐른다고 가정할 때 지름을 3배로 하면 손실 수두는 몇 배로 되는가?

① $\dfrac{1}{2}$　　　　② $\dfrac{1}{9}$　　　　③ $\dfrac{1}{16}$　　　　④ $\dfrac{1}{18}$

해설 하겐 푸아죄유의 방정식에 의해 $\Delta p = \dfrac{128 \cdot \mu \cdot L \cdot Q}{\pi \cdot D^4 \cdot \gamma}$ 에서

손실수두는 지름의 4제곱에 반비례한다. 따라서 $\Delta p = \left(\dfrac{1}{3}\right)^4 = \dfrac{1}{81}$

□2. 할론 1301의 화학식은 어느 것인가?

① CF_3Br　　　　　　　　② CBr_2F_2

③ $CBrF_2$　　　　　　　　④ $CBrClF_3$

해설 할론의 화학식 : 할론－ABCD에서

A : 탄소(C)의 수, B : 불소(F)의 수, C : 염소(Cl)의 수, D : 취소(Br)의 수

□3. 원추 확대관에서 손실계수를 최소로 하는 원추 각도는?

① 60° 근방　　　　　　　② 45° 근방

③ 15° 근방　　　　　　　④ 7° 근방

해설 점차 확대관의 손실수두 : 점차 확대되는 원형 단면에서는 확대각 θ에 따라 손실이 달라진다. Gibson의 실험에 의하면 최대손실은 θ가 62° 근방에서, 최소손실은 6~7°에서 생긴다.

□4. 고가수조 설치를 면제받기 위해 펌프 한 대를 추가로 설치하였다. 전양정이 30 m, 토출량이 10 m³/s, 펌프 효율이 50 %일 때 펌프에 필요한 동력은 몇 kW인가?

① 1000　　　　　　　　② 2000

③ 2940　　　　　　　　④ 5880

해설 $H_{kW} = \dfrac{1000 \times 10\ \text{m}^3/\text{s} \times 30\ \text{m}}{102 \times 0.5} = 5882.35\ \text{kW}$

정답 1. ④　2. ①　3. ④　4. ④

□5. 오일러의 운동방정식을 유도하기 위한 가정 중 옳지 않은 항목은?

① 정상유동이다.　　　　　　　　② 마찰이 없는 유동이다.

③ 유체입자가 유선 따라 움직인다.　　④ 점성유동이다.

해설 오일러의 운동방정식 : 유체의 입자가 유선 또는 유관을 따라 움직일 때 Newton의 운동
제 2 법칙을 적용한 미분 방정식

[가정 조건]

(1) 정상유동이다.

(2) 유체의 점성력이 없다(비점성 유체이다).

(3) 유체의 입자는 유선을 따라 움직인다.

□6. 지구의 대기권에서 고도가 높아지면 지표면보다 온도가 낮아지는 현상과 관계가 있는 것은?

① 등온변화　　　　② 단열변화　　　　③ 등적변화　　　　④ 등압변화

해설 고도가 높아지면 기압이 낮아지고 따라서 온도 또한 낮아지게 된다. 이를 등적변화라 한다.

□7. 다음 설명 중 틀린 것은?

① $\dfrac{dx}{u} = \dfrac{dy}{v}$은 정상류를 나타낸다.

② 1차원 흐름이란 유동특성이 한 개의 좌표만으로만 변화되는 흐름을 말한다.

③ 모든 점에서 흐름과 특성이 시간에 따라 변화하지 않는 흐름으로 곧은 관 속에서의 일정한 유량일 때의 흐름을 정상류라 한다.

④ 연속 방정식은 질량 보존의 법칙으로부터 유도된 방정식이다.

해설 ①항은 유선 방정식을 나타내는 식이다. 유선이란 유동장의 모든 점에서 운동의 방향을 나타내도록 유체 중에 그려진 가상의 곡선으로 임의의 순간에 속도벡터의 방향을 갖는 모든 점으로 구성된 선을 말한다.

□8. 양수장치에서 실양정을 30 m, 흡입수면에 작용하는 압력은 대기압(101.3 kPa)이고 송수면에 작용하는 압력을 490.3 kPa이라 할 때 전관로의 수두가 7 m라면 펌프의 전양정은 몇 m인가? (단, 펌프의 흡입측과 토출측의 구경은 같다.)

① 67.3　　　　② 76.7　　　　③ 82.3　　　　④ 92.2

정답 5. ④　6. ③　7. ①　8. ②

해설 송수면에 작용하는 수압 = 490.3 kPa − 101.3 kPa = 389 kPa

kPa를 mH_2O로 환산하면

$$\frac{389\,kPa}{101.3\,kPa} \times 10.332\,m\,H_2O = 39.675\,m\,H_2O$$

전양정 = 39.675 + 30 + 7 = 76.675 mH_2O

□9. 다음 이상기체의 상태 변화를 설명한 것 중 옳은 것은?

① 등압변화에서 가해진 열량은 엔탈피 증가와 같다.

② 등적변화에서 가해진 열량은 기체의 온도 변화와 같다.

③ 등온변화에서 가해진 열량은 엔탈피 증가와 같다.

④ 등온변화에서 가해진 열량은 내부 에너지 증가와 같다.

해설 등적변화에서 가해진 열량은 엔트로피의 변화와 같다. 등온변화에서 내부에너지의 변화는 없다.

10. 수동식 소화기 중 대형 소화기에 충전하는 소화약제의 용량이 잘못 연결된 것은?

① 물소화기 : 80 L 이상

② 강화액 소화기 : 60 L 이상

③ 이산화탄소 소화기 : 40 kg 이상

④ 할로겐 화합물 소화기 : 30 kg 이상

해설 이산화탄소 소화기 : 50 kg 이상, 포소화기 : 20 L 이상, 분말소화기 : 20 kg 이상

11. 흐르는 물속에 피토관을 삽입하여 압력을 측정하였더니 전압이 200 kPa, 정압이 100 kPa이었다. 이 위치에서 유속은 몇 m/s인가?(단, 물의 밀도는 1000 kg/m³이다.)

① 14.1　　② 10　　③ 3.16　　④ 1.02

해설 동압 = 전압 − 정압 = 200 kPa − 100 kPa = 100 kPa

$$물의\,높이 = \frac{100\,kPa}{101.3\,kPa} \times 10.332 = 10.199\,m\,H_2O$$

$$유속(V) = \sqrt{2 \times 9.8 \times 10.199} = 14.13\,m/s$$

12. 부차적 손실계수 $k = 2$인 관 부속품에서의 손실수두가 2 m라면 이때의 유속은 몇 m/s인가?

① 4.427　　② 3.427　　③ 2.427　　④ 1.427

정답 **9.** ①　　**10.** ③　　**11.** ①　　**12.** ①

해설 유속$(V) = \sqrt{\dfrac{2 \cdot g \cdot H}{k}} = \sqrt{\dfrac{2 \times 9.8 \times 2}{2}} = 4.427\,\mathrm{m/s}$

---

13. 액체 속에 잠겨진 곡면에 작용하는 수평분력은?

① 곡면의 중심에서 압력과 면적의 곱과 같다.

② 곡면의 수직한 연직면의 투영된 면적에 작용하는 힘과 같다.

③ 곡면의 수직상방에 실려 있는 액체의 무게와 같다.

④ 곡면에 의하여 배제된 액체의 무게와 같다.

해설 • 수평분력 : 곡면의 수직 투영면적에 작용하는 전압력과 같다.

  • 수직분력 : 곡면 수직방향에 실려 있는 액체의 무게와 같다.

---

14. 다음 중 배관의 유량을 측정하는 계측장치가 아닌 것은?

① 로터미터(rotameter)   ② 유동노즐(flow nozzle)

③ 마노미터(manometer)   ④ 오리피스(orifice)

해설 마노미터(manometer)는 압력 측정에 이용된다.

---

15. 다음 중에서 연속 방정식을 옳게 기술한 것은?

① 뉴턴의 관성 법칙을 만족시키는 방정식이다.

② 에너지와 일과의 관계를 나타내는 방정식이다.

③ 유선상의 2점에서의 단위 체적당의 모멘트에 관한 방정식이다.

④ 질량 보존의 법칙을 유체 유동에 적용한 방정식이다.

해설 흐르는 유체에 질량 보존의 법칙을 적용하여 얻은 방정식을 연속 방정식이라 한다.

---

16. 지름의 비가 1 : 2인 2개의 모세관을 물속에 수직으로 세울 때 모세관 현상으로 물이 관 속으로 올라가는 높이 비는?

① 1 : 4   ② 1 : 2

③ 2 : 1   ④ 4 : 1

해설 모세관 상승의 정도는 지름에 반비례한다.

  $1 : \dfrac{1}{2} = 2 : 1$

정답 13. ②   14. ③   15. ④   16. ③

17. 표준대기압에서 진공압이 400 mmHg일 때 절대압으로는 약 몇 kPa인가？(단, 표준대기압은 101.3 kPa, 수은의 비중은 13.6이다.)

① 53

② 48

③ 154

④ 149

해설 절대압력 = 대기압력 − 진공압력

$$= 101.3\,\mathrm{kPa} - 101.3\,\mathrm{kPa} \times \frac{400\,\mathrm{mmHg}}{760\,\mathrm{mmHg}} = 47.985\,\mathrm{kPa}$$

---

18. 할론 1301에 적용하지 아니하는 소방대상물은？

① 가연성 가스 및 액체

② 종이, 목재, 섬유

③ 변압기 등 전기기기

④ 질산셀룰로오스

해설 질산셀룰로오스(제 5 류 위험물)는 자체적으로 산소를 함유하고 있으므로 할론 1301의 질식소화는 적용되지 않으며 초기에 다량의 주수소화를 한다.

---

19. 할로겐 원소가 아닌 것은？

① 염소

② 브롬

③ 네온

④ 옥소

해설 할로겐 원소 : 불소(F), 염소(Cl), 취소(Br), 옥소(I), 아스타틴(At)

---

20. 물의 기화잠열에 대한 설명으로 적합한 것은？

① 1기압하에서 0℃의 얼음 1 kg이 100℃의 수증기로 변화하는 데 필요한 열량

② 1기압하에서 0℃의 얼음 1 kg이 0℃의 물로 변화하는 데 필요한 열량

③ 1기압하에서 100℃의 물 1 kg이 100℃의 수증기로 변화하는 데 필요한 열량

④ 1기압하에서 10℃의 얼음 1 kg이 100℃의 수증기로 변화하는 데 필요한 열량

해설 ②항은 얼음의 융해잠열에 대한 설명이다.

정답 17. ② 18. ④ 19. ③ 20. ③

실전 테스트 **6**

1. 다음 설명 중 틀린 것은?

① 층류에서의 흐름은 난류보다 저항이 크다.

② 배관에서 유속은 관 중심으로 빠르다.

③ 배관에서 유체 마찰은 관벽이 가장 크다.

④ 실제 소화배관의 유체 흐름은 대부분 난류로서 해석된다.

해설 난류에서의 흐름은 층류보다 저항이 크다.

2. 온도 66℃, 절대압력 380 kPa인 이산화탄소가 1.5 m/s로 지름 5 cm인 관 속을 흐를 때 레이놀즈수는? (단, 이산화탄소의 기체상수 R =187.8 N·m/kg·K, 점성계수 μ =1.772×10^{-5} kg/m·s이다.)

① 25268   ② 22685   ③ 25662   ④ 26285

해설 먼저 밀도(ρ)를 구하면

$$\rho = \frac{P}{R \cdot T} = \frac{380 \times 1000\,\text{Pa}\,(\text{N}/\text{m}^2)}{187.8\,\text{N} \cdot \text{m}/\text{kg} \cdot \text{K} \times (273+66)\,\text{K}} = 5.97\,\text{kg}/\text{m}^3$$

$$Re = \frac{D \times V \times \rho}{\mu} = \frac{0.05\,\text{m} \times 1.5\,\text{m}/\text{s} \times 5.97\,\text{kg}/\text{m}^3}{1.772 \times 10^{-5}\,\text{kg}/\text{m} \cdot \text{s}} = 25268$$

3. 다음 중 이상유체에 대한 설명으로 적합한 것은?

① 비압축성이며 점성이 없는 유체

② 압축성이며 정상류인 유체

③ 비압축성이며 점성이 있는 유체

④ 압축성이며 비정상류인 유체

해설 • 이상유체 : 비압축성이며 점성이 없는 유체

• 실제유체 : 압축성이며 점성이 있는 유체

4. 다음 물의 소화효과를 높이기 위하여 사용하는 첨가제 중 옳지 않은 것은?

① 강화액   ② 침투제   ③ 증점제(增點劑)   ④ 방식제

정답 1. ①   2. ①   3. ①   4. ④

해설 (1) 강화액 : 물의 비등점을 낮추어 동절기 물의 동결을 방지한다.

(2) 침투제 : 물의 침투를 좋게 하여 연소를 억제한다(wetting agent).

(3) 증점제(增點劑) : 물의 점도를 증가시킨다(viscosity agent).

---

5. 소화수 배관 내의 마찰손실을 하겐-윌리엄스 공식으로 계산할 경우 잘못된 내용은 어느 것인가?

① 마찰손실은 유량의 4.87제곱에 비례한다.

② 마찰손실은 안지름의 4.87제곱에 반비례한다.

③ 마찰손실은 배관의 길이에 비례한다.

④ 마찰손실은 C값의 1.85제곱에 반비례한다.

해설 하겐 윌리엄스 공식

$$\Delta p = 6.174 \times 10^5 \times \frac{Q^{1.85}}{C^{1.85} \times D^{4.87}} \times L$$

마찰손실은 유량의 1.85제곱에 비례한다.

---

6. 물을 소방호스로 살수할 때 노즐 끝에서의 순간 유속은 몇 m/s인가? [단, p : 압력(kPa), h : 수두(m)]

① $\sqrt{2p}$ ② $\sqrt{2h}$ ③ $2\sqrt{p}$ ④ $2\sqrt{h}$

---

7. 유효흡입양정(NPSH)과 가장 관계가 있는 것은?

① 수격작용   ② 맥동현상   ③ 공동현상   ④ 체절압력

해설 ③ 공동현상은 펌프 흡입의 압력손실과 관계가 있다.

①, ② 수격작용과 맥동현상은 펌프 토출측에서 발생하는 현상이다.

④ 체절압력은 펌프 토출측 주 개폐 밸브를 닫고 운전하여 펌프의 최고점에 도달하는 압력을 나타내는 것으로 호수조의 순환 밸브는 체절압력 미만에서 작동하도록 되어 있다.

---

8. 공기가 게이지 압력 2.06 bar의 상태로 지름이 0.15 m인 관 속을 흐르고 있다. 이때 대기압은 1.03 bar이고 공기의 유속이 4 m/s라면 질량유량(mass flow rate)을 계산하면 약 몇 kg/s인가? (단, 공기의 온도는 37°C이고, 가스상수는 287.1 J/kg · K이며 1 bar = 10^5 Pa이다.)

① 0.245   ② 2.45   ③ 0.026   ④ 25

정답 5. ①   6. ①   7. ③   8. ①

해설 먼저 밀도(ρ)를 구하면

$$\rho = \frac{P}{R \cdot T} = \frac{309000 \, \text{N} / \text{m}^2}{287.1 \, \text{J} / \text{kg} \cdot \text{K} \times 310 \, \text{K}} = 3.47 \, \text{kg} / \text{m}^3$$

$1.01325 \, \text{bar} : 101325 \, \text{N} / \text{m}^2 = (2.06 + 1.03) \, \text{bar} : P$

$\therefore P = 309000 \, \text{N} / \text{m}^2$

질량유량 $= \dfrac{\pi}{4} \times D^2 \times V \times \rho$

$\qquad\qquad = \dfrac{\pi}{4} \times 0.15^2 \times 4 \times 3.47 \, \text{kg} / \text{m}^3 = 0.245 \, \text{kg} / \text{s}$

---

9. 합성 계면활성제 포소화약제의 물성에 대한 설명으로 틀린 것은?

① 점도는 200 CSt 이하이다.

② 20℃에서 비중은 0.9~1.2이다.

③ 20℃에서 수소이온농도지수는 6.5~8.5이다.

④ 팽창비는 저발포에서는 6배 이상, 고발포에서는 60배 이상

해설 기계포는 팽창비에 따라 저발포와 고발포로 나누어진다.

(1) 저발포 : 팽창비 6배 이상, 20배 이하

(2) 고발포

　• 제 1 종 기계포 : 팽창비 80배 이상 250배 미만

　• 제 2 종 기계포 : 팽창비 250배 이상 500배 미만

　• 제 3 종 기계포 : 팽창비 500배 이상 1000배 미만

---

10. 배관 내의 수격현상을 방지하는 방법으로 틀린 것은?

① 서지 탱크를 설치한다.

② 밸브를 펌프 출구에서 멀게 설치한다.

③ 밸브를 서서히 조작한다.

④ 펌프에 플라이휠을 부착한다.

해설 수격작용(water hammering) 방지대책

• 펌프 토출측 유속을 늦춘다.

• 펌프의 급격한 토출압력 변화를 방지할 것

• 토출측 배관에 수격 방지기를 설치한다.

• 에어 체임버를 설치한다.

• 펌프에 플라이휠을 부착하여 속도를 조절한다.

정답 9. ④ 10. ②

11. 할론 1301의 화학적 성질을 바르게 나타낸 것은?

① 무색무취의 비전도성이며 상온에서 기체

② 연한 푸른색 비전도성 기체이며 증기 밀도는 상온, 상압에서 공기보다 5배 무겁다.

③ 무색, 자극취가 있으며 상온에서 액체

④ 비전도성 기체이며 화염과 접촉하여 생긴 분해생성물은 인체에 무해

> **해설** 할론 1301은 비전도성의 무색무취한 기체로서 공기보다 약 5.13배 무겁다.

12. 물이 안지름 10 mm인 오리피스에서 40 m/s로 방수되고 있을 때 방수량은 몇 m^3/s 인가?

① 0.0031
② 0.0310
③ 0.3100
④ 0.4000

> **해설** $Q = \dfrac{\pi}{4} \times D^2 \times V$
>
> $\quad = \dfrac{\pi}{4} \times 0.01^2 \times 40\,\mathrm{m/s} = 0.00314\,\mathrm{m^3/s}$

13. 다음 중 점성계수를 측정할 수 있는 것은?

① 오스트발트법
② 피토관
③ 슐리렌법
④ 벤투리미터

> **해설**　• Ostwald 점도계, 세이볼트 점도계 → 하겐 푸아죄유 법칙을 이용
>
> 　• 낙구식 점도계 → 스토크스 법칙을 이용
>
> 　• 맥미첼 점도계 → 뉴턴의 점성 법칙을 이용

14. 다음 설명 중 틀린 것은?

① 부력에 의해 액체에 떠 있는 물체를 부양체라 한다.

② 밀폐된 용기의 유체에 가한 압력은 같은 세기로 모든 방향으로 전달된다.

③ 유체에 잠겨진 물체에 작용하는 부력은 그 물체에 의해 배제된 유체의 무게와 같다.

④ 질량 보존의 법칙을 흐르는 유체에 적용하여 얻어진 방정식이 베르누이 방정식이다.

> **해설** 질량 보존의 법칙을 흐르는 유체에 적용하여 얻어진 방정식이 연속 방정식이다.

정답 11. ①　12. ①　13. ①　14. ④

15. 레이놀즈수의 정의는 ?

① 점성력에 대한 관성력의 비   ② 점성력에 대한 중력의 비

③ 관성력에 대한 중력의 비   ④ 압력에 대한 중력의 비

해설 무차원수

(1) 레이놀즈수(Raynold's number) : $\dfrac{\text{관성력}}{\text{점성력}}$

(2) 프루드(Froude)수 : $\dfrac{\text{관성력}}{\text{중력}}$

(3) 코시수(Cauchy number) : $\dfrac{\text{관성력}}{\text{탄성력}}$

(4) 오일러수(Euler number) : $\dfrac{\text{압력}}{\text{관성력}}$

(5) 마하수(Mach number) : $\dfrac{\text{속도}}{\text{음속}}$

---

16. 그림과 같이 차 위에 물탱크와 펌프가 장치되어 펌프 끝의 지름 5 cm의 노즐에서 매초 0.09 m³의 물이 수평으로 분출된다고 하면 그 추력은 몇 N인가 ?

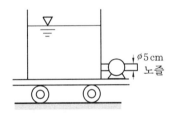

$\phi 5\,cm$ 노즐

① 4125   ② 2079   ③ 412   ④ 212

해설 $V = \dfrac{Q}{A} = \dfrac{0.09\,\text{m}^3/\text{s}}{\dfrac{\pi}{4} \times 0.05^2} = 45.85\,\text{m}/\text{s}$

$F = Q \times \rho \times V = 0.09\,\text{m}^3/\text{s} \times 1000\,\text{kg}/\text{m}^3 \times 45.85\,\text{m}/\text{s}$

$\quad = 4127\,\text{kg} \cdot \text{m}/\text{s}^2 = 4127\,\text{N}$

---

17. 압력강하 Δp, 밀도 ρ, 길이 L, 유량 Q에서 얻을 수 있는 무차원 함수는 ?

① $\dfrac{\rho Q}{\Delta p\,L^2}$ ② $\dfrac{\rho L}{\Delta p\,Q^2}$ ③ $\dfrac{\Delta p\,L\,Q}{\rho}$ ④ $\sqrt{\dfrac{\rho}{\Delta p} \cdot \dfrac{Q}{L^2}}$

정답 15. ①   16. ①   17. ④

18. 다음 중 열역학 제1법칙은?

① 열은 그 자신만으로 저온에서 고온으로 이동할 수 없다.

② 일은 열로 변화시킬 수 있고 열은 일로 변환시킬 수 있다.

③ 사이클 과정에서 열이 모두 일로 변화할 수 없다.

④ 열평형상태에 있는 물체의 온도는 같다.

[해설] 열역학 법칙

(1) 열역학 제0법칙 : 두 물체의 온도가 같으면 열의 이동 없이 평형상태를 유지한다.

(2) 열역학 제1법칙 : 기계적 일은 열로, 열은 기계적 일로 변하는 비율은 일정하다.

(3) 열역학 제2법칙 : 기계적 일은 열로 변하기 쉬우나 열은 기계적 일로 변하기 어렵다. 열은 높은 곳에서 낮은 곳으로 흐른다.

(4) 열역학 제3법칙 : 물질은 어떠한 경우, 어떠한 상태에서도 그 절대온도인 −273℃에 도달할 수 없다.

19. 압력계가 1275 kPa을 지시하고 있다. 이것을 수두로 나타내면 몇 mAq인가?

① 13   ② 15

③ 130   ④ 125

[해설] $\dfrac{10.332\,\text{mAq} \times 1275\,\text{kPa}}{101.325\,\text{kPa}} = 130\,\text{mAq}$

20. 다음 중 포소화약제에 대한 설명으로 맞는 것은?

① 포소화약제의 주된 소화효과는 질식과 냉각이다.

② 포소화약제는 모든 화재에 효과가 있다.

③ 포소화약제의 사용 온도는 제한이 없다.

④ 포소화약제 저장 기간이 영구적이다.

[해설] 포소화약제는 물(수원)과 약제 원액의 혼합으로 포수용액으로 방출되므로 질식소화와 냉각소화가 병행해서 이루어진다.

제 3 과목

소방관계법규

제1장 소방기본법

1 목적

① 화재 예방·경계·진압

② 화재 및 재난, 재해, 그 밖의 위급한 상황 구조, 구급 활동

③ 국민의 생명, 신체 및 재산 보호

④ 공공의 안녕 및 질서 유지와 복리증진에 이바지

2 용어 정의

① 소방대상물 : 건축물, 차량, 선박, 선박 건조 구조물, 산림, 그 밖의 인공 구조물 또는 물건

② 관계지역 : 소방대상물이 있는 장소 및 그 이웃지역으로서 화재 예방·경계·진압, 구조, 구급 등의 활동에 필요한 지역

③ 관계인 : 소방대상물의 소유자, 관리자, 점유자

④ 소방본부장 : 특별시, 광역시·특별자치시·도 또는 특별자치도(이하 "시·도")에서 화재 예방·경계·진압·조사 및 구조, 구급 등의 업무를 담당하는 부서의 장

⑤ 소방대 : 화재를 진압하고 화재, 재난, 재해, 그 밖의 위급한 상황에서의 구조, 구급활동 등을 하기 위하여 소방 공무원, 의무 소방원, 의용 소방대원으로 구성된 조직체

⑥ 소방대장 : 소방본부장 또는 소방서장 등 화재, 재난, 재해, 그 밖의 위급한 상황이 발생한 현장에서 소방대를 지휘하는 자

3 소방기관의 설치 등

① 소방기관 : 시·도의 화재 예방·경계·진압 및 조사, 화재 및 재난, 재해, 그 밖의 위급한 상황 구조, 구급 업무(소방기관 설치에 필요한 사항 : 대통령령)

② 시·도지사

　㉮ 소방본부장 또는 소방서장 지휘·감독

　㉯ 소방업무에 대한 책임

🔳 종합상황실

① 소방청장·소방본부장 및 소방서장이 설치·운영(행정안전부, 특별시, 광역시 또는 도)

② 통신요원 배치, 유·무선 통신시설 갖추고 24시간 운영체제

③ 보고 발생

⑺ 사망 5인 이상, 사상 10인 이상의 화재

⑻ 100인 이상 이재민이 발생한 화재

⑼ 재산 피해 50억 이상 발생한 화재

⑽ 관공서, 학교, 문화재, 지하철, 지하상가, 관광호텔, 시장, 백화점, 11층 이상 건축물 등 화재

⑾ 위험물 제조소·저장소·취급소 : 지정수량 3000배 이상

⑿ 5층 이상 또는 객실 30 이상인 숙박시설, 5층 이상 또는 병실 30 이상인 종합병원, 정신병원, 한방병원, 요양소 등의 화재

⒀ 연면적 15000 m² 이상인 공장, 화재 경계지구에서 발생한 화재

⒁ 철도차량, 1000톤 이상의 선박, 항공기, 발전소, 변전소 등의 화재

⒂ 다중 이용업소 및 가스, 화약류 폭발에 의한 화재

⒃ 재난 상황(통제관의 현장 지휘 및 언론에 보도된 재난)

🔳 소방 장비 등에 대한 국고 보조

① 국가는 소방장비의 구입 등 시·도의 소방업무에 필요한 경비 일부를 보조한다.

② 국고 보조 대상(대통령령)

⑺ 소방자동차, 소방헬리콥터 및 소방정

⑻ 소방전용 통신설비 및 전산설비

⑼ 방화복 등 소방활동에 필요한 소방장비

⑽ 소방관서용 청사

③ 국고 보조는 기준가격 적용, 산정된 금액의 $\frac{1}{3}$ 이상으로 한다.

🔳 소방용수시설의 설치 및 관리(시·도지사)

① 소방용수시설의 설치 기준

⑺ 소방대상물과의 수평 거리

㉮ 주거지역, 상업지역, 공업지역 : 100 m 이하

㉯ 그 밖의 지역 : 140 m 이하

② 소화용수시설별 설치 기준

(가) 소화전 설치 기준

㉮ 상수도와 연결하여 지하식 또는 지상식의 구조

㉯ 소화전의 연결 금속구의 구경 : 65 mm

(나) 급수탑의 설치 기준

㉮ 급수배관의 구경 : 100 mm 이상

㉯ 개폐 밸브 : 지상에서 1.5 m 이상, 1.7 m 이하에 설치

(다) 저수조의 설치 기준

㉮ 지면으로부터의 낙차가 4.5 m 이하일 것

㉯ 흡수부분의 수심이 0.5 m 이상일 것

㉰ 소방 펌프 자동차가 쉽게 접근할 수 있을 것

㉱ 흡수에 지장이 없도록 토사, 쓰레기 등을 제거할 수 있는 설비를 갖출 것

㉲ 흡수관 투입구가 사각형의 경우 한 변의 길이가 60 cm 이상, 원형의 경우 지름 60 cm 이상일 것

㉳ 저수조에 물을 공급하는 방법은 상수도에 연결하여 자동으로 급수되는 구조일 것

③ 소화용수시설 및 지리조사

(가) 실시권자 : 소방본부장 또는 소방서장

(나) 실시횟수 및 내용보관 : 월 1회 이상 실시, 2년간 보존

(다) 조사내용

㉮ 소화용수시설에 대한 조사

㉯ 도로의 폭·교통상황·도로주변의 토지의 고저, 건축물의 개황 그 밖의 소방 활동에 필요한 지리에 대한 조사

7 소방업무의 상호응원협정 사항

① 소방본부장 또는 소방서장은 소화활동에 있어서 긴급을 요할 때에는 이웃한 소방 본부장 또는 소방서장에게 소방업무의 응원을 요청할 수 있다. 응원 요청을 받은 소방본부장 또는 소방서장은 정당한 사유 없이 이를 거절하여서는 아니 된다.

② 소방업무의 응원을 위하여 파견된 소방대원은 응원을 요청한 소방본부장 또는 소 방서장의 지휘에 따라야 한다.

③ 시·도지사는 소방업무의 응원을 대비하여 이웃하는 시·도지사와 협의하여 미리 규약을 정하여야 한다.

(가) 소방활동에 관한 사항

㉮ 화재의 경계, 진압 활동

㉯ 구조, 구급 업무의 지원

㉠ 화재조사활동
㈏ 응원출동대상지역 및 규모
㈐ 소요경비의 부담사항
㉮ 출동대원의 수당, 식사 및 피복의 수선
㉯ 소방장비 및 기구의 정비와 연료의 보급
㈑ 응원출동의 요청방법 및 응원출동훈련, 평가

8 화재의 예방 조치 등

① 소방본부장 또는 소방서장은 화재 예방상 위험하다고 인정되는 행위를 하는 사람이나 소화활동에 지장이 있다고 인정되는 물건의 소유자 또는 점유자에 대하여 다음 각 호의 명령을 할 수 있다.
㉮ 불장난, 모닥불, 흡연, 화기 취급, 풍등 등 소형 열기구 날리기, 그 밖의 화재 예방상 위험한 행위 금지 또는 제한
㉯ 타고 남은 불 또는 화기의 우려가 있는 재의 처리
㉰ 함부로 버려두거나 그냥 둔 위험물 및 불에 탈 수 있는 물건을 옮기거나 치우게 하는 조치
② 옮기거나 치운 물건을 보관하는 경우 14일 동안 소방본부 또는 소방서 게시판에 공고하고, 종료일로부터 7일간 보관한다.
③ 보관 기간 종료 : 매각 세입 조치(물건 소유자가 보상 요구 : 협의를 거쳐 보상)

9 화재경계지구

① 지정권자 : 시·도지사
② 소방본부장 또는 소방서장 : 연 1회 이상 소방특별조사 실시, 관계인에게 연 1회 이상 훈련, 교육 실시(훈련, 교육 10일 전까지 관계인에게 그 사실 통보)
③ 화재경계지구로 지정할 수 있는 곳
㉮ 시장 지역
㈏ 공장·창고가 밀집한 지역
㈐ 목조건물이 밀집한 지역
㈑ 위험물의 저장 및 처리 시설이 밀집한 지역
㈒ 석유화학제품을 생산하는 공장이 있는 지역
㈓ 소방시설·소방용수시설 또는 소방 출동로가 없는 지역
㈔ 소방청장, 소방본부장 또는 소방서장이 화재가 발생할 우려가 높거나 화재 발생 시 피해가 클 것으로 인정하는 지역

🔟 특수 가연물 저장·취급

① 특수 가연물을 저장·취급하는 장소에는 품명, 최대수량, 화기취급의 금지표지를 설치할 것

② 다음의 기준에 따라 쌓아 저장할 것

　㉮ 품명별로 구분하여 쌓을 것

　㉯ 높이 10 m 이하, 바닥면적 50 m²(석탄·목탄 200 m²) 이하, 바닥면적 사이는 1 m 이상

11 소방 활동 교육 및 훈련

① 소방청장, 소방본부장 또는 소방서장 : 소방대원에게 교육, 훈련 실시

② 소방교육, 훈련은 2년마다 1회 이상 실시(교육, 훈련 기간은 2주 이상)

③ 종류 : 화재진압훈련, 인명구조훈련, 응급처치훈련, 인명대피훈련, 현장지휘훈련

④ 대상자

　㉮ 화재진압훈련, 인명구조훈련, 인명대피훈련 : 소방공무원, 의무소방원, 의용소방대원

　㉯ 응급처치훈련 : 구급을 담당하는 소방공무원, 의무소방원, 의용소방대원

　㉰ 현장지휘훈련 : 지방소방위, 지방소방경, 지방소방령 및 지방소방정

12 소방 신호

① 소방 신호 : 화재 예방, 소방 활동 또는 소방 훈련을 위하여 사용되는 신호

② 소방 신호의 종류

　㉮ 경계 신호 : 화재 예방상 필요하다고 인정되거나 또는 화재 위험 경보 시 발령

　㉯ 발화 신호 : 화재가 발생할 때 발령

　㉰ 해제 신호 : 소화 활동이 필요 없다고 인정될 때 발령

　㉱ 훈련 신호 : 훈련이 필요하다고 인정될 때 발령(의용소방대원 소집 시에도 사용)

구분	타종 신호	사이렌 신호
경계 신호	1타와 연 2타 반복	5초 간격 30초씩 3회
발화 신호	난타	5초 간격 5초씩 3회
해제 신호	상당한 간격 1타씩 반복	1분 간격 1회
훈련 신호	연 3타 반복	10초 간격 1분씩 3회

🔢 소방자동차의 통행

① 모든 차와 사람은 소방자동차가 화재진압 및 구조·구급활동을 위하여 출동을 하는 때에는 이를 방해하여서는 아니 된다.

② 소방자동차 우선 통행 : 도로교통법이 정하는 바에 따른다.

③ 소방자동차가 화재진압 및 구조·구급활동을 위하여 출동하거나 훈련을 위하여 필요한 때에는 사이렌을 사용할 수 있다.

④ 소방대는 화재, 재난, 재해, 그 밖의 위급한 상황이 발생한 현장에 신속하게 출동하기 위하여 긴급한 때에는 일반적인 통행에 쓰이지 아니하는 도로, 빈터 또는 물 위로 통행할 수 있다.

🔢 소방 활동 구역

① 소방 활동 구역의 설정 및 출입제한 : 소방대장

② 소방 활동 구역의 출입자 : 대통령령이 정하는 자

  ㈎ 소방 활동 구역 안에 있는 소방대상물 소유자, 관리자 또는 점유자

  ㈏ 전기, 가스, 수도, 통신, 교통업무 종사자로서 원활한 소방 활동을 위하여 필요한 자

  ㈐ 의사, 간호사 그 밖의 구조, 구급업무에 종사하는 자

  ㈑ 취재인력 등 보도업무에 종사하는 자

  ㈒ 수사업무에 종사하는 자

  ㈓ 그 밖에 소방대장이 소방 활동을 위하여 출입을 허가한 자

③ 소방 활동 종사 명령권자 : 소방본부장 또는 소방서장, 소방대장

④ 소방 활동 종사 명령에 따라 소방 활동에 종사한 자는 시·도지사로부터 소방 활동 비용을 지급 받을 수 있다.

🔢 강제 처분

① 소방본부장 또는 소방서장, 소방대장은 사람을 구출하거나 불이 번지는 것을 막기 위하여 필요한 때에는 화재가 발생하거나 불이 번질 우려가 있는 소방대상물 및 토지를 일시적으로 사용하거나 그 사용의 제한 또는 소방 활동에 필요한 처분을 할 수 있다.

② 소방본부장 또는 소방서장, 소방대장은 사람을 구출하거나 불이 번지는 것을 막기 위하여 긴급하다고 인정하는 때에는 소방대상물 및 토지에 대하여 규정에 따른 처분을 할 수 있다.

③ 소방본부장 또는 소방서장, 소방대장은 소방활동을 위하여 긴급하게 출동하는 때

에는 소방자동차의 통행과 소방 활동에 방해가 되는 주차 또는 정차된 차량 및 물건 등을 제거 또는 이동시킬 수 있다.

④ 손실보상 : 시 · 도지사(소방자동차의 통행과 소방 활동에 방해가 된 경우 제외)

16 피난 명령 및 긴급조치

① 소방본부장 또는 소방서장, 소방대장 : 피난 명령, 댐 · 저수지 · 수영장 · 수도개폐장치 조작, 가스 · 전기 · 유류시설에 대하여 공급 차단

② 손실보상 : 시 · 도지사

17 화재의 조사

① 화재의 원인 및 피해 조사권 : 소방청장, 소방본부장 또는 소방서장 (행정안전부령)

② 화재 조사 : 소화활동과 동시에 실시

③ 시 · 도의 소방본부와 소방서에 화재 조사를 전담하는 부서를 설치, 운영한다.

④ 화재를 조사하기 위하여 필요한 때에는 관계인에 대하여 필요한 보고 또는 자료제출을 명하거나 관계 공무원으로 하여금 관계 장소에 출입하여 화재의 원인과 피해의 상황을 조사하거나 관계인에게 질문하게 할 수 있다.

⑤ 화재 조사를 하는 관계 공무원은 그 권한을 표시하는 증표를 지니고 이를 관계인에게 보여 주어야 한다.

⑥ 화재 조사를 하는 관계 공무원은 관계인의 정당한 업무를 방해하거나 화재 조사를 수행하면서 알게 된 비밀을 다른 사람에게 누설하여서는 아니 된다.

⑦ 소방공무원과 경찰공무원은 화재 조사에 있어서 서로 협력하여야 한다.

⑧ 화재 조사 결과 방화 또는 실화의 혐의가 있다고 인정하는 때에는 지체 없이 관할 경찰서장에게 그 사실을 알리고 필요한 증거를 수집, 보존하여 그 범죄수사에 협력하여야 한다.

⑨ 소방본부, 소방서 등 소방기관과 관계 보험회사는 화재가 발생한 경우 그 원인 및 피해상황의 조사에 있어서 필요한 사항에 대하여 서로 협력하여야 한다.

18 구조대 및 구급대 편성

① 편성, 운영권자 : 소방청장, 소방본부장 또는 소방서장

② 구조대 목적 : 화재, 재난, 재해 그 밖의 위급한 상황에서 사람의 생명 등을 안전하게 구조

③ 구조대 구분

　㈎ 일반 구조대 : 소방서마다 1개대 이상 편성, 운영

　㈏ 특수 구조대 : 화학 구조대, 수난 구조대, 고속도로 구조대, 산악 구조대

④ 국제 구조대(편성, 운영권자 : 소방청장)

⑤ 구조대, 구급대 편성, 운영 등에 필요한 사항 : 대통령령

⑥ 구조대원은 소방공무원으로 다음에 해당하는 자

⒤ 구조업무에 관한 교육을 받은 자

㈕ 인명구조사 교육을 수료하고 교육수료 시험에 합격한 자

㈑ 국가, 지방자치단체, 공공기관에서 구조관련 분야의 근무경력이 2년 이상인 자

㈒ 응급구조사의 자격을 취득한 자

⑦ 구급대 목적 : 화재, 재난, 재해 그 밖의 위급한 상황에서 발생한 응급환자를 응급 처치하거나 의료기관에 긴급히 이송하기 위하여 편성, 운영

⑧ 구급대원은 소방공무원으로 다음에 해당하는 자

⒤ 구급업무에 관한 교육을 받은 자

㈕ 의료인

㈑ 간호조무사의 자격을 취득한 자

㈒ 응급구조사의 자격을 취득한 자

19 의용 소방대

① 소방본부장 또는 소방서장은 소방업무를 보조하기 위하여 특별시, 광역시, 시, 읍, 면에 의용 소방대를 둔다.

② 의용 소방대는 그 지역 주민 가운데 희망하는 자로 구성하며 설치, 명칭, 구역, 조직, 임면, 정원, 훈련, 검열, 복제, 복무 및 운영 등에 관하여 필요한 사항은 의용 소방대 설치 및 운영에 관한 법률로 정하며 비상근이다.

③ 의용 소방대의 운영과 활동 등에 필요한 경비는 해당 시·도지사가 부담한다.

④ 소방본부장 또는 소방서장은 소방업무를 보조하기 위하여 필요한 때에는 의용 소방대원을 소집할 수 있으며, 소집된 의용 소방대원을 지휘·감독한다.

⑤ 의용 소방대원이 소방업무 및 소방관련 교육, 훈련을 수행한 때에는 시·도의 조례가 정하는 바에 따라 수당을 지급한다.

⑥ 의용 소방대원이 소방업무 및 소방관련 교육, 훈련으로 인하여 질병 또는 부상을 입거나 사망한 때에는 시·도의 조례가 정하는 바에 따라 보상금을 지급한다.

20 한국소방안전원

① 소방기술과 안전관리에 관한 교육 및 조사, 연구

② 소방기술과 안전관리에 관한 각종 간행물 발간

③ 화재 예방과 안전관리 의식의 고취를 위한 대국민 홍보

④ 소방업무에 관하여 행정기관이 위탁하는 업무

⑤ 소방안전에 관한 국제협력

⑥ 그 밖에 회원에 대한 기술지원 등 정관으로 정하는 사항

21 한국소방산업기술원

① 소방용기계·기구에 대한 검사기술의 조사, 연구

② 소방시설 및 위험물 안전에 관한 조사·연구 및 기술지원

③ 소방시설 및 위험물 안전관리에 관한 자료·정보의 수집, 출판, 기술강습 및 홍보

④ 위험물 안전관리법 규정에 따른 탱크 안전성능시험

⑤ 소방업무에 관하여 행정기관이 위탁하는 업무

⑥ 그 밖의 소방용기계·기구와 소방시설 및 위험물 안전관리 등과 관련하여 정관이 정하는 업무

22 벌칙

① 5년 이하의 징역 또는 5천만원 이하의 벌금

(개) 소방자동차의 출동을 방해한 자

(내) 사람을 구출하는 일 또는 불을 끄거나 불이 번지지 아니하도록 하는 일을 방해한 자

(대) 정당한 사유 없이 소방용수시설 또는 비상소화장치를 사용하거나 소방용수시설 또는 비상소화장치의 효용을 해하거나 그 정당한 사용을 방해한 자

② 3년 이하의 징역 또는 3천만원 이하의 벌금 : 강제처분(사용제한)의 규정에 따른 처분을 방해한 자 또는 정당한 사유 없이 그 처분에 따르지 아니한 자

③ 300만원 이하의 벌금

(개) 강제처분(토지처분, 차량 또는 물건 이동, 제거) 규정에 따른 처분을 방해한 자 또는 정당한 사유 없이 그 처분에 따르지 아니한 자

(내) 관계인의 정당한 업무를 방해하거나 화재 조사를 수행하면서 알게 된 비밀을 다른 사람에게 누설한 자

④ 200만원 이하의 벌금

(개) 정당한 사유 없이 화재의 예방조치 명령에 따르지 아니하거나 이를 방해한 자

(내) 정당한 사유 없이 관계 공무원의 출입 또는 조사를 거부, 방해 또는 기피한 자

⑤ 100만원 이하의 벌금

　㉮ 화재경계지구 안의 소방대상물에 대한 소방특별조사를 거부, 방해 또는 기피한 자

　㉯ 정당한 사유 없이 소방대가 현장에 도착할 때까지 사람을 구출하는 조치 또는 불을 끄거나 불이 번지지 아니하도록 하는 조치를 하지 아니한 자

　㉰ 피난 명령을 위반한 자

　㉱ 정당한 사유 없이 물의 사용이나 수도의 개폐장치의 사용 또는 조작을 하지 못하게 하거나 방해한 자

　㉲ 가스, 전기, 유류 등의 시설에 대하여 위험물질의 공급을 차단하는 등 필요한 조치를 정당한 사유 없이 방해한 자

　㉳ 정당한 사유 없이 소방대의 생활안전활동을 방해한 자

⑥ 200만원 이하의 과태료

　㉮ 소방특별조사를 한 결과 관계인에게 내린 소방용수시설, 소화기구 및 설비 등의 설치 명령을 위반한 자

　㉯ 불의 사용에 있어서 지켜야 하는 사항과 특수가연물의 저장 및 취급의 기준을 위반한 자

　㉰ 화재 또는 구조, 구급이 필요한 상황을 허위로 알린 자

　㉱ 소방 활동 구역을 출입한 자

　㉲ 소방자동차의 출동에 지장을 준 자

　㉳ 명령을 위반하여 보고 또는 자료 제출을 하지 아니하거나 거짓으로 보고 또는 자료 제출을 한 자

　㉴ 한국소방안전원 또는 이와 유사한 명칭을 사용한 자

참고

① 과태료 부과에 불복하는 당사자는 과태료 부과 통지(사전 통지가 아닌 과태료 부과 고지서에 의한 통지를 말함)를 받은 날부터 60일 이내에 해당 행정청에 서면으로 이의제기를 할 수 있다.

② 과태료를 부과할 경우 의견 진술 기회를 10일 이상 주어야 한다.

소방시설공사업 법령

1 목적

소방시설공사 및 소방기술의 관리에 필요한 사항을 규정함으로써 소방시설업을 건전하게 발전시키고 소방기술을 진흥시켜 화재로부터 공공의 안전을 확보하고 국민경제에 이바지함을 목적으로 한다.

2 용어의 정의

① 소방시설업 : 소방시설설계업, 소방시설공사업, 소방공사감리업

　㉮ 소방시설설계업 : 소방시설공사에 기본이 되는 공사계획, 설계도면, 설계설명서, 기술계산서 및 이와 관련된 서류를 작성하는 영업

　㉯ 소방시설공사업 : 설계도서에 따라 소방시설을 신설, 증설, 개설, 이전 및 정비하는 영업

　㉰ 소방공사감리업 : 소방시설공사에 관한 발주자의 권한을 대행하여 소방시설공사가 설계도서 및 관계 법령에 따라 적법하게 시공되는지를 확인하고, 품질, 시공 관리에 대한 기술지도를 수행하는 영업

② 감리원 : 소방공사감리업자에 소속된 소방기술자로서 해당 소방시설공사의 감리를 수행하는 자

③ 소방기술자

　㉮ 소방기술 경력 등을 인정받은 자

　㉯ 소방기술사, 소방시설관리사, 소방설비기사, 소방설비산업기사, 위험물기능장, 위험물산업기사, 위험물기능사

3 소방시설업의 등록(시·도지사)

① 조건 : 자본금(개인 : 자산평가액), 기술인력, 장비

② 등록신청 받은 날로부터 30일 이내에 소방시설업 등록수첩 교부, 미비 또는 기재 내용이 명확하지 않을 때에는 10일 이내 보완

③ 재교부 신청 : 신청받은 날로부터 3일 이내 재교부

4 소방시설설계업

① 전문 소방시설설계업

　㈎ 주된 기술인력 : 소방기술사 1명 이상

　㈏ 보조 기술인력 : 1명 이상

　㈐ 영업 범위 : 모든 특정 소방대상물에 설치되는 소방시설의 설계

② 일반 소방시설설계업

　㈎ 기계 분야

　　㉮ 주된 기술인력 : 소방기술사 또는 소방설비(기계)기사 1명 이상

　　㉯ 보조 기술인력 : 1명 이상

　　㉰ 영업 범위

　　　• 아파트에 설치되는 기계 분야 소방시설(제연설비 제외)의 설계

　　　• 연면적 30000 m²(공장 : 10000 m²) 미만의 특정 소방대상물(제연설비 제외)에 설치되는 기계 분야 소방시설의 설계

　　　• 위험물 제조소 등에 설치되는 기계 분야 소방시설의 설계

　㈏ 전기 분야

　　㉮ 주된 기술인력 : 소방기술사 또는 소방설비(전기)기사 1명 이상

　　㉯ 보조 기술인력 : 1명 이상

　　㉰ 영업 범위

　　　• 아파트에 설치되는 전기 분야 소방시설의 설계

　　　• 연면적 30000 m²(공장 : 10000 m²) 미만의 특정 소방대상물(제연설비 제외)에 설치되는 전기 분야 소방시설의 설계

　　　• 위험물 제조소 등에 설치되는 전기 분야 소방시설의 설계

5 소방시설공사업

① 전문 소방시설공사업

　㈎ 주된 기술인력 : 소방기술사 또는 소방설비(기계·전기)기사 각 1명(기계+전기 함께 취득한 사람 1명) 이상

　㈏ 보조 기술인력 : 2명 이상

　㈐ 자본금 : 법인 1억원 이상, 개인 자산평가액 2억원 이상

　㈑ 영업범위 : 특정 소방대상물에 설치되는 기계·전기 분야 소방시설의 공사, 개설, 이전 및 정비

② 일반 소방시설공사업

　㈎ 기계 분야

   ⑦ 주된 기술인력 : 소방기술사 또는 소방설비(기계)기사 1명 이상

   ④ 보조 기술인력 : 1명 이상

   ⑤ 자본금 : 법인 1억원 이상, 개인 자산평가액 1억원 이상

   ⑥ 영업 범위

     • 연면적 10000 m^2 미만의 특정 소방대상물에 설치되는 기계 분야 소방시설의 공사, 개설, 이전 및 정비

     • 위험물 제조소 등에 설치되는 기계 분야 소방시설의 공사, 개설, 이전 및 정비

(나) 전기 분야

   ⑦ 주된 기술인력 : 소방기술사 또는 소방설비(전기)기사 1명 이상

   ④ 보조 기술인력 : 1명 이상

   ⑤ 자본금 : 법인 1억원 이상, 개인 자산평가액 1억원 이상

   ⑥ 영업 범위

     • 연면적 10000 m^2 미만의 특정 소방대상물에 설치되는 전기 분야 소방시설의 공사, 개설, 이전 및 정비

     • 위험물 제조소 등에 설치되는 전기 분야 소방시설의 공사, 개설, 이전 및 정비

6 소방공사감리업

① 전문 소방공사감리업

  (가) 소방기술사 1명 이상

  (나) 기계·전기 분야 특급 감리원 각 1명(기계＋전기 함께 취득한 사람 1명) 이상

  (다) 기계·전기 분야 고급 감리원 각 1명(기계＋전기 함께 취득한 사람 1명) 이상

  (라) 기계·전기 분야 중급 감리원 각 1명(기계＋전기 함께 취득한 사람 1명) 이상

  (마) 기계·전기 분야 초급 감리원 각 1명(기계＋전기 함께 취득한 사람 1명) 이상

  (바) 모든 특정 소방대상물에 설치되는 소방시설공사 감리

② 일반 소방공사감리업

  (가) 기계 분야

    ⑦ 기계 분야 특급 감리원 1명 이상

    ④ 기계 분야 고급 감리원 또는 중급 감리원 1명 이상

    ⑤ 기계 분야 초급 감리원 1명 이상

    ⑥ 연면적 30000 m^2(공장 : 10000 m^2) 미만의 특정 소방대상물(제연설비 제외)에 설치되는 기계 분야 소방시설의 감리

     ⑩ 아파트에 설치되는 기계 분야 소방시설(제연설비 제외)의 감리

     ⑪ 위험물 제조소 등에 설치되는 기계 분야 소방시설의 감리

  (나) 전기 분야

㉮ 전기 분야 특급 감리원 1명 이상

㉯ 전기 분야 고급 감리원 또는 중급 감리원 1명 이상

㉰ 전기 분야 초급 감리원 1명 이상

㉱ 연면적 30000 m^2(공장 : 10000 m^2) 미만의 특정 소방대상물(제연설비 제외)에 설치되는 전기분야 소방시설의 감리

㉲ 아파트에 설치되는 전기 분야 소방시설(제연설비 제외)의 감리

㉳ 위험물 제조소 등에 설치되는 전기 분야 소방시설의 감리

7 소방시설업의 등록 결격사유

① 피성년후견인

② 금고 이상의 실형을 선고받고 그 집행이 끝나거나 면제된 날부터 2년이 지나지 아니한 사람

③ 금고 이상의 형의 집행유예를 선고받고 그 유예기간 중에 있는 사람

④ 등록하려는 소방시설업 등록이 취소된 날부터 2년이 지나지 아니한 자

8 등록사항의 변경신고

소방시설업자는 등록한 사항 중 행정안전부령으로 정하는 중요 사항을 변경할 때에는 행정안전부령으로 정하는 바에 따라 시·도지사에게 신고하여야 한다.

9 지위 승계

① 소방시설업자의 지위 승계 : 30일 이내 시·도지사에게 신고

② 시·도지사는 14일 이내 변경사항을 기재한 등록증, 등록수첩 등을 재교부

10 소방시설업의 운영

① 소방시설업자는 소방시설업의 등록증 또는 등록수첩을 다른 자에게 빌려 주어서는 아니 된다.

② 영업정지 또는 등록취소의 처분을 받은 소방시설업자는 그 날로부터 소방시설에 대한 설계, 시공 또는 감리를 하여서는 아니 된다. 다만, 공사중인 것으로서 도급계약이 해지되지 아니한 소방시설공사업자 또는 소방공사감리업자는 당해 공사를 계속할 수 있다.

③ 소방시설업자는 다음에 해당하는 경우 특정 소방대상물의 관계인에게 그 사실을 통지하여야 한다.

㉮ 소방시설업자의 지위를 승계한 때

㉯ 소방시설업의 등록취소 또는 영업정지의 처분을 받은 때

㈐ 휴업 또는 폐업을 한 때

④ 소방시설업자는 관계 서류를 하자보수 보증기간 동안 보관하여야 한다.

⑪ 소방시설업의 등록취소 및 영업정지

① 등록취소 및 영업정지 : 시·도지사

② 등록취소 또는 6개월 이내의 시정이나 영업정지

㈎ 거짓 그 밖의 부정한 방법으로 등록을 한 때(등록취소 대상)

㈏ 소방시설업 등록의 결격사유에 해당하게 된 때(등록취소 대상)

㈐ 등록기준에 미달하게 된 때

㈑ 다른 자에게 등록증 또는 등록수첩을 빌려준 때

㈒ 등록을 한 후 정당한 사유 없이 1년이 지날 때까지 영업을 개시하지 아니하거나 계속하여 1년 이상 휴업한 때

㈓ 동일인이 공사 및 감리를 한 때

㈔ 이 법 또는 이 법에 따른 명령을 위반한 때

③ 과징금 처분

㈎ 과징금 처분 : 시·도지사

㈏ 영업의 정지가 그 이용자에게 심한 불편을 주거나 그 밖에 공익을 해칠 우려가 있을 때에는 영업정지 처분을 갈음하여 3천만원 이하의 과징금을 부과할 수 있다.

⑫ 소방시설공사

① 공사업자는 소방시설공사의 책임시공 및 기술관리를 위하여 소속 소방기술자를 공사현장에 배치하여야 한다.

② 공사업자는 소방시설공사의 착공 전까지 소방시설공사 착공(변경) 신고서를 소방본부장 또는 소방서장에게 신고하여야 한다.

③ 중요한 사항을 변경한 경우 변경일로부터 14일 이내 소방본부장 또는 소방서장에게 신고하여야 한다.

④ 공사업자가 소방시설공사를 마친 때에는 소방본부장 또는 소방서장의 완공검사를 받아야 한다. 다만, 공사감리자가 지정되어 있는 경우에는 감리결과보고서로 완공검사를 갈음한다.

⑤ 공사업자가 준공 전에 부분 사용이 필요한 때에는 소방본부장이나 소방서장에게 부분 완공검사 신청을 할 수 있다.

⑥ 하자보수 보증기간

㈎ 2년 : 피난기구, 유도등, 유도표지, 비상경보설비, 비상조명등, 비상방송설비, 무선통신 보조설비

    ㈏ 3년 : 자동소화장치, 옥내소화전설비, 스프링클러설비, 간이 스프링클러설비, 물분무 등 소화설비, 옥외소화전설비, 자동화재탐지설비, 상수도 소화용수설비, 소화활동설비(무선통신 보조설비 제외)

⑦ 공사업자는 소방시설에 설치되는 특정 소방대상물의 관계인에게 하자보수의 이행을 보증하는 증서를 예치하여야 한다. 다만, 계약금액이 5백만원 이하인 소방시설 등의 공사를 하는 경우에는 그러하지 아니하다.

⑧ 금융기관에 예치하는 하자보수보증금은 소방시설공사금액의 3/100 이상으로 한다.

⑨ 공사업자는 3일 이내 이를 보수하거나 또는 보수 일정을 기록한 하자보수계획을 관계인에게 서면으로 알려야 한다.

⑩ 관계인은 공사업자가 다음에 해당하는 경우 소방본부장 또는 소방서장에게 이를 알릴 수 있다.

    ㈎ 통보받은 공사업자가 3일 이내 하자보수계획을 관계인에게 서면으로 알리지 아니한 경우

    ㈏ 약속한 기간 이내에 하자보수를 이행하지 아니하는 경우

    ㈐ 하자보수계획이 불합리하다고 인정되는 경우

⑪ 소방본부장 또는 소방서장은 지방소방기술심의위원회에 심의를 요청하여야 하며, 하자가 인정되는 경우 시공자에게 기간을 정하여 하자보수를 명한다.

⑫ 규정에 따른 기간 내에 이행하지 아니한 때에는 담보된 하자보수보증금으로 이를 보수하거나 하자보수를 보증한 기관으로 하여금 보수하게 할 수 있다. 관계인은 시공자에게 통보(하자보수보증금의 사용내용 또는 보증기관의 하자보수내용)

🔢 소방공사감리

① 소방공사감리업자의 업무수행

    ㈎ 소방시설 등의 설치계획표의 적법성 검토

    ㈏ 소방시설 등 설계도서의 적합성 검토

    ㈐ 소방시설 등 설계변경 사항의 적합성 검토

    ㈑ 소방용기계·기구 등의 위치, 규격 및 사용자재에 대한 적합성 검토

    ㈒ 공사업자의 소방시설 등의 시공이 설계도서 및 화재안전기준에 적합한지에 대한 지도, 감독

    ㈓ 완공된 소방시설 등의 성능시험

    ㈔ 공사업자가 작성한 시공 상세 도면의 적합성 검토

    ㈕ 피난시설 및 방화시설의 적법성 검토

    ㈖ 실내장식물의 불연화 및 방염 물품의 적법성 검토

② 소방공사감리의 종류와 방법 : 대통령령

  ⑦ 상주 공사감리 : 연면적 30000 m² 이상의 특정 소방대상물에 대한 소방시설의 공사, 16층(지하층 포함) 이상으로 500세대 이상인 아파트에 대한 소방시설의 공사

  ⑭ 일반 공사감리 : 상주 공사감리에 해당되지 아니하는 소방시설의 공사

③ 소방공사감리 대상의 범위

  ⑦ 연면적 1000 m² 이상의 특정 소방대상물

  ⑭ 자동화재탐지설비, 옥내소화전설비, 스프링클러설비, 물분무 등 소화설비 또는 제연설비를 설치하여야 하는 특정 소방대상물

  ⑮ 길이가 1000 m 이상인 지하구

④ 소방공사감리원의 배치 기준

  ⑦ 연면적 200000 m² 이상인 대상물(아파트 제외) 또는 40층(지하층 포함) 이상의 특정 소방대상물의 공사현장의 경우 : 행정안전부령이 정하는 특급감리원 중 소방기술사 1인 이상

  ⑭ 연면적 30000 m² 이상 200000 m² 미만인 대상물(아파트 제외) 또는 16층 이상 40층(지하층 포함) 미만인 특정 소방대상물의 공사현장의 경우 : 특급 소방감리원 1인 이상

  ⑮ 물분무 등 소화설비, 제연설비가 설치되는 특정 소방대상물이나 연면적 30000 m² 이상인 아파트의 공사현장인 경우 : 고급 이상의 소방감리원 1인 이상

  ⑯ 연면적 5000 m² 이상 30000 m² 미만인 대상물 또는 16층(지하층 포함) 미만인 특정소방대상물의 공사현장의 경우 : 중급 이상의 소방감리원 1인 이상

  ⑰ 연면적 5000 m² 미만인 특정 소방대상물의 공사현장의 경우 : 초급 이상의 소방감리원 1인 이상

⑤ 관계인은 공사감리자를 지정한 때에는 착공신고일까지, 공사감리자의 변경이 있는 때에는 변경일로부터 30일 이내에 소방본부장 또는 소방서장에게 신고하여야 한다.

⑥ 감리업자는 소방시설공사의 감리를 위하여 소속 감리원을 소방시설공사현장에 배치하여야 한다.

⑦ 감리원을 소방공사감리현장에 배치하는 경우에는 감리원 배치일부터 7일 이내에 소방본부장 또는 소방서장에게 통보하여야 한다.

⑧ 위반사항에 대한 조치

  ⑦ 설계도서, 화재안전기준에 부적합 시 관계인에게 알리고 공사업자에게 시정 또는 보완 등을 요구하여야 한다.

  ⑭ 시정 또는 보완을 이행하지 아니하고 공사를 계속하는 날부터 3일 이내 소방본

부장 또는 소방서장에게 보고하여야 한다.

 (다) 감리결과를 공사가 완료된 날로부터 7일 이내 관계인, 소방시설 도급인, 특정 소방대상물의 공사를 감리한 건축사에게 서면으로 알리고, 소방본부장 또는 소방서장에게 공사감리결과보고서를 제출하여야 한다.

🔢 소방시설공사의 도급

① 특정 소방대상물의 관계인 또는 발주자는 소방시설공사를 도급함에 있어서 공사업자에게 도급하여야 한다.

② 도급 받은 자는 소방시설공사의 시공을 제 3 자에게 하도급할 수 없다. 다만 대통령령으로 정하는 경우에는 소방시설공사의 일부를 한번만 제 3 자에게 하도급할 수 있다.

③ 하도급의 경우 미리 관계인 또는 발주자에게 통보하여야 한다.

④ 관계인 또는 발주자는 도급인에게 하수급인의 변경요구, 도급인은 정당한 사유가 있는 경우를 제외하고 이에 따라야 한다.

⑤ 도급계약 해지

 (가) 소방시설업의 등록취소 또는 영업정지 처분을 받은 때

 (나) 소방시설업을 휴업 또는 폐업한 때

 (다) 정당한 사유 없이 30일 이상 소방시설공사를 계속하지 아니한 때

 (라) 하도급의 통지를 받는 경우 그 하수급인이 적당하지 아니하다고 인정되어 하수급인의 변경을 요구하였으나 정당한 사유 없이 이에 따르지 아니한 때

⑥ 동일인이 소방시설설계업, 소방시설공사업, 소방공사감리업을 동시에 하는 경우 또는 소방시설 공사업, 소방공사 감리업을 동시에 하는 경우 그 설계업자, 공사업자 및 감리업자는 특정 소방대상물의 소방시설에 대한 공사 및 감리를 함께 할 수 없다.

⑦ 소방청장은 소방시설공사 실적, 자본금 등에 따라 시공능력을 평가하여 공시하여야 한다.

 (가) 평가된 시공능력은 공사업자가 도급 받을 수 있는 1건의 공사도급금액으로 하고, 시공능력평가의 유효기간은 공시일로부터 1년으로 한다.

 (나) 시공능력평가자는 매년 7월 31일까지 각 공사업자의 시공능력을 일간신문 또는 인터넷 홈페이지를 통하여 공시하여야 한다.

⑧ 시공능력평가

 (가) 시공능력평가액 = (실적 + 자본금 + 기술력 + 경력 + 신인도) 평가액

 (나) 실적평가액 = 연평균 공사 실적액

 (다) 자본금평가액 = 실질자본금 × 실질자본금의 평점 × 0.7

(라) 기술력평가액 = 전년도 공사업계의 기술자 1인당 평균생산액×보유기술인력 가중치 합계×0.3+전년도 기술개발 투자액

(마) 경력평가액 = 실적평가액×공사업영위기간 평점×0.2

15 소방기술자

① 소방기술자는 다른 사람에게 그 자격증을 빌려 주어서는 아니 되며, 동시에 둘 이상 업체에 취업하여서도 아니 된다.

② 소방청장이 그 인정자격을 취소하거나 6개월 이상, 2년 이하의 기간을 정하여 그 인정자격을 정지시킬 수 있는 경우

(가) 거짓 그 밖의 부정한 방법으로 자격수첩 또는 경력수첩을 발급 받은 때(자격 취소)

(나) 자격수첩 또는 경력수첩을 다른 사람에게 빌려준 때(자격 취소)

(다) 동시에 둘 이상의 업체에 취업한 때

(라) 이 법 또는 이 법에 따른 명령을 위반한 때

③ 행정안전부령이 정하는 바에 따라 2년마다 1회 이상 실무교육을 받아야 한다.

16 소방기술심의위원회

① 중앙소방기술심의위원회(소속 : 소방청)

(가) 화재안전기준에 관한 사항

(나) 소방시설의 구조 및 원리 등에서 공법이 특수한 설계 및 시공에 관한 사항

(다) 소방시설의 설계 및 공사감리의 방법에 관한 사항

(라) 소방시설공사 하자의 판단기준에 관한 사항

(마) 연면적 10만 m^2 이상의 특정 소방대상물에 설치된 소방시설의 설계, 시공, 감리의 하자여부에 관한 사항

(바) 새로운 소방시설과 소방용기계·기구 등의 도입 여부에 관한 사항

(사) 그 밖의 소방기술과 관련하여 소방청장이 심의에 부치는 사항

② 지방소방기술심의위원회(소속 : 특별시·광역시·특별자치시·도 및 특별자치도)

(가) 소방시설에 하자가 있는지의 판단에 관한 사항

(나) 연면적 10만 m^2 미만의 특정 소방대상물에 설치된 소방시설의 설계, 시공, 감리의 하자여부에 관한 사항

(다) 소방본부장 또는 소방서장이 화재안전기준 또는 위험물 제조소 등의 시설기준의 적용에 관하여 기술검토를 요청하는 사항

(라) 그 밖에 소방기술과 관련하여 시·도지사가 심의에 부치는 사항

🔟 벌칙

① 3년 이하의 징역 또는 3천만원 이하의 벌금 : 소방시설업의 등록을 하지 아니하고 영업을 한 자

② 1년 이하의 징역 또는 1천만원 이하의 벌금

   ㈎ 영업정지처분을 받고 그 영업정지기간 중에 영업을 한 자

   ㈏ 설계업자, 공사업자의 화재안전기준 규정을 위반하여 설계 또는 시공을 한 자

   ㈐ 감리업자의 업무규정을 위반하여 감리를 하거나 거짓으로 감리를 한 자

   ㈑ 감리업자가 공사감리자를 지정하지 아니한 자

   ㈒ 해당 소방시설업자가 아닌 자에게 소방시설공사를 도급한 자

   ㈓ 하도급 규정을 위반하여 제3자에게 하도급한 자

③ 300만원 이하의 벌금

   ㈎ 등록증 또는 등록수첩을 다른 자에게 빌려준 자

   ㈏ 소방시설공사 현장에 감리원을 배치하지 아니한 자

   ㈐ 소방시설공사가 설계도서 또는 화재안전기준에 적합하지 아니하여 보완하도록 한 감리업자의 요구에 따르지 아니한 자

   ㈑ 공사감리계약을 해지한 자

   ㈒ 대가의 지급을 거부하거나 지연시킨 자 또는 불이익을 준 자

   ㈓ 소방기술인정 자격수첩 또는 경력수첩을 빌려준 자

   ㈔ 동시에 둘 이상의 업체에 취업한 자

   ㈕ 관계인의 정당한 업무를 방해하거나 업무상 알게 된 비밀을 누설한 자

④ 100만원 이하의 벌금

   ㈎ 소방시설업자 및 관계인의 보고 및 자료 제출, 관계서류 검사 또는 질문 등 규정을 위반하여 보고 또는 자료 제출을 하지 아니하거나 거짓으로 보고 또는 자료 제출을 한 자

   ㈏ 소방시설업자 및 관계인의 보고 및 자료 제출, 관계서류 검사 또는 질문 등 규정을 위반하여 정당한 사유 없이 관계공무원의 출입 또는 검사, 조사를 거부, 방해 또는 기피한 자

⑤ 200만원 이하의 과태료

   ㈎ 등록사항의 변경신고, 소방시설업자의 지위승계, 소방시설공사의 착공신고, 공사업자의 변경신고, 감리업자의 지정신고 또는 변경신고를 하지 아니한 자 또는 거짓으로 신고한 자

   ㈏ 관계인에게 지위승계, 행정처분 또는 휴업, 폐업의 사실을 알리지 아니한 자

또는 거짓으로 알린 자

㈐ 소방시설업자가 관계서류를 보관하지 아니한 자

㈑ 공사업자가 소방기술자를 공사 현장에 배치하지 아니한 자

㈒ 공사업자가 완공검사를 받지 아니한 자

㈓ 공사업자가 3일 이내에 보수하지 아니하거나 하자보수계획을 관계인에게 알리지 아니한 자 또는 거짓으로 알린 자

㈔ 하자보수보증금의 사용내용 및 하자보수내용을 알리지 아니하거나 거짓으로 알린 자

㈕ 새로이 지정된 감리업자에게 감리관계서류를 인수, 인계하지 아니한 자

㈖ 공사업자가 요구를 이행하지 아니하고 공사를 계속하는 때에는 보고를 하지 아니한 자 또는 거짓으로 한 자

㈗ 공사감리결과의 통보 또는 공사감리결과 보고서의 제출을 하지 아니한 자 또는 거짓으로 한 자

㈘ 하도급 등의 통지를 하지 아니한 자 또는 거짓으로 한 자

㈙ 하수급인 변경요구에 따르지 아니한 자

㈚ 소방시설업의 공사제한의 규정을 위반하여 공사 및 감리를 함께 수행한 자

참고

① 과태료 부과 : 시 · 도지사, 소방본부장 또는 소방서장
② 이의 제기는 처분의 고지를 받은 날부터 30일 이내

제**3**장 화재예방, 소방시설 설치·유지 및 안전관리에 관한 법령

1 목적

① 국민의 생명, 신체 및 재산 보호
② 소방시설 등의 설치, 유지 및 소방대상물의 안전관리
③ 공공의 안전과 복리 증진

2 용어의 정의

① 소방시설 : 소화설비, 경보설비, 피난구조설비, 소화용수설비 그 밖의 소화활동설비(대통령령)

㉮ 소화설비 : 물 또는 그 밖의 소화약제를 사용하여 소화하는 소화기계·기구 또는 설비

   ㉠ 수동식소화기, 자동식 소화기, 캐비닛형 자동소화기기 및 자동확산 소화용구, 간이소화용구(팽창질석 또는 팽창진주암, 마른 모래)

   ㉡ 옥내소화전 설비

   ㉢ 스프링클러 설비, 간이 스프링클러 설비 및 화재 조기진압용 스프링클러 설비

   ㉣ 옥외소화전 설비 및 동력 소방 펌프 설비

   ㉤ 물분무 등 소화설비(물분무 소화설비, 포소화설비, 분말소화설비, 이산화탄소 소화설비, 할로겐 화합물 소화설비, 청정소화약제 소화설비)

㉯ 경보설비 : 화재 발생 사실을 통보하는 기계·기구 또는 설비

   ㉠ 비상벨 설비, 자동식 사이렌 설비(비상경보설비)

   ㉡ 단독 경보형 감지기

   ㉢ 비상방송설비

   ㉣ 누전경보기

   ㉤ 자동화재탐지설비 및 시각경보기

   ㉥ 자동화재속보설비

   ㉦ 가스 누설경보기

   ㉧ 통합감시시설

㉢ 피난구조설비 : 화재가 발생할 경우 피난하기 위하여 사용하는 기구 또는 설비

  ㉮ 미끄럼대, 피난사다리, 구조대, 완강기, 피난교, 공기 안전매트 그 밖의 피난기구

  ㉯ 방열복, 공기호흡기, 인공소생기 등 인명구조장구

  ㉰ 유도등 및 유도표지

  ㉱ 비상조명등 및 휴대용 비상조명등

㉣ 소화용수설비 : 화재를 진압하는 데 필요한 물을 공급하거나 저장하는 설비

  ㉮ 상수도 소화용수설비

  ㉯ 소화수조, 저수조, 그 밖의 소화용수설비

㉤ 소화활동설비 : 화재를 진압하거나 인명구조활동을 위하여 사용하는 설비

  ㉮ 제연설비   ㉯ 연결송수관 설비

  ㉰ 연결살수설비   ㉱ 비상 콘센트 설비

  ㉲ 무선통신 보조설비 ㉳ 연소방지설비

② 소방시설 등 : 소방시설, 비상구, 방화문, 영상음향 차단장치, 누전차단기 및 피난유도선

③ 소방용품 : 소화기, 소화약제, 방염도료 그 밖의 소방시설을 구성하는 기기로서 대통령령이 정하는 것

  ㉮ 수동식·자동식 소화기(화학반응식 거품소화기는 제외), 소화약제에 따른 간이 소화용구 및 캐비닛형 자동식 소화기기

  ㉯ 소화약제(이산화탄소 소화약제 및 화학반응식 거품소화기는 제외)

  ㉰ 방염제 : 방염액, 방염도료, 방염성 물질

  ㉱ 소방 펌프 : 동력 소방 펌프, 이동용 소방 펌프

  ㉲ 소방 펌프 자동차(동력 소방 펌프가 부착되지 아니한 사다리차, 굴절차를 포함)

  ㉳ 소방호스

  ㉴ 결합 금속구 : 소방호스용 연결 금속구, 흡수관용 연결 금속구 및 중간 연결 금속구

  ㉵ 옥내소화전 방수구, 옥외소화전 및 관창

  ㉶ 유수검지장치, 일제 개방 밸브, 기동용 수압 개폐장치, 스프링클러 헤드, 가스 관 선택 밸브

  ㉷ 송수구, 금속제 피난 사다리, 완강기 및 구조대

  ㉸ 공기 호흡기

  ㉹ 자동 화재탐지설비의 발신기, 수신기, 중계기, 감지기(단독 경보형 감지기 포함) 및 음향장치(경종 포함)

  ㉺ 가스 누설경보기 및 누전경보기

  ㉻ 유도등 및 비상조명등(휴대용 비상조명등을 제외하며, 예비전원이 내장된 것에 한한다.)

④ 무창층 : 지상층 중 개구부 면적의 합계가 해당 층의 바닥면적의 1/30 이하가 되

는 층

㈎ 개구부의 크기가 지름 50 cm 이상의 원이 내접할 수 있을 것

㈏ 해당 층의 바닥면으로부터 개구부 밑부분까지의 높이가 1.2 m 이내일 것

㈐ 개구부는 도로 또는 차량이 진입할 수 있는 빈터를 향할 것

㈑ 화재 시 건축물로부터 쉽게 피난할 수 있도록 개구부에 창살 또는 그 밖의 장애물이 설치되지 아니할 것

㈒ 내부 또는 외부에서 쉽게 부수거나 열 수 있을 것

⑤ 피난층 : 곧바로 지상으로 갈 수 있는 출입구가 있는 층

⑥ 비상구 : 주된 출입구 외에 화재발생 등 비상시에 건축물 또는 공작물의 내부로부터 지상 그 밖에 안전한 곳으로 피난할 수 있는 가로 75 cm 이상, 세로 150 cm 이상 크기의 출입구

⑦ 실내 장식물 : 건축물 내부의 미관 또는 장식을 위하여 천장 또는 벽에 설치하는 것으로 가구류, 집기류, 너비 10 cm 이하인 반자돌림대를 제외한 다음에 해당하는 것

㈎ 종이류(두께가 2 mm 이상), 합성수지류 또는 섬유류를 주원료로 한 물품

㈏ 합판 또는 목재

㈐ 실 또는 공간을 구획하기 위하여 설치하는 칸막이 또는 간이 칸막이

㈑ 흡음 또는 방음을 위하여 설치하는 흡음재 또는 방음재

3 특정 소방대상물의 구분

① 근린생활 : 수퍼마켓, 휴게음식점, 일반음식점, 기원, 노래연습장, 단란주점, 이용원, 미용원, 일반목욕장, 찜질방, 세탁소, 의원, 치과의원, 한의원, 침술원, 접골원, 조산소, 안마시술소, 산후조리원, 정구장, 당구장, 볼링장, 헬스클럽장, 체육도장, 금융업소, 사무소, 부동산 중개업소, 결혼상담소, 출판사, 서점, 종교집회장, 공연장, 비디오감상실, 테니스장, 에어로빅장, 사진관, 표구점, 학원, 동사무소, 경찰서, 소방서, 우체국, 보건소

② 위락시설

㈎ 근린생활에 해당되지 아니하는 단란주점

㈏ 주점영업

㈐ 투전기업소, 카지노업소

㈑ 무도장 및 무도학원

③ 문화집회 및 운동시설

㈎ 종교집회장 : 교회, 성당, 사찰, 기도원, 수도원, 수녀원, 제실, 사당

㈏ 공연장 : 극장, 영화상영관, 연예장, 음악당, 서커스장, 비디오감상실, 비디오물 소극장

    ㈐ 집회장 : 예식장, 공회장, 회의장, 마권장외발급소, 마권전화투표 등

    ㈑ 관람장 : 경마장, 자동차경주장, 체육관, 운동장으로 관람석의 바닥면적 합계가 1000 m² 미만

    ㈒ 전시장 : 박물관, 미술관, 과학관, 기념관, 산업전시장, 박람회장

    ㈓ 동·식물원, 운동시설

④ 노유자 시설

    ㈎ 아동관련시설(아동복지시설, 영유아보육시설, 유치원)

    ㈏ 노인복지시설(노인복지시설, 경로당)

    ㈐ 장애인시설(장애인재활시설, 요양시설, 이용시설, 점자도서관)

    ㈑ 사회복지시설, 근로복지시설

4 소방특별조사

① 검사 시행권자 : 소방청장, 소방본부장 또는 소방서장

    ㈎ 관계인에게 필요한 보고를 하도록 하거나 자료 제출의 명령을 하는 것

    ㈏ 소방대상물의 위치, 구조, 설비 또는 관리의 상황을 검사하는 것

    ㈐ 소방대상물의 위치, 구조, 설비 또는 관리의 상황에 관하여 관계인에게 질문하는 것

② 소방특별조사는 관계인의 승낙없이 해가 뜨기 전이나 해가 진 뒤에 할 수 없다. 다만, 다음에 해당하는 경우에는 관계인의 승낙 없이 해가 뜨기 전이나 해가 진 뒤에 할 수 있다.

    ㈎ 소방대상물이 공개되거나 소방대상물에서 직원 등이 근무하고 있는 시간에 검사하는 경우

    ㈏ 화재가 발생할 우려가 뚜렷하여 긴급하게 검사할 필요가 있는 경우

③ 소방본부장 또는 소방서장은 소방특별조사를 하고자 하는 때에는 24시간 전에 관계인에게 통보하여야 한다.

④ 소방특별조사를 위하여 출입, 검사업무를 수행하는 관계공무원은 그 권한을 표시하는 증표를 지니고 이를 관계인에게 내 보여야 한다.

⑤ 소방특별조사를 위하여 출입, 검사업무를 수행하는 관계공무원은 관계인의 정당한 업무를 방해하거나 출입, 검사업무를 수행하면서 알게 된 비밀을 다른 자에게 누설하여서는 아니 된다.

⑥ 소방본부장 또는 소방서장은 관계인에게 소방대상물의 개수, 이전, 제거, 사용의 금지 또는 제한, 공사의 정지 또는 중지 그 밖의 필요한 조치를 명할 수 있다.

⑦ 소방본부장 또는 소방서장은 개수명령으로 관계인에게 손실이 발생한 경우 이를 판단할 수 있는 조사확인서를 작성하고 사진 그 밖의 증빙자료를 함께 보관하여야

한다.

⑧ 개수명령으로 손실을 받은 자가 손실보상을 청구하고자 하는 때에는 손실보상청
구서 등을 시·도지사에게 제출하여야 한다.

⑨ 시·도지사는 개수명령으로 인하여 손실을 받은 자가 있는 경우 이를 보상하여야 한다.

5 건축허가 등의 동의

① 건축물 등의 신축, 증축, 개축, 재축, 이전, 용도변경 또는 대수선의 허가, 협의
및 사용승인의 권한이 있는 행정기관은 미리 공사시공지 또는 소재지 관할 소방본
부장 또는 소방서장의 동의를 받아야 한다.

② 대상 범위

㈎ 연면적 400 m^2(학교 : 100 m^2, 청소년·노유자 시설 : 200 m^2) 이상

㈏ 차고, 주차장으로 사용되는 층 중 바닥면적이 200 m^2 이상인 층

㈐ 승강기 등 기계장치에 의한 주차시설로서 자동차 20대 이상 주차할 수 있는 시설

㈑ 항공기 격납고, 관망탑, 항공관제탑, 방송용 송·수신탑

㈒ 지하층 또는 무창층이 있는 건축물로서 바닥면적이 150 m^2 이상(공연장 100 m^2
이상)인 층

㈓ 위험물 제조소 등

㈔ 가스시설 및 지하구

③ 소방본부장 또는 소방서장은 접수한 날로부터 5일 이내 행정기관에 동의여부를
알려야 한다(허가 신청한 건축물 등의 연면적 3만 m^2 이상인 경우에는 10일).

④ 소방본부장 또는 소방서장은 동의 요구서 및 첨부서류의 보완이 필요한 경우에는
4일 이내의 기간을 정하여 보완을 요구할 수 있다.

⑤ 건축허가 등을 취소한 때에는 취소한 날부터 7일 이내 소방본부장 또는 소방서장
에게 통보하여야 한다.

6 다중이용업소의 소방시설

① 소방시설

㈎ 소화설비 : 수동식 소화기, 자동식 소화기, 자동확산소화용구 및 간이 스프링클
러 설비

㈏ 피난설비 : 유도등 및 유도표지, 비상조명등, 휴대용 비상조명등 및 피난기구

㈐ 경보설비 : 비상벨 설비, 비상방송설비, 가스 누설경보기 및 단독 경보형 감지기

② 방화시설 : 방화문 및 비상구

③ 그 밖의 시설 : 영상음향 차단장치, 누전차단기, 피난유도선

⑦ 특정 소방대상물에 설치하는 소방시설 등의 유지 · 관리 등

① 소화기구

 ㈎ 수동식소화기 또는 간이소화용구

  ㉮ 연면적 33 m^2 이상인 것

  ㉯ 지정문화재, 가스시설, 터널

 ㈏ 자동식 소화기 : 아파트

② 옥내소화전 설비(가스 시설 및 지하구 제외)

 ㈎ 연면적 3000 m^2 이상이거나 지하층, 무창층 또는 층수가 4층 이상인 것 중 바닥면적 600 m^2 이상인 층이 있는 것은 전층

 ㈏ 지하가 중 터널 길이가 1000 m 이상인 터널

 ㈐ 근린생활시설, 위락시설, 판매시설, 영업시설, 숙박시설, 노유자시설, 의료시설, 업무시설, 통신촬영시설, 공장, 창고시설, 운수자동차관련시설, 복합건축물로서 연면적이 1500 m^2 이상 또는 지하층, 무창층 또는 4층 이상인 층 중 바닥면적이 300 m^2 이상인 층이 있는 전층

 ㈑ 건축물의 옥상에 설치된 차고, 주차장 : 사용되는 부분면적 200 m^2 이상

 ㈒ 지정수량의 750배 이상의 특수가연물을 저장 · 취급하는 것

③ 스프링클러 설비(가스시설 및 지하구 제외)

 ㈎ 문화집회 및 운동시설(사찰, 제실, 사당 및 동, 식물원 제외)로서 다음의 경우 전층

  ㉮ 수용인원이 100인 이상

  ㉯ 영화상영관 용도로 쓰이는 층의 바닥면적이 지하층 또는 무창층인 경우 500 m^2 이상, 그 밖의 층의 경우 1000 m^2 이상인 것

  ㉰ 무대부가 지하층, 무창층 또는 4층 이상의 층이 있는 경우에는 무대부 면적이 300 m^2 이상인 것

  ㉱ 무대부가 ㉰ 외의 층에 있는 경우 무대부 면적이 500 m^2 이상인 것

 ㈏ 판매시설 및 영업시설로서 다음의 경우 전층

  ㉮ 3층 이하인 건축물로서 바닥면적 합계가 6000 m^2 이상인 것

  ㉯ 4층 이상인 건축물로서 바닥면적 합계가 5000 m^2 이상인 것

  ㉰ 수용인원 500인 이상인 것

 ㈐ 층수가 6층 이상인 경우 전층

 ㈑ 노유자시설, 정신보건시설 및 숙박시설이 있는 수련시설 : 연면적 600 m^2 이상인 경우 전층

 ㈒ 천장 또는 반자의 높이가 10 m를 넘는 랙식 창고로서 연면적 1500 m^2 이상인 것

⑯ 지하가(터널 제외)로서 연면적 1000 ㎡ 이상인 것

⑰ 복합건축물 또는 교육연구시설 내에 있는 학생수용을 위한 기숙사로서 연면적 5000 ㎡ 이상인 경우에는 전층

⑱ 지정수량의 1000배 이상의 특수가연물을 저장·취급하는 것

④ 간이 스프링클러 설비

㉮ 다중이용업소가 지하층에 설치된 경우로서 당해 영업장의 바닥면적 150 ㎡ 이상인 것

㉯ 주 용도가 근린생활시설로서 연면적 1000 ㎡ 이상인 것

㉰ 교육연구시설 내에 있는 합숙소로서 연면적 100 ㎡ 이상인 것

⑤ 물분무 등 소화설비(가스 시설 및 지하구 제외)

㉮ 항공기 격납고

㉯ 주차용 건축물로서 연면적 800 ㎡ 이상

㉰ 건축물 내부에 설치된 차고 또는 주차장으로 바닥면적 합계가 200 ㎡ 이상인 것

㉱ 기계식 주차장으로서 20대 이상 차량을 주차할 수 있는 것

㉲ 전기실, 발전실, 변전실, 축전지실, 통신실, 또는 전산실로서 바닥면적 300 ㎡ 이상인 것

⑥ 옥외소화전 설비(가스시설, 지하구 및 터널 제외)

㉮ 지상 1층 및 2층 바닥면적 합계가 9000 ㎡ 이상인 것

㉯ 지정문화재로서 연면적이 1000 ㎡ 이상인 것

㉰ 지정수량의 750배 이상의 특수가연물을 저장·취급하는 것

⑦ 비상경보설비(가스시설 및 지하구 제외)

㉮ 연면적이 400 ㎡(지하가 중 터널 제외) 이상이거나 지하층 또는 무창층의 바닥면적 150 ㎡(공연장 100 ㎡) 이상인 것

㉯ 지하가 중 터널로서 길이가 500 m 이상인 것

㉰ 50인 이상의 근로자가 작업하는 옥내 작업장

⑧ 비상방송설비

㉮ 연면적 3500 ㎡ 이상인 것

㉯ 지하층을 제외한 층수가 11층 이상인 것

㉰ 지하층의 층수가 3개층 이상인 것

⑨ 자동 화재탐지설비

㉮ 근린생활시설(일반목욕장 제외), 위락시설, 숙박시설, 의료시설 및 복합건축물로서 연면적 600 ㎡ 이상인 것

㉯ 근린생활시설 중 일반목욕장, 문화집회 및 운동시설. 통신촬영시설, 관광휴게

시설, 지하가(터널 제외), 판매 및 영업시설, 공동주택, 업무시설, 운수자동차관련시설, 공장 및 창고시설로서 연면적 1000 m² 이상인 것

(다) 교육연구시설(숙박시설이 있는 청소년시설은 제외), 동·식물관련시설, 위생등관련시설 및 교정시설로서 연면적 2000 m² 이상인 것

(라) 지하구

(마) 길이가 1000 m 이상인 터널

(바) 연면적 400 m² 이상인 노유자시설 및 숙박시설이 있는 청소년 시설로서 수용인원 100인 이상인 것

(사) 지정수량의 500배 이상의 특수가연물을 저장·취급하는 것

⑩ 자동 화재속보설비

(가) 공장 및 창고시설 또는 업무시설로서 바닥면적 1500 m² 이상인 층이 있는 것

(나) 노유자시설, 교육연구시설 중 청소년시설로서 바닥면적 500 m² 이상인 층이 있는 것

⑪ 단독경보형 감지기

(가) 연면적 1000 m² 미만의 아파트, 기숙사

(나) 교육연구시설 내에 있는 합숙소 또는 기숙사로서 연면적 2000 m² 미만인 것

(다) 연면적 600 m² 미만의 숙박시설

⑫ 시각경보기

(가) 근린생활시설, 위락시설, 문화시설 및 운동시설, 판매시설 및 영업시설

(나) 숙박시설, 노유자시설, 의료시설 및 업무시설

(다) 통신촬영시설 중 방송국, 교육연구시설 중 도서관

(라) 지하상가

⑬ 가스 누설경보기

(가) 숙박시설, 노유자시설, 판매시설 및 영업시설

(나) 교육연구시설 중 청소년시설, 의료시설, 문화집회 및 운동시설

⑭ 피난설비

(가) 피난기구는 특정 소방대상물 모든 층에 설치(피난층, 지상 1·2층, 11층 이상층, 가스시설, 지하구, 터널 제외)

(나) 인명구조기구는 지하층을 포함한 층수가 7층 이상인 관광호텔 및 5층 이상인 병원에 설치

(다) 수용인원 100인 이상의 지하역사, 백화점, 대형점, 쇼핑센터, 지하상가, 영화상영관에는 인명구조용 공기호흡기를 층마다 2대 이상 비치하여야 한다.

(라) 피난구유도등·통로유도등 및 유도표지는 특정 소방대상물에 설치

(마) 객석유도등은 유흥주점영업, 문화집회시설, 운동시설에 설치

⑯ 비상조명등

  ㉮ 지하층을 포함한 층수가 5층 이상으로 연면적 3000 m² 이상인 것

  ㉯ 지하층 또는 무창층의 바닥면적이 450 m² 이상인 경우에는 그 지하층 또는 무창층

  ㉰ 지하가 중 터널로서 그 길이가 500 m 이상인 것

㊰ 휴대용 비상조명등

  ㉮ 숙박시설

  ㉯ 수용인원 100인 이상의 지하역사, 백화점, 대형점, 쇼핑센터, 지하상가, 영화상영관

⑮ 소화용수설비

  ㈎ 상수도 소화용수설비를 설치하여야 하는 특정 소방대상물의 대지 경계선으로부터 180 m 이내에 구경 75 mm 이상인 상수도용 배수관이 설치되지 아니한 지역에 있어서는 소화수조 또는 저수조를 설치하여야 한다.

  ㈏ 연면적 5000 m² 이상인 것. 다만, 가스시설, 지하구 또는 지하가 중 터널의 경우 제외

  ㈐ 가스시설로서 지상에 노출된 탱크의 저장용량의 합계가 100톤 이상인 것

⑯ 소화활동설비

  ㈎ 제연설비

  ㉮ 문화집회 및 운동시설로서 무대부 바닥면적 200 m² 이상 또는 문화집회시설 및 운동시설 중 영화상영관으로서 수용인원 100인 이상

  ㉯ 근린생활시설, 위락시설, 판매시설 및 영업시설, 숙박시설로서 지하층 또는 무창층의 바닥면적이 1000 m² 이상인 모든 층

  ㉰ 판매시설 및 영업시설 중 시외버스 정류장, 철도역사, 공항시설, 해운시설의 대합실 또는 휴게시설로서 지하층 또는 무창층의 바닥면적이 1000 m² 이상인 모든 층

  ㉱ 지하가 중 터널길이가 1000 m 이상인 것

  ㉲ 특정 소방대상물에 부설된 특별피난계단 또는 비상용 승강기의 승강장

  ㈏ 연결송수관 설비

  ㉮ 층수가 5층 이상으로 연면적 2000 m² 이상인 것

  ㉯ 지하층을 포함한 층수가 7층 이상인 것

  ㉰ 지하층의 층수가 3개층 이상이고 지하층의 바닥면적 합계가 1000 m² 이상인 것

  ㉱ 지하가 중 터널길이가 2000 m 이상인 것

  ㈐ 연결살수설비

  ㉮ 판매시설 및 영업시설로서 바닥면적 합계가 1000 m² 이상인 것

    ㉯ 지하층으로 바닥면적 합계가 150 m² 이상인 것(국민주택 규모 이하의 아파트
       의 지하층과 학교의 지하층은 700 m² 이상)

    ㉰ 가스시설 중 지상에 노출된 탱크의 용량이 30톤 이상인 탱크 시설

  ㈃ 비상 콘센트 설비

    ㉮ 지하층을 포함한 11층 이상의 층

    ㉯ 지하층의 층수가 3개층 이상이고 지하층의 바닥면적 합계가 1000 m² 이상인 것

    ㉰ 지하가 중 터널길이가 500 m 이상인 것

  ㈄ 무선통신 보조설비

    ㉮ 지하가로서 연면적 1000 m² 이상인 것

    ㉯ 지하층의 바닥면적 합계가 3000 m² 이상인 것

    ㉰ 지하층의 층수가 3개층 이상이고 지하층의 바닥면적 합계가 1000 m² 이상인 것

    ㉱ 지하가 중 터널길이가 500 m 이상인 것

    ㉲ 지하구로서 국토계획 및 이용에 관한 공동구

    ㉳ 연소방지설비 및 방화벽은 지하구(전력 또는 통신사업용인 것에 한한다)에 설치

8 설치가 면제되는 소방시설

설치가 면제되는 소방시설	설치 면제 요건
스프링클러 설비	물분무 소화설비 설치
물분무 등 소화설비	스프링클러 설비 설치
간이 스프링 클러설비	스프링클러 설비, 물분무 소화설비 설치
비상경보설비 또는 단독 경보형 감지기	자동 화재탐지설비 설치
비상경보설비	단독 경보형 감지기 설치
비상방송설비	자동 화재탐지설비, 비상경보설비 설치
피난설비	위치, 구조, 설비상황에 피난 상 지장이 없는 경우
연결살수설비	스프링클러 설비, 물분무 소화설비 설치
제연설비	공조설비가 화재 시 제연설비로 자동전환
	배출구 면적은 바닥면적의 1/100 이상
비상조명등	피난구유도등, 통로유도등 설치
누전경보기	아크 경보기 또는 지락차단장치 설치
무선통신 보조설비	이동통신 구내중계기 선로설비, 무선이동 중계기
상수도 소화용수 설비	각 부분 수평거리 140 m 이내 공공의 소화전
연소방지설비	스프링클러 설비, 물분무 소화설비 설치
연결송수관 설비	옥내소화전, 스프링클러 설비, 연결살수설비 설치

9 소방대상물의 방염 등

① 대통령령이 정하는 방염대상 물품

   (가) 창문에 설치하는 커튼류(블라인드 포함)

   (나) 카펫, 두께가 2 mm 미만인 벽지류로서 종이벽지를 제외한 것

   (다) 전시용 합판 또는 섬유판, 무대용 합판 또는 섬유판

   (라) 암막, 무대막(영화상영관과 골프 연습장업에 설치하는 스크린 포함)

   (마) 섬유류 또는 합성수지류 등을 원료로 하여 제작된 소파·의자

② 방염성능 기준의 특정 소방대상물

   (가) 안마시술소 및 헬스클럽장, 문화집회 및 운동시설(수영장 제외), 숙박시설, 종합병원, 통신촬영시설 중 방송국 및 촬영소

   (나) 노유자 시설, 의료시설 중 정신보건시설 및 숙박시설이 있는 청소년 시설

   (다) 다중 이용업의 영업장

   (라) 층수가 11층 이상인 것(아파트 제외)

③ 방염성능검사 : 소방청장, 소방본부장 또는 소방서장

④ 방염성능의 기준

   (가) 버너의 불꽃을 제거한 때부터 불꽃을 올리며 연소하는 상태가 그칠 때까지 시간은 20초 이내일 것

   (나) 버너의 불꽃을 제거한 때부터 불꽃을 올리지 아니하고 연소하는 상태가 그칠 때까지 시간은 30초 이내일 것

   (다) 탄화한 면적은 50 cm^2 이내, 탄화한 길이는 20 cm 이내일 것

   (라) 불꽃에 의해 완전히 녹을 때까지 불꽃의 접촉횟수는 3회 이상일 것

   (마) 발연량을 측정하는 경우 최대연기밀도는 400 이하일 것

⑤ 소방본부장 또는 소방서장은 침구류, 소파 및 의자에 대하여 방염처리된 제품을 사용하도록 권장할 수 있다.

⑥ 방염처리업 : 시·도지사에게 등록

⑦ 방염업자는 중요사항 변경이 있을 때는 변경일로부터 30일 이내 시·도지사에게 신고, 지위 승계 : 30일 이내 시·도지사에게 신고(시·도지사는 14일 이내 등록수첩 교부)

⑧ 등록 취소 및 영업정지

   (가) 거짓 그 밖의 부정한 방법으로 등록을 한 때(등록 취소)

   (나) 등록 기준에 미달하게 된 때(시정 또는 6월 이내 영업정지)

   (다) 등록의 결격사유에 해당하게 된 때(등록 취소)

   (라) 다른 자에게 등록증 또는 등록수첩을 빌려준 때

  ㉮ 등록을 한 후 정당한 사유 없이 1년이 지날 때까지 영업을 개시하지 아니하거
   나 계속하여 1년 이상 휴업을 한 때

  ㉯ 이 법 또는 이 법에 따른 명령을 위반한 때

🔟 소방대상물의 안전관리

① 소방안전관리자 선임은 30일 이내, 선임한 날로부터 14일 이내 소방본부장 또는
 소방서장에게 신고

② 특정 소방대상물의 관계인과 소방안전관리자의 업무

 ㉮ 소방계획서의 작성 및 시행

 ㉯ 자위소방대 및 초기대응체계의 구성·운영·교육

 ㉰ 피난시설, 방화구획 및 방화시설의 유지·관리

 ㉱ 소방훈련 및 교육

 ㉲ 소방시설이나 그 밖의 소방관련시설의 유지·관리

 ㉳ 화기 취급의 감독

 ㉴ 그 밖에 소방안전관리에 필요한 업무

③ 1급 소방안전관리 대상물

 ㉮ 연면적 15000 m^2 이상인 것

 ㉯ 특정 소방대상물로서 층수가 11층 이상

 ㉰ 가연성 가스를 1000톤 이상 저장·취급하는 시설

 ㉱ 자격

  ㉮ 소방기술사, 소방시설관리사, 소방설비기사 또는 소방설비산업기사 자격을 가진 자

  ㉯ 산업안전기사 또는 산업안전산업기사 자격을 가진 자로서 2년 이상 소방안전
   관리 실무 경력이 있는 자

  ㉰ 위험물기능장, 위험물산업기사 또는 위험물기능사 자격을 가진 자로서 위험물
   안전관리자로 선임된 자

  ㉱ 고압가스 안전관리법, LPG 및 도시가스 사업법에 의하여 안전관리자로 선임된 자

  ㉲ 전기 사업법에 의하여 전기 안전관리자로 선임된 자

  ㉳ 소방공무원으로 5년 이상 근무한 경력이 있는 자

  ㉴ 소방안전관리학과(4년제)를 졸업하고 2년 이상 소방안전관리 실무 경력이 있는 자

  ㉵ 소방관련 과목 12학점을 이수하고 졸업하거나 소방안전관리학과(2년제)를 졸
   업하고 3년 이상 소방안전관리 실무 경력이 있는 자

④ 2급 방화관리 대상물

 ㉮ 스프링클러 설비, 간이 스프링클러 설비 또는 물분무 등 소화설비를 설치하는
  특정 소방대상물

㉯ 옥내소화전 설비 또는 자동 화재탐지설비를 설치하는 특정 소방대상물

㉰ 가스제조설비를 갖추고 받아야 하는 시설 또는 가연성 가스를 100톤 이상 1천톤 미만 저장·취급하는 시설

㉱ 지하구

㉲ 공동주택

㉳ 자격

  ㉠ 건축사, 산업안전기사 또는 산업안전산업기사, 건축기사 또는 건축산업기사, 일반기계기사, 전기산업기사, 전기공사기능장, 전기공사기사 또는 전기공사산업기사

  ㉡ 위험물기능장, 위험물산업기사 또는 위험물기능사 자격을 가진 자

  ㉢ 광산보안기사 또는 광산보안산업기사 자격을 가진 자로서 선임된 자

  ㉣ 소방안전관리학과(4년제)를 졸업한 자

  ㉤ 소방안전관련 교과목 6학점을 이수하고 졸업하거나 소방안전관리학과(2년제)를 졸업한 자

  ㉥ 소방공무원으로 1년 이상 근무한 경력이 있는 자

  ㉦ 의용소방대원으로 3년 이상 근무한 경력이 있는 자

  ㉧ 경찰공무원으로 3년 이상 근무한 경력이 있는 자

⑤ 공동 소방안전관리자(1급) 선임 대상물

 ㉮ 고층건축물(지하층을 제외한 층수가 11층 이상인 건축물)

 ㉯ 지하가

 ㉰ 복합건축물로서 연면적이 5000 m² 이상인 것 또는 층수가 5층 이상인 것

 ㉱ 판매시설 및 영업시설 중 도매시장 및 소매시장

 ㉲ 특정 소방대상물 중 소방본부장 또는 소방서장이 지정하는 것

⑥ 자체점검의 구분·점검자의 자격·점검횟수

 ㉮ 작동기능점검 : 관계인, 방화관리자 또는 소방시설관리업자 – 상반기 1회 이상 (소방시설 등을 인위적으로 조작하여 화재안전기준에서 정하는 성능이 있는지를 점검하는 것)

 ㉯ 종합정밀점검 : 소방시설관리사, 소방기술사 – 연 1회 이상(소방시설 등의 작동기능점검을 포함하여 설비별 주요 구성부품의 구조 기준이 화재안전기준에 적합한지 여부를 점검하는 것)

 ㉰ 작동기능점검 : 2년간 자체보관, 종합정밀점검을 실시한 자는 30일 이내 소방본부장 또는 소방서장에게 제출

⑦ 소방안전관리자 교육

 ㉮ 실무교육 : 2년마다 1회 이상 실시(한국소방안전원장)

(내) 안전원장은 소방청장의 승인을 얻어 교육 실시 10일 전까지 실무 대상자에게 통보

11 소방시설관리업

① 소방안전관리업무 대행, 소방시설 등의 점검 및 유지·관리의 업 : 시·도지사에게 등록
② 등록기준
  (가) 주된 기술인력 : 소방시설관리사 1인 이상
  (내) 보조 기술인력 : 다음에 해당하는 자로서 2인 이상
    ㉮ 소방설비기사 또는 소방설비산업기사
    ㉯ 소방공무원으로 3년 이상 근무한 사람
    ㉰ 소방 관련 학과의 학사학위를 취득한 사람
    ㉱ 행정안전부령으로 정하는 소방기술과 관련된 자격, 경력 및 학력이 있는 사람
③ 중요사항 변경 : 변경일로부터 30일 이내 시·도지사에게 신고
④ 지위 승계 : 30일 이내 시·도지사에게 신고
⑤ 특정 소방대상물의 관계인에게 통보하여야 하는 경우
  (가) 관리업자의 지위를 승계한 경우
  (내) 관리업의 등록취소 또는 영업정지 처분을 받은 경우
  (다) 휴업 또는 폐업을 한 경우
⑥ 시·도지사는 영업정지를 명하는 경우로서 그 영업정지가 국민에게 심한 불편을 주거나 그 밖에 공익을 해칠 우려가 있는 때에는 영업정지 처분을 갈음하여 3천만원 이하의 과징금을 부과할 수 있다.

12 소방용품의 형식승인 등

① 형식승인을 얻어야 할 소방용품의 종류
  (가) 수동식·자동식 소화기(화학반응식 거품소화기 제외), 소화약제에 따른 간이 소화용구 및 캐비닛형 자동소화기기
  (내) 소화약제(이산화탄소 소화약제 및 화학반응식 거품소화약제 제외)
  (다) 방염제 : 방염액, 방염도료 및 방염성 물질
  (라) 소방 펌프 : 동력 소방펌프·이동 소방 펌프
  (마) 소방 펌프 자동차(동력 소방 펌프가 부착되지 아니한 사다리차·굴절차를 포함)
  (바) 소방 호스, 가스 누설경보기 및 누전경보기
  (사) 결합 금속구 : 소방호스용 연결 금속구·흡수관용 연결 금속구 및 중간 연결 금속구
  (아) 옥내소화전 방수구·옥외소화전 및 관창
  (자) 자동소화설비의 기기 등 유수검지장치·일제개방 밸브·기동용 수압개폐장치

·스프링클러 헤드 및 가스관 선택 밸브

㉯ 송수구

㉱ 금속제 피난 사다리·완강기 및 구조대

㉲ 공기 호흡기

㉳ 자동 화재탐지설비의 기기 중 발신기·수신기·중계기·감지기(단독경보형 감지기 포함) 및 음향장치(경종 포함)

㉴ 유도등 및 비상조명등(휴대용 비상조명등 제외, 예비전원이 내장된 것에 한한다.)

② 형식승인을 받으려는 자는 형식승인을 위한 시험시설을 갖추고 소방청장의 심사를 받아야 한다.

③ 형식승인을 받은 자는 그 소방용품에 대하여 소방청장이 실시하는 제품검사를 받아야 한다.

④ 다음에 해당하는 소방용품을 판매하거나 판매 목적으로 진열하거나 소방시설공사에 사용할 수 없다.

㉮ 형식승인을 받지 아니한 것

㉯ 형상 등을 임의로 변경한 것

㉰ 제품검사를 받지 아니하거나 합격 표시를 하지 아니한 것

⑤ 소방용품의 형식승인의 취소 등

㉮ 거짓이나 그 밖의 부정한 방법으로 형식승인을 받을 때(형식승인 취소)

㉯ 시험시설의 시설기준에 미달되는 때(6월 이내 검사 중지)

㉰ 거짓이나 그 밖의 부정한 방법으로 제품검사를 받은 때(형식승인 취소)

㉱ 제품검사 시 기술기준에 미달되는 때(6월 이내 검사 중지)

㉲ 변경승인을 받지 아니하거나 거짓이나 그 밖의 부정한 방법으로 변경승인을 받은 때(형식승인 취소)

🔢 청문

① 소방청장 또는 시·도지사는 다음에 해당하는 처분을 하고자 하는 경우 청문을 실시한다.

㉮ 관리사 자격의 취소

㉯ 관리업의 등록 취소 및 영업정지

㉰ 소방용품의 형식승인 취소 및 제품검사 중지

㉱ 전문기관의 지정취소 및 업무정지

14 벌칙

① 3년 이하의 징역 또는 3천만원 이하의 벌금

(개) 소방시설의 화재 안전기준, 피난시설 및 방화시설의 유지·관리에 필요한 조치, 방염성능기준 미달 및 방염대상물품 제거, 소방용품의 수거, 폐기, 교체 등 규정에 따른 명령을 정당한 사유 없이 위반한 자

(내) 관리업의 등록을 하지 아니하고 영업을 한 자

(대) 소방용품의 형식승인을 받지 아니하고 소방용품을 제조하거나 수입한 자

(래) 소방용품의 제품검사를 받지 아니한 자

(매) 제품검사를 받지 아니하거나 합격표시를 하지 아니한 소방용품을 판매, 진열하거나 소방시설공사에 사용한 자

(배) 거짓이나 그 밖의 부정한 방법으로 전문기관으로 지정을 받은 자

② 1년 이하의 징역 또는 천만원 이하의 벌금

(개) 관계인의 정당한 업무를 방해한 자, 조사·검사 업무를 수행하면서 알게 된 비밀을 제공 또는 누설하거나 목적 외의 용도로 사용한 자

(내) 관리업의 등록증이나 등록수첩을 다른 자에게 빌려준 자

(대) 영업정지처분을 받고 그 영업정지기간 중에 관리업의 업무를 한 자

(래) 소방시설 등에 대한 자체점검을 하지 아니하거나 관리업자 등으로 하여금 정기적으로 점검하게 하지 아니한 자

(매) 소방시설관리사증을 다른 자에게 빌려주거나 동시에 둘 이상의 업체에 취업한 사람

(배) 제품검사에 합격하지 아니한 제품에 합격표시를 하거나 합격표시를 위조 또는 변조하여 사용한 자

(사) 형식승인의 변경승인을 받지 아니한 자

(아) 제품검사에 합격하지 아니한 소방용품에 성능인증을 받았다는 표시 또는 제품검사에 합격하였다는 표시를 하거나 성능인증을 받았다는 표시 또는 제품검사에 합격하였다는 표시를 위조 또는 변조하여 사용한 자

(자) 성능인증의 변경인증을 받지 아니한 자

(차) 우수품질인증을 받지 아니한 제품에 우수품질인증 표시를 하거나 우수품질인증 표시를 위조하거나 변조하여 사용한 자

③ 300만원 이하의 벌금

(개) 소방특별조사를 정당한 사유 없이 거부·방해 또는 기피한 자

(내) 방염성능검사에 합격하지 아니한 물품에 합격표시를 하거나 합격표시를 위조하거나 변조하여 사용한 자

(대) 거짓 시료를 제출한 자

⒣ 소방안전관리자 또는 소방안전관리보조자를 선임하지 아니한 자

⒤ 공동 소방안전관리자를 선임하지 아니한 자

⒥ 소방시설·피난시설·방화시설 및 방화구획 등이 법령에 위반된 것을 발견하였음에도 필요한 조치를 할 것을 요구하지 아니한 소방안전관리자

⒦ 소방안전관리자에게 불이익한 처우를 한 관계인

⒧ 점검기록표를 거짓으로 작성하거나 해당 특정소방대상물에 부착하지 아니한 자

⒨ 업무를 수행하면서 알게 된 비밀을 이 법에서 정한 목적 외의 용도로 사용하거나 다른 사람 또는 기관에 제공하거나 누설한 사람

④ 300만원 이하의 과태료

㈎ 특정소방대상물에 설치하는 소방시설의 화재안전기준을 위반하여 소방시설을 설치 또는 유지·관리한 자

㈏ 피난시설, 방화구획 또는 방화시설의 폐쇄·훼손·변경 등의 행위를 한 자

⑤ 200만원 이하의 과태료

㈎ 방염대상물품의 설치의 규정을 위반한 자

㈏ 소방안전관리자의 선임신고, 관리업자의 등록사항의 변경신고, 관리업자의 지위승계의 규정에 따른 신고를 하지 아니한 자 또는 거짓으로 신고한 자

㈐ 소방안전관리 업무를 수행하지 아니한 자

㈑ 소방안전관리 업무를 하지 아니한 특정소방대상물의 관계인 또는 소방안전관리대상물의 소방안전관리자

㈒ 소방안전관리자가 소방안전관리 업무를 성실하게 수행할 수 있도록 지도와 감독을 하지 아니한 자

㈓ 피난시설의 위치, 피난경로 또는 대피요령이 포함된 피난유도 안내정보를 제공하지 아니한 자

㈔ 소방훈련 및 교육을 하지 아니한 자

㈕ 소방시설 등의 점검결과를 보고하지 아니한 자 또는 거짓으로 보고한 자

㈖ 지위승계, 행정처분 또는 휴업·폐업의 사실을 특정소방대상물의 관계인에게 알리지 아니하거나 거짓으로 알린 관리업자

㈗ 기술인력의 참여 없이 자체점검을 한 자

㈘ 소방시설 등의 점검실적을 증명하는 서류 등 행정안전부령으로 정하는 서류를 거짓으로 제출한 자

㈙ 명령을 위반하여 보고 또는 자료 제출을 하지 아니하거나 거짓으로 보고 또는 자료 제출을 한 자 또는 정당한 사유 없이 관계 공무원의 출입 또는 조사·검사를 거부·방해 또는 기피한 자

제4장 위험물안전관리법

1 용어의 정의

① 위험물 : 인화성 또는 발화성 등의 성질을 가지는 것으로 대통령령이 정하는 물품
② 지정수량 : 위험물의 종류별로 위험성을 고려하여 대통령령이 정하는 수량으로서 제조소 등의 설치허가 등에 있어서 최저의 기준이 되는 수량
③ 제조소 : 위험물을 제조할 목적으로 지정수량 이상의 위험물을 취급하기 위하여 허가받은 장소
④ 저장소 : 지정수량 이상의 위험물을 저장하기 위한 대통령령이 정하는 장소
⑤ 취급소 : 지정수량 이상의 위험물을 제조 외의 목적으로 취급하기 위한 대통령령이 정하는 장소
　㈎ 주유취급소 : 고정된 주유설비에 의하여 자동차·항공기 또는 선박 등의 연료탱크에 직접 주유하기 위하여 위험물을 취급하는 장소
　㈏ 판매취급소 : 점포에서 위험물을 용기에 담아 판매하기 위하여 지정수량의 40 배 이하의 위험물을 취급하는 장소
　㈐ 이송취급소 : 배관 및 이에 부속된 설비에 의하여 위험물을 이송하는 장소
　㈑ 일반취급소 : 주유 취급소, 판매 취급소, 이송 취급소 외의 장소
⑥ 제조소 등 : 제조소, 저장소, 취급소

2 위험물의 종류 및 지정수량

① 제1류 위험물(산화성 고체)
　㈎ 아염소산염류, 염소산염류, 과염소산염류, 무기과산화물 : 50 kg
　㈏ 브롬산염류, 질산염류, 요오드산염류 : 300 kg
　㈐ 중크롬산염류, 과망간산염류 : 1000 kg

② 제2류 위험물(가연성 고체)
　㈎ 황화린, 적린, 유황(순도 60 중량 % 이상) : 100 kg
　㈏ 철분(50 μm의 표준체를 통과하는 것이 50 중량 % 미만인 것은 제외), 마그네슘, 금속분 : 500 kg

(대) 인화성 고체(고형 알코올) : 1000 kg

③ 제3류 위험물(자연발화성 물질 및 금수성 물질)

(개) 칼륨, 나트륨, 알킬알루미늄, 알킬리튬 : 10 kg

(내) 황린 : 20 kg

(대) 알칼리금속 및 알칼리토금속, 유기금속화합물 : 50 kg

(래) 금속의 수소화물, 금속의 인화물, 칼슘 또는 알루미늄의 탄화물 : 300 kg

④ 제4류 위험물(인화성 액체)

(개) 특수인화물 : 50 L

(내) 제1석유류(아세톤, 휘발유 등) – 비수용성 액체 : 200 L, 수용성 액체 : 400 L

(대) 알코올류 : 400 L

(래) 제2석유류(등유, 경유 등) – 비수용성 액체 : 1000 L, 수용성 액체 : 2000 L

(매) 제3석유류(중유, 클레오소트유 등) – 비수용성 액체 : 2000 L, 수용성 액체 : 4000 L

(배) 제4석유류(기어유, 실린더유 등) : 6000 L

(새) 동식물유류 : 10000 L

⑤ 제5류 위험물(자기반응성 물질)

(개) 유기과산화물, 질산에스테르류 : 10 kg

(내) 니트로화합물, 니트로소화합물, 아조화합물, 디아조화합물, 히드라진 유도체 :
200 kg

(대) 히드록실아민, 히드록실아민염류 : 100 kg

⑥ 제6류 위험물(산화성 액체)

과염소산, 과산화수소(농도 36 중량 % 이상), 질산(비중 1.49 이상) : 300 kg

3 그 밖의 사항

① 적용 제외

(개) 항공기

(내) 선박

(대) 철도 및 궤도

② 지정수량 미만인 위험물의 저장·취급 : 기술상의 기준은 특별시·광역시·특별자
치시·도 및 특별자치도의 조례로 정한다.

③ 위험물 임시 저장 : 관할 소방서장의 승인을 받아 지정수량 이상의 위험물을 90일
이내의 기간 동안 임시로 저장 또는 취급할 수 있다.

④ 설치 및 변경

(개) 제조소 설치 : 시·도지사 허가

(내) 위험물의 품명·수량 또는 지정수량의 배수를 변경 : 1일 전까지 시·도지사에게 신고하여야 한다.

(대) 신고하지 아니하고 위험물의 품명·수량 또는 지정수량의 배수를 변경할 수 있는 경우

㉮ 주택의 난방시설을 위한 저장소 또는 취급소

㉯ 농예용·축산용 또는 수산용으로 필요한 난방시설 또는 건조시설을 위한 지정수량 20배 이하의 저장소

(라) 군부대 장은 탱크 안전성능검사와 완공검사를 자체적으로 실시할 수 있다.

(마) 군사 목적 또는 군부대시설을 위한 제조소 등을 설치하거나 그 위치·구조 또는 설비를 변경하고자 하는 군부대 장은 미리 시·도지사와 협의해야 한다.

(바) 탱크 안전성능검사 : 시·도지사

⑤ 지위 승계 및 폐지 신고 : 승계한 날로부터 30일 이내 시·도지사에게 신고, 폐지한 날로부터 14일 이내 시·도지사에게 신고

⑥ 위험물 안전관리자 해임, 퇴직

(가) 안전관리자를 선임한 경우에는 선임한 날부터 14일 이내에 행정안전부령으로 정하는 바에 따라 소방본부장 또는 소방서장에게 신고하여야 한다.

(나) 안전관리자를 해임하거나 안전관리자가 퇴직한 때에는 해임하거나 퇴직한 날부터 30일 이내에 다시 안전관리자를 선임하여야 한다.

⑦ 예방규정을 정하여야 하는 제조소 등

(가) 지정수량의 10배 이상의 위험물을 취급하는 제조소

(나) 지정수량의 100배 이상의 위험물을 저장하는 옥외저장소

(다) 지정수량의 150배 이상의 위험물을 저장하는 옥내저장소

(라) 지정수량의 200배 이상의 위험물을 저장하는 옥외탱크저장소

(마) 암반탱크저장소

(바) 이송취급소

(사) 지정수량의 10배 이상의 위험물을 취급하는 일반취급소

⑧ 정기점검 및 정기검사

(가) 관계인은 연 1회 이상 정기점검

(나) 액체 위험물을 저장·취급하는 50만 L 이상의 옥외탱크저장소의 관계인은 소방본부장 또는 소방서장으로부터 정기검사를 받아야 한다.

⑨ 자체소방대

(가) 제 4 류 위험물 : 지정수량 3000배 이상을 취급하는 곳

(나) 자체 소방대를 설치하는 사업소 관계인은 화학소방자동차 및 자체소방대원을 두어야 한다.

화학소방자동차 및 인원

사업소(제 4 류 위험물)	화학소방자동차	자체소방대원 수
최대수량이 지정수량 12만배 미만인 사업소	1대	5인
최대수량이 지정수량 12만배 이상 24만배 미만인 사업소	2대	10인
최대수량이 지정수량 24만배 이상 48만배 미만인 사업소	3대	15인
최대수량이 지정수량 48만배 이상인 사업소	4대	20인

  (다) 화학소방자동차에 갖추어야 하는 소화능력 및 설비 기준

    ㉮ 포수용액 방사차

- 방사능력이 2000 L/min 이상일 것
- 소화약액 탱크 및 소화약액 혼합장치를 비치할 것
- 10만 L 이상의 포수용액을 방사할 수 있는 양의 소화약제를 비치할 것

    ㉯ 분말 방사차

- 방사능력이 35 kg/s 이상일 것
- 분말 탱크 및 가압용 가스설비를 비치할 것
- 1400 kg 이상의 분말을 비치할 것

    ㉰ 할로겐화합물 방사차

- 방사능력이 40 kg/s 이상일 것
- 할로겐화합물 탱크 및 가압용 가스설비를 비치할 것
- 1000 kg 이상의 할로겐화합물을 비치할 것

    ㉱ 이산화탄소 방사차

- 방사능력이 40 kg/s 이상일 것
- 이산화탄소 저장용기를 비치할 것
- 3000 kg 이상의 이산화탄소를 비치할 것

    ㉲ 제독차 : 가성소다 및 규조토를 각각 50 kg 이상 비치할 것

4 위험물 운반 기준

① 운반용기 수납률

  (가) 고체 위험물 : 운반용기 내용적 95 % 이하의 수납률로 수납할 것

  (나) 액체 위험물 : 운반용기 내용적 98 % 이하의 수납률로 수납하되, 55℃의 온도에서 누설되지 아니하도록 충분한 공간용적을 유지하도록 할 것

② 제 3 류 위험물 운반용기

  (가) 자연발화성 물품 : 불활성 기체를 봉입하여 밀봉하는 등 공기와 접하지 않도록 할 것

(나) 자연발화성 물품 외의 물품 : 파라핀, 경유, 등유 등의 보호액으로 채워 밀봉하거나 불활성 기체를 봉입하여 밀봉하는 등 수분과 접하지 아니하도록 할 것

(다) 알킬알루미늄 등은 운반용기의 내용적의 90 % 이하의 수납률로 수납하되, 50℃의 온도에서 5 % 이상의 공간용적을 유지하도록 할 것

③ 일광의 직사 또는 빗물 침투를 방지하여야 하는 위험물의 종류

(가) 제1류 위험물, 제3류 위험물 중 자연발화성 물질, 제4류 위험물 중 특수인화물, 제5류 위험물 또는 제6류 위험물은 차광성이 있는 피복으로 가릴 것

(나) 제1류 위험물 중 알칼리금속의 과산화물 또는 이를 함유한 것, 제2류 위험물 중 철분, 금속분, 마그네슘 또는 이들 중 어느 하나 이상을 함유한 것 또는 제3류 위험물 중 금수성 물질은 방수성이 있는 피복으로 덮을 것

(다) 제5류 위험물 중 55℃ 이하의 온도에서 분해될 우려가 있는 것은 보랭 컨테이너에 수납하는 등 적정한 온도관리를 할 것

(라) 액체위험물 또는 위험등급Ⅱ의 고체위험물을 기계에 의하여 하역하는 구조로 된 운반용기에 수납하여 적재하는 경우에는 당해 용기에 대한 충격 등을 방지하기 위한 조치를 강구할 것. 다만, 위험등급Ⅱ의 고체위험물을 플렉서블(flexible)의 운반용기, 파이버판제의 운반용기 및 목제의 운반용기 외의 운반용기에 수납하여 적재하는 경우에는 그러하지 아니하다.

④ 위험물은 운반용기의 외부에 위험물의 품명, 수량 등을 표시하여 적재하여야 한다.

(가) 위험물의 품명, 위험등급, 화학명 및 수용성(제4류 위험물 수용성에 한한다.)

(나) 위험물의 수량

(다) 위험물 규정에 의한 주의사항

㉮ 제1류 위험물 중 알칼리 금속의 과산화물 또는 이를 함유한 것은 "화기·충격주의", "물기엄금", "가연물 접촉주의", 그 밖의 것은 "화기·충격주의", "가연물 접촉주의"

㉯ 제2류 위험물 중 철분, 금속분, 마그네슘 또는 이들 중 어느 하나 이상을 함유한 것은 "화기주의" 및 "물기엄금", 인화성 고체는 "화기엄금", 그 밖의 것은 "화기주의"

㉰ 제3류 위험물 중 자연발화성 물질은 "화기엄금" 및 "공기접촉엄금", 금수성 물질은 "물기엄금"

㉱ 제4류 위험물 : "화기엄금"

㉲ 제5류 위험물 : "화기엄금" 및 "충격주의"

㉳ 제6류 위험물 : "가연물 접촉주의"

㉴ "화기엄금", "화기주의" : 적색바탕에 백색문자
　　"물기엄금" : 청색바탕에 백색문자

⑤ 운반차량 표지

  ⑺ 한 변의 길이 0.3 m 이상, 다른 한 변의 길이 0.6 m 이상의 직사각형의 판

  ⑻ 바탕 : 흑색, 황색의 반사도료 그 밖의 반사성이 있는 재료로 "위험물" 표시

  ⑼ 표지는 차량의 전면 및 후면의 보기 쉬운 곳에 내걸 것

⑥ 대통령령이 정하는 위험물의 종류

  ⑺ 알킬알루미늄

  ⑻ 알킬리튬

  ⑼ 알킬알루미늄 또는 알킬리튬을 함유하는 위험물

⑦ 위험물 운송책임자의 자격

  ⑺ 위험물의 취급에 관한 국가기술 자격을 취득하고 관련 업무에 1년 이상 종사한 경력이 있는 자

  ⑻ 위험물의 운송에 관한 안전교육을 수료하고 관련 업무에 2년 이상 종사한 경력이 있는 자

⑧ 안전교육

  ⑺ 안전관리자로 선임된 자

  ⑻ 탱크 시험자의 기술인력으로 종사하는 자

  ⑼ 위험물 운송자로 종사하는 자

5 제조소 등의 소방시설

① 옥외탱크저장소의 보유공지 : 지정수량 4000배를 초과하여 위험물 저장 또는 취급하는 옥외저장탱크에 다음의 기준에 적합한 물분무설비로 방호조치를 하는 경우에는 그 보유공지를 규정에 의한 보유공지의 1/2 이상의 너비로 할 수 있다.

  ⑺ 탱크의 표면에 방사하는 물의 양은 탱크의 높이(기초의 높이 제외) 15 m 이하마다 원주길이 1 m에 대하여 분당 37 L 이상으로 할 것

  ⑻ 수원의 양은 20분 이상 방사할 수 있는 수량으로 할 것

  ⑼ 탱크의 높이가 15 m를 초과하는 경우에는 15 m 이하마다 분무 헤드를 설치하되, 분무 헤드는 탱크의 높이 및 구조를 고려하여 분무가 적정하게 이루어지도록 배치할 것

  ⑽ 물분무 소화설비의 설치기준에 준하여 설치할 것

② 인화성 액체 위험물을 저장하는 옥외탱크저장소 방유제의 설치기준

  ⑺ 방유제의 용량은 방유제 안에 설치된 탱크가 하나인 때에는 그 탱크 용량의 110 % 이상, 2기 이상인 때에는 그 탱크 중 용량이 최대인 것의 용량의 110 % 이상으로 할 것

  ⑻ 방유제 높이는 0.5 m 이상 3 m 이하로 할 것

⒟ 방유제 내의 면적은 80000 m² 이하로 할 것

⒠ 방유제 내에 설치하는 옥외저장탱크의 수는 10개 이하로 할 것

⒡ 방유제 외면의 1/2 이상은 자동차 등이 통행할 수 있는 3 m 이상의 노면 폭을 확보한 구내도로에 직접 접하도록 할 것. 다만, 방유제 내에 설치하는 옥외저장 탱크의 용량합계가 20만 L 이하인 경우에는 소화활동에 지장이 없다고 인정되는 3 m 이상의 노면 폭을 확보한 도로 또는 공지에 접하는 것으로 할 수 있다.

⒢ 방유제는 옥외저장탱크 지름에 따라 그 탱크 옆판으로부터 다음에 정하는 거리를 유지할 것. 다만, 인화점이 200℃ 이상인 위험물을 저장 또는 취급하는 것에 있어서는 그러하지 아니하다.

㉮ 지름이 15 m 미만인 경우에는 탱크 높이의 1/3 이상

㉯ 지름이 15 m 이상인 경우에는 탱크 높이의 1/2 이상

6 위험물 제조소의 위치 · 구조 또는 설비

① 위험물 제조소의 안전거리

㈎ 안전거리 50 m 이상 : 유형문화재, 지정문화재

㈏ 안전거리 30 m 이상

㉮ 학교, 종합병원, 병원, (치과, 한방, 요양)병원

㉯ 공연장, 영화상영관, 유사한 시설로서 300명 이상 수용할 수 있는 것

㉰ 아동복지시설, 장애인복지시설, 보육시설, 가정폭력 피해자시설로서 20명 이상 수용할 수 있는 것

㈐ 안전거리 20 m 이상 : 고압가스, LPG, 도시가스를 저장 또는 취급하는 시설

㈑ 안전거리 10 m 이상 : 주거 용도로 사용되는 것

㈒ 안전거리 5 m 이상 : 사용전압 35000 V를 초과하는 특고압 가공전선

㈓ 안전거리 3 m 이상 : 사용전압 7000 V 초과 35000 V 이하의 특고압 가공전선

② 위험물 제조소의 보유공지

㈎ 지정수량의 10배 이하 : 공지너비 3 m 이상

㈏ 지정수량의 10배 초과 : 공지너비 5 m 이상

③ 위험물 제조소의 표지 및 게시판

㈎ 표지판

㉮ 한 변의 길이 0.3 m 이상, 다른 한 변의 길이 0.6 m 이상의 직사각형의 판

㉯ 바탕 : 백색, 문자 : 흑색

㈏ 게시판

㉮ 한 변의 길이 0.3 m 이상, 다른 한 변의 길이 0.6 m 이상의 직사각형의 판

㉯ 바탕 : 백색, 문자 : 흑색

ⓒ 기재사항 : 유별, 품명, 저장 최대수량, 취급 최대수량, 지정수량의 배수, 위험
물 안전관리자 성명 또는 직명, 주의사항

④ 환기설비

㉮ 환기는 자연배기방식이며 환기구는 지붕 위 또는 지상 2 m 이상 높이에 회전
식 고정 벤틸레이터 또는 루프 팬 방식으로 설치할 것

㉯ 급기구는 낮은 곳에 설치하며 가는 눈의 구리망 등으로 인화 방지망을 설치할 것

㉰ 급기구는 바닥면적 150 m^{2}마다 1개 이상으로 하고 800 cm^2 이상 크기로 할 것

⑤ 배출설비

㉮ 1시간당 배출장소 용적의 20배 이상 배출할 수 있는 능력이 있을 것

㉯ 급기구는 높은 곳에 설치하며 가는 눈의 구리망 등으로 인화 방지망을 설치할 것

㉰ 배출설비는 국소방식으로 하며 배풍기는 강제배기방식으로 할 것(단, 위험물 취급
설비가 배관이음 등으로만 된 경우와 건축물 조건에 의한 경우는 전역방식 가능)

⑥ 옥외시설의 바닥

㉮ 바닥 둘레에 높이 0.15 m 이상의 턱을 설치하는 등 위험물이 외부로 흘러 나가
지 않도록 할 것

㉯ 바닥은 콘크리트 등 위험물이 스며들지 아니하는 재료로 할 것

㉰ 바닥의 최저부에 집유설비를 할 것

㉱ 제4류 위험물을 취급하는 설비에는 집유설비에 유분리장치를 설치할 것

7 소화설비의 설치 기준

① 전기설비의 소화설비 : 제조소 등에 전기설비(전기배선, 조명기구 등은 제외한다)
가 설치된 경우에는 당해 장소의 면적 100 m^{2}마다 소형 수동식 소화기를 1개 이상
설치할 것

② 소화설비의 능력단위

㉮ 소화전용 물통 : 8 L, 능력단위 0.3

㉯ 수조(소화전용 물통 3개 포함) : 80 L, 능력단위 1.5

㉰ 수조(소화전용 물통 6개 포함) : 190 L, 능력단위 2.5

㉱ 마른 모래(삽 1개 포함) : 50 L, 능력단위 0.5

㉲ 팽창질석 또는 팽창진주암(삽 1개 포함) : 160 L, 능력단위 1.0

③ 옥내소화전 설비의 설치기준

㉮ 옥내소화전은 제조소 등의 건축물의 층마다 당해 층의 각 부분에서 하나의 호
스 접속구까지의 수평거리가 25 m 이하가 되도록 설치할 것. 이 경우 옥내소화
전은 각 층의 출입구 부근에 1개 이상 설치하여야 한다.

　　(나) 수원의 수량 = 7.8 m^3×설치수(5개 이상이면 5개)

　　(다) 노즐선단 방수압력 : 350 kPa 이상, 방수량 : 260 L/min 이상

　　(라) 옥내소화전 설비에는 비상전원을 설치할 것

④ 옥외소화전 설비의 설치기준

　　(가) 옥내소화전은 방호대상물 각 부분(건축물의 경우 당해 건축물의 1층 및 2층의 부분에 한한다.)에서 하나의 호스 접속구까지의 수평거리가 40 m 이하가 되도록 설치할 것. 이 경우 설치개수가 1개일 때는 2개로 하여야 한다.

　　(나) 수원의 수량 = 13.5 m^3×설치수(4개 이상이면 4개)

　　(다) 노즐선단 방수압력 : 350 kPa 이상, 방수량 : 450 L/min 이상

　　(라) 옥외소화전 설비에는 비상전원을 설치할 것

⑤ 스프링클러 설비의 설치기준

　　(가) 방호대상물 각 부분에서 하나의 스프링클러 헤드까지의 수평거리가 1.7 m 이하가 되도록 설치할 것

　　(나) 개방형 스프링클러 헤드를 이용한 스프링클러 설비의 방사구역은 150 m^2 이상 (바닥면적 150 m^2 미만인 경우에는 당해 바닥면적)으로 할 것

　　(다) 수원의 수량

　　　㉮ 폐쇄형 스프링클러 : 2.4 m^3×30개 (30개 미만인 경우에는 당해 설치 수)

　　　㉯ 개방형 스프링클러 : 2.4 m^3×가장 많이 설치된 방사구역의 스프링클러 헤드 설치 개수

　　(라) 각 선단 방수압력 : 100 kPa 이상, 방수량 : 80 L/min 이상

　　(마) 스프링클러 설비에는 비상전원을 설치할 것

⑥ 물분무 소화설비

　　(가) 물분무 소화설비의 방사구역은 150 m^2 이상(당해 방호대상물의 표면적 150 m^2 미만인 경우에는 당해 표면적)으로 할 것

　　(나) 수원의 수량은 분무 헤드가 가장 많이 설치된 방사구역의 모든 분무 헤드를 동시에 사용할 경우에 당해 방사구역의 표면적 1 m^{2}당 1분당 20 L의 비율로 계산한 양으로 30분간 방사할 수 있는 양 이상이 되도록 설치할 것

　　(다) 각 선단 방수압력 : 350 kPa 이상, 표준방사량을 방사할 수 있는 성능이 되도록 할 것

　　(라) 물분무 소화설비에는 비상전원을 설치할 것

⑦ 포소화설비

　　(가) 고정식 포소화설비의 포방출구 등은 방호대상물의 형상, 구조, 성질, 수량 또는 취급 방법에 따라 표준방사량으로 당해 방호대상물에 유효하게 소화할 수 있도록 필요한 개수를 적당한 위치에 설치할 것

(나) 수원의 수량 및 포소화약제 저장량은 방호대상물의 화재를 유효하게 소화할 수 있는 양 이상이 되도록 할 것

(다) 포소화설비에는 비상전원을 설치할 것

⑧ 이산화탄소 소화설비

(가) 전역방출방식 이산화탄소 소화설비의 분사 헤드는 불연재료의 벽, 기둥, 바닥, 보 및 지붕으로 구획되고 개구부에 자동폐쇄장치가 설치되어 있는 부분에 당해 부분의 용적 및 방호대상물의 성질에 따라 표준방사량으로 방호대상물의 화재를 유효하게 소화할 수 있도록 필요한 개수를 적당한 위치에 설치할 것. 다만, 외부로 누설되는 양 이상의 양을 추가하여 방출할 수 있는 설비의 경우 자동폐쇄장치를 설치하지 아니할 수 있다.

(나) 국소방출방식 이산화탄소 소화설비의 분사 헤드는 방호대상물의 형상, 구조, 성질, 수량 또는 취급 방법에 따라 방호대상물에 이산화탄소 소화약제를 직접 방사하여 표준방사량으로 방호대상물에 유효하게 소화할 수 있도록 필요한 개수를 적당한 위치에 설치할 것

(다) 이동식 이산화탄소 소화설비의 호스 접속구는 모든 방호대상물에 대해 당해 방호대상물의 각 부분으로부터 하나의 호스 접속구까지의 수평거리가 15 m 이하가 되도록 설치할 것

(라) 이산화탄소 소화약제 용기에 저장하는 이산화탄소 소화약제의 양은 방호대상물의 화재를 유효하게 소화할 수 있는 양 이상이 되도록 할 것

(마) 전역방출방식 또는 국소방출방식 이산화탄소 소화설비에는 비상전원을 설치할 것

⑨ 할로겐화합물 소화설비 및 분말소화설비는 이산화탄소 소화설비의 기준을 준용할 것

⑩ 대형 수동식 소화기의 설치기준은 방호대상물의 각 부분으로부터 하나의 대형 수동식 소화기까지의 보행거리가 30 m 이하가 되도록 설치할 것

⑪ 소형 수동식 소화기의 설치기준은 소형 수동식 소화기 또는 그 밖의 소화설비는 지하 탱크 저장소, 간이 탱크 저장소, 이동 탱크 저장소, 주유취급소 또는 판매취급소에서는 유효하게 소화할 수 있는 위치에 설치하여야 하며, 그 밖의 제조소 등에서는 방호대상물의 각 부분으로부터 하나의 소형 수동식 소화기까지의 보행거리가 20 m 이하가 되도록 설치할 것

(가) 지하 탱크 저장소

㉮ 탱크를 지하철, 지하가 또는 지하터널로부터 수평거리 10 m 이내의 장소 또는 지하건축물 내의 장소에 설치하지 아니할 것

       ㉯ 탱크를 그 수평 투영의 세로 및 가로보다 각각 0.6 m 이상 크고 두께가 0.3 m 이상인 철근 콘크리트조의 뚜껑으로 덮을 것

       ㉰ 탱크를 지하의 가장 가까운 벽, 피트, 가스관 등의 시설물 및 대지 경계선으로부터 0.6 m 이상 떨어진 곳에 설치할 것

       ㉱ 지하저장 탱크와 탱크전용실의 안쪽과의 사이는 0.1 m 이상 간격을 유지할 것

       ㉲ 지하저장 탱크의 윗부분은 지면으로부터 0.6 m 아래에 있을 것

       ㉳ 지하저장 탱크를 2 이상 인접해 설치하는 경우에는 그 상호 간에 1 m 이상의 간격을 둘 것(단, 2 이상의 탱크 용량의 합계가 지정수량의 100배 이하인 때에는 0.5 m)

       ㉴ 누유 검사관

        • 4개소 이상 적당한 위치에 설치할 것

        • 이중관으로 하며 재료는 금속관 또는 경질 합성수지관으로 할 것

        • 관은 탱크 전용실의 바닥 또는 탱크의 기초까지 닿게 할 것

  (나) 간이 탱크 저장소

       ㉮ 하나의 간이 탱크 저장소에 설치하는 간이저장 탱크는 3 이하로 할 것

       ㉯ 동일한 품질의 위험물의 간이저장 탱크를 2 이상 설치하지 아니할 것

       ㉰ 간이저장 탱크 용량은 600 L 이하로 할 것

       ㉱ 간이저장 탱크의 밸브 없는 통기관

        • 통기관의 지름은 25 mm 이상으로 할 것

        • 통기관은 옥외에 설치하되 그 선단의 높이는 지상 1.5 m 이상으로 할 것

        • 통기관의 선단은 수평면에 대하여 45도 이상 구부려 빗물 등이 침투하지 아니하도록 할 것

        • 가는 눈의 구리망 등으로 인화 방지장치를 할 것

  (다) 이동 탱크 저장소

       ㉮ 인근의 건축물로부터 5 m 이상(인근 건축물이 1층일 때 3 m 이상) 거리 확보

       ㉯ 건축물의 1층에 설치할 것

       ㉰ 방파판의 두께 : 1.6 mm 이상의 강철판

        방호 틀의 두께 : 2.3 mm 이상의 강철판

        탱크의 두께 : 3.2 mm 이상의 강철판

        칸막이 : 내부에 4000 L 이하마다 설치

        주유 설비 토출량 : 200 L/min 이하

       ㉱ 차량 전면 및 후면 : 0.6×0.3 m 이상 직사각형의 흑색 바탕에 황색의 반사도료 "위험물"

ⓜ 게시판 : 위험물 유별, 품명, 최대수량, 적재중량

ⓑ 문자 크기 : 가로 40 mm 이상, 세로 45 mm 이상(여러 품목 혼재 : 가로 20 mm 이상, 세로 20 mm 이상)

㈐ 옥외저장소

㉮ 보유공지

저장 또는 취급하는 위험물 최대수량	공지의 너비
지정수량의 10배 이하	3 m 이상
지정수량의 10배 초과 20배 이하	5 m 이상
지정수량의 20배 초과 50배 이하	9 m 이상
지정수량의 50배 초과 200배 이하	12 m 이상
지정수량의 200배 초과	15 m 이상

㉯ 선반
- 불연재료로 만들고 견고한 지반면에 고정할 것
- 높이는 6 m를 초과하지 아니할 것

㈑ 주유취급소

㉮ 공지 : 자동차 등이 출입할 수 있도록 너비 15 m 이상, 길이 6 m 이상의 콘크리트 등으로 포장

㉯ "주유 중 엔진 정지" : 황색 바탕에 흑색 문자

㉰ 화기엄금 : 적색 바탕에 백색 문자

실전 테스트 1

□1. 지하가 중 터널로서 길이가 몇 m 이상인 소방대상물에는 무선통신 보조설비를 설치하여야 하는가?

① 500

② 700

③ 800

④ 1000

해설 무선통신 보조설비 설치

① 지하가로서 연면적 1000 m^2 이상

② 지하층 바닥면적 합계가 3000 m^2 이상

③ 터널 길이 500 m 이상

□2. 화재가 발생하였을 때 소방본부장 또는 소방서장이 행하는 화재조사 내용을 옳게 설명한 것은?

① 화재의 등급과 화재로 인한 피해 조사

② 화재 원인 및 피해 등에 대한 조사

③ 화재 원인 조사를 위한 화재 감식조사

④ 화재로 인한 인적 및 물적 손해 정도 조사

해설 화재 원인 및 피해 등에 대한 조사 → 소화활동과 동시에 조사

□3. 가연성의 증기 또는 미분이 체류할 우려가 있는 건축물에 시설하는 위험물제조소의 배출설비 조건으로 옳은 것은?

① 배출설비는 특별한 경우를 제외하고 전역방식으로 할 것

② 자연배출방식을 이용하여 배출하는 것으로 할 것

③ 배출능력은 1시간당 배출장소 용적의 10배 이내로 할 것

④ 급기구는 높은 곳에 설치하고 가는 눈의 구리망 등으로 인화 방지망을 설치할 것

해설 제조소의 배출설비 조건

① 배출설비는 국소방식으로 할 것

② 배출설비는 강제적 배출설비를 할 것

③ 배출능력은 1시간당 배출장소 용적의 20배 이내로 할 것

정답 1. ① 2. ② 3. ④

4. 용어의 정의로 옳지 않은 것은?

① 고층건축물이란 지하층을 제외한 층수가 11층 이상인 것을 말한다.
② 소방대원이란 소방공무원, 의무소방원, 의용소방대원을 말한다.
③ 관계지역이라 함은 소방대상물이 있는 장소 및 그 이웃지역으로서 화재의 예방·경계·진압·구조·구급 등의 활동에 필요한 지역을 말한다.
④ 관계인이란 소방대상물의 방재를 위한 공무원을 말한다.

해설 관계인이란 소방대상물의 소유자·점유자 또는 관리자를 말한다.

5. 전문 소방시설 공사업에서 주된 기술인력으로 소방설비 기사 자격자는 기계분야와 전기분야로 구분하여 각각 몇 명 이상이어야 하는가?

① 기계분야 : 1명 이상, 전기분야 : 1명 이상
② 기계분야 : 2명 이상, 전기분야 : 1명 이상
③ 기계분야 : 2명 이상, 전기분야 : 2명 이상
④ 기계분야 : 3명 이상, 전기분야 : 3명 이상

해설 전문 소방시설 공사업에서 주된 기술인력은 소방설비 기술사 또는 기계, 전기분야의 소방설비 기사 각 1인 이상

6. 다음 위반사항 중 벌칙내용이 가장 강한 사항은?

① 위험물의 운반에 관한 중요기준을 따르지 아니하였을 때
② 소방안전관리자 업무를 수행하지 아니하였을 때
③ 소방안전관리자를 선임하지 아니하였을 때
④ 위험물 안전 관리자를 선임하지 않았을 때

해설 ① 항 → 300만원 이하의 벌금
② 항 → 200만원 이하의 과태료
③ 항 → 300만원 이하의 벌금
④ 항 → 500만원 이하의 벌금

7. 위험물 저장소를 승계한 사람은 며칠 이내에 승계사항을 신고하여야 하는가?

① 7 ② 15 ③ 30 ④ 60

해설 30일 이내에 시·도지사에게 신고

정답 4. ④ 5. ① 6. ④ 7. ③

8. 화재, 재난·재해 그 밖의 위급한 상황이 발생한 현장에서 소방활동을 위하여 필요한 때에는 그 관할구역에 사는 자로 하여금 사람을 구출하는 일 또는 불을 끄거나 불이 번지지 아니하도록 하는 등의 명령을 할 수 있다. 이러한 명령을 무슨 명령이라 하는가?

① 안전관리 명령　　　　　　　② 소방활동 종사 명령
③ 소방응원 명령　　　　　　　④ 화재경계 명령

9. 다음 중 소방시설업의 등록을 하지 아니하고 영업을 한 자에 대한 벌칙기준으로 맞는 것은?

① 1년 이하의 징역 또는 500만원 이하의 벌금
② 2년 이하의 징역 또는 1000만원 이하의 벌금
③ 3년 이하의 징역 또는 3000만원 이하의 벌금
④ 5년 이하의 징역 또는 5000만원 이하의 벌금

10. 무창층이라 함은 지상층 중 개구부 면적의 합계가 당해 층의 바닥면적의 얼마 이하가 되는 층을 말하는가?

① 10분의 1　　　　　　　　　② 20분의 1
③ 30분의 1　　　　　　　　　④ 50분의 1

11. 화재예방, 소방활동, 소방훈련을 위하여 사용되는 소방신호로서 경계신호에 대한 설명으로 옳은 것은?

① 화재예방상 필요하다고 인정할 때 말한다.
② 초기화재 시에 발하여 인명의 대피를 유도한다.
② 사이렌 신호만 있고, 타종신호는 없다.
④ 타종신호만 있고, 사이렌 신호는 없다.

해설 소방신호의 종류

구분	타종 신호	사이렌 신호
경계 신호	1타와 연 2타 반복	5초 간격 30초씩 3회
발화 신호	난타	5초 간격 5초씩 3회
해제 신호	상당한 간격 1타씩 반복	1분 간격 1회
훈련 신호	연 3타 반복	10초 간격 1분씩 3회

정답 8. ②　9. ③　10. ③　11. ①

(1) 경계신호 : 화재예방상 필요하다고 인정되거나 또는 화재 위험 경보 시 발령
(2) 발화신호 : 화재 발생 시 발령
(3) 해제신호 : 소화활동이 필요없다고 인정될 때 발령
(4) 훈련신호 : 훈련이 필요하다고 인정될 때 발령(의용소방대원 소집 시에도 사용)

12. 피난설비에 해당되는 것은?

① 비상벨 설비　　　② 비상방송설비　　　③ 비상조명등　　　④ 제연설비

[해설] 피난설비 : 미끄럼대, 피난 사다리, 구조대, 완강기, 피난교, 피난밧줄, 공기 안전 매트
등 피난기구, 방열복, 공기호흡기, 인공 소생기 등 인명구조장구, 유도등 및 유도표지, 비
상조명등

13. 화재경계지구의 지정은 누가 하는가?

① 시 · 도지사
② 관할 경찰서장과 소방서장이 협의하여 지정
③ 한국소방안전원장
④ 행정안전부장관

[해설] 화재경계지구
(1) 공장이 밀집한 지역
(2) 위험물의 저장 · 처리시설이 밀집한 지역
(3) 소방시설 · 소방용수시설 또는 소방출동로가 없는 지역 등으로 시 · 도지사가 지정한다.

14. 한국소방안전원장이 실시하는 소방안전관리자의 실무교육은 몇 년에 1회 실시하는 것을 원칙으로 하는가?

① 1　　　　　　② 2　　　　　　③ 3　　　　　　④ 4

[해설] 소방안전관리자의 실무교육 : 2년에 1회 이상 실시한다.

15. 기상업무법의 관계규정에 의한 이상기상의 예보 또는 특보가 있을 때 화재에 관한 경보를 발하여야 하는 사람은?

① 소방본부장 또는 소방서장　　　　② 경찰서장
③ 기상대장　　　　　　　　　　　　④ 민방위대장

[해설] 이상기상의 예보 또는 특보가 있을 때에는 소방본부장 또는 소방서장이 경보 발령

[정답]　12. ③　13. ①　14. ②　15. ①

16. 위험물 저장소로서 옥내저장소의 저장 창고는 위험물 저장을 전용으로 하여야 하며, 지면에서 처마까지의 높이는 몇 m 미만인 단층건축물로 하여야 하는가?

① 6　　　　　　　② 6.5　　　　　　③ 7　　　　　　④ 7.5

해설　바닥은 지면보다 높게 하여야 한다.

17. 지정수량의 몇 배 이상의 위험물을 취급하는 제조소, 일반취급소에는 화재예방을 위한 예방규정을 정하여야 하는가?

① 10배　　　　　② 20배　　　　　③ 30배　　　　④ 50배

해설　화재예방규정

제조소, 일반취급소	지정수량의 10배 이상
옥외저장소	지정수량의 100배 이상
옥내저장소	지정수량의 150배 이상
옥외탱크저장소	지정수량의 200배 이상

18. 지정수량 미만인 위험물의 저장 또는 취급에 관한 기술상의 기준은 무엇으로 정하는가?

① 위험물 제조소 등의 내규로 정한다.　　② 행정안전부령으로 정한다.
③ 방화안전 관리규정에 포함시킨다.　　④ 시·도의 조례로 정한다.

해설　지정수량 미만인 위험물의 저장 또는 취급 → 시·도의 조례

19. 소방시설공사의 경우 소방기술자를 공사현장에 배치하여야 한다. 기계분야의 소방시설공사가 아닌 것은?

① 옥내소화전 설비의 공사　　　　② 비상경보설비의 공사
③ 연소방지설비의 공사　　　　　④ 청정소화약제 소화설비의 공사

해설　전기분야 : 비상경보설비의 공사, 단독형 감지기, 자동 화재탐지설비, 비상 콘센트 설비 등

20. 소방안전관리대상물의 소방안전관리자로 선임된 자가 실시하여야 할 업무가 아닌 것은?

① 소방계획의 작성　　　　　　② 자위소방대의 조직
③ 소방시설 관리교육　　　　　④ 소방훈련 및 교육

해설　소방시설 관리교육 → 소방시설 그 밖의 소방관련 시설의 유지·관리

정답　16. ①　17. ①　18. ④　19. ②　20. ③

실전 테스트 **2**

□1. 자동차 등에 주유하기 위한 주유 취급소에 설치하여서는 아니되는 건축물 또는 시설은?

① 점포   ② 휴게음식점   ③ 전시장   ④ 노래방

> **해설** 볼링장 또는 대중이 모이는 체육시설, 노래방 등은 설치 금지

□2. 제4류 위험물로서 제1석유류인 아세톤 지정수량은 몇 L인가?

① 1000 L   ② 500 L   ③ 400 L   ④ 200 L

> **해설** 제1석유류 지정수량
>
> 수용성 액체 : 400 L, 비수용성 액체 : 200 L

□3. 완공검사를 위한 현장 확인 대상 특정대상물의 범위에 해당되지 않는 것은?

① 청소년시설   ② 문화집회 및 운동시설
③ 근린생활시설   ④ 지하상가

> **해설** 근린생활시설 : 특정대상물 범위에서 제외

□4. 소방시설공사업법령에 따른 소방시설업 등록이 가능한 사람은?

① 피성년후견인
② 위험물안전관리법에 따른 금고 이상의 형의 집행유예를 선고받고 그 유예기간 중에 있는 사람
③ 등록하려는 소방시설업 등록이 취소된 날부터 3년이 지난 사람
④ 소방기본법에 따른 금고 이상의 실형을 선고받고 그 집행이 면제된 날부터 1년이 지난 사람

> **해설** 소방시설업의 등록 결격사유(소방시설공사업법 제5조)
> (1) 피성년후견인
> (2) 금고 이상의 실형을 선고받고 그 집행이 끝나거나 면제된 날부터 2년이 지나지 아니한 사람
> (3) 금고 이상의 형의 집행유예를 선고받고 그 유예기간 중에 있는 사람
> (4) 등록이 취소된 날부터 2년이 지나지 아니한 자

정답   1. ④   2. ③   3. ③   4. ③

5. 방화관리자를 두어야 할 특정 소방대상물로서 1급 방화관리 대상물에 해당하는 것은?

① 연면적 15000 m^2인 업무시설
② 가연성 가스 500 t을 저장·취급하는 시설
③ 연면적 20000 m^2인 동·식물원
④ 철강 등 불연성 물품을 저장·취급하는 장소

해설 1급 방화관리 대상물
(1) 연면적 15000 m^2인 업무시설
(2) 고층 건축물
(3) 가연성 가스를 1000 t 이상 저장·취급하는 시설

6. 화재가 발생할 우려가 높거나 화재가 발생하는 경우 그로 인하여 피해가 클 것으로 예상되는 일정한 구역을 화재경계지구로 지정할 수 있는 자는?

① 한국소방안전원장
② 소방시설관리사
③ 소방본부장
④ 시·도지사

해설 시·도지사가 다음의 지역을 화재경계지구로 지정한다.
(1) 시장지역
(2) 공장·창고가 밀집한 지역
(3) 목조건물이 밀집한 지역
(4) 위험물의 저장 및 처리시설이 밀집한 지역
(5) 소방시설·소방용수시설 또는 소방출동로가 없는 지역
(6) 석유화학제품을 생산하는 공장이 있는 지역

7. 다음 중 소방활동 등에 관한 사항으로 옳지 않은 것은?

① 화재현장을 발견한 사람은 그 현장의 상황을 소방본부·소방서 또는 관계행정기관에 지체 없이 알려야 한다.
② 소방대는 화재현장에 신속하게 출동하기 위하여 긴급한 때에는 일반적인 통행에 쓰이지 아니하는 도로·빈터 또는 물위를 통행할 수 있다.
③ 모든 차와 사람은 소방자동차가 화재진압 및 구조·구급활동을 위하여 출동을 하는 때에는 이를 방해하여서는 아니 된다.
④ 화재가 발생한 때에는 그 소방대상물의 관계인은 급히 대피하여 화재의 연소상태를 살펴야 한다.

해설 관계인은 화재 시 사람을 대피시키고 소화활동에 전력을 다하여야 한다.

정답 5. ① 6. ④ 7. ④

8. 특정 소방대상물에 사용되는 방염 대상물품이 아닌 것은?

① 전시용 합판　　② 암막 · 무대막　　③ 커튼류　　④ 종이벽지

> **해설** 종이벽지는 가연물로서 방염 대상물품이 아니다.

9. 구급업무의 수행을 위한 구급대의 편성은 누가 하는가?

① 시 · 도지사

② 소방서가 설치된 지역의 관할시장, 군수

③ 소방본부장 또는 소방서장

④ 의용소방대장

> **해설** 구급대의 편성 : 소방청장, 소방본부장 또는 소방서장

10. 소방용수시설의 저수조에 대한 설치기준으로 옳지 않은 것은?

① 지면으로부터의 낙차가 4.5 m 이하일 것

② 흡수부분의 수심이 0.3 m 이상일 것

③ 흡수관의 투입구가 사각형의 경우에는 한 변의 길이가 60 cm 이상일 것

④ 흡수관의 투입구가 원형의 경우에는 지름이 60 cm 이상일 것

> **해설** 저수조에 대한 설치기준
>
> (1) 지면으로부터 낙차가 4.5 m 이하이며 흡수부분 수심은 0.5 m 이상일 것
>
> (2) 지하에 설치하는 소화용수설비의 흡수관 투입구는 그 한 변이 60 cm 이상이거나 지름이 60 cm 이상의 것으로 하고, 소요수량이 80 m^3 미만인 것에 있어서는 1개 이상, 80 m^3 이상의 것에 있어서는 2개 이상을 설치하여야 하며, "흡수관 투입구"라고 표시한 표지를 설치할 것
>
> (3) 채수구는 지면으로부터의 높이가 0.5 m 이상 1 m 이하의 위치에 설치하고 "채수구"라고 표시한 표지를 설치할 것

11. 위험물을 운반할 때는 행정안전부령으로 정하는 중요기준과 세부기준에 따라야 하는데 그 사항이 아닌 것은?

① 용기　　　　② 적재방법　　　③ 저장량　　　④ 운반방법

> **해설** 저장량은 중요기준과 세부기준에서 제외된다.

> **정답** 8. ④　9. ③　10. ②　11. ③

12. 지하저장 탱크의 주위에는 당해 탱크로부터 액체위험물의 누설을 검사하기 위한 관을 4개소 이상 적당한 위치에 설치하여야 한다. 설치기준으로 옳지 않은 것은?

① 소공이 없는 상부는 단관으로 할 수 있다.

② 재료는 금속관 또는 경질합성수지관으로 한다.

③ 관은 탱크실의 바닥에서 0.3 m 이격하여 설치한다.

④ 관의 밑부분으로부터 탱크의 중심 높이까지의 부분에는 소공이 뚫려 있어야 한다.

해설 관은 탱크실의 기초 위에 설치할 것

13. 소방대상물이 있는 장소 및 그 이웃 지역으로서 화재의 예방·경계·진압, 구조·구급 등의 활동에 필요한 지역을 무엇이라 하는가?

① 관계지역   ② 소방지역

③ 방화지역   ④ 화재지역

14. 일반 소방시설 설계업의 기계분야의 영업범위는 연면적 몇 m^2 미만의 특정소방대상물에 대한 소방시설의 설계인가?

① 10000   ② 20000

③ 30000   ④ 50000

해설 기계분야, 전기분야 영업범위는 연면적 $30000 \, m^2$ 미만

15. 제조소 등을 설치하고자 하는 사람은 대통령령이 정하는 바에 의하여 그 설치장소를 관할하는 누구의 허가를 받아야 하는가?

① 시·도지사   ② 경찰서장

③ 소방대상물의 관계인   ④ 소방본부장

해설 제조소 등 설치허가 : 시·도지사

16. 소방활동에 필요한 소화전·급수탑·저수조를 누가 설치하고 유지·관리하여야 하는가?

① 시·도지사   ② 관할 경찰서

③ 인접건물의 점유자   ④ 인접건물의 관리자

해설 소화용수시설(소화전·급수탑·저수조) 유지, 관리 : 시·도지사

정답 12. ③   13. ①   14. ③   15. ①   16. ①

17. 방화관리자를 선임하지 아니한 자에 대한 벌칙으로 맞는 것은?

① 200만원 이하의 과태료
② 100만원 이하의 벌금
③ 200만원 이하의 벌금
④ 300만원 이하의 벌금

해설 방화관리자를 미선임하였을 경우 : 300만원 이하의 벌금

18. 주유취급소의 표시 및 게시판에서 "주유 중 엔진정지"라고 표시하는 게시판의 색깔로서 맞는 것은?

① 황색 바탕에 흑색 문자
② 흑색 바탕에 황색 문자
③ 적색 바탕에 백색 문자
④ 백색 바탕에 적색 문자

해설 • 주유 중 엔진정지 : 황색 바탕에 흑색 문자
• 화기엄금 : 적색 바탕에 백색 문자

19. 소방활동구역에 출입할 수 없는 자는?

① 경찰서장의 출입허가를 받은 자
② 구역 안에 있는 소방대상물의 관계인
③ 보도업무에 종사하는 자
④ 의사, 간호사 그 밖의 구조·구급업무에 종사하는 자

해설 ②, ③, ④항 이외에 소방대장의 출입허가를 받은 자는 소방활동구역에 출입할 수 있다.

20. 소방시설의 종류 중 "물분무 등 소화설비"가 아닌 것은?

① 포소화설비
② 이산화탄소 소화설비
③ 분말소화설비
④ 연결살수설비

해설 물분무 등 소화설비의 종류
(1) 포소화설비
(2) 이산화탄소 소화설비
(3) 분말소화설비
(4) 할론 소화설비
(5) 물분무 소화설비

정답 17. ④ 18. ① 19. ① 20. ④

실전 테스트 3

1. 물분무 등 소화설비에 포함되는 것은?

① 옥내소화전 설비 　　　　② 스프링클러 설비

③ 옥외소화전 설비 　　　　④ 할로겐 화합물 소화설비

> **해설** 물분무 등 소화설비의 종류 : 물분무 등 소화설비는 질식과 냉각을 동시에 행할 수 있다.
> (1) 물분무 소화설비 　　　　(2) 할로겐 화합물 소화설비
> (3) 분말소화설비 　　　　　　(4) 이산화탄소 소화설비
> (5) 포소화설비

2. 터널을 제외한 지하가로서 연면적 몇 m^2 이상인 소방대상물에는 무선통신 보조설비를 설치하여야 하는가?

① 500 　　　　　　② 800

③ 1000 　　　　　④ 1500

> **해설** 연면적 $1000\,m^2$ 이상, 지하층 바닥면적합계 $3000\,m^2$ 이상

3. 화재 발생 시 인명피해가 발생할 우려가 높은 불특정 다수인이 출입하는 다중이용업이 아닌 것은?

① 찜질방업 　　　　　② 고시원업

③ 산후조리원업 　　　④ 백화점

> **해설** 다중이용업 시설의 종류
> (1) 찜질방업　(2) 고시원업　(3) 산후조리원업　(4) 수면방업
> (5) 콜라텍업　(6) 전화방업　(7) 화상대화방업　(8) 멀티미디어 문화 컨텐츠 설비 제공업 등

4. 제 4 류 위험물을 저장·취급하는 제조소 등으로 지정수량의 몇 배 이상의 위험물을 저장 또는 취급하는 제조소에는 자체 소방조직을 두어야 하는가?

① 1000 　　　　　　② 2000

③ 3000 　　　　　　④ 4000

> **해설** 지정수량의 3000배 이상 → 자체 소방대 편성

정답 1. ④　2. ③　3. ④　4. ③

5. 연면적이 33 m²가 되지 않아도 수동식 소화기 및 간이 소화용구를 설치하여야 하는 특정소방대상물은?

① 지정문화재　　　② 판매시설　　　③ 유흥주점영업　　　④ 아파트

해설 수동식 소화기 및 간이 소화용구 설치 대상

(1) 연면적이 33 m² 이상인 것　(2) 지정문화재　(3) 가스시설　(4) 터널

6. 소방시설업의 등록사항 변경신고는 변경일로부터 며칠 이내에 하여야 하는가?

① 7　　　　　② 15　　　　　③ 20　　　　　④ 30

해설 등록사항 변경신고 → 30일 이내에 시·도지사에게 신고

7. 관계인의 정의로 옳은 것은?

① 소방대상물의 소유자, 관리자 또는 점유자를 말한다.

② 소방대상물의 시설자, 관리자를 말한다.

③ 소방대상물의 건축허가 동의를 하는 소방본부장 또는 소방서장을 말한다.

④ 소방대상물을 관리하는 관할 자치단체를 말한다.

해설 소방대상물의 소유자, 관리자 또는 점유자 → 관계인

8. 위험물 안전관리자를 선임하지 않고 위험물제조소 등의 허가를 받은 자에 대한 벌칙은?

① 500만원 이하의 벌금

② 1년 이하의 징역 또는 500만원 이하의 벌금

③ 1년 이하의 징역 또는 1000만원 이하의 벌금

④ 3년 이하의 징역 또는 1500만원 이하의 벌금

9. 위험물 제조소에서 취급하는 건축물 그 밖의 시설의 주위에는 그 취급하는 위험물의 최대수량이 지정수량의 10배 미만인 경우에 보유하여야 할 공지의 너비는 얼마 이상이어야 하는가?

① 3 m　　　　　② 5 m　　　　　③ 8 m　　　　　④ 10 m

해설 지정수량의 10배 미만 : 3 m 이상, 지정수량의 10배 이상 : 5 m 이상

정답 5. ①　6. ④　7. ①　8. ①　9. ①

10. 다음 위험물 중 "자기반응성 물질"인 것은?

① 황린 ② 염소산염류

③ 특수인화물 ④ 질산에스테르류

해설 제5류 위험물(자기반응성 물질) : 유기과산화물류, 질산에스테르류, 셀룰로이드류, 니트로
화합물류, 디아조 화합물류 등

(1) 성상 및 취급방법 : 자체 내에 산소를 함유하고 있어 장시간 보존 시 자연발화의 위험이
있다. 연소속도가 매우 빠르며 가열, 충격 등에 의해 폭발하는 유기질 화합물로 이루어
져 있다. 화기엄금, 충격주의

(2) 소화방법 : 초기에는 다량의 주수소화를 한다. 화재가 진행된 상태에서는 소화가 불가능
하다. 자기연소물질이기 때문에 질식소화는 효과가 없다.

11. 소방안전관리자에 대한 실무교육의 시간, 과목, 교육수수료 그 밖의 실무교육의 실
시에 관하여 필요한 사항은 누가 정하는가?

① 소방청장 ② 경찰서장

③ 소방본부장 ④ 시·도지사

해설 소방청장이 정하여 고시한다.

12. 소방시설 공사업자가 그가 도급받은 소방시설공사의 일부를 제3자에게 하도급하고
자 할 때에는 몇 차까지 가능한가?

① 1 ② 2

③ 3 ④ 4

해설 도급의 일부분에 대하여 1차에 한하여 하도급 가능하다.

13. 지하층을 포함한 층수가 16층 이상 30층 미만인 특정 소방대상물의 공사현장에 배
치하여야 할 소방공사감리원으로 적합한 자는?

① 소방 기술사 자격을 취득한 자로서 2년 이상 소방관련업무를 수행한 자 1인 이상

② 특급 소방감리원 1인 이상

③ 고급 이상의 소방감리원 1인 이상

④ 중급 이상의 소방감리원 1인 이상

정답 10. ④ 11. ① 12. ① 13. ②

14. 의용소방대의 설치, 명칭, 조직, 정원, 복무 및 운영 등에 관한 사항은 어디에 정하는가?

① 시 · 도의 조례
② 소방본부 자체 규정
③ 행정안전부 훈령
④ 소방법 시행규칙

해설 시 · 도의 조례 사항에 규정

15. 소방안전관리자의 강습교육은 누가 실시하는가?

① 시 · 도지사
② 소방서장
③ 소방본부장
④ 한국소방안전원장

해설 한국소방안전원장에 의해 교육 실시

16. 소방대상물에 대한 화재조사를 위하여 관계인에게 필요한 자료 제출을 명할 수 있는 사람은?

① 소방대상물의 소유자
② 안전관리 담당자
③ 소방본부장 또는 소방서장
④ 방화관리자

해설 관계인에게 필요한 자료 제출 요구 → 소방본부장 또는 소방서장

17. 도시의 건물밀집지역 등 화재가 발생할 우려가 높거나 화재로 피해가 클 것을 예상되는 지역에 대하여 취할 수 있는 것은?

① 화재경계지구로 지정
② 방화경계구역의 설정
③ 소화활동지역으로 지정
④ 소방훈련지역의 설정

해설 화재경계지구의 지정대상
(1) 시장지역
(2) 공장 · 창고가 밀집한 지역
(3) 소방시설 · 소방용수시설 또는 소방출동로가 없는 지역
(4) 목조건물이 밀집한 지역
(5) 위험물의 저장 및 처리시설이 밀집한 지역
(6) 석유화학제품을 생산하는 공장이 있는 지역

정답 14. ① 15. ④ 16. ③ 17. ①

18. 행정안전부장관의 형식승인을 받아야 할 소방용품에 속하지 않는 것은 ?

① 가스누설경보기   ② 화학반응식 거품소화기

③ 소방호스   ④ 완강기

해설 형식승인을 받아야 할 소방용품

(1) 가스 누설 경보기

(2) 소방호스

(3) 완강기 및 구조대

(4) 수동식·자동식 소화기(화학반응식 거품소화기는 제외)

19. 위험물의 저장·취급 및 운반에 있어서 위험물 안전관리법 규정에 적용되는 것은 ?

① 위험물 운반 트럭   ② 위험물 이송 선박

③ 위험물 적재한 철도   ④ 위험물을 적재한 항공기

해설 철도, 선박, 항공기 등은 제외한다.

20. 위험물의 저장·운반·취급에 대하여 소방법의 적용을 받아야 하는 것은 ?

① 차량   ② 선박

③ 항공기   ④ 철도

해설 철도, 선박, 항공기 등은 제외한다.

실전 테스트 4

1. 특정 소방대상물에 어떤 소화설비가 화재안전기준에 적합하게 설치된 경우 스프링클러 설비를 면제받을 수 있는가?

① 물분무 소화설비를 설치하였을 때　② 포소화설비를 설치하였을 때
③ 할로겐 화합물 소화설비를 설치하였을 때　④ 옥내소화전 설비를 설치하였을 때

해설 물분무 소화설비를 설치하였을 때는 스프링클러 설비를 면제받을 수 있다.

2. 화재현장으로 출동하는 소방자동차의 출동을 방해한 자에 대한 벌칙은 몇 년 이하의 징역에 해당되는가?

① 3　② 5　③ 7　④ 10

해설 5년 이하의 징역 또는 5000만원 이하의 벌금에 처한다.

3. 소방시설의 종류에서 소화활동설비가 아닌 것은?

① 제연설비　② 연결송수관 설비
③ 연소방지설비　④ 상수도 소화용수 설비

해설 소화활동설비
(1) 제연설비　(2) 연결송수관 설비　(3) 연결살수설비
(4) 비상 콘센트 설비　(5) 무선통신 보조설비　(6) 연소방지설비

4. 위험물 안전관리자를 해임하거나 퇴직한 때에는 해임하거나 퇴직한 날부터 며칠 이내에 다시 안전관리자를 선임하여야 하는가?

① 7일　② 14일　③ 20일　④ 30일

해설 해임하거나 퇴직한 날부터 30일 이내에 선임한다.

5. 피난구 유도등을 설치하지 않아도 되는 곳은?

① 공연장　② 백화점　③ 지하구　④ 호텔

해설 모든 소방대상물(단, 터널 및 지하구는 제외)에 피난구 유도등을 설치한다.

정답 1. ①　2. ②　3. ④　4. ④　5. ③

6. 형식승인을 얻어야 할 소방용품에 해당되는 것은?

① 화학반응식 거품소화기 ② 화학반응식 거품소화약제
③ 이산화탄소 소화약제 ④ 방염제

해설 형식승인을 얻어야 할 소방용품
(1) 간이 소화용구, 수동식·자동식 소화기(화학반응식 거품소화기는 제외)
(2) 소화약제(이산화탄소 소화약제 및 화학반응식 거품소화약제는 제외)

7. 소방안전관리자가 작성하여야 할 소방계획에 포함되지 않아도 되는 내용은?

① 전기시설 및 위험물시설의 현황 ② 소방시설의 점검·정비계획
③ 민방위조직 계획 ④ 화재예방을 위한 자체점검 계획

해설 민방위조직 계획은 소방안전관리자 소관이 아니다.

8. 위험물 제조소 등의 변경허가를 받아야 하는 사항은?

① 동일 부지 안에서 이동 탱크 저장소의 상치장소를 병경하는 경우
② 밸브, 압력계, 계량장치 또는 안전장치를 변경하는 경우
③ 소화기구의 종류를 변경하는 경우
④ 위험물 탱크를 교체하는 경우

해설 위험물 제조소 등의 변경허가 제외 대상
(1) 동일 부지 안에서 이동 탱크 저장소의 상치장소를 병경하는 경우
(2) 밸브, 압력계, 계량장치 또는 안전장치를 변경하는 경우
(3) 소화기구의 종류를 변경하는 경우
(4) 건축물의 주요 구조부 외의 것을 부분적으로 변경하는 경우
(5) 을종 방화문을 갑종 방화문으로 변경하는 경우
(6) 주입구의 결합 금속구를 변경하는 경우
(7) 전기설비 또는 전동기구를 철거하거나 교체하는 경우

9. 위험물의 운반 시 용기·적재방법 및 운반방법에 관하여 화재 등의 위험 예방과 응급조치상의 중요성을 감안하여 어느 법령으로 정하는 중요기준 및 세부기준에 따라야 하는가?

① 행정안전부령 ② 시·도의 조례 ③ 국토교통부령 ④ 대통령령

해설 위험물의 운반 시 용기·적재방법 및 운반방법 : 행정안전부령

정답 6. ④ 7. ③ 8. ④ 9. ①

10. 소방시설업자는 그 등록사항 중 행정안전부령이 정하는 중요사항의 변경이 있는 때에는 어떻게 하여야 하는가?

① 시·도지사에 변경신고를 하여야 한다.
② 시·도지사에게 변경허가를 받아야 한다.
③ 시·도지사에게 변경인가를 받아야 한다.
④ 시·도지사에게 다시 등록을 하여야 한다.

해설 중요사항의 변경 : 시·도지사에 변경신고

11. 주유소 취급소의 고정주유설비의 주위에는 주유를 받으려는 자동차 등이 출입할 수 있도록 너비 몇 m 이상, 길이 몇 m 이상의 콘크리트 등으로 포장한 공지를 보유하여야 하는가?

① 너비 12 m 이상, 길이 4 m 이상
② 너비 12 m 이상, 길이 6 m 이상
③ 너비 15 m 이상, 길이 4 m 이상
④ 너비 15 m 이상, 길이 6 m 이상

해설 주유소 취급소의 고정주유설비의 공지 : 너비 15 m 이상, 길이 6 m 이상

12. 위험물 제조소의 옥외에 있는 하나의 취급 탱크에 설치하는 방유제의 용량은 당해 탱크 용량의 몇 % 이상으로 하는가?

① 50
② 60
③ 70
④ 80

해설 위험물 제조소의 방유제의 용량
(1) 탱크 1개 : 50 % 이상
(2) 탱크 2개 이상 : 탱크 최대의 것의 50 % + 나머지 탱크 용량 합계의 10 % 이상

13. 소방시설공사의 하자보증 기간이 2년인 것은?

① 자동식 소화기
② 비상방송설비
③ 옥내소화전 설비
④ 스프링클러 설비

해설 • 보증기간 2년 : 비상방송설비, 비상조명등, 유도등, 유도표지, 피난기구, 무선통신 보조설비
• 보증기간 3년 : 자동식 소화기, 자동 화재탐지설비, 스프링클러 설비, 옥내소화전 설비, 옥외소화전 설비, 물분무 등 소화설비, 상수도 소화설비, 소화활동설비

정답 10. ① 11. ④ 12. ① 13. ②

14. 전문 소방시설 공사업 중 전기분야에서 갖추어야 할 시험장비가 아닌 것은?

① 조도계 ② 전기절연저항 시험기
③ 차압계 ④ 열감지기 시험기

[해설] 차압계는 기계분야에서 갖추어야 할 시험장비이다.

15. 화재현장을 발견한 사람은 그 현장의 상황을 누구에게 지체 없이 알려야 하는가?

① 민방위대
② 소방본부 · 소방서 또는 관계행정기관
③ 전기통신사업사
④ 관계인

[해설] 화재현장을 발견한 사람은 소방본부 · 소방서 또는 관계행정기관에 지체 없이 통보해야 한다.

16. 소방시설의 자체점검 시 작동기능 점검의 점검 횟수는?

① 분기에 1회 이상 ② 6개월에 2회 이상
③ 상반기에 1회 이상 ④ 하반기에 1회 이상

[해설] 작동기능 점검 : 상반기에 1회 이상, 종합 정밀점검 : 연 1회 이상

17. 구급업무의 수행을 위한 구급대의 편성은 누가 하는가?

① 종합병원 이상의 의료기관
② 국토교통부장관
③ 소방청장 · 소방본부장 또는 소방서장
④ 의용소방대장

[해설] 구급대의 편성 : 소방청장 · 소방본부장 또는 소방서장

18. 다음 중 소방안전관리대상물의 소방안전관리자의 업무가 아닌 것은?

① 소방계획의 작성 ② 소방설비의 설계 및 시공
③ 자위소방대의 조직 ④ 소방훈련 및 교육

[해설] 소방설비의 설계 및 시공은 소방시설 등록업체에서 행한다.

[정답] 14. ③ 15. ② 16. ③ 17. ③ 18. ②

19. 화재경계지구 안의 관계인에 대하여 소방상 필요한 소방훈련은 연 몇 회 이상 실시하여야 하는가 ?

① 1회 ② 2회

③ 3회 ④ 4회

해설 다음의 화재경계지구 안의 관계인에 대해서는 소방훈련을 연 1회 이상 실시한다.

(1) 시장지역

(2) 공장·창고가 밀집한 지역

(3) 소방시설·소방용수시설 또는 소방출동로가 없는 지역

(4) 목조건물이 밀집한 지역

(5) 위험물의 저장 및 처리시설이 밀집한 지역

(6) 석유화학제품을 생산하는 공장이 있는 지역

20. 면적이나 구조에 관계없이 물분무 등 소화설비를 반드시 설치하여야 하는 특정소방대상물은 ?

① 주차장 ② 항공기 격납고

③ 발전실, 변전실 ④ 주차용 건축물

해설 물분무 등 소화설비 설치 대상물

(1) 항공기 격납고

(2) 주차용 건축물로서 연면적 800 m^2 이상

(3) 차고, 주차장 용도로서 바닥면적 200 m^2 이상

(4) 전기실, 발전실의 경우 바닥면적 300 m^2 이상

실전 테스트 5

□1. 다음 중 특정 소방대상물에서 사용하는 물품 중 방염성능이 없어도 되는 것은?

① 전시용 섬유판
② 암막, 무대막
③ 무대용 합판
④ 비닐제품

해설 방염성능 물질 : 커튼류, 카펫(두께 2 mm 미만 제외), 전시용 합판 또는 섬유판, 무대용 합판 또는 섬유판, 암막, 무대막

□2. 위험물의 운반에 관한 중요기준 및 세부기준의 내용에 포함되지 않아도 되는 것은?

① 용기
② 저장량
③ 적재방법
④ 운반방법

해설 위험물의 운반에 관한 중요기준 및 세부기준의 내용 : 용기, 적재방법, 운반방법

□3. 공사업자가 소방시설공사를 하고자 하는 때에는 그 공사의 내용, 시공장소 그 밖의 필요한 사항을 누구에게 착공신고를 하여야 하는가?

① 소방시설관리사
② 소방본부장 또는 소방서장
③ 시·도지사
④ 소방설비 기술사

해설 착공신고는 소방본부장 또는 소방서장에게 신고하여야 한다.

□4. 위험물 중 "자기반응성 물질"인 것은?

① 황린
② 아염소산염류
③ 특수인화물
④ 질산에스테르류

해설 제 5 류 위험물(자기반응성 물질) : 유기과산화물류, 질산에스테르류, 셀룰로이드류, 니트로 화합물류, 디아조 화합물류 등

(1) 성상 및 취급방법 : 자체 내에 산소를 함유하고 있어 장시간 보존 시 자연발화의 위험이 있다. 연소속도가 매우 빠르며 가열, 충격 등에 의해 폭발하는 유기질 화합물로 이루어져 있다. 화기엄금, 충격주의

(2) 소화방법 : 초기에는 다량의 주수소화를 한다. 화재가 진행된 상태에서는 소화가 불가능하다. 자기연소물질이기 때문에 질식소화는 효과가 없다.

정답 1. ④ 2. ② 3. ② 4. ④

□**5.** 다음 중 구조 및 면적에 관계없이 반드시 물분무 등 소화설비를 설치하여야 할 소방 대상물은?

① 항공기 격납고   ② 주차장
③ 전기실, 발전실   ④ 차고

해설 물분무 등 소화설비를 설치하여야 할 소방대상물은 다음과 같다.
(1) 항공기 격납고
(2) 주차장 건축물로서 연면적 $800 \, m^2$ 이상
(3) 차고, 주차장 용도로서 바닥면적 $200 \, m^2$ 이상
(4) 전기실, 발전실의 경우 바닥면적 $300 \, m^2$ 이상

□**6.** 소방대상물이 연면적이 $33 \, m^2$가 되지 않아도 수동식 소화기 및 간이소화용구를 설치하여야 하는 곳은?

① 유흥음식점   ② 지정문화재
③ 영화관   ④ 교육시설

해설 수동식소화기 및 간이소화용구 설치 대상은 다음과 같다.
(1) 지정문화재 또는 가스시설   (2) 터널   (3) 연면적이 $33 \, m^2$ 이상인 곳

□**7.** 다음 중 소방 신호의 종류가 아닌 것은?

① 경계 신호   ② 해제 신호
③ 소화 신호   ④ 발화 신호

해설 소방 신호의 종류

구분	타종 신호	사이렌 신호
경계 신호	1타와 연 2타 반복	5초 간격 30초씩 3회
발화 신호	난타	5초 간격 5초씩 3회
해제 신호	상당한 간격 1타씩 반복	1분 간격 1회
훈련 신호	연 3타 반복	10초 간격 1분씩 3회

(1) 경계 신호 : 화재예방상 필요하다고 인정되거나 또는 화재 위험 경보 시 발령
(2) 발화 신호 : 화재 발생 시 발령
(3) 해제 신호 : 소화활동이 필요없다고 인정될 때 발령
(4) 훈련 신호 : 훈련이 필요하다고 인정될 때 발령(의용소방대원 소집 시에도 사용)

정답 5. ①   6. ②   7. ③

8. 다음 중 소방시설업자가 등록사항이 변경이 있을 때에 변경 신고를 하지 않아도 되는 것은?

① 기술인력　　　　　　　　　　　　② 영업소의 소재지
③ 사무실 임대차계약서　　　　　　　④ 명칭 또는 상호

[해설] 사무실 임대차계약서는 제외 사항

9. 소방시설에 대하여 설계·시공 또는 감리를 하고자 하는 자는 누구에게 소방시설업의 등록을 하여야 하는가?

① 행정안전부장관　　　　　　　　　② 소방대장
③ 시장 또는 군수　　　　　　　　　④ 시·도지사

[해설] 설계·시공 또는 감리를 하고자 할 때 시·도지사에게 등록

10. 제조소 등의 관계인은 예방규정을 정하고 허가청에 제출하여야 한다. 여기서 허가청에 해당되는 것은?

① 행정안전부장관　　　　　　　　　② 시·도지사
③ 소방대장　　　　　　　　　　　　④ 소방청장

[해설] 예방규정 → 시·도지사에게 제출

11. 특정소방대상물로서 "근린생활시설"에 해당되는 것은?

① 백화점　　　　② 방송국　　　　③ 금융업소　　　　④ 오피스텔

[해설] 근린생활시설 → 금융업소, 백화점 → 판매시설, 방송국 → 통신촬영시설, 오피스텔 → 업무시설

12. 다음 중 인명구조기구를 설치하여야 할 특정소방대상물은?

① 7층 이상인 아파트 및 5층 이상인 백화점
② 7층 이상인 관광호텔 및 5층 이상인 병원
③ 5층 이상인 무도학원 및 7층 이상인 영화관
④ 5층 이상인 오피스텔 및 관광휴게시설

[해설] 인명구조기구 : 방열복, 공기호흡기, 인공 소생기 등

[정답]　8. ③　　9. ④　　10. ②　　11. ③　　12. ②

13. 객석유도등을 설치하여야 할 소방대상물은?

① 유흥주점영업   ② 종합병원

③ 백화점   ④ 관광호텔

> **해설** 객석유도등을 설치하여야 할 소방대상물 : 유흥주점영업, 문화집회시설, 운동시설

14. 건축허가를 함에 있어서 소방본부장 또는 소방서장의 동의를 받아야 하는 건축물 등의 범위에 속하는 것은?

① 승강기 등 기계장치에 의한 주차시설로서 10대 이상 주차 가능한 것

② 연면적이 300 m²인 것

③ 차고·주차장으로 사용하는 층 중 바닥면적이 150 m²인 것

④ 위험물제조소 등, 가스시설

> **해설** ①항은 20대, ②항은 연면적이 400 m²인 것, ③항은 바닥면적이 200 m²인 것

15. 위험물은 그 성질에 따라 유별로 분류하고 있다. 몇 가지 유별로 정하고 있는가?

① 4   ② 5   ③ 6   ④ 7

> **해설** 위험물은 제1류~제6류로 구분한다.

16. 소방기본법상 화재의 예방 조치권자는?

① 소방대장   ② 시장 또는 소방본부장

③ 시장 또는 군수   ④ 소방본부장 또는 소방서장

> **해설** 화재의 예방 조치권자 → 소방본부장 또는 소방서장

17. 국가가 소방장비의 구입 등 시·도의 소방업무에 필요한 경비의 일부를 보조하는 국고보조의 대상이 아닌 것은?

① 소방의(소방복장)   ② 소방용 헬리콥터

③ 소방전용 통신설비   ④ 소방관서용 청사

> **해설** 국고보조의 대상 : 소방용 헬리콥터, 소방자동차, 소방정, 소방전용 통신설비 및 전산설비, 방화복 등 소방활동에 필요한 소방장비, 소방관서용 청사

정답 13. ①   14. ④   15. ③   16. ④   17. ①

18. 시·도지사는 화재가 발생할 우려가 높은 지역을 화재경계지구로 지정한다. 다음 중 화재경계지구로 지정할 수 있는 대상이 아닌 것은?

① 시장지역

② 콘크리트 건물이 밀집한 지역

③ 공장·창고가 밀집한 지역

④ 소방시설·소방용수시설 또는 소방출동로가 없는 지역

해설 화재경계지구 지정대상

(1) 시장지역

(2) 공장·창고가 밀집한 지역

(3) 소방시설·소방용수시설 또는 소방출동로가 없는 지역

(4) 목조건물이 밀집한 지역

(5) 위험물의 저장 및 처리시설이 밀집한 지역

(6) 석유화학제품을 생산하는 공장이 있는 지역

19. 관계인의 승낙이 있거나 화재 발생의 우려가 뚜렷하여 긴급을 요할 때에만 소방검사를 할 수 있는 곳은?

① 흥행장   ② 개인의 주거

③ 백화점   ④ 학교

20. 특정소방대상물의 방염 등에 사용하는 방염물품 외에 관할 소방서장이 방염제품을 사용하도록 권장할 수 있는 것은?

① 침구류   ② 카펫

③ 암막   ④ 커튼

해설 침구류, 의자, 소파 등은 방염제품에서 권장 물품에 해당된다.

실전 테스트 **6**

□1. 위험물 제조소 등이 아닌 곳에서 관할 소방본부장 또는 소방서장에게 신고하고 임시로 위험물을 저장·취급할 수 있는 기간은 며칠 이내인가?

① 30　　　　　② 90　　　　　③ 150　　　　　④ 180

해설 임시 저장·취급 : 90일 이내

□2. 고정주유설비의 주유관의 길이는 몇 m 이내로 하고 그 선단에는 축적된 정전기를 유효하게 제거할 수 있는 장치를 설치하여야 하는가?

① 3　　　　　② 4　　　　　③ 5　　　　　④ 6

해설 주유관의 길이는 5 m 이내

□3. 제조소 중 위험물을 취급하는 건축물의 구조는 특별한 경우를 제외하고 어떻게 하여야 하는가?

① 지하층이 없는 구조이어야 한다.
② 지하층이 있는 1층 이내의 건축물이어야 한다.
③ 지하층이 있는 구조이어야 한다.
④ 지하층이 있는 2층 이내의 건축물이어야 한다.

해설 위험물을 취급하는 건축물의 구조는 지하층이 없는 구조이어야 한다.

□4. 다음 중 위험물 제조소와 고압가스를 저장 또는 취급하는 시설과의 안전거리는? (단, 당해시설의 배관 중 제조소가 설치된 부지 내에 있는 것을 제외한다.)

① 5 m 이상　　② 5~10 m　　③ 10~15 m　　④ 20 m 이상

해설 위험물 제조소와 고압가스를 저장 또는 취급하는 시설과의 안전거리 : 20 m 이상

□5. 터널을 제외한 지하가로서 연면적 몇 m² 이상이면 스프링클러 설비를 설치하여야 하는가?

① 1000　　　　② 2000　　　　③ 3000　　　　④ 5000

정답 1. ②　2. ③　3. ①　4. ④　5. ①

해설 터널을 제외한 지하가로서 연면적 1000 m² 이상이면 스프링클러 설비를 설치하여야 한다.

---

6. 다음 중 기술자격에 의한 기술등급 구분으로 고급기술자에 해당되지 않는 자는?

① 소방설비기사 기계분야의 자격을 소지한 자로서 5년 이상 소방기술업무를 수행한 자
② 소방설비산업기사 기계분야의 자격을 소지한 자로서 8년 이상 소방기술업무를 수행한 자
③ 건축설비기사 자격을 소지한 자로서 10년 이상 소방기술업무를 수행한 자
④ 위험물산업기사 자격을 소지한 자로서 13년 이상 소방기술업무를 수행한 자

해설 건축설비기사 자격을 소지한 자로서 11년 이상 소방기술업무를 수행한 자

---

7. 다음의 특정 소방대상물 중 근린생활시설에 해당되는 것은?

① 의원 ② 관광숙박시설
③ 무도학원 ④ 여인숙

해설 (1) 근린생활시설 : 의원, 은행
(2) 숙박시설 : 관광숙박시설, 여인숙
(3) 위락시설 : 무도학원

---

8. 위험물 제조소의 표지 및 게시판에서 표지는 한 변의 길이가 0.3 m 이상이고 다른 한 변의 길이는 최소 몇 m 이상으로 하여야 하는가?

① 0.6 ② 0.5 ③ 0.4 ④ 0.3

해설 위험물 제조소의 표지 및 게시판의 기준
• 한 변의 길이가 0.3 m 이상
• 다른 한 변의 길이는 최소 0.6 m 이상

---

9. 소방대상물에 대한 소방특별조사의 결과 그 위치·구조·설비 또는 관리의 상황이 화재나 재난·재해 예방을 위하여 보완될 필요가 있거나 화재가 발생하면 인명 또는 재산의 피해가 클 것으로 예상되는 때에는 소방청장, 소방본부장 또는 소방서장은 그 권한을 가진 소방대상물 관계인에게 조치를 명할 수 있다. 다음 중 명할 수 있는 사항이 아닌 것은?

① 개수명령 ② 이전명령 ③ 증축명령 ④ 공사중지명령

정답 6. ③ 7. ① 8. ① 9. ③

해설 소방특별조사 결과에 따른 조치명령 : 소방청장, 소방본부장 또는 소방서장은 소방특별조사 결과 소방대상물의 위치·구조·설비 또는 관리의 상황이 화재나 재난·재해 예방을 위하여 보완될 필요가 있거나 화재가 발생하면 인명 또는 재산의 피해가 클 것으로 예상되는 때에는 행정안전부령으로 정하는 바에 따라 관계인에게 그 소방대상물의 개수(改修)·이전·제거, 사용의 금지 또는 제한, 사용폐쇄, 공사의 정지 또는 중지, 그 밖의 필요한 조치를 명할 수 있다.

10. 위험물 취급소의 구분에 해당되지 않는 것은?

① 주유취급소　　　　　　　② 관리취급소

③ 일반취급소　　　　　　　④ 판매취급소

해설 위험물 취급소 : 주유취급소, 일반취급소, 판매취급소, 이송취급소

11. 옥외소화전 설비를 설치하여야 할 소방대상물은 지상 1층 및 2층의 바닥면적의 합계가 몇 m² 이상이어야 하는가?

① 5000　　　　　　　　　② 7000

③ 9000　　　　　　　　　④ 10000

해설 옥외소화전 설비를 설치하여야 할 소방대상물
(1) 1층 및 2층의 바닥면적의 합계가 9000 m² 이상
(2) 지정문화재로서 연면적 합계가 1000 m² 이상

12. 다음 소방시설 중 경보설비가 아닌 것은?

① 시각경보기　　　　　　　② 자동 화재탐지설비

③ 자동 화재속보설비　　　　④ 무선통신 보조설비

해설 경보설비
(1) 비상벨 설비, 자동식 사이렌 설비 및 단독형 화재경보기(비상경보설비)
(2) 비상방송설비
(3) 누전경보기
(4) 자동 화재탐지설비
(5) 자동 화재속보설비
(6) 가스 누설경보기
(7) 시각경보기

정답　10. ②　11. ③　12. ④

13. 특정소방대상물 중 방염처리 대상 건물은?

① 높이가 2 m인 주차장 건물　　② 층수가 2층인 여관
③ 안마시술소　　④ 연면적 90 m^2인 대중음식점

해설 방염처리 대상 건물 : 안마시술소, 문화집회 및 운동시설

14. 소방시설공사의 일부를 하도급하고자 할 때에는 미리 누구에게 알려야 하는가?

① 감리인　　② 설계사
③ 관계인　　④ 소방서

해설 소방시설공사의 일부를 하도급 시 관계인에게 통보한다.

15. 소방활동에 필요한 소화전·급수탑·저수조의 설치·유지·관리자는?

① 시·도지사　　② 소방본부장 또는 소방서장
③ 수자원개발공사　　④ 행정안전부 장관

해설 소화전·급수탑·저수조 유지·관리 : 시·도지사

16. 소방본부장 또는 소방서장은 소방검사를 하고자 하는 때에는 몇 시간 전에 관계인에게 알려야 하는가?

① 6시간　　② 12시간
③ 18시간　　④ 24시간

해설 소방검사 24시간 전에 통보

17. 일반공사 감리대상의 경우 1인의 책임감리원이 담당하는 소방공사 감리현장은 몇 개 이하인가?

① 2개　　② 3개
③ 4개　　④ 5개

해설 1인의 책임감리원이 담당하는 소방공사 감리현장 : 5개 이하

정답 13. ③　14. ③　15. ①　16. ④　17. ④

18. 소방서장 또는 소방본부장의 직무수행 감독은 누가 하는가?

① 시 · 도지사
② 경찰청장
③ 소방대상물의 관계인
④ 행정안전부

[해설] 소방서장 또는 소방본부장의 직무수행 감독 : 시 · 도지사

19. 소방기술자가 취업이 가능한 업체의 수는 몇 개인가?

① 1개
② 2개
③ 3개
④ 4개

[해설] 소방기술자는 공사 중인 현장에 상주하여야 하므로 두 군데 이상 취업해서는 안 된다.

20. 방염대상물품에 대한 방염성능의 기준을 정하여 고시할 때 버너 불꽃을 제거한 때부터 불꽃을 올리며 연소하는 상태가 그칠 때까지의 시간은 몇 초 이내로 정하여 고시하는가?

① 20
② 30
③ 50
④ 60

[해설] 방염성능을 측정하는 기준
(1) 잔진시간 : 버너의 불꽃을 제거한 때부터 불꽃을 올리지 아니하고 연소하는 상태가 그칠 때까지의 시간으로 30초 이내
(2) 잔염시간 : 버너의 불꽃을 제거한 때부터 불꽃을 올리며 연소하는 상태가 그칠 때까지의 시간으로 20초 이내
(3) 탄화한 면적 50 cm^2 이내, 탄화한 길이 20 cm 이내
(4) 불꽃 접촉횟수는 3회 이상

제 4 과목

소방기계시설의 구조 및 원리

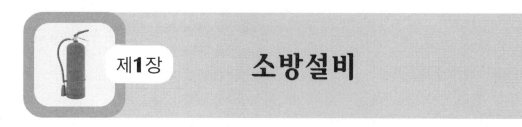

제1장 소방설비

1-1 스프링클러 설비

1 역할

화재가 발생한 초기에 천장 등에 부착된 스프링클러 헤드의 감열체가 작동되어 화원 및 그 주변에 장마철에 쏟아지는 호우처럼 물을 공급함으로써 소화하는 방법이다. 특히, 소화약제로 물을 사용하는 설비이기 때문에 냉각소화가 뛰어나나 전기나 유류 화재 소화에는 부적합하기 때문에 주로 일반 화재 소화에 이용되고 있다. 소화약제인 물은 증발잠열이 크고(100℃에서 539 kcal/kg) 타 소화약제에 비하여 구입이 용이하기 때문에 일반 건축물의 소화에 가장 널리 사용되고 있는 약제 중의 하나이다.

2 종류

① 폐쇄형

㈎ 폐쇄형 습식 스프링클러 설비

유수검지장치를 중심으로 1, 2차 측에 상시 가압수가 충만되어 있다가 화재 시 헤드의 감열체가 작동하여 자동적으로 살수가 이루어지며, 이때 화재 발생을 경보하는 방식으로 가장 널리 사용된다. 특히, 동절기에 배관 내의 가압수가 동결되어 배관 동파의 우려가 있을 경우에는 보온조치를 하거나 폐쇄형 건식 스프링클러 설비를 사용하여야 하므로 주의를 요한다.

㈏ 폐쇄형 건식 스프링클러 설비

유수검지장치를 중심으로 1차 측에는 가압수가 충만되어 있으며, 2차 측에는 가압수 대신 압축공기나 질소로 충전되어 있다가 화재 시 감열체가 작동하면 헤드 개방으로 가압공기나 질소가 방출된다.

건식 유수검지장치가 작동하면 1차 측 가압수가 공급되어 화재면에 살수가 이루어지고 소화가 된다. 이 장치는 매우 추운 지방에서 주로 이용되며, 특히 2차 측 배관의 동결 우려가 있을 경우에 사용된다.

(다) 폐쇄형 준비 작동식 스프링클러 설비

유수검지장치를 중심으로 1차 측에는 가압수가 충만되어 있으며, 2차 측에는 대기압 상태의 공기로 되어 있다가 화재 시 화재감지장치의 작동으로 2차 측 공기를 외기로 방출한다. 이때 1차 측의 가압수가 공급되어 습식 스프링클러 설비로 바뀌게 된다. 헤드의 감열체가 용융되면 가압수가 공급되고 이로 인해 소화가 이루어진다.

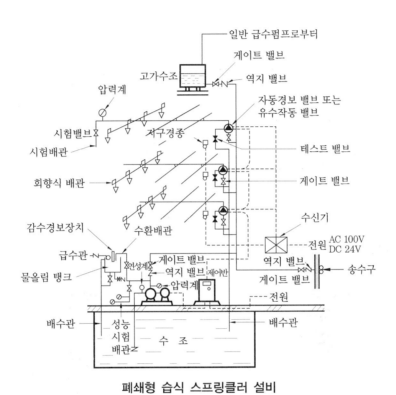

폐쇄형 습식 스프링클러 설비

② 개방형

(가) 일제 살수식 스프링클러 설비

개방형 헤드는 화재 감지부가 없으므로 헤드를 천장에 부착하여 놓고 화재 시 자동 화재탐지설비에 의해 일제 개방 밸브를 열어(또는 수동으로 일제 개방 밸브를 개방) 방수구역 내의 모든 헤드에서 동시에 살수하는 방식이다. 주로 천장이 높은 극장, 공연장 무대부에 설치한다.

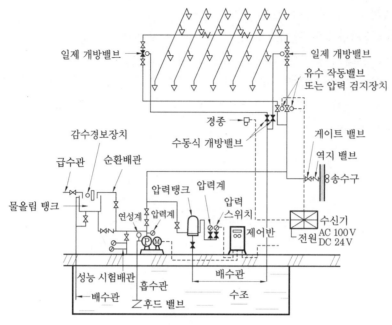

개방형 계통도

3 스프링클러 헤드의 종류

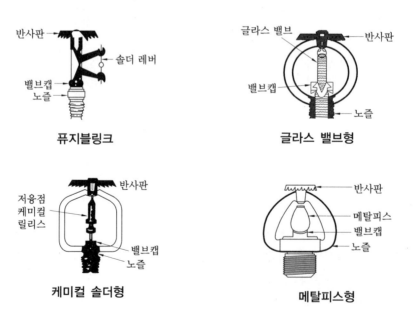

퓨지블링크

글라스 밸브형

케미컬 솔더형

메탈피스형

① 부착 방향에 따라
  ㈎ 상향형 : 반사판(디플렉터)을 상향으로 부착하여 여기에 부딪치는 가압수를 하
    향으로 살수하게 한다.
  ㈏ 하향형 : 반사판(디플렉터)을 하향으로 부착하여 여기에 부딪치는 가압수를 하
    향으로 살수하게 한다.

상향형　　　　　　**하향형**

  ㈐ 상하 양용형 : 반사판(디플렉터)을 상향, 하향으로 부착하여 여기에 부딪치는
    가압수를 하향으로 살수하게 한다.
  ㈑ 측벽형 : 폭이 9 m 미만인 벽에 설치하여 옆방향으로 살수되게 하는 것으로 주
    로 연소 우려가 있는 개구부를 보호하기 위하여 사용된다.
  • 폭이 4.5 m 이상 9 m 미만인 경우에는 지그재그(나란히꼴) 식으로 한다.
  • 폭이 4.5 m 미만인 경우에는 한쪽 벽에 일렬로 설치한다.

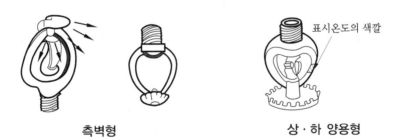

측벽형　　　　　　　**상 · 하 양용형**

② 헤드 감열부 작동 상태에 따라
  ㈎ 온도에 의해 작동 : 헤드 감열부에 퓨지블링크를 사용하여 화재 등으로 인하여
    온도가 소정의 온도 이상으로 상승하면 퓨즈가 용융하고, 레버의 이탈로 헤드가
    개방되어 반사판에 의해 살수가 이루어진다.

부착장소의 최고 주위온도와 표시온도의 관계

부착장소의 최고 주위온도	표시온도	색깔
39℃ 미만	79℃ 미만	무색
39℃ 이상 64℃ 미만	79℃ 이상 121℃ 미만	백색
64℃ 이상 106℃ 미만	121℃ 이상 162℃ 미만	청색
106℃ 이상	162℃ 이상	적색

(나) 체적팽창에 의해 작동 : 헤드 감열부에 유리 밸브(글라스 밸브)를 부착하며 화재 시 온도의 상승에 따라 유리구 안에 삽입된 알코올 또는 에테르의 기화 시 급격한 체적팽창에 의해 유리구가 파열되며 이때 배관 내의 가압수가 살수되어 소화된다.

4 스프링클러 설비의 수원

① 폐쇄형인 경우

(가) 지하층을 제외한 층수가 10층 이하인 소방대상물
 - 특수가연물을 저장·취급하는 공장 또는 창고
 - 근린생활시설·판매시설 또는 복합 건축물

$$0.08 \,\mathrm{m^3/min} \times 20 \,\mathrm{min} \times 설치수(30개)$$

(나) 지하층을 제외한 층수가 11층 이상인 소방대상물(아파트 제외) 또는 지하가

$$0.08 \,\mathrm{m^3/min} \times 20 \,\mathrm{min} \times 설치수(30개)$$

(다) 헤드의 부착높이가 8 m 이상인 것

$$0.08 \,\mathrm{m^3/min} \times 20 \,\mathrm{min} \times 설치수(20개)$$

(라) 헤드의 부착높이가 8 m 이하인 것

$$0.08 \,\mathrm{m^3} \times 20 \,\mathrm{min} \times 설치수(10개)$$

(마) 아파트인 경우

$$0.08 \,\mathrm{m^3} \times 20 \,\mathrm{min} \times 설치수(10개)$$

② 개방형인 경우

$$0.08 \,\mathrm{m^3} \times 20 \,\mathrm{min} \times 설치수(50개)$$

5 스프링클러 설비의 설치대상

스프링클러 설비를 설치하여야 하는 특정소방대상물(위험물 저장 및 처리 시설 중 가스시설 또는 지하구는 제외한다)은 다음의 어느 하나와 같다.

① 문화 및 집회시설(동·식물원은 제외한다), 종교시설(주요구조부가 목조인 것은 제외한다), 운동시설(물놀이형 시설은 제외한다)로서 다음의 어느 하나에 해당하는 경우에는 모든 층

  ㈎ 수용인원이 100명 이상인 것

  ㈏ 영화상영관의 용도로 쓰이는 층의 바닥면적이 지하층 또는 무창층인 경우에는 500 m² 이상, 그 밖의 층의 경우에는 1000 m² 이상인 것

  ㈐ 무대부가 지하층·무창층 또는 4층 이상의 층에 있는 경우에는 무대부의 면적이 300 m² 이상인 것

  ㈑ 무대부가 ㈐ 외의 층에 있는 경우에는 무대부의 면적이 500 m² 이상인 것

② 판매시설, 운수시설 및 창고시설(물류터미널에 한정한다)로서 바닥면적의 합계가 5000 m² 이상이거나 수용인원이 500명 이상인 경우에는 모든 층

③ 층수가 6층 이상인 특정소방대상물의 경우에는 모든 층. 다만, 주택 관련 법령에 따라 기존의 아파트 등을 리모델링하는 경우로서 건축물의 연면적 및 층높이가 변경되지 않는 경우에는 해당 아파트 등의 사용검사 당시의 소방시설 적용기준을 적용한다.

④ 다음의 어느 하나에 해당하는 용도로 사용되는 시설의 바닥면적의 합계가 600 m² 이상인 것은 모든 층

  ㈎ 의료시설 중 정신의료기관

  ㈏ 의료시설 중 종합병원, 병원, 치과병원, 한방병원 및 요양병원(정신병원은 제외한다)

  ㈐ 노유자시설

  ㈑ 숙박이 가능한 수련시설

⑤ 창고시설(물류터미널은 제외한다)로서 바닥면적 합계가 5000 m² 이상인 경우에는 모든 층

⑥ 천장 또는 반자(반자가 없는 경우에는 지붕의 옥내에 면하는 부분)의 높이가 10 m를 넘는 랙식 창고(rack warehouse)(물건을 수납할 수 있는 선반이나 이와 비슷한 것을 갖춘 것을 말한다)로서 바닥면적의 합계가 1500 m² 이상인 것

⑦ ①~⑥까지의 특정소방대상물에 해당하지 않는 특정소방대상물의 지하층·무창층(축사는 제외한다) 또는 층수가 4층 이상인 층으로서 바닥면적이 1000 m² 이상인 층

⑧ ⑥에 해당하지 않는 공장 또는 창고시설로서 다음의 어느 하나에 해당하는 시설

(가) 「소방기본법 시행령」 별표 2에서 정하는 수량의 1천 배 이상의 특수가연물을 저장·취급하는 시설

(나) 「원자력안전법 시행령」 제2조 제1호에 따른 중·저준위방사성폐기물(이하 "중·저준위방사성폐기물"이라 한다)의 저장시설 중 소화수를 수집·처리하는 설비가 있는 저장시설

⑨ 지붕 또는 외벽이 불연재료가 아니거나 내화구조가 아닌 공장 또는 창고시설로서 다음의 어느 하나에 해당하는 것

(가) 창고시설(물류터미널에 한정한다) 중 ②에 해당하지 않는 것으로서 바닥면적의 합계가 2500 m² 이상이거나 수용인원이 250명 이상인 것

(나) 창고시설(물류터미널은 제외한다) 중 ⑤에 해당하지 않는 것으로서 바닥면적의 합계가 2500 m² 이상인 것

(다) 랙식 창고시설 중 ⑥에 해당하지 않는 것으로서 바닥면적의 합계가 750 m² 이상인 것

(라) 공장 또는 창고시설 중 ⑦에 해당하지 않는 것으로서 지하층·무창층 또는 층수가 4층 이상인 것 중 바닥면적이 500 m² 이상인 것

(마) 공장 또는 창고시설 중 ⑧ (가)에 해당하지 않는 것으로서 「소방기본법 시행령」 별표 2에서 정하는 수량의 500배 이상의 특수가연물을 저장·취급하는 시설

⑩ 지하가(터널은 제외한다)로서 연면적 1000 m² 이상인 것

⑪ 기숙사(교육연구시설·수련시설 내에 있는 학생 수용을 위한 것을 말한다) 또는 복합건축물로서 연면적 5000 m² 이상인 경우에는 모든 층

⑫ 교정 및 군사시설 중 다음의 어느 하나에 해당하는 경우에는 해당 장소

(가) 보호감호소, 교도소, 구치소 및 그 지소, 보호관찰소, 갱생보호시설, 치료감호시설, 소년원 및 소년분류심사원의 수용거실

(나) 「출입국관리법」 제52조 제2항에 따른 보호시설(외국인보호소의 경우에는 보호대상자의 생활공간으로 한정한다. 이하 같다)로 사용하는 부분. 다만, 보호시설이 임차건물에 있는 경우는 제외한다.

(다) 「경찰관 직무집행법」 제9조에 따른 유치장

⑬ ①~⑫까지의 특정소방대상물에 부속된 보일러실 또는 연결통로 등

6 스프링클러 설비의 가압송수장치

① 전동기 또는 내연기관에 의한 펌프를 이용하는 가압송수장치는 다음 기준에 의하여 설치하여야 한다.

⑦ 가압송수장치의 정격토출압력은 하나의 헤드 선단에 $1\,\mathrm{kgf/cm^2}(0.1\,\mathrm{MPa})$ 이상, $12\,\mathrm{kgf/cm^2}(1.2\,\mathrm{MPa})$ 이하의 방수압력이 될 수 있게 하는 크기일 것

㈏ 가압송수장치의 송수량은 $1\,\mathrm{kgf/cm^2}(0.1\,\mathrm{MPa})$ 방수압력 기준으로 $80\,\mathrm{L/min}$ 이상의 방수성능을 가진 기준개수의 모든 헤드로부터의 방수량을 충족시킬 수 있는 양 이상의 것으로 할 것. 이 경우 속도수두는 계산에 포함하지 아니할 수 있다.

㈐ 충압 펌프는 다음 기준에 의하여 설치할 것

• 펌프의 정격토출압력은 그 설비의 최고의 살수장치(일제 개방 밸브인 경우는 그 밸브)의 자연압보다는 적어도 $2\,\mathrm{kgf/cm^2}(0.2\,\mathrm{MPa})$이 더 크도록 할 것

• 펌프의 정격토출량은 $60\,\mathrm{L/min}$ 이하인 것을 사용할 것. 다만, 정격토출량이 $60\,\mathrm{L/min}$ 초과, $200\,\mathrm{L/min}$ 이하인 펌프로서 토출 측 배관 부근에 유효한 감압장치를 설치함으로써 하나의 살수장치 또는 일제 개방 밸브의 개방식 소화용 급수 펌프가 자동적으로 작동될 수 있는 경우에는 그러하지 아니하다.

② 고가수조의 자연낙차 압력을 이용한 가압송수장치는 다음의 기준에 적합하게 설치할 것

㈎ $H = h_1 + 10\,\mathrm{m}$

여기서, H : 필요한 낙차(m)

h_1 : 배관의 마찰손실수두(m)

㈏ 고가수조에는 수위계, 배수관, 급수관, 오버플로관 및 맨홀을 설치할 것

③ 압력수조를 이용한 가압송수장치는 다음 기준에 의하여 설치할 것

㈎ $p = p_1 + p_2 + 1\,\mathrm{kgf/cm^2}$

여기서, p : 필요한 낙차

p_1 : 낙차의 환산 수두압($\mathrm{kgf/cm^2}$)

p_2 : 배관의 마찰손실 수두압($\mathrm{kgf/cm^2}$)

㈏ 압력수조에는 수위계, 급수관, 맨홀, 압력계, 안전장치 및 압력저하 방지를 위한 자동식 에어 컴프레서를 설치할 것

7 방호구역, 유수검지장치 및 일제 개방 밸브

① 하나의 방호구역의 바닥면적은 $3000\,\mathrm{m^2}$를 초과하지 아니할 것

② 하나의 방호구역에는 1개 이상의 유수검지장치 또는 일제 개방 밸브를 설치할 것

③ 하나의 방호구역은 2개층에 미치지 아니하도록 하되 1개층에 설치되는 스프링클러 헤드의 수가 10개 이하인 경우에는 3개층 이내로 할 수 있다. 다만, 계단실형 아파트로서 하나의 계단으로부터 출입할 수 있는 세대 수가 층당 2세대 이하인 경우에는 그 계단 및 그로부터 출입하는 모든 층의 세대를 하나의 방호구역으로 한다.

④ 유수검지장치 등은 바닥으로부터 $0.8\,\mathrm{m}$ 이상 $1.5\,\mathrm{m}$ 이하의 위치에 설치하며, 유

수검지장치 등을 실내에 설치하는 때에는 그 실에는 가로 0.5 m 이상, 세로 1 m 이상의 출입문을 설치하고, 그 출입문 상단에 "유수검지장치"라고 표시한 표지를 설치할 것

⑤ 유수검지장치 등은 유수검지장치 등을 지나서 흐르는 물만이 스프링클러 헤드에 공급될 수 있도록 설치하여야 한다.

⑥ 자연낙차에 의한 압력수가 흐르는 배관상에 설치된 유수검지장치 등은 화재 시 물의 흐름을 검지할 수 있는 최소한의 압력이 얻어질 수 있도록 수조의 하단으로부터 낙차를 두어 설치하여야 한다.

8 개방형 스프링클러 설비의 방수구역 및 일제 개방 밸브

① 방수구역마다 일제 개방 밸브를 설치하여야 한다.

② 하나의 방수구역은 몇 개 이상의 층에 미치지 아니하여야 한다.

③ 하나의 방수구역을 담당하는 헤드의 개수는 50개 이하로 할 것. 다만, 2개 이상의 방수구역으로 나눌 경우에는 하나의 방수구역을 담당하는 헤드의 개수는 25개 이상으로 할 것

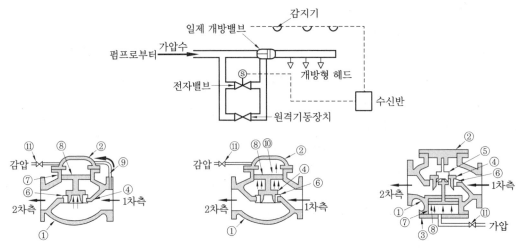

① 본체, ② 상부 커버, ③ 하부 커버, ④ 밸브, ⑤ 부밸브, ⑥ 변좌, ⑦ 실린더, ⑧ 피스톤 ⑨ 가압관, ⑩ 가압공, ⑪ 파일럿 밸브 폐쇄 시 물이 있는 부분

(a) 감압에 의하여 개방된 것 (정상작동)　　(b) 감압에 의하여 개방된 것 (역작동)　　(c) 가압에 의하여 개방된 것 (역작동)

9 스프링클러 설비의 배관설치 기준

① 급수배관의 구경

　(가) 폐쇄형 스프링클러 헤드를 사용하는 설비의 경우에는 "가"란에 의할 것. 다만, 100개 이상의 헤드를 담당하는 급수배관의 구경은 100 mm로 할 수 있다.

⒩ 폐쇄형 스프링클러 헤드를 설치하고, 반자 아래의 헤드와 반자 속의 헤드를 동일 급수관의 가지관상에 병설하는 경우에는 "나"란에 의할 것

⒟ 무대부, 특수 가연물을 저장, 취급하는 폐쇄형 스프링클러 헤드인 경우에는 "다"란에 의할 것

⒭ 개방형 스프링클러 헤드를 설치하는 경우에는 하나의 방수구역을 담당하는 헤드의 개수가 30개 이하일 때에는 "다"란에 의할 것. 다만, 초과 시에는 계산에 의해 산출할 것

(단위 : mm)

구분＼구경	25	32	40	50	65	80	90	100	125	150
가	2	3	5	10	30	60	80	100	160	161 이상
나	2	4	7	15	30	60	65	100	160	161 이상
다	1	2	5	8	15	27	40	55	90	91 이상

② 가지배관은 토너먼트 방식이 아니어야 하며, 한쪽 가지배관의 헤드 수가 8개 이하이어야 한다.

③ 습식 스프링클러 설비의 교차관의 위치, 청소구 및 가지배관의 헤드 설치는 다음의 기준에 의한다.

⒢ 교차배관은 가지배관 밑에 수평으로 설치하고, 구경은 40 mm 이상이 되도록 한다.

⒩ 청소구는 교차배관 끝에 40 mm 이상 크기의 개폐 밸브를 설치하고, 호스 접결이 가능한 나사식 또는 고정배수 배관식으로 한다.

⒟ 하향식인 경우에는 가지배관으로부터 헤드에 이르는 헤드 접속배관은 가지관 상부에서 분기하여야 한다. 다만, 아파트에 설치하는 스프링클러 설비의 경우에는 가지배관의 측면에서 분기할 수 있다.

④ 일제 개방 밸브를 사용하는 경우에는 다음의 기준에 의할 것

⒢ 수평 주행배관은 헤드를 향하여 상향으로 1/200 이상 기울기로 할 것

⒩ 개폐표시형 밸브를 설치할 것

⑤ 유수검지장치를 사용하는 스프링클러 설비의 시험장치는 다음의 기준에 적합하게 설치하여야 한다.

⒢ 유수검지장치에서 가장 먼 가지배관의 끝으로부터 연결, 설치할 것

⒩ 시험장치 배관의 구경은 25 mm로 하고, 그 끝은 개방형 헤드를 설치할 것

⒟ 개방형 헤드는 반사판 및 프레임을 제거한 오리피스만으로 설치할 수 있다.

⒭ 시험배관 끝에는 물받이통 및 배수관을 설치하여 시험 중 방사된 물이 바닥에 흘러내리지 아니하도록 하여야 한다. 다만, 목욕실, 변소, 또는 그 밖의 곳으로

배수처리가 쉬운 장소에 시험배관을 설치하는 경우에는 그러하지 아니하다.

⑥ 배관에 설치하는 행어는 다음의 기준에 적합하게 설치하여야 한다.

   ㈎ 가지배관은 헤드의 설치지점 사이마다 1개 이상의 행어를 설치하되, 상향식 헤드의 경우에는 그 헤드와 행어 사이에 8 cm 이상의 간격을 둘 것. 다만, 헤드 간의 거리가 3.5 m를 초과하는 경우에는 3.5 m 이내마다 1개 이상을 설치할 것

   ㈏ 교차배관에는 가지배관과 가지배관 사이에 1개 이상의 행어를 설치하되, 가지 배관 사이의 거리가 4.5 m 이내마다 1개 이상 설치할 것

   ㈐ 수평 주행배관에는 4.5 m 이내마다 1개 이상 설치할 것

🔟 스프링클러 헤드

① 스프링클러 헤드는 소방대상물의 천장, 반자, 천장과 반자 사이, 덕트, 선반 기타 이와 유사한 부분(폭이 1.2 m를 초과하는 것에 한한다)에 설치하여야 한다. 다만, 폭이 9 m 이하인 실내에 있어서는 측벽에 설치할 수 있다.

② 랙식 창고의 경우로서 특수 가연물을 저장, 취급하는 것에 있어서는 높이 4 m 이하마다, 그 밖의 것을 취급하는 것에 있어서는 높이 6 m 이하마다 스프링클러 헤드를 설치하여야 한다.

③ 스프링클러 헤드를 설치하는 반자, 천장과 반자 사이, 덕트, 선반 등의 각 부분으로부터 하나의 스프링클러 헤드까지의 수평거리는 다음과 같다.

   ㈎ 무대부, 특수 가연물을 저장 또는 취급하는 장소 : 1.7 m

   ㈏ 일반 소방대상물 : 2.1 m

   ㈐ 내화구조인 소방대상물 : 2.3 m

   ㈑ 랙식 창고 : 2.5 m

   ㈒ APT : 3.2 m

    • 정사각형 : 스프링클러 헤드 2개의 거리와 스프링클러 파이프 2가닥의 거리가 같은 경우

    • 직사각형 : 스프링클러 헤드 2개의 거리와 스프링클러 파이프 2가닥의 거리가 같지 않은 경우

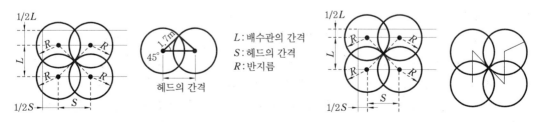

L : 배수관의 간격
S : 헤드의 간격
R : 반지름

정사각형   직사각형

- 나란히꼴형 : 한 스프링클러가 2개의 스프링클러 사이점, 즉 삼각형을 이루고 4개 의 경우는 나란히꼴 4각형을 이루는 경우

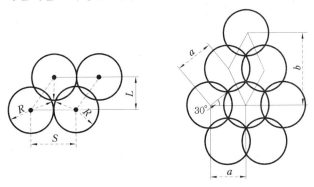

나란히꼴형

④ 폐쇄형 스프링클러 헤드의 표시온도

설치장소의 최고 주위온도	표시온도
39℃ 미만	79℃ 미만
39℃ 이상 64℃ 미만	79℃ 이상 121℃ 미만
64℃ 이상 106℃ 미만	121℃ 이상 162℃ 미만
106℃ 이상	162℃ 이상

⑤ 스프링클러 헤드 설치 방법

⑦ 살수에 방해되지 않도록 스프링클러 헤드로부터 60 cm 이상의 공간을 보유할 것

④ 스프링클러 헤드와 부착면과의 거리는 30 cm 이하로 할 것. 다만, 천장, 반자, 선반 등이 불연 재료로 된 경우에는 45 cm 이하로 할 수 있다.

⑨ 배관, 행어 및 조명기구 등 살수 방해물이 있을 경우에는 그 밑으로부터 30 cm 이상의 거리를 유지하여야 한다.

㉑ 스프링클러 헤드 반사판이 그 부착면과 평행하게 설치할 것

㉣ 천장의 기울기가 3/10을 초과하는 경우에는 가지관을 천장의 마루와 평행되게 하고, 스프링클러 헤드 상호 간의 거리의 1/2 이하가 되게 하여야 하며, 부착면 으로부터의 수직거리가 90 cm 이하가 되도록 할 것

㉥ 연소할 우려가 있는 개구부에는 그 상하좌우에 2.5 m 간격으로 스프링클러 헤드를 설치하되 개구부의 내측으로부터의 직선거리는 15 cm 이하가 되도록 하여야 한다.

㉦ 측벽형 스프링클러 헤드는 폭 4.5 m 미만인 실에 있어서는 긴 변의 한쪽 벽에 설치한다. 폭이 4.5 m 이상, 9 m 이하인 실에 있어서는 긴 변의 양쪽에 각각 일 렬로 설치하되 마주보는 벽의 스프링클러 헤드가 나란히꼴이 되도록 3.6 m 이내마 다 설치할 것

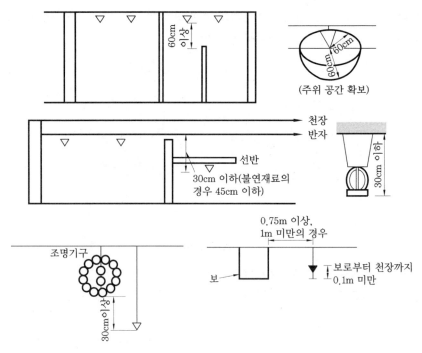

스프링클러 헤드 설치 방법

⑥ 소방대상물의 보와 가장 가까운 스프링클러 헤드는 다음의 표와 같이 설치할 것

스프링클러 헤드의 반사판 중심과 보의 수평거리	스프링클러 헤드의 반사판 높이와 보의 하단높이의 수직거리
0.75 m 미만	보의 하단보다 낮을 것
0.75 m 이상, 1 m 미만	0.1 m 미만일 것
1 m 이상, 1.5 m 미만	0.15 m 미만일 것
1.5 m 이상	0.3 m 미만일 것

Ⅲ 스프링클러 설비의 송수구

① 송수구는 화재층으로부터 지면으로 떨어지는 유리창 등이 송수 및 그 밖의 소화 작업에 지장을 주지 아니하는 장소에 설치할 것
② 송수구로부터 스프링클러 설비의 주 배관에 이르는 연결배관에 개폐 밸브를 설치 할 때에는 그 개방상태를 쉽게 확인 및 조작할 수 있는 옥외 또는 기계실 등의 장 소에 설치하여야 한다.
③ 구경 65 mm의 쌍구형으로 할 것
④ 송수구에는 그 가까운 곳의 보기 쉬운 곳에 송수압력 범위를 표시한 표지를 설치 할 것

⑤ 폐쇄형 스프링클러 헤드를 사용하는 스프링클러 설비 송수구는 하나의 층의 바닥 면적이 3000 m²를 넘을 때마다 1개 이상을 설치할 것

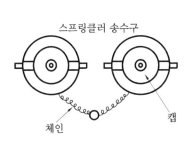

외벽에 매설한 쌍구형 송수구

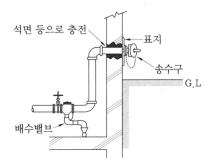

송수구의 설치

1-2 옥내소화전 설비

1 옥내소화전의 설치 위치

① 옥내소화전은 소방대상물의 층마다 설치하되 그 층의 각 부분으로부터 하나의 방 수구까지의 수평거리가 25 m를 초과할 수 없다.
② 옥내소화전의 방수구는 바닥으로부터 높이 1.5 m 이하의 위치에 설치하여야 한다.

2 옥내소화전의 수원

① 수원의 수량 : 옥내소화전의 설치 개수가 가장 많은 층의 설치 개수(5개를 초과하 는 경우에는 5개로 한다)에 2.6 m³(130 L/min×20 min)를 곱하여 얻은 양 이상이 되도록 하여야 한다.
② 수원의 저장 : 옥내소화전 설비가 설치된 건축물의 주된 옥상에 유효 수량의 1/3 이상을 저장하여야 한다. 다만, 다음의 사항일 경우에는 그러하지 아니하다.
  ㈎ 옥상이 없는 건축물 또는 공작물
  ㈏ 지하층만 있는 건축물
  ㈐ 고가수조를 가압송수장치로 설치한 옥내소화전 설비

③ 설치 대상

구분	해당 면적	지하층, 무창층, 4층 이상층	설치대상	비고
모든 건축물	연면적 3000 m² 이상	바닥면적이 600 m² 이상 층이 있는 경우	전층	가스 시설 또는 지하구의 경우에는 그러하지 아니하다.
근린생활, 위락, 판매, 숙박, 노유자, 의료, 업무, 통신, 촬영, 공장, 창고, 운수자동차, 복합 건축물	연면적 1500 m² 이상	바닥면적이 300 m² 이상 층이 있는 경우	전층	
공장, 창고				특수 가연물을 지정수량 750배 이상을 저장, 취급하는 것

④ 옥내소화전 설비의 가압송수장치

① 설치 위치

  ⑺ 쉽게 접근할 수 있고 점검하기에 충분한 공간이 있는 장소

  ⑻ 화재 및 침수 등의 재해로 인한 피해를 받을 우려가 없는 곳

  ⑼ 동결방지 조치를 하거나 동결의 우려가 없는 장소

② 방수압력 및 방수량

  ⑺ 각 소화전의 노즐 선단에서의 방수압력을 $1.7\ kgf/cm^2$(0.17 MPa) 이상 $7\ kgf/cm^2$(0.7 MPa) 이하로 유지하여야 한다.

  ⑻ 방수압력이 $7\ kgf/cm^2$(0.7 MPa) 초과 시 호스 접결구 인입 측에 감압장치를 설치한다.

  ⑼ 방수량(L/min) = 130 L/min × 설치수(5개 이상인 경우에는 5개를 기준)

③ 설치 기준

  ⑺ 소화 펌프는 전용으로 할 것(다른 소화설비와 겸용하는 경우 각각의 소화설비의 성능에 지장이 없을 때에는 예외)

  ⑻ 펌프의 토출 측에는 압력계를, 흡입 측에는 연성계 또는 진공계를 설치할 것. 다만, 수원의 수위가 펌프의 위치보다 높거나 수직 회전축 펌프의 경우에는 연성계 또는 진공계를 설치하지 아니할 수 있다.

  ⑼ 가압송수장치에는 정격부하 운전 시 펌프의 성능을 시험하기 위한 배관을 설치할 것

  ⑽ 가압송수장치에는 체절 운전 시 수온의 상승을 방지하기 위한 순환배관을 설치할 것

④ 물올림장치

 (가) 수원의 수위가 펌프보다 낮은 위치에 있는 경우에 설치하여 펌프 기동 및 운전 시 발생되는 공동현상(cavitation)을 방지하기 위함이다.

 (나) 물올림장치에는 전용의 탱크를 설치할 것

 (다) 탱크의 유효수량은 100 L 이상으로 하되 구경 15 mm 이상의 급수배관에 의하여 당해 탱크에 물이 계속 보급되도록 할 것

 (라) 순환배관의 구경은 20 mm 이상으로 할 것

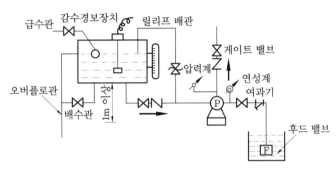

물올림장치

⑤ 기동용 수압개폐장치

 (가) 압력 체임버 용적은 100 L 이상으로 할 것

 (나) 충압 펌프 작동압 = 자연압 + 2 kgf/cm^2

 (다) 펌프의 정격토출량은 60 L/min 이하인 것을 사용할 것

⑥ 고가수조의 자연낙차 압력을 이용한 가압송수장치

$$H = h_1 + h_2 + 17 \,\text{m}$$

 여기서, H : 필요한 낙차(m)

    h_1 : 소방용 호스 마찰손실수두(m)

    h_2 : 배관의 마찰손실수두(m)

    17 m : 노즐방수 압력환산수두

 참고

 고가수조에는 급수관 및 오버플로관을 설치할 것

⑦ 압력수조를 이용한 가압송수장치

$$p = p_1 + p_2 + p_3 + 1.7 \,\text{kgf/cm}^2$$

 여기서, p : 필요한 압력(kgf/cm^2)

    p_1 : 소방용 호스 마찰손실 수두압(kgf/cm^2)

    p_2 : 배관의 마찰손실수두압(kgf/cm^2)

p_3 : 낙차의 환산수두압(kgf/cm^2)

1.7 kgf/cm^2 : 노즐의 방수압

 참고

압력수조에는 수위계, 급수관, 급기관, 맨홀, 압력계, 안전장치 및 압력저하 방지를 위한 자동식 에어 컴프레서를 설치할 것

⑧ 옥내소화전 설비의 배관

㈎ 배관용 탄소강 강관 또는 압력 배관용 탄소강 강관이나 이와 동등 이상의 강도, 내식성 및 내열성을 가진 것으로 하여야 한다.

㈏ 급수배관은 전용배관으로 할 것

㈐ 펌프 흡입 측 배관에는 공기 고임이 생기지 않는 구조로 하고 여과장치를 설치할 것

㈑ 펌프 토출 측 주배관의 구경은 유속이 4 m/s 이하가 될 수 있는 크기 이상으로 할 것

㈒ 옥내소화전 방수구와 연결되는 가지배관의 구경은 40 mm 이상으로 하여야 하며, 주배관의 중 입상관의 구경은 50 mm 이상으로 하여야 한다.

㈓ 연결송수관 설비의 배관과 겸용할 경우의 주배관은 구경 100 mm 이상, 가지배관의 구경은 65 mm 이상의 것으로 하여야 한다.

㈔ 펌프의 성능 시험관은 펌프의 토출 측에 설치된 개폐 밸브 이전에서 분기한다.

• 배관의 구경은 정격토출 압력의 65 % 이하에서 정격토출량의 150 % 이상을 토출할 수 있는 크기로 할 것

• 펌프 정격 토출량의 150 % 이상을 측정할 수 있는 유량측정장치를 설치할 것

㈕ 동결방지 조치를 하거나 동결의 우려가 없는 장소에 설치하여야 한다.

㈖ 옥내소화전 설비에는 소방 펌프 자동차로부터 그 설비에 송수할 수 있는 송수구를 다음 기준에 의하여 설치하여야 한다.

• 소방 펌프 자동차가 쉽게 접근할 수 있고 노출된 장소에 설치하여야 한다.

• 송수구로부터 주배관에 이르는 연결배관에는 개폐 밸브를 설치하여서는 안 된다.

• 지면으로부터 높이가 0.5 m 이상, 1 m 이하의 위치에 설치하여야 한다.

• 구경 65 mm의 쌍구형 또는 단구형으로 하여야 한다.

• 송수구 가까운 부근에 자동 배수 밸브 및 체크 밸브를 설치하여야 한다.

5 옥내소화전 설비의 함

① 함의 재질은 두께가 1.5 mm 이상의 강판으로 하고 방식처리를 할 것. 다만, 함의 문짝부분은 강판 외의 불연재료로 할 수 있다.

② 문짝의 면적은 0.5 m^2 이상으로 하여 밸브의 조작, 호스의 수납 등에 충분한 여

유를 가질 수 있도록 할 것

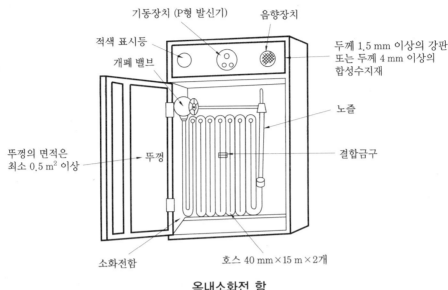

옥내소화전 함

③ 옥내소화전 방수구는 다음의 기준에 의하여 설치할 것

　(가) 소방대상물의 층마다 설치하되 당해 소방대상물의 각 부분으로부터 하나의 방수구까지의 수평거리가 25 m 이하가 되도록 할 것

　(나) 바닥으로부터 높이가 1.5 m 이하가 되도록 할 것

　(다) 호스는 구경 40 mm 이상의 것으로 소방대상물 각 부분에 물이 유효하게 뿌려질 수 있는 길이로 설치할 것

④ 표시등은 함의 상부에 설치하되 그 불빛은 부착면으로부터 15° 이상의 범위 안에서 부착지점으로부터 10 m 이내의 어느 곳에서도 쉽게 식별할 수 있는 적색등 발광식 표지 또는 축광식 표지로 할 것

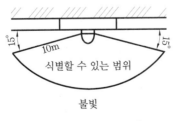

표시등의 식별 범위

⑤ 옥내소화전 설비의 함에는 그 표면에 "소화전"이라고 표시한 표지를 하여야 한다.

1-3 옥외소화전 설비

옥외소화전은 건축물의 1층 또는 1층과 2층의 화재 발생 시 유효하게 소화할 수 있도록 건축물의 외부에 설치하는 소화전으로서 초기 화재 진압 및 화재 중기와 인접 건축물로의 연소 확대를 방지하기 위하여 사용되는 설비이다.

1 설치 대상

① 1층 및 2층의 바닥면적의 합계가 9000 m² 이상인 것. 이 경우 동일구 내에 2 이상의 건축물이 있을 때에는 그 건축물의 외벽 상호 간의 중심선으로부터 수평거리가 1층에 있어서는 3 m 이하, 2층에 있어서는 5 m 이하인 것은 이를 1개의 건축물로 본다.

② 지정 문화재로서 연면적이 1000 m² 이상인 것

③ 특수 가연물을 건축물 밖에 저장·취급하는 것으로서 지정수량의 750배 이상인 것

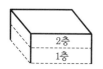

**1층 및 2층 바닥면적 합계가
9000 m² 이상**

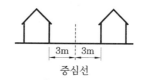

**동일구 내 1층 건축물이
2개 이상**

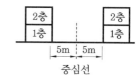

**동일구 내 2층 건축물이
2개 이상**

2 수원 및 가압송수장치

① 수원의 양 = 350 L/min × 20 min × 설치 개수(2개 이상인 경우에는 2개를 기준)

② 노즐 선단에서의 방수압력은 2.5 kgf/cm²(0.25 MPa) 이상이어야 한다.

3 옥외소화전 설비의 배관

① 소방대상물의 각 부분으로부터 하나의 호스 접결구까지의 수평거리가 40 m 이하가 되어야 한다.

② 호스는 구경 65 mm의 것으로 하여야 한다.

③ 유수량과 사용배관

구경	유수량	개수
65 mm	350 L/min	1개
100 mm	700 L/min	2개
125 mm	1050 L/min	3개

4 소화전 함

① 옥외소화전마다 그로부터 5 m 이내의 장소에 소화전 함을 설치할 것

② 옥외소화전이 10개 이하 설치된 때에는 옥외소화전마다 5 m 이내의 장소에 1개 이상의 소화전을 설치할 것

③ 옥외소화전이 11개 이상, 30개 이하 설치된 때에는 11개 소화전 함을 각각 분산하여 설치할 것

④ 옥외소화전이 31개 이상 설치된 때에는 옥외소화전 3개마다 1개 이상의 소화전 함을 설치할 것

1-4 물분무 소화설비

1 물분무 소화설비의 설치대상

① 공장, 창고로서 특수 가연물을 1000배 이상 저장, 취급하는 곳

② 주차용 건물로서 연면적 800 m² 이상인 것

③ 차고로서 주차의 용도로 사용되는 부분의 바닥면적이 200 m² 이상인 것

④ 승강기 등 기계장치에 의한 주차시설로서 20대 이상 주차할 수 있는 것

⑤ 전기실, 발전실, 변전실, 축전지실, 통신기기실 및 전산실로서 바닥면적이 300 m² 이상인 것

⑥ 비행기 격납고

⑦ 자동차 검사장 또는 자동차 정비공장으로서 자동차를 상시 보관하는 장소의 바닥면적이 200 m² 이상인 것

2 수원의 양

① 특수 가연물의 저장, 취급 장소 : 바닥면적(50 m²를 초과할 경우에는 50 m²를 기준)×10 L×20분

② 차고, 주차장 : 바닥면적(50 m²를 초과할 경우에는 50 m²를 기준)×20 L×20분

3 물분무 소화설비의 제어 밸브 등

① 제어 밸브는 바닥으로부터 0.8 m 이상, 1.5 m 이하의 위치에 설치할 것

② 제어 밸브의 가까운 곳의 보기 쉬운 곳에 "제어 밸브"라고 표시한 표지를 설치하여야 한다.

4 물분무 헤드

① 물분무 헤드는 표준방사량으로 당해 방호대상물의 화재를 유효하게 소화하는 데 필요한 수를 적정한 위치에 설치하여야 한다.

② 전기기기와 물분무 헤드 사이의 이격거리는 다음 표와 같다.

전압(kV)	거리(cm)	전압(kV)	거리(cm)
66 이하	70 이상	154 초과 181 이하	180 이상
66 초과 77 이하	80 이상	181 초과 220 이하	210 이상
77 초과 110 이하	110 이상	220 초과 275 이하	260 이상
110 초과 154 이하	150 이상		

5 배수설비

① 차량이 주차하는 장소의 적당한 곳에 높이 10 cm 이상의 경계턱으로 배수구를 설치할 것

② 배수구에서 새어 나온 기름을 모아 소화할 수 있도록 길이 40 m 이하마다 집수관, 소화피트 등 기름분리장치를 설치할 것

③ 차량이 주차하는 바닥은 배수구를 향하여 2/100 이상의 기울기를 유지할 것

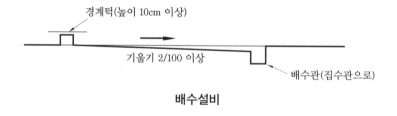

배수설비

1-5 포소화설비

1 포소화설비의 설치대상

① 공장, 창고로서 지정수량의 1000배 이상의 특수 가연물을 저장, 취급하는 것

② 주차용 건물로서 연면적 800 m² 이상인 것

③ 차고로서 주차용도로 사용되는 부분의 바닥면적이 200 m² 이상인 것

④ 승강기 등 기계장치에 의한 주차시설로서 20대 이상 주차할 수 있는 것

⑤ 비행기 격납고

⑥ 위험물 제조소

2 포소화설비의 수원

① 고정포방출구 방식은 다음 각 항의 양을 합한 양 이상으로 할 것

  ㈎ 고정포방출구에서 방출하기 위하여 필요한 양

$$Q = A \times Q_1 \times T \times S$$

    여기서, Q : 포소화약제의 양(L)

       A : 탱크의 액표면적(m^2)

       Q_1 : 단위 포소화수용액의 양(L/m^2 · min)

       T : 방출시간(min)

       S : 포소화약제의 사용농도(%)

  ㈏ 보조 소화전에서 방출하기 위하여 필요한 양

$$Q = N \times S \times 8000 \text{L}$$

    여기서, Q : 포소화약제의 양(L)

       N : 호스 접결구수(3개 이상인 경우는 3)

       S : 포소화약제의 사용농도(%)

  ㈐ 가장 먼 탱크까지의 송액관(내경 75 mm 이하의 송액관을 제외한다)에 충전하기 위하여 필요한 양

② 옥내포소화전방식 또는 호스릴방식에 있어서는 다음의 식에 따라 산출한 양 이상으로 할 것. 다만, 바닥면적이 200 m^2 미만인 건축물에 있어서는 그 75 %로 할 수 있다.

$$Q = N \times S \times 6000 \text{L}$$

    여기서, Q : 포소화약제의 양(L)

       N : 호스 접결구수(5개 이상인 경우는 5)

       S : 포소화약제의 사용농도(%)

③ 포헤드방식 및 압축공기포소화설비에 있어서는 하나의 방사구역 안에 설치된 포헤드를 동시에 개방하여 표준방사량으로 10분간 방사할 수 있는 양 이상으로 할 것

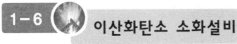

1-6 이산화탄소 소화설비

1 이산화탄소 소화설비의 저장용기

① 저장용기 설치장소의 구비 조건

  ㈎ 방호구역 외의 장소에 설치할 것

  ㈏ 온도가 40℃ 이하이고, 온도 변화가 작은 곳에 설치할 것

  ㈐ 직사광선 및 빗물침투 우려가 없는 곳에 설치할 것

  ㈑ 갑종방화문 또는 을종방화문으로 구획된 실에 설치할 것

㉟ 용기 설치 장소에는 당해 용기가 설치된 곳임을 표시하는 표지를 할 것

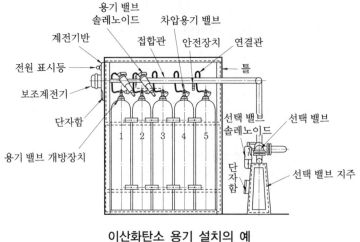

이산화탄소 용기 설치의 예

② 저장용기의 조건

㉮ 충전비 고압식 : 1.5 이상~1.9 이하, 저압식 : 1.1 이상~1.4 이하

㉯ 저압식 저장용기에는 내압시험압력의 0.64~0.8배의 압력에서 작동하는 안전 밸브와 내압시험압력에서 작동하는 봉판을 설치할 것

㉰ 저압식 저장용기에는 액면계 및 압력계와 $23\,kgf/cm^2$($2.3\,MPa$) 이상 및 $19\,kgf/cm^2$($1.9\,MPa$) 이하의 압력에서 작동하는 압력경보장치를 설치할 것

㉱ 저압식 저장용기에는 용기내부 온도가 $-18\,℃$ 이하에서 $21\,kgf/cm^2$($2.1\,MPa$) 이상의 압력을 유지할 수 있는 자동냉동장치를 설치할 것

㉲ 저장용기는 $250\,kgf/cm^2$($25\,MPa$) 이상의 내압시험에 합격한 것으로 할 것

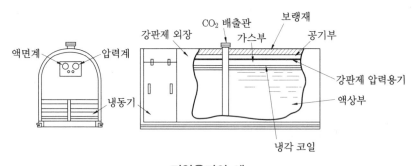

저압용기의 예

③ 이산화탄소 소화설비에는 이산화탄소 소화약제 저장용기와 선택 밸브 또는 개폐 밸브 사이에 $170\sim200\,kgf/cm^2$($17\sim20\,MPa$)에서 작동하는 안전장치를 설치하여야 한다.

2 기동장치

① 수동식 기동장치

㈎ 전역 방출 방식에 있어서는 방호구역마다, 국소 방출 방식에 있어서는 방호대상물마다 설치할 것

㈏ 방호구역 출입구 부근 등 조작을 하는 자가 쉽게 피난할 수 있는 장소에 설치할 것

㈐ 기동장치 조작부는 바닥으로부터 0.8 m 이상, 1.5 m 이하의 위치에 설치하고 보호판 등에 의한 보호장치를 설치할 것

㈑ 기동장치에는 그 가까운 곳의 보기 쉬운 곳에 "이산화탄소 소화설비 기동장치"라고 표시한 표지를 할 것

㈒ 전기를 사용하는 기동장치에는 전원표시등을 설치할 것

㈓ 기동장치의 방출용 스위치는 음향경보장치와 연동하여 조작할 수 있는 것으로 할 것

② 자동식 기동장치 : 자동 화재탐지설비의 감지기의 작동과 연동하는 것으로 다음의 기준에 의하여 설치하여야 한다.

㈎ 자동식 기동장치에는 수동으로 기동할 수 있는 구조로 할 것

㈏ 전기식 기동장치로서 7병 이상 저장용기를 동시에 개방하는 설비에 있어서는 2가닥 이상의 저장용기에 전자 개방 밸브를 부착할 것

㈐ 가스 압력식 기동장치는 다음 기준에 의할 것

• 기동용 가스 용기 및 당해 용기에 사용하는 밸브는 250 kgf/cm^2(25 MPa)의 압력에 견딜 수 있는 것으로 할 것

• 기동용 가스 용기에는 180 kgf/cm^2(18 MPa) 이상 250 kgf/cm^2(25 MPa) 이하의 압력에서 작동하는 안전장치를 설치할 것

• 기동용 가스 용기의 용적은 1 L 이상으로 하고, 당해 용기에 저장하는 이산화탄소의 양은 0.6 kg 이상으로 하며, 충전비는 1.5 이상으로 할 것

3 배관

① 배관은 전용으로 할 것

② 강관을 사용하는 경우의 배관은 압력배관용 탄소강 강관 중 이음이 없는 스케줄 80(저압식에 있어서는 스케줄 40) 이상의 것 또는 이와 동등 이상의 강도를 가진 것으로 아연도금 등으로 방식처리된 것을 사용한다.

③ 동관의 경우 배관은 이음이 없는 동 및 동합금관으로서 고압식은 165 kgf/cm^2(16.5 MPa) 이상, 저압식은 37.5 kgf/cm^2(3.75 MPa) 이상의 압력에 견딜 수 있는 것을 사용한다.

④ 이산화탄소의 소요량이 다음 기준에 의하여 시간 내에 방사될 수 있는 것으로
할 것

㈎ 전역 방출 방식의 경우 가연성 액체 또는 가연성 가스 등 표면화재 방호대상물
의 경우에는 1분

㈏ 전역 방출 방식의 경우 종이, 목재, 석탄, 섬유류, 합성수지류 등 심부화재 방호대
상물의 경우에는 7분, 이 경우 설계농도가 2분 이내에 30 %에 도달하여야 한다.

㈐ 국소 방출 방식인 경우에는 30초

4 분사 헤드

① 전역 방출 방식

㈎ 방사된 소화약제가 방호구역의 전역에 균일하게 신속히 확산할 수 있도록
할 것

㈏ 분사헤드 방사압력 : 고압식은 $21\,\mathrm{kgf/cm^2}(2.1\,\mathrm{MPa})$ 이상, 저압식은 $10.5\,\mathrm{kgf/cm^2}$
$(1.05\,\mathrm{MPa})$ 이상

② 국소 방출 방식

㈎ 소화약제의 방사에 의하여 가연물이 비산하지 아니하는 장소에 설치할 것

㈏ 이산화탄소 소화약제의 저장량은 30초 이내에 방사할 수 있는 것으로 할 것

③ 화재 시 현저하게 연기가 찰 우려가 없는 장소 : 호스릴 소화설비를 설치한다.

㈎ 지상 1층 및 피난층에 있는 부분으로서 지상에서 수동 또는 원격조작에 의하
여 개방할 수 있는 개구부의 유효면적의 합계가 바닥면적의 15 % 이상이 되는
부분

㈏ 전기설비가 설치되어 있는 부분, 또는 다량의 화기를 사용하는 부분의 바닥면
적이 당해 설비가 설치되어 있는 구획의 바닥면적의 1/5 미만이 되는 부분

㈐ 방호대상물의 각 부분으로부터 하나의 호스 접결구까지의 수평거리 15 m 이하
가 되도록 할 것

㈑ 노즐은 20℃에서 하나의 노즐마다 60 kg/min 이상의 소화약제를 방사할 수 있
는 것으로 할 것

㈒ 소화약제 저장용기는 호스릴을 설치하는 장소마다 설치할 것

㈓ 소화약제 저장용기의 개방 밸브는 호스의 설치장소에서 수동으로 개폐할 수 있
는 것으로 할 것

㈔ 소화약제 저장용기의 가장 가까운 곳의 보기 쉬운 곳에 표시등을 설치하고, 호
스릴 이산화탄소 소화설비가 있다는 뜻을 표시한 표지를 할 것

제**2**장   소화활동설비

2-1   연결살수설비

지하가 및 지하실에 화재로 인한 연기가 충만하게 되면 소방대의 진입이 어렵고, 소화 또한 어려워지므로 호우 상태의 살수가 소화에 적합하므로 설치 및 유지관리에서 편리한 연결살수설비가 유용하게 이용되고 있다.

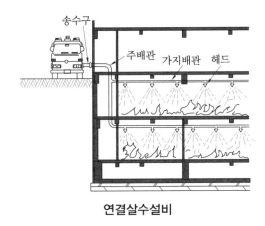

연결살수설비

1 설치 대상

① 판매시설로서 바닥면적의 합계가 1000 m² 이상인 것
② 지하층으로서 바닥면적의 합계가 150 m² 이상인 것
③ 가스시설 중 지상에 노출된 탱크의 용량이 30톤 이상의 탱크 시설

2 연결살수설비의 송수구

① 소방 펌프 자동차가 쉽게 접근할 수 있고 노출된 장소에 설치한다.
② 가연성 가스의 저장, 취급시설에 설치하는 연결살수설비의 송수구는 그 방호대상물에 면하는 부분이 높이 1.5 m 이상, 폭 2.5 m 이상의 철근 콘크리트벽으로 가려진 장소에 설치하여야 한다.

③ 송수구는 구경 65 mm의 쌍구형으로 하여야 한다. 다만, 하나의 송수 구역에 부착하는 살수 헤드 수가 10개 이하인 것에 있어서는 단구형으로 할 수 있다.

④ 폐쇄형 헤드를 사용하는 설비의 경우에는 송수구, 자동 배수 밸브, 체크 밸브의 순으로 설치하여야 한다.

⑤ 개방형 헤드를 사용하는 설비의 경우에는 송수구, 자동 배수 밸브, 체크 밸브, 자동 배수 밸브의 순으로 설치하여야 한다.

3 연결살수설비의 배관

① 연결살수설비 전용 헤드를 사용하는 경우에는 다음의 구경 이상으로 하여야 한다.

하나의 배관에 부착하는 살수 헤드의 개수	1개	2개	3개	4개 또는 5개	6개 이상 10개 이하
배관의 구경(mm)	32	40	50	65	80

② 가지배관 또는 교차배관을 설치하는 경우에는 토너먼트 방식이 아니어야 하며, 가지배관은 교차배관 또는 주배관에서 분기되는 지점을 기점으로 한쪽 가지배관에 설치하되 헤드의 개수는 8개 이하로 하여야 한다.

③ 개방형 헤드를 사용하는 설비에 있어서는 수평 주행배관은 헤드를 향하여 상향으로 1/100 이상의 기울기로 설치하고, 주배관 중 낮은 부분에 자동 배수 밸브를 설치하여야 한다.

4 연결살수설비의 헤드

① 연결살수설비의 헤드는 연결살수설비 전용 헤드 또는 스프링클러 헤드로 설치하여야 한다.

② 천장 또는 반자의 실내에 면하는 부분에 설치하여야 한다.

③ 천장 또는 반자의 각 부분으로부터 하나의 살수 헤드까지의 수평거리가 연결살수설비 전용 헤드의 경우는 3.7 m 이하 스프링클러 헤드의 경우는 2.3 m 이하로 하여야 한다.

④ 살수 헤드의 부착면과 바닥과의 높이가 2.1 m 이하인 부분에 있어서는 살수 헤드의 살수분포에 따른 거리로 할 수 있다.

⑤ 가연성 가스 저장, 취급시설인 경우

㈎ 연결살수설비의 전용의 개방형 헤드를 설치하여야 한다.

㈏ 가스 저장탱크, 가스 홀더 및 가스 발생기의 몸체의 중간 윗부분이 포함되도록 하여야 하고 살수된 물이 흘러내리면서 살수 범위에 포함되지 아니한 부분에도 모두 적셔질 수 있도록 하여야 한다.

2-2 연결송수관 설비

소방 펌프 자동차에서 송수 받은 소화용수가 건축물 내의 방수구로 공급되어 화재 초기에 신속하게 소화활동을 할 수 있어 피해를 최소화할 수 있다.

🔟 설치 대상

① 지하층을 제외한 층수가 5층 이상으로서 연면적 6000 m² 이상의 것
② 지하층을 제외한 층수가 7층 이상의 것
③ 지하층의 층수가 3층 이상이고, 지하층의 바닥면적 합계가 1000 m² 이상인 것
④ 가스시설 또는 지하구의 경우에는 그러하지 아니하다.

2 송수구

① 연결송수관 입상관마다 1개 이상을 설치하여야 한다.
② 습식인 경우에는 송수구, 자동 배수 밸브, 체크 밸브순으로 설치하여야 한다.
③ 건식인 경우에는 송수구, 자동 배수 밸브, 체크 밸브, 자동 배수 밸브의 순으로 설치하여야 한다.

3 배관

① 주배관의 구경은 100 mm 이상으로 할 것

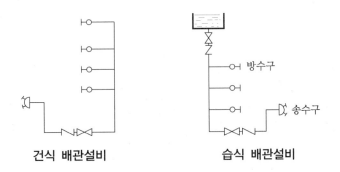

건식 배관설비   습식 배관설비

② 지면으로부터의 높이가 31 m 이상인 소방대상물 또는 11층 이상인 소방대상물에 있어서는 습식 설비로 할 것
③ 연결송수관 설비의 배관은 주배관의 구경이 100 mm 이상인 옥내소화전 설비, 스프링클러 설비 또는 물분무 소화설비의 배관과 겸용할 수 있다.

4 방수구

① 연결송수관 설비의 방수구는 그 소방대상물 층마다 설치하여야 한다. 다만, 다음의 사항에 대하여는 설치하지 아니할 수 있다.
　㈎ 아파트의 1층 및 2층
　㈏ 소방차의 접근이 가능하고 소방대원이 소방차로부터 각 부분에 쉽게 도달할 수 있는 피난층
　㈐ 지하층을 제외한 층수가 4층 이하이고, 연면적이 6000 m^2 미만인 소방대상물의 지하층
　㈑ 지하층의 층수가 2 이하인 소방대상물의 지하층

② 11층 이상의 부분에 설치하는 방수구는 쌍구형으로 하여야 한다.
③ 방수구의 호스 접결구는 바닥으로부터 높이 0.5 m 이상 1 m 이하의 위치에 설치할 것
④ 방수구는 구경 65 mm의 것으로 하여야 한다.
⑤ 방수구의 위치 표시는 방수구의 상부에 설치하되, 10 m 거리에서 쉽게 식별할 수 있는 적색등이나 발광식 또는 축광식 표시로 할 것
⑥ 방수구는 개폐기능을 가진 것으로 할 것

5 방수기구함

① 방수기구함은 방수구가 가장 많이 설치된 층을 기준하여 3개층마다 설치하되, 그 층의 방수구마다 보행거리 5 m 이내에 설치하여야 한다.
② 방사기구함에는 길이 15 m의 호스와 방사형 관창을 비치하여야 한다.
③ 방사형 관창은 단구형 방수구의 경우에는 1개, 쌍구형 방수구의 경우에는 2개 이상 비치하여야 한다.
④ 방수기구함에는 "방수기구함"이라고 표시한 표지를 하여야 한다.

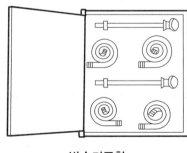

방수기구함

6 가압송수장치

① 높이 70 m 이상인 소방대상물에는 연결송수관 설비의 가압송수장치를 설치하여야 한다.

② 펌프의 토출량은 2400 L/min 이상이 되는 것으로 할 것. 다만, 당해층에 설치된 방수구가 3개 이상(5개 이상인 경우 5개)인 것에 있어서는 1개마다 800 L를 가산한다.

③ 펌프의 양정은 최상층에 설치된 노즐 선단의 압력이 3.5 kgf/cm^2(0.35 MPa) 이상이 되도록 하여야 한다.

2-3 🔆 제연설비

1 제연설비의 설치대상

① 관람집회 및 운동시설로서 무대부의 바닥면적이 200 m^2 이상인 것

② 근린생활 및 위락시설, 판매시설 및 숙박시설로서 지하층 또는 무창층의 바닥면적이 1000 m^2 이상인 것

③ 시외버스 정류장, 철도역사, 공항시설, 해운시설의 대합실 또는 휴게시설로서 지하층 또는 무창층의 바닥면적이 1000 m^2 이상인 것

④ 지하가로서 면적이 1000 m^2 이상인 것

2 제연 구역

① 제연설비의 설치장소는 다음 각 호에 의한 제연 구역으로 구획하여야 한다.
  ㈎ 하나의 제연 구역의 면적은 1000 m^2 이내로 할 것
  ㈏ 거실과 통로(복도를 포함)는 상호 제연 구획할 것
  ㈐ 통로상 제연 구역은 보행중심선의 길이가 40 m를 초과하지 아니할 것. 다만, 구조상 불가피한 경우에는 60 m까지로 할 수 있다.
  ㈑ 하나의 제연구역은 지름 40 m 원 내에 들어갈 수 있을 것. 다만, 구조상 불가피한 경우에는 그 지름을 60 m까지로 할 수 있다.
  ㈒ 하나의 제연구역은 2개 이상의 층에 미치지 아니하도록 할 것

② 제연 구획은 보, 제연 경계벽 및 벽으로 하되 다음 각 호의 기준에 적합하여야 한다.

(개) 재질은 내화재 또는 불연재로 할 것

(내) 제연경계는 천장 또는 반자로부터 그 수직하단까지의 거리가 0.6 m 이상이고, 바닥으로부터 그 수직하단까지의 거리가 2 m 이내이어야 한다.

(대) 제연경계벽은 제연 시 기류에 의하여 그 하단이 쉽게 흔들리지 아니하여야 하며, 또한 자동식의 경우에는 급속히 하강하여 인명에 위해를 주지 아니하는 구조이어야 한다.

3 배출량

① 거실 바닥면적이 400 m^2 이상으로 구획된 경우

(개) 예상제연구역이 지름 40 m인 원의 범위 안에 있을 경우에는 1시간당 40000 m^3 이상으로 할 것. 다만, 예상제연구역이 제연경계로 구획된 경우에는 그 수직거리에 따라 배출량은 다음 표와 같다.

수직거리	배출량
2 m 이하	1시간당 40000 m^3
2 m 초과 2.5 m 이하	1시간당 45000 m^3
2.5 m 초과 3 m 이하	1시간당 50000 m^3
3 m 이하	1시간당 60000 m^3

(내) 예상제연구역이 지름 40 m인 원의 범위를 초과할 경우에는 1시간당 45000 m^3 이상으로 할 것. 다만, 예상제연구역이 제연경계로 구획된 경우에는 그 수직거리에 따라 배출량은 다음 표와 같다.

수직거리	배출량
2 m 이하	1시간당 45000 m^3
2 m 초과 2.5 m 이하	1시간당 50000 m^3
2.5 m 초과 3 m 이하	1시간당 55000 m^3
3 m 이하	1시간당 65000 m^3

② 거실 바닥면적이 400 m^2 미만으로 구획된 경우

(개) 바닥면적 1m^{2}당 1m^3/min 이상으로 하되, 최저 배출량은 5000 m^3/h 이상으로 하여야 한다.

(내) 바닥면적 50 m^2 미만인 예상제연구역을 통로배출 방식으로 하는 경우 통로 보행 중심선의 길이 및 수직거리에 따라 다음 표에서 정하는 기준량 이상으로 하여야 한다.

통로 길이	수직 거리	배출량	비고
40 m 이하	2 m 이하	1시간당 25000 m^3	벽으로 구획한 경우를 포함
	2 m 초과 2.5 m 이하	1시간당 30000 m^3	
	2.5 m 초과 3 m 이하	1시간당 35000 m^3	
	3 m 초과	1시간당 45000 m^3	
40 m 초과 60 m 이하	2 m 이하	1시간당 30000 m^3	
	2 m 초과 2.5 m 이하	1시간당 35000 m^3	
	2.5 m 초과 3 m 이하	1시간당 40000 m^3	
	3 m 초과	1시간당 50000 m^3	

4 배출풍도와 유입풍도

① 배출기의 흡입 측 풍도 안의 풍속은 15 m/s 이하로 하고, 배출기 풍속은 20 m/s 이하로 하여야 한다.

② 유입풍도 안의 풍속은 20 m/s 이하로 하여야 한다.

제3장 **피난설비**

피난 기구는 화재 시 건물 내의 계단, 엘리베이터 등을 이용하지 못하는 경우 사용하는 보조 수단인 것으로 누구나 쉽고 간편하게 사용할 수 있는 것을 기본으로 하여야 한다.

1 피난 기구의 설치대상

① 소방대상물의 피난층, 2층 및 층수가 11층 이상인 층을 제외한 모든 층에 설치하여야 한다.
② 인명구조 기구는 층수가 7층 이상인 관광호텔 및 5층 이상인 병원에 설치하여야 한다.

2 피난 사다리

① 종봉 간의 간격은 30 cm 이상 50 cm 이하로 하고, 횡봉 간격은 25 cm 이상 35 cm 이하로 하며, 횡봉 굵기는 지름 14~35 mm의 원형으로 한다.
② 피난 사다리의 횡봉과 벽 사이는 10 cm 이상 떨어지도록 한다.

3 완강기

① 구성 요소
   ㈎ 조속기 : 피난자의 체중에 의해 하강되는 속도를 원심 브레이크의 키를 작동시켜 하강속도를 제어하는 것으로 내부에 이물질이 침입하는 것을 방지하여야 한다. 하강속도는 16~150 cm/s가 적당하다.
   ㈏ 로프 : 전체 길이가 균일하게 유지되어야 하며 하중이 가해져도 비틀림이나 꼬임 등이 없어야 한다.
   ㈐ 벨트 : 폭 5 cm 이상, 두께 0.3 cm 이상으로 길이는 160~180 cm 로 유지하며, 착용 시에는 가슴둘레에 적합하도록 조정하는 조정환(調整環)을 설치한다.
   ㈑ 훅 : 건축물에 부착하는 금구로서 쉽게 결합되고, 또한 사용 중 분해 또는 이탈이 없어야 한다.

② 정비 방법

　⑺ 부착금구의 접속부가 허술하지 않은가 ?

　⑼ 부착금구는 쉽게 사용할 수 있는 상태인가 ?

　⒟ 로프의 운행은 원활한가 ?

　⒢ 로프에 이물질 부착 여부 점검

　⒦ 로프의 말단 및 조속기에 봉인이 되어 있는가 ?

　⒨ 완강기 전부분의 나사 이완, 부식, 손상 등이 있는가 ?

4 구조대

① 종류

　⑺ 경사 강하식 : 건축물의 창 또는 베란다 등의 개구부로부터 지상으로 약 45°의 각도로 경사지게 하여 하강속도를 감속시키는 장치이다.

　⑼ 수직 강하식 : 건축물의 창 또는 베란다 등의 개구부로부터 지상으로 수직 설치한 것으로 중간 중간에 협축부를 설치하여 하강속도를 감속시켜 낙하하는 방식이다.

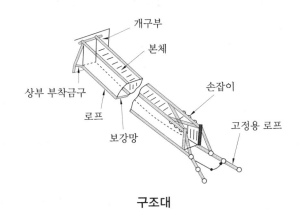

구조대

5 피난교

① 다리의 폭은 60 cm 이상으로 하고, 구배는 1/5 미만으로 한다.

② 손잡이의 높이는 1.1 m 이상으로 한다.

③ 기계장치 등으로 안전하고 빠르게 가설할 수 있는 것 이외에는 고정식으로 한다.

④ 전락 방지를 위하여 기둥 또는 받침대 등의 안전강도를 확보하여야 한다.

실전 테스트 1

□**1.** 그림의 전역 방출방식에서 선택 밸브의 위치로서 적당한 곳은?

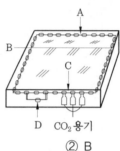

① A   ② B
③ C   ④ D

해설 선택 밸브 및 저장용기는 방호구역 이외의 장소에 설치하여야 한다.

□**2.** 분말소화설비의 배관에 관한 기준 중 옳지 않은 것은?

① 배관은 전용으로 할 것
② 배관은 모두 스케줄 40 이상으로 할 것
③ 동관을 사용할 경우 고정압력 또는 최고사용압력의 1.5배 이상의 압력에 견딜 수 있는 것으로 할 것
④ 밸브류는 개폐방향을 표시한 것으로 할 것

해설 축압식일 경우 압력 배관용 탄소강 강관 중 이음매 없는 스케줄 40 이상의 것으로 한다.

□**3.** 옥외소화전 설비의 가압송수장치에서 고가수조의 낙차압력을 이용할 시 필요한 낙차는? [단, H : 필요한 낙차(m), h_1 : 소방호스 마찰손실수두(m), h_2 : 배관 마찰손실수 (m)]

① $H = h_1 + h_2 + 25$ ② $H = h_1 + h_2 + 17$
③ $H = h_1 + h_2 + 12$ ④ $H = h_1 + h_2 + 10$

해설 옥외소화전 설비의 방사압력 : $2.5 \, \text{kgf/cm}^2$
　　②항 → 옥내소화전
　　④항 → 스프링클러 소화설비

정답 1. ④   2. ②   3. ①

□**4.** 제연구획에 관한 설명 중 적합하지 않은 것은?

① 하나의 제연구획 면적은 1000 m² 이내로 한다.

② 제연설비를 설치하여야 할 당해 층에 실내마감재가 불연재로 된 경우에는 하나의 제연구획을 1500 m²까지 할 수 있다.

③ 통로상의 제연구획은 40 m를 초과하지 아니한다.

④ 거실과 통로는 상호 제연구획할 것

해설 ②항 → 1000 m² 이내

□**5.** 비상구 비상계단 등 표시면의 바탕 및 글자의 색깔은?

① 녹색바탕에 백색글자   ② 흰색바탕에 적색글자

③ 흰색바탕에 녹색글자   ④ 녹색바탕에 적색글자

해설 쉽게 볼 수 있는 위치로 녹색바탕에 백색글자로 표시한다.

□**6.** 건물 내에 옥내소화전을 3층에 6개, 4층에 4개, 5층에 3개를 설치하였다. 건물에 필요한 수원의 저수량은 얼마인가?

① 5.2 m³   ② 7.6 m³   ③ 10.4 m³   ④ 13 m³

해설 옥내소화전 수원의 양 = 0.13 m³/min · 개 × 20 min × 5개(최대 5개까지) = 13 m³

□**7.** 다음 중 스프링클러 배관에 설치하는 행어에 대한 설명으로 잘못된 것은?

① 가지배관에는 헤드의 설치지점 사이마다 1개 이상의 행어를 설치할 것

② 가지배관에서 상향식 헤드의 경우 헤드와 행어 사이에 8 cm 이상 간격을 둘 것

③ 가지배관에서 헤드 간의 간격이 3.5 m를 초과하는 경우에는 3.5 m 이내마다 행어를 1개 이상 설치할 것

④ 교차배관에는 가지배관 사이의 거리가 4.5 m를 초과하는 경우 3.5 m 이내마다 행어를 1개 이상 설치할 것

해설 스프링클러 배관에 설치하는 행어(hanger)의 기준

(1) 가지배관에는 헤드의 설치지점 사이마다 1개 이상의 행어를 설치할 것

(2) 가지배관에서 상향식 헤드의 경우 헤드와 행어 사이에 8 cm 이상 간격을 둘 것

(3) 가지배관에서 헤드 간의 간격이 3.5 m를 초과하는 경우에는 3.5 m 이내마다 행어를 1개 이상 설치할 것

정답 4. ②   5. ①   6. ④   7. ④

(4) 교차배관에는 가지배관 사이의 거리가 4.5 m를 초과하는 경우 4.5 m 이내마다 행어를 1개 이상 설치할 것

(5) 수평주행배관에는 4.5 m 이내마다 1개 이상 설치할 것

◻8. 소화 펌프 토출 측 배관과 부대장치에 관한 설명 중 옳지 않은 것은?

① 토출 측으로부터 신축이음관, 체크 밸브, 개폐표시구조의 개폐 밸브가 순차적으로 설치된다.

② 토출구의 체크 밸브 사이에서 분기하여 펌프 내의 수온 상승 방지를 위한 순환배관을 설치한다.

③ 유량계의 최대측정용량은 펌프의 정격 토출량과 같아야 한다.

④ 토출배관의 사용 정격압력은 당해 설비의 최대사용압력에 적응한 것이어야 한다.

해설 유량계의 최대측정용량은 펌프의 정격 토출량의 175 %까지 측정한다.

◻9. 할로겐 화합물 소화설비의 수동기동장치 점검내용 중 가장 잘못된 것은?

① 방호구역 외부에 설치되어 있는가

② 표지가 설치되어 있는가

③ 감지기와 연동되어 있는가

④ 조작부는 바닥으로부터 0.8 m 이상 1.5 m 이하의 위치에 설치되어 있는가

해설 감지기와 연동되어 있는가 여부를 점검하는 것은 자동기동장치일 경우다.

---

10. 옥외소화전은 소화전의 외함으로부터 얼마의 거리에 설치하여야 하는가?

① 5 m 이내   ② 6 m 이내   ③ 7 m 이내   ④ 8 m 이내

해설 수평거리(유효반지름) 5 m 이내에 설치하여야 한다.

---

11. 연결살수설비에 있어서 하나의 송수구역에 부착하는 살수 헤드의 수가 몇 개 이상일 경우에 쌍구형의 송수구를 설치하여야 하는가?

① 4개   ② 5개

③ 9개   ④ 11개

해설 구경 65 mm 이상일 경우 쌍구형으로 설치하여야 하며, 살수 헤드 수가 10개 이하일 경우에는 단구형으로 할 수 있다.

정답 8. ③ 9. ③ 10. ① 11. ④

12. 다음은 배관과 물 흐름의 관계에 관한 설명이다. 옳지 않은 것은?

① 배관 내 정상류에 의한 마찰손실수두는 배관의 관경이 커질수록 감소한다.

② 관지름이 일정한 배관 내의 정상류에 의한 마찰손실수두는 유량이 증가할수록 커진다.

③ 배관부속을 통하여 물이 흐를 때 일어나는 마찰손실수두와 동일한 크기의 수두손실을 일으킬 수 있는 동일 구경의 직관의 길이를 그 부속의 등가길이라 한다.

④ 배관 내를 흐르는 정상류의 물이 보다 작은 관지름의 배관을 만나 그 속을 통과할 경우 그 배관 속의 수압은 약간 증가하게 된다.

해설 정상류의 물이 보다 작은 관지름의 배관을 만나 그 속을 통과할 경우 속도수두는 증가하나 압력수두는 감소한다.

13. 강관의 나사 내기에 사용하는 공구와 관계 없는 것은?

① 오스터형 또는 리드형 절삭기　　② 파이프 바이스

③ 파이프 렌치와 리머　　④ 파이프 벤더

해설 (1) 파이프 벤더 : 강관을 구부리는 데 사용

(2) 튜브 벤더 : 동관을 구부리는 데 사용

(3) 파이프 바이스 : 강관을 고정시키는 데 사용

14. 금속제 피난사다리의 가로대에 토크가 작용하는 시험을 하는 것은 어느 외력에 대한 안전을 보호하기 위함인가?

① 전단하중　　② 인장하중

③ 굽힘 모멘트　　④ 비틀 모멘트

해설 가로대에 작용하는 토크는 비틀 모멘트에 대한 시험이다.

15. 객석의 통로가 경사로로 되어 있으며, 객석의 통로 직선 부분이 36 m일 때 객석 유도등의 설치개수는?

① 6　　② 7

③ 8　　④ 9

해설 객석 유도등 설치개수 = $\dfrac{\text{객석 통로 직선 길이}}{4} - 1 = \dfrac{36}{4} - 1 = 8$개

정답 12. ④　13. ④　14. ④　15. ③

16. 포소화설비의 기기장치로서 관계가 없는 것은?

① 미터링 콕(metering cock)　　　② 이덕터(eductor)

③ 호스 컨테이너(hose container)　④ 클리닝 밸브(cleaning valve)

해설 클리닝 밸브(cleaning valve)는 분말소화설비에서 소화 후 배관 내에 잔존하는 분말 약제를 질소 또는 이산화탄소로 불어내어 차기 사용할 때에 규정시간에 규정량을 방사하기 위해 청소하는 밸브이다.

17. 연결송수관 설비의 주배관 지름은 얼마로 하여야 하는가?

① 65 mm 이상　　　　　　　② 80 mm 이상

③ 100 mm 이상　　　　　　 ④ 150 mm 이상

해설 연결송수관 설비의 주배관 지름 → 100 mm 이상, 가지배관의 지름 → 65 mm 이상

18. 현재 국내 및 국제적으로 적용되고 있는 청정소화약제(clean agent) 소화설비 중 약제의 저장용기 내에서 저장상태가 기체상태의 압축가스인 약제는?

① INEREGEN　　　　　　　② NAFS-Ⅲ

③ FM-200　　　　　　　　 ④ FE-13

해설 INEREGEN : 질소와 아르곤의 주성분으로 이루어져 있으므로 질소 비등점이 −196℃이고, 아르곤 비등점이 −186℃이어서 액화가 어려워 압축가스로 취급한다.

19. 자동소화설비가 설치되지 아니한 소방대상물의 보일러실에 자동확산 소화용구를 설치하려 한다. 보일러실 바닥면적이 23 m²이면 자동확산 소화용구는 몇 개를 설치하여야 하는가?

① 1개　　　　　② 2개　　　　　③ 3개　　　　　④ 4개

해설 (1) 바닥면적 10 m² 이하인 경우 : 1개 설치

　　 (2) 바닥면적 10 m² 초과인 경우 : 2개 설치

20. 스프링클러 헤드 설치방법 중 살수가 방해되지 않게 하기 위해서는 헤드로부터 반경 몇 cm 이상의 공간을 보유해야 하는가?

① 30 cm　　　　② 40 cm　　　　③ 50 cm　　　　④ 60 cm

해설 살수가 방해되지 않게 하기 위해서는 헤드로부터 반경 60 cm 이상 공간 보유

정답 16. ④　17. ③　18. ①　19. ②　20. ④

실전 테스트 **2**

☐**1.** 배관에 설치하는 체크 밸브(check valve)에 표시하여야 하는 사항이 아닌 것은?

① 유수량   ② 호칭구경
③ 사용압력   ④ 유수의 방향

해설 체크 밸브(check valve) 표시 사항
  (1) 호칭구경
  (2) 사용압력
  (3) 유수의 방향(화살표로 표시)

☐**2.** 펌프 기동용 압력 탱크의 안지름이 40 cm이고 내압력이 10 kgf/cm²일 때 탱크 두께는 몇 mm 이상이어야 하는가? (단, 재료 허용응력은 500 kgf/cm², 이음효율은 80 %이다.)

① 4   ② 4.6
③ 5.0   ④ 5.5

해설 고압 가스법에 의하여 탱크의 두께를 산정하는 식은 다음과 같다.

$$t = \frac{P \times D}{200\, s \cdot \eta - 1.2\, P} + C$$

여기서, t : 탱크의 두께(mm), P : 사용압력(내압력 : kgf/cm²), D : 탱크의 안지름(mm),
      s : 재료 허용응력(kgf/cm²), η : 이음(용접)효율, C : 부식여유(mm)

$$t = \frac{10\, \mathrm{kgf/cm^2} \times 400\, \mathrm{mm}}{200 \times 500\, \mathrm{kgf/cm^2} \times 0.8 - 1.2 \times 10\, \mathrm{kgf/cm^2}} = 5.07\, \mathrm{mm}$$

☐**3.** 무창층의 극장 무대부 크기가 가로 30 m, 세로 12 m이다. 무대부를 방호하기 위한 스프링클러 헤드의 최소개수는 몇 개인가?

① 65   ② 55
③ 40   ④ 36

해설 극장 무대부의 $r = 1.7\, \mathrm{m}$
  헤드간의 간격$(S) = 2 \times r \times \cos 45° = 2 \times 1.7 \times \cos 45° = 2.4\, \mathrm{m}$
  (1) 가로열의 헤드 수 = 30 m ÷ 2.4 m/개 = 12.5개 = 13개
  (2) 세로열의 헤드 수 = 12 m ÷ 2.4 m/개 = 5개
  ∴ 총 헤드 수 = 13 × 5개 = 65개

정답   **1.** ①   **2.** ③   **3.** ①

□**4.** 물분무 소화설비의 수원의 양을 산출하는 방법 중 부적합한 것은? (단, 바닥면적 $1\,m^3$에 대한 방사량)

① 컨베이어 벨트 등의 경우는 매분 10 L   ② 특수가연물은 매분 10 L
③ 차고는 매분 20 L   ④ 주차장은 매분 10 L

해설 물분무 소화설비의 수원의 양

소방대상물	펌프의 토출량(L/min)	수원의 양(L)
특수가연물 저장·취급	바닥면적(50 m² 초과 시 50 m²로)×10 L/min·m²	바닥면적(50 m² 초과 시 50 m²로) ×10 L/min·m²×20 min
차고, 주차장	바닥면적(50 m² 초과 시 50 m²로)×20 L/min·m²	바닥면적(50 m² 초과 시 50 m²로) ×20 L/min·m²×20 min
케이블 트레이 케이블 덕트	투영된 바닥면적×12 L/min·m²	투영된 바닥면적×12 L/min·m²×20 min
컨베이어 벨트	벨트 부분의 바닥면적×10 L/min·m²	벨트 부분의 바닥면적×10 L/min·m²×20 min

주차장은 매분 20 L이다.

□**5.** CO_2 소화기의 구조에 대한 설명 중 틀린 것은?

① CO_2 가스를 가압하여 고압, 기체의 상태로 저장되어 있다.
② 제5류 위험물에는 적응성이 없다.
③ 본체 용기는 고압가스 취급법에 따라 용기 증명이 있는 것을 사용하여야 한다.
④ 용기 보관은 직사 일광을 피해서 저장, 배치하는 것이 좋다.

해설 CO_2 가스를 가압, 액화하여 액체 상태로 저장되어 있다.

□**6.** 상수도 소화용수설비에서 소화전은 소방대상물의 수평 투영면이 각 부분으로부터 몇 m 이하가 되도록 설치하여야 하는가?

① 120 m   ② 130 m
③ 140 m   ④ 150 m

해설 상수도 소화용수용 소화전 설치 : 호칭지름 75 mm 이상의 수도배관에 호칭지름 100 mm 이상의 소화전을 접속시킨다. 상수도 소화용수용 소화전은 소방자동차 진입이 쉬운 도로변 또는 공지에 설치하되 소방대상물의 수평 투영면으로부터 140 m 이하가 되도록 설치한다.

정답 4. ④   5. ①   6. ③

□7. 다음 그림은 KS 배관 도시기호 중 나사이음에 관련된 것이다. 해당되는 관이음의 종류는 어느 것인가?

① 부싱   ② 캡

③ 리듀서   ④ 오리피스 플랜지

해설 리듀서(reducer) : 이형관을 이을 때 사용하는 것으로 양쪽이 암나사로 되어 있다.

□8. 하나의 제연구역 면적으로 맞는 것은?

① 600 m^2 이내   ② 800 m^2 이내

③ 1000 m^2 이내   ④ 1200 m^2 이내

해설 하나의 제연구역 면적 : 1000 m^2 이내

□9. 이산화탄소 소화설비의 가스 용기 밸브에 대하여 다음 중 옳지 않은 것은?

① 일반적인 기온 변화와 진동에 대하여 안전하여야 한다.

② 전자 밸브나 가스압에 의해 순간적으로 개방되도록 하여야 한다.

③ 다른 밸브와 마찬가지로 개방 후 폐지가 가능하다.

④ 개방 후에는 폐지하는 것이 불가능하다.

해설 가스 용기 밸브는 개방 후 폐지하는 것이 불가능하다.

---

10. 펌프의 토출관에 압입기를 설치하여 포소화약제 압입용 펌프로 소화약제를 압입시켜 혼합하는 방식은?

① 라인 프로포셔너 방식   ② 프레셔 프로포셔너 방식

③ 프레셔 사이드 프로포셔너 방식   ④ 워터모터 프로포셔너 방식

해설 포소화약제 혼합방식의 종류

(1) 펌프 프로포셔너(pump proportioner) 방식 : 포말소화설비의 포약제 혼합방식으로 펌프 토출 측과 흡입 측에 바이패스를 설치하고, 그 바이패스의 도중에 설치한 어댑터(adaptor)로 펌프 토출 측 수량의 일부를 통과시켜 공기포 용액을 만드는 방식이다.

(2) 프레셔 프로포셔너(pressure proportioner) 방식 : 차압혼합방식이라고도 하며 펌프와 발포기 중간에 설치된 벤투리관의 벤투리 작용과 펌프 가압수의 포소화약제 저장 탱크에 대한 압력에 의하여 포소화약제를 흡입·혼합하는 방식이다.

(3) 라인 프로포셔너(line proportioner) 방식 : 관로혼합방식이라고도 하며 펌프와 발포기 중

간에 설치된 벤투리관의 벤투리 작용에 의하여 포소화약제를 흡입·혼합하는 방식이다.

(4) 프레셔 사이드 프로포셔너(pressure side proportioner) 방식 : 압입혼합방식이라고도 하며 펌프의 토출관에 압입기를 설치하여 포소화약제 압입용 펌프로 포소화약제를 압입시켜 혼합하는 방식이다.

---

11. 할론 1301의 축압식 저장용기 충전비로서 맞는 것은?

① 0.51 이상 0.67 미만   ② 0.67 이상 2.75 이하

③ 0.7 이상 1.4 이하   ④ 0.9 이상 1.6 이하

해설 할론 저장용기와 충전비

(1) 할론 1301 : 0.9 이상 1.6 이하

(2) 할론 1211 : 0.7 이상 1.4 이하

(3) 할론 2402

 • 축압식 : 0.67 이상 2.75 이하

 • 가압식 : 0.51 이상 0.67 미만

---

12. 어느 공장 주변에 옥외소화전이 5개 설치된 경우 수원의 저수량은?

① 14 m³ 이상   ② 21 m³ 이상   ③ 28 m³ 이상   ④ 35 m³ 이상

해설 수원의 양$(Q) = 0.35 \text{ m}^3/\text{min} \cdot$ 개 $\times 20 \text{ min} \times 2$개(최대 2개) $= 14 \text{ m}^3$ 이상

---

13. 그림의 혼합기에서 ①과 ②는?

① ①은 물 측 오리피스, ②는 원액 측 오리피스

② ①, ② 모두 물 측 오리피스

③ ①, ② 모두 원액 측 오리피스

④ ①은 원액 측 오리피스, ②는 물 측 오리피스

해설 수원의 흐름방향으로 보아 ①은 물 측 오리피스, ②는 원액 측 오리피스이다.

---

14. 완강기에 사용하는 로프의 기능상 적합하지 아니한 설명은?

① 전체길이에 걸쳐 균일한 구조이어야 한다.

② 강하 시 사용자를 심하게 선회시키는 일이 없어야 한다.

③ 양쪽 끝이 이탈되지 않도록 벨트에 연결되어야 한다.

④ 심선은 가는 것일수록 좋다.

정답 11. ④ 12. ① 13. ① 14. ④

해설 완강기의 구성요소와 역할

(1) 훅 : 건축물에 부착하는 금구로서 피난자의 하중을 지지한다.

(2) 벨트 : 폭 5 cm, 두께 0.3 cm 이상, 길이 160∼180 cm로 가슴에 장착한다.

(3) 로프 릴 : 피난자가 지상에 도달할 때까지 충분한 로프가 내장되어 있어야 한다.

(4) 로프 : 지름 3 mm 이상의 와이어로프에 면사로 외부를 감싸준 것이다.

(5) 조속기 : 피난자의 하강속도를 조정하는 것으로 체중에 의해 속도 조정이 이루어진다.

---

15. 분말소화설비에 있어서 배관을 분기할 때의 배관 짝지움으로 옳지 않은 것은 어느 것인가?

①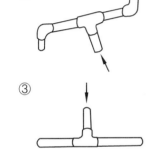

② 관경의 10배 이상

③

④

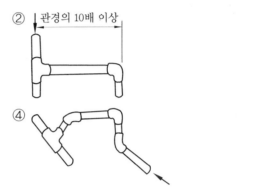

해설 토너먼트 방식에서 배관의 굴절부까지의 거리는 관지름의 20배 이상이어야 한다.

---

16. 건물의 용도 중에서 연결송수관을 설치해야 하는 건물의 용도로서 타당하지 않은 것은?

① 고층건축물　　　　　　　　　② 건물의 무창층 부분이 많은 곳

③ 공장건물로 발화 위험이 높은 곳　　④ 지하건축물

해설 발화 위험이 높은 곳은 화재 예방조치(발화요소 제거)를 하여야 한다.

---

17. 가압송수장치에 부설된 장치로 내부에 공기실이 있어 수격을 흡수할 수 있으며, 관로상의 미소 누설 시 공기팽창으로 보충하며, 설정압력 이하로 관로압력이 강하될 때는 전동기를 기동시키는 등의 기능을 하는 장치는?

① 감압밸브 또는 오리피스　　　　② 중간 펌프

③ 압력 체임버　　　　　　　　　④ 체절운전 방지장치

해설 압력 체임버 : 화재 시 헤드의 개방으로 2차 측 압력이 감소하면 1차 측의 가압수가 2차 측으로 공급되므로 이때 압력 감소로 압력 체임버의 압력 스위치가 작동하여 주 소화 펌프를 기동시키는 역할을 한다.

---

18. 개방형 스프링클러 헤드에 대한 설명 중 적합한 것은 ?

① 일정한 구역의 헤드는 동시에 방수되지 않는다.

② 설치장소의 온도 제한이 있다.

③ 일정한 구역에 설치된 헤드는 동시에 방수된다.

④ 스프링클러 설비의 건식에만 사용된다.

해설 개방형은 화재 감지기 작동으로 소화용수가 공급되며 헤드가 개방되어 있으므로 이때 방호구역 전체에 소화용수가 공급된다.

---

19. 옥외소화전(방수구)은 몇 m 이내에 소화전함을 설치해야 하며, 호스 구경은 몇 mm 인가 ?

① 3 m, 40 mm

② 3 m, 65 mm

③ 5 m, 40 mm

④ 5 m, 65 mm

해설 옥외소화전(방수구) : 5 m 이내, 호스 구경 : 65 mm

---

20. 폐쇄형 스프링클러 헤드의 감도를 예상하는 지수인 RTI와 관련이 깊은 것은 ?

① 기류의 온도와 비열

② 기류의 온도, 속도 및 작동시간

③ 기류의 비열 및 유동방향

④ 기류의 온도, 속도 및 비열

해설 RTI : 반응시간지수

정답 18. ③ 19. ④ 20. ②

실전 테스트 3

□1. 이산화탄소 소화설비의 특징이 아닌 것은?

① 화재 진화 후 깨끗하다.

② 부속이 고압 배관, 고압 밸브를 사용하여야 한다.

③ 소음이 적다.

④ 전기, 기계, 유류 화재에 효과가 있다.

> 해설 이산화탄소 소화설비의 단점
>
> (1) 소음이 커서 방사 시 공포감을 조성한다.
> (2) 약제 방출에 의한 기화잠열로 인하여 동상의 우려가 있다.
> (3) 사람과 가축에 질식 우려가 있다.

□2. 펌프의 분당 토출량이 600 L, 양정이 72 m인 소화펌프를 설치하려고 한다. 이때 전동기의 용량은? (단, 펌프효율 : 0.55, 여유율 : 1.1)

① 10.5 kW

② 12.3 kW

③ 14.1 kW

④ 17.3 kW

> 해설 $H_{kW} = \dfrac{1000 \times Q \times H}{102 \times 60 \times E} \times k = \dfrac{1000 \times 0.6 \times 72}{102 \times 60 \times 0.55} \times 1.1 = 14.11 \, \text{kW}$

□3. 아파트에 설치하는 자동식 소화기의 설치기준 중 부적합한 것은?

① 아파트의 각 세대별 주방에 설치한다.

② 소화약제 방출구는 환기구의 청소부분과 분리되어 있어야 한다.

③ 자동식 소화기에 사용하는 가스 누설경보 차단장치는 감지부의 1 m 이내에 위치한다.

④ 자동식 소화기의 탐지부는 수신부와 분리하여 설치하되 공기보다 무거운 가스 사용 시는 바닥에서 30 cm 이하에 위치한다.

> 해설 가스 누설경보 차단장치는 주방의 개폐 밸브로부터 2 m 이내에 설치한다.
>
> 가스 누설경보기는 검지부와 경보부로 구분한다.
> (1) 검지부
> • 공기보다 무거운 가스 : 바닥면으로부터 30 cm 이하 되는 곳에 설치
> • 공기보다 가벼운 가스 : 천장면으로부터 30 cm 이하 되는 곳에 설치
> • 누설된 가스가 체류하기 쉬운 장소에 설치

정답 1. ③ 2. ③ 3. ③

(2) 경보부
- 항상 사람이 상주하는 곳에 설치
- 상황전파가 용이한 곳에 설치

□4. 상수도 소화용수설비의 설명으로 맞지 않는 것은?

① 호칭지름 75 mm 이상의 수도배관에 호칭지름 100 mm 이상의 소화전을 접속하여야 한다.

② 소화전함은 소화전으로부터 5 m 이내의 거리에 설치한다.

③ 소화전은 소방자동차 등의 진입이 쉬운 도로변 또는 공지에 설치한다.

④ 소화전은 소방대상물의 수평투영면의 각 부분으로부터 140 m 이하가 되도록 설치한다.

해설 ②항은 옥외 소화전함의 설치기준이다.

□5. 제연구획에 대한 설명 중 잘못된 것은?

① 하나의 제연구역의 면적은 1000 m² 이내로 하여야 한다.

② 거실과 통로는 상호 제연구획하여야 한다.

③ 제연구역의 구획은 보·제연경계벽 및 벽으로 하여야 한다.

④ 통로상의 제연구역은 보행 중심선으로 길이가 최대 50 m 이내이어야 한다.

해설 통로상의 제연구역은 보행 중심선으로 길이가 최대 60 m 이내이어야 한다.

□6. 옥외소화전을 방수시험하니 노즐선단 노즐 구경 20 mm에서 방수압력이 3 kgf/cm² 이었다. 분당 방수량은 약 얼마인가?

① 251 L/min   ② 452 L/min

③ 630 L/min   ④ 692 L/min

해설 $Q = 0.653 \times D^2 \times \sqrt{p} = 0.653 \times 20^2 \times \sqrt{3} = 452 \, \mathrm{L/min}$

□7. 분말소화설비와 겸용해서 좋은 소화효과를 나타내는 소화약제 중 가장 적합한 것은?

① 웨트워터(wet water)

② 단백포(protein foam)

③ 수성막포(aqueous film forming foam)

④ 고팽창포(high expansion foam)

정답   4. ②   5. ④   6. ②   7. ③

해설 소화약제의 종류

(1) 수성막포 소화약제 : 불소계통의 합성계면활성제를 물과 혼합하여 사용한다. 유류 표면에 도포하여 질식소화시키는 것으로 단백포에 비해 3~5배 정도로 효과가 뛰어나며 반면 약제 사용량은 $\frac{1}{3}$ 정도이다. 일명 라이트워터(light water)라 하고 3 %, 6 %형이 있으며 유류저장 탱크, 비행기 격납고, 정유공장, 주유소 등에 이용된다.

(2) 단백포 : 짐승의 뼈, 뿔, 피 등의 동물성 단백질을 가수분해시켜 얻은 것으로 장기간 보존 시 변질, 부패의 우려가 있으므로 일정 기간이 지나면 교환, 재충전을 필요로 한다. 3 %, 6 %형이 있으며 저발포로 방출된다. 특히, 유류소화를 위해 옥외저장 탱크의 측벽에 설치하여 사용하는 고정포 방출구(Ⅱ형)가 있다.

(3) 합성 계면활성제포 소화약제 : 합성계면활성제(고급 알코올, 황산에스테르, 알킬벤젠, 술폰산염)를 물과 혼합하여 기포 안정제를 첨가한 것으로 무취의 연한 황색의 액체이다. 유류 표면을 포로 덮어 질식소화를 하며 유화작용을 하므로 재연소 방지에 적합하고 쉽게 분해되지 않아 공해의 원인이 되기도 한다. 주유소, 차고, 정유공장 등의 소화설비에 사용되고 고발포용으로 1 %, 1.5 %, 2 %형이 있으며 저발포용으로는 3 %, 6 %형이 있다.

(4) 알코올포 소화약제 : 동물성 단백질의 가수분해물에 계면활성제를 첨가하여 유화 분산시켜 물에 불용성 물질로 생성한다. 알코올, 에테르, 아세트알데히드류 등의 소화약제로 사용한다. 단백포나 수성막포, 합성 계면활성제포를 알코올, 에테르, 아세트알데히드류 등의 소화약제로 사용하면 포가 물로 환원되는 소포성이 있으므로 부적합하다. 6 %형이 있으며 6배 이상의 저발포에 의해 방출된다.

□8. 옥외소화전 설비가 5개 설치되어 있을 때에 필요한 저수량은?

① 7 m³ ② 13 m³
③ 14 m³ ④ 35 m³

해설 $Q = 0.35 \text{ m}^3/\text{min} \times 20 \text{ min} \times 2개 = 14 \text{ m}^3$

옥외소화전 방수량 : 350 L/min · 개, 소화전수 : 최대 2개

□9. 물분무 소화설비가 적용되지 않는 위험물은 어느 것인가?

① 제 5 류 위험물 ② 제 4 류 위험물
③ 제 1 석유류 ④ 알칼리금속의 과산화물

해설 제 5 류 위험물(자기 반응성 물질) : 유기과산화물류, 질산에스테르류, 셀룰로이드류, 니트로화합물류, 디아조 화합물류 등

정답 8. ③ 9. ①

(1) 성상 및 취급방법 : 자체 내에 산소를 함유하고 있어 장시간 보존 시 자연발화의 위험이 있다. 연소속도가 매우 빠르며 가열, 충격 등에 의해 폭발하는 유기질 화합물로 이루어져 있다. 화기엄금, 충격주의

(2) 소화방법 : 초기에는 다량의 주수소화(화재가 진행된 상태에서는 소화가 불가능하다.) 자기연소물질이기 때문에 질식소화는 효과가 없다.

---

10. 준비작동식 스프링클러 설비의 준비작동식 밸브 2차 측에는 무엇을 채워 놓는가?

① 물   ② 부동액
③ 고압 가스   ④ 공기

해설 (1) 1차 측은 습식, 건식, 준비작동식, 일제 살수식 모두 가압수이다.
　　(2) 2차 측
　　　① 습식 → 가압수(알람 체크 밸브, 화재 감지기가 없고 헤드 개방으로 작동)
　　　② 건식 → 압축공기 또는 질소(건식 밸브, 화재 감지기가 없고 헤드 개방으로 작동)
　　　③ 준비작동식 → 대기압 상태의 공기(준비작동 밸브, 화재감지기가 있다.)
　　　④ 일제살수식 → 대기압 상태의 공기(일제개방 밸브, 화재감지기가 있다.)

---

11. 다음은 옥내소화전 설비 표시등에 대한 설명이다. 가장 적합한 것은?

① 기동표시등은 평상시 불이 켜지지 않은 상태로 있어야 한다.
② 위치표시등은 평상시 불이 켜지지 않은 상태로 있어야 한다.
③ 위치표시등 및 기동표시등은 둘 다 불이 켜진 상태로 있어야 한다.
④ 위치표시등 및 기동표시등은 둘 다 불이 안 켜진 상태로 있어야 한다.

해설 위치표시등은 항상 불이 켜져 쉽게 식별할 수 있도록 하여야 한다. 기동표시등은 펌프의 기동 시에만 켜지고 평상시에는 꺼진 상태이다.

---

12. 완강기의 부품의 기능에 대하여 올바르게 설명된 것은?

① 훅은 로프를 지상에 고정하는 것이다.
② 벨트는 조속기를 건물에 설치하는 것이다.
③ 릴은 로프를 받쳐서 강하를 원활하게 한다.
④ 속도조절기는 강하속도를 자동으로 조절한다.

해설 (1) 훅 : 건축물에 부착하는 금구로서 피난자의 하중을 지지한다.
　　(2) 벨트 : 폭 5 cm, 두께 0.3 cm 이상, 길이 160~180 cm로 가슴에 장착한다.

정답 10. ④   11. ①   12. ④

(3) 로프 릴 : 피난자가 지상에 도달할 때까지의 충분한 로프가 내장되어 있어야 한다.

(4) 로프 : 지름 3 mm 이상의 와이어로프에 면사로 외부를 감싸준 것이다.

(5) 조속기 : 피난자의 하강속도를 조정하는 것으로 체중에 의해 속도가 이루어진다.

---

13. 개방형 스프링클러 헤드를 설치하는 경우 하나의 방수구역이 담당하는 헤드의 개수가 몇 개를 초과할 때 수리계산방법으로 하는가?

① 10개　　　　② 20개　　　　③ 30개　　　　④ 40개

해설 30개를 초과할 때에는 수리계산방법에 의할 것. 수리계산 시 배관 내의 유속은 55 m/s 이하를 기준으로 한다.

---

14. 청정소화약제 소화설비에서 농도를 증가시킬 때 아무런 영향을 감지할 수 없는 최대농도를 무엇이라 하는가?

① NOAEL　　　② LOAEL　　　③ ODP　　　④ GWP

해설 ① NOAEL(No Observed Adverse Effect Level) : 사람의 심장에 영향을 미치지 않는 최대의 농도

② LOAEL(Lowest Observed Adverse Effect Level) : 사람의 심장에 영향을 미치는 농도

③ ODP(Ozone Depletion Potential) : 오존 파괴지수로서 오존층 파괴능력에 미치는 상대적 지표

④ GWP(Global Warming Potential) : 지구온난화지수로서 CFC - 11이 대기 중에 방출되어 지구 온난화에 기여하는 정도를 "1"로 정하였을 때 같은 질량의 물질이 기여하는 정도를 표시한 수치

---

15. 연결송수관 설비 방수구의 구경은?

① 40 mm　　　② 50 mm　　　③ 65 mm　　　④ 100 mm

해설 소방대에서 사용하는 65 mm 호스를 접속시키기 위해 송수구의 결합금구는 65 mm로 통일되어 있다.

---

16. 금속제 피난사다리의 종봉의 간격으로 적당한 것은?

① 30 cm 이상 45 cm 이하　　　　② 25 cm 이상 50 cm 이하

③ 30 cm 이상 50 cm 이하　　　　④ 25 cm 이상 60 cm 이하

정답 13. ③　14. ①　15. ③　16. ③

[해설] 종봉 간격은 30 cm 이상 50 cm 이하, 횡봉 간격은 25 cm 이상 35 cm 이하로 하며, 횡봉의 굵기는 지름 14~35 mm의 원형으로 한다.

---

17. 호스릴 이산화탄소 소화설비에 있어서 소화약제의 저장량은 얼마 이상이어야 하는가?

① 하나의 노즐에 대하여 70 kg
② 하나의 노즐에 대하여 90 kg
③ 하나의 노즐에 대하여 120 kg
④ 하나의 노즐에 대하여 150 kg

[해설] 호스릴식의 소화약제 저장량은 호스릴 수×90 kg이며, 20℃에서 하나의 노즐마다 60 kg/min 이상의 소화약제를 방사할 수 있는 것으로 한다.

---

18. 다음 중 소화설비의 펌프 점검 내용으로 가장 잘못된 것은?

① 물올림장치와 연결배관은 적정한가?
② 펌프 회전축의 윤활유 등이 적정한가?
③ 펌프 흡입 측 안전밸브의 작동압력은 적정한가?
④ 펌프는 점검이 편리한 장소에 설치되어 있는가?

[해설] 펌프 흡입 측의 압력은 저압 또는 대기압 이하의 저압이므로 안전밸브는 사용하지 않으며 토출 측에는 사용이 가능하다.

---

19. 연소방지설비는 행정안전부령이 정하는 어느 곳에 설치하여야 하는가?

① 기계실   ② 보일러실   ③ 화장실   ④ 지하구

[해설] 연소방지설비는 지하구에 설치한다.

---

20. 스프링클러 설비 유수검지장치의 정상기능 상태 여부를 점검하기 위한 시험배관은 어디에 설치하는가?

① 교차관 말단
② 유수검지장치로부터 가장 먼 가지배관의 말단
③ 유수검지장치로부터 가장 가까운 가지배관의 말단
④ 유수검지장치와 가지배관 사이

[해설] 유수검지장치로부터 가장 먼 가지배관의 말단에 구경 25 mm로 하고 그 끝에 개방형 헤드를 설치한다. 이 경우 개방형 헤드는 반사판, 프레임을 제거한 오리피스만 설치할 수 있다. 또는 유수검지장치 2차 측에 설치하기도 한다.

[정답] 17. ②   18. ③   19. ④   20. ②

실전 테스트 **4**

1. 완강기의 강하기구(降下機構)에 관한 설명으로 옳은 것은 어느 것인가?

① 완강기는 엘리베이터에서와 같이 평형추(平衡錘)가 강하하는 사람의 체중을 상쇄하도록 되어 있다.

② 로프의 다른 한쪽을 강하하는 사람이 손으로 잡고 적절히 풀어주는 방식이다.

③ 전동식 윈치의 원리로서 일정 속도로 전동기가 내려주는 방식이다.

④ 사용자의 체중에 의하여 강하하는 일을 조속기의 마찰력이 흡수하여 준다.

해설 완강기의 구성 및 역할

(1) 훅 : 건축물에 부착하는 금구로서 피난자의 하중을 지지한다.

(2) 벨트 : 폭 5 cm, 두께 0.3 cm 이상, 길이 160~180 cm로 가슴에 장착한다.

(3) 로프 릴 : 피난자가 지상에 도달할 때까지의 충분한 로프가 내장되어 있어야 한다.

(4) 로프 : 지름 3 mm 이상의 와이어로프에 면사로 외부를 감싸준 것이다.

(5) 조속기 : 피난자의 하강속도를 조정하는 것으로 체중에 의해 속도가 이루어진다.

2. 공동주택이나 호텔 객실에 적합한 제연방식은?

① 밀폐 제연방식　　　　　　② 자연 제연방식

③ 스모크 타워 제연방식　　　④ 기계 제연방식

해설 공동주택이나 호텔 객실에 적합한 제연방식은 밀폐 제연방식이다.

3. 할로겐 화합물(할론 1301 제외)을 방사하는 소화기구에 관한 설명이다. 설치장소로 적합한 것은?

① 지하층

② 무창층

③ 밀폐된 거실 또는 사무실로서 그 바닥면적이 20 m^2 미만인 곳

④ 밀폐된 거실 또는 사무실로서 그 바닥면적이 20 m^2 이상인 곳

해설 이산화탄소 및 할론 소화기구 설치 제외 장소(단, 할론 1301 제외)는 다음과 같다.

(1) 지하층

(2) 무창층

(3) 밀폐된 거실 또는 사무실로서 그 바닥면적이 20 m^2 미만인 곳

정답 1. ④　2. ①　3. ④

□4. 옥외소화전 설비를 설치하는 소방대상물로서 맞지 않는 것은?

① 내화구조로 1~2층의 바닥면적 합계가 9000 m^2인 것

② 지정문화재로서 연면적 1000 m^2인 것

③ 공장, 창고로서 특수가연물 750배 이상을 저장 취급하는 곳

④ 주차용 건축물로서 연면적 800 m^2인 것

[해설] 주차용 건축물로서 연면적 800 m^2인 것은 제외

□5. 다음 소화설비 중 비상전원을 필요로 하지 않는 소화설비는 어느 것인가?

① 옥내소화전 설비   ② 스프링클러 설비

③ 옥외소화전 설비   ④ 포소화설비

[해설] 옥외소화전 설비 : 비상전원 제외

□6. 포소화약제 혼합장치 중 오른쪽 그림은 어느 방식에 맞는 것인가?

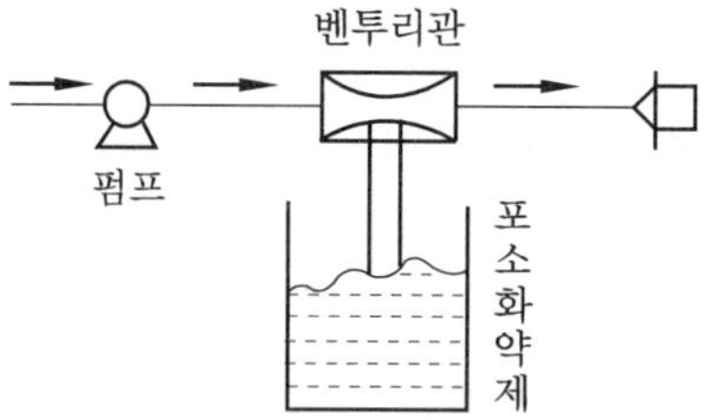

① line proportioner 방식

② pump proportioner 방식

③ pressure proportioner 방식

④ pressure side proportioner 방식

[해설] 포소화약제 혼합방식의 종류

(1) 펌프 프로포셔너(pump proportioner) 방식 : 포말소화설비의 포약제 혼합방식으로 펌프 토출 측과 흡입 측에 바이패스를 설치하고, 그 바이패스의 도중에 설치한 어댑터(adaptor)로 펌프 토출 측 수량의 일부를 통과시켜 공기포 용액을 만드는 방식이다.

(2) 프레셔 프로포셔너(pressure proportioner) 방식 : 차압혼합방식이라고도 하며 펌프와 발포기 중간에 설치된 벤투리관의 벤투리 작용과 펌프 가압수의 포소화약제 저장 탱크에 대한 압력에 의하여 포소화약제를 흡입·혼합하는 방식이다.

(3) 라인 프로포셔너(line proportioner) 방식 : 관로혼합방식이라고도 하며 펌프와 발포기 중간에 설치된 벤투리관의 벤투리 작용에 의하여 포소화약제를 흡입·혼합하는 방식이다.

(4) 프레셔 사이드 프로포셔너(pressure side proportioner) 방식 : 압입혼합방식이라고도 하며 펌프의 토출관에 압입기를 설치하여 포소화약제 압입용 펌프로 포소화약제를 압입시켜 혼합하는 방식이다.

[정답] 4. ④   5. ③   6. ①

7. 연결살수설비의 전용 헤드는 천장 또는 반자의 각 부분으로부터 하나의 살수 헤드 까지의 수평거리가 몇 m 이하로 하여야 하는가?

① 2.1 m

② 2.3 m

③ 3.2 m

④ 3.7 m

【해설】 연결살수설비의 전용 헤드 : 수평거리 3.7m 이하

8. 스프링클러 설비에 사용되는 펌프 기동용 압력 체임버의 용적은 얼마 이상이어야 하는가?

① 100 L

② 200 L

③ 300 L

④ 400 L

【해설】 (1) 압력 체임버의 용적 : 100 L 이상

(2) 압력 체임버 : 화재 시 헤드의 개방으로 2차 측 압력이 감소하면 1차 측의 가압수가 2차 측으로 공급되므로 이때 압력 감소로 압력 체임버의 압력 스위치가 작동하여 주 소 화 펌프를 기동시키는 역할을 한다.

9. 분말소화설비에서 일정한 방출압력이 되면 주밸브를 개방시켜 분말소화약제를 분사 헤드로부터 방출할 수 있게 하는 것은?

① 정압작동장치

② 가압용 가스용기

③ 압력조정기

④ 선택 밸브

【해설】 정압작동장치 : 주밸브의 개방

10. 가압용수 장치의 펌프 용량이 30 kW이고, 토출량이 1000 L/min인 펌프의 양정은 몇 m인가?(단, 펌프 효율 80%, 전달계수 1.1이다.)

① 133.85

② 92.73

③ 1338.5

④ 72.23

【해설】 $H_{kW} = \dfrac{1000 \times Q \times H}{102 \times 60 \times E} \times k$ 에서

$30 = \dfrac{1000 \times 1\,\mathrm{m}^3/\mathrm{min} \times H}{102 \times 60 \times 0.8} \times 1.1$

$\therefore H = 133.85\,\mathrm{m}$

【정답】 **7.** ④ **8.** ① **9.** ① **10.** ①

11. 옥내소화전 설비의 가압장치인 펌프의 양정을 산출함에 있어 무시해도 좋은 것은?

① 배관의 마찰손실수두
② 노즐의 마찰손실수두
③ 소방용 호스의 마찰손실수두
④ 낙차

해설 펌프의 양정 산출 : $H = h_1 + h_2 + h_3 + 17$(여기서, h_1 : 낙차에 의한 손실수두, h_2 : 배관 마찰손실에 의한 손실수두, h_3 : 소방용 호스에 의한 손실수두)

12. 배수에 필요한 배관에 장치하는 배수 밸브의 위치로서 제일 적합한 것은?

① 최소위의 부분
② 최저위의 부분
③ 배관의 최말단
④ 자유로운 위치

해설 배수 밸브는 이물질 등이 주로 낮은 곳에 모이기 때문에 배관의 최저위 부분에 설치한다.

13. 폐쇄형 스프링클러 헤드에 대한 설명으로 틀린 것은?

① 방수구에서 유출되는 물을 세분시키는 것은 디플렉터이다.
② 표시온도는 헤드가 작동하는 온도로 헤드에 표시되어 있다.
③ 헤드 취부 및 디플렉터 중간에 있는 밸브를 유리 밸브라 한다.
④ 헤드를 조립할 때 이미 설계된 하중을 설계하중이라 한다.

해설 알코올 또는 에테르 등 온도에 따라 급격한 체적 팽창을 일으키는 물질을 유리구 안에 봉입하여 열에 의해 파열되는 헤드를 유리 밸브라 한다.

14. 대형 소화기에 충전하는 소화약제량 중에서 잘못된 것은?

① 할로겐 화합물 소화기 : 30 kg 이상
② 분말 소화기 : 40 kg 이상
③ 이산화탄소 소화기 : 50 kg 이상
④ 강화액 소화기 : 60 L 이상

해설 대형 소화기에 충전하는 소화약제의 양
(1) 할로겐 화합물 소화기 : 30 kg
(2) 분말 소화기 : 20 kg
(3) 이산화탄소 소화기 : 50 kg
(4) 포소화기 : 20 L
(5) 강화액 소화기 : 60 L
(6) 물소화기 : 80 L

정답 11. ② 12. ② 13. ③ 14. ②

15. 소화용수설비에 설치하는 소화수조의 소요수량이 50 m³인 경우의 채수구 수는?

① 1개　　　　　② 2개　　　　　③ 3개　　　　　④ 4개

해설 소화수조의 소요수량과 채수구의 수 : 소화용수설비에 설치하는 채수구에는 다음 표에 의하여 소방용 호스 또는 소방용 흡수관에 사용하는 구경 65 mm의 나사식 결합 금속구를 설치할 것. 지면으로부터의 낙차가 4.5 m 이하이며, 흡수부분의 수심은 0.5 m 이상일 것

소요수량	20 m³ 이상 40 m³ 미만	40 m³ 이상 100 m³ 미만	100³ 이상
채수구의 수	1개	2개	3개

(1) 지하에 설치하는 소화용수설비의 흡수관 투입구는 그 한 변이 60 cm 이상이거나 지름이 60 cm 이상의 것으로 하고, 소요수량이 80 m³ 미만인 것에 있어서는 1개 이상, 80 m³ 이상의 것에 있어서는 2개 이상을 설치하여야 하며, "흡수관 투입구"라고 표시한 표지를 설치할 것

(2) 채수구는 지면으로부터의 높이가 0.5 m 이상 1 m 이하의 위치에 설치하고 "채수구"라고 표시한 표지를 설치할 것

16. 다음은 소화기구를 점검하기 위한 기구류이다. 적합하다고 볼 수 없는 것은 어느 것인가?

① 저울　　　　　　　　　　② 압력계
③ 반사경　　　　　　　　　④ 내부 조명기

해설 소화기구 점검 기구류 : 저울, 반사경, 내부 조명기, 소화기, 비커, 반사경, 고정틀

17. 가압송수장치에 있어 수원의 수위가 펌프보다 낮은 위치에 있을 때 배관 흡입구에는 어떤 밸브를 사용하는가?

① 게이트 밸브(gate valve)　　　　　② 풋 밸브(foot valve)
③ 지수 밸브(stop valve)　　　　　　④ 앵글 밸브(angle valve)

해설 풋 밸브(foot valve)의 주요 기능 : 여과 기능, 체크 기능

18. 소방 펌프의 토출량이 600 L/min, 전양정은 75 m, 펌프 효율은 0.6, 전달계수는 1.2일 때 전동기의 용량으로서 가장 적당한 것은?

① 8.8 kW　　　　② 14.7 kW　　　　③ 53.5 kW　　　　④ 534.6 kW

정답　15. ②　16. ②　17. ②　18. ②

해설 $H_{kW} = \dfrac{1000 \times Q \times H}{102 \times 60 \times E} \times k$

$= \dfrac{1000 \times 0.6 \ \text{m}^3/\text{min} \times 75 \ m}{102 \times 60 \times 0.6} \times 1.2 = 14.705 \ \text{kW}$

19. 물분무 소화설비는 물을 미립자로 만들어 무상으로 방사시켜 냉각작용, 질식작용 및 유화작용의 소화효과를 갖는다. 다음 소방대상물의 적용 장소로 적합한 것은?
① 옥외변압기   ② 주방
③ 아파트 거실   ④ 극장

해설 옥외변압기의 경우 공중에 설치되어 있으므로 물분무 등 소화설비의 약제는 공기보다 무거워 아래로 내려오기 때문에 부적합하나, 물분무 소화설비는 수증기 형태로 존재하기 때문에 냉각작용, 질식작용으로 소화가 가능하다.

20. 2개의 호스릴을 가진 이산화탄소 소화설비에서 소화약제의 저장량은 몇 kg 이상으로 해야 하는가?
① 100   ② 140
③ 180   ④ 200

해설 호스릴 소화약제의 저장량
• 호스릴 1개당 약제 저장량 : 90 kg
  90 kg × 2개 = 180 kg
• 호스릴 분당 방사량 : 60 kg

실전 테스트 **5**

1. 완강기의 구성부품으로서 옳은 것은?

① 조속기, 체인, 벨트, 훅
② 설치금구, 체인, 벨트, 훅
③ 조속기, 로프, 벨트, 훅
④ 조속기, 로프, 훅, 리얼

해설 완강기의 구성요소와 역할

(1) 훅 : 건축물에 부착하는 금구로서 피난자의 하중을 지지한다.
(2) 벨트 : 폭 5 cm, 두께 0.3 cm 이상, 길이 160~180 cm로 가슴에 장착한다.
(3) 로프 릴 : 피난자가 지상에 도달할 때까지의 충분한 로프가 내장되어 있어야 한다.
(4) 로프 : 지름 3 mm 이상의 와이어로프에 면사로 외부를 감싸준 것이다.
(5) 조속기 : 피난자의 하강속도를 조정하는 것으로 체중에 의해 속도가 이루어진다.

2. 송수관 계통의 노즐에 공기포 소화원액 비례혼합조(PPT)에 치환흡입기를 접속하여 물을 공기포 소화원액 비례혼합조 내에 보내어 공기포 소화원액의 치환과 송수관에로의 공기포 소화원액 흡입작용의 양 작용에 의해 유수 중에 공기포 소화원액을 혼입시켜 지정농도의 공기포 소화수용액을 만드는 소화원액 혼합장치는?

① 라인 프로포셔너 방식(line – proportioner)
② 펌프 프로포셔너 방식(pump – proportioner)
③ 석션 프로포셔너 방식(suction – proportioner)
④ 프레셔 프로포셔너 방식(pressure – proportioner)

해설 포소화약제 혼합방식의 종류

(1) 펌프 프로포셔너(pump proportioner) 방식 : 포말소화설비의 포약제 혼합방식으로 펌프 토출 측과 흡입 측에 바이패스를 설치하고, 그 바이패스의 도중에 설치한 어댑터 (adaptor)로 펌프 토출 측 수량의 일부를 통과시켜 공기포 용액을 만드는 방식이다.
(2) 프레셔 프로포셔너(pressure proportioner) 방식 : 차압혼합방식이라고도 하며 펌프와 발포기 중간에 설치된 벤투리관의 벤투리작용과 펌프 가압수의 포소화약제 저장 탱크에 대한 압력에 의하여 포소화약제를 흡입·혼합하는 방식이다.
(3) 라인 프로포셔너(line proportioner) 방식 : 관로혼합방식이라고도 하며 펌프와 발포기 중간에 설치된 벤투리관의 벤투리 작용에 의하여 포소화약제를 흡입·혼합하는 방식이다.
(4) 프레셔 사이드 프로포셔너(pressure side proportioner) 방식 : 압입혼합방식이라고도 하며 펌프의 토출관에 압입기를 설치하여 포소화약제 압입용 펌프로 포소화약제를 압입시켜 혼합하는 방식이다.

정답 1. ③ 2. ④

3. 건축물의 높이가 80 m이고 방수구가 2개 설치된 경우 연결송수관 설비의 가압송수 펌프의 전동기 동력(kW)은?

① 35

② 58

③ 65

④ 78

해설 펌프의 토출량 : 2400 L/min 이상 (2.4 m³/min), 당해층에 설치된 방수구가 3개 이상 (최대 5개)일 경우 1개당 800 L 가산한 양으로 한다.

$$H_{kW} = \frac{1000 \times 2.4 \times 80}{102 \times 60} \times 1.1 = 34.5 \text{ kW}$$

4. 스모크 타워 제연방식에 관한 설명 중 옳지 않은 것은?

① 제연 샤프트의 굴뚝효과를 이용한다.

② 고층 빌딩에 적합하다.

③ 제연기를 상용하는 기계제연의 일종이다.

④ 모든 층의 일반거실 화재에 이용할 수 있다.

해설 스모크 타워 제연방식은 자연 제연방식의 일종이다.

5. 이산화탄소 저장용기의 설치기준에 적합하지 않은 것은?

① 온도가 40℃ 이하인 장소

② 방호구역 장소 내에 설치할 것

③ 직사광선 및 빗물이 침투할 우려가 없는 곳

④ 온도 변화가 작은 곳에 설치할 것

해설 모든 저장용기는 방호구역 장소 외에 설치하여야 한다.

6. 다음 중 난방설비가 없는 교육장소(겨울 최저온도 −15℃)에 비치하는 소화기로 적당한 것은?

① 화학포 소화기

② 기계포 소화기

③ 산 · 알칼리 소화기

④ ABC 분말소화기

해설 화학포 소화기, 기계포 소화기, 산 · 알칼리 소화기에는 소화약제로 물을 사용하기 때문에 동결 우려가 있는 장소에서는 사용할 수 없다.

정답 3. ① 4. ③ 5. ② 6. ④

☐7. 다음 중 옥내소화전 유효수량의 1/3을 옥상에 설치하여야 하는 것은？

① 지하층만 있는 소방대상물

② 지표면으로부터 당해 건축물 옥상 바닥까지 15 m인 소방대상물

③ 수원이 건축물의 지붕보다 높은 위치에 설치된 소방대상물

④ 주펌프와 동등 이상의 성능이 있는 내연기관에 연결된 예비전동기 구동 펌프가 설치된 소방대상물

해설 옥상 (고가)수조를 설치하지 않아도 되는 대상물

(1) 옥상이 없는 건축물 또는 공작물

(2) 지하층만 있는 건축물

(3) 고가수조를 가압송수장치로 설치한 옥내소화전 설비

(4) 수원이 건축물의 지붕보다 높은 위치에 설치된 경우

(5) 지표면으로부터 당해 건축물 옥상 바닥까지 10 m 이하인 소방대상물

(6) 주펌프와 동등 이상의 성능이 있는 내연기관에 연결된 예비전동기 구동 펌프가 설치된 소방대상물

☐8. 인산염을 주성분으로 한 분말소화약제를 상용하는 분말소화설비의 소화약제 저장용기 내용적은 소화약제 1 kg당 얼마이어야 하는가？

① 0.8 L   ② 0.92 L   ③ 1.00 L   ④ 1.26 L

해설 저장용기 내용적

(1) 탄산수소나트륨(제 1 종) : 0.8 L

(2) 탄산수소칼륨(제 2 종) : 1.00 L

(3) 인산염(제 3 종) : 1.00 L

(4) 탄산수소칼륨+요소(제 4 종) : 1.25 L

☐9. 다음은 스프링클러 소화설비에 설치하는 스트레이너에 대한 설명이다. 옳지 않은 것은？

① 스트레이너는 유수 중 마찰손실이 일어나지 않는다.

② 스트레이너는 배관 청소를 용이하게 할 수 있도록 제조되어 있다.

③ 스트레이너의 망목 또는 구멍의 지름은 헤드 구경의 1/2 이하이어야 한다.

④ 분무 헤드가 막히지 않게 이물질을 물속에서 제거하기 위한 것이다.

해설 배관에 설치하는 여과기, 엘보, 티, 플랜지 등 부속기기는 배관의 부차적 손실에 해당된다.

정답 7. ②   8. ③   9. ①

10. 연결송수관 설비의 방수구를 설치하는 당해 층의 각 부분으로부터 방수구까지의 수평거리 기준으로 맞는 것은?

① 지하가인 경우에는 25 m

② 지하층의 바닥면적의 합계가 3000 m²인 경우에는 50 m

③ 지상층의 경우에는 65 m

④ 피난층의 경우에는 100 m

해설 방수구까지의 수평거리 기준

(1) 지하층의 바닥면적의 합계가 3000 m²인 경우에는 25 m, 그 밖의 것 50 m

(2) 지하가 중 터널로서 주행차로 측벽길이 방향 : 50 m

11. 상수도 소화용수설비 설치 대상물은 지상에 설치한 가스시설 저장용량이 몇 t 이상이어야 하는가?

① 10   ② 50

③ 60   ④ 100

해설 소화용수설비 설치 대상물 : 연면적 5000 m² 이상, 가스시설 저장용량 100 t 이상일 때

12. 소화펌프의 토출관 관지름이 150 mm이고 매초 3 m의 속도로 물이 흐르고 있다. 펌프의 토출량은 약 얼마인가? (단, 마찰손실은 무시한다.)

① 3.2 m³/min   ② 4.3 m³/s

③ 2.7 m³/min   ④ 3.8 m³/s

해설 $Q = A \times V$에서

$$\frac{\pi}{4} \times 0.15^2 \, \text{m}^2 \times 3 \, \text{m/s} \times 60 \, \text{s/min} = 3.18 \, \text{m/s} \fallingdotseq 3.2 \, \text{m}^3/\text{min}$$

13. 다음 중 완강기의 조속기에 관한 설명으로 가장 적당한 것은?

① 조속기는 로프에 걸리는 하중의 크기에 따라서 자동적으로 원심력 브레이크가 작동하여 강하속도를 조절한다.

② 조속기는 사용할 때 체중에 맞추어 인위적 조작으로 강하속도를 조정할 수 있다.

③ 조속기는 3개월마다 분해 점검할 필요가 있다.

④ 조속기는 강하자가 손에 잡고 강하하는 것이다.

정답 **10.** ①   **11.** ④   **12.** ①   **13.** ①

해설 완강기의 구성요소와 역할

(1) 훅 : 건축물에 부착하는 금구로서 피난자의 하중을 지지한다.

(2) 벨트 : 폭 5 cm, 두께 0.3 cm 이상, 길이 160~180 cm로 가슴에 장착한다.

(3) 로프 릴 : 피난자가 지상에 도달할 때까지의 충분한 로프가 내장되어 있어야 한다.

(4) 로프 : 지름 3 mm 이상의 와이어로프에 면사로 외부를 감싸준 것이다.

(5) 조속기 : 피난자의 하강속도를 조정하는 것으로 체중에 의해 속도가 이루어진다.

---

14. 옥외소화전 설비에 공급하는 소화수의 단속을 위하여 개폐 밸브를 지하에 매립할 경우에 밸브의 개폐를 표시하기 위하여 설치하는 포스트 인디케이터와 연결된 밸브의 축이 위로 올라가지 않고 회전만 하는 형태의 밸브는?

① 외측 나사(OS & Y) 밸브　　　　② 내측(IS & Y) 밸브

③ 역류 방지(back flow prevention) 밸브　④ 스로틀링(throttling) 밸브

해설 스로틀링(throttling) 밸브는 교축 밸브 또는 조절 밸브를 표시하는 것이다.

---

15. 축압식 할로겐 화합물 소화약제의 용기에 사용되는 축압용 가스로서 가장 적합한 것은?

① 질소　　　　　　　　　　　② 이산화탄소

③ 불활성가스　　　　　　　　④ 산소

해설 축압식이란 하나의 용기에 약제와 가압용 가스가 함께 내장되어 있는 것으로 주로 질소를 이용한다.

---

16. 소형 수동식 소화기 설치 기준으로 가장 적절한 것은?

① 층간 구분 없이 설치하되 소방대상물의 각 부분으로부터 보행거리 20 m 이내가 되도록 배치한다.

② 각 층마다 설치하되 소방대상물의 각 부분으로부터 보행거리 20 m 이내가 되도록 배치한다.

③ 층간 구분 없이 설치하되 소방대상물의 각 부분으로부터 직선거리 20 m 이내가 되도록 배치한다.

④ 각 층마다 설치하되 소방대상물의 각 부분으로부터 직선거리 20 m 이내가 되도록 배치한다.

해설 대형 수동식일 경우 보행거리 30 m 이내이어야 한다.

정답 **14.** ④　**15.** ①　**16.** ②

17. 목탄저장용량이 100 t인 창고에 물분무 소화설비를 설치하려고 한다. 바닥면적이 60 m²인 경우 수원의 저수량은 몇 m³ 이상이어야 하는가?

① 10   ② 12   ③ 20   ④ 24

해설 목탄의 경우는 특수가연물 저장 · 취급에 해당하므로

Q = 바닥면적(50 m² 초과 시에는 50 m²) × 10 L/min · m² × 20 min

   = 50 m² × 10 L/min · m² × 20 min

   = 10000 L = 10 m³

18. 스프링클러 설비를 설치해야 할 소방대상물에 있어서 스프링클러 헤드를 설치하지 아니 할 수 있는 장소 중 맞는 것은?

① 계단실, 복도, 목욕실, 통신기기실, 전자기기실

② 발전실, 수술실, 응급처치실, 통신기기실, 전자기기실

③ 발전실, 변전실, 복도, 목욕실, 화장실

④ 수술실, 병실, 변전실, 발전실, 계단실

해설 복도와 병실은 스프링클러 설비를 설치하여야 한다.

19. 연결살수설비의 송수구 및 부속시설(자동배수 밸브, 체크 밸브)의 설치기준이 적절한 경우는?

① 폐쇄형 헤드 사용설비 : 송수구 – 체크 밸브 – 자동배수 밸브

② 개방형 헤드 사용설비 : 송수구 – 체크 밸브 – 자동배수 밸브

③ 폐쇄형 헤드 사용설비 : 송수구 – 자동배수 밸브 – 체크 밸브

④ 개방형 헤드 사용설비 : 송수구 – 자동배수 밸브 – 체크 밸브

해설 (1) 폐쇄형 헤드 사용설비 : 송수구 – 자동배수 밸브 – 체크 밸브

(2) 개방형 헤드 사용설비 : 송수구 – 자동배수 밸브 – 체크 밸브 – 자동배수 밸브

20. 공기포 원액의 시험시료를 저장 탱크에서 채취할 경우 채취방법 중 옳은 것은 어느 것인가?

① 저장조의 상부에서 채취   ② 저장조의 중부에서 채취

③ 저장조의 하부에서 채취   ④ 저장조의 상부, 중간 및 하부에서 채취

해설 상하, 좌우, 중앙 등 모든 부분에서 골고루 채취하여야 한다.

정답 17. ①   18. ②   19. ③   20. ④

실전 테스트 6

□1. 옥외소화전 설비의 노즐 선단에서 유량계(pitot gauge)를 사용하여 방수량을 측정한 결과 486 L/min이었다. 노즐 구경이 20 mm이라면 이때의 노즐 선단 방수압력은?

① 2.4 kgf/cm^2
② 3.0 kgf/cm^2
③ 3.4 kgf/cm^2
④ 4.0 kgf/cm^2

해설 $Q = 0.653 \times D^2 \times \sqrt{p}$ 에서 p를 구하면

$$p = \left(\frac{Q}{0.653 \times D^2} \right)^2 = \left(\frac{486 \,\text{L/min}}{0.653 \times 20^2} \right)^2 = 3.46 \,\text{kgf/cm}^2 \fallingdotseq 3.4 \,\text{kgf/cm}^2$$

□2. 배관의 신축이음 형식과 관련이 없는 것은?

① 벨로스형
② 베벨엔드형
③ 루프형
④ 스위블형

해설 신축이음 형식 : 벨로스형, 루프형, 스위블형, 슬리브형(특히 고압관에는 루프형 이음을 사용한다.)

□3. 다음 방화대상물 중 포소화설비가 적용되지 않는 것은?

① 옥내 주차장
② 항공기 격납고
③ 비행장의 통신기실
④ 석탄의 저장창고

해설 통신기실은 전기가 통하는 시설이므로 물이 함유된 소화약제는 사용이 금지된다.

□4. 연결송수관 방수구 기구함은 방수구가 가장 많이 설치된 층을 기준하여 몇 개 층마다 설치하여야 하는가?

① 1개 층
② 2개 층
③ 3개 층
④ 4개 층

해설 연결송수관 설비의 방수 기구함의 설치기준
(1) 방수용 기구함은 방수구가 가장 많이 설치된 층을 기준하여 3개 층마다 설치하되, 그 층의 방수구마다 보행거리 5 m 이내에 설치하여야 한다.
(2) 방수 기구함에는 길이 15 m의 호스와 방사형 관창을 비치하여야 한다.
(3) 방수 기구함에는 "방수 기구함"이라고 표시한 표지를 하여야 한다.

정답 1. ③ 2. ② 3. ③ 4. ③

□5. 제연설비에서 배출기 배출 측 풍속은 몇 m/s 이하로 하여야 하는가 ?

① 5 m/s

② 15 m/s

③ 20 m/s

④ 25 m/s

[해설] 배출기의 배출 측 풍속은 20 m/s 이하, 흡입 측 풍속은 15 m/s 이하로 한다.

□6. 3층 이상의 층에 설치하고 비상시 건축물의 창, 발코니 등에서 지상까지 통상의 포대를 설치하여 그 포대의 속을 활강하는 피난기구는 무엇인가 ?

① 완강기

② 구조대

③ 피난사다리

④ 공기안전매트

[해설] 구조대는 수강식과 사강식이 있다.

□7. 다음은 연결살수설비가 설치된 방호구획의 헤드 수가 8개인 경우 송수구의 설치상태이다. 옳지 않은 것은 ?

① 송수구는 쌍구형으로 설치하였다.

② 송수구는 지면으로부터 1.2 m 높이에 설치하였다.

③ 송수구로부터 주 배관에 이르는 배관에는 개폐밸브를 설치하지 아니하였다.

④ 소방자동차의 접근이 가능하고 노출된 장소에 설치하였다.

[해설] 연결살수설비의 송수구

(1) 연결살수설비의 송수구는 구경 65 mm의 쌍구형으로 하여야 한다(다만, 하나의 송수구역에 부착하는 살수 헤드 수가 10개 이하인 경우에는 단구형으로 할 수 있다).

(2) 개방형 헤드를 사용하는 송수구의 호스 접결구는 각 송수구역마다 설치하여야 한다.

(3) 개방형 헤드를 사용하는 연결살수설비에 있어서는 하나의 송수구역에 설치하는 살수 헤드 수는 10개 이하가 되도록 한다.

(4) 송수구는 지면으로부터 0.5 m 이상 1.0 m 이하의 높이에 설치한다.

□8. 특수가연물 이외의 것을 저장하는 랙식 창고에 스프링클러 설비를 설치하려고 할 때 높이 몇 m 이하마다 스프링클러 헤드를 설치하여야 하는가 ?

① 4

② 5

③ 6

④ 8

[해설] 랙식 창고 : 스프링클러 헤드 6 m 이하

[정답] 5. ③ 6. ② 7. ② 8. ③

□9. 통신기기실의 소화설비에 가장 적합한 것은?

① 스프링클러 설비　　　　　　② 옥내소화전 설비
③ 할로겐 화합물 소화설비　　　④ 분말소화설비

> **해설** 통신기기실의 소화설비는 물이 포함되지 않는 소화약제로 질식소화한다.

10. 연결살수설비의 송수구는 쌍구형으로 설치하여야 하나 단구형으로 설치할 수 있는 경우가 있다. 하나의 송수구역에 몇 개 이하의 헤드가 설치되었을 경우인가?

① 10개　　　　　　　　　　② 15개
③ 20개　　　　　　　　　　④ 30개

> **해설** 문제 7번 해설 참조

11. 스프링클러 설비의 배관에 관한 것 중 옳은 것은?

① 하나의 가지관 상에 설치하는 스프링클러 헤드는 6개 이하로 하여야 한다.
② 습식 스프링클러 설비는 교차관의 말단에 나사식 또는 고정 배수배관식 청소구를 설치하여야 한다.
③ 수직배관에는 구경 40 mm 이상의 배수관 및 밸브를 설치하여야 한다.
④ 배관이 동결되도록 동결조치를 취한다.

> **해설** 교차관의 말단에 설치하는 나사식 또는 고정 배수배관식 청소구 : 구경 40 mm
> ① 하나의 가지관 상에 설치하는 스프링클러 헤드는 8개 이하로 하여야 한다.
> ③ 수직배관에는 구경 50 mm 이상의 배수관 및 밸브를 설치하여야 한다.
> ④ 배관의 동결 방지조치를 하여야 한다.

12. 제연설비에 전용 샤프트를 설치하여 건물 내·외부의 온도차와 화재 시 발생되는 열기에 의한 밀도 차이를 이용하여 지붕 외부의 루프 모니터 등을 이용하여 옥외로 배출, 환기시키는 방식을 무엇이라 하는가?

① 자연 방식　　　　　　　　② 루프 모니터 방식
③ 스모크 타워 방식　　　　　④ 루프 해치 방식

> **해설** 스모크 타워 방식 : 높은 굴뚝을 설치하면 연기의 배기가 원활해지므로 이를 이용한 방식이다.

정답 9. ③　10. ①　11. ②　12. ③

13. 소화설비에서 일제 개방 밸브를 사용하지 않는 설비는 어느 것인가?

① 옥내소화전 설비　　　　　　　② 드렌처 설비

③ 물분무 소화설비　　　　　　　④ 포소화설비

해설　옥내소화전 설비는 일제 개방 밸브를 사용하지 않고 개폐표시형 밸브를 사용한다.

14. 팽창비가 50인 포소화설비에서 3% 원액저장량이 210 L라면 포를 방출한 후 포의 체적은 얼마가 되겠는가?

① 200 m³　　　　　　　　　　② 250 m³

③ 300 m³　　　　　　　　　　④ 350 m³

해설　포원액 + 수원 = 포수용액

$3\% : 100\% = 210\,\text{L} : x$

$x = \dfrac{100\% \times 210\,\text{L}}{3\%} = 7000\,\text{L} = 7\,\text{m}^3$

$팽창비 = \dfrac{발포\ 후의\ 체적}{발포\ 전\ 포수용액의\ 체적}, \quad 50 = \dfrac{발포\ 후의\ 체적}{7\,\text{m}^3}$

∴ 발포 후의 체적 = $7\,\text{m}^3 \times 50 = 350\,\text{m}^3$

15. 바닥면적이 240 m²인 차고에 물분무 소화설비를 설치할 경우 수원의 저수량은 얼마 이상이어야 하는가?

① 240 m²×10 L×20분　　　　　② 240 m²×20 L×20분

③ 50 m²×10 L×20분　　　　　④ 50 m²×20 L×20분

해설　수원의 저수량

소방 대상물	펌프의 토출량 (L/min)	수원의 양 (L)
특수가연물 저장·취급	바닥면적(50 m² 초과 시 50 m²로) ×10 L/min · m²	바닥면적(50 m² 초과 시 50 m²로) ×10 L/min · m² ×20 min
차고, 주차장	바닥면적(50 m² 초과 시 50 m²로) ×20 L/min · m²	바닥면적(50 m² 초과 시 50 m²로) ×20 L/min · m² ×20 min
케이블 트레이 케이블 덕트	투영된 바닥면적×12 L/min · m²	투영된 바닥면적×12 L/min · m²×20 min
컨베이어 벨트	벨트 부분의 바닥면적×10 L/min · m²	벨트 부분의 바닥면적×10 L/min · m²×20 min

정답　13. ①　14. ④　15. ④

16. 기동용기를 이용한 가스압력식 이산화탄소 소화설비의 구성요소가 아닌 것은?

① 자동 밸브　　　　② 솔레노이드 장치　③ 압력 스위치　　④ 피스톤릴리스

해설 피스톤릴리스는 화재 시 개구부, 댐퍼 등을 자동으로 폐쇄시키는 역할을 한다.

17. 이산화탄소 소화기의 유지관리에 대한 설명으로 틀린 것은?

① 직사광선에 놓거나 또는 고온장소에 장시간 방치해 두는 일이 없도록 해야 한다.

② 가스의 충전은 반드시 제조업자에게 의뢰하지 않아도 된다.

③ CO_2가 새어 나온다고 생각하면 소화기를 물속에 넣어 CO_2 발포 발생 유무를 확인해야 한다.

④ 소화기는 표기의 양을 확보하고 있어야 하며 CO_2의 중량이 $\frac{1}{3}$ 이상 감소하였을 경우 재충전해야 한다.

해설 가스의 충전은 반드시 제조업의 허가를 받은 업체에서 하여야 한다.

18. 스프링클러 설비에서 가압송수장치의 펌프가 작동하고 있으나 헤드에서 물이 방출되지 않는 경우의 원인으로서 관계가 적은 것은 어느 것인가?

① 헤드가 막혀 있다.　　　　　　　② 배관이 막혀 있다.

③ 제어 밸브 및 자동 밸브가 열리지 않는다.　④ 전기계통의 접속불량이 있다.

해설 펌프가 작동하고 있으므로 전기계통에는 이상이 없는 것으로 본다.

19. 소화제의 소화력 대소를 판정하는 방법의 하나로 일정한 가연물질이 연소 불가능하게 되는 소화제 농도의 한계값을 비교하는 방법을 무엇이라 하는가?

① 한계농도　　　　② 피크농도　　　　③ 감시농도　　　　④ 농도 테스트

해설 피크농도 : 최고값의 농도의 하나로, 일정한 가연물질이 연소가 불가능하게 되는 소화제 농도의 한계값

20. 분말소화설비의 소화약제 중 차고 또는 주차장에 설치할 수 있는 것은?

① 인산염을 주성분으로 한 분말　　　② 탄산수소칼륨을 주성분으로 한 분말

③ 탄산수소나트륨을 주성분으로 한 분말　④ 탄산수소칼륨과 요소가 화합된 분말

해설 차고, 주차장에 설치할 수 있는 것은 A, B, C급 화재에 사용할 수 있는 것이다.

정답　16. ①　17. ②　18. ④　19. ②　20. ①

과년도 출제문제

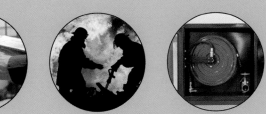

제1과목   **소방원론**

1. 물이 소화약제로써 사용되는 장점으로 가장 거리가 먼 것은?

① 가격이 저렴하다.

② 많은 양을 구할 수 있다.

③ 증발잠열이 크다.

④ 가연물과 화학반응이 일어나지 않는다.

해설 물은 제3류 위험물에서 금수성물질 등과 반응하면 수소가스를 생성하여 화재를 확대시킬 우려가 있다.

2. 가연물질의 종류에 따라 분류하면 섬유류 화재는 무슨 화재에 속하는가?

① A급 화재   ② B급 화재

③ C급 화재   ④ D급 화재

해설 (1) A급 화재(일반화재 : 백색) : 종이, 섬유, 목재 등의 화재

(2) B급 화재(유류화재 : 황색) : 등유, 경유, 식용유 등의 화재

(3) C급 화재(전기화재 : 청색) : 단락, 정전기, 누락 등의 화재

(4) D급 화재(금속화재 : −) : 알루미늄분, 마그네슘분, 철분 등의 화재

3. 포소화설비의 국가화재안전기준에서 정한 포의 종류 중 저발포라 함은?

① 팽창비가 20 이하인 것

② 팽창비가 120 이하인 것

③ 팽창비가 250 이하인 것

④ 팽창비가 1000 이하인 것

해설 포소화설비 팽창비

구분		팽창비
저발포용		6배 이상 20배 이하
고발포용	제1종 기계포	80배 이상 250 미만
	제2종 기계포	250배 이상 500배 미만
	제3종 기계포	500배 이상 1000배 미만

4. 다음 중 제거소화 방법과 무관한 것은?

① 산불의 확산방지를 위하여 산림의 일부를 벌채한다.

② 화학반응기의 화재 시 원료공급관의 밸브를 잠근다.

③ 유류화재 시 가연물을 포(泡)로 덮는다.

④ 유류탱크 화재 시 주변에 있는 유류탱크의 유류를 다른 곳으로 이동시킨다.

해설 유류화재 시 가연물을 포(泡)로 덮는 것은 산소 공급을 차단하는 질식소화에 해당된다.

5. 1기압, 0°C의 어느 밀폐된 공간 1 m³ 내에 Halon 1301 약제가 0.32 kg 방사되었다.

이때 Halon 1301의 농도는 약 몇 vol%인가? (단, 원자량은 C 12, F 19, Br 80, Cl 35.5이다.)

① 4.58 %   ② 5.5 %

③ 8 %   ④ 10 %

[해설] 할론 1301(CF_3Br) 분자량
= $12 + 19 \times 3 + 80 = 149$ g/mol
방사된 할론 1301의 체적(V)

$$V = \frac{nRT}{P}$$

$$= \frac{\dfrac{320\,g}{140\,g/mol} \times 0.082\,atm \cdot L/mol \cdot K \times 273\,K}{1\,atm}$$

= 48.07 L = 0.048 m^3
Halon 1301의 농도

$$= \frac{\text{방출가스 체적}}{\text{방호 체적} + \text{방출가스 체적}} \times 100$$

$$= \frac{0.048\,m^3}{1\,m^3 + 0.048\,m^3} \times 100 = 4.58 \%$$

6. 연면적이 1000 m^2 이상인 건축물에 설치하는 방화벽이 갖추어야 할 기준으로 틀린 것은?

① 내화구조로서 홀로 설 수 있는 구조일 것

② 방화벽의 양쪽 끝과 위쪽 끝을 건축물의 외벽면 및 지붕면으로부터 0.1 m 이상 튀어 나오게 할 것

③ 방화벽에 설치하는 출입문의 너비는 2.5 m 이하로 할 것

④ 방화벽에 설치하는 출입문의 높이는 2.5 m 이하로 할 것

[해설] 방화벽의 양쪽 끝과 위쪽 끝은 지붕면으로부터 0.5 m 이상 튀어나오게 하여야 한다.

7. Halon 1301의 증기 비중은 약 얼마인가? (단, 원자량은 C 12, F 19, Br 80,

Cl 35.5이고, 공기의 평균 분자량은 29이다.)

① 4.14   ② 5.14

③ 6.14   ④ 7.14

[해설] 할론 1301(CF_3Br) 분자량
= $12 + 19 \times 3 + 80 = 149$ g

비중 = $\dfrac{149}{29} = 5.137$

8. 분말소화약제의 주성분이 아닌 것은?

① $C_2F_4Br_2$ ② $NaHCO_3$

③ $KHCO_3$ ④ $NH_4H_2PO_4$

[해설] 분말소화약제의 종류

종별	명칭	착색	적용
제1종	탄산수소나트륨 ($NaHCO_3$)	백색	B, C급
제2종	탄산수소칼륨 ($KHCO_3$)	담자색	B, C급
제3종	제1인산암모늄 ($NH_4H_2PO_4$)	담홍색	A, B, C급
제4종	탄산수소칼륨 +요소($KHCO_3$ +$(NH_2)_2CO$)	회색	B, C급

9. 실내에서 화재가 발생하여 실내의 온도가 21℃에서 650℃로 되었다면, 공기의 팽창은 처음의 약 몇 배가 되는가? (단, 대기압은 공기가 유동하여 화재 전후가 같다고 가정한다.)

① 3.14   ② 4.27

③ 5.69   ④ 6.01

[해설] 압력이 같으므로 샤를의 법칙을 응용하면

$$\frac{V_1}{T_1} = \frac{V_2}{T_2}, \quad \frac{1}{(21+273)} = \frac{V_2}{(650+273)}$$

$$\therefore V_2 = 3.14$$

10. 제4류 위험물의 성질에 해당하는 것은?

정답   6. ②   7. ②   8. ①   9. ①   10. ③

① 가연성 고체   ② 산화성 고체

③ 인화성 액체   ④ 자기반응성 물질

해설 위험물 종류

위험물	성질	종류
제1류	산화성 고체	아염소산염류, 염소산염류, 과염소산염류, 질산염류, 무기과산화물
제2류	가연성 고체	유황, 마그네슘, 황화린, 적린, 금속분
제3류	자연발화성 물질 및 금수성물질	황린, 나트륨, 칼륨, 트리메틸알루미늄
제4류	인화성 액체	알코올류, 동식물유, 특수인화물, 석유류
제5류	자기반응성 물질	셀룰로이드, 아조화합물, 질산에스테르류 니트로화합물, 니트로소화합물, 유기과산화물
제6류	산화성 액체	과염소산, 과산화수소, 질산

11. 위험물안전관리법령에 의한 제2류 위험물이 아닌 것은?

① 철분   ② 유황

③ 적린   ④ 황린

해설 문제 10번 해설 참조

12. 화재의 위험에 대한 설명으로 옳지 않은 것은?

① 인화점 및 착화점이 낮을수록 위험하다.

② 착화 에너지가 작을수록 위험하다.

③ 비점 및 융점이 높을수록 위험하다.

④ 연소범위는 넓을수록 위험하다.

해설 비점(비등점)이 낮으면 쉽게 기화할 수 있어 화재의 위험도가 증가하게 된다. 융점 또한 낮으면 고체가 액체, 기체로 쉽게 변할 수 있어 화재에 대한 위험도가 증가하게 된다.

13. 건축물의 내화구조에서 바닥의 경우에는 철근콘크리트조의 두께가 몇 cm 이상이어야 하는가?

① 7   ② 10   ③ 12   ④ 15

해설 내화구조의 기준

내화구조	기준
벽	• 철골·철근콘크리트조로서 두께 10 cm 이상인 것 • 골구를 철골조로 하고 그 양면을 두께 4 cm 이상의 철망 모르타르로 덮은 것 • 두께 5 cm 이상의 콘크리트 블록·벽돌 또는 석재로 덮은 것 • 석조로서 철재에 덮은 콘크리트 블록의 두께가 5cm 이상의 것 • 벽돌조로서 두께가 19 cm 이상인 것
기둥 (작은 지름 25 cm 이상)	• 철골 두께 6 cm 이상의 철망 모르타르로 덮은 것 • 두께 7 cm 이상의 콘크리트 블록·벽돌 또는 석재로 덮은 것 • 철골 두께 5 cm 이상의 콘크리트로 덮은 것
바닥	• 철골·철근콘크리트조로서 두께 10 cm 이상인 것 • 석조로서 철재에 덮은 콘크리트 블록의 두께가 5 cm 이상의 것 • 철재의 양면을 두께 5 cm 이상의 철망 모르타르로 덮은 것
보	• 철골 두께 6 cm 이상의 철망 모르타르로 덮은 것 • 두께 5 cm 이상의 콘크리트로 덮은 것

14. 연소에 대한 설명으로 옳은 것은?

① 환원반응이 이루어진다.

② 산소를 발생한다.

정답   **11.** ④   **12.** ③   **13.** ②   **14.** ③

③ 빛과 열을 수반한다.

④ 연소생성물은 액체이다.

해설 연소는 가연물질이 산소 또는 공기와 반응하면서 발열반응을 한다. 이때 빛과 열을 방출하게 된다.

15. 열원으로서 화학적 에너지에 해당하지 않는 것은?

① 연소열　　　② 분해열

③ 마찰열　　　④ 용해열

해설 마찰열, 압축열 등은 기계적 에너지에 해당된다.

16. 칼륨에 화재가 발생할 경우에 주수를 하면 안 되는 이유로 가장 옳은 것은?

① 수소가 발생하기 때문에

② 산소가 발생하기 때문에

③ 질소가 발생하기 때문에

④ 수증기가 발생하기 때문에

해설 $2K + 2H_2O \rightarrow 2KOH + H_2\uparrow$

칼륨에 주수소화를 하면 수소가스를 발생하여 화재면을 확대시킬 우려가 있다.

17. 건축물에 화재가 발생하여 일정 시간이 경과하게 되면 일정 공간 안에 열과 가연성가스가 축적되고 한순간에 폭발적으로 확산되는 현상을 무엇이라 하는가?

① 보일오버 현상

② 플래시오버 현상

③ 패닉 현상

④ 리프팅 현상

해설 연소상의 문제점

(1) 보일오버 : 상부가 개방된 유류 저장탱크에서 화재 발생 시에 일어나는 현상으로 기름 표면에서 장시간 조용히 연소하다 일정 시간 경과 후 잔존 기름의 갑작스런 분출이나 넘침이 일어나며 유화 현상이

심한 기름에서 주로 발생한다.

(2) 슬롭오버 : 기름 속에 존재하는 수분이 비등점 이상이 되면 수증기가 되어 상부로 튀어 나오게 되는데 이때 기름의 일부가 비산되는 현상을 말한다.

(3) 프로스 오버 : 유류 탱크 속에 존재하는 물이 상부의 뜨거운 기름 속에서 끓을 때 점성이 큰 기름이 탱크 외부로 넘쳐 흐르는 현상을 말한다.

(4) BLEVE : 가연성 액화가스 저장용기에 열이 공급되면 액의 증발로 인하여 급격한 체적 팽창이 일어나 용기가 파열되는 현상으로 액체의 일부도 같이 비산한다.

(5) 블로 오프 : 촛불을 입으로 불면 불꽃은 옆으로 이동하게 되며 이때 증발된 파라핀의 공급이 중단되어 촛불은 꺼지게 된다.

18. 화재를 소화하는 방법 중 물리적 방법에 의한 소화라고 볼 수 없는 것은?

① 억제소화　　　② 제거소화

③ 질식소화　　　④ 냉각소화

해설 억제소화는 부촉매효과라고도 하며 연쇄반응을 차단하는 효과가 있는 화학적 소화에 해당된다.

19. 내화건축물 화재의 진행과정으로 가장 옳은 것은?

① 화원 → 최성기 → 성장기 → 감퇴기

② 화원 → 감퇴기 → 성장기 → 최성기

③ 초기 → 성장기 → 최성기 → 감퇴기 → 종기

④ 초기 → 감퇴기 → 최성기 → 성장기 → 종기

해설 건축물 화재 성상

(1) 내화건축물 화재의 진행과정 : 초기 → 성장기 → 최성기 → 감퇴기 → 종기

(2) 목조건축물 화재의 진행과정 : 원인 → 무염착화 → 발염착화 → 화재출화 → 최성기 → 소각 → 진화

※ 원인~화재출화 : 전기, 화재출화~진화 : 후기

20. 물과 반응하여 가연성 기체를 발생하지 않는 것은?

① 칼륨　　　　　② 인화아연
③ 산화칼슘　　　④ 탄화알루미늄

해설 $CaO + H_2O \rightarrow Ca(OH)_2$
산화칼슘은 물과 반응하면 수산화칼슘을 생성하며 가연성 기체는 발생하지 않는다.

제2과목　　**소방유체역학**

21. 그림과 같이 단면적이 A인 원형관으로 밀도가 ρ인 비압축성 유체가 V의 유속으로 들어와 직경이 $\frac{1}{3}D$인 원형 노즐로 분출되고 있다. 제트에 의해서 평판에 작용하는 힘은?

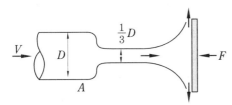

① $\rho V^2 A$　　　　② $3\rho V^2 A$
③ $9\rho V^2 A$　　　④ $27\rho V^2 A$

해설 $A = \frac{\pi}{4} \times \left(\frac{1}{3}D\right)^2 = \frac{\pi}{4} \times D^2 \times \frac{1}{9}$

$\therefore \frac{\pi}{4} \times D^2 = 9 \times A$

평판에 작용하는 힘(F)
$F = \rho \times Q \times V = \rho \times A \times V \times V$
$= \rho \times \frac{\pi}{4} \times D^2 \times V^2$
$= \rho \times 9A \times V^2 = 9 \times \rho \times V^2 \times A$

22. 뉴턴(Newton)의 점성 법칙을 이용하여 만든 회전 원통식 점도계는?

① 세이볼트(Saybolt) 점도계
② 오스트발트(Ostwald) 점도계
③ 레드우드(Redwood) 점도계
④ 맥미첼(MacMichael) 점도계

해설 점도계
(1) 뉴턴(Newton)의 점성 법칙 : 맥미첼(MacMichael) 점도계, 스토머 점도계
(2) 하겐-푸아죄유 법칙 : 세이볼트(Saybolt) 점도계, 오스트발트(Ostwald) 점도계
(3) 스토크스 법칙 : 낙구식 점도계

23. 대기 중에 개방된 탱크 속의 액면이 점선의 위치에서 액면 위치 D까지 서서히 내려왔다. 파이프 끝 C에서 대기 중으로 방출될 때 유출속도 V_c는 약 몇 m/s인가? (단, 관에서의 마찰은 무시한다.)

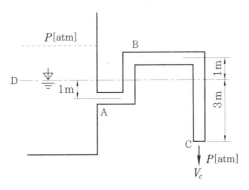

① 3.1　　　　② 6.2
③ 7.7　　　　④ 9.9

해설 C에서 방출될 때 높이는 3 m가 된다.
$V_c = \sqrt{2gh}$
$= \sqrt{2 \times 9.8\,\mathrm{m/s^2} \times 3\,\mathrm{m}} = 7.66\,\mathrm{m}$

24. 그림에서 탱크차가 받는 추력은 약 몇 N인가? (단, 노즐의 단면적은 0.03 m²이며 마찰은 무시한다.)

정답　**20.** ③　**21.** ③　**22.** ④　**23.** ③　**24.** ④

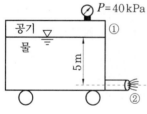

$P = 40\,\text{kPa}$

공기 ①
물

5 m

②

① 800　　　　　　② 1480

③ 2700　　　　　④ 5340

해설 공기가 누르는 높이(H_1)

$$H_1 = \frac{P}{\gamma} = \frac{40\,\text{kN/m}^2}{9.8\,\text{kN/m}^3} = 4.08\,\text{m}$$

물의 높이(H_2) = 5 m

$\therefore H = 4.08 + 5 = 9.08\,\text{m}$

유속(V) = $\sqrt{2 \times 9.8\,\text{m/s}^2 \times 9.08\,\text{m}}$
$= 13.34\,\text{m/s}$

추력 $F = \rho \times Q \times V = \rho \times A \times V^2$
$= 1000\,\text{N·s}^2/\text{m}^4 \times 0.03\,\text{m}^2 \times (13.34\,\text{m/s})^2$
$= 5338.66\,\text{N} \fallingdotseq 5340\,\text{N}$

25. 부차적 손실계수 $K = 2$인 관 부속품에서의 손실수두가 2 m라면 이때의 유속은 약 몇 m/s인가?

① 4.43　② 3.14　③ 2.21　④ 2.00

해설 $H = K \times \dfrac{V^2}{2g}$

$$V = \sqrt{\frac{2gH}{K}}$$

$$V = \sqrt{\frac{2 \times 9.8\,\text{m/s}^2 \times 2}{2}} = 4.43\,\text{m/s}$$

26. 다음 그림과 같이 설치한 피토 정압관의 액주계 눈금 $R = 100$ mm일 때 ①에서의 물의 유속은 약 몇 m/s인가? (단, 액주계에 사용된 수은의 비중은 13.6 이다.)

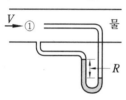

V ①　　물

R

① 15.7　　　　　② 5.35

③ 5.16　　　　　④ 4.97

해설 $V = \sqrt{2gh\left(\dfrac{\rho}{\rho_0} - 1\right)}$

$= \sqrt{2 \times 9.8\,\text{m/s}^2 \times 0.1\,\text{m} \times \left(\dfrac{13.6}{1} - 1\right)}$

$= 4.97\,\text{m/s}$

27. 온도 차이 20℃, 열전도율 5 W/m·K, 두께 20 cm인 벽을 통한 열 유속(heat flux)과 온도 차이 40℃, 열전도율 10 W/m·K, 두께 t[cm]인 같은 면적을 가진 벽을 통한 열 유속이 같다면 두께 t는 몇 cm인가?

① 10　　　　　　② 20

③ 40　　　　　　④ 80

해설 $\dfrac{5\,\text{W/m·K}}{0.2\,\text{m}} \times 20℃$

$= \dfrac{10\,\text{W/m·K}}{t} \times 40℃$

$t = 0.8\,\text{m} = 80\,\text{cm}$

28. 유량이 2 m³/min인 5단 펌프가 2000 rpm에서 50 m의 양정이 필요하다면 비속도(m³/min·rpm·m)는?

① 403　　　　　　② 503

③ 425　　　　　　④ 525

해설 $N_s = \dfrac{N \cdot \sqrt{Q}}{\left(\dfrac{H}{n}\right)^{\frac{3}{4}}} = \dfrac{2000 \times \sqrt{2}}{\left(\dfrac{50}{5}\right)^{\frac{3}{4}}} = 502.97$

29. 그림과 같이 물이 유량 Q로 저수조로 들어가고, 속도 $V = \sqrt{2gh}$로 저수조 바닥에 있는 면적 A_2의 구멍을 통하여 나간다. 저수조의 수면 높이의 변화 속도 $\dfrac{dh}{dt}$는?

정답 25. ①　26. ④　27. ④　28. ②　29. ④

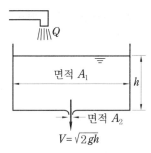

① $\dfrac{Q}{A_2}$ ② $\dfrac{A_2\sqrt{2gh}}{A_1}$

③ $\dfrac{Q-A_2\sqrt{2gh}}{A_2}$ ④ $\dfrac{Q-A_2\sqrt{2gh}}{A_1}$

[해설] $Q-Q_2 = A_1 \cdot \dfrac{dh}{dt}$, $\dfrac{dh}{dt} = \dfrac{Q-Q_2}{A_1}$

$\dfrac{dh}{dt} = \dfrac{Q-A_2\sqrt{2 \cdot g \cdot h}}{A_1}$

30. 주어진 물리량의 단위로 옳지 않은 것은 어느 것인가?

① 펌프의 양정 : m ② 동압 : MPa

③ 속도수두 : m/s ④ 밀도 : kg/m^3

[해설] 속도수두는 mAq로 통상 m로 표기한다.

31. 이상적인 열기관 사이클인 카르노 사이클(Carnot cycle)의 특징으로 맞는 것은?

① 비가역 사이클이다.

② 공급열량과 방출열량의 비는 고온부의 절대온도와 저온부의 절대온도 비와 같지 않다.

③ 이론 열효율은 고열원 및 저열원의 온도만으로 표시된다.

④ 두 개의 등압변화와 두 개의 단열변화로 둘러싸인 사이클이다.

[해설] 카르노 사이클(Carnot cycle)의 특징

(1) 가역 사이클이다.

(2) 두 개의 단열변화선과 두 개의 등온변화선으로 이루어져 있다.

(3) 공급열량과 방출열량의 비는 고온부의 절대온도와 저온부의 절대온도 비와 같다.

(4) 이론 열효율은 고열원 및 저열원의 온도만으로 표시된다(온도만의 함수).

32. 유체의 압축률에 관한 설명으로 올바른 것은?

① 압축률 = 밀도 × 체적탄성계수

② 압축률 = $\dfrac{1}{체적탄성계수}$

③ 압축률 = $\dfrac{밀도}{체적탄성계수}$

④ 압축률 = $\dfrac{체적탄성계수}{밀도}$

[해설] 압축률

(1) 체적탄성계수의 역수이다.

(2) 압축률이 작은 것은 압축하기가 어렵다.

33. 원관에서의 유체 흐름에 대한 일반적인 설명으로 맞는 것은?

① 수평 원관에서 일정한 유량의 물이 층류상태로 흐를 때 관 직경을 2배로 하면 손실수두는 $\dfrac{1}{2}$로 감소한다.

② 원관에 유체가 층류로 흐를 때 평균속도는 최대속도의 $\dfrac{1}{2}$이다.

③ 원관에서 유체가 층류로 흐를 때 속도는 관 중심에서 0이고 관벽까지 직선적으로 증가한다.

④ 수평 원관 속의 층류흐름에서 압력손실은 유량에 반비례한다.

[해설] $H = \dfrac{128\mu l Q}{\gamma \pi d^4}$ 에서

① 관 직경을 2배로 하면 손실수두는 $\dfrac{1}{16}$로 감소한다.

② 원관에 유체가 층류로 흐를 때 평균속도

는 최대속도의 $\frac{1}{2}$이다 $\left(U = \frac{1}{2}U_{max}\right)$.

③ 원관에서 유체가 층류로 흐를 때 속도는 관 중심에서 최대, 관 벽에서는 "0"이 된다.

④ 수평 원관 속의 층류흐름에서 압력손실은 유량에 정비례한다.

34. 펌프 및 송풍기에서 발생하는 현상을 잘못 설명한 것은?

① 캐비테이션은 압력이 낮은 부분에서 발생할 수 있다.

② 캐비테이션이나 수격작용은 펌프나 배관을 파괴하는 경우도 있다.

③ 송풍기의 운전 중 송출 압력과 유량이 주기적으로 변화하는 현상을 서징이라 한다.

④ 송풍기에서 캐비테이션의 발생으로 회전차의 수명이 단축될 수 있다.

[해설] 캐비테이션(공동현상)은 펌프 흡입측 압력손실로 발생되는 현상이다.

35. −15℃ 얼음 10 g을 100℃의 증기로 만드는 데 필요한 열량은 몇 kJ인가? (단, 얼음의 융해열은 335 kJ/kg, 물의 증발잠열은 2256 kJ/kg, 얼음의 평균 비열은 2.1 kJ/kg·K이고, 물의 평균 비열은 4.18 kJ/kg·K이다.)

① 7.85   ② 27.1

③ 30.4   ④ 35.2

[해설] −15℃ 얼음 → 0℃ 얼음 → 0℃ 물 → 100℃ 물 → 100℃ 증기

$Q = 0.01\,\mathrm{kg} \times (2.1 \times 15 + 335 + 4.18 \times 100 + 2256) = 30.41\,\mathrm{kJ}$

36. 유량 2 m³/min, 전양정 25 m인 원심 펌프를 설계하고자 할 때 펌프의 축동력

은 약 몇 kW인가? (단 펌프의 전효율은 0.78이다.)

① 9.52   ② 10.47

③ 11.52   ④ 13.47

[해설] $H_{kW} = \dfrac{1000 \times Q \times H}{102 \times 60 \times \eta}$

$= \dfrac{1000 \times 2 \times 25}{102 \times 60 \times 0.78} = 10.47\,\mathrm{kW}$

37. 그림과 같은 오리피스에서 h_m은 0.1 m, γ는 물의 비중량이고, γ_m은 수은(비중 13.6)의 비중량일 때 오리피스 전후의 압력차는 약 몇 kPa인가?

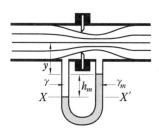

① 1.43   ② 14.31

③ 13.33   ④ 12.35

[해설] $\Delta P = h \times (\gamma_m - \gamma)$

$= 0.1\,\mathrm{m} \times (13600 - 1000)\,\mathrm{kg/m^3}$

$= 1260\,\mathrm{kg/m^2}$

$1260\,\mathrm{kg/m^2} \times \dfrac{101.325\,\mathrm{kPa}}{10332\,\mathrm{kg/m^2}} = 12.356\,\mathrm{kPa}$

38. −10℃, 6기압의 이산화탄소 10 kg이 분사노즐에서 1기압까지 가역 단열팽창 하였다면 팽창 후의 온도는 몇 ℃가 되겠는가? (단, 이산화탄소의 비열비는 $k=$ 1.289이다.)

① −85   ② −97

③ −105   ④ −115

[해설] 단열팽창

정답 34. ④ 35. ③ 36. ② 37. ④ 38. ②

$$T_2 = T_1 \times \left(\frac{P_2}{P_1}\right)^{\frac{K-1}{K}} = 263\text{K} \times \left(\frac{1}{6}\right)^{\frac{1.289-1}{1.289}}$$
$$= 176\,\text{K} = -97°\text{C}$$

39. 표준 대기압하에서 게이지 압력 190 kPa을 절대압력으로 환산하면 몇 kPa이 되겠는가?

① 88.7 　　　　② 190

③ 291.3 　　　④ 120

[해설] 절대압력 = 대기압+계기압력
　　　　　　= 101.325 kPa+190 kPa
　　　　　　= 291.325 kPa

40. 직경 25 cm의 매끈한 원관을 통해서 물을 초당 100 L를 수송하고 있다. 이 관의 길이 5 m에 대한 손실수두는 약 몇 m인가? (단, 관마찰계수 f는 0.03이다.)

① 0.013 　　　② 0.13

③ 1.3 　　　　④ 13

[해설] $V = \dfrac{Q}{A} = \dfrac{0.1\text{m}^3/\text{s}}{\dfrac{\pi}{4} \times (0.25\text{m})^2}$

　　　　$= 2.037 \fallingdotseq 2.04\,\text{m/s}$

$H = f \times \dfrac{l}{D} \times \dfrac{V^2}{2g}$ 에서

　　$= 0.03 \times \dfrac{5\text{m}}{0.25\text{m}} \times \dfrac{(2.04\text{m/s})^2}{2 \times 9.8\text{m/s}^2}$

　　$= 0.127\,\text{m}$

제3과목	소방관계법규

41. 소방기술자가 소방시설공사업법에 따른 명령을 따르지 아니하고 업무를 수행한 경우의 벌칙은?

① 1백만원 이하의 벌금

② 3백만원 이하의 벌금

③ 1년 이하의 징역 또는 1천만원 이하의 벌금

④ 3년 이하의 징역 또는 1천5백만원 이하의 벌금

[해설] 1년 이하의 징역 또는 1천만원 이하의 벌금
　(1) 영업정지처분을 받고 그 영업정지 기간에 영업을 한 자
　(2) 규정을 위반하여 설계나 시공을 한 자
　(3) 규정을 위반하여 감리를 하거나 거짓으로 감리한 자
　(4) 규정을 위반하여 공사감리자를 지정하지 아니한 자
　(5) 공사업자가 아닌 자에게 소방시설공사를 도급한 자

42. 소방시설관리업의 보조기술 인력으로 등록할 수 없는 사람은?

① 소방설비기사 자격증 소지자

② 산업안전기사 자격증 소지자

③ 대학의 소방 관련학과를 졸업하고 소방기술 인정자격 수첩을 발급받은 사람

④ 소방공무원으로 3년 이상 근무하고 소방기술 인정자격 수첩을 발급받은 사람

[해설] 소방시설관리업의 보조기술 인력
　(1) 소방설비기사 또는 소방설비산업기사 자격증 소지자
　(2) 소방공무원으로 3년 이상 근무한 자
　(3) 대학에서 소방관련학과를 졸업한 자
　(4) 총리령으로 정하는 소방기술과 관련된 자격·경력 및 학력이 있는 사람

43. 방염업자가 다른 사람에게 등록증을 빌려준 경우 1차 행정처분으로 옳은 것은?

① 6개월 이내의 영업정지

② 9개월 이내의 영업정지

③ 12개월 이내의 영업정지

④ 24개월 이내의 영업정지

[해설] 2015년 7월 16일 법 개정으로 삭제

44. 다음 중 한국소방안전협회의 업무가 아닌 것은?

① 화재예방과 안전관리의식의 고취를 위한 대국민 홍보

② 소방기술과 안전관리에 관한 각종 간행물의 발간

③ 소방용 기계·기구에 대한 검정기준의 개정

④ 소방기술과 안전관리에 관한 교육 및 조사·연구

[해설] ③항의 경우 한국소방산업기술연구원의 업무에 해당된다.

45. 위험물안전관리법에서 정하는 4류 위험물 중 석유류별에 따른 분류로 옳은 것은 어느 것인가?

① 1석유류 : 아세톤, 휘발유

② 2석유류 : 중유, 클레오소트유

③ 3석유류 : 기어유, 실린더유

④ 4석유류 : 등유, 경유

[해설] 제4류 위험물
  (1) 특수인화물 : 1기압에서 발화점이 100℃ 이하인 것. 인화점이 −20℃ 이하, 비점이 40℃ 이하인 것(이황화탄소, 디에틸에테르)
  (2) 알코올류 : 1분자를 구성하는 탄소 원자의 수가 1개부터 3개까지인 포화1가 알코올
  (3) 제1석유류 : 1기압에서 인화점이 21℃ 미만인 것(아세톤, 휘발유)
  (4) 제2석유류 : 1기압에서 인화점이 21~70℃인 것(등유, 경유)
  (5) 제3석유류 : 1기압에서 인화점이 70~200℃인 것(중유, 클레오소트유)
  (6) 제4석유류 : 1기압에서 인화점이 200~250℃인 것(기어유, 실린더유)

(7) 동식물유류 : 1기압에서 인화점이 250℃ 미만인 것

46. 화재를 진압하거나 인명구조활동을 위하여 특정소방대상물에는 소화활동설비를 설치하여야 한다. 다음 중 소화활동설비에 해당되지 않는 것은?

① 제연설비, 비상콘센트 설비

② 연결송수관설비, 연결살수설비

③ 무선통신보조설비, 연소방지설비

④ 자동화재속보설비, 통합감시시설

[해설] ④항의 경우 경보설비에 해당된다.

47. 소방본부장이나 소방서장은 특정소방대상물에 설치하여야 하는 소방시설 가운데 기능과 성능이 유사한 물분무소화설비, 간이 스프링클러, 비상경보설비 및 비상방송설비 등 소방시설의 경우, 유사한 소방시설의 설치 면제를 어떻게 정하는가?

① 소방방재청장이 정한다.

② 시·도의 조례로 정한다.

③ 행정안전부령으로 정한다.

④ 대통령령으로 정한다.

[해설] 유사한 소방시설의 설치 면제 : 대통령령으로 정한다.

48. 다음 중 연 1회 이상 소방시설관리업자 또는 방화관리자로 선임된 소방시설관리사, 소방기술사 1명 이상을 점검자로 하여 종합정밀점검을 의무적으로 실시하여야 하는 것은 어느 것인가?(단, 위험물 제조소 등은 제외한다.)

① 옥내소화전 설비가 설치된 연면적 1000 m² 이상인 특정 소방대상물

② 스프링클러설비가 설치된 연면적 3000 m² 이상인 특정소방대상물

정답 44. ③ 45. ① 46. ④ 47. ④ 48. ③

③ 물분무등 소화설비가 설치된 연면적 5000 m² 이상인 특정소방대상물

④ 11층 이상의 아파트

해설 종합정밀점검

(1) 스프링클러설비 또는 물분무등소화설비가 설치된 연면적 5000 m² 이상인 특정소방대상물(위험물 제조소 등은 제외), 아파트는 연면적 5000 m² 이상, 11층 이상인 것만 해당

(2) 다중이용업의 영업장(8개)이 설치된 특정소방대상물로서 연면적 2000 m² 이상인 것

(3) 제연설비가 설치된 터널

(4) 공공기관 중 연면적 1000 m² 이상인 것으로서 옥내소화전설비 또는 자동화재탐지설비가 설치된 것

49. 특정소방대상물의 규모에 관계없이 물분무등소화설비를 설치하여야 하는 대상은? (단, 위험물 저장 및 처리시설 중 가스시설 또는 지하구는 제외한다.)

① 주차용 건축물

② 전산실 및 통신기기실

③ 전기실 및 발전실

④ 항공기 격납고

해설 물분무등소화설비 설치대상

설치대상	설치조건
차고, 주차장	바닥면적 합계가 2000 m² 이상
전기실, 발전실, 변전실, 축전지실, 통신기기실, 전산실	바닥면적 합계가 300 m² 이상
주차용 건축물	연면적 800 m² 이상
기계식 주차장치	20대 이상
항공기 격납고	규모에 관계없이 설치
특수가연물 저장·취급	지정수량 750배 이상

50. 소방공사의 감리를 완료하였을 경우 소방공사감리 결과를 통보하는 대상으로 옳지 않은 것은?

① 특정소방대상물의 관계인

② 특정소방대상물의 설계업자

③ 소방시설공사의 도급인

④ 특정소방대상물의 공사를 감리한 건축사

해설 소방공사감리 결과를 통보하는 대상

(1) 관계인, 도급인, 건축사

(2) 소방본부장 또는 소방서장에게 7일 이내 통보 사실을 보고

51. 특수가연물을 저장 또는 취급하는 장소에 설치하는 표지의 기재사항이 아닌 것은?

① 품명

② 안전관리자 성명

③ 최대수량

④ 화기취급의 금지

해설 특수가연물을 저장 또는 취급하는 장소에 설치하는 표지

(1) 쌓는 높이는 10 m 이하, 바닥면적 50 m² 이하(단, 석탄, 목재류 : 200 m² 이하)

(2) 바닥면적 사이 : 1 m 이상, 품명별로 구분

(3) 표지에는 품명, 최대수량 및 화기취급의 금지 기재

52. 위험물안전관리법에서 정하는 용어의 정의에 대한 설명 중 틀린 것은?

① 위험물이라 함은 인화성 또는 발화성 등의 성질을 가지는 것으로 행정안전부령이 정하는 물품을 말한다.

② 지정수량이라 함은 위험물의 종류별로 위험성을 고려하여 제조소 등의 설치허가 등에 있어서 최저 기준이 되는

정답 **49.** ④ **50.** ② **51.** ② **52.** ①

수량을 말한다.

③ 제조소라 함은 위험물을 제조할 목적으로 지정수량 이상의 위험물을 취급하기 위하여 위험물 설치 허가를 받은 장소를 말한다.

④ 취급소라 함은 지정수량 이상의 위험물을 제조 외에 목적으로 취급하기 위하여 위험물 설치 허가를 받은 장소를 말한다.

해설 위험물이라 함은 인화성 또는 발화성 등의 성질을 가지는 것으로 대통령령으로 정하는 물품을 말한다.

53. 다음 중 소방대에 속하지 않는 사람은?
① 의용소방대원
② 의무소방원
③ 소방공무원
④ 소방시설공사업자

해설 소방대 : 소방공무원, 의용소방대원, 의무소방원

54. 건축허가 등을 할 때 미리 소방본부장 또는 소방서장의 동의를 받아야 하는 대상 건축물 등의 범위로서 옳지 않은 것은?
① 승강기 등 기계장치에 의한 주차시설로서 20대 이상 주차할 수 있는 시설
② 지하층 또는 무창층이 있는 모든 건축물
③ 노유자시설 및 수련시설로서 연면적이 200 m² 이상인 건축물
④ 항공기 격납고, 관망탑, 항공관제탑 등

해설 지하층 또는 무창층 : 바닥면적 150 m² 이상인 층

55. 화학소방자동차의 소화능력 및 설비 기준에서 분말 방사차의 분말의 방사능력은

매초 몇 kg 이상이어야 하는가?
① 25 kg
② 30 kg
③ 35 kg
④ 40 kg

해설 화학소방자동차의 소화능력

화학소방자동차 종류	방사능력
분말 소방차	35 kg/s (1400 kg 이상 비치)
할로겐화합물 소방차	40 kg/s (3000 kg 이상 비치)
이산화탄소 소방차	40 kg/s (3000 kg 이상 비치)
포 수용액 방사차	2000 L/min 이상 (10만 L 이상 비치)
제독차	50 kg 이상 비치

56. 소방시설공사업의 명칭·상호를 변경하고자 하는 경우 민원인이 반드시 제출하여야 하는 서류는?
① 소방시설업 등록증 및 등록수첩
② 법인등기부등본 및 소방기술인력 연명부
③ 소방기술인력의 자격증 및 자격수첩
④ 사업자등록증 및 소방기술인력의 자격증

해설 등록사항 변경신고
(1) 소방시설공사업의 명칭·상호 또는 영업소 소재지 변경, 대표자 변경 : 소방시설업 등록증 및 등록수첩
(2) 기술인력 변경 : 소방시설업 등록수첩, 변경된 기술인력의 기술 자격증, 자격수첩, 기술인력 연명부 1부

57. 방염업자가 사망하거나 그 영업을 양도할 때 방염업자의 지위를 승계한 자의 법적 절차는?
① 시·도지사에게 신고하여야 한다.
② 시·도지사의 허가를 받는다.

③ 시·도지사의 인가를 받는다.

④ 시·도지사에게 통지한다.

해설 지위 승계 : 시·도지사에게 신고

58. 특정소방대상물에 소방시설이 화재안전기준에 따라 설치 또는 유지·관리되지 아니한 때 특정소방대상물의 관계인에게 필요한 조치를 명할 수 있는 사람은?

① 소방본부장 또는 소방서장

② 소방방재청장

③ 시·도지사

④ 종합상황실의 실장

해설 관계인에게 필요한 조치를 명할 수 있는 사람 : 소방본부장 또는 소방서장

59. 소방용수시설의 저수조에 대한 설명으로 옳지 않은 것은?

① 지면으로부터 낙차가 4.5m 이하일 것

② 흡수부분의 수심이 0.3m 이상일 것

③ 흡수관의 투입구가 사각형의 경우에는 한 변의 길이가 60cm 이상일 것

④ 흡수관의 투입구가 원형의 경우에는 지름이 60cm 이상일 것

해설 소방용수시설 저수조의 설치기준

(1) 지면으로부터의 낙차가 4.5m 이하일 것

(2) 흡수부분의 수심이 0.5m 이상일 것

(3) 소방펌프자동차가 쉽게 접근할 수 있도록 할 것

(4) 흡수에 지장이 없도록 토사 및 쓰레기 등을 제거할 수 있는 설비를 갖출 것

(5) 흡수관의 투입구가 사각형의 경우에는 한 변의 길이가 60cm 이상, 원형의 경우에는 지름이 60cm 이상일 것

(6) 저수조에 물을 공급하는 방법은 상수도에 연결하여 자동으로 급수되는 구조일 것

60. 소방시설공사의 설계와 감리에 관한 약정을 함에 있어서 그 대가를 산정하는 기준으로 옳은 것은?

① 발급자와 도급자 간의 약정에 따라 산정한다.

② 국가를 당사자로 하는 계약에 관한 법률에 따라 산정한다.

③ 민법에서 정하는 바에 따라 산정한다.

④ 엔지니어링산업 진흥법에 따른 실비정액 가산방식으로 산정한다.

해설 기술 용역 대가 기준(엔지니어링산업 진흥법)
• 소방공사 감리 대가 : 실비정액 가산방식

제4과목 **소방기계시설의 구조 및 원리**

61. 상수도 소화용수설비의 소화전은 소방대상물의 수평투영면의 각 부분으로부터 몇 m 이하가 되도록 설치하는가?

① 75   ② 100

③ 125   ④ 140

해설 상수도 소화용수설비 소화전의 설치기준 : 수도배관 75mm 이상에 소화전 100mm 이상을 접속하여야 하며 소화전은 특정소방대상물의 수평투영면의 각 부분으로부터 140m 이하가 되도록 설치하여야 한다.

62. 이산화탄소 소화약제의 저장용기에 관한 설치기준 설명 중 틀린 것은?

① 저장용기의 충전비는 고압식에 있어서는 1.9 이상 2.1 이하로 한다.

② 저압식 저장용기에는 내압시험압력의 0.64배 내지 0.8배의 압력에서 작동하는 안전밸브를 설치한다.

③ 저압식 저장용기에는 액면계 및 압력계와 2.3MPa 이상 1.9MPa 이하의

정답 58. ① 59. ② 60. ④ 61. ④ 62. ①

압력에서 작동하는 압력경보장치를 설치한다.

④ 저장용기는 고압식은 25 MPa 이상, 저압식은 3.5 MPa 이상의 내압시험압력에 합격한 것을 말한다.

[해설] 저장용기의 충전비
  (1) 고압식 : 1.5 이상 1.9 이하
  (2) 저압식 : 1.1 이상 1.4 이하

63. 제연설비의 설치 장소를 제연구역으로 구획할 경우 틀린 것은?

① 거실과 통로는 상호 제연구획할 것
② 하나의 제연구역의 면적은 1500 m² 이내로 할 것
③ 하나의 제연구역은 직경 60 m 원내에 들어갈 수 있을 것
④ 통로상의 제연구역은 보행중심선의 길이가 60 m를 초과하지 아니할 것

[해설] 제연설비
  (1) 하나의 제연구역의 면적은 1000 m² 이내로 할 것
  (2) 거실과 통로는 상호 제연구획할 것
  (3) 통로상의 제연구역은 보행중심선의 길이가 60 m를 초과하지 아니할 것
  (4) 하나의 제연구역은 직경 60 m 원내에 들어갈 수 있을 것
  (5) 하나의 제연구획은 2개 이상 층에 미치지 아니하도록 할 것

64. 연결살수설비 전용헤드를 사용하는 배관의 구경이 50 mm일 때 하나의 배관에 부착하는 살수헤드는 몇 개인가?

① 1개   ② 2개   ③ 3개   ④ 4개

[해설] 연결살수설비 전용헤드

살수 헤드수	1개	2개	3개	4~ 5개	6~ 10개
구경(mm)	32	40	50	65	80

65. 다음 중 차고 또는 주차장에 호스릴 포 소화설비를 설치할 수 없는 기준으로 틀린 내용은 어느 것인가?

① 완전 개방된 옥상 주차장
② 지상 1층으로서 방화구획되거나 지붕이 없는 부분
③ 지상에서 수동 또는 원격조작에 따라 개방이 가능한 개구부의 유효면적의 합계가 바닥면적의 10 % 이상인 부분
④ 고가 밑의 주차장 등으로서 주된 벽이 없고 기둥뿐인 부분

[해설] ③항 10 % → 20 %

66. 다음 중 물분무소화설비 송수구의 설치기준으로 옳지 않은 것은?

① 송수구에는 이물질을 막기 위한 마개를 씌울 것
② 지면으로부터 높이가 0.8 m 이상 1.5 m 이하에 설치할 것
③ 송수구의 가까운 부분에 자동배수밸브 및 체크밸브를 설치할 것
④ 송수구는 하나의 층의 바닥면적이 3000 m²를 넘을 때마다 1개 이상을 설치할 것

[해설] 지면으로부터 높이가 0.5 m 이상 1.0 m 이하의 위치에 설치하여야 한다.

67. 물분무 소화설비의 가압송수장치로 압력수조의 압력을 산출할 때 필요한 압력이 아닌 것은?

① 낙차의 환산수두압
② 물분무헤드의 설계압력
③ 배관의 마찰손실 수두압
④ 소방용 호스의 마찰손실 수두압

정답 63. ②   64. ③   65. ③   66. ②   67. ④

해설 압력수조의 압력

$$P = P_1 + P_2 + P_3$$

여기서, P : 필요한 압력(MPa)

　　　　P_1 : 물분무헤드의 설계압력(MPa)

　　　　P_2 : 배관의 마찰손실 수두압(MPa)

　　　　P_3 : 낙차의 환산수두압(MPa)

68. 수동으로 조작하는 대형 소화기에서 B급 소화기의 능력단위는 어느 것인가?

① 10단위 이상　　② 15단위 이상

③ 20단위 이상　　④ 30단위 이상

해설 대형 소화기 능력단위

(1) A급 화재 : 10단위 이상

(2) B급 화재 : 20단위 이상(소형 소화기 : 1단위 이상)

69. 천장의 기울기가 10분의 1을 초과할 경우 가지관의 최상부에 설치되는 톱날지붕의 스프링클러헤드는 천장의 최상부로부터 수직거리가 몇 cm 이하가 되도록 설치하여야 하는가?

① 50　　② 70　　③ 90　　④ 120

해설 경사된 천장에 설치하는 경우

(1) 천장의 최상부로부터 수직거리 : 90 cm 이하

(2) 최상부의 가지관 상호간의 거리 : 가지관 상의 스프링클러헤드 상호간의 거리의 $\dfrac{1}{2}$ 이하(최소 1 m 이상)

70. 피난기구의 설치 및 유지에 관한 사항 중 옳지 않은 것은?

① 피난기구를 설치하는 개구부는 서로 동일직선상의 위치에 있을 것

② 설치장소에는 피난기구의 위치를 표시하는 발광식 또는 축광식 표지와 그 사용법을 표시한 표지를 부착할 것

③ 피난기구는 소방대상물의 기둥·바닥·보 기타 구조상 견고한 부분에 볼트조임·매입·용접 기타의 방법으로 견고하게 부착할 것

④ 피난기구는 계단·피난구 기타 피난시설로부터 적당한 거리에 있는 안전한 구조로 된 피난 또는 소화활동상 유효한 개구부에 고정하여 설치할 것

해설 피난기구를 설치하는 개구부는 서로 동일직선상의 위치가 아닐 것

71. 전역방출방식의 할로겐화합물 소화설비의 분사헤드를 설치할 때 기준저장량의 소화약제를 방사하기 위한 시간은 몇 초 이내인가?

① 20초 이내　　② 15초 이내

③ 10초 이내　　④ 5초 이내

해설 할로겐화합물 소화설비의 분사헤드의 방사시간은 전역방출방식, 국소방출방식 : 10초 이내이다.

72. 지하가 또는 지하역사에 설치된 폐쇄형 스프링클러설비의 수원은 얼마 이상이어야 하는가?(단, 폐쇄형 스프링클러 헤드의 기준개수를 적용한다.)

① 16 m³　　　　② 32 m³

③ 24 m³　　　　④ 48 m³

해설 수원 = 헤드수 × 80 L/min × 20 min

　　　= 30개 × 80 L/min × 20 min

　　　= 48000 L = 48 m³

73. 호스릴 분말소화설비 설치 시 하나의 노즐이 1분당 방사하는 제4종 분말소화약제의 기준량은 몇 kg인가?

① 45　　② 27　　③ 18　　④ 9

해설 호스릴 분말소화약제량과 가산량

약제의 종류	약제 저장량	분당 방사량
제1종 분말	50 kg	45 kg
제2종 분말	30 kg	27 kg
제3종 분말	30 kg	27 kg
제4종 분말	20 kg	18 kg

74. 체적 55 m³의 통신기기실에 전역방출 방식의 할로겐화합물 소화설비를 설치하고자 하는 경우에 할론 1301의 저장량은 최소 몇 kg이어야 하는가? (단, 통신기기실의 총 개구부 크기는 4 m²이며, 자동폐쇄장치는 설치되어 있지 아니한다.)

① 26.2 kg ② 27.2 kg
③ 28.2 kg ④ 29.2 kg

해설 할로겐화합물 소화설비 소화약제 저장량

소방대상물	약제	약제량 (kg/m³)	가산량(자동폐쇄 미설치)(kg/m²)
차고, 주차장, 전기실, 통신기기실, 전산실	할론 1301	0.32 ～0.64	2.4
가연성고체류, 석탄류, 목탄류, 가연성액체류	할론 2402	0.4 ～1.1	3.0
	할론 1211	0.36 ～0.71	2.7
	할론 1301	0.32 ～0.64	2.4
면화류, 나무껍질, 대팻밥, 넝마 및 종이부스러기, 사류 및 볏짚류	할론 1211	0.6 ～0.7	4.5
	할론 1301	0.52 ～0.64	3.9
합성수지류	할론 1211	0.36 ～0.7	2.7
	할론 1301	0.32 ～0.64	2.4

저장량 = 방호체적 × 약제량 + 개구부면적 × 가산량
$= 55 \text{ m}^3 \times 0.32 \text{ kg/m}^3 + 4 \text{ m}^2 \times 2.4 \text{ kg/m}^2$
$= 27.2 \text{ kg}$

75. 소화약제가 가스인 할로겐화합물 소화기의 적응 대상물로 부적합한 것은?

① 전기실
② 가연성 고체
③ 건축물, 기타 공작물
④ 금속성 물품

해설 금속성 물품은 마른 모래, 팽창질석 또는 팽창진주암으로 소화하여야 한다.

76. 옥외소화전설비에서 성능시험배관의 직관부에 설치된 유량측정장치는 펌프 정격토출량의 몇 % 이상 측정할 수 있는 성능이 있어야 하는가?

① 175 % ② 150 %
③ 75% ④ 50 %

해설 펌프 성능시험
(1) 성능시험 배관은 펌프의 토출측에 설치된 개폐밸브 이전에 분기하여 설치한다.
(2) 성능시험 배관은 유량측정장치를 기준으로 후단 직관부에 유량조절밸브를 설치할 것
(3) 성능시험배관의 직관부에 설치된 유량측정장치는 펌프 정격토출량의 175 % 이상 측정할 수 있는 성능이 있을 것
(4) 성능시험 배관은 유량측정장치를 기준으로 전단 직관부에 개폐밸브를 설치할 것

77. 다음 중 소화기구의 설치에서 이산화탄소소화기를 설치할 수 없는 곳의 설치기준으로 옳은 것은?

① 밀폐된 거실로서 바닥면적이 35 m² 미만인 곳
② 무창층 또는 밀폐된 거실로서 바닥

면적이 20 m² 미만인 곳

③ 밀폐된 거실로서 바닥면적이 25 m² 미만인 곳

④ 무창층 또는 밀폐된 거실로서 바닥 면적이 30 m² 미만인 곳

해설 지하층, 무창층, 밀폐된 거실 : 바닥면적 이 20 m² 미만인 곳

78. 포소화설비에서 소화약제 압입용 펌프 를 따로 가지고 있는 방식은?

① 라인 프로포셔너 방식

② 펌프 프로포셔너 방식

③ 프레셔 프로포셔너 방식

④ 프레셔사이드 프로포셔너 방식

해설 포소화설비 혼합장치

(1) 펌프 프로포셔너 방식 : 펌프의 흡입관과 토출관 사이에 흡입기를 설치하여 펌프에 서 토출된 물의 일부를 보내고 농도조절밸 브에서 조정된 포소화약제 필요량을 포소 화약제 탱크에서 펌프 흡입관으로 보내어 흡입, 혼합하는 방식

(2) 프레셔 프로포셔너 방식 : 펌프와 발포기 의 중간에 설치된 벤투리관의 벤투리작용 과 펌프 가압수의 포소화약제 저장탱크에 대한 압력에 의하여 포소화약제를 흡입, 혼합하는 방식

(3) 라인 프로포셔너 방식 : 펌프와 발포기의 중간에 설치된 벤투리관의 벤투리작용에 의하여 포소화약제를 흡입, 혼합하는 방식

(4) 프레셔사이드 프로포셔너 방식 : 펌프의 토출관에 압입기를 설치하여 포소화약제 압입용 펌프로 포소화약제를 압입시켜 혼 합하는 방식

(5) 압축공기포 믹싱체임버 방식 : 압축공기 또는 압축질소를 일정 비율로 포수용액에 강제주입, 혼합하는 방식

79. 다음 중 스프링클러 헤드를 설치해야 되는 곳은?

① 발전실

② 보일러실

③ 병원의 수술실

④ 직접 외기에 개방된 복도

해설 스프링클러 헤드 설치 제외 대상

(1) 계단실, 경사로, 승강기의 승강로, 목욕 실, 수영장, 화장실, 직접 외기에 개방된 복도

(2) 통신기기실, 전자기기실, 발전실, 변전 실, 변압기

(3) 병원 수술실, 응급처치실

80. 연결송수관 설비의 설치기준 중 적합 하지 않는 것은?

① 방수기구함은 5개층마다 설치

② 방수구는 전용방수구로서 구경 65 mm의 것으로 설치

③ 송수구는 구경 65 mm의 쌍구형으로 설치

④ 주배관의 구경은 100 mm 이상의 것 으로 설치

해설 연결송수관 설비의 설치기준

(1) 방수기구함은 3개층마다 설치하되, 그 층의 방수구마다 보행거리 5 m 이내에 설 치할 것

(2) 방수구는 연결송수관설비의 전용방수구 또는 옥내소화전 방수구로서 65 mm의 것 으로 설치할 것

(3) 송수구는 65 mm 쌍구형으로 설치할 것

소방설비기계기사

제1과목　　　**소방원론**

1. 위험물안전관리법령상 위험물의 적재 시 혼재기준에서 다음 중 혼재가 가능한 위험물로 짝지어진 것은? (단, 각 위험물은 지정수량의 10배로 가정한다.)

① 질산칼륨과 가솔린

② 과산화수소와 황린

③ 철분과 유기과산화물

④ 등유와 과염소산

해설 유별을 달리하는 위험물 혼합기준

위험물의 구분	제1류	제2류	제3류	제4류	제5류	제6류
제1류		×	×	×	×	○
제2류	×		×	○	○	×
제3류	×	×		○	×	×
제4류	×	○	○		○	×
제5류	×	○	×	○		×
제6류	○	×	×	×	×	

× : 혼재 불가, ○ : 혼재 가능

※ 질산칼륨(제1류), 가솔린(제4류)
　과산화수소(제6류), 황린(제3류)
　철분(제2류), 유기과산화물(제5류)
　등유(제4류), 과염소산(제6류)

2. 다음 위험물 중 물과 접촉 시 위험성이 가장 높은 것은?

① $NaClO_3$　　　② P

③ TNT　　　④ Na_2O_2

해설 $2Na_2O_2 + 2H_2O \rightarrow 4NaOH + O_2 \uparrow$
　과산화나트륨은 물과 반응하면 산소를 발생하여 화재 시 화재를 확대시킬 우려가 있다.

3. twin agent system으로 분말소화약제와

병용하여 소화효과를 증진시킬 수 있는 소화약제로 다음 중 가장 적합한 것은?

① 수성막포

② 이산화탄소

③ 단백포

④ 합성계면활성화포

해설 수성막포는 분말소화약제와 병용하면 소화효과가 증진되며 안정성이 좋아 장기간 보존이 가능하다.

4. 다음 중 제1류 위험물로 그 성질이 산화성 고체인 것은?

① 황린　　　② 아염소산염류

③ 금속분류　　　④ 유황

해설 위험물 종류

위험물 종류	특징	종류
제1류 위험물	산화성 고체	아염소산염류, 염소산염류, 과염소산염류, 질산염류, 무기과산화물
제2류 위험물	가연성 고체	적린, 황화린, 마그네슘, 유황, 금속분
제3류 위험물	금수성물질 및 자연발화성 물질	나트륨, 황린, 칼륨, 트리메틸알루미늄, 금속의 수소화물
제4류 위험물	인화성 액체	특수인화물, 석유류, 알코올류, 동식물유
제5류 위험물	자기반응성 물질	셀룰로이드, 유기과산화물, 니트로화합물, 아조화합물, 니트로소화합물, 질산에스테르류
제6류 위험물	산화성 액체	과염소산, 질산, 과산화수소

정답　1. ③　2. ④　3. ①　4. ②

5. 다음 물질 중 공기 중에서의 연소범위가 가장 넓은 것은?

① 부탄   ② 프로판
③ 메탄   ④ 수소

해설 연소범위(폭발범위)
(1) 부탄 : 1.8~8.4 %
(2) 프로판 : 2.2~9.5 %
(3) 메탄 : 5~15 %
(4) 수소 : 4~75 %

6. 화재에 관한 설명으로 옳은 것은?

① PVC 저장창고에서 발생한 화재는 D급 화재이다.
② PVC 저장창고에서 발생한 화재는 B급 화재이다.
③ 연소의 색상과 온도와의 관계를 고려할 때 일반적으로 암적색보다는 휘적색의 온도가 높다.
④ 연소의 색상과 온도와의 관계를 고려할 때 일반적으로 휘백색보다는 휘적색의 온도가 높다.

해설 불꽃 색상과 온도 : 어두운 색상에서 밝은 색상으로 가면 불꽃의 온도는 높아지게 된다.

색상	온도(℃)
암적색	700
적색	850
휘적색	950
황적색	1100
백적색	1300
휘백색	1500 이상

※ PVC 화재는 A급 화재이다.

7. Halon 1301의 화학기호로 옳은 것은?

① $CBrF_3$ ② $CClBr$
③ CF_2ClBr ④ $C_2Br_2F_4$

해설 할론 abcd에서
a : 탄소의 수, b : 불소의 수
c : 염소의 수, d : 취소의 수
Halon 1301 : $CBrF_3$

8. 물체의 표면온도가 250℃에서 650℃로 상승하면 열 복사량은 약 몇 배 정도 상승하는가?

① 2.5   ② 5.7
③ 7.5   ④ 9.7

해설 스테판 - 볼츠만의 법칙에 의하여 복사열은 그 절대온도 4승에 비례한다.
$$\frac{(273+650)^4}{(273+250)^4} = 9.7$$

9. 물질의 연소 시 산소의 공급원이 될 수 없는 것은?

① 탄화칼슘   ② 과산화나트륨
③ 질산나트륨   ④ 압축공기

해설 문제 4번 해설 참조

10. 다음 중 LNG와 LPG에 대한 설명으로 틀린 것은?

① LNG는 증기비중은 1보다 크기 때문에 유출되면 바닥에 가라앉는다.
② LNG의 주성분은 메탄이고, LPG의 주성분은 프로판이다.
③ LPG는 원래 냄새가 없으나 누설 시 쉽게 알 수 있도록 부취제를 넣는다.
④ LNG는 Liquefied Natural Gas의 약자이다.

해설 LNG는 메탄(CH_4 : 분자량 16, 기체비중 0.55)이 주성분으로 공기보다 가벼워 누설 시 상부로 올라가기 때문에 환기구를 천장으로부터 30 cm 이내에 설치하여야 한다.

정답 5. ④ 6. ③ 7. ① 8. ④ 9. ① 10. ①

11. 담홍색으로 착색된 분말소화약제의 주 성분은?

① 황산알루미늄

② 탄산수소나트륨

③ 제1인산암모늄

④ 과산화나트륨

해설 분말소화약제의 종류

종별	명칭	착색	적용
제1종	탄산수소나트륨 ($NaHCO_3$)	백색	B, C급
제2종	탄산수소칼륨 ($KHCO_3$)	담자색	B, C급
제3종	제1인산암모늄 ($NH_4H_2PO_4$)	담홍색	A, B, C급
제4종	탄산수소칼륨 +요소($KHCO_3$ +$(NH_2)_2CO$)	회색	B, C급

12. 건물의 주요구조부에 해당하지 않는 것은?

① 바닥

② 천장

③ 기둥

④ 주 계단

해설 건물의 주요구조부 : 기둥, 바닥, 보, 내력벽, 지붕틀, 주 계단

13. 다음 중 인화성 액체의 발화원으로 가장 거리가 먼 것은?

① 전기불꽃

② 냉매

③ 마찰스파크

④ 화염

해설 냉매(주로 프레온 가스)는 냉동기 내에서 열을 흡수, 방출하는 작용을 한다.

14. 방화구조에 대한 기준으로 틀린 것은?

① 철망모르타르로서 그 바름두께가 2 cm 이상인 것

② 석고판 위에 시멘트모르타르 또는 회반죽을 바른 것으로서 그 두께의 합계가 2.5 cm 이상인 것

③ 시멘트모르타르 위에 타일을 붙인 것으로서 그 두께의 합계가 2 cm 이상인 것

④ 심벽에 흙으로 맞벽치기 한 것

해설 ③항의 경우 2 cm → 2.5 cm

15. 열경화성 플라스틱에 해당하는 것은?

① 폴리에틸렌

② 염화비닐수지

③ 페놀수지

④ 폴리스티렌

해설 수지의 종류

(1) 열경화성 수지 : 열에 의해 경화되는 수지 (페놀수지, 요소수지, 멜라민수지 등)

(2) 열가소성 수지 : 열에 의해 변형되는 수지 (폴리에틸렌수지, 폴리스티렌수지 등)

16. 발화온도 500℃에 대한 설명으로 다음 중 가장 옳은 것은?

① 500℃로 가열하면 산소 공급 없이 인화한다.

② 500℃로 가열하면 공기 중에서 스스로 타기 시작한다.

③ 500℃로 가열하여도 점화원이 없으면 타지 않는다.

④ 500℃로 가열하면 마찰열에 의하여 연소한다.

해설 발화온도는 점화원 없이 일정 온도에 도달하면 스스로 연소할 수 있는 최저온도로 착화온도라고도 한다.

17. 다음 중 플래시 오버(flash over)를 가장 옳게 설명한 것은?

① 도시가스의 폭발적 연소를 말한다.

---

② 휘발유 등 가연성 액체가 넓게 흘러
서 발화한 상태를 말한다.
③ 옥내화재가 서서히 진행하여 열 및
가연성 기체가 축적되었다가 일시에
연소하여 화염이 크게 발생하는 상태
를 말한다.
④ 화재층의 불이 상부층으로 올라가는
현상을 말한다.

[해설] 플래시 오버는 화재에 의한 실내온도의
급격한 상승으로 화재실 전체에 화재가 확
대되고 실외로 화염이 돌출되는 현상이다.

18. 1기압 100℃에서의 물 1 g의 기화잠열
은 약 몇 cal인가?

① 425 ② 539
③ 647 ④ 734

[해설] 대기압(1기압)상태에서 100℃에서의 물
의 증발잠열은 539 cal/g이며, 0℃에서의
물의 증발잠열은 597.3 cal/g이다.

19. 화재 발생 시 주수소화를 할 수 없는
물질은?

① 부틸리튬
② 질산에틸
③ 니트로셀룰로오스
④ 적린

[해설] 부틸리튬은 자연발화성 및 금수성물질
로 물이나 공기와 접촉하면 발열하거나 폭
발한다.

20. 이산화탄소의 물성으로 옳은 것은?

① 임계온도 : 31.35℃, 증기비중 : 0.529
② 임계온도 : 31.35℃, 증기비중 : 1.529
③ 임계온도 : 0.35℃, 증기비중 : 1.529
④ 임계온도 : 0.35℃, 증기비중 : 0.529

[해설] 이산화탄소의 물성
(1) 임계온도 : 31.35℃
(2) 증기비중 : 1.529
(3) 승화온도 : -78.5℃

21. 경사마노미터의 눈금이 38 mm일 때
압력 P를 계기압력으로 표시하면?

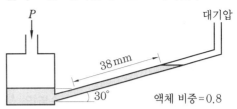

① 15.2 Pa ② 149 Pa
③ 186 Pa ④ 298 Pa

[해설] $P = \gamma \times h \times \sin\theta$
$= 0.8 \times 1000 \text{kg/m}^3 \times 0.038\text{m} \times \sin 30°$
$= 15.2 \text{kg/m}^2$
$15.2 \text{kg/m}^2 \times \dfrac{101325\text{Pa}}{10332\text{kg/m}^2} = 149.06\text{Pa}$

22. 진공압력이 40 mmHg일 경우 절대
압력은 약 몇 kPa인가? (단, 대기압은
101.3 kPa이고 수은의 비중은 13.6이다.)

① 53 ② 96
③ 106 ④ 196

[해설] 절대압력 = 대기압-진공압
$= 101.3 \text{kPa} - \dfrac{40\text{mmHg}}{760\text{mmHg}} \times 101.3 \text{kPa}$
$= 95.99 \text{kPa}$

23. 다음 관 유동에 대한 일반적인 설명 중
올바른 것은?

① 관의 마찰손실은 유속의 제곱에 반

비례한다.

② 관의 부차적 손실은 주로 관벽과의 마찰에 의해 발생한다.

③ 돌연확대관의 손실수두는 속도수두에 비례한다.

④ 부차적 손실수두는 압력의 제곱에 비례한다.

[해설] 유체의 흐름

① 관의 마찰손실은 유속의 제곱에 비례한다.
$$\left(H = f \times \frac{l}{D} \times \frac{V^2}{2g}\right)$$

② 관의 부차적 손실은 T, 플랜지, 엘보 등과 같은 관 부속품에 의한 압력손실이다.

③ 돌연확대관의 손실수두는 속도수두에 비례한다.

④ 부차적 손실수두는 유속의 제곱에 비례한다. $\left(H = \frac{V^2}{2g}\right)$

---

24. 어떤 펌프의 회전수와 유량이 각각 10 %와 20 % 늘어났을 때 원래 펌프와 기하학적으로 상사한 펌프가 되려면 지름은 얼마나 늘어나야 하는가?

① 1.5 %　　② 2.9 %

③ 5.0 %　　④ 7.1 %

[해설] 상사의 법칙에 의하여

$$Q_2 = Q_1 \times \frac{N_2}{N_1} \times \left(\frac{D_2}{D_1}\right)^3$$

$$1.2 = 1 \times 1.1 \times \left(\frac{D_2}{1}\right)^3 \quad D_2^3 = \frac{1.2}{1.1}$$

$$D_2 = \sqrt[3]{\frac{1.2}{1.1}} = 1.02942$$

지름 증가율 $= (1.02942 - 1) \times 100 = 2.9\%$

---

25. 직경이 150 mm인 배관을 통해 8 m/s의 속도로 흐르는 물의 유량은 약 몇 m³/min인가?

① 0.14　　② 8.48

③ 33.9　　④ 42.4

[해설]
$$Q = A \times V$$
$$= \frac{\pi}{4} \times (0.15\,\text{m})^2 \times 8\,\text{m/s} \times 60\,\text{s/min}$$
$$= 8.48\,\text{m}^3/\text{m}$$

---

26. 천이구역에서의 관 마찰계수 f는?

① 언제나 레이놀즈수만의 함수가 된다.

② 상대조도와 오일러수의 함수가 된다.

③ 마하수와 코시수의 함수가 된다.

④ 레이놀즈수와 상대조도의 함수가 된다.

[해설] 마찰계수

(1) 층류($Re < 2100$) : 마찰계수는 상대조도에 관계없이 레이놀즈수만의 함수가 된다.

(2) 난류($Re > 4000$) : 마찰계수는 상대조도에 관계없으며 레이놀즈수에 의하여 좌우되는 영역은 브라시우스식을 제시한다. ($f = 0.3164 Re^{-1/4}$)

(3) 천이구역($2100 < Re < 4000$) : 마찰계수는 레이놀즈수와 상대조도의 함수가 된다.

---

27. 아래 그림과 같은 폭이 3 m인 곡면의 수문 AB가 받는 수평분력은 약 몇 N인가?

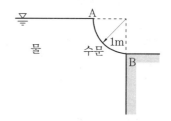

① 7350　　② 14700

③ 23079　　④ 29400

[해설]
$$F = \gamma \times h \times A$$
$$= 9800\,\text{N/m}^3 \times 0.5\,\text{m} \times 1\,\text{m} \times 3\,\text{m}$$
$$= 14700\,\text{N}$$

[정답] 24. ②　25. ②　26. ④　27. ②

28. 점성계수가 0.9 poise이고 밀도가 950 kg/m³인 유체의 동점성계수는 몇 stokes 인가?

① 9.47×10^{-2} ② 9.47×10^{-4}

③ 9.47×10^{-1} ④ 9.47×10^{-3}

[해설] 동점성계수(ν)

$$\nu = \frac{\mu}{\rho} = \frac{0.9\,\text{g/cm} \cdot \text{s}}{0.95\,\text{g/cm}^3} = 0.947\,\text{cm}^2/\text{s}$$

$$= 0.947\,\text{stokes} = 9.47 \times 10^{-1}\,\text{stokes}$$

※ 1 poise = 1 g/cm · s

$$950\,\text{kg/m}^3 = 950 \times 10^3 \text{g}/10^6 \text{cm}^3$$

$$= 0.95\,\text{g/cm}^3$$

29. 물통에서 유출하는 물의 속도를 V라 하고, 동압을 P라 하면, V와 P의 관계는?

① $V^2 \propto P$ ② $V \propto P^2$

③ $V \propto \dfrac{1}{P}$ ④ $V \propto \dfrac{1}{P^2}$

[해설] 동압(P) $= \dfrac{V^2}{2g} \times \gamma$, $V^2 = \dfrac{P \cdot 2g}{\gamma}$

∴ $V^2 \propto P$

30. 피스톤 – 실린더로 구성된 용기 안에 온도 638.5 K, 압력 1372 kPa 상태의 공기(이상기체)가 들어 있다. 정적 과정으로 이 시스템을 가열하여 최종 온도가 1200 K가 되었다. 공기의 최종 압력은 약 몇 kPa인가?

① 730   ② 1372

③ 1730   ④ 2579

[해설] 정적 과정이므로 샤를의 법칙을 적용한다.

$$\frac{P_1}{T_1} = \frac{P_2}{T_2}$$

$$P_2 = 1372\,\text{kPa} \times \frac{1200\,\text{K}}{638.5\,\text{K}} = 2578.5\,\text{kPa}$$

31. 출구 단면적이 0.02 m²인 수평 노즐을 통하여 물이 수평방향으로 8 m/s의 속도로 노즐 출구에 놓여있는 수직 평판에 분사될 때 평판에 작용하는 힘은 몇 N인가?

① 80   ② 1280

③ 2560   ④ 12544

[해설] $F = \rho \times Q \times V = \rho \times A \times V \times V$

$$= 102\,\text{kg} \cdot \text{s}^2/\text{m}^4 \times 0.02\,\text{m}^2 \times 8\,\text{m/s} \times 8\,\text{m/s}$$

$$= 130.56\,\text{kg} = 1279.49\,\text{N}$$

32. 다음은 펌프에서의 공동현상(cavitation)에 대한 일반적인 설명이다. 항목 중에서 올바르게 설명한 것을 모두 고른 것은?

> ㉠ 액체의 온도가 높아지면 공동현상이 일어나기 쉽다.
> ㉡ 흡입양정을 작게 하는 것은 공동현상 방지에 효과가 있다.
> ㉢ 공동현상은 유체 내의 국소 압력이 포화증기압 이상일 때 일어난다.

① ㉠   ② ㉠, ㉡

③ ㉡, ㉢   ④ ㉠, ㉡, ㉢

[해설] 캐비테이션(공동현상)은 유체 내의 국소 압력이 포화증기압 이하일 때 발생한다.

33. 물체의 표면온도가 100℃에서 400℃로 상승하였을 때 물체 표면에서 방출하는 복사에너지는 약 몇 배가 되겠는가?(단, 물체의 방사율은 일정하다고 가정한다.)

① 2   ② 4

③ 10.6   ④ 256

[해설] 복사에너지는 절대온도 4승에 비례한다.

$$\frac{(273+400)^4}{(273+100)^4} = 10.598$$

34. 배연설비의 배관을 흐르는 공기의 유속을 피토정압관으로 측정할 때 정압단과 정체압단에 연결된 U자관의 수은기둥 높이 차가 0.03 m이었다. 이때 공기의 속

도는 약 몇 m/s인가? (단, 공기의 비중은 0.00122, 수은의 비중은 13.6이다.)

① 81　　② 86　　③ 91　　④ 96

해설　$V = \sqrt{2gh \times \left(\dfrac{\gamma_s}{\gamma_a} - 1\right)}$

$= \sqrt{2 \times 9.8\,\text{m/s}^2 \times 0.03\,\text{m} \times \left(\dfrac{13.6}{0.00122} - 1\right)}$

$= 80.95\,\text{m/s}$

35. 어떤 정지 유체의 비중량이 깊이의 2차 함수로 주어진다면 압력분포는 깊이의 몇 차 함수인가?

① 0(일정)　　　　　② 1
③ 2　　　　　　　　④ 3

해설　정지 유체의 비중량이 깊이의 2차 함수이면 압력분포는 깊이의 3차 함수로 된다.

36. 다음 중 동일한 유체의 물성치로 볼 수 없는 것은?

① 밀도 $1.5 \times 10^3\,\text{kg/m}^3$
② 비중 1.5
③ 비중량 $1.47 \times 10^4\,\text{N/m}^3$
④ 비체적 $6.67 \times 10^{-3}\,\text{m}^3/\text{kg}$

해설　② 비중$(S) = \dfrac{\rho}{\rho_w} = \dfrac{\rho}{10^3\text{kg/m}^3} = 1.5$

$\therefore \rho = 1.5 \times 10^3\,\text{kg/m}^3$

③ 비중량$(\gamma) = 1.47 \times 10^{-4}\text{N/m}^3$을 밀도로

환산하면 $1.47 \times 10^{-4}\text{N/m}^3 \times \dfrac{1\text{kg}}{9.8\text{N}}$

$= 1.5 \times 10\,\text{kg/m}^3$

④ 비체적(v)의 역수를 구하면

밀도$(\rho) = \dfrac{1\text{kg}}{6.67 \times 10^{-3}\text{m}^3} = 149.93\,\text{kg/m}^3$

37. 비중 0.8, 점성계수가 $0.03\,\text{kg/m} \cdot \text{s}$인 기름이 안지름 450 mm의 파이프를 통하여 $0.3\,\text{m}^3/\text{s}$의 유량으로 흐를 때 레이놀즈수는? (단, 물의 밀도는 1000 kg/

m^3이다.)

① 5.66×10^4　　② 2.26×10^4
③ 2.83×10^4　　④ 9.04×10^4

해설　$Re = \dfrac{D \cdot v \cdot \rho}{\mu}$

$= \dfrac{0.45\,\text{m} \times 1.88\,\text{m/s} \times 800\,\text{kg/m}^3}{0.03\,\text{kg/m} \cdot \text{s}}$

$= 22560$

$v(\text{유속}) = \dfrac{Q}{A} = \dfrac{0.3\text{m}^3/\text{s}}{\dfrac{\pi}{4} \times (0.45\text{m})^2} = 1.88\,\text{m/s}$

38. 효율이 50 %인 펌프를 이용하여 저수지의 물을 1초에 10 L씩 30 m 위쪽에 있는 논으로 퍼 올리는 데 필요한 동력은 약 몇 kW인가?

① 10.0　② 20.0　③ 2.94　④ 5.88

해설　$H_{kw} = \dfrac{1000 \times Q \times H}{102 \times 60 \times \eta}$

$= \dfrac{1000 \times 0.01\,\text{m}^3/\text{s} \times 30\,\text{m}}{102 \times 0.5} = 5.88\,\text{kW}$

39. 역 Carnot 사이클로 작동하는 냉동기가 300 K의 고온열원과 250 K의 저온열원 사이에서 작동할 때 이 냉동기의 성능계수는 얼마인가?

① 2　　② 3　　③ 5　　④ 6

해설　$COP = \dfrac{T_2}{T_1 - T_2} = \dfrac{250}{300 - 250} = 5$

40. 다음 중 열역학 1, 2법칙과 관련하여 틀린 것을 모두 고른 것은?

> ㉠ 단열과정에서 시스템의 엔트로피는 변하지 않는다.
> ㉡ 일을 100 % 열로 변환시킬 수 있다.
> ㉢ 열을 가하면 저온부로부터 고온부로 열을 이동시킬 수 있다.
> ㉣ 사이클 과정에서 시스템(계)이 한 총 일은 시스템이 받은 총 열량과 같다.

① ㉠   ② ㉠, ㉡
③ ㉡, ㉣   ④ ㉢, ㉣

해설 열역학 법칙 : 단열과정에서 시스템의 엔트로피는 증가하는 방향으로 흐른다.

제3과목 **소방관계법규**

41. 소방기본법에 규정한 한국소방안전협회의 회원이 될 수 없는 사람은?

① 소방관련 박사 또는 석사학위를 취득한 사람
② 소방공무원으로 3년 이상 근무한 경력이 있는 사람
③ 소방방재청장이 정하는 소방관련학과를 졸업한 사람
④ 소방설비기사 자격을 취득한 사람

해설 소방공무원으로 5년 이상 근무한 경력이 있는 사람

42. 소방대상물에 대한 소방특별조사 결과 화재가 발생되면 인명 또는 재산의 피해가 클 것으로 예상되는 경우 소방본부장 또는 소방서장이 소방대상물 관계인에게 조치를 명할 수 있는 사항과 거리가 먼 것은 어느 것인가?

① 이전명령   ② 개수명령
③ 사용금지명령   ④ 증축명령

해설 조치명령
  (1) 명령권자 : 소방본부장 또는 소방서장
  (2) 조사대상 : 소방대상물의 위치, 구조, 설비 또는 관리사항
  (3) 명령 : 개수, 이전, 제거, 사용금지 또는 제한, 사용폐쇄, 공사의 정지 및 중지

43. 스프링클러설비를 설치하여야 할 대상의 기준으로 옳지 않은 것은?

① 문화집회 및 운동시설로서 수용인원이 100인 이상인 것
② 판매시설 및 영업시설로서 층수가 3층 이하인 건축물로서 바닥면적 합계가 $6000 \, m^2$ 이상인 것
③ 숙박이 가능한 수련시설로서 해당용도로 사용되는 바닥면적의 합계 $600 \, m^2$ 이상인 모든 층
④ 지하가(터널은 제외)로서 연면적 $800 \, m^2$ 이상인 것

해설 지하가(터널은 제외)로서 연면적 $1000 \, m^2$ 이상인 것

44. 위험물을 취급함에 있어서 정전기가 발생할 우려가 있는 설비는 공기 중의 상대습도를 몇 % 이상으로 하는 방법으로 정전기를 유효하게 제거할 수 있는 설비를 설치하여야 하는가?

① 30 %   ② 60 %
③ 70 %   ④ 90 %

해설 정전기 제거
  (1) 공기를 이온화할 것
  (2) 접지시설을 할 것
  (3) 상대습도를 70 % 이상으로 할 것

45. 다음의 특정소방대상물 중 의료시설에 해당되지 않는 것은?

① 마약진료소
② 노인의료복지시설
③ 장애인 의료재활시설
④ 한방병원

해설 노인의료복지시설 : 노유자시설에 해당

46. 소방안전관리자를 두어야 하는 특정소방대상물로서 1급 소방안전관리대상물에

해당하는 것은?

① 자동화재탐지설비를 설치하는 연면적 10000 m^2인 소방대상물
② 전력용 또는 통신용 지하구
③ 스프링클러를 설치하는 연면적 3000 m^2인 소방대상물
④ 가연성 가스를 1천톤 이상 저장·취급하는 시설

해설 1급 소방안전관리대상물
(1) 연면적 15000 m^2인 소방대상물
(2) 특정소방대상물로서 11층 이상 인 것
(3) 가연성 가스를 1천톤 이상 저장·취급하는 시설

47. 규정에 의한 지정수량 10배 이상의 위험물을 저장 또는 취급하는 제조소 등에 설치하는 경보설비로 옳지 않은 것은?

① 자동화재탐지설비
② 자동화재속보설비
③ 비상경보설비
④ 확성장치

해설 위험물 제조소 등에 설치하는 경보설비 (지정수량 10배 이상)
(1) 자동화재탐지설비
(2) 비상경보설비, 비상방송설비
(3) 확성장치

48. 소방안전관리대상물에 소방안전관리자로 선임된 자가 실시하여야 할 업무가 아닌 것은?

① 소방계획의 작성
② 자위소방대의 조직
③ 소방시설 공사
④ 소방훈련 및 교육

해설 소방시설 공사 : 소방시설공사업자가 시행

49. 소방안전교육사는 누가 실시하는 시험에 합격하여야 하는가?

① 소방청장
② 안전행정부장관
③ 소방본부장 또는 소방서장
④ 시·도지사

해설 소방안전교육사 실시 : 소방청장

50. 소방시설관리업의 기술인력으로 등록된 소방기술자가 받아야 하는 실무교육의 주기 및 회수는?

① 매년 1회 이상
② 매년 2회 이상
③ 2년마다 1회 이상
④ 3년마다 1회 이상

해설 실무교육 : 한국소방안전협회장의 실시로 2년마다 1회 이상 받아야 한다.

51. 원활한 소방활동을 위하여 소방용수시설에 대한 조사를 실시하는 사람은?

① 소방방재청장
② 시·도지사
③ 소방본부장 또는 소방서장
④ 안전행정부장관

해설 소방용수시설 : 월 1회 이상 소방본부장 또는 소방서장이 조사

52. 소방본부장 또는 소방서장은 화재경계지구 안의 관계인에 대하여 소방상 필요한 훈련 및 교육을 실시하고자 하는 때에는 관계인에게 며칠 전까지 그 사실을 통보하여야 하는가?

① 5일
② 10일
③ 15일
④ 20일

해설 교육 10일 전까지 통보하여야 한다.

정답 47. ② 48. ③ 49. ① 50. ③ 51. ③ 52. ②

53. 방염대상물에 해당되지 않는 것은?

① 창문에 설치하는 블라인드

② 두께가 2 mm 미만인 종이벽지

③ 카펫

④ 전시용 합판 또는 섬유판

해설 방염대상물품

(1) 창문에 설치하는 커튼류(블라인드 포함)

(2) 카펫, 두께 2 mm 미만인 벽지류(종이 벽지는 제외)

(3) 전시용 합판 또는 섬유판, 무대용 합판 또는 섬유판

(4) 암막, 무대막

(5) 섬유류 또는 합성수지류 등을 원료로 하여 제작된 소파, 의자(단란주점, 유흥주점, 노래연습장의 영업장에 설치하는 것만 해당)

54. 소방방재청장 등은 관할구역에 있는 소방대상물에 대하여 소방특별조사를 실시할 수 있다. 특별조사 대상과 거리가 먼 것은?(단, 개인 주거에 대하여는 관계인의 승낙을 득한 경우이다.)

① 화재경계지구에 대한 소방특별조사 등 다른 법률에서 소방특별조사를 실시하도록 한 경우

② 관계인이 법령에 따라 자체점검 등이 불성실하거나 불완전하다고 인정하는 경우

③ 화재가 발생할 우려는 없으나 소방대상물의 정기점검이 필요한 경우

④ 국가적 행사 등 주요 행사가 개최되는 장소에 대하여 소방안전관리 실태를 점검할 필요가 없는 경우

해설 소방특별조사를 실시하는 경우

(1) 화재경계지구에 대한 소방특별조사 등 다른 법률에서 소방특별조사를 실시하도록 한 경우

(2) 국가적 행사 등 주요 행사가 개최되는 장소에 대하여 소방안전관리 실태를 점검할 필요가 없는 경우

(3) 관계인이 법령에 따라 자체점검 등이 불성실하거나 불완전하다고 인정하는 경우

(4) 화재가 자주 발생하였거나 발생할 우려가 뚜렷한 곳에 대한 점검이 필요한 경우

(5) 재난예측정보, 기상예보 등을 분석한 결과 소방대상물에 화재, 재난, 재해의 발생 위험이 높다고 판단되는 경우

55. 연면적이 3만 m^2 이상 20만 m^2 미만인 특정소방대상물(아파트는 제외한다) 또는 지하층을 포함한 층수가 16층 이상 40층 미만인 특정소방대상물의 공사 현장인 경우 공사 감리원의 배치기준은?

① 특급 감리원 이상의 소방감리원 1명 이상

② 고급 감리원 이상의 소방감리원 1명 이상

③ 중급 감리원 이상의 소방감리원 1명 이상

④ 초급 감리원 이상의 소방감리원 1명 이상

해설 소방공사 감리원의 소방시설공사 배치

(1) 연면적 5000 m^2 미만 : 초급 감리원

(2) 연면적 5000 m^2 이상 30000 m^2 미만 : 중급 감리원

(3) 연면적 30000 m^2 이상 200000 m^2 미만인 아파트 : 고급 감리원

(4) 연면적 30000 m^2 이상 200000 m^2 미만인 특정소방대상물(아파트는 제외) : 특급 감리원

(5) 연면적 200000 m^2 이상 : 특급 감리원 중 소방기술사

56. 다음 중 위험물탱크 안전성능시험자로시·도지사에게 등록하기 위하여 갖추어야 할 사항이 아닌 것은?

① 자본금 ② 기술능력
③ 시설 ④ 장비

해설 위험물탱크 안전성능시험자가 갖추어야 할 사항
(1) 기술능력(위험물 자격자, 비파괴검사 자격자 각각 1명 이상)
(2) 시설
(3) 장비(초음파 탐상 시험기, 초음파 두께 측정기, 자기 탐상 시험기)

57. 다음 중 소방용품의 우수품질에 대한 인증업무를 담당하고 있는 기관은?
① 한국기술표준원
② 한국소방산업기술원
③ 한국방재시험연구원
④ 건설기술연구원

해설 한국소방산업기술원
(1) 소방용 기계, 기구에 대한 검사기술 조사, 연구
(2) 소방시설 및 위험물 조사, 연구 및 기술 지원
(3) 탱크 안전성능시험
(4) 소방용품의 우수품질에 대한 인증업무

58. 소방활동 종사 명령으로 소방활동에 종사한 사람이 사망하거나 부상을 입은 경우 보상하여야 하는 사람은?
① 안전행정부장관
② 소방방재청장
③ 소방본부장 또는 소방서장
④ 시·도지사

해설 소방활동에 종사한 사람이 사망하거나 부상을 입은 경우 시·도지사가 보상하여야 한다.

59. 제조소 등에 설치하여야 할 자동화재탐지설비의 설치기준으로 옳지 않은 것은?
① 하나의 경계구역의 면적은 $600 \, m^2$ 이

하로 하고 그 한 변의 길이는 $50 \, m$ 이하로 한다.
② 경계구역은 건축물 그 밖의 공작물의 2 이상의 층에 걸치지 아니하도록 한다.
③ 건축물은 그 밖의 공작물의 주요한 출입구에서 그 내부의 전체를 볼 수 있는 경우에 경계구역의 면적을 $1000 \, m^2$ 이하로 할 수 있다.
④ 계단·경사로·승강기의 승강로 그 밖에 이와 유사한 장소에 열감지기를 설치하는 경우 3개의 층에 걸쳐 경계구역을 설정할 수 있다.

해설 자동화재탐지설비의 설치기준
(1) 하나의 경계구역의 면적은 $600 \, m^2$ 이하로 하고 그 한 변의 길이는 $50 \, m$ 이하로 한다.
(2) 경계구역은 건축물 그 밖의 공작물의 2 이상의 층에 걸치지 아니하도록 한다.
(3) 건축물은 그 밖의 공작물의 주요한 출입구에서 그 내부의 전체를 볼 수 있는 경우에 경계구역의 면적을 $1000 \, m^2$ 이하로 할 수 있다.
(4) 자동화재탐지설비에는 비상전원을 설치할 것

60. 소방기본법이 정하는 목적을 설명한 것으로 거리가 먼 것은?
① 풍수해의 예방, 경계, 진압에 관한 계획, 예산의 지원활동
② 화재, 재난, 재해 그 밖의 위급한 상황에서의 구급·구조활동
③ 구조, 구급활동을 통한 국민의 생명, 신체, 재산의 보호
④ 구조, 구급활동을 통한 공공의 안녕 및 질서의 유지

해설 소방기본법

정답 57. ② 58. ④ 59. ④ 60. ①

(1) 화재 예방, 경계, 진압
(2) 화재, 재난, 재해 그 밖의 위급한 상황에서의 구급·구조활동
(3) 공공의 안녕 및 질서의 유지, 복리증진

제4과목 **소방기계시설의 구조 및 원리**

61. 거실 제연설비 설계 중 배출풍량 선정에 있어서 고려하지 않아도 되는 사항 중 맞는 것은?

① 예상 제연구역의 수직거리
② 예상 제연구역의 면적과 형태
③ 공기의 유입방식과 배출방식
④ 자동식 소화설비 및 피난설비의 설치 유무

해설 배출풍량 선정
(1) 예상 제연구역의 통로보행 중심선의 길이 및 수직거리
(2) 예상 제연구역의 면적과 형태
(3) 공기의 유입방식과 배출방식

62. 소방대상물에 따라 적용하는 포소화설비의 종류 및 적응성에 관한 설명으로 틀린 것은?

① 소방기본법시행령 별표2의 특수가연물을 저장·취급하는 공장에는 호스릴 포소화설비를 설치한다.
② 완전 개방된 옥상주차장으로 주된 벽이 없고 기둥뿐이거나 주위가 위해방지용 철주 등으로 둘러쌓인 부분에는 호스릴 포소화설비를 설치할 수 있다.
③ 자동차 차고에는 포워터스프링클러설비·포헤드설비 또는 고정포방출설비를 설치한다.
④ 항공기 격납고에는 포워터스프링클

러설비·포헤드설비 또는 고정포방출설비를 설치한다.

해설 특수가연물을 저장·취급하는 공장에는 고정포방출설비, 포워터스프링클러설비, 포헤드설비를 설치하여야 한다.

63. 피난기구의 위치를 표시하는 축광식 표지의 적용기준으로 적합하지 않은 내용은?

① 방사성 물질을 사용하는 위치표지는 쉽게 파괴되지 않는 재질로 표시할 것
② 조도 0(Lx)에서 60분간 발광 후 10 m 떨어진 위치에서 쉽게 식별 가능할 것
③ 위치표지의 표지면의 휘도는 주위조도 0(Lx)에서 20분간 발광 후 50 mcd/m^{2}로 할 것
④ 위치표지의 표지면은 쉽게 변형, 변질, 변색되지 않을 것

해설 위치표지의 표지면의 휘도는 주위조도 0(Lx)에서 60분간 발광 후 7 mcd/m^{2}로 할 것

64. 전역전출방식의 할로겐화합물 소화설비의 분사헤드에 대한 내용 중 잘못된 것은?

① 할론 1211을 방사하는 분사헤드 방사압력은 0.2 MPa 이상이어야 한다.
② 할론 1301을 방사하는 분사헤드 방사압력이 1.3 MPa 이상이어야 한다.
③ 할론 2402를 방출하는 분사헤드는 약제가 무상으로 분무되어야 한다.
④ 할론 2402를 방사하는 분사헤드 방사압력이 0.1 MPa 이상이어야 한다.

해설 분사헤드의 방사압력

약제	방사압력
할론 2402	0.1 MPa 이상
할론 1211	0.2 MPa 이상
할론 1301	0.9 MPa 이상

정답 **61.** ④ **62.** ① **63.** ③ **64.** ②

65. 지하층을 제외한 층수가 11층 이상인 특정소방물로서 폐쇄형 스프링클러 헤드의 설치개수가 40개일 때의 수원은 몇 m^2 이상이어야 하는가?

① 16 m^3 ② 32 m^3 ③ 48 m^3 ④ 64 m^3

해설 수원의 양 = 30개 × 80 L/min × 20 min
= 48000 L = 48m^3

66. 케이블 트레이에 물분무소화설비를 설치할 때 저장하여야 할 수원의 양은 몇 m^3인가? (단, 케이블 트레이에 투영된 바닥면적은 70 m^2이다.)

① 12.4 ② 14 ③ 16.8 ④ 28

해설 물분무소화설비 수원의 저수량

특수장소	저수량	펌프의 토출량(L/분)
특수가연물 저장, 취급 소방대상물	바닥면적(m^2)(최대 50 m^2)×10 L/min · m^2×20 min	바닥면적(m^2) (최대 50 m^2) ×10 L/min · m^2
차고, 주차장	바닥면적(m^2)(최대 50 m^2)×20 L/min · m^2×20 min	바닥면적(m^2) (최대 50 m^2) ×10 L/min · m^2
절연유 봉입 변압기 설치부분	표면적(바닥면적 제외)(m^2)×10 L/min · m^2×20 min	표면적(바닥면적제외)(m^2) ×10 L/min · m^2
케이블 트레이, 덕트 등 설치부분	투영된 바닥면적(m^2)×12 L/min · m^2×20min	투영된 바닥면적(m^2) ×12 L/min · m^2
위험물 저장탱크 설치부분	원주둘레길이(m)×37 L/min · m ×20 min	원주둘레길이(m)×37 L/min · m
컨베이어 벨트 설치부분	바닥면적(m^2)×10 L/min · m^2×20 min	바닥면적(m^2) ×10 L/min · m^2

70m^2×12 L/min · m^2×20 min
= 16800 L = 16.8 m^3

67. 다음은 스프링클러의 음향장치에 대한 화재안전기준이다. 맞는 것은?

① 경종으로 음향장치를 하여야 하고, 사이렌은 음향장치로 사용할 수 없다.
② 사이렌으로 음향장치를 하여야 하고, 경종은 음향장치로 사용할 수 없다.
③ 주 음향장치는 수신기의 내부 또는 그 직근에 설치할 수 없다.
④ 경종 또는 사이렌으로 하되 다른 용도의 경보와 구별이 가능하게 설치한다.

해설 음향장치는 경종 또는 사이렌(전자식 사이렌 포함)으로 하되, 다른 용도의 경보와 구별이 가능한 음색으로 할 것

68. 숙박시설 · 노유자시설 및 의료시설로 사용되는 층에 있어서의 피난기구는 그 층의 바닥면적이 몇 m^2마다 1개 이상을 설치하여야 하는가?

① 300 ② 500
③ 800 ④ 1000

해설 피난기구 설치기준

소방대상물	설치기준 (1개 이상)
숙박시설, 노유자시설 및 의료시설	바닥면적 500 m^2마다
위락, 문화 및 집회, 운동, 판매 시설	바닥면적 800 m^2마다
계단실형 아파트	각 세대마다
그 밖의 용도의 층	바닥면적 1000 m^2마다

69. 특고압의 전기시설을 보호하기 위한 물

소화설비로서는 물분무소화설비가 가능하다. 그 주된 이유로서 옳은 것은?

① 물분무설비는 다른 물소화설비에 비해서 신속한 소화를 보여주기 때문이다.

② 물분무설비는 다른 물소화설비에 비해서 물의 소모량이 적기 때문이다.

③ 분무상태의 물은 전기적으로 비전도성이기 때문이다.

④ 물분무입자 역시 물이므로 전기전도성이 있으나 전기시설물을 젖게 하지 않기 때문이다.

해설 순수한 물 또는 분무상태에서는 비전도성이므로 질식 및 냉각소화가 가능하다.

70. 물계통소화설비 펌프의 구경이 100 mm인 유량계 1개를 부착하고자 한다. 다음 중 유량계 1차측 개폐밸브로부터 유량계까지의 배관길이는 최소 몇 m 이상으로 하는 것이 가장 적합한가?

① 0.1 　　② 0.3
③ 0.5 　　④ 0.8

해설 법 개정으로 현행에서는 제외

71. 이산화탄소 소화설비 설명 중 옳은 것은 어느 것인가?

① 강관을 사용하는 경우 고압식 스케줄 80 이상, 저압식 스케줄 50 이상의 것을 사용할 것

② 동관을 사용하는 경우 고압식은 16.5 MPa 이상, 저압식은 3.75 MPa 이상 것의 압력에 견딜 수 있는 것을 사용할 것

③ 이산화탄소 소요량이 합성수지류, 목재류 등 심부화재방호대상물을 저장하는 경우에는 5분 이내에 방사할 수 있

을 것

④ 전역방출방식 분사헤드의 방사압력이 1 MPa(저압식의 것에 있어서는 0.9 MPa) 이상의 것으로 할 것

해설 이산화탄소 배관
(1) 강관을 사용하는 경우 고압식 스케줄 80 이상, 저압식 스케줄 40 이상의 것을 사용할 것
(2) 동관을 사용하는 경우 고압식은 16.5 MPa 이상, 저압식은 3.75 MPa 이상의 압력에 견딜 수 있는 것을 사용할 것
(3) 이산화탄소 소요량이 합성수지류, 목재류 등 심부화재방호대상물을 저장하는 경우에는 7분 이내에 방사할 수 있을 것
(4) 전역방출방식 분사헤드의 방사압력이 2.1 MPa(저압식의 것에 있어서는 1.05 MPa) 이상의 것으로 할 것

72. 제1석유류의 옥외탱크 저장소의 저장탱크 및 포방출구로 가장 적합한 것은?

① 부상식 루프탱크(floating roof tank), 특형 방출구

② 부상식 루프탱크, Ⅱ형 방출구

③ 원추형 루프탱크(cone roof tank), 특형 방출구

④ 원추형 루프탱크, Ⅰ형 방출구

해설 포방출구

탱크의 구조	포방출구
원추형 루프탱크 (콘 루프탱크)	Ⅰ형 방출구 Ⅱ형 방출구 Ⅲ형 방출구 (표면하 주입식) Ⅳ형 방출구 (반표면하 주입식)
부상덮개부착 고정지붕구조	Ⅱ형 방출구
부상식 루프탱크 (플로팅 루프탱크)	특형 방출구

73. 건축물에 연결살수설비 헤드로서 스프링클러 헤드를 설치할 경우, 천장 또는 반자의 각 부분으로부터 하나의 헤드까지의 수평거리의 기준은 얼마이어야 하는가?

① 3.7 m 이하　　② 2.3 m 이하
③ 2.7 m 이하　　④ 3.2 m 이하

해설 (1) 스프링클러 헤드 : 2.3 m 이하
　　 (2) 연결살수설비 전용 헤드 : 3.7 m 이하

74. 소화기구의 화재안전기준에 따라 대형소화기를 설치할 때 특정소방대상물의 각 부분으로부터 1개의 소화기까지의 보행거리가 몇 m 이내가 되도록 배치하여야 하는가?

① 20　　② 25　　③ 30　　④ 40

해설 소화기 설치
　　 (1) 각 층마다 설치
　　 (2) 소형 소화기 : 보행거리 20 m 이내
　　 (3) 대형 소화기 : 보행거리 30 m 이내

75. 다음 중 분말소화설비에서 사용하지 않는 밸브는?

① 드라이밸브　　② 클리닝밸브
③ 안전밸브　　　④ 배기밸브

해설 드라이밸브는 건식밸브로 스프링클러설비의 유수검지장치이다.

76. 제연설비의 설치장소에 따른 제연구역의 구획에 따른 내용 중 틀린 것은?

① 하나의 제연구역의 면적은 1000 m² 이내로 할 것
② 하나의 제연구역은 직경 60 m 원내에 들어갈 수 있을 것
③ 하나의 제연구역은 3개 이상 층에 미치지 아니하도록 할 것
④ 통로상의 제연구역은 보행중심선의

길이가 60 m를 초과하지 아니할 것

해설 하나의 제연구역은 2개 이상 층에 미치지 않도록 하여야 한다.

77. 분말소화설비에 대한 기준 중 맞는 것은 어느 것인가?

① 축압식의 경우 20℃에서 압력이 2.5 MPa 이상 4.2 MPa 이하인 것에 있어서는 압력배관용 탄소강관 중 이음이 없는 Sch 80 이상을 사용한다.
② 동관의 경우 최고사용압력의 1.8배 이상의 압력에 견딜 수 있어야 한다.
③ 기동장치의 조작부는 바닥으로부터 높이 0.5 m 이상 1.5 m 이하의 위치에 설치하고, 보호판 등에 따른 보호장치를 설치한다.
④ 저장용기의 충전비는 0.8 이상으로 한다.

해설 ① : Sch 80 → Sch 40
　　 ② : 1.8배 이상 → 1.5배 이상
　　 ③ : 높이 0.5 m 이상 1.5 m 이하 → 높이 0.8 m 이상 1.5 m 이하

78. 간이소화용구로서 능력단위 2단위의 마른 모래를 설치하고자 할 때 얼마를 설치하여야 하는가?

① 삽을 상비한 50 L 이상의 것 2포
② 삽을 상비한 50 L 이상의 것 4포
③ 삽을 상비한 160 L 이상의 것 2포
④ 삽을 상비한 50 L 이상의 것 4포

해설 간이소화용구 능력단위

간이소화용구		능력단위
마른 모래	삽을 상비한 50 L 이상의 것 1포	0.5단위
팽창질석 또는 팽창진주암	삽을 상비한 80 L 이상의 것 1포	

정답 73. ②　74. ③　75. ①　76. ③　77. ④　78. ②

마른 모래의 경우 삽을 상비한 50 L 이상
의 것 1포는 0.5단위에 해당한다.
따라서 2단위는 0.5단위의 4배이므로, 50 L
이상의 것 4포가 된다.

79. 스프링클러 설비의 배관에 대한 내용 중 잘못된 것은?

① 수직배수관의 구경은 65 mm 이상으로 하여야 한다.

② 급수배관 중 가지배관의 배열은 토너먼트 방식이 아니어야 한다.

③ 교차배관의 청소구는 교차배관 끝에 개폐밸브를 설치한다.

④ 습식 스프링클러설비 외의 설비는 헤드를 향하여 상향으로 가지배관의 기울기를 250분의 1 이상으로 한다.

[해설] 수직배수관의 구경은 50 mm 이상이어야 한다.

80. 다음 상수도 소화용수설비 상수도소화전의 설치기준은? (단, 호칭지름 75 mm 이상의 수도배관에 호칭지름 100 mm 이상의 소화전을 접속했을 때이다.)

① 보행거리 120 m 이하

② 보행거리 140 m 이하

③ 소화대상물의 수평투영면의 각 부분으로부터 120 m 이하

④ 소방대상물의 수평투영면의 각 부분으로부터 140 m 이하

[해설] 상수도 소화용수설비의 설치기준

(1) 호칭지름 75 mm 이상의 수도배관에 호칭지름 100 mm 이상의 소화전을 접속할 것

(2) 소방자동차 등의 진입이 쉬운 도로변 또는 공지에 설치할 것

(3) 특정소방대상물의 수평투영면의 각 부분으로부터 140 m 이하가 되도록 설치할 것

소방설비기계기사

소방원론

1. 표면온도가 350℃인 전기히터의 표면 온도를 750℃로 상승시킬 경우, 복사에 너지는 처음보다 약 몇 배로 상승되는가?

① 1.64
② 2.14
③ 4.58
④ 7.27

해설 복사에너지는 절대온도 4승에 비례한다.

$$\frac{(273+750)^4}{(273+350)^4}=7.27$$

2. 다음 중 인화성 물질이 아닌 것은?

① 기어유
② 질소
③ 이황화탄소
④ 에테르

해설 질소는 불연성가스이다.

3. 다음 중 화재하중을 나타내는 단위는?

① kcal/kg
② ℃/m²
③ kg/m²
④ kg/kcal

해설 화재하중 : 바닥면적 1 m²당 저장되는 가연물질의 양(kg)

4. 상온, 상압에서 액체인 물질은?

① CO_2
② Halon 130
③ Halon 1211
④ Halon 2402

해설 상온, 상압에서 Halon 2402는 액체이고, 나머지는 모두 기체이다.

5. 가스 A가 40 vol%, 가스 B가 60 vol% 로 혼합된 가스의 연소 하한계는 몇 %인 가? (단, 가스 A의 연소 하한계는 4.9 vol%이며, 가스 B의 연소 하한계는 4.15 vol%이다.)

① 1.82
② 2.02
③ 3.22
④ 4.42

해설 르 샤틀리에의 공식에 의하여

$$\frac{100}{L}=\frac{40}{4.9}+\frac{60}{4.15} \quad \therefore \ L=4.42\%$$

6. 가연성의 기체나 액체, 고체에서 나오는 분해가스의 농도를 엷게 하여 소화하는 방법은?

① 냉각소화
② 제거소화
③ 부촉매소화
④ 희석소화

해설 농도를 엷게 하여 연소범위를 벗어나게 하는 소화를 희석소화라 한다.

7. 다음 중 화재 분류에서 C급 화재에 해당하는 것은?

① 전기화재
② 차량화재
③ 일반화재
④ 유류화재

해설 (1) A급 화재(일반화재 : 백색) : 종이, 섬유, 목재 등의 화재
(2) B급 화재(유류화재 : 황색) : 등유, 경유, 식용유 등의 화재
(3) C급 화재(전기화재 : 청색) : 단락, 정전기, 누락 등의 화재
(4) D급 화재(금속화재 : -) : 알루미늄분, 마그네슘분, 철분 등의 화재

8. 니트로셀룰로오스에 대한 설명으로 잘못된 것은?

① 질화도가 낮을수록 위험성이 크다.
② 물을 첨가하여 습윤시켜 운반한다.
③ 화약의 원료로 쓰인다.
④ 고체이다.

해설 질화도는 니트로셀룰로오스 중에 포함된 질소의 농도(%)로 질화도가 높을수록 위험성이 커진다.

정답 1. ④   2. ②   3. ③   4. ④   5. ④   6. ④   7. ①   8. ①

9. 소화약제로서 물 1 g이 1기압, 100℃에서 모두 증기로 변할 때 열의 흡수량은 몇 cal인가?

① 429　　　　② 499

③ 539　　　　④ 639

해설 대기압(1기압) 상태에서 100℃에서의 물의 증발잠열은 539 cal/g이며, 0℃에서의 물의 증발잠열은 597.3 cal/g이다.

10. 건물 내부의 화재 시 발생한 연기의 농도(감광계수)와 가시거리의 관계를 나타낸 것으로 틀린 것은?

① 감광계수 0.1일 때 가시거리는 20~30 m이다.

② 감광계수 0.3일 때 가시거리는 10~20 m이다.

③ 감광계수 1.0일 때 가시거리는 1~2 m이다.

④ 감광계수 10일 때 가시거리는 0.2~0.5 m이다.

해설 연기의 감광계수

감광계수 (m⁻¹)	가시거리 (m)	상황
0.1	20~30	연기감지기 작동
0.3	5	내부에 익숙한 사람이 피난에 지장
0.5	3	어둠을 느낄 정도
1	1~2	앞이 보이지 않음
10	0.2~0.5	화재 최성기 농도
30	–	출화실 연기 분출

11. 다음 중 인화점이 가장 낮은 물질은?

① 메틸에틸케톤　　② 벤젠

③ 에탄올　　　　　④ 디에틸에테르

해설 인화점

(1) 메틸에틸케톤 : −1℃

(2) 벤젠 : −11℃

(3) 에탄올 : 13℃

(4) 디에틸에테르 : −45℃

12. 일반적인 화재에서 연소 불꽃온도가 1500℃이었을 때의 연소 불꽃의 색상은?

① 적색　　　　　② 휘백색

③ 휘적색　　　　④ 암적색

해설 불꽃 색상과 온도

색상	온도(℃)
암적색	700
적색	850
휘적색	950
황적색	1100
백적색	1300
휘백색	1500 이상

13. 소화의 원리로 가장 거리가 먼 것은?

① 가연성 물질을 제거한다.

② 불연성 가스의 공기 중 농도를 높인다.

③ 가연성 물질을 냉각시킨다.

④ 산소의 공급을 원활히 한다.

해설 산소의 농도를 15 % 이하로 낮추어야 질식소화가 이루어진다.

14. Halon 2402의 화학식은?

① $C_2H_4Cl_2$　　　② $C_2Br_4F_2$

③ $C_2Cl_4Br_2$　　　④ $C_2F_4Br_2$

해설 할론 abcd에서

a : 탄소의 수, b : 불소의 수

c : 염소의 수, d : 취소의 수

할론 2402 : $C_2F_4Br_2$

15. 건물의 피난동선에 대한 설명으로 옳지 않은 것은?

① 피난동선은 가급적 단순한 형태가

좋다.

② 피난동선은 가급적 상호 반대방향으로 다수의 출구와 연결되는 것이 좋다.

③ 피난동선은 수평동선과 수직동선으로 구분된다.

④ 피난동선은 복도, 계단을 제외한 엘리베이터와 같은 피난전용 통행구조를 말한다.

해설 피난동선

(1) 수평동선 : 복도

(2) 수직동선 : 주계단, 승강기

16. 건축물에서 주요구조부가 아닌 것은?

① 차양　　　　② 주계단

③ 내력벽　　　④ 기둥

해설 건물의 주요구조부

(1) 내력벽

(2) 지붕틀(차양 제외)

(3) 바닥(최하층 바닥 제외)

(4) 기둥(사잇기둥 제외)

(5) 보(작은 보 제외)

(6) 주계단(옥외계단 제외)

17. 기온이 20℃인 실내에서 인화점이 70℃인 가연성의 액체 표면에 성냥불 한 개를 던지면 어떻게 되는가?

① 즉시 불이 붙는다.

② 불이 붙지 않는다.

③ 즉시 폭발한다.

④ 즉시 불이 붙고 3~5초 후에 폭발한다.

해설 인화점은 점화원에 의하여 연소할 수 있는 최저온도로서 기온이 20℃이면 인화점 이하가 되어서 불이 붙지 않게 된다.

18. 위험물안전관리법령상 위험물에 해당

하지 않는 것은?

① 질산　　　　② 과염소산

③ 황산　　　　④ 과산화수소

해설 황산은 유독물로 분류되며 위험물에서 제외되었다.

19. 공기 중의 산소를 필요로 하지 않고 물질 자체에 포함되어 있는 산소에 의하여 연소하는 것은?

① 확산연소　　② 분해연소

③ 자기연소　　④ 표면연소

해설 제5류 위험물과 같이 가연성물질이며 자체 내에 산소를 함유하고 있어 점화원만 공급되면 가능한 연소를 자기연소라 한다.

20. 밀폐된 공간에 이산화탄소를 방사하여 산소의 체적 농도를 12%되게 하려면 상대적으로 방사된 이산화탄소의 농도는 얼마가 되어야 하는가?

① 25.40%　　② 28.70%

③ 38.35%　　④ 42.86%

해설 이산화탄소의 농도 $= \dfrac{21 - O_2}{21} \times 100$

$= \dfrac{(21 - 12)}{21} \times 100 = 42.86\%$

제2과목　　**소방유체역학**

21. 지름이 65mm인 배관 내로 물이 2.8 m/s의 속도로 흐를 때의 유동형태는? (단, 물의 밀도는 998 kg/m³, 점성계수는 0.01139 kg/m · s이다.)

① 천이유동　　② 층류

③ 난류　　　　④ 와류

해설 $Re = \dfrac{D \cdot u \cdot \rho}{\mu}$

$= \dfrac{0.065\,\text{m} \times 2.8\,\text{m/s} \times 998\,\text{kg/m}^3}{0.01139\,\text{kg/m} \cdot \text{s}}$

$= 15947$

- 층류 : $Re < 2100$
- 천이구역 : $2100 < Re < 4000$
- 난류 : $Re > 4000$

---

22. 수면의 면적이 $10\,\text{m}^2$인 저수조에 계속적으로 $1\,\text{m}^3/\text{min}$의 유량으로 물이 채워지고 있다. 화재 초기에 수심은 $2\,\text{m}$였고 진화를 위해 $2\,\text{m}^3/\text{min}$의 물을 계속 사용한다면 이 저수조가 고갈될 때까지 약 몇 분이 걸리는가?

① 15 　　　　② 20
③ 25 　　　　④ 30

해설
- 저수조의 체적 : $10\,\text{m}^2 \times 2\,\text{m} = 20\,\text{m}^3$
- 소비되는 물의 양 : $2\,\text{m}^3/\text{min} - 1\,\text{m}^3/\text{min}$
  $= 1\,\text{m}^3/\text{min}$
- 고갈될 때까지 시간 : $20\,\text{m}^3/1\,\text{m}^3/\text{min}$
  $= 20\,\text{min}$

---

23. 다음 중 표준 대기압을 표시한 것으로 틀린 것은?

① $10.33\,\text{mAq}$ 　　② $1.033\,\text{kgf/m}^2$
③ $760\,\text{mmHg}$ 　　④ $1.013\,\text{bar}$

해설 표준 대기압

$1.0332\,\text{kg/cm}^2 \cdot \text{a} = 14.7\,\text{lb/in}^2 \cdot \text{a}$
$= 76\,\text{cmHg} = 30\,\text{inHg} = 1\,\text{atm} = 1$기압
$= 10.332\,\text{mAq} = 10.332\text{H}_2\text{O}$
$= 1.01325\,\text{bar} = 1013.25\text{mbar}$
$= 101325\,\text{Pa} = 101325\,\text{N/m}^2$
$= 101.325\,\text{kPa} = 101.325\,\text{kN/m}^2$

---

24. 지름 $0.7\,\text{m}$의 관 속에 $5\,\text{m/s}$의 평균 속도로 물이 흐르고 있을 때 관의 길이 $700\,\text{m}$에 대한 마찰손실수두는 약 몇 m인가? (단, 관마찰계수는 0.03이다.)

① 19 　　　　② 27
③ 30 　　　　④ 38

해설 $H = f \times \dfrac{l}{D} \times \dfrac{V^2}{2g}$

$= 0.03 \times \dfrac{700\,\text{m}}{0.7\,\text{m}} \times \dfrac{(5\,\text{m/s})^2}{2 \times 9.8\,\text{m/s}^2}$

$= 38.26\text{m}$

---

25. 폴리트로픽 변화의 일반식($PV^n =$ 정수)에서 $n = 0$이면 어느 변화인가?

① 등압변화
② 등온변화
③ 단열변화
④ 폴리트로픽팽창

해설 폴리트로픽 변화($PV^n =$ 일정)
(1) $n = 0 \rightarrow$ 등압변화
(2) $n = 1 \rightarrow$ 등온변화
(3) $n = k \rightarrow$ 단열변화
(4) $n = \infty \rightarrow$ 정적변화

---

26. 어떤 물체가 공기 중에서 무게는 588 N이고, 수중에서 무게는 98 N이었다. 이 물체의 체적(V)과 비중(S)은?

① $V : 0.05\,\text{m}^3,\ S : 1.2$
② $V : 50\,\text{cm}^3,\ S : 1.0$
③ $V : 0.5\,\text{m}^3,\ S : 0.85$
④ $V : 0.051\,\text{m}^3,\ S : 0.98$

해설 $F + 98\,\text{N} = 588\,\text{N}$

$F = 490\,\text{N}$ (F : 물체의 무게)

$F = \gamma \times V$

$V = \dfrac{F}{\gamma} = \dfrac{490\,\text{N}}{9800\,\text{N/m}^3} = 0.05\,\text{m}^3$

물체의 비중량(γ) $= \dfrac{588\,\text{N}}{0.05\,\text{m}^3} = 11760\,\text{N/m}^3$

비중(S) $= \dfrac{\gamma}{\gamma_w} = \dfrac{11760\,\text{N/m}^3}{9800\,\text{N/m}^3} = 1.2$

정답 22. ② 　 23. ② 　 24. ④ 　 25. ① 　 26. ①

27. 양 끝이 열린 가는 유리관을 수직으로 세우면 표면장력에 의하여 물이 상승하지만 수은에서는 오히려 하강한다. 이러한 차이가 나타나는 원인은?

① 밀도의 차이

② 접촉각의 차이

③ 공기와 액체분자의 부착력 차이

④ 점성계수의 차이

[해설] 물은 고체와 접촉하면 부착력이 강해지면서 상승하지만 수은의 경우 부착력보다 응집력이 강해지면서 접촉각의 차이에 의해 하강한다.

28. 피토관을 사용하여 일정 속도로 흐르고 있는 물의 유속(V)을 측정하기 위해 그림과 같이 비중 S인 유체를 갖는 액주계를 설치하였다. $S=2$일 때 액주의 높이 차 $H=h$가 되면 $S=3$일 때 액주의 높이 차(H)는 얼마가 되는가?

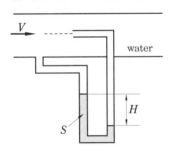

① $\dfrac{h}{9}$　② $\dfrac{h}{\sqrt{3}}$　③ $\dfrac{h}{3}$　④ $\dfrac{h}{2}$

[해설] 물의 비중은 1, $S=2$일 때 $H=h$

$$V=\sqrt{2gh\left(\dfrac{2}{1}-1\right)}=\sqrt{2gh}$$

$S=3$일 때

$$V=\sqrt{2gH\left(\dfrac{3}{1}-1\right)}=\sqrt{4gH}$$

유속이 같으므로

$$\sqrt{2gh}=\sqrt{4gH},\ H=\dfrac{h}{2}$$

29. 커다란 탱크의 밑면에서 물이 0.05 m³/s로 일정하게 흘러나가고, 위에서는 단면적 0.025 m², 분출속도가 8 m/s의 노즐을 통하여 탱크로 유입되고 있다. 탱크 내 물은 몇 m³/s으로 늘어나는가?

① 0.15　　　② 0.0145

③ 0.3　　　④ 0.03

[해설] 유입되는 물의 양(Q_1)

= 유출되는 물의 양(Q_2) + 탱크 내 잔존하는 물(Q_3)

$$Q_3 = Q_1 - Q_2$$
$$= 0.025\,\text{m}^2 \times 8\,\text{m/s} - 0.05\,\text{m}^3/\text{s}$$
$$= 0.15\,\text{m}^3/\text{s}$$

30. 물을 개방된 용기에 넣고 대기압하에서 계속 열을 가하여도 액체의 물이 남아 있는 한 물의 온도가 100℃ 이상 온도가 올라가지 않는 것과 가장 관계가 있는 것은?

① 공급된 열이 모두 물의 내부에너지로 저장되기 때문이다.

② 공급되는 열, 물의 온도 및 주위 온도와의 사이에서 열이 평형상태에 있기 때문이다.

③ 물이 100℃에서 비등하기 때문이다.

④ 공급되는 열량이 100℃에서 한계에 도달하였기 때문이다.

[해설] 대기압상태에서의 물의 비등점은 100℃이며, 계속 열을 가하면 온도는 더 이상 올라가지 않고 증발을 하게 되는데, 이 과정은 잠열과정이 된다.

31. 다음 중에서 2차원 비압축성 유동의 연속방정식을 만족하지 않는 속도벡터는? (단, i, j는 각각 x, y 방향의 단위벡터를 나타낸다.)

① $V=(16y-12x)i+(12y-9x)j$

---

② $V = (-5x)i + (5y)j$

③ $V = (2x^2 + y^2)i + (-4xy)j$

④ $V = (4xy + y^2)i + (6xy + 3x)j$

32. 펌프의 흡입양정이 클 때 발생되는 현상은?

① 공동현상(cavitation)

② 서징현상(surging)

③ 역회전현상

④ 수격현상(water hammering)

해설 공동현상(cavitation)

정의	펌프 흡입 측 압력손실로 발생된 기체가 펌프 상부에 모이면 액의 송출을 방해하고 결국 운전 불능의 상태에 이르는 현상
발생 원인	• 흡입양정이 지나치게 긴 경우 • 흡입관경이 가는 경우 • 펌프의 회전수가 너무 빠를 경우 • 흡입측 배관이나 여과기 등이 막혔을 경우
영향	• 진동 및 소음 발생 • 임펠러 깃 침식 • 펌프 양정 및 효율 곡선 저하 • 펌프 운전 불능
대책	• 유효흡입양정(NPSH)을 고려하여 펌프를 선정한다. • 충분한 크기의 배관직경을 선정한다. • 펌프의 회전수를 용량에 맞게 조정한다. • 주기적으로 여과기 등을 청소한다. • 양흡입펌프를 사용하거나 펌프를 액 중에 잠기게 한다.

33. 터보기계 해석에 사용되는 속도 삼각형에 직접 포함되지 않는 것은?

① 날개속도 : U

② 날개에 대한 상대속도 : W

③ 유체의 실제속도 : V

④ 날개의 각속도 : ω

해설 속도 삼각형이란 유체기계에서 작동유체에 대한 다양한 형태의 속도를 나타낸 것으로 유체의 절대속도, 유체의 상대속도, 날개속도가 포함된다.

34. 그림과 같이 반지름이 0.8 m이고 폭이 2 m인 곡면 AB가 수문으로 이용된다. 물에 의한 힘의 수평성분의 크기는 약 몇 kN인가?

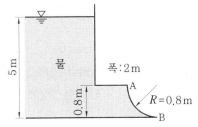

① 72.1 　　② 84.7

③ 90.2 　　④ 95.4

해설 관의 중심에서 유속은 가장 빠르며 힘 또한 가장 크게 받게 되므로 수압이 작용하는 높이는 5 m − 0.4 m = 4.6 m가 된다.

$F = \gamma \times h \times A$

$= 9800\ \text{N/m}^3 \times 4.6\ \text{m} \times 0.8\ \text{m} \times 2\ \text{m}$

$= 72128\ \text{N} = 72.128\ \text{kN}$

여기서, γ : 물의 비중량(9800 N/m³)

A : 수문의 면적(0.8 m × 2 m)

35. 입구 면적이 0.1 m², 출구 면적이 0.02 m²인 수평한 노즐을 이용하여 공기(밀도 1.23 kg/m³)를 대기로 10 m/s의 속도로 분출하려 한다. 마찰을 무시하고 입·출구에서 균일한 속도분포를 갖는다면 이때 필요한 노즐 입구의 계기압은?

① 59 Pa 　　② 590 Pa

③ 5.9 kPa   ④ 59 kPa

[해설] 비중량(γ)

$= \rho \cdot g = 1.23\,\mathrm{kg/m^3} \times 9.8\,\mathrm{N/kg}$

$= 12.05\,\mathrm{N/m^3}$

유량(Q) $= A \times V = 0.02\,\mathrm{m^2} \times 10\,\mathrm{m/s}$

$= 0.2\,\mathrm{m^3/s}$

입구측 유속(V_1) $= \dfrac{Q}{A} = \dfrac{0.2\,\mathrm{m^3/s}}{0.1\,\mathrm{m^2}} = 2\,\mathrm{m/s}$

$\dfrac{P_1}{\gamma} + \dfrac{V_1^2}{2g} + Z_1 = \dfrac{P_2}{\gamma} + \dfrac{V_2^2}{2g} + Z_2$

($Z_1 = Z_2$, $P_2 = $ 대기압(0))

$\dfrac{P_1}{12.05\,\mathrm{N/m^2}} + \dfrac{(2\,\mathrm{m/s})^2}{2 \times 9.8\,\mathrm{m/s^2}} = \dfrac{(10\,\mathrm{m/s})^2}{2 \times 9.8\,\mathrm{m/s^2}}$

$P_1 = 59.04\,\mathrm{N/m^2} = 59.04\,\mathrm{Pa}$

36. 다음 그림과 같이 단면 1, 2에서 수은의 높이 차가 $h[\mathrm{m}]$이다. 압력차 $P_1 - P_2$는 몇 Pa인가? (단, 축소관에서부터 부차적 손실은 무시하고 수은의 비중은 13.5, 물의 비중량은 9800 N/m³이다.)

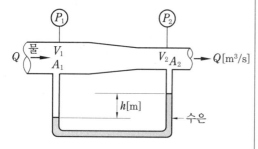

① $122500h$ ② $1225h$

③ $132500h$ ④ $1325h$

[해설] $P_1 - P_2 = (\gamma_1 - \gamma_2) \cdot h[\mathrm{m}]$

$= (13.5 - 1) \times 9800\,\mathrm{N/m^3} \times h[\mathrm{m}]$

$= 122500\,h[\mathrm{N/m^2}]$

37. 그림과 같이 평형상태를 유지하고 있을 때 오른쪽 관에 있는 유체의 비중 S는 얼마인가?

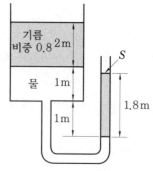

① 0.9   ② 1.8

③ 2.0   ④ 2.2

[해설] $\gamma_1 \cdot h_1 = \gamma_2 \cdot h_2 + \gamma_3 \cdot h_3$

$S \times 1000\,\mathrm{kg/m^3} \times 1.8\,\mathrm{m}$

$= 0.8 \times 1000\,\mathrm{kg/m^3} \times 2\,\mathrm{m}$

$\qquad\qquad + 1 \times 1000\,\mathrm{kg/m^3} \times 2\,\mathrm{m}$

$\therefore\ S = 2$

38. 온도 150℃, 95 kPa에서 $2\,\mathrm{kg/m^3}$의 밀도를 갖는 기체의 분자량은? (단, 일반 기체상수는 8314 J/kmol · K이다.)

① 26   ② 70

③ 74   ④ 90

[해설] $P \times V = \dfrac{W}{M} \times R \times T$에서

$M = \dfrac{W \times R \times T}{P \times V} = \dfrac{W}{V} \times \dfrac{R \times T}{P}$

$= \rho \times \dfrac{R \times T}{P}$

$= 2\,\mathrm{kg/m^3} \times \dfrac{8314\,\mathrm{N \cdot m/kmol \cdot K} \times 423\,\mathrm{K}}{95 \times 10^3\,\mathrm{N/m^2}}$

$= 74.038\,\mathrm{kg/kmol} = 74.038\,\mathrm{g/mol}$

39. 유속 6 m/s로 정상류의 물이 화살표 방향으로 흐르는 배관에 압력계와 피터계가 설치되어 있다. 이때 압력계의 계기 압력이 300 kPa이었다면 피토계의 계기 압력은 몇 kPa인가? (단, 중력가속도는 9.8 m/s²이다.)

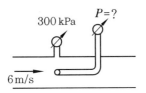

① 180　② 280　③ 318　④ 336

해설 동압$(H) = \dfrac{V^2}{2g} \cdot \dfrac{(6\,\mathrm{m/s})^2}{2 \times 9.8\,\mathrm{m/s^2}}$

$= 1.84\,\mathrm{m}$

$1.84\,\mathrm{m} \times \dfrac{101.325\,\mathrm{kPa}}{10.332\,\mathrm{m\,H_2O}} = 18.04\,\mathrm{kPa}$

전압 = 정압+동압

$= 300\,\mathrm{kPa} + 18.04\,\mathrm{kPa} = 318.04\,\mathrm{kPa}$

40. 점성계수에 대한 설명 중 옳지 않은 것은? (단, M은 질량, L은 길이, T는 시간을 나타낸다.)

① 차원은 $ML^{-1}T^{-1}$이다.

② 전단응력과 전단변형률이 선형적인 관계를 갖는 유체를 Newton 유체라고 한다.

③ 온도의 변화에 따라 변화한다.

④ 공기의 점성계수가 물보다 크다.

해설 점성계수

• 물 : 1 cP

• 공기 : 0.18 cP

제3과목　　**소방관계법규**

41. 지정수량의 10배 이상의 위험물을 저장 또는 취급하는 제조소 등(이동 탱크저장소를 제외한다.)에서 화재발생 시 이를 알릴 수 있는 경보설비를 설치하여야 한다. 이 경보설비의 종류로서 옳지 않은 것은?

① 확성장치(휴대용확성기 포함)

② 비상방송설비

③ 자동화재탐지설비

④ 자동화재속보설비

해설 지정수량의 10배 이상의 위험물을 저장 또는 취급하는 제조소 등에 설치하는 경보설비는 다음과 같다.

(1) 자동화재탐지설비

(2) 비상방송설비, 비상경보설비

(3) 확성장치(휴대용확성기 포함)

42. 소방대상물의 관계인은 소방대상물에 화재, 재난, 재해 등이 발생한 경우 소방대가 현장에 도착할 때까지 사람을 구출하는 조치 또는 불을 끄거나 불이 번지지 않도록 조치를 하여야 한다. 정당한 사유 없이 이를 위반한 관계인에 대한 벌칙은?

① 1년 이하의 징역

② 1000만원 이하의 벌금

③ 500만원 이하의 벌금

④ 100만원 이하의 벌금

해설 100만원 이하의 벌금

(1) 피난명령 위반

(2) 화재경계지구 안의 소방활동조사 거부, 방해, 기피한 경우

(3) 소방활동을 하지 아니한 관계인

(4) 정당한 사유 없이 물의 사용이나 수도의 개폐장치의 사용 또는 조작을 하지 못하게 하거나 방해한 자

43. 다음 중 전문소방시설공사업의 법인의 자본금은?

① 5천만원 이상　② 1억원 이상

③ 2억원 이상　④ 3억원 이상

해설 자본금

종류	자본금	
	법인	개인
전문소방시설 공사업	1억원 이상	자산평가액 2억원 이상
일반소방시설 공사업	5천만원 이상	자산평가액 1억원 이상

44. 소방방재청장, 소방본부장 또는 소방서장은 소방업무를 전문적이고 효과적으로 수행하기 위하여 소방대원에게 필요한 교육·훈련을 실시하여야 하는데, 다음 설명 중 옳지 않은 것은?

① 소방교육·훈련은 2년마다 1회 이상 실시하되, 교육훈련기관은 2주 이상으로 한다.

② 법령에서 정한 것 이외의 소방교육·훈련의 실시에 관하여 필요한 사항은 국민안전처장이 정한다.

③ 교육·훈련의 종류는 화재진압훈련, 인명구조훈련, 응급처치훈련, 민방위훈련, 현장지휘훈련이 있다.

④ 현장지휘훈련은 지방소방위·지방소방청·지방소방령 및 지방소방정을 대상으로 한다.

[해설] 소방대원의 교육 및 훈련 : 화재진압훈련, 인명구조훈련, 응급처지훈련, 인명대피훈련, 현장지휘훈련

45. 특정소방대상물의 각 부분으로부터 수평거리 140 m 이내에 공공의 소방을 위해 소화전이 화재안전기준이 정하는 바에 따라 적합하게 설치되어 있는 경우에 설치가 면제되는 것은?

① 옥외소화전
② 연결송수관
③ 연소방지설비
④ 상수도소화용수설비

[해설] 상수도소화용수설비 설치 면제

(1) 특정소방대상물의 각 부분으로부터 수평거리 140 m 이내에 공공의 소방을 위해 소화전이 화재안전기준이 정하는 바에 따라 적합하게 설치되어 있는 경우

(2) 소방본부장 또는 소방서장이 설비의 설치가 곤란하다고 인정하는 경우로서 화재안전기준에 적합한 소화수조 또는 저수조가 설치되어 있거나 이를 설치한 경우

46. 소방시설관리업의 등록기준 중 이산화탄소 소화설비의 장비기준에 맞는 것은?

① 검량계
② 헤드 결합렌치
③ 반사경
④ 저울

[해설] (1) 이산화탄소 소화설비, 분말 소화설비, 할로겐화합물 소화설비, 청정소화약제 소화설비 : 검량계, 기동관 누설시험기

(2) 스프링클러 설비, 포 소화설비 : 헤드 결합렌치

(3) 옥내소화설비, 옥외소화설비 : 소화전 밸브 압력계

47. 소방안전교육사와 관련된 내용으로 옳지 않은 것은?

① 소방안전교육사의 자격시험 실시권자는 안전행정부장관이다.

② 소방안전교육사는 소방안전교육의 기획·진행·분석·평가 및 교수업무를 수행한다.

③ 한정치산자는 소방안전교육사가 될 수 없다.

④ 소방안전교육사를 국민안전처에 배치할 수 있다.

[해설] 소방안전교육사의 자격시험 실시권자는 소방방재청장(현 소방청장)이다.

48. 소방안전관리자 선임에 관한 설명 중 옳은 것은?

소방안전관리대상물의 관계인이 소방안전관리자를 선임한 경우에는 총리령이 정하는 바에 따라 선임한 날부터 (㉠) 이내에 (㉡)에게 신고하여야 한다.

① ㉠ 14일, ㉡ 시·도지사

---

② ㉠ 14일, ㉡ 소방본부장이나 소방서장

③ ㉠ 30일, ㉡ 시·도지사

④ ㉠ 30일, ㉡ 소방본부장이나 소방서장

[해설] 소방안전관리자 선임
(1) 선임 신고 : 선임한 날로부터 14일 이내
(2) 소방본부장 또는 소방서장에게 신고

49. 소방시설설치유지 및 안전관리에 관한 법률시행령에서 규정하는 소화활동설비에 속하지 않는 것은?

① 제연설비

② 연결송수관설비

③ 무선통신보조설비

④ 비상방송설비

[해설] 비상방송설비는 경보설비에 해당된다.

50. "소방용품"이란 소방시설 등을 구성하거나 소방용으로 사용되는 기기를 말하는데, 피난설비를 구성하는 제품 또는 기기에 속하지 않는 것은?

① 피난사다리   ② 소화기구

③ 공기호흡기   ④ 유도등

[해설] 소화기구는 소화설비에 해당된다.

51. 다음 중 소방안전관리자를 두어야 하는 1급 소방안전관리대상물에 속하지 않는 것은?

① 층수가 15층인 건물

② 연면적이 20000 m²인 건물

③ 10층인 건물로서 연면적 10000 m²인 건물

④ 가연성가스 1500톤을 저장·취급하는 시설

[해설] 1급 소방안전관리대상물
(1) 연면적 15000 m² 이상인 소방대상물
(2) 특정소방대상물로서 11층 이상인 것
(3) 가연성가스를 1천톤 이상 저장·취급하는 시설

52. 건축물 등의 신축·개축·재축 또는 이전의 허가·협의 및 사용승인의 권한이 있는 행정기관은 건축허가 등을 함에 있어서 미리 그 건축물 등의 공사 시 공지 또는 소재지를 관할하는 소방본부방 또는 소방서장의 동의를 구하여야 한다. 다음 중 건축허가 등의 동의대상물의 범위로서 옳지 않은 것은?

① 주차장으로 사용되는 층 중 바닥면적이 200 m² 이상인 층이 있는 시설

② 무창층이 있는 건축물로서 바닥면적이 150 m² 이상인 층이 있는 것

③ 승강기 등 기계장치에 의한 주차시설로서 자동차 10대 이상을 주차할 수 있는 시설

④ 수련시설로서 연면적 200 m² 이상인 건축물

[해설] ③항 10대 → 20대

53. 소방안전관리대상물의 소방계획서에 포함되어야 할 내용으로 옳지 않은 것은?

① 소방안전관리대상물의 위치·구조·연면적·용도 및 수용인원 등의 일반현황

② 화재예방을 위한 자체점검계획 및 진압대책

③ 재난방지계획 및 민방위조직에 관한 사항

④ 특정소방대상물의 근무자 및 거주자

의 자위소방대 조직과 대원의 임무에 관한 사항

[해설] 소방계획서에 포함되어야 할 내용
(1) 소방안전관리대상물의 위치·구조·연면적·용도 및 수용인원 등의 일반현황
(2) 화재예방을 위한 자체점검계획 및 진압대책
(3) 특정소방대상물의 근무자 및 거주자의 자위소방대 조직과 대원의 임무에 관한 사항
(4) 소방안전관리대상물에 설치한 소방시설, 방화시설, 전기시설, 가스시설 및 위험물시설 현황
(5) 소화와 연소 방지에 관한 사항

54. 방염대상물품 중 제조 또는 가공공정에서 방염처리를 하여야 하는 물품이 아닌 것은?

① 암막
② 두께가 2 mm 미만인 종이벽지
③ 무대용 합판
④ 창문에 설치하는 블라인드

[해설] 방염대상물품
(1) 창문에 설치하는 커튼류(블라인드 포함)
(2) 카펫, 두께 2 mm 미만인 벽지류(종이벽지는 제외)
(3) 전시용 합판 또는 섬유판, 무대용합판 또는 섬유판
(4) 암막, 무대막
(5) 섬유류 또는 합성수지류 등을 원료로 하여 제작된 소파, 의자(단란주점, 유흥주점, 노래연습장의 영업장에 설치하는 것만 해당)

55. 인화성 액체인 제4류 위험물의 품명별 지정수량으로 옳지 않은 것은?

① 특수인화물 - 50 L
② 제1석유류 중 비수용성 액체 - 200 L
③ 알코올류 - 300 L

④ 제4석유류 - 6000 L

[해설] 제4류 위험물의 품명별 지정수량

종류		지정수량	물질
특수인화물		50 L	이황화탄소, 디에틸에테르
제1 석유류	수용성	400 L	아세톤, 시안화수소
	비수용성	200 L	휘발유, 콜로디온
알코올류		400 L	메틸알코올, 에틸알코올
제2 석유류	수용성	2000 L	아세트산, 히드라진
	비수용성	1000 L	등유, 경유
제3 석유류	수용성	4000 L	에틸렌글리콜, 글리세린
	비수용성	2000 L	중유, 클레오소트유
제4 석유류		6000 L	기어유, 절삭유, 실린더유
동식물유류		10000 L	아마인유, 건성유, 해바라기유

56. 소방시설공사업자는 소방시설공사를 하려면 소방시설 착공(변경)신고서 등의 서류를 첨부하여 소방본부장 또는 소방서장에게 언제까지 신고하여야 하는가?

① 착공 전까지
② 착공 후 7일 이내
③ 착공 후 14일 이내
④ 착공 후 30일 이내

[해설] 소방시설 착공(변경)신고서 등의 서류를 첨부하여 착공 전까지 소방본부장 또는 소방서장에게 신고하여야 한다.

57. 다음 중 소방시설 등의 자체점검업무에 관한 종합정밀 점검 시 점검자의 자격이 될 수 없는 사람은?

① 소방시설관리업자(소방시설관리사가

참여한 경우)

② 소방안전관리자로 선임된 소방시설
관리사

③ 소방안전관리자로 선임된 소방기
술사

④ 소방설비기사

해설 종합정밀 점검 시 점검자의 자격(1년 1회
이상 점검)
(1) 소방안전관리자로 선임된 소방기술사
(2) 소방안전관리자로 선임된 소방시설관
리사
(3) 소방시설관리업자

58. 다음 중 대통령령으로 정하는 화재경
계지구의 지역대상으로 옳지 않은 것은?

① 소방통로가 있는 지역

② 목조건물이 밀접한 지역

③ 공장·창고가 밀집한 지역

④ 시장지역

해설 (1) 화재경계지구 지정권자 : 시·도지사
(2) 화재경계지구 지역대상
• 시장지역
• 공장, 창고, 목조건물, 위험물의 저장
및 처리시설이 밀집한 지역
• 석유화학제품을 생산하는 공장이 있는
지역
• 소방시설, 소방용수시설 또는 소방출동
로가 없는 지역
• 산업입지 및 개발에 관한 법률에 따른
산업단지
• 소방청장, 소방본부장 또는 소방서장이
화재경계지구로 지정할 필요가 있다고
인정하는 지역

59. 소방본부장 또는 소방서장 등이 화재현
장에서 소방활동을 원활히 수행하기 위하
여 규정하고 있는 사항으로 틀린 것은?

① 화재경계지구의 지정

② 강제처분

③ 소방활동 종사명령

④ 피난명령

해설 화재현장에서 소방활동을 원활히 수행하
기 위한 규정
(1) 소방활동 종사명령
(2) 강제처분, 피난명령
(3) 위험시설 등에 대한 긴급조치

60. 위험물시설의 설치 및 변경 등에 있어
서 허가를 받지 아니하고 당해 제조소 등
을 설치하거나 그 위치·구조 또는 설비
를 변경할 수 있으며, 신고를 하지 아니
하고 위험물의 품명·수량 또는 지정수량
의 배수를 변경할 수 있는 경우의 제조소
등으로 옳지 않은 것은?

① 주택의 난방시설을 위한 저장소 또
는 취급소

② 공동주택의 중앙난방시설을 위한 저
장소 또는 취급소

③ 수산용으로 필요한 건조시설을 위한
지정수량 20배 이하의 저장소

④ 농예용으로 필요한 난방시설을 위한
지정수량 20배 이하의 저장소

해설 공동주택의 중앙난방시설을 위한 저장
소 또는 취급소는 제외 대상이다.

제4과목 **소방기계시설의 구조 및 원리**

61. 스프링클러설비 배관에 대한 내용 중
잘못된 것은?

① 습식설비의 교차배관에 설치하는 청
소구 헤드설치는 최소구경이 25 mm
이상의 것으로 한다.

② 가지배관의 배열은 토너먼트 방식이 아니어야 한다.

③ 습식설비에서 하향식 헤드는 가지배관으로부터 헤드에 이르는 헤드 접속배관은 가지관 상부에서 분기한다.

④ 수직 배수배관의 구경은 50 mm 이상으로 하여야 한다.

해설 교차배관 끝에 청소구를 설치하며 교차배관은 40 mm 이상으로 하여야 한다.

62. 포워터스프링클러헤드는 바닥면적 몇 m²마다 1개 이상으로 설치하는가?

① 7 m²
② 8 m²
③ 9 m²
④ 10 m²

해설 포헤드의 설치기준
(1) 포워터스프링클러헤드 : 천장, 반자에 설치하며 바닥면적 8 m²마다 1개 이상
(2) 포헤드 : 천장, 반자에 설치하며 바닥면적 9 m²마다 1개 이상

63. 연결살수설비의 배관 설치기준으로 적합하지 않은 것은?

① 연결살수설비 전용헤드를 사용하는 경우 배관의 구경 80 mm일 때 하나의 배관에 부착되는 살수헤드의 개수는 6개 이상 10개 이하이다.

② 폐쇄형 헤드를 사용하는 경우의 시험배관은 송수구의 가장 먼 가지배관의 끝으로부터 연결하여 설치하여야 한다.

③ 개방형 헤드를 사용하는 경우 수평주형배관은 헤드를 향하여 1/100 이상의 기울기로 설치한다.

④ 가지배관 또는 교차배관을 설치하는 경우에는 가지배관은 교차배관 또는

주배관에서 분기되는 지점을 기점으로 한쪽 가지배관에서 설치하는 헤드의 개수는 10개 이하로 한다.

해설 한쪽 가지배관에서 설치하는 헤드의 개수는 8개 이하로 하여야 한다.

64. 포소화설비의 자동식 기동장치에 사용되는 1개의 폐쇄형 스프링클러 헤드의 기준 경계면적은 얼마 이하인가?

① 9 m²
② 15 m²
③ 20 m²
④ 25 m²

해설 폐쇄형 스프링클러 헤드의 기준
(1) 표시온도 79℃ 미만의 것을 사용하고 1개의 폐쇄형 스프링클러 헤드의 기준 경계면적은 20 m² 이하로 할 것
(2) 부착면의 높이는 바닥으로부터 5 m 이하로 하고, 화재를 유효하게 감지할 수 있도록 할 것

65. 송풍기 등을 사용하여 건축물 내부에 발생한 연기를 제연구획까지 풍도를 설치하여 강제로 제연하는 방식은?

① 밀폐 제연방식
② 자연 제연방식
③ 기계 제연방식
④ 스모그타워 제연방식

해설 기계 제연방식은 급기 fan과 배기 fan을 사용하여 강제 급·배기하는 방식이다.

66. 청정소화약제의 저장용기의 설치기준 설명 중 틀린 것은?

① 방화문으로 구획된 실에 설치한다.
② 용기 간의 간격은 3 cm 이상의 간격으로 유지한다.
③ 온도가 40℃ 이하이고, 온도의 변화가 작은 곳에 설치한다.

④ 저장용기와 집합관을 연결하는 연결 배관에는 체크밸브를 설치한다.

[해설] 청정소화약제의 저장용기 온도는 55℃ 이하로 유지하여야 한다.

67. 이산화탄소 소화설비 배관의 구경은 이 산화탄소의 소요량이 몇 분 이내에 방사되 어야 하는가? (단, 전역방출방식에 있어서 합성수지류의 심부화재 방호대상물의 경우 이다.)

① 1분   ② 3분
③ 5분   ④ 7분

[해설] 방사시간

소방대상물	시간
가연성액체 또는 가연성 가스 등 표면화재 방호 대상물	1분
종이, 목재, 석탄, 섬유류, 합성수지류 등 심부화재 방호대상물(설계농도가 2분 이내 30 % 도달)	7분
국소방출방식	30초

68. 다음 중 옥내소화전 방수구를 설치하 여야 하는 곳은?

① 냉장창고의 냉장실
② 식물원
③ 수영장의 관람석
④ 수족관

[해설] 옥내소화전 방수구 설치 제외 대상
 (1) 온도가 영하인 냉장실 또는 냉동창고
 (2) 고온의 노가 설치된 장소 또는 물과 격렬하게 반응하는 물품의 저장 또는 취급 장소
 (3) 발전소, 변전소 등으로서 전기시설이 설치된 장소
 (4) 식물원, 수족관, 목욕실, 수영장(관람석 부분은 제외)
 (5) 야외음악당, 야외극장

69. 피난기구의 화재안전기준상 피난기구를 설치하여야 할 소방대상물 중 피난기구의 2분의 1을 감소할 수 있는 조건이 아닌 것 은 어느 것인가?

① 주요구조부가 내화구조로 되어 있 을 것
② 비상용 엘리베이터(elevator)가 설치 되어 있을 것
③ 직통계단인 피난계단이 2 이상 설치 되어 있을 것
④ 직통계단인 특별피난계단이 2 이상 설치되어 있을 것

[해설] 피난기구의 2분의 1 감소 조건
 (1) 주요구조부가 내화구조로 되어 있을 것
 (2) 직통계단인 특별피난계단이 2 이상 되어 있을 것

70. 전역방출방식의 분말소화설비에 있어서 방호구역의 용적이 500 m³일 때 적합한 분 사헤드의 수는? (단, 제1종 분말이며 체적 1 m³당 소화약제량은 0.60 kg이며, 분사헤 드 1개의 분당 표준방사량은 18 kg이다.)

① 34개   ② 134개
③ 17개   ④ 30개

[해설] 소화약제량 $= 500 \text{m}^3 \times 0.6 \text{ kg/m}^3$
 $= 300 \text{ kg}$
분사헤드수 $= 300 \text{ kg}/9 \text{ kg} = 33.33$
 ※ 전역방출방식의 분말소화설비 약제 방출 시간 : 30초

71. 국내 규정상 단위 옥내소화전설비 가압 송수장치의 최소 시설기준으로 다음과 같 은 항목을 맞게 열거한 것은? (단, 순서는 법정 최소방사량(L/min-법정 최소방출압 력(MPa)-법정 최소방출시간(분)이다.)

① 130 L/min-1.0 MPa-30분

② 350 L/min-2.5 MPa-30분

③ 130 L/min-0.17 MPa-20분

④ 350 L/min-3.5 MPa-20분

해설 소화설비 방사압력과 방수량
  (1) 옥내소화전 설비 : 130 L/min, 0.17 MPa, 20분
  (2) 옥외소화전 설비 : 350 L/min, 0.25 MPa

72. 연결송수관설비의 송수구에 관한 설명 가운데 옳지 않은 것은?

① 송수구 부근에 설치하는 체크밸브 등은 습식의 경우 송수구, 자동배수밸브, 체크밸브 순으로 설치하여야 한다.

② 연결송수관의 수직배관마다 1개 이상을 설치하여야 한다.

③ 지면으로부터의 높이가 0.5 m 이상 1 m 이하의 위치가 되도록 설치하여야 한다.

④ 구경 65 mm의 단구형으로 설치하여야 한다.

해설 ④항 단구형 → 쌍구형

73. 물분무소화설비의 배수설비를 차고 및 주차장에 설치하고자 할 때 설치기준에 맞지 않는 것은?

① 차량이 주차하는 장소의 적당한 곳에 높이 10 cm 이상의 경계턱으로 배수구를 설치할 것

② 길이 40 m 이하마다 집수관·소화피트 등 기름분리장치를 설치할 것

③ 차량이 주차하는 바닥은 배수구를 향하여 100분의 1 이상의 기울기를 유지할 것

④ 배수설비는 가압송수장치의 최대송

수능력의 수량을 유효하게 배수할 수 있는 크기 및 기울기로 할 것

해설 배수설비 설치기준
  (1) 차량이 주차하는 장소의 적당한 곳에 높이 10 cm 이상의 경계턱으로 배수구를 설치할 것
  (2) 배수구에는 새어 나온 기름을 모아 소화할 수 있도록 길이 40 m 이하마다 집수관·소화피트 등 기름분리장치를 설치할 것
  (3) 차량이 주차하는 바닥은 배수구를 향하여 100분의 2 이상의 기울기를 유지할 것
  (4) 배수설비는 가압송수장치의 최대송수능력의 수량을 유효하게 배수할 수 있는 크기 및 기울기로 할 것

74. 스프링클러 헤드의 감도를 반응시간지수(RTI) 값에 따라 구분할 때 RTI 값이 50 초과 80 이하일 때의 헤드감도는?

① fast response

② special response

③ standard response

④ quick response

해설 반응시간지수(RTI) 값
  (1) 조기반응(fast response) : 50 이하
  (2) 특수반응(special response) : 50 초과 80 이하
  (3) 표준반응(standard response) : 80 초과 350 이하

75. 물분무소화설비의 수원은 특수가연물을 저장 또는 취급하는 소방대상물 또는 그 부분에 있어서 그 최대방수구역의 바닥면적 1 m² 에 대하여 분당 몇 L로 20분간 방사할 수 있는 양 이상이어야 하는가?

① 5 L   ② 10 L

③ 15 L   ④ 20 L

해설 물분무소화설비 수원의 저수량

특수장소	저수량	펌프의 토출량(L/분)
특수가연물 저장, 취급 소방대상물	바닥면적(m²)(최대 50 m²)×10 L/min·m²×20 min	바닥면적(m²)(최대 50 m²)×10 L/min·m²
차고, 주차장	바닥면적(m²)(최대 50 m²)×20 L/min·m²×20 min	바닥면적(m²)(최대 50 m²)×10 L/min·m²
절연유 봉입 변압기 설치부분	표면적(바닥면적제외)(m²)×10 L/min·m²×20 min	표면적(바닥면적제외)(m²)×10 L/min·m²
케이블 트레이, 덕트 등 설치부분	투영된 바닥면적(m²)×12 L/min·m²×20min	투영된 바닥면적(m²)×12 L/min·m²
위험물 저장탱크 설치부분	원주둘레길이(m)×37 L/min·m×20 min	원주둘레길이(m)×37 L/min·m
컨베이어 벨트 설치부분	바닥면적(m²)×10 L/min·m²×20 min	바닥면적(m²)×10 L/min·m²

76. 분말소화약제의 가압용 가스용기의 설치기준에 대한 설명으로 틀린 것은?

① 가압용 가스는 질소가스 또는 이산화탄소로 한다.

② 가압용 가스용기를 3병 이상 설치한 경우에 있어서는 2개 이상의 용기에 전자 개방밸브를 부착한다.

③ 분말소화약제의 가스용기는 분말소화약제의 저장용기에 접속하여 설치한다.

④ 분말소화약제의 가압용 가스용기에는 2.5 MPa 이상의 압력에서 압력 조정

이 가능한 압력조정기를 설치한다.

해설 ④항 2.5 MPa 이상 → 2.5 MPa 이하

77. 제연설비가 설치된 부분의 거실 바닥면적이 400 m² 이상이고 수직거리가 2 m 이하일 때 예상제연구역이 직경 40 m인 원의 범위를 초과한다면 예상제연구역의 배출량은 얼마 이상이어야 하는가?

① 25000 m³/hr ② 30000 m³/hr

③ 40000 m³/hr ④ 45000 m³/hr

해설 제연구역의 배출량

(1) 거실 바닥면적이 400 m² 이상, 직경 40 m인 원내에 있을 때(40000 m³/h 이상)

수직거리	배출량(m³/h)
2 m 이하	40000 이상
2 m 초과 2.5 m 아하	45000 이상
2.5 m 초과 3 m 이하	50000 이상
3 m 초과	60000 이상

(2) 거실 바닥면적이 400 m² 이상, 직경 40 m인 원의 범위를 초과(45000 m³/h 이상)

수직거리	배출량(m³/h)
2 m 이하	45000 이상
2 m 초과 2.5 m 아하	50000 이상
2.5 m 초과 3 m 이하	55000 이상
3 m 초과	65000 이상

78. 이산화탄소 소화설비(고압식)의 배관으로 호칭구경 50 mm 강관을 사용하려 한다. 이때 적용하는 배관 스케줄의 한계는?

① 스케줄 20 이상

② 스케줄 30 이상

③ 스케줄 40 이상

④ 스케줄 80 이상

해설 이산화탄소 소화설비(고압식)의 배관 : 80 이상(저압식은 40)

79. 다음 중 피난기구를 설치하지 아니하여도 되는 소방대상물(피난기구 설치 제외 대상)이 아닌 것은?

① 발코니 등을 통하여 인접세대로 피난할 수 있는 구조로 되어 있는 계단실형 아파트

② 주요구조부가 내화구조로서 거실의 각 부분으로부터 직접 복도로 피난할 수 있는 학교의 강의실 용도로 사용되는 층

③ 무인공장 또는 자동창고로서 사람의 출입이 금지된 장소

④ 문화 및 집회시설, 운동시설, 판매시설 및 영업시설 또는 노유자시설의 용도로 사용되는 층으로서 그 층의 바닥면적인 $1000 \, \text{m}^2$ 이상인 곳

해설 문화 및 집회시설, 운동시설, 판매시설은 제외

80. 폐쇄형 스프링클러헤드에서 그 설치장소의 평상시 최고 주위온도와 표시온도 관계가 옳은 것은?

① 설치장소의 최고 주위온도보다 표시온도가 높은 것을 선택

② 설치장소의 최고 주위온도보다 표시온도가 낮은 것을 선택

③ 설치장소의 최고 주위온도와 표시온도가 같은 것을 선택

④ 설치장소의 최고 주위온도와 표시온도는 관계없음

해설 설치장소의 최고 주위온도보다 표시온도가 높은 것을 선택해야만 평상시 헤드가 개방되는 것을 방지할 수 있다.

2014년도 시행문제

소방설비기계기사

제1과목 **소방원론**

1. 보일오버(boil over) 현상에 대한 설명으로 옳은 것은?

① 아래층에서 발생한 화재가 위층으로 급격히 옮겨가는 현상

② 연소유의 표면이 급격히 증발하는 현상

③ 탱크 저부의 물이 급격히 증발하여 기름이 탱크 밖으로 화재를 동반하여 방출하는 현상

④ 기름이 뜨거운 물 표면 아래에서 끓는 현상

해설 연소상의 문제점

(1) 보일오버 : 상부가 개방된 유류 저장탱크에서 화재 발생 시에 일어나는 현상으로 기름 표면에서 장시간 조용히 연소하다 일정 시간 경과 후 잔존 기름의 갑작스런 분출이나 넘침이 일어나며 유화 현상이 심한 기름에서 주로 발생한다.

(2) 슬롭오버 : 기름 속에 존재하는 수분이 비등점 이상이 되면 수증기가 되어 상부로 튀어 나오게 되는데 이때 기름의 일부가 비산되는 현상을 말한다.

(3) 프로스 오버 : 유류 탱크 속에 존재하는 물이 상부의 뜨거운 기름 속에서 끓을 때 점성이 큰 기름이 탱크 외부로 넘쳐 흐르는 현상을 말한다.

(4) BLEVE : 가연성 액화가스 저장용기에 열이 공급되면 액의 증발로 인하여 급격한 체적 팽창이 일어나 용기가 파열되는 현상으로 액체의 일부도 같이 비산한다.

(5) 블로 오프 : 촛불을 입으로 불면 불꽃은 옆으로 이동하게 되며 이때 증발된 파라핀의 공급이 중단되어 촛불은 꺼지게 된다.

2. Halon 1301의 분자식에 해당하는 것은?

① CCl_3H
② CH_3Cl
③ CF_3Br
④ $C_2F_2Br_2$

해설 할론 abcd에서

a : 탄소의 수, b : 불소의 수
c : 염소의 수, d : 취소의 수
할론 1301 : CF_3Br

3. 다음 중 소화약제로 사용할 수 없는 것은 어느 것인가?

① $KHCO_3$
② $NaHCO_3$
③ CO_2
④ NH_3

해설 암모니아는 독성(25 ppm)이 있으며 폭발범위(15~28 %)도 있어 소화약제로는 사용할 수가 없다.

4. 다음 중 할로겐화합물 소화약제의 가장 주된 소화효과에 해당하는 것은?

① 냉각효과
② 제거효과
③ 부촉매효과
④ 분해효과

해설 할로겐화합물 소화약제는 질식, 부촉매 효과가 있으며 특히 연쇄반응 차단(부촉매) 효과가 주된 소화효과이다.

5. 화재 시 발생하는 연소가스에 대한 설명으로 가장 옳은 것은?

① 물체가 열분해 또는 연소할 때 발생

정답 1. ③ 2. ③ 3. ④ 4. ③ 5. ①

할 수 있다.
② 주로 산소를 발생한다.
③ 완전 연소할 때만 발생할 수 있다.
④ 대부분 유독성이 없다.

해설 연소가스는 물질의 성분에 따라 차이가 있지만 주로 이산화탄소와 수증기를 완전 연소 시에 방출하며 불완전 연소 시에는 일산화탄소와 수소가스를 방출한다.

6. 경유화재가 발생했을 때 주수소화가 오히려 위험할 수 있는 이유는?
① 경유는 물보다 비중이 가벼워 화재면의 확대 우려가 있으므로
② 경유는 물과 반응하여 유독가스를 발생하므로
③ 경유의 연소열로 인하여 산소가 방출되어 연소를 돕기 때문에
④ 경유가 연소할 때 수소가스를 발생하여 연소를 돕기 때문에

해설 경유의 비중이 물보다 작으므로 주수소화를 하면 물 위에서 연소하며 화재면을 확대시킬 우려가 있다.

7. 피난계획의 일반 원칙 중 fool proof 원칙에 해당하는 것은?
① 저지능인 상태에서도 쉽게 식별이 가능하도록 그림 색채를 이용하는 원칙
② 피난설비를 반드시 이동식으로 하는 원칙
③ 한 가지 피난기구가 고장이 나도 다른 수단을 이용할 수 있도록 고려하는 원칙
④ 피난설비를 첨단화된 전자식으로 하는 원칙

해설 (1) fool proof(풀 프루프) 원칙
• 피난 경로는 간단명료하게 한다.
• 피난설비를 반드시 고정식으로 하는 원칙

• 피난설비를 원시적이고 간단하게 하는 원칙
• 피난통로는 완전 불연화한다.
(2) fail safe(페일 세이프) 원칙
• 한 가지 피난기구가 고장이 나도 다른 수단을 이용할 수 있도록 고려하는 원칙
• 두 방향 이상의 피난 동선이 항상 확보되어야 하는 원칙

8. 다음 중 가연성 물질에 해당하는 것은?
① 질소
② 이산화탄소
③ 아황산가스
④ 일산화탄소

해설 일산화탄소는 폭발 범위 12.5~74 %로 가연성 가스이며, 나머지는 불연성 가스이다.

9. 증발잠열(kJ/kg)이 가장 큰 것은?
① 질소
② 할론 1301
③ 이산화탄소
④ 물

해설 증발잠열(kJ/kg)
(1) 물 : 2255
(2) 이산화탄소 : 577
(3) 할론 1301 : 119
(4) 질소 : 48

10. 인화점이 낮은 것부터 높은 순서로 옳게 나열된 것은?
① 에틸알코올<이황화탄소<아세톤
② 이황화탄소<에틸알코올<아세톤
③ 에틸알코올<아세톤<이황화탄소
④ 이황화탄소<아세톤<에틸알코올

해설 인화점 : 이황화탄소(-30℃)<아세톤(-18℃)<에틸알코올(13)

11. 실내화재에서 화재의 최성기에 돌입하기 전에 다량의 가연성 가스가 동시에 연소되면서 급격한 온도 상승을 유발하는 현상은?
① 패닉(panic) 현상
② 스택(stack) 현상

③ 파이어 볼(fire ball) 현상

④ 플래시 오버(flash over) 현상

해설 화재 발생 5~6분 후 화재실 온도는 800~900℃ 정도에 이른다. 이때 유리창이 깨지며 화염이 건물 외부로 방출된다. 이를 플래시 오버라 하며 성장기에서 최성기로 넘어가는 시기에 발생한다.

12. 점화원이 될 수 없는 것은?

① 정전기

② 기화열

③ 금속성 불꽃

④ 전기 스파크

해설 기화열(증발열)은 액체가 기체로 변할 때 필요한 열로서 잠열이며 점화원이 될 수 없다.

13. $NH_4H_2PO_4$를 주성분으로 한 분말소화약제는 제 몇 종 분말소화약제인가?

① 제1종

② 제2종

③ 제3종

④ 제4종

해설 분말소화약제의 종류

종별	명칭	착색	적용	반응식
제1종	탄산수소 나트륨 ($NaHCO_3$)	백색	B, C급	$2NaHCO_3 \rightarrow$ $Na_2CO_3+CO_2$ $+H_2O$
제2종	탄산수소칼륨 ($KHCO_3$)	담자색	B, C급	$2KHCO_3 \rightarrow$ $K_2CO_3+CO_2$ $+H_2O$
제3종	제1인산암모늄 ($NH_4H_2PO_4$)	담홍색	A, B, C급	$NH_4H_2PO_4$ $\rightarrow HPO_3$ $+NH_3+H_2O$
제4종	탄산수소칼륨 + 요소($KHCO_3$ $+(NH_2)_2CO$)	회색	B, C급	$2KHCO_3+$ $(NH_2)_2CO \rightarrow$ $K_2CO_3+2NH_3$ $+2CO_2$

14. 주된 연소의 형태가 표면연소에 해당하는 물질이 아닌 것은?

① 숯

② 나프탈렌

③ 목탄

④ 금속분

해설 숯, 목탄, 코크스, 금속분 등은 열분해에 의하여 물질 자체의 표면에서 연소하는 형태이다.

15. "FM200"이라는 상품명을 가지며 오존 파괴지수(ODP)가 0인 할론 대체 소화약제는 어느 계열인가?

① HFC 계열

② HCFC 계열

③ FC 계열

④ Blend 계열

해설 청정소화약제는 할로겐화합물과 불활성가스로 구분한다.

(1) 할로겐화합물 청정소화약제는 원소 주기율표에서 7족 원소(F, Cl, Br, I)를 하나 이상 함유하고 있어야 하며 HFC(FE-13, FE-25, FM-200), HCFC(FE-241, NAFS-Ⅲ) 등으로 표기되며 액체상태로 저장된다.

(2) 불활성가스 청정소화약제는 He, Ne, Ar, N_2 중 하나 이상을 함유하고 있어야 하며 IG(IG-541)로 표기되며 기체상태로 저장된다.

16. 탄산가스에 대한 일반적인 설명으로 옳은 것은?

① 산소와 반응 시 흡열반응을 일으킨다.

② 산소와 반응하여 불연성 물질을 발생시킨다.

③ 산화하지 않으나 산소와는 반응한다.

④ 산소와 반응하지 않는다.

해설 탄산가스(CO_2)는 산소와 반응하지 않으며 자체가 불연성 가스로 연소도 하지 않는다.

17. 화재하중의 단위로 옳은 것은?

① kg/m^2

② $℃/m^2$

③ $kg \cdot L/m^3$

④ $℃ \cdot L/m^3$

해설 화재하중 : 단위면적당 가연물의 양으로 kg/m^2 또는 N/m^2로 표기한다.

18. 위험물안전관리법령에 따른 위험물의 유형 분류가 나머지 셋과 다른 것은?

정답 12. ② 13. ③ 14. ② 15. ① 16. ④ 17. ① 18. ④

① 트리에틸알루미늄

② 황린

③ 칼륨

④ 벤젠

[해설] ①, ②, ③항은 제3류 위험물에 해당되며 ④항은 제4류 위험물 중 제1석유류에 해당 된다.

19. 일반적으로 공기 중 산소 농도를 몇 vol% 이하로 감소시키면 연소상태의 중지 및 질식소화가 가능하겠는가?

① 15   ② 21   ③ 25   ④ 31

[해설] 산소의 농도를 15 %(예전에는 16 %) 이 하로 낮추면 질식소화를 할 수 있다.

20. 열의 전달현상 중 복사현상과 가장 관계가 깊은 것은?

① 푸리에 법칙

② 스테판–볼츠만의 법칙

③ 뉴턴의 법칙

④ 옴의 법칙

[해설] 스테판–볼츠만의 법칙 : 열복사량은 복사 체의 절대온도의 4제곱에 비례하고, 단면적 에 비례한다.

제 2 과목   **소방유체역학**

21. 공기 중에서 무게가 941 N인 돌의 무게 가 물속에서 500 N이면 이 돌의 체적은 몇 m^3인가? (단, 공기의 부력은 무시한다.)

① 0.012   ② 0.028

③ 0.034   ④ 0.045

[해설]

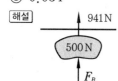

$941N = 500N + F_B(부력)$

$F_B = 441N$

$\dfrac{441N}{9800N/m^3} = 0.045m^3$

22. 유체의 흐름에서 다음의 베르누이 방정 식이 성립하기 위한 조건을 설명한 것으 로 옳지 않은 것은?

$$\frac{v_1^2}{2g} + \frac{P_1}{\gamma} + z_1 = \frac{v_2^2}{2g} + \frac{P_2}{\gamma} + z_2$$

① 유체는 정상유동을 한다.

② 비압축성 유체의 흐름으로 본다.

③ 적용되는 임의의 두 점은 같은 유선 상에 있다.

④ 마찰에 의한 에너지 손실은 유체의 손실수두로 환산한다.

[해설] 베르누이 방정식은 비압축성 흐름으로 마찰에 의한 에너지 손실은 없다.

23. 그림과 같이 두 기체통에 수은 액주계 (마노미터)를 연결하였을 때, 높이차(h) 가 20 cm이었다. 두 기체통의 압력 차이 는 몇 Pa인가? (단, 채워진 기체의 밀도 는 수은에 비해 매우 작고, 수은의 비중량 은 133 kN/m^3이다.)

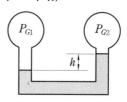

① 26.6   ② 266

③ 2660   ④ 26600

[해설] $P = \gamma \times h = 133 \, kN/m^3 \times 0.2 \, m$
$= 26.6 \, kN/m^2 = 26600 \, N/m^2$
$= 26600 \, Pa$

24. 펌프의 일과 손실을 고려할 때 베르누이 수정방정식을 바르게 나타낸 것은? (단, H_P와 H_L은 펌프의 수두와 손실 수두를 나타내며, 하첨자 1, 2는 각각 펌프의 전후 위치를 나타낸다.)

① $\dfrac{v_1^2}{2g} + \dfrac{P_1}{\gamma} + z_1 = \dfrac{v_2^2}{2g} + \dfrac{P_2}{\gamma} H_L$

② $\dfrac{v_1^2}{2g} + \dfrac{P_1}{\gamma} + z_1 + H_P = \dfrac{v_2^2}{2g} + \dfrac{P_2}{\gamma} + H_L$

③ $\dfrac{v_1^2}{2g} + \dfrac{P_1}{\gamma} + H_P = \dfrac{v_2^2}{2g} + \dfrac{P_2}{\gamma} + z_2 + H_L$

④ $\dfrac{v_1^2}{2g} + \dfrac{P_1}{\gamma} + z_1 + H_P = \dfrac{v_2^2}{2g} + \dfrac{P_2}{\gamma} + z_2 + H_L$

해설 베르누이 수정방정식

$$\dfrac{v_1^2}{2g} + \dfrac{P_1}{\gamma} + z_1 + H_P = \dfrac{v_2^2}{2g} + \dfrac{P_2}{\gamma} + z_2 + H_L$$

25. 지름 5 cm인 구가 대류에 의해 열을 외부공기로 방출한다. 이 구는 50 W의 전기 히터에 의해 내부에서 가열되고 있고 구 표면과 공기 사이의 온도차가 30℃라면 공기와 구 사이의 대류 열전달계수는 약 몇 W/m² · ℃인가?

① 111 　② 212 　③ 313 　④ 414

해설 $Q = K \times F \times \Delta t$에서

$$K = \dfrac{Q}{F \times \Delta t}$$

$$= \dfrac{50\,\text{W}}{4 \times \pi \times (0.025\,\text{m})^2 \times 30℃}$$

$$= 212.21\,\text{W/m}^2 \cdot ℃$$

(구의 면적 : $4 \times \pi \times r^2$)

26. 물속 같은 깊이에 수평으로 잠겨 있는 원형 평판의 지름과 정사각형 평판의 한 변의 길이가 같을 때 두 평판의 한쪽 면이 받는 정수력학적 힘의 비는?

① 1 : 1 　　　　② 1 : 1.13

③ 1 : 1.27 　　　④ 1 : 1.62

해설 정사각형 한 변의 길이를 1 m라 가정하면

원형 면적 : 정사각형 면적

$$= \dfrac{\pi}{4} \times (1\,\text{m})^2 : 1\,\text{m} \times 1\,\text{m}$$

$$= 0.785 : 1(\text{양변을 } 0.785\text{로 나누면})$$

$$= 1 : 1.27$$

27. 호주에서 무게가 20 N인 어떤 물체를 한국에서 재어 보니 19.8 N이었다면 한국에서의 중력가속도는 약 몇 m/s²인가? (단, 호주에서의 중력가속도는 9.82 m/s²이다.)

① 9.72 　　　　② 9.75

③ 9.78 　　　　④ 9.80

해설 $20\,\text{N} : 19.8\,\text{N} = 9.82\,\text{m/s}^2 : x$

$$x = \dfrac{19.8\,\text{N} \times 9.82\,\text{m/s}^2}{20\,\text{N}} = 9.72\,\text{m/s}^2$$

28. 어떤 밀폐계가 압력 200 kPa, 체적 0.1 m³인 상태에서 100 kPa, 0.3 m³인 상태까지 가역적으로 팽창하였다. 이 과정의 $P-V$ 선도가 직선으로 표시된다면 이 과정 동안에 계가 한 일은 몇 kJ인가?

① 20 　② 30 　③ 45 　④ 60

해설

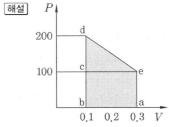

음영 부분의 면적을 구하여 한다.

abce 면적 + cde 면적

$$100\,\text{kN/m}^2 \times (0.3 - 0.1)\,\text{m}^3$$

$$+ \dfrac{1}{2} \times (200 - 100)\,\text{kN/m}^2 \times (0.3 - 0.1)\,\text{m}^3$$

$$= 20\,\text{kN} \cdot \text{m} + 10\,\text{kN} \cdot \text{m} = 30\,\text{kJ}$$

$$(1\,\text{J} = 1\,\text{N} \cdot \text{m})$$

정답 **24.** ④ 　**25.** ② 　**26.** ③ 　**27.** ① 　**28.** ②

29. 지름이 0.3 m인 구형 풍선 안에 25℃, 150 kPa 상태의 이상기체가 들어 있다. 풍선을 가열하여 풍선의 지름이 0.4 m로 부풀었다면 이 기체의 최종온도는 얼마인가? (단, 이 기체의 압력은 풍선의 지름에 정비례한다.)

① 94℃ ② 434℃

③ 669℃ ④ 942℃

해설 기체 압력이 지름에 정비례하므로

$0.3\,\mathrm{m} : 0.4\,\mathrm{m} = 150\,\mathrm{kPa} : P_2$

$P_2 = \dfrac{0.4\,\mathrm{m} \times 150\,\mathrm{kPa}}{0.3\,\mathrm{m}} = 200\,\mathrm{kPa}$

$V_1 = \dfrac{\pi}{6} \times (0.3\,\mathrm{m})^3 = 0.01414\,\mathrm{m}^3$

$V_2 = \dfrac{\pi}{6} \times (0.4\,\mathrm{m})^3 = 0.03351\,\mathrm{m}^3$

$\dfrac{P_1 \times V_1}{T_1} = \dfrac{P_2 \times V_2}{T_2}$

$\dfrac{150 \times 0.01414}{(273+25)} = \dfrac{200 \times 0.03351}{T_2}$

$\therefore\ T_2 = 941.63\,\mathrm{K} = 668.63℃$

30. 지름이 일정한 관내의 점성 유동장에 관한 일반적인 설명으로 옳은 것은?

① 층류 유동 시 속도분포는 2차 함수이다.

② 벽면에서 난류의 속도기울기는 0이다.

③ 층류인 경우 전단응력은 밀도의 함수이다.

④ 층류인 경우 중앙에서 전단응력이 가장 크다.

해설 점성 유동장

(1) 유동에서 유체의 마찰력이 가지는 효과를 무시할 수 없다면 이는 점성(viscous) 유동이 된다.

(2) 층류 유동 시 속도분포는 2차 함수이며, 벽면에서 난류의 속도기울기는 층류보다 크다.

(3) 전단응력은 난류보다 층류가 크다.

31. 밸브가 달린 견고한 밀폐용기 안에 온도 300 K, 압력 500 kPa의 기체 4 kg이 들어 있다. 밸브를 열어 기체 1 kg을 대기로 방출한 후 밸브를 닫고 주위온도가 300 K로 일정한 분위기에서 용기를 장시간 방치하였다. 내부기체의 최종압력은 약 몇 kPa인가? (단, 이 기체는 이상기체로 간주한다.)

① 300 ② 375

③ 400 ④ 499

해설 $P_1 \times V_1 = G_1 \times R_1 \times T_1$

$P_2 \times V_2 = G_2 \times R_2 \times T_2$

$V_1 = \dfrac{Q_1 R_1 T_1}{P_1}, \quad V_2 = \dfrac{G_2 R_2 T_2}{P_2}$

용기의 체적이 같으므로

$V_1 = V_2 = \dfrac{G_1 R_1 T_1}{P_1} = \dfrac{G_2 R_2 T_2}{P_2}$

$R_1 = R_2,\ T_1 = T_2$이므로

$\dfrac{G_1}{P_1} = \dfrac{G_2}{P_2}$

$\dfrac{4\,\mathrm{kg}}{500\,\mathrm{kPa}} = \dfrac{3\,\mathrm{kg}}{P_2}$

$P_2 = 375\,\mathrm{kPa}$

32. 굴뚝에서 나온 연기 형상을 촬영하였다면 이 형상은 다음 중 무엇에 가장 가까운가?

① 유선(stream line)

② 유맥선(streak line)

③ 시간선(time line)

④ 유적선(path line)

해설 (1) 유선 : 주어진 순간에 모든 점에서 속도의 방향에 접하는 선

(2) 유맥선 : 어떤 특정한 점을 지나간 유체 입자들을 이은 선

(3) 유적선 : 한 유체 입자가 일정한 시간 동안 움직인 경로

정답 **29.** ③ **30.** ① **31.** ② **32.** ②

33. 압축비 3인 2단 펌프의 토출압력이 2.7 MPa이다. 이 펌프의 흡입압력은 몇 kPa 인가?

① 90 ② 150

③ 300 ④ 900

[해설] 압축비(ε)

$$= \sqrt[z]{\frac{P_F(\text{최종 토출 절대압력})}{P_1(\text{최초 흡입 절대압력})}}$$

여기서, Z : 압축단수

$$3 = \sqrt{\frac{2.7\text{MPa}}{P_1}}$$

$$P_1 = 0.3\text{MPa} = 300\,\text{kPa}$$

34. 지름이 5 cm인 원형 관내에 어떤 이상기체가 흐르고 있다. 다음 중 이 기체의 흐름이 층류이면서 가장 빠른 속도는?(단, 이 기체의 절대압력은 200 kPa, 온도는 27 ℃, 기체상수는 2080 J/kg·K, 점성계수는 2×10^{-5} N·s/m², 층류에서 하임계 레이놀즈 값은 2200으로 한다.)

① 0.3 m/s ② 2.8 m/s

③ 8.3 m/s ④ 15.5 m/s

[해설] $\rho = \dfrac{P}{R \cdot T}$

$$= \frac{200\times10^3\text{N/m}^2}{2080\text{N}\cdot\text{m/kg}\cdot\text{K}\times(273+27)\text{K}}$$

$$= 0.3205\,\text{kg/m}^3$$

$Re = \dfrac{D \cdot u \cdot \rho}{\mu}$ 에서

$$u = \frac{Re\times\mu}{D\times\rho} = \frac{2200\times2\times10^{-5}\text{N}\cdot\text{s/m}^2}{0.05\,\text{m}\times0.3205\,\text{kg/m}^3}$$

$$= 2.745\text{N}\cdot\text{s/kg} = 2.745\,\text{kg}\cdot\text{m/s}^2\cdot\text{s/kg}$$

$$= 2.745\,\text{m/s}$$

35. 물의 온도에 상응하는 증기압보다 낮은 부분이 발생하면 물은 증발되고 물속에 있던 공기와 물이 분리되어 기포가 발

생하는 펌프의 현상은?

① 피드백(feed back)

② 서징현상(surging)

③ 공동현산(cavitation)

④ 수격작용(water hammering)

[해설] 공동현상(cavitation)

정의	펌프 흡입측 압력손실로 발생된 기체가 펌프 상부에 모이면 액의 송출을 방해하고 결국 운전 불능의 상태에 이르는 현상
발생원인	• 흡입양정이 지나치게 긴 경우 • 흡입관경이 가는 경우 • 펌프의 회전수가 너무 빠를 경우 • 흡입측 배관이나 여과기 등이 막혔을 경우
영향	• 진동 및 소음 발생 • 임펠러 깃 침식 • 펌프 양정 및 효율 곡선 저하 • 펌프 운전 불능
대책	• 유효흡입양정(NPSH)을 고려하여 펌프를 선정한다. • 충분한 크기의 배관직경을 선정한다. • 펌프의 회전수를 용량에 맞게 조정한다. • 주기적으로 여과기 등을 청소한다. • 양흡입펌프를 사용하거나 펌프를 액 중에 잠기게 한다.

36. 점성계수가 0.08 kg/m·s이고 밀도가 800 kg/m³인 유체의 동점성 계수는 몇 cm²/s인가?

① 0.0001 ② 0.08

③ 1.0 ④ 8.0

[해설] $\nu = \dfrac{\mu}{\rho} = \dfrac{0.08\,\text{kg/m}\cdot\text{s}}{800\,\text{kg/m}^3}$

$$= 10^{-4}\,\text{m}^2/\text{s} = 1\,\text{cm}^2/\text{s}$$

37. 직경이 18 mm인 노즐을 사용하여 노즐 압력 147 kPa로 옥내소화전을 방수하면 방수속도는 약 몇 m/s인가?

① 10.3 ② 14.7

③ 16.3 ④ 17.1

해설 $Q = 0.653 \times D^2 \times \sqrt{10 \cdot P}$

$= 0.653 \times (18\,\text{mm})^2 \times \sqrt{10 \times 0.147\,\text{MPa}}$

$= 256.517\,\text{L/m}$

$= 0.26\,\text{m}^3/\text{min}$

$V = \dfrac{Q}{A} = \dfrac{0.26\,\text{m}^3/\text{min}}{\dfrac{\pi}{4} \times (0.018\,\text{m})^2 \times 60\,\text{s/min}}$

$= 17.03\,\text{m/s}$

38. 유체에 작용하는 힘과 운동량방정식에 관한 설명으로 맞지 않은 것은?

① 유체에 작용하는 전단응력은 체적력에 해당한다.

② 유체에 작용하는 힘에는 체적력과 표면력이 있다.

③ 운동량방정식은 등속운동을 하는 관성좌표계의 경우에 적용된다.

④ 운동량방정식은 검사체적에 주어진 힘과 운동량 변화량과의 관계를 설명한다.

해설 전단응력은 점성계수와 속도기울기에 비례하며 표면력에 해당한다.

39. 한 변의 길이가 L인 정사각형 단면의 수력직경(D_h)은? (단 P는 유체의 젖은 단면 둘레의 길이, A는 관의 단면적이며, $D_h = \dfrac{4A}{P}$로 정의한다.)

① $\dfrac{L}{4}$ ② $\dfrac{L}{2}$

③ L ④ $2L$

해설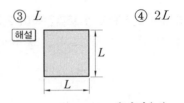

$수력반경(R_h) = \dfrac{단면적(A)}{접수길이(l)}$

$수력직경(D_h) = 4 \times R_h = 4 \times \dfrac{L \times L}{4 \times L} = L$

40. 기압계에 나타난 압력이 740 mmHg인 곳에서 어떤 용기의 계기압력이 600 kPa 이었다면 절대압력으로는 몇 kPa인가?

① 501 ② 526

③ 674 ④ 699

해설 절대압력 = 대기압+계기압력

$= \dfrac{740\,\text{mmHg}}{760\,\text{mmHg}} \times 101.325\,\text{kPa} + 600\,\text{kPa}$

$= 698.65\,\text{kPa}$

제 3 과목 **소방관계법규**

41. 다음은 소방특별조사에 관한 설명이다. 틀린 것은?

① 소방특별조사 업무를 수행하는 관계공무원 및 관계전문가는 그 권한을 표시하는 증표를 지니고 이를 관계인에게 내보여야 한다.

② 소방특별조사 시 관계인의 업무에 지장을 주지 아니 하여야 하나 조사업무를 위해 필요하다고 인정되는 경우 일정 부분 관계인의 업무를 중지시킬 수 있다.

③ 조사업무를 수행하면서 취득한 자료나 알게 된 비밀을 다른 사람에게 제공 또는 누설하거나 목적 외에 용도로

사용하여서는 아니 된다.

④ 소방특별조사 업무를 수행하는 관계
공무원 및 관계전문가는 관계인의 정
당한 업무를 방해하여서는 아니 된다.

해설 관계인의 업무를 중지시킬 수 없다.

42. 제조소 중 위험물을 취급하는 건축물은
특수한 경우를 제외하고 어떤 구조로 하여
야 하는가?

① 지하층이 없는 구조이어야 한다.

② 지하층이 있는 구조이어야 한다.

③ 지하층이 있는 1층 이내의 건축물이
어야 한다.

④ 지하층이 있는 2층 이내의 건축물
이어야 한다.

해설 제조소 중 위험물을 취급하는 건축물은
지하층이 없는 구조이어야 한다.

43. 소방시설공사가 설계도서나 화재안전기
준에 맞지 아니하는 경우 감리업자가 가장
우선하여 조치하여야 할 사항은 다음 중
어느 것인가?

① 공사업자에게 공사의 시정 또는 보
완을 요구하여야 한다.

② 공사업자의 규정위반 사실을 관계인
에게 알리고 관계인으로 하여금 시정
요구토록 조치한다.

③ 공사업자의 규정위반 사실을 발견 즉
시 소방본부장 또는 소방서장에게 보
고한다.

④ 공사업자의 규정위반 사실을 시·도
지사에게 신고한다.

해설 감리업자는 설계도서나 화재안전기준에
맞지 아니하는 경우 공사업자에게 공사의
시정 또는 보완을 요구하여야 한다.

44. 소방시설의 하자가 발생한 경우 통보를
받은 공사업자는 며칠 이내에 이를 보수하
거나 보수 일정을 기록한 하자보수 계획을
관계인에게 서면으로 알려야 하는가?

① 3일　　　　② 7일

③ 14일　　　④ 30일

해설 관계인에게 3일 이내 서면으로 통보하
여야 한다.

45. 다음 중 특정소방대상물에 대한 설명
으로 옳은 것은?

① 의원은 근린생활시설이다.

② 동물원 및 식물원은 동식물관련시설
이다.

③ 종교집회장은 면적에 상관없이 문화
집회 및 운동시설이다.

④ 철도시설(정비창 포함)은 항공기 및
자동차관련시설이다.

해설 ② 동물원 및 식물원은 문화·집회시설
이다.

③ 종교집회장은 바닥면적 300 m² 미만인
경우 근린생활시설, 바닥면적 300 m²
이상인 경우 종교시설이다.

④ 철도시설(정비창 포함)은 운수시설이다.

46. 특수가연물의 저장 및 취급의 기준으로
서 옳지 않은 것은?

① 특수가연물을 저장 또는 취급하는 장
소에는 품명·최대수량 및 화기취급의
금지표지를 설치하여야 한다.

② 품명별로 구분하여 쌓아야 한다.

③ 석탄이나 목탄류를 쌓는 경우에는 쌓
는 부분의 바닥면적은 50 m² 이하가
되도록 하여야 한다.

④ 쌓는 높이는 10 m 이하가 되도록 하

여야 한다.

해설 특수가연물을 저장 또는 취급하는 장소
(1) 품명·최대수량 및 화기취급의 금지표지를 설치하여야 한다.
(2) 품명별로 구분하여 쌓아야 한다.
(3) 쌓는 부분의 바닥면적은 50 m^2(석탄이나 목탄류는 200 m^2) 이하가 되도록 하여야 한다.
(4) 쌓는 높이는 10 m 이하가 되도록 하여야 한다.

47. 소방방재청장은 방염대상물품의 방염성능검사 업무를 다음 중 어디에 위탁할 수 있는가?
① 한국소방공사협회
② 한국소방안전협회
③ 소방산업공제조합
④ 한국소방산업기술원

해설 한국소방산업기술원 위탁업무
(1) 방염대상물품의 방염성능검사 중 대통령령으로 정하는 검사
(2) 소방용품에 대한 성능인정
(3) 소방용품의 형식승인, 형식승인의 변경승인
(4) 우수품질인증

48. 공동 소방안전관리자를 선임하여야 하는 특정소방대상물의 기준으로 옳지 않은 것은?
① 소매시장
② 도매시장
③ 3층 이상인 학원
④ 연면적이 5000 m^2 이상인 복합건축물

해설 공동 소방안전관리대상물
(1) 고층 건축물(지하층을 제외한 층수가 11층 이상인 건축물만 해당)
(2) 지하가
(3) 대통령령으로 정하는 특정소방대상물(연

면적이 5000 m^2 이상인 복합건축물, 층수가 5층 이상인 것. 판매시설 중 도매시장 및 소매시장)

49. 소방기본법에 규정된 화재조사에 대한 내용이다. 틀린 것은?
① 화재조사 전담부서에는 발굴용구, 기록용기기, 감식용기기, 조명기기, 그 밖의 장비를 갖추어야 한다.
② 소방방재청장은 화재조사에 관한 시험에 합격한 자에게 3년마다 전문 보수교육을 실시하여야 한다.
③ 화재의 원인과 피해조사를 위하여 국민안전처, 시·도의 소방본부와 소방서에 화재조사를 전담하는 부서를 설치·운영한다.
④ 화재조사는 장비를 활용하여 소화활동과 동시에 실시되어야 한다.

해설 소방방재청장(현 소방청장)은 2년마다 전문 보수교육을 실시한다.

50. 소방시설업자가 영업정지기간 중에 소방시설공사 등을 한 경우 1차 행정처분기준으로 옳은 것은?
① 1차 – 등록취소
② 1차 – 경고(시정명령), 2차 – 영업정지 6개월
③ 1차 – 영업정지 3개월, 2차 – 등록취소
④ 1차 – 경고(시정명령), 2차 – 등록취소

해설 1차 – 등록취소
(1) 영업정지기간 중에 소방시설공사 등을 한 경우
(2) 거짓 또는 부정한 방법으로 등록한 경우
(3) 등록결격사유에 해당하는 경우

정답 47. ④ 48. ③ 49. ② 50. ①

51. 다음 위험물 중 자기반응성 물질은 어느 것인가?

① 황린
② 염소산염류
③ 알칼리토금속
④ 질산에스테르류

해설 위험물 구별

위험물 유별	성질	품명
제1류	산화성 고체	아염소산염류, 염소산염류, 과염소산염류, 질산염류, 무기과산화물
제2류	가연성 고체	유황, 마그네슘, 황화린, 적린
제3류	자연발화성 물질 및 금수성 물질	황린, 나트륨, 칼륨, 알칼리토금속, 트리에틸알루미늄
제4류	인화성 액체	알코올류, 동식물유, 특수인화물, 석유류
제5류	자기반응성 물질	셀룰로이드, 아조화합물, 질산에스테르류, 니트로화합물, 니트로소화합물, 유기과산화물
제6류	산화성 액체	과염소산, 과산화수소, 질산

52. 자동화재탐지설비를 화재안전기준에 적합하게 설치한 경우에 그 설비의 유효범위 내에서 설치가 면제되는 소방시설로서 옳은 것은?

① 비상경보설비
② 누전경보기
③ 비상조명등
④ 무선통신 보조설비

해설 특정소방대상물의 소방시설 설치의 면제 기준

설치 면제되는 소방시설	설치 면제 요건
스프링클러 설비	물분무등 소화설비
물분무등 소화설비	스프링클러설비
간이 스프링클러 설비	스프링클러설비, 물분무등 소화설비, 미분무등 소화설비
비상경보설비 또는 단독경보형 감지기	자동화재탐지설비
비상경보설비	2개 이상 단독경보형 감지기 연동
비상방송설비	자동화재탐지설비, 비상경보설비
연결살수설비	스프링클러설비, 간이 스프링클러설비, 물분무등 소화설비, 미분무등 소화설비
제연설비	공기조화설비
연소방지설비	스프링클러설비, 물분무등 소화설비, 미분무등 소화설비
연결송수관설비	옥내소화전설비, 스프링클러설비, 간이 스프링클러설비, 연결살수설비
자동화재탐지설비	자동화재탐지설비의 기능을 가진 스프링클러설비, 물분무등 소화설비

53. 다음 중 특수가연물에 해당되지 않는 것은?

① 800 kg 이상의 종이부스러기
② 1000 kg 이상의 볏짚류
③ 1000 kg 이상의 사류(絲類)
④ 400 kg 이상의 나무껍질

정답 **51.** ④ **52.** ① **53.** ①

해설 특수가연물 종류

품명	수량	품명	수량
면화류	200 kg 이상	가연성 고체류	3000 kg 이상
나무껍질, 대팻밥	400 kg 이상	가연성 액체류	2 m³ 이상
넝마, 종이 부스러기	1000 kg 이상	석탄, 목탄류	10000 kg 이상
사류	1000 kg 이상	목재 가공품, 나무 부스러기	10 m³ 이상
볏짚류	1000 kg 이상	합성 수지류 발포 시킨 것	20 m³ 이상
		합성 수지류 그 밖의 것	3000 kg 이상

54. 소방시설의 지위를 승계한 자는 그 지위를 승계한 날부터 30일 이내에 상속인, 영업을 양수한 자와 시설의 전부를 인수한 자의 경우에는 소방시설업 지위승계신고서에 합병 후 존속하는 법인 또는 합병에 의하여 설립되는 법인의 경우에는 소방시설업 합병신고서에 서류를 첨부하여 시·도지사에게 제출하여야 한다. 제출서류에 포함하지 않아도 되는 것은?

① 소방시설업 등록증 및 등록수첩

② 영업소 위치, 면적 등이 기록된 등기부 등본

③ 계약서 사본 등 지위승계를 증명하는 서류

④ 소방기술인력 연명부 및 기술자격증·자격수첩

해설 지위승계 시 제출하여야 할 서류
  (1) 소방시설업 등록증 및 등록수첩
  (2) 계약서 사본 등 지위승계를 증명하는 서류(전자 문서 포함)
  (3) 소방기술인력 연명부 및 기술자격증·

자격수첩
  (4) 계약일을 기준으로 하여 작성한 지위승계인의 자산 평가액 또는 기업진단보고서(소방시설공사업 해당)
  (5) 출자, 예치, 담보 금액 확인서(소방시설공사업 해당)

55. 아파트로서 층수가 몇 층 이상인 것은 모든 층에 스프링클러를 설치해야 하는가?

① 6층

② 11층

③ 15층

④ 20층

해설 층수가 6층 이상인 특정소방대상물의 경우에는 모든 층에 스프링클러를 설치해야 한다.

56. 소방본부장 또는 소방서장은 함부로 버려두거나 그냥 둔 위험물 또는 물건을 옮겨 보관하는 경우 소방본부 또는 소방서 게시판에 보관한 날부터 며칠 동안 공고하여야 하는가?

① 7일 동안

② 14일 동안

③ 21일 동안

④ 28일 동안

해설 (1) 게시판 공고 : 보관한 날로부터 14일 이내
  (2) 보관 기간 : 게시판 공고 종료일로부터 7일

57. 위험물 운송자 자격을 취득하지 아니한 자가 위험물 이동 탱크저장소 운전 시의 벌칙으로 옳은 것은?

① 50만원 이하의 벌금

② 100만원 이하의 벌금

③ 200만원 이하의 벌금

④ 300만원 이하의 벌금

해설 300만원 이하의 벌금
  (1) 위험물 운송자 자격을 취득하지 아니한 자가 위험물 이동 탱크저장소를 운전한 경우

(2) 위험물 취급에 관한 안전관리와 감독을 하지 않은 자

(3) 관계인의 출입, 검사를 방해한 자

58. 소방공사 감리원 배치 시 배치일로부터 며칠 이내에 관련서류를 첨부하여 소방본부장 또는 소방서장에게 알려야 하는가?

① 3일　　　　　② 7일

③ 14일　　　　④ 30일

해설 소방공사 감리원 배치 시 배치일로부터 7일 이내 소방본부장 또는 소방서장에게 통보하여야 한다.

59. 국가는 소방업무에 필요한 경비의 일부를 국고에서 보조한다. 국고보조 대상 소화활동장비 및 설비로서 옳지 않은 것은 어느 것인가?

① 소방헬리콥터 및 소방정 구입

② 소방전용 통신설비 설치

③ 소방관서 직원숙소 건립

④ 소방자동차 구입

해설 국고보조 대상

(1) 소방자동차 구입

(2) 소방헬리콥터 및 소방정 구입

(3) 소방전용 통신설비 및 전산설비 설치

(4) 그 밖의 방화복 등 소화활동에 필요한 소방장비

60. 건축물 등의 신축·증축 동의요구를 소재지 관할 소방본부장 또는 소방서장에게 한 경우 소방본부장 또는 소방서장은 건축허가 등의 동의요구서를 접수한 날부터 며칠 이내에 건축허가 등의 동의여부를 회신하여야 하는가? (단, 허가 신청한 건축물이 연면적이 20만 m² 이상의 특정소방대상물인 경우이다.)

① 5일　　　　　② 7일

③ 10일　　　　④ 30일

해설 (1) 특급소방안전관리대상물 : 10일 이내

(2) 1급, 2급 일반안전관리대상물 : 5일 이내

(3) 특급소방안전관리대상물 : 지하층을 포함한 층수가 30층 이상, 높이 120 m 이상, 연면적이 20만 m² 이상

제4과목　**소방기계시설의 구조 및 원리**

61. 옥내소화전설비의 화재안전기준에 관한 설명 중 틀린 것은?

① 물올림탱크의 급수배관의 구경은 15 mm 이상으로 설치해야 한다.

② 릴리프밸브는 구경 20 mm 이상의 배관에 연결하여 설치한다.

③ 펌프의 토출측 주배관의 구경은 유속이 5 m/s 이하가 될 수 있는 크기 이상으로 한다.

④ 유량측정장치는 펌프 정격토출량의 175 %까지 측정할수 있는 성능으로 한다.

해설 펌프의 토출측 주배관의 유속은 4 m/s 이하가 되어야 한다.

62. 바닥면적이 1300 m²인 판매시설에 소화기구를 설치하려 한다. 소화기구의 최소 능력단위는? (단, 주요구조부는 내화구조이고, 벽 및 반자의 실내와 면하는 부분이 불연재료이다.)

① 7단위　　　　② 9단위

③ 10단위　　　④ 13단위

해설 관람장, 공연장, 의료시설, 장례식장 등은 바닥면적 50 m²를 1단위로 하며, 판매시설, 운수시설, 숙박시설, 노유자시설, 전시장 등은 바닥면적 100 m²를 1단위로 한다. 최소 능력단위 = 1300 m²/100 m² = 13단위

정답 **58.** ②　**59.** ③　**60.** ③　**61.** ③　**62.** ④

63. 분말소화설비의 저장용기 내부압력이 설정압력이 될 때 주밸브를 개방하는 것은 어느 것인가?

① 한시계전기

② 지시압력계

③ 압력조정기

④ 정압작동장치

해설 정압작동장치 : 분말소화설비의 저장용기 내부압력이 설정압력이 될 때 주밸브를 개방하는 역할을 한다.

64. 다음의 소방대상물 중 스프링클러소화설비가 적용되는 곳은?

① 제3류 금수성물품

② 제1류 알칼리금속과 산화물

③ 제6류 위험물

④ 제2류 철분, 금속분, 마그네슘

해설 스프링클러설비 적용 대상
(1) 제1류 위험물에서 그 밖의 것
(2) 제2류 위험물에서 인화성 고체
(3) 제3류 위험물에서 그 밖의 것
(4) 제5류 위험물, 제6류 위험물
(5) 건축물, 그 밖의 공작물

65. 물분무 소화설비에서 소화효과는 무엇인가?

① 냉각작용, 질식작용, 희석작용, 유화작용

② 냉각작용, 응축작용, 희석작용, 유화작용

③ 냉각작용, 질식작용, 희석작용, 기름작용

④ 냉각작용, 질식작용, 분말작용, 응축작용

해설 물분무 소화설비는 안개 모양으로 분무하므로 냉각작용, 질식작용, 희석작용, 유

화작용 등의 소화효과가 있다.

66. 예상제연구역 바닥면적 400 m² 미만 거실의 공기유입구와 배출구 간의 직선거리로써 맞는 것은? (단, 제연경계에 의한 구획을 제외한다.)

① 2 m 이상

② 3 m 이상

③ 5 m 이상

④ 10 m 이상

해설 제연구역의 공기 유입구
(1) 바닥면적 400 m² 미만의 거실인 예상제연구역에 대하여는 바닥 외의 장소에 설치하고 공기유입구와 배출구 간의 직선거리는 5 m 이상으로 할 것
(2) 바닥면적이 400 m² 이상의 거실인 예상제연구역에 대하여는 바닥으로부터 1.5 m 이하의 높이에 설치하고 그 주변 2 m 이내에는 가연성 내용물이 없도록 할 것

67. 포소화설비에 대한 다음 설명 중 맞는 것은?

① 포워터스프링클러헤드는 바닥면적 8 m²당 1개 이상 설치해야 한다.

② 장방형으로 포헤드를 설치하는 경우 유효반경은 2.3 m로 한다.

③ 주차장에 포소화전을 설치할 때 호스함은 방수구로 5 m 이내에 설치한다.

④ 고발포용 고정포방출구는 바닥면적 600 m²마다 1개 이상을 설치한다.

해설 포소화설비 설치 기준
(1) 포워터스프링클러헤드는 특정소방대상물의 천장 또는 반자에 설치하되, 바닥면적 8 m²당 1개 이상 설치해야 한다.
(2) 포헤드는 특정소방대상물의 천장 또는 반자에 설치하되, 바닥면적 9 m²당 1개 이상 설치해야 한다.
(3) 장방형으로 포헤드를 설치하는 경우 유효반경은 2.1 m로 한다.
$$S = 2 \cdot r \times \cos 45° = 2 \times 2.1 \times \cos 45°$$
$$= 2.97 \text{ m(포헤드 상호간의 거리)}$$

정답 **63.** ④ **64.** ③ **65.** ① **66.** ③ **67.** ①

(4) 주차장에 포소화전을 설치할 때 호스함은 방수구로 3 m 이내에 설치한다.
(5) 고발포용 고정포방출구는 바닥면적 500 m²마다 1개 이상 설치한다.

68. 난방설비가 없는 교육장소(겨울 최저 온도 : −15℃)에 비치하는 소화기로 적합한 것은?

① 화학포소화기　　② 기계포소화기
③ 산알칼리소화기　④ ABC 분말소화기

해설 일반 소화기의 경우 사용온도 범위가 0~40℃ 이하, ABC 분말소화기, 강화액소화기는 −20~40℃ 이하에 사용한다.

69. 지하구의 길이가 1000 m인 경우, 연소방지설비의 살수구역은 최소 몇 개로 하여야 하며, 하나의 살수구역의 길이는 몇 m 이상으로 해야 하는가?

① 살수구역수 : 3개
　살수구역 길이 : 3 m 이상
② 살수구역수 : 2개
　살수구역 길이 : 30 m 이상
③ 살수구역수 : 3개
　살수구역 길이 : 25 m 이상
④ 살수구역수 : 2개
　살수구역 길이 : 25 m 이상

해설 살수구역은 환기구 등을 기준으로 하여 지하구 길이 방향으로 350 m 이내마다 1개 이상 설치하며, 하나의 살수구역 길이는 3 m 이상으로 하여야 한다.

$$살수구역수 = \frac{1000\,m}{350\,m} = 2.85 \quad \therefore \; 3구역$$

70. 포소화설비에서 수성막포(A.F.F.F) 소화약제를 사용할 경우 사용 약제에 대한 설명 중 잘못된 것은?

① 불소계 계면활성포의 일종이다.
② 질식과 냉각작용에 의하여 소화하며

내열성, 내포화성이 높다.
③ 단백포와 섞어서 저장할 수 있으며, 병용할 경우 그 소화력이 매우 우수하다.
④ 원액이든 수용액이든 다른 포액보다 장기 보존성이 높다.

해설 수성막포(A.F.F.F) 소화약제는 분말소화약제와 겸용하여 사용 가능하나 단백포와는 혼합하여 사용하지 않는다.

71. 이산화탄소 소화설비의 저장용기 개방밸브에 대해서 옳지 않은 것은?

① 보통 기온의 변화와 진동에 안전하며 새지 않는 구조로 되어 있다.
② 전자밸브나 가스압에 의해 즉시 열릴 수 있다.
③ 다른 밸브와 같이 개방 후 자동으로 닫히게 되어 있다.
④ 개방된 후에는 즉시 닫을 수 없다.

해설 이산화탄소 소화설비의 저장용기 개방밸브는 전기식, 가스압력식, 기계식에 의해 자동 또는 수동으로 개방되나 개방 후에는 수동으로 닫아야 한다.

72. 사강식 구조대 점검사항 중 틀린 사항은 어느 것인가?

① 유도로프의 모래주머니 모래는 새지 않는가
② 수납상자에서 용이하게 꺼낼 수 있는가
③ 벨포지의 봉사는 풀린 곳이 없나
④ 피난기구의 위치표시 및 소화기구가 설치되어 있는가

해설 사강식 구조대 점검사항
(1) 수납상자에서 용이하게 꺼낼 수 있는가
(2) 벨포지의 봉사는 풀린 곳이 없나

(3) 유도로프의 모래주머니 모래는 새지 않는가
(4) 상부 부착금구를 고정하는 앵커볼트는 튼튼한가

73. 물분무 소화설비가 적용되지 않는 위험물은 어느 것인가?

① 제5류 위험물

② 제4류 위험물

③ 제1석유류

④ 알칼리금속과 과산화물

해설 물분무 소화설비 적용 대상
(1) 제1류 위험물에서 그 밖의 것
(2) 제2류 위험물에서 인화성 고체
(3) 제3류 위험물에서 그 밖의 것
(4) 제4류 위험물, 제5류 위험물, 제6류 위험물
(5) 건축물, 그 밖의 공작물, 전기설비

74. 그림과 같은 소방대상물의 부분에 완강기를 설치할 경우 부착 금속구의 부착위치로서 가장 적합한 곳은 다음 중 어느 위치인가?

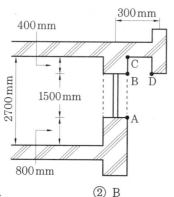

① A
② B
③ C
④ D

해설 완강기는 타인의 도움 없이 자신의 체중에 의하여 자동으로 하강하며 하강 시 두 팔을 벌려 중심을 잡고 와이어로프가 건물 외벽에 닿지 않도록 하여야 한다.

75. 이산화탄소 소화설비의 화재안전기준상 이산화탄소 소화설비의 배관설치 기준으로 적합하지 않은 것은?

① 이음이 없는 동 및 동합금관으로서 고압식은 16.5 MPa 이상의 압력에 견딜 수 있는 것

② 배관의 호칭구경이 20 mm 이하인 경우에는 스케줄 20 이상인 것을 사용할 것

③ 고압식의 경우 개폐밸브 또는 선택밸브의 1차측 배관부속은 호칭압력 4.0 MPa 이상의 것을 사용할 것

④ 배관은 전용으로 할 것

해설 이산화탄소 소화설비의 배관설치 기준
(1) 배관은 전용으로 할 것
(2) 강관을 사용하는 경우 : 배관은 압력배관용 탄소강관 중 스케줄 80(저압식에 있어서는 스케줄 40) 이상의 것 또는 이와 동등 이상의 강도를 가진 것으로 아연도금 등으로 방식처리된 것을 사용할 것. 다만, 배관의 호칭구경이 20 mm 이하인 경우에는 스케줄 40 이상인 것을 사용할 수 있다.
(3) 동관을 사용하는 경우 : 배관은 이음이 없는 동 및 동합금관으로서 고압식은 165 kg/cm^2(16.5 MPa) 이상, 저압식은 37.5 kg/cm^2(3.75 MPa) 이상의 압력에 견딜 수 있는 것을 사용할 것

76. 전역방출방식 분말소화설비에서 방호구역의 개구부에 자동폐쇄장치를 설치하지 아니한 경우에 개구부에 면적 1 m^{2}에 대한 분말소화약제의 가산량으로 잘못 연결된 것은?

① 제1종 분말 – 4.5 kg

② 제2종 분말 – 2.7 kg

③ 제3종 분말 – 2.5 kg

④ 제4종 분말 – 1.8 kg

해설 분말소화약제량과 가산량

약제의 종류	소화약제량	가산량
제1종 분말	$0.6\,kg/m^3$	$4.5\,kg/m^2$
제2종 분말	$0.36\,kg/m^3$	$2.7\,kg/m^2$
제3종 분말	$0.36\,kg/m^3$	$2.7\,kg/m^2$
제4종 분말	$0.24\,kg/m^3$	$1.8\,kg/m^2$

77. 상수도소화용수설비의 설치기준 설명으로 맞지 않은 것은?

① 호칭지름 75 mm 이상의 수도배관에 호칭지름 100 mm 이상의 소화전을 접속하여야 한다.

② 소화전함은 소화전으로부터 5 m 이내의 거리에 설치한다.

③ 소화전은 소방자동차 등의 진입이 쉬운 도로변 또는 공지에 설치한다.

④ 소화전은 소방대상물의 수평투영면의 각 부분으로부터 140 m 이하가 되도록 설치한다.

해설 상수도소화용수설비 소화전의 설치기준 : 수도배관 75 mm 이상에 소화전 100 mm 이상을 접속하여야 하며 소화전은 특정소방대상물의 수평투영면의 각 부분으로부터 140 m 이하가 되도록 설치하여야 한다.

78. 평면도와 같이 반자가 있는 어느 실내에 전등이나 공조용 디퓨저 등의 시설물에 구애됨이 없이 수평거리를 2.1 m로 하여 스프링클러헤드를 정방형으로 설치하고자 할 때 최소한 몇 개의 헤드를 설치하면 될 것인가?(단, 반자 속에는 헤드를 설치하지 아니하는 것으로 한다.)

```
      ← 25 m →
   ┌───────────┐
15 m│           │
   └───────────┘
```

① 24개
② 54개
③ 72개
④ 96개

해설 정방형으로 설치한 경우
$$S = 2 \cdot r \times \cos45°$$
$$= 2 \times 2.1\,m \times \cos45° = 2.97\,m$$

가로열 헤드수 $= \dfrac{25\,m}{2.97\,m} = 8.4 = 9$개

세로열 헤드수 $= \dfrac{15\,m}{2.97\,m} = 5.05 = 6$개

총 헤드수 $= 9 \times 6 = 54$개

79. 스프링클러 소화설비에 설치하는 스트레이너에 대한 설명이다. 옳지 않은 것은?

① 스트레이너는 펌프의 흡입측과 토출측에 설치한다.

② 스트레이너는 배관 내의 여과장치의 역할을 한다.

③ 흡입 배관에 사용하는 스트레이너는 보통 Y형을 사용한다.

④ 헤드가 막히지 않게 이물질을 제거하기 위한 것이다.

해설 스트레이너는 펌프의 흡입측에 설치하여야 한다.

80. 연결살수설비의 화재안전기준상 연결살수설비전용 헤드를 사용하는 경우 하나의 배관에 부착하는 살수헤드의 개수가 3개일 때, 배관의 구경은 몇 mm 이상이어야 하는가?

① 32
② 40
③ 50
④ 60

해설 연결살수설비 배관 구경과 헤드수

배관 구경(mm)	32	40	50	65	80
살수헤드 개수	1개	2개	3개	4~5개	6~10개

정답 **77.** ② **78.** ② **79.** ① **80.** ③

소방설비기계기사 | 2014년 5월 25일 (제2회)

제1과목 소방원론

1. 가연성 액체에서 발생하는 증기와 공기의 혼합기체에 불꽃을 대었을 때 연소가 일어나는 최저 온도를 무엇이라고 하는가?

① 발화점   ② 인화점

③ 연소점   ④ 착화점

해설 (1) 발화점 : 착화점이라고도 하며 점화원 없이 일정 온도에 도달하면 스스로 연소할 수 있는 최저 온도

(2) 인화점 : 점화원에 의해 연소할 수 있는 최저 온도

(3) 연소점 : 인화점보다 10℃ 정도 높은 온도로 5초 이상 지속되는 온도

2. 제3종 분말소화약제의 열분해 시 생성되는 물질과 관계없는 것은?

① NH_3 ② HPO_3

③ H_2O ④ CO_2

해설 분말소화약제의 종류

종별	명칭	착색	적용	반응식
제1종	탄산수소나트륨 ($NaHCO_3$)	백색	B, C급	$2NaHCO_3 \rightarrow Na_2CO_3+CO_2+H_2O$
제2종	탄산수소칼륨 ($KHCO_3$)	담자색	B, C급	$2KHCO_3 \rightarrow K_2CO_3+CO_2+H_2O$
제3종	제1인산암모늄 ($NH_4H_2PO_4$)	담홍색	A, B, C급	$NH_4H_2PO_4 \rightarrow HPO_3+NH_3+H_2O$
제4종	탄산수소칼륨+요소($KHCO_3$+$(NH_2)_2CO$)	회색	B, C급	$2KHCO_3+(NH_2)_2CO \rightarrow K_2CO_3+2NH_3+2CO_2$

3. Halon 1211의 성질에 관한 설명으로 틀린 것은?

① 상온, 상압에서 기체이다.

② 전기의 전도성이 없다.

③ 공기보다 무겁다.

④ 짙은 갈색을 나타낸다.

해설 공기 중에 노출되었을 때는 무색이다.

4. 다음 중 조연성 가스에 해당하는 것은?

① 일산화탄소   ② 산소

③ 수소   ④ 부탄

해설 조(지)연성 가스 : 공기 중에서 스스로 연소하지는 못하지만 가연성 가스 연소를 도와주는 가스로서 산소, 공기, 오존, 염소, 불소 등이 해당된다.

5. 화재에 대한 설명으로 옳지 않은 것은?

① 인간이 제어하여 인류의 문화, 문명의 발달을 가져오게 한 근본적인 존재를 말한다.

② 불을 사용하는 사람의 부주의와 불안정한 상태에서 발생되는 것을 말한다.

③ 불로 인하여 사람의 신체, 생명 및 재산상의 손실을 가져다주는 재앙을 말한다.

④ 실화, 방화로 발생하는 연소현상을 말하며 사람에게 유익하지 못한 해로운 불을 말한다.

해설 ①항은 인간에 대한 불의 장점에 해당된다.

6. 다음 중 가연물의 제거와 가장 관련이 없는 소화방법은?

① 촛불을 입김으로 불어서 끈다.
② 산불 화재 시 나무를 잘라 없앤다.
③ 팽창진주암을 사용하여 진화한다.
④ 가스 화재 시 중간밸브를 잠근다.

[해설] 팽창진주암을 사용하는 것은 산소의 공급을 차단하는 질식소화에 해당된다.

7. 위험물 탱크에 압력이 0.3 MPa이고 온도가 0℃인 가스가 들어 있을 때 화재로 인하여 100℃까지 가열되었다면 압력은 약 몇 MPa인가? (단, 이상기체로 가정한다.)

① 0.41 ② 0.52
③ 0.63 ④ 0.74

[해설] 탱크 체적이 같으므로($V_1 = V_2$) 샤를의 법칙이 적용된다.

$$\frac{0.3\,\mathrm{MPa}}{273} = \frac{P}{273 + 100}$$

$$\therefore P = 0.4098\,\mathrm{MPa}$$

8. 소화를 하기 위한 사용농도를 알 수 있다면 CO_2 소화약제 사용 시 최소 소화농도를 구하는 식은?

① $CO_2(\%) = 21 \times \left(\dfrac{100 - O_2\%}{100} \right)$

② $CO_2(\%) = \left(\dfrac{21 - O_2\%}{21} \right) \times 100$

③ $CO_2(\%) = 21 \times \left(\dfrac{O_2\%}{100} - 1 \right)$

④ $CO_2(\%) = \left(\dfrac{21 \times O_2\%}{100} - 1 \right)$

[해설] O_2 : 산소의 농도(%)

9. 다음 중 pH 9 정도의 물을 보호액으로 하여 보호액 속에 저장하는 물질은?

① 나트륨 ② 탄화칼슘
③ 칼륨   ④ 황린

[해설] (1) 황린, 이황화탄소 : 물속에 저장

(2) 칼륨, 나트륨, 리튬 : 석유류(경유, 등유, 유동파라핀) 속에 저장

10. 다음 중 인화점이 가장 낮은 물질은?

① 산화프로필렌 ② 이황화탄소
③ 메틸알코올   ④ 등유

[해설] 인화점
  (1) 산화프로필렌 : −37℃
  (2) 이황화탄소 : −30℃
  (3) 메틸알코올 : 11℃
  (4) 등유 : 40∼70℃

11. 가연성 가스의 화재 위험성에 대한 설명으로 가장 옳지 않은 것은?

① 연소한계가 낮을수록 위험하다.
② 온도가 높을수록 위험하다.
③ 인화점이 높을수록 위험하다.
④ 연소범위가 넓을수록 위험하다.

[해설] 인화점이 낮을수록 화재에 대한 위험성은 증가한다.

12. 화재 시 발생하는 연소가스 중 인체에서 혈액의 산소 운반을 저해하고 두통, 근육조절의 장애를 일으키는 것은?

① CO_2 ② CO ③ HCN ④ H2S

[해설] 일산화탄소(CO)는 불완전 연소 시 발생하는 가스로서 혈액 중 헤모글로빈과 결합하여 혈액 중 산소 운반을 저해하는 장애를 일으켜 결국 사망에 이르게 한다.

13. 소화작용을 크게 4가지로 구분할 때 이에 해당하지 않는 것은?

① 질식소화 ② 제거소화
③ 기압소화 ④ 냉각소화

[해설] 소화작용에는 질식소화, 냉각소화, 제거소화, 희석소화, 부촉매효과(화학소화), 유화효과, 피복효과 등이 있다.

14. 다음 중 이산화탄소의 3중점에 가장 가까운 온도는?

① -48℃   ② -57℃

③ -62℃   ④ -75℃

[해설] 3중점은 고체, 액체, 기체가 동시에 존재하는 상태로 이산화탄소의 3중점 온도는 -56.3℃ 정도이며 승화온도는 -78.5℃, 승화잠열은 137 kcal/kg이다.

15. 다음 중 flash over를 가장 옳게 표현한 것은?

① 소화현상의 일종이다.

② 건물 외부에서 연소가스의 소멸현상이다.

③ 실내에서 폭발적인 화재의 확대현상이다.

④ 폭발로 인한 건물의 붕괴현상이다.

[해설] 플래시 오버는 화재에 의한 실내온도의 급격한 상승으로 화재실 전체에 화재가 확대되고 실외로 화염이 돌출되는 현상이다.

16. 내화건축물과 비교한 목조건축물 화재의 일반적인 특징을 옳게 나타낸 것은?

① 고온, 단시간형   ② 저온, 단시간형

③ 고온, 장시간형   ④ 저온, 장시간형

[해설] 건축물 화재 성상

  (1) 내화건축물 : 저온·장시간(최성기 온도 : 900~1000℃)

  (2) 목조건축물 : 고온·단시간(최성기 온도 : 1300℃)

17. 동식물유류에서 "요오드값이 크다"라는 의미를 옳게 설명한 것은?

① 불포화도가 높다.

② 불건성유이다.

③ 자연발화성이 낮다.

④ 산소와의 결합이 어렵다.

[해설] "요오드값이 크다"의 의미

  (1) 건성유이며 불포화도가 높다.

  (2) 자연발화성이 높으며 산소와의 결합이 쉽다.

  ※ 요오드값은 기름 100 g 속에 첨가되는 요오드의 g 수이다.

18. 다음 중 내화구조에 해당하는 것은?

① 두께 1.2 cm 이상의 석고판 위에 석면 시멘트판을 붙인 것

② 철근콘크리트조의 벽으로서 두께가 10 cm 이상인 것

③ 철망 모르타르로서 그 바름 두께가 2 cm 이상인 것

④ 심벽에 흙으로 맞벽치기 한 것

[해설] 내화구조 기준

내화구조	기준
벽	• 철골·철근콘크리트조로서 두께 10 cm 이상인 것 • 골구를 철골조로 하고 그 양면을 두께 4 cm 이상의 철망 모르타르로 덮은 것 • 두께 5 cm 이상의 콘크리트 블록·벽돌 또는 석재로 덮은 것 • 석조로서 철재에 덮은 콘크리트 블록의 두께가 5cm 이상의 것 • 벽돌조로서 두께가 19 cm 이상인 것
기둥 (작은 지름 25 cm 이상)	• 철골 두께 6 cm 이상의 철망 모르타르로 덮은 것 • 두께 7 cm 이상의 콘크리트 블록·벽돌 또는 석재로 덮은 것 • 철골 두께 5 cm 이상의 콘크리트로 덮은 것
바닥	• 철골·철근콘크리트조로서 두께 10 cm 이상인 것 • 석조로서 철재에 덮은 콘크리트 블록의 두께가 5 cm 이상의 것 • 철재의 양면을 두께 5 cm 이상의 철망 모르타르로 덮은 것
보	• 철골 두께 6 cm 이상의 철망 모르타르로 덮은 것 • 두께 5 cm 이상의 콘크리트로 덮은 것

[정답]   14. ②   15. ③   16. ①   17. ①   18. ②

19. 연기의 감광계수(m⁻¹)에 대한 설명으로 옳은 것은?

① 0.5는 거의 앞이 보이지 않을 정도이다.

② 10은 화재 최성기 때의 농도이다.

③ 0.5는 가시거리가 20~30 m 정도이다.

④ 10은 연기감지기가 작동하기 직전의 농도이다.

해설 연기의 감광계수

감광계수 (m⁻¹)	가시거리(m)	상황
0.1	20~30	연기감지기 작동
0.3	5	내부에 익숙한 사람이 피난에 지장
0.5	3	어둠을 느낄 정도
1	1~2	앞이 보이지 않음
10	0.2~0.5	화재 최성기 농도
30	–	출화실 연기 분출

20. 열전달의 대표적인 3가지 방법에 해당하지 않는 것은?

① 전도 ② 복사 ③ 대류 ④ 대전

해설 열의 이동

(1) 전도 : 고체 내부에서의 열의 이동 (kcal/m · h · ℃)
  • 전달 : 유체에서 고체로, 고체에서 유체로의 열의 이동(kcal/m² · h · ℃)
  • 통과 : 고체를 사이에 둔 유체 간의 열의 이동(kcal/m² · h · ℃)

(2) 대류 : 밀도 차이에 의한 유체의 흐름 (자연대류, 강제대류)

(3) 복사 : 고체의 물체에서 발산하는 열선에 의한 열의 이동

제 2 과목   **소방유체역학**

21. 관내에 흐르는 유체의 흐름을 구분하는 데 사용되는 레이놀즈수의 물리적인 의미는?

① 관성력/중력   ② 관성력/탄성력

③ 관성력/점성력 ④ 관성력/압축력

해설 무차원수의 물리적 의미

명칭	물리적 의미
레이놀즈수	관성력/점성력
오일러수	압축력/관성력
코시수	관성력/탄성력
마하수	관성력/압축력
프루드수	관성력/중력
웨버수	관성력/표면장력

22. 역카르노 냉동사이클이 1800 kW의 냉동효과를 나타내며 냉동실 내부온도는 270 K로 유지된다. 이 사이클이 300 K인 주위에 열에너지를 방출할 경우, 냉동사이클에 요구되는 동력은 몇 kW인가?

① 200   ② 300

③ 500   ④ 1200

해설 성적계수 $= \dfrac{T_2}{T_1 - T_2} = \dfrac{270}{300 - 270} = 9$

성적계수 $= \dfrac{냉동효과}{압축열량}$, $9 = \dfrac{1800\,\text{kW}}{AW}$

$AW = 200\,\text{kW}$

23. 절대압력을 가장 적절히 표현한 것은?

① 절대압력 = 대기압력+게이지압력

② 절대압력 = 대기압력−게이지압력

③ 절대압력 = 표준대기압력+게이지압력

④ 절대압력 = 표준대기압력−게이지압력

해설 절대압력 = 대기압력+게이지압력
          = 국소 대기압력−진공압력

24. 하겐-푸아죄유(Hagen-Poiseuille)식에 관한 설명으로 옳은 것은?

① 수평 원관 속의 난류 흐름에 대한 유량을 구하는 식이다.
② 수평 원관 속의 층류 흐름에서 레이놀즈수와 유량과의 관계식이다.
③ 수평 원관 속의 층류 및 난류 흐름에서 마찰손실을 구하는 식이다.
④ 수평 원관 속의 층류 흐름에서 유량, 관경, 점성계수, 길이, 압력강하 등의 관계식이다.

해설 하겐-푸아죄유 식 : 수평 원관 속의 층류 흐름에서 유량, 관경, 점성계수, 길이, 압력강하 등의 관계식이다.

$$H = \frac{128 \cdot \mu \cdot l \cdot Q}{\pi \times d^4}$$

여기서, H : 압력강하(N/m^2)
　　　　μ : 점성계수$(N \cdot s/m^2)$
　　　　l : 관길이(m)
　　　　Q : 유량(m^3/s)
　　　　d : 내경(m)

25. 반지름이 같은 4분원 모양의 두 수문 AB와 CD에 작용하는 단위폭당 수직정수력의 크기의 비는? (단, 대기압은 무시하며 물속에서 A와 C의 압력은 같다.)

① $1 : 1$
② $1 : \left(1 - \frac{\pi}{4}\right)$
③ $1 : \frac{2}{3}$
④ $\left(1 - \frac{\pi}{4}\right) : 1$

해설 반지름이 같고 물속에서 A, C의 압력이 동일하므로 AB에 작용하는 수직정수력과 CD에 작용하는 수직정수력은 동일하게 된다.

$F = \gamma \times h \times A = \gamma \times V$

여기서, F : 수문정수력

γ : 물의 비중량
h : 수문의 폭
A : 수문의 단면적
V : 수문의 체적

26. 압력(P_1)이 100 kPa, 온도(T_1)가 300 K인 이상기체가 "$PV^{1.4} = $일정"인 폴리트로픽 과정을 거쳐 압력$(P_2)$이 400 kPa까지 압축된다. 최종상태의 온도(T_2)는 얼마인가?

① 300 K
② 446 K
③ 535 K
④ 644 K

해설 $\dfrac{T_2}{T_1} = \left(\dfrac{P_2}{P_1}\right)^{\frac{n-1}{n}} = \left(\dfrac{V_1}{V_2}\right)^{n-1} (n = 1.4)$

$T_2 = T_1 \times \left(\dfrac{P_2}{P_1}\right)^{\frac{n-1}{n}}$

$= 300 \times \left(\dfrac{400}{100}\right)^{\frac{1.4-1}{1.4}} = 445.798\,K$

$\fallingdotseq 446\,K$

27. 다음 중 캐비테이션에 관한 설명으로 옳은 것은?

① 캐비테이션은 물의 온도가 낮거나 흡입거리가 길수록 발생하기 쉽다.
② 원심펌프의 경우 캐비테이션 발생의 가장 큰 원인은 깃이면의 압력강하이다.
③ 공동현상은 펌프의 설치 위치와 관계없이 임펠러의 속도증가로 인한 압력강하에 기인한다.
④ 원심펌프의 공동현상을 방지하기 위해서는 펌프의 회전수를 낮추고 단흡입 펌프로 교체한다.

해설 공동현상(cavitation)

정의	펌프 흡입측 압력손실로 발생된 기체가 펌프 상부에 모이면 액의 송출을 방해하고 결국 운전 불능의 상태에 이르는 현상
발생 원인	• 흡입양정이 지나치게 긴 경우 • 흡입관경이 가는 경우 • 펌프의 회전수가 너무 빠를 경우 • 흡입측 배관이나 여과기 등이 막혔을 경우
영향	• 진동 및 소음 발생 • 임펠러 깃 침식 • 펌프 양정 및 효율 곡선 저하 • 펌프 운전 불능
대책	• 유효흡입양정(NPSH)을 고려하여 펌프를 선정한다. • 충분한 크기의 배관직경을 선정한다. • 펌프의 회전수를 용량에 맞게 조정한다. • 주기적으로 여과기 등을 청소한다. • 양흡입펌프를 사용하거나 펌프를 액 중에 잠기게 한다.

28. 외부표면의 온도가 24℃, 내부표면의 온도가 24.5℃일 때, 높이 1.5 m, 폭 1.5 m, 두께 0.5 cm인 유리창을 통한 열전달률은 얼마인가 ? (단, 유리창의 열전도율은(K)은 0.8 W/m · K이다.)

① 180 W   ② 200 W

③ 1800 W   ④ 18000 W

[해설] $Q = K \times F \times \Delta t = \frac{\lambda}{t} \times F \times \Delta t$

$= \frac{0.8\,\mathrm{W/m \cdot K}}{0.005\,\mathrm{m}} \times 1.5\,\mathrm{m} \times 1.5\,\mathrm{m}$

$\times (297.5 - 297)\mathrm{K} = 180\mathrm{W}$

29. 오일러의 운동방정식은 유체운동에 대하여 어떠한 관계를 표시하는가 ?

① 유체입자의 운동경로와 힘의 관계를 나타낸다.

② 유선에 따라 유체의 질량이 어떻게 변화하는가를 표시한다.

③ 유체가 가지는 에너지와 이것이 하는 일과의 관계를 표시한다.

④ 비점성 유동에서 유선상의 한 점을 통과하는 유체입자의 가속도와 그것에 미치는 힘과의 관계를 표시한다.

[해설] 오일러의 운동방정식은 정상유동일 경우 유체의 점성과 전단응력이 없으며 유체의 마찰력 또한 무시한다. 유체의 입자가 유선을 따라 운동하는 경우로 비점성 유동에서 유선상의 한 점을 통과하는 유체입자의 가속도와 그것에 미치는 힘과의 관계를 표시한다.

30. 펌프에 의하여 유체에 실제로 주어지는 동력은 ? (단, L_w는 동력(kW), γ는 물의 비중량(N/m³), Q는 토출량(m³/min), H는 전양정(m), g는 중력가속도(m/s²)이다.)

① $L_w = \dfrac{\gamma Q H}{102 \times 60}$

② $L_w = \dfrac{\gamma Q H}{1000 \times 60}$

③ $L_w = \dfrac{\gamma Q H g}{102 \times 60}$

④ $L_w = \dfrac{\gamma Q H g}{1000 \times 60}$

[해설] 축동력(L_w) $= \dfrac{1000 \times Q \times H}{102 \times 60 \times \eta} \times K$

여기서, η : 펌프 효율

　　　　K : 펌프 여유율

수동력(L_w) $= \dfrac{\gamma \times Q \times H}{1000 \times 60}$

여기서, γ : 물의 비중량(9800 N/m³)

　　　　Q : 유량(m³/min)

　　　　H : 양정(mH₂O)

31. 수평으로 놓인 관로에서 입구의 관 지름이 65 mm, 유속이 2.5 m/s이며 출구의 관 지름이 40 mm라고 한다. 입구에서의 압력이 350 kPa이라면 출구에서의 압력은 약 몇 kPa인가? (단, 마찰손실은 무시하고 유체의 밀도는 1000 kg/m³로 한다.)

① 311 ② 321
③ 331 ④ 341

해설 유량이 같으므로 출구측 유속(V_2)을 구하면

$$\frac{\pi}{4} \times (0.065\,\mathrm{m})^2 \times 2.5\,\mathrm{m/s}$$

$$= \frac{\pi}{4} \times (0.04\,\mathrm{m})^2 \times V_2$$

$$V_2 = 6.6\,\mathrm{m/s}$$

수평관이므로 위치수두가 동일하다.

$$\frac{P_1}{\gamma} + \frac{V_1^2}{2g} = \frac{P_2}{\gamma} + \frac{V_2^2}{2g}$$

$$\frac{350 \times 10^3\,\mathrm{N/m^2}}{9800\,\mathrm{N/m^3}} + \frac{(2.5\,\mathrm{m/s})^2}{2 \times 9.8\,\mathrm{m/s^2}}$$

$$= \frac{P_2}{9800\,\mathrm{N/m^3}} + \frac{(6.6\,\mathrm{m/s})^2}{2 \times 9.8\,\mathrm{m/s^2}}$$

$$P_2 = 331345\,\mathrm{N/m^2} = 331.345\,\mathrm{kN/m^2}$$
$$= 331\,\mathrm{kPa}$$

32. 그림과 같은 면적 A_1인 원형관의 출구에 노즐이 볼트로 연결되어 있으며 노즐 끝의 면적은 A_2이고 노즐 끝(2 지점)에서의 물의 속도는 V, 물의 밀도는 ρ이다. 볼트 전체에 작용하는 힘이 F_B일 때, 1 지점에서의 압력(게이지압력)을 구하는 식은?

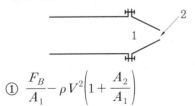

① $\dfrac{F_B}{A_1} - \rho V^2 \left(1 + \dfrac{A_2}{A_1}\right)$

② $\dfrac{F_B}{A_1} + \rho V^2 \left(1 - \dfrac{A_2}{A_1}\right)\dfrac{A_2}{A_1}$

③ $\dfrac{F_B}{A_1} - \rho V^2 \left(1 - \dfrac{A_1}{A_2}\right)$

④ $\dfrac{F_B}{A_1} - \rho V^2 \left(1 - \dfrac{A_2}{A_1}\right)\dfrac{A_2}{A_1}$

33. 고가 수조의 높이는 해발 250 m이고, 수조로부터 물을 공급받는 소화전은 해발 200 m이다. 연결배관에 흐름이 없다고 가정하고 물의 온도가 20℃일 때 소화전에서의 정수압력은 약 몇 kPa인가? (단, 물의 비중량은 20℃에서 9.8 kN/m³이다.)

① 245 ② 490
③ 1960 ④ 2450

해설 $P = \dfrac{(250 - 200)\,\mathrm{m}}{10.332\,\mathrm{m}} \times 101.325\,\mathrm{kPa}$

$\qquad = 490.33\,\mathrm{kPa}$

34. 체적탄성계수가 2.1475×10^9 Pa인 물의 체적을 0.25 % 압축시키려면 몇 Pa의 압력이 필요한가?

① 4.93×10^5 ② 6.75×10^5
③ 4.23×10^6 ④ 5.37×10^6

해설 체적탄성계수

$$K = -\frac{\Delta P}{\dfrac{\Delta V}{V}}, \quad \Delta P = -K \times \frac{\Delta V}{V}$$

$$\Delta P = 2.1475 \times 10^9\,\mathrm{Pa} \times \frac{0.25}{100}$$

$$= 5368750\,\mathrm{Pa} = 5.37 \times 10^6\,\mathrm{Pa}$$

35. 그림과 같은 물탱크에서 원형 형상의 출구를 통해 물이 유출되고 있다. 출구의 형상을 동일한 단면적의 사각형으로 변경했을 때 유출되는 유량의 변화는? (단, 사각 및 원형 형상 출구의 손실계수는 각각 0.5

및 0.04이다.)

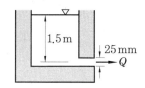

① 0.00044 m³/s만큼 증가한다.

② 0.00044 m³/s만큼 감소한다.

③ 0.00088 m³/s만큼 증가한다.

④ 0.00088 m³/s만큼 감소한다.

해설 베르누이 방정식

$$\frac{P_1}{\gamma}+\frac{V_1^2}{2g}+Z_1=\frac{P_2}{\gamma}+\frac{V_2^2}{2g}+Z_2+h_L$$

부차적 손실계수(h_L)

$$h_L=K\times\frac{V_2^2}{2g}$$

원형 형상일 때 유량(Q_1)을 구하면

$P_1=P_2$

$V_1=0$(처음엔 유속이 없음)

$Z_1-Z_2=1.5m$

$$\frac{P_1}{\gamma}+\frac{V_1^2}{2g}+Z_1-Z_2=\frac{P_2}{\gamma}+\frac{V_2^2}{2g}+K\times\frac{V_2^2}{2g}$$

$$1.5=\frac{V_2^2}{2\times9.8}+0.04\times\frac{V_2^2}{2\times9.8}$$

$V_2=5.317m/s$

$$Q_1=\frac{\pi}{4}\times(0.025\,m)^2\times5.317\,m/s$$

$$=2.61\times10^{-3}m^3/s$$

사각형일 때 유량(Q_2)을 구하면

$$\frac{P_1}{\gamma}+\frac{V_1^2}{2g}+Z_1-Z_2=\frac{P_2}{\gamma}+\frac{V_2^2}{2g}+K\times\frac{V_2^2}{2g}$$

$$1.5=\frac{V_2^2}{2\times9.8}+0.5\times\frac{V_2^2}{2\times9.8}$$

$V_2=4.4277m/s$

(원형과 사각형일 때 단면적은 동일)

$$Q_2=\frac{\pi}{4}\times(0.025\,m)^2\times4.4277$$

$$=2.173\times10^{-3}m^3/s$$

유량 변화를 구하면

$$Q=Q_2-Q_1=2.173\times10^{-3}-2.61\times10^{-3}$$

$$=-0.437\times10^{-3}=-0.00044\,m^3/s$$

∴ 0.00044 m³/s만큼 감소되었다.

36. 축소 확대 노즐에서 노즐 안을 포화증기 가 가역단열과정으로 흐른다. 유동 중 엔탈 피의 감소는 462 kJ/kg이고, 입구에서의 속도가 무시할 정도로 작다면 노즐 출구에 서의 속도는 몇 m/s인가?

① 30   ② 49

③ 678   ④ 961

해설 에너지 보존의 법칙에 의하여

$$V_2=\sqrt{V_1^2+2\times(h_1-h_2)}$$

(입구속도 무시 $V_1=0$)

$$V_2=\sqrt{2\times462\times10^3\,J/kg}=961.2\,m/s$$

37. 일반적인 유체에 관한 설명으로 옳지 않은 것은?

① 작은 전단력에도 저항하지 못하고 쉽 게 변형한다.

② 유체가 정지상태에 있을 때는 전단 력을 받지 않는다.

③ 일반적으로 액체의 전단력은 온도가 올라갈수록 증가한다.

④ 유체에 작용하는 압력은 절대압력과 계기압력으로 구분할 수 있다.

해설 액체의 전단력은 압력의 증가에 따라 증가하나 온도와는 무관하다.

38. 비중 0.92인 빙산이 비중 1.025의 바 닷물 수면에 떠 있다. 수면 위에 나온 빙 산의 체적이 150 m³이면 빙산의 전체적 은 약 몇 m³인가?

① 1314   ② 1464

③ 1725   ④ 1875

해설 $\gamma_1\times V_1=\gamma_2\times(V_1-V_2)$

여기서, V_1 : 빙산의 체적

V_2 : 수면 위의 빙산 체적

$0.92 \times V_1 = 1.025 \times (V_1 - 150)$

$V_1 = 1464 \text{m}^3$

39. 2단식 터보팬을 6000 rpm으로 회전시킬 경우, 풍량은 0.5 m³/min, 축동력은 0.049 kW이었다. 만약, 터보팬의 회전수를 8000 rpm으로 바꾸어 회전시킬 경우 축동력은 약 몇 kW인가?

① 0.0207　　　② 0.207

③ 0.116　　　④ 1.161

해설 상사의 법칙에 의하여

$$H_{kW} = 0.049 \text{kW} \times \left(\frac{8000}{6000}\right)^3 = 0.1161 \text{kW}$$

• 유량 $Q_2 = Q_1 \times \left(\frac{N_2}{N_1}\right)$: 회전수비에 비례

• 양정 $H_2 = H_1 \times \left(\frac{N_2}{N_1}\right)^2$: 회전수비 제곱에 비례

• 동력 $P_2 = P_1 \times \left(\frac{N_2}{N_1}\right)^3$: 회전수비 세제곱에 비례

40. 풍동에서 유속을 측정하기 위하여 피토정압관을 사용하였다. 이때 비중이 0.8인 알코올의 높이 차이가 10 cm가 되었다. 압력이 101.3 kPa이고, 온도가 20℃일 때 풍동에서 공기의 속도는 약 몇 m/s인가? (단, 공기의 기체상수는 287 N·m/kg·K 이다.)

① 26.5　② 28.5　③ 29.4　④ 36.1

해설 공기의 밀도(ρ_a)

$$\rho_a = \frac{P}{RT} = \frac{101.3 \times 10^3}{287 \times 293} = 1.2 \text{kg/m}^3$$

알코올 밀도(ρ_s)

$$\rho_S = S \times \rho_w = 0.8 \times 1000 = 800 \text{kg/m}^3$$

공기 속도 $V = C\sqrt{2 \cdot g \cdot h \times \left(\dfrac{\rho_S}{\rho_a} - 1\right)}$

$$= \sqrt{2 \times 9.8 \times 0.1 \times \left(\frac{800}{1.2} - 1\right)}$$

$$= 36.12 \text{m/s}$$

제3과목　　**소방관계법규**

41. 공동 소방안전관리자 선임대상 특정소방대상물의 기준으로 옳은 것은?

① 복합건축물로서 연면적이 1000 m² 이상인 것 또는 층수가 10층 이상인 것

② 복합건축물로서 연면적이 2000 m² 이상인 것 또는 층수가 10층 이상인 것

③ 복합건축물로서 연면적이 3000 m² 이상인 것 또는 층수가 5층 이상인 것

④ 복합건축물로서 연면적이 5000 m² 이상인 것 또는 층수가 5층 이상인 것

해설 공동 소방안전관리자 선임대상 특정소방대상물의 기준

(1) 고층 건축물(지하층을 제외한 층수가 11층 이상)

(2) 지하가

(3) 복합건축물로서 연면적이 5000 m² 이상 또는 5층 이상

(4) 판매시설 중 도매시장 또는 소매시장

42. 다음 중 화재원인조사의 종류가 아닌 것은?

① 발화원인조사　　② 재산피해조사

③ 연소상황조사　　④ 피난상황조사

해설 화재조사의 종류 및 조사범위

(1) 화재원인조사 : 발화원인조사, 연소상황조사, 피난상황조사, 발견, 통보 및 초기상황조사, 소방시설 등 조사

(2) 화재피해조사 : 인명피해조사, 재산피해조사

43. 소방본부장이나 소방서장이 소방시설공사가 공사감리 결과보고서대로 완공되었는지 완공검사를 위한 현장 확인할 수 있는 대통령령으로 정하는 특정소방대상물이 아닌 것은?

① 노유자시설

② 문화집회 및 운동시설

③ 1000 m² 미만의 공동주택

④ 지하상가

해설 완공검사를 위한 현장 확인 대상 특정소방대상물의 범위

(1) 문화 및 집회시설

(2) 종교시설

(3) 판매시설

(4) 노유자시설

(5) 수련시설

(6) 운동, 숙박시설

(7) 창고시설

(8) 지하상가

(9) 다중이용업소

44. 위험물 제조소에는 보기 쉬운 곳에 "위험물 제조소"라는 표시를 한 표지를 기준에 따라 설치하여야 하는데 다음 중 표지의 기준으로 적합한 것은?

① 표지의 한 변의 길이는 0.3 m 이상, 다른 한 변의 길이는 0.6 m 이상인 직사각형으로 하며, 표지의 바탕은 백색으로 문자는 흑색으로 한다.

② 표지의 한 변의 길이는 0.2 m 이상, 다른 한 변의 길이는 0.4 m 이상인 직사각형으로 하며, 표지의 바탕은 백색으로 문자는 흑색으로 한다.

③ 표지의 한 변의 길이는 0.2 m 이상, 다른 한 변의 길이는 0.4 m 이상인 직사각형으로 하며, 표지의 바탕은 흑색으로 문자는 백색으로 한다.

④ 표지의 한 변의 길이는 0.3 m 이상, 다른 한 변의 길이는 0.6 m 이상인 직사각형으로 하며, 표지의 바탕은 흑색으로 문자는 백색으로 한다.

해설 위험물 제조소 표지

(1) 한 변의 길이 : 0.3 m 이상, 다른 한 변의 길이 : 0.6 m 이상인 직사각형

(2) 백색 바탕에 흑색 문자

45. 소방시설의 하자가 발생한 경우 소방시설공사업자는 관계인으로부터 그 사실을 통보 받은 날로부터 며칠 이내에 이를 보수하거나 보수일정을 기록한 하자보수 계획을 관계인에게 알려야 하는가?

① 3일 이내   ② 5일 이내

③ 7일 이내   ④ 14일 이내

해설 3일 이내 보수하거나 보수일정을 관계인에게 서면으로 알려야 한다.

46. 소방시설관리업의 기술인력으로 등록된 소방기술자는 실무교육을 몇 년마다 1회 이상 받아야 하며, 실무교육기관의 장은 교육일정 며칠 전까지 교육대상자에게 알려야 하는가?

① 2년, 7일전   ② 3년, 7일전

③ 2년, 10일전   ④ 3년, 10일전

해설 실무교육은 2년마다 1회 이상 행하여야 하며 교육실시 10일 전까지 대상자에게 교육통보를 하여야 한다.

47. 승강기 등 기계장치에 의한 주차시설로서 자동차 몇 대 이상 주차할 수 있는 시설을 할 경우, 소방본부장 또는 소방서장의 건축허가 등의 동의를 받아야 하는가?

① 10대   ② 20대   ③ 30대   ④ 50대

정답 43. ③   44. ①   45. ①   46. ③   47. ②

[해설] 건축허가 등의 동의 대상물의 범위
  (1) 차고, 주차장으로 사용되는 층 중 바닥
    면적이 200 m² 이상인 층이 있는 시설
  (2) 승강기 등 기계장치에 의한 주차시설로서
    자동차 20대 이상 주차할 수 있는 시설

48. 제품검사에 합격하지 않은 제품에 합
격표시를 하거나 합격표시를 위조 또는
변조하여 사용한 사람에 대한 벌칙은?
  ① 300만원 이하의 벌금
  ② 500만원 이하의 벌금
  ③ 1000만원 이하의 벌금
  ④ 1500만원 이하의 벌금
  [해설] 300만원 이하의 벌금
    (1) 우수품질인증을 받지 아니한 제품에 우
      수품질인증 표시를 하거나 우수품질인증
      표시를 위조 또는 변조하여 사용한 자
    (2) 제품검사에 합격하지 않은 제품에 합격
      표시를 하거나 합격표시를 위조 또는 변
      조하여 사용한 사람

49. 위험물시설의 설치 및 변경에 있어서
허가를 받지 아니하고 제조소 등을 설치
하거나 그 위치, 구조 또는 설비를 변경
할 수 없는 경우는?
  ① 주택의 난방시설(공동주택의 중앙난
    방시설은 제외)을 위한 저장소 또는
    취급소
  ② 농예용으로 필요한 난방시설 또는 건
    조시설을 위한 20배 이하의 저장소
  ③ 공업용으로 필요한 난방시설 또는 건
    조시설을 위한 20배 이하의 저장소
  ④ 수산용으로 필요한 난방시설 또는 건
    조시설을 위한 20배 이하의 저장소
  [해설] 위험물 설치허가 제외장소
    (1) 주택의 난방시설을 위한 저장소 또는 취
      급소(공동주택의 난방시설은 제외)

  (2) 지정수량의 20배 이하의 농예용·축산
    용·수산용 난방시설 또는 건조시설의
    저장소

50. 옥외탱크저장소에 설치하는 방유제의 설
치기준으로 옳지 않은 것은?
  ① 방유제 내의 면적은 60000 m² 이하
    로 할 것
  ② 방유제의 높이는 0.5 m 이상 3 m
    이하로 할 것
  ③ 방유제 내의 옥외저장탱크의 수는
    10 이하로 할 것
  ④ 방유제는 철근콘크리트 또는 흙으
    로 만들 것
  [해설] 옥외탱크저장소에 설치하는 방유제의 면
    적기준
    (1) 탱크 높이 : 0.5 m 이상 3 m 이하, 탱크
      면적 80000 m² 이하
    (2) 탱크 1기 이상 : 탱크 용량의 110 % 이상
    (3) 2기 이상 : 최대 용량의 110 % 이상

51. 소방특별조사의 세부 항목에 대한 사항
으로 옳지 않은 것은?
  ① 소방대상물 및 관계지역에 대한 강제
    처분·피난명령에 관한 사항
  ② 소방안전관리 업무 수행에 관한 사항
  ③ 자체점검 및 정기적 점검 등에 관한
    사항
  ④ 소방계획서의 이행에 관한 사항
  [해설] 소방특별조사의 세부 항목
    (1) 소방계획서의 이행이 관한 사항
    (2) 자체점검 및 정기적 점검 등에 관한 사항
    (3) 소방안전관리 업무 수행에 관한 사항
    (4) 화재의 예방조치 등에 관한 사항
    (5) 불을 사용하는 설비 등의 관리와 특수
      가연물의 저장·취급에 관한 사항

52. 건축허가 등의 동의 대상물로서 건축허가 등의 동의를 요구하는 때 동의요구서에 첨부하여야 하는 서류로서 옳지 않은 것은?

① 건축허가신청서 및 건축허가서
② 소방시설설계업 등록증과 자본금 내역서
③ 소방시설 설치계획표
④ 소방시설(기계·전기분야)의 층별 평면도 및 층별 계통도

해설 건축허가 등의 동의에 대한 첨부서류
(1) 건축허가신청서 및 건축허가서 또는 건축·대수선·용도변경신고서 등
(2) 소방시설 설치계획표
(3) 소방시설(기계·전기분야)의 층별 평면도 및 층별 계통도
(4) 건축물의 단면도 및 주 단면 상세도
(5) 창호도

53. 주유취급소의 고정주유설비의 주위에는 주유를 받으려는 자동차 등이 출입할 수 있도록 너비와 길이는 몇 m 이상의 콘크리트 등으로 포장한 공지를 보유하여야 하는가?

① 너비 10 m 이상, 길이 5 m 이상
② 너비 10 m 이상, 길이 10 m 이상
③ 너비 15 m 이상, 길이 6 m 이상
④ 너비 20 m 이상, 길이 8 m 이상

해설 주유취급소는 너비 15 m 이상, 길이 6 m 이상의 콘크리트 등으로 포장한 공지를 보유하여야 한다.

54. 소방대상물의 관계인에 해당하지 않는 사람은?

① 소방대상물의 소유자
② 소방대상물의 점유자
③ 소방대상물의 관리자

④ 소방대상물을 검사 중인 소방공무원

해설 소방대상물의 관계인 : 소방대상물의 소유자, 점유자, 관리자

55. 자동화재속보설비를 설치하여야 하는 특정소방대상물은?

① 연면적 800 m^{2}인 아파트
② 연면적 800 m^{2}인 기숙사
③ 바닥면적이 1000 m^{2}인 층이 있는 발전시설
④ 바닥면적이 500 m^{2}인 층이 있는 노유자시설

해설 자동화재속보설비
(1) 업무시설, 공장, 창고시설 및 군사시설 중 국방, 군사시설, 발전시설 : 바닥면적이 1500 m^2
(2) 노유자 생활시설
(3) 바닥면적이 500 m^2 이상인 층이 있는 노유자시설, 수련시설, 정신병원과 의료재활시설
(4) 국보 또는 보물로 지정된 목조건축물
(5) 특정소방대상물 중 층수가 30층 이상인 것
(6) 요양병원(정신병원과 의료재활시설은 제외)

56. 지정수량의 몇 배 이상의 위험물을 취급하는 제조소에는 피뢰침을 설치하여야 하는가? (단, 제6류 위험물을 취급하는 위험물제조소는 제외)

① 5배   ② 10배
③ 50배   ④ 100배

해설 피뢰침은 지정수량의 10배 이상일 경우 설치한다.

57. 위험물을 취급하는 건축물에 설치하는 채광 및 조명설비 설치의 원칙적인 기준으로 적합하지 않은 것은?

---

① 모든 조명등은 방폭등으로 할 것

② 전선은 내화·내열전선으로 할 것

③ 점멸스위치는 출입구 바깥 부분에 설치할 것

④ 채광설비는 불연재료로 할 것

[해설] 방폭등의 경우 가연성가스일 경우 채용한다.

58. 특수가연물의 저장 및 취급 기준으로 옳지 않은 것은?

① 품명별로 구분하여 쌓을 것

② 쌓는 높이는 10 m 이하로 할 것

③ 쌓는 부분의 바닥면적은 300 m^2 이하가 되도록 할 것

④ 쌓는 부분의 바닥면적의 사이는 1 m 이상이 되도록 할 것

[해설] 특수가연물의 저장 및 취급 기준
(1) 품명별로 구분하여 쌓을 것
(2) 쌓는 높이는 10 m 이하로 하며 쌓는 부분의 바닥면적은 50 m^2 이하(석탄, 목탄의 경우 쌓는 경우 200 m^2 이하)
(3) 살수설비설치, 대형소화기 설치 시 쌓는 높이는 15 m 이하로 하며 쌓는 부분의 바닥면적은 200 m^2 이하(석탄, 목탄의 경우 쌓는 경우 300 m^2 이하)
(4) 쌓는 부분의 바닥면적의 사이는 1 m 이상이 되도록 하여야 한다.

59. 1급 소방안전관리대상물의 공공기관 소방안전관리자에 대한 강습교육의 과목과 시간으로 옳지 않은 것은?

① 방염성능기준 및 방염대상물품 - 1시간

② 소방관계법령 - 4시간

③ 구조 및 응급처치 교육 - 4시간

④ 소방실무 - 21시간

[해설] 1급 소방안전관리자에 대한 강습교육의

과목과 시간

강습과목		시간
소방관계법령(소방시설 설치, 유지, 위험물안전관리법령)		4
연소 및 소화이론		2
건축, 전기 및 가스관련법령		2
방염성능기준 및 방염대상물품		1
위험물 실무	• 위험물 성상 • 위험물 안전관리 • 위험물 화재현상, 소화방법	2
소방실무	• 소방시설의 종류 및 기준 • 소방시설의 구조 및 원리 • 소방시설의 공사 및 정비 • 소방시설의 설계 및 감리 • 전기 및 가스안전관리 • 방화관리제도, 소방계획 및 소방훈련 • 종합방재실의 운용 • 소방시설의 점검실무 행정	21
구조 및 응급처치 교육	실기실습	8
계		40

60. 각 시·도의 소방업무에 필요한 경비의 일부를 국가가 보조하는 대상이 아닌 것은?

① 전산설비

② 소방헬리콥터

③ 소방관서용 청사 건축

④ 소방용수시설장비

[해설] 국가가 보조하는 대상
(1) 소방자동차

정답 **58.** ③ **59.** ③ **60.** ④

(2) 소방헬리콥터 및 소방정

(3) 소방관서용 청사 건축

(4) 소방전용 통신설비 및 전산설비

(5) 그 밖의 방화복 등 소화활동에 필요한 소방장비

제4 과목 **소방기계시설의 구조 및 원리**

61. 옥내소화전이 1층에 4개, 2층에 4개, 3층에 2개가 설치된 소방대상물이 있다. 옥내소화전 설비를 위해 필요한 최소수원의 양은?

① 2.6 m³
② 10.4 m³
③ 13 m3
④ 26 m³

[해설] 수원의 양 = 2.6 m³ × N
= 2.6 m³ × 4 = 10.4 m³

여기서, N : 소화전수
(5개 이상은 5개로 한다.)

62. 옥내소화전 함의 재질을 합성수지 재료로 할 경우 두께는 몇 mm 이상이어야 하는가?

① 1.5 ② 2 ③ 3 ④ 4

[해설] 옥내소화전 함의 재질
(1) 강판 : 1.5 mm 이상
(2) 합성수지재 : 4 mm 이상

63. 물분무소화설비의 자동식 기동장치 내용으로 적합하지 않은 것은?

① 자동화재탐지설비의 감지기 작동 시 연동하여 경보를 발한다.

② 폐쇄형 스프링클러헤드의 개방과 연동하여 경보를 발한다.

③ 가압송수장치의 기동과 연동하여 경보를 발한다.

④ 가압송수장치 및 자동개방밸브를 기

동할 수 있어야 한다.

[해설] 자동식 기동장치 설치기준
(1) 자동화재탐지설비의 감지기 작동 또는 폐쇄형 스프링클러헤드의 개방과 연동하여 경보를 발하여야 한다.
(2) 가압송수장치 및 자동개방밸브를 기동할 수 있어야 한다.

64. 구조대의 돛천을 구조대의 가로방향으로 봉합하는 경우 아래 그림과 같이 돛천을 겹치도록 하는 것이 좋다고 하는데 그 이유에 대해서 가장 적합한 것은?

① 둘레 길이가 밑으로 갈수록 작아지는 것을 방지하기 위하여

② 사용자가 강하 시 봉합부분에 걸리지 않게 하기 위하여

③ 봉합부가 몹시 굳어지는 것을 방지하기 위하여

④ 봉합부가 인장강도를 증가시키기 위하여

[해설] 봉합부분이 안쪽에 있으면 강하 시 봉합부분에 걸릴 우려가 있으므로 항상 봉합부분은 외부로 되어 있어야 한다.

65. 분말소화설비에서 분말소화약제 압송 중에 개방되지 않는 밸브는?

① 클리닝 밸브
② 가스도입 밸브
③ 주개방 밸브
④ 선택 밸브

[해설] 클리닝 밸브는 소화 후 배관 중에 남아 있는 소화약제를 방출하기 위한 밸브로 분말소화약제 압송 중에는 닫혀 있고 배관 청소 시에만 열린다.

66. 다음 중 스프링클러 설비의 소화수 공급계통의 자동경보장치와 직접 관계가 있는 장치는 어느 것인가?

① 수압개폐장치

② 유수검지장치

③ 물올림장치

④ 일제개방밸브장치

> [해설] 유수검지장치는 본체 내의 개방으로 유수가 감지되면 자동적으로 경보를 발하는 장치이다.

67. 다음 중 수동식 소화기의 사용방법으로 맞는 것은?

① 소화기는 한 사람이 쉽게 사용할 수 있어야 하며 조작 시 인체에 부상을 유발하지 아니하는 구조이어야 한다.

② 바람이 불 때는 바람이 불어오는 방향으로 방사하여야 한다.

③ 불길의 윗부분에 약제를 방출하고 가까이에서 전방으로 향하여 방사한다.

④ 개방되어 있는 실내에서는 질식의 우려가 있으므로 사용하지 않는다.

> [해설] 수동식 소화기의 사용방법
> (1) 바람이 불 때는 불어오는 바람을 등지고 방사하여야 한다.
> (2) 불길을 향하여 가까이 가서 골고루 방사한다.
> (3) 개방되어 있는 실내에서는 질식의 우려가 없으므로 소화기 사용이 가능하다.
> (4) 소화기는 한 사람이 쉽게 사용할 수 있어야 하며 조작 시 인체에 부상을 유발하지 아니하는 구조이어야 한다.

68. 다음 중 간이 스프링클러 설비를 상수도설비에서 직접 연결하여 배관 및 밸브 등을 설치할 경우 설치하지 않는 것은?

① 체크밸브

② 압력조절밸브

③ 개폐표시형 개폐밸브

④ 수도용 계량기

> [해설] 압력조절밸브는 분말소화설비 등에서 사용한다.

69. 옥외탱크 저장소에 설치하는 포소화설비의 포 원액탱크 용량을 결정하는 데 필요 없는 것은?

① 탱크의 액표면적

② 탱크의 무게

③ 사용원액의 농도(3 %형 또는 6 %형)

④ 위험물의 종류

> [해설] 탱크의 중량은 포 원액탱크 용량을 결정하는 데 무관하다.
> (1) 고정포 방출구 $Q = A \times Q_1 \times T \times S$
> 여기서, Q : 포소화약제의 양(L)
> A : 탱크의 액표면적(m^2)
> Q_1 : 단위 포수용액의 양(L/min · m^2)
> T : 방출시간(min)
> S : 포소화약제의 사용농도
> (2) 보조소화전 $Q = N \times S \times 8000$
> 여기서, Q : 포소화약제의 양(L)
> N : 호스 접결구 수(최대 3개)
> S : 포소화약제의 사용농도

70. 분말소화설비의 정압작동장치에서 가압용 가스가 저장 용기 내에 가압되어 압력스위치가 동작되면 솔레노이드 밸브가 동작되어 주 개방 밸브를 개방시키는 방식은?

① 압력스위치식

② 봉판식

③ 기계식

④ 스프링식

> [해설] 정압작동장치의 종류
> (1) 압력스위치 방식 : 약제탱크 내의 압력을 감지하는 압력스위치를 설치하고, 약제탱크 내의 압력이 설정된 압력에 도달했을 때 압력스위치 작동으로 주 밸브의 전자밸

브가 작동하며, 주 밸브를 개방한다.

(2) 기계식 : 약제탱크 내의 압력이 적정압력에 도달하면 가스압력의 힘에 의해 밸브의 레버를 당겨서 가스의 통로를 열어줌으로써 가스를 주 밸브로 보내어 주 밸브를 개방하는 방식이다.

(3) 시한릴레이 방식 : 약제탱크 내에 들어간 가압가스가 적정압력에 도달하는 시간을 미리 추정하여 시한릴레이에 입력하고, 약제탱크 내에 가스가 유입되면 시한릴레이가 작동하게 하여 설정된 시간이 경과하면 릴레이가 작동하여 전자밸브가 작동하고 주 밸브를 개방하는 방식이다.

71. 물분무소화설비의 배관재료로 사용해서는 안 되는 것은?

① 배관용 탄소강 강관(백관)

② 배관용 탄소강 강관(흑관)

③ 압력배관용 탄소강 강관

④ 연관

[해설] 연관은 재질이 연하고 전연성이 풍부하므로 기구 배수관, 급수, 배수, 가스설비 등에 사용한다.

72. 제연설비에서 통로상의 제연구역은 최대 얼마까지로 할 수 있나?

① 보행중심선의 길이로 30 m까지

② 보행중심선의 길이로 40 m까지

③ 보행중심선의 길이로 50 m까지

④ 보행중심선의 길이로 60 m까지

[해설] 통로상의 제연구역은 보행중심선의 길이로 60 m를 초과하지 않아야 한다.

73. 다음 중 이산화탄소 소화설비의 특징이 아닌 것은?

① 화재 진화 후 깨끗하다.

② 부속이 고압배관, 고압밸브를 사용하여야 한다.

③ 소음이 적다.

④ 전기, 기계, 유류 화재에 효과가 있다.

[해설] 이산화탄소 소화설비는 약제 방출 시 소음 및 동상의 우려가 있으므로 주의를 하여야 한다.

74. 소화기구에 적용되는 능력단위에 대한 설명이다. 맞지 않는 항목은?

① 소화기구의 소화능력을 나타내는 수치이다.

② 화재기구(A급, B급, C급)별로 구분하여 표시된다.

③ 소화기구의 적용기준은 소방대상물의 소요 능력단위 이상의 수량을 적용하여야 한다.

④ 간이소화용구에는 적용되지 않는다.

[해설] 간이소화용구 능력단위

간이소화용구		능력단위
마른 모래	삽을 상비한 50 L 이상의 것. 1포	0.5 단위
팽창질석 또는 팽창진주암	삽을 상비한 80 L 이상의 것. 1포	

75. 상수도 소화용수설비의 소화전은 소방대상물의 수평투영면의 각 부분으로부터 몇 m가 되도록 설치하는가?

① 200 m 이하   ② 140 m 이하

③ 100 m 이하   ④ 70 m 이하

[해설] 상수도 소화용수설비 소화전의 설치기준 : 수도배관 75 mm 이상에 소화전 100 mm 이상을 접속하여야 하며 소화전은 특정 소방대상물의 수평투영면의 각 부분으로부터 140 m 이하가 되도록 설치하여야 한다.

76. 특별피난계단의 전실 제연설비에 있어서 각 층의 옥내와 면하는 수직풍도의 관

통부의 배출댐퍼 설치에 관한 설명 중 맞지 않는 것은?

① 배출댐퍼는 두께 1.5 mm 이상의 강판으로 제작하여야 한다.

② 풍도의 배출댐퍼는 이·탈착구조가 되지 않도록 설치한다.

③ 개폐여부를 당해 장치 및 제어반에서 확인할 수 있는 감지기능을 내장하고 있을 것

④ 평상시 닫힘 구조로 기밀 상태를 유지할 것

해설 풍도의 배출댐퍼는 이·탈착구조로 설치하여야 한다.

77. 연결송수관 설비에서 습식설비로 하여야 하는 건축물 기준은?

① 건축물의 높이가 31 m 이상인 것

② 지상 10층 이상의 건축물인 것

③ 건축물의 높이가 25 m 이상인 것

④ 지상 7층의 이상의 건축물인 것

해설 습식설비로 하여야 하는 건축물 기준 : 지면으로부터 높이가 31 m 이상인 특정소방대상물 또는 지상 11층 이상인 특정소방대상물

78. 스프링클러설비 급수배관의 구경을 수리계산에 따르는 경우 가지배관의 최대한계 유속은 몇 m/s인가?

① 4   ② 6

③ 8   ④ 10

해설 스프링클러설비
  (1) 가지배관 : 6 m/s 이하
  (2) 그 밖의 배관 : 10 m/s 이하
  (3) 옥내소화전설비 : 4 m/s 이하

79. 포소화설비의 자동식 기동장치로 폐쇄형 스프링클러헤드를 사용하고자 하는 경우 ㉠ 부착면의 높이(m)와 ㉡ 1개의 스프링클러헤드의 경계면적(m²) 기준은?

① ㉠ 바닥으로부터 높이 5 m 이하, ㉡ 18 m² 이하

② ㉠ 바닥으로부터 높이 5 m 이하, ㉡ 20 m² 이하

③ ㉠ 바닥으로부터 높이 4 m 이하, ㉡ 18 m² 이하

④ ㉠ 바닥으로부터 높이 4 m 이하, ㉡ 20 m² 이하

해설 자동식 기동장치로 폐쇄형 스프링클러헤드를 사용할 때 설치 기준
  (1) 표시온도는 79℃ 미만의 것을 사용하고, 1개의 스프링클러헤드의 경계면적은 20 m² 이하로 할 것
  (2) 부착면의 높이는 바닥으로부터 5 m 이하로 할 것
  (3) 하나의 감지장치의 경계구역은 하나의 층이 되도록 할 것

80. 할로겐화합물 소화설비의 국소방출방식 소화약제의 양산출방식에 관련된 공식 $Q = X - Y \dfrac{a}{A}$의 설명으로 옳지 않은 것은?

① Q는 방호공간 1 m³에 대한 할로겐화합물 소화약제량이다.

② a는 방호 대상물 주위에 설치된 벽면적 합계이다.

③ A는 방호공간의 벽면적의 합계이다.

④ X는 개구부 면적이다.

해설 X, Y 수치

소화약제의 종별	X의 수치	Y의 수치
할론 1301	4.0	3.0
할론 1211	4.4	3.3
할론 2402	5.2	3.9

소방설비기계기사

제1과목   **소방원론**

1. 수소 1 kg이 완전 연소할 때 필요한 산소량은 몇 kg인가?

① 4   ② 8   ③ 16   ④ 32

해설 $2H_2 + O_2 \rightarrow 2H_2O$

$4\,g : 32\,g = 1\,kg : x\,[kg]$

$x = \dfrac{32}{4} = 8$

2. 물의 기화열이 539 cal인 것은 어떤 의미인가?

① 0℃의 물 1g이 얼음으로 변하는 데 539 cal의 열량이 필요하다.

② 0℃의 얼음 1g이 물로 변하는 데 539 cal의 열량이 필요하다.

③ 0℃의 물 1g이 100℃의 물로 변하는 데 539 cal의 열량이 필요하다.

④ 100℃의 물 1g이 수증기로 변하는 데 539 cal의 열량이 필요하다.

해설 기화열은 액체가 기체로 변할 때 필요한 열로 증발잠열에 해당된다.

3. 유류 탱크의 화재 시 탱크 저부의 물이 뜨거운 열류층에 의하여 수증기로 변하면서 급작스런 부피 팽창을 일으켜 유류가 탱크 외부로 분출하는 현상을 무엇이라 하는가?

① 보일오버   ② 슬롭오버
③ 블레비   ④ 파이어볼

해설 연소상의 문제점

(1) 보일오버 : 상부가 개방된 유류 저장탱크에서 화재 발생 시에 일어나는 현상으로 기름 표면에서 장시간 조용히 연소하다 일정 시간 경과 후 잔존 기름의 갑작스런 분출이나 넘침이 일어나며 유화 현상이 심한 기름에서 주로 발생한다.

(2) 슬롭오버 : 기름 속에 존재하는 수분이 비등점 이상이 되면 수증기가 되어 상부로 튀어 나오게 되는데 이때 기름의 일부가 비산되는 현상을 말한다.

(3) 프로스 오버 : 유류 탱크 속에 존재하는 물이 상부의 뜨거운 기름 속에서 끓을 때 점성이 큰 기름이 탱크 외부로 넘쳐 흐르는 현상을 말한다.

(4) BLEVE : 가연성 액화가스 저장용기에 열이 공급되면 액의 증발로 인하여 급격한 체적 팽창이 일어나 용기가 파열되는 현상으로 액체의 일부도 같이 비산한다.

(5) 블로 오프 : 촛불을 입으로 불면 불꽃은 옆으로 이동하게 되며 이때 증발된 파라핀의 공급이 중단되어 촛불은 꺼지게 된다.

4. 일반적인 자연발화 예방대책으로 옳지 않은 것은?

① 습도를 높게 유지한다.
② 통풍을 양호하게 한다.
③ 열의 축적을 방지한다.
④ 주위 온도를 낮게 한다.

해설 자연발화 예방대책으로 습도를 낮게 유지하여야 한다.

5. 위험물안전관리법령상 인화성 액체인 클로로벤젠은 몇 석유류에 해당하는가?

① 제1석유류
② 제2석유류
③ 제3석유류
④ 제4석유류

정답 1. ② 2. ④ 3. ① 4. ① 5. ②

[해설] 제4류 위험물(인화성 액체)

종류		지정수량	물질
특수인화물		50 L	이황화탄소, 디에틸에테르
제1석유류	수용성	400 L	아세톤, 시안화수소
	비수용성	200 L	휘발유, 콜로디온
알코올류		400 L	메틸알코올, 에틸알코올
제2석유류	수용성	2000 L	아세트산, 히드라진, 클로로벤젠
	비수용성	1000 L	등유, 경유
제3석유류	수용성	4000 L	에틸렌글리콜, 글리세린
	비수용성	2000 L	중유, 클레오소트유
제4석유류		6000 L	기어유, 절삭유, 실린더유
동식물유류		10000 L	아마인유, 건성유, 해바라기유

6. 에테르의 공기 중 연소범위를 1.9~48 vol%라고 할 때 이에 대한 설명으로 틀린 것은?

① 공기 중 에테르의 증기가 48 vol%이다.

② 연소범위의 상한점이 48 vol%이다.

③ 공기 중 에테르 증기가 1.9~48 vol% 범위에 있을 때 연소한다.

④ 연소범위의 하한점이 1.9 vol%이다.

[해설] 연소범위는 폭발범위를 의미하며 공기 중에서 폭발하한이 1.9 %, 폭발상한이 48 %이다. 즉, 공기 중에서 에테르 농도가 1.9~48 %일 때 연소가 가능하다.

7. 제5류 위험물인 자기반응성물질의 성질 및 소화에 관한 사항으로 가장 거리가 먼 것은?

① 대부분 산소를 함유하고 있어 자기연소 또는 내부연소를 일으키기 쉽다.

② 연소속도가 빨라 폭발하는 경우가 많다.

③ 질식소화가 효과적이며 냉각소화는 불가능하다.

④ 가열, 충격, 마찰에 의해 폭발의 위험이 있는 것이 있다.

[해설] 위험물 소화방법

위험물 종류	특징	소화방법
제1류 위험물	산화성 고체	냉각소화(무기과산화물 : 마른 모래로 질식소화)
제2류 위험물	가연성 고체	냉각소화(금속분, 황화인 : 마른 모래로 질식소화)
제3류 위험물	금수성물질 및 자연발화성 물질	마른 모래, 팽창질석, 팽창진주암 등으로 질식소화
제4류 위험물	인화성 액체	포, 할론, 분말, 이산화탄소 등으로 질식소화
제5류 위험물	자기반응성 물질	다량의 주수로 냉각소화
제6류 위험물	산화성 액체	마른 모래로 질식소화

8. 공기의 평균분자량이 29일 때 이산화탄소 기체의 증기비중은 얼마인가?

① 1.44　　② 1.52

③ 2.88　　④ 3.24

[해설] 이산화탄소(CO_2) 분자량은 44이므로 비중(44/29)은 1.52이다.

9. A급, B급, C급의 어떤 화재에도 사용할 수 있기 때문에 일명 ABC 소화약제라고도

부르는 제3종 분말소화약제의 분자식은?

① $NaHCO_3$　　② $KHCO_3$

③ $NH_4H_2PO_4$　　④ Na_2CO_3

해설 분말소화약제의 종류

종별	명칭	착색	적용
제1종	탄산수소나트륨 ($NaHCO_3$)	백색	B, C급
제2종	탄산수소칼륨 ($KHCO_3$)	담자색	B, C급
제3종	제1인산암모늄 ($NH_4H_2PO_4$)	담홍색	A, B, C급
제4종	탄산수소칼륨 +요소($KHCO_3$ +$(NH_2)_2CO$)	회색	B, C급

10. 할론(Halon) 1301의 분자식은?

① CH_3Cl　　② CH_3Br

③ CF_3Cl　　④ CF_3Br

해설 할론 abcd에서
 a : 탄소의 수
 b : 불소의 수
 c : 염소의 수
 d : 취소의 수

11. 0℃, 1기압에서 11.2 L의 기체 질량이 22 g이었다면 이 기체의 분자량은 얼마인가? (단, 이상기체라고 생각한다.)

① 22　　② 35

③ 44　　④ 56

해설 0℃, 1기압(표준상태)에서 모든 기체 1몰의 체적은 22.4 L이다.
 11.2 L : 22 g = 22.4 L : X
 $X = 44$ g

12. 다음 점화원 중 기계적인 원인으로만 구성된 것은?

① 산화, 중합　　② 산화, 분해

③ 중합, 화합　　④ 충격, 마찰

해설 산화, 중합, 분해 등은 화학적 원인에 해당된다.

13. 가연성 액체로부터 발생한 증기가 액체 표면에서 연소범위의 하한계에 도달할 수 있는 최저온도를 의미하는 것은?

① 비점　　② 연소점

③ 발화점　　④ 인화점

해설 (1) 발화점 : 착화점이라고도 하며 점화원 없이 일정 온도에 도달하면 스스로 연소할 수 있는 최저온도
 (2) 인화점 : 점화원에 의해 연소할 수 있는 최저온도
 (3) 연소점 : 인화점보다 10℃ 정도 높은 온도로 5초 이상 지속되는 온도

14. 건물 내에 피난동선의 조건으로 옳지 않은 것은?

① 2개 이상의 방향으로 피난할 수 있어야 한다.

② 가급적 단순한 형태로 한다.

③ 통로의 말단은 안전한 장소이어야 한다.

④ 수직동선은 금하고 수평동선만 고려한다.

해설 피난동선에서 수직동선으로 승강기, 피난계단 등이 있으며 수평동선으로는 복도가 있다.

15. 다음 중 촛불의 주된 연소형태에 해당하는 것은?

① 표면연소　　② 분해연소

③ 증발연소　　④ 자기연소

해설 양초는 주성분이 파라핀으로 열을 가하면 고체가 액체, 기체로 변하는데, 이는 증발연소에 해당된다.

16. 가연물이 되기 위한 조건으로 가장 거리가 먼 것은?

① 열전도율이 클 것
② 산소와 친화력이 좋을 것
③ 비표면적이 넓을 것
④ 활성화 에너지가 적을 것

해설 가연물이 되기 위해서는 열의 축적이 용이해야 한다. 따라서 열의 전도율은 불량해야 열의 축적이 용이해진다.

17. 이산화탄소 소화기의 일반적인 성질에서 단점이 아닌 것은?

① 인체의 질식이 우려된다.
② 소화약제의 방출 시 인체에 닿으면 동상이 우려된다.
③ 소화약제의 방사 시 소음이 크다.
④ 전기를 잘 통하기 때문에 전기설비에 사용할 수 없다.

해설 이산화탄소는 전기에 대하여 부도체이므로 전기화재에 질식소화를 한다.

18. 전열기의 표면온도가 250℃에서 650℃로 상승되면 복사열은 약 몇 배 정도 상승하는가?

① 2.5
② 9.7
③ 17.2
④ 45.1

해설 스테판-볼츠만의 법칙에 의하여 복사열은 절대온도 4승에 비례한다.

$$\frac{(650+273)^4}{(250+273)^4}=9.7$$

19. 다음 중 위험물안전관리법령상 제1류 위험물에 해당하는 것은?

① 염소산나트륨
② 과염소산
③ 나트륨
④ 황린

해설 위험물 종류

위험물 종류	특징	종류
제1류 위험물	산화성 고체	아염소산염류, 염소산염류, 과염소산염류, 질산염류, 무기과산화물
제2류 위험물	가연성 고체	적린, 황화린, 마그네슘, 유황, 금속분
제3류 위험물	금수성물질 및 자연발화성 물질	나트륨, 황린, 칼륨, 트리메틸알루미늄, 금속의 수소화물
제4류 위험물	인화성 액체	특수인화물, 석유류, 알코올류, 동식물유
제5류 위험물	자기반응성 물질	셀룰로이드, 유기과산화물, 니트로화합물, 아조화합물, 니트로소화합물, 질산에스테르류
제6류 위험물	산화성 액체	과염소산, 질산, 과산화수소

20. 인화칼슘과 물이 반응할 때 생성되는 가스는?

① 아세틸렌
② 황화수소
③ 황산
④ 포스핀

해설 $Ca_3P_2+6H_2O \longrightarrow 3Ca(OH)_2 + 2PH_3 \uparrow$
인화칼슘과 물이 반응하면 포스핀(인화수소)을 생성한다.

제2과목 　　　　**소방유체역학**

21. 다음 중 에너지선(EL)에 대한 설명으로 옳은 것은?

① 수력구배선보다 아래에 있다.
② 압력수두와 속도수두의 합이다.

---

③ 속도수두와 위치수두의 합이다.

④ 수력구배선보다 속도수두만큼 위에 있다.

해설 (1) 기준선과 관 중심 사이 : 위치수두

(2) 관 중심과 수력구배선 사이 : 압력수두

(3) 수력구배선과 에너지선 사이 : 속도수두

(4) 에너지선 : 수력구배선보다 속도수두만큼 위에 있다.

(5) 수력구배선 : 관 중심에서 압력수두만큼 위에 있다.

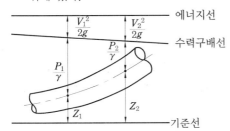

22. 피스톤이 장치된 용기 속의 온도 100℃, 압력 200 kPa, 체적 0.1 m³인 이상기체 0.2 kg이 압력이 일정한 과정으로 체적이 0.2 m³으로 되었다. 이때 이상기체로 전달된 열량은 약 몇 kJ인가? (단, 이상기체의 정적비열은 4 kJ/kg · K이다.)

① 169　② 299　③ 319　④ 349

해설 압력이 일정한 상태이므로

$$\frac{V_1}{T_1} = \frac{V_2}{T_2}, \quad \frac{0.1}{373} = \frac{0.2}{T_2} \quad T_2 = 746K$$

내부에너지 변화

$$\Delta H = G \times C \times \Delta t$$
$$= 0.2\,\text{kg} \times 4\,\text{kJ/kg} \cdot \text{K} \times (746 - 373)\text{K}$$
$$= 298.4\,\text{kJ}$$

외부에너지 변화

$$W = P \times (V_2 - V_1)$$
$$= 200\,\text{kN/m}^2 \times (0.2 - 0.1)\,\text{m}^3$$
$$= 20\,\text{kN} \cdot \text{m} = 20\,\text{kJ}$$
$$Q = 298.4 + 20 = 318.4\,\text{kJ}$$

23. 회전속도 1000 rpm일 때 송출량 Q[m³ /min], 전양정 H[m]인 원심펌프가 상사한 조건에서 송출량이 $1.1Q$[m³/min]가 되도록 회전속도를 증가시킬 때 전 양정은?

① $0.91\,H$　　② H

③ $1.1\,H$　　④ $1.21\,H$

해설 $Q_2 = Q_1 \times \dfrac{N_2}{N_1}$ 에서

$$1.1 = 1 \times \frac{N_2}{1000}$$

변화된 회전속도(rpm) $N_2 = 1100\,\text{rpm}$

전양정$(H_2) = H \times \left(\dfrac{1100}{1000}\right)^2 = 1.21H$

24. 표준대기압 상태인 대기 중에 노출된 큰 저수조의 수면보다 4 m 위에 설치된 펌프에서 물을 송출할 때 펌프 입구에서의 정체압을 절대압력으로 나타내면 약 얼마인가?

① $62.1\,\text{Pa}$　　② $140.5\,\text{Pa}$

③ $62.1\,\text{kPa}$　　④ $140.5\,\text{kPa}$

해설 진공압 $= 4\text{m} \times \dfrac{101.325\text{kPa}}{10.332\text{m}} = 39.23\text{kPa}$

절대압 = 대기압－진공압
$$= 101.325\,\text{kPa} - 39.23\,\text{kPa}$$
$$= 62.095\,\text{kPa}$$

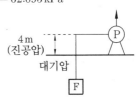

25. 노즐 선단에서의 방사압력을 측정하였더니 200 kPa(계기압력)이었다면 이때 물의 순간 유출속도는 몇 m/s인가?

① 10　　　　② 14.1

③ 20　　　　④ 28.3

[해설] $200\,\text{kPa} \times \dfrac{10.332\,\text{mAq}}{101.325\,\text{kPa}} = 20.393\,\text{mAq}$

$$V = \sqrt{2 \cdot g \cdot H}$$
$$= \sqrt{2 \times 9.8\,\text{m/s}^2 \times 20.393\,\text{m}}$$
$$= 19.99\,\text{m/s}$$

26. 그림과 같이 두 개의 가벼운 공의 사이로 빠른 기류를 불어 넣으면 두 개의 공은 어떻게 되겠는가?

① 뉴턴의 법칙에 따라 벌어진다.
② 뉴턴의 법칙에 따라 가까워진다.
③ 베르누이의 법칙에 따라 벌어진다.
④ 베르누이의 법칙에 따라 가까워진다.

[해설] 베르누이의 법칙에 의하여 속도수두가 증가하게 되는 반면 압력수두는 감소하게 된다. 그러므로 두 공은 서로 가까워진다.

27. 베르누이 방정식을 실제유체에 적용시키려면?

① 손실수두의 힘을 삽입시키면 된다.
② 실제유체에는 적용이 불가능하다.
③ 베르누이 방정식의 위치수두를 수정하여야 한다.
④ 베르누이 방정식은 이상유체와 실제유체에 같이 적용된다.

[해설] 베르누이 방정식은 유체 흐름에 대한 손실을 무시한 상태나 실제유체를 적용시키면 배관에서의 마찰손실, 배관상당장에 대한 손실 등 모든 손실을 적용시켜야 한다.

28. 온도가 20℃인 이산화탄소 6 kg이 체적 0.3 m^{3}인 용기에 가득 차 있다. 가스의 압력은 몇 kPa인가? (단, 이산화탄소는 기체

상수가 189 J/kg · K 인 이상기체로 가정한다.)

① 75.6   ② 189
③ 553.8   ④ 1108

[해설] $P = \dfrac{G \cdot R \cdot T}{V}$

$$= \dfrac{6\,\text{kg} \times 189\,\text{J/kg} \cdot \text{K} \times 293\,\text{K}}{0.3\,\text{m}^3}$$
$$= 1107540\,\text{J/m}^3 = 1107540\,\text{N·m/m}^3$$
$$= 1107540\,\text{N/m}^2 = 1107.54\,\text{kPa}$$

29. 지름이 5 cm인 소방 노즐에서 물 제트가 40 m/s의 속도로 건물 벽에 수직으로 충돌하고 있다. 벽이 받는 힘은 약 몇 N인가?

① 320   ② 2451
③ 2570   ④ 3141

[해설] $F = \rho \times Q \times V$

$$= 1000\,\text{kg/m}^3 \times \dfrac{\pi}{4} \times (0.05\,\text{m})^2$$
$$\times 40\,\text{m/s} \times 40\,\text{m/s}$$
$$= 3141.59\,\text{kg} \cdot \text{m/s}^2 = 3141.59\,\text{N}$$

30. 다음은 어떤 열역학 법칙을 설명한 것인가?

> 열은 고온 열원에서 저온의 물체로 이동하나 반대로 스스로 돌아갈 수 없는 비가역 변화이다.

① 열역학 제0법칙
② 열역학 제1법칙
③ 열역학 제2법칙
④ 열역학 제3법칙

[해설] 열역학 법칙
  (1) 제0법칙 : 두 물체의 온도가 같으면 열의 이동 없이 평형상태를 유지한다.
  (2) 제1법칙 : 열은 기계적 일로, 기계적 일은 열로 변하는 비율은 일정하다.

(3) 제2법칙 : 기계적 일은 열로 변하기 쉬우나 열은 기계적 일로 변하는 비율은 일정하다. 열은 높은 곳에서 낮은 곳으로 흐른다.

(4) 제3법칙 : 열은 어떠한 상태에 있어서도 그 절대온도인 −273℃에 도달할 수 없다.

31. 그림과 같이 지름이 300 mm에서 200 mm로 축소된 관으로 물이 흐를 때 질량 유량이 130 kg/s라면 작은 관에서의 평균속도는 약 몇 m/s인가?

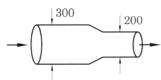

① 3.84   ② 4.14
③ 6.24   ④ 18.4

해설 $V = \dfrac{Q}{A} = \dfrac{130\,\text{kg/s}}{\dfrac{\pi}{4} \times (0.2\,\text{m})^2 \times 1000\,\text{kg/m}^3}$

$\qquad = 4.14\,\text{m/s}$

32. 그림과 같이 밀폐된 용기 내 공기의 계기압력은 몇 Pa인가?

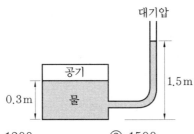

① 1200   ② 1500
③ 11760   ④ 14700

해설 공기 압력

$P = \gamma \times h = 9800\,\text{N/m}^3 \times (1.5 - 0.3)\,\text{m}$

$\qquad = 11760\,\text{N/m}^2 = 11760\,\text{Pa}$

33. 반지름 2 cm의 금속 공은 선풍기를 켠

상태에서 냉각하고 반지름 4 cm의 금속 공은 선풍기를 끄고 냉각할 때 대류 열전달의 비는? (단, 두 경우 온도차는 같고 선풍기를 켜면 대류 열전달계수가 10배가 된다고 가정한다.)

① 1 : 0.3375   ② 1 : 0.4
③ 1 : 5   ④ 1 : 10

해설 $Q = K \times F \times \Delta t$

여기서, K : 열전달계수

$\qquad F$: 전열면적

• 선풍기를 켠 상태(Q_1)

$Q_1 = 10K \times \dfrac{\pi}{4} \times (0.04\,\text{m})^2 \times \Delta t$

• 선풍기를 끈 상태(Q_2)

$Q_2 = K \times \dfrac{\pi}{4} \times (0.08\,\text{m})^2 \times \Delta t$

$\dfrac{Q_1}{Q_2} = \dfrac{10K \times \dfrac{\pi}{4} \times (0.04)^2 \times \Delta t}{K \times \dfrac{\pi}{4} \times (0.08)^2 \times \Delta t} = \dfrac{1}{0.4}$

∴ $Q_1 : Q_2 = 1 : 0.4$

34. 물탱크에 담긴 물의 수면의 높이가 10 m인데 물탱크 바닥에 원형 구멍이 생겨서 10 L/s만큼 물이 유출되고 있다. 원형 구멍의 지름은 약 몇 cm인가? (단, 구멍의 유량 보전계수는 0.6이다.)

① 2.7   ② 3.1
③ 3.5   ④ 3.9

해설 유속$(V) = C\sqrt{2 \cdot g \cdot H}$

$\qquad = 0.6\sqrt{2 \times 9.8\,\text{m/s}^2 \times 10\,\text{m}}$

$\qquad = 8.4\,\text{m/s}$

$Q = \dfrac{\pi}{4} \times D^2 \times V$에서

$D = \sqrt{\dfrac{4 \times Q}{\pi \times V}}$

$D = \sqrt{\dfrac{4 \times 0.01\,\text{m}^3/\text{s}}{\pi \times 8.4\,\text{m/s}}} = 0.0389\,\text{m}$

$\qquad = 3.89\,\text{cm}$

35. 지름 4 cm의 파이프로 기름(점성계수 0.38 Pa·s)이 분당 200 kg씩 흐를 때 레이놀즈(Renolds) 수는 다음 중 어느 값의 범위에 속하는가?

① 100 미만

② 100 이상 500 미만

③ 500 이상 1500 미만

④ 1500 이상

[해설] $V = \dfrac{Q}{A}$

$$= \dfrac{200\,\text{kg/min}}{\dfrac{\pi}{4} \times (0.04\,\text{m})^2 \times \rho\,[\text{kg/m}^3] \times 60\,\text{s/min}}$$

$$= \dfrac{2652.58}{\rho}\,[\text{m/s}]$$

$Re = \dfrac{D \cdot V \cdot \rho}{\mu}$

$$= \dfrac{0.04\,\text{m} \times \dfrac{2652.58}{\rho}\,[\text{m/s}] \times \rho}{0.38\,\text{Pa·s}} = 279.2$$

36. 댐 수위가 2 m 올라갈 때 한 변 1 m인 정사각형 연직 수문이 받는 정수력이 20 % 늘어난다면 댐 수위가 올라가기 전의 수문의 중심과 자유표면의 거리는? (단, 대기압 효과는 무시한다.)

① 2 m   ② 4 m

③ 5 m   ④ 10 m

[해설] 정수력$(F) = \gamma \cdot h \cdot A$

여기서, γ : 물의 비중량(9800N/m³)
$\qquad\quad h$: 수문 중심까지 높이(m)
$\qquad\quad A$: 수문 면적

• 댐 수위 2m 상승 정수력(F_1)

$F_1 = 9800\,\text{N/m}^3 \times (2\,\text{m} + 0.5\,\text{m})$
$\qquad\quad \times 1\,\text{m} \times 1\,\text{m} = 24500\,\text{N}$

• 댐 수위 오르기 전 정수력(F_2)

$F_2 = 9800\,\text{N/m}^3 \times 0.5\,\text{m} \times 1\,\text{m} \times 1\,\text{m}$
$\qquad = 4900\,\text{N}$

• 댐 수위 2 m 상승 시 정수력 20 % 증가하므로 $F_1 = 1.2F_2$

$1.2F_2 - F_2 = (24500 - 4900)\,\text{N}$

$F_2 = 98000\,\text{N}$

• 표면에서 수문 중심까지 수직거리

$h = \dfrac{F}{\gamma \cdot A} = \dfrac{98000\,\text{N}}{9800\,\text{N/m}^3 \times 1\,\text{m} \times 1\,\text{m}}$

$\qquad = 10\,\text{m}$

37. 관 마찰계수가 일정할 때 배관 속을 흐르는 유체의 손실수두에 관한 설명으로 옳은 것은?

① 관 길이에 반비례한다.

② 유속의 제곱에 비례한다.

③ 유체의 밀도에 반비례한다.

④ 관 내경의 제곱에 반비례한다.

[해설] $H = f \times \dfrac{l}{D} \times \dfrac{V^2}{2g}$ 에서 관 길이에 비례, 관경에 반비례한다.

38. 직경이 40 mm인 비눗방울의 내부 초과압력이 30 N/m²일 때, 비눗방울의 표면장력은 몇 N/m인가?

① 0.075   ② 0.15

③ 0.2   ④ 0.3

[해설] 비눗방울 표면장력(σ)

$\sigma = \dfrac{\Delta P \times D}{8}$

여기서, ΔP : 압력차(N/m²)
$\qquad\quad D$: 비눗방울 직경(m)

$\sigma = \dfrac{30\,\text{N/m}^2 \times 0.04\,\text{m}}{8} = 0.15\,\text{N/m}$

※ 물방울 표면장력 $\sigma = \dfrac{\Delta P \times D}{4}$

39. 직경이 10 cm이고 관 마찰계수가 0.04인 원관에 부차적 손실계수가 4인 밸브가

정지되어 있을 때 이 밸브의 등가길이(상당길이)는 몇 m인가?

① 0.1 ② 1.6
③ 10   ④ 16

[해설] 등가길이$(L_e) = \dfrac{K \cdot D}{f} = \dfrac{4 \times 0.1\,\text{m}}{0.04}$
$$= 10\,\text{m}$$

40. 유체에 관한 설명으로 옳지 않은 것은?

① 실제유체는 유동할 때 마찰로 인한 손실이 생긴다.
② 이상유체는 높은 압력에서 밀도가 변화하는 유체이다.
③ 유체에 압력을 가하면 체적이 줄어드는 유체는 압축성 유체이다.
④ 전단력을 받았을 때 저항하지 못하고 연속적으로 변형하는 물질을 유체라 한다.

[해설] 이상유체는 점성이 없는 비압축성으로 온도변화에 관계없이 밀도는 일정하다.

제3과목 **소방관계법규**

41. 소방특별조사를 실시할 수 있는 경우가 아닌 것은?

① 화재가 자주 발생하였거나 발생할 우려가 뚜렷한 곳에 대한 점검이 필요한 경우
② 재난예측정보, 기상예보 등을 분석한 결과 소방대상물에 화재, 재난·재해의 발생 위험이 높다고 판단되는 경우
③ 화재, 재난·재해 등이 발생할 경우 인명 또는 재산 피해의 우려가 낮다고 판단되는 경우

④ 관계인이 실시하는 소방시설 등에 대한 자체점검 등이 불성실하거나 불완전하다고 인정되는 경우

[해설] 소방특별조사를 실시할 수 있는 경우
(1) 관계인이 실시하는 소방시설 등, 방화시설, 피난시설 등에 대한 자체점검 등이 불성실하거나 불완전하다고 인정되는 경우
(2) 화재가 자주 발생하였거나 발생할 우려가 뚜렷한 곳에 대한 점검이 필요한 경우
(3) 재난예측정보, 기상예보 등을 분석한 결과 소방대상물에 화재, 재난·재해의 발생 위험이 높다고 판단되는 경우
(4) 화재, 재난·재해, 그 밖의 긴급한 상황이 발생할 경우 인명 또는 재산 피해의 우려가 현저하다고 판단되는 경우
(5) 화재경계지구에 대한 소방특별조사 등 다른 법률에서 소방특별조사를 실시하도록 한 경우

42. 소방시설설치유지 및 안전관리에 관한 법률상의 특정소방대상물 중 오피스텔은 어디에 속하는가?

① 병원시설   ② 업무시설
③ 공동주택시설   ④ 근린생활시설

[해설] 오피스텔, 금융업소, 사무소, 신문사 등은 일반 업무시설에 해당된다.

43. 소방안전관리대상물에 대한 소방안전관리자의 업무가 아닌 것은?

① 소방계획서의 작성 및 시행
② 소방훈련 및 교육
③ 소방시설의 공사 발주
④ 자위소방대 및 초기대응체계의 구성

[해설] 소방안전관리자의 업무
(1) 화기 취급의 감독
(2) 소방훈련 및 교육
(3) 자위소방대 및 초기대응체계의 구성
(4) 소방계획서의 작성 및 시행
(5) 피난시설, 방화구획 및 방화시설의 유

지, 관리
※ 소방시설의 공사 발주 : 발주자 시행

44. 국고보조의 대상이 되는 소방활동장비 또는 설비에 해당하지 않는 것은?

① 소방자동차
② 소방헬리콥터 및 소방정
③ 사무용 집기
④ 전산설비

해설 국고보조 대상
(1) 소방자동차
(2) 소방헬리콥터 및 소방정
(3) 소방관서용 청사 건축
(4) 소방전용 통신설비 및 전산설비
(5) 그 밖의 방화복 등 소화활동에 필요한 소방장비

45. 소방안전관리대상물의 소방안전관리자 업무에 해당하지 않는 것은?

① 소방계획서의 작성 및 시행
② 화기 취급의 감독
③ 소방용 기계·기구의 형식승인
④ 피난시설, 방화구획 및 방화시설의 유지·관리

해설 소방용 기계·기구의 형식승인 : 한국소방산업기술원 업무

46. 형식승인을 받지 아니하고 소방용품을 판매할 목적으로 진열했을 때 벌칙으로 옳은 것은?

① 3년 이하의 징역 또는 1500만원 이하의 벌금
② 2년 이하의 징역 또는 1500만원 이하의 벌금
③ 1년 이하의 징역 또는 1000만원 이하의 벌금
④ 1년 이하의 징역 또는 500만원 이

하의 벌금

해설 형식승인을 받지 아니하고 소방용품을 판매, 진열하면 3년 이하의 징역 또는 1500만원 이하의 벌금에 처한다.

47. 소방안전관리대상물의 관계인은 근무자 및 거주자에 대한 소방훈련과 교육을 연 몇 회 이상 실시하여야 하는가?

① 연 1회 이상
② 연 2회 이상
③ 연 3회 이상
④ 연 4회 이상

해설 소방훈련과 교육 : 연 1회 이상

48. 시·도지사는 도시의 건물밀집지역 등 화재가 발생할 우려가 있는 경우 화재경계 지구로 지정할 수 있는데 지정대상지역으로 옳지 않은 것은?

① 석유화학제품을 생산하는 공장이 있는 지역
② 공장이 밀접한 지역
③ 목조건물이 밀집한 지역
④ 소방출동로가 확보된 지역

해설 화재경계지구 지정(시·도지사)
(1) 공장, 창고 등이 밀접한 지역
(2) 목조건물이 밀집한 지역
(3) 위험물 저장 및 처리시설이 밀집한 지역
(4) 시장지역
(5) 석유화학제품을 생산하는 공장이 있는 지역
(6) 소방시설, 소방용수시설 또는 소방출동로가 없는 지역

49. 관계인이 특정소방대상물에 대한 소방 시설공사를 하고자 할 때 소방공사 감리 자를 지정하지 않아도 되는 경우는?

① 연면적 $1000 \, m^2$ 이상을 신축하는 특정소방대상물
② 용도 변경으로 인하여 비상방송설비

정답 44. ③ 45. ③ 46. ① 47. ① 48. ④ 49. ②

를 추가적으로 설치하여야 하는 특정
소방대상물

③ 제연설비를 설치하여야 하는 특정소
방대상물

④ 자동화재탐지설비를 설치하는 길이
가 1000 m 이상인 지하구

[해설] 비상방송설비를 설치하여야 하는 특정
소방대상물은 소방공사 감리자 지정대상에
서 제외된다.

50. 소방기본법에서 정의하는 용어에 대한
설명으로 틀린 것은?

① "소방대상물"이란 건축물, 차량, 항
해 중인 모든 선박과 산림 그 밖의
공작물 또는 물건을 말한다.

② "관계지역"이란 소방대상물이 있는
장소 및 그 이웃지역으로서 화재의
예방·경계·진압·구조·구급 등의
활동에 필요한 지역을 말한다.

③ "소방본부장"이란 특별시·광역시·도
또는 특별자치도에서 화재의 예방·경
계·진압·조사 및 구조·구급 등의
업무를 담당하는 부서의 장을 말한다.

④ "소방대장"이란 소방본부장이나 소
방서장 등 화재, 재난·재해 그 밖의
위급한 상황이 발생한 현장에서 소방
대를 지휘하는 자를 말한다.

[해설] 항해 중인 모든 선박은 소방대상물에서
제외된다.

51. 제조소 등의 완공검사 신청시기로서
틀린 것은?

① 지하탱크가 있는 제조소 등의 경우
에는 당해 지하탱크를 매설하기 전

② 이동탱크저장소의 경우에는 이동저

장탱크를 완공하고 상치장소를 확보
한 후

③ 이송취급소의 경우에는 이송배관 공
사의 전체 또는 일부 완료 후

④ 배관을 지하에 매설하는 경우에는 소
방서장이 지정하는 부분을 매몰하고
난 직후

[해설] ④항의 경우 매몰하기 직전으로 하여야
한다.

52. 소방업무를 전문적이고 효과적으로 수
행하기 위하여 소방대원에게 필요한 소방
교육·훈련의 횟수와 기간은?

① 2년마다 1회 이상 실시하되, 기간은
1주 이상

② 3년마다 1회 이상 실시하되, 기간은
1주 이상

③ 2년마다 1회 이상 실시하되, 기간은
2주 이상

④ 3년마다 1회 이상 실시하되, 기간은
2주 이상

[해설] 소방교육, 훈련의 실시에 관하여 필요
한 사항은 안전행정부령(현 행정안전부령)
으로 정한다. 소방안전교육과 훈련은 2년
마다 1회 이상 실시하며 기간은 2주 이상
으로 한다.

53. 소방시설공사업자의 시공능력을 평가
하여 공시할 수 있는 사람은?

① 관계인 또는 발주자

② 소방본부장 또는 소방서장

③ 시·도지사

④ 소방방재청장

[해설] 공사업자의 소방시설공사 실적, 자본금
등에 따라 시공능력은 소방방재청장(현 소
방청장)이 평가하여 공시할 수 있다.

54. 대통령령 또는 화재안전기준의 변경으로 그 기준이 강화되는 경우 기존의 특정소방대상물의 소방시설 등에 강화된 기준을 적용해야 하는 소방시설로서 옳은 것은?

① 비상경보설비
② 옥내소화전설비
③ 스프링클러설비
④ 자동화재탐지설비

해설 소방시설의 변경으로 강화된 기준
  (1) 소화기구
  (2) 비상경보설비
  (3) 자동화재속보설비
  (4) 피난설비
  (5) 노유자시설에 설치하여야 할 소화설비

55. 특수가연물 중 가연성 고체류의 기준으로 옳지 않은 것은?

① 인화점이 40℃ 이상 100℃ 미만인 것
② 인화점이 100℃ 이상 200℃ 미만이고 연소열량이 8 kcal/g 이상인 것
③ 인화점이 200℃ 이상이고 연소열량이 8 kcal/g 이상인 것으로서 융점이 100℃ 미만인 것
④ 인화점이 70℃ 이상 250℃ 미만이고 연소열량이 810 kcal/g 이상인 것

해설 가연성 고체류의 기준
  (1) 인화점이 40℃ 이상 100℃ 미만인 것
  (2) 인화점이 100℃ 이상 200℃미만이고 연소열량이 8 kcal/g 이상인 것
  (3) 인화점이 200℃ 이상이고 연소열량이 8 kcal/g 이상인 것으로서 융점이 100℃ 미만인 것
  (4) 1기압과 20℃ 초과 40℃ 이하에서 액상인 것으로 인화점이 70℃ 이상 200℃ 미만인 것

56. 위험물제조소 등의 자체소방대가 갖추어야 하는 화학소방차의 소화능력 및 설비기준으로 틀린 것은?

① 포수용액을 방사하는 화학소방자동차는 방사능력이 2000 L/min 이상이어야 한다.
② 이산화탄소를 방사하는 화학소방차는 방사능력이 40 kg/s 이상이어야 한다.
③ 할로겐화합물방사차의 경우 할로겐화합물탱크 및 가압용 가스설비를 비치하여야 한다.
④ 제독차를 갖추는 경우 가성소다 및 규조토를 각각 30 kg/s 이상 비치하여야 한다.

해설 화학소방자동차의 방사능력

화학소방자동차 종류	방사능력
1. 분말 소방차	35 kg/s (1400 kg 이상 비치)
2. 할로겐화합물 소방차	40 kg/s (3000 kg 이상 비치)
3. 이산화탄소 소방차	40 kg/s (3000 kg 이상 비치)
4. 포수용액 방사차	2000 L/min 이상 (10만 L 이상 비치)
5. 제독차	50 kg 이상 비치

57. 소방시설설치유지 및 안전관리에 관한 법률에서 정의하는 소방용품 중 소화설비를 구성하는 제품 및 기기가 아닌 것은?

① 소화전
② 방염제
③ 유수제어밸브
④ 기동용 수압개폐장치

해설 소화용으로 사용하는 제품 또는 기기 : 소화약제, 방염제

---

58. 제조소 또는 일반취급소의 변경허가를 받아야 하는 경우에 해당하지 않는 것은?

① 배출설비를 신설하는 경우

② 소화기의 종류를 변경하는 경우

③ 불활성기체의 봉입장치를 신설하는 경우

④ 위험물취급탱크의 탱크전용실을 증설하는 경우

[해설] 제조소 또는 일반취급소의 변경허가

(1) 배출설비를 신설하는 경우

(2) 불활성기체의 봉입장치를 신설하는 경우

(3) 위험물취급탱크의 탱크전용실을 증설하는 경우

(4) 제조소 위치를 이전하는 경우

(5) 위험물취급탱크의 방유제 높이 또는 방유제 내외 면적을 변경한 경우

59. 다음 소방설비 중 피난설비에 속하는 것은?

① 제연설비, 휴대용 비상조명등

② 자동화재속보설비, 유도등

③ 비상방송설비, 비상벨설비

④ 비상조명등, 유도등

[해설] 피난설비

(1) 피난기구(피난사다리, 구조대, 완강기)

(2) 인명구조기구(방열복, 공기호흡기, 인공소생기)

(3) 유도등(피난구 유도등, 통로 유도등, 객석 유도등, 유도 표지)

(4) 비상조명등 및 휴대용 비상조명등

60. 다음 중 성능위주설계를 하여야 하는 특정소방대상물의 범위의 기준으로 옳지 않은 것은?

① 연면적 3만m^2 이상인 철도 및 도시철도시설

② 연면적 20만m^2 이상인 특정소방대상물

③ 아파트를 포함한 건축물의 높이가 100 m 이상인 특정소방대상물

④ 하나의 건축물에 영화 및 비디오물의 진흥에 관한 법률에 따른 영화상영관이 10개 이상인 특정소방대상물

[해설] 건축물의 높이가 100 m 이상인 특정소방대상물(지하층을 포함한 층수가 30층 이상인 특정소방대상물을 포함, 아파트는 제외)

제4과목 **소방기계시설의 구조 및 원리**

61. 물분무헤드의 설치 제외 대상이 아닌 것은?

① 운전 시에 표면의 온도가 200℃ 이상으로 되는 등 직접 분무 시 손상우려가 있는 기계장치 장소

② 고온의 물질 및 증류범위가 넓어 끓어 넘치는 위험이 있는 물질을 저장 또는 취급하는 장소

③ 물에 심하게 반응하는 물질을 저장 또는 취급하는 장소

④ 물과 반응하여 위험한 물질을 생성하는 물질을 저장 또는 취급하는 장소

[해설] ①항의 경우 200℃ → 260℃

62. 포소화설비에 있어 구역 자동 방출밸브(zone control valve)와 함께 사용하는 차단밸브(shut off valve)의 설치 위치로 다음 중 가장 적합한 것은?

① zone control valve의 양쪽에 설치한다.

② zone control valve의 양단의 어느 쪽이든 상관 없다.

③ zone control valve의 1차측(펌프측)

에 설치한다.

④ zone control valve의 2차측(방출측)에 설치한다.

해설 자동 방출밸브는 1차측에 설치해야 한다.

63. 자동소화장치의 기능으로서 옳지 않은 것은?

① 가스누설 시 자동경보 기능
② 가스누설 시 가스밸브의 자동차단 기능
③ 가스레인지 화재 시 소화약제 자동 분사 기능
④ 가스누설 시 경보발생 및 소화약제 방출

해설 자동소화장치는 가스누설 시 중간밸브 자동차단 기능이 있다.

64. 완강기의 최대사용하중은 몇 N 이상이어야 하는가?

① 600 N 이상　　② 1000 N 이상
③ 1200N 이상　　④ 1500 N 이상

해설 완강기의 최대사용하중은 1500 N 이상이다.

65. 건물 내의 제연 계획으로 자연 제연방식의 특징이 아닌 것은?

① 기구가 간단하다.
② 연기의 부력을 이용하는 원리이므로 외부의 바람에 영향을 받지 않는다.
③ 건물 외벽에 제연구나 창문 등을 설치해야 하므로 건축계획에 제약을 받는다.
④ 고층건물은 계절별로 연돌효과에 의한 상하 압력차가 달라 제연효과가 불

안정하다.

해설 자연 제연방식은 자연급기와 자연배기에 의존하는 것으로 외부 바람의 영향이 매우 크다.

66. 스프링클러설비의 고가수조에 설치하지 않아도 되는 것은?

① 수위계　　　　② 배수관
③ 오버플로관　　④ 압력계

해설 고가수조(옥상수조)는 개방형으로 대기압 상태이다. 그러므로 압력계는 설치하지 않는다.

67. 건식 스프링클러설비에 대한 설명 중 옳지 않은 것은?

① 폐쇄형 스프링클러헤드를 사용한다.
② 건식밸브가 작동하면 경보가 발생된다.
③ 건식밸브의 1차측과 2차측은 헤드의 말단까지 일반적으로 공기가 압축, 충진되어 있다.
④ 헤드가 화재에 의하여 작동하면 2차측 배관 내 공기압이 감소하여 건식 밸브가 열린다.

해설 건식 스프링클러설비는 1차측에는 가압수, 2차측에는 압축공기로 충전되어 있다.

68. 이산화탄소 소화약제를 저압식 저장용기에 충전하고자 할 때 적합한 충전비는?

① 0.9 이상 1.1 이하
② 1.1 이상 1.4 이하
③ 1.4 이상 1.7 이하
④ 1.5 이상 1.9 이하

해설 이산화탄소 소화약제
　(1) 저압식 : 1.1 이상 1.4 이하
　(2) 고압식 : 1.5 이상 1.9 이하

69. 연결살수설비의 살수헤드 설치면제 장소가 아닌 곳은?

① 고온의 용광로가 설치된 장소
② 물과 격렬하게 반응하는 물품의 저장 또는 취급하는 장소
③ 지상노출 가스저장 59톤 탱크시설
④ 냉장창고 또는 냉동창고의 냉장실 또는 냉동고

[해설] 연결살수설비의 살수헤드 설치면제 장소
(1) 고온의 노가 설치된 장소 또는 물과 격렬하게 반응하는 물품의 저장 또는 취급 장소
(2) 냉장창고 또는 냉동창고의 냉장실 또는 냉동고
(3) 통신기기실, 전자기기실 기타 이와 유사한 장소
(4) 발전실, 변전실, 변압기 기타 이와 유사한 전기설비가 설치되어 있는 장소
(5) 병원의 수술실, 응급처치실 기타 이와 유사한 장소

70. 습식 스프링클러소화설비의 특징에 대한 설명 중 틀린 것은?

① 초기 화재에 효과적이다.
② 소화약제가 물이므로 값이 싸서 경제적이다.
③ 헤드 감지부의 구조가 기계적이므로 오동작의 염려가 있다.
④ 소모품을 제외한 시설의 수명이 반영구적이다.

[해설] 습식 스프링클러설비는 1, 2차측 모두 물로 충만되어 있다가 화재 시 열을 감지하여 퓨즈블링크의 이탈로 물이 방사되는 구조로 오동작의 우려가 없다.

71. 다음 중 완강기의 조속기에 관한 것으로 가장 적당한 것은?

① 조속기는 로프에 걸리는 하중의 크기에 따라서 자동적으로 원심력 브레이크가 작동하여 강하속도를 조절한다.
② 조속기는 사용할 때 체중에 맞추어 인위적 조작으로 강하속도를 조정할 수 있다.
③ 조속기는 3개월마다 분해 점검할 필요가 있다.
④ 조속기는 강하자가 손에 잡고 강하하는 것이다.

[해설] 조속기 : 사람의 하중에 따라 속도 차이가 있으나 자동적으로 원심력 브레이크가 작동하여 강하속도를 조절한다.

72. 특별피난계단의 부속실 등에 설치하는 급기 가압 방식 제연설비의 측정, 시험, 조정 항목을 열거한 것이다. 이에 속하지 않는 것은?

① 배연구의 설치 위치 및 크기의 적정 여부 확인
② 화재감지기 동작에 의한 제연설비의 작동 여부 확인
③ 출입문의 크기와 열리는 방향이 설계 시와 동일한지 여부 확인
④ 출입문마다 그 바닥 사이의 틈새가 평균적으로 균일한지 여부 확인

[해설] 배연구는 강제 배기 방식인 경우에 해당된다.

73. 분말소화기의 사용온도 범위로 다음 중 가장 적합한 것은?

① 0~40℃   ② 5~40℃
③ 10~40℃   ④ −20~40℃

[해설] (1) 일반 소화기 사용온도 범위 : 0~40℃
(2) 분말소화기의 사용온도 범위 : −20~40℃

74. 청정소화약제 소화설비의 화재안전기준에서 청정소화약제 저장용기 설치기준으로 틀린 것은?

① 용기 간의 간격은 점검에 지장이 없도록 3 cm 이상의 간격을 유지할 것

② 온도가 40℃ 이하이고 온도의 변화가 작은 곳에 설치할 것

③ 직사광선 및 빗물이 침투할 우려가 없는 곳에 설치할 것

④ 방화문으로 구획된 실에 설치할 것

해설 온도가 40℃ 이하 → 온도가 55℃ 이하

75. 상수도 소화용수설비의 소화전은 구경이 얼마 이상의 수도 배관에 접속하여야 하는가?

① 50 mm 이상   ② 75 mm 이상

③ 85 mm 이상   ④ 100 mm 이상

해설 상수도 소화용수설비 소화전의 설치기준 : 수도배관 75 mm 이상에 소화전 100 mm 이상을 접속하여야 하며 소화전은 특정 소방대상물의 수평투영면의 각 부분으로부터 140 m 이하가 되도록 설치하여야 한다.

76. 국소방출방식의 포소화설비에서 방호면적을 가장 잘 설명한 것은?

① 방호대상물의 각 부분에서 각각 당해 방호대상물 높이의 3배(1 m 미만인 경우는 1 m)의 거리를 수평으로 연장한 선으로 둘러싸인 부분의 면적

② 방호대상물의 각 부분에서 각각 당해 방호대상물 높이에 0.5 m를 더한 거리를 수평으로 연장한 선으로 둘러싸인 부분의 면적

③ 방호대상물의 각 부분에서 각각 당해 방호대상물 높이의 2배의 거리를 수평으로 연장한 선으로 둘러싸인 부분의 면적

④ 방호대상물의 각 부분에서 각각 당해 방호대상물 높이에 0.6 m를 더한 거리를 수평으로 연장한 선으로 둘러싸인 부분의 면적

해설 국소방출방식의 포소화설비에서 방호면적 : 방호대상물의 각 부분에서 각각 당해 방호대상물 높이의 3배(1 m 미만인 경우는 1 m)의 거리를 수평으로 연장한 선으로 둘러싸인 부분의 면적

77. 소방대상물 내의 보일러실에 제1종 분말소화약제를 사용하여 전역방출방식으로 분말소화설비를 설치할 때 필요한 약제량(kg)으로서 맞는 것은? (단, 방호구역의 개구부에 자동개폐기를 설치하지 않은 경우로 방호구역의 체적은 120 m^3, 개구부의 면적은 20 m^2이다.)

① 84   ② 120   ③ 140   ④ 162

해설 분말소화약제량과 가산량

약제의 종류	소화약제량	가산량
제1종 분말	0.6 kg/m^3	4.5 kg/m^2
제2종 분말	0.36 kg/m^3	2.7 kg/m^2
제3종 분말	0.36 kg/m^3	2.7 kg/m^2
제4종 분말	0.24 kg/m^3	1.8 kg/m^2

소화약제 저장량
$= 120 \ m^3 \times 0.6 \ kg/m^3 + 20 \ m^2 \times 4.5 \ kg/m^2$
$= 162 \ kg$

78. 물분무헤드의 설치에서 전압이 110 kV 초과 154 kV 이하일 때 전기기기와 물분무헤드 사이에 몇 cm 이상의 거리를 확보하여 설치하여야 하는가?

① 80 cm   ② 120 cm

③ 150 cm   ④ 180 cm

[해설] 전기기기와 물분무헤드 사이의 이격거리

전압 (kV)	66 이하	66 ~77	77~ 110	110~ 154	154 ~181	181~ 220	220 ~275
거리 (cm)	70 이상	80 이상	110 이상	150 이상	180 이상	210 이상	260 이상

79. 다음은 옥내소화전 함의 표시등에 대한 설명이다. 가장 적합한 것은?

① 위치표시등은 평상시 불이 켜지지 않은 상태로 있어야 한다.

② 기동표시등은 평상시 불이 켜지지 않은 상태로 있어야 한다.

③ 위치표시등 및 기동표시등은 평상시 불이 켜진 상태로 있어야 한다.

④ 위치표시등 및 기동표시등은 평상시 불이 안 켜진 상태로 있어야 한다.

[해설] 옥내소화전 함의 표시등

(1) 위치표시등 : 평상시 항상 불이 켜진 상태이다.

(2) 기동표시등 : 평상시 불이 꺼진 상태이나 주 펌프 기동 시 불이 켜진다.

80. 다음 중 주거용 주방 자동소화장치를 설치하여야 하는 소방대상물은?

① 연면적 $33 \, \text{m}^2$ 이상인 것

② 지정문화재

③ 터널

④ 아파트

[해설] 주거용 주방 자동소화장치를 설치하여야 하는 소방대상물 : 아파트 및 30층 이상 오피스텔의 모든 층

소방설비기계기사 　　　2015년 3월 8일 (제1회)

제1과목　　**소방원론**

1. 유류탱크 화재 시 발생하는 슬롭오버
(slop over) 현상에 관한 설명으로 틀린
것은?

① 소화 시 외부에서 방사하는 포에 의
해 발생한다.

② 연소유가 비산되어 탱크 외부까지 화
재가 확산된다.

③ 탱크의 바닥에 고인 물의 비등 팽창
에 의해 발생한다.

④ 연소면의 농도가 100℃ 이상일 때
물을 주수하면 발생한다.

해설 ③항은 보일오버에 대한 설명이다.

(1) 보일오버 : 상부가 개방된 유류 저장탱크
에서 화재 발생 시에 일어나는 현상으로
기름 표면에서 장시간 조용히 연소하다
일정 시간 경과 후 잔존 기름의 갑작스런
분출이나 넘침이 일어나며 유화 현상이
심한 기름에서 주로 발생한다.

(2) 슬롭오버 : 기름 속에 존재하는 수분이
비등점 이상이 되면 수증기가 되어 상부
로 튀어 나오게 되는데 이때 기름의 일
부가 비산되는 현상을 말한다.

(3) 프로스 오버 : 유류 탱크 속에 존재하는
물이 상부의 뜨거운 기름 속에서 끓을 때
점성이 큰 기름이 탱크 외부로 넘쳐 흐르
는 현상을 말한다.

(4) BLEVE : 가연성 액화가스 저장용기에
열이 공급되면 액의 증발로 인하여 급격
한 체적 팽창이 일어나 용기가 파열되는
현상으로 액체의 일부도 같이 비산한다.

(5) 블로 오프 : 촛불을 입으로 불면 불꽃은
옆으로 이동하게 되며 이때 증발된 파라핀
의 공급이 중단되어 촛불은 꺼지게 된다.

2. 간이소화용구에 해당하지 않는 것은?

① 이산화탄소소화기

② 마른 모래

③ 팽창질석

④ 팽창진주암

해설 간이소화용구 : 마른 모래, 팽창진주암,
팽창질석

3. 축압식 분말소화기의 충전압력이 정상
인 것은?

① 지시압력계의 지침이 노란색 부분을
가리키면 정상이다.

② 지시압력계의 지침이 흰색 부분을 가
리키면 정상이다.

③ 지시압력계의 지침이 빨간색 부분을
가리키면 정상이다.

④ 지시압력계의 지침이 녹색 부분을 가
리키면 정상이다.

해설 축압식 분말소화기의 압력계는 가운데 녹
색, 그 좌우에는 적색으로 되어 있다. 녹색
부분의 압력은 0.7~0.98 MPa이며 이때가
정상상태이다.

4. 할로겐화합물 소화약제의 분자식이 틀린
것은?

① 할론 2402 : $C_2F_4Br_2$

---

② 할론 1211 : CCl_2FBr

③ 할론 1301 : CF_3Br

④ 할론 104 : CCl_4

[해설] 할론 abcd에서

　a : 탄소의 수, b : 불소의 수

　c : 염소의 수, d : 취소의 수

　할론 1211 : CF_2ClBr

5. 이산화탄소의 증기비중은 약 얼마인가?

① 0.81　　　　② 1.52

③ 2.02　　　　④ 2.51

[해설] 비중 $= \dfrac{\text{기체의 분자량}}{\text{공기의 평균 분자량}}$

　　　　$= \dfrac{44}{29} = 1.52$

6. 화재 시 불티가 바람에 날리거나 상승하는 열 기류에 휩쓸려 멀리 있는 가연물에 착화되는 현상은?

① 비화　② 전도　③ 대류　④ 복사

[해설] 화재 확대 원인

　(1) 비화 : 화염이 날리면서 다른 곳으로 전파되는 현상

　(2) 복사열 : 고체의 물체에서 발산하는 열선에 의한 열의 이동

　(3) 접염 : 화염의 접촉으로 화염이 다른 곳으로 이동되는 현상

7. 위험물안전관리법령상 옥외탱크저장소에 설치하는 방유제의 면적기준으로 옳은 것은?

① 30000 m^2 이하

② 50000 m^2 이하

③ 80000 m^2 이하

④ 100000 m^2 이하

[해설] 옥외탱크저장소에 설치하는 방유제의 면적기준

　(1) 탱크 높이와 면적 : 0.5~3 m 이하, 면적

80000 m^2 이하

　(2) 탱크 1기 이상 : 탱크 용량의 110 % 이상, 2기 이상 : 최대 용량의 110 % 이상

8. 가연물이 되기 쉬운 조건이 아닌 것은?

① 발열량이 커야 한다.

② 열전도율이 커야 한다.

③ 산소와 친화력이 좋아야 한다.

④ 활성화에너지가 작아야 한다.

[해설] 열전도율이 불량해야 열의 축적이 되어 연소가 되기 쉽다.

9. 마그네슘에 관한 설명으로 옳지 않은 것은?

① 마그네슘의 지정수량은 500 kg이다.

② 마그네슘 화재 시 주수하면 폭발이 일어날 수도 있다.

③ 마그네슘 화재 시 이산화탄소 소화약제를 사용하여 소화한다.

④ 마그네슘의 저장·취급 시 산화제와의 접촉을 피한다.

[해설] 마그네슘 화재는 금속 화재로 마른 모래로 질식소화하여야 한다.

10. 가연성물질별 소화에 필요한 이산화탄소 소화약제의 설계농도로 틀린 것은?

① 메탄 : 34 vol%

② 천연가스 : 37 vol%

③ 에틸렌 : 49 vol%

④ 이세틸렌 : 53 vol%

[해설] 아세틸렌 : 66 vol%

11. 소방안전관리대상물에 대한 소방안전관리자의 업무가 아닌 것은?

① 소방계획서의 작성

② 자위소방대의 구성

③ 소방훈련 및 교육

④ 소방용수시설의 지정

[해설] 소방용수시설의 지정, 유지 관리는 시·도지사 업무이다.

12. 위험물안전관리법령상 제4류 위험물인 알코올류에 속하지 않는 것은?

① C_2H_5OH ② C_4H_9OH

③ CH_3OH ④ C_3H_7OH

[해설] C_4H_9OH(부탄올)은 제4류 위험물인 알코올류에는 포함되지 않으며 무색의 액체로 유기 화학 합성, 가소제, 세제 등에 사용된다.

13. 그림에서 내화구조 건물의 표준 화재 온도−시간 곡선은?

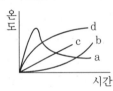

① a   ② b   ③ c   ④ d

[해설] a : 목조 건축물 곡선
d : 내화 건축물 곡선

14. 벤젠의 소화에 필요한 CO_2의 이론소화농도가 공기 중에서 37 vol%일 때 한계산소농도는 약 몇 vol%인가?

① 13.2   ② 14.5

③ 5.5   ④ 16.5

[해설] $CO_2 = \dfrac{21 - O_2}{21}$ 에서

$0.37 = \dfrac{21 - O_2}{21}$, $O_2 = 13.23$

15. 가연성 액화가스의 용기가 과열로 파손되어 가스가 분출된 후 불이 붙어 폭발하는 현상은?

① 블레비(BLEVE)

② 보일오버(boil over)

③ 슬롭오버(slop over)

④ 플래시오버(flash over)

[해설] 문제 1번 해설 참조

16. 할로겐화합물 소화약제에 관한 설명으로 틀린 것은?

① 비열, 기화열이 작기 때문에 냉각효과는 물보다 작다.

② 할로겐 원자는 활성기의 생성을 억제하여 연쇄반응을 차단한다.

③ 사용 후에도 화재현장을 오염시키지 않기 때문에 통신기기실 등에 적합하다.

④ 액체의 분자 중에 포함되어 있는 할로겐 원자의 소화효과는 F>Cl>Br> I의 순이다.

[해설] • 할로겐 원자의 소화효과(부촉매 효과) : I>Br>Cl>F
• 전기 음성도 : F>Cl>Br>I

17. 다음 중 부촉매소화에 관한 설명으로 옳은 것은?

① 산소의 농도를 낮추어 소화하는 방법이다.

② 화학반응으로 발생한 탄산가스에 의한 소화방법이다.

③ 활성기(free redical)의 생성을 억제하는 소화방법이다.

④ 용융잠열에 의한 냉각효과를 이용하여 소화하는 방법이다.

[해설] 부촉매 효과는 연소 과정 중 연소의 연쇄반응을 차단·억제하여 소화하는 방법이다.

18. 불활성가스 청정소화약제인 IG−541의

성분이 아닌 것은?

① 질소   ② 아르곤

③ 헬륨   ④ 이산화탄소

해설 불활성가스 청정소화약제 IG(IG−541) : 질소(52 %), 아르곤(40 %), 이산화탄소(8 %)

19. 건축물의 주요구조부에 해당하지 않는 것은?

① 기둥   ② 작은 보

③ 지붕틀   ④ 바닥

해설 건축물의 주요구조부
(1) 지붕틀
(2) 바닥(최하층 제외)
(3) 내력벽
(4) 보(작은 보는 제외)
(5) 주계단(옥외계단 제외)
(6) 기둥(사잇기둥 제외)

20. 착화에너지가 충분하지 않아 가연물이 발화되지 못하고 다량의 연기가 발생되는 연소형태는?

① 훈소   ② 표면연소

③ 분해연소   ④ 증발연소

해설 훈소 : 불꽃이 없는 상태에서 연기만 발생하며 시간의 경과로 발열되면서 연소하는 형태로 이는 착화에너지가 충분하지 않아 가연물이 발화되지 못하고 연기만 발생되는 상태이다.

제2과목   **소방유체역학**

21. 온도 50℃, 압력 100 kPa인 공기가 지름 10 mm인 관 속을 흐르고 있다. 임계 레이놀즈수가 2100일 때 층류로 흐를 수 있는 최대평균속도와 유량은 각각 약 얼마인가? (단, 공기의 점성계수는 19.5×10⁻⁶ kg/m·s이며, 기체상수는 287 J/kg·K

이다.)

① $V = 0.6\,\text{m/s}, \quad Q = 0.5 \times 10^{-4}\,\text{m}^3/\text{s}$

② $V = 1.9\,\text{m/s}, \quad Q = 1.5 \times 10^{-4}\,\text{m}^3/\text{s}$

③ $V = 3.8\,\text{m/s}, \quad Q = 3.0 \times 10^{-4}\,\text{m}^3/\text{s}$

④ $V = 5.8\,\text{m/s}, \quad Q = 6.1 \times 10^{-4}\,\text{m}^3/\text{s}$

해설
$$\rho(\text{밀도}) = \frac{P}{RT}$$
$$= \frac{100 \times 10^3\,\text{N/m}^2}{287\,\text{N}\cdot\text{m/kg}\cdot\text{K} \times (273 + 50)\,\text{K}}$$
$$= 1.078\,\text{kg/m}^3$$
$$V(\text{최대평균속도}) = \frac{Re \cdot \mu}{D \cdot \rho}$$

여기서, Re : 레이놀즈수

μ : 점성계수(kg/m·s)

$$V = \frac{2100 \times 19.5 \times 10^{-6}\,\text{kg/m}\cdot\text{s}}{0.01\,\text{m} \times 1.078\,\text{kg/m}^3}$$
$$= 3.798\,\text{m/s}$$
$$Q(\text{유량}) = A \times V$$
$$= \frac{\pi}{4} \times (0.01\,\text{m})^2 \times 3.798\,\text{m/s}$$
$$= 2.98 \times 10^{-4}\,\text{m}^3/\text{s}$$
$$\fallingdotseq 3.0 \times 10^{-4}\,\text{m}^3/\text{s}$$

22. 수직유리관 속의 물기둥의 높이를 측정하여 압력을 측정할 때 모세관 현상에 의한 영향이 0.5 mm 이하가 되도록 하려면 관의 반경은 최소 몇 mm가 되어야 하는가? (단, 물의 표면장력은 0.0728 N/m, 물−유리−공기 조합에 대한 접촉각은 0°로 한다.)

① 2.97   ② 5.94   ③ 29.7   ④ 59.4

해설 모세관 현상

$$H = \frac{4 \cdot \sigma \cdot \cos\theta}{\gamma \cdot D}$$

여기서, σ : 표면장력(N/m)

γ : 물의 비중량(9800N/m³)

D : 관의 내경(m)

$$D = \frac{4 \cdot \sigma \cdot \cos\theta}{\gamma \cdot H}$$

$$= \frac{4 \times 0.0728\,\mathrm{N/m} \times \cos 0°}{9800\,\mathrm{N/m^3} \times 0.5 \times 10^{-3}\mathrm{m}}$$

$$= 0.0594\,\mathrm{m} = 59.4\,\mathrm{mm}$$

$$반경 = \frac{59.4\,\mathrm{mm}}{2} = 29.7\,\mathrm{mm}$$

23. 노즐의 계기압력 400 kPa로 방사되는 옥내소화전에서 저수조의 수량이 10 m³ 이라면 저수조의 물이 전부 소비되는 데 걸리는 시간은 약 몇 분인가? (단, 노즐의 직경은 10 mm이다.)

① 약 75분   ② 약 95분

③ 약 150분   ④ 약 180분

[해설] $400\,\mathrm{kPa} \times \dfrac{10.332\,\mathrm{mAq}}{101.325\,\mathrm{kPa}} = 40.787\,\mathrm{mAq}$

$V = \sqrt{2 \cdot g \cdot H}$

$\quad = \sqrt{2 \times 9.8\,\mathrm{m/s^2} \times 40.787\,\mathrm{m}}$

$\quad = 28.27\,\mathrm{m/s}$

$Q = A \times V$

$\quad = \dfrac{\pi}{4} \times (0.01\,\mathrm{m})^2 \times 28.27\,\mathrm{m/s} \times 60\,\mathrm{s/min}$

$\quad = 0.133\,\mathrm{m^3/min}$

∴ 소비시간 $= 10\,\mathrm{m^3} \div 0.133\,\mathrm{m^3/min}$

$\qquad = 75.19\,분$

24. 고속 주행 시 타이어의 온도가 20℃에서 80℃로 상승하였다. 타이어의 체적이 변화하지 않고, 타이어 내의 공기를 이상기체로 하였을 때 압력 상승은 약 몇 kPa인가? (단, 온도 20℃에서의 게이지압력은 0.183 MPa, 대기압은 101.3 kPa이다.)

① 37   ② 58   ③ 286   ④ 345

[해설] 체적이 불변이므로 샤를의 법칙 응용

$\dfrac{P_1}{T_1} = \dfrac{P_2}{T_2}$ 에서 $P_2 = P_1 \times \dfrac{T_2}{T_1}$

$P_2 = (0.183 \times 10^3\,\mathrm{kPa} + 101.3\,\mathrm{kPa}) \times \dfrac{353\,\mathrm{K}}{293\,\mathrm{K}}$

$\quad = 342.52\,\mathrm{kPa}$

∴ 압력 상승

$= 342.52\,\mathrm{kPa} - (0.183 \times 10^3 + 101.3)\mathrm{kPa}$

$= 58.22\,\mathrm{kPa}$

25. 관내의 흐름에서 부차적 손실에 해당하지 않는 것은?

① 곡선부에 의한 손실

② 직선 원관 내의 손실

③ 유동단면의 장애물에 의한 손실

④ 관 단면의 급격한 확대에 의한 손실

[해설] 관의 급격한 확대 또는 축소, 굴곡부, 방해물 등에 의한 손실은 부차적 손실에 해당되며, 직선 원관 내의 손실은 모든 배관에서 일어나는 현상으로 주 손실에 해당된다.

26. 표준대기압에서 진공압이 400 mmHg일 때 절대압력은 약 몇 kPa인가? (단, 표준대기압은 101.3 kPa, 수은의 비중은 13.6이다.)

① 48   ② 53

③ 149   ④ 154

[해설] 절대압력 = 대기압+계기압

$\quad = 대기압-진공압$

$\quad = 101.3\,\mathrm{kPa} - 400\,\mathrm{mmHg} \times \dfrac{101.3\,\mathrm{kPa}}{760\,\mathrm{mmHg}}$

$\quad = 47.98\,\mathrm{kPa}$

27. 타원형 단면의 금속관이 팽창하는 원리를 이용하는 압력 측정 장치는?

① 액주계   ② 수은 기압계

③ 경사미압계   ④ 부르동 압력계

[해설] 부르동 압력계는 내부에 부르동관이 있어 이 부분의 압력이 증가, 감소하면 팽창, 수축이 되면서 연결된 기어를 움직여 압력계 지침을 나타낸다. 부르동관 재료는 주로 황동을 사용한다.

정답   23. ①   24. ②   25. ②   26. ①   27. ④

28. 그림과 같이 물이 담겨 있는 어느 용기에 진공펌프가 연결된 파이프를 세워두고 펌프를 작동시켰더니 파이프 속의 물이 6.5 m까지 올라갔다. 물기둥 윗부분의 공기압은 절대압력으로 몇 kPa인가? (단, 대기압은 101.3 kPa이다.)

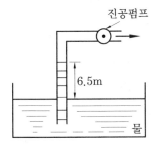

① 37.6   ② 47.6
③ 57.6   ④ 67.6

해설 $H = h_1 + h_2$

여기서, H : 파이프 옆 수면을 누르는 힘 (대기압)
h_1 : 파이프 내의 수위
h_2 : 수위와 진공펌프 사이 공기압

$6.5\,\text{m Aq} \times \dfrac{101.325\,\text{kPa}}{10.332\,\text{m Aq}} = 63.74\,\text{kPa}$

$\therefore 101.3\,\text{kPa} = 63.74\,\text{kPa} + h_2$

$h_2 = 37.56\,\text{kPa}$

29. 펌프 운전 중에 펌프 입구와 출구에 설치된 진공계, 압력계의 지침이 흔들리고 동시에 토출 유량이 변화하는 현상으로 송출압력과 송출유량 사이에 주기적인 변동이 일어나는 현상은?

① 수격현상   ② 서징현상
③ 공동현상   ④ 와류현상

해설 서징 현상 : 펌프 흡입측 압력이 급격히 낮아지거나 토출측 압력이 급격히 상승하게 되면 토출가스 일부가 임펠러 내부로 역류하게 되는데 이때 진동 및 소음이 동반되는 현상으로 급격한 유량 변동을 피하고 토출측에

체크밸브 등을 설치하면 이 현상을 방지할 수 있다.

30. 단순화된 선형운동량 방정식 $\Sigma \vec{F} = \dot{m}(\vec{V_2} - \vec{V_1})$이 성립되기 위하여 보기 중 꼭 필요한 조건을 모두 고른 것은? (단, $\dot{m}$은 질량유량, $\vec{V_1}$는 검사체적 입구 평균속도, $\vec{V_2}$는 출구 평균속도이다.)

〈보기〉
㉮ 정상상태
㉯ 균일유동
㉰ 비점성유동

① ㉮   ② ㉮, ㉯
③ ㉯, ㉰   ④ ㉮, ㉯, ㉰

해설 선형운동량은 직선운동량으로 유체 흐름이 정상상태에서 균일하게 흐르는 상태이다.

31. 펌프에서 기계효율이 0.8, 수력효율이 0.85, 체적효율이 0.75인 경우 전효율은 얼마인가?

① 0.51   ② 0.68
③ 0.8   ④ 0.9

해설 전효율 = 기계효율 × 수력효율 × 체적효율
= 0.8 × 0.85 × 0.75 = 0.51

32. 단면이 $1\,\text{m}^2$인 단열 물체를 통해서 5 kW의 열이 전도되고 있다. 이 물체의 두께는 5 cm이고 열전도도는 0.3 W/m·℃이다. 이 물체 양면의 온도차는 몇 ℃인가?

① 35   ② 237
③ 506   ④ 833

해설 $5000\,\text{W} = \dfrac{0.3\,\text{W/m}℃}{0.05\,\text{m}} \times 1\,\text{m}^2 \times \Delta t$

$\Delta t = 833.33℃$

33. 500 mm×500 mm인 4각관과 원형관을 연결하여 유체를 흘려보낼 때, 원형관 내 유속이 4각관내 유속의 2배가 되려면 관의 지름을 약 몇 cm로 하여야 하는가?

① 37.14   ② 38.12
③ 39.89   ④ 41.32

해설 양측 유량이 동일하므로($Q_1 = Q_2$)

$$0.5\,\text{m} \times 0.5\,\text{m} \times V[\text{m/s}] = \frac{\pi}{4} \times d^2 \times 2V$$

$$d = \sqrt{\frac{0.5 \times 0.5 \times 4}{\pi \times 2}} = 0.39894\,\text{m}$$
$$= 39.89\,\text{cm}$$

34. 지름이 10 cm인 실린더 속에 유체가 흐르고 있다. 벽면으로부터 가까운 곳에서 수직거리가 $y[\text{m}]$인 위치에서 속도가 $u = 5y - y^2[\text{m/s}]$로 표시된다면 벽면에서의 마찰전단 응력은 몇 Pa인가? (단, 유체의 점성계수 $\mu = 3.82 \times 10^{-2}\,\text{N} \cdot \text{s/m}^2$)

① 0.191   ② 0.38
③ 1.95   ④ 3.82

해설 뉴턴의 점성법칙에 의하여

$$\tau = \mu \times \frac{du}{dy}$$

여기서, τ : 전단응력(N/m^2)
       μ : 점성계수(N · s/m^2)
      $\dfrac{du}{dy}$: 속도구배$\left(\dfrac{1}{\text{s}}\right)$

$$\tau = 3.82 \times 10^{-2}\text{N} \cdot \text{s/m}^2 \times \frac{d(5y - y^2)}{dy}$$
$$= 3.82 \times 10^{-2}\text{N} \cdot \text{s/m}^2 \times (5 - 2y)$$
   (y를 미분)

지름 10 cm → 0.1 m
최댓값은 0부터 0.1 m까지에서
$y = 0$일 때 최댓값
$$\tau = 3.82 \times 10^{-2}\text{N} \cdot \text{s/m}^2 \times 5/\text{s}$$
$$= 0.191\,\text{N/m}^2 = 0.191\,\text{Pa}$$

35. 이상기체의 운동에 대한 설명으로 옳은 것은?

① 분자 사이에 인력이 항상 작용한다.
② 분자 사이에 척력이 항상 작용한다.
③ 분자가 충돌할 때 에너지의 손실이 있다.
④ 분자 자신의 체적은 거의 무시할 수 있다.

해설 이상기체와 실제기체

이상 기체	분자간의 인력 무시	액화 불가능	체적 무시	아보가드로 법칙
실제 기체	분자간의 인력 존재	액화 가능	체적 존재	실제기체 상태방정식

36. 두 물체를 접촉시켰더니 잠시 후 두 물체가 열평형 상태에 도달하였다. 이 열평형 상태는 무엇을 의미하는가?

① 두 물체의 비열은 다르나 열용량이 서로 같아진 상태
② 두 물체의 열용량은 다르나 비열이 서로 같아진 상태
③ 두 물체의 온도가 서로 같으며 더 이상 변화하지 않는 상태
④ 한 물체에서 잃은 열량이 다른 물체에서 얻은 열량과 같은 상태

해설 두 물체를 접촉시켰더니 잠시 후 두 물체가 열평형 상태에 도달한 것은 열역학 제0법칙 열의 평형 상태를 나타낸 것으로 온도계 원리이다.

37. 길이 100 m, 직경 50 mm인 상대조도 0.01인 원형 수도관 내에 물이 흐르고 있다. 관내 평균유속이 2 m/s에서 4 m/s로 2배 증가하였다면 압력손실은 몇 배로 되겠는가? (단, 유동은 마찰계수가 일정

한 완전난류로 가정한다.)

① 1.41배   ② 2배

③ 4배   ④ 8배

[해설] $H = f \times \dfrac{l}{D} \times \dfrac{V^2}{2g}$ 에서 압력손실은 유속

제곱에 비례한다.

$H = \dfrac{(4\text{m/s})^2}{(2\text{m/s})^2} = 4$

∴ 4배

38. 물의 유속을 측정하기 위하여 피토관을 사용하였다. 동압이 60 mmHg이면 유속은 약 몇 m/s인가? (단, 수은의 비중은 13.6이다.)

① 2.7   ② 3.5

③ 3.7   ④ 4.0

[해설] $60\,\text{mmHg} \times \dfrac{10.332\,\text{mAq}}{760\,\text{mmHg}} = 0.82\,\text{mAq}$

$V = \sqrt{2 \cdot g \cdot h}$

$= \sqrt{2 \times 9.8\text{m/s}^2 \times 0.82\text{m}} = 4\,\text{m/s}$

39. 그림에서 물에 의하여 점 B에서 힌지된 사분원 모양의 수문이 평형을 유지하기 위하여 잡아 당겨야 하는 힘 T는 몇 kN인가? (단, 폭은 1 m, 반지름($r = \overline{\text{OB}}$)은 2 m, 4분원의 중심은 O점에서 왼쪽으로 $\dfrac{4r}{3\pi}$인 곳에 있으며, 물의 밀도는 1000 kg/m³이다.)

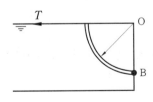

① 1.96   ② 9.8

③ 19.6   ④ 29.4

[해설]
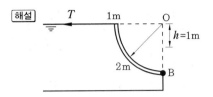

수문 면적(A) = 2 m × 1 m = 2 m²
높이(h) = 1 m
물의 비중량(γ) = 1000 kg/m³(9800 N/m³)
$F_b = \gamma \times h \times A = 9800\,\text{N/m}^3 \times 1\,\text{m} \times 2\,\text{m}^2$
     = 19600 N = 19.6 kN

40. 관내에서 물이 평균속도 9.8 m/s로 흐를 때의 속도수두는 몇 m인가?

① 4.9   ② 9.8

③ 48   ④ 128

[해설] $V = \sqrt{2 \cdot g \cdot H}$ 에서 양변을 제곱하면

$V^2 = 2 \cdot g \cdot H, \quad H = \dfrac{V^2}{2g}$

$H = \dfrac{(9.8\text{m/s})^2}{2 \times 9.8\text{m/s}^2} = 4.9\,\text{m/s}$

제 3 과목   **소방관계법규**

41. 소방시설업을 등록할 수 있는 사람은?

① 한정치산자

② 소방기본법에 따른 금고 이상의 실형을 선고 받고 그 집행이 종료된 후 1년이 경과한 사람

③ 위험물안전관리법에 따른 금고 이상의 형의 집행유예를 선고 받고 그 유예기간 중에 있는 사람

④ 등록하려는 소방시설업 등록이 취소된 날부터 2년이 경과한 사람

[해설] 소방시설 등록 결격사유
  (1) 금치산자, 한정치산자

---

(2) 소방기본법에 따른 금고 이상의 실형을 선고 받고 그 집행이 종료되거나 그 집행이 면제된 날로부터 2년이 경과되지 아니한 사람

(3) 금고 이상의 형의 집행유예를 선고 받고 그 유예기간 중에 있는 사람

42. 다음의 위험물 중에서 위험물안전관리법령에서 정하고 있는 지정수량이 가장 적은 것은?

① 브롬산염류　　② 유황
③ 알칼리토금속　　④ 과염소산

해설 지정수량
(1) 알칼리토금속 : 50 kg
(2) 유황 : 100 kg
(3) 브롬산염류, 과염소산 : 300 kg

43. 소방대장은 화재, 재난·재해, 그 밖의 위급한 상황이 발생한 현장에 소방활동구역을 정하여 지정한 사람 외에는 그 구역에 출입하는 것을 제한할 수 있다. 소방활동구역을 출입할 수 없는 사람은?

① 의사·간호사 그 밖의 구조·구급업무에 종사하는 사람
② 수사업무에 종사하는 사람
③ 소방활동구역 밖의 소방대상물을 소유한 사람
④ 전기·가스 등의 업무에 종사하는 사람으로서 원활한 소방활동을 위하여 필요한 사람

해설 소방활동구역을 출입할 수 있는 사람
(1) 소방활동구역 안에 있는 소방대상물 소유자, 점유자, 관리자
(2) 전기·가스 등의 업무에 종사하는 사람으로서 원활한 소방활동을 위하여 필요한 자
(3) 의사·간호사 그 밖의 구조·구급업무에 종사하는 사람

(4) 수사업무, 보도업무에 종사하는 사람
(5) 소방대장이 소방활동을 위하여 출입을 허가한 자

44. 제4류 위험물을 저장하는 위험물제조소의 주의사항을 표시한 게시판의 내용으로 적합한 것은?

① 화기엄금　　② 물기엄금
③ 화기주의　　④ 물기주의

해설 위험물제조소 게시판 : 직사각형(0.3 m 이상×0.6 m 이상)

위험물의 종류	주의사항	게시판 색상
• 제1류 위험물 중 알칼리금속의 과산화물 • 제3류 위험물 중 금수성물질	물기엄금	청색바탕에 백색문자
• 제2류 위험물(인화성고체는 제외)	화기주의	적색바탕에 백색문자
• 제2류 위험물 중 인화성고체 • 제3류 위험물 중 자연발화성물질 • 제4류 위험물 • 제5류 위험물	화기엄금	적색바탕에 백색문자

45. 소방시설관리사 시험을 시행하고자 하는 때에는 응시자격 등 필요한 사항을 시험 시행일 며칠 전까지 일간신문에 공고하여야 하는가?

① 15　　② 30
③ 60　　④ 90

해설 시행일 90일 전까지 일간신문에 공고(1년에 1회 시행)해야 한다.

46. 무창층 여부 판단 시 개구부 요건기준으로 옳은 것은?

① 해당 층의 바닥면으로부터 개구부 밑부분까지의 높이가 1.5 m 이내일 것

② 개구부의 크기가 지름 50 cm 이상의 원이 내접할 수 있을 것

③ 개구부는 도로 또는 차량이 진입할 수 없는 빈터를 향할 것

④ 내부 또는 외부에서 쉽게 파괴 또는 개방할 수 없을 것

해설 개구부

(1) 개구부의 크기가 지름 50 cm 이상의 원이 내접할 수 있을 것

(2) 해당 층의 바닥면으로부터 개구부 밑부분까지의 높이가 1.2 m 이내일 것

(3) 내부 또는 외부에서 쉽게 파괴 또는 개방할 수 있을 것

(4) 개구부는 도로 또는 차량이 진입할 수 있는 빈터를 향할 것

(5) 화재 시 쉽게 피난할 수 있도록 창살 또는 그 밖의 장애물이 없을 것

47. 피난시설, 방화구획 및 방화시설을 폐쇄·훼손·변경 등의 행위를 3차 이상 위반한 자에 대한 과태료는?

① 2백만원   ② 3백만원

③ 5백만원   ④ 1천만원

해설 • 1차 위반 : 100만원 이하

• 2차 위반 : 200만원 이하

• 3차 위반 : 300만원 이하

48. 소방기본법에서 규정하는 소방용수시설에 대한 설명으로 틀린 것은?

① 시·도지사는 소방활동에 필요한 소화전·급수함·저수조를 설치하고 유지·관리하여야 한다.

② 소방본부장 또는 소방서장은 원활한 소방활동을 위하여 소방용수시설에 대한 조사를 월 1회 이상 실시하여야 한다.

③ 소방용수시설 조사의 결과는 2년간 보관하여야 한다.

④ 수도법의 규정에 따라 설치된 소화전도 시·도지사가 유지·관리하여야 한다.

해설 수도법의 규정에 따라 설치된 소화전
→ 일반수도업자

49. 소방시설 설치·유지 및 안전관리에 관한 법률에서 규정하는 소방용품 중 경보설비를 구성하는 제품 또는 기기에 해당하지 않는 것은?

① 비상조명등   ② 누전경보기

③ 발신기   ④ 감지기

해설 비상조명등은 피난사다리, 구조대, 완강기, 유도등, 공기 호흡기 등과 같이 피난설비에 해당된다.

50. 다음 소방시설 중 소화활동설비가 아닌 것은?

① 제연설비

② 연결송수관설비

③ 무선통신보조설비

④ 자동화재탐지설비

해설 자동화재탐지설비는 경보설비에 해당된다.

51. 위험물안전관리법령에서 규정하는 제3류 위험물의 품명에 속하는 것은?

① 나트륨   ② 염소산염류

③ 무기과산화물   ④ 유기과산화물

해설 염소산염류, 무기과산화물, 유기과산화물은 제1류 위험물(산화성 고체)이다.

52. 하자를 보수하여야 하는 소방시설에

따른 하자보수 보증기간의 연결이 옳은 것은?

① 무선통신보조설비 : 3년
② 상수도 소화용수설비 : 3년
③ 피난기구 : 3년
④ 자동화재탐지설비 : 2년

해설 소방시설 하자보수 보증기간

보증 기간	소방시설
2년	• 무선통신보조설비 • 유도등, 유도표지, 피난기구 • 비상조명등, 비상경보설비, 비상방송설비
3년	• 자동소화장치 • 옥내 · 외소화전설비 • 스프링클러설비, 간이스프링클러설비 • 물분무등소화설비, 상수도 소화용수설비 • 자동화재탐지설비, 소화활동설비

53. 위험물안전관리법령에 의하여 자체소방대에 배치해야 하는 화학소방자동차의 구분에 속하지 않는 것은?

① 포수용액 방사차
② 고가 사다리차
③ 제독차
④ 할로겐화합물 방사차

해설 화학소방자동차의 방사능력
  (1) 분말 소방차 : 35 kg/s(1400 kg 이상 비치)
  (2) 할로겐화합물 소방차 : 40 kg/s(3000 kg 이상 비치)
  (3) 이산화탄소 소방차 : 40 kg/s(3000 kg 이상 비치)
  (4) 포수용액 방사차 : 200 L/min 이상(10 만 L 이상 비치)
  (5) 제독차 : 50 kg 이상 비치

54. 소방력의 기준에 따라 관할구역 안의 소방력을 확충하기 위한 필요 계획을 수립하여 시행하는 사람은?

① 소방서장   ② 소방본부장
③ 시 · 도지사   ④ 자치소방대장

해설 시 · 도지사는 소방력의 기준에 따라 관할구역 안의 소방력을 확충하기 위한 필요 계획을 수립하여 시행하여야 한다.

55. 제조소 등의 위치 · 구조 또는 설비의 변경 없이 당해 제조소 등에서 저장하거나 취급하는 위험물의 품명 · 수량 또는 지정수량의 배수를 변경하고자 할 때는 누구에게 신고해야 하는가?

① 국무총리   ② 시 · 도지사
③ 국민안전처장관   ④ 관할소방서장

해설 위험물의 품명 · 수량 또는 지정수량의 배수를 변경하고자 할 경우에는 변경하고자 하는 날의 1일 전까지 시 · 도지사에게 신고하여야 한다.

56. 아파트로서 층수가 20층인 특정소방대상물에는 몇 층 이상의 층에 스프링클러설비를 설치해야 하는가?

① 6층   ② 11층
③ 16층   ④ 전층

해설 6층 이상의 건축물인 경우 전층에 스프링클러설비를 설치하여야 한다.

57. 소방특별조사 결과 화재예방을 위하여 필요한 때 관계인에게 소방대상물의 개수 · 이전 · 제거, 사용의 금지 또는 제한 등의 필요한 조치를 명할 수 있는 사람이 아닌 것은?

① 소방서장   ② 소방본부장
③ 국민안전처장관   ④ 시 · 도지사

해설 소방대상물의 개수·이전·제거, 사용의 금지 또는 제한 등의 필요한 조치 명령권자는 소방서장, 소방본부장, 국민안전처장관(현 소방청장)이다.

58. 관계인이 예방규정을 정하여야 하는 옥외저장소는 지정수량의 몇 배 이상의 위험물을 저장하는 것을 말하는가?

① 10   ② 100   ③ 150   ④ 200

해설 지정수량
   (1) 10배 이상 : 제조소, 일반취급소
   (2) 100배 이상 : 옥외저장소
   (3) 150배 이상 : 옥내저장소
   (4) 200배 이상 : 옥외탱크저장소

59. 소방공사업자가 소방시설공사를 마친 때에는 완공검사를 받아야 하는데 완공검사를 위한 현장 확인을 할 수 있는 특정소방대상물의 범위에 속하지 않는 것은 어느 것인가? (단, 가스계소화설비를 설치하지 않는 경우이다.)

① 문화 및 집회시설
② 노유자시설
③ 지하상가
④ 의료시설

해설 특정소방대상물의 범위
   (1) 문화 및 집회시설   (2) 종교시설
   (3) 판매시설   (4) 노유자시설
   (5) 수련시설   (6) 운동, 숙박시설
   (7) 창고시설   (8) 지하상가
   (9) 다중이용업소

60. 1급 소방안전관리 대상물에 해당하는 건축물은?

① 연면적 15000 m² 이상인 동물원
② 층수가 15층인 업무시설
③ 층수가 20층인 아파트

④ 지하구

해설 1급 소방안전관리 대상물
   (1) 30층 이상(지하층 제외) 또는 120 m 이상 아파트
   (2) 연면적 15000 m² 이상인 것(아파트 제외)
   (3) 11층 이상인 것(아파트 제외)
   (4) 가연성가스를 1000 ton 이상 저장·취급하는 시설
   (5) 동·식물원, 불연성 물품 저장·취급, 지하구, 위험물 제조소 등은 1급 소방안전관리 대상물에서 제외

제4과목 **소방기계시설의 구조 및 원리**

61. 스프링클러헤드를 설치하지 않을 수 있는 장소로만 나열된 것은?

① 계단, 병실, 목욕실, 통신기기실, 아파트
② 발전실, 수술실, 응급처치실, 통신기기실
③ 발전실, 변전실, 병실, 목욕실, 아파트
④ 수술실, 병실, 변전실, 발전실, 아파트

해설 스프링클러헤드 설치 제외 장소
   (1) 계단실(특별피난계단의 부속실 포함), 경사로, 승강기의 승강로, 비상용 승강기의 승강장, 목욕실, 수영장(관람석 부분 제외), 화장실
   (2) 통신기기실, 전자기기실, 기타 이와 유사한 시설
   (3) 발전실, 변전실, 변압기, 기타 이와 유사한 시설
   (4) 병원수술실, 응급처치실, 기타 이와 유사한 시설

62. 280 m²의 발전실에 부속용도별로 추가

하여야 할 적응성이 있는 소화기의 최소 수량은 몇 개인가?

① 2   ② 4
③ 6   ④ 12

해설 발전실, 변전실, 변압기실, 통신기기실, 전자기기실은 바닥면적 $50\,\text{m}^2$마다 소화기 1개 이상 설치하여야 한다.

$$\text{소화기 수} = \frac{280\,\text{m}^2}{50\,\text{m}^2} = 5.6 = 6개$$

63. 주요 구조부가 내화구조이고 건널 복도가 설치된 층의 피난기구 수의 설치의 감소 방법으로 적합한 것은?

① 원래의 수에서 $\frac{1}{2}$을 감소한다.

② 원래의 수에서 건널 복도 수를 더한 수로 한다

③ 피난기구로 수에서 해당 건널 복도 수의 2배를 뺀 수로 한다.

④ 피난기구를 설치하지 아니할 수 있다.

해설 건널 복도가 설치되어 있는 층 : 피난기구로 수에서 해당 건널 복도 수의 2배를 뺀 수

64. 물분무소화설비 대상 공장에서 물분무헤드의 설치 제외 장소로서 틀린 것은?

① 고온의 물질 및 증류범위가 넓어 끓어 넘치는 위험이 있는 물질을 저장하는 장소

② 물에 심하게 반응하여 위험한 물질을 생성하는 물질을 취급하는 장소

③ 운전 시의 표면의 온도가 260℃ 이상으로 되는 등 직접분무를 하는 경우 그 부분에 손상을 입힐 우려가 있는 기계장치 등이 있는 장소

④ 표준방사량으로 당해 방호대상물의

화재를 유효하게 소화하는 데 필요한 적절한 장소

해설 물분무헤드의 설치 제외 장소 : ①, ②, ③항 3가지이다.

65. 제연설비의 배출기와 배출풍도에 관한 설명 중 틀린 것은?

① 배출기와 배출 풍도의 접속부분에 사용하는 캔버스는 내열성이 있는 것으로 할 것

② 배출기의 전동기부분과 배풍기 부분은 분리하여 설치할 것

③ 배출기 흡입측 풍도 안의 풍속은 15 m/s 이상으로 할 것

④ 배출기의 배출측 풍도 안의 풍속은 20 m/s 이하로 할 것

해설 배출기 흡입측 풍도 안의 풍속은 15 m/s 이하로 하여야 한다.

66. 채수구를 부착한 소화수조를 옥상에 설치하려 한다. 지상에 설치된 채수구에서의 압력은 몇 MPa 이상이 되도록 설치해야 하는가?

① 0.1 MPa   ② 0.15 MPa
③ 0.17 MPa   ④ 0.25 MPa

해설 소화수조는 옥상에 설치가 가능하며 채수구에서의 압력은 0.15 MPa 이상이 되도록 하여야 한다.

67. 이산화탄소 소화약제의 저장용기 설치 기준에 적합하지 않은 것은?

① 방화문으로 구획된 실에 설치할 것
② 방호구역 외의 장소에 설치할 것
③ 용기 간의 간격은 점검에 지장이 없도록 2 cm의 간격을 유지할 것

정답   63. ③   64. ④   65. ③   66. ②   67. ③

④ 온도가 40℃ 이하이고, 온도 변화가 적은 곳에 설치

해설 2 cm의 간격 → 3 cm의 간격

68. 자동경보밸브의 오보를 방지하기 위하여 설치하는 것은?

① 자동배수 밸브 ② 탬퍼스위치
③ 작동시험 밸브 ④ 리타딩 체임버

해설 리타딩 체임버의 주된 역할은 오보 방지이다.

69. 포헤드를 소방대상물의 천장 또는 반자에 설치하여야 할 경우 헤드 1개가 방호되어야 할 최대한의 바닥면적은 몇 m^2 인가?

① 3 ② 5
③ 7 ④ 9

해설 포헤드의 설치 기준

(1) 포헤드 : 소방대상물의 천장 또는 반자에 설치하며 바닥면적 9 m^{2}마다 1개 이상 설치

(2) 포워터 스프링클러헤드 : 소방대상물의 천장 또는 반자에 설치하며 바닥면적 8 m^2 마다 1개 이상 설치

70. 자동차 차고에 설치하는 물분무소화설비 수원의 저수량에 관한 기준으로 옳은 것은? (단, 바닥면적 100 m^{2}인 경우이다.)

① 바닥면적 1 m^{2}에 대하여 10 L/min로 10분간 방수할 수 있는 양 이상
② 바닥면적 1 m^{2}에 대하여 10 L/min로 20분간 방수할 수 있는 양 이상
③ 바닥면적 1 m^{2}에 대하여 20 L/min로 10분간 방수할 수 있는 양 이상
④ 바닥면적 1 m^{2}에 대하여 20 L/min로 20분간 방수할 수 있는 양 이상

해설 물분무소화설비 수원의 저수량

특수장소	저수량	펌프의 토출량(l/분)
특수가연물 저장, 취급 소방대상물	바닥면적(m^2)(최대 50 m^2)×10 L /min·m^2×20 min	바닥면적(m^2)(최대 50 m^2)×10 L/min·m^2
차고, 주차장	바닥면적(m^2)(최대 50 m^2)×20 L /min·m^2×20 min	바닥면적(m^2)(최대 50 m^2)×10 L/min·m^2
절연유 봉입 변압기 설치부분	표면적(바닥면적 제외)(m^2)×10 L /min·m^2×20 min	표면적(바닥 면적제외)(m^2)×10 L/min·m^2
케이블 트레이, 덕트 등 설치부분	투영된 바닥면적 (m^2)×12 L/min ·m^2×20min	투영된 바닥 면적(m^2)×12 L/min·m^2
위험물 저장탱크 설치부분	원주둘레길이(m) ×37 L/min·m ×20 min	원주둘레길이 (m)×37 L/min·m
컨베이어 벨트 설치부분	바닥면적(m^2)×10 L/min·m^2 ×20 min	바닥면적(m^2)×10 L/min·m^2

71. 다음 중 연결살수설비 설치대상이 아닌 것은?

① 가연성가스 20 ton을 저장하는 지상 탱크시설
② 지하층으로서 바닥면적의 합계가 200 m^{2}인 장소
③ 판매시설 물류터미널로서 바닥면적의 합계가 1500 m^{2}인 장소
④ 아파트의 대피시설로 사용되는 지하층으로서 바닥면적의 합계가 850 m^{2}인 장소

해설 연결살수설비 설치대상 : ②, ③, ④항

정답 68. ④ 69. ④ 70. ③ 71. ①

이외의 가스시설 중 지상에 노출된 탱크의 용량이 30 ton 이상인 탱크시설

72. 주차장에 필요한 분말소화약제 120 kg 을 저장하려고 한다. 이때 필요한 저장용기의 최소 내용적(L)은?

① 96

② 120

③ 150

④ 180

해설 분말소화약제의 종류

종별	명칭	착색	적용	충전비	비고
제1종	탄산수소나트륨 (NaHCO₃)	백색	B, C급	0.8 L/kg	식용유, 지방유
제2종	탄산수소칼륨 (KHCO₃)	담자색	B, C급	1.0 L/kg	
제3종	제1인산암모늄 (NH₄H₂PO₄)	담홍색	A, B, C급	1.0 L/kg	차고, 주차장
제4종	탄산수소칼륨+요소 (KHCO₃+(NH₂)₂CO)	회색	B, C급	1.25 L/kg	

∴ 120 kg × 1.0 L/kg = 120 L

73. 반응시간지수(RTI)에 따른 스프링클러헤드의 설치에 대한 설명으로 옳지 않은 것은?

① RTI가 작을수록 헤드의 설치간격을 작게 한다.

② RTI는 감지기의 설치간격에도 이용될 수 있다.

③ 주위온도가 큰 곳에서는 RTI를 크게 설정한다.

④ 고천정의 방호대상물에는 RTI가 작은 것을 설치한다.

해설 반응시간지수(RTI)

(1) 기류의 온도, 속도 및 작동시간에 대하여 스프링클러헤드의 반응을 예상한 지수

$$RTI = r \cdot \sqrt{u}$$

여기서, RTI : 반응시간지수$(m \cdot s)^{0.5}$

r : 감열체의 시간상수(s)

u : 기류속도(m/s)

(2) RTI가 작을수록 헤드의 설치간격을 크게 한다.

(3) RTI는 감지기의 설치간격에도 이용될 수 있다.

(4) 주위온도가 큰 곳에서는 RTI를 크게 설정한다.

(5) 고천정의 방호대상물에는 RTI가 작은 것을 설치한다.

74. 분말소화설비의 배관과 선택밸브의 설치기준에 대한 내용으로 옳지 않은 것은?

① 배관은 겸용으로 설치할 것

② 강관은 아연도금에 따른 배관용 탄소강관을 사용할 것

③ 동관은 고정압력 또는 최고사용압력의 1.5배 이상의 압력에 견딜 수 있는 것을 사용할 것

④ 선택밸브는 방호구역 또는 방호대상물마다 설치할 것

해설 분말소화설비의 배관과 선택밸브

(1) 항상 배관은 전용으로 설치해야 한다.

(2) 강관 : 아연도금에 따른 배관용 탄소강관 또는 이와 동등 이상 강도, 내식성, 내열성을 가진 것으로 할 것

(3) 동관 : 최고사용압력의 1.5배 압력에 견딜 수 있을 것

(4) 밸브류는 개폐방향, 개폐위치 표시한 것으로 사용

(5) 선택밸브는 방호구역, 방호대상물마다 설치할 것

75. 다음 중 호스를 반드시 부착해야 하는 소화기는?

① 소화약제의 충전량이 5 kg 미만인 산, 알칼리소화기

② 소화약제의 충전량이 4 kg 미만인 할로겐화합물소화기

③ 소화약제의 충전량이 3 kg 미만인 이산화탄소소화기

④ 소화약제의 충전량이 2 kg 미만인 분말소화기

해설 소화기에 호스 부착 제외
  (1) 소화약제의 충전량이 2 kg 미만인 분말소화기
  (2) 소화약제의 충전량이 3 kg 미만인 이산화탄소소화기
  (3) 소화약제의 충전량이 4 kg 미만인 할로겐화합물소화기
  (4) 소화약제의 충전량이 3 L 미만인 액체계소화약제소화기

76. 제연구역은 소화활동 및 피난상 지장을 가져오지 않도록 단순한 구조로 하여야 하며 하나의 제연구역의 면적은 몇 m² 이내로 규정하고 있는가?

① 700   ② 1000

③ 1300   ④ 1500

해설 제연구역
  (1) 하나의 제연구역의 면적은 1000 m² 이내로 할 것
  (2) 거실과 통로는 상호제연구획으로 할 것
  (3) 제연구역은 60 m 원내에, 통로상 제연구역은 보행 중심선 길이가 60 m 이내일 것
  (4) 1개의 제연구역은 2개 이상의 층에 미치지 않을 것

77. 이산화탄소 소화설비의 시설 중 소화 후 연소 및 소화 잔류가스를 인명 안전상 배출 및 희석시키는 배출설비의 설치대상이 아닌 것은?

① 지하층   ② 피난층

③ 무창층   ④ 밀폐된 거실

해설 이산화탄소 또는 할로겐화합물 소화기구 설치대상 : 지하층, 무창층, 밀폐된 거실

78. 피난사다리에 해당하지 않는 것은?

① 미끄럼식 사다리

② 고정식 사다리

③ 올림식 사다리

④ 내림식 사다리

해설 피난사다리 종류
  (1) 고정식 사다리 : 항상 사용 가능한 상태(수납식, 접는식, 신축식 포함)
  (2) 올림식 사다리 : 소방대상물 등에 기대어 세워서 사용하는 사다리
  (3) 내림식 사다리 : 소방대상물에 걸어 내려 사용하는 사다리

79. 다음은 포의 팽창비를 설명한 것이다. (A) 및 (B)에 들어갈 용어로 옳은 것은?

팽창비라 함은 최종 발생한 포 (A)를 원래 포 수용액 (B)로 나눈 값을 말한다.

① (A) 체적, (B) 중량

② (A) 체적, (B) 질량

③ (A) 체적, (B) 체적

④ (A) 중량, (B) 중량

해설 팽창비 $= \dfrac{\text{발포 후 포의 체적}}{\text{발포 전 포 수용액 체적}}$

80. 옥내소화전 방수구는 특정소방대상물의 층마다 설치하되 특정소방대상물의 각 부분으로부터 하나의 옥내소화전 방수구까지 수평거리가 몇 m 이하가 되도록 하는가?

① 20   ② 25

③ 30   ④ 40

해설 방수구, 호스 접결구
  (1) 옥내소화전 방수구까지 수평거리 : 25 m
  (2) 옥외소화전 호스접결구까지 수평거리 : 40 m

정답 76. ②   77. ②   78. ①   79. ③   80. ②

소방설비기계기사

제1과목 **소방원론**

1. 플래시 오버(flash over) 현상에 대한 설명으로 틀린 것은?

① 산소의 농도와 무관하다.

② 화재공간의 개구율과 관계가 있다.

③ 화재공간 내의 가연물의 양과 관계가 있다.

④ 화재실 내의 가연물의 종류와 관계가 있다.

해설 플래시 오버는 화재 시 실내온도의 급격한 상승으로 화재실 전체에 화재가 확대되고 실외로 화염이 돌출되는 현상으로 화재실 산소의 농도가 증가하면 확대된다.

2. 화재 강도와 관계가 없는 것은?

① 가연물의 비표면적

② 발화원의 온도

③ 화재실의 구조

④ 가연물의 발열량

해설 (1) 화재 강도 : 화재 시 발생되는 열의 집중도나 발열량의 상태를 상대적으로 나타낸 것으로 화재의 온도가 높을수록 크게 나타난다.

(2) 화재 강도에 영향을 미치는 인자
- 가연물의 발열량
- 가연물의 비표면적
- 표면적/물질의 단위 질량
- 공기(산소)의 공급 상태
- 화재실의 벽, 천장, 바닥 등의 구조(단열성 상태)

3. 건축물의 방재계획 중에서 공간적 대응 계획에 해당되지 않는 것은?

① 도피성 대응

② 대항성 대응

③ 회피성 대응

④ 소방시설방재 대응

해설 (1) 공간적 대응
- 회피성 : 불연화, 난연화, 내장제한, 구획의 세분화, 방화훈련
- 대항성 : 내화성능, 방연성능, 초기 소화대응
- 도피성 : 화재발생 시 안전하게 피난

(2) 설비적 대응 : 소화설비, 경보설비, 피난설비, 소화활동설비 등

4. 버너의 불꽃을 제거한 때부터 불꽃을 올리며 연소하는 상태가 끝날 때까지의 시간은?

① 10초 이내

② 20초 이내

③ 30초 이내

④ 40초 이내

해설 (1) 잔염시간 : 버너의 불꽃을 제거한 때부터 불꽃을 올리며 연소하는 상태가 끝날 때까지의 시간으로 20초 이내이다.

(2) 잔진시간 : 버너의 불꽃을 제거한 때부터 불꽃을 올리지 아니하고 연소하는 상태가 끝날 때까지의 시간으로 30초 이내이다.

5. 전기에너지에 의하여 발생되는 열원이 아닌 것은?

① 저항가열

② 마찰 스파크

③ 유도가열

④ 유전가열

해설 기계에너지 : 마찰 스파크, 마찰열, 압축열

6. 이산화탄소 소화설비의 적용대상이 아닌 것은?

정답 1. ① 2. ② 3. ④ 4. ② 5. ② 6. ④

① 가솔린

② 전기설비

③ 인화성 고체 위험물

④ 니트로셀룰로오스

해설 니트로셀룰로오스는 제5류 위험물로서 다량의 주수로 냉각소화를 하여야 한다.

7. 화재 시 이산화탄소를 방출하여 산소농도를 13 vol%로 낮추어 소화하기 위한 공기 중의 이산화탄소의 농도는 약 몇 vol%인가?

① 9.5

② 25.8

③ 38.1

④ 65.1

해설 이산화탄소 소화농도

$$CO_2 = \frac{21 - O_2}{21} \times 100$$
$$= \frac{21 - 13}{21} \times 100 = 38.09\,\%$$

8. 목조건축물에서 발생하는 옥내출화 시기를 나타낸 것으로 옳지 않은 것은 어느 것인가?

① 천장 속, 벽 속 등에서 발염 착화할 때

② 창, 출입구 등에 발염 착화할 때

③ 가옥의 구조에는 천장면에 발염 착화할 때

④ 불연 벽체나 불연 천장인 경우 실내의 그 뒷면에 발염 착화할 때

해설 창, 출입구 등에 발염 착화할 때 → 옥외출화

9. 유류탱크 화재 시 기름 표면에 물을 살수하면 기름이 탱크 밖으로 비산하여 화재가 확대되는 현상은?

① 슬롭오버(slop over)

② 보일오버(boil over)

③ 프로스오버(froth over)

④ 블레비(BLEVE)

해설 연소상의 문제점

(1) 보일오버 : 상부가 개방된 유류 저장탱크에서 화재 발생 시에 일어나는 현상으로 기름 표면에서 장시간 조용히 연소하다 일정 시간 경과 후 잔존 기름의 갑작스런 분출이나 넘침이 일어나며 유화 현상이 심한 기름에서 주로 발생한다.

(2) 슬롭오버 : 기름 속에 존재하는 수분이 비등점 이상이 되면 수증기가 되어 상부로 튀어 나오게 되는데 이때 기름의 일부가 비산되는 현상을 말한다.

(3) 프로스오버 : 유류 탱크 속에 존재하는 물이 상부의 뜨거운 기름 속에서 끓을 때 점성이 큰 기름이 탱크 외부로 넘쳐 흐르는 현상을 말한다.

(4) BLEVE : 가연성 액화가스 저장용기에 열이 공급되면 액의 증발로 인하여 급격한 체적 팽창이 일어나 용기가 파열되는 현상으로 액체의 일부도 같이 비산한다.

(5) 블로 오프 : 촛불을 입으로 불면 불꽃은 옆으로 이동하게 되며 이때 증발된 파라핀의 공급이 중단되어 촛불은 꺼지게 된다.

10. 다음 중 이산화탄소 소화약제의 주된 소화효과는?

① 제거소화

② 억제소화

③ 질식소화

④ 냉각소화

해설 이산화탄소는 화재 시 산소의 농도를 15 % 이하로 낮추어 질식소화를 일으킨다.

11. 저팽창포와 고팽창포에 모두 사용할 수 있는 포소화약제는?

① 단백포 소화약제

② 수성막포 소화약제

③ 불화단백포 소화약제

④ 합성계면활성제포 소화약제

해설 합성계면활성제포는 대부분 저팽창포에

사용하며 저·고팽창포 모두 사용 가능하다.

(1) 저팽창포(저발포) : 팽창비 20배 이하

(2) 고팽창포(고발포) : 팽창비 80배 이상 1000배 미만

12. 제6류 위험물의 공통성질이 아닌 것은?

① 산화성 액체이다.

② 모두 유기화합물이다.

③ 불연성물질이다.

④ 대부분 비중이 1보다 크다.

해설 제6류 위험물 : 과염소산, 과산화수소, 질산(지정수량 300 kg)

(1) 비중이 1보다 커서 물보다 무겁다.

(2) 상온에서 액체이며 물에 잘 녹는다.

(3) 물과 접촉을 하면 발열하고 무기화합물이다.

(4) 불연성물질이다.

13. 화재 시 분말소화약제와 병용하여 사용할 수 있는 포소화약제는?

① 수성막포 소화약제

② 단백포 소화약제

③ 알코올형포 소화약제

④ 합성계면활성제포 소화약제

해설 수성막포 소화약제는 내약품성이 좋아 분말소화약제와 겸용하여 사용할 수 있다.

14. 분말소화약제의 열분해 반응식 중 옳은 것은?

① $2KHCO_3 \rightarrow KCO_3 + 2CO_2 + H_2O$

② $2NaHCO_3 \rightarrow NaCO_3 + 2CO_2 + H_2O$

③ $NH_4H_2PO_4 \rightarrow HPO_3 + NH_3 + H_2O$

④ $2KHCO + (NH_2)_2CO \rightarrow K_2CO_3 + NH_2 + H_2O$

해설 분말소화약제의 종류

종별	명칭	착색	적용	반응식
제1종	탄산수소나트륨 ($NaHCO_3$)	백색	B, C급	$2NaHCO_3 \rightarrow Na_2CO_3 + CO_2 + H_2O$
제2종	탄산수소칼륨 ($KHCO_3$)	담자색	B, C급	$2KHCO_3 \rightarrow K_2CO_3 + CO_2 + H_2O$
제3종	제1인산암모늄 ($NH_4H_2PO_4$)	담홍색	A, B, C급	$NH_4H_2PO_4 \rightarrow HPO_3 + NH_3 + H_2O$
제4종	탄산수소칼륨 + 요소($KHCO_3 + (NH_2)_2CO$)	회색	B, C급	$2KHCO_3 + (NH_2)_2CO \rightarrow K_2CO_3 + 2NH_3 + 2CO_2$

15. 방화구조의 기준으로 틀린 것은?

① 심벽에 흙으로 맞벽치기한 것

② 철망모르타르로서 그 바름두께가 2 cm 이상인 것

③ 시멘트모르타르 위에 타일을 붙인 것으로서 그 두께의 합계가 1.5 cm 이상인 것

④ 석고판 위에 시멘트모르타르 또는 회반죽을 바른 것으로서 그 두께의 합계가 2.5 cm 이상인 것

해설 ③항의 경우 2.5 cm 이상

16. 위험물안전관리법령상 가연성 고체는 제 몇 류 위험물인가?

① 제1류   ② 제2류

③ 제3류   ④ 제4류

해설 위험물 분류

(1) 제1류 위험물 : 산화성 고체(주수에 의한 냉각소화)

(2) 제2류 위험물 : 가연성 고체(질식소화)

(3) 제3류 위험물 : 금수성 및 자연발화성

물질(질식소화)

(4) 제4류 위험물 : 인화성 액체(질식소화)

(5) 제5류 위험물 : 자기반응성물질(주수에 의한 냉각소화)

(6) 제6류 위험물 : 산화성 액체(다량의 물, 마른 모래 등에 의한 질식소화)

17. 소화약제로서 물에 관한 설명으로 틀린 것은?

① 수소결합을 하므로 증발잠열이 작다.

② 가스계 소화약제에 비해 사용 후 오염이 크다.

③ 무상으로 주수하면 중질유 화재에도 사용할 수 있다.

④ 타 소화약제에 비해 비열이 크기 때문에 냉각효과가 우수하다.

해설 물은 비열 및 증발잠열이 크기 때문에 냉각소화가 우수하다.

18. 표준상태에서 메탄가스의 밀도는 몇 g/L 인가?

① 0.21   ② 0.41

③ 0.71   ④ 0.91

해설 메탄의 분자량은 16이며 아보가드로의 법칙에 의하여 $\dfrac{16\,\mathrm{g}}{22.4\,\mathrm{L}} = 0.71\,\mathrm{g/L}$

19. 분진폭발을 일으키는 물질이 아닌 것은?

① 시멘트 분말   ② 마그네슘 분말

③ 석탄 분말   ④ 알루미늄 분말

해설 분진폭발 물질 : 철분, 마그네슘분, 알루미늄분, 유황분, 석탄분, 소맥분 등

20. 가연물이 공기 중에서 산화되어 산화열의 축적으로 발화되는 현상은?

① 분해연소   ② 자기연소

③ 자연발화   ④ 폭굉

해설 열의 축적으로 발화되는 것을 자연발화라 한다.

제 2 과목 **소방유체역학**

21. 피토관으로 파이프 중심선에서의 유속을 측정할 때 피토관의 액주높이가 5.2 m, 정압튜브의 액주높이가 4.2 m를 나타낸다면 유속은 약 몇 m/s인가? (단, 물의 밀도는 1000 kg/m³이다.)

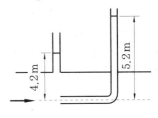

① 2.8   ② 3.5

③ 4.4   ④ 5.8

해설 $V = \sqrt{2 \cdot g \cdot H}$
$= \sqrt{2 \times 9.8\,\mathrm{m/s^2} \times (5.2 - 4.2)\,\mathrm{m}}$
$= 4.42\,\mathrm{m/s}$

22. 비중 0.6인 물체가 비중 0.8인 기름 위에 떠 있다. 이 물체가 기름 위에 노출되어 있는 부분은 전체 부피의 몇 %인가?

① 20   ② 25

③ 30   ④ 35

해설 $V = \dfrac{S}{S_0}$

여기서, V : 기름에 잠긴 체적

S_0 : 기름 비중

S : 물체 비중

$V = \dfrac{0.6}{0.8} = 0.75$

즉, 기름에 잠긴 체적이 75 %이다.

∴ 노출된 체적 = 100 - 75 = 25 %

정답 **17.** ①   **18.** ③   **19.** ①   **20.** ③   **21.** ③   **22.** ②

23. 열전도계수가 0.7 W/m · ℃인 5 m×6 m 벽돌 벽의 안팎의 온도가 20℃, 5℃일 때, 열손실을 1 kW 이하로 유지하기 위한 벽의 최소 두께는 몇 cm인가?

① 1.05   ② 2.10

③ 31.5   ④ 64.3

해설 $1000\,\text{W} = \dfrac{0.7\,\text{W/m} \cdot ℃}{l}$

$\qquad\qquad \times 5\,\text{m} \times 6\,\text{m} \times (20-5)℃$

$l = 0.315\,\text{m} = 31.5\,\text{cm}$

24. 원심 팬이 1700 rpm으로 회전할 때의 전압은 1520 Pa, 풍량은 240 m³/min이다. 이 팬의 비교회전도는 약 몇 m³/min · m · rpm인가? (단, 공기의 밀도는 1.2 kg/m³이다.)

① 502   ② 652

③ 687   ④ 827

해설 풍압 $1520\,\text{Pa} \rightarrow$ mAq로 환산

$1520\,\text{Pa} \times \dfrac{10332\,\text{kg/m}^2}{101325\,\text{Pa}} = 154.99\,\text{kg/m}^2$

$\dfrac{154.99\,\text{kg/m}^2}{1.2\,\text{kg/m}^3} \fallingdotseq 129\,\text{mAq}$

$N_s = \dfrac{N \times \sqrt{Q}}{\left(\dfrac{H}{n}\right)^{\frac{3}{4}}} = \dfrac{1700 \times \sqrt{240}}{(129)^{\frac{3}{4}}}$

$\qquad \fallingdotseq 688\,\text{m}^3/\text{min} \cdot \text{m} \cdot \text{rpm}$

여기서, N : 회전수(rpm)

$\qquad\quad Q$: 유량(m³/min)

$\qquad\quad H$: 양정(mAq)

$\qquad\quad n$: 단수

25. 초기에 비어 있는 체적이 0.1 m³인 견고한 용기 안에 공기(이상기체)를 서서히 주입한다. 이때 주위온도는 300 K이다. 공기 1 kg을 주입하면 압력(kPa)이 얼마가 되는가? (단, 기체상수 R = 0.287 kJ/kg · K이다.)

① 287   ② 300

③ 348   ④ 861

해설 이상기체 상태 방정식

$P \times V = G \times R \times T$

$P = \dfrac{G \times R \times T}{V}$

$\quad = \dfrac{1\,\text{kg} \times 0.287\,\text{kN} \cdot \text{m/kg} \cdot \text{K} \times 300\,\text{K}}{0.1\,\text{m}^3}$

$\quad = 861\,\text{kN/m}^2 = 861\,\text{kPa}$

26. 물질의 온도 변화 형태로 나타나는 열에너지는?

① 현열   ② 잠열

③ 비열   ④ 증발열

해설 온도 변화 없이 상태 변화에 필요한 열은 잠열이며 상태 변화 없이 온도 변화에 필요한 열은 현열(감열)이다.

27. 압력 200 kPa, 온도 400 K의 공기가 10 m/s의 속도로 흐르는 지름 10 cm의 원관이 지름 20 cm인 원관과 연결된 다음 압력 180 kPa, 온도 350 K로 흐른다. 공기가 이상기체라면 정상상태에서 지름 20 cm인 원관에서의 공기의 속도(m/s)는?

① 2.43   ② 2.50

③ 2.67   ④ 4.50

해설 $\rho_1 = \dfrac{P}{R \times T}$

$\quad = \dfrac{200\,\text{kN/m}^2}{0.287\,\text{kN} \cdot \text{m/kg} \cdot \text{K} \times 400\,\text{K}}$

$\quad = 1.742\,\text{kg/m}^3$

$\rho_2 = \dfrac{180\,\text{kN/m}^2}{0.287\,\text{kN} \cdot \text{m/kg} \cdot \text{K} \times 350\,\text{K}}$

$\quad = 1.792\,\text{kg/m}^3$

$\rho_1 \times \dfrac{\pi}{4} \times d_1^2 \times V_1 = \rho_2 \times \dfrac{\pi}{4} \times d_2^2 \times V_2$

$1.742 \times \dfrac{\pi}{4} \times (0.1\,\text{m})^2 \times 10\,\text{m/s}$

$$= 1.792 \times \frac{\pi}{4} \times (0.2\,\text{m})^2 \times V_2$$

$$V_2 = 2.43\,\text{m/s}$$

28. 단면적이 일정한 물 분류가 20 m/s, 유량 0.3 m³/s로 분출되고 있다. 분류와 같은 방향으로 10 m/s의 속도로 운동하고 있는 평판에 이 분류가 수직으로 충돌할 경우 판에 작용하는 충격력은 몇 N인가?

① 1500   ② 2000

③ 2500   ④ 3000

[해설] $F = Q \times \rho \times V\,(Q = A \times V)$

$$= A \times \rho \times V^2$$

$$= \frac{0.3\,\text{m}^3/\text{s}}{20\,\text{m/s}} \times 1000\,\text{kg/m}^3 \times \{(20-10)\,\text{m/s}\}^2$$

$$= 1500\,\text{kg} \cdot \text{m/s}^2$$

$$= 1500\,\text{N}\,(1\text{N} = 1\,\text{kg} \cdot \text{m/s}^2)$$

29. 기름이 0.02 m³/s의 유량으로 직경 50 cm인 주철관 속을 흐르고 있다. 길이 1000 m에 대한 손실수두는 약 몇 m인가? (단, 기름의 점성계수는 0.103 N·s/m², 비중은 0.9이다.)

① 0.15   ② 0.3   ③ 0.45   ④ 0.6

[해설] $V = \dfrac{Q}{A} = \dfrac{0.02\,\text{m}^3/\text{s}}{\frac{\pi}{4} \times (0.5\,\text{m})^2} = 0.102\,\text{m/s}$

$$\rho = 1000\,\text{kg/m}^3 \times 0.9 = 900\,\text{kg/m}^3$$

$$Re = \frac{D \cdot V \cdot \rho}{\mu}$$

$$= \frac{0.5\,\text{m} \times 0.102\,\text{m/s} \times 900\,\text{kg/m}^3}{0.103\,\text{N} \cdot \text{s/m}^2}$$

$$= 445.63\,(\text{층류})$$

$$H = f \times \frac{l}{D} \times \frac{V^2}{2g}$$

$$= \frac{64}{445.63} \times \frac{1000\,\text{m}}{0.5\,\text{m}} \times \frac{(0.102\,\text{m/s})^2}{2 \times 9.8\,\text{m/s}^2}$$

$$= 0.148\,\text{m} = 0.15\,\text{m}$$

30. 펌프로부터 분당 150 L의 소방용수가 토출되고 있다. 토출배관의 내경이 65 mm일 때 레이놀즈수는 약 얼마인가? (단, 물의 점성계수는 0.001 kg/m·s로 한다.)

① 1300   ② 5400

③ 49000   ④ 82000

[해설] $V = \dfrac{Q}{A} = \dfrac{0.15\,\text{m}^3/\text{min}}{\frac{\pi}{4} \times (0.065\,\text{m})^2}$

$$= 45.20\,\text{m}^3/\text{min} = 0.75\,\text{m}^3/\text{s}$$

$$Re = \frac{D \cdot V \cdot \rho}{\mu}$$

$$= \frac{0.065 \times 0.75 \times 1000}{0.001} = 48750$$

$$\fallingdotseq 49000$$

31. 유체 내에서 쇠구슬의 낙하속도를 측정하여 점도를 측정하고자 한다. 점도가 μ_1 그리고 μ_2인 두 유체의 밀도가 각각 ρ_1과 $\rho_2(> \rho_1)$일 때 낙하속도 $U_2 = \dfrac{1}{2} U_1$이면 다음 중 맞는 것은? (단, 항력은 Stokes의 법칙을 따른다.)

① $\dfrac{\mu_2}{\mu_1} < 2$

② $\dfrac{\mu_2}{\mu_1} = 2$

③ $\dfrac{\mu_2}{\mu_1} > 2$

④ 주어진 정보만으로는 결정할 수 없다.

[해설] Stokes의 법칙

$$\mu = \frac{d^2 \cdot (\rho_0 - \rho)}{18u}$$

여기서, μ : 점도(N·s/m²)

     d : 쇠구슬 지름(m)

     ρ_0 : 쇠구슬 밀도(kg/m³)

정답   **28.** ①   **29.** ①   **30.** ③   **31.** ①

ρ : 유체 밀도(kg/m^3)

u : 낙하속도(m/s)

$$\frac{\mu_2}{\mu_1} = \frac{\dfrac{d^2 \cdot (\rho_0 - \rho_2)}{18u_2}}{\dfrac{d^2 \cdot (\rho_0 - \rho_1)}{18u_1}} = \frac{\dfrac{d^2 \cdot (\rho_0 - \rho_2)}{18 \times \frac{1}{2}u_1}}{\dfrac{d^2 \cdot (\rho_0 - \rho_1)}{18 \cdot u_1}}$$

$$\frac{\mu_2}{\mu_1} = \frac{2 \cdot (\rho_0 - \rho_2)}{\rho_0 - \rho_1} \, (\rho_1 < \rho_2 \text{이므로})$$

$$\frac{\mu_2}{\mu_1} < 2$$

32. 직경 4 cm이고 관마찰계수가 0.02인 원관에 부차적 손실계수가 4인 밸브가 장치되어 있을 때 이 밸브의 등가길이(상당길이)는 몇 m인가?

① 4   ② 6

③ 8   ④ 10

해설 $L_e = \dfrac{K \cdot D}{f} = \dfrac{4 \times 0.04}{0.02} = 8 \, m$

여기서, L_e : 등가길이(m)

K : 손실계수

D : 관경(m)

f : 마찰계수

33. 액체 분자들 사이의 응집력과 고체면에 대한 부착력의 차이에 의하여 관내 액체 표면과 자유표면 사이에 높이 차이가 나타나는 것과 가장 관계가 깊은 것은?

① 관성력

② 점성

③ 뉴턴의 마찰법칙

④ 모세관 현상

해설 모세관 현상 : 가는 관을 액체 속에 투입하였을 때 액체의 응집력과 관과 액체 사이의 부착력의 차이에 의해 일어난다.

34. 그림에서 A점의 압력이 B의 압력보다

6.8 kPa 크다면 경사관의 각도 $\theta[\degree]$는 얼마인가? (단, S는 비중을 나타낸다.)

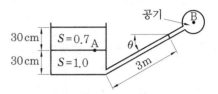

① 12   ② 19.3

③ 22.5   ④ 34.5

해설 경사관 각도에 의해

$$P_A + S \cdot \gamma_w \cdot h - S \cdot \gamma_w \cdot l \cdot \sin\theta = P_B$$

$$(P_A - P_B) + S \cdot \gamma_w \cdot h = S \cdot \gamma_w \cdot l \cdot \sin\theta$$

$$6.8 \, kPa + 1 \times 9.8 \, kN/m^3 \times 0.3 \, m$$

$$= 1 \times 9.8 \, kN/m^3 \times 3 \, m \times \sin\theta$$

$$9.74 = 29.4 \times \sin\theta$$

$$\theta = \sin^{-1}\left(\frac{9.74}{29.4}\right) = 19.3\degree$$

35. 저수조의 소화수를 빨아올릴 때 펌프의 유효흡입양정(NPSH)으로 적합한 것은? (단, P_a : 흡입수면의 대기압, P_v : 포화증기압, γ : 비중량, H_a : 흡입실양정, H_L : 흡입손실수두)

① NPSH $= \dfrac{P_a}{\gamma} + \dfrac{P_v}{\gamma} - H_a - H_L$

② NPSH $= \dfrac{P_a}{\gamma} - \dfrac{P_v}{\gamma} + H_a - H_L$

③ NPSH $= \dfrac{P_a}{\gamma} - \dfrac{P_v}{\gamma} - H_a - H_L$

④ NPSH $= \dfrac{P_a}{\gamma} - \dfrac{P_v}{\gamma} - H_a + H_L$

해설 (1) 수면이 펌프보다 낮은 위치에 있을 경우 : NPSH $= \dfrac{P_a}{\gamma} - \dfrac{P_v}{\gamma} - H_a - H_L$

(2) 수면이 펌프보다 높은 위치에 있을 경우 : NPSH $= \dfrac{P_a}{\gamma} - \dfrac{P_v}{\gamma} + H_a - H_L$

36. 안지름이 30 cm이고 길이가 800 m인 관로를 통하여 300 L/s의 물을 50 m 높이까지 양수하는 데 필요한 펌프의 동력은 약 몇 kW인가? (단, 관마찰계수는 0.03이고 펌프의 효율은 85 %이다.)

① 173 ② 259 ③ 398 ④ 427

해설 $V = \dfrac{Q}{A} = \dfrac{0.3\,\mathrm{m^3/s}}{\dfrac{\pi}{4} \times (0.3\,\mathrm{m})^2} = 4.24\,\mathrm{m/s}$

$\Delta H = f \times \dfrac{l}{D} \times \dfrac{V^2}{2g}$

$\qquad = 0.03 \times \dfrac{800\,\mathrm{m}}{0.3\,\mathrm{m}} \times \dfrac{(4.24\,\mathrm{m/s})^2}{2 \times 9.8\,\mathrm{m/s^2}}$

$\qquad = 73.38\,\mathrm{m}$

$H = 73.38 + 50 = 123.38\,\mathrm{m}$

$H_{kW} = \dfrac{1000 \times 0.3 \times 123.38}{102 \times 0.85} = 426.92\,\mathrm{kW}$

37. 물이 들어 있는 탱크에 수면으로부터 20 m 깊이에 지름 50 mm의 오리피스가 있다. 이 오리피스에서 흘러나오는 유량은 약 몇 m³/min인가? (단, 탱크의 수면 높이는 일정하고 모든 손실은 무시한다.)

① 1.3 ② 2.3 ③ 3.3 ④ 4.3

해설 $V = \sqrt{2gH}$

$\qquad = \sqrt{2 \times 9.8\,\mathrm{m/s^2} \times 20\,\mathrm{m}}$

$\qquad = 19.80\,\mathrm{m/s}$

$Q = A \times V$

$\qquad = \dfrac{\pi}{4} \times (0.05\,\mathrm{m})^2 \times 19.80\,\mathrm{m/s} \times 60\,\mathrm{s/min}$

$\qquad = 2.33\,\mathrm{m^3/min}$

38. 회전날개를 이용하여 용기 속에서 두 종류의 유체를 섞었다. 이 과정 동안 날개를 통해 입력된 일은 5090 kJ이며 탱크의 발열량은 1500 kJ이다. 용기 내 내부에너지 변화량(kJ)은?

① 3590 ② 5090

③ 6590 ④ 15000

해설 엔탈피 = 내부에너지 + 외부에너지
내부에너지 = 5090kJ − 1500kJ = 3590kJ

39. 다음 중 크기가 가장 큰 것은?

① 19.6 N
② 질량 2 kg인 물체의 무게
③ 비중 1, 부피 2 m³인 물체의 무게
④ 질량 4.9 kg인 물체가 4 m/s²의 가속도를 받을 때의 힘

해설 동일 단위로 환산하면
② $2\,\mathrm{kg} \times 9.8\,\mathrm{N/kg} = 19.6\,\mathrm{N}$
③ $1000\,\mathrm{kg/m^3} \times 2\,\mathrm{m^3} \times 9.8\,\mathrm{N/kg}$
$\quad = 19600\,\mathrm{N}$
④ $4.9\,\mathrm{kg} \times 4\,\mathrm{m/s^2} = 19.6\,\mathrm{kg \cdot m/s^2}$
$\quad = 19.6\,\mathrm{N}$

40. 2 m 깊이로 물(비중량 9.8 kN/m³)이 채워진 직육면체 모양의 물탱크 바닥에 지름 20 cm의 원형 수문을 닫았을 때 수문이 받는 정수력의 크기는 약 몇 kN인가?

① 0.411 ② 0.616

③ 0.784 ④ 2.46

해설 $F = \gamma \times h \times A$
여기서, γ : 물의 비중량($9.8\,\mathrm{kN/m^3}$)
$\qquad h$: 깊이(m)
$\qquad A$: 수문 면적($\mathrm{m^2}$)

$F = 9.8\,\mathrm{kN/m^3} \times 2\,\mathrm{m} \times \dfrac{\pi}{4} \times (0.2\,\mathrm{m})^2$

$\quad = 0.6157\,\mathrm{kN}$

제3과목 **소방관계법규**

41. 시·도지사가 소방시설업의 등록취소처분이나 영업정지처분을 하고자 할 경우 실시하여야 하는 것은?

① 청문을 실시하여야 한다.

② 징계위원회의 개최를 요구하여야 한다.

③ 직권으로 취소처분을 결정하여야 한다.

④ 소방기술심의위원회의 개최를 요구하여야 한다.

해설 청문을 실시하는 경우
(1) 실시권자 : 시·도지사
(2) 소방시설업의 등록취소나 영업정지
(3) 소방용품의 형식승인 취소 및 제품검사 중지
(4) 우수품질인증, 소방용품의 성능인증 취소

42. 소방자동차의 출동을 방해한 자는 5년 이하의 징역 또는 얼마 이하의 벌금에 처하는가?

① 1천 5백만원 ② 2천만원

③ 3천만원 ④ 5천만원

해설 5년 이하의 징역 또는 3000만원 이하의 벌금
(1) 소방자동차 출동 방해 및 사람 구출 방해
(2) 소방대의 현장 출동 방해
(3) 출동한 소방내원에게 폭행, 협빅행사
(4) 화재진압, 인명구조 또는 구급활동 방해

43. 고형알코올 그 밖에 1기압 상태에서 인화점이 40℃ 미만인 고체에 해당하는 것은?

① 가연성 고체

② 산화성 고체

③ 인화성 고체

④ 자연발화성 물질

해설 위험물 별표 1에 의하여
(1) 산화성 고체라 함은 고체 1기압 및 섭씨 20도에서 액상인 것 또는 섭씨 20도 초과 섭씨 40도 이하에서 액상인 것
(2) 가연성 고체라 함은 고체로서 화염에 의한 발화의 위험성 또는 인화의 위험성을 판단하기 위하여 고시로 정하는 시험에서 고시로 정하는 성질과 상태를 나타내는 것
(3) 자연발화성 물질 및 금수성 물질이라 함

은 고체 또는 액체로서 공기 중에서 발화의 위험성이 있거나 물과 접촉하여 발화하거나 가연성 가스를 발생하는 위험성이 있는 것

44. "무창층"이라 함은 지상층 중 개구부 면적의 합계가 해당 층의 바닥면적의 얼마 이하가 되는 층을 말하는가?

① $\frac{1}{3}$ ② $\frac{1}{10}$ ③ $\frac{1}{30}$ ④ $\frac{1}{300}$

해설 (1) 무창층이란 건물의 지상층 중 피난상이나 소화활동상 유효한 개구부 면적의 합계가 그 층의 바닥면적에 대하여 1/30 이하인 층이다.
(2) 개구부 기준
• 크기는 지름 50 cm 이상의 원이 내접할 수 있는 크기일 것
• 해당 층의 바닥면으로부터 개구부 밑부분까지의 높이가 1.2 m 이내일 것
• 도로 또는 차량이 진입할 수 있는 빈터를 향할 것
• 화재 시 건축물로부터 쉽게 피난할 수 있도록 창살이나 그 밖의 장애물이 설치되지 아니할 것
• 내부 또는 외부에서 쉽게 부수거나 열 수 있을 것

45. 위험물제조소 등에 자동화재탐지설비를 설치하여야 할 대상은?

① 옥내에서 지정수량 50배의 위험물을 저장·취급하고 있는 일반취급소

② 하루에 지정수량 50배의 위험물을 제조하고 있는 제조소

③ 지정수량의 100배의 위험물을 저장·취급하고 있는 옥내저장소

④ 연면적 100 m² 이상의 제조소

해설 자동화재탐지설비 설치 대상물
(1) 연면적 500 m² 이상인 것
(2) 옥내에서 지정수량 100배의 위험물을 저장·취급하고 있는 일반취급소

46. 제4류 위험물로서 제1석유류인 수용성 액체의 지정수량은 몇 L인가?

① 100 ② 200 ③ 300 ④ 400

해설 제4류 위험물 지정수량
  (1) 제1석유류(수용성) : 400 L
  (2) 제1석유류(비수용성) : 200 L
  (3) 제2석유류(수용성) : 2000 L
  (4) 제2석유류(비수용성) : 1000 L

47. 다음 중 스프링클러설비를 의무적으로 설치하여야 하는 기준으로 틀린 것은?

① 숙박시설로 11층 이상인 것
② 지하가로 연면적이 1000 m² 이상인 것
③ 판매시설로 수용인원이 300명 이상인 것
④ 복합건축물로 연면적 5000 m² 이상인 것

해설 판매시설, 운수시설 및 창고시설 : 연면적 5000 m² 이상, 수용인원 500명 이상일 경우 스프링클러설비를 설치하여야 한다.

48. 소방대상물이 아닌 것은?

① 산림 ② 항해 중인 선박
③ 건축물 ④ 차량

해설 소방대상물 : 건축물, 차량, 선박(항해 중인 선박 제외), 선박 건조 구조물, 산림, 그 밖의 공작물 또는 물건

49. 특정소방대상물 중 노유자시설에 해당되지 않는 것은?

① 요양병원
② 아동복지시설
③ 장애인직업재활시설
④ 노인의료복지시설

해설 요양병원은 의료시설에 해당된다.

50. 다음 중 소방용품에 해당되지 않는 것은 어느 것인가?

① 방염도료
② 소방호스
③ 공기호흡기
④ 휴대용 비상조명등

해설 소방용품 제외 항목
  (1) 휴대용 비상조명등
  (2) 옥내소화전함
  (3) 안전매트
  (4) 유도표지
  (5) 피난밧줄
  (6) 벨용 푸시버튼스위치
  (7) 방수구
  (8) 방수복

51. 제1류 위험물 산화성 고체에 해당하는 것은?

① 질산염류 ② 특수인화물
③ 과염소산 ④ 유기과산화물

해설 위험물 종류

위험물 종류	특징	종류
제1류	산화성 고체	아염소산염류, 염소산염류, 과염소산염류, 질산염류, 무기과산화물
제2류	가연성 고체	유황, 마그네슘, 황화린, 적린, 금속분
제3류	자연발화성 물질 및 금수성물질	황린, 나트륨, 칼륨, 금속의 수소화물, 트리메틸알루미늄
제4류	인화성 액체	알코올류, 동식물유, 특수인화물, 석유류
제5류	자기반응성 물질	셀룰로이드, 아조화합물, 질산에스테르류, 니트로화합물, 니트로소화합물, 유기과산화물
제6류	산화성 액체	과염소산, 과산화수소, 질산

52. 다음 소방시설 중 하자보수 보증기간이 다른 것은?

① 옥내소화전설비
② 비상방송설비
③ 자동화재탐지설비
④ 상수도소화용수설비

해설 소방시설 하자보수 보증기간

보증기간	소방 시설
2년	• 무선통신보조설비 • 유도등, 유도표지, 피난기구 • 비상조명등, 비상경보설비, 비상방송설비
3년	• 자동소화장치 • 옥내·외소화전설비 • 스프링클러설비, 간이스프링클러설비 • 물분무등 소화설비, 상수도소화용수설비 • 자동화재탐지설비, 소화활동설비

53. 인접하고 있는 시·도간 소방업무의 상호응원협정 사항이 아닌 것은?

① 화재조사활동
② 응원출동의 요청방법
③ 소방교육 및 응원출동훈련
④ 응원출동대상지역 및 규모

해설 시·도간 소방업무의 상호응원협정 사항
(1) 화재의 경계, 진압활동
(2) 구조, 구급업무의 지원
(3) 화재조사활동
(4) 응원출동대상지역 및 규모
(5) 응원출동의 요청방법
(6) 응원출동 훈련 및 평가
(7) 소요경비의 부담에 관한 사항

54. 소방시설업자가 특정소방대상물의 관계인에 대한 통보 의무사항이 아닌 것은?

① 지위를 승계한 때
② 등록취소 또는 영업정지 처분을 받은 때
③ 휴업 또는 폐업한 때
④ 주소지가 변경된 때

해설 소방시설업자가 특정소방대상물의 관계인에 대한 통보 의무사항
(1) 지위를 승계한 때
(2) 등록취소 또는 영업정지 처분을 받은 때
(3) 휴업 또는 폐업한 때

55. 소방시설 중 화재를 진압하거나 인명구조활동을 위하여 사용하는 설비로 나열된 것은?

① 상수도소화용수설비, 연결송수관설비
② 연결살수설비, 제연설비
③ 연소방지설비, 피난설비
④ 무선통신보조설비, 통합감시시설

해설 소방시설의 종류

구분	종류
소화설비	• 소화기구 • 옥내·외소화전설비 • 스프링클러설비 • 물분무등 소화설비
경보설비	• 자동화재탐지설비 • 자동화재속보설비 • 통합감시시설 • 비상벨설비 • 비상방송설비 • 가스누설경보기 • 누전경보기
소화활동설비	• 연결송수관설비 • 연결살수설비 • 무선통신보조설비 • 비상콘센트설비 • 연소방지설비 • 제연설비
소화용수설비	• 상수도 소화용수설비 • 소화수조 • 저수조

56. 소화활동을 위한 소방용수시설 및 지리조사의 실시횟수는?

① 주 1회 이상

② 주 2회 이상

③ 월 1회 이상

④ 분기별 1회 이상

해설 소방용수시설 및 지리조사는 시·도지사가 월 1회 이상 실시한다.

57. 다음 중 특수가연물에 해당되지 않는 것은?

① 나무껍질 500 kg

② 가연성 고체류 2000 kg

③ 목재가공품 15 m^2

④ 가연성 액체류 3 m^2

해설 특수가연물 종류

품명	수량	품명	수량
면화류	200 kg 이상	가연성 고체류	3000 kg 이상
나무껍질, 대팻밥	400 kg 이상	가연성 액체류	2 m^3 이상
넝마, 종이 부스러기	1000 kg 이상	석탄, 목탄류	10000 kg 이상
사류	1000 kg 이상	목재 가공품, 나무 부스러기	10 m^3 이상
볏짚류	1000 kg 이상	합성 수지류	발포 시킨 것 20 m^3 이상
			그 밖의 것 3000 kg 이상

58. 비상경보설비를 설치하여야 할 특정소방대상물이 아닌 것은?

① 지하가 중 터널로서 길이가 1000 m 이상인 것

② 사람이 거주하고 있는 연면적 400 m^2 이상인 건축물

③ 지하층의 바닥면적이 100 m^2 이상으로 공연장인 건축물

④ 35명의 근로자가 작업하는 옥내작업장

해설 비상경보설비를 설치하여야 할 특정소방대상물

(1) 지하가 중 터널로서 길이가 500 m 이상인 것

(2) 사람이 거주하고 있는 연면적 400 m^2 이상인 건축물

(3) 지하층 또는 무창층의 바닥면적이 150 m^2 이상(공연장인 경우 100 m^2 이상)

(4) 50명의 근로자가 작업하는 옥내작업장

59. 소방대상물에 대한 개수명령권자는?

① 소방본부장 또는 소방서장

② 한국소방안전협회장

③ 시·도지사

④ 국무총리

해설 개수명령권자 : 소방본부장 또는 소방서장

60. 다음은 소방기본법의 목적을 기술한 것이다. (㉮), (㉯), (㉰)에 들어갈 내용으로 알맞은 것은?

화재를 (㉮)·(㉯)하거나 (㉰)하고 화재, 재난·재해 그 밖의 위급한 상황에서의 구조·구급활동 등을 통하여 국민의 생명·신체 및 재산을 보호함으로써 공공의 안녕질서 유지와 복리증진에 이바지함을 목적으로 한다.

① ㉮ 예방 ㉯ 경계 ㉰ 복구

② ㉮ 경보 ㉯ 소화 ㉰ 복구

③ ㉮ 예방 ㉯ 경계 ㉰ 진압

④ ㉮ 경계 ㉯ 통제 ㉰ 진압

정답 **56.** ③ **57.** ② **58.** ④ **59.** ① **60.** ③

제4과목 **소방기계시설의 구조 및 원리**

61. 수원의 수위가 펌프의 흡입구보다 높은 경우에 소화펌프를 설치하려고 한다. 고려하지 않아도 되는 사항은?

① 펌프의 토출측에 압력계 설치
② 펌프의 성능시험 배관설치
③ 물올림장치를 설치
④ 동결의 우려가 없는 장소에 설치

해설 수원의 수위가 펌프보다 낮을 경우 공동현상을 방지하기 위하여 물올림장치를 설치하여야 하며 수위가 펌프보다 높을 경우에는 설치하지 않아도 된다.

62. 분말소화설비에 사용하는 압력조정기의 사용 목적은?

① 분말용기에 도입되는 가압용 가스의 압력을 감압시키기 위함
② 분말용기에 나오는 입력을 증폭시키기 위함
③ 가압용 가스의 압력을 증대시키기 위함
④ 약제방출에 필요한 가스의 유량을 증폭시키기 위함

해설 분말소화기는 질소 또는 이산화탄소로 가압하며 압력조정기는 용기에 도입되는 가스를 2.5 MPa 이하로 감압시키는 역할을 한다.

63. 이산화탄소소화설비의 기동장치에 대한 기준 중 틀린 것은?

① 수동식 기동장치의 조작부는 바닥으로부터 높이 0.8 m 이상 1.5 m 이하에 설치한다.
② 자동식 기동장치에는 수동으로도 기

동할 수 있는 구조로 할 필요는 없다.
③ 가스압력식 기동장치에서 기동용 가스용기 및 당해 용기에 사용하는 밸브는 25 MPa 이상의 압력에 견디어야 한다.
④ 전기식 기동장치로서 7병 이상의 저장용기를 동시에 개방하는 설비에는 2병 이상의 저장용기에 전자개방밸브를 설치한다.

해설 자동식 기동장치는 작동에 이상이 있는 경우를 대비하여 수동으로도 기동할 수 있는 구조로 하여야 한다.

64. 폐쇄형 스프링클러설비의 방호구역 및 유수검지장치에 관한 설명으로 틀린 것은?

① 하나의 방호구역에는 1개 이상의 유수검지장치를 설치한다.
② 유수검지장치란 본체 내의 유수현상을 자동적으로 검지하여 신호 또는 경보를 받는 방치를 말한다.
③ 하나의 방호구역의 바닥면적은 3500 m^2를 초과하여서는 안 된다.
④ 스프링클러헤드의 공급되는 물은 유수검지장치를 지나도록 한다.

해설 하나의 방호구역의 바닥면적은 3000 m^2를 초과하여서는 안 된다.

65. 차고 및 주차장에 포소화설비를 설치하고자 할 때 포헤드는 바닥면적 몇 m^2마다 1개 이상 설치하여야 하는가?

① 6   ② 8
③ 9   ④ 10

해설 포헤드 설치기준
(1) 포헤드 : 바닥면적 9 m^2마다 1개 이상 설치
(2) 포워터 스프링클러헤드 : 바닥면적 8 m^2마다 1개 이상 설치

정답 **61.** ③   **62.** ①   **63.** ②   **64.** ③   **65.** ③

66. 아파트의 각 세대별 주방에 설치되는 주거용 주방용 자동소화장치의 설치기준으로 틀린 것은?

① 감지부는 형식승인 받은 유효한 높이 및 위치에 설치

② 탐지부는 수신부와 분리하여 설치

③ 가스차단장치는 주방배관의 개폐밸브로부터 5 m 이하의 위치에 설치

④ 수신부는 열기류 또는 습기 등과 주위온도에 영향을 받지 아니하고 사용자가 상시 볼 수 있는 장소에 설치

해설 가스차단장치는 주방배관의 개폐밸브로부터 2 m 이하의 위치에 설치한다.

67. 연결살수설비 헤드의 유지관리 및 점검사항으로 해당되지 않는 것은?

① 칸막이 등의 변경이나 신설로 인한 살수장애가 되는 곳은 없는지 확인한다.

② 헤드가 탈락, 이완 또는 변형된 것은 없는지 확인한다.

③ 헤드의 주위에 장애물로 인한 살수의 장애가 되는 것이 없는지 확인한다.

④ 방수량과 살수분포 시험을 하여 살수장애가 없는지를 확인한다.

해설 ④항은 연결살수설비 헤드 생산 시 검사하는 것으로 유지관리 사항이 아니다.

68. 준비작동식 스프링클러설비에 필요한 기기로만 열거된 것은?

① 준비작동밸브, 비상전원, 가압송수장치, 수원, 개폐밸브

② 준비작동밸브, 수원, 개방형 스프링클러, 원격조정장치

③ 준비작동밸브, 컴프레서, 비상전원, 수원, 드라이밸브

④ 드라이밸브, 수원, 리타딩 체임버, 가압송수장치, 로에어알람스위치

해설 스프링클러설비에 필요한 기기
(1) 습식
  • 리타딩 체임버　　• 알람체크밸브
  • 가압송수장치　　• 수원
  • 개폐밸브
(2) 건식
  • 드라이밸브　　　　• 가압송수장치
  • 자동식에어컴프레서　• 로에어알람스위치
  • 가압송수장치　　　• 수원
  • 개폐밸브
(3) 준비작동식
  • 준비작동식 밸브　• 가압송수장치
  • 수원　　　　　　• 개폐밸브
  • 비상전원

69. 스모그 타워식 배연방식에 관한 설명 중 틀린 것은?

① 고층 빌딩에 적당하다.

② 배연 샤프트의 굴뚝 효과를 이용한다.

③ 배연기를 사용하는 기계배연의 일종이다.

④ 모든 층의 일반 거실화재에 이용할 수 있다.

해설 스모그 타워 배연방식은 루프 모니터를 이용하는 자연배연방식의 일종이다.

70. 연결살수설비 전용 헤드를 사용하는 연결살수설비에서 천장 또는 반자의 각 부분으로부터 하나의 살수헤드까지의 수평거리는 몇 m 이하인가?(단, 살수헤드의 부착면과 바닥과의 높이가 2.1 m 초과이다.)

① 2.1　　　　　　② 2.3

③ 2.7　　　　　　④ 3.7

해설 (1) 연결살수설비 전용 헤드 설치간격 :

3.7 m 이하

(2) 연결살수설비 스프링클러헤드 설치간격 : 2.3 m 이하

71. 충수가 16층인 아파트 건축물에 각 세대마다 12개의 폐쇄형 스프링클러헤드를 설치하였다. 이때 소화펌프의 토출량은 몇 L/min 이상인가?

① 800   ② 960
③ 1600 ④ 2400

해설 아파트는 층수에 관계없이 헤드의 기준개수는 10개 이하이며 기준개수보다 작으면 그 설치개수를 기준으로 하면 된다.

Q = 기준개수×80 L/min
　 = 10×80 L/min=800 L/min

72. 부속용도로 사용하고 있는 통신기기실의 경우 바닥면적 몇 m^2마다 소화기 1개 이상을 추가로 비치하여야 하는가?

① 30   ② 40
③ 50   ④ 60

해설 소화기 설치
(1) 소형 : 20 m 이내, 대형 : 30 m 이내
(2) 통신기기실, 발전실, 변전실, 송전실, 배전반실, 전산기기실 : 50 m^2
(3) 보일러실, 업무시설, 의료시설, 음식점 : 30 m^2

73. 이산화탄소소화설비를 설치하는 장소에 이산화탄소액체의 소요량은 정해진 약제방사시간 이내에 방사되어야 한다. 다음 기준 중 소요량에 대한 약제방사시간이 틀린 것은?

① 전역방출방식에 있어서 표면화재 방호대상물은 1분

② 전역방출방식에 있어서 심부화재 방호대상물은 7분

③ 국소방출방식에 있어서 방호대상물

은 10초

④ 국소방출방식에 있어서 방호대상물은 30초

해설 소화약제 방사시간

구분		전역방출방식		국소방출방식	
		일반 건축물	위험물 제조소	일반 건축물	위험물 제조소
분말 소화설비		30초 이내	30초 이내	30초 이내	30초 이내
할로겐 화합물 소화설비		10초 이내	30초 이내	10초 이내	30초 이내
이산화 탄소 소화 설비	표면 화재	1분 이내	60초 이내	30초 이내	30초 이내
	심부 화재	7분 이내	60초 이내	30초 이내	30초 이내

74. 다음 물분무소화설비 배관 등 설치기준 중 틀린 것은?

① 펌프 흡입측 배관은 공기고임이 생기지 않는 구조로 하고 여과장치를 한다.

② 동결방지조치를 하거나 동결의 우려가 없는 장소에 설치한다.

③ 연결송수관설비의 배관과 겸용할 경우의 주배관은 100 mm 이상으로 한다.

④ 연결송수관설비의 배관과 겸용할 경우 방수구로 연결되는 배관의 구경은 65 mm 이하로 한다.

해설 연결송수관설비의 배관과 겸용할 경우 주배관의 구경은 100 mm 이상으로 하며 방수구로 연결하는 배관은 65 mm 이상으로 하여야 한다.

75. 의료시설에 구조대를 설치하여야 할 층으로 틀린 것은? (단, 장례식장을 제외한다.)

① 2　　② 3　　③ 4　　④ 5

해설 피난기구(구조대, 미끄럼대, 피난교, 피난용트랩, 승강식 피난기 등)는 3층 이상 10층 이하에 설치하여야 한다.

76. 수직강하식 구조대의 구조를 바르게 설명한 것은?

① 본체 내부에 로프를 사다리형으로 장착할 것
② 본체에 적당한 간격으로 협축부를 마련할 것
③ 본체 전부가 신축성이 있는 것
④ 내림식 사다리의 동쪽에 복대를 씌운 것

해설 경사강하식 구조대는 비스듬하게 고정하여 천천히 미끄럼을 타듯이 내려오는 방식이며 수직강하식 구조대는 수직으로 내려오므로 중간에 협축부를 두어 급강하를 막는 방식이다.

77. 분말소화설비의 배관청소용 가스는 어떻게 저장·유지·관리하여야 하는가?

① 축압용 가스용기에 가산 저장 유지
② 가압용 가스용기에 가산 저장 용기
③ 별도 용기에 저장 유지
④ 필요시에만 사용하므로 평소에 저장 불필요

해설 분말소화설비의 배관청소용 가스(주로 질소와 이산화탄소)는 별도 용기에 저장, 유지하여 관리한다.
질소(가압용 : 40 L/kg 이상, 축압용 : 10 L/kg 이상)

78. 물분무소화설비의 배수설비에 대한 설명 중 틀린 것은?

① 주차장에는 10 cm 이상 경계턱으로 배수구를 설치한다.

② 배수구에는 새어나온 기름을 모아 소화할 수 있도록 길이 30 m 이하마다 집수관, 소화피트 등 기름분리장치를 설치한다.
③ 주차장 바닥은 배수구를 향하여 100분의 2 이상의 기울기를 가진다.
④ 배수설비는 가압송수장치의 최대송수능력의 수량을 유효하게 배수할 수 있는 크기 및 기울기로 한다.

해설 배수설비 설치기준
(1) 차량이 주차하는 장소의 적당한 곳에 높이 10 cm 이상의 경계턱으로 배수구를 설치할 것
(2) 배수구에는 새어나온 기름을 모아 소화할 수 있도록 길이 40 m 이하마다 집수관·소화피트 등 기름분리장치를 설치할 것
(3) 차량이 주차하는 바닥은 배수구를 향하여 100분의 2 이상의 기울기를 유지할 것
(4) 배수설비는 가압송수장치의 최대송수능력의 수량을 유효하게 배수할 수 있는 크기 및 기울기로 할 것

79. 스프링클러설비의 누수로 인한 유수검지장치의 오작동을 방지하기 위한 목적으로 설치되는 것은?

① 솔레노이드　　② 리타딩 체임버
③ 물올림 장치　　④ 성능시험배관

해설 리타딩 체임버 : 오보(오동작) 방지

80. 포소화약제의 혼합장치 중 펌프의 토출관에 압입기를 설치하여 포소화약제 압입용 펌프로 포소화약제를 압입시켜 혼합하는 방식은?

① 펌프 프로포셔너 방식
② 프레셔사이드 프로포셔너 방식
③ 라인 프로포셔너 방식
④ 프레셔 프로포셔너 방식

소방설비기계기사

제1과목 **소방원론**

1. 갑종방화문과 을종방화문의 비차열 성능은 각각 얼마 이상이어야 하는가?

① 갑종 : 90분, 을종 : 40분

② 갑종 : 60분, 을종 : 30분

③ 갑종 : 45분, 을종 : 20분

④ 갑종 : 30분, 을종 : 10분

해설 차열은 열을 차단하는 성능이며 비차열은 열 차단은 못하지만 불꽃은 차단하는 성능이다.

(1) 갑종방화문 : 비차열 60분 이상, 차열(아파트 발코니 대피공간) 30분 이상

(2) 을종방화문 : 비차열 30분 이상

2. 다음 물질 중 공기에서 위험도가 가장 큰 것은?

① 에테르 ② 수소

③ 에틸렌 ④ 프로판

해설 폭발범위(위험도)

(1) 에테르 : 1.9~48 %(24.26)

(2) 수소 : 4~75 %(17.75)

(3) 에틸렌 : 3.1~32 %(9.32)

(4) 프로판 : 2.2~9.5 %(3.52)

$$위험도 = \frac{U-L}{L}$$

여기서, U : 폭발 상한계

L : 폭발 하한계

3. 물리적 소화방법이 아닌 것은?

① 연쇄반응의 억제에 의한 방법

② 냉각에 의한 방법

③ 공기와의 접촉 차단에 의한 방법

④ 자연물 제거에 의한 방법

해설 연쇄반응의 억제는 부촉매효과로 화학

반응에 해당된다.

4. 마그네슘의 화재에 주수하였을 때 물과 마그네슘의 반응으로 인하여 생성되는 가스는?

① 산소 ② 수소

③ 일산화탄소 ④ 이산화탄소

해설 $Mg + 2H_2O \longrightarrow Mg(OH)_2 + H_2\uparrow$

물과 마그네슘이 반응하면 수소가스를 발생하여 화재가 확대될 우려가 있다.

5. 비수용성 유류의 화재 시 물로 소화할 수 없는 이유는?

① 인화점이 변하기 때문

② 발화점이 변하기 때문

③ 연소면이 확대되기 때문

④ 수용성으로 변하여 인화점이 상승하기 때문

해설 비수용성 유류(주로 제4류 인화성 액체)는 물보다 가벼우므로 화재 시 주수하면 물 위에서 연소가 계속되며 화재면을 확대시킬 우려가 있다.

6. 고비점유 화재 시 무상주수하여 가연성 증기의 발생을 억제함으로써 기름의 연소성을 상실시키는 소화효과는?

① 억제효과 ② 제거효과

③ 유화효과 ④ 파괴효과

해설 기름의 입자가 미립자로 분리가 되며 이로 인하여 점도가 저하되고 기름의 증기 발생이 억제되는 현상을 유화현상이라 한다. 무상주수 시 이러한 현상이 심하게 일어난다.

7. 제1인산암모늄이 주성분인 분말소화약제

정답 1. ② 2. ① 3. ① 4. ② 5. ③ 6. ③ 7. ③

는 어느 것인가?

① 제1종 분말소화약제

② 제2종 분말소화약제

③ 제3종 분말소화약제

④ 제4종 분말소화약제

해설 분말소화약제의 종류

종별	명칭	착색	적용
제1종	탄산수소나트륨 ($NaHCO_3$)	백색	B, C급
제2종	탄산수소칼륨 ($KHCO_3$)	담자색	B, C급
제3종	제1인산암모늄 ($NH_4H_2PO_4$)	담홍색	A, B, C급
제4종	탄산수소칼륨 +요소($KHCO_3$ +(NH_2)$_2$CO)	회색	B, C급

8. 할로겐화합물 소화약제의 구성 원소가 아닌 것은?

① 염소   ② 브롬

③ 네온   ④ 탄소

해설 할론 abcd에서

　a : 탄소의 수

　b : 불소의 수

　c : 염소의 수

　d : 취소(브롬)의 수

9. 다음 중 인화점이 가장 낮은 물질은?

① 경유   ② 메틸알코올

③ 이황화탄소   ④ 등유

해설 인화점

　(1) 경유 : 50~70℃

　(2) 메틸알코올 : 11℃

　(3) 이황화탄소 : −30℃

　(4) 등유 : 40~70℃

10. 건물 내에서 화재가 발생하여 실내온도

가 20℃에서 600℃까지 상승하였다면 온도 상승만으로 건물 내의 공기 부피는 처음의 약 몇 배 정도 팽창하는가?(단, 화재로 인한 압력의 변화는 없다고 가정한다.)

① 3   ② 9   ③ 15   ④ 30

해설 압력의 변화가 없으므로 샤를의 법칙을 응용하면

$$\frac{V_1}{T_1} = \frac{V_2}{T_2} \text{에서} \quad \frac{1}{(273+20)} = \frac{V_2}{(273+600)}$$

$V_2 = 2.98 \fallingdotseq 3$

11. 건축물 화재에서 플래시 오버(flash over) 현상이 일어나는 시기는?

① 초기에서 성장기로 넘어가는 시기

② 성장기에서 최성기로 넘어가는 시기

③ 최성기에서 감쇠기로 넘어가는 시기

④ 감쇠기에서 종기로 넘어가는 시기

해설 화재 발생 5~6분 후 화재실 온도는 800~900℃ 정도에 이르며 이때 유리창이 깨지며 화염이 건물 외부로 방출된다. 이를 플래시 오버라 하며, 성장기에서 최성기로 넘어가는 시기에 발생한다.

12. 화재하중 계산 시 목재의 단위발열량은 약 몇 kcal/kg인가?

① 3000   ② 4500

③ 9000   ④ 12000

해설 화재하중 $Q[kg/m^2]$

$$Q = \Sigma G_t \cdot H_t/(H \times A)$$

$$= \Sigma Q_t/(4500 \times A)$$

　여기서, G_t : 가연물의 질량(kg)

　　　　　H : 목재의 단위발열량 (4500 kcal/kg)

　　　　　H_t : 가연물의 단위발열량 (kcal/kg)

　　　　　A : 화재실 바닥면적(m^2)

　　　　　Q_t : 가연물의 전 발열량(kcal)

정답 **8.** ③　**9.** ③　**10.** ①　**11.** ②　**12.** ②

13. 위험물의 유별에 따른 대표적인 성질의 연결이 옳지 않은 것은?

① 제1류 : 산화성 고체

② 제2류 : 가연성 고체

③ 제4류 : 인화성 액체

④ 제5류 : 산화성 액체

[해설] 위험물 소화방법

위험물 종류	특징	소화방법
제1류 위험물	산화성 고체	냉각소화(무기과산화물 : 마른 모래로 질식소화)
제2류 위험물	가연성 고체	냉각소화(금속분, 황화인 : 마른 모래로 질식소화)
제3류 위험물	금수성물질 및 자연발화성 물질	마른 모래, 팽창질석, 팽창진주암 등으로 질식소화
제4류 위험물	인화성 액체	포, 할론, 분말, 이산화탄소 등으로 질식소화
제5류 위험물	자기반응성 물질	다량의 주수로 냉각소화
제6류 위험물	산화성 액체	마른 모래로 질식소화

14. 같은 원액으로 만들어진 포의 특성에 관한 설명으로 옳지 않은 것은?

① 발포배율이 커지면 환원시간은 짧아진다.

② 환원시간이 길면 내열성이 떨어진다.

③ 유동성이 좋으면 내열성이 떨어진다.

④ 발포배율이 작으면 유동성이 떨어진다.

[해설] 환원시간은 발포된 포가 깨어지면서 포 수용액으로 되돌아가는 시간으로 환원시간이 길어지면 내열성이 증가하게 된다.

15. 가연물의 종류에 따른 화재의 분류방법 중 유류화재를 나타내는 것은?

① A급 화재

② B급 화재

③ C급 화재

④ D급 화재

[해설] (1) A급 화재(일반화재 : 백색) : 종이, 섬유, 목재 등의 화재

(2) B급 화재(유류화재 : 황색) : 등유, 경유, 식용유 등의 화재

(3) C급 화재(전기화재 : 청색) : 단락, 정전기, 누락 등의 화재

(4) D급 화재(금속화재 : -) : 알루미늄분, 마그네슘분, 철분 등의 화재

16. 제2류 위험물에 해당하지 않는 것은?

① 유황

② 황화린

③ 적린

④ 황린

[해설] 위험물 종류

위험물 종류	특징	종류
제1류 위험물	산화성 고체	아염소산염류, 염소산염류, 과염소산염류, 질산염류, 무기과산화물
제2류 위험물	가연성 고체	적린, 황화린, 마그네슘, 유황, 금속분
제3류 위험물	금수성 물질 및 자연발화성 물질	나트륨, 황린, 칼륨, 트리메틸알루미늄, 금속의 수소화물
제4류 위험물	인화성 액체	특수인화물, 석유류, 알코올류, 동식물유
제5류 위험물	자기 반응성 물질	셀룰로이드, 유기과산화물, 니트로화합물, 아조화합물, 니트로소화합물, 질산에스테르류
제6류 위험물	산화성 액체	과염소산, 질산, 과산화수소

17. 다음 중 방염대상물품이 아닌 것은?

① 카펫
② 무대용 합판
③ 창문에 설치하는 커튼
④ 두께 2 mm 미만인 종이벽지

해설 방염대상물품
  (1) 창문에 설치하는 커튼류(블라인드를 포함)
  (2) 카펫, 두께가 2 mm 미만 벽지류(종이 벽지는 제외)
  (3) 전시용 합판 또는 섬유판, 무대용 합판 또는 섬유판
  (4) 암막·무대막(영화 상영관에 설치하는 스크린과 골프 연습장에 설치하는 스크린을 포함)
  (5) 섬유류 또는 합성수지류 등을 원료로 하여 제작된 소파의자(단란주점영업, 유흥주점영업 및 노래연습장업의 영업장에 설치하는 것만 해당)

18. 화재의 일반적 특성이 아닌 것은?
① 확대성   ② 정형성
③ 우발성   ④ 불안정성

해설 화재의 일반적 특성
  (1) 우발성(돌발성)
  (2) 확대성
  (3) 불안정성

19. 공기 중에서 연소 상한값이 가장 큰 물질은?
① 아세틸렌   ② 수소
③ 가솔린   ④ 프로판

해설 폭발범위
  (1) 아세틸렌 : 2.5~81 %
  (2) 수소 : 4~75 %
  (3) 가솔린 : 1.4~76 %
  (4) 프로판 : 2.2~9.5 %

20. 화재에 대한 건축물의 손실 정도에 따른 화재 형태를 설명한 것으로 옳지 않은 것은?

① 부분소화재란 전소화재, 반소화재에 해당하지 않는 것을 말한다.
② 반소화재란 건축물에 화재가 발생하여 건축물의 30 % 이상 70 % 미만 소실된 상태를 말한다.
③ 전소화재란 건축물에 화재가 발생하여 건축물의 70 % 이상이 소실된 상태를 말한다.
④ 훈소화재란 건축물에 화재가 발생하여 건축물의 10 % 이하가 소실된 상태를 말한다.

해설 훈소화재는 불꽃 없이 연기를 내면서 연소하다가 어느 정도 시간 경과 후 화염이 발생될 때까지의 연소 상태이다.

제2과목 **소방유체역학**

21. 공기의 정압비열이 절대온도 T의 함수 $C_p = 1.0101 + 0.0000798\,T$ [kJ/kg·K]로 주어진다. 공기를 273.15 K에서 373.15 K 까지 높일 때 평균정압비열(kJ/kg·K)은?
① 1.036   ② 1.181
③ 1.283   ④ 1.373

해설 평균정압비열(C_{pm})

$$C_{pm} = \frac{1}{T_2 - T_1}\int_{T_1}^{T_2} C_p \cdot dT$$

$$= \frac{1}{373.15 - 273.15} \times \int_{273.15}^{373.15}(1.0101 + 0.0000798\,T)\,dT$$

$$= \frac{1}{373.15 - 273.15}$$

$$\times [1.0101 \times (373.15 - 273.15) + \frac{1}{2}\times 0.0000798 \times (373.15^2 - 273.15^2)]$$

$$= 1.0359\,\text{kJ/kg·K}$$

정답 18. ② 19. ① 20. ④ 21. ①

22. 392 N/s의 물이 지름 20 cm의 관 속에 흐르고 있을 때 평균 속도는 약 몇 m/s인가?

① 0.127 ② 1.27

③ 2.27 ④ 12.7

해설 392 N/s÷9.8 N/kg→40 kg/s(물의 비중량 : 1000 kg/m³)

$$\frac{40\,kg/s}{1000\,kg/m^3}=0.04\,m^3/s$$

$$V=\frac{Q}{A}=\frac{0.04\,m^3/s}{\frac{\pi}{4}\times(0.2\,m)^2}=1.27\,m/s$$

23. 다음 중 레이놀즈수에 대한 설명으로 옳은 것은?

① 정상류와 비정상류를 구별하여 주는 척도가 된다.

② 실체유체와 이상유체를 구별하여 주는 척도가 된다.

③ 층류와 난류를 구별하여 주는 척도가 된다.

④ 등류와 비등류를 구별하여 주는 척도가 된다.

해설 층류와 난류를 구별하여 주는 척도

$$Re=\frac{D\cdot V\cdot\rho}{\mu}=\frac{D\cdot V}{\nu}$$

여기서, μ : 점도(g/cm·s)

ρ : 밀도(kg/m³)

V : 유속(m/s)

ν : 동점성계수(cm²/s)

24. 체적 0.05 m³인 구 안에 가득 찬 유체가 있다. 이 구를 그림과 같이 물속에 넣고 수직 방향으로 100 N의 힘을 가해서 들어 주면 구가 물속에 절반만 잠긴다. 구 안에 있는 유체의 비중량(N/m³)은? (단, 구의 두께와 무게는 모두 무시할 정도로 작다고 가정한다.)

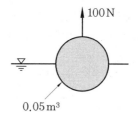

① 6900 ② 7250

③ 7580 ④ 7850

해설 물속에 절반만 잠길 때의 부력(F_B)

$$F_B=\gamma\times V-\frac{1}{2}\gamma_w\times V$$

$$\gamma=\frac{F_B+\frac{1}{2}\gamma_w\times V}{V}$$

$$=\frac{100\,N+\frac{1}{2}\times9800\,N/m^3\times0.05\,m^3}{0.05\,m^3}$$

$$=6900\,N/m^3$$

여기서, F_B : 부력(N)

γ : 비중량(N/m³)

V : 체적(m³)

γ_w : 물의 비중량(9800 N/m³)

25. 소방펌프의 회전수를 2배로 증가시키면 소방펌프 동력은 몇 배로 증가하는가? (단, 기타 조건은 동일)

① 2 ② 4

③ 6 ④ 8

해설 상사의 법칙에 의해

• $Q_2=Q_1\times\left(\frac{N_2}{N_1}\right)$

• $H_2=H_1\times\left(\frac{N_2}{N_1}\right)^2$

• $P_2=P_1\times\left(\frac{N_2}{N_1}\right)^3$

∴ $P_2=P_1\times\left(\frac{2}{1}\right)^3=8\times P_1$

26. 다음 시차압력계에서 압력차($P_A - P_B$)는 몇 kPa인가? (단, H_1 = 300 mm, H_2 = 200 mm, H_3 = 800 mm이고 수은의 비중은 13.6이다.)

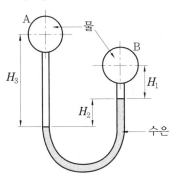

① 21.76　　　　② 31.07

③ 217.6　　　　④ 310.7

해설 $P_A + \gamma_3 \cdot h_3 = P_B + \gamma_1 \cdot h_1 + \gamma_2 \cdot h_2$

$P_A - P_B = \gamma_1 \cdot h_1 + \gamma_2 \cdot h_2 - \gamma_3 \cdot h_3$

$= 1000\,\mathrm{kg/m^3} \times 0.3\,\mathrm{m} + 13600\,\mathrm{kg/m^3}$

$\quad \times 0.2\,\mathrm{m} - 1000\,\mathrm{kg/m^3} \times 0.8\,\mathrm{m}$

$= 2220\,\mathrm{kg/m^2}$

$2220\,\mathrm{kg/m^2} \times \dfrac{101.325\,\mathrm{kPa}}{10332\,\mathrm{kg/m^2}} = 21.77\,\mathrm{kPa}$

27. 액체가 지름 4 mm의 수평으로 놓인 원통형 튜브를 12×10^{-6} m³/s의 유량으로 흐르고 있다. 길이 1 m에서의 압력강하는 몇 kPa인가? (단, 유체의 밀도와 점성계수는 $\rho = 1.18 \times 10^3$ kg/m³, μ = 0.0045 N · s/m²이다.)

① 7.59　　　　② 8.59

③ 9.59　　　　④ 10.59

해설 $V = \dfrac{Q}{A} = \dfrac{12 \times 10^{-6}\,\mathrm{m^3/s}}{\dfrac{\pi}{4} \times (0.004\,\mathrm{m})^2} = 0.955\,\mathrm{m/s}$

$Re = \dfrac{D \cdot V \cdot \rho}{\mu}$

$= \dfrac{0.004\,\mathrm{m} \times 0.955\,\mathrm{m/s} \times 1.18 \times 10^3\,\mathrm{N \cdot s^2/m^4}}{0.0045\,\mathrm{N \cdot s/m^2}}$

$= 1001.7\,(층류)$

하겐-푸아죄유 방정식 응용

$\Delta P = \dfrac{128\mu \cdot l \cdot Q}{\pi \cdot d^4}$

$= \dfrac{128 \times 0.0045\,\mathrm{N \cdot s/m^2} \times 1\,\mathrm{m} \times 12 \times 10^{-6}\,\mathrm{m^3/s}}{\pi \times (0.004\,\mathrm{m})^4}$

$= 8594.36\,\mathrm{N/m^2} = 8594.36\,\mathrm{Pa} = 8.59\,\mathrm{kPa}$

28. 반지름 r인 뜨거운 금속 구를 실에 매달아 선풍기 바람으로 식힌다. 표면에서의 평균 열전달계수를 h, 공기와 금속의 열전도계수를 k_a와 k_b라고 할 때, 구의 표면 위치에서 금속에서의 온도 기울기와 공기에서의 온도 기울기 비는?

① $k_a : k_b$　　　　② $k_b : k_a$

③ $(rh - k_a)k_b$　　④ $k_a : (k_b - rh)$

해설 온도 기울기 비 $= \dfrac{k_a}{k_b} = k_a : k_b$

29 검사체적(control volume)에 대한 운동량방정식의 근원이 되는 법칙 또는 방정식은?

① 질량보존법칙

② 연속방정식

③ 베르누이방정식

④ 뉴턴의 운동 제2법칙

해설 뉴턴의 운동의 법칙

(1) 뉴턴의 운동 제1법칙(관성의 법칙) : 외부로부터 물체에 어떤 힘이 작용하지 않는 한, 그 물체가 자신의 운동 상태를 계속해서 유지하려고 하는 성질이다. 즉, 정지된 물체는 정지 상태로, 움직이는 물체는 움직이는 상태로 유지하는 것을 말한다.

(2) 뉴턴의 운동 제2법칙(가속도의 법칙) : 물체의 운동 상태는 물체에 작용하는 힘의 크기와 방향에 따라 가속도가 생기고 물체에 가해지는 힘은 질량과 가속도에 비

례한다.

(3) 뉴턴의 운동 제3법칙(작용, 반작용의 법칙) : 두 물체가 서로 밀 때, 두 물체가 서로에게 작용하는 힘의 크기는 같지만 방향은 반대가 되며 이때 한쪽 힘은 작용, 다른 쪽 힘은 반작용이 된다.

(4) 검사체적에 대한 운동량방정식은 뉴턴의 운동 제2법칙에 해당된다.

30. 유량이 $0.6\,\mathrm{m}^3/\mathrm{min}$일 때 손실수두가 7 m인 관로를 통하여 10 m 높이 위에 있는 저수조로 물을 이송하고자 한다. 펌프의 효율이 90 %라고 할 때 펌프에 공급해야 하는 전력은 몇 kW인가?

① 0.45　　　② 1.85
③ 2.27　　　④ 136

해설 $H_{kW} = \dfrac{1000 \times 0.6\,\mathrm{m}^3/\mathrm{min} \times (7+10)\,\mathrm{m}}{102 \times 60 \times 0.9}$

$= 1.85\,\mathrm{kW}$

31. 제적탄성계수가 2×10^9 Pa인 물의 체적을 3 % 감소시키려면 몇 MPa의 압력을 가하여야 하는가?

① 25　　② 30　　③ 45　　④ 60

해설 $K = -\dfrac{\Delta P}{\dfrac{\Delta V}{V}}$

여기서, K : 체적탄성계수(Pa)

ΔP : 가해진 압력(Pa)

$\dfrac{\Delta V}{V}$: 체적감소율

$\Delta P = K \times \dfrac{\Delta V}{V} = 2 \times 10^9 \,\mathrm{Pa} \times 0.03$

$= 6 \times 10^7 \,\mathrm{Pa} = 60\,\mathrm{MPa}$

32. 그림과 같이 탱크에 비중이 0.8인 기름과 물이 들어 있다. 벽면 AB에 작용하는 유체(기름 및 물)에 의한 힘은 약 몇 kN인가? (단, 벽면 AB의 폭(y방향)은 1

m이다.)

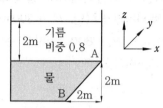

① 50　　② 72　　③ 82　　④ 96

해설 $L_{AB} = \sqrt{2^2 + 2^2} = 2.828\,\mathrm{m}$

• 기름에 작용하는 힘(F_o)

$F_o = \gamma \times h \times A$

$= 9.8\,\mathrm{kN/m}^3 \times 0.8 \times 2\,\mathrm{m} \times 2.828\,\mathrm{m} \times 1\,\mathrm{m}$

$= 44.34\,\mathrm{kN}$

• 물의 빗변에 작용하는 힘(F_w)

$F_w = \gamma \times \bar{h} \times A$

$= 9.8\,\mathrm{kN/m}^3 \times \dfrac{2\,\mathrm{m}}{2} \times 2.828\,\mathrm{m} \times 1\,\mathrm{m}$

$= 27.71\,\mathrm{kN}$

$\therefore \ F = F_o + F_w = 44.34\,\mathrm{kN} + 27.71\,\mathrm{kN}$

$= 72.05\,\mathrm{kN}$

33. 동점성계수가 $0.1 \times 10^{-5}\,\mathrm{m}^2/\mathrm{s}$인 유체가 안지름 10 cm인 원관 내에 1 m/s로 흐르고 있다. 관의 마찰계수가 $f = 0.022$이며 등가길이가 200 m일 때의 손실수두는 몇 m인가? (단, 비중량은 9800 N/m³이다.)

① 2.24　　　② 6.58
③ 11.0　　　④ 22.0

해설 $H = f \times \dfrac{l}{D} \times \dfrac{V^2}{2g}$ 에서

$= 0.022 \times \dfrac{200\,\mathrm{m}}{0.1\,\mathrm{m}} \times \dfrac{(1\,\mathrm{m/s})^2}{2 \times 9.8\,\mathrm{m/s}^2}$

$= 2.24\,\mathrm{m}$

34. 무한한 두 평판 사이에 유체가 채워져 있고 한 평판은 정지해 있고 또 다른 평판은 일정한 속도로 움직이는 Couette 유동을 고려하자. 단, 유체 A만 채워져

정답 30. ②　31. ④　32. ②　33. ①　34. ③

있을 때 평판을 움직이기 위한 단위면적당 힘을 τ_1이라 하고 같은 평판 사이의 점성이 다른 유체 B만 채워져 있을 때 필요한 힘을 τ_2라 하면 유체 A와 B가 반반씩 위·아래로 채워져 있을 때 평판을 같은 속도로 움직이기 위한 단위면적당 힘에 대한 표현으로 맞는 것은?

① $\dfrac{\tau_1 + \tau_2}{2}$ ② $\sqrt{\tau_1 \tau_2}$

③ $\dfrac{2\tau_1 \tau_2}{\tau_1 + \tau_2}$ ④ $\tau_1 + \tau_2$

[해설] $\tau_1 = \dfrac{F_1}{A_1}$, $\tau_2 = \dfrac{F_2}{A_2}$

유체 A, B가 $\dfrac{1}{2}$씩 채워져 있으므로

$F = \dfrac{\tau_1 \tau_2}{\dfrac{\tau_1 + \tau_2}{2}} = \dfrac{2\tau_1 \tau_2}{\tau_1 + \tau_2}$

35. 온도가 T인 유체가 정압이 P인 상태로 관 속을 흐를 때 공동현상이 발생하는 조건으로 가장 적절한 것은? (단, 유체온도 T에 해당하는 포화증기압을 P_s라 한다.)

① $P > P_s$ ② $P > 2 \times P_s$

③ $P < P_s$ ④ $P < 2 \times P_s$

[해설] 펌프의 흡입측 정압이 포화증기압보다 낮아지면 일부의 물의 기화로 기포가 발생되며 이로 인하여 펌프로 물이 흡입되지 않는 현상이 공동현상이다.

36. 수평 배관 설비에서 상류 지점인 A지점의 배관을 조사해 보니 지름 100 mm, 압력 0.45 MPa, 평균유속 1 m/s이었다. 또, 하류의 B지점을 조사해 보니 지름 50 mm, 압력 0.4 MPa이었다면 두 지점 사이의 손실수두는 약 몇 m인가?

① 4.34 ② 5.87

③ 8.67 ④ 10.87

[해설] 수평 배관이므로 위치수두가 동일하므로

$H_A = \dfrac{P}{\gamma} + \dfrac{V^2}{2g}$

$= \dfrac{0.45\text{MPa} \times \dfrac{10332\text{kg/m}^2}{0.10325\text{MPa}}}{1000\text{kg/m}^3}$

$+ \dfrac{(1\text{m/s})^2}{2 \times 9.8\text{m/s}^2} = 45.08$

상류와 하류의 유량이 동일하므로 $Q_A = Q_B$

$\dfrac{\pi}{4} \times (0.1\text{m})^2 \times 1\text{m/s}$

$= \dfrac{\pi}{4} \times (0.05\text{m})^2 \times V_B$

$V_B = 4\text{m/s}$

$H_B = \dfrac{P}{\gamma} + \dfrac{V^2}{2g}$

$= \dfrac{0.4\text{MPa} \times \dfrac{10332\text{kg/m}^2}{0.10325\text{MPa}}}{1000\text{kg/m}^3}$

$+ \dfrac{(4\text{m/s})^2}{2 \times 9.8\text{m/s}^2} = 40.84$

∴ A, B지점 사이의 손실수두
$= 45.08\text{m} - 40.84\text{m} = 4.24\text{m}$

37. 이상기체의 정압과정에 해당하는 것은? (단, P는 압력, T는 절대온도, v는 비체적, k는 비열비를 나타낸다.)

① $\dfrac{P}{T} = $ 일정 ② $Pv = $ 일정

③ $Pv^k = $ 일정 ④ $\dfrac{v}{T} = $ 일정

[해설] ① : 정적과정, ② : 등온과정
③ : 단열과정, ④ : 정압과정

38. 온도 20℃, 압력 500 kPa에서 비체적이 0.2 m³/kg인 이상기체가 있다. 이 기체의 기체 상수(kJ/kg·K)는 얼마인가?

① 0.341 ② 3.41

③ 34.1   ④ 341

해설 $P \times V = G \times R \times T$에서

$$R = \frac{P \times V}{G \times T} = \frac{V}{G} \times \frac{P}{T}$$

$$= 0.2\,\text{m}^3/\text{kg} \times \frac{500\,\text{kN/m}^2}{293\,\text{K}}$$

$$= 0.3412\,\text{kN} \cdot \text{m/kg} \cdot \text{K} = 0.341\,\text{kJ/kg} \cdot \text{K}$$

39. 그림과 같이 크기가 다른 관이 접속된 수평관 내에 화살표의 방향으로 정상류의 물이 흐르고 있고, 두 개의 압력계 A, B가 각각 설치되어 있다. 압력계 A, B에서 지시하는 압력을 각각 P_A, P_B라고 할 때 P_A와 P_B의 관계로 옳은 것은? (단, A와 B지점 간의 배관 내 마찰손실은 없다고 가정한다.)

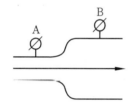

① $P_A > P_B$

② $P_A < P_B$

③ $P_A = P_B$

④ 이 조건만으로는 판단할 수 없다.

해설 위치수두가 동일하므로

$$H = \frac{P_A}{\gamma} + \frac{V_A^2}{2g} = \frac{P_B}{\gamma} + \frac{V_B^2}{2g}$$

A부분보다 B부분의 면적이 크므로 동일유량에 대한 속도수두가 B부분이 작다. 그러므로 압력수두는 B부분이 크다.

40. 국소대기압이 98.6 kPa인 곳에서 펌프에 의하여 흡입되는 물의 압력을 진공계로 측정하였다. 진공계가 7.3 kPa을 가리켰을 때 절대압력은 몇 kPa인가?

① 0.93   ② 9.3

③ 91.3   ④ 105.9

해설 절대압력 = 국소대기압 - 진공압
     = 98.6 kPa - 7.3 kPa = 91.3 kPa

제3과목 **소방관계법규**

41. 방염성능기준 이상의 실내장식물 등을 설치하여야 하는 특정소방대상물에 해당하지 않는 것은?

① 숙박시설

② 노유자시설

③ 층수가 11층 이상의 아파트

④ 건축물의 옥내에 있는 종교시설

해설 층수와 관계없이 아파트는 제외 대상이다.

42. 다음 중 위험물의 성질이 자기반응성 물질에 속하지 않는 것은?

① 유기과산화물   ② 무기과산화물

③ 히드라진 유도체   ④ 니트로화합물

해설 무기과산화물은 산화성 고체인 제1류 위험물에 해당된다.

43. 소방기본법상 화재경계지구에 대한 소방특별조사권자는 누구인가?

① 시 · 도지사

② 소방본부장 · 소방서장

③ 한국소방안전협회장

④ 국민안전처장관

해설 (1) 화재경계지구에 대한 소방특별조사 권자 : 소방본부장 · 소방서장
(2) 화재경계지구 지정권자 : 시 · 도지사

44. 점포에서 위험물 용기에 담아 판매하기 위하여 위험물을 취급하는 판매취급소

정답   **39.** ②   **40.** ③   **41.** ③   **42.** ②   **43.** ②   **44.** ④

는 위험물안전관리법상 지정수량의 몇 배 이하의 위험물까지 취급할 수 있는가?

① 지정수량의 5배 이하

② 지정수량의 10배 이하

③ 지정수량의 20배 이하

④ 지정수량의 40배 이하

[해설] 판매취급소는 지정수량의 40배 이하까지 위험물을 취급할 수 있다.

45. 특정소방대상물의 관계인이 피난시설 또는 방화시설의 폐쇄·훼손·변경 등의 행위를 했을 때 과태료 처분으로 옳은 것은 어느 것인가?

① 100만원 이하   ② 200만원 이하

③ 300만원 이하   ④ 500만원 이하

[해설] 200만원 이하의 과태료

(1) 특수가연물의 저장, 취급기준 위반

(2) 소방훈련 및 교육을 실시하지 않았을 경우

(3) 피난시설 또는 방화시설의 폐쇄·훼손·변경 등의 행위를 하였을 경우

(4) 소방용수시설, 소화기구 및 설비 등의 설치명령을 위반하였을 경우

(5) 화재 및 구급, 구조 허위신고하였을 경우

46. 소방시설공사업법상 소방시설공사에 관한 발주자의 권한을 대행하여 소방시설공사가 설계도서 및 관계법령에 따라 적법하게 시공되는지 여부의 확인과 품질·시공 관리에 대한 기술지도를 수행하는 영업은 무엇인가?

① 소방시설유지업

② 소방시설설계업

③ 소방시설공사업

④ 소방공사감리업

[해설] 적법하게 시공되는지 여부의 확인과 품질· 시공 관리에 대한 기술지도 : 소방공사감리업

47. 제4류 위험물 제조소의 경우 사용전압이 22 kV인 특고압 가공전선이 지나갈 때 제조소의 외벽과 가공전선 사이의 수평거리(안전거리)는 몇 m 이상이어야 하는가?

① 2   ② 3   ③ 5   ④ 10

[해설] 위험물 제조소와의 안전거리

안전거리	해당 대상물
10 m 이상	주거 용도에 사용되는 것
20 m 이상	고압가스, 액화석유가스, 도시가스를 저장 또는 취급하는 시설
30 m 이상	• 학교 • 종합병원, 병원, 치과병원, 한방병원, 요양병원 • 공연장, 영화상영관, 유사한 시설로서 300명 이상 수용할 수 있는 것 • 아동복지시설, 장애인복지시설, 모·부자복지시설, 보육시설, 가정폭력피해자시설로서 20명 이상의 인원을 수용할 수 있는 것
50 m 이상	유형문화재, 기념물 중 지정문화재
3 m 이상	사용전압 7,000 V 초과 35,000 V 이하의 특고압 가공전선
5 m 이상	사용전압 35,000 V를 초과하는 특고압 가공전선

48. 소방시설관리업 등록의 결격사유에 해당하지 않는 것은?

① 금치산자

② 한정치산자

③ 소방시설관리업의 등록이 취소된 날로부터 2년이 지난 자

④ 금고 이상의 형의 집행유예를 선고받고 그 유예기간 중에 있는 자

[해설] 결격사유

---

(1) 금치산자 또는 한정치산자
(2) 금고 이상의 형의 집행유예를 선고받고 그 유예기간 중에 있는 자
(3) 금고 이상의 실형을 선고받고 그 집행기간이 끝나거나 집행이 면제된 날로부터 2년이 지나지 아니한 자
(4) 소방시설관리업의 등록이 취소된 날로부터 2년이 지나지 아니한 자

49. 소방시설공사업의 상호·영업소 소재지가 변경된 경우 제출하여야 하는 서류는?

① 소방기술인력의 자격증 및 자격수첩
② 소방시설업 등록증 및 등록수첩
③ 법인등기부등본 및 소방기술인력 연명부
④ 사업자등록증 및 소방기술인력의 자격증

해설 (1) 상호·영업소 소재지가 변경된 경우 : 소방시설업 등록증 및 등록수첩 제출
(2) 기술인력이 변경된 경우 : 소방시설업 등록증 및 기술인력 증빙서류

50. 소방안전관리자가 작성하는 소방계획서의 내용에 포함되지 않는 것은?

① 소방시설공사 하자의 판단기준에 관한 사항
② 소방시설·피난시설 및 방화시설의 점검·정비계획
③ 공동 및 분임 소방안전관리에 관한 사항
④ 소화 및 연소 방지에 관한 사항

해설 소방계획서의 내용
(1) 소방시설·피난시설 및 방화시설의 점검·정비계획
(2) 공동 및 분임 소방안전관리에 관한 사항
(3) 소화 및 연소 방지에 관한 사항 등
(4) 소방안전관리 대상물의 위치, 구조, 연면적, 용도 및 수용인원 등 일반 현황

(5) 소방안전관리 대상물에 설치한 소방시설, 방호시설, 전기시설, 가스시설 및 위험물시설의 현황

51. 소방시설 중 화재를 진압하거나 인명구조활동을 위하여 사용하는 설비로 정의되는 것은?

① 소화활동설비
② 피난설비
③ 소화용수설비
④ 소화설비

해설 소방시설의 종류

구분	종류
소화설비	• 소화기구 • 옥내·외소화전설비 • 스프링클러설비 • 물분무등 소화설비
경보설비	• 자동화재탐지설비 • 자동화재속보설비 • 통합감시시설 • 비상벨설비 • 비상방송설비 • 가스누설경보기 • 누전경보기
소화활동설비	• 연결송수관설비 • 연결살수설비 • 무선통신보조설비 • 비상콘센트설비 • 연소방지설비 • 제연설비
소화용수설비	• 상수도 소화용수설비 • 소화수조 • 저수조

52. 소방기본법상 화재의 예방조치 명령이 아닌 것은?

① 불장난·모닥불·흡연 및 화기취급의 금지 또는 제한
② 타고 남은 불 또는 화기의 우려가 있는 재의 처리

③ 함부로 버려두거나 그냥 둔 위험물, 그 밖에 탈 수 없는 물건을 옮기거나 치우게 하는 등의 조치

④ 불이 번지는 것을 막기 위하여 불이 번질 우려가 있는 소방대상물의 사용 제한

해설 화재의 예방조치 명령
(1) 불장난·모닥불·흡연 및 화기취급의 금지 또는 제한
(2) 타고 남은 불 또는 화기의 우려가 있는 재의 처리
(3) 함부로 버려두거나 그냥 둔 위험물, 그 밖에 탈 수 없는 물건을 옮기거나 치우게 하는 등의 조치

53. 소방시설 중 연결살수설비는 어떤 설비에 속하는가?

① 소화설비　　　② 구조설비
③ 피난설비　　　④ 소화활동설비

해설 문제 51번 해설 참조

54. 소방본부장 또는 소방서장이 원활한 소방활동을 위하여 행하는 지리조사의 내용에 속하지 않는 것은?

① 소방대상물에 인접한 도로의 폭
② 소방대상물에 인접한 도로의 교통상황
③ 소방대상물에 인접한 도로주변의 토지의 고저
④ 소방대상물에 인접한 지역에 대한 유동인원의 현황

해설 소화용수시설 및 지리조사 : 소방대상물에 인접한 도로의 폭, 교통상황, 도로주변의 토지의 고저, 건축물의 개황 그밖의 소방활동에 필요한 처리에 대한 조사를 소방본부장 또는 소방서장이 월 1회 이상 행하여야 한다.

55. 지정수량의 몇 배 이상의 위험물을 취급하는 제조소에는 화재예방을 위한 예방규정을 정하여야 하는가?

① 10배　　　② 20배
③ 30배　　　④ 50배

해설 예방규정을 정하여야 하는 제조소 등
(1) 지정수량의 10배 이상의 위험물을 취급하는 제조소, 일반취급소
(2) 지정수량의 100배 이상의 위험물을 저장하는 옥외저장소
(3) 지정수량의 150배 이상의 위험물을 저장하는 옥내저장소
(4) 지정수량의 200배 이상의 위험물을 저장하는 옥외탱크저장소
(5) 암반탱크저장소, 이송취급소

56. 소방기술자의 자격의 정지 및 취소에 관한 기준 중 1차 행정처분기준이 자격정지 1년에 해당되는 경우는?

① 자격수첩을 다른 자에게 빌려준 경우
② 동시에 둘 이상의 업체에 취업한 경우
③ 거짓이나 그 밖의 부정한 방법으로 자격수첩을 발급받은 경우
④ 업무수행 중 해당자격과 관련하여 중대한 과실로 다른 자에게 손해를 입히고 형의 선고를 받은 경우

해설 행정처분 1차 자격취소
(1) 거짓이나 그 밖의 부정한 방법으로 자격수첩 또는 경력수첩을 발급받은 경우
(2) 자격수첩 또는 경력수첩을 다른 자에게 빌려준 경우
(3) 업무수행 중 해당자격과 관련하여 고의 또는 중대한 과실로 다른 자에게 손해를 입히고 형의 선고를 받은 경우
(4) 동시에 둘 이상의 업체에 취업한 경우 (1차 : 자격정지 1년, 2차 : 자격취소)
(5) 자격정지처분을 받고도 같은 기간 내에 자격증을 사용한 경우(1차 : 자격정지 1년, 2차 : 자격정지 2년, 3차 : 자격취소)

정답　53. ④　54. ④　55. ①　56. ②

57. 소방기본법상 5년 이하의 징역 또는 3천만원 이하의 벌금에 해당하는 위반사항이 아닌 것은?

① 정당한 사유 없이 소방용수시설을 사용하거나 소방용수시설의 효용을 해하거나 그 정당한 사용을 방해한 자

② 화재현장에서 사람을 구출하는 일 또는 불을 끄거나 불이 번지지 아니하도록 하는 일을 방해한 자

③ 불이 번질 우려가 있는 소방대상물 및 토지를 일시적으로 사용하거나 그 사용의 제한 또는 소방활동에 필요한 처분을 방해한 자

④ 화재진압을 위하여 출동하는 소방자동차의 출동을 방해한 자

해설 ③항의 경우 300만원 이하의 벌금에 해당된다.

58. 일반음식점에서 조리를 위해 불을 사용하는 설비를 설치할 때 지켜야 할 사항의 기준으로 옳지 않은 것은?

① 주방시설에는 등불 또는 식물의 기름을 제거할 수 있는 필터 등을 설치할 것

② 열을 발생하는 조리기구는 반자 또는 선반에서 50 cm 이상 떨어지게 할 것

③ 주방시설에 부속된 배기덕트는 0.5 mm 이상의 아연도금강판 또는 이와 동등 이상의 내식성 불연재료를 설치할 것

④ 열을 발생하는 조리기구로부터 15 cm 이내의 거리에 있는 가연성 주요 구조부는 석면판 또는 단열성이 있는 불연재료로 덮어 씌울 것

해설 ②항의 경우 50 cm → 60 cm

59. 다음 중 특수가연물에 해당되지 않는 것은?

① 사류 1000 kg
② 면화류 200 kg
③ 나무껍질 및 대팻밥 400 kg
④ 넝마 및 종이부스러기 500 kg

해설 특수가연물 종류

품명	수량	품명	수량
면화류	200 kg 이상	가연성 고체류	3000 kg 이상
나무껍질, 대팻밥	400 kg 이상	가연성 액체류	$2 \, m^3$ 이상
넝마, 종이 부스러기	1000 kg 이상	석탄, 목탄류	10000 kg 이상
사류	1000 kg 이상	목재 가공품, 나무 부스러기	$10 \, m^3$ 이상
볏짚류	1000 kg 이상	합성 수지류	발포 시킨 것: $20 \, m^3$ 이상 / 그 밖의 것: 3000 kg 이상

60. 형식승인대상 소방용품에 해당하지 않는 것은?

① 관창
② 공기안전매트
③ 피난사다리
④ 소화활동설비

해설 공기안전매트, 휴대용 비상조명등, 유도표지, 옥내소화전함, 방수구, 피난밧줄 등은 소화용품에서 제외 대상이다.

제4과목 **소방기계시설의 구조 및 원리**

61. 연결송수관설비 배관의 설치기준으로 옳지 않은 것은?

① 지면으로부터의 높이가 31 m 이상인 특정소방대상물은 습식설비로 하여야 한다.

② 다른 부분과 내화구조로 구획된 덕트 또는 피트의 내부에 설치하는 경우에는 소방용 합성수지배관으로 설치할 수 있다.

③ 배관 내 사용압력이 1.2 MPa 미만인 경우 이음매 있는 구리 및 구리합금관을 사용하여야 한다.

④ 연결송수관설비의 배관은 주배관의 구경이 100 mm 이상인 옥내소화전설비·스프링클러설비 또는 물분무 등 소화설비의 배관과 겸용할 수 있다.

[해설] 배관 내 사용압력이 1.2 MPa 미만인 경우 배관용 탄소강강관, 배관용 스테인리스강관 또는 일반배관용 스테인리스강관, 이음매 없는 구리 및 구리합금관(습식배관에 해당)을 사용하여야 한다.

62. 제연설비에 사용되는 송풍기로 적당하지 않는 것은?

① 다익형   ② 에어리프트형

③ 덕트형   ④ 리밋로드형

[해설] 에어리프트는 공기와 함께 양수되는 펌프의 일종이다.

63. 지상으로부터 높이 30 m 되는 창문에서 구조대용 유도로프의 모래주머니를 자연 낙하시키면 지상에 도달할 때까지의 시간은 약 몇 초인가?

① 2.5   ② 5   ③ 7.5   ④ 10

[해설] 자유 낙하이므로

$H = \frac{1}{2} \cdot g \cdot t^2$ 에서

$t = \sqrt{\frac{2H}{g}} = \sqrt{\frac{2 \times 30}{9.8}} = 2.47\,\text{s}$

64. 완강기의 구성품 중 조속기의 구조 및 기능에 대한 설명으로 옳지 않은 것은?

① 완강기의 조속기는 후크와 연결되도록 한다.

② 기능에 이상이 생길 수 있는 모래나 기타의 이물질이 쉽게 들어가지 않도록 견고한 덮개로 덮여져 있도록 한다.

③ 피난자가 그 강하 속도를 조정할 수 있도록 하여야 한다.

④ 피난자의 체중에 의하여 로프가 V자 홈이 있는 도르래를 회전시켜 기어기구에 의하여 원심브레이크를 작동시켜 강하 속도를 조정한다.

[해설] 조속기는 피난자의 체중에 의하여 강하 속도가 이루어지므로 임의로 속도를 조절할 수 없다.

65. 분말소화설비의 가압용가스로 질소가스를 사용하는 경우 질소가스는 소화약제 1 kg마다 몇 L 이상으로 하는가? (단, 35℃에서 1기압의 압력상태로 환산한 것)

① 10   ② 20   ③ 30   ④ 40

[해설] 분말소화설비의 배관청소용 가스(주로 질소와 이산화탄소)를 별도 용기에 저장, 유지하여 관리한다.

질소(가압용 : 40 L/kg 이상, 축압용 : 10 L/kg 이상)

66. 공장, 창고 등의 용도로 사용하는 단층 건축물의 바닥면적이 큰 건축물에 스모크 해치를 설치하는 경우 그 효과를 높이기 위한 장치는?

① 제연덕트   ② 배출기

③ 보조 제연기   ④ 드래프트 커튼

[해설] 드래프트 커튼은 연기를 신속히 배출시키기 위한 것이다.

67. 숙박시설에 2인용 침대수가 40개이고, 종업원 수가 10명일 경우 수용인원을 산정하면 몇 명인가?

① 60 　　　　② 70

③ 80 　　　　④ 90

해설 수용인원 산정방법

특정소방대상물		산정방법
숙박시설	침대가 있는 경우	종사자수+침대수
	침대가 없는 경우	종사자수 +바닥면적합계/3 m²
• 강의실 • 교무실 • 상담실 • 휴게실		바닥면적합계/1.9 m²
기타		바닥면적합계/3 m²
• 문화, 집회, 운동시설 • 강당 • 종교시설		바닥면적합계/4.6 m²

※ 2인용 침대는 2인으로 산정한다.
　10+2×40＝90명

68. 분말소화설비에 있어서 배관을 분기할 경우 분말소화약제 저장용기 측에 있는 굴곡부에서 최소한 관경의 몇 배 이상의 거리를 두어야 하는가?

① 10 　　　　② 20

③ 30 　　　　④ 40

해설 분말소화설비 배관은 전용으로 설치해야 하며, 굴곡부는 배관 내경의 20배 이상 이격하여야 한다.

69. 고발포의 포 팽창비율은 얼마인가?

① 20 이하

② 20 이상, 80 미만

③ 80 이하

④ 80 이상, 1000 미만

해설 팽창비
(1) 저발포 : 6배 이상∼20배 이하
(2) 고발포
　㉮ 제1종 기계포 : 80배 이상∼250배 미만
　㉯ 제2종 기계포 : 250배 이상∼500배 미만
　㉰ 제3종 기계포 : 500배 이상∼1000배 미만

70. 하나의 옥외소화전을 사용하는 노즐선단에서의 방수압력이 몇 MPa을 초과할 경우 호스접결구의 인입측에 감압장치를 설치하는가?

① 0.5 　　　　② 0.6

③ 0.7 　　　　④ 0.8

해설 옥외소화전 호스의 노즐 방사압력은 0.25∼0.7 MPa이며, 0.7 MPa를 초과하면 호스접결구의 인입측에 감압장치를 설치하여야 한다.

71. 스프링클러설비 고가수조에 설치하지 않아도 되는 것은?

① 수위계 　　　　② 배수관

③ 압력계 　　　　④ 오버플로관

해설 고가수조는 옥상수조로 대기압 상태를 유지하므로 압력계는 설치하지 않는다.

72. 공기포 소화약제 혼합방식으로 펌프와 발포기의 중간에 설치된 벤투리관의 작용에 따라 포소화약제를 흡입·혼합하는 방식은?

① 펌프 프로포셔너
② 라인 프로포셔너
③ 프레셔 프로포셔너
④ 프레셔 사이드 프로포셔너

해설 포소화약제 혼합방식

(1) 펌프 프로포셔너 방식 : 펌프의 토출관과 흡입관 사이에 설치한 혼합기에 펌프에서 토출된 물의 일부를 보내고, 농도 조정밸브에서 조정된 약제를 약제탱크에서 펌프 흡입측으로 보내어 이를 혼합하는 방식

(2) 프레셔 프로포셔너 방식 : 펌프와 발포기 중간에 설치된 벤투리관의 벤투리 작용과 펌프가압수의 포소화약제 저장탱크에 대한 압력에 의하여 포소화약제를 흡입·혼합하는 방식

(3) 라인 프로포셔너 방식 : 펌프와 발포기의 중간에 설치된 벤투리관의 벤투리 작용에 의하여 포소화약제를 흡입·혼합하는 방식

(4) 프레셔사이드 프로포셔너 방식 : 펌프의 토출관에 혼합기를 설치하고 약제 압입용 펌프로 포 원액을 압입시켜 혼합하는 방식

73. 특정소방대상물별 소화기구의 능력단위기준으로 옳지 않은 것은? (단, 내화구조 아닌 건축물의 경우)

① 위락시설 : 해당용도의 바닥면적 30 m^2마다 능력단위 1단위 이상

② 노유자시설 : 해당용도의 바닥면적 30 m^2마다 능력단위 1단위 이상

③ 관람장 : 해당용도의 바닥면적 50 m^2마다 능력단위 1단위 이상

④ 전시장 : 해당용도의 바닥면적 100 m^2마다 능력단위 1단위 이상

해설 노유자시설 : 100 m^2마다 능력단위 1단위 이상

74. 사무실 용도의 장소에 스프링클러를 설치할 경우 교차배관에서 분기되는 지점을 기준으로 한쪽의 가지배관에 설치되는 하향식 스프링클러헤드는 몇 개 이하로 설치하는가? (단, 수리역학적 배관방식의 경우는 제외)

① 8 ② 10 ③ 12 ④ 16

해설 한쪽의 가지배관에는 스프링클러 헤드를 8개 이하로 설치하여야 한다.

75. 호스릴 이산화탄소 소화설비의 설치기준으로 옳지 않은 것은?

① 20℃에서 하나의 노즐마다 소화약제의 방출량은 60초당 60 kg 이상이어야 한다.

② 소화약제 저장용기는 호스릴 2개마다 1개 이상 설치해야 한다.

③ 소화약제 저장용기의 가장 가까운 곳의 보기 쉬운곳에 표시등을 설치해야 한다.

④ 소화약제 저장용기의 개방밸브는 호스의 설치장소에서 수동으로 개폐할 수 있어야 한다.

해설 소화약제 저장용기는 호스릴 설치장소마다 설치하여야 한다.

76. 스프링클러헤드의 방수구에서 유출되는 물을 세분시키는 작용을 하는 것은?

① 클래퍼 ② 워터모터공 ③ 리타딩 체임버 ④ 디플렉터

해설 스프링클러헤드
(1) 프레임 : 스프링클러헤드의 디플렉터(반사판)와 나사부분을 연결하는 역할을 한다.
(2) 디플렉터 : 스프링클러헤드에서 분무되는 물을 분사시키는 역할을 한다.

77. 소화용수설비 저수조의 수원 소요수량이 100 m^3 이상일 경우 설치해야 하는 채수구의 수는?

① 1개 ② 2개 ③ 3개 ④ 4개

정답 73. ② 74. ① 75. ② 76. ④ 77. ③

[해설] 채수구의 수

소화수조 용량	20 m³ 이상~ 40 m³ 미만	40 m³ 이상~ 100 m³ 미만	100 m³ 이상
채수구의 수	1개	2개	3개

78. 154 kV 초과 181 kV 이하의 고압 전기 기기와 물분무헤드 사이의 이격거리는?

① 150 cm 이상 　② 180 cm 이상

③ 210 cm 이상 　④ 269 cm 이상

[해설] 물분무헤드와 전기기기와의 이격거리

전압(kV)	거리(cm)	전압(kV)	거리(cm)
66 이하	70 이상	154 초과 181 이하	180 이상
66 초과 77 이하	80 이상	181 초과 220 이하	210 이상
77 초과 110 이하	110 이상	220 초과	260 이상
110 초과 154 이하	150 이상		

79. 물분무소화설비 수원의 저수량 설치기준으로 옳지 않은 것은?

① 특수가연물을 저장·취급하는 특정소방대상물의 바닥면적 1 m²에 대하여 10 L/min으로 20분간 방수할 수 있는 양 이상일 것

② 차고, 주차장의 바닥면적 1 m²에 대하여 20 L/min으로 20분간 방수할 수 있는 양 이상일 것

③ 케이블 트레이, 케이블 덕트 등의 투영된 바닥면적 1 m²에 대하여 12 L/min으로 20분간 방수할 수 있는 양 이상일 것

④ 컨베이어 벨트는 벨트부분의 바닥면적 1 m²에 대하여 20 L/min으로 20분간 방수할 수 있는 양 이상일 것

[해설] ④항 20 L/min → 10 L/min

80. 포소화설비의 배관 등의 설치기준으로 옳은 것은?

① 교차배관에서 분기하는 지점을 기점으로 한쪽 가지배관에 설치하는 헤드의 수는 6개 이하로 한다.

② 포워터스프링클러설비 또는 포헤드설비의 가지배관의 배열은 토너먼트방식으로 한다.

③ 송액관은 포의 방출 종료 후 배관 안의 액을 배출하기 위하여 적당한 기울기를 유지하도록 하고 그 낮은 부분에 배액밸브를 설치하여야 한다.

④ 포소화전의 기동장치의 조작과 동시에 다른 설비의 용도에 사용하는 배관의 송수를 차단할 수 있거나 포소화설비의 성능에 지장이 있는 경우에는 다른 설비와 겸용할 수 있다.

[해설] ① : 헤드수 8개 이하

②: 토너먼트방식이 아니어야 한다.

④: 지장이 없는 경우에는 다른 설비와 겸용할 수 있다.

소방설비기계기사

제1과목 **소방원론**

1. 증기비중의 정의로 옳은 것은? (단, 보기에서 분자, 분모의 단위는 모두 g/mol 이다.)

① $\dfrac{분자량}{22.4}$ ② $\dfrac{분자량}{29}$

③ $\dfrac{분자량}{44.8}$ ④ $\dfrac{분자량}{100}$

해설 비중 $= \dfrac{분자량}{29}$

$= \dfrac{체적}{22.4} = \dfrac{6.02 \times 10^{23}}{분자수}$

2. 위험물안전관리법령상 제4류 위험물의 화재의 적응성이 있는 것은?

① 옥내소화전설비

② 옥외소화전설비

③ 봉상수소화기

④ 물분무소화설비

해설 제4류 위험물은 인화성 액체로 질식소화가 이루어져야 한다. 물분무소화설비는 질식과 냉각소화를 할 수 있으므로 적합하다.

3. 화재 최성기 때의 농도로 유도등이 보이지 않을 정도의 연기농도는? (단, 감광계수로 나타낸다.)

① $0.01\,\mathrm{m}^{-1}$ ② $1\,\mathrm{m}^{-1}$

③ $10\,\mathrm{m}^{-1}$ ④ $30\,\mathrm{m}^{-1}$

해설 연기의 감광계수

감광계수 (m^{-1})	가시거리 (m)	상황
0.1	20~30	연기감지기 작동
0.3	5	내부에 익숙한 사람이 피난에 지장
0.5	3	어둠을 느낄 정도
1	1~2	앞이 보이지 않음
10	0.2~0.5	화재 최성기 농도
30	–	출화실 연기 분출

4. 가연성 가스가 아닌 것은?

① 일산화탄소 ② 프로판

③ 수소 ④ 아르곤

해설 아르곤과 질소는 대표적인 불연성가스이다.

5. 위험물안전관리법령상 위험물 유별에 따른 성질이 잘못 연결된 것은?

① 제1류 위험물 – 산화성 고체

② 제2류 위험물 – 가연성 고체

③ 제4류 위험물 – 인화성 액체

④ 제6류 위험물 – 자기반응성 물질

해설 제1류 위험물 : 산화성 고체
제2류 위험물 : 가연성 고체
제3류 위험물 : 자연발화성 및 금수성 물질
제4류 위험물 : 인화성 액체
제5류 위험물 : 자기반응성물질
제6류 위험물 : 산화성 액체

6. 무창층 여부를 판단하는 개구부로서 갖

정답 1. ② 2. ④ 3. ③ 4. ④ 5. ④ 6. ③

추어야 할 조건으로 옳은 것은?

① 개구부 크기가 지름 30 cm의 원이 내접할 수 있는 것

② 해당 층의 바닥면으로부터 개구부 밑부분까지의 높이가 1.5 m인 것

③ 내부 또는 외부에서 쉽게 부수거나 열 수 있을 것

④ 창에 방범을 위하여 40 cm 간격으로 창살을 설치할 것

해설 무창층 : 지상층 중 개구부(건축물에서 채광·환기·통풍 또는 출입 등을 위하여 만든 창·출입구, 그 밖에 이와 비슷한 것을 말한다)의 면적의 합계가 해당 층의 바닥면적의 30분의 1 이하가 되는 층을 말한다.

(1) 지름 50 cm 이상의 원이 내접할 수 있는 크기일 것

(2) 해당 층의 바닥면으로부터 개구부 밑부분까지의 높이가 1.2 m 이내일 것

(3) 도로 또는 차량이 진입할 수 있는 빈터를 향할 것

(4) 화재 시 건축물로부터 쉽게 피난할 수 있도록 창살이나 그 밖의 장애물이 설치되지 아니할 것

(5) 내부 또는 외부에서 쉽게 부수거나 열 수 있을 것

7. 황린의 보관방법으로 옳은 것은?

① 물속에 보관

② 이황화탄소 속에 보관

③ 수산화칼륨 속에 보관

④ 통풍이 잘 되는 공기 중에 보관

해설 황린은 자연발화성은 있으나 금수성이 없는 제3류 위험물로서 포스핀 생성을 방지하기 위하여 물속에 저장하여야 한다.

8. 가연성 가스나 산소의 농도를 낮추어 소화하는 방법은?

① 질식소화   ② 냉각소화

③ 제거소화   ④ 억제소화

해설 산소의 농도를 15 % 이하로 낮추면 연소가 중지되며 이를 질식소화라 한다.

9. 분말소화약제 중 A급, B급, C급 화재에 모두 사용할 수 있는 것은?

① Na_2CO_3 ② $NH_4H_2PO_4$

③ $KHCO_3$ ④ $NaHCO_3$

해설 제3종 소화약제인 제1인산암모늄($NH_4H_2PO_4$)은 A급, B급, C급 화재에 모두 사용할 수 있다.

10. 화재 발생 시 건축물의 화재를 확대시키는 주요인이 아닌 것은?

① 비화

② 복사열

③ 화염의 접촉(접염)

④ 흡착열에 의한 발화

해설 화재 확대 원인

(1) 비화 : 화염이 날리면서 다른 곳으로 전파되는 현상

(2) 복사열 : 고체의 물체에서 발산하는 열선에 의한 열의 이동

(3) 접염 : 화염의 접촉으로 화염이 다른 곳으로 이동되는 현상

11. 제2종 분말소화약제가 열분해되었을 때 생성되는 물질이 아닌 것은?

① CO_2 ② H_2O

③ H_3PO_4 ④ K_2CO_3

해설 제2종 분말소화약제의 열분해
$$2KHCO_3 \rightarrow H_2O + CO_2 + K_2CO_3$$

12. 제거소화의 예가 아닌 것은?

① 유류 화재 시 다량의 포를 방사한다.

② 전기 화재 시 신속하게 전원을 차단한다.

정답 **7.** ①   **8.** ①   **9.** ②   **10.** ④   **11.** ③   **12.** ①

③ 가연성 가스 화재 시 가스의 밸브를 닫는다.

④ 산림 화재 시 확산을 막기 위하여 산림의 일부를 벌목한다.

[해설] 유류 화재 시 다량의 포를 방사하는 것은 산소의 공급을 차단하여 질식소화하려는 것이다.

13. 공기 중에서 수소의 연소범위로 옳은 것은?

① 0.4~4 vol% ② 1~12.5 vol%

③ 4~75 vol% ④ 67~92 vol%

[해설] 연소범위는 폭발범위로 수소의 경우 4~75 vol%이다.

14. 다음 중 일반적인 자연발화의 방지법으로 틀린 것은?

① 습도를 높일 것

② 저장실의 온도를 낮출 것

③ 정촉매작용을 하는 물질을 피할 것

④ 통풍을 원활하게 하여 열축적을 방지할 것

[해설] 자연발화를 방지하기 위하여 열의 축적을 일으키는 습도를 낮추어야 한다.

15. 이산화탄소(CO_2)에 대한 설명으로 틀린 것은?

① 임계온도는 97.5℃이다.

② 고체의 형태로 존재할 수 있다.

③ 불연성 가스로 공기보다 무겁다.

④ 상온, 상압에서 기체상태로 존재한다.

[해설] 이산화탄소의 임계압력은 73 atm, 임계온도는 31℃이다.

16. 건물화재 시 패닉(panic)의 발생원인과 직접적인 관계가 없는 것은?

① 연기에 의한 시계 제한

② 유독가스에 의한 호흡장애

③ 외부와 단절되어 고립

④ 불연내장재의 사용

[해설] 패닉은 일순간 경악이나 망연자실한 상태 또는 당황해서 분별하지 못한 행동으로 돌출되는 현상이다. 불연내장재의 사용은 화재 시 패닉을 방지하기 위하여 사용한다.

17. 화학적 소화방법에 해당하는 것은?

① 모닥불에 물을 뿌려 소화한다.

② 모닥불을 모래로 덮어 소화한다.

③ 유류화재를 할론 1301로 소화한다.

④ 지하실 화재를 이산화탄소로 소화한다.

[해설] ①, ②, ④항의 경우 물리적 소화에 해당된다.

18. 목조건물에서 발생하는 옥외출화 시기를 나타낸 것으로 옳은 것은?

① 창, 출입구 등에 발염착화한 때

② 천장 속, 벽 속 등에서 발염착화한 때

③ 가옥구조에서는 천장면에 발염착화한 때

④ 불연천장인 경우 실내의 그 뒷면에 발염착화한 때

[해설] ②, ③, ④항은 옥내출화 시기에 해당된다.

19. 공기 중의 산소의 농도는 약 몇 vol%인가?

① 10 ② 13 ③ 17 ④ 21

[해설] 공기의 조성 : 질소(78 vol%), 산소(21 vol%), 아르곤(1 vol%)

20. 화재 발생 시 주수소화가 적합하지 않은 물질은?

정답 13. ③ 14. ① 15. ① 16. ④ 17. ③ 18. ① 19. ④ 20. ②

① 적린   ② 마그네슘 분말

③ 과염소산칼륨   ④ 유황

해설 $Mg + 2H_2O \rightarrow Mg(OH)_2 + H_2 \uparrow$

제2과목   **소방유체역학**

21. 펌프의 입구 및 출구측에 연결된 진공계와 압력계가 각각 25 mmHg와 260 kPa을 가리켰다. 이 펌프의 배출유량이 $0.15 m^3/s$가 되려면 펌프의 동력은 약 몇 kW가 되어야 하는가? (단, 펌프의 입구와 출구의 높이차는 없고, 입구측 관직경은 20 cm, 출구측 관직경은 15 cm이다.)

① 3.95   ② 4.32

③ 39.5   ④ 43.2

해설 $25\,mmHg \times \dfrac{101.325\,kPa}{760\,mmHg} = 3.33\,kPa$

흡입측 유속$(V_1) = \dfrac{Q}{A} = \dfrac{0.15\,m^3/s}{\dfrac{\pi}{4} \times 0.2^2\,m^2}$

$\qquad\qquad\qquad = 4.77\,m/s$

토출측 유속$(V_2) = \dfrac{Q}{A} = \dfrac{0.15\,m^3/s}{\dfrac{\pi}{4} \times 0.15^2\,m^2}$

$\qquad\qquad\qquad = 8.49\,m/s$

베르누이 정리에 의하여

$\dfrac{P_1}{\gamma} + \dfrac{V_1^2}{2g} + Z_1 = \dfrac{P_2}{\gamma} + \dfrac{V_2^2}{2g} + Z_2\ (Z_1 = Z_2)$

$\dfrac{3.33\,kN/m^2}{9.8\,kN/m^3} + \dfrac{(4.77\,m/s)^2}{2 \times 9.8\,m/s^2} + H$

$= \dfrac{260\,kN/m^2}{9.8\,kN/m^3} + \dfrac{(8.49\,m/s)^2}{2 \times 9.8\,m/s^2}$

$\therefore\ H = 28.52\,m$

$H_{kW} = \dfrac{1000 \times 0.15\,m^3/s \times 28.52\,m}{102}$

$\qquad\ = 41.94\,kW$

22. 펌프에 대한 설명 중 틀린 것은?

① 회전식 펌프는 대용량에 적당하며 고장 수리가 간단하다.

② 기어 펌프는 회전식 펌프의 일종이다.

③ 플런저 펌프는 회전식 펌프의 일종이다.

④ 터빈 펌프는 고양정, 대용량에 적당하다.

해설 회전식 펌프는 저용량, 저양정에 적합한 펌프로서 고점도 유체 수송에 적합한 유압펌프이며 흡입 및 토출밸브가 없고 연속 송출로 맥동 현상이 적다.

23. 어떤 밸브가 장치된 지름 20 cm인 원판에 4℃의 물이 2 m/s의 평균속도로 흐르고 있다. 밸브의 앞과 뒤에서의 압력 차이가 7.6 kPa일 때, 이 밸브의 부차적 손실계수 K와 등가길이 L_e은? (단, 관의 마찰계수는 0.020이다.)

① $K = 3.8,\quad L_e = 38\,m$

② $K = 7.6,\quad L_e = 38\,m$

③ $K = 38,\quad L_e = 3.8\,m$

④ $K = 38,\quad L_e = 7.6\,m$

해설 부차적 손실계수(K)

$h = \dfrac{KV^2}{2g} = \dfrac{P}{\gamma}$

$K = \dfrac{P \times 2g}{\gamma V^2} = \dfrac{7.6\,kN/m^2 \times 2 \times 9.8\,m/s^2}{9.8\,kN/m^3 \times (2\,m/s)^2}$

$\quad = 3.8$

등가길이(L_e)

$L_e = \dfrac{K \times D}{f} = \dfrac{3.8 \times 0.2\,m}{0.02} = 38\,m$

24. 안지름 30 cm의 원관 속을 절대압력 0.32 MPa, 온도 27℃인 공기가 4 kg/s로 흐를 때 이 원관 속을 흐르는 공기의 평균속도는 약 몇 m/s인가? (단, 공기의

기체상수 $R = 287\,\text{J/kg} \cdot \text{K이다.}$)

① 15.2   ② 20.3

③ 25.2   ④ 32.5

해설 $PV = GRT$ 에서

$$\frac{V}{G} = \frac{RT}{P} = \frac{0.287\,\text{kJ/kg} \cdot \text{K} \times 300\,\text{K}}{0.32 \times 10^3\,\text{kN/m}^2}$$

$$= 0.269\,\text{m}^3/\text{kg}$$

$$0.269\,\text{m}^3/\text{kg} \times 4\,\text{kg/s} = 1.076\,\text{m}^3/\text{s}$$

$$Q = AV = \left(\frac{\pi}{4}D^2\right) \times V$$

$$V = \frac{4Q}{\pi D^2}$$

$$= \frac{4 \times 1.076\,\text{m}^3/\text{s}}{\pi \times (0.3\,\text{m})^2} = 15.22\,\text{m/s}$$

25. 국소대기압이 102 kPa인 곳의 기압을 비중 1.59, 증기압 13 kPa인 액체를 이용한 기압계로 측정하면 기압계에서 액주의 높이는?

① 5.71 m   ② 6.55 m

③ 9.08 m   ④ 10.4 m

해설 $P = P_1 + \gamma h$ 에서

$$h = \frac{P - P_1}{\gamma}$$

$$\gamma = 1.59 \times 9.8\,\text{kN/m}^3 = 15.58\,\text{kN/m}^3$$

$$h = \frac{(102 - 13)\,\text{kN/m}^2}{15.58\,\text{kN/m}^3} = 5.71\,\text{m}$$

26. 이상기체 1 kg을 35℃로부터 65℃까지 정적과정에서 가열하는 데 필요한 열량이 118 kJ이라면 정압비열은? (단, 이 기체의 분자량은 4이고, 일반기체상수는 8.314 kJ/kmol · K이다.)

① 2.11 kJ/kg · K   ② 3.93 kJ/kg · K

③ 5.23 kJ/kg · K   ④ 6.01 kJ/kg · K

해설 기체상수$(R) = \dfrac{8.314\,\text{kJ/kmol} \cdot \text{K}}{4\,\text{kg/kmol}}$

$$= 2.08\,\text{kJ/kg} \cdot \text{K}$$

$$\Delta h = W \times C_v \times \Delta t$$

$$C_v = \frac{118\,\text{kJ}}{1\,\text{kg} \times (65 - 35)\text{K}} = 3.93\,\text{kJ/kg} \cdot \text{K}$$

$$R = C_p - C_v$$

$$C_p = R + C_v = 2.08\,\text{kJ/kg} \cdot \text{K} + 3.93\,\text{kJ/kg} \cdot \text{K}$$

$$= 6.01\,\text{kJ/kg} \cdot \text{K}$$

27. 경사진 관로의 유체 흐름에서 수력기울기선의 위치로 옳은 것은?

① 언제나 에너지선보다 위에 있다.

② 에너지선보다 속도수두만큼 아래에 있다.

③ 항상 수평이 된다.

④ 개수로의 수면보다 속도수두만큼 위에 있다.

해설 베르누이의 정리

(1) 위치수두 : 기준선에서 관의 중심까지의 높이

(2) 압력수두 : 관의 중심에서 수력구배(기울기)선까지의 높이

(3) 속도수두 : 수력구배(기울기)선에서 에너지선까지의 높이

28. A, B 두 원관 속을 기체가 미소한 압력차로 흐르고 있을 때 이 압력차를 측정하려면 다음 중 어떤 압력계를 쓰는 것이 가장 적절한가?

① 간섭계

② 오리피스

③ 마이크로마노미터

④ 부르동압력계

해설 마노미터, 피에조미터 등은 압력차를 측정하는 데 사용된다.

(1) 간섭계 : 파동의 간섭현상으로 굴절률의 변화, 표면의 거칠기를 측정하는 데 사용

(2) 오리피스 : 유량을 측정하는 데 사용(벤투리미터, 로터미터, 노즐 등)

정답 **25.** ①   **26.** ④   **27.** ②   **28.** ③

29. 그림과 같이 속도 V인 유체가 정지하고 있는 곡면 깃에 부딪혀 θ의 각도로 유동방향이 바뀐다. 유체가 곡면에 가하는 힘의 x, y 성분의 크기를 $|F_x|$와 $|F_y|$라 할 때, $|F_y|/|F_x|$는? (단, 유동단면적은 일정하고 $0° < \theta < 90°$이다.)

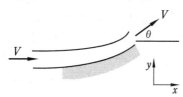

① $\dfrac{1 - \cos\theta}{\sin\theta}$　　② $\dfrac{\sin\theta}{1 - \cos\theta}$

③ $\dfrac{1 - \sin\theta}{\cos\theta}$　　④ $\dfrac{\cos\theta}{1 - \sin\theta}$

해설 $F_x = \rho \cdot Q(V - V\cos\theta)$

$F_y = \rho \cdot Q(V\sin\theta - V)$

$\dfrac{F_y}{F_x} = \dfrac{\rho \cdot Q(V\sin\theta - V)}{\rho \cdot Q(V - V\cos\theta)}$

$\qquad = \dfrac{\rho \cdot Q(V\sin\theta - 0)}{\rho \cdot Q(V - V\cos\theta)} = \dfrac{\sin\theta}{1 - \cos\theta}$

30. 안지름 50mm인 관에 동점성계수 2×10^{-3} cm²/s인 유체가 흐르고 있다. 층류로 흐를 수 있는 최대유량은 약 얼마인가? (단, 임계 레이놀즈수는 2100으로 한다.)

① $16.5\ \text{cm}^3/\text{s}$　　② $33\ \text{cm}^3/\text{s}$

③ $49.5\ \text{cm}^3/\text{s}$　　④ $66\ \text{cm}^3/\text{s}$

해설 $Re = \dfrac{D \times V}{\nu}$ 에서

$V = \dfrac{Re \times \nu}{D} = \dfrac{2100 \times 2 \times 10^{-3}\text{cm}^2/\text{s}}{5\,\text{cm}}$

$\quad = 0.84\ \text{cm/s}$

$Q = A \times V = \dfrac{\pi}{4} \times (5\text{cm})^2 \times 0.84\ \text{cm/s}$

$\quad = 16.49\ \text{cm}^3/\text{s}$

31. Newton의 점성법칙에 대한 옳은 설명으로 모두 짝지은 것은?

> ㉮ 전단응력은 점성계수와 속도기울기의 곱이다.
> ㉯ 전단응력은 점성계수에 비례한다.
> ㉰ 전단응력은 속도기울기에 반비례한다.

① ㉮, ㉯　　　② ㉯, ㉰

③ ㉮, ㉰　　　④ ㉮, ㉯, ㉰

해설 Newton의 점성법칙 : 전단응력은 속도기울기에 비례하고, 이 속도기울기를 작게 하는 방향으로 전단응력이 작용하는 것으로 비례상수인 전단응력과 전단 속도의 비를 점도라고 한다.

32. 전체 질량이 3000 kg인 소방차의 속력을 4초 만에 시속 40 km에서 80 km로 가속하는 데 필요한 동력은 약 몇 kW인가?

① 34　　　　② 70

③ 139　　　④ 209

해설 평균속도 $= \left(\dfrac{40 + 80}{2}\right)\text{km/h}$

$\qquad = 60\ \text{km/h} = 60000\ \text{m/3600 s}$

$\qquad = 16.7\ \text{m/s}$

$80\ \text{km/h} = 80000\ \text{m/3600 s} = 22.22\,\text{m/s}$

$40\ \text{km/h} = 40000\ \text{m/3600 s} = 11.11\,\text{m/s}$

$F = m \times a$

$\quad = 3000\ \text{kg} \times \dfrac{(22.22 - 11.11)\text{m/s}}{4s}$

$\quad = 8332.5\ \text{kg} \cdot \text{m/s}^2$

$\quad = 8332.5\ \text{N}(1\,\text{N} = 1\,\text{kg} \cdot \text{m/s}^2)$

$H_{kW} = 8332.5\ \text{N} \times 16.7\ \text{m/s}$

$\quad = 139152.75\ \text{N} \cdot \text{m/s} = 139.15\text{kN} \cdot \text{m/s}$

$\quad = 139.15\ \text{kJ/s} = 139.15\ \text{kW}(1\,\text{kW} = 1\,\text{kJ/s})$

33. 관의 단면적이 0.6 m²에서 0.2 m²로 감소하는 수평 원형 축소관으로 공기를 수송하고 있다. 관 마찰손실은 없는 것으로 가정하고 7.26 N/s의 공기가 흐를 때 압력 감소는 몇 Pa인가? (단, 공기 밀도는 1.23 kg/m³이다.)

① 4.96　　　　② 5.58

③ 6.20　　　　④ 9.92

해설 공기의 비중량(γ)

$= \rho \times g = 1.23 \, \text{N} \cdot \text{s}^2/\text{m}^4 \times 9.8 \, \text{m/s}^2$

$= 12.05 \, \text{N/m}^3$

중량유량을 체적유량으로 환산하면

$\dfrac{7.26 \, \text{N/s}}{12.05 \, \text{N/m}^3} = 0.602 \, \text{m}^3/\text{s}$

$V_1 = \dfrac{Q}{A_1} = \dfrac{0.602 \, \text{m}^3/\text{s}}{0.6 \, \text{m}^2} = 1.003 \, \text{m/s}$

$V_2 = \dfrac{Q}{A_2} = \dfrac{0.602 \, \text{m}^3/\text{s}}{0.2 \, \text{m}^2} = 3.01 \, \text{m/s}$

베르누이의 정리에 의하여

$\dfrac{P_1}{\gamma} + \dfrac{V_1^2}{2g} + Z_1 = \dfrac{P_2}{\gamma} + \dfrac{V_2^2}{2g} + Z_2$

$(Z_1 = Z_2)$

$\dfrac{P_2 - P_1}{\gamma} = \dfrac{V_1^2 - V_2^2}{2g}$

$P_2 - P_1 = \gamma \times \dfrac{V_1^2 - V_2^2}{2g}$

$P_2 - P_1$

$= 12.05 \, \text{N/m}^3 \times \dfrac{(1.003^2 - 3.01^2)(\text{m/s})^2}{2 \times 9.8 \, \text{m/s}^2}$

$= -4.9516 \, \text{N/m}^2 (1 \, \text{Pa} = 1 \, \text{N/m}^2)$

즉, 4.9516 Pa만큼 압력손실이 발생한다.

34. 물의 압력파에 의한 수격작용을 방지하기 위한 방법으로 옳지 않은 것은?

① 펌프의 속도가 급격히 변화하는 것을 방지한다.

② 관로 내의 관경을 축소시킨다.

③ 관로 내 유체의 유속을 낮게 한다.

④ 밸브 개폐시간을 가급적 길게 한다.

해설 수격작용은 관로 내의 물의 운동 상태를 갑자기 변화시켰을 때 생기는 물의 급격한 압력 변화의 현상으로 관로 내의 관경을 증가시켜야 방지할 수 있다.

35. 그림과 같이 반경 2 m, 폭(y 방향) 4 m

의 곡면 AB가 수문으로 이용된다. 이 수문에 작용하는 물에 의한 힘의 수평성분(x 방향)의 크기는 약 얼마인가?

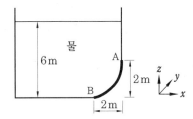

① 337 kN　　　② 392 kN

③ 437 kN　　　④ 492 kN

해설 물의 비중량 : 9.8 kN/m³

높이 : 5 m

면적 : 2 m × 4 m

$F = \gamma \times h \times A$

$= 9.8 \, \text{kN/m}^3 \times 5 \, \text{m} \times 2 \, \text{m} \times 4 \, \text{m}$

$= 392 \, \text{kN}$

36. 수두 100 mmAq로 표시되는 압력은 몇 Pa인가?

① 0.098　　　② 0.98

③ 9.8　　　　④ 980

해설 $100 \, \text{mmAq} \times \dfrac{101325 \, \text{Pa}}{10332 \, \text{mmAq}}$

$= 980.69 \, \text{Pa}$

37. 기체의 체적탄성계수에 관한 설명으로 옳지 않은 것은?

① 체적탄성계수는 압력의 차원을 가진다.

② 체적탄성계수가 큰 기체는 압축하기가 쉽다.

③ 체적탄성계수의 역수를 압축률이라고 한다.

④ 이상기체를 등온압축시킬 때 체적탄성계수는 절대압력과 같은 값이다.

정답 **34.** ②　**35.** ②　**36.** ④　**37.** ②

[해설] 체적탄성계수 : 단위체적비만큼 압축시키는 데(줄이는 데) 필요한 압력

$$체적탄성계수 = \frac{압력(\Delta P)}{줄어든\ 체적비\left(\dfrac{\Delta V}{V}\right)}$$

압축률 : 단위압력에 따른 체적비 변화율
= 체적탄성계수의 역수
※ 체적탄성계수가 큰 기체는 압축하기가 어렵다.

38. $\phi 150\ mm$ 관을 통해 소방용수가 흐르고 있다. 평균유속이 $5\ m/s$이고 $50\ m$ 떨어진 두 지점 사이의 수두손실이 $10\ m$라고 하면 이 관의 마찰계수는?

① 0.0235   ② 0.0315

③ 0.0351   ④ 0.0472

[해설] $H = f \times \dfrac{l}{D} \times \dfrac{V^2}{2g}$ 에서

$$f = H \times \frac{D}{l} \times \frac{2g}{V^2}$$

$$-10\,m \times \frac{0.15\,m}{50\,m} \times \frac{2 \times 9.8\,m/s^2}{(5\,m/s)^2}$$

$$= 0.0235$$

39. 직경 $2\ m$인 구 형태의 화염이 $1\ MW$의 발열량을 내고 있다. 모두 복사로 방출될 때 화염의 표면 온도는? (단, 화염은 흑체로 가정하고, 주변온도는 $300\ K$, 스테판–볼츠만 상수는 $5.67 \times 10^{-8}\ W/m^2 \cdot K^4$)

① 1090 K   ② 2619 K

③ 3720 K   ④ 6240 K

[해설] $E = \dfrac{Q}{A} = \dfrac{1\,MW}{4\pi r^2}$

$$= \frac{1000000\,W}{4 \times \pi \times (1\,m)^2} = 79577\ W/m^2$$

여기서, E : 복사에너지(W/m^2)
Q : 발열량(W)
A : 구의 표면적$(= 4\pi r^2)\,[m^2]$

$E = \sigma \times T_4$ 에서

$$T = \left(\frac{E}{\sigma}\right)^{\frac{1}{4}} = \left(\frac{79577\ W/m^2}{5.67 \times 10^{-8}\ W/m^2 \cdot K^4}\right)^{\frac{1}{4}}$$

$$= 1088.43\ K$$

여기서, σ : 스테판–볼츠만의 상수
T : 표면 절대온도(K)

40. 안지름이 $15\ cm$인 소화용 호스에 물이 질량유량 $100\ kg/s$로 흐르는 경우 평균유속은 약 몇 m/s인가?

① 1   ② 1.41

③ 3.18   ④ 5.66

[해설] 질량유량 $100\ kg/s$를 체적유량으로 환산하면

$$\frac{100\,kg/s}{1000\,kg/m^3} = 0.1\ m^3/s$$

$$V = \frac{Q}{A} = \frac{0.1\ m^3/s}{\dfrac{\pi}{4} \times (0.15\,m)^2} = 5.6588\ m/s$$

제 3 과목   **소방관계법규**

41. 소방용수시설 저수조의 설치기준으로 틀린 것은?

① 지면으로부터의 낙차가 $4.5\ m$ 이하일 것

② 흡수부분의 수심이 $0.3\ m$ 이상일 것

③ 흡수관의 투입구가 사각형의 경우에는 한 변의 길이가 $60\ cm$ 이상일 것

④ 흡수관의 투입구가 원형의 경우에는 지름이 $60\ cm$ 이상일 것

[해설] 소방용수시설 저수조의 설치기준
(1) 지면으로부터의 낙차가 $4.5\ m$ 이하일 것(흡수부분의 수심이 $0.5\ m$ 이상일 것)
(2) 소방펌프자동차가 쉽게 접근할 수 있도록 할 것
(3) 흡수에 지장이 없도록 토사 및 쓰레기 등을 제거할 수 있는 설비를 갖출 것

---

(4) 흡수관의 투입구가 사각형의 경우에는 한 변의 길이가 60 cm 이상, 원형의 경우에는 지름이 60 cm 이상일 것

(5) 저수조에 물을 공급하는 방법은 상수도에 연결하여 자동으로 급수되는 구조일 것

42. 공동소방안전관리자를 선임하여야 할 특정소방대상물의 기준으로 틀린 것은?

① 지하가
② 지하층을 포함한 층수가 11층 이상의 건축물
③ 복합건축물로서 층수가 5층 이상인 것
④ 판매시설 중 도매시장 또는 소매시장

해설 지하층을 제외한 층수가 11층 이상의 건축물이 해당된다.

43. 종합정밀점검의 경우 점검인력 1단위가 하루 동안 점검할 수 있는 특정소방대상물의 연면적 기준으로 옳은 것은?

① 12000 m²
② 10000 m²
③ 8000 m²
④ 6000 m²

해설 종합정밀점검 : 10000 m², 작동기능점검 : 12000 m²

44. 화재현장에서의 피난 등을 체험할 수 있는 소방체험관의 설립 · 운영권자는?

① 시 · 도지사
② 국민안전처장관
③ 소방본부장 또는 소방서장
④ 한국소방안전협회장

해설 소방체험관의 설립 · 운영권자 : 시 · 도지사(경제력이 필요한 경우는 시 · 도지사)

45. 제3류 위험물 중 금수성 물품에 적응성이 있는 소화약제는?

① 물
② 강화액
③ 팽창질석
④ 인산염류분말

해설 금수성 물품에는 물을 사용하면 안 되며, (물에 접촉하면 발열하거나 발화) 팽창질석, 팽창진주암에 의해 질식소화를 하여야 한다.

46. 소방서의 종합상황실 실장이 서면 · 모사전송 또는 컴퓨터 통신 등으로 소방본부의 종합상황실에 보고하여야 하는 화재가 아닌 것은?

① 사상자가 10명 발생한 화재
② 이재민이 100명 발생한 화재
③ 관공서 · 학교 · 정부미도정공장의 화재
④ 재산피해액이 10억원 발생한 일반화재

해설 종합상황실의 실장에 지체 없이 보고하여야 하는 상황

(1) 사망자가 5명 이상 발생하거나 사상자가 10명 이상 발생한 화재
(2) 이재민이 100명 이상 발생한 화재
(3) 재산피해액이 50억원 이상 발생한 화재
(4) 층수가 11층 이상인 건축물에서 발생한 화재, 관광호텔, 지하상가, 시장, 백화점
(5) 5층 이상 또는 객실 30실 이상인 숙박시설
(6) 5층 이상 또는 병실 30개 이상인 종합병원, 정신병원, 한방병원, 요양소

47. 시 · 도의 조례가 정하는 바에 따라 지정수량 이상의 위험물을 임시로 저장 · 취급할 수 있는 기간 (㉠)과 임시저장 승인권자(㉡)는?

① ㉠ 30일 이내, ㉡ 시 · 도지사
② ㉠ 60일 이내, ㉡ 소방본부장
③ ㉠ 90일 이내, ㉡ 관할소방서장
④ ㉠ 120일 이내, ㉡ 소방청장

해설 위험물을 임시로 저장 · 취급 : 관할소방서장, 승인 기간 : 90일 이내

48. 소방시설관리업자의 등록을 반드시 취소해야 하는 사유에 해당하지 않는 것은?

정답 **42.** ② **43.** ② **44.** ① **45.** ③ **46.** ④ **47.** ③ **48.** ②

① 거짓으로 등록을 한 경우
② 등록기준에 미달하게 된 경우
③ 다른 사람에게 등록증을 빌려준 경우
④ 등록의 결격사유에 해당하게 된 경우

해설 등록기준에 미달하게 된 경우 : 6월 이내의 영업 정지 사항

49. 소방시설업의 등록권자로 옳은 것은?

① 국무총리
② 시·도지사
③ 소방서장
④ 한국소방안전협회장

해설 소방시설업
(1) 등록권자, 등록사항변경, 지위승계 : 시·도지사
(2) 등록기준 : 자본금(개인은 자산평가액), 기술인력
(3) 종류 : 소방시설설계업, 소방시설공사업, 소방공사감리업

50. ( ) 안의 내용으로 알맞은 것은?

> 다량의 위험물을 저장·취급하는 제조소 등으로서 ( ) 위험물을 취급하는 제조소 또는 일반취급소가 있는 동일한 사업소에서 지정수량의 3천배 이상의 위험물을 저장 또는 취급하는 경우 해당 사업의 관계인은 대통령령이 정하는 바에 따라 해당 사업소에 자체소방대를 설치하여야 한다.

① 제1류   ② 제2류
③ 제3류   ④ 제4류

해설 자체소방대를 설치하여야 하는 사업소
(1) "대통령령이 정하는 제조소 등"이라 함은 제4류 위험물을 취급하는 제조소 또는 일반취급소를 말한다. 다만, 보일러로 위험물을 소비하는 일반취급소 등 행정안전부령이 정하는 일반취급소를 제외한다.
(2) "대통령령이 정하는 수량"이라 함은 지정수량의 3천배를 말한다.

51. 소방기본법상 소방용수시설·소화기구 및 설비 등의 설치명령을 위반한 자의 과태료는?

① 100만원 이하   ② 200만원 이하
③ 300만원 이하   ④ 500만원 이하

해설 소방기본법상 소방용수시설·소화기구 및 설비 등의 설치명령을 위반한 자, 피난시설 또는 방화시설의 폐쇄·훼손·변경 등의 행위를 했을 때 200만원 이하의 과태료

52. 가연성 가스를 저장·취급하는 시설로서 1급 소방안전관리대상물의 가연성 가스 저장·취급 기준으로 옳은 것은?

① 100톤 미만
② 100톤 이상~100톤 미만
③ 500톤 이상~1000톤 미만
④ 1000톤 이상

해설 소방안전관리대상물 등급
(1) 특급 소방안전관리대상물
  • 50층 이상이거나 높이 200 m 이상인 아파트
  • 아파트를 제외한 30층 이상(지하층을 포함한 높이가 120 m 이상)
  • 아파트를 제외한 연면적이 20만 m^2 이상인 특정소방대상물
(2) 1급 소방안전관리대상물
  • 30층 이상, 높이 120 m 이상인 아파트
  • 아파트를 제외한 연면적 1만5천 m^2 이상
  • 층수가 11층 이상인 것
  • 가연성 가스를 1천톤 이상 저장·취급하는 시설
(3) 2급 소방안전관리대상물
  • 스프링클러설비, 간이스프링클러설비, 물분무소화설비
  • 옥내소화전설비
  • 가연성 가스를 100톤 이상 1천톤 미만 저장·취급
  • 공동주택, 지하구, 국보·보물 목조건축물

정답 49. ② 50. ④ 51. ② 52. ④

(4) 3급 소방안전관리대상물 : 자동화재탐지설비 설치 특정소방대상물

53. 연면적이 500 m² 이상인 위험물제조소 및 일반취급소에 설치하여야 하는 경보설비는?

① 자동화재탐지설비 ② 확성장치
③ 비상경보설비　　 ④ 비상방송설비

해설 (1) 연면적이 500 m² 이상인 위험물제조소 및 일반취급소, 옥내에서 지정수량 1000배 이상을 취급하는 곳의 경보설비 : 자동화재탐지설비
(2) 지정수량의 10배 이상 저장, 취급 하는 곳의 경보설비 : ①, ②, ③, ④항 모두 해당

54. 방염처리업의 종류가 아닌 것은?

① 섬유류 방염업
② 합성수지류 방염업
③ 합판·목재류 방염업
④ 실내장식물류 방염업

해설 방염처리업의 종류 및 영업범위

구분	영업범위
섬유류 방염업	커튼·카펫 등 섬유류를 주된 원료로 하는 방염대상물품을 제조 또는 가공 공정에서 방염처리
합성수지류 방염업	합성수지류를 주된 원료로 한 방염대상물품을 제조 또는 가공 공정에서 방염처리
합판·목재류 방염업	합판 또는 목재류를 제조·가공 공정 또는 설치 현장에서 방염처리

55. 특정소방대상물의 관계인이 소방안전관리자를 해임한 경우 재선임 신고를 해야 하는 기준은?(단, 해임한 날부터를 기준으로 한다.)

① 10일 이내　　 ② 20일 이내
③ 30일 이내　　 ④ 40일 이내

해설 • 소방안전관리자 선임·해임 : 소방서장, 소방본부장에게 관계인이 신고
• 선임(재선임 포함) : 30일, 해임 : 14일

56. 소방시설공사업자의 시공능력평가 방법에 대한 설명 중 틀린 것은?

① 시공능력평가액은 실적평가액+자본금평가액+기술력평가액+경력평가액±신인도평가액으로 산출한다.
② 신인도평가액 산정 시 최근 1년간 국가기관으로부터 우수시공업자로 선정된 경우에는 3 % 가산한다.
③ 신인도평가액 산정 시 최근 1년간 부도가 발생된 사실이 있는 경우에는 2 %를 감산한다.
④ 실적평가액은 최근 5년간의 연평균 공사실적액을 의미한다.

해설 실적평가액은 최근 3년간의 연평균 공사실적액을 의미한다.

57. 자동화재탐지기를 설치하여야 하는 특별소방대상물의 기준으로 틀린 것은?

① 지하구
② 지하가 중 터널로서 길이 700 m 이상인 것
③ 교정시설로서 연면적 2000 m² 이상인 것
④ 복합건축물로서 연면적 600 m² 이상인 것

해설 지하가 중 터널로서 길이 1000 m 이상인 것

58. 소방시설공사의 착공신고 시 첨부서류

정답 53. ① 54. ④ 55. ③ 56. ④ 57. ② 58. ④

가 아닌 것은?

① 공사업자의 소방시설공사업 등록증 사본
② 공사업자의 소방시설공사업 등록수첩 사본
③ 해당 소방시설공사업의 책임시공 및 기술관리를 하는 기술인력의 기술등급을 증명하는 서류 사본
④ 해당 소방시설을 설계한 기술인력자의 기술자격증 사본

59. 소방시설의 자체점검에 관한 설명으로 옳지 않은 것은?

① 작동기능점검은 소방시설 등을 인위적으로 조작하여 정상적으로 작동하는 것을 점검하는 것이다.
② 종합정밀점검은 설비별 주요 구성 부품의 구조기준이 화재안전기준 및 관련법령에 적합한지 여부를 점검하는 것이다.
③ 종합정밀점검에는 작동기능점검의 사항이 해당되지 않는다.
④ 종합정밀점검은 소방시설관리자가 참여한 경우 소방시설관리업자 또는 소방안전관리자로 선임된 소방시설관리사·소방기술사 1명 이상을 점검자로 한다.

해설 종합정밀점검에는 작동기능점검의 사항이 해당된다.

60. 시·도지사가 설치하고 유지·관리하여야 하는 소방용수시설이 아닌 것은?

① 저수조   ② 상수도
③ 소화전   ④ 급수탑

해설 시·도지사는 소방활동에 필요한 소화용

수시설(소화전·급수탑·저수조)를 설치하고 유지·관리하여야 한다.

제2과목 **소방기계시설의 구조 및 원리**

61. 스프링클러헤드의 감도를 반응시간지수(RTI) 값에 따라 구분할 때 RTI 값이 51 초과 80 이하일 때의 헤드감도는?

① fast response
② special response
③ standard response
④ quick response

해설 반응시간지수(RTI) : 기류의 온도·속도 및 작동시간에 대하여 스프링클러헤드의 반응을 예상한 지수로 단위는 $(m \cdot s)^{1/2}$이다.

$$RTI = \tau \times \sqrt{u}$$

여기서, τ : 감열체의 시간 상수(s)
u : 기류 속도(m/s)

※ ISO 기준에서는 표준형 스프링클러헤드의 감도를 반응시간지수 값에 따라 조기반응, 특수반응, 표준반응의 3가지로 구분하며 표준반응(standard response)의 반응시간지수 값은 80 초과 350 이하, 특수반응(special response)의 반응시간지수 값은 50 초과 80 이하, 조기반응(fast response)의 반응시간지수 값은 50 이하이다.

62. 옥외소화전의 구조 등에 관한 설명으로 틀린 것은?

① 지하용 소화전(승·하강식에 한함)의 유효단면적은 밸브시트 단면적의 120 % 이상이다.
② 밸브를 완전히 열 때 밸브의 개폐높이는 밸브시트 지름의 $\frac{1}{4}$ 이상이어야 한다.

정답 59. ③   60. ②   61. ②   62. ④

③ 지상용 소화전 토출구의 방향은 수평에서 아랫방향으로 30° 이내여야 한다.

④ 지상용 소화전은 지면으로부터 길이 600 mm 이상 매몰되고, 450 mm 이상 노출될 수 있는 구조이어야 한다.

해설 옥외소화전의 구조

(1) 밸브의 개폐는 핸들을 좌회전할 때 열리고 우회전할 때 닫혀야 하며, 밸브를 완전히 열 때의 밸브의 개폐높이는 밸브시트 지름의 1/4 이상이어야 한다.

(2) 옥외소화전은 본체의 양면에 보기 쉽도록 주물된 글씨로 "소화전"이라고 표시하여야 한다.

(3) 지상용 소화전의 소화용수가 통과하는 유효단면적은 밸브시트 단면적의 120 % 이상이어야 하고, 연결 플랜지의 호칭은 밸브시트 안지름의 호칭 이상이어야 한다.

(4) 지상용 소화전은 지면으로부터 길이 600 mm 이상 매몰될 수 있어야 하며, 지면으로부터 높이 0.5 m 이상 1 m 이하로 노출될 수 있는 구조이어야 한다.

(5) 지상용 소화전의 토출구 방향은 수평 또는 수평에서 아랫방향으로 30° 이내이어야 하며, 지하용 소화전의 토출구 방향은 수직이어야 한다.

63. 물분무소화설비 가압송수장치의 1분당 토출량에 대한 최소기준으로 옳은 것은? (단, 특수가연물을 저장·취급하는 특정소방대상물 및 차고 주차장의 바닥면적은 50 m² 이하인 경우는 50 m²를 적용한다.)

① 차고 또는 주차장의 바닥면적 1 m²당 10 L를 곱한 양 이상

② 특수가연물을 저장·취급하는 특정소방대상물의 바닥면적 1 m²당 20 L를 곱한 양 이상

③ 케이블 트레이, 케이블 덕트는 투영된 바닥면적 1 m²당 10 L를 곱한 양 이상

④ 절연유 봉입 변압기는 바닥면적을 제외한 표면적을 합한 면적 1 m²당 10 L를 곱한 양 이상

해설 물분무소화설비 수원의 저수량

특수장소	저수량	펌프의 토출량(L/분)
특수가연물 저장, 취급 소방대상물	바닥면적(m²)(최대 50 m²)×10 L/min·m²×20 min	바닥면적(m²)(최대 50 m²)×10 L/min·m²
차고, 주차장	바닥면적(m²)(최대 50 m²)×20 L/min·m²×20 min	바닥면적(m²)(최대 50 m²)×10 L/min·m²
절연유 봉입 변압기 설치부분	표면적(바닥면적제외)(m²)×10 L/min·m²×20 min	표면적(바닥면적제외)(m²)×10 L/min·m²
케이블 트레이, 덕트 등 설치부분	투영된 바닥면적(m²)×12 L/min·m²×20min	투영된 바닥면적(m²)×12 L/min·m²
위험물 저장탱크 설치부분	원주둘레길이(m)×37 L/min·m×20 min	원주둘레길이(m)×37 L/min·m
컨베이어 벨트 설치부분	바닥면적(m²)×10 L/min·m²×20 min	바닥면적(m²)×10 L/min·m²

64. 펌프의 토출관에 압입기를 설치하여 포소화약제 압입용 펌프로 포소화약제를 압입시켜 혼합하는 방식은?

① 라인 프로포셔너방식

② 펌프 프로포셔너방식

③ 프레셔 프로포셔너방식

④ 프레셔사이드 프로포셔너방식

해설 포 소화설비 혼합장치

(1) 펌프 프로포셔너방식 : 펌프의 흡입관과 토출관 사이에 흡입기를 설치하여 펌프에서 토출된 물의 일부를 보내고 농도 조절

밸브에서 조정된 포소화약제 필요량을 포
소화약제 탱크에서 펌프 흡입관으로 보내
어 흡입·혼합하는 방식

(2) 프레셔 프로포셔너방식 : 펌프와 발포기
의 중간에 설치된 벤투리관의 벤투리작
용과 펌프 가압수의 포소화약제 저장탱
크에 대한 압력에 의하여 포소화약제를
흡입·혼합하는 방식

(3) 라인 프로포셔너방식 : 펌프와 발포기의
중간에 설치된 벤투리관의 벤투리작용
에 의하여 포소화약제를 흡입·혼합하는
방식

(4) 프레셔사이드 프로포셔너방식 : 펌프의 토
출관에 압입기를 설치하여 포소화약제 압
입용 펌프로 포소화약제를 압입시켜 혼합
하는 방식

(5) 압축공기포 믹싱체임버방식 : 압축공기 또
는 압축질소를 일정 비율로 포수용액에 강
제 주입 혼합하는 방식

65. 액화천연가스(LNG)를 사용하는 아파트
주방에 주방용 자동소화장치를 설치할 경
우 탐지부의 설치위치로 옳은 것은?

① 바닥면으로부터 30 cm 이하의 위치

② 천장면으로부터 30 cm 이하의 위치

③ 가스차단장치로부터 30 cm 이상의
위치

④ 소화약제 분사노즐로부터 30 cm 이
상의 위치

해설 가연성 가스 누설 검지부
(1) 공기보다 가벼운 가스 : 천장으로부터 30
cm 이내 높이에 설치
(2) 공기보다 무거운 가스 : 바닥으로부터 30
cm 이내 높이에 설치

66. 연소방지설비의 설치기준에 대한 설명
중 틀린 것은?

① 연소방지설비 전용헤드를 2개 설치하
는 경우 배관의 구경은 40 mm 이상으

로 한다

② 수평주행배관의 구경은 100 mm 이
상으로 한다.

③ 수평주행배관은 헤드를 향하여 1/200
이상의 기울기로 한다.

④ 연소방지설비 전용헤드의 경우 방수헤
드 간의 수평거리는 2 m 이하로 한다.

해설 수평주행배관은 헤드를 향하여 1/1000
이상의 기울기로 한다.

67. 경사 강하식 구조대의 구조에 대한 설
명으로 틀린 것은?

① 구조대 본체는 강하방향으로 봉합
부가 설치되어야 한다.

② 입구틀 및 취부틀의 입구는 지름 50
cm 이상의 구체가 통과할 수 있어야
한다.

③ 손잡이는 출구 부근에 좌우 각 3개
이상 균일한 간격으로 견고하게 부착
하여야 한다.

④ 구조대 본체의 활강부는 낙하 방지를
위해 포를 2중 구조로 하거나 또는 망
목의 변의 길이가 8 cm 이하인 망을
설치하여야 한다.

해설 봉합부는 강하방향 반대로 되어야 한다.

68. 제연방식에 의한 분류 중 아래의 장단
점에 해당하는 방식은 어느 것인가?

- 장점 : 화재 초기에 화재실의 내압을 낮추
고 연기를 다른 구역으로 누출시키
지 않는다.
- 단점 : 연기온도가 상승하면 기기의 내열
성에 한계가 있다.

① 제1종 기계제연방식

② 제2종 기계제연방식

③ 제3종 기계제연방식

④ 밀폐방연방식

해설 기계제연방식

(1) 제1종 기계제연방식 : 급기 fan+배기 fan
(2) 제2종 기계제연방식 : 급기 fan+자연배기
(3) 제3종 기계제연방식 : 자연급기+배기 fan
(4) 제4종 기계제연방식 : 자연급기+자연배기

69. 다음 중 분말소화설비에서 사용하지 않는 밸브는?

① 드라이밸브　　② 클리닝밸브

③ 안전밸브　　　④ 배기밸브

해설 드라이밸브는 건식 스프링클러설비에서 화재 시 헤드 개방으로 2차측 압축공기 압력 저하를 감지하여 소화용수를 공급하는 밸브이다.

70. 스프링클러설비 또는 옥내소화전설비에 사용되는 밸브에 대한 설명으로 옳지 않은 것은?

① 펌프의 토출측 체크밸브는 배관 내 압력이 가압송수장치로 역류되는 것을 방지한다.

② 가압송수장치의 후드밸브는 펌프의 위치가 수원의 수위보다 높을 때 설치한다.

③ 입상관에 사용하는 스윙체크밸브는 아래에서 위로 송수하는 경우에만 사용된다.

④ 펌프의 흡입측 배관에는 버터플라이 밸브의 개폐표시형 밸브를 설치하여야 한다.

해설 펌프의 흡입측 배관에는 버터플라이밸브 이외의 개폐표시형 밸브를 설치하여야 한다.

71. 바닥면적이 400 m² 미만이고 예상제연 구역이 벽으로 구획되어 있는 배출구의 설치위치로 옳은 것은?(단, 통로인 예상제연구역을 제외한다.)

① 천장 또는 반자와 바닥 사이의 중간 윗부분

② 천장 또는 반자와 바닥 사이의 중간 아랫부분

③ 천장, 반자 또는 이에 가까운 부분

④ 천장 또는 반자와 바닥 사이의 중간 부분

해설 바닥면적이 400 m2 이상 : 천장, 반자 또는 이에 가까운 부분

72. 17층의 사무소 건축물로 11층 이상의 쌍구형 방수구가 설치된 경우, 14층에 설치된 방수기구함에 요구되는 길이 15 m의 호스 및 방사형 관창의 설치개수는?

① 호스는 5개 이상, 방사형 관창은 2개 이상

② 호스는 3개 이상, 방사형 관창은 1개 이상

③ 호스는 단구형 방수구의 2배 이상의 개수, 방사형 관창은 2개 이상

④ 호스는 단구형 방수구의 2배 이상의 개수, 방사형 관창은 1개 이상

해설 단구형 방수구는 방사형 관창은 1개 이상, 쌍구형 방수구의 경우 호스는 단구형 방수구의 2배 이상의 개수, 방사형 관창은 2개 이상

73. 이산화탄소 소화설비에서 방출되는 가스압력을 이용하여 배기덕트를 차단하는 장치는?

① 방화셔터

② 피스톤릴리저댐퍼

③ 가스체크밸브

정답 69. ①　70. ④　71. ①　72. ③　73. ②

④ 방화댐퍼

[해설] 이산화탄소 소화설비 또는 할론 소화설비에서 방출되는 가스압력을 이용하여 배기덕트를 차단하는 장치를 피스톤릴리저 댐퍼라 한다.

74. 피난기구 설치 및 유지에 관한 사항 중 옳지 않은 것은?

① 피난기구를 설치하는 개구부는 서로 동일 직선상의 위치에 있을 것

② 설치장소에는 피난기구의 위치를 표시하는 발광식 또는 축광식 표지와 그 사용방법을 표시한 표지를 부착할 것

③ 피난기구는 소방대상물의 기둥·바닥·보 기타 구조상 견고한 부분에 볼트조임·매입·용접 기타의 방법으로 견고하게 부착할 것

④ 피난기구는 계단·피난구 기타 피난시설로부터 적당한 거리에 있는 안전한 구조로 된 피난 또는 소화활동상 유효한 개구부에 고정하여 설치할 것

[해설] 피난기구 설치

(1) 피난기구는 계단·피난구 기타 피난시설로부터 적당한 거리에 있는 안전한 구조로 된 피난 또는 소화활동상 유효한 개구부에 고정하여 설치하거나 필요한 때에 신속하고 유효하게 설치할 수 있는 상태에 둘 것

(2) 피난기구를 설치하는 개구부는 서로 동일 직선상이 아닌 위치에 있을 것

(3) 소방대상물의 기둥·바닥·보 기타 구조상 견고한 부분에 볼트조임·매입·용접 기타의 방법으로 견고하게 부착할 것

75. 특고압의 전기시설을 보호하기 위한 수계소화설비로 물분무소화설비의 사용이 가능한 주된 이유는?

① 물분무소화설비는 다른 물분무소화설비에 비해서 신속한 소화를 보여주

기 때문이다.

② 물분무소화설비는 다른 물분무소화설비에 비해서 물의 소모량이 적기 때문이다.

③ 분무상태의 물은 전기적으로 비전도성이기 때문이다.

④ 물분무입자 역시 물이므로 전기전도성이 있으나 전기시설물을 젖게 하지 않기 때문이다.

[해설] 순수한 물은 부도체이며 분무상태에서는 전기에 대한 비전도성이다.

76. 포소화약제의 저장량 계산 시 가장 먼 탱크까지의 송액관에 충전하기 위한 필요량을 계산에 반영하지 않는 경우는?

① 송액관의 내경이 75 mm 이하인 경우

② 송액관의 내경이 80 mm 이하인 경우

③ 송액관의 내경이 85 mm 이하인 경우

④ 송액관의 내경이 100 mm 이하인 경우

[해설] (1) 고정포방출구에서 방출하기 위하여 필요한 양

$Q = A \times Q_1 \times T \times S$

여기서, Q : 포소화약제의 양(L)
A : 탱크의 액표면적(m^2)
Q_1 : 단위 포소화수용액의 양 ($L/m^2 \cdot min$)
T : 방출시간(min)
S : 포소화약제의 사용농도(%)

(2) 보조 소화전에서 방출하기 위하여 필요한 양

$Q = N \times S \times 8000$ L

여기서, Q : 포소화약제의 양(L)
N : 호스 접결구수 (3개 이상인 경우는 3)
S : 포소화약제의 사용농도(%)

(3) 가장 먼 탱크까지의 송액관(내경 75 mm 이하의 송액관을 제외한다)에 충전하기 위하여 필요한 양

77. 다음 중 ( ) 안에 들어갈 내용으로 알맞은 것은?

> 이산화탄소 소화설비 : 이산화탄소 소화약제의 저압식 저장용기에는 용기 내부의 온도가 (㉠)에서 (㉡)의 압력을 유지할 수 있는 자동냉동장치를 설치할 것

① ㉠ 0℃ 이상, ㉡ 4 MPa 이상
② ㉠ −18℃ 이하, ㉡ 2.1 MPa 이하
③ ㉠ 20℃ 이하, ㉡ 2 MPa 이하
④ ㉠ 40℃ 이하, ㉡ 2.1 MPa 이하

해설 이산화탄소 소화설비의 저장용기 : 저압식 저장용기에는 용기 내부의 온도가 섭씨 영하 18도 이하에서 2.1 MPa 이하의 압력을 유지할 수 있는 자동냉동장치를 설치할 것

78. 분말소화설비 배관의 설치기준으로 옳지 않은 것은?

① 배관은 전용으로 할 것
② 배관은 모두 스케줄 40 이상으로 할 것
③ 동관을 사용할 경우는 고정압력 또는 최고사용압력의 1.5배 이상의 압력에 견딜 수 있는 것으로 할 것
④ 밸브류는 개폐위치 또는 개폐방향을 표시한 것으로 할 것

해설 분말소화설비 배관
(1) 배관은 전용으로 할 것
(2) 강관을 사용하는 경우 : 배관은 아연도금에 따른 배관용 탄소강관이나 이와 동등 이상의 강도, 내식성 및 내열성을 가진 것으로 할 것(단, 축압식 분말소화설비에 사용하는 것 중 20℃에서 압력이 2.5 MPa 이상 4.2 MPa 이하인 것에 있어서는 압력 배관용 탄소강관 중 이음이 없는 스케줄 40 이상의 것 또는 이와 동등 이상의 강도를 가진 것으로서 아연도금으로 방식처리된 것을 사용하여야 한다)
(3) 동관을 사용하는 경우 : 배관은 고정압력

또는 최고사용압력의 1.5배 이상의 압력에 견딜 수 있는 것을 사용할 것
(4) 밸브류는 개폐위치 또는 개폐방향을 표시한 것으로 할 것
(5) 배관의 관부속 및 밸브류는 배관과 동등 이상의 강도 및 내식성이 있는 것으로 할 것

79. 스프링클러설비 배관의 설치기준으로 틀린 것은?

① 급수배관의 구경은 25 mm 이상으로 한다.
② 수직배수관의 구경은 50 mm 이상으로 한다.
③ 지하매설배관은 소방용 합성수지배관으로 설치할 수 있다.
④ 교차배관의 최소구경은 65 mm 이상으로 한다.

해설 스프링클러설비 배관의 설치기준
(1) 가지배관
  ㉮ 토너먼트 방식을 사용하지 말 것
  ㉯ 한쪽 가지배관당 헤드 수 : 8개 이하
  ㉰ 6 m/s 이하(기타배관 10 m/s 이하)
(2) 교차배관
  ㉮ 가지배관 밑에 수평으로 설치
  ㉯ 구경 : 40 mm 이상
  ㉰ 청소구 : 교차배관 끝에 40 mm 이상 개폐밸브 설치

80. 소화기구의 소화약제별 적응성 중 C급 화재에 적응성이 없는 소화약제는?

① 마른 모래
② 청정소화약제
③ 이산화탄소 소화약제
④ 중탄산염류 소화약제

해설 C급 화재는 전기화재로 질식소화를 하며 마른 모래의 경우 제3류 위험물의 질식소화에 주로 이용한다.

소방설비기계기사

제1과목 **소방원론**

1. 위험물안전관리법상 위험물의 지정수량이 틀린 것은?

① 과산화나트륨 – 50 kg
② 적린 – 100 kg
③ 트리니트로톨루엔 – 200 kg
④ 탄화알루미늄 – 400 kg

해설 탄화알루미늄의 지정수량은 300 kg이다.

2. 블레비(BLEVE) 현상과 관계 없는 것은?

① 핵분열
② 가연성 액체
③ 화구(fire ball)의 형성
④ 복사열의 대량 방출

해설 BLEVE : 가연성 액화가스 저장용기에 열이 공급되면 액의 증발로 인하여 급격한 체적 팽창이 일어나 용기가 파열되는 현상으로 액체의 일부도 같이 비산한다.

3. 화재 발생 시 인간의 피난 특성으로 틀린 것은?

① 본능적으로 평상시 사용하는 출입구를 사용한다.
② 최초로 행동을 개시한 사람을 따라서 움직인다.
③ 공포감으로 인해서 빛을 피하여 어두운 곳으로 몸을 숨긴다.
④ 무의식 중에 발화장소의 반대쪽으로 이동한다.

해설 화재 시 빛이 있는 곳으로 움직이게 된다.

4. 에스테르가 알칼리의 작용으로 가수 분해되어 알코올과 산의 알칼리염이 생성되는 반응은?

① 수소화 분해반응
② 탄화반응
③ 비누화반응
④ 할로겐화반응

해설 비누화반응 : 에스테르에 촉진제로 알칼리를 첨가하면 가수 분해를 일으켜 카르복실산과 알코올을 생성하는 반응이다.

5. 스테판 – 볼츠만의 법칙에 의해 복사열과 절대온도와의 관계를 옳게 설명한 것은 어느 것인가?

① 복사열은 절대온도의 제곱에 비례한다.
② 복사열은 절대온도의 4제곱에 비례한다.
③ 복사열은 절대온도의 제곱에 반비례한다.
④ 복사열은 절대온도의 4제곱에 반비례한다.

해설 스테판 – 볼츠만의 법칙 : 열복사량(E)은 복사체의 절대온도(T)의 4제곱에 비례한다.
$E = \sigma T^4$

6. 건축물의 내화구조 바닥이 철근콘크리트조 또는 철골·철근콘크리트조인 경우 두께가 몇 cm 이상이어야 하는가?

① 4　　　　　　② 5
③ 7　　　　　　④ 10

해설 내화구조 기준

정답 **1.** ④　**2.** ①　**3.** ③　**4.** ③　**5.** ②　**6.** ④

내화 구조	기준
벽	• 철골·철근콘크리트조로서 두께 10 cm 이상인 것 • 골구를 철골조로 하고 그 양면을 두께 3 cm 이상의 철망 모르타르로 덮은 것 • 두께 5 cm 이상의 콘크리트 블록·벽돌 또는 석재로 덮은 것 • 석조로서 철재에 덮은 콘크리트 블록의 두께가 5 cm 이상의 것 • 벽돌조로서 두께가 19 cm 이상인 것
기둥 (작은 지름 25cm 이상)	• 철골 두께 6 cm 이상의 철망 모르타르로 덮은 것 • 두께 7 cm 이상의 콘크리트 블록·벽돌 또는 석재로 덮은 것 • 철골 두께 5 cm 이상의 콘크리트로 덮은 것
바닥	• 철골·철근콘크리트조로서 두께 10 cm 이상인 것 • 석조로서 철재에 덮은 콘크리트 블록의 두께가 5 cm 이상의 것 • 철재의 양면을 두께 5 cm 이상의 철망 모르타르로 덮은 것
보	• 철골 두께 6 cm 이상의 철망 모르타르로 덮은 것 • 두께 5 cm 이상의 콘크리트로 덮은 것

7. 물을 사용하여 소화가 가능한 물질은?

① 트리메틸알루미늄
② 나트륨
③ 칼륨
④ 적린

해설 트리메틸알루미늄, 나트륨, 칼륨 등은 물과 접촉하면 수소가스를 발생하여 화재를 더 활성화시킬 우려가 있다. 적린은 물속에 보관하므로 화재 시 물로 소화가 가능하다.

8. 연쇄반응을 차단하여 소화하는 약제는?

① 물
② 포
③ 할론 1301
④ 이산화탄소

해설 할론 1301, 할론 청정소화약제, 제3종 분말소화약제 등은 부촉매 효과(연쇄반응 차단)로 소화한다.

9. 화재의 종류에 따른 표시 색 연결이 틀린 것은?

① 일반화재 – 백색
② 전기화재 – 청색
③ 금속화재 – 흑색
④ 유류화재 – 황색

해설 화재의 종류에 따른 표시 색
(1) A급 화재 : 일반화재(백색)
(2) B급 화재 : 유류화재(황색)
(3) C급 화재 : 전기화재(청색)
(4) D급 화재 : 금속화재(없음)

10. 화씨 95도를 켈빈(Kelvin) 온도로 나타내면 약 몇 K인가?

① 178
② 252
③ 308
④ 368

해설 $t_R = 460 + t_F = 460 + 95 = 555R$
1K = 1.8R이므로
$\dfrac{555R}{1.8} = 308.33K$

11. 제4류 위험물의 화재 시 사용되는 주된 소화방법은?

① 물을 뿌려 냉각한다.
② 연소물을 제거한다.
③ 포를 사용하여 질식소화한다.
④ 인화점 이하로 냉각한다.

해설 위험물 소화방법

위험물 종류	특징	소화방법
제1류 위험물	산화성 고체	냉각소화(무기과 산화물 : 마른 모래로 질식소화)
제2류 위험물	가연성 고체	냉각소화(금속분, 황화인 : 마른 모래로 질식소화)
제3류 위험물	금수성물질 및 자연발화성 물질	마른 모래, 팽창질석, 팽창진주암 등으로 질식소화
제4류 위험물	인화성 액체	포, 할론, 분말, 이산화탄소 등으로 질식소화
제5류 위험물	자기반응성 물질	다량의 주수로 냉각소화
제6류 위험물	산화성 액체	마른 모래로 질식소화

12. 소화기구는 바닥으로부터 높이 몇 m 이하의 곳에 비치하여야 하는가? (단, 자동소화장치를 제외한다.)

① 0.5
② 1.0
③ 1.5
④ 2.0

해설 소화기구, 옥내소화전 방수구 등은 바닥으로부터 1.5 m 이하 되는 곳에 설치한다.

13. 증발잠열을 이용하여 가연물의 온도를 떨어뜨려 화재를 진압하는 소화방법은 어느 것인가?

① 제거소화
② 억제소화
③ 질식소화
④ 냉각소화

해설 물의 살수 시 증발잠열을 이용한 냉각소화가 일어난다. $100℃$에서의 물의 증발잠열은 539 kacl/kg이다.

14. 폭굉(detonation)에 관한 설명으로 틀린 것은?

① 연소속도가 음속보다 느릴 때 나타난다.
② 온도의 상승은 충격파의 압력에 기인한다.
③ 압력 상승은 폭연의 경우보다 크다.
④ 폭굉의 유도거리는 배관의 지름과 관계가 있다.

해설 폭굉(detonation)은 화염전파속도가 음속보다 빠른 경우로 파면선단에 충격파라고 하는 강력하게 솟구치는 압력파가 형성되는 폭발이다.

15. 제1종 분말소화약제의 열분해반응식으로 옳은 것은?

① $2NaHCO_3 \rightarrow Na_2CO_3 + CO_2 + H_2O$
② $2KHCO_3 \rightarrow K_2CO_3 + CO_2 + H_2O$
③ $2NaHCO_3 \rightarrow Na_2CO_3 + 2CO_2 + H_2O$
④ $2KHCO_3 \rightarrow K_2CO_3 + 2CO_2 + H_2O$

해설 분말소화약제의 종류

종별	명칭	착색	적용	반응식
제1종	탄산수소 나트륨 ($NaHCO_3$)	백색	B, C급	$2NaHCO_3 \rightarrow Na_2CO_3 + CO_2 + H_2O$
제2종	탄산수소칼륨 ($KHCO_3$)	담자색	B, C급	$2KHCO_3 \rightarrow K_2CO_3 + CO_2 + H_2O$
제3종	제1인산암모늄 ($NH_4H_2PO_4$)	담홍색	A, B, C급	$NH_4H_2PO_4 \rightarrow HPO_3 + NH_3 + H_2O$
제4종	탄산수소칼륨 + 요소($KHCO_3$ + $(NH_2)_2CO$)	회색	B, C급	$2KHCO_3 + (NH_2)_2CO \rightarrow K_2CO_3 + 2NH_3 + 2CO_2$

16. 굴뚝효과에 관한 설명으로 틀린 것은?
① 건물 내·외부의 온도차에 따른 공기

의 흐름 현상이다.

② 굴뚝효과는 고층 건물에서는 잘 나타나지 않고 저층 건물에서 주로 나타난다.

③ 평상시 건물 내의 기류 분포를 지배하는 중요 요소이며 화재 시 연기의 이동에 큰 영향을 미친다.

④ 건물 외부의 온도가 내부의 온도보다 높은 경우 저층부에서는 내부에서 외부로 공기의 흐름이 생긴다.

[해설] 굴뚝효과는 건물 내·외부의 온도차에 따른 공기의 흐름 현상으로 고층 건물일수록 크게 나타난다.

17. 분말소화약제 중 담홍색 또는 황색으로 착색하여 사용하는 것은?

① 탄산수소나트륨
② 탄산수소칼륨
③ 제1인산암모늄
④ 탄산수소칼륨과 요소와의 반응물

[해설] 문제 15번 해설 참조

18. 다음 중 화재 및 폭발에 관한 설명으로 틀린 것은?

① 메탄가스는 공기보다 무거우므로 가스 탐지부는 가스기구의 직하부에 설치한다.

② 옥외저장탱크의 방유제는 화재 시 화재의 확대를 방지하기 위한 것이다.

③ 가연성 분진이 공기 중에 부유하면 폭발할 수도 있다.

④ 마그네슘의 화재 시 주수소하는 화재를 확대할 수 있다.

[해설] 메탄(CH_4)의 분자량은 16으로 비중(16/29)은 0.55 정도이며 공기보다 가벼운 가스

로서 가스누설 검지부는 천장으로부터 30 cm 이내의 곳에 설치하여야 한다.

19. 위험물에 관한 설명으로 틀린 것은?

① 유기금속화합물인 사에틸납은 물로 소화할 수 없다.

② 황린은 자연발화를 막기 위해 통상 물속에 저장한다.

③ 칼륨, 나트륨은 등유 속에 보관한다.

④ 유황은 자연발화를 일으킬 가능성이 없다.

[해설] 사에틸납[$Pb(C_2H_5)_4$]은 독성이 극히 강하며 모든 유기용제에 녹으나 물, 묽은 산, 묽은 알칼리류에는 녹지 않는다. 그러므로 물로 소화가 가능하다.

20. 다음 중 알킬알루미늄 화재에 적합한 소화약제는?

① 물
② 이산화탄소
③ 팽창질석
④ 할로겐화합물

[해설] 알킬알루미늄은 알루미늄에 알킬기가 결합한 유기금속화합물로 상온에서는 무색투명한 액체이다. 공기 속에서 자연 발화 우려가 있으며 물에 민감하게 반응하는 위험성이 높은 화합물이다. 소화에는 팽창질석, 팽창진주암, 마른 모래 등이 사용된다.

| 제2과목 | **소방유체역학** |

21. 그림과 같이 평형 상태를 유지하고 있을 때 오른쪽 관에 있는 유체의 비중(S)은? (단, 물의 밀도는 1000 kg/m³이다.)

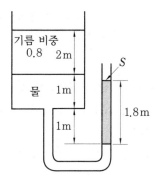

① 0.9　② 1.8　③ 2.0　④ 2.2

해설　$P = \gamma_1 \times h_1 + \gamma_2 \times h_2 = \gamma_3 \times h_3$

$0.8 \times 1000\,\text{kg/m}^3 \times 2\,\text{m}$
$+ 1 \times 1000\,\text{kg/m}^3 \times (1\,\text{m} + 1\,\text{m})$
$= S \times 1000\,\text{kg/m}^3 \times 1.8\,\text{m}$

$\therefore\ S = 2.0$

$S(\text{비중}) = \dfrac{\gamma(\text{액체의 비중량}: \text{kg/m}^3)}{\gamma_w(\text{물의 비중량}: \text{kg/m}^3)}$

$\gamma = S \times \gamma_w (1000\,\text{kg/m}^3)$

22. 배연설비의 배관을 흐르는 공기의 유속을 피토정압관으로 측정할 때 정압단과 정체압단에 연결된 U자관의 수은기둥 높이차가 0.03 m이었다. 이때 공기의 속도는 약 몇 m/s인가? (단, 공기의 비중은 0.00122, 수은의 비중은 13.6이다.)

① 81　　　　　② 86
③ 91　　　　　④ 96

해설　공기의 비중량(γ_a)

$= 0.00122 \times 1000\,\text{kg/m}^3 = 1.22\,\text{kg/m}^3$

수은의 비중량(γ_b)

$= 13.6 \times 1000\,\text{kg/m}^3 = 13600\,\text{kg/m}^3$

$P = \gamma_a \times h_a = \gamma_b \times h_b = 1.22\,\text{kg/m}^3 \times h_a$
$= 13600\,\text{kg/m}^3 \times 0.03$

$h_a = 334.43\,\text{m}$

공기속도$(V) = \sqrt{2 \cdot g \cdot h}$
$= \sqrt{2 \times 9.8\,\text{m/s}^2 \times 334.43\,\text{m}}$
$= 80.96\,\text{m/s}$

23. 폭 1.5 m, 높이 4 m인 직사각형 평판이 수면과 40°의 각도로 경사를 이루는 저수지의 물을 막고 있다. 평판의 밑면이 수면으로부터 3 m 아래에 있다면, 물로 인하여 평판이 받는 힘은 몇 kN인가? (단, 대기압의 효과는 무시한다.)

① 44.1　　　　② 88.2
③ 101　　　　④ 202

해설　$\sin 40° = \dfrac{3\,\text{m}}{4\,\text{m} + x\,[\text{m}]}$

$0.64278 = \dfrac{3\,\text{m}}{4\,\text{m} + x\,[\text{m}]}$

$x = 0.6672$

경사면이 받는 전압력(F)

$F = \gamma \times y \times A \times \sin\theta$
　　$(y : \text{평판 중심까지의 거리})$
$= 9.8\,\text{kN/m}^3 \times (2\,\text{m} + 0.6672\,\text{m})$
$\quad \times 1.5\,\text{m} \times 4\,\text{m} \times \sin 40°$
$= 100.809\,\text{kN}$

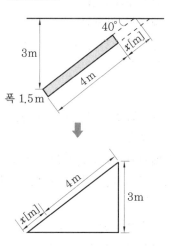

24. 출구 지름이 50 mm인 노즐이 100 mm의 수평관과 연결되어 있다. 이 관을 통하여 물(밀도 1000 kg/m³)이 0.02 m³/s의 유량으로 흐르는 경우, 이 노즐에 작용하는 힘은 몇 N인가?

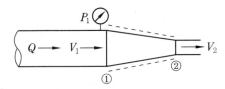

① 230 　　　　 ② 424

③ 508 　　　　 ④ 7709

해설 수평관 단면적(A_1)

$$= \frac{\pi}{4} \times (0.1\,\text{m})^2 = 7.854 \times 10^{-3}\,\text{m}^2$$

노즐의 단면적(A_2)

$$= \frac{\pi}{4} \times (0.05\,\text{m})^2 = 1.963 \times 10^{-3}\,\text{m}^2$$

노즐에 작용하는 힘(F)

$$F = \frac{\gamma \cdot Q^2 \cdot A_1}{2 \cdot g} \times \left(\frac{A_1 - A_2}{A_1 \cdot A_2}\right)^2$$

$$= \frac{9800\,\text{N/m}^3 \times (0.02\,\text{m}^3/\text{s})^2 \times 7.854 \times 10^{-3}\,\text{m}^2}{2 \times 9.8\,\text{m/s}^2}$$

$$\times \left(\frac{7.854 \times 10^{-3} - 1.963 \times 10^{-3}}{7.854 \times 10^{-3} \times 1.963 \times 10^{-3}}\right)^2$$

$$= 229.338\,\text{N}$$

25. 다음 중 동점성계수의 차원을 옳게 표현한 것은? (단, 질량 M, 길이 L, 시간 T로 표시한다.)

① $[ML^{-1}T^{-1}]$ 　　 ② $[L^2T^{-1}]$

③ $[ML^{-2}T^{-2}]$ 　　 ④ $[\text{ML}^{-1}\text{T}^{-2}]$

해설 동점성계수 : 뉴턴의 점성법칙에 의하여 점성계수를 유체의 밀도로 나눈 값(m^2/s, cm^2/s)

26. 호수 수면 아래에서 지름 d인 공기방울이 수면으로 올라오면서 지름이 1.5배로 팽창하였다. 공기방울의 최초 위치는 수면에서부터 몇 m가 되는 곳인가? (단, 이호수의 대기압은 750 mmHg, 수은의 비중은 13.6, 공기방울 내부의 공기는 Boyle의 법칙에 따른다.)

① 12.0 　　　　 ② 24.2

③ 34.4 　　　　 ④ 43.3

해설 수면 아래 공기방울 체적(V_1)

$$V_1 = \frac{\pi}{6} \times d^3$$

수면에서의 공기방울 체적(V_2)

$$V_2 = \frac{\pi}{6} \times (1.5d)^3$$

보일의 법칙에 의하여

$$P_1 \times V_1 = P_2 \times V_2$$

$$P_1 \times \frac{\pi}{6} \times d^3 = P_2 \times \frac{\pi}{6} \times d^3 \times 1.5^3$$

$$\therefore \; P_1 = 3.375 \times P_2$$

$P_1 = P_2 + \gamma \times h$에서

$$3.375 \times P_2 = P_2 + \gamma \times h$$

$$2.375 \times P_2 = \gamma \times h$$

$$h = \frac{2.375 \times \dfrac{750\,\text{mmHg}}{760\,\text{mmHg}} \times 10332\,\text{kg/m}^2}{1000\,\text{kg/m}^3}$$

$$= 24.2\,\text{m}$$

※ 대기압 760 mmHg $= 10332\,\text{kg/m}^2$

27. 부차적 손실계수가 5인 밸브가 관에 부착되어 있으며 물의 평균유속이 4 m/s인 경우, 이 밸브에서 발생하는 부차적 손실수두는 몇 m인가?

① 61.3 　　　　 ② 6.13

③ 40.8 　　　　 ④ 4.08

해설 부차적 손실수두(H)

$$H = K \times \frac{V^2}{2g} = 5 \times \frac{(4\,\text{m/s})^2}{2 \times 9.8\,\text{m/s}^2} = 4.08\,\text{m}$$

여기서, K : 부차적 손실계수

28. 매끈한 원관을 통과하는 난류의 관마찰계수에 영향을 미치지 않는 변수는?

① 길이 　　　　 ② 속도

③ 직경 　　　　 ④ 밀도

해설 (1) 난류에서의 관마찰계수(f)

$$f = 0.3164 \times Re^{-0.25}\;(Re : \text{레이놀즈수})$$

정답 　**25.** ② 　**26.** ② 　**27.** ④ 　**28.** ①

$$Re = \frac{D \cdot V \cdot \rho}{\mu} = \frac{D \cdot V}{\nu}$$

여기서, D : 관경(m)

V : 유속(m/s)

ρ : 밀도(kg/m^3)

μ : 점성계수(kg/m $\cdot$ s)

ν : 동점성계수

(2) 층류에서의 관마찰계수(f)

$$f = \frac{64}{Re}$$

29. 표면적이 2 m^{2}이고 표면 온도가 60℃ 인 고체 표면을 20℃의 공기로 대류 열 전달에 의해서 냉각한다. 평균 대류 열전 달계수가 30 W/m^2 $\cdot$ K라고 할 때 고체 표면의 열손실은 몇 W인가?

① 600 　　　　② 1200

③ 2400 　　　　④ 3600

해설 $Q = K \times F \times \Delta t$

$= 30 \, \text{W/m}^2 \cdot \text{K} \times 2 \, \text{m}^2 \times (333 - 293) \text{K}$

$= 2400 \text{W}$

30. 그림과 같은 수조에 0.3 m×1.0 m 크 기의 사각 수문을 통하여 유출되는 유 량은 몇 m^3/s인가? (단, 마찰손실은 무 시하고 수조의 크기는 매우 크다고 가 정한다.)

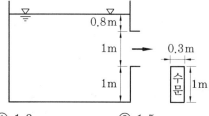

① 1.3 　　　　② 1.5

③ 1.7 　　　　④ 1.9

해설 유속 V[m/s]

$V = \sqrt{2 \cdot g \cdot h}$

$= \sqrt{2 \times 9.8 \, \text{m/s}^2 \times 1.3 \, \text{m}} = 5.05 \, \text{m/s}$

유량(Q) $= A \times V$

$= 0.3 \, \text{m} \times 1 \, \text{m} \times 5.05 \, \text{m/s}$

$= 1.515 \, \text{m}^3/\text{s}$

31. 펌프 입구의 진공계 및 출구의 압력계 지침이 흔들리고 송출유량도 주기적으로 변화하는 이상 현상은?

① 공동현상(cavitation)

② 수격작용(water hammering)

③ 맥동현상(surging)

④ 언밸런스(unbalance)

해설 맥동현상(surging) : 펌프의 운전 중에 압 력계기의 눈금이 큰 진폭으로 흔들림과 동시 에 토출량은 주기적으로 변동이 발생하고 흡 입 및 토출 배관의 진동과 소음을 동반하는 현상

(1) 펌프의 $H-Q$ 곡선이 오른쪽 상향 구 배 특성을 가지고 있다.

(2) 펌프의 토출관로가 길고, 배관 중간에 수조 또는 기체 상태인 부분(공기가 괴 어 있는 부분)이 존재한다.

(3) 수조 또는 기체 상태가 있는 부분의 하류 측 밸브(밸브 B)에서 토출량을 조절한다.

(4) 운전점이 오른쪽 하향 구배 특성 범위 이 하에서 운전한다.

32. 질량 4 kg의 어떤 기체로 구성된 밀폐계 가 열을 받아 100 kJ의 일을 하고, 이 기체 의 온도가 10℃ 상승하였다면 이 계가 받 은 열은 몇 kJ인가? (단, 이 기체의 정적 비열은 5 kJ/kg $\cdot$ K, 정압비열은 6 kJ/kg $\cdot$ K이다.)

① 200 　　　　② 240

③ 300 　　　　④ 340

해설 $Q = u + w$

여기서, u : 내부에너지

w : 외부에너지

$w = 4 \, \text{kg} \times 5 \, \text{kJ/kg} \cdot \text{K} \times 10 \, \text{K} = 200 \, \text{kJ}$

$Q = 100 \, \text{kJ} + 200 \, \text{kJ} = 300 \, \text{kJ}$

정답 29. ③　30. ②　31. ③　32. ③

33. 동일한 성능의 두 펌프를 직렬 또는 병렬로 연결하는 경우의 주된 목적은?

① 직렬 : 유량 증가, 병렬 : 양정 증가
② 직렬 : 유량 증가, 병렬 : 유량 증가
③ 직렬 : 양정 증가, 병렬 : 유량 증가
④ 직렬 : 양정 증가, 병렬 : 양정 증가

해설 (1) 직렬 : 양정 증가, 유량 불변

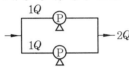

(2) 병렬 : 유량 증가, 양정 불변

34. 온도 20℃의 물을 계기압력이 400 kPa 인 보일러에 공급하여 포화수증기 1 kg을 만들고자 한다. 주어진 표를 이용하여 필요한 열량을 구하면? (단, 대기압은 100 kPa, 액체상태 물의 평균비열은 4.18 kJ /kg · K이다.)

포화압력 (kPa)	포화온도 (℃)	수증기의 증발 엔탈피 (kJ/kg)
400	143.63	2133.81
500	151.86	2108.47
600	158.85	2086.86

① 2640
② 2651
③ 2660
④ 2667

해설 절대압력 = 대기압+계기압력
20℃에서의 포화압력(절대압력 : P)
$P = 100 + 400 = 500\,\text{kPa}$
(증발잠열 : 2108.47 kJ/kg)

$20℃ \text{ 물} \xrightarrow[Q_1]{\text{현열}} 151.86℃ \text{ 물}$

$\xrightarrow[Q_2]{\text{잠열}} 151.86℃ \text{ 수증기}$

$Q = 1\,\text{kg} \times (4.18\,\text{kJ/kg} \cdot \text{K} \times 131.86\,\text{K}$
$\quad + 2108.47\,\text{kJ/kg}) = 2659.64\,\text{kJ}$

35. 지름의 비가 1 : 2인 2개의 모세관을 물속에 수직으로 세울 때 모세관 현상으로 물이 관 속으로 올라가는 높이의 비는?

① 1 : 4 ② 1 : 2 ③ 2 : 1 ④ 4 : 1

해설 모세관 현상

$$H = \frac{4 \cdot \sigma \cdot \cos\theta}{\gamma \cdot D}$$

여기서, H : 높이(m)
σ : 표면장력(N/m)
γ : 비중량(N/m³)
D : 내경(m)

지름비가 1 : 2이며 다른 조건은 동일하므로

$$H_1 : H_2 = \frac{1}{1} : \frac{1}{2} = 2 : 1$$

36. 지름이 400 mm인 베어링이 400 rpm 으로 회전하고 있을 때 마찰에 의한 손실 동력은 약 몇 kW인가? (단, 베어링과 축 사이에는 점성계수가 0.049 N · s/m²인 기름이 차 있다.)

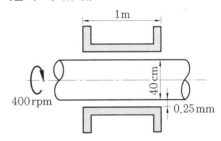

① 15.1
② 15.6
③ 16.3
④ 17.3

해설 베어링 속도(V)

$$V = \frac{\pi \cdot D \cdot N}{60} = \frac{\pi \times 0.4\,\text{m} \times 400\,\text{rpm}}{60}$$
$$= 8.38\,\text{m/s}$$

축에 가해지는 힘(F)

$$F = \mu \times \frac{V}{C} \times A$$

여기서, μ : 점성계수(N · s/m²)
C : 틈새간격(m)
A : 면적(m²)

$$F = 0.049\,\text{N} \cdot \text{s/m}^2 \times \frac{8.38\,\text{m/s}}{0.00025\,\text{m}}$$
$$\times \pi \times 0.4\,\text{m} \times 1\,\text{m} = 2064\,\text{N} = 2.064\,\text{kN}$$

손실동력$(H_{kW}) = F \times V$
$$= 2.064\,\text{kN} \times 8.38\,\text{m/s} = 17.296\,\text{kN·m/s}$$
$$= 17.296\,\text{kJ/s} = 17.296\,\text{kW}$$

37. 액체가 일정한 유량으로 파이프를 흐를 때 유체속도에 대한 설명으로 틀린 것은?

① 관지름에 반비례한다.
② 관단면적에 반비례한다.
③ 관지름의 제곱에 반비례한다.
④ 관반지름의 제곱에 반비례한다.

해설 $Q = A \times V = \dfrac{\pi}{4} \times D^2 \times V$

$V = \dfrac{4 \times Q}{\pi \times D^2}$

(유속은 관지름 제곱에 반비례하고, 유량에 비례한다.)

38. 구조가 상사한 2대의 펌프에서 유동상태가 상사할 경우 2대의 펌프 사이에 성립하는 상사 법칙이 아닌 것은?(단, 비압축성 유체인 경우이다.)

① 유량에 관한 상사 법칙
② 전양정에 관한 상사 법칙
③ 축동력에 관한 상사 법칙
④ 밀도에 관한 상사 법칙

해설 상사의 법칙

$$Q_2 = Q_1 \times \left(\frac{N_2}{N_1}\right) \times \left(\frac{D_2}{D_1}\right)^3$$

$$H_2 = H_1 \times \left(\frac{N_2}{N_1}\right)^2 \times \left(\frac{D_2}{D_1}\right)^2$$

$$P_2 = P_1 \times \left(\frac{N_2}{N_1}\right)^3 \times \left(\frac{D_2}{D_1}\right)^5$$

여기서, Q_1 : 처음 유량, Q_2 : 변환 유량
H_1 : 처음 양정, H_2 : 변환 양정
P_1 : 처음 동력, P_2 : 변환 동력

N_1 : 처음 회전수
N_2 : 변환 회전수
D_1 : 처음 임펠러 직경
D_2 : 변환 임펠러 직경

39. 다음 보기는 열역학적 사이클에서 일어나는 여러 가지의 과정이다. 이들 중 카르노(Carnot) 사이클에서 일어나는 과정을 모두 고른 것은?

─────── 〈보기〉 ───────
㉠ 등온압축   ㉡ 단열팽창
㉢ 정적압축   ㉣ 정압팽창
────────────────────

① ㉠   ② ㉠, ㉡
③ ㉡, ㉢, ㉣   ④ ㉠, ㉡, ㉢, ㉣

해설 (1) 카르노 사이클

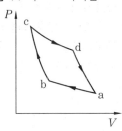

a → b : 등온압축
b → c : 단열압축
c → d : 등온팽창
d → a : 단열팽창

(2) 역카르노 사이클

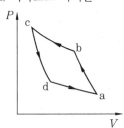

a → b : 단열압축
b → c : 등온압축
c → d : 단열팽창
d → a : 등온팽창

정답 37. ①   38. ④   39. ②

40. 프루드(Froude)수의 물리적인 의미는?

① $\dfrac{관성력}{탄성력}$ ② $\dfrac{관성력}{중력}$

③ $\dfrac{압축력}{관성력}$ ④ $\dfrac{관성력}{점성력}$

해설 무차원수

레이놀즈수	관성력/점성력
프루드수	관성력/중력
오일러수	압력/관성력
마하수	속도/음속
웨버수	관성력/표면장력
코시수	관성력/탄성력

제3과목 **소방관계법규**

41. 연소 우려가 있는 건축물의 구조에 대한 기준 중 다음 보기 ㉠, ㉡에 들어갈 수치로 알맞은 것은?

〈보기〉

건축물 대장의 건축물 현황도에 표시된 대지경계선 안에 2개 이상의 건축물이 있는 경우로서 각각의 건축물이 다른 건축물의 외벽으로부터 수평거리가 1층에 있어서는 (㉠) m 이하, 2층 이상의 층에 있어서는 (㉡) m 이하이고 개구부가 다른 건축물을 향하여 설치된 구조를 말한다.

① ㉠ 5, ㉡ 10 ② ㉠ 6, ㉡ 10
③ ㉠ 10, ㉡ 5 ④ ㉠ 10, ㉡ 6

해설 연소 우려가 있는 건축물의 구조
(1) 건축물 대장의 건축물 현황도에 표시된 대지경계선 안에 둘 이상의 건축물이 있는 경우
(2) 각각의 건축물이 다른 건축물의 외벽으로부터 수평거리가 1층의 경우에는 6 m 이하, 2층 이상의 층의 경우에는 10 m 이하인 경우
(3) 개구부가 다른 건축물을 향하여 설치되어 있는 경우

42. 다음 중 자동화재탐지설비를 설치해야 하는 특정소방대상물은?

① 길이가 1.3 km인 지하가 중 터널
② 연면적 600 m²인 볼링장
③ 연면적 500 m²인 산후조리원
④ 지정수량 100배의 특수가연물을 저장하는 창고

해설 자동화재탐지설비의 설치대상

구분	적용기준	설치대상
연면적 (m²)	400	노유자 생활시설에 해당되지 않는 노유자시설
	600	근린생활시설(목욕장 제외), 위락시설, 숙박시설, 의료시설(정신의료기관과 요양병원은 제외), 복합건축물, 장례식장
	1000	종교시설, 목욕장, 문화 및 집회시설, 업무시설, 판매시설, 지하가, 공동주택, 운수시설, 방송통신시설, 관광휴게시설, 공장, 창고시설, 국방군사시설
	2000	교육(기숙사 및 합숙소 포함), 수련시설, 동식물, 분뇨, 교정 및 군사시설
길이 (m)	1000	지하가 중 터널
인원 (명)	100	노유자 및 수련시설(숙박시설이 있는 것)
수량	500	특수가연물 저장 및 취급

43. 위험물제조소에서 저장 또는 취급하는 위험물에 따른 주의사항을 표시한 게시판 중 화기엄금을 표시하는 게시판의 바탕색은 어느 것인가?

① 청색 ② 적색 ③ 흑색 ④ 백색

해설 위험물에 따른 게시판 표시사항

정답 **40.** ② **41.** ② **42.** ① **43.** ②

(1) 제1류 위험물, 제3류 위험물(금수성물질) : 물기엄금(청색바탕에 백색문자)

(2) 제2류 위험물(인화성 고체 제외) : 화기주의(적색바탕에 백색문자)

(3) 제2류 위험물(인화성 고체), 제3류 위험물(자연발화성물질), 제4류 위험물, 제5류 위험물 : 화기엄금(적색바탕에 백색문자)

44. 소방용수시설 중 저수조 설치 시 지면으로부터 낙차기준은?

① 2.5 m 이하 ② 3.5 m 이하
③ 4.5 m 이하 ④ 5.5 m 이하

해설 소방용수시설 중 저수조 설치
(1) 낙차 4.5 m 이하, 수심 0.5 m 이상
(2) 투입구지름 또는 길이 60 cm 이상

45. 소방시설업 등록사항의 변경신고사항이 아닌 것은?

① 상호 ② 대표자
③ 보유설비 ④ 기술인력

해설 소방시설업 등록사항의 변경신고사항
(1) 명칭 또는 상호, 영업소 소재지 변경
(2) 대표자 변경 또는 기술인력 변경

46. 다음 중 그 성질이 자연발화성물질 및 금수성물질인 제3류 위험물에 속하지 않는 것은?

① 황린 ② 황화린
③ 칼륨 ④ 나트륨

해설 황화린은 제2류 위험물로 가연성고체에 해당된다.

47. 옥내주유취급소에 있어서 당해 사무소 등의 출입구 및 피난구와 당해 피난구로 통하는 통로·계단 및 출입구에 설치해야 하는 피난설비는?

① 유도등 ② 구조대
③ 피난사다리 ④ 완강기

해설 옥내주유취급소의 당해 사무소 등의 출

입구 및 피난구와 당해 피난구로 통하는 통로·계단 및 출입구에는 유도등을 설치하여야 한다.

48. 완공된 소방시설 등의 성능시험을 수행하는 자는?

① 소방시설공사업자
② 소방공사감리업자
③ 소방시설설계업자
④ 소방기구제조업자

해설 소방시설감리업의 주된 업무
(1) 소방시설 등의 설치계획표의 적법성 검토
(2) 소방시설 등 설계도서의 적합성 검토
(3) 소방시설 등 설계 변경 사항의 적합성 검토
(4) 소방용 기계·기구 등의 위치·규격 및 사용 자재의 적합성 검토
(5) 공사업자가 한 소방시설 등의 시공이 설계도서와 화재안전기준에 맞는지에 대한 지도·감독
(6) 완공된 소방시설 등의 성능시험
(7) 공사업자가 작성한 시공 상세 도면의 적합성 검토
(8) 피난시설 및 방화시설의 적법성 검토
(9) 실내장식물의 불연화와 방염 물품의 적법성 검토

49. 소방본부장 또는 소방서장이 소방특별조사를 하고자 하는 때에는 며칠 전에 관계인에게 서면으로 알려야 하는가?

① 1일 ② 3일 ③ 5일 ④ 7일

해설 관계인에게 서면으로 통보 : 7일 이내
※ 위험물 보존기간, 소방공사 감리원 배치 통보 : 7일 이내

50. 소방시설공사업자가 소방시설공사를 하고자 하는 경우 소방시설공사 착공신고서를 누구에게 제출해야 하는가?

① 시·도지사
② 국민안전처장관

정답 44. ③ 45. ③ 46. ② 47. ① 48. ② 49. ④ 50. ④

③ 한국소방시설협회장

④ 소방본부장 또는 소방서장

해설 소방시설공사 착공신고서, 완공검사서 등은 소방본부장 또는 소방서장에게 제출한다.

51. 다음 중 위험물별 성질로서 틀린 것은?

① 제1류 : 산화성 고체

② 제2류 : 가연성 고체

③ 제4류 : 인화성 액체

④ 제6류 : 인화성 고체

해설 제6류 위험물은 산화성 액체에 해당된다.

위험물 유별	성질	품명
제1류	산화성 고체	아염소산염류, 염소산염류, 과염소산염류, 질산염류, 무기과산화물
제2류	가연성 고체	유황, 마그네슘, 황화린, 적린
제3류	자연발화성 물질 및 금수성물질	황린, 나트륨, 칼륨, 알칼리토금속, 트리에틸알루미늄
제4류	인화성 액체	알코올류, 동식물유, 특수인화물, 석유류
제5류	자기반응성 물질	셀룰로이드, 아조화합물, 질산에스테르류, 니트로화합물, 니트로소화합물, 유기과산화물
제6류	산화성 액체	과염소산, 과산화수소, 질산

52. 소방의 역사와 안전문화를 발전시키고 국민의 안전의식을 높이기 위하여 ㉠ 소방박물관과 ㉡ 소방체험관을 설립 및 운영할 수 있는 사람은?

① ㉠ 소방청장, ㉡ 소방청장

② ㉠ 소방청장, ㉡ 시·도지사

③ ㉠ 시·도지사, ㉡ 시·도지사

④ ㉠ 소방본부장, ㉡ 시·도지사

해설 소방의 역사와 안전문화를 발전시키고 국민의 안전의식을 높이기 위하여 소방청장은 소방박물관을, 시·도지사는 소방체험관을 설립하여 운영할 수 있다.

53. 화재가 발생할 우려가 높거나 화재가 발생하는 경우 그로 인하여 피해가 클 것으로 예상되는 일정한 구역을 화재경계지구로 지정할 수 있는 권한을 가진 사람은?

① 시·도지사 ② 소방청장

③ 소방서장 ④ 소방본부장

해설 (1) 화재경계지구 지정권자 : 시·도지사

(2) 화재경계지구
- 시장지역
- 공장, 창고, 목조건물, 위험물의 저장 및 처리시설이 밀집한 지역
- 석유화학제품을 생산하는 공장이 있는 지역
- 소방시설, 소방용수시설 또는 소방출동로가 없는 지역
- 산업입지 및 개발에 관한 법률에 따른 산업단지
- 소방청장, 소방본부장 또는 소방서장이 화재경계지구로 지정할 필요가 있다고 인정하는 지역

54. 1급 소방안전관리대상물의 소방안전관리에 관한 시험응시 자격자의 기준으로 옳은 것은?

① 1급 소방안전관리대상물의 소방안전관리사에 관한 강습교육을 수료한 후 1년이 경과되지 아니한 자

② 1급 소방안전관리대상물의 소방안전관리에 관한 강습교육을 수료한 후 1년 6개월이 경과되지 아니한 자

③ 1급 소방안전관리대상물의 소방안전관리에 관한 강습교육을 수료한 후 2년이 경과되지 아니한 자

정답 **51.** ④ **52.** ② **53.** ① **54.** ③

④ 1급 소방안전관리대상물의 소방안전
관리에 관한 강습교육을 수료한 후 3
년이 경과되지 아닌한 자

해설 소방안전관리에 관한 시험응시 자격자
(1) 1급 소방안전관리의 시험응시 자격자
• 1급 소방안전관리대상물의 소방안전관
리에 관한 강습교육을 수료한 후 2년
이 경과하지 아니한 사람
• 공공기관의 소방안전관리의 강습교육을
수료한 후 2년이 경과하지 아니한 사람
• 특급 또는 1급 소방안전관리대상물에서
5년 이상 소방안전관리보조자로 근무한
실무경력이 있거나 2급 소방안전관리대
상물에서 7년 이상 소방안전관리보조자
로 근무한 실무 경력(특급 또는 1급 소
방안전관리대상물의 소방안전관리보조
자로 근무한 5년 미만의 실무경력이 있
는 경우에는 이를 포함하여 합산한다)
이 있는 사람
(2) 특급 소방안전관리의 시험응시 자격자
• 1급 소방안전관리대상물의 소방안전관
리에 관한 실무경력이 5년(소방설비기
사의 경우 2년, 소방설비산업기사의 경
우 3년) 이상 경과한 사람
• 특급 소방안전관리대상물의 소방안전관
리에 관한 강습교육을 수료한 후 2년이
경과하지 아니한 사람
• 특급 또는 1급 소방안전관리대상물에서
7년 이상 소방안전관리보조자로 근무한
경력이 있는 사람
(3) 2급 소방안전관리의 시험응시 자격자
• 2급 소방안전관리대상물의 소방안전관
리에 관한 강습교육을 수료한 후 2년
이 경과하지 아니한 사람
• 특급·1급 또는 2급 소방안전관리대상
물의 소방안전관리보조자로 3년 이상
근무한 실무경력이 있는 사람

55. 화재예방, 소방시설 설치·유지 및 안전
관리에 관한 법률상 소방시설 등에 대한
자체점검 중 종합정밀점검 대상기준으로
옳지 않은 것은?

① 제연설비가 설치된 터널
② 노래연습장으로서 연면적이 2000 m²
이상인 것
③ 아파트는 연면적 5000 m² 이상이고
16층 이상인 것
④ 소방대가 근무하지 않는 국공립학교
중 연면적이 1000 m² 이상인 것으로
서 자동화재탐지설비가 설치된 것

해설 자체점검 중 종합정밀점검 대상기준
(1) 아파트는 연면적 5000 m² 이상, 11층
이상
(2) 스프링클러설비, 물분무등 소화설비 : 설
치 대상물의 연면적 5000 m² 이상

56. 보일러 등의 위치·구조 및 관리와 화재
예방을 위하여 불의 사용에 있어서 지켜야
하는 사항 중 보일러에 경유·등유 등 액
체 연료를 사용하는 경우에 연료탱크는 보
일러 본체로부터 수평거리 몇 m 이상의 간
격을 두어 설치해야 하는가?

① 0.5　② 0.6　③ 1　④ 2

해설 수평거리는 1 m 이상, 벽 또는 천장 사
이거리는 0.6 m 이상

57. 위력을 사용하여 출동한 소방대의 화재
진압·인명구조 또는 구급활동을 방해하
는 행위를 한 자에 대한 벌칙기준은?

① 200만원 이하의 벌금
② 300만원 이하의 벌금
③ 3년 이하의 징역 또는 1500만원 이
하의 벌금
④ 5년 이하의 징역 또는 3000만원 이
하의 벌금

해설 소방자동차 출동 방해, 인명구조 또는 구
급활동 방해, 소화용수시설의 효용 방해 등
은 5년 이하의 징역 또는 3000만원 이하의
벌금에 해당된다.

58. 형식승인을 받아야 할 소방용품이 아닌 것은?

① 감지기

② 휴대용 비상조명등

③ 소화기

④ 방염액

[해설] 휴대용 비상조명등, 유도표지, 옥내소화 전함, 방수구, 피난밧줄 등은 소화용품에서 제외 대상이다.

59. 특정소방대상물의 근린생활시설에 해당되는 것은?

① 전시장   ② 기숙사

③ 유치원   ④ 의원

[해설] 근린생활시설

면적	적용 장소
150 m² 미만	단란주점
300 m² 미만	공연장, 비디오 감상실업, 종교시설, 비디오물 소극장업
500 m² 미만	학원, 금융업소, 탁구장, 부동산 중개사무소, 볼링장, 테니스장, 당구장, 골프 연습장, 서점, 사무소, 체육도장
1000 m² 미만	의료기기 판매소, 의약품 판매소, 슈퍼마켓, 일용품, 자동차 영업소
기타	독서실, 휴게음식점, 일반음식점, 안마시술소, 조산원(산후조리원 포함), 치과의원, 한의원, 침술원, 접골원, 기원, 의원, 이용원, 미용원, 목욕장 및 세탁소

60. 신축·증축·개축·재축·대수선 또는 용도변경으로 해당 특정소방대상물의 소방안전관리자를 신규로 선임하는 경우 해당 특정소방대상물의 관계인은 특정소방

대상물의 완공일로부터 며칠 이내에 소방안전관리자를 선임하여야 하는가?

① 7일   ② 14일

③ 30일   ④ 60일

[해설] 소방안전관리자, 위험물안전관리자 등은 신규, 재선임 모두 30일 이내로 하여야 한다.

제4과목 소방기계시설의 구조 및 원리

61. 스프링클러설비의 펌프실을 점검하였다. 펌프의 토출측 배관에 설치되는 부속장치 중에서 펌프와 체크밸브(또는 개폐밸브) 사이에 설치할 필요가 없는 배관은?

① 기동용 압력체임버배관

② 성능시험배관

③ 물올림장치배관

④ 릴리프밸브배관

[해설] 기동용 압력체임버배관은 펌프 토출측(2차 측)에 설치하여야 한다.

62. 스프링클러설비의 배관에 대한 내용 중 잘못된 것은?

① 수직배수관의 구경은 65 mm 이상으로 하여야 한다.

② 급수배관 중 가지배관의 배열은 토너먼트방식이 아니어야 한다.

③ 교차배관의 청소구는 교차배관 끝에 개폐밸브를 설치한다.

④ 습식 스프링클러설비 외의 설비에는 헤드를 향하여 상향으로 가지배관의 기울기를 250분의 1 이상으로 한다.

[해설] 수직배수관의 구경은 50 mm 이상으로 하여야 한다.

63. 개방형 헤드를 사용하는 연결살수설비

에서 하나의 송수구역에 설치하는 살수헤드의 최대개수는?

① 10　　② 15　　③ 20　　④ 30

해설 연결살수설비에서 하나의 송수구역에 설치하는 살수헤드는 10개 이하로 하여야 한다.

64. 차고 또는 주차장에 설치하는 분말소화설비의 소화약제는?

① 탄산수소나트륨을 주성분으로 한 분말
② 탄산수소칼륨을 주성분으로 한 분말
③ 인산염을 주성분으로 한 분말
④ 탄산수소칼륨과 요소가 화합된 분말

해설 차고, 주차장에는 제1인산암모늄(제3종)을 사용하며 유지류에는 탄산수소나트륨(제1종)을 사용한다.

65. 바닥면적이 1300 m²인 관람장에 소화기구를 설치할 경우, 소화기구의 최소능력단위는?(단, 주요구조부가 내화구조이고, 벽 및 반자의 실내에 면하는 부분이 불연재료이다.)

① 7단위　　　　② 9단위
③ 10단위　　　④ 13단위

해설 관람장, 공연장, 의료시설, 장례식장 등은 바닥면적 100 m²를 1단위로 한다.
최소능력단위 = 1300 m²/100 m² = 13단위

66. 개방형 스프링클러설비에서 하나의 방수구역을 담당하는 헤드 개수는 몇 개 이하로 설치해야 하는가?(단, 1개의 방수구역으로 한다.)

① 60　　　　　② 50
③ 40　　　　　④ 30

해설 개방형 스프링클러설비에서 하나의 방수구역을 담당하는 헤드 수는 50개 이하로 설치한다.(단, 2개 이상의 방수구역으로 나눌 경우 25개 이상으로 하여야 한다.)

67. 특정소방대상물에 따라 적용하는 포소화설비의 종류 및 적응성에 관한 설명으로 틀린 것은?

① 소방기본법 시행령 별표 2의 특수가연물을 저장·취급하는 공장에는 호스릴포소화설비를 설치한다.
② 완전 개방된 옥상주차장으로 주된 벽이 없고 기둥뿐이거나 주위가 위해 방지용 철주 등으로 둘러싸인 부분에는 호스릴포소화설비 또는 포소화전설비를 설치할 수 있다.
③ 차고에는 포워터 스프링클러설비·포헤드설비 또는 고정포방출설비, 압축공기 포소화설비를 설치한다.
④ 항공기 격납고에는 포워터 스프링클러설비·포헤드설비 또는 고정포방출설비, 압축공기포 소화설비를 설치한다.

해설 특수가연물을 저장·취급하는 공장에서 호스릴포소화설비는 사용금지이다.

68. 분말소화설비가 작동한 후 배관 내 잔여분말의 청소용(cleaning)으로 사용되는 가스로 옳게 연결된 것은?

① 질소, 건조공기
② 질소, 이산화탄소
③ 이산화탄소, 아르곤
④ 건조공기, 아르곤

해설 청소용으로 질소, 이산화탄소가 사용된다.
(1) 가압용 : 질소 40 L/kg
(2) 축압용 : 질소 10 L/kg
(3) 이산화탄소는 배관 청소에 필요한 양을 따로 산정한다.

69. 폐쇄형 헤드를 사용하는 연결살수설비

의 주배관을 옥내소화전설비의 주배관에 접속할 때 접속부분에 설치해야 하는 것은? (단, 옥내소화전설비가 설치된 경우이다.)

① 체크밸브

② 게이트밸브

③ 글로브밸브

④ 버터플라이밸브

해설 옥내소화전설비의 주배관, 수도배관, 옥상에 설치된 수조에는 체크밸브를 설치하여야 한다.

70. 특별피난계단의 계단실 및 부속실, 제연설비의 화재안전기준 중 급기풍도 단면의 긴 변의 길이가 1300 mm인 경우, 강판의 두께는 몇 mm 이상이어야 하는가?

① 0.6 ② 0.8 ③ 1.0 ④ 1.2

해설 급기풍도 단면의 긴 변 또는 직경의 크기

급기풍도 단면의 긴 변 또는 직경의 크기	강판의 두께
450 mm 이하	0.5 mm
450 mm 초과 750 mm 이하	0.6 mm
750 mm 초과 1500 mm 이하	0.8 mm
1500 mm 초과 2250 mm 이하	1.0 mm
2250 mm 초과	1.2 mm

71. 물분무소화설비에서 압력수조를 이용한 가압송수장치의 압력수조에 설치하여야 하는 것이 아닌 것은?

① 맨홀

② 수위계

③ 급기관

④ 수동식 공기압축기

해설 가압송수장치의 압력수조에는 자동식 공기압축기를 사용한다.

72. 수동으로 조작하는 대형 소화기 B급의 능력단위는?

① 10단위 이상 ② 15단위 이상

③ 20단위 이상 ④ 30단위 이상

해설 대형 소화기 A급 : 10단위 이상, B급 : 20단위 이상, 소형 소화기 : 1단위 이상

73. 경사강하식 구조대의 구조기준 중 입구틀 및 취부틀의 입구는 지름 몇 cm 이상의 구체가 통과할 수 있어야 하는가?

① 50 ② 60

③ 70 ④ 80

해설 경사강하식 구조대의 구조기준
(1) 본체는 강하방향으로 봉합부가 설치되지 않아야 하며 연속 활강 가능하여야 한다.
(2) 구조대 본체의 활강부는 망목의 변의 길이가 8 cm 이하의 망을 설치하여야 한다.
(3) 입구틀 및 취부틀의 입구는 지름 50 cm 이상의 구체가 통과할 수 있어야 한다.

74. 백화점의 7층에 적응성이 없는 피난기구는?

① 구조대 ② 피난용트랩

③ 피난교 ④ 완강기

해설 피난용트랩은 지하층에 적응되는 피난기구이다.

75. 옥외소화전설비의 호스접결구는 특정소방대상물의 각 부분으로부터 하나의 호스접결구까지의 수평거리는 몇 m 이하인가?

① 25 ② 30

③ 40 ④ 50

해설 (1) 옥외소화전 호스접결구까지의 수평거리 : 40 m 이하
(2) 옥내소화전 호스접결구까지의 수평거리 : 25 m 이하

76. 다음 중 청정소화약제 소화설비를 설치할 수 없는 위험물 사용장소는? (단, 소화성능이 인정되는 위험물은 제외한다.)

① 제1류 위험물을 사용하는 장소

② 제2류 위험물을 사용하는 장소

③ 제3류 위험물을 사용하는 장소

④ 제4류 위험물을 사용하는 장소

[해설] 청정소화약제 소화설비를 설치할 수 없는 위험물 사용장소

(1) 제3류 위험물 및 제5류 위험물을 사용하는 장소

(2) 사람이 상주하는 곳으로 최대허용설계농도를 초과하는 장소

77. 다음에서 설명하는 기계제연방식은?

> 화재 시 배출기만 작동하여 화재장소의 내부압력을 낮추어 연기를 배출시키며 송풍기는 설치하지 않고 연기를 배출시킬 수 있으나 연기량이 많으면 배출이 완전하지 못한 설비로 화재 초기에 유리하다.

① 제1종 기계제연방식

② 제2종 기계제연방식

③ 제3종 기계제연방식

④ 스모크타워 제연방식

[해설] 제연방식

(1) 제1종 제연방식 : 급기 팬(강제 급기)+배기 팬(강제 배기)

(2) 제2종 제연방식 : 급기 팬(강제 급기)+자연 배기

(3) 제3종 제연방식 : 자연 급기+배기 팬(강제 배기)

(4) 스모크타워 제연방식 : 루프 모니터를 이용한 배기

78. 가솔린을 저장하는 고정지붕식의 옥외탱크에 설치하는 포소화설비에서 포를 방출하는 기기는 어느 것인가?

① 포워터 스프링클러헤드

② 호스릴포소화설비

③ 포헤드

④ 고정포방출구(폼체임버)

[해설] 고정포방출구는 옥외탱크에 부착된 포방출장치이다.

79. 물분무소화설비를 설치하는 주차장의 배수설비설치기준으로 틀린 것은?

① 차량이 주차하는 장소의 적당한 곳에 높이 10 cm 이상의 경계턱으로 배수구를 설치한다.

② 40 m 이하마다 기름분리장치를 설치한다.

③ 차량이 주차하는 바닥은 배수구를 향하여 100분의 1 이상의 기울기를 유지한다.

④ 가압송수장치의 최대수송능력의 수량을 유효하게 배출할 수 있는 크기 및 기울기로 설치한다.

[해설] 차량이 주차하는 바닥은 배수구를 향하여 100분의 2 이상의 기울기를 유지하여야 한다.

80. 저압식 이산화탄소 소화설비의 소화약제 저압용기에 설치하는 안전밸브의 작동압력은 내압시험 압력의 몇 배에서 작동하는가?

① 0.24~0.4

② 0.44~0.6

③ 0.64~0.8

④ 0.84~1

[해설] • 안전밸브 작동압력 : 내압시험 압력×0.64~0.8

• 저장용기(고압식 : 25 MPa 이상, 저압식 : 3.5 MPa 이상)

소방설비기계기사

제1과목   **소방원론**

1. 다음 중 물의 물리 · 화학적 성질로 틀린 것은?

① 증발잠열은 539.6 cal/g으로 다른 물질에 비해 매우 큰 편이다.

② 대기압하에서 100℃의 물이 액체에서 수증기로 바뀌면 체적은 약 1603배 정도 증가한다.

③ 수소 1분자와 산소 1/2분자로 이루어져 있으며 이들 사이의 화학결합은 극성 공유결합이다.

④ 분자 간의 결합은 쌍극자–쌍극자 상호작용의 일종인 산소결합에 의해 이루어진다.

[해설] 물 분자는 수소결합으로 이루어진다.

2. 니트로셀룰로오스에 대한 설명으로 틀린 것은?

① 질화도가 낮을수록 위험성이 크다.

② 물을 첨가하여 습윤시켜 운반한다.

③ 화학의 원료로 쓰인다.

④ 고체이다.

[해설] 니트로셀룰로오스가 질산에스테르화되는 반응을 질화라고 하며, 질화의 정도는 생성된 니트로셀룰로오스의 질소 함유율로 나타낸다. 질소 함유율(질화도)이 큰 것은 폭발성이 크고 위험하다.

3. 조연성 가스로만 나열되어 있는 것은?

① 질소, 불소, 수증기

② 산소, 불소, 염소

③ 산소, 이산화탄소, 오존

④ 질소, 이산화탄소, 염소

[해설] 조(지)연성 가스는 스스로는 연소가 되지 않지만 다른 가연성 가스의 연소를 도와주는 가스로서 산소, 공기, 오존, 염소, 불소 등이 대표적인 조연성 가스이다.

4. 건축물의 화재성상 중 내화 건축물의 화재성상으로 옳은 것은?

① 저온 장기형

② 고온 단기형

③ 고온 장기형

④ 저온 단기형

[해설] 고온(1300℃ 정도) 단기형은 목조 건축물의 특성이고 내화 건축물은 저온(1000℃ 정도) 장기형이다.

5. 다음 중 자연발화의 예방을 위한 대책이 아닌 것은?

① 열의 축적을 방지한다.

② 주위 온도를 낮게 유지한다.

③ 열전도성을 나쁘게 한다.

④ 산소와의 접촉을 차단한다.

[해설] 열전도성이 불량한 경우 열의 축적이 이루어지기 때문에 자연발화의 원인이 된다. 그러므로 자연발화의 예방을 위해서는 환기 및 열의 전도가 양호하게 이루어져야 한다.

6. 제1종 분말소화약제인 탄산수소나트륨은 어떤 색으로 착색되어 있는가?

① 담회색

② 담홍색

③ 회색

④ 백색

정답 1. ④ 2. ① 3. ② 4. ① 5. ③ 6. ④

해설 분말소화약제의 종류

종별	명칭	착색	적용	반응식
제1종	탄산수소 나트륨 (NaHCO₃)	백색	B, C급	$2NaHCO_3 \rightarrow$ $Na_2CO_3 + CO_2$ $+H_2O$
제2종	탄산수소칼륨 (KHCO₃)	담자색	B, C급	$2KHCO_3 \rightarrow$ $K_2CO_3 + CO_2$ $+H_2O$
제3종	제1인산암모늄 (NH₄H₂PO₄)	담홍색	A, B, C급	$NH_4H_2PO_4$ $\rightarrow HPO_3$ $+NH_3 + H_2O$
제4종	탄산수소칼륨 +요소(KHCO₃ +(NH₂)₂CO)	회색	B, C급	$2KHCO_3 +$ $(NH_2)_2CO \rightarrow$ $K_2CO_3 + 2NH_3$ $+2CO_2$

7. 다음 중 제거소화방법과 무관한 것은 어느 것인가?

① 산불의 확산 방지를 위하여 산림의 일부를 벌채한다.

② 화학반응기의 화재 시 원료공급관의 밸브를 잠근다.

③ 유류화재 시 가연물을 포로 덮는다.

④ 유류탱크 화재 시 주변에 있는 유류탱크의 유류를 다른 곳으로 이동시킨다.

해설 유류화재 시 가연물을 포로 덮는 것은 산소의 공급을 차단하는 것으로 질식소화에 해당된다.

8. 할로겐화합물 Halon 1211 소화설비에서 약제의 분자식은?

① CBr_2ClF　　② CF_2BrCl

③ CCl_2BrF　　④ BrC_2ClF

해설 할론 abcd에서

a : 탄소의 수
b : 불소의 수
c : 염소의 수
d : 취소의 수

9. 위험물안전관리법상 위험물의 적재 시 혼재기준 중 혼재가 가능한 위험물로 짝지어진 것은? (단, 각 위험물은 지정수량의 10배로 가정한다.)

① 질산칼륨과 가솔린

② 과산화수소와 황린

③ 철분과 유기과산화물

④ 등유와 과염소산

해설 유별을 달리하는 위험물 혼합기준

위험물의 구분	제1류	제2류	제3류	제4류	제5류	제6류
제1류		×	×	×	×	○
제2류	×		×	○	○	×
제3류	×	×		○	×	×
제4류	×	○	○		○	×
제5류	×	○	×	○		×
제6류	○	×	×	×	×	

× : 혼재 불가
○ : 혼재 가능
※ 질산칼륨(제1류), 가솔린(제4류)
　 과산화수소(제6류), 황린(제3류)
　 철분(제2류), 유기과산화물(제5류)
　 등유(제4류), 과염소산(제6류)

10. 분말소화약제의 열분해 반응식 중 다음 ( ) 안에 알맞은 화학식은?

$2NaHCO_3 \rightarrow Na_2CO_3 + H_2O + (\quad)$

① CO　　　② CO_2

③ Na　　　④ Na_2

해설 문제 6번 해설 참조

정답 **7.** ③　**8.** ②　**9.** ③　**10.** ②

11. 다음 중 정전기에 의한 발화과정으로 옳은 것은?

① 방전 → 전하의 축적 → 전하의 발생 → 발화

② 전하의 발생 → 전하의 축적 → 방전 → 발화

③ 전하의 발생 → 방전 → 전하의 축적 → 발화

④ 전하의 축적 → 방전 → 전하의 발생 → 발화

[해설] 정전기는 전기를 띤 입자들이 한곳에 정체되어 있는 상태이며 전기 입자들이 흐르는 경우는 전류이다. 어떤 물체가 전기적 성질을 가지면 그 물체가 가지는 전기의 양을 전하라고 한다.

12. 청정소화약제 중 HCFC-22를 82 % 포함하고 있는 것은?

① IG-541

② HFC-227ea

③ IG-55

④ HCFC BLEND A

[해설] 프레온가스(CFC)가 지구오존층을 파괴하는 물질이라고 해서 대체물질로 개발된 것이 HCFC이다. HCFC BLEND A에는 HCFC-22 82 %, HCFC-123 4.75 %, HCFC-124 9.5% 등이 있다.

13. 실내에서 화재가 발생하여 실내의 온도가 21℃에서 650℃로 되었다면, 공기의 팽창은 처음의 약 몇 배가 되는가? (단, 대기압은 공기가 유동하여 화재 전후가 같다고 가정한다.)

① 3.14   ② 4.27

③ 5.69   ④ 6.01

[해설] 압력이 동일한 상태이므로 샤를의 법칙

을 응용하면

$\dfrac{V_1}{T_1} = \dfrac{V_2}{T_2}$ 에서

$\dfrac{1}{(273+21)} = \dfrac{V_2}{(273+650)}$

$\therefore V_2 = 3.139$

14. 피난계획의 일반 원칙 중 fool proof 원칙에 해당하는 것은?

① 저지능인 상태에서도 쉽게 식별이 가능하도록 그림이나 색채를 이용하는 원칙

② 피난설비를 반드시 이동식으로 하는 원칙

③ 한 가지 피난기구가 고장이 나도 다른 수단을 이용할 수 있도록 고려하는 원칙

④ 피난설비를 첨단화된 전자식으로 하는 원칙

[해설] (1) fool proof(풀 프루프) 원칙
• 피난 경로는 간단명료하게 한다.
• 피난설비를 반드시 고정식으로 하는 원칙
• 피난설비를 원시적이고 간단하게 하는 원칙
• 피난통로는 완전 불연화한다.
(2) fail safe(페일 세이프) 원칙
• 한 가지 피난기구가 고장이 나도 다른 수단을 이용할 수 있도록 고려하는 원칙
• 두 방향 이상의 피난 동선이 항상 확보되어야 하는 원칙

15. 보일오버(boil over) 현상에 대한 설명으로 옳은 것은?

① 아래층에서 발생한 화재가 위층으로 급격히 옮겨 가는 현상

② 연소유의 표면이 급격히 증발하는 현상

③ 기름이 뜨거운 물 표면 아래에서 끓는 현상

④ 탱크 저부의 물이 급격히 증발하여 기름이 탱크 밖으로 화재를 동반하여 방출하는 현상

해설 연소상의 문제점

(1) 보일오버 : 상부가 개방된 유류 저장탱크에서 화재 발생 시에 일어나는 현상으로 기름 표면에서 장시간 조용히 연소하다 일정 시간 경과 후 잔존 기름의 갑작스런 분출이나 넘침이 일어나며 유화 현상이 심한 기름에서 주로 발생한다.

(2) 슬롭오버 : 기름 속에 존재하는 수분이 비등점 이상이 되면 수증기가 되어 상부로 튀어 나오게 되는데 이때 기름의 일부가 비산되는 현상을 말한다.

(3) 프로스 오버 : 유류 탱크 속에 존재하는 물이 상부의 뜨거운 기름 속에서 끓을 때 점성이 큰 기름이 탱크 외부로 넘쳐 흐르는 현상을 말한다.

(4) BLEVE : 가연성 액화가스 저장용기에 열이 공급되면 액의 증발로 인하여 급격한 체적 팽창이 일어나 용기가 파열되는 현상으로 액체의 일부도 같이 비산한다.

(5) 블로 오프 : 촛불을 입으로 불면 불꽃은 옆으로 이동하게 되며 이때 증발된 파라핀의 공급이 중단되어 촛불은 꺼지게 된다.

16. 연기에 의한 감광계수가 $0.1\,m^{-1}$, 가시거리가 20~30 m일 때의 상황을 옳게 설명한 것은?

① 건물 내부에 익숙한 사람이 피난에 지장을 느낄 정도

② 연기감지기가 작동할 정도

③ 어두운 것을 느낄 정도

④ 앞이 거의 보이지 않을 정도

해설 연기의 감광계수

감광계수(m^{-1})	가시거리(m)	상황
0.1	20~30	연기감지기 작동
0.3	5	내부에 익숙한 사람이 피난에 지장
0.5	3	어둠을 느낄 정도
1	1~2	앞이 보이지 않음
10	0.2~0.5	화재 최성기 농도
30	–	출화실 연기 분출

17. 밀폐된 내화건물의 실내에 화재가 발생했을 때 그 실내의 환경변화에 대한 설명 중 틀린 것은?

① 기압이 강하한다.

② 산소가 감소한다.

③ 일산화탄소가 증가한다.

④ 이산화탄소가 증가한다.

해설 밀폐된 내화건물의 실내에 화재가 발생했을 때 온도 상승으로 압력(기압) 또한 상승하게 된다.

18. 화재실 혹은 화재공간의 단위바닥면적에 대한 등가가연물량의 값을 화재하중이라 하며, 식으로 표시할 경우에는 $Q = \Sigma (G_t \cdot H_t)/H \cdot A$와 같이 표현할 수 있다. 여기에서 H는 무엇을 나타내는가?

① 목재의 단위발열량

② 가연물의 단위발열량

③ 화재실 내 가연물의 전체 발열량

④ 목재의 단위발열량과 가연물의 단위발열량을 합한 것

해설 Q : 화재하중(kg/m^2)

G_t : 가연물의 양(kg)

H_t : 가연물의 단위발열량($kcal/kg$)

H : 목재의 단위발열량($kcal/kg$)

A : 바닥면적(m^2)

정답 16. ② 17. ① 18. ①

19. 칼륨에 화재가 발생할 경우에 주수를 하면 안 되는 이유로 가장 옳은 것은?

① 산소가 발생하기 때문에

② 질소가 발생하기 때문에

③ 수소가 발생하기 때문에

④ 수증기가 발생하기 때문에

해설 $2K+2H_2O \rightarrow 2KOH+H_2$

물과 반응하면 가연성가스인 수소가 발생하므로 화재가 확대될 우려가 있다.

20. 다음 중 증기 비중이 가장 큰 것은?

① 이산화탄소   ② 할론 1301

③ 할론 1211   ④ 할론 2402

해설 ① 이산화탄소(CO_2 : 분자량 44)

② 할론 1211(CF_2ClBr : 분자량 165.5)

③ 할론 1301(CF_3Br : 분자량 149)

④ 할론 2402($C_2F_4Br_2$: 분자량 260)

제2과목   **소방유체역학**

21. 그림과 같은 원형 관에 유체가 흐르고 있다. 원형 관 내의 유속분포를 측정하여 실험식을 구하였더니 $V = V_{max} \dfrac{(r_o^2 - r^2)}{r_o}$ 이었다. 관 속을 흐르는 유체의 평균속도는 얼마인가?

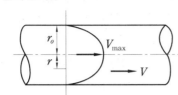

① $\dfrac{V_{max}}{8}$ ② $\dfrac{V_{max}}{4}$

③ $\dfrac{V_{max}}{2}$ ④ V_{max}

해설 층류일 경우 최대속도의 $\dfrac{1}{2}$ 이다.

$$V = \dfrac{V_{max}}{2}$$

22. 직경 50 cm의 배관 내를 유속 0.06 m/s의 속도로 흐르는 물의 유량은 약 몇 L/min인가?

① 153   ② 255

③ 338   ④ 707

해설 $Q = A \times V = \dfrac{\pi}{4} \times (0.5\,\text{m})^2 \times 0.06\,\text{m/s}$

$= 0.01178\,\text{m}^3/\text{s}$

$0.01178\,\text{m}^3/\text{s} \times 1000\,\text{L/m}^3 \times 60\,\text{s/min}$

$= 706.85\,\text{L/min}$

23. 열전도도가 0.08 W/m · K인 단열재의 고온부가 75℃, 저온부가 20℃이다. 단위 면적당 열손실이 200 W/m²인 경우의 단열재 두께는 몇 mm인가?

① 22   ② 45

③ 55   ④ 80

해설 $\dfrac{200\,\text{W}}{\text{m}^2} = \dfrac{\dfrac{0.08\,\text{W}}{\text{m}\cdot\text{K}}}{l} \times (348\,\text{K} - 293\,\text{K})$

$l = 0.022\,\text{m} = 22\,\text{mm}$

24. 공동현상(cavitation)의 발생원인과 가장 관계가 먼 것은?

① 관 내의 수온이 높을 때

② 펌프의 흡입양정이 클 때

③ 펌프의 설치위치가 수원보다 낮을 때

④ 관 내의 물의 정압이 그때의 증기압보다 낮을 때

해설 공동현상(cavitation)

정답 19. ③   20. ④   21. ③   22. ④   23. ①   24. ③

정의	펌프 흡입측 압력손실로 발생된 기체가 펌프 상부에 모이면 액의 송출을 방해하고 결국 운전 불능의 상태에 이르는 현상
발생 원인	• 흡입양정이 지나치게 긴 경우 • 흡입관경이 가는 경우 • 펌프의 회전수가 너무 빠를 경우 • 흡입측 배관이나 여과기 등이 막혔을 경우
영향	• 진동 및 소음 발생 • 임펠러 깃 침식 • 펌프 양정 및 효율 곡선 저하 • 펌프 운전 불능
대책	• 유효흡입양정(NPSH)을 고려하여 펌프를 선정한다. • 충분한 크기의 배관직경을 선정한다. • 펌프의 회전수를 용량에 맞게 조정한다. • 주기적으로 여과기 등을 청소한다. • 양흡입펌프를 사용하거나 펌프를 액 중에 잠기게 한다.

25. 부차적 손실계수 $K = 40$인 밸브를 통과할 때의 수두손실이 2 m일 때, 이 밸브를 지나는 유체의 평균유속은 약 몇 m/s인가?

① 0.49   ② 0.99
③ 1.98   ④ 9.81

해설 $H = K \times \dfrac{V^2}{2g}$

여기서, H : 손실수두(mH₂O)
      K : 부차적 손실계수
      V : 축소된 부분의 유속(m/s)

$V = \sqrt{\dfrac{2gH}{K}} = \sqrt{\dfrac{2 \times 9.8\,\mathrm{m/s^2} \times 2\,\mathrm{m}}{40}}$
   $= 0.99\,\mathrm{m/s}$

26. 지름이 15 cm인 관에 질소가 흐르는데,

피토관에 의한 마노미터는 4 cmHg의 차를 나타냈다. 유속은 약 몇 m/s인가? (단, 질소의 비중은 0.00114, 수은의 비중은 13.6, 중력가속도는 $9.8\,\mathrm{m/s^2}$이다.)

① 76.5   ② 85.6
③ 96.7   ④ 105.6

해설 $V = \sqrt{2gH \times \left(\dfrac{S_2}{S_1} - 1 \right)}$

$= \sqrt{2 \times 9.8 \times 0.04 \times \left(\dfrac{13.6}{0.00114} - 1 \right)}$

$\fallingdotseq 96.7\,\mathrm{m/s}$

여기서, H : 마노미터 차이(0.04 mHg)
      S_1 : 질소 비중(0.00114)
      S_2 : 수은 비중(13.6)

27. 다음 중 베르누이의 정리 ($\dfrac{P}{p} + \dfrac{V^2}{2} + gZ$ = constant)가 적용되는 조건이 될 수 없는 것은?

① 압축성의 흐름이다.
② 정상상태의 흐름이다.
③ 마찰이 없는 흐름이다.
④ 베르누이 정리가 적용되는 임의의 두 점은 같은 유선상에 있다.

해설 베르누이 정리는 비압축성 흐름에 적용된다.

28. 유체에 관한 설명 중 옳은 것은?

① 실제 유체는 유동할 때 마찰손실이 생기지 않는다.
② 이상 유체는 높은 압력에서 밀도가 변화하는 유체이다.
③ 유체에 압력을 가하면 체적이 줄어드는 유체는 압축성 유체이다.
④ 압력을 가해도 밀도 변화가 없으며 점성에 의한 마찰손실만 있는 유체가 이

상 유체이다.

[해설] 실제 유체는 흐름에 대한 마찰손실이 발생하고, 이상 유체는 온도에 관계없이 일정한 밀도를 유지하며 마찰손실이 없는 상태이다.

29. 그림과 같이 수족관에 직경 3 m의 투시경이 설치되어 있다. 이 투시경에 작용하는 힘은 약 몇 kN인가?

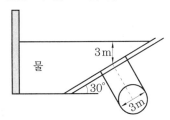

① 207.8 ② 123.9
③ 87.1   ④ 52.4

[해설] $F = \gamma \times h \times A$

$$= 9.8 \text{kN/m}^3 \times 3 \text{m} \times \frac{\pi}{4} \times (3\text{m})^2$$

$≒ 207.8 \text{kN}$

여기서, γ : 물의 비중량(9.8 kN/m)

h : 표면에서 수문 중심까지 거리 (3 m)

A : 수문의 면적 $\left(\frac{\pi}{4} \times (3\text{m})^2\right)$

30. 직경이 D인 원형 축과 슬라이딩 베어링 사이(간격 = t, 길이 = L)에 점성계수가 μ인 유체가 채워져 있다. 축을 ω의 각속도로 회전시킬 때 필요한 토크를 구하면? (단, $t \ll D$)

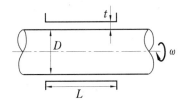

① $T = \mu \dfrac{\omega D}{2t}$ ② $T = \dfrac{\pi \mu \omega D^2 L}{2t}$

③ $T = \dfrac{\pi \mu \omega D^3 L}{2t}$ ④ $T = \dfrac{\pi \mu \omega D^3 L}{4t}$

31. 두 개의 견고한 밀폐용기 A, B가 밸브로 연결되어 있다. 용기 A에는 온도 300 K, 압력 100 kPa의 공기 1 m³, 용기 B에는 온도 300 K, 압력 330 kPa의 공기 2 m³가 들어 있다. 밸브를 열어 두 용기 안에 들어 있는 공기(이상기체)를 혼합한 후 장시간 방치하였다. 이때 주위온도는 300 K로 일정하다. 내부공기의 최종압력은 몇 kPa인가?

① 177 ② 210 ③ 215 ④ 253

[해설] $P = \dfrac{P_1 \times V_1 + P_2 \times V_2}{V_1 + V_2}$

$$= \frac{100\text{kPa} \times 1\text{m}^3 + 330\text{kPa} \times 2\text{m}^3}{1\text{m}^3 + 2\text{m}^3}$$

$= 253.33 \text{kPa}$

32. 공기의 온도 T_1에서의 음속 c_1과 이보다 20 K 높은 온도 T_2에서의 음속 c_2의 비가 $\dfrac{c_2}{c_1} = 1.05$이면 T_1은 약 몇 도인가?

① 97 K ② 195 K
③ 273 K ④ 300 K

[해설] 음속과 온도

$$\frac{c_2}{c_1} = \sqrt{\frac{T_2}{T_1}}$$

$1.05 = \sqrt{\dfrac{T_1 + 20}{T_1}}$ (양변을 제곱하면)

$1.05^2 = \dfrac{T_1 + 20}{T_1}$

$1.05^2 \times T_1 - T_1 = 20$

$T_1 = 195.12 \text{K}$

33. 수면에 잠긴 무게가 490 N인 매끈한 쇠구슬을 줄에 매달아서 일정한 속도로 내리고 있다. 쇠구슬이 물속으로 내려갈수록 들고 있는 데 필요한 힘은 어떻게 되는가? (단, 물은 정지된 상태이며, 쇠구슬은 완전한 구형체이다.)

① 적어진다.

② 동일하다.

③ 수면 위보다 커진다.

④ 수면 바로 아래보다 커진다.

해설 중력과 부력이 동일하므로 필요한 힘은 동일하다.

34. 그림과 같은 곡관에 물이 흐르고 있을 때 계기압력으로 P_1이 98 kPa이고, P_2가 29.42 kPa이면 이 곡관을 고정시키는 데 필요한 힘은 몇 N인가? (단, 높이차 및 모든 손실은 무시한다.)

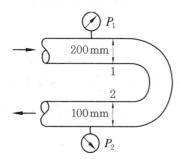

① 4141 　　　　② 4314

③ 4565 　　　　④ 4744

해설 $\dfrac{P_1}{\gamma}+\dfrac{V_1^2}{2g}+Z_1=\dfrac{P_2}{\gamma}+\dfrac{V_2^2}{2g}+Z_2$

$Z_1=Z_2$에서

$\dfrac{P_1-P_2}{\gamma}=\dfrac{V_2^2-V_1^2}{2g}$

$A_1V_1=A_2V_2$에서

$\dfrac{A_2}{A_1}=\dfrac{V_1}{V_2}=\left(\dfrac{d_2}{d_1}\right)^2$

$V_2=V_1\left(\dfrac{d_1}{d_2}\right)^2=V_1\left(\dfrac{200}{100}\right)^2=4\,V_1\,[\text{m/s}]$

$\dfrac{98-29.42}{9.8}=\dfrac{16\,V_1^2-V_1^2}{2\times9.8}=\dfrac{15\,V_1^2}{19.6}$

$\therefore\ V_1=\sqrt{\dfrac{19.6(98-29.42)}{15\times9.8}}=3.02\,\text{m/s}$

$V_2=4\,V_1=4\times3.02=12.08\,\text{m/s}$

※ $Q=A_1V_1=A_2V_2$

$=\dfrac{\pi}{4}\times(0.2)^2\times3.02$

$\fallingdotseq0.095\,\text{m}^3/\text{s}$

$\Sigma F=\rho Q(V_2-V_1)$에서

$P_1A_1-F+P_2A_2=\rho Q(V_2-V_1)$

$F=P_1A_1+P_2A_2-\rho Q(V_2-V_1)$

$=P_1A_1+P_2A_2+\rho Q(V_1-V_2)$

$=98000\times\dfrac{\pi}{4}(0.2)^2+29420\times\dfrac{\pi}{4}(0.1)^2$

$+1000\times0.095\times\{3.02-(-12.08)\}$

$\fallingdotseq4744\,\text{N}$

35. 소화펌프의 회전수가 1450 rpm일 때 양정이 25 m, 유량이 5 m³/min이었다. 펌프의 회전수를 1740 rpm으로 높일 경우 양정(m)과 유량(m³/min)은? (단, 회전차의 직경은 일정하다.)

① 양정 : 17, 유량 : 4.2

② 양정 : 21, 유량 : 5

③ 양정 : 30.2, 유량 : 5.2

④ 양정 : 36, 유량 : 6

해설 상사의 법칙에 의해

$Q_2=Q_1\times\dfrac{N_2}{N_1}$

$=5\,\text{m}^3/\text{min}\times\dfrac{1740\,\text{rpm}}{1450\,\text{rpm}}=6\,\text{m}^3/\text{min}$

$H_2=H_1\times\left(\dfrac{N_2}{N_1}\right)^2$

$=25\,\text{m}\times\left(\dfrac{1740\,\text{rpm}}{1450\,\text{rpm}}\right)^2=36\,\text{m}$

정답 33. ② 　34. ④ 　35. ④

36. 화씨온도 200°F는 섭씨온도(℃)로 약 얼마인가?

① 93.3℃   ② 186.6℃

③ 279.9℃   ④ 392℃

해설 $°C = \dfrac{5}{9}(°F - 32) = \dfrac{5}{9}(200 - 32)$

$= 93.33°C$

37. 안지름이 0.1 m인 파이프 내를 평균유속 5 m/s로 물이 흐르고 있다. 길이 10 m 사이에서 나타나는 손실수두는 약 몇 m인가? (단, 관마찰계수는 0.013이다.)

① 0.7   ② 1   ③ 1.5   ④ 1.7

해설 $H = f \times \dfrac{l}{D} \times \dfrac{V^2}{2g}$

$= 0.013 \times \dfrac{10\,\mathrm{m}}{0.1\,\mathrm{m}} \times \dfrac{(5\,\mathrm{m/s})^2}{2 \times 9.8\,\mathrm{m/s}^2}$

$\fallingdotseq 1.7\,\mathrm{m}$

38. 송풍기의 풍량 15 m³/s, 전압 540 Pa, 전압효율이 55 %일 때 필요한 축동력은 몇 kW인가?

① 2.23   ② 4.46

③ 8.1   ④ 14.7

해설 $540\,\mathrm{Pa} \times \dfrac{10332\,\mathrm{mmAq}}{101325\,\mathrm{Pa}} = 55.06\,\mathrm{mmAq}$

$H_{kW} = \dfrac{P_t \times Q_r}{102 \times 60 \times \eta}$

$= \dfrac{55.06\,\mathrm{mmAq} \times 15\,\mathrm{m}^3/\mathrm{s}}{102 \times 0.55} = 14.7\,\mathrm{kW}$

39. 절대온도와 비체적이 각각 T, v인 이상기체 1 kg이 압력이 P로 일정하게 유지되는 가운데 가열되어 절대온도가 $6T$까지 상승되었다. 이 과정에서 이상기체가 한 일은 얼마인가?

① Pv ② $3Pv$

③ $5Pv$ ④ $6Pv$

해설 $V_2 = V_1 \times \dfrac{T_2}{T_1} = v \times \dfrac{6T}{T} = 6v$

$W = P \times (V_2 - V_1) = P \times (6v - v)$

$= 5Pv$

40. 다음 계측기 중 측정하고자 하는 것이 다른 것은?

① Bourdon 압력계

② U자관 마노미터

③ 피에조미터

④ 열선풍속계

해설 ①, ②, ③ 모두 압력 측정용이나 열선 풍속계는 속도 측정용이다.

제3과목   **소방관계법규**

41. 위험물안전관리법상 행정처분을 하고자 하는 경우 청문을 실시해야 하는 것은?

① 제조소 등 설치허가의 취소

② 제조소 등 영업정지 처분

③ 탱크시험자의 영업정지

④ 과징금 부과처분

해설 청문 실시권자 : 시·도지사, 소방본부장, 소방서장

(1) 제조소 등 설치허가의 취소

(2) 탱크시험자의 등록 취소

42. 소방기본법상의 벌칙으로 5년 이하의 징역 또는 3000만원 이하의 벌금에 해당하지 않는 것은?

① 소방자동차가 화재진압 및 구조·구급활동을 위하여 출동할 때 그 출동을 방해한 자

② 사람을 구출하거나 불이 번지는 것을 막기 위하여 불이 번질 우려가 있는

정답 36. ①   37. ④   38. ④   39. ③   40. ④   41. ①   42. ②

소방대상물의 사용제한의 강제처분을 방해한 자

③ 출동한 소방대의 소방장비를 파손하거나 그 효용을 해하여 화재진압·인명구조 또는 구급활동을 방해한 자

④ 정당한 사유 없이 소방용수시설의 효용을 해치거나 그 정당한 사용을 방해한 자

해설 ②항의 경우 3년 이하의 징역 또는 1500만원 이하의 벌금에 해당된다.

43. 고형 알코올 그 밖에 1기압 상태에서 인화점이 40℃ 미만인 고체에 해당하는 것은?

① 가연성 고체
② 산화성 고체
③ 인화성 고체
④ 자연발화성 물질

해설 위험물 별표 1
(1) 산화성 고체라 함은 고체 1기압 및 섭씨 20도에서 액상인 것 또는 섭씨 20도 초과 섭씨 40도 이하에서 액상인 것
(2) 가연성 고체라 함은 고체로서 화염에 의한 발화의 위험성 또는 인화의 위험성을 판단하기 위하여 고시로 정하는 시험에서 고시로 정하는 성질과 상태를 나타내는 것
(3) 자연발화성 물질 및 금수성 물질이라 함은 고체 또는 액체로서 공기 중에서 발화의 위험성이 있거나 물과 접촉하여 발화하거나 가연성 가스를 발생하는 위험성이 있는 것

44. 소화난이도등급 I의 제조소 등에 설치해야 하는 소화설비기준 중 유황만을 저장·취급하는 옥내탱크저장소에 설치해야 하는 소화설비는?

① 옥내소화전설비
② 옥외소화전설비
③ 물분무소화설비
④ 고정식 포소화설비

해설 유황 : 물분무소화설비, 6 m 이상 단층 : 스프링클러 또는 이동식 외 물분무소화설비

45. 정기점검의 대상인 제조소 등에 해당하지 않는 것은?

① 이송취급소
② 이동탱크저장소
③ 암반탱크저장소
④ 판매취급소

해설 정기점검의 대상인 제조소
(1) 이송취급소, 암반탱크저장소
(2) 지하탱크저장소
(3) 이동탱크저장소
(4) 지하매설 탱크가 있는 제조소, 주유취급소, 일반취급소

46. 화재예방, 소방시설설치·유지 및 안전관리에 관한 법률에 따른 소방안전관리 업무를 하지 아니한 특정소방대상물의 관계인에게는 몇 만원 이하의 과태료를 부과하는가?

① 100
② 200
③ 300
④ 500

해설 소방안전관리 업무를 하지 아니한 특정소방대상물의 관계인, 소화용수시설, 소화기구 및 설비 등의 설치 명령을 위반한 자, 소방교육 및 훈련을 하지 아니한 자 등은 200만원 이하의 과태료를 부과한다.

47. 소방체험관의 설립·운영권자는?

① 국무총리
② 소방청장
③ 시·도지사

④ 소방본부장 및 소방서장

[해설] 경제력을 요구하는 경우에는 시·도지사가 설립·운영한다.

48. 특정소방대상물 중 의료시설에 해당하지 않는 것은?

① 노숙인 재활시설

② 장애인의료 재활시설

③ 정신의료기관

④ 마약진료소

[해설] 의료시설 : 병원(종합병원, 치과, 한방, 요양), 격리병원(전염, 마약진료소), 정신의료기관, 장애인의료 재활시설 등으로 구분된다.

49. 교육연구시설 중 학교 지하층은 바닥면적의 합계가 몇 m² 이상인 경우 연결살수설비를 설치해야 하는가?

① 500　　　　② 600

③ 700　　　　④ 1000

[해설] 지하층은 바닥면적의 합계가 150 m²(학교 700 m²) 이상인 경우 연결살수설비를 설치하여야 한다.

50. 소화장비 등에 대한 국고보조 대상사업의 범위와 기준 보조율은 무엇으로 정하는가?

① 행정안전부령

② 대통령령

③ 시·도의 조례

④ 국토교통부령

[해설] 소화장비 등에 대한 국고보조 대상사업의 범위와 기준 보조율은 대통령령으로 정한다.

51. 제2류 위험물의 품명에 따른 지정수량의 연결이 틀린 것은?

① 황화린 – 100 kg

② 유황 – 300 kg

③ 철분 – 500 kg

④ 인화성 고체 - 1000 kg

[해설] 제2류 위험물은 가연성 고체이다.

(1) 지정수량 100 kg : 황화린, 유황, 적린

(2) 지정수량 500 kg : 철분, 금속분, 마그네슘

(3) 인화성 고체 : 1000 kg

52. 소방기본법상 소방용수시설의 저수조는 지면으로부터 낙차가 몇 m 이하가 되어야 하는가?

① 3.5　　　　② 4

③ 4.5　　　　④ 6

[해설] 소방용수시설 저수조의 설치기준

(1) 지면으로부터의 낙차가 4.5 m 이하일 것. 흡수부분의 수심이 0.5 m 이상일 것

(2) 소방펌프자동차가 쉽게 접근할 수 있도록 할 것

(3) 흡수에 지장이 없도록 토사 및 쓰레기 등을 제거할 수 있는 설비를 갖출 것

(4) 흡수관의 투입구가 사각형의 경우에는 한 변의 길이가 60 cm 이상, 원형의 경우에는 지름이 60 cm 이상일 것

(5) 저수조에 물을 공급하는 방법은 상수도에 연결하여 자동으로 급수되는 구조일 것

53. 위험물제조소 게시판의 바탕 및 문자의 색으로 올바르게 연결된 것은?

① 바탕 – 백색, 문자 – 청색

② 바탕 – 청색, 문자 – 흑색

③ 바탕 – 흑색, 문자 – 백색

④ 바탕 – 백색, 문자 - 흑색

[해설] 위험물제조소 게시판

(1) 직사각형(0.3 m 이상×0.6 m 이상)

(2) 백색 바탕에 흑색 문자

정답　48. ①　　49. ③　　50. ②　　51. ②　　52. ③　　53. ④

54. 작동기능점검을 실시한 자는 작동기능 점검 실시 결과 보고서를 며칠 이내에 소방본부장 또는 소방서장에게 제출해야 하는가?

① 7
② 10
③ 20
④ 30

해설 30일 이내 소방본부장 또는 소방서장에게 제출해야 하는 경우
(1) 작동기능점검을 실시한 경우 작동기능 점검 실시 결과 보고서
(2) 소방시설업 등록사항 변경신고
(3) 소방안전관리자, 위험물안전관리자 재선임
(4) 도급 계약 해지

55. 소방용수시설 중 소화전과 급수탑의 설치기준으로 틀린 것은?

① 소화전은 상수도와 연결하여 지하식 또는 지상식의 구조로 할 것
② 소방용 호스와 연결하는 소화전의 연결금속구의 구경은 65 mm로 할 것
③ 급수탑 급수배관의 구경은 100 mm 이상으로 할 것
④ 급수탑의 개폐밸브는 지상에서 1.5 m 이상 1.8 m 이하의 위치에 설치할 것

해설 급수탑의 개폐밸브는 지상에서 1.5 m 이상 1.7 m 이하의 위치에 설치할 것

56. 하자보수 대상 소방시설 중 하자보수 보증기간이 2년이 아닌 것은?

① 유도표지
② 비상경보설비
③ 무선통신보조설비
④ 자동화재탐지설비

해설 소방시설 하자보수 보증기간

보증기간	소방시설
2년	• 무선통신보조설비 • 유도등, 유도표지, 피난기구 • 비상조명등, 비상경보설비, 비상방송설비
3년	• 자동소화장치 • 옥내·외소화전설비 • 스프링클러설비, 간이스프링클러설비 • 물분무등소화설비, 상수도 소화용수설비 • 자동화재탐지설비, 소화활동설비

57. 소방시설공사업법상 소방시설업 등록신청서 및 첨부서류에 기재되어야 할 내용이 명확하지 아니한 경우 서류의 보완기간은 며칠 이내인가?

① 14
② 10
③ 7
④ 5

해설 서류의 보완기간 : 10일 이내

58. 일반 소방시설 설계업(기계분야)의 영업범위는 공장의 경우 연면적 몇 m² 미만의 특정소방대상물에 설치되는 기계분야 소방시설의 설계에 한하는가? (단, 제연설비가 설치되는 특정소방대상물은 제외한다.)

① 10000 m²
② 20000 m²
③ 30000 m²
④ 40000 m²

해설 일반 소방시설 설계업(기계분야)의 영업범위
(1) 연면적 30000 m²(공장 10000 m²) 미만
(2) 아파트, 위험물 제조소

59. 소방용품의 형식승인을 반드시 취소해야 하는 경우가 아닌 것은?

① 거짓 또는 부정한 방법으로 형식승

인을 받은 경우

② 시험시설의 시설기준에 미달되는 경우

③ 거짓 또는 부정한 방법으로 제품검사를 받은 경우

④ 변경승인을 받지 아니한 경우

해설 ②항의 경우 6개월 이내 기간 동안 제품검사 중지 사항이다.

60. 소방본부장이 소방특별조사위원회 위원으로 임명하거나 위촉할 수 있는 사람이 아닌 것은?

① 소방시설관리사

② 과장급 직위 이상의 소방공무원

③ 소방 관련 분야의 석사학위 이상을 취득한 사람

④ 소방 관련 법인 또는 단체에서 소방 관련 업무에 3년 이상 종사한 사람

해설 ④항 3년 → 5년

제 4 과목 **소방기계시설의 구조 및 원리**

61. 분말소화설비의 자동식 기동장치의 설치기준 중 틀린 것은? (단, 자동식 기동장치는 자동화재탐지설비의 감지기와 연동하는 것이다.)

① 기동용 가스용기의 충전비는 1.5 이상으로 할 것

② 자동식 기동장치에는 수동으로도 기동할 수 있는 구조로 할 것

③ 전기식 기동장치로서 3병 이상의 저장용기를 동시에 개방하는 설비는 2병 이상의 저장용기에 전자개방밸브를 부착할 것

④ 기동용 가스용기에는 내압시험압력의

0.8배 내지 내압시험압력 이하에서 작동하는 안전장치를 설치할 것

해설 전기식 기동장치로서 7병 이상의 저장용기를 동시에 개방하는 설비는 2병 이상의 저장용기에 전자 개방밸브를 부착할 것

62. 주방용 자동소화장치의 설치기준으로 틀린 것은?

① 아파트의 각 세대별 주방 및 오피스텔의 각실별 주방에 설치한다.

② 소화약제 방출구는 환기구의 청소부분과 분리되어 있다.

③ 주방용 자동소화장치에 사용하는 가스차단장치는 주방배관의 개폐밸브로부터 1 m 이하의 위치에 설치한다.

④ 주방용 자동소화장치의 탐지부는 수신부와 분리하여 설치하되, 공기보다 무거운 가스를 사용하는 장소에는 바닥면으로부터 30 cm 이하의 위치에 설치한다.

해설 ③항에서 1 m 이하 → 2 m 이하

63. 스프링클러헤드에서 이융성 금속으로 융착되거나 이융성 물질에 의하여 조립된 것은?

① 프레임　　　　② 디플렉터

③ 유리벌브　　　④ 퓨지블링크

해설 스프링클러헤드

(1) 프레임 : 스프링클러헤드의 디플렉터(반사판)와 나사부분을 연결하는 역할을 한다.

(2) 디플렉터 : 스프링클러헤드에서 분무되는 물을 분사시키는 역할을 한다.

64. 항공기 격납고 포헤드의 1분당 방사량은 바닥면적 1 m² 당 최소 몇 L 이상이어

정답 **60.** ④　**61.** ③　**62.** ③　**63.** ④　**64.** ①

야 하는가 ? (단, 수성막포 소화약제를 사용한다.)

① 3.7   ② 6.5

③ 8.0   ④ 10

해설 소방대상물별 약제 저장량

소방 대상물	포소화약제의 종류	방사량
차고, 주차장, 항공기 격납고	수성막포	3.7 L/m² · 분
	단백포	6.5 L/m² · 분
	합성계면 활성제포	8.0 L/m² · 분
특수가연물 저장, 취급소	수성막포 단백포 합성계면 활성제포	6.5 L/m² · 분

65. 완강기 벨트의 강도는 늘어뜨린 방향으로 1개에 대하여 몇 N의 인장하중을 가하는 시험에서 끊어지거나 현저한 변형이 생기지 않아야 하는가 ?

① 1500   ② 3900

③ 5000   ④ 6500

해설 완강기 벨트의 강도 시험 : 6500 N
벨트 폭과 두께 : 5 cm 이상, 3 mm 이상

66. 분말소화설비 분말소화약제 단 저장용기의 내용적 기준으로 틀린 것은 ?

① 제1종 분말 : 0.8 L

② 제2종 분말 : 1.0 L

③ 제3종 분말 : 1.0 L

④ 제4종 분말 : 1.8 L

해설 충전비(L/kg)로 알 수 있다.
• 제1종 : 0.8
• 제2종 : 1
• 제3종 : 1
• 제4종 : 1.25

즉, 제4종 분말 저장용기는 1 kg당 1.25 L가 된다.

67. 물분무소화설비를 설치하는 주차장의 배수설비 설치기준 중 차량이 주차하는 바닥은 배수구를 향하여 얼마 이상의 기울기를 유지해야 하는가 ?

① $\frac{1}{100}$ ② $\frac{2}{100}$

③ $\frac{3}{100}$ ④ $\frac{5}{100}$

해설 물분무소화설비를 설치하는 주차장의 배수설비 설치기준
(1) 차량이 주차하는 바닥은 배수구를 향해 2/100 이상의 기울기를 유지할 것
(2) 배수구에서 새어 나온 기름을 모아 소화할 수 있도록 길이 40 m 이하마다 집수관, 소화피트 등 기름분리장치를 설치할 것
(3) 차량이 주차하는 장소의 적당한 곳에 높이 10 m 이상의 경계턱으로 배수구를 설치할 것
(4) 배수설비는 가압송수장치의 최대송수능력의 수량을 유효하게 배수할 수 있는 크기 및 기울기로 할 것

68. 청정소화약제 소화설비의 수동식 기동장치의 설치기준 중 틀린 것은 ?

① 5 kg 이상의 힘을 가하여 기동할 수 있는 구조로 할 것

② 전기를 사용하는 기동장치에는 전원표시등을 설치할 것

③ 기동장치의 방출용 스위치는 음향경보장치와 연동하여 조작될 수 있는 것으로 할 것

④ 해당 방호구역의 출입구 부근 등 조작을 하는 자가 쉽게 피난할 수 있는 장소에 설치할 것

해설 ①항 5 kg 이상 → 5 kg 이하

69. 근린생활시설 지하층에 적응성이 있는 피난기구는? (단, 입원실이 있는 의원·산후조리원 접골원·조산소는 제외한다.)

① 피난사다리   ② 미끄럼대

③ 구조대   ④ 피난교

해설 지하층 피난기구 : 피난사다리, 피난용 트랩

70. 특수가연물을 저장 또는 취급하는 랙식 창고의 경우에는 스프링클러헤드를 설치하는 천장·반자·천장과 반자 사이·덕트·선반 등의 수평거리 기준은 몇 m 이하인가? (단, 성능이 별도로 인정된 스프링클러헤드를 수리계산에 따라 설치하는 경우는 제외한다.)

① 1.7   ② 2.5

③ 3.2   ④ 4

해설 수평거리 기준

설치 장소	수평거리
무대부·특수가연물	1.7 m 이하
일반 구조	2.1 m 이하
내화 구조	2.3 m 이하
랙식 창고	2.5 m 이하
공동주택(아파트) 거실	3.2 m 이하

71. 배출풍도의 설치기준 중 다음 ( ) 안에 말맞은 것은?

> 배출기 흡입측 풍도 안의 풍속은 (㉠) m/s 이하로 하고 배출측 풍속은 (㉡) m/s 이하로 할 것

① ㉠ 15, ㉡ 10

② ㉠ 10, ㉡ 15

③ ㉠ 20, ㉡ 15

④ ㉠ 15, ㉡ 20

해설 · 흡입측 풍속 : 15 m/s 이하
· 배출측 풍속 : 20 m/s 이하

72. 소화용수설비를 설치하여야 할 특정소방대상물에 있어서 유수의 양이 최소 몇 m³/min 이상인 유수를 사용할 수 있는 경우에 소화수조를 설치하지 아니할 수 있는가?

① 0.8   ② 1

③ 1.5   ④ 2

해설 0.8 m³/min 이상일 경우 소화수조를 설치하지 아니할 수 있다.

73. 수직강하식 구조대의 구조에 대한 설명 중 틀린 것은? (단, 건물 내부의 별실에 설치하는 경우는 제외한다.)

① 구조대의 포지는 외부포지와 내부포지로 구성한다.

② 사람의 중량에 의하여 하강속도를 조절할 수 있어야 한다.

③ 구조대는 연속하여 강하할 수 있는 구조이어야 한다.

④ 입구틀 및 취부틀의 입구는 지름 50 cm 이상의 구체가 통과할 수 있어야 한다.

해설 사람의 중량에 의하여 하강속도를 조절할 수 있는 경우는 완강기이다.

74. 제연구역의 선정방식 중 계단실 및 그 부속실을 동시에 제연하는 것의 방연풍속은 몇 m/s 이상이어야 하는가?

① 0.5   ② 0.7

③ 1   ④ 1.5

해설 방연풍속의 경우 부속실 또는 승강장이 면하는 옥내가 거실인 경우 : 0.7 m/s, 이외의 경우는 0.5 m/s 이상이다.

정답 **69.** ①   **70.** ①   **71.** ④   **72.** ①   **73.** ②   **74.** ①

75. 배관·행어 및 조명기구가 있어 살수의 장애가 있는 경우 스프링클러헤드의 설치방법으로 옳은 것은? (단, 스프링클러헤드와 장애물과의 이격거리를 장애물 폭의 3배 이상 확보한 경우는 제외한다.)

① 부착면과의 거리는 30 cm 이하로 설치한다.

② 헤드로부터 반경 60 cm 이상의 공간을 보유한다.

③ 장애물과 부착면 사이에 설치한다.

④ 장애물 아래에 설치한다.

해설 장애물이 있는 경우 살수에 방해가 되지 않도록 장애물보다 하부에 설치하여야 한다.

76. 전역방출방식 고발포용 고정포방출구의 설치기준으로 옳은 것은? (단, 해당 방호구역에서 외부로 새는 양 이상의 포수용액을 유효하게 추가하여 방출하는 설비가 있는 경우는 제외한다.)

① 고정포방출구는 바닥면적 600 m^2마다 1개 이상으로 할 것

② 고정포방출구는 방호대상물의 최고부분보다 낮은 위치에 설치할 것

③ 개구부에 자동폐쇄장치를 설치할 것

④ 특정소방대상물 및 포의 팽창비에 따른 종별에 관계 없이 해당 방호구역의 관포체적 1 m^3에 대한 1분당 포수용액 방출량은 1 L 이상으로 할 것

해설 전역방출방식 고발포용 고정포방출구의 설치기준
(1) 고정포방출구는 바닥면적 500m^2마다 1개 이상으로 할 것
(2) 고정포방출구는 방호대상물의 최고부분보다 높은 위치에 설치할 것
(3) 개구부에 자동폐쇄장치를 설치할 것

(4) ④항의 경우 포의 팽창비에 따라 변하게 된다.

77. 소화용수설비에 설치하는 채수구의 수는 소요수량이 40 m^3 이상 100 m^3 미만인 경우 몇 개를 설치해야 하는가?

① 1　　　　　② 2

③ 3　　　　　④ 4

해설 채수구의 수

소화수조 용량	20 m^3 이상 ~40 m^3 미만	40 m^3 이상 ~100 m^3 미만	100 m^3 이상
채수구의 수	1개	2개	3개

78. 모피창고에 이산화탄소 소화설비를 전역방출방식으로 설치한 경우 방호구역의 체적이 600 m^3라면 이산화탄소 소화약제의 최소저장량은 몇 kg인가? (단, 설계농도는 75 %이고, 개구부면적은 무시한다.)

① 780　　　　② 960

③ 1200　　　④ 1620

해설 이산화탄소 소화설비

방호대상물	약제량	개구부가산량 (자동폐쇄장치 없음)	설계 농도
전기설비	1.3 kg/m^3		
전기설비 (55 m^2 미만)	1.6 kg/m^3		50 %
서고, 박물관, 목재창고, 전자제품창고	2.0 kg/m^3	10 kg/m^3	65 %
석탄창고, 고무류, 모피창고, 면화류, 집진설비	2.7 kg/m^3		75 %

∴ 600 m^3×2.7 kg/m^3=1620 kg(개구부는 무시)

79. 옥내소화전설비 배관의 설치기준 중 틀린 것은?

① 옥내소화전방수구와 연결되는 가지배관의 구경은 40 mm 이상으로 한다.

② 연결송수관설비의 배관과 겸용할 경우 주배관의 구경은 100 mm 이상으로 한다.

③ 펌프의 토출측 주배관의 구경은 유속이 4 m/s 이하가 될 수 있는 크기 이상으로 한다.

④ 주배관 중 수직배관의 구경은 15 mm 이상으로 한다.

[해설] 주배관 중 수직배관의 구경은 50 mm 이상으로 하여야 한다.

80. 물분무소화설비 송수구의 설치기준 중 틀린 것은?

① 송수구에는 이물질을 막기 위한 마개를 씌울 것

② 지면으로부터 높이가 0.8m 이상 1.5 m 이하의 위치에 설치할 것

③ 송수구에 가까운 부분에 자동배수밸브 및 체크밸브를 설치할 것

④ 송수구는 하나의 층의 바닥면적이 3000 m² 를 넘을 때마다 1개(5개를 넘을 경우에는 5개로 한다) 이상을 설치할 것

[해설] 지면으로부터 높이가 0.5m 이상 1.0 m 이하의 위치에 설치하여야 한다.

제1과목　　　**소방원론**

1. 고층건축물 내 연기거동 중 굴뚝효과에 영향을 미치는 요소가 아닌 것은?

① 건물 내외의 온도차

② 화재실의 온도

③ 건물의 높이

④ 층의 면적

해설 굴뚝효과는 건물 내외 온도차에 따른 공기의 흐름 상태로 주로 고층건물에서 발생하며 연돌효과라고도 한다.

2. 십씨 30도는 랭킨(Rankine)온도로 나타내면 몇 도인가?

① 546도

② 515도

③ 498도

④ 463도

해설 $K = 273 + ℃ = 273 + 30 = 303\ K$

$1\ K = 1.8\ R$이므로

$303\ K × 1.8 = 545.4 ≒ 546\ R$

3. 물질의 연소범위와 화재위험도에 대한 설명으로 틀린 것은?

① 연소범위의 폭이 클수록 화재위험이 높다.

② 연소범위의 하한계가 낮을수록 화재위험이 높다.

③ 연소범위의 상한계가 높을수록 화재위험이 높다.

④ 연소범위의 하한계가 높을수록 화재

위험이 높다.

해설 연소범위는 폭발범위라고도 하며 연소범위의 하한계가 낮을수록, 상한계가 높을수록 위험도는 증가하게 된다.

$$H = \frac{U - L}{L}$$

여기서, H : 위험도

U : 연소범위 상한계

L : 연소범위 하한계

4. A급, B급, C급 화재에 사용이 가능한 제3종 분말소화약제의 분자식은?

① $NaHCO_3$

② $KHCO_3$

③ $NH_4H_2PO_4$

④ Na_2CO_3

해설 A급, B급, C급 화재에 사용 가능한 것은 제3종 소화약제로 제1인산암모늄($NH_4H_2PO_4$)이 해당된다.

5. 할론(Halon) 1301의 분자식은?

① CH_3Cl

② CH_3Br

③ CF_3Cl

④ CF_3Br

해설 할론 abcd에서

a : 탄소의 수, b : 불소의 수

c : 염소의 수, d : 취소의 수

6. 소화약제의 방출수단에 대한 설명으로 가장 옳은 것은?

① 액체 화학반응을 이용하여 발생되는 열로 방출한다.

② 기체의 압력으로 폭발, 기화작용 등을 이용하여 방출한다.

정답 1. ④　2. ①　3. ④　4. ③　5. ④　6. ④

③ 외기의 온도, 습도, 기압 등을 이용 하여 방출한다.

④ 가스압력, 동력, 사람의 손 등에 의하 여 방출한다.

[해설] 소화약제의 방출수단으로는 가스압력(질 소, 이산화탄소 등), 동력(전기), 사람(수동) 등이 있다.

7. 다음 중 가연성 가스가 아닌 것은?

① 일산화탄소   ② 프로판

③ 아르곤   ④ 수소

[해설] 아르곤은 0족 원소로 다른 원소와 반응 하지 않는 불활성가스이다.

8. 1기압, 100℃에서의 물 1g의 기화잠열 은 약 몇 cal인가?

① 425   ② 539   ③ 647   ④ 734

[해설] 1기압은 대기압 상태로 물의 증발잠열 은 539 cal/g이다.

9. 건축물의 화재 시 피난자들의 집중으로 패닉(panic) 현상이 일어날 수 있는 피난 방향은?

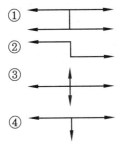

[해설] CO형, H형 등은 피난자들의 집중으로 패닉을 유발한다.

10. 연기의 감광계수(m^{-1})에 대한 설명으로 옳은 것은?

① 0.5는 거의 앞이 보이지 않을 정도

이다.

② 10은 화재 최성기 때의 농도이다.

③ 0.5는 가시거리가 20~30 m 정도이다.

④ 10은 연기감지기가 작동하기 직전의 농도이다.

[해설] 연기의 감광계수

감광계수 (m^{-1})	가시거리 (m)	상황
0.1	20~30	연기감지기 작동
0.3	5	내부에 익숙한 사람이 피난에 지장
0.5	3	어둠을 느낄 정도
1	1~2	앞이 보이지 않음
10	0.2~0.5	화재 최성기 농도
30	–	출화실 연기 분출

11. 위험물의 저장방법으로 틀린 것은?

① 금속나트륨 – 석유류에 저장

② 이황화탄소 – 수조 물탱크에 저장

③ 알킬알루미늄 – 벤젠액에 희석하여 저장

④ 산화프로필렌 – 구리용기에 넣고 불연 성 가스를 봉입하여 저장

[해설] 산화프로필렌은 구리, 마그네슘, 은, 수 은 등과 접촉 시 폭발성의 아세틸라이트를 형성하므로 이들과의 접촉은 금지하여야 한다.

12. 건축방화계획에서 건축구조 및 재료를 불연화하여 화재를 미연에 방지하고자 하 는 공간적 대응 방법은?

① 회피성 대응   ② 도피성 대응

③ 대항성 대응   ④ 설비적 대응

[해설] 건축방화계획은 공간적 대응과 설비적 대응으로 구분한다.

(1) 공간적 대응

정답 7. ③   8. ②   9. ①   10. ②   11. ④   12. ①

• 회피성 : 불연화, 난연화, 내장제한, 구획의 세분화, 방화훈련
• 대항성 : 내화성능, 방연성능, 초기 소화 대응
• 도피성 : 화재발생 시 안전하게 피난
(2) 설비적 대응 : 소화설비, 경보설비, 피난설비, 소화활동설비 등

13. 할론가스 45 kg과 함께 기동가스로 질소 2 kg을 충전하였다. 이때 질소가스의 몰분율은? (단, 할론가스의 분자량은 149이다.)

① 0.19   ② 0.24   ③ 0.31   ④ 0.39

[해설] • 몰수 $= \dfrac{질량}{분자량} = \dfrac{체적}{22.4}$

• 질소 몰수 $= \dfrac{2000\,g}{28\,g} = 71.43$몰

• 할론 몰수 $= \dfrac{45000\,g}{149\,g} = 302.01$몰

∴ 몰분율 $= \dfrac{71.43}{71.43 + 302.01} = 0.19$

14. 다음 중 착화온도가 가장 낮은 것은?

① 에틸알코올   ② 톨루엔
③ 등유   ④ 가솔린

[해설] 착화온도
(1) 에틸알코올 : 423℃
(2) 톨루엔 : 480℃
(3) 등유 : 210℃
(4) 가솔린 : 300℃

15. 다음 중 B급 화재 시 사용할 수 없는 소화방법은?

① CO_2 소화약제로 소화한다.
② 봉상주수로 소화한다.
③ 3종 분말약제로 소화한다.
④ 단백포로 소화한다.

[해설] B급 화재는 유류 화재로 산소 공급원을 차단하는 질식소화를 하여야 한다. 물을 사용하면 화재가 확대될 우려가 있다.

16. 가연물의 제거와 가장 관련이 없는 소화방법은?

① 촛불을 입김으로 불어서 끈다.
② 산불 화재 시 나무를 잘라 없앤다.
③ 팽창 진주암을 사용하여 진화한다.
④ 가스 화재 시 중간밸브를 잠근다.

[해설] 팽창 진주암, 팽창 질석은 산소 공급원을 차단하는 질식소화에 해당된다.

17. 유류 저장탱크의 화재에서 일어날 수 있는 현상이 아닌 것은?

① 플래시 오버(flash over)
② 보일 오버(boil over)
③ 슬롭 오버(slop over)
④ 프로스 오버(froth over)

[해설] 플래시 오버는 화재로 실내온도의 급격한 상승으로 화재실 전체에 화재가 확대되고 실외로 화염이 돌출되는 현상이다.

18. 분말소화약제 중 탄산수소칼륨($KHCO_3$)과 요소($CO(NH_2)_2$)와의 반응물을 주성분으로 하는 소화약제는?

① 제1종 분말   ② 제2종 분말
③ 제3종 분말   ④ 제4종 분말

[해설] 분말소화약제의 종류

종별	명칭	착색	적용
제1종	탄산수소나트륨 ($NaHCO_3$)	백색	B, C급
제2종	탄산수소칼륨 ($KHCO_3$)	담자색	B, C급
제3종	제1인산암모늄 ($NH_4H_2PO_4$)	담홍색	A, B, C급
제4종	탄산수소칼륨+요소 ($KHCO_3$ + $(NH_2)_2CO$)	회색	B, C급

[정답] 13. ① 14. ③ 15. ② 16. ③ 17. ① 18. ④

19. 소화효과를 고려하였을 경우 화재 시 사용할 수 있는 물질이 아닌 것은?

① 이산화탄소   ② 아세틸렌
③ Halon 1211   ④ Halon 1301

해설 아세틸렌은 가연성가스로 화재 시 사용하면 산화폭발을 일으키므로 위험하다.

20. 인화성 액체의 연소점, 인화점, 발화점을 온도가 높은 것부터 옳게 나열한 것은?

① 발화점 > 연소점 > 인화점
② 연소점 > 인화점 > 발화점
③ 인화점 > 발화점 > 연소점
④ 인화점 > 연소점 > 발화점

해설 연소점, 인화점, 발화점의 정의
(1) 발화점 : 착화점이라고도 하며 점화원 없이 일정 온도에 도달하면 스스로 연소할 수 있는 최저 온도
(2) 인화점 : 점화원에 의해 연소할 수 있는 최저 온도
(3) 연소점 : 인화점보다 10℃ 정도 높은 온도로 5초 이상 지속되는 온도

제2과목   **소방유체역학**

21. 다음 중 펌프를 직렬 운전해야 할 상황으로 가장 적절한 것은?

① 유량의 변화가 크고 1대로는 유량이 부족할 때
② 소요되는 양정이 일정하지 않고 크게 변동될 때
③ 펌프에 폐입 현상이 발생할 때
④ 펌프에 무구속속도(run away speed)가 나타날 때

해설 직렬 운전은 유량이 일정한 상태에서 양정 변화가 심할 때 이용하며, 병렬 운전은 양정은 일정하나 유량의 변화가 심할 때 사용한다.

22. 펌프 운전 중 발생하는 수격작용의 발생을 예방하기 위한 방법에 해당되지 않는 것은?

① 밸브를 가능한 펌프 송출구에서 멀리 설치한다.
② 서지탱크를 관로에 설치한다.
③ 밸브의 조작을 천천히 한다.
④ 관 내의 유속을 낮게 한다.

해설 수격작용이란 관로 내의 물의 흐름 상태를 갑자기 변화시켰을 때, 즉 밸브를 갑자기 닫거나 펌프 작동이 정지되었을 때 생기는 물의 급격한 압력 변화의 현상이며, 이를 워터해머(water hammer)라고도 한다.

23. 그림과 같이 반지름이 0.8 m이고 폭이 2 m인 곡면 AB가 수문으로 이용된다. 물에 의한 힘의 수평성분의 크기는 약 몇 kN인가? (단, 수문의 폭은 2 m이다.)

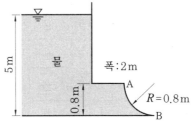

① 72.1   ② 84.7   ③ 90.2   ④ 95.4

해설 관의 중심에서 유속은 가장 빠르며 힘 또한 가장 크게 받게 되므로 수압이 작용하는 높이는 $5 \text{ m} - 0.4 \text{ m} = 4.6 \text{ m}$가 된다.

$$F = \gamma \times h \times A$$
$$= 9800 \text{ N/m}^3 \times 4.6 \text{ m} \times 0.8 \text{ m} \times 2 \text{ m}$$
$$= 72128 \text{ N} = 72.128 \text{ kN}$$

여기서, γ : 물의 비중량(9800 N/m³)
     A : 수문의 면적(0.8 m × 2 m)

24. 베르누이방정식을 적용할 수 있는 기본 전제조건으로 옳은 것은?

---

① 비압축성 흐름, 점성 흐름, 정상유동

② 압축성 흐름, 비점성 흐름, 정상유동

③ 비압축성 흐름, 비점성 흐름, 비정상 유동

④ 비압축성 흐름, 비점성 흐름, 정상 유동

[해설] 베르누이방정식 조건

(1) 임의의 두 점은 같은 유선상에 있어야 한다.

(2) 정상류의 흐름이어야 한다.

(3) 비압축성의 이상유체 흐름이어야 한다.

(4) 마찰이 없는 상태의 흐름이어야 한다.

25. 그림과 같이 매끄러운 유리관에 물이 채워져 있을 때 모세관 상승높이 h는 약 몇 m인가 ?

$\langle$ 조건 $\rangle$

㉮ 액체의 표면장력 $\sigma = 0.073$ N/m

㉯ $R = 1$ mm

㉰ 매끄러운 유리관의 접촉각 $\theta \approx 0°$

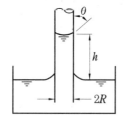

① 0.007   ② 0.015

③ 0.07   ④ 0.15

[해설] 모세관 현상은 물분자의 응집력보다 물 분자와 유리벽 사이에 생기는 접착력이 더 강하면 유리벽을 타고 물분자막이 형성되 며, 이때 표면장력에 의해 중앙 부분의 물 이 올라가게 되는 현상이다.

$$h = \frac{4\delta\cos\theta}{\gamma D}$$

여기서, h : 상승높이(m)

δ : 표면장력(N/m)

γ : 물의 비중량(9800N/m³)

D : 관의 내경(m)

$$h = \frac{4 \times 0.073\,\text{N/m} \times \cos 0°}{9800 \times 0.002} \fallingdotseq 0.015\,\text{m}$$

26. 공기 10 kg과 수증기 1 kg이 혼합되어 10 m³의 용기 안에 들어 있다. 이 혼합기 체의 온도가 60℃라면, 이 혼합기체의 압 력은 약 몇 kPa인가 ? (단, 수증기 및 공 기의 기체상수는 각각 0.462 및 0.287 kJ ·K이고 수증기는 모두 기체상태이다.)

① 95.6   ② 111

③ 126   ④ 145

[해설] 공기 압력과 수증기 압력을 각각 구하 여 더하면 된다.

공기 압력$(P_1) = \dfrac{GRT}{V}$

$$P_1 = \frac{10\,\text{kg} \times 0.287\,\text{kJ/kg} \cdot \text{K} \times (273 + 60)\,\text{K}}{10\,\text{m}^3}$$

$$= 95.57\,\text{kJ/m}^3 = 95.57\,\text{kN} \cdot \text{m/m}^3$$

$$(1\,\text{J} = 1\,\text{N} \cdot \text{m})$$

$$= 95.57\,\text{kN/m}^2 = 95.57\,\text{kPa}$$

$$(1\,\text{Pa} = \text{N/m}^2)$$

수증기 압력$(P_2) = \dfrac{GRT}{V}$

$$P_1 = \frac{1\,\text{kg} \times 0.462\,\text{kJ/kg} \cdot \text{K} \times (273 + 60)°\text{K}}{10\,\text{m}^3}$$

$$= 15.38\,\text{kJ/m}^3 = 15.38\,\text{kPa}$$

$$\therefore \ P = 95.57 + 15.38 = 110.95\,\text{kPa}$$

27. 파이프 내의 정상 비압축성 유동에 있어 서 관마찰계수는 어떤 변수들의 함수인가 ?

① 절대조도와 관지름

② 절대조도와 상대조도

③ 레이놀즈수와 상대조도

④ 마하수와 코시수

[해설] 관마찰계수

(1) 층류 : $\dfrac{64}{Re}$ (레이놀즈수만 해당)

(2) 난류 : $0.3164 \cdot Re^{-0.25}$(상대조도와 무관 한 계수)

(3) 천이구역 : 층류와 난류 중간구역으로 레이놀즈수와 상대조도가 관계되는 계수

28. 점성계수의 단위로 사용되는 푸아즈(poise)의 환산단위로 옳은 것은?

① cm^2/s
② $N \cdot s^2/m^2$
③ $dyne/cm \cdot s$
④ $dyne \cdot s/cm^2$

해설 $1\ poise = 1\ dyne \cdot s/cm^2 = 1\ g/cm \cdot s$
$1\ stokes = 1\ cm^2/s$(동점성계수)

29. 3 m/s의 속도로 물이 흐르고 있는 관로 내에 피토관을 삽입하고, 비중 1.8의 액체를 넣은 시차액주계에서 나타나게 되는 액주차는 약 몇 m인가?

① 0.191
② 0.573
③ 1.41
④ 2.15

해설 유속 3 m/s에 대한 높이 h

$= \dfrac{V^2}{2g} = \dfrac{(3\,\text{m/s})^2}{2 \times 9.8\,\text{m/s}^2} = 0.46\,\text{m}$

물의 압력 $= 9800\ \text{N/m}^3 \times 0.46\,\text{m}$
$\qquad\qquad = 4508\ \text{N/m}^2$

액체 비중량$(\gamma_1) = 9800\ \text{N/m}^3 \times 1.8$
$\qquad\qquad\qquad = 17640\ \text{N/m}^3$

액주차 $= \dfrac{4508\ \text{N/m}^2}{(17640 - 9800)\ \text{N/m}^3} = 0.575\,\text{m}$

30. 지름이 5 cm인 원형관 내에 어떤 이상기체가 흐르고 있다. 다음 보기 중 이 기체의 흐름이 층류이면서 가장 빠른 속도는? (단, 이 기체의 절대압력은 200 kPa, 온도는 27℃, 기체상수는 2080 J/kg · K, 점성계수는 $2 \times 10^{-5}\ N \cdot s/m^2$, 층류에서 하임계 레이놀즈값은 2200으로 한다.)

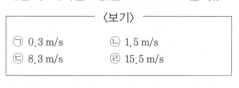

⟨보기⟩

| ㉠ 0.3 m/s | ㉡ 1.5 m/s |
| ㉢ 8.3 m/s | ㉣ 15.5 m/s |

① ㉠   ② ㉡   ③ ㉢   ④ ㉣

해설 밀도$(\rho) = \dfrac{P}{RT}$

$\rho = \dfrac{200 \times 1000\ \text{N/m}^2}{2080\ \text{N} \cdot \text{m/kg} \cdot \text{K} \times 300\ \text{K}}$
$\quad = 0.32\ \text{kg/m}^3$

$Re = \dfrac{DV\rho}{\mu} = \dfrac{DV}{\nu}$ 에서

$V = \dfrac{Re\mu}{D\rho} = \dfrac{2200 \times 2 \times 10^{-5}\ \text{kg/m} \cdot \text{s}}{0.05\ \text{m} \times 0.32\ \text{kg/m}^3}$
$\quad = 2.75\ \text{m/s}$ 이하$(1\ \text{N} = 1\ \text{kg} \cdot \text{m/s}^2)$
$\therefore\ 1.5\ \text{m/s}$

31. 다음 그림과 같은 탱크에 물이 들어 있다. 물이 탱크의 밑면에 가하는 힘은 약 몇 N인가? (단, 물의 밀도는 1000 kg/m³, 중력가속도는 10 m/s²로 가정하며 대기압은 무시한다. 또한 탱크의 폭은 전체가 1 m로 동일하다.)

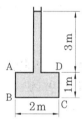

① 40000
② 20000
③ 80000
④ 60000

해설 물의 밀도 : 1000 kg/m³
$\quad = 1000\ \text{N} \cdot \text{s}^2/\text{m}^4$

비중량 $= 1000\ \text{N} \cdot \text{s}^2/\text{m}^4 \times 10\ \text{m/s}^2$
$\qquad\quad = 10000\ \text{N/m}^3$

탱크 밑면에 작용하는 힘
$F = \gamma \times h \times A$(밑면 × 폭)
$\quad = 10000\ \text{N/m}^3 \times 4\,\text{m} \times 2\,\text{m} \times 1\,\text{m}$
$\quad = 80000\ \text{N}$

32. 압력 200 kPa, 온도 60℃의 공기 2 kg이 이상적인 폴리트로픽 과정으로 압축되어 압력 2 MPa, 온도 250℃로 변화하였을 때 이 과정 동안 소요된 일의 양은 약

몇 kJ인가? (단, 기체상수는 0.287 kJ/kg · K이다.)

① 224 ② 327 ③ 447 ④ 560

[해설] 폴리트로픽 과정에서 지수(n)를 구하면

$$\frac{T_2}{T_1} = \left(\frac{P_2}{P_1}\right)^{\frac{n-1}{n}}$$

$$\frac{523}{333} = \left(\frac{2000}{200}\right)^{\frac{n-1}{n}}$$

$$1.57 = 10^{\frac{n-1}{n}}$$

$$\log 1.57 = \frac{n-1}{n} = 1 - \frac{1}{n}$$

$$n = 1.24$$

소요일량(W) = $\dfrac{GR}{n-1} \times (T_1 - T_2)$

$$= \frac{2\,\text{kg} \times 0.287\,\text{kJ} \cdot \text{K}}{1.24-1} \times (333 - 523)$$

$$= -454.42\,\text{kJ}$$

※ 즉, 압축하는 동안 소요된 일량은 447 kJ 이다.

33. 표면적이 A, 절대온도가 T_1인 흑체와 절대온도가 T_2인 흑체 주위 밀폐공간 사이의 열전달량은?

① $T_1 - T_2$에 비례한다.

② $T_1^2 - T_2^2$에 비례한다.

③ $T_1^3 - T_2^3$에 비례한다.

④ $T_1^4 - T_2^4$에 비례한다.

[해설] 스테판–볼츠만의 법칙에 의하여 복사체에서 발산하는 복사열은 복사체 절대온도의 4제곱에 비례한다.

34. 그림과 같이 수평면에 대하여 60° 기울어진 경사관에 비중(S)이 13.6인 수은이 채워져 있으며, A와 B에는 물이 채워져 있다. A의 압력이 250 kPa, B의 압력이 200 kPa일 때, 길이 L은 약 몇 cm인가?

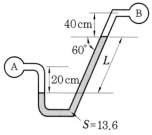

① 33.3 ② 38.2 ③ 41.6 ④ 45.1

[해설] 물의 비중량 : 9800 N/m³ = 9.8 kN/m³

수은의 비중량 : 13.6 × 9.8 kN/m³

= 133.28 kN/m³

$P_A + \gamma_1 h_1 = P_B + \gamma_2 h_2 + \gamma_3 h_3$에서

250 kPa + 9.8 kN/m³ × 0.2 m

= 200 kPa + 133.28 kN/m³ × h_2

+ 9.8 kN/m³ × 0.4 m

$h_2 = 0.3604$ m = 36.04 cm

$\sin\theta = \dfrac{h_2}{L}$에서

$L = \dfrac{36.04\,\text{cm}}{\sin 60°} = 41.6\,\text{cm}$

35. 압력 0.1 MPa, 온도 250℃ 상태인 물의 엔탈피가 2974.33 kJ/kg이고 비체적은 2.40604 m³/kg이다. 이 상태에서 물의 내부에너지(kJ/kg)는?

① 2733.7   ② 2974.1

③ 3214.9   ④ 3582.7

[해설] $h = U + P \cdot V$

$U = 2974.33 - 0.1 \times 10^3$ kN/m²

× 2.40604 m³/kg = 2733.726 kJ/kg

36. 길이가 400 m이고 유동단면이 20 cm × 30 cm인 직사각형관에 물이 가득 차서 평균속도 3 m/s로 흐르고 있다. 이때 손실수두는 약 몇 m인가? (단, 관마찰계수는 0.01이다.)

① 2.38   ② 4.76

③ 7.65   ④ 9.52

해설 관경을 먼저 구하면

$$D_h = 4 \times R_h \text{(수력반경)}$$

$$R_h = \frac{\text{단면적}}{\text{접수길이}} = \frac{0.2\,\text{m} \times 0.3\,\text{m}}{2 \times (0.2\,\text{m} + 0.3\,\text{m})}$$

$$= 0.06\,\text{m}$$

$$D_h = 0.06\,\text{m} \times 4 = 0.24\,\text{m}$$

다르시-웨버식에 대입하면

$$H = f \times \frac{L}{D} \times \frac{V^2}{2g}$$

$$= 0.01 \times \frac{400\,\text{m}}{0.24\,\text{m}} \times \frac{(3\,\text{m/s})^2}{2 \times 9.8} = 7.65\,\text{m}$$

37. 안지름 100 mm인 파이프를 통해 2 m/s의 속도로 흐르는 물의 질량유량은 약 몇 kg/min인가?

① 15.7   ② 157   ③ 94.2   ④ 942

해설 $Q = A \times V = \dfrac{\pi}{4} \times (0.1\,\text{m})^2 \times 2\,\text{m/s}$

$$= 0.0157\,\text{m}^3/\text{s}$$

$$0.0157\,\text{m}^3/\text{s} \times 1000\,\text{kg/m}^3 \times 60\,\text{s/min}$$

$$= 942\,\text{kg/min}$$

38. 유량이 0.6 m³/min일 때 손실수두가 5 m인 관로를 통하여 10 m 높이 위에 있는 저수조로 물을 이송하고자 한다. 펌프의 효율이 85 %라고 할 때 펌프에 공급해야 하는 전력은 약 몇 kW인가?

① 0.58   ② 1.15   ③ 1.47   ④ 1.73

해설 $H_{kW} = \dfrac{1000 \times Q \times H}{102 \times 60 \times \eta}$

$$= \frac{1000 \times 0.6\,\text{m}^3/\text{min} \times 15\,\text{m}}{102 \times 60 \times 0.85}$$

$$= 1.73\,\text{kW}$$

39. 대기의 압력이 1.08 kgf/cm²였다면 게이지 압력이 12.5kgf/cm²인 용기에서 절대압력(kgf/cm²)은?

① 12.50   ② 13.58
③ 11.42   ④ 14.50

해설 절대압력 = 대기압+계기압

절대압력 = 1.08 kgf/cm²+12.5 kgf/cm²

$$= 13.58\,\text{kgf/cm}^2\text{a}$$

40. 시간 Δt 사이에 유체의 선운동량이 ΔP만큼 변했을 때 $\dfrac{\Delta P}{\Delta t}$는 무엇을 뜻하는가?

① 유체 운동량의 변화량
② 유체 충격량의 변화량
③ 유체의 가속도
④ 유체에 작용하는 힘

해설 ΔP : 운동량(N · s)

Δt : 시간(s)

$$\frac{\Delta P}{\Delta t} = \text{N · s/s} = \text{N(유체에 작용하는 힘)}$$

제3과목 **소방관계법규**

41. 관계인이 예방규정을 정하여야 하는 제조소 등의 기준이 아닌 것은?

① 지정수량의 10배 이상의 위험물을 취급하는 제조소
② 지정수량의 50배 이상의 위험물을 저장하는 옥외저장소
③ 지정수량의 150배 이상의 위험물을 저장하는 옥내저장소
④ 지정수량의 200배 이상의 위험물을 저장하는 옥외탱크저장소

해설 옥외저장소 : 100배 이상

42. 특정소방대상물이 증축되는 경우 기존부분에 대해서 증축 당시의 소방시설의 설치에 관한 대통령령 또는 화재안전기준을 적용하지 않는 경우가 아닌 것은?

① 증축으로 인하여 천장·바닥·벽 등

에 고정되어 있는 가연성 물질의 양이
줄어드는 경우

② 자동차 생산공장 등 화재위험이 낮은
특정소방대상물 내부의 연면적 $33 m^2$
이하의 직원휴게실을 증축하는 경우

③ 기존부분과 증축부분이 갑종방화문
(국토교통부장관이 정하는 기준에 적
합한 자동방화셔터를 포함)으로 구획
되어 있는 경우

④ 자동차 생산공장 등 화재위험이 낮은
특정소방대상물에 캐노피(3면 이상에
벽이 없는 구조의 캐노피)를 설치하는
경우

해설 화재안전기준에서 적용 제외되는 것은
②, ③, ④항 이외에 기존부분과 증축되는
부분이 내화구조로 된 바닥과 벽으로 구획
된 경우이다.

43. 대통령령으로 정하는 특정소방대상물
소방시설공사의 완공검사를 위하여 소방
본부장이나 소방서장의 현장 확인 대상
범위가 아닌 것은?

① 문화 및 집회시설

② 수계 소화설비가 설치되는 것

③ 연면적 10000 m^2 이상이거나 11층 이
상인 특정소방대상물(아파트는 제외)

④ 가연성 가스를 제조·저장 또는 취
급하는 시설 중 지상에 노출된 가연
성 가스탱크의 저장용량 합계가 1000
톤 이상인 시설

해설 ②항의 경우 가스계(할로겐화합물, 이산
화탄소, 청정소화약제)계 소화설비가 설치
되는 것으로 하여야 한다.

44. 소화난이도 Ⅲ등급인 지하탱크저장소
에 설치하여야 하는 소화설비의 설치기준

으로 옳은 것은?

① 능력단위 수치가 3 이상의 소형 수
동식 소화기 등 1개 이상

② 능력단위 수치가 3 이상의 소형 수
동식 소화기 등 2개 이상

③ 능력단위 수치가 2 이상의 소형 수
동식 소화기 등 1개 이상

④ 능력단위 수치가 2 이상의 소형 수
동식 소화기 등 2개 이상

해설 소화난이도 Ⅲ등급 제조소 등에 설치하는
소화설비

제조소등의 구분	소화설비	설치기준	
지하탱크 저장소	소형수동식 소화기	능력단위 3이상	2개 이상
이동탱크 저장소	마른 모래 팽창질석 팽창진주암	마른 모래 150 L 이상 팽창질석, 팽창진주암 640 L 이상	

45. 소방특별조사의 연기를 신청하려는 자는
소방특별조사 시작 며칠전까지 소방청장,
소방본부장 또는 소방서장에게 소방특별조
사 연기신청서에 증명서류를 첨부하여 제
출하여야 하는가?(단, 천재지변 및 그 밖
에 대통령령으로 정하는 사유로 소방특별
조사를 받기 곤란한 경우이다.)

① 3   ② 5   ③ 7   ④ 10

해설 • 소방특별조사 연기신청서 : 3일 전
• 소방특별조사 서면통지 : 7일 전

46. 시장지역에서 화재로 오인할 만한 우려
가 있는 불을 피우거나 연막소독을 하려는
자가 소방본부장 또는 소방서장에게 신고
를 하지 아니하여 소방자동차를 출동하게
한 자에 대한 과태료 부과금액 기준으로
옳은 것은?

① 20만원 이하 ② 50만원 이하

③ 100만원 이하 ④ 200만원 이하

[해설] 불을 피우거나 연막소독을 하려는 자 : 20만원 이하 과태료

47. 소방청장, 소방본부장 또는 소방서장이 소방특별조사 조치명령서를 해당 소방대 상물의 관계인에게 발급하는 경우가 아닌 것은?

① 소방대상물의 신축

② 소방대상물의 개수

③ 소방대상물의 이전

④ 소방대상물의 제거

[해설] 조치명령 : 이전명령, 제거명령, 개수명령, 사용금지 또는 제한명령, 공사의 정지 또는 중지명령

48. 대통령령 또는 화재안전기준이 변경되어 그 기준이 강화되는 경우에 기존 특정소방 대상물의 소방시설에 대하여 변경으로 강 화된 기준을 적용하여야 하는 소방시설은?

① 비상경보설비② 비상콘센트설비

③ 비상방송설비

④ 옥내소화전설비

[해설] 소방시설의 변경으로 강화된 기준
(1) 소화기구 (2) 비상경보설비
(3) 자동화재속보설비 (4) 피난설비
(5) 노유자시설에 설치하여야 할 소화설비

49. 출동한 소방대의 화재진압 및 인명구조 ·구급 등 소방활동 방해에 따른 벌칙이 5년 이하의 징역 또는 3000만원 이하의 벌금에 처하는 행위가 아닌 것은?

① 위력을 사용하여 출동한 소방대의 구 급활동을 방해하는 행위

② 화재진압을 마치고 소방서로 복귀 중 인 소방자동차의 통행을 고의로 방해

하는 행위

③ 출동한 소방대원에게 협박을 행사하 여 구급활동을 방해하는 행위

④ 출동한 소방대의 소방장비를 파손하 거나 그 효용을 해하여 구급활동을 방 해하는 행위

[해설] 5년 이하의 징역 또는 3000만원 이하의 벌금
(1) 소방자동차 출동 방해 및 사람 구출 방해
(2) 소방대의 현장 출동 방해
(3) 출동한 소방대원에게 폭행, 협박행사
(4) 화재진압, 인명구조 또는 구급활동 방해

50. 화재예방, 소방시설 설치·유지 및 안 전관리에 관한 법률상 특정소방대상물 중 오피스텔이 해당하는 것은?

① 숙박시설 ② 업무시설

③ 공동주택 ④ 근린생활시설

[해설] 오피스텔, 동사무소, 경찰서, 소방서, 우 체국, 보건소, 공공도서관, 국민건강보험공 단, 금융업소, 신문사, 대피소, 공중화장실 등은 업무시설에 해당된다.

51. 소방시설업에 대한 행정처분 기준 중 1차 처분이 영업정지 3개월이 아닌 경우는?

① 국가, 지방자치단체 또는 공공기관이 발주하는 소방시설의 설계·감리업자 선정에 따른 사업수행능력 평가에 관 한 서류를 위조하거나 변조하는 등 거 짓이나 그 밖의 부정한 방법으로 입찰 에 참여한 경우

② 소방시설업의 감독을 위하여 필요한 보고나 자료제출 명령을 위반하여 보 고 또는 자료제출을 하지 아니하거나 거짓으로 보고 또는 자료제출을 한 경우

③ 정당한 사유 없이 출입 검사업무에 따른 관계공무원의 출입 또는 검사·조사를 거부·방해 또는 기피한 경우

④ 감리업자의 감리 시 소방시설공사가 설계도서에 맞지 아니하여 공사업자에게 공사의 시정 또는 보완 등의 요구를 하였으나 따르지 아니한 경우

[해설] ④항의 경우 1차 영업정지 1개월.

52. 지정수량 미만인 위험물의 저장 또는 취급에 관한 기술상의 기준은 무엇으로 정하는가?

① 대통령령
② 행정안전부령
③ 소방청장 고시
④ 시·도의 조례

[해설] 시·도의 조례
(1) 지정수량 미만인 위험물의 저장 또는 취급
(2) 소방체험관 및 의용소방대의 설치
(3) 위험물 임시저장 취급기준

53. 소방시설기준 적용의 특례 중 특정소방대상물의 관계인이 소방시설을 갖추어야 함에도 불구하고 관련 소방시설을 설치하지 아니할 수 있는 소방시설의 범위로 옳은 것은? (단, 화재위험도가 낮은 특정소방대상물로서 석재, 불연성 금속, 불연성 건축재료 등의 가공공장·기계조립공장·주물공장 또는 불연성 물품을 저장하는 창고이다.)

① 옥외소화전설비 및 연결살수설비
② 연결송수관설비 및 연결살수설비
③ 자동화재탐지설비, 상수도소화용수설비 및 연결살수설비
④ 스프링클러설비, 상수도소화용수설비 및 연결살수설비

[해설] 소방시설을 설치하지 아니할 수 있는 소

방시설의 범위
(1) 화재위험도가 낮은 특정소방대상물
(2) 화재안전기준을 적용하기 어려운 특정소방대상물
(3) 자체소방대가 설치된 특정소방대상물(소방시설에는 옥외소화전설비 및 연결살수설비가 해당된다.)

54. 소방용수시설 급수탑 개폐밸브의 설치 기준으로 옳은 것은?

① 지상에서 1.0 m 이상 1.5 m 이하
② 지상에서 1.5 m 이상 1.7 m 이하
③ 지상에서 1.2 m 이상 1.8 m 이하
④ 지상에서 1.5 m 이상 2.0 m 이하

[해설] 급수탑의 급수배관경은 100 mm, 개폐밸브는 지상에서 1.5 m 이상 1.7 m 이하에 설치하여야 한다.

55. 옥내저장소의 위치·구조 및 설비의 기준 중 지정수량의 몇 배 이상의 저장창고 (제6류 위험물의 저장창고 제외)에 피뢰침을 설치해야 하는가? (단, 저장창고 주위의 상황이 안전상 지장이 없는 경우는 제외한다.)

① 10배
② 20배
③ 30배
④ 40배

[해설] 피뢰침 설치 : 지정수량의 10배 이상(제6류 위험물 제외)

56. 우수품질인증을 받지 아니한 제품에 우수품질인증 표시를 하거나 우수품질인증 표시를 위조 또는 변조하여 사용한 자에 대한 벌칙기준은?

① 100만원 이하의 벌금
② 200만원 이하의 벌금
③ 300만원 이하의 벌금
④ 500만원 이하의 벌금

[해설] 법 개정에 따라 우수품질인증을 받지 아니한 제품에 우수품질인증 표시를 하거나 우수품질인증 표시를 위조 또는 변조하여 사용한 자에 대한 벌칙기준은 1000만원 이하의 벌금으로 변경되었다.

57. 다음 조건을 참고하여 숙박시설이 있는 특정소방대상물의 수용인원 산정수로 옳은 것은?

> 침대가 있는 숙박시설로서 1인용 침대의 수는 20개이고, 2인용 침대의 수는 10개이며, 종업원의 수는 3명이다.

① 33 ② 40 ③ 43 ④ 46

[해설] 숙박시설
(1) 침대가 있는 경우 : 종사자 수+침대수
(2) 침대가 없는 경우 : 종사자 수+바닥면적 합계/3 m²
∴ 수용인원 산정수
 = 3명+(1인용×20+2인용× 10) = 43명

58. 성능위주설계를 실시하여야 하는 특정소방대상물의 범위기준으로 틀린 것은?

① 연면적 20000 m² 이상인 특정소방대상물(아파트 등은 제외)
② 지하층을 포함한 층수가 30층 이상인 특정소방대상물(아파트 등은 제외)
③ 건축물의 높이가 100 m 이상인 특정소방대상물(아파트 등은 제외)
④ 하나의 건축물에 영화상영관이 5개 이상인 특정소방대상물

[해설] 영화상영관은 10개 이상이 되어야 한다.

59. 소방본부장 또는 소방서장은 건축허가 등의 동의요구서류를 접수한 날부터 최대 며칠 이내에 건축허가 등의 동의 여부를 회신하여야 하는가? (단, 허가 신청한 건축물은 지상으로부터 높이가 200 m인 아

파트이다.)

① 5일 ② 7일 ③ 10일 ④ 15일

[해설] 지하층을 포함한 건축물 층수가 30층 이상 또는 높이가 120 m 이상인 경우, 연면적 20000 m² 이상인 경우에는 건축허가 등의 동의 여부 회신을 10일 이내로 하여야 한다.

60. 행정안전부령으로 정하는 고급감리원 이상의 소방공사 감리원의 소방시설공사 배치 현장기준으로 옳은 것은?

① 연면적 5000 m² 이상 30000 m² 미만인 특정소방대상물의 공사현장
② 연면적 30000 m² 이상 200000 m² 미만인 아파트의 공사현장
③ 연면적 30000 m² 이상 200000 m² 미만인 특정소방대상물(아파트는 제외)의 공사현장
④ 연면적 200000 m² 이상인 특정소방대상물의 공사현장

[해설] 소방공사 감리원의 소방시설공사 배치
(1) 연면적 5000 m² 미만 : 초급 감리원
(2) 연면적 5000 m² 이상 30000 m² 미만 : 중급감리원
(3) 연면적 30000 m² 이상 200000 m² 미만인 아파트 : 고급감리원
(4) 연면적 30000 m² 이상 200000 m² 미만인 특정소방대상물(아파트는 제외) : 특급감리원
(5) 연면적 200000 m² 이상 : 특급감리원 중 소방기술사

[제4과목] **소방기계시설의 구조 및 원리**

61. 옥내소화전설비 수원을 산출된 유효수량 외에 유효수량의 $\frac{1}{3}$ 이상을 옥상에

설치해야 하는 경우는?

① 지하층만 있는 건축물

② 건축물의 높이가 지표면으로부터 15 m인 경우

③ 수원이 건축물의 최상층에 설치된 방수구보다 높은 위치에 설치된 경우

④ 주펌프와 동등 이상의 성능이 있는 별도의 펌프로서 내연기관의 기동과 연동하여 작동되거나 비상전원을 연결하여 설치한 경우

해설 ②항의 경우 10 m 이하가 되어야 옥상에 설치하지 않아도 된다.

62. 조기반응형 스프링클러헤드를 설치해야 하는 장소가 아닌 것은?

① 공동주택의 거실

② 수련시설의 침실

③ 오피스텔의 침실

④ 병원의 입원실

해설 ①, ③, ④항 이외에도 노유자 시설, 숙박시설 등이 있다.

63. 특정소방대상물별 소화기구의 능력단위기준 중 다음 ( ) 안에 알맞은 것은? (단, 건축물의 주요구조부는 내화구조가 아니고 벽 및 반자의 실내에 면하는 부분이 불연재료·준불연재료 또는 난연재료로 된 특정소방대상물이 아니다.)

> 공연장은 해당 용도의 바닥면적 ( ) m^2마다 소화기구의 능력단위 1단위 이상

① 30 ② 50 ③ 100 ④ 200

해설 (1) 공연장, 집회장, 관람장, 문화재, 의료시설, 장례식장 : 50 m^2
(2) 상기 내용 이외의 시설에 대해서는 100 m^2

64. 상수도소화용수설비 소화전의 설치기준 중 다음 ( ) 안에 알맞은 것은?

> • 호칭지름 (㉠) mm 이상의 수도배관에 호칭지름 (㉡) mm 이상의 소화전을 접속할 것
> • 소화전은 특정소방대상물의 수평투영면의 각 부분으로부터 (㉢) m 이하가 되도록 설치할 것

① ㉠ 65, ㉡ 120, ㉢ 160

② ㉠ 75, ㉡ 100, ㉢ 140

③ ㉠ 80, ㉡ 90, ㉢ 120

④ ㉠ 100, ㉡ 100, ㉢ 180

해설 상수도소화용수설비 소화전의 설치기준 : 수도배관 75 mm 이상에 소화전 100 mm 이상을 접속하여야 하며 소화전은 특정소방대상물의 수평투영면의 각 부분으로부터 140 m 이하가 되도록 설치하여야 한다.

65. 청정소화약제 소화설비의 분사헤드에 대한 설치기준 중 다음 ( ) 안에 알맞은 것은? (단, 분사헤드의 성능인증범위 내에서 설치하는 경우는 제외한다.)

> 분사헤드의 설치높이는 방호구역의 바닥으로부터 최소 (㉠) m 이상 최대 (㉡) m 이하로 하여야 한다.

① ㉠ 0.2, ㉡ 3.7

② ㉠ 0.8, ㉡ 1.5

③ ㉠ 1.5, ㉡ 2.0

④ ㉠ 2.0, ㉡ 2.5

해설 분사헤드의 설치높이는 방호구역의 바닥으로부터 최소 0.2 m 이상 최대 3.7 m 이하로 하여야 하며 10초 이내에 소화약제가 95 % 이상 방출할 수 있는 헤드 수를 설치하여야 한다.

66. 완강기의 최대사용하중은 몇 N 이상의 하중이어야 하는가?

① 800 ② 1000 ③ 1200 ④ 1500

정답 62. ② 63. ② 64. ② 65. ① 66. ④

해설 • 최소사용하중 : 250 N
• 최대사용하중 : 1500 N

67. 물분무소화설비를 설치하는 차고 또는 주차장의 배수설비 설치기준으로 틀린 것은 어느 것인가?

① 차량이 주차하는 바닥은 배수구를 향해 1/100 이상의 기울기를 유지할 것

② 배수구에서 새어 나온 기름을 모아 소화할 수 있도록 길이 40 m 이하마다 집수관, 소화피트 등 기름분리장치를 설치할 것

③ 차량이 주차하는 장소의 적당한 곳에 높이 10 m 이상의 경계턱으로 배수구를 설치할 것

④ 배수설비는 가압송수장치의 최대송수능력의 수량을 유효하게 배수할 수 있는 크기 및 기울기로 할 것

해설 차량이 주차하는 바닥은 배수구를 향해 2/100 이상의 기울기를 유지할 것

68. 스프링클러설비 배관의 설치기준으로 틀린 것은?

① 급수배관의 구경을 수리계산에 따르는 경우 가지배관의 유속은 6 m/s, 그 밖의 배관의 유속은 10 m/s를 초과할 수 없다.

② 연결송수관설비의 배관과 겸용할 경우의 주배관은 구경 100 mm 이상, 방수구로 연결되는 배관의 구경은 65 mm 이상의 것으로 하여야 한다.

③ 수직배수관의 구경은 50 mm 이상으로 하여야 한다.

④ 가지배관에는 헤드의 설치지점 사이마다 1개 이상의 행어를 설치하되, 헤드 간의 거리가 4.5 m를 초과하는 경우에는 4.5 m 이내마다 1개 이상 설치해야 한다.

해설 가지배관에는 헤드의 설치지점 사이마다 1개 이상의 행어를 설치하되, 헤드 간의 거리가 3.5 m를 초과하는 경우에는 3.5 m 이내마다 1개 이상 설치해야 한다.

69. 포소화설비의 자동식 기동장치로 폐쇄형 스프링클러헤드를 사용하는 경우의 설치기준 중 다음 ( ) 안에 알맞은 것은?

• 표시온도가 (㉠)℃ 미만인 것을 사용하고 1개의 스프링클러헤드의 경계면적은 (㉡) m² 이하로 할 것
• 부착면의 높이는 바닥으로부터 (㉢) m 이하로 하고 화재를 유효하게 감지할 수 있도록 할 것

① ㉠ 60, ㉡ 10, ㉢ 7
② ㉠ 60, ㉡ 20, ㉢ 7
③ ㉠ 79, ㉡ 10, ㉢ 5
④ ㉠ 79, ㉡ 20, ㉢ 5

해설 상기 사항 이외에 하나의 감지장치 경계구역은 하나의 층에만 해당되도록 하여야 한다.

70. 할로겐화합물소화약제 저장용기의 설치기준 중 다음 ( ) 안에 알맞은 것은?

축압식 저장용기의 압력은 온도 20℃에서 할론 1301을 저장하는 것은 (㉠) MPa 또는 (㉡) MPa이 되도록 질소가스로 축압할 것

① ㉠ 2.5, ㉡ 4.2
② ㉠ 2.0, ㉡ 3.5
③ ㉠ 1.5, ㉡ 3.0
④ ㉠ 1.1, ㉡ 2.5

해설 할로겐화합물소화약제 저장용기의 압력
(1) 할론 1301 : 2.5 MPa 또는 4.2 MPa(방사압력 : 0.9 MPa)

(2) 할론 1211 : 1.1 MPa 또는 2.5 MPa(방사압력 : 0.2 MPa)

71. 대형 소화기의 정의 중 ( ) 안에 알맞은 것은?

> 화재 시 사람이 운반할 수 있도록 운반대와 바퀴가 설치되어 있고 능력단위가 A급 (㉠)단위 이상, B급 (㉡)단위 이상인 소화기를 말한다.

① ㉠ 20, ㉡ 10
② ㉠ 10, ㉡ 5
③ ㉠ 5, ㉡ 10
④ ㉠ 10, ㉡ 20

해설 소형 소화기란 능력단위가 1단위 이상이고 대형 소화기의 능력단위 미만인 소화기를 말한다.

72. 연결살수설비배관의 설치기준 중 하나의 배관에 부착하는 살수헤드의 개수가 3개인 경우 배관의 구경은 최소 몇 mm 이상으로 설치해야 하는가? (단, 연결살수설비 전용헤드를 사용하는 경우이다.)

① 40
② 50
③ 65
④ 80

해설 연결살수설비 배관 구경과 헤드 수

배관구경(mm)	32	40	50	65	80
살수헤드개수	1개	2개	3개	4개~5개	6개~10개

73. 연소방지설비 방수헤드의 설치기준 중 살수구역은 환기구 등을 기준으로 지하구의 길이방향으로 몇 m 이내마다 1개 이상 설치하여야 하는가?

① 150
② 200
③ 350
④ 400

해설 살수구역은 환기구 등을 기준으로 지하구의 길이방향으로 350 m 이내마다 1개 이상

설치하여야 하며 하나의 살수구역은 3 m 이상으로 하여야 한다.

74. 110 kV 초과 154 kV 이하의 고압 전기기기와 물분무헤드 사이의 최소 이격거리는 몇 cm인가?

① 110
② 150
③ 180
④ 210

해설 전기기기와 물분무헤드 사이의 이격거리

전압(kV)	66이하	66~77	77~110	110~154	154~181	181~220	220~275
거리(cm)	70이상	80이상	110이상	150이상	180이상	210이상	260이상

75. 특정소방대상물의 용도 및 장소별로 설치해야 할 인명구조기구의 기준으로 틀린 것은?

① 지하가 중 지하상가는 인공소생기를 층마다 2개 이상 비치할 것
② 판매시설 중 대규모 점포는 공기호흡기를 층마다 2개 이상 비치할 것
③ 지하층을 포함하는 층수가 7층 이상인 관광호텔은 방열복, 공기호흡기, 인공소생기를 각 2개 이상 비치할 것
④ 물분무등 소화설비 중 이산화탄소소화설비를 설치해야 하는 특정소방대상물은 공기호흡기를 이산화탄소소화설비가 설치된 장소의 출입구 외부 인근에 1대 이상 비치할 것

해설 지하가 중 지하상가는 공기호흡기를 층마다 2개 이상 비치할 것

76. 제연설비 설치장소의 제연구역 구획기준으로 틀린 것은?

① 하나의 제연구역의 면적은 1000 m²

정답 71. ④ 72. ② 73. ③ 74. ② 75. ① 76. ③

이내로 할 것

② 하나의 제연구역은 직경 60 m 원 내에 들어갈 수 있을 것

③ 하나의 제연구역은 3개 이상 층에 미치지 아니하도록 할 것

④ 통로상의 제연구역은 보행중심선의 길이가 60 m를 초과하지 아니할 것

[해설] 하나의 제연구역은 2개 이상 층에 미치지 아니하도록 할 것

77. 물분무소화설비의 설치장소별 1 m^2에 대한 수원의 최소저수량으로 옳은 것은?

① 케이블트레이 : 12 L/min×20분×투영된 바닥면적

② 절연유 봉입 변압기 : 15 L/min×20분×바닥부분을 제외한 표면적을 합한 면적

③ 차고 : 30 L/min×20분×바닥면적

④ 컨베이어벨트 : 37 L/min×20분×벨트부분의 바닥면적

[해설] (1) 절연유 봉입 변압기 : 10 L/min
(2) 차고 : 20 L/min
(3) 컨베이어벨트 : 10 L/min

78. 개방형 스프링클러설비의 일제개방밸브가 하나의 방수구역을 담당하는 헤드의 최대개수는?(단, 2개 이상의 방수구역으로 나눌 경우는 제외한다.)

① 60   ② 50

③ 30   ④ 25

[해설] 2개 이상의 방수구역으로 나눌 경우에는 25개 이상으로 할 것

79. 분말소화설비의 저장용기에 설치된 밸브 중 잔압 방출 시 개방·폐쇄상태로 옳은 것은?

① 가스도입밸브 – 폐쇄

② 주밸브(방출밸브) – 개방

③ 배기밸브 – 폐쇄

④ 클리닝밸브 – 개방

[해설] 주밸브(방출밸브) – 폐쇄, 배기밸브 – 개방, 클리닝밸브 – 폐쇄

80. 차고·주차장에 호스릴포소화설비 또는 포소화전설비를 설치할 수 있는 부분이 아닌 것은?

① 지상 1층으로서 방화구획되거나 지붕이 없는 부분

② 지상에서 수동 또는 원격조작에 따라 개방이 가능한 개구부의 유효면적의 합계가 바닥면적의 10 % 이상인 부분

③ 옥외로 통하는 개구부가 상시 개방된 구조의 부분으로서 그 개방된 부분의 합계면적이 해당 차고 또는 주차장의 바닥면적의 15 % 이상인 부분

④ 완전 개방된 옥상주차장 또는 고가 밑의 주차장 등으로서 주된 벽이 없고 기둥뿐이거나 주위가 위해방지용 철주 등으로 둘러싸인 부분

[해설] ②항의 경우 10 %를 20 %으로 하여야 한다.

소방설비기계기사

제1과목 **소방원론**

1. 화재 시 이산화탄소를 사용하여 화재를 진압하려고 할 때 산소의 농도를 13 vol%로 낮추어 화재를 진압하려면 공기 중 이산화탄소의 농도는 약 몇 vol%가 되어야 하는가?

① 18.1   ② 28.1
③ 38.1   ④ 48.1

[해설] $CO_2 = \dfrac{21 - O_2}{21} \times 100$

$\qquad = \dfrac{21 - 13}{21} \times 100 = 38.09\,\%$

2. 건물화재의 표준시간 – 온도곡선에서 화재 발생 후 1시간이 경과할 경우 내부온도는 약 몇 ℃ 정도 되는가?

① 225   ② 625
③ 840   ④ 925

[해설] 화재 발생 후 시간의 경과와 내부온도
  (1) 30분 후 : 840℃
  (2) 1시간 후 : 950℃
  (3) 2시간 후 : 1010℃

3. 프로판 50 vol%, 부탄 40 vol%, 프로필렌 10 vol%로 된 혼합가스의 폭발 하한계는 약 몇 vol%인가? (단, 각 가스의 폭발 하한계는 프로판은 2.2 vol%, 부탄은 1.9 vol%, 프로필렌은 2.4 vol%이다.)

① 0.83   ② 2.09
③ 5.05   ④ 9.44

[해설] 르샤틀리에 공식

$\dfrac{100}{L} = \dfrac{50}{2.2} + \dfrac{40}{1.9} + \dfrac{10}{2.4}$

$L = 2.09\,\%$

4. 유류탱크 화재 시 발생하는 슬롭오버 (slop over) 현상에 관한 설명으로 틀린 것은?

① 소화 시 외부에서 방사하는 포에 의해 발생한다.
② 연소유가 비산되어 탱크 외부까지 화재가 확산된다.
③ 탱크의 바닥에 고인 물의 비등팽창에 의해 발생한다.
④ 연소면의 온도가 100℃ 이상일 때 물을 주수하면 발생한다.

[해설] 연소상의 문제점
  (1) 보일오버 : 상부가 개방된 유류 저장탱크에서 화재 발생 시에 일어나는 현상으로 기름 표면에서 장시간 조용히 연소하다 일정 시간 경과 후 잔존 기름의 갑작스런 분출이나 넘침이 일어나며 유화 현상이 심한 기름에서 주로 발생한다.
  (2) 슬롭오버 : 기름 속에 존재하는 수분이 비등점 이상이 되면 수증기가 되어 상부로 튀어 나오게 되는데, 이때 기름의 일부가 비산되는 현상을 말한다.
  (3) 프로스 오버 : 유류탱크 속에 존재하는 물이 상부의 뜨거운 기름 속에서 끓을 때 점성이 큰 기름이 탱크 외부로 넘쳐 흐르는 현상을 말한다.
  (4) BLEVE : 가연성 액화가스 저장용기에 열이 공급되면 액의 증발로 인하여 급격한 체적 팽창이 일어나 용기가 파열되는 현상으로 액체의 일부도 같이 비산한다.
  (5) 블로 오프 : 촛불을 입으로 불면 불꽃은 옆으로 이동하게 되며 이때 증발된 파라핀의 공급이 중단되어 촛불은 꺼지게 된다.

5. 다음 중 에테르, 케톤, 에스테르, 알데히드, 카르복실산, 아민 등과 같은 가연성인

수용성 용매에 유효한 포소화약제는 어느 것인가?

① 단백포

② 수성막포

③ 불화단백포

④ 내알코올포

[해설] 가연성인 수용성 용매에는 내알콜 포소화약제를 사용한다.

6. 화재의 소화원리에 따른 소화방법의 적용이 틀린 것은?

① 냉각소화 : 스프링클러설비

② 질식소화 : 이산화탄소소화설비

③ 제거소화 : 포소화설비

④ 억제소화 : 할로겐화합물소화설비

[해설] 전기화재 시 전기 공급 차단, 가스 화재 시 가스 공급 차단 등이 제거소화이다.

7. 동식물유류에서 "요오드값이 크다"라는 의미를 옳게 설명한 것은?

① 불포화도가 높다.

② 불건성유이다.

③ 자연발화성이 낮다.

④ 산소와의 결합이 어렵다.

[해설] 요오드값은 100 g의 유지가 흡수하는 요오드의 g수이며 유지 중의 불포화지방산의 이중결합의 수를 나타내는 수치로 요오드값이 높다는 것은 불포화도가 높은 것으로 이중결합이 많고 건성유에 해당된다.

8. 다음 중 연소 시 아황산가스를 발생시키는 것은?

① 적린

② 유황

③ 트리에틸알루미늄

④ 황린

[해설] 황이 산소와 반응하면 아황산가스를 생성한다.

$$S + O_2 \rightarrow SO_2$$

9. 탄화칼슘이 물과 반응할 때 발생되는 가스는?

① 일산화탄소

② 아세틸렌

③ 황화수소

④ 수소

[해설] CaC_2 + $2H_2O$ → C_2H_2 + $Ca(OH)_2$
탄화칼슘　　　　　　아세틸렌 수산화칼슘

10. 주성분이 인산염류인 제3종 분말소화약제가 다른 분말소화약제와 다르게 A급 화재에 적용할 수 있는 이유는?

① 열분해 생성물인 CO_2가 열을 흡수하므로 냉각에 의하여 소화한다.

② 열분해 생성물인 수증기가 산소를 차단하여 탈수작용을 한다.

③ 열분해 생성물인 메타인산(HPO_3)이 산소의 차단 역할을 하므로 소화가 된다.

④ 열분해 생성물인 암모니아가 부촉매작용을 하므로 소화가 된다.

[해설] $NH_4H_2PO_4 \rightarrow HPO_3 + NH_3 + H_2O$
메타인산은 가연물 표면에 부착하여 질식소화 및 방진작용을 한다.

11. 표면온도가 300℃에서 안전하게 작동하도록 설계된 히터의 표면온도가 360℃로 상승하면 300℃에 비하여 약 몇 배의 열을 방출할 수 있는가?

① 1.1배　　　　　② 1.5배

③ 2.0배　　　　　④ 2.5배

해설 스테판-볼츠만의 법칙에 의해 복사열은 그 절대온도 4제곱에 비례한다.

$$\left[\frac{(273+360)}{(273+300)}\right]^4 = 1.489 ≒ 1.5$$

12. 화재를 소화하는 방법 중 물리적 방법에 의한 소화가 아닌 것은?

① 억제소화

② 제거소화

③ 질식소화

④ 냉각소화

해설 억제소화는 부촉매 효과라고도 하며 화학적 소화에 해당된다.

13. 위험물의 유별 성질이 자연발화성 및 금수성 물질은 제 몇 류 위험물인가?

① 제1류 위험물

② 제2류 위험물

③ 제3류 위험물

④ 제4류 위험물

해설 • 제1류 위험물 : 산화성 고체
• 제2류 위험물 : 가연성 고체
• 제3류 위험물 : 자연발화성 및 금수성 물질
• 제4류 위험물 : 인화성 액체
• 제5류 위험물 : 자기반응성 물질
• 제6류 위험물 : 산화성 액체

14. 다음 중 열전도율이 가장 작은 것은?

① 알루미늄

② 철재

③ 은

④ 암면(광물섬유)

해설 열전도율 순서
은>알루미늄>철재>암면

15. 건축물의 피난동선에 설명으로 틀린 것은?

① 피난동선은 가급적 단순한 형태가 좋다.

② 피난동선은 가급적 상호 반대방향으로 다수의 출구와 연결되는 것이 좋다.

③ 피난동선은 수평동선과 수직동선으로 구분된다.

④ 피난동선은 복도, 계단을 제외한 엘리베이터와 같은 피난 전용의 통행구조를 말한다.

해설 피난동선은 복도, 계단, 통로와 같은 피난 전용의 통행구조이며 엘리베이터는 화재 시 연기가 배출되는 통로(연도)가 되므로 사용을 금지하여야 한다.

16. 공기와 할론 1301의 혼합기체에서 할론 1301에 비해 공기의 확산속도는 약 몇 배인가?(단, 공기의 평균분자량은 29, 할론 1301의 분자량은 149이다.)

① 2.27배　　② 3.85배

③ 5.17배　　④ 6.46배

해설 그레이엄의 확산속도 법칙에 의하여

$$\frac{U_A}{U_B} = \sqrt{\frac{M_B}{M_A}} \text{ 에서}$$

$$\frac{U_{공기}}{U_{할론}} = \sqrt{\frac{149}{29}} = 2.27$$

$$U_{공기} = 2.27 \times U_{할론}$$

공기의 확산속도가 할론 1301보다 2.27배 빠르다.

17. 내화구조의 기준 중 벽의 경우 벽돌조로서 두께가 최소 몇 cm 이상이어야 하는가?

① 5　　② 10

③ 12　　④ 19

해설 내화구조의 기준

내화 구조	기준
벽	• 철골·철근콘크리트조로서 두께 10 cm 이상인 것 • 골구를 철골조로 하고 그 양면을 두께 3 cm 이상의 철망 모르타르로 덮은 것 • 두께 5 cm 이상의 콘크리트 블록·벽돌 또는 석재로 덮은 것 • 석조로서 철재에 덮은 콘크리트 블록의 두께가 5 cm 이상의 것 • 벽돌조로서 두께가 19 cm 이상인 것
기둥 (작은 지름 25 cm 이상)	• 철골 두께 6 cm 이상의 철망 모르타르로 덮은 것 • 두께 7 cm 이상의 콘크리트 블록·벽돌 또는 석재로 덮은 것 • 철골 두께 5cm 이상의 콘크리트로 덮은 것
바닥	• 철골·철근콘크리트조로서 두께 10 cm 이상인 것 • 석조로서 철재에 덮은 콘크리트 블록의 두께가 5 cm 이상의 것 • 철재의 양면을 두께 5 cm 이상의 철망 모르타르로 덮은 것
보	• 철골 두께 6 cm 이상의 철망 모르타르로 덮은 것 • 두께 5 cm 이상의 콘크리트로 덮은 것

18. 가연물이 연소가 잘 되기 위한 구비조건으로 틀린 것은?

① 열전도율이 클 것
② 산소와 화학적으로 친화력이 클 것
③ 표면적이 클 것
④ 활성화에너지가 작을 것

해설 가연물이 연소하기 위해서는 열의 축적이 용이하여야 한다. 즉, 열의 전도가 작아야 연소가 원활하게 이루어진다.

19. 질식소화 시 공기 중의 산소 농도는

일반적으로 약 몇 vol% 이하로 하여야 하는가?

① 25   ② 21
③ 19   ④ 15

해설 질식소화는 산소의 농도가 15 % 이하가 되어야 하며 냉각소화는 연소점 이하로 온도가 낮아야 한다.

20. 다음 원소 중 수소와의 결합력이 가장 큰 것은?

① F   ② Cl
③ Br   ④ I

해설 수소와의 결합력(전기 음성도)
F > Cl > Br > I

제2과목   **소방유체역학**

21. 온도가 37.5℃인 원유가 0.3 m^3/s의 유량으로 원관에 흐르고 있다. 레이놀즈수가 2100일 때 관의 지름은 약 몇 m인가? (단, 원유의 동점성 계수는 $6×10^{-5}$ m^2/s 이다.)

① 1.25   ② 2.45
③ 3.03   ④ 4.45

해설 $Q = \frac{\pi}{4} × D^2 × V$에서 $V = \frac{4Q}{\pi D^2}$

$Re = \frac{DV}{\nu}$에서 $D = Re × \frac{\nu}{V}$

$D = \frac{Re × \nu}{\frac{4Q}{\pi D^2}}$

이 식을 정리하면

$D = \frac{4Q}{Re × \nu × \pi}$

$= \frac{4 × 0.3\,m^3/s}{2100 × 6 × 10^{-5} m^2/s × \pi} = 3.03\,m$

22. 직사각형 단면의 덕트에서 가로와 세로가 각각 a 및 $1.5\,a$이고, 길이가 L이며, 이 안에서 공기가 V의 평균속도로 흐르고 있다. 이때 손실수두를 구하는 식으로 옳은 것은? (단, f는 이 수력지름에 기초한 마찰계수이고, g는 중력가속도를 의미한다.)

① $f\dfrac{L}{a}\dfrac{V^2}{2.4g}$ ② $f\dfrac{L}{a}\dfrac{V^2}{2g}$

③ $f\dfrac{L}{a}\dfrac{V^2}{1.4g}$ ④ $f\dfrac{L}{a}\dfrac{V^2}{g}$

해설 R_h(수력반경) $= \dfrac{\text{단면적}}{\text{접수길이}}$

$\qquad = \dfrac{a \times 1.5a}{2(a + 1.5a)} = 0.3a$

$H = f \times \dfrac{L}{D} \times \dfrac{V^2}{2g} = f \times \dfrac{L}{1.2a} \times \dfrac{V^2}{2g}$

$\quad = f \times \dfrac{L}{a} \times \dfrac{V^2}{2.4g}$

D_h(수력직경) $= 4 \times R_h = 4 \times 0.3a = 1.2a$

$H = f \times \dfrac{L}{D} \times \dfrac{V^2}{2g} = f \times \dfrac{L}{1.2a} \times \dfrac{V^2}{2g}$

$\quad = f \times \dfrac{L}{a} \times \dfrac{V^2}{2.4g}$

23. 65 %의 효율을 가진 원심펌프를 통하여 물을 $1\,m^3/s$의 유량으로 송출 시 필요한 펌프수두가 6 m이다. 이때 펌프에 필요한 축동력은 약 몇 kW인가?

① 40 kW ② 60 kW

③ 80 kW ④ 90 kW

해설 $H_{kW} = \dfrac{1000QH}{102 \times 60 \times \eta}$

$\qquad = \dfrac{1000 \times 1\,m^3/s \times 6\,m}{102 \times 0.65}$

$\qquad = 90.49\,kW$

24. 체적 2000 L의 용기 내에서 압력 0.4 MPa, 온도 55℃의 혼합기체의 체적비가

각각 메탄(CH_4) 35 %, 수소(H_2) 40 %, 질소(N_2) 25 %이다. 이 혼합기체의 질량은 약 몇 kg인가? (단, 일반기체상수는 8.314 kJ/kmol · K이다.)

① 3.11 ② 3.53

③ 3.93 ④ 4.52

해설 혼합기체 분자량

$\quad = 16 \times 0.35 + 2 \times 0.4 + 28 \times 0.25$

$\quad = 13.4\,g/mol = 13.4\,kg/kmol$

$PV = \dfrac{W}{M}RT$에서

$W = \dfrac{PVM}{RT}$

$\quad = \dfrac{0.4 \times 10^3\,kPa(kN/m^2) \times 2\,m^3 \times 13.4\,kg/kmol}{8.314\,kJ/kmol \cdot K \times 328\,K}$

$\quad = 3.93\,kg$

25. 중력가속도가 $2\,m/s^2$인 곳에서 무게가 8 kN이고 부피가 $5\,m^3$인 물체의 비중은 약 얼마인가?

① 0.2 ② 0.8

③ 1.0 ④ 1.6

해설 비중량(γ) = 밀도(ρ) × 중력가속도(g)

물의 밀도 $= \dfrac{9800\,N/m^3}{9.8\,m/s^2} = 1000\,N \cdot s^2/m^4$

비중 $= \dfrac{8000\,N}{1000\,N \cdot s^2/m^4 \times 2\,m/s^2 \times 5\,m^3}$

$\quad = 0.8$

26. 그림에서 두 피스톤의 지름이 각각 30 cm와 5 cm이다. 큰 피스톤이 1 cm 아래로 움직이면 작은 피스톤은 위로 몇 cm 움직이는가?

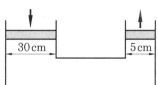

정답 22. ① 23. ④ 24. ③ 25. ② 26. ④

① 1 cm　　　② 5 cm

③ 30 cm　　　④ 36 cm

[해설] $P = \dfrac{F}{A} = \gamma \times h$

$F = \gamma \times h \times A$

양측 누르는 힘의 평형 상태이므로

$F_1 = F_2$

$\gamma_1 \times h_1 \times A_1 = \gamma_2 \times h_2 \times A_2 (\gamma_1 = \gamma_2)$

$h_2 = h_1 \times \dfrac{A_1}{A_2} = 1 \, \text{cm} \times \dfrac{\dfrac{\pi}{4} \times (30 \, \text{cm})^2}{\dfrac{\pi}{4} \times (5 \, \text{cm})^2}$

$= 36 \, \text{cm}$

27. 뉴턴(Newton)의 점성 법칙을 이용한 회전 원통식 점도계는?

① 세이볼트 점도계

② 오스트발트 점도계

③ 레드우드 점도계

④ 스토머 점도계

[해설] 점도계의 분류

(1) 하겐 - 푸아죄유의 법칙 : 세이볼트 점도계, 오스트발트 점도계, 레드우드 점도계, 앵글러 점도계, 바베이 점도계

(2) 뉴턴의 점성 법칙 : 스토머 점도계, 맥미챌 점도계

(3) 스토크스의 법칙 : 낙구식 점도계

28. 관 내 물의 속도가 12 m/s, 압력이 103 kPa이다. 속도수두(H_v)와 압력수두(H_p)는 각각 약 몇 m인가?

① $H_v = 7.35,\ H_p = 9.8$

② $H_v = 7.35,\ H_p = 10.5$

③ $H_v = 6.52,\ H_p = 9.8$

④ $H_v = 6.52,\ H_p = 10.5$

[해설] $H_v = \dfrac{V^2}{2g} = \dfrac{(12 \, \text{m/s})^2}{2 \times 9.8 \, \text{m/s}^2} = 7.35 \, \text{m}$

$H_p = \dfrac{P}{\gamma} = \dfrac{103 \, \text{kPa}(\text{kN/m}^2)}{9.8 \, \text{kN/m}^3} = 10.51 \, \text{m}$

29. 분당 토출량이 1600 L, 전양정이 100 m인 물펌프의 회전수를 1000 rpm에서 1400 rpm으로 증가하면 전동기 소요동력은 약 몇 kW가 되어야 하는가? (단, 펌프의 효율은 65 %이고 전달계수는 1.1이다.)

① 44.1　　　② 82.1

③ 121　　　④ 142

[해설] $H_{kW} = \dfrac{1000QH}{102 \times 60 \times \eta} \times K$

$= \dfrac{1000 \times 1.6 \, \text{m}^3/\text{min} \times 100 \, \text{m}}{102 \times 60 \times 0.65} \times 1.1$

$= 44.24 \, \text{kW}$

상사의 법칙에 따르면

$Q_2 = Q_1 \times \left(\dfrac{N_2}{N_1}\right),\quad H_2 = H_1 \times \left(\dfrac{N_2}{N_1}\right)^2$

$P_2 = P_1 \times \left(\dfrac{N_2}{N_1}\right)^3$

$P_2 = 44.24 \, \text{kW} \times \left(\dfrac{1400}{1000}\right)^3$

$= 121.39 \, \text{kW}$

30. 지름 40cm인 소방용 배관에 물이 80 kg/s로 흐르고 있다면 물의 유속은 약 몇 m/s인가?

① 6.4　　　② 0.64

③ 12.7　　　④ 1.27

[해설] $80 \, \text{kg/s} \times 1 \, \text{L/kg} = 80 \, \text{L/s}$

$= 0.08 \, \text{m}^3/\text{s}$ (물 1 L = 1 kg)

$0.08 \, \text{m}^3/\text{s} = \dfrac{\pi}{4} \times (0.4 \, \text{m})^2 \times V$

$V = 0.636 \, \text{m/s}$

31. 노즐에서 분사되는 물의 속도가 $V = 12$ m/s이고, 분류에 수직인 평판은 속도 $u = 4$ m/s로 움직일 때, 평판이 받는 힘은 약

몇 N인가?(단, 노즐(분류)의 단면적은 0.01 m²이다.)

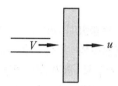

① 640 ② 960
③ 1280 ④ 1440

[해설] $F = \rho \times Q \times V = \rho \times A \times V \times V$
$= \rho \times A \times V^2$
$= 1000\ N \cdot s^2/m^4 \times 0.01\ m^2$
$\times (12\ m/s - 4\ m/s)^2 = 640\ N$

32. 압력의 변화가 없을 경우 0℃의 이상 기체는 약 몇 ℃가 되면 부피가 2배로 되는가?

① 273 ② 373
③ 546 ④ 646

[해설] 샤를의 법칙에 의하여
$$\frac{V_1}{T_1} = \frac{V_2}{T_2}(P_1 = P_2)$$
$$\frac{1}{273+0} = \frac{2}{T_2}$$
$$T_2 = 546\ K = 273℃$$

33. 서로 다른 재질로 만든 평판의 양쪽 온도가 다음과 같을 때, 동일한 면적 및 두께를 통한 열류량이 모두 동일하다면, 어느 것이 단열재로서 성능이 가장 우수한가?

① 30~10℃ ② 10~-10℃
③ 20~10℃ ④ 40~10℃

[해설] $Q = k \times A \times \dfrac{T_2 - T_1}{l}$

여기서, Q : 열전도(W)
k : 전도율(W/m · ℃)
A : 단면적(m²)
T_2 : 내부온도(℃)

T_1 : 외부온도(℃)
l : 두께
$$k = \frac{Q \times l}{A \times (T_2 - T_1)}$$

(동일한 면적 및 두께를 통한 열류량이 모두 동일)

$$k = \frac{1}{T_2 - T_1}$$

①항 : $\dfrac{1}{30-10} = 0.05$

②항 : $\dfrac{1}{10-(-10)} = 0.05$

③항 : $\dfrac{1}{20-10} = 0.1$

④항 : $\dfrac{1}{40-10} = 0.033$

열전도율이 작게 나와야 단열 성능이 우수하다.

34. 다음 중 가역단열과정에서 엔트로피 변화 ΔS는?

① $\Delta S > 1$ ② $0 < \Delta S < 1$
③ $\Delta S = 1$ ④ $\Delta S = 0$

[해설] 가역단열과정은 등엔트로피 변화로 열량과 온도가 비례하므로 엔트로피 변화는 없다.

35. 계기압력(gauge pressure)이 50 kPa인 파이프 속의 압력은 진공압력(vacuum pressure)이 30 kPa인 용기 속의 압력보다 얼마나 높은가?

① 0 kPa ② 20 kPa
③ 80 kPa ④ 130 kPa

[해설] 절대압력 = 대기압+계기압력
= 101.325 kPa+50 kPa
= 151.325 kPa
절대압력 = 대기압-진공압
= 101.325 kPa-30 kPa
= 71.325 kPa
압력 차 = 151.325 kPa-71.325 kPa
= 80 kPa

36. 그림과 같은 삼각형 모양의 평판이 수직으로 유체 내에 놓여 있을 때 압력에 의한 힘의 작용점은 자유표면에서 얼마나 떨어져 있는가? (단, 삼각형의 도심에서 단면 2차 모멘트는 $\dfrac{bh^3}{36}$ 이다.)

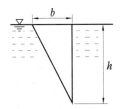

① $\dfrac{h}{4}$ ② $\dfrac{h}{3}$

③ $\dfrac{h}{2}$ ④ $\dfrac{2h}{3}$

해설 작용점 깊이(H)[m]

명칭	삼각형	사각형
중심위치(m)	$c = \dfrac{h}{3}$	$c = \dfrac{h}{2}$
관성능률 (2차 모멘트)	$m = \dfrac{bh^3}{36}$	$m = \dfrac{bh^3}{12}$
면적(m²)	$A = \dfrac{bh}{2}$	$A = bh$

$$H = c + \dfrac{m}{A \cdot c}$$
$$= \dfrac{h}{3} + \dfrac{bh^3}{36} \times \dfrac{1}{\dfrac{bh}{2} \times \dfrac{h}{3}} = \dfrac{h}{2}$$

37. 펌프의 공동현상(cavitation)을 방지하기 위한 방법이 아닌 것은?

① 펌프의 설치위치를 되도록 낮게 하여 흡입양정을 짧게 한다.
② 단흡입펌프보다는 양흡입펌프를 사용한다.
③ 펌프의 흡입관경을 크게 한다.
④ 펌프의 회전수를 크게 한다.

해설 공동현상(cavitation)

정의	펌프 흡입 측 압력손실로 발생된 기체가 펌프 상부에 모이면 액의 송출을 방해하고 결국 운전 불능의 상태에 이르는 현상
발생 원인	• 흡입양정이 지나치게 긴 경우 • 흡입관경이 가는 경우 • 펌프의 회전수가 너무 빠를 경우 • 흡입 측 배관이나 여과기 등이 막혔을 경우
영향	• 진동 및 소음 발생 • 임펠러 깃 침식 • 펌프 양정 및 효율 곡선 저하 • 펌프 운전 불능
대책	• 유효흡입양정(NPSH)을 고려하여 펌프를 선정한다. • 충분한 크기의 배관직경을 선정한다. • 펌프의 회전수를 용량에 맞게 조정한다. • 주기적으로 여과기 등을 청소한다. • 양흡입펌프를 사용하거나 펌프를 액 중에 잠기게 한다.

38. 그림과 같이 물탱크에서 2 m²의 단면적을 가진 파이프를 통해 터빈으로 물이 공급되고 있다. 송출되는 터빈은 수면으로부터 30 m 아래에 위치하고, 유량은 10 m³/s이고 터빈 효율이 80 %일 때 터빈 출력은 약 몇 kW인가? (단, 밴드나 밸브 등에 의한 부차적 손실계수는 2로 가정한다.)

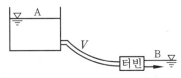

① 1254   ② 2690

③ 2152   ④ 3363

해설 $V = \dfrac{Q}{A} = \dfrac{10 \, \text{m}^3/\text{s}}{2 \, \text{m}^2} = 5 \, \text{m/s}$(유속)

돌연 축소관에서의 손실

$$H = k \times \frac{V^2}{2g} = 2 \times \frac{(5\,\text{m/s})^2}{2 \times 9.8} = 2.55\,\text{m}$$

낙차 30 m에서 손실이 2.55 m이므로 양정
= 30 − 2.55 = 27.45 m

터빈 출력

$$P = \frac{\gamma \times h \times Q \times \eta}{1000}$$

$$= \frac{9800\,\text{N/m}^3 \times 27.45\,\text{m} \times 10\,\text{m}^3/\text{s} \times 0.8}{1000}$$

$$= 2152\,\text{kW}\,(1\,\text{W} = 1\,\text{J/s})$$

39. 안지름 300 mm, 길이 200 m인 수평 원관을 통해 유량 0.2 m³/s의 물이 흐르고 있다. 관의 양 끝단에서의 압력 차이가 500 mmHg이면 관의 마찰계수는 약 얼마인가? (단, 수은의 비중은 13.6이다.)

① 0.017　　　　② 0.025
③ 0.038　　　　④ 0.041

해설 $500\,\text{mmHg} \times \dfrac{10.332\,\text{mAq}}{760\,\text{mmHg}}$

$= 6.797\,\text{mAq}$

$$V = \frac{Q}{A} = \frac{0.2\,\text{m}^3/\text{s}}{\dfrac{\pi}{4} \times (0.3\,\text{m})^2}$$

$= 2.83\,\text{m/s}$

$$H = f \times \frac{L}{D} \times \frac{V^2}{2g} \text{에서}$$

$$f = H \times \frac{D}{L} \times \frac{2g}{V^2}$$

$$= 6.797\,\text{mAq} \times \frac{0.3\,\text{m}}{200\,\text{m}} \times \frac{2 \times 9.8\,\text{m/s}^2}{(2.83\,\text{m/s})^2}$$

$= 0.0249$

40. 동력(power)의 차원을 옳게 표시한 것은? (단, M : 질량, L : 길이, T : 시간을 나타낸다.)

① ML^2T^{-3}　　　　② L^2T^{-1}
③ $ML^{-1}T^{-1}$　　　　④ MLT^{-2}

해설 동력의 절대단위

$$= \frac{일\,(\text{kg} \cdot \text{m}^2/\text{s}^2)}{시간\,(\text{s})} = \text{kg} \cdot \text{m}^2/\text{s}^3$$

$$= ML^2T^{-3}$$

제3과목　　　　**소방관계법규**

41. 화재예방, 소방시설 설치·유지 및 안전관리에 관한 법상 특정소방대상물의 관계인이 소방시설에 폐쇄(잠금을 포함)·차단 등의 행위를 하여서 사람을 상해에 이르게 한 때에 대한 벌칙기준으로 옳은 것은?

① 10년 이하의 징역 또는 1억원 이하의 벌금

② 7년 이하의 징역 또는 7천만원 이하의 벌금

③ 5년 이하의 징역 또는 5천만원 이하의 벌금

④ 3년 이하의 징역 또는 3천만원 이하의 벌금

해설 벌칙기준
(1) 소방시설에 폐쇄(잠금을 포함)·차단 등의 행위를 하여서 사람을 사망에 이르게 한 경우 : 10년 이하의 징역 또는 1억원 이하의 벌금
(2) 소방시설에 폐쇄(잠금을 포함)·차단 등의 행위를 하여서 사람을 상해에 이르게 한 경우 : 7년 이하의 징역 또는 7천만원 이하의 벌금
(3) 소방시설에 폐쇄(잠금을 포함)·차단 등의 행위를 한 경우 : 5년 이하의 징역 또는 5천만원 이하의 벌금

42. 소방기본법령상 불꽃을 사용하는 용접·용단기구의 용접 또는 용단 작업장에서 지켜야 하는 사항 중 다음 ( ) 안에 알맞은 것은?

- 용접 또는 용단 작업자로부터 반경 (㉠) m 이내에 소화기를 갖추어 둘 것
- 용접 또는 용단 작업장 주변 반경 (㉡) m 이내에는 가연물을 쌓아두거나 놓아두지 말 것. 다만, 가연물의 제거가 곤란하여 방지포 등으로 방호조치를 한 경우는 제외한다.

① ㉠ 3, ㉡ 5 　　② ㉠ 5, ㉡ 3
③ ㉠ 5, ㉡ 10 　④ ㉠ 10, ㉡ 5

해설 불꽃을 사용하는 용접·용단기구를 용접하는 경우 소화기는 5 m 이내에 갖추고, 용접장 10 m 이내에는 가연물을 쌓아두거나 놓아두지 말 것

43. 화재위험도가 낮은 특정소방대상물 중 소방대가 조직되어 24시간 근무하고 있는 청사 및 차고에 설치하지 아니할 수 있는 소방시설이 아닌 것은?

① 자동화재탐지설비
② 연결송수관설비
③ 피난기구
④ 비상방송설비

해설 소방대가 조직되어 24시간 근무하고 있는 청사 및 차고에 설치하는 소방대상물, 옥내소화전 설비, 스프링클러설비, 물분무등소화설비, 비상방송설비, 연결송수관설비, 연결살수설비, 소화용수설비, 피난기구 등

44. 화재예방, 소방시설 설치·유지 및 안전관리에 관한 법령상 시·도지사가 실시하는 방염성능검사 대상으로 옳은 것은?

① 설치현장에서 방염처리를 하는 합판목재
② 제조 또는 가공공정에서 방염처리를 한 카펫
③ 제조 또는 가공공정에서 방염처리를 한 창문에 설치하는 블라인드
④ 설치현장에서 방염처리를 하는 암막

- 무대막

해설 방염성능검사 대상 물품
(1) 제조 또는 가공공장에서 방염처리를 한 물품
- 창문에 설치하는 커튼류(블라인드 포함)
- 두께 2 mm 미만인 벽지류(종이 벽지 제외)
- 전시용 합판, 섬유판
- 무대용 합판, 섬유판
- 암막, 무대막(영화 상영관, 골프 연습장의 스크린 포함)
- 카펫
(2) 건축물 내부의 천장·벽에 부착·설치하는 것
- 종이류(두께 2 mm 이상), 합성수지류 또는 섬유류를 주원료로 한 물품
- 합판이나 목재
- 공간을 구획하기 위하여 설치하는 간이 칸막이
- 흡음, 방음을 위하여 설치하는 흡음재(흡음용 커텐 포함) 또는 방음재(방음용 커텐 포함)

45. 제조소 등의 위치·구조 및 설비의 기준 중 위험물을 취급하는 건축물의 환기설비 설치기준으로 다음 ( ) 안에 알맞은 것은?

급기구는 당해 급기구가 설치된 실의 바닥면적 (㉠) m²마다 1개 이상으로 하되, 급기구의 크기는 (㉡) m² 이상으로 할 것

① ㉠ 100, ㉡ 800
② ㉠ 150, ㉡ 800
③ ㉠ 100, ㉡ 1000
④ ㉠ 150, ㉡ 1000

해설 위험물을 취급하는 건축물의 환기설비
(1) 환기는 자연배기방식으로 하며 환기구는 지상 2 m 이상 높이에 루프팬 방식으로 설치한다.
(2) 급기구는 낮은 곳에 설치하고 인화방지

망을 설치하여야 한다.

(3) 급기구는 바닥면적 150 m²마다 1개 이상, 급기구의 크기는 800 m² 이상으로 한다.

46. 위험물안전관리법상 위험물시설의 변경기준 중 다음 ( ) 안에 알맞은 것은?

> 제조소 등의 위치·구조 또는 설비의 변경 없이 당해 제조소 등에서 저장하거나 취급하는 위험물의 품명수량 또는 지정수량의 배수를 변경하고자 하는 자는 변경하고자 하는 날의 (㉠)일 전까지 행정안전부령이 정하는 바에 따라 (㉡)에게 신고하여야 한다.

① ㉠ 1, ㉡ 소방본부장 또는 소방서장
② ㉠ 1, ㉡ 시·도지사
③ ㉠ 7, ㉡ 소방본부장 또는 소방서장
④ ㉠ 7, ㉡ 시·도지사

[해설] 제조소 등의 설치허가는 시·도지사이므로 변경허가는 시·도지사에게 변경 1일전까지 신고하여야 한다.

47. 소방기본법상 관계인의 소방활동을 위반하여 정당한 사유 없이 소방대가 현장에 도착할 때까지 사람을 구출하는 조치 또는 불을 끄거나 불이 번지지 아니하도록 하는 조치를 하지 아니한 자에 대한 벌칙기준으로 옳은 것은?

① 100만원 이하의 벌금
② 200만원 이하의 벌금
③ 300만원 이하의 벌금
④ 400만원 이하의 벌금

[해설] 소방활동을 하지 않은 관계인, 피난명령 위반하거나 정당한 사유 없이 물의 사용이나 수도개폐장치 사용 또는 조작을 방해한 자, 화재경계지구 안의 소방특별조사를 거부, 방해, 기피한 자는 100만원 이하의 벌금에 처한다.

48. 소방기본법상 소방대장의 권한이 아닌 것은?

① 화재가 발생하였을 때에는 화재의 원인 및 피해 등에 대한 조사
② 화재·재난·재해, 그밖의 위급한 상황이 발생한 현장에 소방활동구역을 정하여 소방활동에 필요한 사람으로서 대통령령으로 정하는 사람 외에는 그 구역에 출입하는 것을 제한
③ 사람을 구출하거나 불이 번지는 것을 막기 위하여 필요할 때에는 화재가 발생하거나 불이 번질 우려가 있는 소방대상물 및 토지를 일시적으로 사용하거나 그 사용의 제한 또는 소방활동에 필요한 처분
④ 화재진압 등 소방활동을 위하여 필요한 때에는 소방용수 외에 댐·저수지 또는 수영장 등의 물을 사용하거나 수도의 개폐장치 등을 조작

[해설] 화재의 원인 및 피해 등에 대한 조사는 소방청장, 소방본부장, 소방서장의 권한이다.

49. 시장지역에서 화재로 오인할 만한 우려가 있는 불을 피우거나 연막소독을 하려는 자가 신고를 하지 아니하여 소방자동차를 출동하게 한 자에 대한 과태료 부과·징수권자는?

① 국무총리   ② 국민안전처장관
③ 시·도지사   ④ 소방서장

[해설] 소방본부장, 소방서장이 20만원 이하의 과태료를 부과할 수 있다.

50. 위험물안전관리법령상 제조소 등의 완공검사 신청 시기 기준으로 틀린 것은?

① 지하탱크가 있는 제조소 등의 경우에는 해당 지하탱크를 매설하기 전
② 이동탱크저장소의 경우에는 이동저장

탱크를 완공하고 상치장소를 확보한 후

③ 이송취급소의 경우에는 이송배관공사의 전체 또는 일부 완료한 후

④ 배관을 지하에 설치하는 경우에는 소방서장이 지정하는 부분을 매몰하고 난 직후

해설 배관을 지하에 설치하는 경우 매몰하기 전에 완성검사를 신청하여야 한다.

51. 소방시설공사업법령상 하자를 보수하여야 하는 소방시설과 소방시설별 하자보수 보증기간으로 옳은 것은?

① 유도등 : 1년

② 자동소화장치 : 3년

③ 자동화재탐지설비 : 2년

④ 상수도 소화용수설비 : 2년

해설 소방시설 하자보수 보증기간

보증기간	소방 시설
2년	• 무선통신보조설비 • 유도등, 유도표지, 피난기구 • 비상조명등, 비상경보설비, 비상방송설비
3년	• 자동소화장치 • 옥내·외소화전설비 • 스프링클러설비, 간이스프링클러설비 • 물분무등소화설비, 상수도 소화용수설비 • 자동화재탐지설비, 소화활동설비

52. 위험물안전관리법령상 제조소 또는 일반취급소에서 취급하는 제4류 위험물의 최대수량의 합이 지정수량의 24만배 이상 48만배 미만인 사업소의 관계인이 두어야 하는 화학소방자동차와 자체소방대원의 수의 기준으로 옳은 것은? (단, 화재 그 밖의 재난 발생 시 다른 사업소 등과 상호 응원에 관한 협정을 체결하고 있는 사업소는 제외한다.)

① 화학소방자동차 - 2대, 자체소방대원의 수 - 10인

② 화학소방자동차 - 3대, 자체소방대원의 수 - 10인

③ 화학소방자동차 - 3대, 자체소방대원의 수 - 15인

④ 화학소방자동차 - 4대, 자체소방대원의 수 - 20인

해설 화학소방자동차와 자체소방대원의 수

구분	화학소방자동차 수	자체소방대원의 수
지정수량 12만배 미만	1대	5인
지정수량 12만배 이상 24만배 미만	2대	10인
지정수량 24만배 이상 48만배 미만	3대	15인
지정수량 48만배 이상	4대	20인

53. 소방기본법령상 소방서 종합상황실의 실장이 서면·모사전송 또는 컴퓨터통신 등으로 소방본부의 종합상황실에 지체 없이 보고하여야 하는 기준으로 틀린 것은?

① 사망자가 5명 이상 발생하거나 사상자가 10명 이상 발생한 화재

② 층수가 11층 이상인 건축물에서 발생한 화재

③ 이재민이 50명 이상 발생한 화재

④ 재산피해액이 50억원 이상 발생한 화재

해설 종합상황실의 실장에 지체없이 보고하여야 하는 상황

(1) 사망자가 5명 이상 발생하거나 사상자가 10명 이상 발생한 화재

(2) 이재민이 100명 이상 발생한 화재

(3) 재산피해액이 50억원 이상 발생한 화재

(4) 층수가 11층 이상인 건축물에서 발생한 화재, 관광호텔, 지하상가, 시장, 백화점

(5) 5층 이상 또는 객실 30실 이상인 숙박시설

(6) 5층 이상 또는 병실 30개 이상인 종합병원, 정신병원, 한방병원, 요양소

54. 지하층을 포함한 층수가 16층 이상 40층 미만인 특정소방대상물의 소방시설 공사현장에 배치하여야 할 소방공사 책임감리원의 배치기준으로 옳은 것은?

① 총리령으로 정하는 특급감리원 중 소방기술사

② 총리령으로 정하는 특급감리원 이상의 소방공사감리원(기계분야 및 전기분야)

③ 총리령으로 정하는 고급감리원 이상의 소방공사감리원(기계분야 및 전기분야)

④ 총리령으로 정하는 중급감리원 이상의 소방공사감리원(기계분야 및 전기분야)

[해설] 지하층을 포함한 층수가 16층 이상 40층 미만인 특정소방대상물, 연면적 3만~20만 m^2 미만(아파트 제외)인 경우 특급감리원 이상의 소방공사감리원을 배치한다.

55. 특정소방대상물에서 사용하는 방염대상물품의 방염성능검사 방법과 검사 결과에 따른 합격표시 등에 필요한 사항은 무엇으로 정하는가?

① 대통령령　　　　② 총리령

③ 국민안전처장관령　④ 시·도의 조례

[해설] 방염대상물품의 방염성능검사, 소방용수시설의 기준, 소방교육, 훈련 등에 필요한

사항은 총리령(현 행정안전부령)으로 정한다.

56. 화재예방, 소방시설 설치 유지 및 안전관리에 관한 법령상 자동화재탐지설비를 설치하여야 하는 특정소방대상물의 기준으로 틀린 것은?

① 문화 및 집회시설로서 연면적이 1000 m^2 이상인 것

② 지하가(터널은 제외)로서 연면적이 1000 m^2 이상인 것

③ 의료시설(정신의료기관 또는 요양병원은 제외)로서 연면적 1000 m^2 이상인 것

④ 지하가 중 터널로서 길이가 1000 m 이상인 것

[해설] 의료시설, 근린생활시설, 위락시설, 숙박시설 : 연면적 600 m^2 이상

57. 화재예방, 소방시설 설치·유지 및 안전관리에 관한 법상 시·도지사는 관리업자에게 영업정지를 명하는 경우로서 그 영업정지가 국민에게 심한 불편을 주거나 그밖에 공익을 해칠 우려가 있을 때에는 영업정지처분을 갈음하여 얼마 이하의 과징금을 부과할 수 있는가?

① 1000만원　　　　② 2000만원

③ 3000만원　　　　④ 5000만원

[해설] 소방시설업 또는 소방시설 관리업 영업정지 : 3000만원 이하의 과징금

58. 소방기본법령상 소방용수시설에 대한 설명으로 틀린 것은?

① 시·도지사는 소방활동에 필요한 소방용수시설을 설치하고 유지관리하여야 한다.

② 수도법의 규정에 따라 설치된 소화

전도 시·도지사가 유지·관리하여야
한다.

③ 소방본부장 또는 소방서장은 원활한
소방활동을 위하여 소방용수시설에
대한 조사를 월 1회 이상 실시하여야
한다.

④ 소방용수시설 조사의 결과는 2년간
보관하여야 한다.

[해설] (1) 소화전, 저수조, 급수탑(소방용수시
설) : 시·도지사가 설치, 유지, 관리
(2) 수도법의 규정에 따라 설치된 소화전 :
일반 수도업자

59. 소방시설공사업법령상 특정소방대상물
에 설치된 소방시설 등을 구성하는 것의
전부 또는 일부를 개설, 이전 또는 정비
하는 공사의 경우 소방시설공사의 착공신
고대상이 아닌 것은? (단, 고장 또는 파
손 등으로 인하여 작동시킬 수 없는 소방
시설을 긴급히 교체하거나 보수하여야 하
는 경우는 제외한다.)

① 수신반　　　　② 소화펌프
③ 동력(감시)제어반 ④ 압력체임버

[해설] 소방시설공사의 착공신고대상
(1) 수신반
(2) 소화펌프
(3) 동력(감시)제어반

60. 화재예방, 소방시설 설치·유지 및 안전
관리에 관한 법령상 건축허가 등의 동의를
요구하는 때 동의요구서에 첨부하여야 하
는 설계도서가 아닌 것은? (단, 소방시설
공사 착공신고대상에 해당하는 경우이다.)

① 창호도
② 실내 전개도
③ 건축물의 단면도

④ 건축물의 주단면 상세도(내장재료를
명시한 것)

[해설] 건축허가 등의 동의를 요구하는 때 첨부
하여야 하는 설계도서
(1) 창호도
(2) 건축물의 주단면 상세도(내장재료를 명
시한 것)
(3) 소방시설의 층별 평면도 및 계통도

제4과목　**소방기계시설의 구조 및 원리**

61. 포소화설비의 자동식 설치기준 중 다음
(　) 안에 알맞은 것은? (단, 화재감지기
를 사용하는 경우이며, 자동화재탐지설
비의 수신기가 설치된 장소에 상시 사람이
근무하고 있고, 화재 시 즉시 해당 조작
부를 작동시킬 수 있는 경우는 제외한다.)

> 화재감지기 회로에는 다음의 기준에 따른 발
> 신기를 설치할 것
> 특정소방대상물의 층마다 설치하되, 해당 특
> 정소방대상물의 각 부분으로부터 수평거리가
> (㉠) m 이하가 되도록 할 것. 다만, 복도 또
> 는 별도로 구획된 실로서 보행거리가 (㉡) m
> 이상일 경우에는 추가로 설치하여야 한다.

① ㉠ 25, ㉡ 30　　② ㉠ 25, ㉡ 40
③ ㉠ 15, ㉡ 30　　④ ㉠ 15, ㉡ 40

[해설] 발신기
(1) 자동화재탐지설비의 발신기는 다음 각
호의 기준에 따라 설치하여야 한다. 다
만, 지하구의 경우에는 발신기를 설치하
지 아니할 수 있다.
• 조작이 쉬운 장소에 설치하고, 스위치는
바닥으로부터 0.8 m 이상 1.5 m 이하의
높이에 설치할 것
• 특정소방대상물의 층마다 설치하되, 해
당 특정소방대상물의 각 부분으로부터
하나의 발신기까지의 수평거리가 25 m
이하가 되도록 할 것. 다만, 복도 또는

별도로 구획된 실로서 보행거리가 40 m 이상일 경우에는 추가로 설치하여야 한다.

(2) 발신기의 위치를 표시하는 표시등은 함의 상부에 설치하되, 그 불빛은 부착면으로부터 15° 이상의 범위 안에서 부착지점으로부터 10 m 이내의 어느 곳에서도 쉽게 식별할 수 있는 적색등으로 하여야 한다.

62. 노유자시설의 3층에 적응성을 가진 피난기구가 아닌 것은?

① 미끄럼대　　② 피난교
③ 피난용트랩　　④ 간이완강기

해설 의료시설(장례식장 제외), 노유자시설의 3층 : 미끄럼대, 피난용트랩, 피난교, 구조대, 승강식 피난기, 다수인 피난장비

※ 간이 완강기는 3층 이상이 있는 숙박시설의 객실에 설치한다.

63. 건축물의 층수가 40층인 특별피난계단의 계단실 및 부속실 제연설비의 비상전원은 몇 분 이상 유효하게 작동할 수 있어야 하는가?

① 20　　② 30
③ 40　　④ 60

해설 전부 30층 이상 49층 이하의 스프링클러설비, 옥내소화전설비, 연결송수관설비, 특별피난계단의 계단실 및 부속실 제연설비는 비상전원 용량이 40분 이상 되어야 한다.

64. 물분무소화설비 송수구의 설치기준 중 틀린 것은?

① 구경 65 mm의 쌍구형으로 할 것
② 지면으로부터 높이가 0.5 m 이상 1 m 이하의 위치에 설치할 것
③ 가연성 가스의 저장·취급시설에 설치하는 송수구는 그 방호대상물로부

터 20 m 이상의 거리를 두거나 방호대상물에 면하는 부분이 높이 1.5 m 이상, 폭 2.5 m 이상의 철근콘크리트 벽으로 가려진 장소에 설치할 것

④ 송수구는 하나의 층의 바닥면적이 1500 m² 를 넘을 때마다 1개(5개를 넘을 경우에는 5개로 한다) 이상을 설치할 것

해설 물분무소화설비 송수구의 설치기준

(1) 송수구는 화재층으로부터 지면으로 떨어지는 유리창 등이 송수 및 그 밖의 소화작업에 지장을 주지 아니하는 장소에 설치할 것. 이 경우 가연성가스의 저장·취급시설에 설치하는 송수구는 그 방호대상물로부터 20 m 이상의 거리를 두거나 방호대상물에 면하는 부분이 높이 1.5 m 이상 폭 2.5 m 이상의 철근콘크리트 벽으로 가려진 장소에 설치하여야 한다.

(2) 송수구로부터 물분무소화설비의 주배관에 이르는 연결배관에 개폐밸브를 설치한 때에는 그 개폐상태를 쉽게 확인 및 조작할 수 있는 옥외 또는 기계실 등의 장소에 설치할 것

(3) 구경 65 mm의 쌍구형으로 할 것

(4) 송수구에는 그 가까운 곳의 보기 쉬운 곳에 송수압력범위를 표시한 표지를 할 것

(5) 송수구는 하나의 층의 바닥면적이 3,000 m² 를 넘을 때마다 1개(5개를 넘을 경우에는 5개로 한다) 이상을 설치할 것

(6) 지면으로부터 높이가 0.5 m 이상 1 m 이하의 위치에 설치할 것

(7) 송수구의 가까운 부분에 자동배수밸브(또는 직경 5 mm의 배수공) 및 체크밸브를 설치할 것. 이 경우 자동배수밸브는 배관 안의 물이 잘 빠질 수 있는 위치에 설치하되, 배수로 인하여 다른 물건 또는 장소에 피해를 주지 아니하여야 한다.

65. 옥내소화전설비 배관의 설치기준 중 다음 (　) 안에 알맞은 것은?

연결송수관설비의 배관과 겸용할 경우의 주 배관은 구경 (㉠) mm 이상, 방수구로 연결되는 배관의 구경은 (㉡) mm 이상의 것으로 하여야 한다.

① ㉠ 80, ㉡ 65   ② ㉠ 80, ㉡ 50
③ ㉠ 100, ㉡ 65   ④ ㉠ 125, ㉡ 80

해설 옥내소화전설비 배관 구경
(1) 가지배관 : 40 mm 이상, 호스릴 : 25 mm 이상
(2) 주배관에서 수직배관 : 50 mm 이상, 호스릴 : 32 mm 이상
(3) 연결송수관설비의 배관과 겸용한 주배관 : 100 mm 이상, 방수구 연결 배관 : 65 mm 이상

66. 소화설비용 헤드의 분류 중 수류를 살수판에 충돌하여 미세한 물방울을 만드는 물분무 헤드는?

① 디플렉터형   ② 충돌형
③ 슬리트형   ④ 분사형

해설 물분무 헤드의 종류
(1) 충돌형 : 물방울과 물방울의 충돌에 의하여 미세한 입자로 분리하여 분사하는 헤드
(2) 슬리트형 : 좁고 가느다란 구멍(슬리트)을 통해 물방울을 미세하게 만들어 분무하는 헤드
(3) 분사형 : 소공(오리피스)을 통해 물방울을 미세하게 만들어 분무하는 헤드
(4) 디플렉터형 : 수류를 살수판에 충돌하여 미세한 물방울을 만드는 물분무 헤드

67. 내림식 사다리의 구조기준 중 다음 ( ) 안에 공통으로 들어갈 내용은?

사용 시 소방대상물로부터 ( ) cm 이상의 거리를 유지하기 위한 유효한 돌자를 횡봉의 위치마다 설치하여야 한다. 다만, 그 돌자를 설치하지 아니하여도 사용 시 소방대상물에서 ( ) cm 이상의 거리를 유지할 수 있는 것은 그러하지 아니하다.

① 15   ② 10   ③ 7   ④ 5

해설 내림식 사다리의 구조기준
(1) 사용 시 소방대상물로부터 10 cm 이상의 거리를 유지하기 위한 유효한 돌자를 횡봉의 위치마다 설치하여야 한다. 다만, 그 돌자를 설치하지 아니하여도 사용 시 소방대상물에서 10 cm 이상의 거리를 유지할 수 있는 것은 그러하지 아니하다.
(2) 종봉의 끝 부분에는 가변식 걸고리 또는 걸림장치(하향식 피난구용 내림식 사다리는 해치 등에 고정할 수 있는 장치를 말함)가 부착되어 있어야 한다.
(3) 걸림장치 등은 쉽게 이탈하거나 파손되지 아니하는 구조이어야 한다.
(4) 사다리를 접거나 천천히 펼쳐지게 하는 완강장치를 부착할 수 있다.

68. 소화수조 및 저수조의 가압송수장치 설치기준 중 다음 ( ) 안에 알맞은 것은?

소화수조가 옥상 또는 옥탑의 부분에 설치된 경우에는 지상에 설치된 채수구에서의 압력이 ( ) MPa 이상이 되도록 하여야 한다.

① 0.1   ② 0.15   ③ 0.17   ④ 0.25

해설 소화수조 및 저수조의 가압송수장치 설치기준
(1) 소화용수설비의 소화수가 지면으로부터의 깊이가 4.5 m 이상인 지하에 있는 경우에는 가압송수장치를 설치하여야 한다.
(2) 소화수조가 옥상 또는 옥탑의 부분에 설치된 경우에는 지상에 설치된 채수구에서의 압력이 0.15 MPa 이상이 되도록 하여야 한다.

69. 스프링클러설비의 교차배관에서 분기되는 지점을 기점으로 한쪽 가지배관에 설치되는 헤드의 개수는 최대 몇 개 이하인가? (단, 방호구역 안에서 칸막이 등으로 구획하여 헤드를 증설하는 경우와 격자형 배관방식을 채택하는 경우는 제외한다.)

① 8   ② 10   ③ 12   ④ 15

해설 한쪽 가지배관에 설치되는 헤드의 개수는 8개 이하로 하여야 한다.

70. 이산화탄소소화설비 기동장치의 설치기준으로 옳은 것은?

① 가스압력식 기동장치 기동용 가스용기의 용적은 3 L 이상으로 한다.

② 전기식 기동장치로서 5병의 저장용기를 동시에 개방하는 설비는 2병 이상의 저장용기에 전자개방밸브를 부착해야 한다.

③ 수동식 기동장치는 전역방출방식에 있어서 방호대상물마다 설치한다.

④ 수동식 기동장치의 부근에는 방출지연을 위한 비상스위치를 설치해야 한다.

해설 이산화탄소소화설비 기동장치의 설치기준
(1) 가스압력식 기동장치 기동용 가스용기의 용적은 5 L 이상으로 한다.
(2) 전기식 기동장치로서 7병의 저장용기를 동시에 개방하는 설비는 2병 이상의 저장용기에 전자개방밸브를 부착해야 한다.
(3) 수동식 기동장치는 전역방출방식에 있어서 방호구역마다 설치한다.

71. 차고·주차장에 설치하는 포소화전설비의 설치기준 중 다음 (   ) 안에 알맞은 것은? (단, 1개층의 바닥면적이 200 m² 이하인 경우는 제외한다.)

> 특정소방대상물의 어느 층에 있어서도 그 층에 설치된 포소화전방수구(포소화전방수구가 5개 이상 설치된 경우에는 5개)를 동시에 사용할 경우 각 이동식 포노즐 선단의 포수용액 방사압력이 (㉠) MPa 이상이고 (㉡) L/min 이상의 포수용액을 수평거리 15 m 이상으로 방사할 수 있도록 할 것

① ㉠ 0.25, ㉡ 230

② ㉠ 0.25, ㉡ 300

③ ㉠ 0.35, ㉡ 230

④ ㉠ 0.35, ㉡ 300

해설 차고·주차장에 설치하는 호스릴포소화설

비 또는 포소화전설비 설치기준
(1) 특정소방대상물의 어느 층에 있어서도 그 층에 설치된 호스릴포방수구 또는 포소화전방수구(호스릴포방수구 또는 포소화전방수구가 5개 이상 설치된 경우에는 5개)를 동시에 사용할 경우 각 이동식 포노즐 선단의 포수용액 방사압력이 0.35 MPa 이상이고 300 L/min 이상(1개 층의 바닥면적이 200 m² 이하인 경우에는 230 L/min 이상)의 포수용액을 수평거리 15m 이상으로 방사할 수 있도록 할 것
(2) 저발포의 포소화약제를 사용할 수 있는 것으로 할 것
(3) 호스릴 또는 호스를 호스릴 포방수구 또는 포소화전방수구로 분리하여 비치하는 때에는 그로부터 3 m 이내의 거리에 호스릴함 또는 호스함을 설치할 것
(4) 호스릴함 또는 호스함은 바닥으로부터 높이 1.5 m 이하의 위치에 설치하고 그 표면에는 "포호스릴함(또는 포소화전함)"이라고 표시한 표지와 적색의 위치표시등을 설치할 것
(5) 방호대상물의 각 부분으로부터 하나의 호스릴포방수구까지의 수평거리는 15 m 이하(포소화전방수구의 경우에는 25 m 이하)가 되도록 하고 호스릴 또는 호스의 길이는 방호대상물의 각 부분에 포가 유효하게 뿌려질 수 있도록 할 것

72. 연결송수관설비의 가압송수장치의 설치기준으로 틀린 것은? (단, 지표면에서 최상층 방수구의 높이가 70 m 이상의 특정소방대상물이다.)

① 펌프의 양정은 최상층에 설치된 노즐 선단의 압력이 0.35 MPa 이상의 압력이 되도록 할 것

② 계단식 아파트의 경우 펌프의 토출량은 1200 L/min 이상이 되는 것으로 할 것

③ 계단식 아파트의 경우 해당층에 설치된 방수구가 3개를 초과하는 것은 1개

마다 400 L/min를 가산한 양이 펌프
의 토출량이 되는 것으로 할 것
④ 내연기관을 사용하는 경우(층수가 30
층 이상 49층 이하) 내연기관의 연료
량은 20분 이상 운전할 수 있는 용량
일 것

해설 내연기관의 연료량은 20분 이상, 층수
가 30층 이상 49층 이하의 경우 40분, 50
층 이상의 경우 60분 이상 운전할 수 있는
용량이어야 한다.

73. 연소방지설비 방수헤드의 설치기준으로
옳은 것은?

① 방수헤드 간의 수평거리는 연소방지
설비 전용 헤드의 경우에는 1.5 m 이
하로 할 것
② 방수헤드 간의 수평거리는 스프링클
러헤드의 경우에는 2 m 이하로 할 것
③ 살수구역은 환기구 등을 기준으로 지
하구의 길이방향으로 350 m 이내마다
1개 이상 설치할 것
④ 하나의 살수구역의 길이는 2 m 이상
으로 할 것

해설 방수헤드의 설치기준
(1) 방수헤드 간의 수평거리(스프링클러헤
드 : 1.5 m 이하, 연소방지설비 전용 헤드 :
2 m 이하)
(2) 하나의 살수구역의 길이는 3 m 이상

74. 분말소화약제 저장용기의 설치기준으로
틀린 것은?

① 설치장소의 온도가 40℃ 이하이고,
온도변화가 적은 곳에 설치할 것
② 용기 간의 간격은 점검에 지장이 없
도록 5 cm 이상의 간격을 유지할 것
③ 저장용기의 충전비는 0.8 이상으로

할 것
④ 저장용기에는 가압식은 최고사용압력
의 1.8배 이하, 축압식은 용기의 내압
시험압력의 0.8배 이하의 압력에서 작
동하는 안전밸브를 설치할 것

해설 용기 간의 간격은 점검에 지장이 없도
록 3 cm 이상의 간격을 유지할 것

75. 축압식 분말소화기 지시압력계의 정상
사용압력 범위 중 상한값은?

① 0.68 MPa   ② 0.78 MPa
③ 0.88 MPa   ④ 0.98 MPa

해설 축압식 분말소화기 지시압력계에서 적색
부분은 압력이 규정압력보다 낮을 경우 또는
높은 경우 표시되며 정상압력(0.7~0.98
MPa) 부분은 녹색으로 표시된다.

76. 연소할 우려가 있는 개구부에 드렌처
설비를 설치한 경우 해당 개구부에 한하
여 스프링클러헤드를 설치하지 아니할 수
있는 기준으로 틀린 것은?

① 드렌처헤드는 개구부 위측에 2.5 m
이내마다 1개를 설치할 것
② 제어밸브는 특정소방대상물 층마다에
바닥면으로부터 0.5 m 이상 1.5 m 이
하의 위치에 설치할 것
③ 드렌처헤드가 가장 많이 설치된 제어
밸브에 설치된 드렌처헤드를 동시에
사용하는 경우에 각 헤드 선단의 방수
량은 80 L/min 이상이 되도록 할 것
④ 드렌처헤드가 가장 많이 설치된 제어
밸브에 설치된 드렌처헤드를 동시에
사용하는 경우에 각 헤드 선단의 방수
압력은 0.1 MPa 이상이 되도록 할 것

해설 제어밸브의 경우 바닥면으로부터 0.8 m

이상 1.5 m 이하의 위치에 설치하며, 유수검지장치, 일제개방밸브 또한 동일 위치에 설치한다.

77. 청정소화약제소화설비 중 약제의 저장용기 내에서 저장상태가 기체상태의 압축가스인 소화약제는?

① IG-541

② HCFC-BLEND A

③ HFC-227ea

④ HFC-23

해설 청정소화약제는 할로겐화합물과 불활성가스로 구분한다.
(1) 할로겐화합물 청정소화약제는 원소 주기율표에서 7족 원소(F, Cl, Br, I)를 하나 이상 함유하고 있어야 하며 HFC(FE-13, FE-25, FM-200), HCFC(FE-241, NAFS-Ⅲ) 등으로 표기되며 액체상태로 저장된다.
(2) 불활성가스 청정소화약제는 He, Ne, Ar, N_2 중 하나 이상을 함유하고 있어야 하며 IG(IG-541)로 표기되며 기체상태로 저장된다.

78. 물분무소화설비의 가압송수장치의 설치기준 중 틀린 것은?(단, 전동기 또는 내연기관에 따른 펌프를 이용하는 가압송수장치이다.)

① 기동용 수압개폐장치를 기동장치로 사용할 경우에 설치하는 충압펌프의 토출압력은 가압송수장치의 정격토출압력과 같게 한다.

② 가압송수장치가 기동된 경우에는 자동으로 정지되도록 한다.

③ 기동용 수압개폐장치(압력체임버)를 사용할 경우 그 용적은 100 L 이상으로 한다.

④ 수원의 수위가 펌프보다 낮은 위치에 있는 가압송수장치에는 물올림장치를 설치한다.

해설 가압송수장치가 기동된 경우에는 자동으로 정지되지 않아야 한다.

79. 국소방출방식의 분말소화설비 분사헤드는 기준 저장량의 소화약제를 몇 초 이내에 방사할 수 있는 것이어야 하는가?

① 60 　② 30 　③ 20 　④ 10

해설 분말소화설비 분사헤드 소화약제 방사시간
(1) 전역방출방식 : 30초 이내
(2) 국소방출방식 : 30초 이내
※ 할로겐화합물 소화설비의 경우 전역, 국소방출방식 모두 10초 이내

80. 연결살수설비의 배관에 관한 설치기준 중 옳은 것은?

① 개방형 헤드를 사용하는 연결살수설비의 수평주행배관은 헤드를 향하여 상향으로 100분의 5 이상의 기울기로 설치한나.

② 가지배관 또는 교차배관을 설치하는 경우에는 가지배관의 배열은 토너먼트방식이어야 한다.

③ 교차배관에는 가지배관과 가지배관 사이마다 1개 이상의 행어를 설치하되, 가지배관 사이의 거리가 4.5 m를 초과하는 경우에는 4.5 m 이내마다 1개 이상 설치한다.

④ 가지배관은 교차배관 또는 주배관에서 분기되는 지점을 기점으로 한쪽 가지배관에 설치되는 헤드의 개수는 6개 이하로 하여야 한다.

해설 ①항의 경우 1/100 이상, ②항의 경우 가지배관의 배열은 토너먼트방식은 사용 금지, ④항의 경우 한쪽 가지배관에 설치되는 헤드의 개수는 8개 이하가 되어야 한다.

소방설비기계기사

제1과목 **소방원론**

1. 연소확대 방지를 위한 방화구획과 관계 없는 것은?

① 일반 승강기의 승강장구획
② 층 또는 면적별 구획
③ 용도별 구획
④ 방화댐퍼

해설 일반 승강기의 승강장구획 → 피난용 승강기의 승강로구획

2. 공기 중에서 자연발화 위험성이 높은 물질은?

① 벤젠
② 톨루엔
③ 이황화탄소
④ 트리에틸알루미늄

해설 자연발화 위험성이 높은 물질은 제3류 위험물(자연발화성 및 금수성 물질)에 해당되며 황린, 칼륨, 나트륨, 알칼리 토금속, 트리에틸알루미늄 등이 있다.

3. 목재화재 시 다량의 물을 뿌려 소화할 경우 기대되는 주된 소화효과는?

① 제거효과
② 냉각효과
③ 부촉매효과
④ 희석효과

해설 물로 소화하는 것은 가연물질의 온도를 연소점 이하로 낮추어 소화하는 것으로 냉각소화에 해당된다.

4. 폭발의 형태 중 화학적 폭발이 아닌 것은?

① 분해폭발
② 가스폭발
③ 수증기폭발
④ 분진폭발

해설 ③항은 수증기 압력으로 폭발하는 것으로 물리적 폭발에 해당된다.

5. 포소화약제 중 고팽창포로 사용할 수 있는 것은?

① 단백포
② 불화단백포
③ 내알코올포
④ 합성계면활성제포

해설 대부분 저팽창포에 사용하며 합성계면활성제포는 저·고팽창포 모두 사용 가능하다.
(1) 저팽창포(저발포) : 팽창비 20배 이하
(2) 고팽창포(고발포) : 팽창비 80배 이상 1000배 미만

6. FM200이라는 상품명을 가지며 오존파괴지수(ODP)가 0인 할론 대체소화약제는 무슨 계열인가?

① HFC 계열
② HCFC 계열
③ FC 계열
④ Blend 계열

해설 청정소화약제는 할로겐화합물과 불활성가스로 구분한다.
(1) 할로겐화합물 청정소화약제는 원소 주기율표에서 7족 원소 (F, Cl, Br, I)를 하나 이상 함유하고 있어야 하며 HFC(FE-13, FE-25, FM-200), HCFC(FE-241, NAFS-Ⅲ) 등으로 표기되며 액체상태로 저장된다.
(2) 불활성가스 청정소화약제는 He, Ne, Ar, N_2 중 하나 이상을 함유하고 있어야 하며 IG(IG-541)로 표기되며 기체상태로 저장된다.

7. 화재의 종류에 따른 분류가 틀린 것은?

① A급 : 일반화재
② B급 : 유류화재
③ C급 : 가스화재
④ D급 : 금속화재

해설 C급 : 전기화재

정답 1. ① 2. ④ 3. ② 4. ③ 5. ④ 6. ① 7. ③

8. 고 비점 유류의 탱크화재 시 열류층에 의해 탱크 아래의 물이 비등·팽창하여 유류를 탱크로 분출시켜 화재를 확대시키는 현상은?

① 보일오버(boil over)

② 롤오버(roll over)

③ 백드래프트(back draft)

④ 플래시오버(flash over)

해설 연소상의 문제점

(1) 보일오버 : 상부가 개방된 유류 저장탱크에서 화재 발생 시에 일어나는 현상으로 기름 표면에서 장시간 조용히 연소하다 일정 시간 경과 후 잔존 기름의 갑작스런 분출이나 넘침이 일어나며 유화 현상이 심한 기름에서 주로 발생한다.

(2) 슬롭오버 : 기름 속에 존재하는 수분이 비등점 이상이 되면 수증기가 되어 상부로 튀어 나오게 되는데 이때 기름의 일부가 비산되는 현상을 말한다.

(3) 프로스 오버 : 유류 탱크 속에 존재하는 물이 상부의 뜨거운 기름 속에서 끓을 때 점성이 큰 기름이 탱크 외부로 넘쳐 흐르는 현상을 말한다.

(4) BLEVE : 가연성 액화가스 저장용기에 열이 공급되면 액의 증발로 인하여 급격한 체적 팽창이 일어나 용기가 파열되는 현상으로 액체의 일부도 같이 비산한다.

(5) 블로 오프 : 촛불을 입으로 불면 불꽃은 옆으로 이동하게 되며 이때 증발된 파라핀의 공급이 중단되어 촛불은 꺼지게 된다.

9. 제3류 위험물로서 자연발화성만 있고 금수성이 없기 때문에 물속에 보관하는 물질은 어느 것인가?

① 염소산암모늄   ② 황린

③ 칼륨   ④ 질산

해설 (1) 황린, 이황화탄소 : 물속에 보관

(2) 칼륨, 리튬, 나트륨 : 석유류 속에 보관

10. 분말소화약제에 관한 설명 중 틀린 것은?

① 제1종 분말은 담홍색 또는 황색으로 착색되어 있다.

② 분말의 고화를 방지하기 위하여 실리콘수지 등으로 방습 처리한다.

③ 일반화재에도 사용할 수 있는 분말소화약제는 제3종 분말이다.

④ 제2종 분말의 열분해식은 $2KHCO_3$ → $K_2CO_3 + CO_2 + H_2O$이다.

해설 분말소화약제의 종류

종별	명칭	착색	적용
제1종	탄산수소나트륨 ($NaHCO_3$)	백색	B, C급
제2종	탄산수소칼륨 ($KHCO_3$)	담자색	B, C급
제3종	제1인산암모늄 ($NH_4H_2PO_4$)	담홍색	A, B, C급
제4종	탄산수소칼륨 + 요소 ($KHCO_3 + (NH_2)_2CO$)	회색	B, C급

11. 질소 79.2 vol%, 산소 20.8 vol%로 이루어진 공기의 평균 분자량은?

① 15.44   ② 20.21

③ 28.83   ④ 36.00

해설 질소 분자량 : 28, 산소 분자량 : 32

공기 평균 분자량 = $28 \times 79.2 + 32 \times 20.8$

= 28.83

12. 휘발유의 위험성에 관한 설명으로 틀린 것은?

① 일반적인 고체 가연물에 비해 인화점이 낮다.

② 상온에서 가연성 증기가 발생한다.

③ 증기는 공기보다 무거워 낮은 곳에 체류한다.

④ 물보다 무거워 화재 발생 시 물분무

소화는 효과가 없다.

해설 휘발유는 물보다 가벼우며 물분무 소화는 질식효과가 있다.

13. 피난층에 대한 정의로 옳은 것은?

① 지상으로 통하는 피난계단이 있는 층
② 비상용 승강기의 승강장이 있는 층
③ 비상용 출입구가 설치되어 있는 층
④ 직접 지상으로 통하는 출입구가 있는 층

해설 피난층은 1층과 같이 직접 지상으로 통하는 출입구가 있는 층을 말한다.

14. 이산화탄소 20 g은 몇 mol인가?

① 0.23 ② 0.45 ③ 2.2 ④ 4.4

해설 $몰수 = \dfrac{질량}{분자량} = \dfrac{체적}{22.4} = \dfrac{분자수}{6.02 \times 10^{23}}$

$= \dfrac{20\,g}{44\,g} = 0.45몰(CO_2\ 분자량 = 44)$

15. 할로겐원소의 소화효과가 큰 순서대로 배열된 것은?

① I>Br>Cl>F ② Br>I>F>Cl
③ Cl>F>I>Br ④ F>Cl>Br>I

해설 (1) 소화효과(부촉매 효과) : I>Br>Cl>F
(2) 전기 음성도 : F>Cl>Br>I

16. 건축물에 설치하는 방화벽의 구조에 대한 기준으로 틀린 것은?

① 내화구조로서 홀로 설 수 있는 구조이어야 한다.
② 방화벽의 양쪽 끝은 지붕면으로부터 0.2 m 이상 튀어나오게 하여야 한다.
③ 방화벽의 위쪽 끝은 지붕면으로부터 0.5 m 이상 튀어나오게 하여야 한다.
④ 방화벽에 설치하는 출입문은 너비 및 높이가 각각 2.5 m 이하인 갑종방화문을 설치하여야 한다.

해설 방화벽의 양쪽 끝과 위쪽 끝은 지붕면으로부터 0.5 m 이상 튀어나오게 하여야 한다.

17. 전기불꽃, 아크 등이 발생하는 부분을 기름 속에 넣어 폭발을 방지하는 방폭구조는?

① 내압방폭구조 ② 유입방폭구조
③ 안전증방폭구조 ④ 특수방폭구조

해설 방폭구조의 종류

명칭	기호	내용
압력 방폭 구조	p	용기 내부에 보호가스를 압입하여 내부압력을 유지함으로써 가연성가스 용기가 용기 내부로 유입되지 아니하도록 한 구조
내압 방폭 구조	d	내부에서 가연성가스의 폭발이 발생할 경우 용기가 압력에 견디고 접합면, 개구부 등을 통하여 외부의 가연성가스에 인화되지 아니하도록 한 구조
유입 방폭 구조	o	용기 내부에 절연유를 주입하여 불꽃, 아크 또는 고온 발생 부분이 기름 속에 잠기게 함으로써 기름면 위에 존재하는 가연성가스에 인화되지 아니하도록 한 구조
안전 증방폭 구조	e	정상운전 중에 가연성가스의 점화원이 될 전기불꽃, 아크 또는 고온부분 등의 발생을 방지하기 위하여 기계적, 전기적 구조상 또는 온도상승에 대하여 특히 안전도를 증가시킨 구조
본질 안전 방폭 구조	ia, ib	정상 및 사고(단락, 단선, 지락) 시에 발생하는 전기불꽃, 아크 또는 고온부에 의하여 가연성가스가 점화되지 아니하는 것이 점화시험, 기타 방법에 의하여 확인된 구조
특수 방폭 구조	s	상기 방법 이외의 방폭구조로서 가연성가스에 점화를 방지할 수 있다는 것이 시험, 기타 방법에 의하여 확인된 구조

정답 **13.** ④ **14.** ② **15.** ① **16.** ② **17.** ②

18. 다음 중 화재 시 소화에 관한 설명으로 틀린 것은?

① 내알코올포소화약제는 수용성 용제의 화재에 적합하다.

② 물은 불에 닿을 때 증발하면서 다량의 열을 흡수하여 소화한다.

③ 제3종 분말소화약제는 식용유 화재에 적합하다.

④ 할로겐화합물소화약제는 연쇄반응을 억제하여 소화한다.

해설 제3종 분말소화약제는 차고, 주차장 화재에 적합하며 식용유 화재에는 제1종 분말소화약제가 적합하다.

19. 다음 중 건물의 주요구조부에 해당되지 않는 것은?

① 바닥   ② 천장

③ 기둥   ④ 주계단

해설 건물의 주요구조부

(1) 내력벽

(2) 지붕 틀(차양 제외)

(3) 바닥(최하층 바닥 제외)

(4) 기둥(사잇기둥 제외)

(5) 보(작은 보 제외)

(6) 주계단(옥외계단 제외)

20. 공기 중에서 연소범위가 가장 넓은 물질은?

① 수소

② 이황화탄소

③ 아세틸렌

④ 에테르

해설 연소범위(폭발범위)

① 수소 : 4~75 %

② 이황화탄소 : 1.2~44 %

③ 아세틸렌 : 2.5~81 %

④ 에테르 : 1.9~48 %

제2과목   **소방유체역학**

21. 질량 m[kg]의 어떤 기체로 구성된 밀폐계가 Q[kJ]의 열을 받아 일을 하고, 이 기체의 온도가 ΔT[℃] 상승하였다면 이 계가 외부에 한 일(W)은? (단, 이 기체의 정적비열은 C_v[kJ/kg·K], 정압비열은 C_p[kJ/kg·K]이다.)

① $W = Q - mC_v\Delta T$

② $W = Q + mC_v\Delta T$

③ $W = Q - mC_p\Delta T$

④ $W = Q + mC_p\Delta T$

해설 $Q = U + W$

여기서, Q : 엔탈피

U : 내부에너지

W : 외부에너지)

$W = Q - U = Q - mC_v\Delta T$

(밀폐계이므로 정적과정이다.)

22. 그림과 같이 수조의 밑부분에 구멍을 뚫고 물을 유량 Q로 방출시키고 있다. 손실을 무시할 때 수위가 처음 높이의 1/2로 되었을 때 방출되는 유량은 어떻게 되는가?

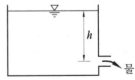

① $\dfrac{1}{\sqrt{2}}Q$ ② $\dfrac{1}{2}Q$

③ $\dfrac{1}{\sqrt{3}}Q$ ④ $\dfrac{1}{3}Q$

해설 $\dfrac{Q}{Q_1} = \dfrac{A \times \sqrt{2 \cdot g \cdot h}}{A \times \sqrt{2 \cdot g \cdot \dfrac{h}{2}}}$

$Q_1 = \dfrac{1}{\sqrt{2}}Q$

---

23. 그림과 같이 기름이 흐르는 관에 오리피스가 설치되어 있고 그 사이의 압력을 측정하기 위해 U자형 차압 액주계가 설치되어 있다. 이때 두 지점 간의 압력차 $(P_x - P_y)$는 약 몇 kPa인가?

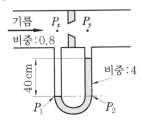

① 28.8   ② 15.7

③ 12.5   ④ 3.14

해설 $\gamma_x = 0.8 \times 9.8 \text{ kN/m}^3 = 7.84 \text{ kN/m}^3$

$\gamma_y = 4 \times 9.8 \text{ kN/m}^3 = 39.2 \text{ kN/m}^3$

$\Delta P = \Delta \gamma \times h$

$= (39.2 \text{ kN/m}^3 - 7.84 \text{ kN/m}^3) \times 0.4 \text{ m}$

$= 12.54 \text{ kN/m}^2 = 12.54 \text{ kPa}$

24. 체적이 0.1 m^3인 탱크 안에 절대압력이 1000 kPa인 공기가 6.5 kg/m^3의 밀도로 채워져 있다. 시간이 $t = 0$일 때 단면적이 70 mm^2인 1차원 출구로 공기가 300 m/s의 속도로 빠져나가기 시작한다면 그 순간에서의 밀도변화율$(\text{kg/m}^3 \cdot \text{s})$은 약 얼마인가? (단, 탱크 안의 유체의 특성량은 일정하다고 가정한다.)

① -1.365   ② -1.865

③ -2.365   ④ -2.865

해설 $Q = A \times U = 70 \times 10^{-6} \text{ m}^2 \times 300 \text{ m/s}$

$= 0.021 \text{ m}^3/\text{s} (1 \text{ m}^2 = 10^6 \text{ mm}^2)$

$Q = \dfrac{V}{t}$ (여기서, V : 체적, t : 시간)

$t = \dfrac{V}{Q} = \dfrac{0.1 \text{ m}^3}{0.021 \text{ m}^3/\text{s}} = 4.76 \text{ s}$

$d\rho = -\dfrac{\rho}{t} = -\dfrac{6.5 \text{ kg/m}^3}{4.76 \text{ s}}$

$= -1.365 \text{ kg/m}^3 \cdot \text{s}$

25. 지름이 5 cm인 소방노즐에서 물제트가 40 m/s의 속도로 건물 벽에 수직으로 충돌하고 있다. 이때 벽이 받는 힘은 약 몇 N인가?

① 1204   ② 2253

③ 2570   ④ 3141

해설 $F = \rho \times Q \times V$

$= \rho \times A \times V^2 (Q = A \times V)$

$= 1000 \text{ N} \cdot \text{s}^2/\text{m}^4 \times \dfrac{\pi}{4} \times (0.05 \text{ m})^2 \times (40 \text{ m/s})^2$

$= 3141.59 \text{ N}$

26. 모세관에 일정한 압력차를 가함에 따라 발생하는 층류유동의 유량을 측정함으로써 유체의 점도를 측정할 수 있다. 같은 압력차에서 두 유체의 유량의 비 $Q_2/Q_1 = 2$이고 밀도비 $p_2/p_1 = 2$일 때, 점성계수비 μ_2/μ_1은?

① $\dfrac{1}{4}$ ② $\dfrac{1}{2}$ ③ 1   ④ 2

해설 $\Delta P_1 = \dfrac{128 \times \mu_1 \times Q_1 \times l_1}{(\pi \times D_1)}$

$\Delta P_2 = \dfrac{128 \times \mu_2 \times Q_2 \times l_2}{(\pi \times D_2)}$

$(l_1 = l_2, \ D_1 = D_2)$

$\dfrac{\Delta P_1}{\Delta P_2} = \dfrac{\mu_1 \times Q_1}{\mu_2 \times Q_2} (\Delta P_1 = \Delta P_2)$

$\dfrac{\mu_2}{\mu_1} = \dfrac{Q_1}{Q_2} = \dfrac{1}{2}$ (밀도비는 무관)

27. 다음 중 동일한 액체의 물성치를 나타낸 것이 아닌 것은?

① 비중이 0.8

② 밀도가 800 kg/m^3

③ 비중량이 7840 N/m^3

④ 비체적이 $1.25 \text{ m}^3/\text{kg}$

해설 $S(비중) = \dfrac{\rho}{\rho_w} = \dfrac{800\,\mathrm{kg/m^3}}{1000\,\mathrm{kg/m^3}} = 0.8$

$S = \dfrac{\gamma}{\gamma_w} = \dfrac{7840\,\mathrm{N/m^3}}{9800\,\mathrm{N/m^3}} = 0.8$

비체적의 역수가 밀도이므로 ④항의 밀도

$\rho = \dfrac{1}{1.25\,\mathrm{m^3/kg}} = 0.8\,\mathrm{kg/m^3}$

$S = \dfrac{0.8\,\mathrm{kg/m^3}}{1000\,\mathrm{kg/m^3}} = 0.0008$

28. 길이가 5 m이며 외경과 내경이 각각 40 cm와 30 cm인 환형(annular)관에 물이 4 m/s의 평균 속도로 흐르고 있다. 수력지름에 기초한 마찰계수가 0.02일 때 손실수두는 약 몇 m인가?

① 0.063   ② 0.204

③ 0.472   ④ 0.816

해설 외경의 둘레 : $\pi \times 0.4\,\mathrm{m}$

내경의 둘레 : $\pi \times 0.3\,\mathrm{m}$

단면적 : $\dfrac{\pi}{4}\left[(0.4\,\mathrm{m})^2 - (0.3\,\mathrm{m})^2\right]$

섭수길이 : $\pi \times 0.4\,\mathrm{m} + \pi \times 0.3\,\mathrm{m}$

$R_h\,(\text{수력반경}) = \dfrac{\text{단면적}}{\text{접수길이}}$

$= \dfrac{\dfrac{\pi}{4}\left[(0.4\,\mathrm{m})^2 - (0.3\,\mathrm{m})^2\right]}{\pi \times 0.4\,\mathrm{m} + \pi \times 0.3\,\mathrm{m}} = 0.025\,\mathrm{m}$

$D_h\,(\text{수력지름}) = 4 \times R_h = 4 \times 0.025\,\mathrm{m}$

$\qquad\qquad\qquad = 0.1\,\mathrm{m}$

$\Delta H = f \times \dfrac{l}{D} \times \dfrac{V^2}{2g}$

$\qquad = 0.02 \times \dfrac{5}{0.1} \times \dfrac{4^2}{2 \times 9.8} = 0.816\,\mathrm{m}$

29. 열전달면적이 A 이고 온도 차이가 10℃, 벽의 열전도율이 10 W/m·K, 두께 25 cm인 벽을 통한 열류량은 100 W이다. 동일한 열전달면적에서 온도 차이가 2배, 벽의 열전도율이 4배가 되고 벽의 두께가 2배가 되는 경우 열류량은 약 몇 W인가?

① 50   ② 200

③ 400   ④ 800

해설 $Q = \dfrac{k \times F \times (T_2 - T_1)}{l}$

여기서, k : 열전도율

$\qquad l$: 벽의 두께

$\qquad T_2 - T_1$: 온도차

$\qquad F$: 면적

$100\,\mathrm{W} = \dfrac{10\,\mathrm{W/m \cdot K} \times F \times 10℃}{0.25\,\mathrm{m}}$

$Q_2 = \dfrac{40\,\mathrm{W/m \cdot K} \times F \times 20℃}{0.5\,\mathrm{m}}$

$\dfrac{100\,\mathrm{W}}{Q_2} = \dfrac{\dfrac{10\,\mathrm{W/m \cdot K} \times F \times 10℃}{0.25\,\mathrm{m}}}{\dfrac{40\,\mathrm{W/m \cdot K} \times F \times 20℃}{0.5\,\mathrm{m}}} = \dfrac{1}{4}$

$\therefore Q_2 = 400\,\mathrm{W}$

30. 길이가 1200 m, 안지름 100 mm인 매끈한 원관을 통해서 0.01 m³/s의 유량으로 기름을 수송한다. 이때 관에서 발생하는 압력손실은 약 몇 kPa인가? (단, 기름의 비중은 0.8, 점성계수는 0.06 N·s/m²이다.)

① 163.2   ② 201.5

③ 293.4   ④ 349.7

해설 $V = \dfrac{Q}{A} = \dfrac{0.01\,\mathrm{m^3/s}}{\dfrac{\pi}{4} \times (0.1\,\mathrm{m})^2} = 1.273\,\mathrm{m/s}$

$\rho = 0.8 \times 1000\,\mathrm{N \cdot s^2/m^4}$

$\quad = 800\,\mathrm{N \cdot s^2/m^4}$

$Re = \dfrac{D \cdot V \cdot \rho}{\mu} = \dfrac{D \cdot V}{\nu}$

여기서, D : 지름(m)

$\qquad V$: 유속(m/s)

$\qquad \rho$: 밀도(N·s²/m⁴)

$\qquad \mu$: 점성계수(N·s/m²)

$\qquad \nu$: 동점성계수(m²/s)

$Re = \dfrac{0.1\,\mathrm{m} \times 1.273\,\mathrm{m/s} \times 800\,\mathrm{N \cdot s^2/m^4}}{0.06\,\mathrm{N \cdot s/m^2}}$

$\quad = 1693.33$

정답 **28.** ④   **29.** ③   **30.** ③

$$f = \frac{64}{Re} = \frac{64}{1693.33} = 0.0377$$

$$\Delta H = f \times \frac{l}{D} \times \frac{V^2}{2g} \times \gamma$$

$$= f \times \frac{l}{D} \times \frac{V^2}{2g} \times \rho g$$

$$= f \times \frac{l}{D} \times \frac{V^2}{2} \times \rho$$

$$= 0.0377 \times \frac{1200}{0.1} \times \frac{1.273^2}{2} \times 800$$

$$= 293251 \text{ N/m}^2$$

$$= 293.3 \text{ kN/m}^2 \text{(kPa)}$$

31. 대기 중으로 방사되는 물제트에 피토 관의 흡입구를 갖다 대었을 때 피토관의 수직부에 나타나는 수주의 높이가 0.6 m 라고 하면, 물제트의 유속은 약 몇 m/s 인가? (단, 모든 손실은 무시한다.)

① 0.25 ② 1.55
③ 2.75 ④ 3.43

해설 $V = \sqrt{(2 \times 9.8 \times 0.6)} = 3.429 \text{ m/s}$

32. Carnot(카르노) 사이클이 800 K의 고온 열원과 500 K의 저온 열원 사이에서 작동 한다. 이 사이클에 공급하는 열량이 사이클 당 800 kJ이라 할 때 사이클당 외부에 하 는 일은 약 몇 kJ인가?

① 200 ② 300
③ 400 ④ 500

해설 $\dfrac{W}{Q_H} = 1 - \dfrac{T_L}{T_H}$ 에서

$$W = Q_H \times \left(1 - \frac{T_L}{T_H}\right)$$

$$= 800 \text{ kJ} \times \left(1 - \frac{500}{800}\right) = 300 \text{ kJ}$$

33. 안지름이 13 mm인 옥내소화전의 노즐

에서 방출되는 물의 압력(계기압력)이 230 kPa이라면 10분 동안의 방수량은 약 몇 m^3인가?

① 1.7 ② 3.6
③ 5.2 ④ 7.4

해설 $Q = 0.653 \times D^2 \times C\sqrt{10 \cdot P}$

$$= 0.653 \times 13^2 \times \sqrt{(10 \times 0.23)} \times 10$$

$$= 1.6736 \text{ m}^3$$

여기서, Q : 방수량(L/min)
  D : 노즐구경(mm)
  C : 유량계수
  P : 방사압력(MPa)

34. 계기압력이 730 mmHg이고 대기압이 101.3kPa일 때 절대압력은 약 몇 kPa인 가? (단, 수은의 비중은 13.6이다.)

① 198.6 ② 100.2
③ 214.4 ④ 93.2

해설 절대압력 = 대기압 + 계기압력
  계기압력 730 mmHg을 kPa로 환산하면

$$730 \text{ mmHg} \times \frac{101.325 \text{ kPa}}{760 \text{ mmHg}} = 97.325 \text{ kPa}$$

절대압력 = 101.325 + 97.325
  = 198.65 kPa

35. 펌프의 공동현상(cavitation)을 방지하 기 위한 대책으로 옳지 않은 것은?

① 펌프의 설치높이를 될 수 있는 대로 높여서 흡입양정을 길게 한다.
② 펌프의 회전수를 낮추어 흡입 비속 도를 적게 한다.
③ 단흡입펌프보다는 양흡입펌프를 사 용한다.
④ 밸브, 플랜지 등의 부속부품수를 줄 여서 손실수두를 줄인다.

해설 공동현상(cavitation)

정의	펌프 흡입 측 압력손실로 발생된 기체가 펌프 상부에 모이면 액의 송출을 방해하고 결국 운전 불능의 상태에 이르는 현상
발생 원인	• 흡입양정이 지나치게 긴 경우 • 흡입관경이 가는 경우 • 펌프의 회전수가 너무 빠를 경우 • 흡입 측 배관이나 여과기 등이 막혔을 경우
영향	• 진동 및 소음 발생 • 임펠러 깃 침식 • 펌프 양정 및 효율 곡선 저하 • 펌프 운전 불능
대책	• 유효흡입양정(NPSH)을 고려하여 펌프를 선정한다. • 충분한 크기의 배관직경을 선정한다. • 펌프의 회전수를 용량에 맞게 조정한다. • 주기적으로 여과기 등을 청소한다. • 양흡입펌프를 사용하거나 펌프를 액 중에 잠기게 한다.

36. 이상적인 교축과정(throttling process)에 대한 설명 중 옳은 것은?

① 압력이 변하지 않는다.

② 온도가 변하지 않는다.

③ 엔탈피가 변하지 않는다.

④ 엔트로피가 변하지 않는다.

[해설] 이상적인 교축과정은 단열변화로 간주하므로 압력과 온도는 낮아지지만 엔탈피는 변함이 없고 엔탈피 불변으로 엔트로피는 증가하게 된다.

37. 피스톤 A_2의 반지름이 A_1의 반지름의 2배이며 A_1과 A_2에 작용하는 압력을 각각 P_1, P_2라 하면 두 피스톤이 같은 높이에서 평형을 이룰 때 P_1과 P_2 사이의 관계는?

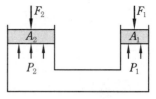

① $P_1 = 2P_2$ ② $P_2 = 4P_1$

③ $P_1 = P_2$ ④ $P_2 = 2P_1$

[해설] 두 피스톤이 동일 높이에서 평형을 이루었으므로 압력이 같다.

38. 전양정 80 m, 토출량 500 L/min인 물을 사용하는 소화펌프가 있다. 펌프효율 65 %, 전달계수(k) 1.1인 경우 필요한 전동기의 최소동력은 약 몇 kW인가?

① 9 kW ② 11 kW

③ 13 kW ④ 15 kW

[해설] $H_{kW} = \dfrac{1000 \times Q \times H}{102 \times 60 \times \eta} \times k$

$= \dfrac{1000 \times 0.5 \times 80}{102 \times 60 \times 0.65} \times 1.1$

$= 11.06 \ kW$

39. 그림과 같이 수조에 비중이 1.03인 액체가 담겨 있다. 이 수조의 바닥면적이 4 m² 일 때 이 수조 바닥 전체에 작용하는 힘은 약 몇 kN인가? (단, 대기압은 무시한다.)

① 98 ② 51

③ 156 ④ 202

[해설] $F = \gamma \times h \times A$

$= 1.03 \times 9.8 \ kN/m^3 \times 5 \ m \times 4 \ m^2$

$= 201.88 \ kN$

40. 유체가 평판 위를 $u[\text{m/s}] = 500y - 6y^2$ 의 속도분포로 흐르고 있다. 이때 $y[\text{m}]$는 벽면으로부터 측정된 수직거리일 때 벽면에서의 전단응력은 약 몇 N/m²인가? (단, 점성계수는 1.4×10^{-3} Pa · s이다.)

① 14

② 7

③ 1.4

④ 0.7

해설 $\dfrac{du}{dy} = \dfrac{d(500 - 6y^2)}{dy}$

$\qquad = 500 - 6 \times 2y\,(y = 0)$

$\qquad = 500\left(\dfrac{1}{\text{s}}\right)$

전단응력 $= 500\left(\dfrac{1}{\text{s}}\right) \times 1.4 \times 10^{-3}$ Pa · s

$\qquad = 0.7$ Pa $= 0.7$ N/m²

제3과목 **소방관계법규**

41. 방염성능기준 이상의 실내장식물 등을 설치해야 하는 특정소방대상물이 아닌 것은?

① 건축물 옥내에 있는 종교시설

② 방송통신시설 중 방송국 및 촬영소

③ 층수가 11층 이상인 아파트

④ 숙박이 가능한 수련시설

해설 아파트는 방염성능기준 이상의 실내장식물 등을 설치해야 하는 특정소방대상물에서 제외한다.

42. 다음 중 위험물로서 제1석유류에 속하는 것은?

① 중유

② 휘발유

③ 실린더유

④ 등유

해설 제4류 위험물(인화성 액체)

종류		지정수량	물질
특수인화물		50 L	이황화탄소, 디에틸에테르
제1석유류	수용성	400 L	아세톤, 시안화수소
	비수용성	200 L	휘발유, 콜로디온
알코올류		400 L	메틸알코올, 에틸알코올
제2석유류	수용성	2000 L	아세트산, 히드라진
	비수용성	1000 L	등유, 경유
제3석유류	수용성	4000 L	에틸렌글리콜, 글리세린
	비수용성	2000 L	중유, 클레오소트유
제4석유류		6000 L	기어유, 절삭유, 실린더유
동식물유류		10000 L	아마인유, 건성유, 해바라기유

43. 다음 중 과태료 대상이 아닌 것은?

① 소방안전관리대상물의 소방안전관리자를 선임하지 아니한 자

② 소방안전관리 업무를 수행하지 아니한 자

③ 특정소방대상물의 근무자 및 거주자에 대한 소방훈련 및 교육을 하지 아니한 자

④ 특정소방대상물 소방시설 등의 점검 결과를 보고하지 아니한 자

해설 ①항의 경우 300만원 이하의 벌금에 해당된다.

44. 건축물의 공사현장에 설치하여야 하는 임시소방시설과 기능 및 성능이 유사하여 임시소방시설을 설치한 것으로 보는 소방시설로 연결이 틀린 것은? (단, 임시소방

시설 – 임시소방시설을 설치한 것으로 보는 소방시설 순이다.)

① 간이소화장치 – 옥내소화전
② 간이피난유도선 – 유도표지
③ 비상경보장치 – 비상방송설비
④ 비상경보장치 – 자동화재탐지설비

해설 간이 피난 유도선 : 피난유도선, 피난유도등, 통로유도등, 비상조명등

45. 화재의 예방조치 등과 관련하여 불장난, 모닥불, 흡연, 화기취급, 그 밖에 화재예방상 위험하다고 인정되는 행위의 금지 또는 제한의 명령을 할 수 있는 자는?

① 시·도지사   ② 국무총리
③ 소방청장   ④ 소방본부장

해설 화재예방상 위험하다고 인정되는 행위의 금지, 제한의 명령 : 소방본부장, 소방서장

46. 행정안전부령으로 정하는 연소 우려가 있는 구조에 대한 기준 중 다음 ( ) 안에 알맞은 것은?

> 건축물대장의 건축물현황도에 표시된 대지경계선 안에 2 이상의 건축물이 있는 경우로서 각각의 건축물이 다른 건축물 외벽으로부터 수평거리가 1층의 경우에는 ( ) m 이하, 2층 이상의 층의 경우에는 ( ) m 이하이고 개구부가 다른 건축물을 향하여 설치된 구조를 말한다.

① ㉠ 3, ㉡ 5   ② ㉠ 5, ㉡ 8
③ ㉠ 6, ㉡ 8   ④ ㉠ 6, ㉡ 10

해설 행정안전부령으로 정하는 연소 우려가 있는 구조
(1) 건축물이 다른 건축물 외벽으로부터 수평거리가 1층의 경우에는 6 m 이하
(2) 2층 이상의 층의 경우에는 10 m 이하

47. 2급 소방안전관리대상물의 소방안전관

리자 선임기준으로 틀린 것은?

① 전기공사산업기사 자격을 가진 자
② 소방공무원으로 3년 이상 근무한 경력이 있는 자
③ 의용소방대원으로 2년 이상 근무한 경력이 있는 자
④ 위험물산업기사 자격을 가진 자

해설 의용소방대원, 자체소방대원 : 3년 이상 근무한 경력이 있는 자

48. 특정소방대상물의 소방시설 설치의 면제기준 중 다음 ( ) 안에 알맞은 것은?

> 비상경보설비 또는 단독경보형 감지기를 설치하여야 하는 특정소방대상물에 ( )를 화재안전기준에 적합하게 설치한 경우에는 그 설비의 유효범위에서 설치가 면제된다.

① 자동화재탐지설비
② 스프링클러설비
③ 비상조명등
④ 무선통신보조설비

해설 자동화재탐지설비가 설치된 경우 비상경보설비 또는 단독경보형 감지기 설치가 면제된다.

49. 화재경계지구의 지정대상이 아닌 것은?

① 공장·창고가 밀집한 지역
② 목조건물이 밀집한 지역
③ 농촌지역
④ 시장지역

해설 화재경계지구의 지정대상
(1) 공장·창고가 밀집한 지역
(2) 목조건물이 밀집한 지역
(3) 위험물 저장 및 처리시설이 밀집한 지역
(4) 시장지역
(5) 석유화학제품을 생산하는 공장이 있는 지역

(6) 소방시설, 소방용수시설 또는 소방통로
가 없는 지역

50. 위험물안전관리자로 선임할 수 있는 위험물취급자격자가 취급할 수 있는 위험물 기준으로 틀린 것은?

① 위험물기능장 자격취득자 : 모든 위험물

② 안전관리자 교육이수자 : 위험물 중 제4류 위험물

③ 소방공무원으로 근무한 경력이 3년 이상인 자 : 위험물 중 제4류 위험물

④ 위험물산업기사 자격취득자 : 위험물 중 제4류 위험물

[해설] 위험물안전관리자로 선임할 수 있는 위험물취급자격자
(1) 위험물기능장, 위험물산업기사, 위험물기능사 : 모든 위험물
(2) 소방청장이 실시하는 안전관리자 교육 이수, 소방공무원으로 3년 이상 근무한 경력이 있는 자 : 제4류 위험물

51. 정기점검의 대상이 되는 제조소 등이 아닌 것은?

① 옥내탱크저장소
② 지하탱크저장소
③ 이동탱크저장소
④ 이송취급소

[해설] 정기점검의 대상이 되는 제조소
(1) 지하탱크저장소
(2) 이동탱크저장소
(3) 이송취급소, 암반탱크저장소
(4) 지하탱크(주유취급소 또는 일반 취급소)

52. 시 · 도지사가 소방시설업의 영업정지처분에 갈음하여 부과할 수 있는 최대과징금의 범위로 옳은 것은?

① 1000만원 이하   ② 2000만원 이하
③ 3000만원 이하   ④ 5000만원 이하

[해설] 소방시설업의 영업정지처분, 소방시설관리업의 영업정지처분 : 3000만원 이하 과징금

53. 건축허가 등을 함에 있어서 미리 소방본부장 또는 소방서장 동의를 받아야 하는 건축물 등의 범위기준이 아닌 것은?

① 노유자시설 및 수련시설로서 연면적 100 m^2 이상인 건축물

② 지하층 또는 무창층이 있는 건축물로서 바닥면적이 150 m^2 이상인 층이 있는 것

③ 차고 · 주차장으로 사용되는 바닥면적이 200 m^2 이상인 층이 있는 건축물이나 주차시설

④ 장애인 의료재활시설로서 연면적 300 m^2 이상인 건축물

[해설] 노유자시설 및 수련시설은 연면적 200 m^2 이상일 경우 소방본부장 또는 소방서장 동의를 받아야 한다.

54. 자동화재탐지설비의 일반공사감리기간으로 포함시켜 산정할 수 있는 항목은?

① 고정금속구를 설치하는 기간
② 전선관의 매립을 하는 공사기간
③ 공기유입구의 설치기간
④ 소화약제 저장용기 설치기간

[해설] 일반공사감리기간에 포함되는 사항
(1) 전선관의 매립을 하는 공사기간
(2) 증폭기의 접속기간
(3) 감지기, 유도등, 조명등 및 비상콘센트 설치기간
(4) 동력전원의 접속공사를 하는 기간
(5) 무선기기접속단자, 분배기, 증폭기 설치기간
(6) 누설 동축케이블의 부설기간

55. 1급 소방안전관리대상물에 대한 기준이 아닌 것은? (단, 동식물원, 철강 등 불연성 물품을 저장·취급하는 창고, 위험물 저장 및 처리시설 중 위험물제조소 등, 지하구를 제외한 것이다.)

① 연면적 15000 m^2 이상인 특정소방대상물(아파트는 제외)

② 150세대 이상으로서 승강기가 설치된 공동주택

③ 가연성 가스를 1000톤 이상 저장·취급하는 시설

④ 30층 이상(지하층은 제외)이거나 지상으로부터 높이가 120 m 이상인 아파트

해설 1급 소방안전관리대상물에 대한 기준은 ①, ③, ④항 이외에 11층 이상 건축물(아파트 제외)이 있다.
특급 소방안전관리대상물에 대한 기준
(1) 50층 이상(지하층은 제외)이거나 지상으로부터 높이가 200 m 이상인 아파트
(2) 연면적 20만m^2 이상인 특정소방대상물(아파트는 제외)

56. 소방용수시설의 설치기준 중 주거지역, 상업지역 및 공업지역에 설치하는 경우 소방대상물과의 수평거리는 최대 몇 m 이하인가?

① 50   ② 100   ③ 150   ④ 200

해설 • 주거지역, 상업지역 및 공업지역 수평거리 : 100 m 이하
• 그 밖의 지역 : 140 m 이하

57. 스프링클러설비가 설치된 소방시설 등의 자체점검에서 종합정밀점검을 받아야 하는 아파트의 기준으로 옳은 것은?

① 연면적이 3000 m^2 이상이고 층수가 11층 이상인 것만 해당

② 연면적이 3000 m^2 이상이고 층수가 16층 이상인 것만 해당

③ 연면적이 5000 m^2 이상이고 층수가 11층 이상인 것만 해당

④ 연면적이 5000 m^2 이상이고 층수가 16층 이상인 것만 해당

해설 자체점검에서 종합정밀점검 대상
(1) 아파트 : 연면적이 5000 m^2 이상이고 층수가 11층 이상인 것만 해당
(2) 스프링클러 설비, 물분무등 소화설비 : 연면적이 5000 m^2 이상

58. 대통령령으로 정하는 특정소방대상물의 소방시설 중 내진설계대상이 아닌 것은?

① 옥내소화전설비

② 스프링클러설비

③ 미분무소화설비

④ 연결살수설비

해설 내진설계대상은 옥내소화전설비, 스프링클러설비, 물분무등 소화설비 3가지가 있으며 미분무소화설비는 물분무등 소화설비에 포함된다.

59. 소방시설업의 반드시 등록 취소에 해당하는 경우는?

① 거짓이나 그 밖의 부정한 방법으로 등록한 경우

② 다른 자에게 등록증 또는 등록수첩을 빌려준 경우

③ 소속 소방기술자를 공사현장에 배치하지 아니하거나 거짓으로 한 경우

④ 등록을 한 후 정당한 사유 없이 1년이 지날 때까지 영업을 시작하지 아니하거나 계속하여 1년 이상 휴업한 경우

정답 55. ②　56. ②　57. ③　58. ④　59. ①

해설 등록 취소에 해당
   (1) 거짓이나 그 밖의 부정한 방법으로 등록한 경우
   (2) 등록 결격사유에 해당하는 경우
   (3) 영업정지기간 중에 소방시설공사 등을 한 경우

60. 경보설비 중 단독경보형 감지기를 설치해야 하는 특정소방대상물의 기준으로 틀린 것은?

① 연면적 600 m² 미만의 숙박시설

② 연면적 1000 m² 미만의 아파트 등

③ 연면적 1000 m² 미만의 기숙사

④ 교육연구시설 내에 있는 연면적 3000 m² 미만의 합숙소

해설 교육연구시설, 수련시설 내의 합숙소 : 2000 m² 미만

제4과목 **소방기계시설의 구조 및 원리**

61. 분말소화약제의 가압용 가스 또는 축압용 가스의 설치기준 중 틀린 것은?

① 가압용 가스에 이산화탄소를 사용하는 것의 이산화탄소는 소화약제 1 kg에 대하여 20 g에 배관의 청소에 필요한 양을 가산한 양 이상으로 할 것

② 가압용 가스에 질소가스를 사용하는 것의 질소가스는 소화약제 1 kg마다 40 L(35℃에서 1기압의 압력상태로 환산한 것) 이상으로 할 것

③ 축압용 가스에 이산화탄소를 사용하는 것의 이산화탄소는 소화약제 1 kg에 대하여 20 g에 배관의 청소에 필요한 양을 가산한 양 이상으로 할 것

④ 축압용 가스에 질소가스를 사용하는 것의 질소가스는 소화약제 1 kg에 대하여 40 L(35℃에서 1기압의 압력상태로 환산한 것) 이상으로 할 것

해설 축압용에서 질소가스는 소화약제 1 kg에 대하여 10 L(35℃에서 1기압의 압력상태로 환산한 것) 이상으로 하여야 한다.

62. 소화기에 호스를 부착하지 아니할 수 있는 기준 중 옳은 것은?

① 소화약제의 중량이 2 kg 미만인 이산화탄소 소화기

② 소화약제의 중량이 3 L 미만의 액체계 소화약제 소화기

③ 소화약제의 중량이 3 kg 미만인 할로겐화합물 소화기

④ 소화약제의 중량이 4 kg 미만의 분말 소화기

해설 (1) 이산화탄소 소화기 : 3 kg 미만
   (2) 할로겐화합물 소화기 : 4 kg 미만
   (3) 분말 소화기 : 2 kg 미만

63. 경사 강하식 구조대의 구조기준 중 틀린 것은?

① 구조대 본체는 강하방향으로 봉합부가 설치되어야 한다.

② 손잡이는 출구 부근에 좌우 각 3개 이상 균일한 간격으로 견고하게 부착하여야 한다.

③ 구조대 본체의 끝부분에는 길이 4 mm 이상, 지름 4 mm 이상의 유도선을 부착하여야 하며, 유도선 끝에는 중량 3 N(300 g) 이상의 모래주머니 등을 설치하여야 한다.

④ 본체의 포지는 하부지지 장치에 인

정답 60. ④ 61. ④ 62. ② 63. ①

장력이 균등하게 걸리도록 부착하여
야 하며 하부지지 장치는 쉽게 조작
할 수 있어야 한다.

해설 구조대 본체는 강하방향으로 봉합부가
설치되지 아니하여야 한다.

64. 옥내소화전설비 배관과 배관이음쇠의
설치기준 중 배관 내 사용압력이 1.2
MPa 미만일 경우에 사용하는 것이 아닌
것은?

① 배관용 탄소 강관(KS D 3507)

② 배관용 스테인리스 강관(KS D 3576)

③ 덕타일 주철관(KS D 4311)

④ 배관용 아크 용접 탄소 강관(KS D 3583)

해설 배관용 아크 용접 탄소 강관은 1.2 MPa
이상일 경우 사용한다.

65. 특정소방대상물에 따라 적응하는 포소
화설비의 설치기준 중 발전기실, 엔진펌프
실, 변압기, 전기케이블실, 유압설비 바닥
면적의 합계가 300 m² 미만의 장소에 설
치할 수 있는 것은?

① 포헤드설비

② 호스릴포소화설비

③ 포워터스프링클러설비

④ 고정식 압축공기포소화설비

해설 발전기실, 엔진펌프실, 변압기, 전기케이
블실, 유압설비 바닥면적의 합계가 300 m²
미만의 장소에는 고정식 압축공기포소화설
비를 설치할 수 있다. 〈신설 2015.10.28.〉

66. 소화수조가 옥상 또는 옥탑의 부분에
설치된 경우에는 지상에 설치된 채수구에
서의 압력이 최소 몇 MPa 이상이 되도록
하여야 하는가?

① 0.1 ② 0.15 ③ 0.17 ④ 0.25

해설 소화수조 및 저수조

(1) 채수구 또는 흡수관투입구는 소방차가
2 m 이내의 지점까지 접근할 수 있는 위
치에 설치한다.

(2) 소화수조가 옥상 또는 옥탑의 부분에 설
치된 경우에는 지상에 설치된 채수구에서
의 압력이 0.15 MPa 이상이 되어야 한다.

67. 차고 또는 주차장에 설치하는 분말소
화설비소화약제로 옳은 것은?

① 제1종 분말   ② 제2종 분말

③ 제3종 분말   ④ 제4종 분말

해설 차고 또는 주차장에는 제3종 분말소화약
제가 사용되며 식용유 화재에는 제1종 분말
소화약제가 사용된다.

68. 스프링클러헤드의 설치기준 중 다음 ( )
안에 알맞은 것은?

> 연소할 우려가 있는 개구부에는 그 상하좌
> 우에 ( ) m 간격으로 스프링클러헤드와 개
> 구부의 내측면으로부터 직선거리는 ( ) cm
> 이하가 되도록 할 것

① ㉠ 1.7, ㉡ 15   ② ㉠ 2.5, ㉡ 15

③ ㉠ 1.7, ㉡ 25   ④ ㉠ 2.5, ㉡ 25

해설 (1) 연소할 우려가 있는 개구부에는 그
상하좌우에 2.5 m 간격으로 스프링클러헤
드를 설치하며 스프링클러헤드와 개구부의
내측면으로부터 직선거리는 15 cm 이하가
되도록 한다.

(2) 사람이 상시 출입하는 개구부로서 통행
에 지장이 있는 때에는 개구부의 상부
또는 측면(개구부의 폭이 9 m 이하인 경
우)에 설치하되, 헤드 상호간의 간격은
1.2 m 이하로 설치하여야 한다.

69. 연소방지설비 방수헤드의 설치기준 중
다음 ( ) 안에 알맞은 것은?

정답 64. ④ 65. ④ 66. ② 67. ③ 68. ② 69. ①

방수헤드 간의 수평거리는 연소방지설비 전용헤드의 경우에는 (㉠) m 이하, 스프링클러헤드의 경우에는 (㉡) m 이하로 할 것

① ㉠ 2, ㉡ 1.5
② ㉠ 1.5, ㉡ 2
③ ㉠ 1.7, ㉡ 2.5
④ ㉠ 2.5, ㉡ 1.7

해설 연소방지설비 방수헤드의 설치기준
(1) 방수헤드의 설치는 천장 또는 벽면에 설치하되 방수헤드 간의 수평거리는 연소방지설비 전용헤드를 사용할 경우에는 2.0 m 이하, 스프링클러헤드를 사용한 경우에는 1.5 m 이하로 하여야 한다.
(2) 살수구역은 지하구의 길이방향으로 길이 350 m 이하마다 또는 환기구 등을 기준으로 1개 이상 설치하되 하나의 살수구역의 길이는 3 m 이상으로 하여야 한다.

70. 완강기와 간이완강기를 소방대상물에 고정 설치해 줄 수 있는 지지대의 강도시험기준 중 ( ) 안에 알맞은 것은?

지지대는 연직방향으로 최대사용자수에 ( ) N을 곱한 하중을 가하는 경우 파괴·균열 및 현저한 변형이 없어야 한다.

① 250 ② 750
③ 1500 ④ 5000

해설 완강기와 간이완강기의 지지대는 연직방향으로 최대사용자수에 5000 N을 곱한 하중을 가하는 경우 파괴·균열 및 현저한 변형이 없어야 한다.

71. 상수도 소화용수설비의 설치기준 중 다음 ( ) 안에 알맞은 것은?

호칭지름 (㉠) mm 이상의 수도배관에 호칭지름 (㉡) mm 이상의 소화전을 접속하여야 하며, 소화전은 특정소방대상물의 수평투영면의 각 부분으로부터 (㉢) m 이하가 되도록 설치할 것

① ㉠ 65, ㉡ 100, ㉢ 120
② ㉠ 65, ㉡ 100, ㉢ 140
③ ㉠ 75, ㉡ 100, ㉢ 120
④ ㉠ 75, ㉡ 100, ㉢ 140

해설 상수도 소화용수설비의 설치기준
(1) 호칭지름 75 mm 이상의 수도배관에 호칭지름 100 mm 이상의 소화전을 접속할 것
(2) 소방자동차 등의 진입이 쉬운 도로변 또는 공지에 설치할 것
(3) 특정소방대상물의 수평투영면의 각 부분으로부터 140 m 이하가 되도록 설치할 것

72. 물분무소화설비를 설치하는 차고 또는 주차장의 배수설비 설치기준 중 틀린 것은 어느 것인가?

① 차량이 주차하는 장소의 적당한 곳의 높이 10 cm 이상 경계턱으로 배수구를 설치할 것
② 배수구에는 새어 나온 기름을 모아 소화할 수 있도록 길이 30 m 이하마다 집수관, 소화피트 등 기름분리장치를 설치할 것
③ 차량이 주차하는 바닥은 배수구를 향하여 100분의 2 이상의 기울기를 유지할 것
④ 배수설비는 가압송수장치의 최대송수능력의 수량을 유효하게 배수할 수 있는 크기 및 기울기로 할 것

해설 배수설비 설치기준
(1) 차량이 주차하는 장소의 적당한 곳에 높이 10 cm 이상의 경계턱으로 배수구를 설치할 것
(2) 배수구에는 새어 나온 기름을 모아 소화할 수 있도록 길이 40 m 이하마다 집수관·소화피트 등 기름분리장치를 설치할 것
(3) 차량이 주차하는 바닥은 배수구를 향하

여 100분의 2 이상의 기울기를 유지할 것

(4) 배수설비는 가압송수장치의 최대송수능력의 수량을 유효하게 배수할 수 있는 크기 및 기울기로 할 것

73. 청정소화약제소화설비를 설치한 특정소방대상물 또는 그 부분에 대한 자동폐쇄장치의 설치기준 중 다음 ( ) 안에 알맞은 것은?

> 개구부가 있거나 천장으로부터 (㉠)m 이상의 아래부분 또는 바닥으로부터 해당층의 높이의 (㉡) 이내의 부분에 통기구가 있어 청정소화약제의 유출에 따라 소화효과를 감소시킬 우려가 있는 것은 청정소화약제가 방사되기 전에 당해 개구부 및 통기구를 폐쇄할 수 있도록 할 것

① ㉠ 1, ㉡ 3분의 2
② ㉠ 2, ㉡ 3분의 2
③ ㉠ 1, ㉡ 2분의 1
④ ㉠ 2, ㉡ 2분의 1

해설 청정소화약제소화설비의 특정소방대상물에 대한 자동폐쇄장치의 설치기준

(1) 환기장치를 설치한 것에 있어서는 청정소화약제가 방사되기 전에 당해 환기장치가 정지할 수 있도록 할 것

(2) 개구부가 있거나 천장으로부터 1 m 이상의 아래부분 또는 바닥으로부터 당해층의 높이의 3분의 2 이내의 부분에 통기구가 있어 청정소화약제의 유출에 따라 소화효과를 감소시킬 우려가 있는 것에 있어서는 청정소화약제가 방사되기 전에 당해 개구부 및 통기구를 폐쇄할 수 있도록 할 것

(3) 자동폐쇄장치는 방호구역 또는 방호대상물이 있는 구획의 밖에서 복구할 수 있는 구조로 하고, 그 위치를 표시하는 표지를 할 것

74. 특별피난계단의 계단실 및 부속실 제연설비의 비상전원은 제연설비를 유효하게

최소 몇 분 이상 작동할 수 있도록 하여야 하는가? (단, 층수가 30층 이상 49층 이하인 경우이다.)

① 20
② 30
③ 40
④ 60

해설 비상전원

(1) 점검에 편리하고 화재 및 침수 등의 재해로 인한 피해를 받을 우려가 없는 곳에 설치할 것

(2) 제연설비를 유효하게 20분(층수가 30층 이상 49층 이하는 40분, 50층 이상은 60분) 이상 작동할 수 있도록 할 것

(3) 상용전원으로부터 전력의 공급이 중단된 때에는 자동으로 비상전원으로부터 전력을 공급받을 수 있도록 할 것

(4) 비상전원의 설치장소는 다른 장소와 방화구획 할 것. 이 경우 그 장소에는 비상전원의 공급에 필요한 기구나 설비 외의 것(열병합발전설비에 필요한 기구나 설비는 제외한다)을 두어서는 아니 된다.

(5) 비상전원을 실내에 설치하는 때에는 그 실내에 비상조명등을 설치할 것

75. 스프링클러헤드를 설치하는 천장·반자·천장과 반자 사이·덕트·선반 등의 각 부분으로부터 하나의 스프링클러헤드까지의 수평거리 기준으로 틀린 것은?

① 무대부에 있어서는 1.7 m 이하
② 랙식 창고에 있어서는 2.5 m 이하
③ 공동주택(아파트) 세대 내의 거실이 있어서는 3.2 m 이하
④ 특수가연물을 저장 또는 취급하는 장소에 있어서는 2.1 m 이하

해설 무대부, 특수가연물 : 1.7 m 이하

76. 소화약제 외의 것을 이용한 간이소화용구의 능력단위기준 중 다음 ( ) 안에 알맞은 것은?

간이소화용구		능력단위
마른 모래	삽을 상비한 (㉠) L 이상의 것 1포	0.5단위
팽창질석 또는 팽창진주암	삽을 상비한 (㉡) L 이상의 것 1포	

① ㉠ 50, ㉡ 80

② ㉠ 50, ㉡ 160

③ ㉠ 100, ㉡ 80

④ ㉠ 100, ㉡ 160

해설 ・마른 모래 : 50 L
・팽창질석 또는 팽창진주암 : 80 L

77. 물분무헤드를 설치하지 아니할 수 있는 장소의 기준 중 다음 ( ) 안에 알맞은 것은?

운전 시에 표면의 온도가 ( )℃ 이상으로 되는 등 직접 분무를 하는 경우 그 부분에 손상을 입힐 우려가 있는 기계장치 등이 있는 장소

① 160 ② 200

③ 260 ④ 300

해설 표면온도 260℃ 이상, 물과 심하게 반응하는 물질 취급장소, 고온물질 취급장소에는 물분무헤드를 설치하지 아니 할 수 있다.

78. 청정소화약제 저장용기의 설치장소기준 중 다음 ( ) 안에 알맞은 것은?

청정소화약제의 저장용기는 온도가 ( )℃ 이하이고 온도의 변화가 작은 곳에 설치할 것

① 40 ② 55

③ 60 ④ 75

해설 저장용기 온도는 40℃ 이하, 청정소화약제의 저장용기 온도는 55℃ 이하이다.

79. 포소화약제의 저장량 설치기준 중 포헤드방식 및 압축공기포소화설비에 있어서 하나의 방사구역 안에 설치된 포헤드를 동시에 개방하여 표준 방사량으로 몇 분간 방사할 수 있는 양 이상으로 하여야 하는가?

① 10 ② 20

③ 30 ④ 60

해설 포헤드방식 및 압축공기포소화설비 : 10분 이상

80. 폐쇄형 간이헤드를 사용하는 설비의 경우로서 1개층에 하나의 급수배관(또는 밸브 등)이 담당하는 구역의 최대면적은 몇 m^2을 초과하지 아니하여야 하는가?

① 1000 ② 2000

③ 2500 ④ 3000

해설 ・폐쇄형 스프링클러헤드 : 3000 m^2 이하
・폐쇄형 간이헤드 : 1000 m^2 이하

1. 분진폭발의 위험성이 가장 낮은 것은?

① 알루미늄분   ② 유황
③ 팽창질석   ④ 소맥분

[해설] 분진폭발
  (1) 알루미늄분, 마그네슘분, 철분, 소맥분, 유황분, 먼지
  (2) 팽창질석은 소화약제로 이용된다.

2. 0℃, 1 atm 상태에서 부탄(C_4H_{10}) 1 mole을 완전연소시키기 위해서 필요한 산소의 mole 수는?

① 1   ② 4   ③ 5.5   ④ 6.5

[해설] 부탄의 완전연소 반응식
$$C_4H_{10}+6.5O_2 \rightarrow 4CO_2+5H_2O+Q$$
즉, 부탄 1몰의 완전 연소에 필요한 산소의 양은 6.5몰이다.

3. 고분자 재료와 열적 특성의 연결이 옳은 것은?

① 폴리염화비닐수지 - 열가소성
② 페놀수지 - 열가소성
③ 폴리에틸렌수지 - 열경화성
④ 멜라민수지 - 열가소성

[해설] 열가소성 및 열경화성
  (1) 열가소성 : 가열하면 연화하여 쉽게 다른 모양으로 변형할 수 있는 성질(폴리에틸렌, 폴리프로필렌, 폴리염화비닐, 폴리스틸렌 등)
  (2) 열경화성 : 가열하면 단단해지는 성질(페

놀수지, 요소수지, 멜라민수지 등)

4. 상온, 상압에서 액체인 물질은?

① CO_2 ② Halon 1301
③ Halon 1211   ④ Halon 2402

[해설] Halon 2402, Halon 1011 등은 액체이며 나머지는 기체 상태이다.

5. 다음 그림에서 목조 건물의 표준 화재 온도-시간 곡선으로 옳은 것은?

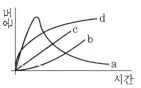

① a   ② b   ③ c   ④ d

[해설] (1) a : 목조건축물(고온, 단시간 : 1300℃)
(2) b : 내화건축물(저온, 장시간 : 1000℃)

6. 1기압 상태에서 100℃ 물 1 g이 모두 기체로 변할 때 필요한 열량은 몇 cal인가?

① 429   ② 499   ③ 539   ④ 639

[해설] 100℃에서 물의 증발잠열은 539 cal/g (kcal/kg)이다.

7. pH 9 정도의 물을 보호액으로 하여 보호액 속에 저장하는 물질은?

① 나트륨   ② 탄화칼슘
③ 칼륨   ④ 황린

[해설] 황린은 제3류 위험물 중 자연발화성 물질로 착화점이 낮으며 포스핀(PH_3) 생성을 방지

하기 위하여 물속에 보관해야 한다. 나트륨, 칼륨 등은 물과 접촉하면 수소가스를 생성하며 탄화칼슘은 아세틸렌을 생성한다.

8. 포소화약제가 갖추어야 할 조건이 아닌 것은?

① 부착성이 있을 것

② 유동성과 내열성이 있을 것

③ 응집성과 안정성이 있을 것

④ 소포성이 있고 기화가 용이할 것

[해설] 포소화약제는 소포성(포가 소멸되는 현상)이 없거나 작아야 한다.

9. 소화의 방법이 틀린 것은?

① 가연성물질을 제거한다.

② 불연성가스의 공기 중 농도를 높인다.

③ 산소의 공급을 원활하게 한다.

④ 가연성물질을 냉각시킨다.

[해설] 산소의 농도를 15 % 이하로 낮추어 소화시키는 방법을 질식소화라 한다.

10. 대두유가 침적된 기름걸레를 쓰레기통에 장시간 방치한 결과 자연발화에 의하여 화재가 발생한 경우 그 이유로 옳은 것은?

① 분해열 축적

② 산화열 축적

③ 흡착열 축적

④ 발효열 축적

[해설] 자연발화는 열의 축적에 의하여 발생되는 것으로 기름걸레, 건성유, 석탄, 금속분 등은 산화열에 의해 화재가 발생한다.

11. 탄화칼슘이 물과 반응 시 발생하는 가연성가스는?

① 메탄

② 포스핀

③ 아세틸렌

④ 수소

[해설] 탄화칼슘은 물과 반응하면 아세틸렌 가스를 생성한다.

$$CaCO_3 + 2H_2O \rightarrow C_2H_2 + Ca(OH)_2$$

12. 위험물안전관리법령에서 정하는 위험물의 한계에 대한 정의로 틀린 것은?

① 유황은 순도가 60중량퍼센트 이상인 것

② 인화성 고체는 고형 알코올 그 밖에 1기압에서 인화점이 섭씨 40도 미만인 고체

③ 과산화수소는 그 농도가 35중량퍼센트 이상인 것

④ 제1석유류는 아세톤, 휘발유 그 밖에 1기압에서 인화점이 섭씨 21도 미만인 것

[해설] 과산화수소는 그 농도가 36중량퍼센트 이상인 것이어야 한다.

13. Fourier 법칙(전도)에 대한 설명으로 틀린 것은?

① 이동열량은 전열체의 단면적에 비례한다.

② 이동열량은 전열체의 두께에 비례한다.

③ 이동열량은 전열체의 열전도도에 비례한다.

④ 이동열량은 전열체 내·외부의 온도차에 비례한다.

[해설] 푸리에(Fourier) 법칙

$$P = \frac{Q}{t} = \frac{K \cdot A \cdot (T_a - T_b)}{l}$$

여기서, P : 열전도율(kcal/h)

Q : 열의 형태로 전달된 에너지 (kcal)

t : 열의 전달시간(h)

K : 열전도도(kcal/m · h · ℃)

A : 전열체의 단면적(m^2)

T_a : 고온체의 온도(℃)

T_b : 저온체의 온도(℃)

정답 8. ④ 9. ③ 10. ② 11. ③ 12. ③ 13. ②

l : 전열체의 두께(m)

※ 이동열량은 전열체의 두께에 반비례한다.

14. 건축물 내 방화벽에 설치하는 출입문의 너비 및 높이의 기준은 각각 몇 m 이하인가?

① 2.5   ② 3.0   ③ 3.5   ④ 4.0

[해설] 방화벽 설치기준

(1) 주요구조부가 내화구조 또는 불연재료가 아닌 연면적 1000 m^2 이상인 건축물

(2) 연면적 1000 m^2 미만으로 구획할 것

(3) 내화구조로서 홀로 설 수 있는 구조일 것

(4) 방화벽의 양쪽 끝과 위쪽 끝을 건축물의 외벽면 및 지붕면으로부터 0.5 m 이상 튀어나오게 할 것

(5) 방화벽에 설치하는 출입문의 너비 및 높이는 각각 2.5 m 이하로 하고, 해당 출입문에는 갑종 방화문을 설치할 것

15. 다음 중 발화점이 가장 낮은 물질은?

① 휘발유   ② 이황화탄소

③ 적린   ④ 황린

[해설] 발화점

(1) 휘발유 : 제4류 위험물 중 제1석유류 (300℃)

(2) 이황화탄소 : 제4류 위험물 중 특수 인화물(100℃)

(3) 적린 : 제2류 위험물(260℃)

(4) 황린 : 제3류 위험물(40~50℃)

16. MOC(Minimum Oxygen Concentration : 최소산소농도)가 가장 작은 물질은 어느 것인가?

① 메탄   ② 에탄

③ 프로판   ④ 부탄

[해설] 탄화수소 완전연소 반응식

$$C_mH_n + \left(m + \frac{n}{4}\right)O_2 \rightarrow m\,CO_2 + \frac{n}{2}H_2O$$

즉, 탄소수가 작을수록 완전연소 시 최저

산소농도가 작아진다.

17. 수성막포 소화약제의 특성에 대한 설명으로 틀린 것은?

① 내열성이 우수하여 고온에서 수성막의 형성이 용이하다.

② 기름에 의한 오염이 적다.

③ 다른 소화약제와 병용하여 사용이 가능하다.

④ 불소계 계면활성제가 주성분이다.

[해설] 포소화약제의 종류 및 특성

(1) 단백포 소화약제 : 동·식물에서 추출한 것으로 수소를 함유한 유기물이며 단백질을 가수분해한 다음 여과, 중화, 농축을 하고 안정제, 접착제, 방부제 등을 첨가하여 제조된 것으로 내화성, 밀봉성이 좋고 가격이 싸지만 부식성이 높고 소화속도가 느린 것이 단점이다.

(2) 불화 단백포 소화약제 : 불소계면제로 내화성, 내유성, 유동성이 좋아 소화속도가 빠르고 기름에 오염되지 않으며 가격이 비싸다.

(3) 수성막포 : 라이트 워터라고도 하며 불소계 계면활성제의 일종으로 연소하고 있는 액체 위에 흘러들어 도포되면서 액체 표면 위에 산소를 견고하고 조밀하게 차단하고 또한 동시에 연소 액체 증기의 전개 및 확대를 억제하도록 액면에 수성막을 형성함으로써 질식과 냉각의 두 가지의 작용으로 소화한다.

(4) 내알코올형포 : 단백질의 가수분해생성물과 합성세제 등을 주성분으로 하고 있다.

(5) 합성계면활성제포 : 탄화수소계 계면활성제를 주재료로 만든 포소화약제이며 유동성이 좋아 소화속도가 빠르고 유출유 화재에 적합하다.

18. 다음 가연성 물질 중 위험도가 가장 높은 것은?

① 수소   ② 에틸렌

---

③ 아세틸렌   ④ 이황화탄소

[해설] 위험도$(H) = \dfrac{U-L}{L}$

여기서, U : 폭발 상한계
L : 폭발 하한계

※ 수소(4~75 %), 에틸렌(3.1~32 %), 아세틸렌(2.5~81 %), 이황화탄소(1.2~44 %)

① 수소 위험도$(H) = \dfrac{75-4}{4} = 17.75$

② 에틸렌 위험도$(H) = \dfrac{32-3.1}{3.1} = 9.32$

③ 아세틸렌 위험도$(H) = \dfrac{81-2.5}{2.5} = 31.4$

④ 이황화탄소 위험도$(H) = \dfrac{44-1.2}{1.2} = 35.67$

19. 소화약제로 물을 주로 사용하는 주된 이유는?

① 촉매 역할을 하기 때문에
② 증발잠열이 크기 때문에
③ 연소 작용을 하기 때문에
④ 제거 작용을 하기 때문에

[해설] 물은 소화에서 냉각 작용을 하는 것으로 증발잠열(100℃에서 539 kcal/kg)이 우수하며 주변에서 쉽게 구할 수 있기 때문에 주로 사용한다.

20. 건축물의 바깥쪽에 설치하는 피난계단의 구조 기준 중 계단의 유효 너비는 몇 m 이상으로 하여야 하는가?

① 0.6   ② 0.7   ③ 0.8   ④ 0.9

[해설] 피난계단
(1) 계단실은 창문 · 출입구 기타 개구부(이하 "창문등")를 제외한 당해 건축물의 다른 부분과 내화구조의 벽으로 구획할 것
(2) 계단실의 실내에 접하는 부분의 마감은 불연 재료로 할 것
(3) 계단실에는 예비전원에 의한 조명설비를 할 것
(4) 계단실의 바깥쪽과 접하는 창문등(망이

들어 있는 유리의 붙박이창으로서 그 면적이 각각 1 m^2 이하인 것 제외)은 당해 건축물의 다른 부분에 설치하는 창문 등으로부터 2 m 이상의 거리를 두고 설치할 것
(5) 건축물의 내부와 접하는 계단실의 창문 등(출입구 제외)은 망이 들어 있는 유리의 붙박이 창으로서 그 면적을 각각 1 m^2 이하로 할 것
(6) 건축물의 내부에서 계단실로 통하는 출입구의 유효 너비는 0.9 m 이상으로 하고, 그 출입구에는 피난의 방향으로 열 수 있는 것으로서 언제나 닫힌 상태를 유지하거나 화재로 인한 연기, 온도, 불꽃 등을 가장 신속하게 감지하여 자동적으로 닫히는 구조로 된 갑종 방화문을 설치할 것
(7) 계단은 내화구조로 하고 피난층 또는 지상까지 직접 연결되도록 할 것

제2과목   **소방유체역학**

21. 유속 6 m/s로 정상류의 물이 화살표 방향으로 흐르는 배관에 압력계와 피토계가 설치되어 있다. 이때 압력계의 계기압력이 300 kPa이었다면 피토계의 계기압력은 약 몇 kPa인가?

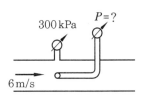

① 180   ② 280   ③ 318   ④ 336

[해설] 전압(P) = 정압(P_s) + 동압(P_v)

그림에서 정압$(P_s) = 300$ kPa

동압$(P_v) = \dfrac{V^2}{2g} = \dfrac{(6\text{m/s})^2}{2\times 9.8\text{m/s}^2} = 1.84$ m

$1.84\text{m} \times \dfrac{101.325\text{kPa}}{10.332\text{m H}_2\text{O}} = 18.04$ kPa

∴ $P = 300 + 18.04 = 318.04$ kPa

---

22. 관내에 흐르는 유체의 흐름을 구분하는 데 사용되는 레이놀즈수의 물리적인 의미는 무엇인가?

① 관성력/중력　② 관성력/탄성력

③ 관성력/압축력　④ 관성력/점성력

[해설] 무차원수의 정의

무차원수	물리적 의미
프루드수	관성력 / 중력
레이놀즈수	관성력 / 점성력
마하수	관성력 / 탄성력
웨버수	관성력 / 표면장력
코시수	관성력 / 탄성력
오일러수	압축력 / 탄성력

※ 코시수와 마하수는 압축성 유체의 유동이므로 관성력/탄성력으로 표기된다.

23. 정육면체의 그릇에 물을 가득 채울 때, 그릇 밑면이 받는 압력에 의한 수직방향 평균 힘의 크기를 P라고 하면, 한 측면이 받는 압력에 의한 수평방향 평균 힘의 크기는 얼마인가?

① $0.5P$　② P

③ $2P$　④ $4P$

[해설] 수직 분력($F_x = P$) $= \gamma \times h \times A$

수평 분력(F_y) $= \gamma \times \dfrac{h}{2} \times A$

$F_y = \dfrac{P}{2} = 0.5P$

24. 그림과 같이 수직 평판에 속도 2 m/s로 단면적이 0.01 m²인 물제트가 수직으로 세워진 벽면에 충돌하고 있다. 벽면의 오른쪽에서 물제트를 왼쪽 방향으로 쏘아 벽면의 평형을 이루게 하려면 물제트의 속도를 약 몇 m/s로 해야 하는가? (단, 오른쪽에서 쏘는 물제트의 단면적은 0.005 m²이다.)

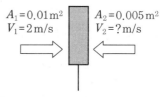

$A_1 = 0.01\,\mathrm{m^2}$　$A_2 = 0.005\,\mathrm{m^2}$
$V_1 = 2\,\mathrm{m/s}$　$V_2 = ?\,\mathrm{m/s}$

① 1.42　② 2.00

③ 2.83　④ 4.00

[해설] $F = \rho \times Q \times V = \rho \times A \times V^2$

$F_1 = \rho \times 0.01\,\mathrm{m^2} \times (2\mathrm{m/s})^2$

$F_2 = \rho \times 0.05\,\mathrm{m^2} \times (V_2)^2$

$F_1 = F_2$이므로

$\rho \times 0.01\,\mathrm{m^2} \times (2\mathrm{m/s})^2 = \rho \times 0.005\,\mathrm{m^2} \times V_2^2$

$V_2 = \sqrt{\dfrac{0.01\,\mathrm{m^2} \times (2\mathrm{m/s})^2}{0.005\,\mathrm{m^2}}} = 2.83\,\mathrm{m/s}$

25. 그림과 같은 사이펀에서 마찰손실을 무시할 때, 사이펀 끝단에서의 속도(V)가 4 m/s이기 위해서는 h가 약 몇 m이어야 하는가?

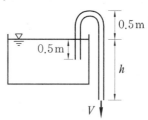

① 0.82 m　② 0.77 m

③ 0.72 m　④ 0.87 m

[해설] $h = \dfrac{V^2}{2g} = \dfrac{(4\mathrm{m/s})^2}{2 \times 9.8\,\mathrm{m/s^2}} = 0.816\,\mathrm{m}$

26. 펌프에 의하여 유체에 실제로 주어지는 동력은? (단, L_w는 동력(kW), γ는 물의 비중량(N/m³), Q는 토출량(m³/min), H는 전양정(m), g는 중력가속도(m/s²)이다.)

① $L_w = \dfrac{\gamma Q H}{102 \times 60}$

② $L_w = \dfrac{\gamma QH}{1000 \times 60}$

③ $L_w = \dfrac{\gamma QHg}{102 \times 60}$

④ $L_w = \dfrac{\gamma QHg}{1000 \times 60}$

[해설] 수동력$(kW) = \dfrac{1000 \times Q \times H}{102 \times 60}$

여기서, 1000 : 물의 비중량(kg/m^3)

Q : 유량(m^3/min)

H : 양정(m)

수동력$(kW) = \dfrac{\gamma \times Q \times H}{1000 \times 60}$

여기서, γ : 물의 비중량$(9800\ N/m^3)$

Q : 유량(m^3/min)

H : 양정(m)

※ $1\ W = 1\ N \cdot m/s(W \rightarrow kW$로 환산하기 위해 1000 대입$)$

27. 성능이 같은 3대의 펌프를 병렬로 연결하였을 경우 양정과 유량은 얼마인가? (단, 펌프 1대에서 유량은 Q, 양정은 H라고 한다.)

① 유량은 $9Q$, 양정은 H

② 유량은 $9Q$, 양정은 $3H$

③ 유량은 $3Q$, 양정은 $3H$

④ 유량은 $3Q$, 양정은 H

[해설] (1) 직렬 운전 : 토출양정 증가, 토출량 불변

(2) 병렬 운전 : 토출량 증가, 토출양정 불변

28. 비압축성 유체의 2차원 정상 유동에서 x방향의 속도를 u, y방향의 속도를 v라고 할 때 다음에 주어진 식들 중에서 연속방정식을 만족하는 것은 어느 것인가?

① $u = 2x + 2y$, $v = 2x - 2y$

② $u = x + 2y$, $v = x^2 - 2y$

③ $u = 2x + y$, $v = x^2 + 2y$

④ $u = x + 2y$, $v = 2x - y^2$

[해설] 비압축성 유체의 2차원 정상 유동

(1) x방향의 속도 $= 2x + 2y$

(2) y방향의 속도 $= 2x - 2y$

29. 다음 중 동력의 단위가 아닌 것은?

① J/s　　　　② W

③ $kg \cdot m^2/s$　　④ $N \cdot m/s$

[해설] $1\ W = 1\ J/s = 1\ N \cdot m/s$

30. 지름 10 cm인 금속구가 대류에 의해 열을 외부 공기로 방출한다. 이때 발생하는 열전달량이 40 W이고, 구 표면과 공기 사이의 온도차가 50℃라면 공기와 구 사이의 대류 열전달 계수$(W/m^2 \cdot K)$는 약 얼마인가?

① 25　　　　　② 50

③ 75　　　　　④ 100

[해설] $Q = K \times F \times \Delta t$

여기서, Q : 열전달량(W)

K : 열전달 계수$(W/m^2 \cdot K)$

F : 표면적$(m^2,\ 4\pi r^2)$

Δt : 온도차(K)

$40 = K \times 4 \times \pi \times 0.05^2 \times 50$

$K = 25.46\ W/m^2 \cdot K$

31. 지름 0.4 m인 관에 물이 0.5 m³/s로 흐를 때 길이 300 m에 대한 동력손실은 60 kW였다. 이때 관마찰계수 f는 약 얼마인가?

① 0.015　　　　② 0.020

③ 0.025　　　　④ 0.030

[해설] $60\ kW = \dfrac{1000 \times 0.5 \times H}{102}$

$\therefore H = 12.24\ m$

$V = \dfrac{Q}{A} = \dfrac{0.5\ m^3/s}{\dfrac{\pi}{4} \times (0.4m)^2} = 3.98\ m/s$

$H = f \times \dfrac{l}{D} \times \dfrac{V^2}{2g}$ 에서

$12.24 = f \times \dfrac{300}{0.4} \times \dfrac{3.98^2}{2 \times 9.8}$

$\therefore \; f = 0.02$

32. 체적이 10 m³인 기름의 무게가 30000 N이라면 이 기름의 비중은 얼마인가? (단, 물의 밀도는 1000 kg/m³이다.)

① 0.153 　　　　② 0.306

③ 0.459 　　　　④ 0.612

해설 물의 밀도 = 1000 kg/m³ = 9800 N/m³

비중 = $\dfrac{30000\text{N}/10\text{m}^3}{9800\,\text{N}/\text{m}^3}$ = 0.306

33. 비열에 대한 다음 설명 중 틀린 것은?

① 정적비열은 체적이 일정하게 유지되는 동안 온도 변화에 대한 내부에너지 변화율이다.

② 정압비열을 정적비열로 나눈 것이 비열비이다.

③ 정압비열은 압력이 일정하게 유지될 때 온도 변화에 대한 엔탈피 변화율이다.

④ 비열비는 일반적으로 1보다 크나 1보다 작은 물질도 있다.

해설 비열비 = 정압비열/정적비열
정압비열>정적비열이므로 비열비는 항상 1보다 크게 나타난다.

34. 비중 0.92인 빙산이 비중 1.025의 바닷물 수면에 떠 있다. 수면 위에 나온 빙산의 체적이 150 m³이면 빙산의 전체 체적은 약 몇 m³인가?

① 1314 　　　　② 1464

③ 1725 　　　　④ 1875

해설 1000 kg/m³ × 0.92 × V
　 = 1000 kg/m³ × 1.025 × (V − 150)
　920 V = 1025 V − 153750
　여기서, V : 빙산 전체 체적
　∴　V = 1464.285 m³

35. 초기 상태에서 압력 100 kPa, 온도 15℃인 공기가 있다. 공기의 부피가 초기 부피의 1/20이 될 때까지 단열압축할 때 압축 후의 온도는 약 몇 ℃인가? (단, 공기의 비열비는 1.40이다.)

① 54 　② 348 　③ 682 　④ 912

해설 $\dfrac{T_2}{T_1} = \left(\dfrac{V_1}{V_2}\right)^{k-1}$

$\dfrac{T_2}{(273+15)} = \left(\dfrac{1}{\frac{1}{20}}\right)^{1.4-1}$

$T_2 = 954.56\,\text{K} = 681.56\,℃$

36. 수격작용에 대한 설명으로 맞는 것은?

① 관로가 변할 때 물의 급격한 압력 저하로 인해 수중에서 공기가 분리되어 기포가 발생하는 것을 말한다.

② 펌프의 운전 중에 송출압력과 송출유량이 주기적으로 변동하는 현상을 말한다.

③ 관로의 급격한 온도 변화로 인해 응결되는 현상을 말한다.

④ 흐르는 물을 갑자기 정지시킬 때 수압이 급격히 변화하는 현상을 말한다.

해설 수격작용 : 펌프 토출 배관에서 유체의 운동에너지가 순간 압력에너지로 변하게 되면 배관에 진동 및 소음을 동반한 충격을 가하는 현상

37. 그림에서 $h_1 = 120$ mm, $h_2 = 180$ mm, $h_3 = 100$ mm일 때 A에서의 압력과 B에

서의 압력의 차이($P_A - P_B$)를 구하면 얼마인가?(단, A, B 속의 액체는 물이고, 차압액주계에서의 중간 액체는 수은(비중 13.6)이다.)

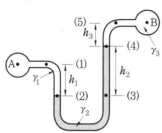

① 20.4 kPa ② 23.8 kPa
③ 26.4 kPa ④ 29.8 kPa

해설 $P_A - P_B$
$$= 9.8 \times 0.1 + 13.6 \times 9.8 \times 0.18 - 9.8 \times 0.12$$
$$= 23.8 \text{ kN/m}^2(\text{kPa})$$

38. 원형 단면을 가진 관내에 유체가 완전 발달된 비압축성 층류 유동으로 흐를 때 전단응력은?

① 중심에서 0이고, 중심선으로부터 거리에 비례하여 변한다.

② 관벽에서 0이고, 중심선에서 최대이며 선형 분포한다.

③ 중심에서 0이고, 중심선으로부터 거리의 제곱에 비례하여 변한다.

④ 전 단면에 걸쳐 일정하다.

해설 전단응력은 관 중심에서는 "0"으로 표시되고 관벽에서 최대가 된다. 반면 유속은 관 중심에서 최대가 되며 관벽에서는 "0"으로 표시된다.

39. 부피가 0.3 m³으로 일정한 용기 내의 공기가 원래 300 kPa(절대압력), 400 K의 상태였으나, 일정 시간 동안 출구가 개방되어 공기가 빠져나가 200 kPa(절대압력), 350 K의 상태가 되었다. 빠져나간 공기의 질량

은 약 몇 g인가?(단, 공기는 이상기체로 가정하며 기체상수는 287 J/kg · K이다.)

① 74 ② 187
③ 295 ④ 388

해설 보일 샤를의 법칙에 의하여
$$\frac{300 \times 0.3}{400} = \frac{200 \times V_2}{350}$$
$$V_2 = 0.39375 \text{ m}^3$$

빠져나간 공기량 $= 0.39375 - 0.3$
$$= 0.09375 \text{ m}^3$$

이상기체상태 방정식에 대입
$$P \times V = GRT$$
$$G = \frac{P \times V}{R \times T} = \frac{200 \times 10^3 \text{N/m}^2 \times 0.09375 \text{m}^3}{287 \text{N} \cdot \text{m}/K_P^\circ\text{K} \times 350^\circ\text{K}}$$
$$= 0.1866 \text{ kg} \fallingdotseq 187 \text{ g}$$

40. 한 변의 길이가 L인 정사각형 단면의 수력지름(hydraulic diameter)은?

① $\frac{L}{4}$ ② $\frac{L}{2}$ ③ L ④ 2L

해설 수력반경$(R_h) = \dfrac{\text{접수 단면적}}{\text{접수 길이}}$
$$R_h = \frac{L \times L}{4 \times L} = \frac{L}{4}$$

수력직경$(D_h) = 4 \times R_h = 4 \times \dfrac{L}{4} = L$

제3과목 　　　　**소방관계법규**

41. 화재예방, 소방시설 설치·유지 및 안전관리에 관한 법령상 화재안전기준을 달리 적용하여야 하는 특수한 용도 또는 구조를 가진 특정 소방 대상물인 원자력 발전소에 설치하지 아니할 수 있는 소방시설은?

① 물분무등 소화설비

② 스프링클러설비

③ 상수도소화용수설비

④ 연결살수설비

해설 연결송수관설비 또는 연결살수설비는 소방시설을 설치하지 아니할 수 있는 특정 소방 대상물 및 소방시설의 범위에 해당된다.

42. 위험물안전관리법상 시·도지사의 허가를 받지 아니하고 당해 제조소 등을 설치할 수 있는 기준 중 다음 ( ) 안에 알맞은 것은?

> 농예용·축산용 또는 수산용으로 필요한 난방시설 또는 건조시설을 위한 지정수량 ( )배 이하의 저장소

① 20　　　　② 30
③ 40　　　　④ 50

해설 위험물 설치 허가 및 변경신고 예외
(1) 주택의 난방시설을 위한 저장 및 취급소
(2) 농예용·축산용 또는 수산용으로 필요한 난방시설 또는 건조시설을 위한 지정수량 20배 이하의 저장소

43. 소방시설공사업법상 특정소방대상물의 관계인 또는 발주자가 해당 도급계약의 수급인을 도급계약 해지할 수 있는 경우의 기준 중 틀린 것은?

① 하도급계약의 적정성 심사 결과 하수급인 또는 하도급계약 내용의 변경 요구에 정당한 사유 없이 따르지 아니하는 경우
② 정당한 사유 없이 15일 이상 소방시설공사를 계속하지 아니하는 경우
③ 소방시설업이 등록 취소되거나 영업정지된 경우
④ 소방시설업을 휴업하거나 폐업한 경우

해설 정당한 사유 없이 15일 이상 → 정당한 사유 없이 30일 이상

44. 소방시설공사업법령상 소방시설공사 완

공 검사를 위한 현장 확인 대상 특정소방대상물의 범위가 아닌 것은?

① 위락시설　　　② 판매시설
③ 운동시설　　　④ 창고시설

해설 소방시설공사 완공 검사를 위한 현장 확인 대상 특정소방대상물의 범위
(1) 청소년시설, 노유자시설, 문화집회 및 운동시설, 판매시설, 숙박시설, 지하상가, 다중이용업소
(2) 가스계(이산화탄소·할로겐화합물·청정소화약제)소화설비가 설치되는 것
(3) 연면적 1만제곱미터 이상이거나 11층 이상인 특정소방대상물(아파트는 제외한다)
(4) 가연성가스를 제조·저장 또는 취급하는 시설 중 지상에 노출된 가연성가스 탱크의 저장용량 합계가 1천통 이상의 시설

45. 소방기본법령상 특수가연물의 저장 및 취급의 기준 중 다음 ( ) 안에 알맞은 것은?(단, 석탄·목탄류를 발전용으로 저장하는 경우는 제외한다.)

> 살수설비를 설치하거나, 방사능력 범위에 해당 특수가연물이 포함되도록 대형 수동식소화기를 설치하는 경우에는 쌓는 높이를 (㉠)m 이하, 석탄·목탄류의 경우에는 쌓는 부분의 바닥면을 (㉡)m² 이하로 할 수 있다.

① ㉠ 10, ㉡ 50
② ㉠ 10, ㉡ 200
③ ㉠ 15, ㉡ 200
④ ㉠ 15, ㉡ 300

해설 특수가연물의 저장 및 취급의 기준
(1) 특수가연물을 저장 또는 취급하는 장소에는 품명·최대수량 및 화기취급의 금지 표지를 설치해야 한다.
(2) 품명별로 구분하여 쌓아야 한다.
(3) 쌓는 부분의 바닥면적은 50 m² 이하가 되도록 하여야 한다(석탄이나 목탄류는 200 m² 이하).

정답 42. ①　43. ②　44. ①　45. ④

(4) 쌓는 높이는 10 m 이하가 되도록 하여야 한다.

(5) 쌓는 바닥면적 사이는 1 m 이상이어야 한다.

(6) 살수설비 또는 대형 소화기를 설치하는 경우
- 쌓는 부분의 바닥면적은 200 m² 이하가 되도록 하여야 한다.(석탄이나 목탄류는 300 m² 이하)
- 쌓는 높이는 15m 이하가 되도록 하여야 한다.

46. 화재예방, 소방시설 설치·유지 및 안전관리에 관한 법상 중앙소방기술심의위원회의 심의사항이 아닌 것은?

① 화재안전기준에 관한 사항

② 소방시설의 설계 및 공사감리의 방법에 관한 사항

③ 소방시설에 하자가 있는지의 판단에 관한 사항

④ 소방시설공사의 하자를 판단하는 기준에 관한 사항

해설 중앙소방기술심의위원회의 심의사항
(1) 화재안전기준에 관한 사항
(2) 소방시설의 구조와 원리 등에 있어서 공법이 특수한 설계 및 시공에 관한 사항
(3) 소방시설의 설계 및 공사감리의 방법에 관한 사항
(4) 소방시설공사 하자의 판단기준에 관한 사항
(5) 그 밖의 소방기술 등에 관하여 대통령령으로 정하는 사항

47. 화재예방, 소방시설 설치·유지 및 안전관리에 관한 법령상 단독경보형감지기를 설치하여야 하는 특정소방대상물의 기준 중 옳은 것은?

① 연면적 600 m² 미만의 아파트 등

② 연면적 1000 m² 미만의 기숙사

③ 연면적 1000 m² 미만의 숙박시설

④ 교육연구시설 또는 수련시설 내에 있는 합숙소 또는 기숙사로서 연면적 1000 m² 미만인 것

해설 단독경보형감지기 설치대상
(1) 연면적 1000 m² 미만의 아파트, 기숙사 등
(2) 교육연구시설 또는 수련시설 내에 있는 합숙소 또는 기숙사로서 연면적 2000 m² 미만인 것
(3) 연면적 600 m² 미만의 숙박시설
(4) 연면적 400 m² 미만의 유치원
(5) 수련시설(숙박시설이 있는 것만 해당)

48. 화재예방, 소방시설 설치·유지 및 안전관리에 관한 법령상 용어의 정의 중 다음 ( ) 안에 알맞은 것은?

> 특정 소방대상물이란 소방시설을 설치하여야 하는 소방대상물로서 ( )으로 정하는 것을 말한다.

① 행정안전부령　② 국토교통부령

③ 고용노동부령　④ 대통령령

해설 소방시설, 특정 소방대상물, 소방용품 → 대통령령

49. 화재예방, 소방시설 설치·유지 및 안전관리에 관한 법상 소방안전 특별관리시설물의 대상 기준 중 틀린 것은?

① 수련시설

② 항만시설

③ 전력용 및 통신용 지하구

④ 지정문화재인 시설(시설이 아닌 지정문화재를 보호하거나 소장하고 있는 시설을 포함)

해설 소방안전 특별관리시설물의 안전관리 : 공항, 철도, 항만, 산업단지, 초고층 건축물 및 지하연계 복합건축물, 석유비축시설, 천연가스 인수기지 및 공급망

정답 **46.** ③ **47.** ② **48.** ④ **49.** ①

50. 위험물안전관리법령상 인화성 액체 위험물(이황화탄소를 제외)의 옥외탱크저장소의 탱크 주위에 설치하여야 하는 방유제의 설치 기준 중 틀린 것은?

① 방유제 내의 면적은 60000 m^2 이하로 하여야 한다.

② 방유제는 높이 0.5 m 이상 3 m 이하, 두께 0.2 m 이상, 지하매설깊이 1 m 이상으로 할 것. 다만, 방유제와 옥외저장탱크 사이의 지반면 아래에 불침윤성 구조물을 설치하는 경우에는 지하매설깊이를 해당 불침윤성 구조물까지로 할 수 있다.

③ 방유제의 용량은 방유제 안에 설치된 탱크가 하나인 때에는 그 탱크 용량의 110 % 이상, 2기 이상인 때에는 그 탱크 중 용량이 최대인 것의 용량의 110 % 이상으로 하여야 한다.

④ 방유제는 철근콘크리트로 하고, 방유제와 옥외저장탱크 사이의 지표면은 불연성과 불침윤성이 있는 구조(철근콘크리트 등)로 할 것. 다만, 누출된 위험물을 수용할 수 있는 전용유조 및 펌프 등의 설비를 갖춘 경우에는 방유제와 옥외저장탱크 사이의 지표면을 흙으로 할 수 있다.

해설 옥외탱크저장소의 탱크 주위에 설치하여야 하는 방유제의 설치 기준
(1) 방유제의 높이는 0.5 m 이상 3 m 이하로 하고 면적은 8만 m^2 이하로 해야 한다.
(2) 방유제의 용량은 방유제 안에 설치된 탱크가 하나인 때에는 그 탱크 용량의 110 % 이상, 2기 이상인 때에는 그 탱크 중 용량이 최대인 것의 용량의 110 % 이상으로 해야 한다.

51. 소방기본법령상 특수가연물의 품명별 수량 기준으로 틀린 것은?

① 합성수지류(발포시킨 것) : 20 m^3 이상
② 가연성액체류 : 2 m^3 이상
③ 넝마 및 종이부스러기 : 400 kg 이상
④ 볏짚류 : 1000 kg 이상

해설 특수가연물 종류

품명	수량	품명	수량
면화류	200 kg 이상	가연성 고체류	3000 kg 이상
나무껍질, 대팻밥	400 kg 이상	가연성 액체류	2 m^3 이상
넝마, 종이 부스러기	1000 kg 이상	석탄, 목탄류	10000 kg 이상
사류	1000 kg 이상	목재 가공품, 나무 부스러기	10 m^3 이상
볏짚류	1000 kg 이상	합성 수지류	발포 시킨 것 : 20 m^3 이상 / 그 밖의 것 : 3000 kg 이상

52. 위험물안전관리법상 업무상 과실로 제조소 등에서 위험물을 유출·방출 또는 확산시켜 사람의 생명·신체 또는 재산에 대하여 위험을 발생시킨 자에 대한 벌칙 기준으로 옳은 것은?

① 10년 이하의 징역 또는 금고나 1억원 이하의 벌금
② 7년 이하의 금고 또는 7천만원 이하의 벌금
③ 5년 이하의 징역 또는 1억원 이하의 벌금
④ 3년 이하의 징역 또는 3천만원 이하의 벌금

해설 위험물법

정답 50. ① 51. ③ 52. ②

(1) 제조소 등에서 위험물을 유출·방출 또는 확산시켜 사람의 생명·신체 또는 재산에 대하여 위험을 발생시킨 자는 1년 이상 10년 이하의 징역에 처한다.(사람을 상해에 이르게 한 때에는 무기 또는 3년 이상의 징역에 처하며, 사망에 이르게 한 때에는 무기 또는 5년 이상의 징역에 처한다.)

(2) 업무상 과실로 제조소 등에서 위험물을 유출·방출 또는 확산시켜 사람의 생명·신체 또는 재산에 대하여 위험을 발생시킨 자는 7년 이하의 금고 또는 7천만원 이하의 벌금에 처한다.(사람을 사상에 이르게 한 자는 10년 이하의 징역 또는 금고나 1억원 이하의 벌금에 처한다.)

(3) 제조소 등의 설치허가를 받지 아니하고 제조소 등을 설치한 자는 5년 이하의 징역 또는 1억원 이하의 벌금에 처한다.

53. 위험물안전관리법령상 제조소의 위치·구조 및 설비의 기준 중 위험물을 취급하는 건축물 그 밖의 시설의 주위에는 그 취급하는 위험물의 최대수량이 지정수량의 10배 이하인 경우 보유하여야 할 공지의 너비는 몇 m 이상 이어야 하는가?

① 3 　　② 5 　　③ 8 　　④ 10

해설 위험물 제조소의 보유공지
(1) 위험물의 최대수량이 지정수량의 10배 이하 : 공지의 너비 3 m 이상
(2) 위험물의 최대수량이 지정수량의 10배 초과 : 공지의 너비 5 m 이상

54. 화재예방, 소방시설 설치·유지 및 안전관리에 관한 법령상 종합정밀점검 실시 대상이 되는 특정소방대상물의 기준 중 다음 (　) 안에 알맞은 것은?

- 스프링클러설비 또는 물분무등 소화설비(호스릴 방식의 물분무등 소화설비만을 설치한 경우는 제외)가 설치된 연면적 (㉠) m² 이상인 특정소방대상물(위험물 제조소등은 제외)
- 아파트는 연면적 (㉠) m² 이상이고 (㉡) 층 이상인 것만 해당

① ㉠ 2000, ㉡ 7
② ㉠ 2000, ㉡ 11
③ ㉠ 5000, ㉡ 7
④ ㉠ 5000, ㉡ 11

해설 종합정밀점검 대상
(1) 스프링클러설비 또는 물분무소화설비가 설치된 연면적 5000 m² 이상 건축물(연면적 5000 m² 이상이고 11층 이상의 아파트)
(2) 연면적 1000 m² 이상의 공공기관
(3) 연면적 2000 m² 이상의 다중이용업소(해당 대상물에 유흥주점, 단란주점, 영화상영관, 비디오감상실업, 노래연습장업, 산후조리원, 고시원, 안마시술소 등이 1개소 이상 입점한 경우)
(4) 공공기관 중 연면적(터널·지하구의 경우 그 길이와 평균폭을 곱하여 계산된 값을 말함)이 1000 m² 이상인 것으로서 옥내소화전설비 또는 자동화재 탐지설비가 설치된 것. 다만, 소방대가 근무하는 공공기관은 제외한다.

55. 소방기본법상 소방업무의 응원에 대한 설명 중 틀린 것은?

① 소방본부장이나 소방서장은 소방활동을 할 때에 긴급한 경우에는 이웃한 소방본부장 또는 소방서장에게 소방업무의 응원을 요청할 수 있다.

② 소방업무의 응원 요청을 받은 소방본부장 또는 소방서장은 정당한 사유 없이 그 요청을 거절하여서는 아니 된다.

③ 소방업무의 응원을 위하여 파견된 소방대원은 응원을 요청한 소방본부장 또는 소방서장의 지휘에 따라야 한다.

④ 시·도지사는 소방업무의 응원을 요청하는 경우를 대비하여 출동 대상지역 및 규모와 필요한 경비의 부담 등에 관하여 필요한 사항을 대통령령으로

정하는 바에 따라 이웃하는 시 · 도지사와 협의하여 미리 규약으로 정하여야 한다.

해설 소방업무의 상호응원 협정
(1) 소방활동에 관한 사항
  • 화재의 경계, 진압활동
  • 구조, 구급업무의 지원
  • 화재조사활동
(2) 출동 대상지역 및 규모와 필요한 경비의 부담
  • 출동대원의 수당, 식사 및 피복의 수선
  • 소방장비 및 기구의 정비와 연료의 보급
  • 응원출동의 요청방법
  • 응원출동훈련 및 평가
※ ④ 대통령령 → 행정안전부령

56. 화재예방, 소방시설 설치 · 유지 및 안전관리에 관한 법령상 소방안전관리대상물의 소방안전관리자가 소방훈련 및 교육을 하지 않은 경우 1차 위반 시 과태료 금액 기준으로 옳은 것은?

① 200만원   ② 100만원
③ 50만원   ④ 30만원

해설 소방훈련 및 교육을 하지 않은 경우
(1) 1차 위반 : 50만원 과태료
(2) 2차 위반 : 100만원 과태료
(3) 3차 위반 : 200만원 과태료

57. 소방기본법상 시 · 도지사가 화재경계지구로 지정할 필요가 있는 지역을 화재경계지구로 지정하지 아니하는 경우 해당 시 · 도지사에게 해당 지역의 화재경계지구 지정을 요청할 수 있는 자는?

① 행정안전부장관   ② 소방청장
③ 소방본부장   ④ 소방서장

해설 (1) 화재경계지구의 지정권자 : 시 · 도지사(소방청장은 해당 시 · 도지사에게 해당 지역의 화재경계지구 지정을 요청할 수

있다.)
(2) 화재경계지구의 지정대상지역
  • 시장지역
  • 공장, 창고, 목조건축물, 위험물저장, 처리시설 밀집지역
  • 석유화학제품 생산공장지역, 산업단지
  • 소방시설, 소방용수시설 또는 소방출동로가 없는 지역
  • 소방청장, 소방본부장, 소방서장이 인정하는 지역

58. 화재예방, 소방시설 설치 · 유지 및 안전관리에 관한 법상 공동 소방안전관리자 선임대상 특정소방대상물의 기준 중 틀린 것은?

① 판매시설 중 상점
② 고층 건축물(지하층을 제외한 층수가 11층 이상인 건축물만 해당)
③ 지하가(지하의 인공구조물 안에 설치된 상점 및 사무실, 그 밖에 이와 비슷한 시설이 연속하여 지하도에 접하여 설치된 것과 그 지하도를 합한 것)
④ 복합건축물로서 연면적이 5000 m^2 이상인 것 또는 층수가 5층 이상인 것

해설 공동 소방안전관리자 선임대상 특정소방대상물
(1) 고층 건축물(지하층을 제외한 층수가 11층 이상인 건축물만 해당)
(2) 지하가(지하의 인공구조물 안에 설치된 상점 및 사무실, 그 밖에 이와 비슷한 시설이 연속하여 지하도에 접하여 설치된 것과 그 지하도를 합한 것)
(3) 복합건축물로서 연면적이 5000 m^2 이상인 것 또는 층수가 5층 이상인 것
(4) 도매시장 및 소매시장
(5) 소방본부장, 소방서장이 지정하는 것

59. 소방기본법령상 일반음식점에서 조리를 위하여 불을 사용하는 설비를 설치하

는 경우 지켜야 하는 사항 중 다음 (   ) 안에 알맞은 것은?

- 주방설비에 부속된 배기덕트는 (㉠) mm 이상의 아연도금 강판 또는 이와 동등 이상의 내식성 불연재료로 설치할 것
- 열을 발생하는 조리기구로부터 (㉡) m 이내의 거리에 있는 가연성 주요구조부는 석면판 또는 단열성이 있는 불연재료로 덮어 씌울 것

① ㉠ 0.5, ㉡ 0.15

② ㉠ 0.5, ㉡ 0.6

③ ㉠ 0.6, ㉡ 0.15

④ ㉠ 0.6, ㉡ 0.5

해설 불의 사용에 있어서 지켜야 하는 사항(음식조리를 위하여 설치하는 설비)

(1) 주방설비에 부속된 배기덕트는 0.5 mm 이상의 아연도금강판 또는 이와 동등 이상의 내식성 불연재료로 설치할 것

(2) 주방시설에는 동물 또는 식물의 기름을 제거할 수 있는 필터 등을 설치할 것

(3) 열을 발생하는 조리기구는 반자 또는 선반으로부터 0.6 m 이상 떨어지게 할 것

(4) 열을 발생하는 조리기구로부터 0.15 m 이내의 거리에 있는 가연성 주요구조부는 석면판 또는 단열성이 있는 불연재료로 덮어 씌울 것

60. 소방기본법령상 소방용수시설별 설치기준 중 옳은 것은?

① 저수조는 지면으로부터의 낙차가 4.5 m 이상일 것

② 소화전은 상수도와 연결하여 지하식 또는 지상식의 구조로 하고, 소방용 호스와 연결하는 소화전의 연결금속구의 구경은 50 mm로 할 것

③ 저수조 흡수관의 투입구가 사각형의 경우에는 한 변의 길이가 60 cm

이상일 것

④ 급수탑 급수배관의 구경은 65 mm 이상으로 하고, 개폐밸브는 지상에서 0.8 m 이상, 1.5 m 이하의 위치에 설치하도록 할 것

해설 (1) 소방용수시설 설치기준

- 주거지역, 상업지역 및 공업지역 : 소방대상물과의 수평거리를 100 m 이하
- 상기외의 지역에 설치 : 소방대상물과의 수평거리를 140 m 이하

(2) 소방용수시설별 설치기준

- 소화전의 설치기준 : 상수도와 연결하여 지하식 또는 지상식의 구조로 하고 소방용 호스와 연결하는 소화전의 연결금속구의 구경은 65 mm로 할 것
- 급수탑의 설치기준 : 급수배관의 구경은 100 mm 이상으로 하고, 개폐밸브는 지상에서 1.5 m 이상 1.7 m 이하의 위치에 설치하도록 할 것

(3) 저수조의 설치기준

- 지면으로부터의 낙차가 4.5 m 이하일 것
- 흡수부분의 수심이 0.5 m 이상일 것
- 소방펌프자동차가 쉽게 접근할 수 있도록 할 것
- 흡수에 지장이 없도록 토사 및 쓰레기 등을 제거할 수 있는 설비를 갖출 것
- 흡수관의 투입구가 사각형의 경우에는 한 변의 길이가 60 cm 이상, 원형의 경우에는 지름이 60 cm 이상일 것
- 저수조에 물을 공급하는 방법은 상수도에 연결하여 자동으로 급수되는 구조일 것

제4과목 **소방기계시설의 구조 및 원리**

61. 제연설비의 배출량 기준 중 다음 (   ) 안에 알맞은 것은?

거실의 바닥면적이 400 m² 미만으로 구획된 예상제연구역에 대한 배출량은 바닥면적 1 m²당 (㉠) m³/min 이상으로 하되, 예상제연구역 전체에 대한 최저 배출량은 (㉡) m³/hr 이상으로 하여야 한다. 다만, 예상제연구역이 다른 거실의 피난을 위한 경유거실인 경우에는 그 예상제연구역의 배출량은 이 기준량의 (㉢)배 이상으로 하여야 한다.

① ㉠ 0.5, ㉡ 10000, ㉢ 1.5
② ㉠ 1, ㉡ 5000, ㉢ 1.5
③ ㉠ 1.5, ㉡ 15000, ㉢ 2
④ ㉠ 2, ㉡ 5000, ㉢ 2

해설 배출량 및 배출방식 : 거실의 바닥면적이 400 m² 미만으로 구획된 예상제연구역에 대한 배출량은 바닥면적 1 m²당 1 m³/min 이상으로 하되, 예상제연구역 전체에 대한 최저 배출량은 5000 m³/hr 이상으로 할 것. 다만, 예상제연구역이 다른 거실의 피난을 위한 경유거실인 경우에는 그 예상제연구역의 배출량은 이 기준량의 1.5배 이상으로 하여야 한다.

62. 케이블 트레이에 물분무소화설비를 설치하는 경우 저장하여야 할 수원의 최소 저수량은 몇 m³인가? (단, 케이블 트레이의 투영된 바닥면적은 70 m²이다.)

① 12.4   ② 14   ③ 16.8   ④ 28

해설 물분무소화설비의 수원의 양

소방대상물	수원의 저수량
특수 가연물	바닥면적(m² : 최대 50 m²) ×10 L/m² · min×20 min
차고, 주차장	바닥면적(m² : 최대 50 m²) ×20 L/m² · min×20 min
절연유 봉입 변압기	표면적(바닥부분 제외 : m²) ×10 L/m² · min×20 min
케이블 트레이, 덕트	투영된 바닥면적(m²) ×12 L/m² · min×20 min
컨베이어 벨트	벨트부분의 바닥면적(m²) ×10 L/m² · min×20 min

$$Q = 70 \ m^2 \times 12 \ L/m^2 \cdot min \times 20 \ min$$
$$= 16800 \ L = 16.8 \ m^3$$

63. 호스릴 이산화탄소소화설비의 노즐은 20℃에서 하나의 노즐마다 몇 kg/min 이상의 소화약제를 방사할 수 있는 것이어야 하는가?

① 40   ② 50
③ 60   ④ 80

해설 호스릴 이산화탄소소화설비
  (1) 노즐당 저장량 : 90 kg 이상
  (2) 수평거리 : 15 m 이하
  (3) 20℃에서 방사량 : 60 kg/min

64. 차고 · 주차장의 부분에 호스릴포소화설비 또는 포소화전설비를 설치할 수 있는 기준 중 틀린 것은?

① 지상 1층으로서 방화구획되거나 지붕이 없는 부분
② 지상에서 수동 또는 원격조작에 따라 개방이 가능한 개구부의 유효면적의 합계가 바닥면적의 20 % 이상인 부분
③ 옥외로 통하는 개구부가 상시 개방된 구조의 부분으로서 그 개방된 부분의 합계면적이 해당 차고 또는 주차장의 바닥면적의 20 % 이상인 부분
④ 완전 개방된 옥상주차장 또는 고가 밑의 주차장 등으로서 주된 벽이 없고 기둥뿐이거나 주위가 위해방지용 철주 등으로 둘러싸인 부분

해설 ③ 옥외로 통하는 개구부가 상시 개방된 구조의 부분으로서 그 개방된 부분의 합계면적이 해당 차고 또는 주차장의 바닥면적의 25 % 이상인 부분

65. 특별피난계단의 계단실 및 부속실 제

연설비의 수직풍도에 따른 배출기준 중 각 층의 옥내와 면하는 수직풍도의 관통부에 설치하여야 하는 배줄댐퍼 설치기준으로 틀린 것은?

① 화재층의 옥내에 설치된 화재감지기의 동작에 따라 당해층의 댐퍼가 개방될 것
② 풍도의 배출댐퍼는 이·탈착구조가 되지 않도록 설치할 것
③ 개폐여부를 당해 장치 및 제어반에서 확인할 수 있는 감지기능을 내장하고 있을 것
④ 배출댐퍼는 두께 1.5 mm 이상의 강판 또는 이와 동등 이상의 성능이 있는 것으로 설치하여야 하며 비내식성 재료의 경우에는 부식방지 조치를 할 것

해설 각 층의 옥내와 면하는 수직풍도의 관통부에는 다음 각 목의 기준에 적합한 댐퍼(이하 "배출댐퍼"라 한다)를 설치하여야 한다.
(1) 배출댐퍼는 두께 1.5 mm 이상의 강판 또는 이와 동등 이상의 성능이 있는 것으로 설치하여야 하며 비내식성 재료의 경우에는 부식방지 조치를 할 것
(2) 평상시 닫힌 구조로 기밀상태를 유지할 것
(3) 개폐여부를 당해 장치 및 제어반에서 확인할 수 있는 감지기능을 내장하고 있을 것
(4) 구동부의 작동상태와 닫혀 있을 때의 기밀상태를 수시로 점검할 수 있는 구조일 것
(5) 풍도의 내부마감상태에 대한 점검 및 댐퍼의 정비가 가능한 이·탈착구조로 할 것
(6) 화재층의 옥내에 설치된 화재감지기의 동작에 따라 당해층의 댐퍼가 개방될 것
(7) 개방 시의 실제개구부(개구율을 감안한 것을 말한다)의 크기는 수직풍도의 내부단면적과 같도록 할 것

(8) 댐퍼는 풍도 내의 공기흐름에 지장을 주지 않도록 수직풍도의 내부로 돌출하지 않게 설치할 것

66. 인명구조기구의 종류가 아닌 것은?
① 방열복　　　② 구조대
③ 공기호흡기　　④ 인공소생기

해설 인명구조기구는 화재 시 발생하는 열과 연기에 대하여 인명의 안전한 피난을 위한 기구로서 방열복, 공기호흡기(보조마스크를 포함) 및 인공소생기 등을 말한다.
(1) 방열복 : 화재로부터의 고온의 복사열을 차단하여 인체를 방호하는 피복
(2) 공기호흡기 : 유독가스부터 인명을 보호하기 위하여 용기에 압축한 공기를 저장하여 두었다가 필요시 마스크를 통해 호흡에 이용토록 하는 호흡기구
(3) 인공소생기 : 호흡 부전상태에 빠진 사람에게 인공호흡을 시켜 환자를 구급하거나 보호하는 기구

67. 분말소화약제의 가압용 가스용기의 설치기준 중 틀린 것은?
① 분말소화약제의 저장 용기에 접속하여 설치하여야 한다.
② 가압용가스는 질소가스 또는 이산화탄소로 하여야 한다.
③ 가압용가스 용기를 3병 이상 설치한 경우에 있어서는 2개 이상의 용기에 전자개방밸브를 부착하여야 한다.
④ 가압용가스 용기에는 2.5 MPa 이상의 압력에서 압력 조정이 가능한 압력조정기를 설치하여야 한다.

해설 분말소화약제의 가압용 가스용기의 설치기준
(1) 분말소화약제의 가스 용기는 분말소화약제의 저장 용기에 접속하여 설치하여야 한다.

정답 66. ②　67. ④

(2) 분말소화약제의 가압용가스 용기를 3병 이상 설치한 경우에는 2개 이상의 용기에 전자개방밸브를 부착하여야 한다.

(3) 분말소화약제의 가압용가스 용기에는 2.5 MPa 이하의 압력에서 조정이 가능한 압력조정기를 설치하여야 한다.

(4) 가압용가스 또는 축압용가스는 질소가스 또는 이산화탄소로 할 것

(5) 가압용가스에 질소가스를 사용하는 것의 질소가스는 소화약제 1 kg마다 40 L(35℃에서 1기압의 압력상태로 환산한 것) 이상, 이산화탄소를 사용하는 것의 이산화탄소는 소화약제 1 kg에 대하여 20 g에 배관의 청소에 필요한 양을 가산한 양 이상으로 할 것

(6) 축압용가스에 질소가스를 사용하는 것의 질소가스는 소화약제 1 kg에 대하여 10 L (35℃에서 1기압의 압력상태로 환산한 것) 이상, 이산화탄소를 사용하는 것의 이산화탄소는 소화약제 1 kg에 대하여 20 g에 배관의 청소에 필요한 양을 가산한 양 이상으로 할 것

(7) 배관의 청소에 필요한 양의 가스는 별도의 용기에 지장할 것

68. 스프링클러헤드의 설치기준 중 옳은 것은?

① 살수가 방해되지 아니하도록 스프링클러헤드로부터 반경 30 cm 이상의 공간을 보유할 것

② 스프링클러헤드와 그 부착면과의 거리는 60 cm 이하로 할 것

③ 측벽형 스프링클러헤드를 설치하는 경우 긴 변의 한쪽 벽에 일렬로 설치하고 3.2 m 이내마다 설치할 것

④ 연소할 우려가 있는 개구부에는 그 상하좌우에 2.5 m 간격으로 스프링클러헤드를 설치하되, 스프링클러헤드와 개구부의 내측 면으로부터 직선거

리는 15 cm 이하가 되도록 할 것

해설 스프링클러헤드의 설치기준
①항의 경우 30 cm → 60 cm
②항의 경우 60 cm → 30 cm
③항의 경우 3.2 m → 3.6 m

69. 포헤드의 설치기준 중 다음 ( ) 안에 알맞은 것은?

압축공기포소화설비의 분사헤드는 천장 또는 반자에 설치하되 방호대상물에 따라 측벽에 설치할 수 있으며 유류탱크 주위에는 바닥면적 (㉠) m^2마다 1개 이상, 특수가연물 저장소에는 바닥면적 (㉡) m^2마다 1개 이상으로 당해 방호대상물의 화재를 유효하게 소화할 수 있도록 할 것

① ㉠ 8, ㉡ 9
② ㉠ 9, ㉡ 8
③ ㉠ 9.3, ㉡ 13.9
④ ㉠ 13.9, ㉡ 9.3

해설 방호면적 1 m^2당 1분당 방출량
(1) 특수가연물 : 2.3 L
(2) 기타 : 1.63 L

70. 분말소화설비의 수동식 기동장치의 부근에 설치하는 비상스위치에 대한 설명으로 옳은 것은?

① 자동복귀형 스위치로서 수동식 기동장치의 타이머를 순간정지시키는 기능의 스위치를 말한다.

② 자동복귀형 스위치로서 수동식 기동장치가 수신기를 순간정지시키는 기능의 스위치를 말한다.

③ 수동복귀형 스위치로서 수동식 기동장치의 타이머를 순간정지시키는 기능의 스위치를 말한다.

④ 수동복귀형 스위치로서 수동식 기동

장치가 수신기를 순간정지시키는 기능의 스위치를 말한다.

[해설] 분말소화설비의 수동식 기동장치는 다음 각 호의 기준에 따라 설치하여야 한다. 이 경우 수동식 기동장치의 부근에는 소화약제의 방출을 지연시킬 수 있는 비상스위치(자동복귀형 스위치로서 수동식 기동장치의 타이머를 순간정지시키는 기능의 스위치를 말한다)를 설치하여야 한다.

(1) 전역방출방식은 방호구역마다, 국소방출방식은 방호대상물마다 설치할 것
(2) 해당 방호구역의 출입구부분 등 조작을 하는 자가 쉽게 피난할 수 있는 장소에 설치할 것
(3) 기동장치의 조작부는 바닥으로부터 높이 0.8 m 이상 1.5 m 이하의 위치에 설치하고, 보호판 등에 따른 보호장치를 설치할 것
(4) 기동장치에는 그 가까운 곳의 보기 쉬운 곳에 "분말소화설비 기동장치"라고 표시한 표지를 할 것
(5) 전기를 사용하는 기동장치에는 전원표시등을 설치할 것
(6) 기동장치의 방출용 스위치는 음향경보장치와 연동하여 조작될 수 있는 것으로 할 것

71. 이산화탄소 소화설비의 배관의 설치기준 중 다음 ( ) 안에 알맞은 것은?

> 고압식의 경우 개폐밸브 또는 선택밸브의 2차측 배관부속은 호칭 압력 2.0 MPa 이상의 것을 사용하여야 하며, 1차측 배관부속은 호칭 압력 (㉠) MPa 이상의 것을 사용하여야 하고, 저압식의 경우에는 (㉡) MPa의 압력에 견딜 수 있는 배관부속을 사용할 것

① ㉠ 3.0, ㉡ 2.0
② ㉠ 4.0, ㉡ 2.0
③ ㉠ 3.0, ㉡ 2.5
④ ㉠ 4.0, ㉡ 2.5

[해설] 이산화탄소 소화설비의 배관의 설치기준

(1) 배관은 전용으로 할 것
(2) 강관을 사용하는 경우의 배관은 압력배관용 탄소강관 중 이음이 없는 스케줄 80(저압식에 있어서는 스케줄 40) 이상의 것 또는 이와 동등이상의 강도를 가진 것으로 아연도금 등으로 방식처리된 것을 사용할 것
(3) 동관을 사용하는 경우의 배관은 이음이 없는 동 및 동합금관으로서 고압식은 16.5 MPa 이상, 저압식은 3.75 MPa이상의 압력에 견딜 수 있는 것을 사용할 것
(4) 고압식의 경우 개폐밸브 또는 선택밸브의 2차측 배관부속은 2 MPa의 압력에 견딜 수 있는 것을 사용하여야 하며, 1차측 배관부속은 4 MPa의 압력에 견딜 수 있는 것을 사용하여야 하고, 저압식의 경우에는 2 MPa의 압력에 견딜 수 있는 배관부속을 사용하여야 한다.

72. 옥외소화전설비 설치 시 고가수조의 자연 낙차를 이용한 가압송수장치의 설치기준 중 고가수조의 최소 자연낙차수두 산출 공식으로 옳은 것은? (단, H: 필요한 낙차(m), h_1: 소방용 호스 마찰손실 수두(m), h_2: 배관의 마찰손실 수두(m)이다.)

① $H = h_1 + h_2 + 25$
② $H = h_1 + h_2 + 17$
③ $H = h_1 + h_2 + 12$
④ $H = h_1 + h_2 + 10$

[해설] 옥외소화전 방수압은 0.25 MPa(25 mH$_2$O)이다.

73. 물분무헤드의 설치제외 기준 중 다음 ( ) 안에 알맞은 것은?

> 운전 시에 표면의 온도가 ( )℃ 이상으로 되는 등 직접 분무를 하는 경우 그 부분에 손상을 입힐 우려가 있는 기계장치 등이 있는 장소

① 100   ② 260

③ 280   ④ 980

[해설] 물분무헤드의 설치제외 장소

(1) 물에 심하게 반응하는 물질 또는 물과 반응하여 위험한 물질을 생성하는 물질을 저장 또는 취급하는 장소

(2) 고온의 물질 및 증류범위가 넓어 끓어 넘치는 위험이 있는 물질을 저장 또는 취급하는 장소

(3) 운전 시에 표면의 온도가 260℃ 이상으로 되는 등 직접 분무를 하는 경우 그 부분에 손상을 입힐 우려가 있는 기계장치 등이 있는 장소

74. 연면적이 35000 m²인 특정소방대상물에 소화용수설비를 설치하는 경우 소화수조의 최소 저수량은 약 몇 m³인가? (단, 지상 1층 및 2층의 바닥면적 합계가 15000 m² 이상인 경우이다.)

① 30   ② 50

③ 60   ④ 100

[해설] 소화수조 또는 저수조의 저수량

(1) 소화수조, 저수조의 채수구 또는 흡수관투입구는 소방차가 2 m 이내의 지점까지 접근할 수 있는 위치에 설치하여야 한다.

(2) 소화수조 또는 저수조의 저수량은 특정소방대상물의 연면적을 다음 표에 따른 기준면적으로 나누어 얻은 수(소수점 이하의 수는 1로 본다)에 20 m³를 곱한 양 이상이 되도록 하여야 한다.

소방대상물의 구분	기준면적
지상 1층 및 2층의 바닥면적 합계가 15000 m² 이상인 소방대상물	7500 m²
그 밖의 소방대상물	12500 m²

(3) 소화수조 또는 저수조는 다음 기준에 따라 흡수관투입구 또는 채수구를 설치하여야 한다.

※ 지하에 설치하는 소화용수설비의 흡수관투입구는 그 한 변이 0.6 m 이상이거나 직경이 0.6 m 이상인 것으로 하고, 소요수량이 80 m³ 미만인 것은 1개 이상, 80 m³ 이상인 것은 2개 이상을 설치하여야 하며, "흡관투입구"라고 표시한 표지를 할 것

$$\therefore \frac{35000 \text{m}^2}{7500 \text{m}^2} = 4.67 ≒ 5$$

$$5 \times 20 \text{ m}^3 = 100 \text{ m}^3$$

75. 소화기에 호스를 부착하지 아니할 수 있는 기준 중 틀린 것은?

① 소화약제의 중량이 2 kg 미만인 분말 소화기

② 소화약제의 중량이 3 kg 미만인 이산화탄소 소화기

③ 소화약제의 중량이 4 kg 미만인 할로겐 화합물 소화기

④ 소화약제의 중량이 5 kg 미만인 산 알칼리 소화기

[해설] ①, ②, ③항 이외에 액체계 소화약제 소화기 3 L 미만이 있다.

76. 고정식 사다리의 구조에 따른 분류로 틀린 것은?

① 굽히는식   ② 수납식

③ 접는식   ④ 신축식

[해설] (1) 고정식 사다리 : 수납식, 접는식, 신축식

(2) 피난사다리 : 고정식 사다리, 올림식 사다리, 내림식 사다리

77. 폐쇄형 스프링클러헤드 퓨지블링크형의 표시온도가 121~162℃인 경우 플레임의 색별로 옳은 것은? (단, 폐쇄형헤드이다.)

① 파랑   ② 빨강

③ 초록   ④ 흰색

해설 폐쇄형 스프링클러헤드 표시온도에 따른 색 표시

유리벌브형		퓨지블링크형	
표시온도	액체의 색	표시온도	플레임의 색
57℃	오렌지	77℃ 미만	색 표시 안함
68℃	빨강	78~120℃	흰색
79℃	노랑	121~162℃	파랑
93℃	초록	163~203℃	빨강
141℃	파랑	204~259℃	초록
182℃	연한 자주	260~319℃	오렌지
227℃ 이상	검정	320℃ 이상	검정

78. 발전실의 용도로 사용되는 바닥면적이 280 m²인 발전실에 부속용도별로 추가하여야 할 적응성이 있는 소화기의 최소 수량은 몇 개인가?

① 2   ② 4
③ 6   ④ 12

해설 발전실, 변전실, 송전실, 변압기실, 배전반실, 통신기기실, 전산기기실은 50 m² 마다 적응성이 있는 소화기를 1개 이상 설치하여야 한다.

∴ 소화기 수 = $\frac{280}{50}$ = 5.6 = 6

79. 습식유수검지장치를 사용하는 스프링클러 설비에 동장치를 시험할 수 있는 시험장치의 설치위치 기준으로 옳은 것은?

① 유수검지장치에서 가장 먼 가지배관의 끝으로부터 연결하여 설치할 것
② 교차관의 중간 부분에 연결하여 설치할 것
③ 유수검지장치의 측면배관에 연결하여 설치할 것
④ 유수검지장치에서 가장 먼 교차배관의 끝으로부터 연결하여 설치할 것

해설 말단 시험밸브는 폐쇄식 스프링클러 헤드를 사용하는 스프링클러 설비에서 유수 압력 감지 장치로부터 가장 먼 위치에 설치하는 밸브로 방수함으로써 가압송수장치의 시동, 감지장치에 의한 경보, 방수압력의 시험을 한다.

80. 물분무소화설비 수원의 저수량 설치기준으로 옳지 않은 것은?

① 특수가연물을 저장 또는 취급하는 특정소방대상물 또는 그 부분에 있어서 그 바닥면적 1 m²에 대하여 10 L/min으로 20분간 방수할 수 있는 양 이상으로 할 것
② 차고 또는 주차장은 그 바닥면적 1 m²에 대하여 20 L/min으로 20분간 방수할 수 있는 양 이상으로 할 것
③ 케이블 덕트는 투영된 바닥면적 1 m²에 대하여 12 L/min으로 20분간 방수할 수 있는 양 이상으로 할 것
④ 컨베이어 벨트 등은 벨트부분의 바닥면적 1 m²에 대하여 20 L/min으로 20분간 방수할 수 있는 양 이상으로 할 것

해설 문제 62번 해설 참조

정답 78. ③   79. ①   80. ④

소방설비기계기사

제1과목 **소방원론**

1. 액화석유가스(LPG)에 대한 성질로 틀린 것은?

① 주성분은 프로판, 부탄이다.
② 천연고무를 잘 녹인다.
③ 물에 녹지 않으나 유기용매에 용해된다.
④ 공기보다 1.5배 가볍다.

[해설] 프로판 분자량 : 44(비중 44/29 = 1.52),
부탄의 분자량 : 58(비중 58/29 = 2)
즉, 공기보다 1.52~2배 정도 무겁다.

2. 다음의 소화약제 중 오존 파괴 지수(ODP)가 가장 큰 것은?

① 할론 104   ② 할론 1301
③ 할론 1211   ④ 할론 2402

[해설] 오존 파괴 지수(ODP) : 어떤 물질의 오존파괴능력을 상대적으로 나타내는 지표

$$ODP = \frac{\text{어떤 물질 1 kg이 파괴하는 오존량}}{\text{CFC} - 11 \text{ 1 kg이 파괴하는 오존량}}$$

할론 약제 오존 파괴 지수(ODP)
① : 1.1, ② : 10, ③ : 3.0, ④ : 6.0

3. 건축물에 설치하는 방화구획의 설치기준 중 스프링클러설비를 설치한 11층 이상의 층은 바닥면적 몇 m^2 이내마다 방화구획을 하여야 하는가? (단, 벽 및 반자의 실내에 접하는 부분의 마감은 불연재료가 아닌 경우이다.)

① 200   ② 600
③ 1000   ④ 3000

[해설] 방화구획
(1) 10층 이하의 층은 바닥면적 1000 m^2(스

프링클러 그 밖에 이와 유사한 자동식 소화설비를 설치한 경우에는 바닥면적 3000 m^2) 이내마다 구획할 것
(2) 3층 이상의 층과 지하층은 층마다 구획할 것. 다만, 지하 1층에서 지상으로 직접 연결하는 경사로 부위는 제외한다.
(3) 11층 이상의 층은 바닥면적 200 m^2(스프링클러 그 밖에 이와 유사한 자동식 소화설비를 설치한 경우에는 600 m^2) 이내마다 구획할 것. 다만, 벽 및 반자의 실내에 접하는 부분의 마감을 불연재료로 한 경우에는 바닥면적 500 m^2(스프링클러 그 밖에 이와 유사한 자동식 소화설비를 설치한 경우에는 1500 m^2) 이내마다 구획하여야 한다.

4. 삼림화재 시 소화효과를 증대시키기 위해 물에 첨가하는 증점제로서 적합한 것은 어느 것인가?

① ethylene glycol
② potassium carbonate
③ ammonium phosphate
④ sodium carboxy methyl cellulose

[해설] 물의 첨가제
① ethylene glycol : 프로필렌 글리콜과 같이 자동차 부동액으로 사용되는 화합물로서 단맛이 나는 독성 물질로 물의 빙점을 낮추는 첨가제이다.
② potassium carbonatee : 탄산칼륨으로 칼리비누·칼리유리·광학유리 등의 제조원료, 염색·사진·분석시약 등에 사용된다.
③ ammonium phosphate : 인산암모늄으로 주로 비료용 원료로 사용된다.
④ sodium carboxy methyl cellulose : 카르복시메틸셀룰로오스나트륨으로 물의 점도를 향상시키는 첨가제이며 산불 화재에 사용된다.

[정답] 1. ④   2. ②   3. ②   4. ④

5. 소화방법 중 제거소화에 해당되지 않는 것은?

① 산불이 발생하면 화재의 진행방향을 앞질러 벌목

② 방안에서 화재가 발생하면 이불이나 담요로 덮음

③ 가스 화재 시 밸브를 잠궈 가스흐름을 차단

④ 불타고 있는 장작더미 속에서 아직 타지 않은 것을 안전한 곳으로 운반

해설 ②항의 경우 공기 공급을 차단하는 질식소화에 해당된다.

6. 포 소화약제의 적응성이 있는 것은?

① 칼륨 화재

② 알킬리튬 화재

③ 가솔린 화재

④ 인화알루미늄 화재

해설 포 소화설비는 가연성 액체 등의 화재에 사용하는 설비로 연소물의 표면을 차단하는 질식효과와 수분에 의한 냉각소화로 대규모 화재에 적합하다. ①, ②, ④항은 금속화재에 해당되며 ③항은 유류화재에 해당된다.

7. 제2류 위험물에 해당하는 것은?

① 유황   ② 질산칼륨

③ 칼륨   ④ 톨루엔

해설 제2류 위험물은 가연성 고체로 유황, 적린, 황화린 등이 해당된다.

② : 제1류 위험물

③ : 제3류 위험물

④ : 제4류 위험물

8. 주수소화 시 가연물에 따라 발생하는 가연성 가스의 연결이 틀린 것은?

① 탄화칼슘 - 아세틸렌

② 탄화알루미늄 - 프로판

③ 인화칼슘 - 포스핀

④ 수소화리튬 - 수소

해설 ① 탄화칼슘 - 아세틸렌

$$CaC_2 + 2H_2O \longrightarrow Ca(OH)_2 + C_2H_2$$

② 탄화알루미늄 - 메탄

$$Al_4C_3 + 12H_2O \longrightarrow 4Al(OH)_3 + 3CH_4$$

③ 인화칼슘 - 포스핀

$$Ca_3P_2 + 6H_2O \longrightarrow 3Ca(OH)_2 + 2PH_3$$

④ 수소화리튬 - 수소

$$LiH + H_2O \longrightarrow LiOH + H_2$$

9. 물리적 폭발에 해당하는 것은?

① 분해 폭발   ② 분진 폭발

③ 증기운 폭발   ④ 수증기 폭발

해설 ①, ②, ③항은 화학적 폭발에 해당된다.

10. 위험물안전관리법령상 지정된 동식물유류의 성질에 대한 설명으로 틀린 것은?

① 요오드가가 작을수록 자연발화의 위험성이 크다.

② 상온에서 모두 액체이다.

③ 물에 불용성이지만 에테르 및 벤젠 등의 유기용매에는 잘 녹는다.

④ 인화점은 1기압하에서 250℃ 미만이다.

해설 요오드가가 클수록 자연발화의 위험성이 크다.

11. 피난계획의 일반원칙 fool proof 원칙에 대한 설명으로 옳은 것은?

① 1가지가 고장이 나도 다른 수단을 이용하는 원칙

② 2방향의 피난 동선을 항상 확보하는 원칙

③ 피난수단을 이동식 시설로 하는 원칙

④ 피난수단을 조작이 간편한 원시적

방법으로 하는 원칙

해설 (1) fool proof(풀 프루프) 원칙

㉮ 피난 경로는 간단명료하게 한다.

㉯ 피난설비를 반드시 고정식으로 하는 원칙

㉰ 피난설비를 원시적이고 간단하게 하는 원칙

㉱ 피난통로는 완전 불연화한다.

(2) fail safe(페일 세이프) 원칙

㉮ 한 가지 피난기구가 고장이 나도 다른 수단을 이용할 수 있도록 고려하는 원칙

㉯ 두 방향 이상의 피난 동선이 항상 확보되어야 하는 원칙

12. 인화점이 낮은 것부터 높은 순서로 옳게 나열된 것은?

① 에틸알코올 < 이황화탄소 < 아세톤

② 이황화탄소 < 에틸알코올 < 아세톤

③ 에틸알코올 < 아세톤 < 이황화탄소

④ 이황화탄소 < 아세톤 < 에틸알코올

해설 인화점

(1) 이황화탄소 : −30℃

(2) 아세톤 : −18℃

(3) 에틸알코올 : 13℃

13. 화재 발생 시 발생하는 연기에 대한 설명으로 틀린 것은?

① 연기의 유동속도는 수평방향이 수직방향보다 빠르다.

② 동일한 가연물에 있어 환기지배형 화재가 연료지배형 화재에 비하여 연기 발생량이 많다.

③ 고온상태의 연기는 유동확산이 빨라 화재전파의 원인이 되기도 한다.

④ 연기는 일반적으로 불완전 연소 시에 발생한 고체, 액체, 기체 생성물의 집합체이다.

해설 연기의 이동속도

(1) 수평방향 : 0.5~1 m/s

(2) 수직방향 : 2~3 m/s

(3) 계단 : 3~5 m/s

14. 물과 반응하여 가연성 기체를 발생하지 않는 것은?

① 칼륨　　　　　② 인화아연

③ 산화칼슘　　　④ 탄화알루미늄

해설 ① $2K + 2H_2O \rightarrow 2KOH + H_2$

② $Zn_3P_2 + 6H_2O \rightarrow 3Zn(OH)_2 + 2PH_3$

③ $CaO + H_2O \rightarrow Ca(OH)_2$

④ $Al_4C_3 + 12H_2O \rightarrow 4\,Al(OH)_3 + 3\,CH_4$

15. 건축물의 화재 발생 시 인간의 피난 특성으로 틀린 것은?

① 평상시 사용하는 출입구나 통로를 사용하는 경향이 있다.

② 화재의 공포감으로 인하여 빛을 피해 어두운 곳으로 몸을 숨기는 경향이 있다.

③ 화염, 연기에 대한 공포감으로 발화지점의 반대방향으로 이동하는 경향이 있다.

④ 화재 시 최초로 행동을 개시한 사람을 따라 전체가 움직이는 경향이 있다.

해설 ① : 귀소본능

② : 지광본능(어두운 곳에서 밝은 곳으로 피난하려는 행동)

③ : 퇴피본능

④ : 추종본능

16. 물체의 표면온도가 250℃에서 650℃로 상승하면 열 복사량은 약 몇 배 정도 상승하는가?

① 2.5　② 5.7　③ 7.5　④ 9.7

해설 스테판-볼츠만의 법칙 : 열 복사량은 절

대온도 4승에 비례한다.

$$A = \frac{(650+273)^4}{(250+273)^4} = 9.7$$

17. 조연성가스에 해당하는 것은?

① 일산화탄소　② 산소

③ 수소　④ 부탄

해설 조연성가스 : 스스로는 연소하지 않으나 다른 가연성가스의 연소를 도와주는 가스
①, ③, ④항은 가연성가스이다.

18. 자연발화 방지대책에 대한 설명 중 틀린 것은?

① 저장실의 온도를 낮게 유지한다.

② 저장실의 환기를 원활히 시킨다.

③ 촉매물질과의 접촉을 피한다.

④ 저장실의 습도를 높게 유지한다.

해설 저장실의 습도를 낮게 유지하면 열전도율이 낮아지기 때문에 자연발화를 방지할 수 있다.

19. 분말소화약제로서 ABC급 화재에 적응성이 있는 소화약제의 종류는?

① $NH_4H_2PO_4$　② $NaHCO_3$

③ Na_2CO_3　④ $KHCO_3$

해설 분말소화약제는 제1종에서 제4종까지 4종류로 구분한다.
(1) 제1종 분말소화약제 : 탄산수소나트륨 ($NaHCO_3$) : B, C급 화재
(2) 제2종 분말소화약제 : 탄산수소칼륨 ($KHCO_3$) : B, C급 화재
(3) 제3종 분말소화약제 : 제1인산암모늄 ($NH_4H_2PO_4$) : A, B, C급 화재
(4) 제4종 분말소화약제 : 탄산수소칼륨+요소 ($KHCO_3+(NH_2)_2CO$) : B, C급 화재

20. 과산화칼륨이 물과 접촉하였을 때 발생하는 것은?

① 산소　② 수소

③ 메탄　④ 아세틸렌

해설 $2K_2O_2+2H_2O \rightarrow 4KOH+O_2$

제2과목　**소방유체역학**

21. 효율이 50%인 펌프를 이용하여 저수지의 물을 1초에 10 L씩 30 m 위쪽에 있는 논으로 퍼 올리는 데 필요한 동력은 약 몇 kW인가?

① 18.83　② 10.48

③ 2.94　④ 5.88

해설 $H_{kW} = \frac{1000 \times Q \times H}{102 \times 60 \times \eta}$

(10 L/s = 0.01 m³/s)

$$= \frac{1000 \times 0.01\,m^3/s \times 30\,m}{102 \times 0.5}$$

$= 5.88\,kW$

22. 펌프가 실제 유동시스템에 사용될 때 펌프의 운전점은 어떻게 결정하는 것이 좋은가?

① 시스템 곡선과 펌프 성능 곡선의 교점에서 운전한다.

② 시스템 곡선과 펌프 효율 곡선의 교점에서 운전한다.

③ 펌프 성능 곡선과 펌프 효율 곡선의 교점에서 운전한다.

④ 펌프 효율 곡선의 최고점, 즉 최고 효율점에서 운전한다.

해설 펌프의 운전점은 시스템 특성 곡선과 펌프 성능 곡선의 교차점으로 한다.

23. 비중이 1.03인 바닷물에 비중 0.9인 빙산이 떠 있다. 전체 부피의 몇 %가 해수면 위로 올라와 있는가?

① 12.6   ② 10.8

③ 7.2   ④ 6.3

[해설] $1000 \times 0.9 \times 1 = 1000 \times 1.03 \times V(잠긴)$

$$V = \frac{1000 \times 0.9 \times 1}{1000 \times 1.03} = 0.8738 = 87.38\,\%$$

$\therefore$ 해수면 위 체적 $= 100 - 87.38 = 12.62\,\%$

24. 그림과 같이 중앙 부분에 구멍이 뚫린 원판에 지름 D의 원형 물제트가 대기압 상태에서 V의 속도로 충돌하여, 원판 뒤로 지름 $D/2$의 원형 물제트가 V의 속도로 흘러나가고 있을 때, 이 원판이 받는 힘은 얼마인가? (단, ρ는 물의 밀도이다.)

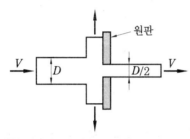

① $\dfrac{3}{16}\rho\pi V^2 D^2$ ② $\dfrac{3}{8}\rho\pi V^2 D^2$

③ $\dfrac{3}{4}\rho\pi V^2 D^2$ ④ $3\rho\pi V^2 D^2$

[해설] $F = \rho Q V = \rho A V^2$

원판이 받는 힘$(F_a) = \rho \times \dfrac{\pi}{4} \times D^2 \times V^2$

$$= \frac{1}{4}\rho \times \pi \times D^2 \times V^2$$

$\dfrac{D}{2}$ 부분 원판이 받는 힘(F_b)

$$= \rho \times \frac{\pi}{4} \times \left(\frac{D}{2}\right)^2 \times V^2 = \frac{1}{16}\rho \times \pi \times D^2 \times V^2$$

구멍이 있는 원판이 받는 힘(F_c)

$F_c = F_a - F_b$

$$= \frac{1}{4} \times \rho \times \pi \times D^2 \times V^2$$

$$- \frac{1}{16} \times \rho \times \pi \times D^2 \times V^2$$

$$= \frac{3}{16} \times \rho \times \pi \times D^2 \times V^2$$

25. 저장용기로부터 20℃의 물을 길이 300 m, 지름 900 mm인 콘크리트 수평 원관을 통하여 공급하고 있다. 유량이 1 m³/s일 때 원관에서의 압력강하는 약 몇 kPa인가? (단, 관마찰계수는 약 0.023이다.)

① 3.57   ② 9.47

③ 14.3   ④ 18.8

[해설] $H = f \times \dfrac{l}{D} \times \dfrac{V^2}{2g}$

$$V = \frac{Q}{A} = \frac{1\,\text{m}^3/\text{s}}{\dfrac{\pi}{4} \times (0.9\,\text{m})^2} = 1.57\,\text{m/s}$$

$$H = 0.023 \times \frac{300\,\text{m}}{0.9\,\text{m}} \times \frac{(1.57\,\text{m/s})^2}{2 \times 9.8\,\text{m/s}^2}$$

$$= 0.964\,\text{m}$$

$\therefore\ 0.964\,\text{m} \times \dfrac{101.325\,\text{kPa}}{10.332\,\text{m}} = 9.45\,\text{kPa}$

26. 물탱크에 담긴 물의 수면의 높이가 10 m인데, 물탱크 바닥에 원형 구멍이 생겨서 10 L/s만큼 물이 유출되고 있다. 원형 구멍의 지름은 약 몇 cm인가? (단, 구멍의 유량보정계수는 0.6이다.)

① 2.7   ② 3.1   ③ 3.5   ④ 3.9

[해설] $Q = A \times V\,(V = C \times \sqrt{2 \cdot g \cdot h})$

$Q = A \times C \times \sqrt{2 \cdot g \cdot h}$

$$= \frac{\pi}{4} \times d^2 \times C \times \sqrt{2 \cdot g \cdot h}$$

$$d = \sqrt{\frac{4 \times Q}{\pi \times C \times \sqrt{2 \cdot g \cdot h}}}$$

$$= \sqrt{\frac{4 \times 0.01}{\pi \times 0.6 \times \sqrt{2 \times 9.8 \times 10}}}$$

$$= 0.0389\,\text{m} = 3.89\,\text{cm}$$

27. 20℃ 물 100 L를 화재 현장의 화염에 살수하였다. 물이 모두 끓는 온도(100℃)

까지 가열되는 동안 흡수하는 열량은 약 몇 kJ인가? (단, 물의 비열은 4.2 kJ/kg · K이다.)

① 500 ② 2000

③ 8000 ④ 33600

[해설] $Q = G \times C \times \Delta t$
$= 100\,\mathrm{L} \times 1\,\mathrm{kg/L} \times 4.2\,\mathrm{kJ/kg \cdot K}$
$\times (100 - 20)\,℃ = 33600\,\mathrm{kJ}$

28. 아래 그림과 같은 반지름이 1 m이고, 폭이 3 m인 곡면의 수문 AB가 받는 수평분력은 약 몇 N인가?

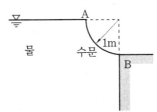

① 7350 ② 14700

③ 23900 ④ 29400

[해설] 수평분력$(F_x) = \gamma \times \overline{h} \times A$

$F_x = 9800\,\mathrm{N/m^3} \times \dfrac{1}{2}\,\mathrm{m} \times 1\,\mathrm{m} \times 3\,\mathrm{m}$

$= 14700\,\mathrm{N}$

수직분력$(F_y) = \gamma \times h \times A$

29. 초기온도와 압력이 각각 50℃, 600 kPa인 이상기체를 100 kPa까지 가역 단열팽창시켰을 때 온도는 약 몇 K인가? (단, 이 기체의 비열비는 1.4이다.)

① 194 ② 216

③ 248 ④ 262

[해설] $\dfrac{T_2}{T_1} = \left(\dfrac{P_2}{P_1}\right)^{\frac{K-1}{K}}$ 에서

$\dfrac{T_2}{(273 + 50)} = \left(\dfrac{100}{600}\right)^{\frac{1.4-1}{1.4}}$

$T_2 = 193.58\,\mathrm{K}$

30. 100 cm×100 cm이고, 300℃로 가열된 평판에 25℃의 공기를 불어준다고 할 때 열전달량은 약 몇 kW인가? (단, 대류열전달 계수는 30 W/m² · K이다.)

① 2.98 ② 5.34

③ 8.25 ④ 10.91

[해설] $Q = K \times F \times \Delta t$
$= 300\,\mathrm{W/m^2 \cdot K} \times 1\,\mathrm{m} \times 1\,\mathrm{m} \times (300 - 25)\,\mathrm{K}$
$= 8250\,\mathrm{W} = 8.25\,\mathrm{kW}$

31. 호주에서 무게가 20 N인 어떤 물체를 한국에서 재어보니 19.8 N이었다면 한국에서의 중력가속도는 약 몇 m/s²인가? (단, 호주에서의 중력가속도는 9.82 m/s²이다.)

① 9.72 ② 9.75

③ 9.78 ④ 9.82

[해설] $20\,\mathrm{N} : 9.82\,\mathrm{m/s^2} = 19.8\,\mathrm{N} : x$

$x = \dfrac{9.8\,\mathrm{m/s^2} \times 19.8\,\mathrm{N}}{20\,\mathrm{N}} = 9.72\,\mathrm{m/s^2}$

32. 비압축성 유체를 설명한 것으로 가장 옳은 것은?

① 체적탄성계수가 0인 유체를 말한다.

② 관로 내에 흐르는 유체를 말한다.

③ 점성을 갖고 있는 유체를 말한다.

④ 난류 유동을 하는 유체를 말한다.

[해설] 비압축성 유체는 온도 및 압력의 증감에 따라 밀도가 변함이 없는 유체로 압력(체적)탄성계수가 0인 유체이며 압축성 유체는 온도 및 압력의 증감에 따라 밀도가 변하는 유체이다.

33. 지름 20 cm의 소화용 호스에 물이 질량유량 80 kg/s로 흐른다. 이때 평균유속은 약 몇 m/s인가?

① 0.58   ② 2.55

③ 5.97   ④ 25.48

해설 $V = \dfrac{Q}{A} = \dfrac{80 \text{kg/s}}{\dfrac{\pi}{4} \times (0.2\,\text{m})^2 \times 1000\,\text{kg/m}^3}$

$= 2.55\,\text{m/s}$

34. 깊이 1 m까지 물을 넣은 물탱크의 밑에 오리피스가 있다. 수면에 대기압이 작용할 때의 초기 오리피스에서의 유속 대비 2배 유속으로 물을 유출시키려면 수면에는 몇 kPa의 압력을 더 가하면 되는가? (단, 손실은 무시한다.)

① 9.8   ② 19.6

③ 29.4   ④ 39.2

해설 1 m일 때 $V = \sqrt{2 \times 9.8 \times 1} = 4.427\,\text{m}$

유속 2배일 때 $2 \times 4.427 = \sqrt{2 \times 9.8 \times H}$

$H = 3.999\,\text{m} \fallingdotseq 4\,\text{m}$

수면의 차이는 $4 - 1 = 3\,\text{m}$

$3\,\text{m} \times \dfrac{101.325\,\text{kPa}}{10.332\,\text{m}\,\text{H}_2\text{O}} = 29.42\,\text{kPa}$

35. 그림과 같은 거꾸로 된 마노미터에서 물과 기름, 수은이 채워져 있다. $a = 10$ cm, $c = 25$ cm이고 A의 압력이 B의 압력보다 80 kPa 작을 때 b의 길이는 약 몇 cm인가? (단, 수은의 비중량은 133100 N/m³, 기름의 비중은 0.9이다.)

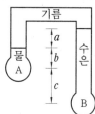

① 17.8   ② 27.8

③ 37.8   ④ 47.8

해설 $P_B - P_A = 80\,\text{kPa}$

물의 비중량($\gamma_w = 9.8\,\text{kN/m}^3$)

기름의 비중량($\gamma_o = 9.8 \times 0.9 = 8.82\,\text{kN/m}^3$)

수은의 비중량($\gamma_{Hg} = 133.1\,\text{kN/m}^3$)

$P_B - P_A = \gamma_{Hg} \cdot (a + b + c) - \gamma_w \times b - \gamma_o \times a$

$80 = 133.1 \times (0.1 + b + 0.25)$
$\qquad - 9.8 \times b - 8.82 \times 0.1$

$b = 0.2782\,\text{m} = 27.82\,\text{cm}$

36. 공기를 체적 비율이 산소(O_2, 분자량 32 g/mol) 20 %, 질소(N_2, 분자량 28 g/mol) 80 %의 혼합기체라 가정할 때 공기의 기체상수는 약 몇 kJ/kg · K인가? (단, 일반기체상수는 8.3145 kJ/kmol · K 이다.)

① 0.294   ② 0.289

③ 0.284   ④ 0.279

해설 공기분자량

$= 32 \times 0.2 + 28 \times 0.8 = 28.88\,\text{g/mol}$

$= 28.8\,\text{kg/kmol}$

공기의 기체상수 $= \dfrac{8.3145\,\text{kJ/kmol} \cdot \text{K}}{28.8\,\text{kg/kmol}}$

$= 0.28869\,\text{kJ/kg} \cdot \text{K}$

37. 물이 소방노즐을 통해 대기로 방출될 때 유속이 24 m/s가 되도록 하기 위해서는 노즐입구의 압력은 몇 kPa가 되어야 하는가? (단, 압력은 계기압력으로 표시되며 마찰손실 및 노즐입구에서의 속도는 무시한다.)

① 153   ② 203

③ 288   ④ 312

해설 $\dfrac{P}{\gamma} = \dfrac{V^2}{2g}$

$P = \dfrac{V^2}{2g} \cdot \gamma$

$= \dfrac{(24\,\text{m/s})^2}{2 \times 9.8\,\text{m/s}^2} \times 9.8\,\text{kN/m}^3$

$= 288\,\text{kN/m}^2 = 288\,\text{kPa}$

정답   34. ③   35. ②   36. ②   37. ③

38. 무한한 두 평판 사이에 유체가 채워져 있고 한 평판은 정지해 있고 또 다른 평판은 일정한 속도로 움직이는 Couette 유동을 하고 있다. 유체 A만 채워져 있을 때 평판을 움직이기 위한 단위면적당 힘을 τ_1이라 하고 같은 평판 사이에 점성이 다른 유체 B만 채워져 있을 때 필요한 힘을 τ_2라 하면 유체 A와 B가 반반씩 위 아래로 채워져 있을 때 평판을 같은 속도로 움직이기 위한 단위면적당 힘에 대한 표현으로 옳은 것은?

① $\dfrac{\tau_1+\tau_2}{2}$

② $\sqrt{\tau_1\tau_2}$

③ $\dfrac{2\tau_1\tau_2}{\tau_1+\tau_2}$

④ $\tau_1+\tau_2$

[해설] $\tau_1=\dfrac{F_1}{A_1}$, $\tau_2=\dfrac{F_2}{A_2}$

$F=\dfrac{\tau_1\tau_2}{\tau_1+\tau_2}$

유체가 $\dfrac{1}{2}$씩 채워져 있으므로

$F=\dfrac{\tau_1\tau_2}{\dfrac{\tau_1+\tau_2}{2}}=\dfrac{2\tau_1\tau_2}{\tau_1+\tau_2}$

39. 동점성계수가 1.15×10^{-6} m²/s인 물이 30 mm의 지름 원관 속을 흐르고 있다. 층류가 기대될 수 있는 최대 유량은 약 몇 m³/s인가? (단, 임계 레이놀즈수는 2100이다.)

① 2.85×10^{-5}

② 5.69×10^{-5}

③ 2.85×10^{-7}

④ 5.69×10^{-7}

[해설] $Re=\dfrac{D\cdot V}{\nu}$

$2100=\dfrac{0.03\,\mathrm{m}\times V}{1.15\times10^{-6}\,\mathrm{m/s}}$

$V=0.0805$ m/s

$Q=\dfrac{\pi}{4}\times(0.03\,\mathrm{m})^2\times0.0805\ \mathrm{m/s}$

$=5.69\times10^{-5}\ \mathrm{m^3/s}$

40. 다음과 같은 유동형태를 갖는 파이프 입구 영역의 유동에서 부차적 손실계수가 가장 큰 것은?

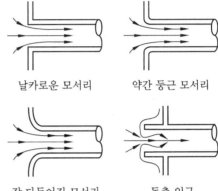

날카로운 모서리   약간 둥근 모서리

잘 다듬어진 모서리   돌출 입구

① 날카로운 모서리

② 약간 둥근 모서리

③ 잘 다듬어진 모서리

④ 돌출 입구

[해설] (1) 부차적 손실계수 : 관 마찰손실 외에 엘보, 티, 플랜지 등과 같은 관 부속품에 의한 손실이다.

(2) 부차적 손실계수 크기 순서 : 돌출 입구 > 날카로운 모서리 > 약간 둥근 모서리 > 잘 다듬어진 모서리

제3과목   **소방관계법규**

41. 화재예방, 소방시설 설치·유지 및 안전관리에 관한 법령상 비상경보설비를 설치하여야 할 특정소방대상물의 기준 중 옳은 것은? (단, 지하구, 모래·석재 등 불연재료 창고 및 위험물 저장·처리 시설 중 가

스시설은 제외한다.)

① 지하층 또는 무창층의 바닥면적이 50 m² 이상인 것

② 연면적 400 m² 이상인 것

③ 지하가 중 터널로서 길이가 300 m 이상인 것

④ 30명 이상의 근로자가 작업하는 옥내작업장

해설 비상경보설비 설치대상

  (1) 연면적 400 m²(지하가 중 터널을 제외한다) 이상이거나 지하층 또는 무창층의 바닥면적이 150 m²(공연장인 경우 100 m²) 이상인 것

  (2) 지하가 중 터널로서 길이가 500 m 이상인 것

  (3) 50인 이상의 근로자가 작업하는 옥내작업장

42. 소방기본법령상 위험물 또는 물건의 보관기간은 소방본부 또는 소방서의 게시판에 공고하는 기간의 종료일 다음 날부터 며칠로 하는가?

① 3   ② 4   ③ 5   ④ 7

해설 위험물 또는 물건의 보관기간은 소방본부 또는 소방서의 게시판에 공고하는 기간의 종료일 다음 날부터 7일로 한다.

43. 화재예방, 소방시설 설치·유지 및 안전관리에 관한 법령상 스프링클러설비를 설치하여야 하는 특정소방대상물의 기준 중 틀린 것은? (단, 위험물 저장 및 처리시설 중 가스시설 또는 지하구는 제외한다.)

① 숙박이 가능한 수련시설 용도로 사용되는 시설의 바닥면적의 합계가 600 m² 이상인 것은 모든 층

② 창고시설(물류터미널은 제외)로서 바닥면적 합계가 5000 m² 이상인 경우

에는 모든 층

③ 판매시설, 운수시설 및 창고시설(물류터미널에 한정)로서 바닥면적의 합계가 5000 m² 이상이거나 수용인원이 500명 이상인 경우에는 모든 층

④ 복합건축물로서 연면적이 3000 m² 이상인 경우에는 모든 층

해설 스프링클러설비 설치대상

  (1) 문화 및 집회시설(동·식물원은 제외한다), 종교시설(사찰·제실·사당은 제외한다), 운동시설(물놀이형 시설은 제외한다)로서 다음의 어느 하나에 해당하는 경우에는 모든 층

    • 수용인원이 100명 이상인 것

    • 영화상영관의 용도로 쓰이는 층의 바닥면적이 지하층 또는 무창층인 경우에는 500 m² 이상, 그 밖의 층의 경우에는 1000 m² 이상인 것

    • 무대부가 지하층·무창층 또는 4층 이상의 층에 있는 경우에는 무대부의 면적이 300 m² 이상인 것

    • 무대부 외의 층에 있는 경우에는 무대부의 면적이 500 m² 이상인 것

  (2) 판매시설, 운수시설 및 창고시설로서 바닥면적 합계가 5000 m² 이상이거나 수용인원이 500명 이상인 경우에는 모든 층

  (3) 층수가 6층 이상인 경우에는 모든 층

  (4) 바닥면적 합계가 600 m² 이상인 것은 모든 층

    • 의료시설 중 정신 의료기관

    • 의료시설 중 요양병원

    • 노유자시설

    • 숙박이 가능한 수련시설

  (5) 복합건축물로서 연면적이 1000 m² 이상인 경우에는 모든 층

44. 소방기본법상 소방본부장, 소방서장 또는 소방대장의 권한이 아닌 것은?

① 화재, 재난·재해, 그 밖의 위급한 상황이 발생한 현장에서 소방활동을 위

하여 필요할 때에는 그 관할구역에 사는 사람 또는 그 현장에 있는 사람으로 하여금 사람을 구출하는 일 또는 불을 끄거나 불이 번지지 아니하도록 하는 일을 하게 할 수 있다.

② 소방활동을 할 때에 긴급한 경우에는 이웃한 소방본부장 또는 소방서장에게 소방업무의 응원을 요청할 수 있다.

③ 사람을 구출하거나 불이 번지는 것을 막기 위하여 필요할 때에는 화재가 발생하거나 불이 번질 우려가 있는 소방대상물 및 토지를 일시적으로 사용하거나 그 사용의 제한 또는 소방활동에 필요한 처분을 할 수 있다.

④ 소방활동을 위하여 긴급하게 출동할 때에는 소방자동차의 통행과 소방활동에 방해가 되는 주차 또는 정차된 차량 및 물건 등을 제거하거나 이동시킬 수 있다.

45. 위험물안전관리법상 지정수량 미만인 위험물의 저장 또는 취급에 관한 기술상의 기준은 무엇으로 정하는가?

① 대통령령   ② 총리령
③ 시·도의 조례   ④ 행정안전부령

해설 지정수량 미만인 위험물의 저장 또는 취급에 관한 기술상의 기준은 시·도의 조례로 정한다.

46. 위험물안전관리법상 업무상 과실로 제조소 등에서 위험물을 유출·방출 또는 확산시켜 사람의 생명·신체 또는 재산에 대하여 위험을 발생시킨 자에 대한 벌칙 기준으로 옳은 것은?

① 5년 이하의 금고 또는 2000만원 이하의 벌금
② 5년 이하의 금고 또는 7000만원 이하의 벌금
③ 7년 이하의 금고 또는 2000만원 이하의 벌금
④ 7년 이하의 금고 또는 7000만원 이하의 벌금

해설 제조소 등에서 위험물을 유출·방출 또는 확산시켜 사람을 사상에 이르게 한 자는 10년 이하의 징역 또는 금고나 1억원 이하의 벌금에 처한다.

47. 소방기본법상 소방활동구역의 설정권자로 옳은 것은?

① 소방본부장   ② 소방서장
③ 소방대장   ④ 시·도지사

해설 화재, 재난, 재해 그 밖의 위급한 상황이 발생한 현장에 소방활동구역을 정하여 대통령령으로 정하는 사람 외에는 그 구역에 출입하는 것을 제한할 수 있는 사람은 소방대장이다.

48. 소방기본법령상 소방용수시설별 설치기준 중 틀린 것은?

① 급수탑 개폐밸브는 지상에서 1.5 m 이상 1.7 m 이하의 위치에 설치하도록 할 것
② 소화전은 상수도와 연결하여 지하식 또는 지상식의 구조로 하고, 소방용호스와 연결하는 소화전의 연결금속구의 구경은 100 mm로 할 것
③ 저수조 흡수관의 투입구가 사각형의 경우에는 한 변의 길이가 60 cm 이상, 원형의 경우에는 지름이 60 cm 이상일 것
④ 저수조는 지면으로부터의 낙차가

4.5 m 이하일 것

해설 소방용수시설의 설치기준
(1) 공통기준
- 주거지역, 상업지역 및 공업지역 : 소방대상물과의 수평거리를 100 m 이하로 할 것
- 상기지역 외의 지역 : 소방대상물과의 수평거리를 140 m 이하로 할 것
(2) 소방용수시설별 설치기준
- 소화전의 설치기준 : 상수도와 연결하여 지하식 또는 지상식의 구조로 하고 소방용호스와 연결하는 소화전의 연결금속구의 구경은 65 mm로 할 것
- 급수탑의 설치기준 : 급수배관의 구경은 100 mm 이상으로 하고, 개폐밸브는 지상에서 1.5 m 이상 1.7 m 이하의 위치에 설치하도록 할 것
(3) 저수조의 설치기준
- 지면으로부터의 낙차가 4.5m 이하일 것
- 흡수부분의 수심이 0.5m 이상일 것
- 소방펌프자동차가 쉽게 접근할 수 있도록 할 것
- 흡수에 지장이 없도록 토사 및 쓰레기 등을 제거할 수 있는 설비를 갖출 것
- 흡수관의 투입구가 사각형의 경우에는 한 변의 길이가 60 cm 이상, 원형의 경우에는 지름이 60 cm 이상일 것
- 저수조에 물을 공급하는 방법은 상수도에 연결하여 자동으로 급수되는 구조일 것

49. 화재예방, 소방시설 설치·유지 및 안전관리에 관한 법상 특정소방대상물에 소방시설이 화재안전기준에 따라 설치 또는 유지·관리되어 있지 아니할 때 해당 특정소방대상물의 관계인에게 필요한 조치를 명할 수 있는 자는?
① 소방본부장   ② 소방청장
③ 시·도지사   ④ 행정안전부장관
해설 소방시설의 유지·관리 등은 소방시설법에 의하여 소방본부장 또는 소방서장이

필요한 조치를 명할 수 있다.

50. 화재예방, 소방시설 설치·유지 및 안전관리에 관한 법상 소방안전관리대상물의 소방안전관리자 업무가 아닌 것은?
① 소방훈련 및 교육
② 자위소방대 및 초기대응체계의 구성·운영·교육
③ 피난시설, 방화구획 및 방화시설의 유지·관리
④ 피난계획에 관한 사항과 대통령령으로 정하는 사항이 포함된 소방계획서의 작성 및 시행
해설 ①, ②, ③, ④항 모두 소방안전관리자의 업무에 해당하므로 문제 오류이며, 전항 정답 처리되었다.

51. 화재예방, 소방시설 설치·유지 및 안전관리에 관한 법령상 소방안전관리대상물의 소방계획서에 포함되어야 하는 사항이 아닌 것은?
① 예방규정을 정하는 제조소 등의 위험물 저장·취급에 관한 사항
② 소방시설·피난시설 및 방화시설의 점검·정비계획
③ 특정소방대상물의 근무자 및 거주자의 자위소방대 조직과 대원의 임무에 관한 사항
④ 방화구획, 제연구획, 건축물의 내부 마감재료(불연재료·준불연재료 또는 난연재료로 사용된 것) 및 방염물품의 사용현황과 그 밖의 방화구조 및 설비의 유지·관리계획
해설 소방계획서에 포함되어야 하는 사항
(1) 소방안전관리대상물의 위치·구조·연면

적·용도 및 수용인원 등 일반 현황

(2) 소방안전관리대상물에 설치한 소방시설·방화시설, 전기시설·가스시설 및 위험물시설의 현황

(3) 화재 예방을 위한 자체점검계획 및 진압대책

(4) 소방시설·피난시설 및 방화시설의 점검·정비계획

(5) 피난층 및 피난시설의 위치와 피난경로의 설정, 장애인 및 노약자의 피난계획 등을 포함한 피난계획

(6) 방화구획, 제연구획, 건축물의 내부 마감재료(불연재료·준불연재료 또는 난연재료로 사용된 것을 말한다) 및 방염물품의 사용현황과 그 밖의 방화구조 및 설비의 유지·관리계획

(7) 소방훈련 및 교육에 관한 계획

(8) 특정소방대상물의 근무자 및 거주자의 자위소방대 조직과 대원의 임무(장애인 및 노약자의 피난 보조 임무를 포함한다)에 관한 사항

(9) 화기 취급 작업에 대한 사전 안전조치 및 감독 등 공사 중 소방안전관리에 관한 사항

(10) 공동 및 분임 소방안전관리에 관한 사항

(11) 소화와 연소 방지에 관한 사항

(12) 위험물의 저장·취급에 관한 사항

(13) 그 밖에 소방안전관리를 위하여 소방본부장 또는 소방서장이 소방안전관리대상물의 위치·구조·설비 또는 관리 상황 등을 고려하여 소방안전관리에 필요하여 요청하는 사항

52. 화재예방, 소방시설 설치·유지 및 안전관리에 관한 법상 소방시설 등에 대한 자체점검을 하지 아니하거나 관리업자 등으로 하여금 정기적으로 점검하게 하지 아니한 자에 대한 벌칙 기준으로 옳은 것은 어느 것인가?

① 6개월 이하의 징역 또는 1000만원 이하의 벌금

② 1년 이하의 징역 또는 1000만원 이하의 벌금

③ 3년 이하의 징역 또는 1500만원 이하의 벌금

④ 3년 이하의 징역 또는 3000만원 이하의 벌금

해설 1년 이하의 징역 또는 1000만원 이하의 벌금

(1) 정당한 사유 없이 소방특별조사 결과에 따른 조치명령을 위반한 자

(2) 방염업 또는 관리업의 등록증이나 등록수첩을 다른 자에게 빌려준 자

(3) 영업정지처분을 받고 그 영업정지기간 중에 방염업 또는 관리업의 업무를 한 자

(4) 소방시설 등에 대한 자체점검을 하지 아니하거나 관리업자 등으로 하여금 정기적으로 점검하게 하지 아니한 자

(5) 소방시설관리사증을 다른 자에게 빌려주거나 동시에 둘 이상의 업체에 취업한 사람

(6) 형식승인의 변경승인을 받지 아니한 자

53. 화재예방, 소방시설 설치·유지 및 안전관리에 관한 법령상 소방용품이 아닌 것은?

① 소화약제 외의 것을 이용한 간이소화용구

② 자동소화장치

③ 가스누설경보기

④ 소화용으로 사용하는 방염제

해설 소화약제 외의 것을 이용한 간이소화용구는 소화설비를 구성하는 제품 또는 기기에서 제외대상이다.

54. 소방기본법령상 소방본부 종합상황실 실장이 소방청의 종합상황실에 서면·모사전송 또는 컴퓨터통신 등으로 보고하여야 하는 화재의 기준 중 틀린 것은?

---

① 항구에 매어둔 총 톤수가 1000톤 이상인 선박에서 발생한 화재

② 층수가 5층 이상이거나 병상이 30개 이상인 종합병원·정신병원·한방병원·요양소에서 발생한 화재

③ 지정수량의 1000배 이상의 위험물의 제조소·저장소·취급소에서 발생한 화재

④ 연면적 15000 m² 이상인 공장 또는 화재경계지구에서 발생한 화재

해설 (1) 종합상황실의 설치운영
- 종합상황실은 소방청과 특별시·광역시·특별자치시·도 또는 특별자치도의 소방본부 및 소방서에 각각 설치·운영하여야 한다.
- 소방청장, 소방본부장 또는 소방서장은 신속한 소방활동을 위한 정보를 수집·전파하기 위하여 종합상황실에 「소방력 기준에 관한 규칙」에 의한 전산·통신요원을 배치하고, 소방청장이 정하는 유·무선통신시설을 갖추어야 한다.

(2) 종합상황실의 실장의 업무 등
- 화재, 재난·재해 그 밖에 구조·구급이 필요한 상황의 발생의 신고접수
- 접수된 재난상황을 검토하여 가까운 소방서에 인력 및 장비의 동원을 요청하는 등의 사고수습
- 하급소방기관에 대한 출동지령 또는 동급 이상의 소방기관 및 유관기관에 대한 지원요청
- 재난상황의 전파 및 보고
- 재난상황이 발생한 현장에 대한 지휘 및 피해현황의 파악
- 재난상황의 수습에 필요한 정보수집 및 제공

(3) 종합상황실장의 보고대상
- 사망자가 5인 이상 발생하거나 사상자가 10인 이상 발생한 화재
- 이재민이 100인 이상 발생한 화재
- 재산피해액이 50억원 이상 발생한 화재

- 관공서·학교·정부미도정공장·문화재·지하철 또는 지하구의 화재
- 관광호텔, 층수가 11층 이상인 건축물, 지하상가, 시장, 백화점, 지정수량의 3천배 이상의 위험물의 제조소·저장소·취급소, 층수가 5층 이상이거나 객실이 30실 이상인 숙박시설, 층수가 5층 이상이거나 병상이 30개 이상인 종합병원·정신병원·한방병원·요양소, 연면적 15000 m² 이상인 공장 또는 화재경계지구에서 발생한 화재
- 철도차량, 항구에 매어둔 총 톤수가 1000톤 이상인 선박, 항공기, 발전소 또는 변전소에서 발생한 화재
- 가스 및 화약류의 폭발에 의한 화재
- 다중이용업소의 화재

55. 위험물안전관리법령상 위험물의 안전관리와 관련된 업무를 수행하는 자로서 소방청장이 실시하는 안전교육대상자가 아닌 것은?

① 안전관리자로 선임된 자

② 탱크시험자의 기술인력으로 종사하는 자

③ 위험물운송자로 종사하는 자

④ 제조소 등의 관계인

해설 안전교육대상자는 ①, ②, ③항 3가지이다.

56. 소방공사업법령상 공사감리자 지정대상 특정소방대상물의 범위가 아닌 것은?

① 캐비닛형 간이스프링클러설비를 신설·개설하거나 방호·방수 구역을 증설할 때

② 물분무등소화설비(호스릴 방식의 소화설비는 제외)를 신설·개설하거나 방호·방수구역을 증설할 때

③ 제연설비를 신설·개설하거나 제연구

역을 증설할 때

④ 연소방지설비를 신설·개설하거나 살수구역을 증설할 때

해설 캐비닛형 간이스프링클러설비는 제외사항이다.

57. 위험물안전관리법상 위험물시설의 설치 및 변경 등에 관한 기준 중 다음 ( ) 안에 알맞은 것은?

> 제조소 등의 위치·구조 또는 설비의 변경 없이 당해 제조소 등에서 저장하거나 취급하는 위험물의 품명·수량 또는 지정수량의 배수를 변경하고자 하는 자는 변경하고자 하는 날의 (㉠)일 전까지 (㉡)이 정하는 바에 따라 (㉢)에게 신고하여야 한다.

① ㉠ 1, ㉡ 행정안전부령, ㉢ 시·도지사

② ㉠ 1, ㉡ 대통령령, ㉢ 소방본부장·소방서장

③ ㉠ 14, ㉡ 행정안전부령, ㉢ 시·도지사

④ ㉠ 14, ㉡ 대통령령, ㉢ 소방본부장·소방서장

해설 위험물시설의 설치 및 변경 등에 관한 기준
　(1) 제조소 등을 설치하고자 하는 자는 대통령령이 정하는 바에 따라 그 설치장소를 관할하는 특별시장·광역시장·특별자치시장·도지사 또는 특별자치도지사의 허가를 받아야 한다. 제조소 등의 위치·구조 또는 설비 가운데 행정안전부령이 정하는 사항을 변경하고자 하는 때에도 또한 같다.
　(2) 제조소 등의 위치·구조 또는 설비의 변경 없이 당해 제조소 등에서 저장하거나 취급하는 위험물의 품명·수량 또는 지정수량의 배수를 변경하고자 하는 자는 변경하고자 하는 날의 1일 전까지 행정안전부령이 정하는 바에 따라 시·도지사에게 신고하여야 한다.

　(3) 다음의 경우 허가를 받지 아니하고 당해 제조소 등을 설치하거나 그 위치·구조 또는 설비를 변경할 수 있으며, 신고를 하지 아니하고 위험물의 품명·수량 또는 지정수량의 배수를 변경할 수 있다.
　　• 주택의 난방시설(공동주택의 중앙난방시설을 제외한다)을 위한 저장소 또는 취급소
　　• 농예용·축산용 또는 수산용으로 필요한 난방시설 또는 건조시설을 위한 지정수량 20배 이하의 저장소

58. 화재예방, 소방시설 설치·유지 및 안전관리에 관한 법상 특정소방대상물의 피난시설, 방화구획 또는 방화시설의 폐쇄·훼손·변경 등의 행위를 한 자에 대한 과태료 기준으로 옳은 것은?

① 200만원 이하의 과태료

② 300만원 이하의 과태료

③ 500만원 이하의 과태료

④ 600만원 이하의 과태료

해설 300만원 이하의 과태료
　(1) 피난시설, 방화구획 또는 방화시설의 폐쇄·훼손·변경 등의 행위를 한 자
　(2) 화재안전기준을 위반하여 소방시설을 설치 또는 유지·관리한 자

59. 소방기본법령상 특수가연물의 저장 및 취급 기준 중 다음 ( ) 안에 알맞은 것은? (단, 석탄·목탄류를 발전용으로 저장하는 경우는 제외한다.)

> 살수설비를 설치하거나, 방사능력 범위에 해당 특수가연물이 포함되도록 대형수동식 소화기를 설치하는 경우에는 쌓는 높이를 (㉠) m 이하, 쌓는 부분의 바닥면적을 (㉡)m² 이하로 할 수 있다.

① ㉠ 10, ㉡ 30

② ⊙ 10, ⓛ 50

③ ⊙ 15, ⓛ 10

④ ⊙ 15, ⓛ 200

해설 특수가연물의 저장 및 취급 기준

(1) 특수가연물을 저장 또는 취급하는 장소에는 품명·최대수량 및 화기취급의 금지표지를 설치할 것

(2) 다음 각 목의 기준에 따라 쌓아 저장할 것. 다만, 석탄·목탄류를 발전용으로 저장하는 경우에는 그러하지 아니하다.

- 품명별로 구분하여 쌓을 것
- 쌓는 높이는 10 m 이하가 되도록 하고, 쌓는 부분의 바닥면적은 50 m^2(석탄·목탄류의 경우에는 200 m^2) 이하가 되도록 할 것. 다만, 살수설비를 설치하거나, 방사능력 범위에 해당 특수가연물이 포함되도록 대형수동식 소화기를 설치하는 경우에는 쌓는 높이를 15 m 이하, 쌓는 부분의 바닥면적을 200 m^2(석탄·목탄류의 경우에는 300 m^2) 이하로 할 수 있다.
- 쌓는 부분의 바닥면적 사이는 1 m 이상이 되도록 할 것

60. 소방시설공사업법령상 상주 공사감리 대상 기준 중 다음 ( ) 안에 알맞은 것은?

- 연면적 (⊙) m^2 이상의 특정소방대상물(아파트는 제외)에 대한 소방시설의 공사
- 지하층을 포함한 층수가 (ⓛ)층 이상으로서 (ⓒ)세대 이상인 아파트에 대한 소방시설의 공사

① ⊙ 10000, ⓛ 11, ⓒ 600

② ⊙ 10000, ⓛ 16 ⓒ 500

③ ⊙ 30000, ⓛ 11, ⓒ 600

④ ⊙ 30000, ⓛ 16, ⓒ 500

해설 소방시설공사업법령상 상주 공사감리 대상 기준

(1) 연면적 30000 m^2 이상(자동화재탐지설비, 옥내, 옥외 또는 소화용수시설만 설치되는 공사 제외)

(2) 지하층을 포함한 층수가 16층 이상 500세대 이상인 아파트

제4과목 **소방기계시설의 구조 및 원리**

61. 전역방출방식의 분말소화설비에 있어서 방호구역의 용적이 500 m^{3}일 때 적합한 분사헤드의 수는? (단, 제1종 분말이며, 체적 1 m^{3}당 소화약제의 양은 0.60 kg이며, 분사헤드 1개의 분당 표준 방사량은 18 kg이다.)

① 17개

② 30개

③ 34개

④ 134개

해설 분말소화약제량과 가산량

약제의 종류	소화약제량	가산량
제1종 분말	0.6 kg/m^3	4.5 kg/m^2
제2종 분말	0.36 kg/m^3	2.7 kg/m^2
제3종 분말	0.36 kg/m^3	2.7 kg/m^2
제4종 분말	0.24 kg/m^3	1.8 kg/m^2

(1) 약제 저장량 = 500 m^3 × 0.6 kg/m^3
   = 300 kg

(2) 분사헤드 1개 표준 방사량 = 18 kg/min
   = 9 kg/30 s(약제 저장량 30초 이내에 방사)

(3) 분사헤드수 = 300 kg ÷ 9 kg/개 = 33.33개
   ∴ 34개

62. 이산화탄소 소화약제의 저장용기 설치 기준 중 옳은 것은?

① 저장용기의 충전비는 고압식은 1.9 이상 2.3 이하, 저압식은 1.5 이상 1.9 이하로 할 것

② 저압식 저장용기에는 액면계 및 압력계와 2.1 MPa 이상 1.9 MPa 이하의 압력에서 작동하는 압력경보장치를 설치할 것

③ 저장용기 고압식은 25 MPa 이상, 저압식은 3.5 MPa 이상의 내압시험압력에 합격한 것으로 할 것

④ 저압식 저장용기에는 내압시험압력의 1.8배의 압력에서 작동하는 안전밸브와 내압시험압력의 0.8배로부터 내압시험압력에서 작동하는 봉판을 설치할 것

해설 이산화탄소 소화약제의 저장용기 설치기준
(1) 저장용기의 충전비는 고압식은 1.5 이상 1.9 이하, 저압식은 1.1 이상 1.4 이하로 할 것
(2) 저압식 저장용기에는 내압시험압력의 0.64배부터 0.8배의 압력에서 작동하는 안전밸브와 내압시험압력의 0.8배부터 내압시험압력에서 작동하는 봉판을 설치할 것
(3) 저압식 저장용기에는 액면계 및 압력계와 2.3 MPa 이상 1.9 MPa 이하의 압력에서 작동하는 압력경보장치를 설치할 것
(4) 저압식 저장용기에는 용기내부의 온도가 섭씨 영하 18℃ 이하에서 2.1 MPa의 압력을 유지할 수 있는 자동냉동장치를 설치할 것
(5) 저장용기는 고압식은 25 MPa 이상, 저압식은 3.5 MPa 이상의 내압시험압력에 합격한 것으로 할 것

63. 화재 시 연기가 찰 우려가 없는 장소로서 호스릴 분말소화설비를 설치할 수 있는 기준 중 다음 ( ) 안에 알맞은 것은?

> • 지상 1층 및 피난층에 있는 부분으로서 지상에서 수동 또는 원격조작에 따라 개방할 수 있는 개구부의 유효면적의 합계가 바닥면적의 (㉠)% 이상이 되는 부분
> • 전기설비가 설치되어 있는 부분 또는 다량의 화기를 사용하는 부분의 바닥면적이 해당 설비가 설치되어 있는 구획의 바닥면적의 (㉡) 미만이 되는 부분

① ㉠ 15, ㉡ 1/5
② ㉠ 15, ㉡ 1/2
③ ㉠ 20, ㉡ 1/5
④ ㉠ 20, ㉡ 1/2

해설 호스릴 분말소화설비 설치 기준
(1) 지상 1층 및 피난층에 있는 부분으로서 지상에서 수동 또는 원격조작에 따라 개방할 수 있는 개구부의 유효면적의 합계가 바닥면적의 15% 이상이 되는 부분
(2) 전기설비가 설치되어 있는 부분 또는 다량의 화기를 사용하는 부분의 바닥면적이 해당 설비가 설치되어 있는 구획의 바닥면적의 1/5 미만이 되는 부분

64. 소화수조의 소요수량이 20 m³ 이상 40 m³ 미만인 경우 설치하여야 하는 채수구의 개수로 옳은 것은?

① 1개   ② 2개   ③ 3개   ④ 4개

해설 채수구의 수

소화수조 용량	20 m³ 이상 ~40 m³ 미만	40 m³ 이상 ~100 m³ 미만	100 m³ 이상
채수구의 수	1개	2개	3개

(1) 흡수관 투입구
• 한 변이 0.6 m 이상 또는 직경이 0.6 m 이상
• 소요수량이 80 m³ 미만일 때 1개 이상 설치
• 소요수량이 80 m³ 이상일 때 2개 이상 설치
• "흡수관 투입구" 표지
(2) 채수구 설치
• 65 mm 이상의 나사식 결합금속구를 설치할 것
• 설치 위치 : 0.5 m 이상 1 m 이하
• "채수구" 표지

65. 건축물에 설치하는 연결살수설비 헤드의 설치기준 중 다음 ( ) 안에 알맞은

것은?

> 천장 또는 반자의 각 부분으로부터 하나의 살수헤드까지의 수평거리가 연결살수설비 전용 헤드의 경우는 (㉠) m 이하, 스프링클러 헤드의 경우는 (㉡) m 이하로 할 것. 다만, 살수헤드의 부착면과 바닥과의 높이가 (㉢) m 이하인 부분은 살수헤드의 살수 분포에 따른 거리로 할 수 있다.

① ㉠ 3.7, ㉡ 2.3, ㉢ 2.1
② ㉠ 3.7, ㉡ 2.1, ㉢ 2.3
③ ㉠ 2.3, ㉡ 3.7, ㉢ 2.3
④ ㉠ 2.3, ㉡ 3.7, ㉢ 2.1

해설 연결살수설비 헤드
(1) 천장 또는 반자의 실내에 면하는 부분에 설치하여야 한다.
(2) 천장 또는 반자의 각 부분으로부터 하나의 살수헤드까지의 수평거리가 연결 살수설비전용헤드의 경우는 3.7 m 이하, 스프링클러헤드의 경우는 2.3 m 이하로 하여야 한다. 다만, 살수헤드의 부착면과 바닥과의 높이가 2.1 m 이하인 부분에 있어서는 살수헤드의 살수 분포에 따른 거리로 할 수 있다.

66. 포 소화설비의 자동식 기동장치를 폐쇄형 스프링클러헤드의 개방과 연동하여 가압송수장치 · 일제 개방밸브 및 포 소화약제 혼합장치를 기동하는 경우의 설치 기준 중 다음 ( )안에 알맞은 것은? (단, 자동화재탐지설비의 수신기가 설치된 장소에 상시 사람이 근무하고 있고, 화재 시 즉시 해당 조작부를 작동시킬 수 있는 경우는 제외한다.)

> 표시온도가 (㉠)℃ 미만의 것을 사용하고, 1개의 스프링클러헤드의 경계면적은 (㉡) m² 이하로 할 것

① ㉠ 79, ㉡ 8
② ㉠ 121, ㉡ 8
③ ㉠ 79, ㉡ 20
④ ㉠ 121, ㉡ 20

해설 포소화설비의 자동식 기동장치에서 폐쇄형 스프링클러헤드를 사용하는 경우
(1) 표시온도가 섭씨 79도 미만인 것을 사용하고, 1개의 스프링클러헤드의 경계면적은 20 m² 이하로 할 것
(2) 부착면의 높이는 바닥으로부터 5 m 이하로 하고, 화재를 유효하게 감지할 수 있도록 할 것
(3) 하나의 감지장치 경계구역은 하나의 층이 되도록 할 것

67. 스프링클러설비 가압송수장치의 설치기준 중 고가수조를 이용한 가압송수장치에 설치하지 않아도 되는 것은?

① 수위계   ② 배수관
③ 오버플로관   ④ 압력계

해설 고가수조(옥상수조)는 대부분 대기압 상태이므로 압력계는 사용하지 않는다.

68. 특별피난계단의 계단실 및 부속실 제연설비의 차압 등에 관한 기준 중 다음 ( )안에 알맞은 것은?

> 제연설비가 가동되었을 경우 출입문의 개방에 필요한 힘은 ( )N 이하로 하여야 한다.

① 12.5   ② 40
③ 70   ④ 110

해설 특별피난계단의 계단실 및 부속실 제연설비의 차압 등에 관한 기준
(1) 제연구역과 옥내와의 사이에 유지하여야 하는 최소차압은 40 Pa(옥내에 스프링클러설비가 설치된 경우에는 12.5 Pa) 이상으로 하여야 한다.
(2) 제연설비가 가동되었을 경우 출입문의 개방에 필요한 힘은 110 N 이하로 하여야 한다.
(3) 출입문이 일시적으로 개방되는 경우 개방되지 아니하는 제연구역과 옥내와의 차압

은 차압의 70 % 미만이 되어서는 아니 된다.

(4) 계단실과 부속실을 동시에 제연하는 경우 부속실의 기압은 계단실과 같게 하거나 계단실의 기압보다 낮게 할 경우에는 부속실과 계단실의 압력 차이는 5 Pa 이하가 되도록 하여야 한다.

69. 완강기의 최대사용자수 기준 중 다음 ( ) 안에 알맞은 것은?

> 최대사용자수(1회에 강하할 수 있는 사용자의 최대수)는 최대사용하중을 ( )N으로 나누어서 얻은 값으로 한다.

① 250 ② 500
③ 750 ④ 1500

해설 완강기

(1) 최대사용자수(1회에 강하할 수 있는 사용자의 최대수)는 최대사용하중을 1500 N으로 나누어서 얻은 값으로 한다.

(2) 최대사용자수에 상당하는 수의 벨트가 있어야 한다.

70. 화재조기진압용 스프링클러설비 가지배관의 배열기준 중 천장의 높이가 9.1 m 이상 13.7 m 이하인 경우 가지배관 사이의 거리기준으로 옳은 것은?

① 2.4 m 이상 3.1 m 이하
② 2.4 m 이상 3.7 m 이하
③ 6.0 m 이상 8.5 m 이하
④ 6.0 m 이상 9.3 m 이하

해설 스프링클러설비 가지배관의 배열기준

(1) 천장의 높이가 9.1 m 이상 13.7 m 이하 : 2.4 m 이상 3.1 m 이하

(2) 일반적인 상태 : 2.4 m 이상 3.7 m 이하

71. 스프링클러설비 헤드의 설치기준 중 다음 ( ) 안에 알맞은 것은?

> 살수가 방해되지 아니하도록 스프링클러헤드부터 반경 (㉠) cm 이상의 공간을 보유할 것. 다만, 벽과 스프링클러헤드 간의 공간은 (㉡) cm 이상으로 한다.

① ㉠ 10, ㉡ 60 ② ㉠ 30, ㉡ 10
③ ㉠ 60, ㉡ 10 ④ ㉠ 90, ㉡ 60

해설 스프링클러설비 헤드의 설치기준

(1) 살수가 방해되지 아니하도록 스프링클러헤드부터 반경 60 cm 이상의 공간을 보유할 것

(2) 벽과 스프링클러헤드 간의 공간은 10 cm 이상으로 한다.

(3) 스프링클러 헤드와 그 부착면과의 거리는 30 cm 이하로 할 것.

(4) 연소할 우려가 있는 개구부에는 그 상하 좌우에 2.5 m 간격으로 스프링클러 헤드를 설치할 것

72. 포 소화약제의 혼합장치에 대한 설명 중 옳은 것은?

① 라인 프로포셔너방식이란 펌프의 토출관과 흡입관 사이의 배관 도중에 설치한 흡입기에 펌프에서 토출된 물의 일부를 보내고, 농도 조절밸브에서 조정된 포 소화약제의 필요량을 포 소화약제 탱크에서 펌프 흡입측으로 보내어 이를 혼합하는 방식을 말한다.

② 프레셔사이드 프로포셔너방식이란 펌프의 토출관에 압입기를 설치하여 포 소화약제 압입용 펌프로 포 소화약제를 압입시켜 혼합하는 방식을 말한다.

③ 프레셔 프로포셔너방식이란 펌프와 발포기 중간에 설치된 벤투리관의 벤투리작용에 따라 포 소화약제를 흡입·혼합하는 방식을 말한다.

④ 펌프 프로포셔너방식이란 펌프와 발

포기의 중간에 설치된 벤투리관의 벤투리작용과 펌프 가압수의 포 소화약제 저장탱크에 대한 압력에 따라 포 소화약제를 흡입·혼합하는 방식을 말한다.

해설 포 소화설비 혼합장치

(1) 펌프 프로포셔너방식 : 펌프의 흡입관과 토출관 사이에 흡입기를 설치하여 펌프에서 토출된 물의 일부를 보내고 농도 조절밸브에서 조정된 포 소화약제 필요량을 포 소화약제 탱크에서 펌프 흡입관으로 보내어 흡입·혼합하는 방식

(2) 프레져 프로포셔너방식 : 펌프와 발포기의 중간에 설치된 벤투리관의 벤투리작용과 펌프 가압수의 포 소화약제 저장탱크에 대한 압력에 의하여 포 소화약제를 흡입, 혼합하는 방식

(3) 라인 프로포셔너방식 : 펌프와 발포기의 중간에 설치된 벤투리관의 벤투리작용에 의하여 포 소화약제를 흡입·혼합하는 방식

(4) 프레셔사이드 프로포셔너방식 : 펌프의 토출관에 압입기를 설치하여 포 소화약제 압입용 펌프로 포소화약제를 압입시켜 혼합하는 방식

(5) 압축공기포 믹싱체임버방식 : 압축공기 또는 압축질소를 일정 비율로 포수용액에 강제 주입·혼합하는 방식

---

73. 전동기 또는 내연기관에 따른 펌프를 이용하는 옥외소화전설비의 가압송수장치의 설치기준 중 다음 ( ) 안에 알맞은 것은?

해당 특정소방대상물에 설치된 옥외소화전(2개 이상 설치된 경우에는 2개의 옥외소화전)을 동시에 사용할 경우 각 옥외소화전의 노즐선단에서의 방수압력이 (㉠)MPa 이상이고, 방수량이 (㉡)L/min 이상이 되는 성능의 것으로 할 것

① ㉠ 0.17, ㉡ 350

② ㉠ 0.25, ㉡ 350

③ ㉠ 0.17, ㉡ 130

④ ㉠ 0.25, ㉡ 130

해설 옥외소화전설비의 가압송수장치

(1) 쉽게 접근할 수 있고 점검하기에 충분한 공간이 있는 장소로서 화재 및 침수 등의 재해인한 피해를 받을 우려가 없는 곳에 설치할 것

(2) 동결방지조치를 하거나 동결의 우려가 없는 장소에 설치할 것

(3) 해당 특정소방대상물에 설치된 옥외소화전(2개 이상 설치된 경우에는 2개의 옥외소화전)을 동시에 사용할 경우 각 옥외소화전의 노즐선단에서의 방수압력이 0.25 MPa 이상이고, 방수량이 350 L/min 이상이 되는 성능의 것으로 할 것. 이 경우 하나의 옥외소화전을 사용하는 노즐선단에서의 방수압력이 0.7 MPa을 초과할 경우에는 호스접결구의 인입측에 감압장치를 설치하여야 한다.

(4) 펌프는 전용으로 할 것

(5) 펌프의 토출측에는 압력계를 체크밸브 이전에 펌프 토출측 플랜지에서 가까운 곳에 설치하고, 흡입측에는 연성계 또는 진공계를 설치할 것

(6) 가압송수장치에는 정격부하운전 시 펌프의 성능을 시험하기 위한 배관을 설치할 것

(7) 가압송수장치에는 체절운전 시 수온의 상승을 방지하기 위한 순환배관을 설치할 것

(8) 기동장치로는 기동용수압 개폐장치 또는 이와 동등 이상의 성능이 있는 것을 설치할 것. 다만, 아파트·업무시설·학교·전시시설·공장·창고시설 또는 종교시설 등으로서 동결의 우려가 있는 장소에 있어서는 기동스위치에 보호판을 부착하여 옥외소화전함 내에 설치할 수 있다.

(9) 기동용수압개폐장치(압력체임버)를 사용할 경우 그 용적은 100 L 이상의 것으로 할 것

---

74. 미분무소화설비 용어의 정의 중 다음

( ) 안에 알맞은 것은?

> "미분무"란 물만을 사용하여 소화하는 방식으로 최소설계압력에서 헤드로부터 방출되는 물입자 중 99%의 누적체적분포가 (㉠) μm 이하로 분무되고 (㉡)급 화재에 적응성을 갖는 것을 말한다.

① ㉠ 400, ㉡ A, B, C
② ㉠ 400, ㉡ B, C
③ ㉠ 200, ㉡ A, B, C
④ ㉠ 200, ㉡ B, C

해설 미분무소화설비 : 가압된 물이 헤드 통과 후 미세한 입자로 분무됨으로써 소화성능을 가지는 설비를 말하며, 소화력을 증가시키기 위해 강화액 등을 첨가할 수 있다.

(1) "미분무"란 물만을 사용하여 소화하는 방식으로 최소설계압력에서 헤드로부터 방출되는 물입자 중 99%의 누적체적분포가 400 μm 이하로 분무되고 A, B, C급 화재에 적응성을 갖는 것을 말한다.

(2) "미분무 헤드"란 하나 이상의 오리피스를 가지고 미분무소화설비에 사용되는 헤드이다.

(3) "개방형 미분무 헤드"란 감열체 없이 방수구가 항상 열려져 있는 헤드를 말한다.

(4) "폐쇄형 미분무 헤드"란 정상상태에서 방수구를 막고 있는 감열체가 일정 온도에서 자동적으로 파괴·용융 또는 이탈됨으로써 방수구가 개방되는 헤드를 말한다.

(5) "저압 미분무소화설비"란 최고사용압력이 1.2 MPa 이하인 미분무소화설비를 말한다.

(6) "중압 미분무소화설비"란 사용압력이 1.2 MPa을 초과하고 3.5 MPa 이하인 미분무소화설비를 말한다.

(7) "고압 미분무소화설비"란 최저사용압력이 3.5 MPa을 초과하는 미분무소화설비를 말한다.

75. 소화기구의 소화약제별 적응성 중 C급 화재에 적응성이 없는 소화약제는 어느 것인가?

① 마른 모래
② 청정소화약제
③ 이산화탄소 소화약제
④ 중탄산염류 소화약제

해설 C급 화재는 전기화재이며 마른 모래, 팽창질석, 팽창진주암 등은 소화효과가 없다.

76. 소화약제 외의 것을 이용한 간이소화용구의 능력단위 기준 중 다음 ( ) 안에 알맞은 것은?

간이소화용구		능력단위
마른 모래	삽을 상비한 50 L 이상의 것 1포	( )단위

① 0.5
② 1
③ 3
④ 5

해설 간이소화용구의 능력단위

간이소화용구		능력단위
마른 모래	삽을 상비한 50 L 이상의 것 1포	0.5 단위
팽창질석, 팽창진주암	삽을 상비한 160 L 이상의 것 1포	1단위

77. 다음과 같은 소방대상물의 부분에 완강기를 설치할 경우 부착 금속구의 부착 위치로서 가장 적합한 위치는?

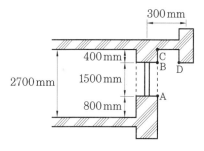

① A
② B
③ C
④ D

해설 완강기를 사용할 때 주변에 걸림이 없고 지장 없이 하강할 수 있어야 하므로 D 부분에 설치해야 한다.

78. 연소방지설비의 배관의 설치기준 중 다음 ( ) 안에 알맞은 것은?

> 연소방지설비에 있어서의 수평주행배관의 구경은 100 mm 이상의 것으로 하되, 연소방지설비전용헤드 및 스프링클러헤드를 향하여 상향으로 ( ) 이상의 기울기로 설치하여야 한다.

① $\dfrac{2}{100}$

② $\dfrac{1}{1000}$

③ $\dfrac{1}{100}$

④ $\dfrac{1}{500}$

해설 연소방지설비의 배관의 설치기준 : 연소방지설비에 있어서의 수평주행배관의 구경은 100 mm 이상의 것으로 하되, 연소방지설비전용헤드 및 스프링클러헤드를 향하여 상향으로 1000분의 1 이상의 기울기로 설치하여야 한다.

79. 상수도소화용수설비의 소화전은 특정소방대상물의 수평투영면의 각 부분으로부터 몇 m 이하가 되도록 설치하여야 하는가?

① 200

② 140

③ 100

④ 70

해설 상수도소화용수설비 소화전의 설치기준 : 수도배관 75 mm 이상에 소화전 100 mm 이상을 접속하여야 하며 소화전은 특정소방대상물의 수평투영면의 각 부분으로부터 140 m 이하가 되도록 설치하여야 한다.

80. 이산화탄소 소화약제 저압식 저장용기의 충전비로 옳은 것은?

① 0.9 이상, 1.1 이하

② 1.1 이상, 1.4 이하

③ 1.4 이상, 1.7 이하

④ 1.5 이상, 1.9 이하

해설 이산화탄소 소화약제 저장용기 충전비

(1) 저압식 : 1.1 이상 1.4 이하

(2) 고압식 : 1.5 이상 1.9 이하

소방설비기계기사

제1과목　　　**소방원론**

1. 갑종방화문과 을종방화문의 비차열 성능은 각각 최소 몇 분 이상이어야 하는가?

① 갑종 90분, 을종 40분

② 갑종 60분, 을종 30분

③ 갑종 45분, 을종 20분

④ 갑종 30분, 을종 10분

[해설] 방화문 구조
　　(1) 갑종 방화문(비차열 : 60분 이상, 차열 : 30분 이상)
　　(2) 을종 방화문(비차열 30분 이상)
　　(3) 비차열 : 화염을 막을 수 있는 정도를 나타내기 위한 구조
　　(4) 차열 : 화염을 막을 수 있는 정도와 열을 막을 수 있는 정도를 나타내기 위한 구조

2. 염소산염류, 과염소산염류, 알칼리 금속의 과산화물, 질산염류, 과망간산염류의 특징과 화재 시 소화방법에 대한 설명 중 틀린 것은?

① 가열 등에 의해 분해하여 산소를 발생하고 화재 시 산소의 공급원 역할을 한다.

② 가연물, 유기물, 기타 산화하기 쉬운 물질과 혼합물은 가열, 충격, 마찰 등에 의해 폭발하는 수도 있다.

③ 알칼리 금속의 과산화물을 제외하고 다량의 물로 냉각소화한다.

④ 그 자체가 가연성이며 폭발성을 지니고 있어 화약류 취급 시와 같이 주의를 요한다.

[해설] 제1류 위험물은 산화성 고체이므로 화재 등으로 분해 시 산소를 방출하여 가연성물질의 연소를 도와주며 가연성의 성질은 가지고 있지 않다.

3. 비열이 가장 큰 물질은?

① 구리　② 수은　③ 물　④ 철

[해설] 비열 : 물질 1 kg을 1℃ 높이는 데 필요한 열량(kcal/kg·℃)
　　물 : 1, 구리 : 0.09, 수은 : 0.06, 철 : 0.11

4. 건축물의 피난·방화구조 등의 기준에 관한 규칙에 따른 철망모르타르로서 그 바름두께가 최소 몇 cm 이상인 것을 방화구조로 규정하는가?

① 2　　　　　　　② 2.5

③ 3　　　　　　　④ 3.5

[해설] 방화구조
　　(1) 심벽에 흙으로 맞벽치기한 것
　　(2) 철망모르타르로서 그 바름두께가 2 cm 이상인 것
　　(3) 시멘트모르타르 위에 타일을 붙인 것으로서 그 두께의 합계가 2.5 cm 이상인 것
　　(4) 석고판 위에 시멘트모르타르 또는 회반죽을 바른 것으로서 그 두께의 합계가 2.5 cm 이상인 것

5. 제3종 분말소화약제에 대한 설명으로 틀린 것은?

① A, B, C급 화재에 모두 적응한다.

② 주성분은 탄산수소칼륨과 요소이다.

③ 열분해 시 발생되는 불연성 가스에 의한 질식효과가 있다.

④ 분말운무에 의한 열방사를 차단하는 효과가 있다.

[정답] 1. ②　2. ④　3. ③　4. ①　5. ②

해설 분말소화약제의 종류

종별	명칭	착색	적용
제1종	탄산수소나트륨 ($NaHCO_3$)	백색	B, C급
제2종	탄산수소칼륨 ($KHCO_3$)	담자색	B, C급
제3종	제1인산암모늄 ($NH_4H_2PO_4$)	담홍색	A, B, C급
제4종	탄산수소칼륨 +요소($KHCO_3$ +(NH_2)$_2CO$)	회색	B, C급

6. 어떤 유기화합물을 원소 분석한 결과 중량백분율이 C : 39.9 %, H : 6.7 %, O : 53.4 %인 경우 이 화합물의 분자식은? (단, 원자량은 C = 12, O = 16, H = 1이다.)

① $C_3H_8O_2$
② $C_2O_4O_2$
③ C_2O_4O
④ $C_2H_6O_2$

해설 원자량 C : 12, H : 1, O : 16

$$C : H : O = \frac{39.9}{12} : \frac{6.7}{1} : \frac{53.4}{16}$$
$$= 3.33 : 6.7 : 3.33 = 1 : 2 : 1$$

CH_2O(실험식), $C_2H_4O_2$(분자식)

7. 제4류 위험물의 물리 · 화학적 특성에 대한 설명으로 틀린 것은?

① 증기 비중은 공기보다 크다.
② 정전기에 의한 화재 발생 위험이 있다.
③ 인화성 액체이다.
④ 인화점이 높을수록 증기 발생이 용이하다.

해설 제4류 위험물
 (1) 인화하기 아주 쉽다.(인화점이 낮을수록 증기 발생이 용이하다.)
 (2) 증기가 공기보다 무거워서 낮은 곳에 체류한다.
 (3) 착화온도(발화점)가 낮은 것은 위험하다.
 (4) 정전기의 축적이 용이하다.

8. 유류 탱크의 화재 시 탱크 저부의 물이 뜨거운 열류층에 의하여 수증기로 변하면서 급작스런 부피 팽창을 일으켜 유류가 탱크 외부로 분출하는 현상은?

① 슬롭 오버(slop over)
② 블레비(BLEVE)
③ 보일 오버(boil over)
④ 파이어 볼(fire ball)

해설 연소상의 문제점
 (1) 보일 오버 : 상부가 개방된 유류 저장탱크에서 화재 발생 시에 일어나는 현상으로 기름 표면에서 장시간 조용히 연소하다 일정 시간 경과 후 잔존 기름의 갑작스런 분출이나 넘침이 일어나며 유화 현상이 심한 기름에서 주로 발생한다.
 (2) 슬롭 오버 : 기름 속에 존재하는 수분이 비등점 이상이 되면 수증기가 되어 상부로 튀어 나오게 되는데 이때 기름의 일부가 비산되는 현상을 말한다.
 (3) 프로스 오버 : 유류 탱크 속에 존재하는 물이 상부의 뜨거운 기름 속에서 끓을 때 점성이 큰 기름이 탱크 외부로 넘쳐 흐르는 현상을 말한다.
 (4) BLEVE : 가연성 액화가스 저장용기에 열이 공급되면 액의 증발로 인하여 급격한 체적 팽창이 일어나 용기가 파열되는 현상으로 액체의 일부도 같이 비산한다.
 (5) 블로 오프 : 촛불을 입으로 불면 불꽃은 옆으로 이동하게 되며 이때 증발된 파라핀의 공급이 중단되어 촛불은 꺼지게 된다.

9. 화재예방, 소방시설 설치 · 유지 및 안전관리에 관한 법령에 따른 개구부의 기준으로 틀린 것은?

① 해당 층의 바닥면으로부터 개구부 밑부분까지의 높이가 1.5 m 이내일 것
② 크기는 지름 50 cm 이상의 원이 내접할 수 있는 크기일 것
③ 도로 또는 차량이 진입할 수 있는 빈

터를 향할 것

④ 내부 또는 외부에서 쉽게 부수거나 열 수 있을 것

[해설] "무창층"이라 함은 지상층 중 다음에 해당하는 개구부의 면적의 합계가 해당 층의 바닥면적의 30분의 1 이하가 되는 층을 말한다.
(1) 크기는 지름 50 cm 이상의 원이 내접할 수 있는 크기일 것
(2) 해당 층의 바닥면으로부터 개구부 밑부분까지의 높이가 1.2 m 이내일 것
(3) 도로 또는 차량이 진입할 수 있는 빈터를 향할 것
(4) 화재 시 건축물로부터 쉽게 피난할 수 있도록 창살이나 그 밖의 장애물이 설치되지 아니할 것
(5) 내부 또는 외부에서 쉽게 부수거나 열 수 있을 것

10. 다음 중 소화약제로 사용할 수 없는 것은?

① $KHCO_3$
② $NaHCO_3$
③ CO_2
④ NH_3

[해설] 암모니아(NH_3)는 폭발범위가 15~28 %인 가연성가스로 지정되어 있으므로 소화약제로는 사용이 어렵다.

11. 어떤 기체가 0℃, 1기압에서 부피가 11.2 L, 기체 질량이 22 g이었다면 이 기체의 분자량은?(단, 이상기체로 가정한다.)

① 22
② 35
③ 44
④ 56

[해설] 아보가드로의 법칙에 의하여 모든 기체 1몰은 0℃, 1기압에서 22.4 L의 체적이므로
$11.2 L : 22 g = 22.4 L : X$
$X = \dfrac{22 g \times 22.4 L}{11.2 L} = 44 g$

12. 다음 중 분진 폭발의 위험성이 가장 낮은 것은?

① 소석회
② 알루미늄분
③ 석탄분말
④ 밀가루

[해설] 분진 폭발은 공기 중에 존재하는 짙은 농도의 분진이 열을 받게 되면 갑자기 연소·폭발하는 현상으로 알루미늄분, 철분, 석탄분, 마그네슘분, 소맥분, 먼지 등이 해당된다.

13. 폭연에서 폭굉으로 전이되기 위한 조건에 대한 설명으로 틀린 것은?

① 정상 연소속도가 작은 가스일수록 폭굉으로 전이가 용이하다.
② 배관 내에 장애물이 존재할 경우 폭굉으로 전이가 용이하다.
③ 배관의 관경이 가늘수록 폭굉으로 전이가 용이하다.
④ 배관 내 압력이 높을수록 폭굉으로 전이가 용이하다.

[해설] 폭굉, 폭연
(1) 폭굉 : 폭발 중에서도 격렬한 폭발로서 화염 전파속도가 음속보다 빠른 경우로 파면 선단에 충격파라고 하는 강력하게 솟구치는 압력파가 형성되는 폭발
(2) 폭연 : 연소의 전파속도가 음속보다 느린 경우
(3) 폭굉유도거리(DID) : 최초의 완만한 연소가 격렬한 폭굉에 이르기까지의 거리
(4) 폭굉유도거리가 짧아지는 조건
• 정상의 연소속도가 큰 혼합가스일 경우
• 관 속에 방해물이 있거나 관경이 가늘 수록
• 압력이 높을수록
• 점화원의 에너지가 강할수록

14. 연소의 4요소 중 자유활성기(free radical)의 생성을 저하시켜 연쇄반응을 중지시키는 소화방법은?

① 제거소화
② 냉각소화
③ 질식소화
④ 억제소화

해설 연쇄반응을 차단하는 것은 부촉매효과로 억제소화에 해당된다.

15. 내화구조에 해당하지 않는 것은?

① 철근콘크리트조로 두께가 10 cm 이상인 벽
② 철근콘크리트조로 두께가 5 cm 이상인 외벽 중 비내력벽
③ 벽돌조로서 두께가 19 cm 이상인 벽
④ 철골철근콘크리트조로서 두께가 10 cm 이상인 벽

해설 내화구조의 기준

내화구조	기준
벽	• 철골·철근콘크리트조로서 두께 10 cm 이상인 것 • 골구를 철골조로 하고 그 양면을 두께 4 cm 이상의 철망모르타르로 덮은 것 • 두께 5 cm 이상의 콘크리트 블록·벽돌 또는 석재로 덮은 것 • 석조로서 철재에 덮은 콘크리트 블록의 두께가 5 cm 이상인 것 • 벽돌조로서 두께가 19 cm 이상인 것
기둥 (작은 지름 25 cm 이상)	• 철골 두께 6 cm 이상의 철망모르타르로 덮은 것 • 두께 7 cm 이상의 콘크리트 블록·벽돌 또는 석재로 덮은 것 • 철골 두께 5 cm 이상의 콘크리트로 덮은 것
바닥	• 철골·철근콘크리트조로서 두께 10 cm 이상인 것 • 석조로서 철재에 덮은 콘크리트 블록의 두께가 5 cm 이상인 것 • 철재의 양면을 두께 5 cm 이상의 철망모르타르로 덮은 것
보	• 철골 두께 6 cm 이상의 철망모르타르로 덮은 것 • 두께 5 cm 이상의 콘크리트로 덮은 것

16. 피난로의 안전구획 중 2차 안전구획에 속하는 것은?

① 복도
② 계단부속실(계단전실)
③ 계단
④ 피난층에서 외부와 직면한 현관

해설 안전구획 : 복도(1차 안전구획) – 계단부속실(2차 안전구획) – 피난계단(3차 안전구획)

17. 경유화재가 발생했을 때 주수소화가 오히려 위험할 수 있는 이유는?

① 경유는 물과 반응하여 유독가스를 발생하므로
② 경유의 연소열로 인하여 산소가 방출되어 연소를 돕기 때문에
③ 경유는 물보다 비중이 가벼워 화재면의 확대 우려가 있으므로
④ 경유가 연소할 때 수소가스를 발생하여 연소를 돕기 때문에

해설 유류화재(제4류 위험물)에 물을 주수하면 대부분 물보다 비중이 작으므로 물 위에 뜨게 되고 물의 유동으로 화재면의 확대가 우려되어 주수를 금하고 질식소화한다.

18. TLV(threshold limit value)가 가장 높은 가스는?

① 시안화수소
② 포스겐
③ 일산화탄소
④ 이산화탄소

해설 TLV(threshold limit value) : 허용농도
① 시안화수소 : 10 ppm
② 포스겐 : 0.12 ppm
③ 일산화탄소 : 50 ppm
④ 이산화탄소 : 5000 ppm

19. 할론계 소화약제의 주된 소화효과 및

정답 15. ② 16. ② 17. ③ 18. ④ 19. ④

방법에 대한 설명으로 옳은 것은?

① 소화약제의 증발잠열에 의한 소화방법이다.

② 산소의 농도를 15 % 이하로 낮게 하는 소화방법이다.

③ 소화약제의 열분해에 의해 발생하는 이산화탄소에 의한 소화방법이다.

④ 자유활성기(free radical)의 생성을 억제하는 소화방법이다.

해설 할론계 소화약제는 연쇄반응을 일으키는 자유활성기(free radical)의 생성을 억제시키는 화학적 소화로 액체 가연물 소화에 적합하다.

20. 소방시설 중 피난설비에 해당하지 않는 것은?

① 무선통신보조설비

② 완강기

③ 구조대

④ 공기안전매트

해설 무선통신보조설비는 소화활동설비이다.

제2과목   **소방유체역학**

21. 이상기체의 등엔트로피 과정에 대한 설명 중 틀린 것은?

① 폴리트로픽 과정의 일종이다.

② 가역단열과정에서 나타난다.

③ 온도가 증가하면 압력이 증가한다.

④ 온도가 증가하면 비체적이 증가한다.

해설 온도가 증가하면 비체적은 감소하게 되며 압력은 증가하게 된다.

22. 관내에서 물이 평균속도 9.8 m/s로 흐

를 때의 속도 수두는 약 몇 m인가?

① 4.9   ② 9.8

③ 48   ④ 128

해설 $H = \dfrac{V^2}{2g} = \dfrac{(9.8\,\text{m/s})^2}{2 \times 9.8\,\text{m/s}^2} = 4.9\,\text{m/s}$

23. 다음 그림과 같이 스프링상수(spring constant)가 10 N/cm인 4개의 스프링으로 평판 A가 벽 B에 설치되어 있다. 이 평판에 유량 0.01 m³/s, 속도 10 m/s인 물 제트가 평판 A의 중앙에 직각으로 충돌할 때, 물 제트에 의해 평판과 벽 사이의 단축되는 거리는 약 몇 cm인가?

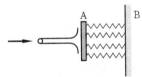

① 2.5   ② 5

③ 10   ④ 40

해설 $F = \delta \cdot Q \cdot V$

$= 1000\,\text{kg/m}^3 \times 0.01\,\text{m}^3/\text{s} \times 10\,\text{m/s}$

$= 100\,\text{kg} \cdot \text{m/s}^2 = 100\,\text{N}(1\,\text{N} = 1\,\text{kg} \cdot \text{m/s}^2)$

단축되는 거리 $= \dfrac{100\,\text{N}}{10\,\text{N/cm} \times 4\text{개}} = 2.5\,\text{cm}$

24. 이상기체의 정압비열 C_p와 정적비열 C_v와의 관계로 옳은 것은? (단, R은 이상기체 상수이고, k는 비열비이다.)

① $C_p = \dfrac{1}{2}C_v$ ② $C_p < C_v$

③ $C_p - C_v = R$ ④ $\dfrac{C_v}{C_p} = k$

해설 $R = C_p - C_v, \quad C_p > C_v$

25. 피스톤의 지름이 각각 10 mm, 50 mm인 두 개의 유압장치가 있다. 두 피스톤

정답   **20.** ①   **21.** ④   **22.** ①   **23.** ①   **24.** ③   **25.** ①

안에 작용하는 압력은 동일하고, 큰 피스톤이 1000 N의 힘을 발생시킨다고 할 때 작은 피스톤에서 발생시키는 힘은 약 몇 N인가?

① 40 ② 400
③ 25000 ④ 245000

해설 $\dfrac{F_1}{A_1} = \dfrac{F_2}{A_2} (P_1 = P_2)$

$$F_1 = F_2 \times \dfrac{A_1}{A_2} = F_2 \times \dfrac{\dfrac{\pi}{4} \times d_1^2}{\dfrac{\pi}{4} \times d_2^2}$$

$$= 1000\,\text{N} \times \dfrac{\dfrac{\pi}{4} \times 10^2}{\dfrac{\pi}{4} \times 50^2} = 40\,\text{N}$$

26. 유체가 매끈한 원 관 속을 흐를 때 레이놀즈수가 1200이라면 관 마찰계수는 얼마인가?

① 0.0254 ② 0.00128
③ 0.0059 ④ 0.053

해설 $f = \dfrac{64}{Re} = \dfrac{64}{1200} = 0.053$

27. 2 cm 떨어진 두 수평한 판 사이에 기름이 차 있고, 두 판 사이의 정중앙에 두께가 매우 얇은 한 변의 길이가 10 cm인 정사각형 판이 놓여 있다. 이 판을 10 cm/s의 일정한 속도로 수평하게 움직이는 데 0.02 N의 힘이 필요하다면, 기름의 점도는 약 몇 N·s/m²인가? (단, 정사각형 판의 두께는 무시한다.)

① 0.1 ② 0.2
③ 0.01 ④ 0.02

해설 $F = 0.02\,\text{N}$
$A = 0.1\,\text{m} \times 0.1\,\text{m} = 0.01\,\text{m}^2$

$V = 10\,\text{cm/s} = 0.1\,\text{m/s}$

$h = \dfrac{2\,\text{cm}}{2} = 1\,\text{cm} = 0.01\,\text{m}$

$F = Z \cdot \mu \cdot A \cdot \dfrac{V}{h}$ (평판이 받는 전달력)

$0.02\,\text{N} = 2 \times \mu \times 0.01\,\text{m}^2 \times \dfrac{0.1\,\text{m/s}}{0.01\,\text{m}}$

$\mu = 0.1\,\text{N} \cdot \text{s/m}^2$

28. 부자(float)의 오르내림에 의해서 배관 내의 유량을 측정하는 기구의 명칭은?

① 피토관(pitot tube)
② 로터미터(rotameter)
③ 오리피스(orifice)
④ 벤투리미터(venturi meter)

해설 로터미터는 유체 속에 부자를 직접 띄우는 형식으로 유량을 직접 알 수 있다.

29. 다음 중 열역학적 용어에 대한 설명으로 틀린 것은?

① 물질의 3중점(triple point)은 고체, 액체, 기체의 3상이 평형상태로 공존하는 상태의 지점을 말한다.
② 일정한 압력하에서 고체가 상변화를 일으켜 액체로 변화할 때 필요한 열을 융해열(융해 잠열)이라 한다.
③ 고체가 일정한 압력하에서 액체를 거치지 않고 직접 기체로 변화하는 데 필요한 열을 승화열이라 한다.
④ 포화액체를 정압하에서 가열할 때 온도 변화 없이 포화증기로 상변화를 일으키는 데 사용되는 열을 현열이라 한다.

해설 포화액체를 정압하에서 가열할 때 온도 변화 없이 포화증기로 상변화를 일으키는 데 사용되는 열을 증발잠열이라 한다.

정답 26. ④ 27. ① 28. ② 29. ④

30. 펌프를 이용하여 10 m 높이 위에 있는 물탱크로 유량 0.3 m³/min의 물을 퍼 올리려고 한다. 관로 내 마찰손실수두가 3.8 m이고, 펌프의 효율이 85 %일 때 펌프에 공급해야 하는 동력은 약 몇 W인가?

① 128　　② 796　　③ 677　　④ 219

[해설] $H_{kW} = \dfrac{1000 \times 0.3 \times (10+3.8)}{102 \times 60 \times 0.85}$
$= 0.7958\,\text{kW} = 795.8\,\text{W}$

31. 회전속도 1000 rpm일 때 송출량 Q [m³ /min], 전양정 H [m]인 원심펌프가 상사한 조건에서 송출량이 1.1 Q [m³/min]가 되도록 회전속도를 증가시킬 때, 전양정은 어떻게 되는가?

① 0.91H　　　② H
③ 1.1H　　　④ 1.21H

[해설] 상사의 법칙에 의하여

$Q_2 = Q_1 \times \dfrac{N_2}{N_1}$

$N_2 = \dfrac{Q_2}{Q_1} \times N_1 = \dfrac{1.1}{1} \times 1000 = 1100\,\text{rpm}$

$H_2 = H_1 \times \left(\dfrac{1100}{1000}\right)^2 = 1.21 H_1$

32. 모세관 현상에 있어서 물이 모세관을 따라 올라가는 높이에 대한 설명으로 옳은 것은?

① 표면장력이 클수록 높이 올라간다.
② 관의 지름이 클수록 높이 올라간다.
③ 밀도가 클수록 높이 올라간다.
④ 중력의 크기와는 무관하다.

[해설] 모세관 현상은 표면장력이 클수록, 밀도와 관경이 작을수록 높이 올라간다.

33. 그림과 같이 30°로 경사진 0.5 m×3 m 크기의 수문평판 AB가 있다. A 지점에서

힌지로 연결되어 있을 때 이 수문을 열기 위하여 B 점에서 수문에 직각방향으로 가해야 할 최소 힘은 약 몇 N인가?(단, 힌지 A에서의 마찰은 무시한다.)

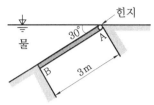

① 7350　　　　② 7355
③ 14700　　　　④ 14710

[해설] 경사면에 작용하는 힘(F)
$= 9800\,\text{N/m}^3 \times \dfrac{3\,\text{m}}{2} \times \sin 30° \times 0.5\,\text{m} \times 3\,\text{m}$
$= 11025\,\text{N}$

2차 관성모멘트 $= \dfrac{\text{폭} \times (\text{높이})^3}{12}$

$= \dfrac{0.5 \times 3^3}{12} = 1.125$

압력 중심(F_x) $= \dfrac{1.125}{1.5 \times 0.5 \times 3} + 1.5 = 2\,\text{m}$

수문에 직각으로 작용하는 힘(F_B)
$= \dfrac{F_x}{l} \times F = \dfrac{2\,\text{m}}{3\,\text{m}} \times 11025\,\text{N} = 7350\,\text{N}$

34. 관내에 물이 흐르고 있을 때, 그림과 같이 액주계를 설치하였다. 관내에서 물의 유속은 약 몇 m/s인가?

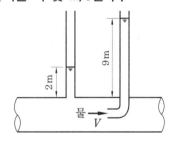

① 2.6　　② 7　　③ 11.7　　④ 137.2

[해설] $V = \sqrt{2 \times 9.8 \times 7}\,(h = 9\,\text{m} - 2\,\text{m} = 7\,\text{m})$
$= 11.71\,\text{m/s}$(동압 = 전압 − 정압)

정답 30. ②　31. ④　32. ①　33. ①　34. ③

35. 파이프 단면적이 2.5배로 급격하게 확대되는 구간을 지난 후의 유속이 1.2 m/s이다. 부차적 손실계수가 0.36이라면 급격확대로 인한 손실수두는 몇 m인가?

① 0.0264 ② 0.0661

③ 0.165 ④ 0.331

해설 $Q_1 = Q_2$

$V_1 \times A_1 = V_2 \times A_2$

$V_1 \times 1 = 1.2 \times 2.5$

$V_1 = 3 \text{ m/s}$

$H = K \times \dfrac{V_1^2}{2g} = 0.36 \times \dfrac{3^2}{2 \times 9.8} = 0.165 \text{ m}$

36. 관 A에는 비중 $S_1 = 1.5$인 유체가 있으며, 마노미터 유체는 비중 $S_2 = 13.6$인 수은이고, 마노미터에서의 수은의 높이차 h_2는 20 cm이다. 이후 관 A의 압력을 종전보다 40 kPa 증가했을 때, 마노미터에서 수은의 새로운 높이차(h_2')는 약 몇 cm인가?

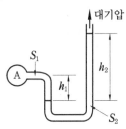

① 28.4 ② 35.9

③ 46.2 ④ 51.8

해설 $\gamma_1 \times h_1 = \gamma_2 \times h_2$

$40 \times 1000 \text{ N/m}^2 = 9800 \text{ N/m}^3 \times 13.6 \times h_2$

$h_2 = 0.3001 \text{ m} = 30.01 \text{ cm}$

$h_2' = 20 \text{ cm} + 30.01 \text{ cm} = 50.01 \text{ cm}$

37. 다음 기체, 유체, 액체에 대한 설명 중 옳은 것만을 모두 고른 것은?

> ⓐ 기체 : 매우 작은 응집력을 가지고 있으며, 자유표면을 가지지 않고 주어진 공간을 가득 채우는 물질
> ⓑ 유체 : 전단응력을 받을 때 연속적으로 변형하는 물질
> ⓒ 액체 : 전단응력이 전단변형률과 선형적인 관계를 가지는 물질

① ⓐ, ⓑ ② ⓐ, ⓒ

③ ⓑ, ⓒ ④ ⓐ, ⓑ, ⓒ

해설 ⓒ항은 뉴턴 유체에 대한 설명이다.

38. 지름 2 cm의 금속 공은 선풍기를 켠 상태에서 냉각하고, 지름 4 cm의 금속 공은 선풍기를 끄고 냉각할 때 동일 시간당 발생하는 대류 열전달량의 비(2 cm 공 : 4 cm 공)는? (단, 두 경우 온도차는 같고, 선풍기를 켜면 대류 열전달계수가 10배가 된다고 가정한다.)

① 1 : 0.3375 ② 1 : 0.4

③ 1 : 5 ④ 1 : 10

해설 $Q = \dfrac{K \times F \times \Delta t}{t}$

여기서, Q : 열전달률, K : 열전도율
$\quad\quad F$: 전열면적, Δt : 온도차
$\quad\quad t$: 판의 두께

구의 표면적 : $4 \cdot \pi \cdot r^2$

지름 2 cm(반지름 1 cm) 구의 표면적(F_1) :
$4 \times \pi \times (1\text{cm})^2$

지름 4 cm(반지름 2 cm) 구의 표면적(F_2) :
$4 \times \pi \times (2\text{cm})^2$

$F_1 : F_2 = 4\pi : 16\pi = 1 : 4$

선풍기를 켜면 열전달계수가 10배이므로
$1 \times 10 : 4 = 10 : 4 = 1 : 0.4$

39. 관로에서 20℃의 물이 수조에 5분 동안 유입되었을 때 유입된 물의 중량이 60 kN이라면 이때 유량은 몇 m³/s인가?

정답 35. ③ 36. ④ 37. ① 38. ② 39. ②

① 0.015   ② 0.02

③ 0.025   ④ 0.03

[해설] 중량유량$(G) = \dfrac{60\,\text{kN}}{5 \times 60\,\text{s}} = 0.2\,\text{kN/s}$

      체적유량$(V) = \dfrac{0.2\,\text{kN/s}}{9.8\,\text{kN/m}^3} = 0.02\,\text{m}^3/\text{s}$

40. 펌프의 캐비테이션을 방지하기 위한 방법으로 틀린 것은?

① 펌프의 설치 위치를 낮추어서 흡입 양정을 작게 한다.

② 흡입관을 크게 하거나 밸브, 플랜지 등을 조정하여 흡입 손실 수두를 줄인다.

③ 펌프의 회전속도를 높여 흡입 속도를 크게 한다.

④ 2대 이상의 펌프를 사용한다.

[해설] 공동현상(cavitation)

정의	펌프 흡입측 압력손실로 발생된 기체가 펌프 상부에 모이면 액의 송출을 방해하고 결국 운전 불능의 상태에 이르는 현상
발생 원인	• 흡입양정이 지나치게 긴 경우 • 흡입관경이 가는 경우 • 펌프의 회전수가 너무 빠를 경우 • 흡입측 배관이나 여과기 등이 막혔을 경우
영향	• 진동 및 소음 발생 • 임펠러 깃 침식 • 펌프 양정 및 효율 곡선 저하 • 펌프 운전 불능
대책	• 유효흡입양정(NPSH)을 고려하여 펌프를 선정한다. • 충분한 크기의 배관직경을 선정한다. • 펌프의 회전수를 용량에 맞게 조정한다. • 주기적으로 여과기 등을 청소한다. • 양흡입 펌프를 사용하거나 펌프를 액 중에 잠기게 한다.

41. 소방기본법령에 따른 용접 또는 용단 작업장에서 불꽃을 사용하는 용접·용단기구 사용에 있어서 작업자로부터 반경 몇 m 이내에 소화기를 갖추어야 하는가?(단, 산업안전보건법에 따른 안전조치의 적용을 받는 사업장의 경우는 제외한다.)

① 1   ② 3   ③ 5   ④ 7

[해설] 용접·용단기구 관리기준

종류	내용
건조시설	건조설비와 벽, 천장 사이의 거리 : 0.5 m 이상
수소 가스를 넣는 기구	• 수소가스는 용량의 90 % 이상을 유지 • 띄우는 각도는 45도 이하(바람이 7 m/s 이상에는 사용 불가)
불꽃을 사용하는 용접·용단 기구	• 반경 5 m 이내에 소화기를 갖출 것 • 반경 10 m 이내에는 가연물 적재 금지

42. 소방기본법에 따른 벌칙의 기준이 다른 것은?

① 정당한 사유 없이 불장난, 모닥불, 흡연, 화기 취급, 풍등 등 소형 열기구 날리기, 그 밖에 화재예방상 위험하다고 인정되는 행위의 금지 또는 제한에 따른 명령에 따르지 아니하거나 이를 방해한 사람

② 소방활동 종사 명령에 따른 사람을 구출하는 일 또는 불을 끄거나 불이 번지지 아니하도록 하는 일을 방해한 사람

③ 정당한 사유 없이 소방용수시설 또는 비상소화장치를 사용하거나 소방용수

시설 또는 비상소화장치의 효용을 해치거나 그 정당한 사용을 방해한 사람
④ 출동한 소방대의 소방장비를 파손하거나 그 효용을 해하여 화재진압·인명구조 또는 구급활동을 방해하는 행위를 한 사람

해설 ①항 : 200만원 이하의 벌금
②항, ③항, ④항 : 5년 이하의 징역 또는 5000만원 이하의 벌금

43. 화재예방, 소방시설 설치·유지 및 안전관리에 관한 법령에 따른 특정소방대상물의 수용 인원의 산정방법 기준 중 틀린 것은?

① 침대가 있는 숙박시설의 경우는 해당 특정소방대상물의 종사자 수에 침대 수(2인용 침대는 2인으로 산정)를 합한 수
② 침대가 없는 숙박시설의 경우는 해당 특정소방대상물의 종사자 수에 숙박시설 바닥면적의 합계를 $3m^2$로 나누어 얻은 수를 합한 수
③ 강의실 용도로 쓰이는 특정소방대상물의 경우는 해당 용도로 사용하는 바닥면적의 합계를 $1.9m^2$로 나누어 얻은 수
④ 문화 및 집회시설의 경우는 해당 용도로 사용하는 바닥면적의 합계를 $2.6m^2$로 나누어 얻은 수

해설 ④항의 경우 $2.6m^2 \rightarrow 4.6m^2$

44. 소방시설공사업법령에 따른 소방시설공사 중 특정소방대상물에 설치된 소방시설 등을 구성하는 것의 전부 또는 일부를 개설, 이전 또는 정비하는 공사의 착공신고 대상이 아닌 것은?

① 수신반
② 소화펌프
③ 동력(감시)제어반
④ 제연설비의 제연구역

해설 소방시설공사업법령에 따른 착공신고 대상 : 수신반, 소화펌프, 동력(감시)제어반 등 3가지이다.

45. 소방기본법에 따른 소방력의 기준에 따라 관할구역의 소방력을 확충하기 위하여 필요한 계획을 수립하여 시행하여야 하는 자는?

① 소방서장　② 소방본부장
③ 시·도지사　④ 행정안전부장관

해설 소방력 기준
(1) 소방기관이 소방업무를 수행하는 데에 필요한 인력과 장비 등[이하 "소방력(소방력)"이라 한다]에 관한 기준은 행정안전부령으로 정한다.
(2) 시·도지사는 소방력의 기준에 따라 관할구역의 소방력을 확충하기 위하여 필요한 계획을 수립하여 시행하여야 한다.
(3) 소방자동차 등 소방장비의 분류·표준화와 그 관리 등에 관하여 필요한 사항은 행정안전부령으로 정한다.

46. 화재예방, 소방시설 설치·유지 및 안전관리에 관한 법령에 따른 화재안전기준을 달리 적용하여야 하는 특수한 용도 또는 구조를 가진 특정소방대상물 중 핵폐기물처리시설에 설치하지 아니할 수 있는 소방시설은?

① 소화용수설비
② 옥외소화전설비
③ 물분무등 소화설비
④ 연결송수관설비 및 연결살수설비

해설 소방시설을 설치하지 아니할 수 있는 특정소방대상물 및 소방시설

구분	특정소방대상물	소방시설
화재 위험 도가 낮은 특정 소방 대상물	석재·불연성금속·불연성 건축재료 등의 가공공장·기계조립공장·주물 공장 또는 불연성 물품을 저장하는 창고	옥외소화전 및 연결살수설비
	소방대가 조직되어 24시간 근무하고 있는 청사 및 차고	옥내소화전설비, 스프링클러설비, 물분무등소화설비, 비상방송설비, 피난기구, 소화용수설비, 연결송수관설비, 연결살수설비
화재 안전 기준을 적용 하기 가 어려운 특정 소방 대상물	펄프공장의 작업장, 음료수 공장의 세정 또는 충전하는 작업장, 그 밖에 이와 비슷한 용도로 사용하는 것	스프링클러설비, 상수도소화용수설비 및 연결살수설비
	정수장, 수영장, 목욕장, 농예·축산·어류양식용 시설, 그 밖에 이와 비슷한 용도로 사용되는 것	자동화재탐지설비, 상수도소화용수설비 및 연결살수설비
특수한 용도 또는 구조를 가진 특정 소방 대상물	원자력발전소, 핵폐기물처리시설	연결송수관설비 및 연결살수설비
자체 소방 대가 설치된 특정 소방 대상물	자체소방대가 설치된 위험물제조소 등에 부속된 사무실	옥내소화전설비, 소화용수설비, 연결살수설비 및 연결송수관설비

47. 위험물안전관리법령에 따른 인화성액체 위험물(이황화탄소를 제외)의 옥외탱크저장소의 탱크 주위에 설치하는 방유제의 설치기준 중 옳은 것은?

① 방유제의 높이는 0.5 m 이상 2.0 m 이하로 할 것
② 방유제 내의 면적은 100000 m² 이하로 할 것
③ 방유제의 용량은 방유제 안에 설치된 탱크가 2기 이상인 때에는 그 탱크 중 용량이 최대인 것의 용량의 120 % 이상으로 할 것
④ 높이가 1 m를 넘는 방유제 및 간막이 둑의 안팎에는 방유제 내에 출입하기 위한 계단 또는 경사로를 약 50 m마다 설치할 것

해설 인화성액체 위험물(이황화탄소 제외)의 옥외탱크저장소의 방유제 설치기준
(1) 방유제의 용량은 방유제 안에 설치된 탱크가 하나인 때에는 그 탱크 용량의 110 % 이상, 2기 이상인 때에는 그 탱크 중 용량이 최대인 것의 용량의 110 % 이상으로 해야 한다.
(2) 방유제의 높이는 0.5 m 이상 3 m 이하로 하고 면적은 8만 m² 이하로 해야 한다.
(3) 방유제 내에 설치하는 옥외저장탱크의 수는 10 이하
(4) 옥외저장탱크의 지름에 따라 그 탱크의 옆판으로부터 지름이 15 m 미만인 경우에는 탱크 높이의 3분의 1 이상, 지름이 15 m 이상인 경우에는 탱크 높이의 2분의 1 이상의 거리를 유지해야 한다.
(5) 간막이 둑의 높이는 0.3 m(방유제 내에 설치되는 옥외저장탱크의 용량의 합계가 2억 L를 넘는 방유제에 있어서는 1 m) 이상으로 하되, 방유제의 높이보다 0.2 m 이상 낮게 할 것
(6) 간막이 둑은 흙 또는 철근콘크리트로 할 것

(7) 간막이 둑의 용량은 간막이 둑안에 설치된 탱크의 용량의 10 % 이상일 것

(8) 높이가 1 m를 넘는 방유제 및 간막이 둑의 안팎에는 방유제 내에 출입하기 위한 계단 또는 경사로를 약 50 m마다 설치해야 한다.

48. 화재예방, 소방시설 설치·유지 및 안전관리에 관한 법령에 따른 임시소방시설 중 간이소화장치를 설치하여야 하는 공사의 작업현장의 규모의 기준 중 다음 ( ) 안에 알맞은 것은?

> • 연면적 (㉠) m² 이상
> • 지하층, 무창층 또는 (㉡)층 이상의 층인 경우 해당 층의 바닥면적이 (㉢) m² 이상인 경우만 해당

① ㉠ 1000, ㉡ 6, ㉢ 150
② ㉠ 1000, ㉡ 6, ㉢ 600
③ ㉠ 3000, ㉡ 4, ㉢ 150
④ ㉠ 3000, ㉡ 4, ㉢ 600

해설 간이 소화장치
(1) 연면적 3000 m² 이상
(2) 해당 층의 바닥면적이 600 m² 이상인 지하층, 무창층 및 4층 이상의 층

49. 피난시설, 방화구획 또는 방화시설을 폐쇄·훼손·변경 등의 행위를 3차 이상 위반한 경우에 대한 과태료 부과기준으로 옳은 것은?

① 200만원   ② 300만원
③ 500만원   ④ 1000만원

해설 과태료 부과기준
(1) 1차 위반 : 100만원
(2) 2차 위반 : 200만원
(3) 3차 위반 : 300만원

50. 소방시설공사업법령에 따른 성능위주설계를 할 수 있는 자의 설계범위 기준 중

틀린 것은?

① 연면적 30000 m² 이상인 특정소방대상물로서 공항시설

② 연면적 100000 m² 이상인 특정소방대상물(단, 아파트 등은 제외)

③ 지하층을 포함한 층수가 30층 이상인 특정소방대상물(단, 아파트 등은 제외)

④ 하나의 건축물에 영화상영관이 10개 이상인 특정소방대상물

해설 ②항 100000 m² → 200000 m²

51. 화재예방, 소방시설 설치·유지 및 안전관리에 관한 법령에 따른 특정소방대상물 중 의료시설에 해당하지 않는 것은?

① 요양병원
② 마약진료소
③ 한방병원
④ 노인의료복지시설

해설 노인의료복지시설은 노유자시설에 해당된다.

52. 소방기본법령에 따른 소방대원에게 실시할 교육·훈련 횟수 및 기간의 기준 중 다음 ( ) 안에 알맞은 것은?

> • 횟수 : (㉠)년마다 1회
> • 기간 : (㉡)주 이상

① ㉠ 2, ㉡ 2   ② ㉠ 2, ㉡ 4
③ ㉠ 1, ㉡ 2   ④ ㉠ 1, ㉡ 4

해설 소방대원에게 실시할 교육·훈련 횟수 및 기간의 기준
(1) 횟수 : 2년마다 1회
(2) 기간 : 2주 이상

53. 위험물안전관리법령에 따른 정기점검의

대상인 제조소 등의 기준 중 틀린 것은?

① 암반탱크저장소

② 지하탱크저장소

③ 이동탱크저장소

④ 지정수량의 150배 이상의 위험물을 저장하는 옥외탱크저장소

> 해설 정기점검의 대상인 제조소 등의 기준
> (1) 지정수량의 10배 이상의 위험물을 취급하는 제조소
> (2) 지정수량의 100배 이상의 위험물을 저장하는 옥외저장소
> (3) 지정수량의 150배 이상의 위험물을 저장하는 옥내저장소
> (4) 지정수량의 200배 이상의 위험물을 저장하는 옥외탱크저장소
> (5) 암반탱크저장소
> (6) 이송취급소
> (7) 지정수량의 10배 이상의 위험물을 취급하는 일반취급소

54. 화재예방, 소방시설 설치·유지 및 안전관리에 관한 법령에 따른 소방안전 특별관리시설물의 안전관리 대상 전통시장의 기준 중 다음 (   ) 안에 알맞은 것은?

> 전통시장으로서 대통령령으로 정하는 전통시장 : 점포가 (   )개 이상인 전통시장

① 100   ② 300   ③ 500   ④ 600

> 해설 소방안전 특별관리시설물의 안전관리 대상
> (1) 공항, 철도, 도시철도, 항만, 지정문화재인 시설
> (2) 산업단지, 초고층 건축물 및 지하연계 복합건축물
> (3) 영화상영관 중 수용인원 1000명 이상인 영화상영관
> (4) 전력용 및 통신용 지하구 및 석유 비축시설
> (5) 천연가스 인수기지 및 공급망
> (6) 대통령령으로 정하는 전통시장(점포가 500개 이상인 전통시장)

55. 화재예방, 소방시설 설치·유지 및 안전관리에 관한 법령에 따른 소방안전관리대상물의 관계인 및 소방안전관리자를 선임하여야 하는 공공기관의 장은 작동기능점검을 실시한 경우 며칠 이내에 소방시설 등 작동기능점검 실시 결과 보고서를 소방본부장 또는 소방서장에게 제출하여야 하는가?

① 7일   ② 15일

③ 30일   ④ 60일

> 해설 소방시설 등 작동기능점검 실시
> (1) 점검 결과 : 2년 보존
> (2) 점검 결과 제출 : 점검 후 30일 이내 소방본부장 또는 소방서장

56. 위험물안전관리법령에 따른 위험물제조소의 옥외에 있는 위험물취급탱크 용량이 100 m³ 및 180 m³인 2개의 취급탱크 주위에 하나의 방유제를 설치하는 경우 방유제의 최소 용량은 몇 m³ 이어야 하는가?

① 100   ② 140

③ 180   ④ 280

> 해설 위험물제조소의 옥외에 있는 위험물취급탱크 용량에 따른 방유제 용량
> (1) 1기일 때 : 탱크 용량×0.5
> (2) 2기 이상일 때 : (최대 탱크 용량×0.5)+(나머지 탱크 용량×0.1)
> 방유제의 최소 용량
> $= (180 \text{ m}^3 \times 0.5)+(100 \text{ m}^3 \times 0.1) = 100 \text{ m}^3$

57. 화재예방, 소방시설 설치·유지 및 안전관리에 관한 법령에 따른 방염성능기준 이상의 실내 장식물 등을 설치하여야 하는 특정소방대상물의 기준 중 틀린 것은?

① 건축물의 옥내에 있는 시설로서 종교시설

② 층수가 11층 이상인 아파트

정답 **54.** ③   **55.** ③   **56.** ①   **57.** ②

③ 의료시설 중 종합병원

④ 노유자시설

해설 층수가 11층 이상인 아파트는 제외 대상이다.

58. 화재예방, 소방시설 설치·유지 및 안전관리에 관한 법령에 따른 공동 소방안전관리자를 선임하여야 하는 특정소방대상물 중 고층 건축물은 지하층을 제외한 층수가 몇 층 이상인 건축물만 해당되는가?

① 6층   ② 11층

③ 20층   ④ 30층

해설 공동 소방안전관리 대상
 (1) 고층 건축물(지하층을 제외한 11층 이상)
 (2) 지하가
 (3) 복합건축물로서 연면적 5000 m² 이상 또는 층수가 5층 이상인 것
 (4) 도매시장 및 소매시장
 (5) 소방본부장, 소방서장이 지정하는 것

59. 소방기본법령에 따른 화재경계지구의 관리 기준 중 다음 (   ) 안에 알맞은 것은?

> • 소방본부장 또는 소방서장은 화재경계지구 안의 소방대상물의 위치·구조 및 설비 등에 대한 소방특별조사를 (㉠)회 이상 실시하여야 한다.
> • 소방본부장 또는 소방서장은 소방상 필요한 훈련 및 교육을 실시하고자 하는 때에는 화재경계지구 안의 관계인에게 훈련 또는 교육 (㉡)일 전까지 그 사실을 통보하여야 한다.

① ㉠ 월 1, ㉡ 7

② ㉠ 월 1, ㉡ 10

③ ㉠ 연 1, ㉡ 7

④ ㉠ 연 1, ㉡ 10

해설 화재경계지구
 (1) 시장지역
 (2) 공장·창고가 밀집한 지역

(3) 목조건물이 밀집한 지역

(4) 위험물의 저장 및 처리 시설이 밀집한 지역

(5) 석유화학제품을 생산하는 공장이 있는 지역

(6) 산업단지

(7) 소방시설·소방용수시설 또는 소방출동로가 없는 지역

(8) 소방청장·소방본부장 또는 소방서장이 화재경계지구로 지정할 필요가 있다고 인정하는 지역

(9) 지정권자 : 시·도지사

(10) 조사 및 교육 : 소방본부장 또는 소방서장

(11) 소방특별조사 및 훈련, 교육 : 연 1회 이상

(12) 훈련 및 교육 통보 : 10일 전까지

60. 위험물안전관리법령에 따른 소화난이도등급 I의 옥내탱크저장소에서 유황만을 저장·취급할 경우 설치하여야 하는 소화설비로 옳은 것은?

① 물분무소화설비

② 스프링클러설비

③ 포소화설비

④ 옥내소화전설비

해설 소화난이도등급 I의 옥내탱크저장소에서 유황만을 저장·취급할 경우 : 물분무소화설비를 설치하여야 한다.

제4과목   **소방기계시설의 구조 및 원리**

61. 자동화재탐지설비의 감지기의 작동과 연동하는 분말소화설비 자동식 기동장치의 설치기준 중 다음 (   ) 안에 알맞은 것은?

- 전기식 기동장치로서 (㉠)병 이상의 저장 용기를 동시에 개방하는 설비는 2병 이상 의 저장용기에 전자개방밸브를 부착할 것
- 가스압력식 기동장치의 기동용 가스 용기 및 해당 용기에 사용하는 밸브는 (㉡)MPa 이상의 압력에 견딜 수 있는 것으로 할 것

① ㉠ 3, ㉡ 2.5

② ㉠ 7, ㉡ 2.5

③ ㉠ 3, ㉡ 25

④ ㉠ 7, ㉡ 25

해설 분말소화설비 기동장치

(1) 분말소화설비의 수동식 기동장치 : 수동식 기동장치의 부근에는 소화약제의 방출을 지연시킬 수 있는 비상스위치를 설치하여야 한다.
- 전역방출방식은 방호구역마다, 국소방출방식은 방호대상물마다 설치할 것
- 해당 방호구역의 출입구부분 등 조작을 하는 자가 쉽게 피난할 수 있는 장소에 설치할 것
- 기동장치의 조작부는 바닥으로부터 높이 0.8 m 이상 1.5 m 이하의 위치에 설치하고, 보호판 등에 따른 보호장치를 설치할 것
- 기동장치에는 그 가까운 곳의 보기 쉬운 곳에 "분말소화설비 기동장치"라고 표시한 표지를 할 것
- 전기를 사용하는 기동장치에는 전원표시등을 설치할 것
- 기동장치의 방출용 스위치는 음향경보장치와 연동하여 조작될 수 있는 것으로 할 것

(2) 분말소화설비의 자동식 기동장치 : 자동화재탐지설비의 감지기의 작동과 연동하여야 한다.
- 자동식 기동장치에는 수동으로도 기동할 수 있는 구조로 할 것
- 전기식 기동장치로서 7병 이상의 저장용기를 동시에 개방하는 설비는 2병 이상의 저장용기에 전자개방밸브를 부착할 것

- 기동용 가스용기 및 해당 용기에 사용하는 밸브는 25 MPa 이상의 압력에 견딜 수 있는 것으로 할 것
- 기동용 가스용기에는 내압시험압력의 0.8배 내지 내압시험압력 이하에서 작동하는 안전장치를 설치할 것
- 기동용 가스용기의 용적은 1 L 이상으로 하고, 해당 용기에 저장하는 이산화탄소의 양은 0.6 kg 이상으로 하며, 충전비는 1.5 이상으로 할 것
- 기계식 기동장치는 저장용기를 쉽게 개방할 수 있는 구조로 할 것
- 분말소화설비가 설치된 부분의 출입구 등의 보기 쉬운 곳에 소화약제의 방사를 표시하는 표시등을 설치하여야 한다.

62. 소화용수설비인 소화수조가 옥상 또는 옥탑 부근에 설치된 경우에는 지상에 설치된 채수구에서의 압력이 최소 몇 MPa 이상이 되어야 하는가?

① 0.8   ② 0.13

③ 0.15   ④ 0.25

해설 소화수조 및 저수조

(1) 흡수관 투입구
- 한 변이 0.6 m 이상 또는 직경이 0.6 m 이상
- 소요수량이 80 m³ 미만일 때 1개 이상 설치
- 소요수량이 80 m³ 이상일 때 2개 이상 설치
- "흡수관 투입구" 표지

(2) 채수구 설치

소화수조 용량	20 m³ 이상 ~40 m³ 미만	40 m³ 이상 ~100 m³ 미만	100 m³ 이상
채수구의 수	1개	2개	3개

- 65 mm 이상의 나사식 결합금속구를 설치할 것
- 설치 위치 : 0.5 m 이상 1 m 이하

• "채수구" 표지
• 소화수조가 옥상 또는 옥탑 부근에 설치된 경우에는 지상에 설치된 채수구에서의 압력이 최소 0.15 MPa 이상이 되어야 한다.

63. 옥내소화전설비 수원의 산출된 유효수량 외에 유효수량의 1/3 이상을 옥상에 설치하지 아니할 수 있는 경우의 기준 중 다음 ( ) 안에 알맞은 것은?

> • 수원이 건축물의 최상층에 설치된 (㉠)보다 높은 위치에 설치된 경우
> • 건축물의 높이가 지표면으로부터 (㉡) m 이하인 경우

① ㉠ 송수구, ㉡ 7
② ㉠ 방수구, ㉡ 7
③ ㉠ 송수구, ㉡ 10
④ ㉠ 방수구, ㉡ 10

해설 옥내소화전설비 수원에서 유효수량 1/3 이상을 옥상에 설치하지 않는 경우
(1) 옥상이 없는 건축물 또는 공작물
(2) 지하층만 있는 건축물
(3) 고가수조를 가압송수장치로 설치한 옥내소화전설비
(4) 수원이 건축물의 최상층에 설치된 방수구보다 높은 위치에 설치된 경우
(5) 건축물의 높이가 지표면으로부터 10 m 이하인 경우
(6) 주펌프와 동등 이상의 성능이 있는 별도의 펌프로서 내연기관의 기동과 연동하여 작동되거나 비상전원을 연결하여 설치한 경우

64. 특별피난계단의 계단실 및 부속실 제연설비의 차압 등에 관한 기준 중 옳은 것은?

① 제연설비가 가동되었을 경우 출입문의 개방에 필요한 힘은 130 N 이하로 하여야 한다.
② 제연구역과 옥내와의 사이에 유지하여야 하는 최소차압은 40 Pa(옥내에 스프링클러설비가 설치된 경우에는 12.5 Pa) 이상으로 하여야 한다.
③ 피난을 위하여 제연구역의 출입문이 일시적으로 개방되는 경우 개방되지 아니하는 제연구역과 옥내와의 차압은 기준 차압의 60 % 미만이 되어서는 아니 된다.
④ 계단실과 부속실을 동시에 제연하는 경우 부속실의 기압은 계단실과 같게 하거나 계단실의 기압보다 낮게 할 경우에는 부속실과 계단실의 압력 차이는 10 Pa 이하가 되도록 하여야 한다.

해설 특별피난계단의 계단실 및 부속실 제연설비의 차압
(1) 제연구역과 옥내와의 사이에 유지하여야 하는 최소차압은 40 Pa(옥내에 스프링클러설비가 설치된 경우에는 12.5 Pa) 이상으로 하여야 한다.
(2) 제연설비가 가동되었을 경우 출입문의 개방에 필요한 힘은 110 N 이하로 하여야 한다.
(3) 출입문이 일시적으로 개방되는 경우 개방되지 아니하는 제연구역과 옥내와의 차압은 70 % 미만이 되어서는 아니 된다.
(4) 계단실과 부속실을 동시에 제연하는 경우 부속실의 기압은 계단실과 같게 하거나 계단실의 기압보다 낮게 할 경우에는 부속실과 계단실의 압력 차이는 5 Pa 이하가 되도록 하여야 한다.

65. 소화용수설비에 설치하는 채수구외 설치기준 중 다음 ( ) 안에 알맞은 것은?

> 채수구는 지면으로부터의 높이가 (㉠) m 이상 (㉡) m 이하의 위치에 설치하고 "채수구"라고 표시한 표지를 할 것

① ㉠ 0.5, ㉡ 1.0

② ㉠ 0.5, ㉡ 1.5

③ ㉠ 0.8, ㉡ 1.0

④ ㉠ 0.8, ㉡ 1.5

해설 문제 62번 해설 참조

66. 개방형스프링클러헤드 30개를 설치하는 경우 급수관의 구경은 몇 mm로 하여야 하는가?

① 65   ② 80   ③ 90   ④ 100

해설 스프링클러헤드 수별 급수관의 구경(mm)

구경 구분	25	32	40	50	65	80	90	100	125	150
가	2	3	5	10	30	60	80	100	160	161 이상
나	2	4	7	15	30	60	65	100	160	161 이상
다	1	2	5	8	15	27	40	55	90	91 이상

(1) 폐쇄형스프링클러헤드를 사용하는 설비의 경우로서 1개 층에 하나의 급수배관(또는 밸브 등)이 담당하는 구역의 최대 면적은 3000 m²를 초과하지 아니할 것

(2) 폐쇄형스프링클러헤드를 설치하는 경우에는 "가"란의 헤드 수에 따를 것. 다만, 100개 이상의 헤드를 담당하는 급수배관(또는 밸브)의 구경을 100 mm로 할 경우에는 수리계산을 통하여 규정한 배관의 유속에 적합하도록 할 것

(3) 폐쇄형스프링클러헤드를 설치하고 반자아래의 헤드와 반자속의 헤드를 동일 급수관의 가지관상에 병설하는 경우에는 "나"란의 헤드 수에 따를 것

(4) 폐쇄형스프링클러헤드를 설치하는 설비의 배관구경은 "다"란에 따를 것

(5) 개방형스프링클러헤드를 설치하는 경우 하나의 방수구역이 담당하는 헤드의 개수가 30개 이하일 때는 "다"란의 헤드수에 의하고, 30개를 초과할 때는 수리계산 방법에 따를 것

67. 특정소방대상물에 따라 적응하는 포소화설비의 설치기준 중 특수가연물을 저장·취급하는 공장 또는 창고에 적응성을 갖는 포소화설비가 아닌 것은?

① 포헤드설비

② 고정포방출설비

③ 압축공기포소화설비

④ 호스릴포소화설비

해설 포소화설비의 종류 및 적응성

(1) 차고, 주차장
 • 포워터스프링클러설비
 • 포헤드설비
 • 고정포방출설비
 • 호스릴포소화설비
 • 포소화전설비
 • 압축공기포소화설비

(2) 항공기 격납고
 • 포워터스프링클러설비
 • 포헤드설비
 • 고정포방출설비
 • 호스릴포소화설비
 • 압축공기포소화설비

(3) 특수가연물을 저장·취급하는 공장 또는 창고
 • 포워터스프링클러설비
 • 포헤드설비
 • 고정포방출설비
 • 압축공기포소화설비

68. 포소화설비의 배관 등의 설치기준 중 옳은 것은?

① 포워터스프링클러설비 또는 포헤드설비의 가지배관의 배열은 토너먼트방식으로 한다.

② 송액관은 겸용으로 하여야 한다. 다만, 포소화전의 기동장치의 조작과 동시에 다른 설비의 용도에 사용하는 배관의 송수를 차단할 수 있거나, 포소

화설비의 성능에 지장이 없는 경우에는 전용으로 할 수 있다.

③ 송액관은 포의 방출 종료 후 배관 안의 액을 배출하기 위하여 적당한 기울기를 유지하도록 하고 그 낮은 부분에 배액밸브를 설치하여야 한다.

④ 연결송수관설비의 배관과 겸용할 경우의 주배관은 구경 65 mm 이상, 방수구로 연결되는 배관의 구경은 100 mm 이상의 것으로 하여야 한다.

해설 포소화설비의 배관

(1) 송액관은 포의 방출 종료 후 배관 안의 액을 배출하기 위하여 적당한 기울기를 유지하도록 하고 그 낮은 부분에 배액밸브를 설치하여야 한다.

(2) 포워터스프링클러설비 또는 포헤드설비의 가지배관의 배열은 토너먼트방식이 아니어야 하며, 교차배관에서 분기하는 지점을 기점으로 한쪽 가지배관에 설치하는 헤드의 수는 8개 이하로 한다.

(3) 송액관은 전용으로 하여야 한다. 다만, 포소화전의 기동장치의 조작과 동시에 다른 설비의 용도에 사용하는 배관의 송수를 차단할 수 있거나, 포소화설비의 성능에 지장이 없는 경우에는 다른 설비와 겸용할 수 있다.

(4) 연결송수관설비의 배관과 겸용할 경우의 주배관은 구경 100 mm 이상, 방수구로 연결되는 배관의 구경은 65 mm 이상의 것으로 하여야 한다.

(5) 펌프의 성능은 체절운전 시 정격토출압력의 140 %를 초과하지 아니하고, 정격토출량의 150 %로 운전 시 정격토출압력의 65 % 이상이 되어야 한다.

(6) 펌프의 성능시험배관은 다음 기준에 적합하여야 한다.
- 성능시험배관은 펌프의 토출측에 설치된 개폐밸브 이전에서 분기하여 설치하고, 유량 측정장치를 기준으로 전단 직관부에 개폐밸브를 후단 직관부에는 유량조절밸브를 설치할 것

- 유량측정장치는 성능시험배관의 직관부에 설치하되, 펌프의 정격 토출량의 175 % 이상 측정할 수 있는 성능이 있을 것

(7) 가압송수장치의 체절운전 시 수온의 상승을 방지하기 위하여 체크밸브와 펌프 사이에서 분기한 구경 20 mm 이상의 배관에 체절압력 미만에서 개방되는 릴리프밸브를 설치하여야 한다.

(8) 동결방지조치를 하거나 동결의 우려가 없는 장소에 설치하여야 한다.

(9) 급수배관에 설치되어 급수를 차단할 수 있는 개폐밸브(포헤드·고정포 방출구 또는 이동식 포노즐은 제외한다)는 개폐표시형으로 하여야 한다. 이 경우 펌프의 흡입측 배관에는 버터플라이 밸브 외의 개폐표시형 밸브를 설치하여야 한다.

69. 고압의 전기기기가 있는 장소에 있어서 전기의 절연을 위한 전기기기와 물분무헤드 사이의 최소 이격거리 기준 중 옳은 것은?

① 66 kV 이하 – 60 cm 이상

② 66 kV 초과 77 kV 이하 – 80 cm 이상

③ 77 kV 초과 110 kV 이하 – 100 cm 이상

④ 110 kV 초과 154 kV 이하 – 140 cm 이상

해설 전기기기와 물분무헤드 사이의 이격거리

전압 (kV)	66 이하	66 ~77	77~ 110	110~ 154	154 ~181	181~ 220	220 ~275
거리 (cm)	70 이상	80 이상	110 이상	150 이상	180 이상	210 이상	260 이상

70. 청정소화약제소화설비(할로겐화합물 및 불활성 기체소화설비)를 설치할 수 없는 장소의 기준 중 옳은 것은? (단, 소화성능이 인정되는 위험물은 제외한다.)

① 제1류 위험물 및 제2류 위험물 사용

② 제2류 위험물 및 제4류 위험물 사용

③ 제3류 위험물 및 제5류 위험물 사용

④ 제4류 위험물 및 제6류 위험물 사용

해설 청정소화약제소화설비 설치 제외

(1) 사람이 상주하는 곳으로서 최대허용설계농도를 초과하는 장소

(2) 제3류 위험물 및 제5류 위험물을 사용하는 장소

(3) "청정소화약제"란 할로겐화합물(할론 1301, 할론 2402, 할론 1211 제외) 및 불활성기체로서 전기적으로 비전도성이며 휘발성이 있거나 증발 후 잔여물을 남기지 않는 소화약제를 말한다.

71. 스프링클러설비를 설치하여야 할 특정소방 대상물에 있어서 스프링클러헤드를 설치하지 아니할 수 있는 기준 중 틀린 것은?

① 천장과 반자 양쪽이 불연재료로 되어 있고 천장과 반자 사이의 거리가 2.5 m 미만인 부분

② 천장 및 반자가 불연재료 외의 것으로 되어 있고 천장과 반자 사이의 거리가 0.5 m 미만인 부분

③ 천장·반자 중 한쪽이 불연재료로 되어 있고 천장과 반자 사이의 거리가 1 m 미만인 부분

④ 현관 또는 로비 등으로서 바닥으로부터 높이가 20 m 이상인 장소

해설 스프링클러설비 헤드 설치 제외 장소

(1) 천장과 반자 양쪽이 불연재료로 되어 있고 천장과 반자 사이의 거리가 2 m 미만인 부분

(2) 천장과 반자 중 하나는 불연재료로 되어 있으며 천장과 반자 사이의 거리가 1 m 미만 부분

(3) 천장이나 반자가 불연재료 외의 것으로

되어 있으며 천장과 반자 사이의 거리가 0.5 m 미만인 부분

72. 대형 소화기에 충전하는 최소 소화약제의 기준 중 다음 ( ) 안에 알맞은 것은?

- 분말 소화기 : (㉠) kg 이상
- 물 소화기 : (㉡) L 이상
- 이산화탄소 소화기 : (㉢) kg 이상

① ㉠ 30, ㉡ 80, ㉢ 50

② ㉠ 30, ㉡ 50, ㉢ 60

③ ㉠ 20, ㉡ 80, ㉢ 50

④ ㉠ 20, ㉡ 50, ㉢ 60

해설 대형 소화기에 충전하는 최소 소화약제의 기준

소화기의 종류	소화약제 충전량
물 소화기	80 L 이상
포 소화기	20 L 이상
강화액 소화기	60 L 이상
할로겐 화합물 소화기	30 kg 이상
이산화탄소 소화기	50 kg 이상
분말 소화기	20 kg 이상

73. 미분무소화설비의 배관의 배수를 위한 기울기 기준 중 다음 ( ) 안에 알맞은 것은? (단, 배관의 구조상 기울기를 줄 수 없는 경우는 제외한다.)

개방형 미분무소화설비에는 헤드를 향하여 상향으로 수평주행배관의 기울기를 (㉠) 이상, 가지배관의 기울기를 (㉡) 이상으로 할 것

① ㉠ 1/100, ㉡ 1/500

② ㉠ 1/500, ㉡ 1/100

③ ㉠ 1/250, ㉡ 1/500

④ ㉠ 1/500, ㉡ 1/250

해설 미분무소화설비의 배관의 배수를 위한 기울기 기준

(1) 폐쇄형 미분무 소화설비의 배관을 수평으로 할 것(다만, 배관의 구조상 소화수가 남아 있는 곳에는 배수밸브를 설치하여야 한다.)

(2) 개방형 미분무 소화설비에는 헤드를 향하여 상향으로 수평주행배관의 기울기를 1/500 이상, 가지배관의 기울기를 1/250 이상으로 할 것. 다만, 배관의 구조상 기울기를 줄 수 없는 경우에는 배수를 원활하게 할 수 있도록 배수밸브를 설치하여야 한다.

74. 국소방출방식의 할로겐화합물소화설비 (할론 소화설비)의 분사헤드 설치기준 중 다음 (   ) 안에 알맞은 것은?

분사헤드의 방사압력은 할론 2402를 방사하는 것은 (㉠) MPa 이상, 할론 2402를 방출하는 분사헤드는 해당 소화약제가 (㉡)으로 분무되는 것으로 하여야 하며, 기준저장량의 소화약제를 (㉢)초 이내에 방사할 수 있는 것으로 할 것

① ㉠ 0.1, ㉡ 무상, ㉢ 10
② ㉠ 0.2, ㉡ 적상, ㉢ 10
③ ㉠ 0.1, ㉡ 무상, ㉢ 30
④ ㉠ 0.2, ㉡ 적상, ㉢ 30

해설 분사헤드의 방사압력

약제	방사압력
할론 2402	0.1 MPa 이상
할론 1211	0.2 MPa 이상
할론 1301	0.9 MPa 이상

(1) 전역방출방식의 분사헤드 설치기준
- 방사된 소화약제가 방호구역의 전역에 균일하게 신속히 확산할 수 있도록 해야 한다.
- 할론 2402 소화약제를 방사하는 분사헤드는 소화약제가 무상으로 방사되는 헤드를 사용하여야 한다.
- 분사헤드의 방사압력은 할론 2402는 0.1 MPa 이상, 할론 1211은 0.2 MPa 이

상, 할론 1301은 0.9 MPa 이상이 되어야 한다.
- 소화약제를 10초 이내에 방사할 수 있는 능력을 가진 분사헤드를 사용하여야 한다.

(2) 국소방출방식의 분사헤드 설치기준
- 소화약제의 방사에 의하여 가연물이 비산되지 아니하는 장소에 설치하여야 한다.
- 할론 2402 소화약제를 방사하는 분사헤드는 소화약제가 무상으로 방사되는 헤드를 사용하여야 한다.
- 분사헤드의 방사압력은 할론 2402는 0.1 MPa 이상, 할론 1211은 0.2 MPa 이상, 할론 1301은 0.9 MPa 이상이 되어야 한다.
- 소화약제를 10초 이내에 방사할 수 있는 능력을 가진 분사헤드를 사용하여야 한다.

75. 특정소방대상물의 용도 및 장소별로 설치하여야 할 인명구조기구 종류의 기준 중 다음 (   ) 안에 알맞은 것은?

특정소방대상물	인명구조기구의 종류
물분무등소화설비 중 ( )를 설치하여야 하는 특정소방대상물	공기호흡기

① 이산화탄소소화설비
② 분말소화설비
③ 할로겐화합물소화설비(할론소화설비)
④ 청정소화약제소화설비(할로겐화합물 및 불활성기체소화설비)

해설 인명구조기구
(1) 지하층을 포함한 층수가 7층 이상인 관광호텔 및 5층 이상인 병원 : 방열복 또는 방화복, 공기호흡기, 인공소생기
(2) 상기 내용 이외의 특정 소방대상물의 인명구조기구는 공기호흡기이다.

정답 74. ① 75. ①

76. 송수구가 부설된 옥내소화전을 설치한 특정·소방대상물로서 연결송수관설비의 방수구를 설치하지 아니할 수 있는 층의 기준 중 다음 ( ) 안에 알맞은 것은? (단, 집회장·관람장·백화점·도매시장·소매시장·판매시설·공장·창고시설 또는 지하가를 제외한다.)

> • 지하층을 제외한 층수가 (㉠)층 이하이고 연면적이 (㉡) m² 미만인 특정 소방대상물의 지상층의 용도로 사용되는 층
> • 지하층의 층수가 (㉢) 이하인 특정 소방대상물의 지하층

① ㉠ 3, ㉡ 5000, ㉢ 3
② ㉠ 4, ㉡ 6000, ㉢ 2
③ ㉠ 5, ㉡ 3000, ㉢ 3
④ ㉠ 6, ㉡ 4000, ㉢ 2

해설 연결송수관설비의 방수구를 설치하지 아니할 수 있는 층의 기준
(1) 아파트의 1층 및 2층
(2) 소방차의 접근이 가능하고 소방대원이 소방차로부터 각 부분에 쉽게 도달할 수 있는 피난층
(3) 송수구가 부설된 옥내소화전을 설치한 특정소방대상물(집회장·관람장·백화점·도매시장·소매시장·판매시설·공장·창고시설 또는 지하가를 제외한다)로서 다음의 어느 하나에 해당하는 층
 ㉮ 지하층을 제외한 층수가 4층 이하이고 연면적이 6,000 m² 미만인 특정 소방대상물의 지상층
 ㉯ 지하층의 층수가 2 이하인 특정 소방대상물의 지하층

77. 다수인 피난장비 설치기준 중 틀린 것은 어느 것인가?

① 사용 시에 보관실 외측 문이 먼저 열리고 탑승기가 외측으로 자동으로 전개될 것

② 보관실의 문은 상시 개방상태를 유지하도록 할 것

③ 하강 시에 탑승기가 건물 외벽이나 돌출물에 충돌하지 않도록 설치할 것

④ 피난층에는 해당 층에 설치된 피난기구가 착지에 지장이 없도록 충분한 공간을 확보할 것

해설 보관실의 문에는 오동작 방지 조치를 하고, 문 개방 시에는 당해 소방대상물에 설치된 경보설비와 연동하여 유효한 경보음을 발하도록 하여야 한다.

78. 분말소화설비 분말소화약제의 저장용기의 설치기준 중 옳은 것은?

① 저장용기에는 가압식은 최고사용압력의 0.8배 이하, 축압식은 용기의 내압시험압력의 1.8배 이하의 압력에서 작동하는 안전밸브를 설치할 것

② 저장용기의 충전비는 0.8 이상으로 할 것

③ 저장용기 간의 간격은 점검에 지장이 없도록 5 cm 이상의 간격을 유지할 것

④ 저장용기에는 저장용기의 내부압력이 설정압력으로 되었을 때 주밸브를 개방하는 압력조정기를 설치할 것

해설 분말소화약제의 저장용기의 설치기준
(1) 저장용기에는 가압식의 것에 있어서는 최고사용압력의 1.8배 이하, 축압식의 것에 있어서는 용기의 내압시험압력의 0.8배 이하의 압력에서 작동하는 안전밸브를 설치할 것
(2) 저장용기에는 저장용기의 내부압력이 설정압력으로 되었을 때 주밸브를 개방하는 정압작동장치를 설치할 것
(3) 저장용기의 충전비는 0.8 이상으로 할 것
(4) 저장용기 및 배관에는 잔류 소화약제를 처리할 수 있는 청소장치를 설치할 것

(5) 축압식의 분말소화설비는 사용압력의 범위를 표시한 지시압력계를 설치할 것

79. 바닥면적이 1300 m²인 관람장에 소화기구를 설치할 경우 소화기구의 최소 능력단위는? (단, 주요 구조부가 내화구조이고, 벽 및 반자의 실내와 면하는 부분이 불연재료로 된 특정 소방대상물이다.)

① 7단위
② 13단위
③ 22단위
④ 26단위

해설 소방대상물별 소화기구의 능력단위 기준 : 소화기구의 능력단위를 산출함에 있어서 건축물의 주요 구조부가 내화구조이고, 벽 및 반자의 실내에 면하는 부분이 불연재료·준불연재료 또는 난연재료로 된 특정 소방대상물에 있어서는 아래 표의 기준면적의 2배를 해당 특정 소방대상물의 기준면적으로 한다.

특정 소방대상물	소화기구의 능력단위
위락시설	30 m²마다 1단위 이상
공연장, 집회장, 관람장, 문화재, 장례식장, 의료시설	50 m²마다 1단위 이상
근린생활시설, 판매시설, 운수시설, 숙박시설, 노유자시설, 전시장, 공동주택, 업무시설, 방송통신시설, 공장, 창고시설, 항공기 및 자동차 관련시설 및 관광휴게시설	100 m²마다 1단위 이상
그 밖의 것	200 m²마다 1단위 이상

능력단위 = 바닥면적(m²)/기준면적(m²)
= 1300 m²/(50 m²×2) = 13단위

80. 화재조기진압용 스프링클러설비 헤드의 기준 중 다음 ( ) 안에 알맞은 것은?

헤드 하나의 방호면적은 (㉠) m² 이상 (㉡) m² 이하로 할 것

① ㉠ 2.4, ㉡ 3.7
② ㉠ 3.7, ㉡ 9.1
③ ㉠ 6.0, ㉡ 9.3
④ ㉠ 9.1, ㉡ 13.7

해설 화재조기진압용 스프링클러설비 헤드의 기준
(1) 헤드 하나의 방호면적은 6.0 m² 이상 9.3 m² 이하로 할 것
(2) 가지배관의 헤드 사이의 거리는 천장의 높이가 9.1 m 미만인 경우에는 2.4 m 이상 3.7 m 이하로, 9.1 m 이상 13.7 m 이하인 경우에는 3.1 m 이하로 할 것
(3) 헤드의 반사판은 천장 또는 반자와 평행하게 설치하고 저장물의 최상부와 914 mm 이상 확보되도록 할 것
(4) 하향식 헤드의 반사판의 위치는 천장이나 반자 아래 125 mm 이상 355 mm 이하일 것
(5) 상향식 헤드의 감지부 중앙은 천장 또는 반자와 101 mm 이상 152 mm 이하이어야 하며, 반사판의 위치는 스프링클러배관의 윗부분에서 최소 178 mm 상부에 설치되도록 할 것
(6) 헤드와 벽과의 거리는 헤드 상호간 거리의 2분의 1을 초과하지 않아야 하며 최소 102 mm 이상일 것
(7) 헤드의 작동온도는 74℃ 이하일 것. 다만, 헤드 주위의 온도가 38℃ 이상의 경우에는 그 온도에서의 화재시험 등에서 헤드작동에 관하여 공인기관의 시험을 거친 것을 사용할 것

제1과목 **소방원론**

1. 공기와 접촉되었을 때 위험도(H)가 가장 큰 것은?

① 에테르 ② 수소 ③ 에틸렌 ④ 부탄

해설 폭발범위에 따른 위험도

$$위험도(H) = \frac{U-L}{L}$$

여기서, U : 폭발 상한계, L : 폭발하한계

① 에테르 : 1.9~48, $H = \frac{(48-1.9)}{1.9} = 24.26$

② 수소 : 4~75, $H = \frac{(75-4)}{4} = 17.75$

③ 에틸렌 : 3.1~32, $H = \frac{(32-3.1)}{3.1} = 9.32$

④ 부탄 : 1.8~8.4, $H = \frac{(8.4-1.8)}{1.8} = 3.67$

2. 연면적이 1000 m² 이상인 목조건축물은 그 외벽 및 처마 밑의 연소할 우려가 있는 부분을 방화구조로 하여야 하는데 이때 연소 우려가 있는 부분은? (단, 동일한 대지 안에 2동 이상의 건물이 있는 경우이며, 공원·광장·하천의 공지나 수면 또는 내화구조의 벽 기타 이와 유사한 것에 접하는 부분을 제외한다.)

① 상호의 외벽 간 중심선으로부터 1층은 3 m 이내의 부분

② 상호의 외벽 간 중심선으로부터 2층은 7 m 이내의 부분

③ 상호의 외벽 간 중심선으로부터 3층

은 11 m 이내의 부분

④ 상호의 외벽 간 중심선으로부터 4층은 13 m 이내의 부분

해설 연소할 우려가 있는 부분
- 1층 : 3 m 이내
- 2층 이상 : 5 m 이상

3. 주요 구조부가 내화구조로 된 건축물에서 거실 각 부분으로부터 하나의 직통계단에 이르는 보행거리는 피난자의 안전상 몇 m 이하이어야 하는가?

① 50 ② 60 ③ 70 ④ 80

해설 직통계단 설치
  (1) 피난층 외의 층 : 보행거리 30 m 이하
  (2) 주요 구조부가 내화구조 또는 불연구조 : 보행거리 50 m 이하(16층 이상 공동주택 : 40 m 이하)
  (3) 스프링클러 등 자동식 소화설비 : 보행거리 75 m 이하(무인화 공장 : 100 m 이하)

4. 제2류 위험물에 해당하지 않는 것은?

① 유황 ② 황화린 ③ 적린 ④ 황린

해설 제2류 위험물은 가연성 고체이며, 황린은 제3류 위험물(자연발화성 및 금수성 물질)에 해당된다.

5. 화재에 관련된 국제적인 규정을 제정하는 단체는?

① IMO(International Matritime Organization)

② SEPE(Society of Fire Protection

Engineers)

③ NFPA(Nation Fire Protection Association)

④ ISO(International Organization for Standardization) TC 92

해설 국제 규정 단체

(1) IMO(International Matritime Organiza－tion) : 국제해사기구

(2) SEPE(Society of Fire Protection Engi－neers) : 소방기술자협회

(3) NFPA(Nation Fire Protection Associa－tion) : 미국방화협회

(4) ISO(International Organization for Standardization) TC 92 : 국제표준화기구의 화재안전기술위원회

6. 이산화탄소 소화약제의 임계온도로 옳은 것은?

① 24.4℃   ② 31.1℃

③ 56.4℃   ④ 78.2℃

해설 이산화탄소는 공기 중에 약 0.03 % 존재하며, 대기압하에서 비등점은 −78.1℃, 승화온도는 −78.5℃, 승화잠열은 573.5 kJ/kg, 임계온도는 31.1℃이다.

7. 위험물안전관리법령상 위험물의 지정수량이 틀린 것은?

① 과산화나트륨 − 50 kg

② 적린 − 100 kg

③ 트리니트로톨루엔 − 200 kg

④ 탄화알루미늄 − 400 kg

해설 탄화알루미늄은 제3류 위험물이며 지정수량은 300 kg이다.

8. 인화점이 40℃ 이하인 위험물을 저장, 취급하는 장소에 설치하는 전기설비는 방폭구조로 설치하는데, 용기의 내부에 기체를 압입하여 압력을 유지하도록 함으로써 폭발

성가스가 침입하는 것을 방지하는 구조는?

① 압력 방폭구조

② 유입 방폭구조

③ 안전증 방폭구조

④ 본질안전 방폭구조

해설 방폭구조 종류

명칭	기호	내용
압력 방폭 구조	p	용기 내부에 보호가스를 압입하여 내부압력을 유지함으로써 가연성 가스 용기가 용기 내부로 유입되지 아니하도록 한 구조
내압 방폭 구조	d	내부에서 가연성가스의 폭발이 발생할 경우 용기가 압력에 견디고 접합면, 개구부 등을 통하여 외부의 가연성가스에 인화되지 아니하도록 한 구조
유입 방폭 구조	o	용기 내부에 절연유를 주입하여 불꽃, 아크 또는 고온 발생부분이 기름 속에 잠기게 함으로써 기름면 위에 존재하는 가연성가스에 인화되지 아니하도록 한 구조
안전증 방폭 구조	e	정상운전 중에 가연성가스의 점화원이 될 전기불꽃, 아크 또는 고온부분 등의 발생을 방지하기 위하여 기계적, 전기적 구조상 또는 온도상승에 대하여 특히 안전도를 증가시킨 구조
본질 안전 방폭 구조	ia, ib	정상 및 사고(단락, 단선, 지락) 시에 발생하는 전기불꽃, 아크 또는 고온부에 의하여 가연성 가스가 점화되지 아니하는 것이 점화시험, 기타 방법에 의하여 확인된 구조
특수 방폭 구조	s	상기 방법 이외의 방폭구조로서 가연성가스에 점화를 방지할 수 있다는 것이 시험, 기타방법에 의하여 확인된 구조

9. 물질의 취급 또는 위험성에 대한 설명 중 틀린 것은?

① 융해열은 점화원이다.

② 질산은 물과 반응 시 발열 반응하므로 주의를 해야 한다.

③ 네온, 이산화탄소, 질소는 불연성 물질로 취급한다.

④ 암모니아를 충전하는 공업용 용기의 색상은 백색이다.

[해설] 고체가 열을 받아 액체가 될 때 필요한 열을 융해열이라 하며 잠열에 해당된다.

10. 화재의 분류방법 중 유류화재를 나타낸 것은?

① A급 화재　　　② B급 화재

③ C급 화재　　　④ D급 화재

[해설] 화재의 분류
(1) 일반화재(A급 화재) : 백색
(2) 유류화재(B급 화재) : 황색
(3) 전기화재(C급 화재) : 청색
(4) 금속화재(D급 화재) : −

11. 마그네슘의 화재에 주수하였을 때 물과 마그네슘의 반응으로 인하여 생성되는 가스는?

① 산소　　　　　② 수소

③ 일산화탄소　　④ 이산화탄소

[해설] $Mg + 2H_2O \longrightarrow Mg(OH)_2 + H_2\uparrow$
마그네슘은 제2류 위험물(가연성 고체)로서 물과 반응하면 수소(가연성가스)를 생성하므로 화재 시 주의를 요한다.

12. 물의 기화열이 539.6 cal/g인 것은 어떤 의미인가?

① 0℃의 물 1 g이 얼음으로 변화하는 데 539.6 cal의 열량이 필요하다.

② 0℃의 물 1 g이 물로 변화하는 데 539.6 cal의 열량이 필요하다.

③ 0℃의 물 1 g이 100℃의 물로 변화하는 데 539.6 cal의 열량이 필요하다.

④ 100℃의 물 1 g이 수증기로 변화하는 데 539.6 cal의 열량이 필요하다.

[해설] 100℃ 물이 열을 받아 100℃ 수증기로 변할 때 필요한 잠열을 증발열 또는 기화열이라 하며, 물 1 g이 수증기로 변할 때 필요한 열량은 539.6 cal가 된다.

13. 방화구획의 설치기준 중 스프링클러 기타 이와 유사한 자동식소화설비를 설치한 10층 이하의 층은 몇 m^2 이내마다 구획하여야 하는가?

① 1000　　　　　② 1500

③ 2000　　　　　④ 3000

[해설] 방화구획
(1) 10층 이하의 층 : 바닥면적 1000 m^2 이내마다 구획(자동식 소화설비가 설치된 경우 3000 m^2 이내마다 구획)
(2) 11층 이상의 층 : 바닥면적 200 m^2 이내마다 구획(자동식 소화설비가 설치된 경우 600 m^2 이내마다 구획)

14. 불활성 가스에 해당하는 것은?

① 수증기　　　　② 일산화탄소

③ 아르곤　　　　④ 아세틸렌

[해설] 불활성 가스는 다른 원소와 전혀 반응하지 않는 안정된 기체로 주로 0족 원소(헬륨, 네온, 아르곤, 크립톤, 크세논, 라돈)와 이산화탄소, 질소 등이 있다.

15. 이산화탄소의 질식 및 냉각 효과에 대한 설명 중 틀린 것은?

① 이산화탄소의 증기 비중이 산소보다 크기 때문에 가연물과 산소의 접촉을 방해한다.

② 액체 이산화탄소가 기화되는 과정에서 열을 흡수한다.

③ 이산화탄소는 불연성 가스로서 가연물의 연소 반응을 방해한다.

[정답] 10. ②　11. ②　12. ④　13. ④　14. ③　15. ④

④ 이산화탄소는 산소와 반응하며 이 과정에서 발생한 연소열을 흡수하므로 냉각 효과를 나타낸다.

해설 이산화탄소는 불연성 가스이며 산소와 반응하지 않는다. 다만, 농도가 크게 되면 질식의 우려가 있다.

16. 분말 소화약제 분말 입도의 소화성능에 관한 설명으로 옳은 것은?

① 미세할수록 소화성능이 우수하다.

② 입도가 클수록 소화성능이 우수하다.

③ 입도와 소화성능과는 관련이 없다.

④ 입도가 너무 미세하거나 너무 커도 소화성능은 저하된다.

해설 분말 소화약제는 분말 입도 20~25 μm에서 소화 효과가 가장 우수하며, 입도가 너무 크거나 너무 작으면 소화성능은 저하된다.

17. 화재하중에 대한 설명 중 틀린 것은?

① 화재하중이 크면 단위면적당의 발열량이 크다.

② 화재하중이 크다는 것은 화재구획의 공간이 넓다는 것이다.

③ 화재하중이 같더라도 물질의 상태에 따라 가혹도는 달라진다.

④ 화재하중은 화재구획실 내의 가연물 총량을 목재 중량당비로 환산하여 면적으로 나눈 수치이다.

해설 화재하중은 바닥면적당 가연물질의 양(kg/m^2)으로 표기하며, 화재하중이 크다는 것은 가연물질 저장량이 많다는 뜻이다.

18. 분말 소화약제 중 A급, B급, C급 화재에 모두 사용할 수 있는 것은?

① Na_2CO_3

② $NH_4H_2PO_4$

③ $KHCO_3$

④ $NaHCO_3$

해설 분말 소화약제는 제1종에서 제4종까지 4종류로 구분한다.

(1) 제1종 분말소화약제
탄산수소나트륨($NaHCO_3$) : B, C급 화재

(2) 제2종 분말소화약제
탄산수소칼륨($KHCO_3$) : B, C급 화재

(3) 제3종 분말소화약제
제1인산암모늄($NH_4H_2PO_4$) : A, B, C급 화재

(4) 제4종 분말소화약제
탄산수소칼륨 + 요소($KHCO_3 + (NH_2)_2CO$) : B, C급 화재

19. 증기 비중의 정의로 옳은 것은?(단, 분자, 분모의 단위는 모두 g/mol이다.)

① $\dfrac{분자량}{22.4}$

② $\dfrac{분자량}{29}$

③ $\dfrac{분자량}{44.8}$

④ $\dfrac{분자량}{100}$

해설 공기의 조성 : 질소(78 %), 산소(21 %), 아르곤(1 %)

• 질소(N_2)의 분자량 : 28

• 산소(O_2)의 분자량 : 32

• 아르곤(Ar)의 분자량 : 40

∴ 공기의 평균 분자량
$= 28 \times 0.78 + 32 \times 0.21 + 40 \times 0.01$
$= 28.96 ≒ 29$

20. 탄화칼슘의 화재 시 물을 주수하였을 때 발생하는 가스로 옳은 것은?

① C_2H_2 ② H_2 ③ O_2 ④ C_2H_6

해설 $CaC_2 + 2H_2O \rightarrow C_2H_2 + Ca(OH)_2$
탄화칼슘이 물과 접촉하면 가연성가스인 아세틸렌을 생성한다.

제 2 과목 **소방유체역학**

21. 다음 중 열역학 제1법칙에 관한 설명으로 옳은 것은?

① 열은 그 자신만으로 저온에서 고온
으로 이동할 수 없다.

② 일은 열로 변환시킬 수 있고 열은 일
로 변환시킬 수 있다.

③ 사이클 과정에서 열이 모두 일로 변
화할 수 없다.

④ 열평형 상태에 있는 물체의 온도는
같다.

해설 열역학 법칙

(1) 제0법칙 : 두 물체의 온도가 같으면 열
의 이동 없이 평형 상태를 유지한다. (열
의 평형 법칙)

(2) 제1법칙 : 기계적 일은 열로, 열은 기계
적 일로 변하는 비율은 일정하다. (에너
지 보존의 법칙)

(3) 제2법칙 : 기계적 일은 열로 변하기 쉬
우나 열은 기계적 일로 변하기 어렵다.
열은 높은 곳에서 낮은 곳으로 흐른다.

(4) 제3법칙 : 열은 어떠한 경우 어떠한 상
태에 있어서도 그 절대온도인 $-273℃$
에 도달할 수 없다.

22. 안지름 25 mm, 길이 10 m의 수평 파이
프를 통해 비중 0.8, 점성계수는 $5×10^{-3}$
kg/m·s인 기름을 유량 $0.2×10^{-3}$ m^3/s
로 수송하고자 할 때, 필요한 펌프의 최소
동력은 약 몇 W인가?

① 0.21   ② 0.58   ③ 0.77   ④ 0.81

해설 유량(Q) $= 0.2×10^{-3}$ m^3/s, $d = 0.025$ m

유속(V) $= \dfrac{0.2×10^{-3}}{\dfrac{\pi}{4}×0.025^2} = 0.407$ m/s

$\rho = 1000$ kg/m^3 $× 0.8 = 800$ kg/m^3

$\mu = 5×10^{-3}$ kg/m·s

$Re = \dfrac{dV\rho}{\mu} = \dfrac{0.025×0.407×800}{5×10^{-3}} = 1628$

$f = \dfrac{64}{Re} = \dfrac{64}{1628} = 0.039$

다르시 방정식 이용

$$\Delta H = f × \dfrac{l}{d} × \dfrac{V^2}{2g}$$

$$= 0.039 × \dfrac{10}{0.025} × \dfrac{0.407^2}{2×9.8} = 0.1318 \text{ m}$$

$$\gamma = 9800 \text{ N/}m^3 × 0.8 = 7840 \text{ N/}m^3$$

$$\therefore \ H_{kw} = 7840 \text{ N/}m^3 × 0.2×10^{-3} \ m^3/s$$
$$× 0.1318 \text{ m} = 0.2066 \text{ W} ≒ 0.21 \text{ W}$$

23. 수은의 비중이 13.6일 때 수은의 비체
적은 몇 m^3/kg인가?

① $\dfrac{1}{13.6}$ ② $\dfrac{1}{13.6}×10^{-3}$

③ 13.6   ④ $13.6×10^{-3}$

해설 (1) 수은의 밀도 : $13.6×1000$ kg/m^3
$= 13.6×10^3$ kg/m^3

(2) 수은의 비체적 : 밀도의 역수
$$= \dfrac{m^3}{13.6×10^3 \text{kg}} = \dfrac{1}{13.6}×10^{-3} \ m^3/\text{kg}$$

24. 그림과 같은 U자관 차압 액주계에서
A와 B에 있는 유체는 물이고 그 중간에
유체는 수은(비중 13.6)이다. 또한, 그림
에서 $h_1 = 20$ cm, $h_2 = 30$ cm, $h_3 = 15$
cm일 때 A의 압력(P_A)과 B의 압력(P_B)
의 차이($P_A - P_B$)는 약 몇 kPa인가?

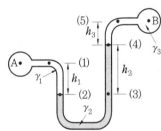

① 35.4   ② 39.5   ③ 44.7   ④ 49.8

해설 (1) 물의 비중량 : 1000 kg/m^3 = 9800 N/m^3
$= 9.8$ kN/m^3

(2) 수은의 비중량 : $13.6×9.8$ kN/m^3
$= 133.28$ kN/m^3

$P_2 = P_A + \gamma_1 \cdot h_1$

$$P_3 = P_B + \gamma_2 \cdot h_2 + \gamma_3 \cdot h_3$$
$$P_2 = P_3 \text{이므로}$$
$$P_A + \gamma_1 \cdot h_1 = P_B + \gamma_2 \cdot h_2 + \gamma_3 \cdot h_3$$
$$P_A - P_B = \gamma_2 \cdot h_2 + \gamma_3 \cdot h_3 - \gamma_1 \cdot h_1$$
$$P_A - P_B = 133.28 \times 0.3 + 9.8 \times 0.15 - 9.8 \times 0.2$$
$$= 39.494 \, \text{kN/m}^2$$

25. 평균유속 2 m/s로 50 L/s 유량의 물을 흐르게 하는 데 필요한 관의 안지름은 약 몇 mm인가?

① 158　② 168　③ 178　④ 188

[해설] $Q = \dfrac{\pi}{4} \times d^2 \times V$에서

$$d = \sqrt{\dfrac{4Q}{\pi V}} = \sqrt{\dfrac{4 \times 0.05}{\pi \times 2}}$$
$$= 0.17841 \, \text{m} = 178.41 \, \text{mm}$$

26. 30℃에서 부피가 10 L인 이상기체를 일정한 압력으로 0℃로 냉각시키면 부피는 약 몇 L로 변하는가?

① 3　② 9　③ 12　④ 18

[해설] 압력이 일정하므로 샤를의 법칙을 적용한다.

$$\dfrac{V_1}{T_1} = \dfrac{V_2}{T_2}, \quad \dfrac{10}{273 + 30} = \dfrac{V_2}{273 + 0}$$
$$\therefore \ V_2 = 9.009 \, \text{L}$$

27. 이상적인 카르노 사이클의 과정인 단열압축과 등온압축의 엔트로피 변화에 관한 설명으로 옳은 것은?

① 등온압축의 경우 엔트로피 변화는 없고, 단열압축의 경우 엔트로피 변화는 감소한다.

② 등온압축의 경우 엔트로피 변화는 없고, 단열압축의 경우 엔트로피 변화는 증가한다.

③ 단열압축의 경우 엔트로피 변화는 없

고, 등온압축의 경우 엔트로피 변화는 감소한다.

④ 단열압축의 경우 엔트로피 변화는 없고, 등온압축의 경우 엔트로피 변화는 증가한다.

[해설] 이상적인 카르노 사이클은 2개의 단열변화와 2개의 등온변화로 이루어져 있으며 고온에서 열을 흡수하여 저온에서 방출하는 가역사이클이다. 단열압축에서는 엔탈피가 증가하나 엔트로피는 변화가 없으며 등온압축에서는 엔트로피 변화가 감소한다.

28. 그림에서 물 탱크차가 받는 추력은 약 몇 N인가? (단, 노즐의 단면적은 0.03 m²이며, 탱크 내의 계기압력은 40 kPa이다. 또한 노즐에서 마찰 손실은 무시한다.)

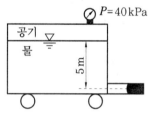

① 812　　② 1489
③ 2709　　④ 5343

[해설] $40 \, \text{kPa} \times \dfrac{10.332 \, \text{mAq}}{101.325 \, \text{kPa}} = 4.08 \, \text{mAq}$

$$h = 5 \, \text{m} + 4.08 = 9.08 \, \text{m}$$
$$V = \sqrt{2 \cdot g \cdot h} = \sqrt{2 \times 9.8 \times 9.08}$$
$$= 13.34 \, \text{m/s}$$
$$F = \rho \times Q \times V = \rho \times A \times V^2$$
$$= 1000 \, \text{kg/m}^3 \times 0.03 \, \text{m}^2 \times (13.34 \, \text{m/s})^2$$
$$= 5338.67 \, \text{kg} \cdot \text{m/s}^2 = 5338.67 \, \text{N}$$
$$(1 \, \text{N} = 1 \, \text{kg} \cdot \text{m/s}^2)$$

29. 비중이 0.877인 기름이 단면적이 변하는 원관을 흐르고 있으며 체적유량은 0.146 m³/s이다. A점에서는 안지름이 150 mm, 압력이 91 kPa이고, B점에서는 안지름이

450 mm, 압력이 60.3 kPa이다. 또한 B점은 A점보다 3.66 m 높은 곳에 위치한다. 기름이 A점에서 B점까지 흐르는 동안의 손실수두는 약 몇 m인가? (단, 물의 비중량은 9810 N/m³이다.)

① 3.3

② 7.2

③ 10.7

④ 14.1

$$u_A = \frac{0.146}{\frac{\pi}{4} \times 0.15^2} = 8.26 \text{ m/s}$$

$$u_B = \frac{0.146}{\frac{\pi}{4} \times 0.45^2} = 0.92 \text{ m/s}$$

기름의 비중량

$\gamma = 9.81 \text{ kN/m}^3 \times 0.877 = 8.603 \text{ kN/m}^3$

베르누이의 정리

$$H = \frac{P_1}{\gamma} + \frac{V_1^2}{2g} + Z_1 = \frac{P_2}{\gamma} + \frac{V_2^2}{2g} + Z_2$$

$$= \frac{91}{8.603} + \frac{8.26^2}{2 \times 9.8} + 0$$

$$= \frac{60.3}{8.603} + \frac{0.92^2}{2 \times 9.8} + H_L + 3.66$$

$$\therefore H_L = 3.3 \text{ m}$$

30. 그림과 같이 피스톤의 지름이 각각 25 cm와 5 cm이다. 작은 피스톤을 화살표 방향으로 20 cm만큼 움직일 경우 큰 피스톤이 움직이는 거리는 약 몇 mm인가? (단, 누설은 없고, 비압축성이라고 가정한다.)

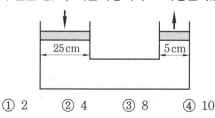

① 2

② 4

③ 8

④ 10

해설 $F_1 = \frac{\pi}{4} \times d_1^2 \times h_1$, $F_2 = \frac{\pi}{4} \times d_2^2 \times h_2$

$F_1 = F_2$

$$\frac{\pi}{4} \times 25^2 \times h_1 = \frac{\pi}{4} \times 5^2 \times 20$$

$$\therefore h_1 = 0.8 \text{ cm} = 8 \text{ mm}$$

31. 스프링클러 헤드의 방수압이 4배가 되면 방수량은 몇 배가 되는가?

① $\sqrt{2}$ 배 ② 2배 ③ 4배 ④ 8배

해설 스프링클러 헤드의 방수량$(Q) = k\sqrt{10P}$

여기서, P : 방수압

$Q_1 = k\sqrt{10 \times 1}$, $Q_2 = k\sqrt{10 \times 4}$

$$\frac{Q_2}{Q_1} = \frac{k\sqrt{10 \times 4}}{k\sqrt{10 \times 1}} = 2$$

32. 다음 중 표준 대기압인 1기압에 가장 가까운 것은?

① 860 mmHg

② 10.33 mAq

③ 101.325 bar

④ 1.0332 kgf/m²

해설 표준 대기압

$1.0332 \text{ kg/cm}^2 \cdot \text{a} = 14.7 \text{ lb/in}^2 \cdot \text{a}$

$= 76 \text{ cmHg} = 30 \text{ inHg} = 1 \text{ atm} = 1$기압

$= 10.332 \text{ mAq} = 10.332 H_2O$

$= 1.01325 \text{ bar} = 1013.25 \text{mbar}$

$= 101325 \text{ Pa} = 101325 \text{ N/m}^2$

$= 101.325 \text{ kPa} = 101.325 \text{ kN/m}^2$

33. 안지름 10 cm의 관로에서 마찰손실수두가 속도수두와 같다면 그 관로의 길이는 약 몇 m인가? (단, 관 마찰계수는 0.03이다.)

① 1.58 ② 2.54 ③ 3.33 ④ 4.52

해설 $H = f \times \frac{l}{D} \times \frac{V^2}{2g}$

여기서, H : 마찰손실수두, $\frac{V^2}{2g}$: 속도수두

$0.03 \times \frac{l}{0.1} = 1$ $\therefore l = 3.333 \text{ m}$

34. 원심식 송풍기에서 회전수를 변화시킬 때 동력 변화를 구하는 식으로 옳은 것은? (단, 변화 전후의 회전수는 각각 N_1, N_2, 동력은 L_1, L_2이다.)

① $L_2 = L_1 \times \left(\dfrac{N_1}{N_2}\right)^3$

② $L_2 = L_1 \times \left(\dfrac{N_1}{N_2}\right)^2$

③ $L_2 = L_1 \times \left(\dfrac{N_2}{N_1}\right)^3$

④ $L_2 = L_1 \times \left(\dfrac{N_2}{N_1}\right)^2$

[해설] 상사의 법칙

(1) 풍량 $Q_2 = Q_1 \times \left(\dfrac{N_2}{N_1}\right)$: 풍량은 회전수 비에 비례한다.

(2) 양정 $H_2 = H_1 \times \left(\dfrac{N_2}{N_1}\right)^2$: 양정은 회전수 비 제곱에 비례한다.

(3) 동력 $L_2 = L_1 \times \left(\dfrac{N_2}{N_1}\right)^3$: 동력은 회전수 비 세제곱에 비례한다.

35. 그림과 같은 1/4원형의 수문(水門) AB가 받는 수평성분 힘(F_H)과 수직성분 힘(F_V)은 각각 약 몇 kN인가? (단, 수문의 반지름은 2 m이고, 폭은 3 m이다.)

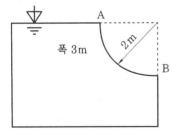

① $F_H = 24.4$, $F_V = 46.2$

② $F_H = 24.4$, $F_V = 92.4$

③ $F_H = 58.8$, $F_V = 46.2$

④ $F_H = 58.8$, $F_V = 92.4$

[해설] (1) 수평분력(F_H) $= \gamma \times h \times A$

$= 9.8 \text{ kN/m}^3 \times \dfrac{2\text{m}}{2} \times 2 \text{ m} \times 3 \text{ m} = 58.8 \text{ kN}$

(2) 수직분력(F_V) $= \gamma \times V$

$= 9.8 \text{ kN/m}^3 \times \dfrac{\pi}{4} \times (2 \text{ m})^2 \times 3 \text{ m} = 92.4 \text{ kN}$

36. 펌프 중심으로부터 2 m 아래에 있는 물을 펌프 중심으로부터 15 m 위에 있는 송출수면으로 양수하려 한다. 관로의 전 손실수두가 6 m이고, 송출수량이 1 m³/min 라면 필요한 펌프의 동력은 약 몇 W인가?

① 2777　　② 3103

③ 3430　　④ 3757

[해설] $H = \dfrac{1000 \times 1 \times (2 + 15 + 6)}{102 \times 60}$

$= 3.758 \text{ kW} = 3758 \text{ W}$

$H = 9800 \text{ N/m}^3 \times \dfrac{1 \text{ m}^3}{60\text{s}} \times (2 + 15 + 6) \text{ m}$

$= 3756.66 \text{ N} \cdot \text{m/s}$

$= 3756.66 \text{ J/s} = 3756.66 \text{ W}$

37. 일반적인 배관 시스템에서 발생되는 손실을 주손실과 부차적 손실로 구분할 때 다음 중 주손실에 속하는 것은?

① 직관에서 발생하는 마찰손실

② 파이프 입구와 출구에서의 손실

③ 단면의 확대 및 축소에 의한 손실

④ 배관부품(엘보, 리턴벤드, 티, 리듀서, 유니언, 밸브 등)에서 발생하는 손실

[해설] 주배관의 직관에서 발생하는 마찰손실을 주손실이라 하며, 이외의 손실은 모두 부차적인 손실에 포함된다.

38. 온도 차이 20℃, 열전도율 5 W/m · K, 두께 20 cm인 벽을 통한 열 유속(heat flux)과 온도 차이 40℃, 열전도율 10

W/m · K, 두께 t인 같은 면적을 가진 벽을 통한 열 유속이 같다면 두께 t는 약 몇 cm인가?

① 10   ② 20   ③ 40   ④ 80

[해설] 열 전달량(Q) $= \dfrac{\alpha}{l} \times A \times \Delta t$

여기서, α : 열전도율, l : 두께
A : 벽 면적, Δt : 온도차

$$\frac{5}{0.2} \times A \times 20 = \frac{10}{l} \times A \times 40$$

$\therefore\ l = 0.8\,\mathrm{m} = 80\,\mathrm{cm}$

39. 낙구식 점도계는 어떤 법칙을 이론적 근거로 하는가?

① Stokes의 법칙

② 열역학 제1법칙

③ Hagen-Poiseuille의 법칙

④ Boyle의 법칙

[해설] 스토크스 법칙 : 유체 속에서 구형 입자가 침전하는 속도를 표현하는 법칙
  (1) 낙구식 점도계 : 스토크스 법칙
  (2) 오스트발트 점도계, 세이볼트 점도계 : 하겐-푸아죄유 법칙
  (3) 스토머 점도계, 맥미첼 점도계 : 뉴턴의 점성 법칙

40. 지면으로부터 4 m의 높이에 설치된 수평관 내로 물이 4 m/s로 흐르고 있다. 물의 압력이 78.4 kPa인 관 내의 한 점에서 전 수두는 지면을 기준으로 약 몇 m인가?

① 4.76   ② 6.24

③ 8.82   ④ 12.81

[해설] 베르누이의 정리

$$H = \frac{P}{\gamma} + \frac{V^2}{2g} + Z$$

$$= \frac{78.4\,\mathrm{kN/m^2}}{9.8\,\mathrm{kN/m^3}} + \frac{(4\,\mathrm{m/s})^2}{2 \times 9.8\,\mathrm{m/s^2}} + 4\,\mathrm{m}$$

$$= 12.81\,\mathrm{m}$$

제3과목　　**소방관계법규**

41. 소방기본법령상 소방본부장 또는 소방서장은 소방상 필요한 훈련 및 교육을 실시하고자 하는 때에는 화재경계지구 안의 관계인에게 훈련 또는 교육 며칠 전까지 그 사실을 통보하여야 하는가?

① 5   ② 7   ③ 10   ④ 14

[해설] 소방본부장 또는 소방서장은 소방상 필요한 훈련 및 교육을 실시하고자 하는 때에는 화재경계지구 안의 관계인에게 훈련 또는 교육 10일 전까지 그 사실을 통보하여야 하며 소방특별조사를 연 1회 이상 실시하여야 한다.

42. 특정소방대상물의 관계인이 소방안전관리자를 해임한 경우 재선임 신고를 해야 하는 기준은? (단, 해임한 날부터를 기준일로 한다.)

① 10일 이내   ② 20일 이내

③ 30일 이내   ④ 40일 이내

[해설] 소방안전관리자 선임 신고
  (1) 특정소방대상물의 관계인은 소방안전관리자를 다음 중 어느 하나에 해당하는 날부터 30일 이내에 선임하여야 한다.
    • 신규 : 완공일
    • 소방안전관리대상물로 된 경우 : 완공일 또는 용도변경 사실을 건축물관리대장에 기재한 날
    • 관계인의 권리를 취득한 경우 : 해당 권리를 취득한 날
    • 소방안전관리자를 해임한 경우 : 소방안전관리자를 해임한 날
  (2) 소방안전관리자를 선임한 경우에는 선임한 날부터 14일 이내에 소방본부장이나 소방서장에게 신고한다.

43. 소방용수시설 중 소화전과 급수탑의 설치기준으로 틀린 것은?

정답　**39.** ①　**40.** ④　**41.** ③　**42.** 정답 없음　**43.** ④

① 급수탑 급수배관의 구경은 100 mm 이상으로 할 것

② 소화전은 상수도와 연결하여 지하식 또는 지상식의 구조로 할 것

③ 소방용호스와 연결하는 소화전의 연결금속구의 구경은 65 mm로 할 것

④ 급수탑의 개폐밸브는 지상에서 1.5 m 이상 1.8 m 이하의 위치에 설치할 것

해설 급수탑의 개폐밸브는 지상에서 1.5 m 이상 1.7 m 이하의 위치에 설치하여야 한다.

44. 경유의 저장량이 2000 L, 중유의 저장량이 4000 L, 등유의 저장량이 2000 L인 저장소에 있어서 지정수량의 배수는?

① 동일　② 6배　③ 3배　④ 2배

해설 위험물 지정수량
- 경유, 등유 : 위험물 제4류 제2석유류, 비수용성 → 1000 L
- 중유 : 위험물 제4류 제3석유류, 비수용성 → 2000 L
∴ 지정수량 배수

$$= \frac{2000\,L}{1000\,L} + \frac{4000\,L}{2000\,L} + \frac{2000\,L}{1000\,L} = 6 배$$

45. 소방기본법상 명령권자가 소방본부장, 소방서장 또는 소방대장에게 있는 사항은 어느 것인가?

① 소방 활동을 할 때에 긴급한 경우에는 이웃한 소방본부장 또는 소방서장에게 소방업무의 응원을 요청할 수 있다.

② 화재, 재난·재해, 그 밖의 위급한 상황이 발생한 현장에서 소방활동을 위하여 필요할 때에는 그 관할구역에 사는 사람 또는 그 현장에 있는 사람으로 하여금 사람을 구출하는 일 또는 불을 끄거나 불이 번지지 아니하도록 하는 일

을 하게 할 수 있다.

③ 수사기관이 방화 또는 실화의 혐의가 있어서 이미 피의자를 체포하였거나 증거물을 압수하였을 때에 화재조사를 위하여 필요한 경우에는 수사에 지장을 주지 아니하는 범위에서 그 피의자 또는 압수된 증거물에 대한 조사를 할 수 있다.

④ 화재, 재난·재해, 그밖의 위급한 상황이 발생하였을 때에는 소방대를 현장에 신속하게 출동시켜 화재진압과 인명구조·구급 등 소방에 필요한 활동을 하게 하여야 한다.

해설 ①항은 소방본부장 또는 소방서장의 권한이며 ③항, ④항은 소방청장, 소방본부장 또는 소방서장의 권한이다.

46. 화재가 발생하는 경우 인명 또는 재산의 피해가 클 것으로 예상되는 때 소방대상물의 개수·이전·제거, 사용금지 등의 필요한 조치를 명할 수 있는 자는?

① 시·도지사

② 의용소방대장

③ 기초자치단체장

④ 소방본부장 또는 소방서장

해설 소방시설법 제5조에 의하여 소방청장, 소방본부장 또는 소방서장은 소방대상물의 개수·이전·제거, 사용금지 등의 필요한 조치를 명할 수 있다.

47. 소방기본법상 보일러, 난로, 건조설비, 가스·전기시설, 그 밖에 화재 발생 우려가 있는 설비 또는 기구 등의 위치·구조 및 관리와 화재 예방을 위하여 불을 사용할 때 지켜야 하는 사항은 무엇으로 정하는가?

정답 44. ②　45. ②　46. ④　47. ②

① 총리령　　② 대통령령

③ 시·도 조례　　④ 행정안전부령

해설 소방기본법 제15조(불을 사용하는 설비 등의 관리와 특수가연물의 저장·취급)

(1) 보일러, 난로, 건조설비, 가스·전기시설 그 밖에 화재 발생의 우려가 있는 설비 또는 기구 등의 위치·구조 및 관리와 화재 예방을 위하여 불의 사용에 있어서 지켜야 하는 사항은 대통령령으로 정한다.

(2) 화재가 발생하는 경우 화재의 확대가 빠른 고무류·면화류·석탄 및 목탄 등 대통령령이 정하는 특수가연물의 저장 및 취급의 기준은 대통령령으로 정한다.

48. 아파트로 층수가 20층인 특정소방대상물에서 스프링클러 설비를 설치하여야 하는 층수는?(단, 아파트는 신축을 실시하는 경우이다.)

① 전층　　② 15층 이상

③ 11층 이상　　④ 6층 이상

해설 스프링클러 설비 설치 대상

(1) 문화집회시설, 종교시설, 운동시설 : 수용인원 100명 이상

(2) 영화상영관 바닥면적이 지하층·무창층 500 m^2 이상, 그 밖의 층 1000 m^2 이상

(3) 층수가 6층 이상인 경우에는 모든 층

(4) 바닥면적 600 m^2 이상 : 의료시설, 노유자시설, 숙박 가능한 수련시설

(5) 지하층 무창층 또는 층수가 4층 이상인 층으로 바닥면적 1000 m^2 이상

(6) 지하가 연면적 1000 m^2 이상

49. 소방기본법령상 소방본부 종합상황실 실장이 소방청의 종합상황실에 서면·모사전송 또는 컴퓨터통신 등으로 보고하여야 하는 화재의 기준에 해당하지 않는 것은?

① 항구에 매어둔 총 톤수가 1000톤 이상인 선박에서 발생한 화재

② 연면적 15000 m^2 이상인 공장 또는

화재경계지구에서 발생한 화재

③ 지정수량의 1000배 이상의 위험물의 제조소·저장소·취급소에서 발생한 화재

④ 층수가 5층 이상이거나 병상이 30개 이상인 종합병원·정신병원·한방병원·요양소에서 발생한 화재

해설 위험물의 제조소·저장소·취급소의 경우 3000배 이상이다.

50. 화재예방, 소방시설 설치·유지 및 안전관리에 관한 법상 소방시설 등에 대한 자체점검을 하지 아니하거나 관리업자 등으로 하여금 정기적으로 점검하게 하지 아니한 자에 대한 벌칙 기준으로 옳은 것은?

① 1년 이하의 징역 또는 1000만원 이하의 벌금

② 3년 이하의 징역 또는 1500만원 이하의 벌금

③ 3년 이하의 징역 또는 3000만원 이하의 벌금

④ 6개월 이하의 징역 또는 1000만원 이하의 벌금

해설 1년 이하의 징역 또는 1000만원 이하의 벌금

(1) 관계인의 정당한 업무를 방해한 자, 조사, 검사업무를 수행하면서 알게 된 비밀을 제공한 자

(2) 관리업의 등록증이나 등록수첩을 다른 자에게 빌려준 자

(3) 영업정지 처분을 받고 그 영업정지기간 중에 관리업의 업무를 한자

(4) 자체점검을 하지 아니하거나 관리업자 등으로 하여금 정기적으로 점검하게 하지 아니한 자

51. 소방기본법령상 특수가연물의 저장 및

정답　48. ①　49. ③　50. ①　51. 정답 없음

취급기준 중 석탄·목탄류를 발전용으로 저장하는 경우 쌓는 부분의 바닥면적은 몇 m^2 이하인가? (단, 살수설비를 설치하거나, 방사능력 범위에 해당 특수가연물이 포함되도록 대형수동식소화기를 설치하는 경우이다.)

① 200 ② 250 ③ 300 ④ 350

해설 특수가연물의 저장 및 취급의 기준
  (1) 품명별로 구분하여 쌓을 것.
  (2) 쌓는 높이는 10 m 이하가 되도록 하여야 한다.
  (3) 쌓는 부분의 바닥면적은 50 m^2(석탄·목탄류의 경우에는 200 m^2) 이하가 되도록 해야 한다. 다만, 살수설비를 설치하거나, 방사능력 범위에 해당 특수가연물이 포함되도록 대형수동식소화기를 설치하는 경우에는 쌓는 높이를 15 m 이하, 쌓는 부분의 바닥면적을 200 m^2(석탄·목탄류의 경우에는 300 m^2) 이하로 할 수 있다.
  (4) 특수가연물인 석탄·목탄류를 발전용으로 저장하는 경우 바닥면적에서 제한을 받지 않는다.
  (5) 쌓는 부분의 바닥면적 사이는 1 m 이상이 되도록 해야 한다.

52. 제3류 위험물 중 금수성 물품에 적응성이 있는 소화약제는?

① 물 ② 강화액
③ 팽창질석 ④ 인산염류분말

해설 금수성 물질은 질식소화를 하여야 하므로 건조사, 팽창질석, 팽창진주암 등을 사용한다.

53. 화재예방, 소방시설 설치·유지 및 안전관리에 관한 법령상 소방특별조사위원회의 위원에 해당하지 아니하는 사람은?

① 소방기술사
② 소방시설관리사

③ 소방 관련 분야의 석사학위 이상을 취득한 사람
④ 소방 관련 법인 또는 단체에서 소방 관련 업무에 3년 이상 종사한 사람

해설 소방특별조사위원회의 위원
  (1) 과장급 직위 이상의 소방공무원
  (2) 소방기술사
  (3) 소방시설관리사
  (4) 소방 관련 분야의 석사학위 이상을 취득한 사람
  (5) 소방 관련 법인 또는 단체에서 소방 관련 업무에 5년 이상 종사한 사람
  (6) 소방 공무원 교육기관, 학교 또는 연구소에서 소방과 관련한 교육 또는 연구에 5년 이상 종사한 사람

54. 소방특별조사 결과에 따른 조치명령으로 손실을 입어 손실을 보상하는 경우 그 손실을 입은 자는 누구와 손실보상을 협의하여야 하는가?

① 소방서장 ② 시·도지사
③ 소방본부장 ④ 행정안전부장관

해설 • 손실보상 청구서 : 시·도지사에게 제출
  • 손실보상 합의서 : 시·도지사가 보관

55. 위험물운송자 자격을 취득하지 아니한 자가 위험물 이동탱크저장소 운전 시의 벌칙으로 옳은 것은?

① 100만원 이하의 벌금
② 300만원 이하의 벌금
③ 500만원 이하의 벌금
④ 1000만원 이하의 벌금

해설 1000만원 이하의 벌금
  (1) 위험물운송자 자격을 취득하지 아니한 자가 위험물 이동탱크저장소 운전 시
  (2) 위험물의 취급에 관한 안전관리와 감독을 하지 아니한 자
  (3) 안전관리자 또는 그 대리자가 참여하지 아니한 상태에서 위험물을 취급한 자

정답 52. ③ 53. ④ 54. ② 55. ④

(4) 변경한 예방규정을 제출하지 아니한 관계인으로서 규정에 따른 허가를 받은 자

(5) 관계인의 정당한 업무를 방해하거나 출입·검사 등을 수행하면서 알게 된 비밀을 누설한 자

56. 1급 소방안전관리대상물이 아닌 것은?

① 15층인 특정소방대상물(아파트는 제외)

② 가연성가스를 2000톤 저장·취급하는 시설

③ 21층인 아파트로서 300세대인 것

④ 연면적 20000 m²인 문화집회 및 운동시설

[해설] (1) 1급 소방안전관리대상물(동·식물원, 철강 등 불연성 물품을 저장, 취급하는 창고, 위험물 저장 및 처리 시설 중 위험물 제조소 등, 지하구를 제외한 것)
- 30층 이상(지하층 제외)이거나 지상으로부터 120 m 이상인 아파트
- 연면적 1만 5천 m² 이상인 특정소방대상물(아파트 제외)
- 층수가 11층 이상인 것(아파트 제외)
- 가연성가스를 1천톤 이상 저장, 취급하는 시설

(2) 특급 소방안전관리대상물(동·식물원, 철강 등 불연성 물품을 저장, 취급하는 창고, 위험물 저장 및 처리 시설 중 위험물 제조소 등, 지하구를 제외한 것)
- 50층 이상(지하층 제외)이거나 지상으로부터 200 m 이상인 아파트
- 30층 이상(지하층 포함)이거나 지상으로부터 120 m 이상인 특정소방대상물(아파트 제외)
- 연면적이 20만 m² 이상인 특정소방대상물(아파트 제외)

(3) 2급 소방안전관리대상물(특급, 1급 소방안전관리대상물을 제외한 다음의 어느 하나에 해당하는 것)
- 가연성가스를 100톤 이상 1000톤 미만 저장, 취급하는 시설
- 지하구

- 공동주택관리법 시행령 제2조 각 호의 어느 하나에 해당하는 공동주택
- 문화재보호법 제23조에 따라 국보 또는 보물로 지정된 목조건축물

57. 문화재보호법의 규정에 의한 유형문화재와 지정문화재에 있어서는 제조소 등과의 수평거리를 몇 m 이상 유지하여야 하는가?

① 20 ② 30 ③ 50 ④ 70

[해설] 제조소의 안전거리

구분	안전거리
사용전압이 7000 V 초과 35000 V 이하	3 m 이상
사용전압이 35000 V 초과	5 m 이상
주거용	10 m 이상
고압가스, 액화석유가스, 도시가스	20 m 이상
학교, 병원, 극장	30 m 이상
유형문화재, 지정문화재	50 m 이상

58. 다음 중 중급기술자의 학력·경력자에 대한 기준으로 옳은 것은? (단, "학력·경력자"란 고등학교·대학 또는 이와 같은 수준 이상의 교육기관의 소방 관련 학과의 정해진 교육과정을 이수하고 졸업하거나 그 밖의 관계법령에 따라 국내 또는 외국에서 이와 같은 수준 이상의 학력이 있다고 인정되는 사람을 말한다.)

① 고등학교를 졸업 후 10년 이상 소방 관련 업무를 수행한 자

② 학사학위를 취득한 후 6년 이상 소방 관련 업무를 수행한 자

③ 석사학위를 취득한 후 2년 이상 소방 관련 업무를 수행한 자

④ 박사학위를 취득한 후 1년 이상 소방

관련 업무를 수행한 자

해설 중급기술자
(1) 박사학위를 취득한 자
(2) 석사학위를 취득한 후 3년 이상 소방 관련 업무를 수행한 자
(3) 학사학위를 취득한 후 6년 이상 소방 관련 업무를 수행한 자
(4) 전문학사학위를 취득한 후 9년 이상 소방 관련 업무를 수행한 자
(5) 고등학교를 졸업한 후 12년 이상 소방 관련 업무를 수행한 자

59. 소방시설공사업법령상 상주 공사감리 대상 기준 중 다음 ㉠, ㉡, ㉢에 알맞은 것은?

> • 연면적 (㉠)m^3 이상의 특정소방대상물(아파트는 제외)에 대한 소방시설의 공사
> • 지하층을 포함한 층수가 (㉡)층 이상으로서 (㉢)세대 이상인 아파트에 대한 소방시설의 공사

① ㉠ 10000, ㉡ 11, ㉢ 600
② ㉠ 10000, ㉡ 16, ㉢ 500
③ ㉠ 30000, ㉡ 11, ㉢ 600
④ ㉠ 30000, ㉡ 16, ㉢ 500

해설 상주 공사감리 대상 기준
• 연면적 30000 m^2 이상(아파트 제외)
• 지하층을 포함한 층수가 16층 이상으로서 500세대 이상인 아파트
※ 상주 공사감리에 해당되지 아니한 소방시설공사는 일반 공사감리에 해당된다.

60. 화재예방, 소방시설 설치·유지 및 안전관리에 관한 법상 소방안전관리대상물의 소방안전관리자 업무가 아닌 것은?

① 소방훈련 및 교육
② 피난시설, 방화구획 및 방화시설의 유지·관리
③ 자위소방대 및 초기대응체계의 구성·운영·교육
④ 피난계획에 관한 사항과 대통령령으로 정하는 사항이 포함된 소방계획서의 작성 및 시행

해설 소방안전관리대상물의 소방안전관리자의 업무
• 소방훈련 및 교육
• 피난시설, 방화구획 및 방화시설의 유지·관리
• 자위소방대 및 초기대응체계의 구성·운영·교육
• 피난계획에 관한 사항과 대통령령으로 정하는 사항이 포함된 소방계획서의 작성 및 시행
• 화기 취급의 감독
• 소방시설이나 그 밖의 소방관련시설의 유지, 관리

제4과목 **소방기계시설의 구조 및 원리**

61. 대형 이산화탄소 소화기의 소화약제 충전량은 얼마인가?

① 20 kg 이상   ② 30 kg 이상
③ 50 kg 이상   ④ 70 kg 이상

해설 소화기의 소화약제 충전량
(1) 물 소화기 : 80 L 이상
(2) 포 소화기 : 20 L 이상
(3) 강화액 소화기 : 60 L 이상
(4) 할로겐화합물 소화기 : 30 kg 이상
(5) 분말 소화기 : 20 kg 이상
(6) 이산화탄소 소화기 : 50 kg 이상

62. 개방형 스프링클러설비에서 하나의 방수구역을 담당하는 헤드의 개수는 몇 개 이하로 해야 하는가? (단, 방수구역은 나누어져 있지 않고 하나의 구역으로 되어 있다.)

① 50   ② 40   ③ 30   ④ 20

해설 개방형 스프링클러설비의 방수구역 및 일제개방밸브
(1) 하나의 방수구역은 2개 층에 미치지 아니 할 것
(2) 방수구역마다 일제개방밸브를 설치할 것
(3) 하나의 방수구역을 담당하는 헤드의 개수는 50개 이하로 할 것(다만, 2개 이상의 방수구역으로 나눌 경우에는 하나의 방수구역을 담당하는 헤드의 개수는 25개 이상으로 할 것)

63. 분말소화설비의 가압용 가스용기에 대한 설명으로 틀린 것은?

① 가압용 가스용기를 3병 이상 설치한 경우에는 2개 이상의 용기에 전자개방밸브를 부착할 것
② 가압용 가스용기에는 2.5 MPa 이하의 압력에서 조정이 가능한 압력조정기를 설치할 것
③ 가압용 가스에 질소가스를 사용하는 것의 질소가스는 소화약제 1 kg마다 20 L(35℃에서 1기압의 압력상태로 환산한 것) 이상으로 할 것
④ 축압용 가스에 질소가스를 사용하는 것의 질소가스는 소화약제 1 kg마다 10 L(35℃에서 1기압의 압력상태로 환산한 것) 이상으로 할 것

해설 • 가압용 가스용기 : 소화약제 1 kg마다 40 L
• 축압용 가스용기 : 소화약제 1 kg마다 10 L

64. 소화용수 설비의 소화수조가 옥상 또는 옥탑의 부분에 설치된 경우 지상에 설치된 채수구에서의 압력은 얼마 이상이어야 하는가?

① 0.15 MPa ② 0.20 MPa
③ 0.25 MPa ④ 0.35 MPa

해설 소화수조 및 저수조의 가압송수장치
(1) 소화수조 또는 저수조가 지표면으로부터의 깊이(수조 내부 바닥까지의 길이를 말한다.)가 4.5 m 이상인 지하에 있는 경우에는 다음 표에 따라 가압송수장치를 설치하여야 한다.

소요 수량	20 m³ 이상 40 m³ 미만	40 m³ 미만 100 m³ 미만	100 m³ 이상
1분당 양수량	1100 L 이상	2200 L 이상	3300 L 이상

(2) 소화수조가 옥상 또는 옥탑의 부분에 설치된 경우에는 지상에 설치된 채수구에서의 압력이 0.15 MPa 이상이 되도록 하여야 한다.

65. 스프링클러소화설비의 배관 내 압력이 얼마 이상일 때 압력 배관용 탄소 강관을 사용해야 하는가?

① 0.1 MPa ② 0.5 MPa
③ 0.8 MPa ④ 1.2 MPa

해설 사용압력에 따른 배관
• 1.2 MPa 미만일 때 : 배관용 탄소 강관(SPP)
• 1.2 MPa 이상일 때 : 압력 배관용 탄소 강관(SPPS)

66. 할론 소화설비에서 국소방출방식의 경우 할론 소화약제의 양을 산출하는 식은 다음과 같다. 여기서 A는 무엇을 의미하는가? (단, 가연물이 비산할 우려가 있는 경우로 가정한다.)

$$Q = X - Y \frac{a}{A}$$

① 방호공간의 벽 면적의 합계
② 창문이나 문의 틈새면적의 합계
③ 개구부 면적의 합계
④ 방호대상물 주위에 설치된 벽의 면적의 합계

해설 할론소화약제의 양을 산출하는 식

Q : 방호공간 $1m^3$에 대한 할론 소화약제량

X, Y : 소화약제의 종별에 따른 수치

A : 방호공간의 벽 면적 합계(m^2)

a : 방호대상물 주위에 설치된 벽 면적 합계(m^2)

67. 이산화탄소 소화약제의 저장용기 설치 기준 중 옳은 것은?

① 저장용기의 충전비는 고압식은 1.9 이상 2.3 이하, 저압식은 1.5 이상 1.9 이하로 할 것

② 저압식 저장용기에는 액면계 및 압력계와 2.1 MPa 이상 1.7 MPa 이하의 압력에서 작동하는 압력경보장치를 설치할 것

③ 저장용기는 고압식은 25 MPa 이상, 저압식은 3.5 MPa 이상의 내압시험 압력에 합격한 것으로 할 것

④ 저압식 저장용기에는 내압시험압력의 1.8배의 압력에서 작동하는 안전밸브와 내압시험압력의 0.8배부터 내압시험압력까지의 범위에서 작동하는 봉판을 설치할 것

해설 이산화탄소 소화약제의 저장용기 설치기준

(1) 저장용기의 충전비(용적과 소화약제의 중량과의 비율을 말한다)는 고압식에 있어서는 1.5 이상 1.9 이하, 저압식에 있어서는 1.1 이상 1.4 이하로 한다.

(2) 저압식 저장용기에는 내압시험압력의 0.64배 내지 0.8배의 압력에서 작동하는 안전밸브와 내압시험압력의 0.8배 내지 내압시험압력에서 작동하는 봉판을 설치한다.

(3) 저압식 저장용기에는 액면계 및 압력계와 2.3 MPa 이상 1.9 MPa 이하의 압력에서 작동하는 압력경보장치를 설치하고, 용기 내부의 온도가 -18℃ 이하에서 2.1 MPa 이상의 압력을 유지할 수 있는 자동

냉동장치를 설치한다.

(4) 저장용기는 고압식은 25 MPa 이상, 저압식은 3.5 MPa 이상의 내압시험압력에 합격한 것으로 한다.

68. 포헤드를 정방형으로 설치 시 헤드와 벽과의 최대 이격거리는 약 몇 m인가?

① 1.48　② 1.62　③ 1.76　④ 1.91

해설 포헤드를 정방형으로 설치하면

$S = 2r \times \cos 45° = 2 \times 2.1 \, m \times \cos 45°$

$= 2.96 \, m$

여기서, r : 유효 반경 2.1 m

• 포헤드와 벽, 방호구역 경계선 : 포헤드 상호간의 거리 $\dfrac{1}{2}$ 이하로 할 것

∴ $\dfrac{2.96 \, m}{2} = 1.48 \, m$

69. 소화용수설비와 관련하여 다음 설명 중 ( ) 안에 들어갈 항목으로 옳게 짝지어진 것은?

> 상수도 소화용수설비를 설치하여야 하는 특정소방대상물은 다음 각 목의 어느 하나와 같다. 다만, 상수도소화용수설비를 설치하여야 하는 특정소방대상물의 대지 경계선으로부터 (ⓐ)m 이내에 지름 (ⓑ)mm 이상인 상수도용 배수관이 설치되지 않은 지역의 경우에는 화재안전기준에 따른 소화조 또는 저수조를 설치하여야 한다.

① ⓐ : 150, ⓑ 75

② ⓐ : 150, ⓑ 100

③ ⓐ : 180, ⓑ 75

④ ⓐ : 180, ⓑ 100

해설 소화용수설비

(1) 상수도 소화용수설비를 설치하여야 하는 특정소방대상물의 대지 경계선으로부터 180 m 이내에 구경 75 mm 이상인 상수도용 배수관이 설치되지 아니한 지역에 있어서는 소화수조 또는 저수조를 설치하여야 한다.

(2) 연면적 5000 m² 이상인 것. 다만, 가스시설·지하구 또는 지하가 중 터널의 경우에는 그러하지 아니하다.
(3) 가스시설로서 지상에 노출된 탱크의 저장용량의 합계가 100톤 이상인 것

70. 연소방지설비의 수평주행배관의 설치기준에 대한 설명 중 ( ) 안의 항목이 옳게 짝지어진 것은?

> 연소방지설비에 있어서의 수평주행배관의 구경은 (ⓐ)mm 이상의 것으로 하되, 연소방지설비전용헤드 및 스프링클러헤드를 향하여 상향으로 (ⓑ) 이상의 기울기로 설치하여야 한다.

① ⓐ 80, ⓑ $\frac{1}{1000}$

② ⓐ 100, ⓑ $\frac{1}{1000}$

③ ⓐ 80, ⓑ $\frac{2}{1000}$

④ ⓐ 100, ⓑ $\frac{2}{1000}$

해설 연소방지설비의 배관 설치기준
(1) 수평주행배관의 구경은 100 mm 이상의 것으로 하되, 연소방지설비 전용헤드 및 스프링클러헤드를 향하여 상향으로 $\frac{1}{1000}$ 이상의 기울기로 설치하여야 한다.
(2) 천장 또는 벽면에 설치하여야 한다.
(3) 방수헤드 간의 수평거리는 연소방지설비 전용헤드의 경우에는 2.0 m 이하, 스프링클러헤드의 경우에는 1.5 m 이하로 하여야 한다.
(4) 살수구역은 지하구의 길이방향으로 350 m 이하마다 1개 이상 설치하되, 하나의 살수구역의 길이는 3 m 이상으로 하여야 한다.

71. 예상제연구역 바닥면적 400 m² 미만 거실의 공기유입구와 배출구 간의 직선거리 기준으로 옳은 것은? (단, 제연경계에 의한 구획을 제외한다.)

① 2 m 이상 확보되어야 한다.
② 3 m 이상 확보되어야 한다.
③ 5 m 이상 확보되어야 한다.
④ 10 m 이상 확보되어야 한다.

해설 예상제연구역에 설치되는 공기 유입구
(1) 바닥면적 400 m² 미만의 거실인 예상제연구역에 대하여서는 바닥 외의 장소에 설치하고 공기유입구와 배출구 간의 직선거리는 5 m 이상으로 할 것
(2) 바닥면적 400 m² 이상의 거실인 예상제연구역에 대하여는 바닥으로부터 1.5 m 이하의 높이에 설치하고 그 주변 2 m 이내에는 가연성 내용물이 없도록 할 것

72. 다음 중 스프링클러설비와 비교하여 물분무 소화설비의 장점으로 옳지 않은 것은?

① 소량의 물을 사용함으로써 물의 사용량 및 방사량을 줄일 수 있다.
② 운동에너지가 크므로 파괴 주수 효과가 크다.
③ 전기 절연성이 높아서 고압통전기기의 화재에도 안전하게 사용할 수 있다.
④ 물의 방수과정에서 화재열에 따른 부피 증가량이 커서 질식 효과를 높일 수 있다.

해설 스프링클러설비는 적상 주수로 냉각 소화를 하고, 물분무 소화설비는 냉각 소화와 질식 소화를 동시에 할 수 있으며 전기화재에도 사용이 가능하다.

73. 일정 이상의 층수를 가진 오피스텔에서는 모든 층에 주거용 주방자동소화장치를 설치해야 하는데, 몇 층 이상인 경우 이러한 조치를 취해야 하는가?

① 15층 이상   ② 20층 이상

③ 25층 이상   ④ 30층 이상

[해설] 주거용 주방자동소화장치는 30층 이상의 오피스텔의 모든 층, 아파트가 설치대상이다.

74. 수직강하식 구조대가 구조적으로 갖추어야 할 조건으로 옳지 않은 것은? (단, 건물 내부의 별실에 설치하는 경우는 제외한다.)

① 구조대의 포지는 외부포지와 내부포지로 구성한다.

② 포지는 사용 시 충격을 흡수하도록 수직방향으로 현저하게 늘어나야 한다.

③ 구조대는 연속하여 강하할 수 있는 구조이어야 한다.

④ 입구틀 및 취부틀의 입구는 지름 50 cm 이상의 구체가 통과할 수 있어야 한다.

[해설] 수직강하식 구조대

(1) 구조대의 포지는 외부포지와 내부포지로 구성하되, 외부포지와 내부포지 사이에 충분한 공기층을 두어야 한다.

(2) 구조대는 연속하여 강하할 수 있는 구조이어야 한다.

(3) 포지는 사용 시 수직방향으로 현저하게 늘어나지 아니 하여야 한다.

(4) 구조대는 안전하고 쉽게 사용할 수 있는 구조이어야 한다.

(5) 입구틀 및 취부틀의 입구는 지름 50 cm 이상의 구체가 통과할 수 있어야 한다.

75. 주차장에 분말소화약제 120 kg을 저장하려고 한다. 이때 필요한 저장용기의 최소 내용적(L)은?

① 96   ② 120

③ 150   ④ 180

[해설] 분말소화약제의 종류

종별	명칭	착색	적용	충전비	비고
제1종	탄산수소나트륨 ($NaHCO_3$)	백색	B, C급	0.8 L/kg	식용유, 지방유
제2종	탄산수소칼륨 ($KHCO_3$)	담자색	B, C급	1.0 L/kg	
제3종	제1인산암모늄 ($NH_4H_2PO_4$)	담홍색	A, B, C급	1.0 L/kg	차고, 주차장
제4종	탄산수소칼륨+요소 ($KHCO_3$+$(NH_2)_2CO$)	회색	B, C급	1.25 L/kg	

• 차고, 주차장에는 제3종 분말소화약제를 사용하여야 한다.
• 내용적 = 120 kg×1.0 L/kg = 120 L

76. 다음 중 노유자 시설의 4층 이상 10층 이하에서 적응성이 있는 피난기구가 아닌 것은?

① 피난교   ② 다수인피난장비

③ 승강식피난기   ④ 미끄럼대

[해설] 미끄럼대는 3층 이하에서 사용하는 피난기구이다.

77. 물분무소화설비를 설치하는 차고의 배수설비 설치기준 중 틀린 것은?

① 차량이 주차하는 장소의 적당한 곳에 높이 10 cm 이상의 경계턱으로 배수구를 설치할 것

② 길이 40 m 이하마다 집수관, 소화피트 등 기름분리장치를 설치할 것

③ 차량이 주차하는 바닥은 배수구를 향하여 100분의 1 이상의 기울기를 유지할 것

[정답] 74. ②   75. ②   76. ④   77. ③

④ 배수설비는 가압송수장치의 최대 송수능력의 수량을 유효하게 배수할 수 있는 크기 및 기울기로 할 것

[해설] 차량이 주차하는 바닥은 배수구를 향하여 100분의 2 이상의 기울기를 유지해야 한다.

78. 층수가 10층인 일반 창고에 습식 폐쇄형 스프링클러헤드가 설치되어 있다면 이 설비에 필요한 수원의 양은 얼마 이상이어야 하는가? (단, 이 창고는 특수가연물을 저장·취급하지 않는 일반 물품을 적용하고, 헤드가 가장 많이 설치된 층은 8층으로서 40개가 설치되어 있다.)

① 16 m³ ② 32 m³ ③ 48 m³ ④ 64 m³

[해설] 헤드의 설치 기준

소방 대상물		기준 개수
공장 또는 차고(랙식 포함)	특수가연물	30개
	그 밖의 것	20개
근린생활, 판매시설, 운수시설 또는 복합건축물	판매시설, 복합건축물	30개
	그 밖의 것	20개
그 밖의 것	헤드 부착 높이 8 m 이상	20개
	헤드 부착 높이 8 m 이하	10개
아파트		10개
지하층 제외 11층 이상(아파트 제외)		30개

(1) 29층 이하(20분 기준)

$Q = N \times 0.08 \text{ m}^3/\text{min} \times 20 \text{ min}$
$= 20 \times 0.08 \text{ m}^3/\text{min} \times 20 \text{ min} = 32 \text{ m}^3$

(2) 30층 이상 49층 이하(40분 기준)

$Q = N \times 0.08 \text{ m}^3/\text{min} \times 40 \text{ min}$

(3) 50층 이상(60분 기준)

$Q = N \times 0.08 \text{ m}^3/\text{min} \times 60 \text{ min}$

79. 포소화설비에서 펌프의 토출관에 압입기를 설치하여 포소화약제 압입용 펌프로 포소화약제를 압입시켜 혼합하는 방식은?

① 라인 프로포셔너 방식

② 펌프 프로포셔너 방식

③ 프레셔 프로포셔너 방식

④ 프레셔 사이드 프로포셔너 방식

[해설] 포소화설비 혼합장치

(1) 펌프 프로포셔너 방식 : 펌프의 흡입관과 토출관 사이에 흡입기를 설치하여 펌프에서 토출된 물의 일부를 보내고 농도조절밸브에서 조정된 포소화약제 필요량을 포소화약제 탱크에서 펌프 흡입관으로 보내어 흡입, 혼합하는 방식

(2) 프레셔 프로포셔너 방식 : 펌프와 발포기의 중간에 설치된 벤투리관의 벤투리작용과 펌프 가압수의 포소화약제 저장 탱크에 대한 압력에 의하여 포소화약제를 흡입, 혼합하는 방식

(3) 라인 프로포셔너 방식 : 펌프와 발포기의 중간에 설치된 벤투리관의 벤투리작용에 의하여 포소화약제를 흡입, 혼합하는 방식

(4) 프레셔 사이드 프로포셔너 방식 : 펌프의 토출관에 압입기를 설치하여 포소화약제 압입용 펌프로 포소화약제를 압입시켜 혼합하는 방식

(5) 압축공기포 믹싱 체임버 방식 : 압축공기 또는 압축질소를 일정 비율로 포수용액에 강제 주입 혼합하는 방식

80. 다음 중 옥내소화전의 배관 등에 대한 설치방법으로 옳지 않은 것은?

① 펌프의 토출측 주배관의 구경은 평균 유속을 5 m/s가 되도록 설치하였다.

② 배관 내 사용압력이 1.1 MPa인 곳에 배관용 탄소 강관을 사용하였다.

③ 옥내소화전 송수구를 단구형으로 설치하였다.

④ 송수구로부터 주배관에 이르는 연결 배관에는 개폐밸브를 설치하지 않았다.

[해설] 옥내소화전 배관에서 펌프의 토출측 주배관의 구경은 평균 유속 4 m/s 이하가 될 수 있는 크기로 선정하여야 한다.

소방설비기계기사 　　　　2019년 4월 27일 (제2회)

제1과목　　　　**소방원론**

1. 건축물의 화재를 확산시키는 요인이라 볼 수 없는 것은?

① 비화(飛火)

② 복사열(輻射熱)

③ 자연발화(自然發火)

④ 접염(接炎)

해설 자연발화는 일정 온도에 도달하면 스스로 연소하는 상태로 화재의 확산 요인과 관계없다.

2. 화재의 일반적 특성으로 틀린 것은?

① 확대성　　　② 정형성

③ 우발성　　　④ 불안정성

해설 화재의 일반적 특성 : 확대성, 우발성, 불안정성, 성장성

3. 다음 중 가연물의 제거를 통한 소화 방법과 무관한 것은?

① 산불의 확산 방지를 위하여 산림의 일부를 벌채한다.

② 화학반응기의 화재 시 원료 공급관의 밸브를 잠근다.

③ 전기실 화재 시 IG-541 약제를 방출한다.

④ 유류탱크 화재 시 주변에 있는 유류탱크의 유류를 다른 곳으로 이동시킨다.

해설 IG-541 : 질소(52 %), 아르곤(40 %), 이산화탄소(8 %)로 이루어진 불활성 청정 가스로 화재 시 질식소화용으로 사용한다.

※ IG-55 : 질소(50 %), 아르곤(50 %)

4. 물의 소화능력에 관한 설명 중 틀린 것은 어느 것인가?

① 다른 물질보다 비열이 크다.

② 다른 물질보다 융해잠열이 작다.

③ 다른 물질보다 증발잠열이 크다.

④ 밀폐된 장소에서 증발가열되면 산소 희석작용을 한다.

해설 융해잠열은 소화 작용에는 영향이 거의 없으며 물의 증발잠열(100℃에서 2256.25 kJ/kg)이 크므로 냉각소화에 이용하고 있다.

5. 탱크 화재 시 발생되는 보일오버(boil over)의 방지 방법으로 틀린 것은?

① 탱크 내용물의 기계적 교반

② 물의 배출

③ 과열 방지

④ 위험물 탱크 내의 하부에 냉각수 저장

해설 연소상의 문제점

(1) 보일오버 : 상부가 개방된 유류 저장탱크에서 화재 발생 시에 일어나는 현상으로 기름 표면에서 장시간 조용히 연소하다 일정 시간 경과 후 잔존 기름의 갑작스런 분출이나 넘침이 일어나며 유화 현상이 심한 기름에서 주로 발생한다.

(2) 슬롭오버 : 기름 속에 존재하는 수분이 비등점 이상이 되면 수증기가 되어 상부로 튀어 나오게 되는데, 이때 기름의 일부가 비산되는 현상을 말한다.

(3) 프로스 오버 : 유류 탱크 속에 존재하는 물이 상부의 뜨거운 기름 속에서 끓을 때 점성이 큰 기름이 탱크 외부로 넘쳐 흐르는 현상을 말한다.

(4) BLEVE : 가연성 액화가스 저장용기에 열이 공급되면 액의 증발로 인하여 급격한 체적 팽창이 일어나 용기가 파열되는 현상

으로 액체의 일부도 같이 비산한다.

(5) 블로 오프 : 촛불을 입으로 불면 불꽃은 옆으로 이동하게 되며 이때 증발된 파라핀의 공급이 중단되어 촛불은 꺼지게 된다.

※ 위험물 탱크 내의 하부에 냉각수를 저장하면 오히려 보일오버를 확산시키는 요인이 된다.

6. 물 소화약제를 어떠한 상태로 주수할 경우 전기화재의 진압에서도 소화능력을 발휘할 수 있는가?

① 물에 의한 봉상 주수

② 물에 의한 적상 주수

③ 물에 의한 무상 주수

④ 어떤 상태의 주수에 의해서도 효과가 없다.

해설 무상 주수를 하면 전기에 대한 불연이 되므로 질식소화를 할 수 있다.

7. 화재 시 CO_2를 방사하여 산소농도를 11 vol%로 낮추어 소화하려면 공기 중 CO_2의 농도는 약 몇 vol%가 되어야 하는가?

① 47.6 ② 42.9

③ 37.9 ④ 34.5

해설 이산화탄소 농도

$$CO_2(\%) = \frac{21 - O_2}{21} \times 100 = \frac{21 - 11}{21} \times 100$$
$$= 47.619\%$$

8. 분말 소화약제의 취급 시 주의사항으로 틀린 것은?

① 습도가 높은 공기 중에 노출되면 고화되므로 항상 주의를 기울인다.

② 충진 시 다른 소화약제와 혼합을 피하기 위하여 종별로 각각 다른 색으로 착색되어 있다.

③ 실내에서 다량 방사하는 경우 분말을

흡입하지 않도록 한다.

④ 분말 소화약제와 수성막포를 함께 사용할 경우 포의 소포 현상을 발생시키므로 병용해서는 안 된다.

해설 분말 소화약제와 병용이 가능한 포소화약제 : 수성막포, 불화 단백포

9. 화재실의 연기를 옥외로 배출시키는 제연방식으로 효과가 가장 적은 것은?

① 자연 제연방식

② 스모크 타워 제연방식

③ 기계식 제연방식

④ 냉난방설비를 이용한 제연방식

해설 냉난방설비를 이용한 제연방식은 배연설비로 사용하지 않는다.

10. 다음 위험물 중 특수인화물이 아닌 것은 어느 것인가?

① 아세톤

② 디에틸에테르

③ 산화프로필렌

④ 아세트알데히드

해설 ①~④항은 모두 제4류 위험물에 해당된다.

(1) 특수인화물 : 디에틸에테르, 산화프로필렌, 아세트알데히드, 이황화탄소

(2) 제1석유류 : 아세톤, 휘발유

11. 목조 건축물의 화재 진행상황에 관한 설명으로 옳은 것은?

① 화원-발연착화-무염착화-출화-최성기-소화

② 화원-발염착화-무염착화-소화-연소낙화

③ 화원-무염착화-발염착화-출화-최성기-소화

정답 **6.** ③ **7.** ① **8.** ④ **9.** ④ **10.** ① **11.** ③

④ 화원-무염착화-출화-발염착화-최성기-소화

[해설] 목조 건축물 화재는 고온, 단시간이며, 화원-무염착화-발염착화-출화-최성기-소화 순으로 진행된다.

12. 방호공간 안에서 화재의 세기를 나타내고 화재가 진행되는 과정에서 온도에 따라 변하는 것으로 온도-시간 곡선으로 표시할 수 있는 것은?

① 화재저항   ② 화재가혹도
③ 화재하중   ④ 화재플럼

[해설] 화재가혹도 : 화재 발생으로 건물 및 수용 자산에 피해를 입히는 정도
화재가혹도 = 화재하중 × 화재강도

13. 다음 중 동일한 조건에서 증발잠열 (kJ/kg)이 가장 큰 것은?

① 질소   ② 할론 1301
③ 이산화탄소   ④ 물

[해설] 증발잠열(kJ/kg)
① 질소 : 48 kJ/kg
② 할론 1301 : 119 kJ/kg
③ 이산화탄소 : 576.6 kJ/kg
④ 물 : 2256.25 kJ/kg

14. 화재 표면온도(절대온도)가 2배가 되면 복사에너지는 몇 배로 증가되는가?

① 2   ② 4   ③ 8   ④ 16

[해설] 스테판-볼츠만의 법칙에 따라 복사열은 절대온도의 4제곱에 비례하므로 복사에너지는 $2^4 = 16$배로 증가한다.

15. 연면적이 1,000 m² 이상인 건축물에 설치하는 방화벽이 갖추어야 할 기준으로 틀린 것은?

① 내화구조로서 설 수 있는 구조일 것

② 방화벽의 양쪽 끝과 위쪽 끝을 건축물의 외벽면 및 지붕면으로부터 0.1 m 이상 튀어나오게 할 것
③ 방화벽에 설치하는 출입문의 너비는 2.5 m 이하로 할 것
④ 방화벽에 설치하는 출입문의 높이는 2.5 m 이하로 할 것

[해설] 방화벽의 양쪽 끝과 위쪽 끝을 건축물의 외벽면 및 지붕면으로부터 0.5 m 이상 튀어나오게 하여야 한다.

16. 도장작업 공정에서의 위험도를 설명한 것으로 틀린 것은?

① 도장작업 그 자체 못지않게 건조공정도 위험하다.
② 도장작업에서는 인화성 용제가 쓰이지 않으므로 폭발의 위험이 없다.
③ 도장작업장은 폭발사를 대비하여 지붕을 시공한다.
④ 도장실은 환기덕트를 주기적으로 청소하여 도료가 덕트 내에 부착되지 않게 한다.

[해설] 도장작업은 인화성 용제가 많이 사용되므로 화재 및 폭발의 위험이 크다.

17. 공기의 부피 비율이 질소 79 %, 산소 21 %인 전기실에 화재가 발생하여 이산화탄소 소화약제를 방출하여 소화하였다. 이때 산소의 부피 농도가 14 %이었다면 이 혼합 공기의 분자량은 약 얼마인가? (단, 화재 시 발생한 연소가스는 무시한다.)

① 28.9   ② 30.9
③ 33.9   ④ 35.9

[해설] (1) 이산화탄소 방사 후 공기 성분의 농도
$$CO_2 = \frac{21-14}{21} \times 100 = 33.33\,\%$$

$O_2 : 14\%$, $N_2 : 100 - (33.33 + 14) = 52.67\%$

(2) 혼합 공기의 평균 분자량

$= 44 \times 0.3333 + 32 \times 0.14 + 28 \times 0.5267$

$= 33.89$

18. 산불 화재의 형태로 틀린 것은?

① 지중화 형태   ② 수평화 형태

③ 지표화 형태   ④ 수관화 형태

해설 산불 화재의 형태

(1) 지중화 : 지표 아래의 썩은 나무 또는 나뭇잎의 화재

(2) 지표화 : 지표의 낙엽 등에 의한 화재

(3) 수관화 : 나뭇가지에 의한 화재

(4) 수간화 : 나무 기둥에 의한 화재

19. 석유, 고무, 동물의 털, 가죽 등과 같이 황성분을 함유하고 있는 물질이 불완전연소될 때 발생하는 연소가스로 계란 썩는 듯한 냄새가 나는 기체는?

① 이황산가스   ② 시안화수소

③ 황화수소   ④ 암모니아

해설 황화수소는 황이 함유된 물질로 연소 시 달걀 썩는 냄새가 난다.

20. 다음 가연성 기체 1몰이 완전 연소하는데 필요한 이론 공기량으로 틀린 것은? (단, 체적비로 계산하며 공기 중 산소의 농도를 21 vol%로 한다.)

① 수소-약 2.38몰

② 메탄-약 9.52몰

③ 아세틸렌-약 16.97몰

④ 프로판-약 23.81몰

해설 완전 연소

① $2H_2 + O_2 \rightarrow 2H_2O$(수소 1몰 연소 → 산소 0.5몰)

$\therefore$ 공기량 $= \dfrac{0.5}{0.21} = 2.38$몰

② $CH_4 + 2O_2 \rightarrow CO_2 + 2H_2O$(메탄 1몰 연소 → 산소 2몰)

$\therefore$ 공기량 $= \dfrac{2}{0.21} = 9.52$몰

③ $C_2H_2 + 2.5O_2 \rightarrow 2CO_2 + H_2O$(아세틸렌 1몰 연소 → 산소 2.5몰)

$\therefore$ 공기량 $= \dfrac{2.5}{0.21} = 11.9$몰

④ $C_3H_8 + 5O_2 \rightarrow 3CO_2 + 4H_2O$(프로판 1몰 연소 → 산소 5몰)

$\therefore$ 공기량 $= \dfrac{5}{0.21} = 23.8$몰

제2과목   **소방유체역학**

21. 그림에서 물에 의하여 점 B에서 힌지된 사분원 모양의 수문이 평형을 유지하기 위하여 수면에서 수문을 잡아 당겨야 하는 힘 T는 약 몇 kN인가? (단, 수문의 폭은 1 m, 반지름($r = \overline{OB}$)은 2 m, 4분원의 중심은 O점에서 왼쪽으로 $\dfrac{4r}{3\pi}$인 곳에 있다.)

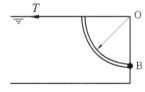

① 1.96   ② 9.8

③ 19.6   ④ 29.4

해설 평형 유지 힘

$$F = \frac{1}{2}\gamma R_o^2 = \frac{1}{2} \times 9.8 \times 2^2 = 19.6 \text{ kN}$$

여기서, $\gamma : 9.8 \text{ kN/m}^3$

$R_o : 2 \text{ m}$

22. 물의 온도에 상응하는 증기압보다 낮은 부분이 발생하면 물은 증발되고 물속에 있던 공기와 물이 분리되어 기포가 발생하는 펌프의 현상은?

① 피드백(feed back)

② 서징현상(surging)

③ 공동현상(cavitation)

④ 수격작용(water hammering)

[해설] 공동현상(cavitation)은 펌프 흡입측에서 압력손실이 일어날 경우 발생하는 현상으로 흡입배관이 지나치게 길거나 관경이 작을 경우, 펌프 회전수가 지나치게 빠를 경우에 두드러진다. 서징현상은 원심펌프 토출측에서 주로 발생하며, 수격작용은 펌프 토출 배관에서 주로 발생한다.

23. 단면적이 A와 $2A$인 U자형 관에 밀도가 d인 기름이 담겨져 있다. 단면적이 $2A$인 관에 관벽과는 마찰이 없는 물체를 놓았더니 그림과 같이 평형을 이루었다. 이때 이 물체의 질량은?

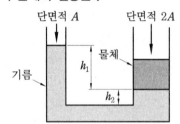

① $2Ah_1d$ ② Ah_1d

③ $A(h_1+h_2)d$ ④ $A(h_1-h_2)d$

[해설] 파스칼의 원리

$$P_1 = \frac{F_1}{A_1}, \ P_2 = \frac{F_2}{A_2}(P_1 = P_2)$$

$$\frac{F_1}{A_1} = \frac{F_2}{A_2}, \ F_2 = F_1 \times \frac{A_2}{A_1} = F_1 \times \frac{2A_1}{A_1} = 2F_1$$

$$F_1 = dV = dAh_1, \ F_2 = 2F_1 = 2dAh_1$$

24. 그림과 같이 물이 들어 있는 아주 큰 탱크에 사이펀이 장치되어 있다. 출구에서의 속도 V와 관의 상부 중심 A 지점에서의 게이지 압력 p_A를 구하는 식은? (단, g는 중력가속도, ρ는 물의 밀도이며, 관의 직경은 일정하고 모든 손실은 무시한다.)

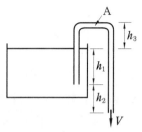

① $V = \sqrt{2g(h_1+h_2)}$,

　　$p_A = -\rho g h_3$

② $V = \sqrt{2g(h_1+h_2)}$,

　　$p_A = -\rho g(h_1+h_2+h_3)$

③ $V = \sqrt{2gh_2}$,

　　$p_A = -\rho g(h_1+h_2+h_3)$

④ $V = \sqrt{2g(h_1+h_2)}$,

　　$p_A = \rho g(h_1+h_2-h_3)$

[해설] 유속(V) $= \sqrt{2gh} = \sqrt{2g(h_1+h_2)}$

A 지점 압력(p_A)

$= -\gamma \cdot h = -\rho \cdot g \cdot (h_1+h_2+h_3)$

25. 0.02 m³의 체적을 갖는 액체가 강체의 실린더 속에서 730 kPa의 압력을 받고 있다. 압력이 1030 kPa로 증가되었을 때 액체의 체적이 0.019 m³으로 축소되었다. 이때 이 액체의 체적탄성계수는 약 몇 kPa인가?

① 3000 ② 4000

③ 5000 ④ 6000

[해설] 체적탄성계수(K)

$$K = \frac{-\Delta P}{\left(\frac{\Delta V}{V}\right)} = \frac{-300}{\left(\frac{-0.001}{0.02}\right)} = 6000 \, \text{kPa}$$

여기서, $\Delta P = 1030 - 730 = 300 \, \text{kPa}$

$\Delta V = 0.019 - 0.02 = -0.001 \, \text{m}^3$

26. 비중병의 무게가 비었을 때는 2 N이고, 액체로 충만되어 있을 때는 8 N이다. 액체

의 체적이 0.5 L이면 이 액체의 비중량은 약 몇 N/m³인가?

① 11000   ② 11500

③ 12000   ④ 12500

[해설] 액체의 중량 = 8 N − 2 N = 6 N

$$비중량 = \frac{6\,N}{0.5 \times 10^{-3}\,m^3} = 12000\,N/m^3$$

27. 10 kg의 수증기가 들어 있는 체적 2 m³의 단단한 용기를 냉각하여 온도를 200℃에서 150℃로 낮추었다. 나중 상태에서 액체 상태의 물은 약 몇 kg인가? (단, 150℃에서 물의 포화액 및 포화증기의 비체적은 각각 0.0011 m³/kg, 0.3925 m³/kg이다.)

① 0.508   ② 1.24

③ 4.92   ④ 7.86

[해설] 혼합 비체적
= 0.0011 m³/kg + 0.3925 m³/kg
= 0.3936 m³/kg

150℃에서 수증기 2 m³의 질량

$$= 2\,m^3 \times \frac{kg}{0.3936\,m^3} = 5.08\,kg$$

150℃에서 물의 질량
= 10 kg − 5.08 kg = 4.92 kg

28. 펌프의 입구 및 출구측에 연결된 진공계와 압력계가 각각 25 mmHg와 260 kPa을 가리켰다. 이 펌프의 배출 유량이 0.15 m³/s가 되려면 펌프의 동력은 약 몇 kW가 되어야 하는가? (단, 펌프의 입구와 출구의 높이차는 없고, 입구측 안지름은 20 cm, 출구측 안지름은 15 cm이다.)

① 3.95   ② 4.32

③ 39.5   ④ 43.2

[해설] $$V_1 = \frac{0.15\,m^3/s}{\frac{\pi}{4} \times 0.2^2\,m^2} = 4.77\,m/s$$

$$V_2 = \frac{0.15\,m^3/s}{\frac{\pi}{4} \times 0.15^2\,m^2} = 8.49\,m/s$$

$$h_1 = \frac{8.49^2 - 4.77^2}{2 \times 9.8} = 2.51\,m$$

$$= 2.51\,m \times \frac{101.325\,kN/m^2}{10.332\,m}$$

$$= 24.62\,kN/m^2$$

$$h_2 = 25\,mmHg \times \frac{101.325\,kN/m^2}{760\,mmHg}$$

$$= 3.33\,kN/m^2$$

$$h_3 = 260\,kPa = 260\,kN/m^2$$

$$H = 24.62 + 3.33 + 260 = 287.95\,kN/m^2$$

$$H_k = 287.95\,kN/m^2 \times 0.15\,m^3/s$$

$$= 43.19\,kN \cdot m/s$$

$$= 43.19\,kJ/s = 43.19\,kW$$

29. 피토관을 사용하여 일정 속도로 흐르고 있는 물의 유속(V)을 측정하기 위해, 그림과 같이 비중 S인 유체를 갖는 액주계를 설치하였다. $S = 2$일 때 액주의 높이 차이 $H = h$가 되면, $S = 3$일 때 액주의 높이 차(H)는 얼마가 되는가?

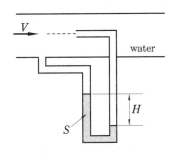

① $\dfrac{h}{9}$ ② $\dfrac{h}{\sqrt{3}}$ ③ $\dfrac{h}{3}$ ④ $\dfrac{h}{2}$

[해설] 피토관 유속 $V = \sqrt{2g\left(\dfrac{S_2 - S_1}{S_1}\right)h}$

여기서, S_1 : 배관 내 유체 비중
S_2 : 피토관 내 유체 비중

(1) $S_1 = 1$, $S_2 = 2$, $H = h$일 때 유속(V_1)

$$V_1 = \sqrt{2g\left(\frac{2-1}{1}\right)h} = \sqrt{2gh}$$

(2) $S_1 = 1$, $S_2 = 3$, $H = h$일 때 유속(V_2)

$$V_2 = \sqrt{2g\frac{(3-1)}{1}H} = \sqrt{4gH}$$

$V_1 = V_2$이므로 $\sqrt{2gh} = \sqrt{4gH}$

$2gh = 4gH$

$$\therefore H = \frac{2gh}{4g} = \frac{h}{2}$$

30. 관내의 흐름에서 부차적 손실에 해당하지 않는 것은?

① 곡선부에 의한 손실

② 직선 원관 내의 손실

③ 유동단면의 장애물에 의한 손실

④ 관 단면의 급격한 확대에 의한 손실

[해설] 수평관에서 관벽에 의한 손실은 주손실이며 이외의 것은 부차적 손실에 해당된다.

31. 압력 2 MPa인 수증기 건도가 0.2일 때 엔탈피는 몇 kJ/kg인가? (단, 포화증기 엔탈피는 2780.5 kJ/kg이고, 포화액의 엔탈피는 910 kJ/kg이다.)

① 1284

② 1466

③ 1845

④ 2406

[해설] 엔탈피 = 910 kJ/kg + (2780.5 kJ/kg − 910 kJ/kg) × 0.2
= 1284.1 kJ/kg

32. 출구 단면적이 0.02 m²인 수평 노즐을 통하여 물이 수평 방향으로 8 m/s의 속도로 노즐 출구에 놓여 있는 수직 평판에 분사될 때 평판에 작용하는 힘은 약 몇 N인가?

① 800

② 1280

③ 2560

④ 12544

[해설] $F = \rho Q V = \rho A V^2$

= 1000 kg/m³ × 0.02 m² × (8 m/s)²
= 1280 kg·m/s² = 1280 N

33. 안지름이 25 mm인 노즐 선단에서의 방수 압력은 계기 압력으로 5.8×10⁵ Pa이다. 이때 방수량은 약 m³/s인가?

① 0.017

② 0.17

③ 0.034

④ 0.34

[해설] $h = 5.8 \times 10^5 \, \text{Pa} \times \dfrac{10.332 \, \text{m}}{101325 \, \text{Pa}}$

= 59.14 m

$Q = A \times V$

$= \dfrac{\pi}{4} \times (0.025 \, \text{m})^2 \times \sqrt{2 \times 9.8 \times 59.14}$

= 0.017 m³/s

34. 수평관의 길이가 100 m이고, 안지름이 100 mm인 소화설비 배관 내를 평균 유속 2 m/s로 물이 흐를 때 마찰손실수두는 약 몇 m인가? (단, 관의 마찰계수는 0.05이다.)

① 9.2

② 10.2

③ 11.2

④ 12.2

[해설] $H = f \times \dfrac{l}{d} \times \dfrac{V^2}{2g}$

$= 0.05 \times \dfrac{100}{0.1} \times \dfrac{2^2}{2 \times 9.8} = 10.2$ m

35. 수평 원관 내 완전발달 유동에서 유동을 일으키는 힘(㉠)과 방해하는 힘(㉡)은 각각 무엇인가?

① ㉠ : 압력차에 의한 힘, ㉡ : 점성력

② ㉠ : 중력 힘, ㉡ : 점성력

③ ㉠ : 중력 힘, ㉡ : 압력차에 의한 힘

④ ㉠ : 압력차에 의한 힘, ㉡ : 중력 힘

[해설] • 유동을 일으키는 힘 : 압력차에 의한 힘
• 점성으로 흐름을 방해하는 힘 : 점성력

정답 30. ② 31. ① 32. ② 33. ① 34. ② 35. ①

36. 외부 표면의 온도가 24℃, 내부 표면의 온도가 24.5℃일 때, 높이 1.5 m, 폭 1.5 m, 두께 0.5 cm인 유리창을 통한 열전달률은 약 몇 W인가? (단, 유리창의 열전도계수는 0.8 W/m · K이다.)

① 180   ② 200

③ 1800   ④ 2000

[해설] $Q = \dfrac{\alpha}{t} \times A \times \Delta t = \dfrac{0.8\,\text{W/m} \cdot \text{K}}{0.005\,\text{m}}$
$\times 1.5\,\text{m} \times 1.5\,\text{m} \times (24.5 - 24)\text{K} = 180\,\text{W}$

37. 어떤 용기 내의 이산화탄소(45 kg)가 방호공간에 가스 상태로 방출되고 있다. 방출 온도와 압력이 15℃, 101 kPa일 때 방출가스의 체적은 약 몇 m^3인가? (단, 일반기체상수는 8314 J/kmol · K이다.)

① 2.2   ② 12.2

③ 20.2   ④ 24.3

[해설] 이상기체 상태방정식
$P \times V = G \times R \times T$에서
$$V = \frac{GRT}{P}$$
$$= \frac{45\,\text{kg} \times 8.314\,\text{kJ/kmol} \cdot \text{K} \times (273 + 15)\text{K}}{101\,\text{kN/m}^2 \times 44\,\text{kg/kmol}}$$
$$= 24.246\,\text{m}^3$$

38. 점성계수와 동점성계수에 관한 설명으로 올바른 것은?

① 동점성계수 = 점성계수 × 밀도

② 점성계수 = 동점성계수 × 중력가속도

③ 동점성계수 = $\dfrac{\text{점성계수}}{\text{밀도}}$

④ 점성계수 = $\dfrac{\text{동점성계수}}{\text{중력가속도}}$

[해설] 동점성계수 : m^2/s, 점도 : $kg/m \cdot s$, 밀도 : kg/m^3
동점성계수 = $\dfrac{\text{점성계수}}{\text{밀도}}$

39. 그림과 같은 관에 비압축성 유체가 흐를 때 A 단면의 평균속도가 V_1이라면 B 단면에서의 평균속도 V_2는? (단, A 단면의 지름은 d_1이고 B단면의 지름은 d_2이다.)

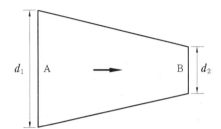

① $V_2 = \left(\dfrac{d_1}{d_2}\right)V_1$ ② $V_2 = \left(\dfrac{d_1}{d_2}\right)^2 V_1$

③ $V_2 = \left(\dfrac{d_2}{d_1}\right)V_1$ ④ $V_2 = \left(\dfrac{d_2}{d_1}\right)^2 V_1$

[해설] $Q_1 = Q_2$
$A_1 V_1 = A_2 V_2$

$$V_2 = V_1 \times \frac{A_1}{A_2} = V_1 \times \frac{\dfrac{\pi \times d_1^2}{4}}{\dfrac{\pi \times d_2^2}{4}} = \left(\frac{d_1}{d_2}\right)^2 V_1$$

40. 일률(시간당 에너지)의 차원을 기본 차원인 M(질량), L(길이), T(시간)로 올바르게 표시한 것은?

① $L^2 T^{-2}$ ② $MT^{-2}L^{-1}$

③ $ML^2 T^{-2}$ ④ $ML^2 T^{-3}$

[해설] 일률의 단위는 $N \cdot m/s = kg \cdot m^2/s^3$이므로 차원은 $ML^2 T^{-3}$이다.

제3과목   **소방관계법규**

41. 소방시설을 구분하는 경우 소화설비에 해당되지 않는 것은?

---

① 스프링클러설비
② 제연설비
③ 자동확산소화기
④ 옥외소화전설비
[해설] 제연설비는 소화활동설비에 해당된다.

42. 소방특별조사 결과 소방대상물의 위치·구조·설비 또는 관리의 상황이 화재나 재난·재해 예방을 위하여 보완될 필요가 있거나 화재가 발생하면 인명 또는 재산의 피해가 클 것으로 예상되는 때에 관계인에게 그 소방대상물의 개수·이전·제거, 사용의 금지 또는 제한, 사용폐쇄, 공사의 정지 또는 중지, 그 밖의 필요한 조치를 명할 수 있는 자로 틀린 것은?

① 시·도지사　② 소방서장
③ 소방청장　④ 소방본부장
[해설] 시·도지사는 피해 보상을 할 경우 해당된다.

43. 화재예방, 소방시설 설치·유지 및 안전관리에 관한 법령상 둘 이상의 특정소방대상물이 내화구조로 된 연결통로가 벽이 없는 구조로서 그 길이가 몇 m 이하인 경우 하나의 소방대상물로 보는가?

① 6　② 9　③ 10　④ 12
[해설] 하나의 소방대상물로 보는 경우
(1) 벽이 없는 구조로서 그 길이가 6 m 이하인 경우
(2) 벽이 있는 구조로서 그 길이가 10 m 이하인 경우
(3) 내화구조가 아닌 연결통로로 연결된 경우
(4) 지하보도, 지하상가, 지하가로 연결된 경우

44. 소방대라 함은 화재를 진압하고 화재, 재난·재해 그 밖의 위급한 상황에서 구

조·구급 활동 등을 하기 위하여 구성된 조직체를 말한다. 소방대의 구성원으로 틀린 것은?

① 소방공무원
② 소방안전관리원
③ 의무소방원
④ 의용소방대원
[해설] 소방대의 구성원
(1) 소방공무원법에 따른 소방공무원
(2) 의무소방대설치법 규정에 따라 임용된 의무소방원
(3) 의용소방대원

45. 소방시설관리업자가 기술인력을 변경하는 경우, 시·도지사에게 제출하여야 하는 서류로 틀린 것은?

① 소방시설관리업 등록수첩
② 변경된 기술인력의 기술자격증(자격수첩)
③ 기술인력 연명부
④ 사업자등록증 사본
[해설] 등록사항 변경신고 : 등록사항이 변경된 경우에는 변경일부터 30일 이내 변경신고서를 시·도지사에게 제출하여야 한다.
(1) 상호(명칭) 또는 영업소 소재지가 변경된 경우 : 소방시설관리업 등록증 및 등록수첩
(2) 대표자가 변경된 경우 : 소방시설업 등록증 및 등록수첩
(3) 기술인력이 변경된 경우 : 소방시설관리업 등록수첩, 변경된 기술인력 기술자격증, 기술인력 연명부

46. 제4류 위험물을 저장·취급하는 제조소에 "화기엄금"이란 주의사항을 표시하는 게시판을 설치할 경우 게시판의 색상은?

① 청색바탕에 백색문자

② 적색바탕에 백색문자

③ 백색바탕에 적색문자

④ 백색바탕에 흑색문자

해설 위험물 제조소 게시판 : 직사각형(0.3 m 이상×0.6 m 이상)

위험물의 종류	주의 사항	게시판 색상
제1류 위험물 중 알칼리금속의 과산화물, 제3류 위험물 중 금수성물질	물기 엄금	청색 바탕에 백색 문자
제2류 위험물(인화성고체는 제외)	화기 주의	적색 바탕에 백색 문자
제2류 위험물 중 인화성고체, 제3류 위험물 중 자연발화성물질, 제4류 위험물, 제5류 위험물	화기 엄금	적색 바탕에 백색 문자

47. 다음 중 품질이 우수하다고 인정되는 소방용품에 대하여 우수품질인증을 할 수 있는 자는?

① 산업통상자원부장관

② 시·도지사

③ 소방청장

④ 소방본부장 또는 소방서장

해설 우수품질제품에 대한 인증
(1) 소방용품에 대한 우수품질인증 : 소방청장
(2) 우수품질인증 유효기간 : 5년의 범위에서 행정안전부령으로 정한다.

48. 다음 중 고급기술자에 해당하는 학력·경력 기준으로 옳은 것은?

① 박사학위를 취득한 후 2년 이상 소방 관련 업무를 수행한 사람

② 석사학위를 취득한 후 6년 이상 소방 관련 업무를 수행한 사람

③ 학사학위를 취득한 후 8년 이상 소방

관련 업무를 수행한 사람

④ 고등학교를 졸업 후 10년 이상 소방 관련 업무를 수행한 사람

해설 고급기술자의 학력·경력 기준
(1) 박사학위 : 취득 후 1년 이상 소방 관련 업무 수행
(2) 석사학위 : 취득 후 6년 이상 소방 관련 업무 수행
(3) 학사학위 : 취득 후 9년 이상 소방 관련 업무 수행
(4) 전문학사학위 : 취득 후 12년 이상 소방 관련 업무 수행
(5) 고등학교 : 15년 이상 소방 관련 업무 수행

49. 소방기본법령상 인접하고 있는 시·도 간 소방업무의 상호응원협정을 체결하고자 할 때, 포함되어야 하는 사항으로 틀린 것은?

① 소방교육·훈련의 종류에 관한 사항

② 화재의 경계·진압활동에 관한 사항

③ 출동대원의 수당·식사 및 피복의 수선의 소요경비의 부담에 관한 사항

④ 화재조사활동에 관한 사항

해설 시·도간 소방업무의 상호응원협정
(1) 소방활동에 관한 사항
 • 화재의 경계·진압활동
 • 구조·구급업무의 지원
 • 화재조사활동
(2) 응원출동대상지역 및 규모
(3) 다음 각 목의 소요경비의 부담에 관한 사항
 • 출동대원의 수당·식사 및 피복의 수선
 • 소방장비 및 기구의 정비와 연료의 보급
(4) 응원출동의 요청방법
(5) 응원출동훈련 및 평가

50. 소방기본법령상 위험물 또는 물건의 보관기간은 소방 본부 또는 소방서의 게시판에 공고하는 기간의 종료일 다음 날부터

정답 **47.** ③ **48.** ② **49.** ① **50.** ③

며칠로 하는가?

① 3일 ② 5일 ③ 7일 ④ 14일

해설 소방기본법 시행령 제3조에 의하여 위험물 또는 물건의 보관기간은 소방서의 게시판에 공고하는 기간의 종료일 다음 날부터 7일로 한다.

51. 지정수량의 최소 몇 배 이상의 위험물을 취급하는 제조소에는 피뢰침을 설치해야 하는가? (단, 제6류 위험물을 취급하는 위험물 제조소는 제외하고, 제조소 주위의 상황에 따라 안전상 지장이 없는 경우도 제외한다.)

① 5배 ② 10배

③ 50배 ④ 100배

해설 피뢰설비 설치대상 : 위험물 지정수량의 10배 이상 저장창고

52. 산화성고체인 제1류 위험물에 해당되는 것은?

① 질산염류 ② 특수인화물

③ 과염소산 ④ 유기과산화물

해설 위험물 분류
① 질산염류 : 제1류 위험물
② 특수인화물 : 제4류 위험물
③ 과염소산 : 제6류 위험물
④ 유기과산화물 : 제5류 위험물

53. 위험물안전관리법상 청문을 실시하여 처분해야 하는 것은?

① 제조소 등 설치허가의 취소

② 제조소 등 영업정지 처분

③ 탱크시험자의 영업정지 처분

④ 과징금 부과 처분

해설 시·도지사, 소방본부장 또는 소방서장은 탱크 시험자의 등록 취소, 제조소 등 설

치허가의 취소 처분을 하고자 하는 경우 청문을 실시하여야 한다.

54. 화재예방 소방시설 설치·유지 및 안전관리에 관한 법령상 특정소방대상물 중 오피스텔은 어느 시설에 해당하는가?

① 숙박시설 ② 일반업무시설

③ 공동주택 ④ 근린생활시설

해설 일반업무시설 : 오피스텔, 신문사, 금융업소, 사무소

55. 화재예방, 소방시설 설치·유지 및 안전관리에 관한 법령상 종사자 수가 5명이고, 숙박시설이 모두 2인용 침대이며 침대수량은 50개인 청소년 시설에서 수용인원은 몇 명인가?

① 55 ② 75 ③ 85 ④ 105

해설 수용인원 산정
(1) 침대가 있는 숙박시설 : 종사자 수 + 침대 수(2인용 침대는 2인 산정)
(2) 침대가 없는 숙박시설
: 종사자 수 $+ \dfrac{\text{바닥면적 합계}}{3\,\mathrm{m}^2}$
∴ 수용인원 $= 5 + 2 \times 50 = 105$

56. 다음 중 300만원 이하의 벌금에 해당되지 않는 것은?

① 등록수첩을 다른 자에게 빌려준 자

② 소방시설공사의 완공검사를 받지 아니한 자

③ 소방기술자가 동시에 둘 이상의 업체에 취업한 사람

④ 소방시설공사 현장에 감리원을 배치하지 아니한 자

해설 ② 소방시설공사의 완공검사를 받지 아니한 자에게는 200만원 이하의 과태료를 부과한다.

정답 51. ② 52. ① 53. ① 54. ② 55. ④ 56. ①, ②

※ 소방시설공사업법 제37조에서는 등록증이나 등록수첩을 다른 자에게 빌려준 자를 300만원 이하의 벌금에 처하고, 화재예방, 소방시설 설치·유지 및 안전관리에 관한 법률 제49조에서는 관리업의 등록증이나 등록수첩을 다른 자에게 빌려준 자를 1년 이하의 징역 또는 1천만원 이하의 벌금에 처하는 것으로 명시되어 있다. 문제에서 특정 법으로 한정하지 않았기 때문에 보기 ① 또한 300만원 이하의 벌금에 해당하지 않는 경우가 있으므로 정답으로 인정한다.

57. 화재예방, 소방시설 설치·유지 및 안전관리에 관한 법령상 건축허가 등의 동의를 요구한 기관이 그 건축허가 등을 취소하였을 때, 취소한 날로부터 최대 며칠 이내에 건축물 등의 시공자 또는 소재지를 관할하는 소방본부장 또는 소방서장에게 그 사실을 통보하여야 하는가?

① 3일 ② 4일 ③ 7일 ④ 10일

해설 건축허가 취소 : 7일 이내 소방본부장 또는 소방서장에게 통보

58. 소방기본법상 화재 현장에서의 피난 등을 체험할 수 있는 소방체험관의 설립·운영권자는?

① 시·도지사
② 행정안전부장관
③ 소방본부장 또는 소방서장
④ 소방청장

해설 (1) 소방체험관 설립·운영권자 : 시·도지사
(2) 소방박물관 설립·운영권자 : 소방청장

59. 소방기본법령상 소방활동구역의 출입자에 해당되지 않는 자는?

① 소방활동구역 안에 있는 소방대상물의 소유자·관리자 또는 점유자
② 전기·가스·수도·통신·교통의 업무에 종사하는 사람으로서 원활한 소방활동을 위하여 필요한 자
③ 화재건물과 관련 있는 부동산업자
④ 취재인력 등 보도업무에 종사하는 자

해설 소방활동구역의 출입자
(1) 소방활동구역 안에 있는 소방대상물의 소유자·관리자 또는 점유자
(2) 전기·가스·수도·통신·교통의 업무에 종사하는 사람으로서 원활한 소방활동을 위하여 필요한 사람
(3) 의사·간호사 그 밖의 구조·구급업무에 종사하는 사람
(4) 취재인력 등 보도업무에 종사하는 사람
(5) 수사업무에 종사하는 사람
(6) 그 밖에 소방대장이 소방활동을 위하여 출입을 허가한 사람

60. 소방본부장 또는 소방서장은 건축허가 등의 동의 요구 서류를 접수한 날부터 최대 며칠 이내에 건축허가 등의 동의 여부를 회신하여야 하는가? (단, 허가 신청한 건축물은 지상으로부터 높이가 200 m인 아파트이다.)

① 5일 ② 7일 ③ 10일 ④ 15일

해설 건축허가 등의 동의 여부 회신 기간
• 특급 소방안전관리대상물 : 10일 이내
• 특급 이외 소방안전관리대상물 : 5일 이내

제4과목 **소방기계시설의 구조 및 원리**

61. 작동전압이 22900 V의 고압의 전기기기가 있는 장소에 물분무설비를 설치할 때 전기기기와 물분무헤드 사이의 최소 이격거리는 얼마로 해야 하는가?

① 70 cm 이상 ② 80 cm 이상

정답 57. ③ 58. ① 59. ③ 60. ③ 61. ①

③ 110 cm 이상   ④ 150 cm 이상

해설 전기기기와 물분무헤드 사이의 이격거리

전압 (kV)	66 이하	66 ~77	77~ 110	110~ 154	154 ~181	181~ 220	220 ~275
거리 (cm)	70 이상	80 이상	110 이상	150 이상	180 이상	210 이상	260 이상

62. 다음 중 일반화재(A급 화재)에 적응성을 만족하지 못한 소화약제는?

① 포 소화약제

② 강화액 소화약제

③ 할론 소화약제

④ 이산화탄소 소화약제

해설 소화약제

(1) 포 소화약제, 강화액 소화약제 : A, B급 화재 적용(물 사용으로 C급 화재 부적합)

(2) 할론 소화약제 : A, B, C급 화재에 적용

(3) 이산화탄소 소화약제 : B, C급 화재에 적용

※ 소화기구 및 자동소화장치의 화재안전기준(NFSC 101)에 의거 이산화탄소 소화약제를 사용한 소화기가 A급 화재에 대한 적응성이 없는 것으로 제시되어 사용을 제한하고 있으나 이산화탄소 소화설비의 화재안전기준(NFSC 106)에 의거 이산화탄소 소화약제에 대해 전역방출방식에서는 A급 화재 약제량 산출 기준이 제시되어 있어 전항 정답 처리되었다.

63. 거실 제연설비 설계 중 배출량 선정에 있어서 고려하지 않아도 되는 사항은?

① 예상제연구역의 수직거리

② 예상제연구역의 바닥면적

③ 제연설비의 배출방식

④ 자동식 소화설비 및 피난설비의 설치 유무

해설 거실 제연설비 설계 중 배출량 선정에 있어서 고려하여야 할 사항에는 ①, ②, ③

이외에 제연설비의 통로길이가 포함된다.

64. 폐쇄형 스프링클러 헤드를 최고 주위온도 40℃인 장소(공장 및 창고 제외)에 설치할 경우 표시온도는 몇 ℃의 것을 설치하여야 하는가?

① 79℃ 미만

② 79℃ 이상 121℃ 미만

③ 121℃ 이상 162℃ 미만

④ 162℃ 이상

해설 폐쇄형 헤드 표시온도

설치장소의 최고 주위온도	표시온도
39℃ 미만	79℃ 미만
39℃ 이상 64℃ 미만	79℃ 이상 121℃ 미만
64℃ 이상 106℃ 미만	121℃ 이상 162℃ 미만
106℃ 이상	162℃ 이상

※ 항상 폐쇄형 헤드의 표시온도는 최고 주위온도보다 높은 것을 택해야 한다.

65. 스프링클러 헤드를 설치하지 않을 수 있는 장소로만 나열된 것은?

① 계단, 병실, 목욕실, 냉동창고의 냉동실, 아파트(대피공간 제외)

② 발전실, 수술실, 응급처치실, 통신기기실, 관람석이 없는 테니스장

③ 냉동창고의 냉동실, 변전실, 병실, 목욕실, 수영장 관람석

④ 수술실, 관람석이 없는 테니스장, 변전실, 발전실, 아파트(대피공간 제외)

해설 스프링클러 헤드의 설치 제외 대상물

(1) 계단실(특별피난계단의 부속실을 포함한다.)·경사로·승강기의 승강로·비상용 승강기의 승강장·파이프 덕트 및 덕트피트·목욕실·수영장·화장실·직접 외기에 개방되어 있는 복도

(2) 통신기기실·전자기기실 기타 이와 유사한 장소

(3) 발전실·변전실·변압기 기타 이와 유사한 전기설비가 설치되어 있는 장소

(4) 병원의 수술실·응급처치실 기타 이와 유사한 장소

(5) 천장과 반자 양쪽이 불연재료로 되어 있는 경우

- 천장과 반자사이의 거리가 2 m 미만인 부분
- 천장과 반자사이의 벽이 불연재료이고 천장과 반자사이의 거리가 2 m 이상으로서 그 사이에 가연물이 존재하지 아니하는 부분

(6) 천장·반자 중 한쪽이 불연재료로 되어 있고 천장과 반자사이의 거리가 1 m 미만인 부분

(7) 천장 및 반자가 불연재료 외의 것으로 되어 있고 천장과 반자사이의 거리가 0.5 m 미만인 부분

(8) 펌프실·물탱크실 엘리베이터 권상기실 그 밖의 이와 비슷한 장소

(9) 현관 또는 로비 등으로서 바닥으로부터 높이가 20 m 이상인 장소

(10) 영하의 냉장창고의 냉장실 또는 냉동창고의 냉동실

(11) 고온의 노가 설치된 장소 또는 물과 격렬하게 반응하는 물품의 저장 또는 취급 장소

66. 학교, 공장, 창고시설에 설치하는 옥내소화전에서 가압송수장치 및 기동장치가 동결의 우려가 있는 경우 일부 사항을 제외하고는 주펌프와 동등 이상의 성능이 있는 별도의 펌프로서 내연기관의 기동과 연동하여 작동되거나 비상전원을 연결한 펌프를 추가 설치해야 한다. 다음 중 이러한 조치를 취해야 하는 경우는?

① 지하층이 없이 지상층만 있는 건축물

② 고가수조를 가압송수장치로 설치한 경우

③ 수원이 건축물의 최상층에 설치된 방수구보다 높은 위치에 설치된 경우

④ 건축물의 높이가 지표면으로부터 10 m 이하인 경우

해설 예비펌프 설치 제외사항 : ②, ③, ④항 이외에 가압수조를 가압송수장치로 설치한 경우가 있다.

67. 다음 중 할로겐화합물 소화설비의 수동 기동장치 점검 내용으로 옳지 않은 것은?

① 방호구역마다 설치되어 있는지 점검한다.

② 방출지연용 비상스위치가 설치되어 있는지 점검한다.

③ 화재감지기와 연동되어 있는지 점검한다.

④ 조작부는 바닥으로부터 0.8 m 이상 1.5 m 이하의 위치에 설치되어 있는지 점검한다.

해설 ③항은 자동 기동장치 점검 사항이다.

68. 화재 시 연기가 찰 우려가 없는 장소로서 호스릴 분말소화설비를 설치할 수 있는 기준 중 다음 ( ) 안에 알맞은 것은?

- 지상 1층 및 피난층에 있는 부분으로서 지상에서 수동 또는 원격조작에 따라 개방할 수 있는 개구부의 유효면적의 합계가 바닥면적의 (㉠)% 이상이 되는 부분
- 전기설비가 설치되어 있는 부분 또는 다량의 화기를 사용하는 부분의 바닥면적이 해당 설비가 설치되어 있는 구획의 바닥면적의 (㉡) 미만이 되는 부분

① ㉠ 15, ㉡ 1/5 ② ㉠ 15, ㉡ 1/2

③ ㉠ 20, ㉡ 1/5 ④ ㉠ 20, ㉡ 1/2

해설 호스릴 분말소화설비는 다음의 기준에 맞도록 설치한다.

(1) 화재 시 연기가 현저히 충만되지 않는 장소에 설치할 것

(2) 방호대상물의 각 부분으로부터 하나의 호스접결구까지의 수평거리가 15 m 이하가 되도록 설치할 것

(3) 소화약제의 저장용기는 호스릴을 설치하는 장소마다 설치할 것

(4) 노즐은 하나의 노즐마다 1분당 다음 표에 따른 소화약제를 방사할 수 있는 것으로 할 것

소화약제의 종별	1분당 방사하는 소화약제의 양
제1종 분말	45 kg
제2종 분말 또는 제3종 분말	27 kg
제4종 분말	18 kg

(5) 저장용기에는 그 가까운 곳에 적색표시등을 설치하여 이동식 분말소화설비가 있다는 뜻을 표시한다.

69. 다음 ( ) 안에 들어가는 기기로 옳은 것은?

- 분말소화약제의 가압용가스 용기를 3병 이상 설치한 경우에는 2개 이상의 용기에 (ⓐ)를 부착하여야 한다.
- 분말소화약제의 가압용가스 용기에는 2.5 MPa 이하의 압력에서 조정이 가능한 (ⓑ)를 설치하여야 한다.

① ⓐ 전자개방밸브, ⓑ 압력조정기

② ⓐ 전자개방밸브, ⓑ 정압작동장치

③ ⓐ 압력조정기, ⓑ 전자개방밸브

④ ⓐ 압력조장기, ⓑ 정압개방밸브

해설 분말소화약제의 가압용가스 용기(상기 내용 이외에 다음과 같다)

(1) 가스용기는 분말소화약제의 저장용기에 접속하여 설치하여야 한다.

(2) 가압용가스 또는 축압용가스는 질소가스 또는 이산화탄소로 할 것

70. 이산화탄소 소화약제의 저장용기에 관한 일반적인 설명으로 옳지 않은 것은 어느 것인가?

① 방호구역 내의 장소에 설치하되 피난구 부근을 피하여 설치할 것

② 온도가 40℃ 이하이고, 온도 변화가 적은 곳에 설치할 것

③ 직사광선 및 빗물이 침투할 우려가 없는 곳에 설치할 것

④ 용기 간의 간격은 점검에 지장이 없도록 3 cm 이상의 간격을 유지할 것

해설 이산화탄소 소화약제의 저장용기는 방호구역 외의 장소에 설치하여야 한다. 다만, 방호구역 내에 설치하여야 할 경우에는 피난 및 조작이 용이하도록 피난구 부근에 설치하여야 한다.

71. 다음 중 피난사다리 하부 지지점에 미끄럼 방지장치를 설치하여야 하는 것은?

① 내림식 사다리   ② 올림식 사다리

③ 수납식 사다리   ④ 신축식 사다리

해설 피난사다리

(1) 고정식 사다리(수납식 사다리, 접는식 사다리, 신축식 사다리)

(2) 내림식 사다리

(3) 올림식 사다리(미끄럼 방지용 안전장치 설치)

72. 포소화약제의 혼합장치 중 펌프의 토출관에 압입기를 설치하여 포소화약제 압입용 펌프로 소화약제를 압입시켜 혼합하는 방식은?

① 펌프 프로포셔너 방식

② 프레셔 사이드 프로포셔너 방식

③ 라인 프로포셔너 방식

④ 프레셔 프로포셔너 방식

해설 포소화설비 혼합장치

(1) 펌프 프로포셔너 방식 : 펌프의 흡입관과 토출관 사이에 흡입기를 설치하여 펌프에서 토출된 물의 일부를 보내고 농도조절

밸브에서 조정된 포소화약제 필요량을 포소화약제 탱크에서 펌프 흡입관으로 보내어 흡입, 혼합하는 방식
(2) 프레셔 프로포셔너 방식 : 펌프와 발포기의 중간에 설치된 벤투리관의 벤투리작용과 펌프 가압수의 포소화약제 저장탱크에 대한 압력에 의하여 포소화약제를 흡입, 혼합하는 방식
(3) 라인 프로포셔너 방식 : 펌프와 발포기의 중간에 설치된 벤투리관의 벤투리작용에 의하여 포소화약제를 흡입, 혼합하는 방식
(4) 프레셔 사이드 프로포셔너 방식 : 펌프의 토출관에 압입기를 설치하여 포소화약제 압입용 펌프로 포소화약제를 압입시켜 혼합하는 방식
(5) 압축공기포 믹싱 체임버 방식 : 압축공기 또는 압축질소를 일정 비율로 포수용액에 강제 주입 혼합하는 방식

73. 제연설비에서 예상제연구역의 각 부분으로부터 하나의 배출구까지의 수평거리를 몇 m 이내가 되도록 하여야 하는가?

① 10 m   ② 12 m
③ 15 m   ④ 20 m

해설 제연설비
(1) 예상제연구역의 각 부분으로부터 하나의 배출구까지의 수평거리 : 10 m 이내
(2) 흡입측 풍속 : 15 m/s 이하, 배출측 풍속 : 20 m/s 이하

74. 상수도 소화용수 설비의 소화전은 특정 소방대상물의 수평투영면의 각 부분으로부터 최대 몇 m 이하가 되도록 설치하는가?

① 25 m   ② 40 m
③ 100 m   ④ 140 m

해설 상수도 소화용수 설비
(1) 호칭지름 75 mm 이상의 수도배관에 호칭지름 100 mm 이상의 소화전을 접속할 것

(2) 소화전은 소방자동차 등의 진입이 쉬운 도로변 또는 공지에 설치할 것
(3) 소화전은 특정소방대상물의 수평투영면의 각 부분으로부터 140 m 이하가 되도록 설치할 것

75. 물분무소화설비 가압송수장치의 토출량에 대한 최소기준으로 옳은 것은? (단, 특수가연물을 저장 취급하는 특정소방대상물 및 차고 주차장의 바닥면적은 50 m² 이하인 경우는 50 m²를 기준으로 한다.)

① 차고 또는 주차장의 바닥면적 1 m²에 대해 10 L/min로 20분간 방수할 수 있는 양 이상
② 특수가연물을 저장·취급하는 특정소방대상물의 바닥면적 1 m²에 대해 20 L/min로 20분간 방수할 수 있는 양 이상
③ 케이블 트레이, 케이블 덕트는 투영된 바닥면적 1 m²에 대해 10 L/mim로 20분간 방수할 수 있는 양 이상
④ 절연유 봉입 변압기는 바닥면적을 제외한 표면적을 합한 면적 1 m²에 대해 10 L/min로 20분간 방수할 수 있는 양 이상

해설 물분무소화설비의 수원의 양

소방대상물	수원의 저수량
특수가연물	바닥면적(m² : 최소 50 m²) ×10 L/m²·min×20 min
차고, 주차장	바닥면적(m² : 최소 50 m²) ×20 L/m²·min×20 min
절연유 봉입 변압기	표면적(바닥부분 제외 : m²) ×10 L/m²·min×20 min
케이블 트레이, 덕트	투영된 바닥면적(m²) ×12 L/m²·min×20 min
컨베이어 벨트	벨트부분의 바닥면적(m²) ×10 L/m²·min×20 min

76. 다음 중 피난기구 설치 기준으로 옳지 않은 것은?

① 피난기구는 소방대상물의 기둥·바닥·보, 기타 구조상 견고한 부분에 볼트조임·매입·용접, 기타의 방법으로 견고하게 부착할 것

② 2층 이상의 층에 피난사다리(하향식 피난구용 내림식 사다리는 제외한다.)를 설치하는 경우에는 금속성 고정사다리를 설치하고, 피난에 방해되지 않도록 노대는 설치되지 않아야 할 것

③ 승강식 피난기 및 하향식 피난구용 내림식 사다리는 설치경로가 설치층에서 피난층까지 연계될 수 있는 구조로 설치할 것. 다만, 건축물의 구조 및 설치 여건상 불가피한 경우에는 그러하지 아니한다.

④ 승강식 피난기 및 하향식 피난구용 내림식 사다리의 하강구 내측에는 기구의 연결 금속구 등이 없어야 하며 전개된 피난기구는 하강구 수평투영면적 공간 내의 범위를 침범하지 않는 구조이어야 할 것. 단, 직경 60 cm 크기의 범위를 벗어난 경우이거나, 직하층의 바닥 면으로부터 높이 50 cm 이하의 범위는 제외한다.

해설 ② 4층 이상의 층에 피난사다리(하향식 피난구용 내림식 사다리는 제외한다.)를 설치하는 경우에는 금속성 고정사다리를 설치하고, 당해 고정사다리에는 쉽게 피난할 수 있는 구조의 노대를 설치할 것

77. 포소화설비의 자동식 기동장치를 패쇄형 스프링클러헤드의 개방과 연동하여 가압송수장치·일제개방밸브 및 포소화약제

혼합장치를 기동하는 경우 다음 ( ) 안에 알맞은 것은 어느 것인가? (단, 자동화재탐지설비의 수신기가 설치된 장소에 상시 사람이 근무하고 있고, 화재 시 즉시 해당 조작부를 작동시킬 수 있는 경우는 제외한다.)

> 표시온도가 (㉠)℃ 미만인 것을 사용하고, 1개의 스프링클러헤드의 경계면적은 (㉡)m² 이하로 할 것

① ㉠ 79, ㉡ 8   ② ㉠ 121, ㉡ 8
③ ㉠ 79, ㉡ 20   ④ ㉠ 121, ㉡ 20

해설 포소화설비의 자동식 기동장치
(1) 표시온도가 79℃ 미만인 것을 사용하고, 1개의 스프링클러헤드의 경계면적은 20 m² 이하로 할 것
(2) 부착면의 높이는 바닥으로부터 5 m 이하로 하고 화재를 유효하게 감지할 수 있도록 할 것
(3) 하나의 감지장치 경계구역은 하나의 층이 되도록 할 것

78. 특정소방대상물별 소화기구의 능력단위의 기준 중 다음 ( ) 안에 알맞은 것은 어느 것인가?

특정소방대상물	소화기구의 능력단위
장례식장 및 의료시설	해당 용도의 바닥면적 (㉠)m² 마다 능력단위 1단위 이상
노유자시설	해당 용도의 바닥면적 (㉡)m² 마다 능력단위 1단위 이상
위락시설	해당 용도의 바닥면적 (㉢)m² 마다 능력단위 1단위 이상

① ㉠ 30, ㉡ 50, ㉢ 100
② ㉠ 30, ㉡ 100, ㉢ 50
③ ㉠ 50, ㉡ 100, ㉢ 30
④ ㉠ 50, ㉡ 30, ㉢ 100

해설 소화기구의 능력단위 기준

특정소방대상물	소화기구의 능력단위
위락시설	30 m²마다 1단위 이상
공연장, 집회장, 관람장, 문화재, 장례식장, 의료시설	50 m²마다 1단위 이상
근린생활시설, 판매시설, 운수시설, 숙박시설, 노유자시설, 전시장, 공동주택, 업무시설, 방송통신시설, 공장, 창고시설, 항공기 및 자동차 관련시설 및 관광휴게시설	100 m²마다 1단위 이상
그 밖의 것	200 m²마다 1단위 이상

79. 다음 평면도와 같이 반자가 있는 어느 실내에 전등이나 공조용 디퓨저 등의 시설물을 무시하고 수평거리를 2.1 m로 하여 스프링클러헤드를 정방형으로 설치하고자 할 때 최소 몇 개의 헤드를 설치해야 하는가? (단, 반자 속에는 헤드를 설치하지 아니하는 것으로 본다.)

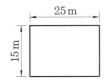

① 24개   ② 42개
③ 54개   ④ 72개

해설 정방형으로 설치한 경우

$S = 2 \cdot r \times \cos 45°$
$= 2 \times 2.1\,m \times \cos 45° = 2.97\,m$

가로열 헤드수 $= \dfrac{25\,m}{2.97\,m} = 8.4 = 9$개

세로열 헤드수 $= \dfrac{15\,m}{2.97\,m} = 5.05 = 6$개

총 헤드수 $= 9 \times 6 = 54$개

80. 소화용수설비 중 소화수조 및 저수조에 대한 설명으로 틀린 것은?

① 소화수조, 저수조의 채수구 또는 흡수관 투입구는 소방차가 2 m 이내의 지점까지 접근할 수 있는 위치에 설치할 것
② 지하에 설치하는 소화용수설비의 흡수관 투입구는 그 한 변이 0.6 m 이상인 것으로 할 것
③ 채수구는 지면으로부터의 높이가 0.5 m 이상 1 m 이하의 위치에 설치하고 "채수구"라고 표시한 표지를 할 것
④ 소화수조가 옥상 또는 옥탑의 부분에 설치된 경우에는 지상에 설치된 채수구에서의 압력이 0.1 MPa 이상이 되도록 할 것

해설 소화수조 및 저수조

(1) 흡수관 투입구
- 한 변이 0.6 m 이상 또는 직경이 0.6 m 이상
- 소요수량이 80 m³ 미만일 때 1개 이상 설치
- 소요수량이 80 m³ 이상일 때 2개 이상 설치
- "흡수관 투입구" 표지

(2) 채수구 설치

소화수조 용량	20 m³ 이상 ~40 m³ 미만	40 m³ 이상 ~100 m³ 미만	100 m³ 이상
채수구의 수	1개	2개	3개

- 65 mm 이상의 나사식 결합금속구를 설치할 것
- 설치 위치 : 0.5 m 이상 1 m 이하
- "채수구" 표지
- 소화수조가 옥상 또는 옥탑 부근에 설치된 경우에는 지상에 설치된 채수구에서의 압력이 최소 0.15 MPa 이상이 되어야 한다.

소방설비기계기사

제1과목   **소방원론**

1. 소화원리에 대한 설명으로 틀린 것은?

① 냉각소화 : 물의 증발잠열에 의해서 가연물의 온도를 저하시키는 소화방법

② 제거효과 : 가연성 가스의 분출 화재 시 연료공급을 차단시키는 소화방법

③ 질식소화 : 포소화약제 또는 불연성가스를 이용해서 공기 중의 산소 공급을 차단하여 소화하는 방법

④ 억제소화 : 불활성기체를 방출하여 연소범위 이하로 낮추어 소화하는 방법

[해설] 억제소화는 부촉매효과이며 불활성기체를 방출하여 연소범위 이하로 낮추어 소화하는 방법은 질식소화에 해당된다.

2. 할로겐화합물 청정소화약제는 일반적으로 열을 받으면 할로겐족이 분해되어 가연물질의 연소 과정에서 발생하는 활성종과 화합하여 연소의 연쇄반응을 차단한다. 연쇄반응의 차단과 가장 거리가 먼 소화약제는?

① FC-3-1-10   ② HFC-125

③ IG-541   ④ FIC-1311

[해설] IG-541, IG-01, IG-100, IG-55 등은 불활성가스로 연쇄반응 차단과는 무관하다.

3. 물의 소화력을 증대시키기 위하여 첨가하는 첨가제 중 물의 유실을 방지하고 건물, 임야 등의 입체 면에 오랫동안 잔류하게 하기 위한 것은?

① 증점제   ② 강화액

③ 침투제   ④ 유화제

[해설] 증점제는 물의 점도를 증가시켜 주는 것으로 산불 화재에 사용하면 물의 유실을 최소화하여 화재 진압에 유용하게 사용할 수 있다.

4. 화재 시 이산화탄소를 방출하여 산소 농도를 13 vol%로 낮추어 소화하기 위한 공기 중 이산화탄소의 농도는 약 몇 vol%인가?

① 9.5   ② 25.8

③ 38.1   ④ 61.5

[해설] $CO_2 = \dfrac{21 - O_2}{21} \times 100 = \dfrac{21 - 13}{21} \times 100$

$\qquad\qquad = 38.1\,\%$

5. 다음 중 인명구조기구에 속하지 않는 것은?

① 방열복   ② 공기안전매트

③ 공기호흡기   ④ 인공소생기

[해설] 인명구조기구

(1) 방열복 : 고온의 복사열에 가까이 접근하여 소방활동을 수행할 수 있는 내열피복

(2) 공기호흡기 : 소화활동 시에 화재로 인하여 발생하는 각종 유독가스 중에서 일정 시간 사용할 수 있도록 제조된 압축공기식 개인호흡장비(보조마스크를 포함한다.)

(3) 인공소생기 : 호흡 부전 상태인 사람에게 인공호흡을 시켜 환자를 보호하거나 구급하는 기구

(4) 방화복 : 화재진압 등의 소방활동을 수행할 수 있는 피복

※ 공기안전매트는 피난기구에 해당된다.

6. 다음 중 인화점이 가장 낮은 물질은?

① 산화프로필렌   ② 이황화탄소

③ 메틸알코올   ④ 등유

[해설] 인화점 : 점화원에 의해 연소할 수 있는 최저온도

정답   1. ④   2. ③   3. ①   4. ③   5. ②   6. ①

① 산화프로필렌 : −37℃
② 이황화탄소 : −30℃
③ 메틸알코올 : 11℃
④ 등유 : 72℃

7. 화재의 지속시간 및 온도에 따라 목재건물과 내화건물을 비교했을 때, 목재건물의 화재 성상으로 가장 적합한 것은?

① 저온 장기형이다.
② 저온 단기형이다.
③ 고온 장기형이다.
④ 고온 단기형이다.

[해설] • 목재 건축물 : 고온 단시간(1300℃)
• 내화건축물 : 저온 장시간(1100℃)

8. 방화벽의 구조 기준 중 다음 ( ) 안에 알맞은 것은?

> • 방화벽의 양쪽 끝과 위쪽 끝을 건축물의 외벽면 및 지붕면으로부터 (㉠)m 이상 튀어 나오게 할 것
> • 방화벽에 설치하는 출입문의 너비 및 높이는 각각 (㉡)m 이하로 하고, 해당 출입문에는 갑종방화문을 설치할 것

① ㉠ 0.3, ㉡ 2.5
② ㉠ 0.3, ㉡ 3.0
③ ㉠ 0.5, ㉡ 2.5
④ ㉠ 0.5, ㉡ 3.0

[해설] 방화벽 설치 기준
(1) 내화구조로서 홀로 설 수 있는 구조일 것
(2) 방화벽의 양쪽 끝과 위쪽 끝을 건축물의 외벽면 및 지붕면으로부터 0.5 m 이상 튀어 나오게 할 것
(3) 방화벽에 설치하는 출입문의 너비 및 높이는 각각 2.5 m 이하로 하고, 해당 출입문에 갑종방화문을 설치할 것

9. 에테르, 케톤, 에스테르, 알데히드, 카르복시산, 아민 등과 같은 가연성인 용매에 유효한 포소화약제는?

① 단백포　　　　② 수성막포
③ 불화단백포　　④ 내알코올포

[해설] 포소화약제의 종류 및 특성
(1) 단백포 소화약제 : 동·식물에서 추출한 것으로 수소를 함유한 유기물이며 단백질을 가수분해한 다음 여과, 중화, 농축을 하고 안정제, 접착제, 방부제 등을 첨가하여 제조된 것으로 내화성, 밀봉성이 좋고 가격이 싸지만 부식성이 높고 소화속도가 느린 것이 단점이다.
(2) 불화 단백포 소화약제 : 불소계면제로 내화성, 내유성, 유동성이 좋아 소화속도가 빠르고 기름에 오염되지 않으며 가격이 비싸다.
(3) 수성막포 : 라이트 워터라고도 하며 불소계 계면활성제포의 일종으로 연소하고 있는 액체 위에 흘러들어 도포되면서 액체 표면 위에 산소를 견고하고 조밀하게 차단하고 또한 동시에 연소 액체 증기의 전개 및 확대를 억제하도록 액면에 수성막을 형성함으로써 질식과 냉각의 두 가지의 작용으로 소화한다.
(4) 내알코올형포 : 단백질의 가수분해생성물과 합성세제 등을 주성분으로 하고 있다.
(5) 합성계면활성제포 : 탄화수소계 계면활성제를 주제로 만든 포소화약제이며 유동성이 좋아 소화속도가 빠르고 유출유 화재에 적합하다.

10. 특정소방대상물(소방안전관리대상물은 제외)의 관계인과 소방안전관리대상물의 소방안전관리자의 업무가 아닌 것은?

① 화기 취급의 감독
② 자체소방대의 운용
③ 소방 관련 시설의 유지·관리
④ 피난시설, 방화구획 및 방화시설의 유지·관리

[해설] 특정소방대상물(소방안전관리대상물은 제외)의 관계인과 소방안전관리대상물의 소

방안전관리자의 업무는 다음과 같다.
(1) 화기 취급의 감독
(2) 자위소방대 조직
(3) 소방계획서 작성
(4) 피난시설, 방화구획 및 방화시설의 유지
 · 관리
(5) 소방시설이나 그 밖의 소방 관련 시설의
 유지 · 관리
(6) 소방훈련 및 교육

11. 화재의 유형별 특성에 관한 설명으로
옳은 것은?

① A급 화재는 무색으로 표시하며, 감
 전의 위험이 있으므로 주수소화를 엄
 금한다.
② B급 화재는 황색으로 표시하며, 질
 식소화를 통해 화재를 진압한다.
③ C급 화재는 백색으로 표시하며, 가
 연성이 강한 금속의 화재이다.
④ D급 화재는 청색으로 표시하며, 연
 소 후에 재를 남긴다.

해설 화재 유형별 분류

종류	등급	표시 색	소화방법
일반화재	A급	백색	냉각소화
유류화재	B급	황색	질식소화
전기화재	C급	청색	질식소화
금속화재	D급	-	피복소화

12. 화재 발생 시 인명 피해 방지를 위한
건물로 적합한 것은?

① 피난설비가 없는 건물
② 특별피난계단의 구조로 된 건물
③ 피난기구가 관리되고 있지 않은 건물
④ 피난구 폐쇄 및 피난구유도등이 미
 비되어 있는 건물

해설 화재 발생 시 인명 피해 방지를 위한 건물

(1) 특별피난계단의 구조로 된 건축물
(2) 피난설비가 있는 건축물
(3) 피난기구가 관리되고 있는 건축물
(4) 피난구 및 피난구유도등이 설치되어 있
 는 건축물

13. 프로판가스의 연소범위(vol%)에 가장
가까운 것은?

① 9.8~28.4 ② 2.5~81
③ 4.0~75 ④ 2.1~9.5

해설 연소범위
(1) 아세틸렌 : 2.5~81 %
(2) 수소 : 4.0~75 %
(3) 프로판 : 2.1~9.5 %

14. 불포화 섬유지나 석탄에 자연발화를 일
으키는 원인은?

① 분해열 ② 산화열
③ 발효열 ④ 중합열

해설 자연발화
(1) 분해열 : 니트로글리세린, 니트로셀룰로
 오스, 셀룰로이드
(2) 산화열 : 석탄, 기름걸레, 금속분, 탄
 소분말
(3) 흡착열 : 활성탄, 목탄분말

15. CF_3Br 소화약제의 명칭을 옳게 나타낸
것은?

① 할론 1011 ② 할론 1211
③ 할론 1301 ④ 할론 2402

해설 할론 소화약제 명칭
할론 abcd
여기서, a : C의 수, b : F의 수
    c : Cl의 수, d : Br의 수
• 할론 1301 : CF_3Br
• 할론 1211 : CF_2ClBr
• 할론 2402 : $C_2F_4Br_2$
• 할론 1011 : CH_2ClBr

정답 **11.** ② **12.** ② **13.** ④ **14.** ② **15.** ③

16. 다음 중 전산실, 통신 기기실 등에서의 소화에 가장 적합한 것은?

① 스프링클러설비

② 옥내소화전설비

③ 분말소화설비

④ 할로겐화합물 및 불활성기체 소화설비

[해설] 전산실, 통신 기기실, 가연성 고체류, 합성수지류 소화에는 할로겐화합물 및 불활성기체 소화설비가 적합하다.

17. 가연물의 제거와 가장 관련이 없는 소화방법은?

① 유류화재 시 유류 공급 밸브를 잠근다.

② 산불화재 시 나무를 잘라 없앤다.

③ 팽창 진주암을 사용하여 진화한다.

④ 가스화재 시 중간 밸브를 잠근다.

[해설] 팽창 진주암, 팽창 질석을 사용하는 경우는 피복소화에 해당된다.

18. 독성이 매우 높은 가스로서 석유제품, 유지(油脂) 등이 연소할 때 생성되는 알데히드 계통의 가스는?

① 시안화수소　　② 암모니아

③ 포스겐　　　　④ 아크롤레인

[해설] 아크롤레인 : 지방이 연소할 때의 냄새로 상당한 독성을 지니고 있다. 공기 중에서는 쉽게 산화되며, 장시간 보존하면 중합하여 수지상물질로 변한다.

19. BLEVE 현상을 설명한 것으로 가장 옳은 것은?

① 물이 뜨거운 기름 표면 아래에서 끓을 때 화재를 수반하지 않고 over flow 되는 현상

② 물이 연소유의 뜨거운 표면에 들어갈 때 발생되는 over flow 현상

③ 탱크 바닥에 물과 기름의 에멀션이 섞여 있을 때 물의 비등으로 인하여 급격하게 over flow 되는 현상

④ 탱크 주위 화재로 탱크 내 인화성 액체가 비등하고 가스 부분의 압력이 상승하여 탱크가 파괴되고 폭발을 일으키는 현상

[해설] BLEVE : 가연성 액화가스 저장용기에 열이 공급되면 액의 증발로 인하여 급격한 체적 팽창이 일어나 용기가 파열되는 현상으로 액체의 일부도 같이 비산한다.

20. 화재 강도(fire intensity)와 관계가 없는 것은?

① 가연물의 비표면적

② 발화원의 온도

③ 화재실의 구조

④ 가연물의 발열량

[해설] 화재 강도에 영향을 미치는 요소 : 가연물의 비표면적, 화재실의 구조, 가연물의 발열량, 공기의 공급량

제2과목　　**소방유체역학**

21. 아래 그림과 같이 두 개의 가벼운 공 사이로 빠른 기류를 불어 넣으면 두 개의 공은 어떻게 되겠는가?

① 뉴턴의 법칙에 따라 벌어진다.

② 뉴턴의 법칙에 따라 가까워진다.

③ 베르누이의 법칙에 따라 벌어진다.

④ 베르누이의 법칙에 따라 가까워진다.

[해설] 베르누이의 법칙에 의하여 속도수두가 증가하면 압력수두가 감소하므로 두 공은 서로 가까워지게 된다.

22. 다음 중 유체 기계들의 압력 상승이 일반적으로 큰 것부터 순서대로 바르게 나열한 것은?

① 압축기(compressor) > 블로어(blower) > 팬(fan)

② 블로어(blower) > 압축기(compressor) > 팬(fan)

③ 팬(fan) > 블로어(blower) > 압축기(compressor)

④ 팬(fan) > 압축기(compressor) > 블로어(blower)

[해설] 압력 상승 정도

• 압축기 : 0.1 MPa 이상
• 블로어(송풍기) : 0.01~0.1 MPa
• 팬 : 0.01 MPa 미만

23. 표면적이 같은 두 물체가 있다. 표면온도가 2000 K인 물체가 내는 복사에너지는 표면온도가 1000 K인 물체가 내는 복사에너지의 몇 배인가?

① 4   ② 8
③ 16   ④ 32

[해설] 스테판-볼츠만의 법칙

$$\frac{Q_2}{Q_1} = \left(\frac{2000}{1000}\right)^4 = 16$$

24. 이상기체의 폴리트로픽 변화 '$PV^n =$ 일정'에서 $n=1$인 경우 어느 변화에 속하는가?(단, P는 압력, V는 부피, n은 폴리트로프 지수를 나타낸다.)

① 단열변화   ② 등온변화

③ 정적변화   ④ 정압변화

[해설] 이상기체의 변화에서 지수의 값

• $n=1$: 등온변화
• $n=k$: 단열변화 $\left(k = \dfrac{C_p(정압비열)}{C_v(정적비열)}\right)$
• $1 < n < k$: 폴리트로픽 변화

25. 지름이 75 mm인 관로 속에 평균 속도 4 m/s로 흐르고 있을 때 유량(kg/s)은?

① 15.52   ② 16.92
③ 17.67   ④ 18.52

[해설] $Q = A \cdot V$

$$= \frac{\pi}{4} \times (0.075\,\text{m})^2 \times 4\,\text{m/s} \times 1000\,\text{kg/m}^3$$

$$= 17.67\,\text{kg/s}$$

26. 초기에 비어 있는 체적이 0.1 m³인 견고한 용기 안에 공기(이상기체)를 서서히 주입한다. 공기 1 kg을 넣었을 때 용기 안의 온도가 300 K가 되었다면 이때 용기 안의 압력(kPa)은?(단, 공기의 기체상수는 0.287 kJ/kg · K이다.)

① 287   ② 300
③ 448   ④ 861

[해설] 이상기체 상태방정식($PV = GRT$)

$V = 0.1\,\text{m}^3$, $G = 1\,\text{kg}$

$R = 0.287\,\text{kJ/kg} \cdot \text{K}$, $T = 300\,\text{K}$

$$P = \frac{1\,\text{kg} \times 0.287\,\text{kJ/kg} \cdot \text{K} \times 300\text{K}}{0.1\,\text{m}^3}$$

$$= 861\,\text{kJ/m}^3 = 861\,\text{kN} \cdot \text{m/m}^3$$

$$= 861\,\text{kN/m}^2 = 861\,\text{kPa}$$

27. 다음 중 Stokes의 법칙과 관계되는 점도계는?

① Ostwald 점도계   ② 낙구식 점도계
③ Saybolt 점도계   ④ 회전식 점도계

[해설] 스토크스 법칙 : 유체 속에서 구형 입자가 침전하는 속도를 표현하는 법칙

[정답] **22.** ①   **23.** ③   **24.** ②   **25.** ③   **26.** ④   **27.** ②

(1) 낙구식 점도계 : 스토크스 법칙
(2) 오스트발트 점도계, 세이볼트 점도계 :
하겐－푸아죄유 법칙
(3) 스토머 점도계, 맥미첼 점도계 : 뉴턴의
점성 법칙

28. 피토관으로 파이프 중심선에서 흐르는
물의 유속을 측정할 때 피토관의 액주높
이가 5.2 m, 정압튜브의 액주높이가 4.2
m를 나타낸다면 유속(m/s)은 ? (단, 속도
계수(C_v)는 0.97이다.)

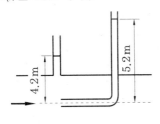

① 4.3　　　　　② 3.5
③ 2.8　　　　　④ 1.9

해설 4.2 m : 정압, 5.2 m : 전압
동압(속도수두)=5.2 m－4.2 m=1 m
$V = C_v \sqrt{2 \cdot g \cdot h} = 0.97 \times \sqrt{2 \times 9.8 \times 1}$
　　$= 4.29$ m/s

29. 그림의 역U자관 마노미터에서 압력 차
($P_x - P_y$)는 약 몇 Pa인가 ?

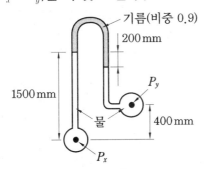

① 3215　　　　② 4116
③ 5045　　　　④ 6826

해설 $P_x - \gamma_1 h_1 = P_y - \gamma_2 h_2 - \gamma_3 h_3$
여기서, γ_1, γ_2 : 물의 비중량 9800 N/m^3
　　　γ_3 : 기름의 비중량
　　　(9800 N/m$^3 \times 0.9 = 8820$ N/m^3)
$P_x - P_y = \gamma_1 \cdot h_1 - \gamma_2 \cdot h_2 - \gamma_3 \cdot h_3$
　　$= 9800$ N/m$^3 \times 1.5$ m $- 9800$ N/m^3
　　　$\times (1.5 - 0.2 - 0.4)$m $- 8820$ N/m$^3 \times 0.2$ m
　　$= 4116$ N/m$^2 = 4116$ Pa

30. 지름이 다른 두 개의 피스톤이 그림과
같이 연결되어 있다. "1" 부분의 피스톤의
지름이 "2" 부분의 2배일 때, 각 피스톤에
작용하는 힘 F_1과 F_2의 크기의 관계는 ?

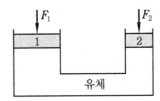

① $F_1 = F_2$　　　　② $F_1 = 2F_2$
③ $F_1 = 4F_2$　　　　④ $4F_1 = F_2$

해설 파스칼의 원리
$P_1 = \dfrac{F_1}{A_1}$, $P_2 = \dfrac{F_2}{A_2}$ ($P_1 = P_2$)

$\dfrac{F_1}{A_1} = \dfrac{F_2}{A_2}$

$F_1 = F_2 \times \dfrac{A_1}{A_2} = F_2 \times \dfrac{\frac{\pi}{4} \times 2^2}{\frac{\pi}{4} \times 1^2} = 4F_2$

31. 용량 2000 L의 탱크에 물을 가득 채운
소방차가 화재 현장에 출동하여 노즐압력
390 kPa(계기압력), 노즐구경 2.5 cm를 사
용하여 방수한다면 소방차 내의 물이 전부
방수되는 데 걸리는 시간은 ?

① 약 2분 26초　　② 약 3분 35초
③ 약 4분 12초　　④ 약 5분 44초

정답 **28.** ①　**29.** ②　**30.** ③　**31.** ①

[해설] $Q = 0.653 d^2 \sqrt{10P}$

$= 0.653 \times (25\,\mathrm{mm})^2 \times \sqrt{10 \times 0.39(0.39\,\mathrm{MPa})}$

$= 805.98\,\mathrm{L/min}$

소요시간 $= \dfrac{2000\,\mathrm{L}}{805.98\,\mathrm{L/min}} = 2.48\,\mathrm{min}$

$= 2 + 0.48 \times 60 = 2 + 28.8$

∴ 2분 29초

32. 거리가 1000 m 되는 곳에 안지름 20 cm의 관을 통하여 물을 수평으로 수송하려 한다. 한 시간에 800 m³를 보내기 위해 필요한 압력(kPa)은? (단, 관의 마찰계수는 0.03이다.)

① 1370   ② 2010

③ 3750   ④ 4580

[해설] $V = \dfrac{Q}{A} = \dfrac{\dfrac{800\,\mathrm{m^3}}{3600\,\mathrm{s}}}{\dfrac{\pi}{4} \times 0.2^2\,\mathrm{m^2}} = 7.07\,\mathrm{m/s}$

$\Delta P = 0.03 \times \dfrac{1000}{0.2} \times \dfrac{7.07^2}{2 \times 9.8} \times 9.8\,\mathrm{kN/m^3}$

$= 3748.87\,\mathrm{kN/m^3}$

33. 글로브 밸브에 의한 손실을 지름이 10 cm이고 관 마찰계수가 0.025인 관의 길이로 환산하면 상당길이가 40 m가 된다. 이 밸브의 부차적 손실계수는?

① 0.25   ② 1

③ 2.5   ④ 10

[해설] 상당길이(L) $= \dfrac{kd}{f}$

여기서, k : 손실계수

d : 내경(m)

f : 마찰손실계수

∴ $k = \dfrac{Lf}{d} = \dfrac{40\,\mathrm{m} \times 0.025}{0.1\,\mathrm{m}} = 10$

34. 체적탄성계수가 2×10^9 Pa인 물의 체적을 3 % 감소시키려면 몇 MPa의 압력

을 가하여야 하는가?

① 25   ② 30

③ 45   ④ 60

[해설] 체적탄성계수(K) $= \dfrac{-\Delta P}{\dfrac{\Delta V}{V}}$

$\Delta P = -K \times \dfrac{\Delta V}{V} = -2 \times 10^9 \times \left(\dfrac{-3}{100}\right)$

$= 6 \times 10^7 = 60 \times 10^6\,\mathrm{Pa} = 60\,\mathrm{MPa}$

35. 물질의 열역학적 변화에 대한 설명으로 틀린 것은?

① 마찰은 비가역성의 원인이 될 수 있다.

② 열역학 제1법칙은 에너지 보존에 대한 것이다.

③ 이상기체는 이상기체 상태방정식을 만족한다.

④ 가역 단열과정은 엔트로피가 증가하는 과정이다.

[해설] 가역 단열과정은 엔트로피 변화가 없으며 비가역 단열과정에서는 엔트로피가 증가한다.

36. 폭이 4 m이고 반경이 1 m인 그림과 같은 1/4원형 모양으로 설치된 수문 AB가 있다. 이 수문이 받는 수직방향 분력 F_V의 크기(N)는?

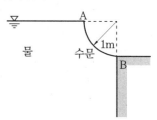

① 7613   ② 9801

③ 30787   ④ 123000

해설 • 수직분력(F_V) = $\gamma \times V$

$$= 9800\,\text{N/m}^3 \times \frac{\pi}{4} \times 1^2 \times 4\,\text{m}^3$$

$$= 30787.6\,\text{N}$$

• 수평분력(F_H) = $\gamma \times h \times A$

$$= 9800\,\text{N/m}^3 \times \frac{1}{2}\,\text{m} \times 1\,\text{m} \times 4\,\text{m}$$

$$= 19600\,\text{N}$$

37. 다음 단위 중 3가지는 동일한 단위이고 나머지 하나는 다른 단위이다. 이 중 동일한 단위가 아닌 것은?

① J   ② N·s

③ Pa·m³   ④ kg·m²/s²

해설 ① J = N·m

③ Pa·m³ = N/m² × m³ = N·m

④ kg·m²/s² = (kg·m/s²)·m = N·m

38. 전양정이 60 m, 유량이 6 m³/min, 효율이 60 %인 펌프를 작동시키는 데 필요한 동력(kW)은?

① 44   ② 60

③ 98   ④ 117

해설 $H_{kW} = \dfrac{1000 \times 6 \times 60}{102 \times 60 \times 0.6} = 98.03\,\text{kW}$

39. 지름이 150 mm인 원관에 비중이 0.85, 동점성계수가 1.33×10⁻⁴ m²/s인 기름이 0.01 m³/s의 유량으로 흐르고 있다. 이때 관 마찰계수는? (단, 임계 레이놀즈수는 2100이다.)

① 0.10   ② 0.14

③ 0.18   ④ 0.22

해설 $V = \dfrac{Q}{A} = \dfrac{0.01\,\text{m}^3/\text{s}}{\dfrac{\pi}{4} \times (0.15\,\text{m})^2} = 0.5659\,\text{m/s}$

$$Re = \frac{D \times V}{\nu} = \frac{0.15 \times 0.5659}{1.33 \times 10^{-4}} = 638.233$$

$$f = \frac{64}{Re} = \frac{64}{638.233} = 0.1$$

40. 검사체적(control volume)에 대한 운동량 방정식(momentum equation)과 가장 관계가 깊은 법칙은?

① 열역학 제2법칙

② 질량보존의 법칙

③ 에너지보존의 법칙

④ 뉴턴(Newton)의 법칙

해설 운동량 방정식(가속도의 법칙) : 물체의 가속도는 힘이 증가할수록 커지고 질량이 증가하면 감소한다. 가속도의 법칙은 뉴턴의 운동 제2법칙에 해당된다.
$F = ma$(여기서, F : 힘, m : 질량, a : 가속도)

제3과목   **소방관계법규**

41. 소방안전관리자 및 소방안전관리보조자에 대한 실무교육의 교육대상, 교육일정 등 실무교육에 필요한 계획을 수립하여 매년 누구의 승인을 얻어 교육을 실시하는가?

① 한국소방안전원장 ② 소방본부장

③ 소방청장   ④ 시·도지사

해설 매년 소방청장의 승인을 얻어 교육 실시 30일 전까지 교육대상자에게 통보하여야 한다.

42. 화재경계지구로 지정할 수 있는 대상이 아닌 것은?

① 시장지역

② 소방출동로가 있는 지역

③ 공장·창고가 밀집한 지역

④ 목조건물이 밀집한 지역

해설 (1) 화재경계지구로 지정 : 시·도지사

---

(2) 화재경계지구
- 시장지역
- 공장, 창고, 목조건물, 위험물의 저장 및 처리시설이 밀집한 지역
- 석유화학제품을 생산하는 공장이 있는 지역
- 소방시설, 소방용수시설 또는 소방출동로가 없는 지역
- 산업입지 및 개발에 관한 법률에 따른 산업단지
- 소방청장, 소방본부장 또는 소방서장이 화재경계지구로 지정할 필요가 있다고 인정하는 지역

43. 화재예방, 소방시설 설치·유지 및 안전관리에 관한 법령상 정당한 사유 없이 소방특별조사 결과에 따른 조치명령을 위반한 자에 대한 벌칙으로 옳은 것은?

① 100만원 이하의 벌금
② 300만원 이하의 벌금
③ 1년 이하의 징역 또는 1천만원 이하의 벌금
④ 3년 이하의 징역 또는 3천만원 이하의 벌금

해설 3년 이하의 징역 또는 3천만원 이하의 벌금
(1) 조치명령을 정당한 사유 없이 위반한 자
(2) 제품검사를 받지 아니한 자
(3) 거짓이나 그 밖의 부정한 방법으로 전문기관으로 지정받은 자
(4) 소방용품의 형식승인을 받지 아니하고 소방용품을 제조하거나 수입한 자

44. 다음 중 한국소방안전원의 업무에 해당하지 않는 것은?

① 소방용 기계·기구의 형식승인
② 소방업무에 관하여 행정기관이 위탁하는 업무
③ 화재예방과 안전관리의식 고취를 위

한 대국민 홍보
④ 소방기술과 안전관리에 관한 교육, 조사·연구 및 각종 간행물 발간

해설 한국소방안전원의 업무
(1) 소방기술과 안전관리에 관한 교육 및 조사·연구
(2) 소방기술과 안전관리에 관한 각종 간행물의 발간
(3) 화재예방과 안전관리의식의 고취를 위한 대국민 홍보
(4) 소방업무에 관하여 행정기관이 위탁하는 업무
(5) 그 밖에 회원의 복리증진 등 정관이 정하는 사항

45. 소방기본법상 소방대의 구성원에 속하지 않는 자는?

① 소방공무원법에 따른 소방공무원
② 의용소방대 설치 및 운영에 관한 법률에 따른 의용소방대원
③ 위험물안전관리법에 따른 자체소방대원
④ 의무소방대설치법에 따라 임용된 의무소방원

해설 소방대의 구성원
(1) 소방공무원법에 따른 소방공무원
(2) 의무소방대설치법 규정에 따라 임용된 의무소방원
(3) 의용소방대원

46. 위험물안전관리법령상 제조소 등이 아닌 장소에서 지정수량 이상의 위험물을 취급할 수 있는 기준 중 다음 ( ) 안에 알맞은 것은?

> 시·도의 조례가 정하는 바에 따라 관할 소방서장의 승인을 받아 지정수량 이상의 위험물을 ( )일 이내의 기간 동안 임시로 저장 또는 취급하는 경우

---

① 15   ② 30   ③ 60   ④ 90

해설 관할 소방서장의 승인을 받아 지정수량 이상의 위험물을 90일 이내의 기간 동안 임시로 저장 또는 취급할 수 있다.

47. 화재예방, 소방시설 설치·유지 및 안전관리에 관한 법령상 소방대상물의 개수·이전·제거, 사용의 금지 또는 제한, 사용폐쇄, 공사의 정지 또는 중지, 그 밖의 필요한 조치로 인하여 손실을 받은 자가 손실보상청구서에 첨부하여야 하는 서류로 틀린 것은?

① 손실보상합의서

② 손실을 증명할 수 있는 사진

③ 손실을 증명할 수 있는 증빙자료

④ 소방대상물의 관계인임을 증명할 수 있는 서류(건축물대장은 제외)

해설 손실보상청구서에 첨부하여야 하는 서류
(1) 소방대상물의 관계인임을 증명할 수 있는 서류(건축물대장은 제외한다.)
(2) 손실을 증명할 수 있는 사진 그 밖의 증빙자료

48. 화재예방, 소방시설 설치·유지 및 안전관리에 관한 법령상 소방청장, 소방본부장 또는 소방서장은 관할구역에 있는 소방대상물에 대하여 소방특별조사를 실시할 수 있다. 소방특별조사 대상과 거리가 먼 것은?(단, 개인 주거에 대하여는 관계인의 승낙을 득한 경우이다.)

① 화재경계지구에 대한 소방특별조사 등 다른 법률에서 소방특별조사를 실시하도록 한 경우

② 관계인이 법령에 따라 실시하는 소방시설 등, 방화시설, 피난시설 등에 대한 자체점검 등이 불성실하거나 불

완전하다고 인정되는 경우

③ 화재가 발생할 우려는 없으나 소방대상물의 정기점검이 필요한 경우

④ 국가적 행사 등 주요행사가 개최되는 장소에 대하여 소방안전관리 실태를 점검할 필요가 있는 경우

해설 ③항의 경우 화재가 자주 발생하였거나 발생할 우려가 뚜렷한 곳에 대한 점검이 필요한 경우이다.

49. 다음 조건을 참고하여 숙박시설이 있는 특정소방대상물의 수용인원 산정 수로 옳은 것은?

> 침대가 있는 숙박시설로서 1인용 침대의 수는 20개이고, 2인용 침대의 수는 10개이며, 종업원의 수는 3명이다.

① 33명   ② 40명

③ 43명   ④ 46명

해설 수용인원 산정
- 침대가 있는 숙박시설 : 종사자 수 +침대 수(2인용 침대는 2인 산정)
- 침대가 없는 숙박시설
 : 종사자 수 + $\dfrac{\text{바닥면적 합계}}{3\,\mathrm{m}^2}$
∴ 수용인원 = 3 + 20 + 10 × 2 = 43

50. 다음 중 상주 공사감리를 하여야 할 대상의 기준으로 옳은 것은?

① 지하층을 포함한 층수가 16층 이상으로서 300세대 이상인 아파트에 대한 소방시설의 공사

② 지하층을 포함한 층수가 16층 이상으로서 500세대 이상인 아파트에 대한 소방시설의 공사

③ 지하층을 포함하지 않은 층수가 16층 이상으로서 300세대 이상인 아파트에

대한 소방시설의 공사

④ 지하층을 포함하지 않은 층수가 16층 이상으로서 500세대 이상인 아파트에 대한 소방시설의 공사

[해설] 상주 공사감리
(1) 연면적 30000 m² 이상(자동화재탐지설비, 옥내, 옥외 또는 소화용수시설만 설치되는 공사는 제외)
(2) 지하층을 포함한 층수가 16층 이상으로서 500세대 이상인 아파트에 대한 소방시설의 공사

51. 다음 중 화재원인조사의 종류에 해당하지 않는 것은?

① 발화원인조사 ② 피난상황조사
③ 인명피해조사 ④ 연소상황조사

[해설] 화재원인조사의 종류
(1) 발화원인조사 : 화재 발생 과정, 화재가 발생한 지점 및 불이 붙기 시작한 물질
(2) 발견, 통보 및 초기소화 상황조사 : 화재 발견, 통보, 초기소화
(3) 연소상황조사 : 화재의 연소경로 및 확대원인
(4) 피난상황조사 : 피난경로, 피난상의 장애요인
(5) 소방시설 등 조사 : 소방시설 사용, 작동

52. 화재예방, 소방시설 설치·유지 및 안전관리에 관한 법령상 간이스프링클러설비를 설치하여야 하는 특정소방대상물의 기준으로 옳은 것은?

① 근린생활시설로 사용하는 부분의 바닥면적 합계가 1000 m² 이상인 것은 모든 층
② 교육연구시설 내에 있는 합숙소로서 연면적 500 m² 이상인 것
③ 정신병원과 의료재활시설을 제외한 요양병원으로 사용되는 바닥면적의 합

계가 300m² 이상 600 m² 미만인 시설

④ 정신의료기관 또는 의료재활시설로 사용되는 바닥면적의 합계가 600m² 미만인 시설

[해설] 간이스프링클러설비 설치
(1) 교육연구시설 내에 있는 합숙소로서 연면적 100 m² 이상인 것
(2) 정신병원과 의료재활시설을 제외한 요양병원으로 사용되는 바닥면적의 합계가 600 m² 미만인 시설
(3) 정신의료기관 또는 의료재활시설로 사용되는 바닥면적의 합계가 300 m² 이상 600 m² 미만인 시설

53. 화재예방, 소방시설 설치·유지 및 안전관리에 관한 법령상 소방시설 등의 자체점검 시 점검인력 배치기준 중 종합정밀점검에 대한 점검인력 1단위가 하루 동안 점검할 수 있는 특정소방대상물의 연면적 기준으로 옳은 것은? (단, 보조 인력을 추가하는 경우는 제외한다.)

① 3500 m² ② 7000 m²
③ 10000 m² ④ 12000 m²

[해설] (1) 종합정밀점검 : 10000 m²
(2) 작동기능점검 : 12000 m²(소규모 점검 : 3500 m²)

54. 소방본부장 또는 소방서장은 화재경계지구 안의 관계인에 대하여 소방상 필요한 훈련 및 교육은 연 몇 회 이상 실시할 수 있는가?

① 1 ② 2
③ 3 ④ 4

[해설] 화재경계지구의 관리 : 훈련 및 교육, 소방특별조사는 연 1회 이상 실시한다.

55. 제조소 등의 위치·구조 또는 설비의

변경 없이 당해 제조소 등에서 저장하거나 취급하는 위험물의 품명·수량 또는 지정수량의 배수를 변경하고자 할 때는 누구에게 신고해야 하는가?

① 국무총리
② 시·도지사
③ 관할소방서장
④ 행정안전부장관

[해설] 위험물의 품명·수량 또는 지정수량의 배수를 변경하고자 할 경우에는 변경하고자 하는 날의 1일 전까지 시·도지사에게 신고하여야 한다.

56. 항공기격납고는 특정소방대상물 중 어느 시설에 해당하는가?

① 위험물 저장 및 처리 시설
② 항공기 및 자동차 관련 시설
③ 창고시설
④ 업무시설

[해설] 항공기 및 자동차 관련 시설
 (1) 주차장 건축물, 차고 및 기계장치에 의한 주차시설
 (2) 항공기격납고
 (3) 세차장, 폐차장, 주차장, 차고
 (4) 자동차 검사장, 자동차 매매장
 (5) 자동차 정비공장, 자동차 부속상, 운전학원, 정비학원

57. 소방기본법령상 국고보조 대상사업의 범위 중 소방활동장비와 설비에 해당하지 않는 것은?

① 소방자동차
② 소방헬리콥터 및 소방정
③ 소화용수설비 및 피난구조설비
④ 방화복 등 소방활동에 필요한 소방장비

[해설] 소방활동장비와 설비

① 소방자동차
② 소방헬리콥터 및 소방정
③ 소방전용통신설비 및 전산설비
④ 그 밖의 방화복 등 소방활동에 필요한 소방장비

58. 위험물안전관리법령상 제조소 등의 관계인은 위험물의 안전관리에 관한 직무를 수행하게 하기 위하여 제조소 등마다 위험물의 취급에 관한 자격이 있는 자를 위험물안전관리자로 선임하여야 한다. 이 경우 제조소 등의 관계인이 지켜야 할 기준으로 틀린 것은?

① 제조소 등의 관계인은 안전관리자를 해임하거나 안전관리자가 퇴직한 때에는 해임하거나 퇴직한 날부터 15일 이내에 다시 안전관리자를 선임하여야 한다.
② 제조소 등의 관계인이 안전관리자를 선임한 경우에는 선임한 날부터 14일 이내에 소방본부장 또는 소방서장에게 신고하여야 한다.
③ 제조소 등의 관계인은 안전관리자가 여행·질병 그 밖의 사유로 인하여 일시적으로 직무를 수행할 수 없는 경우에는 국가기술자격법에 따른 위험물의 취급에 관한 자격취득자 또는 위험물안전에 관한 기본지식과 경험이 있는 자를 대리자로 지정하여 그 직무를 대행하게 하여야 한다. 이 경우 대행하는 기간은 30일을 초과할 수 없다.
④ 안전관리자는 위험물을 취급하는 작업을 하는 때에는 작업자에게 안전관리에 관한 필요한 지시를 하는 등 위험물의 취급에 관한 안전관리와 감독을

하여야 하고, 제조소 등의 관계인은 안전관리자의 위험물 안전관리에 관한 의견을 존중하고 그 권고에 따라야 한다.

해설 제조소 등의 관계인은 안전관리자를 해임하거나 안전관리자가 퇴직한 경우에는 퇴직한 날로부터 30일 이내 다시 안전관리자를 선임하여야 한다.

59. 소방대상물의 방염 등과 관련하여 방염성능기준은 무엇으로 정하는가?

① 대통령령   ② 행정안전부령
③ 소방청훈령   ④ 소방청 예규

해설 (1) 방염성능기준 : 대통령령
(2) 방염성능검사 : 소방청장
(3) 방염처리업 등록 : 시 · 도지사

60. 제6류 위험물에 속하지 않는 것은?

① 질산   ② 과산화수소
③ 과염소산   ④ 과염소산염류

해설 제6류 위험물은 산화성 액체이며, 과염소산염류는 제1류 위험물(산화성 고체)에 속한다.

제 4 과목 소방기계시설의 구조 및 원리

61. 이산화탄소소화설비의 기동장치에 대한 기준으로 틀린 것은?

① 자동식 기동장치에는 수동으로도 기동할 수 있는 구조이어야 한다.
② 가스압력식 기동장치에서 기동용 가스용기 및 해당용기에 사용하는 밸브는 20 MPa 이상의 압력에 견딜 수 있어야 한다.

③ 수동식 기동장치의 조작부는 바닥으로부터 높이 0.8 m 이상 1.5 m 이하의 위치에 설치한다.
④ 전기식 기동장치로서 7병 이상의 저장용기를 동시에 개방하는 설비는 2병 이상의 저장용기에 전자 개방밸브를 부착해야 한다.

해설 ② 가스압력식 기동장치에서 기동용 가스용기 및 해당용기에 사용하는 밸브는 25 MPa 이상의 압력에 견딜 수 있어야 한다.

62. 천장의 기울기가 10분의 1을 초과할 경우에 가지관의 최상부에 설치되는 톱날지붕의 스프링클러헤드는 천장의 최상부로부터의 수직거리가 몇 cm 이하가 되도록 설치하여야 하는가?

① 50   ② 70
③ 90   ④ 120

해설 천장의 기울기가 10분의 1을 초과할 경우
(1) 천장의 최상부를 중심으로 가지관을 서로 마주보게 설치하는 경우에는 최상부의 가지관 상호간의 거리가 가지관상의 스프링클러헤드 상호간의 거리의 2분의 1 이하(최소 1 m 이상이 되어야 한다)가 되게 스프링클러헤드를 설치하고 가지관의 최상부에 설치하는 스프링클러헤드는 천장의 최상부로부터의 수직거리가 90 cm 이하가 되도록 할 것
(2) 톱날지붕, 둥근지붕 기타 이와 유사한 지붕의 경우에도 이에 준한다.

63. 주요 구조부가 내화구조이고 건널 복도가 설치된 층의 피난기구 수의 설치 감소 방법으로 적합한 것은?

① 피난기구를 설치하지 아니할 수 있다.
② 피난기구의 수에서 1/2을 감소한 수로 한다.

정답 59. ①   60. ④   61. ②   62. ③   63. ④

③ 원래의 수에서 건널 복도 수를 더한 수로 한다.

④ 피난기구의 수에서 해당 건널 복도의 수의 2배의 수를 뺀 수로 한다.

[해설] 주요 구조부가 내화구조이고 다음 각 호의 기준에 적합한 건널 복도가 설치되어 있는 층에는 피난기구의 수에서 해당 건널 복도의 수의 2배의 수를 뺀 수로 한다.
(1) 내화구조 또는 철골조로 되어 있을 것
(2) 건널 복도 양단의 출입구에 자동폐쇄장치를 한 갑종방화문(방화셔터를 제외한다.)이 설치되어 있을 것
(3) 피난·통행 또는 운반의 전용 용도일 것

64. 제연설비의 설치장소에 따른 제연구역의 구획 기준으로 틀린 것은?

① 거실과 통로는 상호 제연구획 할 것
② 하나의 제연구역의 면적은 $600\,\mathrm{m}^2$ 이내로 할 것
③ 하나의 제연구역은 직경 $60\,\mathrm{m}$ 원내에 들어갈 수 있을 것
④ 하나의 제연구역은 2개 이상 층에 미치지 아니하도록 할 것

[해설] 하나의 제연구역의 면적은 $1000\,\mathrm{m}^2$ 이내로 하여야 한다.

65. 물분무소화설비의 가압송수장치로 압력수조의 필요압력을 산출할 때 필요한 것이 아닌 것은?

① 낙차의 환산수두압
② 물분무헤드의 설계압력
③ 배관의 마찰손실 수두압
④ 소방용 호스의 마찰손실 수두압

[해설] 물분무소화설비의 가압송수장치
$$P = P_1 + P_2 + P_3$$
여기서, P : 물분무소화설비의 필요한 압력 (MPa)

P_1 : 물분무헤드의 설계압력(MPa)
P_2 : 배관의 마찰손실 수두압(MPa)
P_3 : 낙차의 환산수두압(MPa)

66. 주거용 주방자동소화장치의 설치기준으로 틀린 것은?

① 감지부는 형식승인 받은 유효한 높이 및 위치에 설치해야 한다.
② 소화약제 방출구는 환기구의 청소부분과 분리되어 있어야 한다.
③ 가스차단장치는 상시 확인 및 점검이 가능하도록 설치해야 한다.
④ 탐지부는 수신부와 분리하여 설치하되, 공기보다 무거운 가스를 사용하는 장소에는 바닥면으로부터 $0.2\,\mathrm{m}$ 이하의 위치에 설치해야 한다.

[해설] 탐지부
(1) 공기보다 무거운 가스 : 바닥으로부터 $30\,\mathrm{cm}$ 이하
(2) 공기보다 가벼운 가스 : 천장으로부터 $30\,\mathrm{cm}$ 이하

67. 다음 중 물분무소화설비의 소화 작용이 아닌 것은?

① 부촉매 작용
② 냉각 작용
③ 질식 작용
④ 희석 작용

[해설] 부촉매 작용은 할로겐소화설비의 소화 작용이다.

68. 소화용수설비에서 소화수조의 소요수량이 $20\,\mathrm{m}^3$ 이상 $40\,\mathrm{m}^3$ 미만인 경우에 설치하여야 하는 채수구의 개수는?

① 1개
② 2개
③ 3개
④ 4개

[해설] 채수구의 수

[정답] 64. ② 65. ④ 66. ④ 67. ① 68. ①

소화수조 용량	20 m³ 이상 ~40 m³ 미만	40 m³ 이상 ~100 m³ 미만	100 m³ 이상
채수구의 수	1개	2개	3개

(1) 흡수관 투입구
- 한 변이 0.6 m 이상 또는 직경이 0.6 m 이상
- 소요수량이 80 m³ 미만일 때 1개 이상 설치
- 소요수량이 80 m³ 이상일 때 2개 이상 설치
- "흡수관 투입구" 표지

(2) 채수구 설치
- 65 mm 이상의 나사식 결합금속구를 설치할 것
- 설치 위치 : 0.5 m 이상 1 m 이하
- "채수구" 표지

※ 소화수조가 옥상 또는 옥탑 부근에 설치된 경우에는 지상에 설치된 채수구에서의 압력이 최소 0.15 MPa 이상이 되어야 한다.

69. 분말소화설비의 분말소화약제 1kg당 저장용기의 내용적 기준으로 틀린 것은?

① 제1종 분말 : 0.8 L
② 제2종 분말 : 1.0 L
③ 제3종 분말 : 1.0 L
④ 제4종 분말 : 1.8 L

해설 제4종 분말 : 1.25 L

70. 다음은 상수도소화용수설비의 설치기준에 관한 설명이다. ( ) 안에 들어갈 내용으로 알맞은 것은?

> 호칭지름 75 mm 이상의 수도배관에 호칭지름 ( )mm 이상의 소화전을 접속할 것

① 50　　② 80　　③ 100　　④ 125

해설 상수도소화용수설비의 설치기준

(1) 호칭지름 75 mm 이상의 수도배관에 호칭지름 100 mm 이상의 소화전을 접속할 것
(2) 소화전은 소방자동차 등의 진입이 쉬운 도로변 또는 공지에 설치할 것
(3) 소화전은 특정소방대상물의 수평투영면의 각 부분으로부터 140 m 이하가 되도록 설치할 것

71. 특별피난계단의 계단실 및 부속실 제연설비의 안전기준에 대한 내용으로 틀린 것은?

① 제연구역과 옥내와의 사이에 유지하여야 하는 최소 차압은 40 Pa 이상으로 하여야 한다.
② 제연설비가 가동되었을 경우 출입문의 개방에 필요한 힘은 110 N 이상으로 하여야 한다.
③ 계단실과 부속실을 동시에 제연하는 경우 부속실의 기압은 계단실과 같게 하거나 부속실과 계단실의 압력 차이가 5 Pa 이하가 되도록 하여야 한다.
④ 계단실 및 그 부속실을 동시에 제연하거나 또는 계단실만 단독으로 제연할 때의 방연풍속은 0.5 m/s 이상이어야 한다.

해설 ②항 110 N 이상 → 110 N 이하

72. 스프링클러설비의 가압송수장치의 정격토출압력은 하나의 헤드선단에 얼마의 방수압력이 될 수 있는 크기이어야 하는가?

① 0.01 MPa 이상 0.05 MPa 이하
② 0.1 MPa 이상 1.2 MPa 이하
③ 1.5 MPa 이상 2.0 MPa 이하
④ 2.5 MPa 이상 3.3 MPa 이하

해설 스프링클러설비의 가압송수장치

(1) 하나의 헤드선단에 0.1 MPa 이상 1.2 MPa 이하의 방수압력이 될 수 있게 하는 크기일 것

(2) 0.1 MPa의 방수압력 기준으로 80 L/min 이상의 방수 성능을 가진 기준 개수의 모든 헤드로부터 방수량을 충족시킬 수 있는 양 이상의 것으로 할 것

73. 스프링클러설비의 교차배관에서 분기되는 지점을 기점으로 한쪽 가지배관에 설치되는 헤드는 몇 개 이하로 설치하여야 하는가?(단, 수리학적 배관방식의 경우는 제외한다.)

① 8   ② 10   ③ 12   ④ 18

해설 스프링클러 가지배관
(1) 토너먼트 방식이 아닐 것
(2) 교차배관에서 분기되는 지점을 기점으로 한쪽 가지배관에 설치되는 헤드 수는 8개 이하로 할 것
(3) 교차배관의 구경은 최소구경이 40 mm 이상이 되도록 할 것

74. 지상으로부터 높이 30 m가 되는 창문에서 구조대용 유도 로프의 모래주머니를 자연낙하시킨 경우 지상에 도달할 때까지 걸리는 시간(초)은?

① 2.5   ② 5   ③ 7.5   ④ 10

해설 $t=\sqrt{\dfrac{2h}{g}}$

여기서, h : 높이(m)

g : 중력가속도(9.8 m/s^2)

t : 자유낙하 시 지상에 도달하는 데 걸리는 시간(s)

$\therefore\ t=\sqrt{\dfrac{2\times30}{9.8}}=2.47$초

75. 포소화설비의 자동식 기동장치에서 폐쇄형 스프링클러헤드를 사용하는 경우의 설치기준에 대한 설명이다. ㉠~㉢의 내

용으로 옳은 것은?

• 표시온도가 (㉠)℃ 미만인 것을 사용하고, 1개의 스프링클러헤드의 경계면적은 (㉡)m^2 이하로 할 것

• 부착면의 높이는 바닥으로부터 (㉢)m 이하로 하고, 화재를 유효하게 감지할 수 있도록 할 것

① ㉠ 68, ㉡ 20, ㉢ 5
② ㉠ 68, ㉡ 30, ㉢ 7
③ ㉠ 79, ㉡ 20, ㉢ 5
④ ㉠ 79, ㉡ 30, ㉢ 7

76. 다음은 포소화설비에서 배관 등 설치 기준에 관한 내용이다. ㉠~㉢ 안에 들어갈 내용으로 옳은 것은?

• 연결송수관설비의 배관과 겸용할 경우의 주배관은 구경 100 mm 이상, 방수구로 연결되는 배관의 구경은 (㉠)mm 이상의 것으로 하여야 한다.

• 펌프의 성능은 체절운전 시 정격토출압력의 (㉡)%를 초과하지 아니하고, 정격토출량의 150 %로 운전 시 정격토출압력의 (㉢)% 이상이 되어야 한다.

① ㉠ 40, ㉡ 120, ㉢ 65
② ㉠ 40, ㉡ 120, ㉢ 75
③ ㉠ 65, ㉡ 140, ㉢ 65
④ ㉠ 65, ㉡ 140, ㉢ 75

77. 옥내소화전이 하나의 층에는 6개, 또 다른 층에는 3개, 나머지 모든 층에는 4개씩 설치되어 있다. 수원의 최소 수량(m^3) 기준은?

① 7.8   ② 10.4
③ 13   ④ 15.6

해설 옥내소화전 수원의 양
$Q=N\times2.6\,\text{m}^3$

정답 **73.** ①   **74.** ①   **75.** ③   **76.** ③   **77.** ③

여기서, N : 옥내소화전이 가장 많이 설치
된 층의 설치개수(최대 5개)
$$\therefore\ Q = 5 \times 2.6 = 13\,\text{m}^3$$

78. 스프링클러설비의 누수로 인한 유수검
지장치의 오작동을 방지하기 위한 목적으
로 설치하는 것은?

① 솔레노이드 밸브

② 리타딩 체임버

③ 물올림 장치

④ 성능시험배관

해설 리타딩 체임버 : 자동경보장치의 오동작
방지 장치

79. 전역방출방식 분말 소화설비에서 방호
구역의 개구부에 자동폐쇄장치를 설치하
지 아니한 경우 개구부의 면적 1 m²에 대
한 분말소화약제의 가산량으로 잘못 연결
된 것은?

① 제1종 분말 – 4.5 kg

② 제2종 분말 – 2.7 kg

③ 제3종 분말 – 2.5 kg

④ 제4종 분말 – 1.8 kg

해설 제2종 분말과 제3종 분말의 가산량은 2.7
kg으로 같다.

80. 체적 100 m³의 면화류 창고에 전역방
출 방식의 이산화탄소 소화설비를 설치하
는 경우에 소화약제는 몇 kg 이상 저장
하여야 하는가? (단, 방호구역의 개구부
에 자동폐쇄장치가 부착되어 있다.)

① 12   ② 27

③ 120   ④ 270

해설 $Q = 2.7\,\text{kg/m}^3 \times 100\,\text{m}^3 = 270\,\text{kg}$

방호대상물	체적계수 (kg/m³)	면적계수(kg/m²) (자동폐쇄장치 미설치 시)
유압기기를 제외한 전기설비	1.3	
체적 55 m³ 미만의 전기설비	1.6	
석고, 전자제품 창고, 목재가공품 창고, 박물관	2.0	10
고무류, 면화류 창고, 모피 창고, 석탄 창고, 집진설비	2.7	

2020년도 시행문제

소방설비기계기사

제1과목 　　　　　**소방원론**

1. 0℃, 1기압에서 44.8 m³의 용적을 가진 이산화탄소를 액화하여 얻을 수 있는 액화탄산가스의 무게는 약 몇 kg인가?

① 88　　　　　　② 44

③ 22　　　　　　④ 11

해설 이상기체 상태 방정식에 의하여

$$W = \frac{PVM}{RT} = \frac{1 \times 44.8 \times 1000 \times 44}{0.082 \times 273}$$

$$= 88055\,g = 88.055\,kg$$

2. 제거소화의 예에 해당하지 않는 것은?

① 밀폐 공간에서의 화재 시 공기를 제거한다.

② 가연성가스 화재 시 가스의 밸브를 닫는다.

③ 산림화재 시 확산을 막기 위하여 산림의 일부를 벌목한다.

④ 유류탱크 화재 시 연소되지 않은 기름을 다른 탱크로 이동시킨다.

해설 공기를 제거하는 경우는 산소 공급을 차단하는 것으로 질식소화에 해당된다.

3. 다음 중 소화에 필요한 이산화탄소 소화약제의 최소설계농도 값이 가장 높은 물질은?

① 메탄　　　　　② 에틸렌

③ 천연가스　　　④ 아세틸렌

해설 최소설계농도는 이론적으로 구한 최소 소화농도에 일정량의 여유분을 더한 값으로 이산화탄소 소화약제의 최소설계농도 값은 다음과 같다.

(1) 메탄 : 34 %　　(2) 에틸렌 : 49 %

(3) 천연가스 : 37 %　(4) 아세틸렌 : 66 %

4. 인화알루미늄의 화재 시 주수소화하면 발생하는 물질은?

① 수소　　　　　② 메탄

③ 포스핀　　　　④ 아세틸렌

해설 인화알루미늄의 화재 시 주수소화하면 포스핀이 발생한다.

$$AlP + 3H_2O \rightarrow PH_3 + Al(OH)_3$$

5. 다음 물질의 저장창고에서 화재가 발생하였을 때 주수소화를 할 수 없는 물질은 어느 것인가?

① 부틸리튬

② 질산에틸

③ 니트로셀룰로오스

④ 적린

해설 부틸리튬 화재에 주수소화하면 부탄(가연성가스)을 생성하여 화재를 촉진시킨다.

$$C_4H_9Li + H_2O \rightarrow LiOH + C_4H_{10}$$

6. 다음 중 이산화탄소에 대한 설명으로 틀린 것은?

① 임계온도는 97.5℃이다.

② 고체의 형태로 존재할 수 있다.

정답 1. ①　2. ①　3. ④　4. ③　5. ①　6. ①

③ 불연성가스로 공기보다 무겁다.

④ 드라이아이스와 분자식이 동일하다.

[해설] 이산화탄소의 임계온도는 31.35℃, 임계압력은 72.9 atm이다.

7. 실내 화재 시 발생한 연기로 인한 감광계수(m^{-1})와 가시거리에 대한 설명 중 틀린 것은?

① 감광계수가 0.1일 때 가시거리는 20~30 m이다.

② 감광계수가 0.3일 때 가시거리는 15~20 m이다.

③ 감광계수가 1.0일 때 가시거리는 1~2 m이다.

④ 감광계수가 10일 때 가시거리는 0.2~0.5 m이다.

[해설] 연기의 감광계수와 가시거리

감광계수 (m^{-1})	가시거리(m)	상황
0.1	20~30	연기감지기 작동
0.3	5	내부에 익숙한 사람이 피난에 지장
0.5	3	어둠을 느낄 정도
1	1~2	앞이 보이지 않음
10	0.2~0.5	화재 최성기 농도
30	–	출화실 연기 분출

8. 물질의 화재 위험성에 대한 설명으로 틀린 것은?

① 인화점 및 착화점이 낮을수록 위험

② 착화에너지가 작을수록 위험

③ 비점 및 융점이 높을수록 위험

④ 연소범위가 넓을수록 위험

[해설] 비점 및 융점이 높아지면 쉽게 연소가 되지 않으므로 위험성이 감소한다.

9. 이산화탄소의 증기 비중은 약 얼마인가? (단, 공기의 분자량은 29이다.)

① 0.81

② 1.52

③ 2.02

④ 2.51

[해설] 증기 비중 = $\dfrac{\text{기체의 분자량}}{\text{공기의 분자량}}$

이산화탄소의 증기 비중 = $\dfrac{44}{29} = 1.517$

10. 위험물안전관리법령상 제2석유류에 해당하는 것으로만 나열된 것은?

① 아세톤, 벤젠

② 중유, 아닐린

③ 에테르, 이황화탄소

④ 아세트산, 아크릴산

[해설] 유류화재의 종류

(1) 제1석유류 : 아세톤, 휘발유

(2) 제2석유류 : 등유, 경유, 아세트산, 아크릴산

(3) 제3석유류 : 중유, 클레오소트유

(4) 제4석유류 : 기어유, 실린더유

(5) 특수인화물 : 디에틸에테르, 이황화탄소

11. 다음 중 연소 범위를 근거로 계산한 위험도 값이 가장 큰 물질은?

① 이황화탄소

② 메탄

③ 수소

④ 일산화탄소

[해설] 위험도(H) = $\dfrac{U-L}{L}$

여기서, U : 폭발 상한계, L : 폭발 하한계

※ 이황화탄소(1.2~44 %), 메탄(5~15 %), 수소(4~75 %), 일산화탄소(12.5~74 %)

① 이황화탄소 위험도(H)

= $\dfrac{44-1.2}{1.2} = 35.67$

② 메탄 위험도(H)

= $\dfrac{15-5}{5} = 2$

정답 7. ② 8. ③ 9. ② 10. ④ 11. ①

③ 수소 위험도$(H) = \dfrac{75-4}{4} = 17.75$

④ 일산화탄소 위험도(H)
$= \dfrac{74-12.5}{12.5} = 4.92$

12. 가연물이 연소가 잘 되기 위한 구비조건으로 틀린 것은?

① 열전도율이 클 것
② 산소와 화학적으로 친화력이 클 것
③ 표면적이 클 것
④ 활성화 에너지가 작을 것

해설 열의 축적이 용이해야 연소가 잘 이루어지며 열전도율이 크면 열의 축적이 어렵게 된다.

13. 유류탱크 화재 시 기름 표면에 물을 살수하면 기름이 탱크 밖으로 비산하여 화재가 확대되는 현상은?

① 슬롭오버(slop over)
② 플래시오버(flash over)
③ 프로스오버(froth over)
④ 블레비(BLEVE)

해설 연소상의 문제점
(1) 보일오버 : 상부가 개방된 유류 저장탱크에서 화재 발생 시에 일어나는 현상으로 기름 표면에서 장시간 조용히 연소하다 일정 시간 경과 후 잔존 기름의 갑작스런 분출이나 넘침이 일어나며 유화 현상이 심한 기름에서 주로 발생한다.
(2) 슬롭오버 : 기름 속에 존재하는 수분이 비등점 이상이 되면 수증기가 되어 상부로 튀어 나오게 되는데 이때 기름의 일부가 비산되는 현상을 말한다.
(3) 프로스오버 : 유류 탱크 속에 존재하는 물이 상부의 뜨거운 기름 속에서 끓을 때 점성이 큰 기름이 탱크 외부로 넘쳐 흐르는 현상을 말한다.
(4) BLEVE : 가연성 액화가스 저장용기에 열이 공급되면 액의 증발로 인하여 급격

한 체적 팽창이 일어나 용기가 파열되는 현상으로 액체의 일부도 같이 비산한다.
(5) 블로 오프 : 촛불을 입으로 불면 불꽃은 옆으로 이동하게 되며 이때 증발된 파라핀의 공급이 중단되어 촛불은 꺼지게 된다.

14. 화재 시 나타나는 인간의 피난 특성으로 볼 수 없는 것은?

① 어두운 곳으로 대피한다.
② 최초로 행동한 사람을 따른다.
③ 발화지점의 반대방향으로 이동한다.
④ 평소에 사용하던 문, 통로를 사용한다.

해설 화재 시 어두운 곳은 피하며 밝은 곳으로 이동하게 된다.

15. 종이, 나무, 섬유류 등에 의한 화재에 해당하는 것은?

① A급 화재   ② B급 화재
③ C급 화재   ④ D급 화재

해설 (1) A급 화재(일반화재 : 백색) : 종이, 섬유, 목재 등의 화재
(2) B급 화재(유류화재 : 황색) : 등유, 경유, 식용유 등의 화재
(3) C급 화재(전기화재 : 청색) : 단락, 정전기, 누락 등의 화재
(4) D급 화재(금속화재 : -) : 알루미늄분, 마그네슘분, 철분 등의 화재

16. 다음 물질 중 연소하였을 때 시안화수소를 가장 많이 발생시키는 물질은?

① polyethylene
② polyurethane
③ polyvinyl chloride
④ polystyrene

해설 폴리우레탄은 다른 고분자에 비하여 고온 안정성이 나쁘며, 연소 시에는 일산화탄소와 시안화수소 등의 유독성 가스를 많이 배출하므로 위험하다.

17. $NH_4H_2PO_4$를 주성분으로 한 분말소화약제는 제 몇 종 분말소화약제인가?

① 제1종 ② 제2종
③ 제3종 ④ 제4종

해설 분말소화약제의 종류

종별	명칭	착색	적용	반응식
제1종	탄산수소 나트륨 ($NaHCO_3$)	백색	B, C급	$2NaHCO_3 \rightarrow$ $Na_2CO_3 + CO_2$ $+ H_2O$
제2종	탄산수소칼륨 ($KHCO_3$)	담자색	B, C급	$2KHCO_3 \rightarrow$ $K_2CO_3 + CO_2$ $+ H_2O$
제3종	제1인산암모늄 ($NH_4H_2PO_4$)	담홍색	A, B, C급	$NH_4H_2PO_4$ $\rightarrow HPO_3$ $+ NH_3 + H_2O$
제4종	탄산수소칼륨 + 요소($KHCO_3$ $+ (NH_2)_2CO$)	회색	B, C급	$2KHCO_3 +$ $(NH_2)_2CO \rightarrow$ $K_2CO_3 + 2NH_3$ $+ 2CO_2$

18. 다음 중 상온 상압에서 액체인 것은?

① 탄산가스 ② 할론 1301
③ 할론 2402 ④ 할론 1211

해설 할론 소화약제의 물리적 성질

구분	화학식	상온 (20℃)	오존층 파괴지수
할론 1301	CF_3Br	기체	14.1
할론 1211	CF_2ClBr	기체	2.4
할론 2402	$C_2F_4Br_2$	액체	6.6

19. 다음 중 산소의 농도를 낮추어 소화하는 방법은?

① 냉각소화 ② 질식소화
③ 제거소화 ④ 억제소화

해설 산소의 농도를 15 % 이하로 낮추어 소

화시키는 방법을 질식소화라 하며, 가연물질의 온도를 연소점 이하로 낮추는 방식을 냉각소화라 한다.

20. 밀폐된 내화건물의 실내에 화재가 발생했을 때 그 실내의 환경 변화에 대한 설명 중 틀린 것은?

① 기압이 급강하한다.
② 산소가 감소한다.
③ 일산화탄소가 증가한다.
④ 이산화탄소가 증가한다.

해설 화재가 발생했을 때 실내는 연소 시 생성되는 가스로 인하여 기압이 급상승하게 된다.

제 2 과목 **소방유체역학**

21. 비중이 0.8인 액체가 한 변이 10 cm 인 정육면체 모양 그릇의 반을 채울 때 액체의 질량(kg)은?

① 0.4 ② 0.8
③ 400 ④ 800

해설 $m = \rho V$
$= 0.8 \times 1000 \, kg/m^3 \times 0.1m \times 0.1m \times 0.05m$
$= 0.4 \, kg$

22. 펌프의 입구에서 진공계의 계기압력은 −160 mmHg, 출구에서 압력계의 계기압력은 300 kPa, 송출 유량은 10 m³/min 일 때 펌프의 수동력(kW)은? (단, 진공계와 압력계 사이의 수직거리는 2 m이고, 흡입관과 송출관의 직경은 같으며, 손실을 무시한다.)

① 5.7 ② 56.8
③ 557 ④ 3400

[해설] 펌프 입·출구 압력 차이

$$= 300\text{kPa} \times \frac{10.332\,\text{mAq}}{101.325\,\text{kPa}}$$

$$- \left(-160\,\text{mmHg} \times \frac{10.332\,\text{mAq}}{760\,\text{mmHg}} \right)$$

$$= 32.77\,\text{mAq}$$

∴ 펌프 양정 $= 32.77\text{m} + 2\text{m} = 34.77\text{m}$

$$H_{kW} = \frac{1000 \times 10 \times 34.77}{102 \times 60} = 56.8\,\text{kW}$$

23. 다음 (㉠), (㉡)에 알맞은 것은?

> 파이프 속을 유체가 흐를 때 파이프 끝의 밸브를 갑자기 닫으면 유체의 (㉠)에너지가 압력으로 변환되면서 밸브 직전에서 높은 압력이 발생하고 상류로 압축파가 전달되는 (㉡)현상이 발생한다.

① ㉠ 운동, ㉡ 서징
② ㉠ 운동, ㉡ 수격작용
③ ㉠ 위치, ㉡ 서징
④ ㉠ 위치, ㉡ 수격작용

[해설] 수격현상 : 펌프의 운전 중 정전 등으로 펌프가 급히 정지하는 경우 관내의 물이 역류하여 역지변이 막힘으로 배관 내의 유체의 운동에너지가 압력에너지로 변하여 고압을 발생시키고, 소음과 진동을 수반하는 현상

24. 다음 중 과열증기에 대한 설명으로 틀린 것은?

① 과열증기의 압력은 해당온도에서의 포화압력보다 높다.
② 과열증기의 온도는 해당압력에서의 포화온도보다 높다.
③ 과열증기의 비체적은 해당온도에서의 포화증기의 비체적보다 크다.
④ 과열증기의 엔탈피는 해당압력에서의 포화증기의 엔탈피보다 크다.

[해설] 과냉액, 포화액, 포화증기, 과열증기 등

은 동일 압력을 기준으로 하여 상태를 구분한다.

25. 비중이 0.85이고 동점성계수가 3×10^{-4} m²/s인 기름이 직경 10 cm의 수평 원형관 내에 20 L/s로 흐른다. 이 원형관의 100 m 길이에서의 수두손실(m)은? (단, 정상 비압축성 유동이다.)

① 16.6   ② 25.0
③ 49.8   ④ 82.2

[해설] $h_L = f \dfrac{L}{d} \dfrac{V^2}{2g}$

$$= 0.075 \times \frac{100}{0.1} \times \frac{(2.55)^2}{2 \times 9.8} \fallingdotseq 25\,\text{m}$$

$$f = \frac{64}{Re} = \frac{64}{848.33} = 0.075$$

$$Re = \frac{Vd}{\nu} = \frac{4Q}{\pi d \nu}$$

$$= \frac{4 \times 20 \times 10^{-3}}{\pi \times 0.1 \times 3 \times 10^{-4}} = 848.83 < 2100$$

이므로 층류

$Q = AV\,[\text{m}^3/\text{s}]$에서

$$V = \frac{Q}{A} = \frac{Q}{\dfrac{\pi d^2}{4}} = \frac{4Q}{\pi d^2}$$

$$= \frac{4 \times 20 \times 10^{-3}}{\pi (0.1)^2} \fallingdotseq 2.55\,\text{m/s}$$

26. 그림과 같이 수족관에 직경 3 m의 투시경이 설치되어 있다. 이 투시경에 작용하는 힘(kN)은?

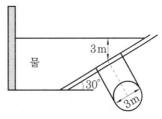

① 207.8   ② 123.9
③ 87.1   ④ 52.4

[정답] **23.** ②   **24.** ①   **25.** ②   **26.** ①

[해설] $F = \gamma \overline{h} A$

$= 9.8 \times 3 \times \dfrac{\pi}{4} \times 3^2 ≒ 207.8 \text{ kN}$

27. 점성에 관한 설명으로 틀린 것은?

① 액체의 점성은 분자 간 결합력에 관계된다.

② 기체의 점성은 분자 간 운동량 교환에 관계된다.

③ 온도가 증가하면 기체의 점성은 감소된다.

④ 온도가 증가하면 액체의 점성은 감소된다.

[해설] 점성은 유체의 흐름에 대한 저항으로 운동하는 액체나 기체 내부에 나타나는 마찰력이며 온도가 증가하면 액체의 점성은 감소하고, 기체의 점성은 증가한다.

28. 관의 길이가 l이고, 지름이 d, 관마찰계수가 f일 때, 총손실수두 H[m]를 식으로 바르게 나타낸 것은 어느 것인가? (단, 입구 손실계수가 0.5, 출구 손실계수가 1.0, 속도수두는 $\dfrac{V^2}{2g}$이다.)

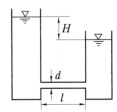

① $\left(1.5 + f\dfrac{l}{d}\right)\dfrac{V^2}{2g}$ ② $\left(f\dfrac{l}{d} + 1\right)\dfrac{V^2}{2g}$

③ $\left(0.5 + f\dfrac{l}{d}\right)\dfrac{V^2}{2g}$ ④ $\left(f\dfrac{l}{d}\right)\dfrac{V^2}{2g}$

[해설] 총손실수두

= 입구 손실수두 + 출구 손실수두
+ 내부 손실수두

$= 0.5 \times \dfrac{V^2}{2g} + 1 \times \dfrac{V^2}{2g} + f\dfrac{l}{d} \times \dfrac{V^2}{2g}$

$= \left(1.5 + f\dfrac{l}{d}\right)\dfrac{V^2}{2g}$

29. 240 mmHg의 절대압력은 계기압력으로 약 몇 kPa인가? (단, 대기압은 760 mmHg이고, 수은의 비중은 13.6이다.)

① -32.0 ② 32.0

③ -69.3 ④ 69.3

[해설] 절대압력 = 대기압 + 계기압

계기압 = 240 - 760 = -520 mmHg

$-520 \text{mmHg} \times \dfrac{101.325 \text{kPa}}{760 \text{mmHg}} = -69.33 \text{kPa}$

30. 회전속도 N[rpm]일 때 송출량 Q [m³/min], 전양정 H[m]인 원심펌프를 상사한 조건에서 회전속도를 $1.4N$[rpm]으로 바꾸어 작동할 때 (㉠) 유량과 (㉡) 전양정은?

① ㉠ $1.4Q$, ㉡ $1.4H$

② ㉠ $1.4Q$, ㉡ $1.96H$

③ ㉠ $1.96Q$, ㉡ $1.4H$

④ ㉠ $1.96Q$, ㉡ $1.96H$

[해설] 상사의 법칙에 의하여

(1) 송출량(Q_2)

$= Q_1 \times \dfrac{N_2}{N_1} = Q_1 \times \dfrac{1.4N}{N} = 1.4Q$

(2) 전양정(H_2)

$= H_1 \times \left(\dfrac{N_2}{N_1}\right)^2 = H_1 \times \left(\dfrac{1.4N}{N}\right)^2 = 1.96H$

31. 그림과 같이 길이 5 m, 입구 직경(D_1) 30 cm, 출구 직경(D_2) 16 cm인 직관을 수평면과 30° 기울어지게 설치하였다. 입구에서 0.3 m³/s로 유입되어 출구에서 대기 중으로 분출된다면 입구에서의 압력

(kPa)은? (단, 대기는 표준대기압 상태이고 마찰손실은 없다.)

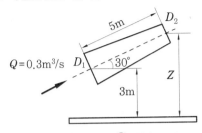

① 24.5   ② 102

③ 127   ④ 228

[해설] $\dfrac{P_1}{\gamma} + \dfrac{V_1^2}{2g} + Z_1 = \dfrac{P_2}{\gamma} + \dfrac{V_2^2}{2g} + Z_2$

$P_1 = \dfrac{\gamma}{2g}(V_2^2 - V_1^2) + \gamma(Z_2 - Z_1) + P_2$

$\quad = \dfrac{9.8}{2 \times 9.8}(14.92^2 - 4.24^2)$

$\qquad + 9.8(5.5 - 3) + 101.325$

$\quad ≒ 228.325 \, \mathrm{kPa}$

여기서, $V_2 = \dfrac{Q}{A_2} = \dfrac{0.3}{\dfrac{\pi}{4} \times 0.16^2} = 14.92 \, \mathrm{m/s}$

$\qquad V_1 = \dfrac{Q}{A_1} = \dfrac{0.3}{\dfrac{\pi}{4} \times 0.3^2} = 4.24 \, \mathrm{m/s}$

$\qquad Z_2 = 3 + 5\sin 30° = 5.5 \, \mathrm{m}$

$\qquad Z_1 = 3 \, \mathrm{m}$

32. 다음 중 배관의 유량을 측정하는 계측 장치가 아닌 것은?

① 로터미터(rotameter)

② 유동노즐(flow nozzle)

③ 마노미터(manometer)

④ 오리피스(orifice)

[해설] 마노미터는 액주계라고도 하며 압력 측정용으로 사용한다.

33. 지름 10 cm의 호스에 출구 지름이 3 cm인 노즐이 부착되어 있고, 1500 L/min의

물이 대기 중으로 뿜어져 나온다. 이때 4개의 플랜지 볼트를 사용하여 노즐을 호스에 부착하고 있다면 볼트 1개에 작용되는 힘의 크기(N)는? (단, 유동에서 마찰이 존재하지 않는다고 가정한다.)

① 58.3   ② 899.4

③ 1018.4   ④ 4098.2

[해설] $F_B = \dfrac{\gamma A_1 Q^2}{2g}\left(\dfrac{A_1 - A_2}{A_1 A_2}\right)^2$

$\quad = \dfrac{\rho A_1 Q^2}{2}\left(\dfrac{A_1 - A_2}{A_1 A_2}\right)^2$

$\quad = \dfrac{1000 \times \dfrac{\pi}{4}(0.1)^2 \times \left(\dfrac{1500}{60} \times 10^{-3}\right)^2}{2}$

$\qquad \times \left(\dfrac{\dfrac{\pi}{4}(0.1)^2 - \dfrac{\pi}{4}(0.03)^2}{\dfrac{\pi}{4}(0.1)^2 \times \dfrac{\pi}{4}(0.03)^2}\right)^2 = 4073.6 \, \mathrm{N}$

$\therefore$ 볼트 1개에 작용되는 힘(F)

$\quad = \dfrac{F_B}{4} = \dfrac{4073.6}{4} = 1018.4 \, \mathrm{N}$

34. −10℃, 6기압의 이산화탄소 10 kg이 분사노즐에서 1기압까지 가역 단열팽창 하였다면 팽창 후의 온도는 몇 ℃가 되겠는가? (단, 이산화탄소의 비열비는 1.289 이다.)

① −85   ② −97

③ −105   ④ −115

[해설] $\dfrac{T_2}{T_1} = \left(\dfrac{P_2}{P_1}\right)^{\frac{k-1}{k}}$ 에서

$T_2 = T_1\left(\dfrac{P_2}{P_1}\right)^{\frac{k-1}{k}} = 263\left(\dfrac{1}{6}\right)^{\frac{1.289-1}{1.289}}$

$\quad = 176 \, \mathrm{K} = (176 - 273)℃ = -97℃$

35. 다음 그림에서 A, B점의 압력차(kPa)는? (단, A는 비중 1의 물, B는 비중

0.899의 벤젠이다.)

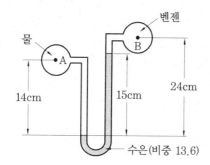

① 278.7   ② 191.4

③ 23.07   ④ 19.4

해설 $P_A + 9.8 \times 0.14$

$= P_B + (9.8 \times 0.899) \times 0.09$

$\quad + (9.8 \times 13.6) \times 0.15$

$\therefore \ P_A - P_B$

$= (9.8 \times 0.899) \times 0.09 + (9.8 \times 13.6) \times 0.15$

$\quad - 9.8 \times 0.14 = 19.41 \,\mathrm{kPa}$

36. 펌프의 일과 손실을 고려할 때 베르누이 수정 방정식을 바르게 나타낸 것은? (단, H_P와 H_L은 펌프의 수두와 손실수두를 나타내며, 하첨자 1, 2는 각각 펌프의 전후 위치를 나타낸다.)

① $\dfrac{v_1^2}{2g} + \dfrac{P_1}{\gamma} + z_1 = \dfrac{v_2^2}{2g} + \dfrac{P_2}{\gamma} + H_L$

② $\dfrac{v_1^2}{2g} + \dfrac{P_1}{\gamma} + z_1 + H_P$

$= \dfrac{v_2^2}{2g} + \dfrac{P_2}{\gamma} + H_L$

③ $\dfrac{v_1^2}{2g} + \dfrac{P_1}{\gamma} + H_P$

$= \dfrac{v_2^2}{2g} + \dfrac{P_2}{\gamma} + z_2 + H_L$

④ $\dfrac{v_1^2}{2g} + \dfrac{P_1}{\gamma} + z_1 + H_P$

$= \dfrac{v_2^2}{2g} + \dfrac{P_2}{\gamma} + z_2 + H_L$

해설 베르누이 수정 방정식은 배관 설계 등 실무에 적용되는 각종 데이터 산출의 기본이 되는 것으로 직접 적용하기도 하는 매우 중요한 에너지 방정식이다.

37. 그림과 같이 단면 A에서 정압이 500 kPa이고 10 m/s로 난류의 물이 흐르고 있을 때 단면 B에서의 유속(m/s)은?

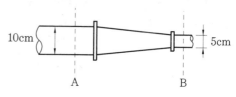

① 20   ② 40

③ 60   ④ 80

해설 A, B 유량이 동일하므로($Q = AV$)

$A_1 V_1 = A_2 V_2$에서

$V_2 = V_1 \times \left(\dfrac{A_1}{A_2}\right) = V_1 \times \left(\dfrac{d_1}{d_2}\right)^2$

$= 10 \,\mathrm{m/s} \times \left(\dfrac{10 \,\mathrm{cm}}{5 \,\mathrm{cm}}\right)^2 = 40 \,\mathrm{m/s}$

38. 압력이 100 kPa이고 온도가 20℃인 이산화탄소를 완전기체라고 가정할 때 밀도(kg/m³)는? (단, 이산화탄소의 기체상수는 188.95 J/kg·K이다.)

① 1.1   ② 1.8

③ 2.56   ④ 3.8

해설 $\rho = \dfrac{P}{RT} = \dfrac{100 \times 10^3}{188.95 \times (20 + 273)}$

$= 1.81 \,\mathrm{kg/m^3}$

39. 온도 차이가 ΔT, 열전도율이 k_1, 두께 x인 벽을 통한 열유속(heat flux)과 온도 차이가 $2\Delta T$, 열전도율이 k_2, 두께

0.5x인 벽을 통한 열유속이 서로 같다면 두 재질의 열전도율비 k_1/k_2의 값은?

① 1   ② 2   ③ 4   ④ 8

[해설] 열유속(heat flux) $q = k\dfrac{\Delta T}{x}$ [W/m²]

$k_1\dfrac{\Delta T_1}{x_1} = k_2\dfrac{\Delta T_2}{x_2}$ 이므로

$\dfrac{k_1}{k_2} = \dfrac{x_1}{x_2} \cdot \dfrac{\Delta T_2}{\Delta T_1} = \dfrac{x}{0.5x} \cdot \dfrac{2\Delta T}{\Delta T} = 4$

$(k_1 = 4k_2)$

40. 표준대기압 상태인 어떤 지방의 호수 밑 72.4 m에 있던 공기의 기포가 수면으로 올라오면 기포의 부피는 최초 부피의 몇 배가 되는가? (단, 기포 내의 공기는 보일의 법칙을 따른다.)

① 2   ② 4
③ 7   ④ 8

[해설] 보일의 법칙에 의하여

$P_1 V_1 = P_2 V_2, \quad \dfrac{V_2}{V_1} = \dfrac{P_1}{P_2}$

$P_1 = (10.332 + 72.4)\,\mathrm{mAq} \times \dfrac{101.325\mathrm{kPa}}{10.332\,\mathrm{mAq}}$

$= 811.345\,\mathrm{kPa}$

$\therefore \dfrac{V_2}{V_1} = \dfrac{811.345\,\mathrm{kPa}}{101.325\,\mathrm{kPa}} = 8$

제3과목   **소방관계법규**

41. 소방시설공사업법령상 소방공사감리를 실시함에 있어 용도와 구조에서 특별히 안전성과 보안성이 요구되는 소방대상물로서 소방시설물에 대한 감리를 감리업자가 아닌 자가 감리할 수 있는 장소는?

① 정보기관의 청사
② 교도소 등 교정관련시설
③ 국방 관계시설 설치장소
④ 원자력안전법상 관계시설이 설치되는 장소

[해설] 소방시설공사업법 시행령 제8조에 의하여 원자력안전법상 관계시설이 설치되는 장소에는 감리업자가 아닌 자가 감리할 수 있다.

42. 소방시설공사업법령에 따른 소방시설업 등록이 가능한 사람은?

① 피성년후견인
② 위험물안전관리법에 따른 금고 이상의 형의 집행유예를 선고받고 그 유예기간 중에 있는 사람
③ 등록하려는 소방시설업 등록이 취소된 날부터 3년이 지난 사람
④ 소방기본법에 따른 금고 이상의 실형을 선고받고 그 집행이 면제된 날부터 1년이 지난 사람

[해설] 소방시설업의 등록 결격사유(소방시설공사업법 제5조)
(1) 피성년후견인
(2) 금고 이상의 실형을 선고받고 그 집행이 끝나거나 면제된 날부터 2년이 지나지 아니한 사람
(3) 금고 이상의 형의 집행유예를 선고받고 그 유예기간 중에 있는 사람
(4) 등록이 취소된 날부터 2년이 지나지 아니한 자

43. 소방기본법령상 소방업무 상호응원협정 체결 시 포함되어야 하는 사항이 아닌 것은?

① 응원출동의 요청방법
② 응원출동훈련 및 평가
③ 응원출동대상지역 및 규모
④ 응원출동 시 현장지휘에 관한 사항

[정답] **40.** ④   **41.** ④   **42.** ③   **43.** ④

[해설] 소방업무 상호응원협정 체결사항
(1) 소방 활동에 관한 사항
(2) 응원출동대상지역 및 규모
(3) 소요경비의 부담에 관한 사항
(4) 응원출동 요청방법
(5) 응원출동훈련 및 평가

44. 소방기본법령에 따른 소방용수시설 급수탑 개폐밸브의 설치기준으로 맞는 것은 어느 것인가?

① 지상에서 1.0 m 이상 1.5 m 이하
② 지상에서 1.2 m 이상 1.8 m 이하
③ 지상에서 1.5 m 이상 1.7 m 이하
④ 지상에서 1.5 m 이상 2.0 m 이하

[해설] 소방용수시설별 설치기준
(1) 소화전의 설치기준 : 상수도와 연결하여 지하식 또는 지상식의 구조로 하고 소방용호스와 연결하는 소화전의 연결금속구의 구경은 65 mm로 할 것
(2) 급수탑의 설치기준 : 급수배관의 구경은 100 mm 이상으로 하고, 개폐밸브는 지상에서 1.5 m 이상 1.7 m 이하의 위치에 설치하도록 할 것

45. 소방기본법에 따라 화재 등 그 밖의 위급한 상황이 발생한 현장에서 소방활동을 위하여 필요한 때에는 그 관할구역에 사는 사람 또는 그 현장에 있는 사람으로 하여금 사람을 구출하는 일 또는 불을 끄는 등의 일을 하도록 명령할 수 있는 권한이 없는 사람은?

① 소방서장　　② 소방대장
③ 시·도지사　　④ 소방본부장

[해설] 소방본부장·소방서장 또는 소방대장은 화재, 재난·재해 그 밖의 위급한 상황이 발생한 현장에서 소방활동을 위하여 필요한 때에는 그 관할구역 안에 사는 자 또는 그 현장에 있는 자로 하여금 사람을 구출하는 일 또는 불을 끄거나 불이 번지지 아니하도록 하는 일을 하게 할 수 있다. 이 경우 소방본부장·소방서장 또는 소방대장은 소방활동에 필요한 보호장구를 지급하는 등 안전을 위한 조치를 하여야 한다.

46. 화재예방, 소방시설 설치·유지 및 안전관리에 관한 법률상 소방용품의 형식승인을 받지 아니하고 소방용품을 제조하거나 수입한 자에 대한 벌칙 기준은?

① 100만원 이하의 벌금
② 300만원 이하의 벌금
③ 1년 이하의 징역 또는 1천만원 이하의 벌금
④ 3년 이하의 징역 또는 3천만원 이하의 벌금

[해설] 3년 이하의 징역 또는 3천만원 이하의 벌금
(1) 관리업의 등록을 하지 아니하고 영업을 한 자
(2) 소방용품의 형식승인을 받지 아니하고 소방용품을 제조하거나 수입한 자
(3) 제품검사를 받지 아니한 자
(4) 제품검사를 받지 아니하거나 합격표시를 하지 아니한 소방용품을 판매·진열하거나 소방시설공사에 사용한 자

47. 위험물안전관리법령에 따라 위험물안전관리자를 해임하거나 퇴직한 때에는 해임하거나 퇴직한 날부터 며칠 이내에 다시 안전관리자를 선임하여야 하는가?

① 30일　　② 35일
③ 40일　　④ 55일

[해설] 안전관리자를 해임하거나 안전관리자가 퇴직한 때에는 해임하거나 퇴직한 날부터 30일 이내에 다시 안전관리자를 선임하여야 한다. 안전관리자를 선임한 경우에는 선임한 날부터 14일 이내에 행정안전부령으로 정하는 바에 따라 소방본부장 또는 소방서장에게 신고하여야 한다.

48. 소방기본법령상 불꽃을 사용하는 용접
·용단 기구의 용접 또는 용단 작업장에
서 지켜야 하는 사항 중 다음 ( ) 안에
알맞은 것은?

> • 용접 또는 용단 작업자로부터 반경 (㉠) m
>   이내에 소화기를 갖추어 둘 것
> • 용접 또는 용단 작업장 주변 반경 (㉡) m
>   이내에는 가연물을 쌓아두거나 놓아두지 말
>   것. 다만, 가연물의 제거가 곤란하여 방지포
>   등으로 방호조치를 한 경우는 제외한다.

① ㉠ 3, ㉡ 5   ② ㉠ 5, ㉡ 3
③ ㉠ 5, ㉡ 10   ④ ㉠ 10, ㉡ 5

해설 용접·용단기구 관리기준

종류	내용
건조시설	건조설비와 벽, 천장 사이의 거리 : 0.5 m 이상
수소 가스를 넣는 기구	• 수소가스는 용량의 90 % 이상을 유지 • 띄우는 각도는 45도 이하(바람이 7 m/s 이상에는 사용 불가)
불꽃을 사용하는 용접·용단 기구	• 반경 5 m 이내에 소화기를 갖출 것 • 반경 10 m 이내에는 가연물 적재 금지

49. 화재예방, 소방시설 설치·유지 및 안
전관리에 관한 법률상 화재위험도가 낮은
특정소방대상물 중 소방대가 조직되어
24시간 근무하고 있는 청사 및 차고에
설치하지 아니할 수 있는 소방시설이 아
닌 것은?

① 피난기구
② 비상방송설비
③ 연결송수관설비
④ 자동화재탐지설비

해설 소방대가 조직되어 24시간 근무하고
있는 청사 및 차고에 설치하지 아니할 수

있는 소방시설은 옥내소화전설비, 스프링
클러설비, 물분무등소화설비, 비상방송설
비, 피난기구, 소화용수설비, 연결송수관
설비, 연결살수설비이다.

50. 다음 소방시설 중 경보설비가 아닌 것
은 어느 것인가?

① 통합감시시설
② 가스누설경보기
③ 비상콘센트설비
④ 자동화재속보설비

해설 소방시설의 종류

구분	종류
소화설비	• 소화기구 • 옥내·외소화전설비 • 스프링클러설비 • 물분무등 소화설비
경보설비	• 자동화재탐지설비 • 자동화재속보설비 • 통합감시시설 • 비상벨설비 • 비상방송설비 • 가스누설경보기 • 누전경보기
소화활동 설비	• 연결송수관설비 • 연결살수설비 • 무선통신보조설비 • 비상콘센트설비 • 연소방지설비 • 제연설비
소화용수 설비	• 상수도 소화용수설비 • 소화수조 • 저수조

51. 화재예방, 소방시설 설치·유지 및 안
전관리에 관한 법률상 소방안전관리대상물
의 소방안전관리자의 업무가 아닌 것은?

① 소방시설 공사

② 소방훈련 및 교육

③ 소방계획서의 작성 및 시행

④ 자위소방대의 구성·운영·교육

해설 소방안전관리대상물의 소방안전관리자의 업무는 다음과 같다.

(1) 피난계획 수립 및 소방계획서 작성, 시행

(2) 자위소방대 및 초기대응 체계의 구성, 운영, 교육

(3) 피난시설, 방화구획 및 방화시설의 유지, 관리

(4) 소방훈련 및 교육

(5) 소방시설이나 그 밖의 소방 관련 시설의 유지, 관리

(6) 화기 취급의 감독

52. 소방기본법령에 따라 주거지역·상업지역 및 공업지역에 소방용수시설을 설치하는 경우 소방대상물과의 수평거리를 몇 m 이하가 되도록 해야 하는가?

① 50   ② 100   ③ 150   ④ 200

해설 소방용수시설의 설치기준

(1) 주거지역·상업지역 및 공업지역에 설치하는 경우 : 특정소방대상물과 수평거리를 100 m 이하가 되도록 할 것

(2) 그 외의 지역에 설치하는 경우 : 특정소방대상물과의 수평거리를 140 m 이하가 되도록 할 것

53. 위험물안전관리법령상 다음의 규정을 위반하여 위험물의 운송에 관한 기준을 따르지 아니한 자에 대한 과태료 기준은 어느 것인가?

위험물운송자는 이동탱크저장소에 의하여 위험물을 운송하는 때에는 행정안전부령으로 정하는 기준을 준수하는 등 당해 위험물의 안전확보를 위하여 세심한 주의를 기울여야 한다.

① 50만원 이하   ② 100만원 이하

③ 200만원 이하   ④ 300만원 이하

해설 다음과 같이 위험물안전관리법 규정을 위반한 경우 200만원 이하의 과태료에 처한다.

(1) 위험물의 임시 저장에 따른 승인을 받지 아니한 자

(2) 위험물의 저장, 취급, 운반에 관한 세부기준 위반 시

(3) 위험물의 운송 기준을 준수하지 아니하였을 경우

(4) 제조소 등의 지위 승계 허위 신고 및 미신고

(5) 제조소 등의 점검 결과를 기록·보존하지 아니하였을 경우

(6) 제조소 등의 폐지, 허위 신고 시

54. 화재예방, 소방시설 설치·유치 및 안전관리에 관한 법률상 소방시설 등에 대한 자체점검 중 종합정밀점검 대상인 것은 어느 것인가?

① 제연설비가 설치되지 않은 터널

② 스프링클러설비가 설치된 연면적이 5000 m^2이고 12층인 아파트

③ 물분무등소화설비가 설치된 연면적이 5000 m^2인 위험물 제조소

④ 호스릴 방식의 물분무등소화설비만을 설치한 연면적 3000 m^2인 특정소방대상물

해설 종합정밀점검 대상

(1) 스프링클러설비가 설치된 특정소방대상물

(2) 물분무등소화설비[호스릴(hose reel) 방식의 물분무등소화설비만을 설치한 경우는 제외한다]가 설치된 연면적 5000 m^2 이상인 특정소방대상물(위험물 제조소 등은 제외한다)

(3) 「다중이용업소의 안전관리에 관한 특별법 시행령」 제2조 제1호 나목, 같은 조 제2호(비디오물소극장업은 제외한다)·제6호·제7호·제7호의 2 및 제7호의 5

의 다중이용업의 영업장이 설치된 특정소방대상물로서 연면적이 2000 ㎡ 이상인 것

(4) 제연설비가 설치된 터널

(5) 「공공기관의 소방안전관리에 관한 규정」 제2조에 따른 공공기관 중 연면적(터널·지하구의 경우 그 길이와 평균폭을 곱하여 계산된 값을 말한다)이 1000 ㎡ 이상인 것으로서 옥내소화전설비 또는 자동화재탐지설비가 설치된 것. 다만, 「소방기본법」 제2조 제5호에 따른 소방대가 근무하는 공공기관은 제외한다.

55. 화재예방, 소방시설 설치·유지 및 안전관리에 관한 법률상 건축허가 등의 동의대상물이 아닌 것은?

① 항공기 격납고

② 연면적이 300 ㎡인 공연장

③ 바닥면적이 300 ㎡인 차고

④ 연면적이 300 ㎡인 노유자 시설

해설 건축허가 등의 동의대상물

(1) 연면적이 400 ㎡(학교시설은 100 ㎡, 청소년시설 및 노유자시설은 200 ㎡) 이상인 건축물

(2) 차고·주차장으로 사용되는 층 중 바닥면적이 200 ㎡ 이상인 층이 있는 시설

(3) 승강기 등 기계장치에 의한 주차시설로서 자동차 20대 이상을 주차할 수 있는 시설

(4) 항공기 격납고, 관망탑, 항공관제탑, 방송용 송·수신탑

(5) 지하층 또는 무창층이 있는 건축물로서 바닥면적이 150 ㎡(공연장의 경우에는 100 ㎡) 이상인 층이 있는 것

56. 위험물안전관리법령상 제조소 등의 경보설비 설치기준에 대한 설명으로 틀린 것은?

① 제조소 및 일반취급소의 연면적이 500 ㎡ 이상인 것에는 자동화재탐지설비를 설치한다.

② 자동신호장치를 갖춘 스프링클러설비 또는 물분무등소화설비를 설치한 제조소 등에 있어서는 자동화재탐지설비를 설치한 것으로 본다.

③ 경보설비는 자동화재탐지설비·비상경보설비(비상벨장치 또는 경종 포함)·확성장치(휴대용확성기 포함) 및 비상방송설비로 구분한다.

④ 지정수량의 10배 이상의 위험물을 저장 또는 취급하는 제조소 등(이동탱크저장소를 포함한다)에는 화재 발생 시 이를 알릴 수 있는 경보설비를 설치하여야 한다.

해설 위험물안전관리법령상 제조소 등의 경보설비 설치기준

(1) 지정수량의 10배 이상의 위험물을 저장 또는 취급하는 제조소 등(이동탱크저장소를 제외한다)에는 화재 발생 시 이를 알릴 수 있는 경보설비를 설치하여야 한다.

(2) 자동신호장치를 갖춘 스프링클러설비 또는 물분무등소화설비를 설치한 제조소 등에 있어서는 자동화재탐지설비를 설치한 것으로 본다.

57. 소방기본법령상 정당한 사유 없이 화재의 예방조치에 관한 명령에 따르지 아니한 경우에 대한 벌칙은?

① 100만원 이하의 벌금

② 200만원 이하의 벌금

③ 300만원 이하의 벌금

④ 500만원 이하의 벌금

해설 200만원 이하의 벌금

(1) 정당한 사유 없이 화재의 예방조치에 관한 명령에 따르지 아니하거나 이를 방해한 자

(2) 정당한 사유 없이 관계 공무원의 출입

또는 조사를 거부·방해 또는 기피한 자

58. 화재예방, 소방시설 설치·유지 및 안전관리에 관한 법률상 방염성능기준 이상의 실내장식물 등을 설치해야 하는 특정소방대상물이 아닌 것은?

① 숙박이 가능한 수련시설
② 층수가 11층 이상인 아파트
③ 건축물 옥내에 있는 종교시설
④ 방송통신시설 중 방송국 및 촬영소

해설 층수가 11층 이상인 아파트는 제외 대상이다.

59. 소방시설공사업법령에 따른 소방시설업의 등록권자는?

① 국무총리
② 소방서장
③ 시·도지사
④ 한국소방안전협회장

해설 소방시설업의 등록권자 및 등록사항 변경권자는 시·도지사이다.

60. 위험물안전관리법령상 정기검사를 받아야 하는 특정·준특정옥외탱크저장소의 관계인은 특정·준특정옥외탱크저장소의 설치허가에 따른 완공검사필증을 발급받은 날부터 몇 년 이내에 정기검사를 받아야 하는가?

① 9 　　　　② 10
③ 11 　　　　④ 12

해설 정기검사를 받아야 하는 특정·준특정옥외탱크저장소의 관계인은 다음 각 호에 규정한 기간 이내에 정기검사를 받아야 한다.
(1) 특정·준특정옥외탱크저장소의 설치허가에 따른 완공검사필증을 발급받은 날부터 12년
(2) 최근의 정기검사를 받은 날부터 11년

61. 화재안전기준상 차고 또는 주차장에 설치하는 분말소화설비의 소화약제는?

① 인산염을 주성분으로 한 분말
② 탄산수소칼륨을 주성분으로 한 분말
③ 탄산수소칼륨과 요소가 화합된 분말
④ 탄산수소나트륨을 주성분으로 한 분말

해설 분말소화약제의 종류

종별	명칭	착색	적용	충전비	비고
제1종	탄산수소나트륨 ($NaHCO_3$)	백색	B, C급	0.8 L/kg	식용유, 지방유
제2종	탄산수소칼륨 ($KHCO_3$)	담자색	B, C급	1.0 L/kg	
제3종	제1인산암모늄 ($NH_4H_2PO_4$)	담홍색	A, B, C급	1.0 L/kg	차고, 주차장
제4종	탄산수소칼륨+요소 ($KHCO_3$+$(NH_2)_2CO$)	회색	B, C급	1.25 L/kg	

62. 할론소화설비의 화재안전기준상 축압식 할론소화약제 저장용기에 사용되는 축압용가스로서 적합한 것은?

① 질소
② 산소
③ 이산화탄소
④ 불활성가스

해설 축압식 저장용기의 압력은 온도 20℃에서 할론 1301을 저장하는 것은 2.5 MPa 또는 4.2 MPa이 되도록 질소가스로 축압한다.

63. 물분무소화설비의 화재안전기준에 따른 물분무소화설비의 설치 장소별 $1m^2$당 수원의 최소 저수량으로 맞는 것은?

① 차고 : 30 L/min×20분×바닥면적

② 케이블 트레이 : 12 L/min×20분×투영된 바닥면적

③ 컨베이어 벨트 : 37 L/min×20분×벨트부분의 바닥면적

④ 특수가연물을 취급하는 특정소방대상물 : 20 L/min×20분×바닥면적

해설 물분무소화설비 수원의 저수량

특수장소	저수량	펌프의 토출량(L/분)
특수가연물 저장, 취급 소방대상물	바닥면적(m^2)(최대 50 m^2)×10 L/min·m^2×20 min	바닥면적(m^2)(최대 50 m^2)×10 L/min·m^2
차고, 주차장	바닥면적(m^2)(최대 50 m^2)×20 L/min·m^2×20 min	바닥면적(m^2)(최대 50 m^2)×10 L/min·m^2
절연유 봉입 변압기 설치부분	표면적(바닥면적 제외)(m^2)×10 L/min·m^2×20 min	표면적(바닥면적제외)(m^2)×10 L/min·m^2
케이블 트레이, 덕트 등 설치부분	투영된 바닥면적(m^2)×12 L/min·m^2×20min	투영된 바닥면적(m^2)×12 L/min·m^2
위험물 저장탱크 설치부분	원주둘레길이(m)×37 L/min·m×20 min	원주둘레길이(m)×37 L/min·m
컨베이어 벨트 설치부분	바닥면적(m^2)×10 L/min·m^2×20 min	바닥면적(m^2)×10 L/min·m^2

64. 화재예방, 소방시설 설치·유지 및 안전관리에 관한 법률상 자동소화장치를 모두 고른 것은?

┌─────────────────────────┐
│ ㉠ 분말 자동소화장치 │
│ ㉡ 액체 자동소화장치 │
│ ㉢ 고체 에어로졸 자동소화장치 │
│ ㉣ 공업용 주방 자동소화장치 │
│ ㉤ 캐비닛형 자동소화장치 │
└─────────────────────────┘

① ㉠, ㉡

② ㉡, ㉢, ㉣

③ ㉠, ㉢, ㉤

④ ㉠, ㉡, ㉢, ㉣, ㉤

해설 자동소화장치
(1) 주거용 주방 자동소화장치 : 아파트 등 및 30층 이상 오피스텔의 모든 층
(2) 캐비닛형 자동소화장치, 가스 자동소화장치, 분말 자동소화장치 또는 고체 에어로졸 자동소화장치

65. 피난기구를 설치하여야 할 소방대상물 중 피난기구의 2분의 1을 감소할 수 있는 조건이 아닌 것은?

① 주요구조부가 내화구조로 되어 있다.

② 특별피난계단이 2 이상 설치되어 있다.

③ 소방구조용(비상용) 엘리베이터가 설치되어 있다.

④ 직통계단인 피난계단이 2 이상 설치되어 있다.

해설 피난기구의 2분의 1을 감소할 수 있는 조건
(1) 주요구조부가 내화구조로 되어 있을 것
(2) 직통계단인 피난계단 또는 특별피난계단이 2 이상 설치되어 있을 것

66. 소화수조 및 저수조의 화재안전기준에 따라 소화용수설비에 설치하는 채수구의 수는 소요수량이 40 m^3 이상 100 m^3 미

만인 경우 몇 개를 설치해야 하는가 ?

① 1　　　② 2　　　③ 3　　　④ 4

해설 채수구 설치

소화수조 용량	$20\ m^3$ 이상 ~$40\ m^3$ 미만	$40\ m^3$ 이상 ~$100\ m^3$ 미만	$100\ m^3$ 이상
채수구의 수	1개	2개	3개

　(1) 65 mm 이상의 나사식 결합금속구를 설치할 것
　(2) 설치 위치 : 0.5 m 이상 1 m 이하
　(3) "채수구" 표지
　(4) 소화수조가 옥상 또는 옥탑 부근에 설치된 경우에는 지상에 설치된 채수구에서의 압력이 최소 0.15 MPa 이상이 되어야 한다.

67. 포소화설비의 화재안전기준에 따라 바닥면적이 180 m^2인 건축물 내부에 호스릴 방식의 포소화설비를 설치할 경우 가능한 포소화약제의 최소 필요량은 몇 L인가 ? (단, 호스접결구 : 2개, 약제 농도 : 3 %)

① 180　　　　　　② 270
③ 650　　　　　　④ 720

해설 보조소화전 $Q = N \times S \times 6000$
　　여기서, Q : 포소화약제의 양(L)
　　　　　　N : 호스접결구 수(최대 5개)
　　　　　　S : 포소화약제의 사용농도
　　※ 바닥면적이 200 m^2 미만인 건축물의 경우 75 %로 할 수 있다.
　　∴ $Q = 2 \times 0.03 \times 6000 \times 0.75 = 270\ L$

68. 소화수조 및 저수조의 화재안전기준에 따라 소화용수 설비를 설치하여야 할 특정소방대상물에 있어서 유수의 양이 최소 몇 m^3/min 이상인 유수를 사용할 수 있는 경우에 소화수조를 설치하지 아니할 수 있는가 ?

① 0.8　　② 1　　③ 1.5　　④ 2

해설 소화용수설비를 설치하여야 할 소방대상물에 있어서 유수의 양이 0.8 m^3/min 이상인 유수를 사용할 수 있는 경우에는 소화수조를 설치하지 아니할 수 있다.

69. 스프링클러설비의 화재안전기준에 따라 개방형스프링클러설비에서 하나의 방수구역을 담당하는 헤드 개수는 최대 몇 개 이하로 설치하여야 하는가 ?

① 30　　② 40　　③ 50　　④ 60

해설 개방형스프링클러설비의 방수구역 및 일제개방밸브
　(1) 하나의 방수구역은 2개 층에 미치지 아니할 것
　(2) 방수구역마다 일제개방밸브를 설치할 것
　(3) 하나의 방수구역을 담당하는 헤드의 개수는 50개 이하로 할 것. 다만, 2개 이상의 방수구역으로 나눌 경우에는 하나의 방수구역을 담당하는 헤드의 개수는 25개 이상으로 할 것

70. 완강기의 형식승인 및 제품검사의 기술기준상 완강기의 최대사용하중은 최소 몇 N 이상의 하중이어야 하는가 ?

① 800　　　　　　② 1000
③ 1200　　　　　　④ 1500

해설 완강기
　(1) 최대사용자수(1회에 강하할 수 있는 사용자의 최대수)는 최대사용하중을 1500 N으로 나누어서 얻은 값(1 미만의 수는 계산하지 아니한다)으로 한다.
　(2) 최대사용자수에 상당하는 수의 벨트가 있어야 한다.

71. 옥외소화전설비의 화재안전기준에 따라 옥외소화전 배관은 특정소방대상물의 각 부분으로부터 하나의 호스접결구까지의 수평거리가 최대 몇 m 이하가 되도록

정답 67. ②　　68. ①　　69. ③　　70. ④　　71. ③

설치하여야 하는가?

① 25   ② 35   ③ 40   ④ 50

해설 옥외소화전설비 설치 규정

(1) 특정소방대상물의 각 부분으로부터 하나의 호스접결구까지의 수평거리가 40 m 이하가 되도록 설치한다.

(2) 호스접결구는 지면으로부터 높이가 0.5 m 이상 1 m 이하의 위치에 설치한다.

(3) 옥외소화전함 표면에 "옥외소화전"이라고 표시한 표지를 하고, 가압송수장치의 조작부 또는 그 부근에는 가압송수장치의 기동을 명시하는 적색등을 설치한다.

(4) 방수압력 : 0.25 MPa 이상 ~ 0.7 MPa 이하

(5) 표준방수량 : 350 L/min 이상

(6) 호스 구경 : 65 mm

72. 난방설비가 없는 교육장소에 비치하는 소화기로 가장 적합한 것은? (단, 교육장소의 겨울 최저온도는 −15℃이다.)

① 화학포소화기

② 기계포소화기

③ 산알칼리 소화기

④ ABC 분말소화기

해설 포소화기, 산알칼리소화기에는 모두 물이 사용되기 때문에 −15℃ 되는 곳에서는 물의 동결로 사용할 수 없다. A(일반화재), B(유류화재), C(전기화재) 분말소화기는 온도에 관계없이 사용할 수 있다.

73. 스프링클러설비의 화재안전기준에 따라 연소할 우려가 있는 개구부에 드렌처설비를 설치한 경우 해당 개구부에 한하여 스프링클러헤드를 설치하지 아니할 수 있다. 관련 기준으로 틀린 것은?

① 드렌처헤드는 개구부 위 측에 2.5m 이내마다 1개를 설치할 것

② 제어밸브는 특정소방대상물 층마다

에 바닥면으로부터 0.5 m 이상 1.5 m 이하의 위치에 설치할 것

③ 드렌처헤드가 가장 많이 설치된 제어밸브에 설치된 드렌처헤드를 동시에 사용하는 경우에 각 헤드 선단의 방수압력은 0.1 MPa 이상이 되도록 할 것

④ 드렌처헤드가 가장 많이 설치된 제어밸브에 설치된 드렌처헤드를 동시에 사용하는 경우에 각 헤드 선단의 방수량은 80 L/min 이상이 되도록 할 것

해설 드렌처(drencher) 설비 : 건물의 외벽, 창, 지붕 등에 노즐을 설치하고, 인접 건물에 화재가 발생하면 물을 방수하여 살수하며 수막작용으로 화재의 연소를 방지하는 설비

(1) 방수압력 : 0.1 MPa 이상

(2) 표준방수량 : 80 L/min 이상

(3) 드렌처헤드의 설치간격 : 수평거리 2.5 m 이하, 수직거리 4 m 이하마다 1개씩 설치한다.

(4) 수원의 저수량(m^3)=1.6 m^3×설치개수

(5) 제어밸브는 바닥면으로부터 0.8 m 이상 1.5 m 이하의 위치에 설치한다.

74. 연결살수설비의 화재안전기준에 따른 건축물에 설치하는 연결살수설비의 헤드에 대한 기준 중 다음 ( ) 안에 알맞은 것은?

> 천장 또는 반자의 각 부분으로부터 하나의 살수헤드까지의 수평거리가 연결살수설비 전용 헤드의 경우는 (㉠) m 이하, 스프링클러헤드의 경우는 (㉡) m 이하로 할 것. 다만, 살수헤드의 부착면과 바닥과의 높이가 (㉢) m 이하인 부분은 살수헤드의 살수 분포에 따른 거리로 할 수 있다.

① ㉠ 3.7, ㉡ 2.3, ㉢ 2.1

② ㉠ 3.7, ㉡ 2.3, ㉢ 2.3

③ ㉠ 2.3, ㉡ 3.7, ㉢ 2.3

④ ㉠ 2.3, ㉡ 3.7, ㉢ 2.1

해설 연결살수설비 헤드

(1) 천장 또는 반자의 실내에 면하는 부분에 설치하여야 한다.

(2) 천장 또는 반자의 각 부분으로부터 하나의 살수헤드까지의 수평거리가 연결살수설비전용헤드의 경우는 3.7 m 이하, 스프링클러헤드의 경우는 2.3 m 이하로 하여야 한다. 다만, 살수헤드의 부착면과 바닥과의 높이가 2.1 m 이하인 부분에 있어서는 살수헤드의 살수 분포에 따른 거리로 할 수 있다.

75. 분말소화설비의 화재안전기준에 따라 분말소화약제의 가압용가스 용기에는 최대 몇 MPa 이하의 압력에서 조정이 가능한 압력조정기를 설치하여야 하는가?

① 1.5 ② 2.0 ③ 2.5 ④ 3.0

해설 분말소화약제의 가압용 가스용기의 설치기준

(1) 분말소화약제의 가스 용기는 분말소화약제의 저장 용기에 접속하여 설치하여야 한다.

(2) 분말소화약제의 가압용가스 용기를 3병 이상 설치한 경우에는 2개 이상의 용기에 전자개방밸브를 부착하여야 한다.

(3) 분말소화약제의 가압용가스 용기에는 2.5 MPa 이하의 압력에서 조정이 가능한 압력조정기를 설치하여야 한다.

(4) 가압용가스 또는 축압용가스는 질소가스 또는 이산화탄소로 할 것

(5) 가압용가스에 질소가스를 사용하는 것의 질소가스는 소화약제 1 kg마다 40 L(35℃에서 1기압의 압력상태로 환산한 것) 이상, 이산화탄소를 사용하는 것의 이산화탄소는 소화약제 1 kg에 대하여 20 g에 배관의 청소에 필요한 양을 가산한 양 이상으로 할 것

(6) 축압용가스에 질소가스를 사용하는 것의 질소가스는 소화약제 1 kg에 대하여 10 L (35℃에서 1기압의 압력상태로 환산한 것) 이상, 이산화탄소를 사용하는 것의 이산화탄소는 소화약제 1 kg에 대하여 20 g에 배관의 청소에 필요한 양을 가산한 양 이상으로 할 것

(7) 배관의 청소에 필요한 양의 가스는 별도의 용기에 저장할 것

76. 포소화설비의 화재안전기준상 차고·주차장에 설치하는 포소화전설비의 설치기준 중 다음 ( ) 안에 알맞은 것은? (단, 1개 층의 바닥면적이 200 m² 이하인 경우는 제외한다.)

> 특정소방대상물의 어느 층에 있어서도 그 층에 설치된 포소화전방수구(포소화전방수구가 5개 이상 설치된 경우에는 5개)를 동시에 사용할 경우 각 이동식 포노즐 선단의 포수용액 방사압력이 (㉠) MPa 이상이고 (㉡) L/min 이상의 포수용액을 수평거리 15 m 이상으로 방사할 수 있도록 할 것

① ㉠ 0.25, ㉡ 230

② ㉠ 0.25, ㉡ 300

③ ㉠ 0.35, ㉡ 230

④ ㉠ 0.35, ㉡ 300

해설 차고·주차장에 설치하는 호스릴포소화설비 또는 포소화전설비 설치기준

(1) 특정소방대상물의 어느 층에 있어서도 그 층에 설치된 호스릴포방수구 또는 포소화전방수구(호스릴포방수구 또는 포소화전방수구가 5개 이상 설치된 경우에는 5개)를 동시에 사용할 경우 각 이동식 포노즐 선단의 포수용액 방사압력이 0.35 MPa 이상이고 300 L/min 이상(1개 층의 바닥면적이 200 m² 이하인 경우에는 230 L/min 이상)의 포수용액을 수평거리 15 m 이상으로 방사할 수 있도록 할 것

(2) 저발포의 포소화약제를 사용할 수 있는 것으로 할 것

(3) 호스릴 또는 호스를 호스릴 포방수구 또는 포소화전방수구로 분리하여 비치하는

때에는 그로부터 3 m 이내의 거리에 호스
릴함 또는 호스함을 설치할 것
(4) 호스릴함 또는 호스함은 바닥으로부터 높
이 1.5 m 이하의 위치에 설치하고 그 표
면에는 "포호스릴함(또는 포소화전함)"이
라고 표시한 표지와 적색의 위치표시등을
설치할 것
(5) 방호대상물의 각 부분으로부터 하나의 호
스릴포방수구까지의 수평거리는 15 m 이
하(포소화전방수구의 경우에는 25 m 이
하)가 되도록 하고 호스릴 또는 호스의 길
이는 방호대상물의 각 부분에 포가 유효하
게 뿌려질 수 있도록 할 것

77. 이산화탄소소화설비의 화재안전기준에 따른 이산화탄소소화설비 기동장치의 설치기준으로 맞는 것은?

① 가스압력식 기동장치의 기동용가스
용기의 용적은 3 L 이상으로 한다.
② 수동식 기동장치는 전역방출방식에
있어서 방호대상물마다 설치한다.
③ 수동식 기동장치의 부근에는 소화
약제의 방출을 지연시킬 수 있는 비
상스위치를 설치해야 한다.
④ 전기식 기동장치로서 5병의 저장용
기를 동시에 개방하는 설비는 2병 이
상의 저장용기에 전자 개방밸브를 부
착해야 한다.

해설 이산화탄소소화설비 기동장치의 설치기준
(1) 수동식 기동장치의 부근에는 소화약제
의 방출을 지연시킬 수 있는 비상스위치
(자동복귀형 스위치로서 수동식 기동장
치의 타이머를 순간정지시키는 기능의
스위치를 말한다)를 설치하여야 한다.
(2) 기동용가스용기의 용적은 5 L 이상으로
하고, 해당 용기에 저장하는 질소 등의
비활성기체는 6.0 MPa 이상(21℃ 기준)
의 압력으로 충전할 것
(3) 전역방출방식은 방호구역마다, 국소방

출방식은 방호대상물마다 설치할 것
(4) 전기식 기동장치로서 7병 이상의 저장
용기를 동시에 개방하는 설비는 2병 이
상의 저장용기에 전자 개방밸브를 부착
할 것

78. 물분무소화설비의 화재안전기준에 따른 물분무소화설비의 저수량에 대한 기준 중 다음 ( ) 안의 내용으로 맞는 것은?

> 절연유 봉입 변압기는 바닥부분을 제외한 표
> 면적을 합한 면적 1 m² 에 대해 ( )L/min로
> 20분간 방수할 수 있는 양 이상으로 할 것

① 4   ② 8   ③ 10   ④ 12

해설 물분무소화설비 저수량
(1) 절연유 봉입 변압기는 바닥부분을 제외
한 표면적을 합한 면적 1 m² 에 대하여
10 L/min로 20분간 방수할 수 있는 양
이상으로 할 것
(2) 특수가연물을 저장 또는 취급하는 특정
소방대상물 또는 그 부분에 있어서 그
바닥면적(최대 방수구역의 바닥면적을
기준으로 하며, 50 m² 이하인 경우에는
50 m²) 1 m² 에 대하여 10 L/min로 20분
간 방수할 수 있는 양 이상으로 할 것
(3) 차고 또는 주차장은 그 바닥면적(최대
방수구역의 바닥면적을 기준으로 하며,
50 m² 이하인 경우에는 50 m²) 1 m² 에
대하여 20 L/min로 20분간 방수할 수
있는 양 이상으로 할 것
(4) 케이블 트레이, 케이블 덕트 등은 투영된
바닥면적 1 m² 에 대하여 12 L/min로 20
분간 방수할 수 있는 양 이상으로 할 것
(5) 컨베이어 벨트 등은 벨트부분의 바닥면
적 1 m² 에 대하여 10 L/min로 20분간
방수할 수 있는 양 이상으로 할 것

79. 화재조기진압용 스프링클러설비의 화재안전기준상 화재조기진압용 스프링클러설비 설치 장소의 구조 기준으로 틀린 것은?

정답 **77.** ③   **78.** ③   **79.** ④

① 창고 내의 선반의 형태는 하부로 물이 침투되는 구조로 할 것

② 천장의 기울기가 1000분의 168을 초과하지 않아야 하고, 이를 초과하는 경우에는 반자를 지면과 수평으로 설치할 것

③ 천장은 평평하여야 하며 철재나 목재트러스 구조인 경우, 철재나 목재의 돌출부분이 102 mm를 초과하지 아니할 것

④ 해당층의 높이가 10 m 이하일 것. 다만, 3층 이상일 경우에는 해당층의 바닥을 내화구조로 하고 다른 부분과 방화구획 할 것

해설 화재조기진압용 스프링클러설비 설치장소의 구조기준

(1) 해당층의 높이가 13.7 m 이하일 것. 다만, 2층 이상일 경우에는 해당층의 바닥을 내화구조로 하고 다른 부분과 방화구획 할 것

(2) 천장의 기울기가 1000분의 168을 초과하지 않아야 하고, 이를 초과하는 경우에는 반자를 지면과 수평으로 설치할 것

(3) 천장은 평평하여야 하며 철재나 목재트러스 구조인 경우, 철재나 목재의 돌출부분이 102 mm를 초과하지 아니할 것

(4) 보로 사용되는 목재·콘크리트 및 철재 사이의 간격이 0.9 m 이상 2.3 m 이하일 것. 다만, 보의 간격이 2.3 m 이상인 경우에는 화재조기진압용 스프링클러헤드의 동작을 원활히 하기 위하여 보로 구획된 부분의 천장 및 반자의 넓이가 28 m² 를 초과하지 아니할 것

(5) 창고 내의 선반의 형태는 하부로 물이 침투되는 구조로 할 것

80. 제연설비의 화재안전기준상 유입풍도 및 배출풍도에 관한 설명으로 맞는 것은?

① 유입풍도 안의 풍속은 25 m/s 이하로 한다.

② 배출풍도는 석면 재료와 같은 내열성의 단열재로 유효한 단열 처리를 한다.

③ 배출풍도와 유입풍도의 아연도금강판 최소 두께는 0.45 mm 이상으로 하여야 한다.

④ 배출기 흡입측 풍도 안의 풍속은 15 m/s 이하로 하고 배출측 풍속은 20 m/s 이하로 한다.

해설 제연설비의 화재안전기준상 유입풍도 및 배출풍도

(1) 유입풍도 안의 풍속은 20 m/s 이하로 한다.

(2) 배출기와 배출풍도의 접속부분에 사용하는 캔버스는 내열성(석면 재료는 제외한다)이 있는 것으로 할 것

(3) 배출기의 전동기 부분과 배풍기 부분은 분리하여 설치하여야 하며, 배풍기 부분은 유효한 내열 처리를 할 것

(4) 배출기 흡입측 풍도 안의 풍속은 15 m/s 이하로 하고 배출측 풍속은 20 m/s 이하로 한다.

소방설비기계기사

제1과목 　　　　**소방원론**

1. 다음 중 화재의 종류에 따른 분류가 틀린 것은?

① A급 : 일반화재　　② B급 : 유류화재

③ C급 : 가스화재　　④ D급 : 금속화재

해설 C급 화재는 전기화재에 해당된다.

2. 다음 중 고체 가연물이 덩어리보다 가루일 때 연소되기 쉬운 이유로 가장 적합한 것은?

① 발열량이 작아지기 때문이다.

② 공기와 접촉면이 커지기 때문이다.

③ 열전도율이 커지기 때문이다.

④ 활성에너지가 커지기 때문이다.

해설 가연물질이 덩어리보다 분말인 경우 공기와 열의 접촉 면적이 증가하므로 연소가 용이하게 된다.

3. 위험물과 위험물안전관리법령에서 정한 지정수량을 옳게 연결한 것은?

① 무기과산화물–300 kg

② 황화린–500 kg

③ 황린–20 kg

④ 질산에스테르류–200 kg

해설 지정수량

① 무기 과산화물(제1류 위험물 : 산화성 고체) : 50 kg

② 황화린(제2류 위험물 : 가연성 고체) : 100 kg

③ 황린(제3류 위험물 : 자연발화성 물질 및 금수성 물질) : 20 kg

④ 질산에스테르류(제5류 위험물 : 자기 반응성 물질) : 10 kg

4. 다음 중 발화점이 가장 낮은 물질은?

① 휘발유　　　　② 이황화탄소

③ 적린　　　　　④ 황린

해설 발화온도 : 외부 점화원 없이 일정 온도에 도달하면 스스로 연소하는 최저 온도

① 휘발유 : 300℃

② 이황화탄소 : 100℃

③ 적린 : 260℃

④ 황린 : 34℃

5. 화재 시 발생하는 연소가스 중 인체에서 헤모글로빈과 결합하여 혈액의 산소 운반을 저해하고 두통, 근육 조절의 장애를 일으키는 것은?

① CO_2　　　　　② CO

③ HCN　　　　　④ H_2S

해설 일산화탄소(CO)는 체내에 산소를 운반하는 혈액 중의 헤모글로빈과 결합하여 일산화탄소–헤모글로빈을 만들어 혈액의 산소 운반 능력을 저하시키고 근육 조절의 장애와 두통을 일으키며 심할 경우 사망에 이르게 한다.

6. 다음 원소 중 전기 음성도가 가장 큰 것은 어느 것인가?

① F　　② Br　　③ Cl　　④ I

해설 전기 음성도 : 분자 내 원자가 그 원자의 결합에 관여하고 있는 전자를 끌어당기는 정도를 나타내는 척도(F > Cl > Br > I)

7. 탄화칼슘이 물과 반응 시 발생하는 가연성 가스는?

① 메탄　　　　　② 포스핀

③ 아세틸렌　　　④ 수소

해설 탄화칼슘이 물과 반응하면 아세틸렌을

생성한다.

$$CaC_2 + 2H_2O \rightarrow C_2H_2 + Ca(OH)_2$$

8. 공기의 평균 분자량이 29일 때 이산화탄소 기체의 증기 비중은 얼마인가?

① 1.44   ② 1.52

③ 2.88   ④ 3.24

해설 증기 비중 $= \dfrac{\text{기체의 분자량}}{\text{공기의 분자량}}$

이산화탄소의 증기 비중 $= \dfrac{44}{29} = 1.52$

9. 밀폐된 공간에 이산화탄소를 방사하여 산소의 체적 농도를 12 % 되게 하려면 상대적으로 방사된 이산화탄소의 농도는 얼마가 되어야 하는가?

① 25.40 %   ② 28.70 %

③ 38.35 %   ④ 42.86 %

해설 이산화탄소의 농도 $= \dfrac{21 - O_2}{21} \times 100$

$= \dfrac{(21 - 12)}{21} \times 100 = 42.86 \%$

10. 화재하중의 단위로 옳은 것은?

① kg/m^2 ② $°C/m^2$

③ $kg \cdot L/m^3$ ④ $°C \cdot L/m^3$

해설 화재하중은 단위면적(m^2)당 가연물질의 저장량(kg)으로 표시된다.

11. 인화점이 20°C인 액체위험물을 보관하는 창고의 인화 위험성에 대한 설명 중 옳은 것은?

① 여름철에 창고 안이 더워질수록 인화의 위험성이 커진다.

② 겨울철에 창고 안이 추워질수록 인화의 위험성이 커진다.

③ 20°C에서 가장 안전하고 20°C보다 높아지거나 낮아질수록 인화의 위험

성이 커진다.

④ 인화의 위험성은 계절의 온도와는 상관없다.

해설 인화점은 점화원에 의하여 연소할 수 있는 최저 온도로서 인화점이 20°C인 경우 창고 안의 온도가 높아지면 쉽게 인화점보다 온도가 높아지므로 연소의 우려가 커진다.

12. 다음 중 소화약제인 IG-541의 성분이 아닌 것은?

① 질소   ② 아르곤

③ 헬륨   ④ 이산화탄소

해설 • IG-541의 성분 : 이산화탄소(8 %), 아르곤(40 %), 질소(52 %)
• IG-55의 성분 : 질소(50 %), 아르곤(50 %)

13. 이산화탄소 소화약제 저장용기의 설치 장소에 대한 설명 중 옳지 않은 것은?

① 반드시 방호구역 내의 장소에 설치한다.

② 온도의 변화가 작은 곳에 설치한다.

③ 방화문으로 구획된 실에 설치한다.

④ 해당 용기가 설치된 곳임을 표시하는 표지를 한다.

해설 이산화탄소 소화약제 저장용기의 설치장소

(1) 방호구역 외의 장소에 설치할 것. 다만, 방호구역 내에 설치할 경우에는 피난 및 조작이 용이하도록 피난구 부근에 설치하여야 한다.

(2) 온도가 40°C 이하이고 온도 변화가 작은 곳, 직사광선 및 빗물이 침투할 우려가 없는 곳에 설치한다.

(3) 갑종방화문 또는 을종방화문으로 구획된 실에 설치하고 용기의 설치장소에는 당해 용기가 설치된 곳임을 표시한다.

(4) 용기 간의 간격은 점검에 지장이 없도록 3 cm 이상 간격을 유지하고, 저장용기와 집합관을 연결하는 연결 배관에는 체크밸브를 설치한다. 다만, 저장용기가

하나의 방호구역만을 담당하는 경우에는 그러하지 아니하다.

14. 건축물의 내화구조에서 바닥의 경우에는 철근콘크리트조의 두께가 몇 cm 이상이어야 하는가?

① 7　　② 10　　③ 12　　④ 15

해설 내화구조의 기준

내화구조	기준
벽	• 철골·철근콘크리트조로서 두께 10 cm 이상인 것 • 골구를 철골조로 하고 그 양면을 두께 4 cm 이상의 철망 모르타르로 덮은 것 • 두께 5 cm 이상의 콘크리트 블록·벽돌 또는 석재로 덮은 것 • 석조로서 철재에 덮은 콘크리트 블록의 두께가 5cm 이상의 것 • 벽돌조로서 두께가 19 cm 이상인 것
기둥 (작은 지름 25 cm 이상)	• 철골 두께 6 cm 이상의 철망 모르타르로 덮은 것 • 두께 7 cm 이상의 콘크리트 블록·벽돌 또는 석재로 덮은 것 • 철골 두께 5 cm 이상의 콘크리트로 덮은 것
바닥	• 철골·철근콘크리트조로서 두께 10 cm 이상인 것 • 석조로서 철재에 덮은 콘크리트 블록의 두께가 5 cm 이상의 것 • 철재의 양면을 두께 5 cm 이상의 철망 모르타르로 덮은 것
보	• 철골 두께 6 cm 이상의 철망 모르타르로 덮은 것 • 두께 5 cm 이상의 콘크리트로 덮은 것

15. 화재의 소화원리에 따른 소화방법의 적용이 틀린 것은?

① 냉각소화 : 스프링클러설비

② 질식소화 : 이산화탄소소화설비

③ 제거소화 : 포소화설비

④ 억제소화 : 할로겐화합물소화설비

해설 전기화재 시 전기 공급 차단, 가스 화재 시 가스 공급 차단 등이 제거소화이다.

16. 소화효과를 고려하였을 경우 화재 시 사용할 수 있는 물질이 아닌 것은?

① 이산화탄소　　② 아세틸렌

③ Halon 1211　　④ Halon 1301

해설 아세틸렌(2.5~81 %)은 가연성가스로 화재를 촉진시키므로 소화약제로 사용할 수 없다.

17. 제1종 분말소화약제의 주성분으로 옳은 것은?

① $KHCO_3$　　② $NaHCO_3$

③ $NH_4H_2PO_4$　　④ $Al_2(SO_4)_3$

해설 분말소화약제의 종류

종별	명칭	착색	적용	반응식
제1종	탄산수소나트륨 ($NaHCO_3$)	백색	B, C급	$2NaHCO_3 \rightarrow Na_2CO_3 + CO_2 + H_2O$
제2종	탄산수소칼륨 ($KHCO_3$)	담자색	B, C급	$2KHCO_3 \rightarrow K_2CO_3 + CO_2 + H_2O$
제3종	제1인산암모늄 ($NH_4H_2PO_4$)	담홍색	A, B, C급	$NH_4H_2PO_4 \rightarrow HPO_3 + NH_3 + H_2O$
제4종	탄산수소칼륨+요소($KHCO_3$ $+(NH_2)_2CO$)	회색	B, C급	$2KHCO_3 + (NH_2)_2CO \rightarrow K_2CO_3 + 2NH_3 + 2CO_2$

18. 질식소화 시 공기 중의 산소 농도는 일반적으로 약 몇 vol% 이하로 하여야

정답 **14.** ②　**15.** ③　**16.** ②　**17.** ②　**18.** ④

하는가?

① 25   ② 21

③ 19   ④ 15

해설 산소의 농가 15 % 이하가 되면 가연물질의 연소를 방해하는 질식소화가 이루어진다.

19. Halon 1301의 분자식은?

① CH_3Cl ② CH_3Br

③ CF_3Cl ④ CF_3Br

해설 할론 abcd에서
  a : 탄소의 수, b : 불소의 수
  c : 염소의 수, d : 취소의 수

20. 다음 중 연소와 가장 관련 있는 화학반응은?

① 중화반응   ② 치환반응

③ 환원반응   ④ 산화반응

해설 가연물질이 산소와 반응하여 연소하는 것을 산화반응이라 한다.

제 2 과목   **소방유체역학**

21. 체적 0.1 m^3의 밀폐 용기 안에 기체상수가 0.4615 kJ/kg·K인 기체 1 kg이 압력 2 MPa, 온도 250℃ 상태로 들어 있다. 이때 이 기체의 압축계수(또는 압축성인자)는?

① 0.578   ② 0.828

③ 1.21   ④ 1.73

해설 $Pv = ZRT$에서
  압축성인자(Z)
$$= \frac{Pv}{RT} = \frac{2 \times 10^3 \times 0.1}{0.4615 \times (250 + 273)} = 0.828$$
$$v = \frac{V}{m} = \frac{0.1}{1} = 0.1\,\mathrm{m^3/kg}$$

22. 물의 체적탄성계수가 2.5 GPa일 때 물의 체적을 1% 감소시키기 위해선 얼마의 압력(MPa)을 가하여야 하는가?

① 20   ② 25

③ 30   ④ 35

해설 $E = -\dfrac{dP}{\dfrac{dV}{V}}$ [MPa]에서
$$dP = E\left(-\frac{dV}{V}\right)$$
$$= 2.5 \times 10^3 \times \frac{1}{100} = 25$$

23. 안지름 40 mm의 배관 속을 정상류의 물이 매분 150 L로 흐를 때의 평균유속(m/s)은 얼마인가?

① 0.99   ② 1.99

③ 2.45   ④ 3.01

해설 $Q = AV\,[\mathrm{m^3/s}]$에서
$$V = \frac{Q}{A} = \frac{Q}{\dfrac{\pi d^2}{4}} = \frac{4Q}{\pi d^2}$$
$$= \frac{4 \times \dfrac{150 \times 10^{-3}}{60}}{\pi \times 0.04^2} = 1.99\,\mathrm{m/s}$$

24. 원심 펌프를 이용하여 0.2 m^3/s로 저수지의 물을 2 m 위의 물 탱크로 퍼 올리고자 한다. 펌프의 효율이 80 %라고 하면 펌프에 공급해야 하는 동력(kW)은?

① 1.96   ② 3.14

③ 3.92   ④ 4.90

해설 펌프 축동력(kW) $= \dfrac{\gamma_w QH}{\eta_p}$
$$= \frac{9.8QH}{\eta_p} = \frac{9.8 \times 0.2 \times 2}{0.8} = 4.90\,\mathrm{kW}$$
여기서, 물의 비중량(γ_w)
$$= 9800\,\mathrm{N/m^3} = 9.8\,\mathrm{kN/m^3}$$

---

25. 원관에서 길이가 2배, 속도가 2배가 되면 손실수두는 원래의 몇 배가 되는가? (단, 두 경우 모두 완전발달 난류유동에 해당되며, 관 마찰계수는 일정하다.)

① 동일하다.   ② 2배

③ 4배   ④ 8배

[해설] $h_L = f \dfrac{L}{d} \dfrac{V^2}{2g}$ [m]이므로

$$\therefore \frac{h_{L2}}{h_{L1}} = \left(\frac{L_2}{L_1}\right)\left(\frac{V_2}{V_1}\right)^2 = 2 \times 2^2 = 8$$

26. 펌프가 운전 중에 한숨을 쉬는 것과 같은 상태가 되어 펌프 입구의 진공계 및 출구의 압력계 지침이 흔들리고 송출유량도 주기적으로 변화하는 이상 현상을 무엇이라고 하는가?

① 공동현상(cavitation)

② 수격작용(water hammering)

③ 맥동현상(surging)

④ 언밸런스(unbalance)

[해설] 맥동현상(surging)은 원심 펌프 또는 원심 송풍기에서 흡입측 압력이 급격히 낮아지거나 토출측 압력이 급격히 높아지면 토출유량 일부가 임펠러 내로 역류하게 될 때 진동 및 소음이 동반되고 압력계가 심하게 흔들리는 현상이며, 방지책으로 급격한 유량 변동을 피하고 토출측에 역류 방지 밸브를 설치한다.

27. 터보팬을 6000 rpm으로 회전시킬 경우, 풍량은 0.5 m³/min, 축동력은 0.049 kW이었다. 만약 터보팬의 회전수를 8000 rpm으로 바꾸어 회전시킬 경우 축동력(kW)은 얼마인가?

① 0.0207   ② 0.207

③ 0.116   ④ 1.161

[해설] 압축기의 상사 법칙에서 축동력은 회전수의 세제곱에 비례한다. → $\dfrac{L_{s2}}{L_{s1}} = \left(\dfrac{N_2}{N_1}\right)^3$

$$\therefore L_{s2} = L_{s1}\left(\frac{N_2}{N_1}\right)^3 = 0.049\left(\frac{8000}{6000}\right)^3$$
$$= 0.116 \, \text{kW}$$

28. 어떤 기체를 20℃에서 등온압축하여 절대압력이 0.2 MPa에서 1 MPa로 변할 때 체적은 초기 체적과 비교하여 어떻게 변화하는가?

① 5배로 증가한다.

② 10배로 증가한다.

③ $\dfrac{1}{5}$ 로 감소한다.

④ $\dfrac{1}{10}$ 로 감소한다.

[해설] 등온변화이므로 Boyle's law($PV = C$)를 적용한다.

$P_1 V_1 = P_2 V_2$에서

$$\frac{V_2}{V_1} = \frac{P_1}{P_2} = \frac{0.2}{1} = \frac{2}{10} = \frac{1}{5}$$

$$\therefore V_2 = \frac{1}{5} V_1 (\text{나중 체적은 초기 체적의 } \frac{1}{5}$$
로 감소한다.)

29. 원관 속의 흐름에서 관의 직경, 유체의 속도, 유체의 밀도, 유체의 점성계수가 각각 D, V, ρ, μ로 표시될 때 층류 흐름의 마찰계수(f)는 어떻게 표현될 수 있는가?

① $f = \dfrac{64\mu}{DV\rho}$ ② $f = \dfrac{64\rho}{DV\mu}$

③ $f = \dfrac{64D}{V\rho\mu}$ ④ $f = \dfrac{64}{DV\rho\mu}$

[해설] 원관(pipe) 유동에서 층류($Re < 2100$)인 경우 관마찰계수(f)는 레이놀즈수(Re)만의 함수이므로 $f = \dfrac{64}{Re} = \dfrac{64\mu}{DV\rho}$

[정답]   **25.** ④   **26.** ③   **27.** ③   **28.** ③   **29.** ①

30. 그림과 같이 매우 큰 탱크에 연결된 길이 100 m, 안지름 20 cm인 원관에 부차적 손실계수가 5인 밸브 A가 부착되어 있다. 관 입구에서의 부차적 손실계수가 0.5, 관마찰계수는 0.02이고, 평균속도가 2 m/s일 때 물의 높이 H[m]는?

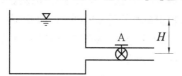

① 1.48
② 2.14
③ 2.81
④ 3.36

[해설] $H = \left(k_1 + f\dfrac{L}{d} + k_2\right)\dfrac{V^2}{2g}$

$= \left(0.5 + 0.02 \times \dfrac{100}{0.2} + 5\right) \times \dfrac{2^2}{2 \times 9.8} = 3.16\,\text{m}$

31. 마그네슘은 절대온도 293 K에서 열전도도가 156 W/m·K, 밀도는 1740 kg/m^{3}이고, 비열이 1017J/kg·K일 때 열확산계수(m^2/s)는?

① 8.96×10^{-2}
② 1.53×10^{-1}
③ 8.81×10^{-5}
④ 8.81×10^{-4}

[해설] 열확산계수(α)

$= \dfrac{\lambda}{\rho C_p} = \dfrac{156}{1740 \times 1017} = 8.81 \times 10^{-5}\,\text{m}^2/\text{s}$

32. 그림과 같이 반지름 1 m, 폭(y 방향) 2 m인 곡면 AB에 작용하는 물에 의한 힘의 수직성분(z 방향) F_z와 수평성분(x 방향) F_x와의 비(F_z/F_x)는 얼마인가?

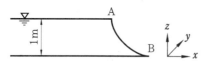

① $\dfrac{\pi}{2}$
② $\dfrac{2}{\pi}$
③ 2π
④ $\dfrac{1}{2\pi}$

[해설] $F_z = \gamma V = \gamma \times \dfrac{\pi \times 1^2}{4} \times 2 = \dfrac{\pi}{2}\gamma\,\text{[N]}$

$F_x = \gamma \bar{h} A = \gamma \times \dfrac{1}{2} \times (1 \times 2) = \gamma\,\text{[N]}$

$\therefore\ \dfrac{F_z}{F_x} = \dfrac{\pi}{2}$

33. 대기압하에서 10℃의 물 2 kg이 전부 증발하여 100℃의 수증기로 되는 동안 흡수되는 열량(kJ)은 얼마인가? (단, 물의 비열은 4.2 kJ/kg·K, 기화열은 2250 kJ/kg이다.)

① 756
② 2638
③ 5256
④ 5360

[해설] $Q = m C(t_2 - t_1) + m\gamma_0$

$= m\left[C(t_2 - t_1) + \gamma_0\right]$

$= 2\left[4.2(100 - 10) + 2250\right]$

$= 2 \times 2628 = 5256\,\text{kJ}$

34. 경사진 관로의 유체 흐름에서 수력기울기선의 위치로 옳은 것은?

① 언제나 에너지선보다 위에 있다.
② 에너지선보다 속도수두만큼 아래에 있다.
③ 항상 수평이 된다.
④ 개수로의 수면보다 속도수두만큼 위에 있다.

[해설] 베르누이의 정리에 의하여
• 위치수두 : 기준선에서 관 중심까지
• 압력수두 : 관 중심에서 수력기울기선까지
• 속도수두 : 수력기울기선에서 에너지선까지
즉, 수력기울기선은 에너지선보다 속도수두만큼 아래에 있다.

35. 그림과 같이 폭(b)이 1 m이고 깊이(h_0) 1 m로 물이 들어 있는 수조가 트럭 위에 실려 있다. 이 트럭이 7 m/s^{2}의 가

속도로 달릴 때 물의 최대 높이(h_2)와 최소 높이(h_1)는 각각 몇 m인가?

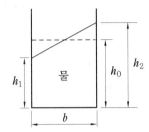

① $h_1 = 0.643\,\mathrm{m}$, $h_2 = 1.413\,\mathrm{m}$

② $h_1 = 0.643\,\mathrm{m}$, $h_2 = 1.357\,\mathrm{m}$

③ $h_1 = 0.676\,\mathrm{m}$, $h_2 = 1.413\,\mathrm{m}$

④ $h_1 = 0.676\,\mathrm{m}$, $h_2 = 1.357\,\mathrm{m}$

해설 $\tan\theta = \dfrac{a_x}{g} = \dfrac{h_2 - h_0}{\dfrac{b}{2}}$ 에서

$$h_2 - h_0 = \frac{a_x \times \dfrac{b}{2}}{g} = \frac{7 \times \dfrac{1}{2}}{9.8} = 0.357\,\mathrm{m}$$

$\therefore h_2 = h_0 + 0.357 = 1.357\,\mathrm{m}$

$\therefore h_1 = h_0 - 0.357 = 1 - 0.357 = 0.643\,\mathrm{m}$

36. 유체의 거동을 해석하는 데 있어서 비점성 유체에 대한 설명으로 옳은 것은?

① 실제 유체를 말한다.

② 전단응력이 존재하는 유체를 말한다.

③ 유체 유동 시 마찰저항이 속도 기울기에 비례하는 유체이다.

④ 유체 유동 시 마찰저항을 무시한 유체를 말한다.

해설 비점성 유체는 점성이 없고 유동 시 마찰저항이 존재하지 않는 유체로 이상 유체라고도 한다.

37. 출구 단면적이 0.0004 m²인 소방 호스로부터 25 m/s의 속도로 수평으로 분출되는 물제트가 수직으로 세워진 평판과 충돌한다. 평판을 고정시키기 위한 힘(F)은 몇 N인가?

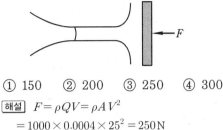

① 150   ② 200   ③ 250   ④ 300

해설 $F = \rho QV = \rho A V^2$
$= 1000 \times 0.0004 \times 25^2 = 250\,\mathrm{N}$

38. 두 개의 가벼운 공을 그림과 같이 실로 매달아 놓았다. 두 개의 공 사이로 공기를 불어 넣으면 공은 어떻게 되겠는가?

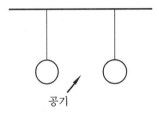

① 파스칼의 법칙에 따라 벌어진다.

② 파스칼의 법칙에 따라 가까워진다.

③ 베르누이의 법칙에 따라 벌어진다.

④ 베르누이의 법칙에 따라 가까워진다.

해설 베르누이의 법칙에 따라 압력수두, 속도수두, 위치수두의 합은 일정하므로 노즐에 의하여 두 공 사이에 속도가 증가하면 반면에 압력은 감소한다. 그러므로 공 바깥쪽의 압력보다 낮아지므로 공은 달라붙는다.

39. 다음 중 뉴턴(Newton)의 점성 법칙을 이용하여 만든 회전 원통식 점도계는?

① 세이볼트(Saybolt) 점도계

② 오스트발트(Ostwald) 점도계

③ 레드우드(Redwood) 점도계

④ 맥미첼(MacMichael) 점도계

해설 점도계의 분류
  (1) 하겐-푸아죄유의 법칙 : 세이볼트 점도계, 오스트발트 점도계, 레드우드 점도계, 앵글러 점도계, 바베이 점도계
  (2) 뉴턴의 점성 법칙 : 스토머 점도계, 맥미첼 점도계
  (3) 스토크스의 법칙 : 낙구식 점도계

40. 그림과 같이 수은 마노미터를 이용하여 물의 유속을 측정하고자 한다. 마노미터에서 측정한 높이차(h)가 30 mm일 때 오리피스 전후의 압력(kPa) 차이는? (단, 수은의 비중은 13.6이다.)

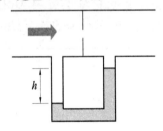

① 3.4 ② 3.7
③ 3.9 ④ 4.4

해설 $\Delta P = (\gamma_{Hg} - \gamma_w)h$
$= \gamma_w h\left(\frac{\gamma_{Hg}}{\gamma_w} - 1\right) = \gamma_w h\left(\frac{S_{Hg}}{S_w} - 1\right)$
$= 9.8 \times 0.03\left(\frac{13.6}{1} - 1\right) = 3.7\,\text{kPa}$

제3과목 **소방관계법규**

41. 다음 중 소방기본법령상 특수가연물에 해당하는 품명별 기준수량으로 틀린 것은?
① 사류 1000 kg 이상
② 면화류 200 kg 이상
③ 나무껍질 및 대팻밥 400 kg 이상
④ 넝마 및 종이부스러기 500 kg 이상
해설 넝마 및 종이부스러기 : 1000 kg

42. 다음 중 화재예방, 소방시설 설치·유지 및 안전관리에 관한 법령상 소방시설관리업을 등록할 수 있는 자는?
① 피성년후견인
② 소방시설관리업의 등록이 취소된 날부터 2년이 경과된 자
③ 금고 이상의 형의 집행유예를 선고받고 그 유예기간 중에 있는 자
④ 금고 이상의 실형을 선고받고 그 집행이 면제된 날부터 2년이 지나지 아니한 자
해설 소방시설업의 등록 결격사유(소방시설공사업법 제5조)
  (1) 피성년후견인
  (2) 금고 이상의 실형을 선고받고 그 집행이 끝나거나 면제된 날부터 2년이 지나지 아니한 사람
  (3) 금고 이상의 형의 집행유예를 선고받고 그 유예기간 중에 있는 사람
  (4) 등록이 취소된 날부터 2년이 지나지 아니한 자

43. 위험물안전관리법령상 위험물 취급소의 구분에 해당하지 않는 것은?
① 이송취급소 ② 관리취급소
③ 판매취급소 ④ 일반취급소
해설 위험물 취급소의 구분
  (1) 일반취급소
    • 제조소와는 달리 위험물을 이용하여 최종산물이 위험물이 아닌 제품을 제조(생산)하는 경우
    • 위험물을 생산하지 않는 제반 취급소
  (2) 판매취급소 : 점포에서 위험물을 용기에 담아 판매하기 위하여 지정수량의 40배 이하의 위험물을 취급하는 장소
  (3) 이송취급소 : 배관 및 이에 부속하는 설비에 의하여 위험물을 이송하는 취급소
  (4) 주유취급소 : 고정된 주유설비에 의하여 자동차·항공기 또는 선박 등의 연료탱

정답 40. ② 41. ④ 42. ② 43. ②

크에 직접 주유하거나, 실소비자에게 판매하는 위험물 취급소

44. 국민의 안전의식과 화재에 대한 경각심을 높이고 안전문화를 정착시키기 위한 소방의 날은 몇 월 며칠인가?

① 1월 19일   ② 10월 9일

③ 11월 9일   ④ 12월 19일

해설 소방의 날 : 국민들에게 화재에 대한 경각심과 이해를 높이고 화재를 사전에 예방하여 국민의 재산과 생명을 화재로부터 보호하기 위해 제정한 법정 기념일(11월 9일)

45. 화재예방, 소방시설 설치·유지 및 안전관리에 관한 법령상 소방특별조사 결과 소방대상물의 위치 상황이 화재 예방을 위하여 보완될 필요가 있을 것으로 예상되는 때에 소방대상물의 개수·이전·제거, 그 밖의 필요한 조치를 관계인에게 명령할 수 있는 사람은?

① 소방서장   ② 경찰청장

③ 시·도지사   ④ 해당구청장

해설 소방대상물의 개수·이전·제거, 사용의 금지 또는 제한, 사용 폐쇄, 공사의 정지 또는 중지, 그 밖의 필요한 조치 명령권자는 소방청장, 소방본부장 또는 소방서장이다.

46. 화재예방, 소방시설 설치·유지 및 안전관리에 관한 법령상 지하가 중 터널로서 길이가 1천미터일 때 설치하지 않아도 되는 소방시설은?

① 인명구조기구

② 옥내소화전설비

③ 연결송수관설비

④ 무선통신보조설비

해설 인명구조기구는 피난설비로 지하층을 포함하는 층수가 7층 이상인 관광호텔 및

5층 이상인 병원에 설치하여야 하며 지하가에는 제외된다.

47. 위험물안전관리법령상 허가를 받지 아니하고 당해 제조소 등을 설치하거나 그 위치·구조 또는 설비를 변경할 수 있으며, 신고를 하지 아니하고 위험물의 품명·수량 또는 지정수량의 배수를 변경할 수 있는 기준으로 옳은 것은?

① 축산용으로 필요한 건조시설을 위한 지정수량 40배 이하의 저장소

② 수산용으로 필요한 건조시설을 위한 지정수량 30배 이하의 저장소

③ 농예용으로 필요한 난방시설을 위한 지정수량 40배 이하의 저장소

④ 주택의 난방시설(공동주택의 중앙난방시설 제외)을 위한 저장소

해설 다음 각 호의 어느 하나에 해당하는 제조소 등의 경우에는 허가를 받지 아니하고 당해 제조소 등을 설치하거나 그 위치·구조 또는 설비를 변경할 수 있으며, 신고를 하지 아니하고 위험물의 품명·수량 또는 지정수량의 배수를 변경할 수 있다.
(1) 주택의 난방시설(공동주택의 중앙난방시설을 제외한다)을 위한 저장소 또는 취급소
(2) 농예용·축산용 또는 수산용으로 필요한 난방시설 또는 건조시설을 위한 지정수량 20배 이하의 저장소

48. 소방기본법령상 시장지역에서 화재로 오인할 만한 우려가 있는 불을 피우거나 연막소독을 하려는 자가 신고를 하지 아니하여 소방자동차를 출동하게 한 자에 대한 과태료 부과·징수권자는?

① 국무총리

② 시·도지사

---

③ 행정안전부장관

④ 소방본부장 또는 소방서장

[해설] 시장지역에서 화재로 오인할 만한 우려가 있는 불을 피우거나 연막소독을 하려는 자가 신고를 하지 아니하여 소방자동차를 출동하게 한 자는 소방본부장 또는 소방서장이 20만원 이하의 과태료를 부과·징수할 수 있다.

49. 다음 중 소방시설공사업법령상 공사감리자 지정대상 특정소방대상물의 범위가 아닌 것은?

① 제연설비를 신설·개설하거나 제연구역을 증설할 때

② 연소방지설비를 신설·개설하거나 살수구역을 증설할 때

③ 캐비닛형 간이스프링클러설비를 신설·개설하거나 방호·방수 구역을 증설할 때

④ 물분무등소화설비(호스릴 방식의 소화설비는 제외)를 신설·개설하거나 방호·방수구역을 증설할 때

[해설] 공사감리자 지정대상 특정소방대상물의 범위

(1) 제연설비를 신설·개설하거나 제연구역을 증설할 때

(2) 연결송수관설비를 신설 또는 개설할 때

(3) 연결살수설비를 신설·개설하거나 송수구역을 증설할 때

(4) 비상콘센트설비를 신설·개설하거나 전용회로를 증설할 때

(5) 무선통신보조설비를 신설 또는 개설할 때

(6) 연소방지설비를 신설·개설하거나 살수구역을 증설할 때

(7) 스프링클러설비등(캐비닛형 간이스프링클러설비는 제외한다)을 신설·개설하거나 방호·방수 구역을 증설할 때

(8) 물분무등소화설비(호스릴 방식의 소화

설비는 제외한다)를 신설·개설하거나 방호·방수 구역을 증설할 때

50. 소방기본법령상 소방대장의 권한이 아닌 것은?

① 화재 현장에 대통령령으로 정하는 사람외에는 그 구역에 출입하는 것을 제한할 수 있다.

② 화재 진압 등 소방활동을 위하여 필요할 때에는 소방용수 외에 댐·저수지 등의 물을 사용할 수 있다.

③ 국민의 안전의식을 높이기 위하여 소방박물관 및 소방체험관을 설립하여 운영할 수 있다.

④ 불이 번지는 것을 막기 위하여 필요할 때에는 불이 번질 우려가 있는 소방대상물 및 토지를 일시적으로 사용할 수 있다.

[해설] 소방기본법령상 소방대장의 권한

(1) 소방대장은 화재, 재난·재해, 그 밖의 위급한 상황이 발생한 현장에 소방활동구역을 정해 소방활동에 필요한 사람으로서 대통령령으로 정하는 사람 외에 그 구역에 출입하는 것을 제한할 수 있다.

(2) 화재 진압 등 소방활동을 위하여 필요할 때에는 소방용수 외에 댐·저수지 등의 물을 사용할 수 있다.

(3) 불이 번지는 것을 막기 위하여 필요할 때에는 불이 번질 우려가 있는 소방대상물 및 토지를 일시적으로 사용할 수 있다.

※ 소방의 역사와 안전문화를 발전시키고 국민의 안전의식을 높이기 위하여 소방청장은 소방박물관을, 시·도지사는 소방체험관을 설립하여 운영할 수 있다.

51. 화재예방, 소방시설 설치·유지 및 안전관리에 관한 법령상 스프링클러설비를

[정답] 49. ③ 50. ③ 51. ①

설치하여야 하는 특정소방대상물의 기준으로 틀린 것은? (단, 위험물 저장 및 처리 시설 중 가스시설 또는 지하구는 제외한다.)

① 복합건축물로서 연면적 3500 m² 이상인 경우에는 모든 층

② 창고시설(물류터미널은 제외)로서 바닥면적 합계가 5000 m² 이상인 경우에는 모든 층

③ 숙박이 가능한 수련시설 용도로 사용되는 시설의 바닥면적의 합계가 600 m² 이상인 것은 모든 층

④ 판매시설, 운수시설 및 창고시설(물류터미널에 한정)로서 바닥면적의 합계가 5000 m² 이상이거나 수용인원이 500명 이상인 경우에는 모든 층

해설 스프링클러설비를 설치하여야 하는 특정소방대상물의 기준

(1) 기숙사 또는 복합건축물로서 연면적 5000 m² 이상인 경우에는 모든 층

(2) 판매시설, 운수시설 및 창고시설로서 바닥면적의 합계가 5000 m² 이상이거나 수용인원이 500명 이상인 경우에는 모든 층

(3) 창고시설(물류터미널은 제외한다)로서 바닥면적 합계가 5000 m² 이상인 경우에는 모든 층

(4) 문화 및 집회시설(동·식물원은 제외한다), 종교시설(주요구조부가 목조인 것은 제외한다), 운동시설(물놀이형 시설은 제외한다)로서 다음의 어느 하나에 해당하는 경우에는 모든 층

• 수용인원이 100명 이상인 것

• 영화상영관의 용도로 쓰이는 층의 바닥면적이 지하층 또는 무창층인 경우에는 500 m² 이상, 그 밖의 층의 경우에는 1000 m² 이상인 것

• 무대부가 지하층·무창층 또는 4층 이상의 층에 있는 경우에는 무대부의 면적이 300 m² 이상인 것

• 무대부가 위 항목 외의 층에 있는 경우에는 무대부의 면적이 500 m² 이상인 것

(5) 다음의 어느 하나에 해당하는 용도로 사용되는 시설의 바닥면적의 합계가 600 m² 이상인 것은 모든 층

• 의료시설 중 정신의료기관

• 의료시설 중 요양병원(정신병원은 제외한다)

• 노유자시설, 숙박이 가능한 수련시설

52. 화재예방, 소방시설 설치·유지 및 안전관리에 관한 법령상 단독경보형 감지기를 설치하여야 하는 특정소방대상물의 기준으로 틀린 것은?

① 연면적 600 m² 미만의 기숙사

② 연면적 600 m² 미만의 숙박시설

③ 연면적 1000 m² 미만의 아파트

④ 교육연구시설 또는 수련시설 내에 있는 합숙소 또는 기숙사로서 연면적 2000 m² 미만인 것

해설 단독경보형 감지기를 설치하여야 하는 특정소방대상물은 다음과 같다.

(1) 연면적 1000 m² 미만의 아파트 등

(2) 연면적 1000 m² 미만의 기숙사

(3) 교육연구시설 또는 수련시설 내에 있는 합숙소 또는 기숙사로서 연면적 2000 m² 미만인 것

(4) 연면적 600 m² 미만의 숙박시설

(5) 수용인원 100명 이하의 수련시설(숙박시설이 있는 것만 해당한다)

(6) 연면적 400 m² 미만의 유치원

53. 소방시설공사업법령상 소방시설공사의 하자보수 보증기간이 3년이 아닌 것은?

① 자동소화장치

② 무선통신보조설비

③ 자동화재탐지설비

④ 간이스프링클러설비

해설 소방시설 하자보수 보증기간

보증기간	소방시설
2년	• 무선통신보조설비 • 유도등, 유도표지, 피난기구 • 비상조명등, 비상경보설비, 비상방송설비
3년	• 자동소화장치 • 옥내·외 소화전 설비 • 스프링클러설비, 간이스프링클러설비 • 물분무등소화설비, 상수도 소화용수설비 • 자동화재탐지설비, 소화활동설비

54. 위험물안전관리법령상 제조소의 기준에 따라 건축물의 외벽 또는 이에 상당하는 공작물의 외측으로부터 제조소의 외벽 또는 이에 상당하는 공작물의 외측까지의 안전거리 기준으로 틀린 것은? (단, 제6류 위험물을 취급하는 제조소를 제외하고, 건축물에 불연재료로 된 방화상 유효한 담 또는 벽을 설치하지 않은 경우이다.)

① 의료법에 의한 종합병원에 있어서는 30 m 이상

② 도시가스사업법에 의한 가스공급시설에 있어서는 20 m 이상

③ 사용전압 35000 V를 초과하는 특고압가공전선에 있어서는 5 m 이상

④ 문화재보호법에 의한 유형문화재와 기념물 중 지정문화재에 있어서는 30 m 이상

해설 문화재보호법의 규정에 의한 유형문화재와 기념물 중 지정문화재에 있어서는 50 m 이상으로 한다.

55. 소방기본법령상 화재가 발생하였을 때 화재의 원인 및 피해 등에 대한 조사를 하여야 하는 자는?

① 시·도지사 또는 소방본부장

② 소방청장·소방본부장 또는 소방서장

③ 시·도지사·소방서장 또는 소방파출소장

④ 행정안전부장관·소방본부장 또는 소방파출소장

해설 소방청장, 소방본부장 또는 소방서장은 화재가 발생하였을 때에는 화재의 원인 및 피해 등에 대한 조사(이하 "화재조사"라 한다)를 하여야 한다.
(1) 화재원인조사 : 발화원인조사, 연소상황조사, 피난상황조사, 발견, 통보 및 초기상황조사, 소방시설 등 조사
(2) 화재피해조사 : 인명피해조사, 재산피해조사

56. 소방기본법령상 화재피해조사 중 재산피해조사의 조사 범위에 해당하지 않는 것은?

① 소화활동 중 사용된 물로 인한 피해

② 열에 의한 탄화, 용융, 파손 등의 피해

③ 소방활동 중 발생한 사망자 및 부상자

④ 연기, 물품반출, 화재로 인한 폭발 등에 의한 피해

해설 소방활동 중 발생한 사망자 및 부상자는 인명피해조사에 해당된다.

57. 위험물시설의 설치 및 변경 등에 관한 기준 중 다음 ( ) 안에 알맞은 것은?

제조소 등의 위치·구조 또는 설비의 변경 없이 당해 제조소 등에서 저장하거나 취급하는 위험물의 품명·수량 또는 지정수량의 배수를 변경하고자 하는 자는 변경하고자 하는 날의 (㉠)일 전까지 (㉡)이 정하는 바에 따라 (㉢)에게 신고하여야 한다.

① ㉠ 1, ㉡ 대통령령, ㉢ 소방본부장
② ㉠ 1, ㉡ 행정안전부령, ㉢ 시·도지사
③ ㉠ 14, ㉡ 대통령령, ㉢ 소방서장
④ ㉠ 14, ㉡ 행정안전부령, ㉢ 시·도지사

[해설] 위험물시설의 설치 및 변경 등에 관한 기준
(1) 제조소 등을 설치하고자 하는 자는 대통령령이 정하는 바에 따라 그 설치장소를 관할하는 특별시장·광역시장·특별자치시장·도지사 또는 특별자치도지사의 허가를 받아야 한다. 제조소 등의 위치·구조 또는 설비 가운데 행정안전부령이 정하는 사항을 변경하고자 하는 때에도 또한 같다.
(2) 제조소 등의 위치·구조 또는 설비의 변경 없이 당해 제조소 등에서 저장하거나 취급하는 위험물의 품명·수량 또는 지정수량의 배수를 변경하고자 하는 자는 변경하고자 하는 날의 1일 전까지 행정안전부령이 정하는 바에 따라 시·도지사에게 신고하여야 한다.

58. 화재예방, 소방시설 설치·유지 및 안전관리에 관한 법령상 수용인원 산정 방법 중 침대가 없는 숙박시설로서 해당 특정소방대상물의 종사자의 수는 5명, 복도, 계단 및 화장실의 바닥면적을 제외한 바닥면적이 158 m²인 경우의 수용인원은 약 몇 명인가?

① 37 ② 45
③ 58 ④ 84

[해설] 숙박시설
(1) 침대가 있는 경우 : 종사자 수+침대수
(2) 침대가 없는 경우 : 종사자 수+바닥면적 합계/3 m²

$$수용인원\ 산정수 = 5명 + \frac{158\,m^2}{3\,m^2} = 57.66$$

∴ 58명

59. 화재예방, 소방시설 설치·유지 및 안전관리에 관한 법령상 1급 소방안전관리

대상물에 해당하는 건축물은?

① 지하구
② 층수가 15층인 공공업무시설
③ 연면적 15000 m² 이상인 동물원
④ 층수가 20층이고, 지상으로부터 높이가 100 m인 아파트

[해설]
(1) 1급 소방안전관리대상물(동·식물원, 철강 등 불연성 물품을 저장, 취급하는 창고, 위험물 저장 및 처리 시설 중 위험물 제조소 등, 지하구를 제외한 것)
• 30층 이상(지하층 제외)이거나 지상으로부터 120 m 이상인 아파트
• 연면적 1만 5천 m² 이상인 특정소방대상물(아파트 제외)
• 층수가 11층 이상인 것(아파트 제외)
• 가연성가스를 1천톤 이상 저장, 취급하는 시설
(2) 특급 소방안전관리대상물(동·식물원, 철강 등 불연성 물품을 저장, 취급하는 창고, 위험물 저장 및 처리 시설 중 위험물 제조소 등, 지하구를 제외한 것)
• 50층 이상(지하층 제외)이거나 지상으로부터 200 m 이상인 아파트
• 30층 이상(지하층 포함)이거나 지상으로부터 120 m 이상인 특정소방대상물(아파트 제외)
• 연면적이 20만 m² 이상인 특정소방대상물(아파트 제외)
(3) 2급 소방안전관리대상물(특급, 1급 소방안전관리대상물을 제외한 다음의 어느 하나에 해당하는 것)
• 가연성가스를 100톤 이상 1000톤 미만 저장, 취급하는 시설
• 지하구
• 공동주택관리법 시행령 제2조 각 호의 어느 하나에 해당하는 공동주택
• 문화재보호법 제23조에 따라 국보 또는 보물로 지정된 목조건축물

60. 화재예방, 소방시설 설치·유지 및 안전관리에 관한 법령상 1년 이하의 징역

또는 1천만원 이하의 벌금기준에 해당하는 경우는?

① 소방용품의 형식승인을 받지 아니하고 소방용품을 제조하거나 수입한 자
② 형식승인을 받은 소방용품에 대하여 제품검사를 받지 아니한 자
③ 거짓이나 그 밖의 부정한 방법으로 제품검사 전문기관으로 지정을 받은 자
④ 소방용품에 대하여 형상 등의 일부를 변경한 후 형식승인의 변경승인을 받지 아니한 자

해설 ①, ②, ③항의 경우 3년 이하의 징역 또는 3천만원 이하의 벌금에 해당된다.

제4과목 **소방기계시설의 구조 및 원리**

61. 스프링클러설비에서 자동경보밸브에 리타딩체임버(retarding chamber)를 설치하는 목적으로 가장 적절한 것은?

① 자동으로 배수하기 위하여
② 압력수의 압력을 조절하기 위하여
③ 자동경보밸브의 오보를 방지하기 위하여
④ 경보를 발하기까지 시간을 단축하기 위하여

해설 리타딩체임버는 누수로 인한 습식 유수검지장치의 오동작을 방지한다.

62. 구조대의 형식승인 및 제품검사의 기술기준상 수직강하식 구조대의 구조기준 중 틀린 것은?

① 구조대는 연속하여 강하할 수 있는 구조이어야 한다.

② 구조대는 안전하고 쉽게 사용할 수 있는 구조이어야 한다.
③ 입구틀 및 취부틀의 입구는 지름 40 cm 이하의 구체가 통과할 수 있는 것이어야 한다.
④ 구조대의 포지는 외부포지와 내부포지로 구성하되, 외부포지와 내부포지의 사이에 충분한 공기층을 두어야 한다.

해설 수직강하식 구조대의 구조기준
(1) 구조대는 안전하고 쉽게 사용할 수 있는 구조이어야 한다.
(2) 구조대의 포지는 외부포지와 내부포지로 구성하되, 외부포지와 내부포지의 사이에 충분한 공기층을 두어야 한다. 다만, 건물내부의 별실에 설치하는 것은 외부포지를 설치하지 아니할 수 있다.
(3) 입구틀 및 취부틀의 입구는 지름 50 cm 이상의 구체가 통과할 수 있는 것이어야 한다.
(4) 구조대는 연속하여 강하할 수 있는 구조이어야 한다.
(5) 포지는 사용 시 수직방향으로 현저하게 늘어나지 아니하여야 한다.
(6) 포지, 지지틀, 취부틀 그 밖의 부속장치 등은 견고하게 부착되어야 한다.

63. 분말소화설비의 화재안전기준상 분말소화설비의 가압용가스로 질소가스를 사용하는 경우 질소가스는 소화약제 1 kg마다 최소 몇 L 이상이어야 하는가? (단, 질소가스의 양은 35℃에서 1기압의 압력상태로 환산한 것이다.)

① 10   ② 20   ③ 30   ④ 40

해설 분말소화약제의 가압용 가스 용기의 설치기준
(1) 분말소화약제의 가스 용기는 분말소화약제의 저장 용기에 접속하여 설치하여야 한다.

정답 61. ③   62. ③   63. ④

(2) 분말소화약제의 가압용가스 용기를 3병 이상 설치한 경우에는 2개 이상의 용기에 전자개방밸브를 부착하여야 한다.

(3) 분말소화약제의 가압용가스 용기에는 2.5 MPa 이하의 압력에서 조정이 가능한 압력조정기를 설치하여야 한다.

(4) 가압용가스 또는 축압용가스는 질소가스 또는 이산화탄소로 할 것

(5) 가압용가스에 질소가스를 사용하는 것의 질소가스는 소화약제 1 kg마다 40 L(35℃에서 1기압의 압력상태로 환산한 것) 이상, 이산화탄소를 사용하는 것의 이산화탄소는 소화약제 1 kg에 대하여 20 g에 배관의 청소에 필요한 양을 가산한 양 이상으로 할 것

(6) 축압용가스에 질소가스를 사용하는 것의 질소가스는 소화약제 1 kg에 대하여 10 L (35℃에서 1기압의 압력상태로 환산한 것) 이상, 이산화탄소를 사용하는 것의 이산화탄소는 소화약제 1 kg에 대하여 20 g에 배관의 청소에 필요한 양을 가산한 양 이상으로 할 것

(7) 배관의 청소에 필요한 양의 가스는 별도의 용기에 저장할 것

---

64. 도로터널의 화재안전기준상 옥내소화전설비 설치기준 중 ( ) 안에 알맞은 것은 어느 것인가?

> 가압송수장치는 옥내소화전 2개(4차로 이상의 터널인 경우 3개)를 동시에 사용할 경우 각 옥내소화전의 노즐선단에서의 방수압력은 (㉠) MPa 이상이고 방수량은 (㉡) L/min 이상이 되는 성능의 것으로 할 것

① ㉠ 0.1, ㉡ 130
② ㉠ 0.17, ㉡ 130
③ ㉠ 0.25, ㉡ 350
④ ㉠ 0.35, ㉡ 190

해설 도로터널의 화재안전기준상 옥내소화전설비 설치기준
(1) 소화전함과 방수구는 주행차로 우측 측

벽을 따라 50 m 이내의 간격으로 설치하며, 편도 2차선 이상의 양방향 터널이나 4차로 이상의 일방향 터널의 경우에는 양쪽 측벽에 각각 50 m 이내의 간격으로 엇갈리게 설치할 것

(2) 수원은 그 저수량이 옥내소화전의 설치개수 2개(4차로 이상의 터널의 경우 3개)를 동시에 40분 이상 사용할 수 있는 충분한 양 이상을 확보할 것

(3) 가압송수장치는 옥내소화전 2개(4차로 이상의 터널인 경우 3개)를 동시에 사용할 경우 각 옥내소화전의 노즐선단에서의 방수압력은 0.35 MPa 이상이고 방수량은 190 L/min 이상이 되는 성능의 것으로 할 것. 다만, 하나의 옥내소화전을 사용하는 노즐선단에서의 방수압력이 0.7 MPa을 초과할 경우에는 호스접결구의 인입측에 감압장치를 설치하여야 한다.

(4) 압력수조나 고가수조가 아닌 전동기 및 내연기관에 의한 펌프를 이용하는 가압송수장치는 주펌프와 동등 이상인 별도의 예비펌프를 설치할 것

(5) 방수구는 40 mm 구경의 단구형을 옥내소화전이 설치된 벽면의 바닥면으로부터 1.5 m 이하의 높이에 설치할 것

(6) 소화전함에는 옥내소화전 방수구 1개, 15 m 이상의 소방호스 3본 이상 및 방수노즐을 비치할 것

(7) 옥내소화전설비의 비상전원은 40분 이상 작동할 수 있을 것

---

65. 분말소화설비의 화재안전기준상 분말소화설비의 배관으로 동관을 사용하는 경우에는 최고사용압력의 최소 몇 배 이상의 압력에 견딜 수 있는 것을 사용하여야 하는가?

① 1   ② 1.5   ③ 2   ④ 2.5

해설 분말소화설비의 배관
(1) 배관은 전용으로 할 것
(2) 강관을 사용하는 경우의 배관은 아연도금에 따른 배관용 탄소강관이나 이와

동등 이상의 강도·내식성 및 내열성을 가진 것으로 할 것. 다만, 축압식 분말 소화설비에 사용하는 것 중 20℃에서 압력이 2.5 MPa 이상 4.2 MPa 이하인 것은 압력 배관용 탄소강관 중 이음이 없는 스케줄 40 이상의 것 또는 이와 동등 이상의 강도를 가진 것으로서 아연도금으로 방식처리된 것을 사용하여야 한다.

(3) 동관을 사용하는 경우의 배관은 고정압력 또는 최고사용압력의 1.5배 이상의 압력에 견딜 수 있는 것을 사용할 것

(4) 밸브류는 개폐위치 또는 개폐방향을 표시한 것으로 할 것

(5) 배관의 관부속 및 밸브류는 배관과 동등 이상의 강도 및 내식성이 있는 것으로 할 것

66. 물분무소화설비의 화재안전기준상 110 kV 초과 154 kV 이하의 고압 전기기기와 물분무헤드 사이의 이격거리는 최소 몇 cm 이상이어야 하는가?

① 110
② 150
③ 180
④ 210

해설 전기기기와 물분무헤드 사이의 이격거리

전압(kV)	거리(cm)	전압(kV)	거리(cm)
66 이하	70 이상	154 초과 181 이하	180 이상
66 초과 77 이하	80 이상	181 초과 220 이하	210 이상
77 초과 110 이하	110 이상	220 초과	260 이상
110 초과 154 이하	150 이상		

67. 소화기의 형식승인 및 제품검사의 기술기준상 A급 화재용 소화기의 능력단위 산정을 위한 소화능력시험의 내용으로 틀린 것은?

① 모형 배열 시 모형 간의 간격은 3 m 이상으로 한다.

② 소화는 최초의 모형에 불을 붙인 다음 1분 후에 시작한다.

③ 소화는 무풍상태(풍속 0.5 m/s 이하)와 사용상태에서 실시한다.

④ 소화약제의 방사가 완료된 때 잔염이 없어야 하며, 방사 완료 후 2분 이내에 다시 불타지 아니한 경우 그 모형은 완전히 소화된 것으로 본다.

해설 소화는 최초의 모형에 불을 붙인 다음 3분 후에 시작한다.

68. 상수도 소화용수설비의 화재안전기준상 소화전은 특정소방대상물의 수평투영면의 각 부분으로부터 몇 m 이하가 되도록 설치하여야 하는가?

① 70
② 100
③ 140
④ 200

해설 상수도 소화용수설비 설치기준

(1) 호칭지름 75 mm 이상의 수도배관에 호칭지름 100 mm 이상의 소화전을 접속할 것

(2) 소화전은 소방자동차 등의 진입이 쉬운 도로변 또는 공지에 설치할 것

(3) 소화전은 특정소방대상물의 수평투영면의 각 부분으로부터 140 m 이하가 되도록 설치할 것

69. 연소방지설비의 배관의 설치기준 중 다음 ( ) 안에 알맞은 것은?

연소방지설비에 있어서의 수평주행배관의 구경은 100 mm 이상의 것으로 하되, 연소방지설비전용헤드 및 스프링클러헤드를 향하여 상향으로 ( ) 이상의 기울기로 설치하여야 한다.

정답 66. ② 67. ② 68. ③ 69. ①

① $\dfrac{1}{1000}$ ② $\dfrac{2}{100}$

③ $\dfrac{1}{100}$ ④ $\dfrac{1}{500}$

해설 연소방지설비의 배관의 설치기준 : 연소방지설비에 있어서의 수평주행배관의 구경은 100 mm 이상의 것으로 하되, 연소방지설비전용헤드 및 스프링클러헤드를 향하여 상향으로 1000분의 1 이상의 기울기로 설치하여야 한다.

70. 포소화설비의 화재안전기준상 포헤드의 설치기준 중 다음 ( ) 안에 알맞은 것은?

> 압축공기포소화설비의 분사헤드는 천장 또는 반자에 설치하되 방호대상물에 따라 측벽에 설치할 수 있으며 유류탱크 주위에는 바닥면적 (㉠) m² 마다 1개 이상, 특수가연물 저장소에는 바닥면적 (㉡) m² 마다 1개 이상으로 당해 방호대상물의 화재를 유효하게 소화할 수 있도록 할 것

① ㉠ 8, ㉡ 9

② ㉠ 9, ㉡ 8

③ ㉠ 9.3, ㉡ 13.9

④ ㉠ 13.9, ㉡ 9.3

해설 포헤드의 설치기준 : 압축공기포소화설비의 분사헤드는 천장 또는 반자에 설치하되 방호대상물에 따라 측벽에 설치할 수 있으며 유류탱크 주위에는 바닥면적 13.9 m² 마다 1개 이상, 특수가연물 저장소에는 바닥면적 9.3 m² 마다 1개 이상으로 당해 방호대상물의 화재를 유효하게 소화할 수 있도록 할 것

방호 대상물	방호면적 1 m²에 대한 1분당 방출량
특수 가연물	2.3 L
기타	1.63 L

71. 제연설비의 화재안전기준상 배출구 설치 시 예상제연구역의 각 부분으로부터 하나의 배출구까지의 수평거리는 최대 몇 m 이내가 되어야 하는가?

① 5   ② 10

③ 15   ④ 20

해설 예상제연구역의 각 부분으로부터 하나의 배출구까지의 수평거리는 최대 10 m 이내가 되도록 하여야 한다.

72. 스프링클러설비의 화재안전기준상 스프링클러헤드를 설치하는 천장·반자·천장과 반자 사이·덕트·선반 등의 각 부분으로부터 하나의 스프링클러헤드까지의 수평거리 기준으로 틀린 것은? (단, 성능이 별도로 인정된 스프링클러헤드를 수리계산에 따라 설치하는 경우는 제외한다.)

① 무대부에 있어서는 1.7 m 이하

② 공동주택(아파트) 세대 내의 거실에 있어서는 3.2 m 이하

③ 특수가연물을 저장 또는 취급하는 장소에 있어서는 2.1 m 이하

④ 특수가연물을 저장 또는 취급하는 랙식 창고의 경우에는 1.7 m 이하

해설 스프링클러헤드를 설치하는 천장·반자·천장과 반자 사이·덕트·선반 등의 각 부분으로부터 하나의 스프링클러헤드까지의 수평거리 기준은 다음과 같다.

(1) 무대부·특수가연물을 저장 또는 취급하는 장소에 있어서는 1.7 m 이하

(2) 랙식 창고에 있어서는 2.5 m 이하(다만, 특수가연물을 저장 또는 취급하는 랙식 창고의 경우에는 1.7 m 이하)

(3) 공동주택(아파트) 세대 내의 거실에 있어서는 3.2 m 이하

(4) 특정소방대상물에 있어서는 2.1 m 이하

(내화구조로 된 경우에는 2.3 m 이하)

73. 이산화탄소소화설비의 화재안전기준상 전역방출방식의 이산화탄소소화설비의 분사헤드 방사압력은 저압식인 경우 최소 몇 MPa 이상이어야 하는가?

① 0.5
② 1.05
③ 1.4
④ 2.0

해설 전역방출방식의 이산화탄소소화설비의 분사헤드
(1) 방사된 소화약제가 방호구역의 전역에 균일하게 신속히 확산할 수 있도록 할 것
(2) 분사헤드의 방사압력이 2.1 MPa(저압식은 1.05 MPa) 이상의 것으로 할 것

74. 완강기의 형식승인 및 제품검사의 기술기준상 완강기 및 간이완강기의 구성으로 적합한 것은?

① 속도조절기, 속도조절기의 연결부, 하부지지장치, 연결금속구, 벨트
② 속도조절기, 속도조절기의 연결부, 로프, 연결금속구, 벨트
③ 속도조절기, 가로봉 및 세로봉, 로프, 연결금속구, 벨트
④ 속도조절기, 가로봉 및 세로봉, 로프, 하부지지장치, 벨트

해설 완강기 및 간이완강기의 구조 및 성능
(1) 속도조절기·속도조절기의 연결부·로프·연결금속구 및 벨트로 구성되어야 한다.
(2) 강하 시 사용자를 심하게 선회시키지 아니하여야 한다.

75. 스프링클러설비의 교차배관에서 분기되는 지점을 기점으로 한쪽 가지배관에 설치되는 헤드의 개수는 최대 몇 개 이하인가?(단, 방호구역 안에서 칸막이 등으

로 구획하여 헤드를 증설하는 경우와 격자형 배관방식을 채택하는 경우는 제외한다.)

① 8
② 10
③ 12
④ 15

해설 가지배관의 배열
(1) 토너먼트방식이 아닐 것
(2) 교차배관에서 분기되는 지점을 기점으로 한쪽 가지배관에 설치되는 헤드의 개수(반자 아래와 반자 속의 헤드를 하나의 가지배관 상에 병설하는 경우에는 반자 아래에 설치하는 헤드의 개수)는 8개 이하로 할 것

76. 제연설비의 화재안전기준상 제연설비의 설치장소 기준 중 하나의 제연구역의 면적은 최대 몇 m² 이내로 하여야 하는가?

① 700
② 1000
③ 1300
④ 1500

해설 제연설비의 설치장소 기준
(1) 하나의 제연구역의 면적은 1000 m² 이내로 할 것
(2) 거실과 통로(복도를 포함한다. 이하 같다)는 상호 제연구획 할 것
(3) 통로상의 제연구역은 보행중심선의 길이가 60 m를 초과하지 아니할 것
(4) 하나의 제연구역은 직경 60 m 원내에 들어갈 수 있을 것
(5) 하나의 제연구역은 2개 이상 층에 미치지 아니하도록 할 것

77. 옥내소화전설비의 화재안전기준상 배관의 설치기준 중 다음 ( ) 안에 알맞은 것은?

연결송수관설비의 배관과 겸용할 경우의 주배관은 구경 (㉠) mm 이상, 방수구로 연결되는 배관의 구경은 (㉡) mm 이상의 것으로 하여야 한다.

정답 73. ② 74. ② 75. ① 76. ② 77. ③

① ㉠ 80, ㉡ 65

② ㉠ 80, ㉡ 50

③ ㉠ 100, ㉡ 65

④ ㉠ 125, ㉡ 80

해설 옥내소화전설비의 화재안전기준상 배관의 설치기준

(1) 연결송수관설비의 배관과 겸용할 경우의 주배관은 구경 100 mm 이상, 방수구로 연결되는 배관의 구경은 65 mm 이상의 것으로 하여야 한다.

(2) 펌프의 토출측 주배관의 구경은 유속이 4 m/s 이하가 될 수 있는 크기 이상으로 하여야 하고, 옥내소화전방수구와 연결되는 가지배관의 구경은 40 mm(호스릴옥내소화전설비의 경우에는 25mm) 이상으로 하여야 하며, 주배관 중 수직배관의 구경은 50 mm(호스릴 옥내소화전설비의 경우에는 32 mm) 이상으로 하여야 한다.

78. 이산화탄소소화설비의 화재안전기준상 저압식 이산화탄소 소화약제 저장용기에 설치하는 안전밸브의 작동압력은 내압시험압력의 몇 배에서 작동해야 하는가?

① 0.24~0.4   ② 0.44~0.6

③ 0.64~0.8   ④ 0.84~1

해설 이산화탄소 소화약제의 저장용기

(1) 저장용기의 충전비는 고압식은 1.5 이상 1.9 이하, 저압식은 1.1 이상 1.4 이하로 할 것

(2) 저압식 저장용기에는 내압시험압력의 0.64배부터 0.8배의 압력에서 작동하는 안전밸브와 내압시험압력의 0.8배부터 내압시험압력에서 작동하는 봉판을 설치할 것

(3) 저압식 저장용기에는 액면계 및 압력계와 2.3 MPa 이상 1.9 MPa 이하의 압력에서 작동하는 압력경보장치를 설치할 것

(4) 저압식 저장용기에는 용기 내부의 온도가 섭씨 영하 18℃ 이하에서 2.1 MPa의

압력을 유지할 수 있는 자동냉동장치를 설치할 것

(5) 저장용기는 고압식은 25 MPa 이상, 저압식은 3.5 MPa 이상의 내압시험압력에 합격한 것으로 할 것

79. 포소화설비의 화재안전기준상 전역방출방식 고발포용 고정포방출구의 설치기준으로 옳은 것은?(단, 해당 방호구역에서 외부로 새는 양 이상의 포수용액을 유효하게 추가하여 방출하는 설비가 있는 경우는 제외한다.)

① 개구부에 자동폐쇄장치를 설치할 것

② 바닥면적 600 m^2마다 1개 이상으로 할 것

③ 방호대상물의 최고부분보다 낮은 위치에 설치할 것

④ 특정소방대상물 및 포의 팽창비에 따른 종별에 관계없이 해당 방호구역의 관포체적 1 m^3에 대한 1분당 포수용액 방출량은 1 L 이상으로 할 것

해설 전역방출방식 고발포용 고정포방출구의 설치기준

(1) 개구부에 자동폐쇄장치(갑종방화문·을종방화문 또는 불연재료로된 문으로 포수용액이 방출되기 직전에 개구부가 자동적으로 폐쇄될 수 있는 장치를 말한다)를 설치할 것

(2) 고정포방출구는 바닥면적 500 m^2마다 1개 이상으로 하여 방호대상물의 화재를 유효하게 소화할 수 있도록 할 것

(3) 고정포방출구는 방호대상물의 최고부분보다 높은 위치에 설치할 것. 다만, 밀어올리는 능력을 가진 것은 방호대상물과 같은 높이로 할 수 있다

(4) 고정포방출구(포발생기가 분리되어 있는 것은 해당 포발생기를 포함한다)는 특정소방대상물 및 포의 팽창비에 따른 종별에 따라 해당 방호구역의 관포체적

(해당 바닥 면으로부터 방호대상물의 높이보다 0.5 m 높은 위치까지의 체적을 말한다) 1 m³에 대하여 1분당 방출량이 다음 표에 따른 양 이상이 되도록 할 것

소방대상물	팽창비	1 m³에 대한 분당 포수용액 방출량
항공기 격납고	80 이상 250 미만	2.0 L
	250 이상 500 미만	0.5 L
	500 이상 1000 미만	0.29 L
차고, 주차장	80 이상 250 미만	1.11 L
	250 이상 500 미만	0.28 L
	500 이상 1000 미만	0.16 L
특수 가연물을 저장, 취급하는 소방대상물	80 이상 250 미만	1.25 L
	250 이상 500 미만	0.31 L
	500 이상 1000 미만	0.18 L

80. 소화기구 및 자동소화장치의 화재안전 기준상 노유자시설은 당해용도의 바닥면적 얼마마다 능력단위 1단위 이상의 소화기구를 비치해야 하는가?

① 바닥면적 30 m²마다
② 바닥면적 50 m²마다
③ 바닥면적 100 m²마다
④ 바닥면적 200 m²마다

해설 소방대상물별 소화기구의 능력단위 기준

특정소방대상물	소화기구의 능력단위
위락시설	30 m²마다 1단위 이상
공연장, 집회장, 관람장, 문화재, 장례식장, 의료시설	50 m²마다 1단위 이상
근린생활시설, 판매시설, 운수시설, 숙박시설, 노유자시설, 전시장, 공동주택, 업무시설, 방송통신시설, 공장, 창고시설, 항공기 및 자동차 관련시설 및 관광휴게시설	100 m²마다 1단위 이상
그 밖의 것	200 m²마다 1단위 이상

소방설비기계기사

제1과목 **소방원론**

1. 일반적인 플라스틱 분류상 열경화성 플라스틱에 해당하는 것은?

① 폴리에틸렌   ② 폴리염화비닐

③ 페놀수지   ④ 폴리스티렌

해설 수지의 종류

(1) 열경화성 수지 : 열에 의해 경화되는 수지 (페놀수지, 요소수지, 멜라민수지 등)

(2) 열가소성 수지 : 열에 의해 변형되는 수지(폴리에틸렌, 폴리염화비닐, 폴리스티렌 등)

2. 공기 중에서 수소의 연소범위로 옳은 것은?

① 0.4~4 vol%   ② 1~12.5 vol%

③ 4~75 vol%   ④ 67~92 vol%

해설 수소는 가연성가스로 공기 중에서 연소범위(폭발범위)는 4~75 vol%이다.

3. 건물 내 피난동선의 조건으로 옳지 않은 것은?

① 2개 이상의 방향으로 피난할 수 있어야 한다.

② 가급적 단순한 형태로 한다.

③ 통로의 말단은 안전한 장소이어야 한다.

④ 수직동선은 금하고 수평동선만 고려한다.

해설 화재 시 엘리베이터 등은 연기가 나는 통로가 되기 때문에 반드시 계단 등을 이용하여 피난해야 하므로 수직동선 또한 고려해야 한다.

4. 증발잠열을 이용하여 가연물의 온도를 떨어뜨려 화재를 진압하는 소화 방법은?

① 제거소화   ② 억제소화

③ 질식소화   ④ 냉각소화

해설 화재 진압 시 물을 사용하면 물의 증발잠열로 인하여 가연물질의 온도를 연소점 이하로 낮추는 냉각소화의 효과를 얻을 수 있다.

5. 열분해에 의해 가연물 표면에 유리상의 메타인산 피막을 형성하여 연소에 필요한 산소의 유입을 차단하는 분말약제는?

① 요소

② 탄산수소칼륨

③ 제1인산암모늄

④ 탄산수소나트륨

해설 (1) 분말소화약제의 종류

종별	명칭	착색	적용	반응식
제1종	탄산수소나트륨 ($NaHCO_3$)	백색	B, C급	$2NaHCO_3 \rightarrow Na_2CO_3 + CO_2 + H_2O$
제2종	탄산수소칼륨 ($KHCO_3$)	담자색	B, C급	$2KHCO_3 \rightarrow K_2CO_3 + CO_2 + H_2O$
제3종	제1인산암모늄 ($NH_4H_2PO_4$)	담홍색	A, B, C급	$NH_4H_2PO_4 \rightarrow HPO_3 + NH_3 + H_2O$
제4종	탄산수소칼륨 + 요소($KHCO_3$ + $(NH_2)_2CO$)	회색	B, C급	$2KHCO_3 + (NH_2)_2CO \rightarrow K_2CO_3 + 2NH_3 + 2CO_2$

(2) 제3종 분말소화약제의 소화 효과

• 열분해 시 흡열 반응에 의한 냉각 효과

정답 1. ③   2. ③   3. ④   4. ④   5. ③

- 열분해 시 발생되는 불연성 가스(NH_3, H_2O 등)에 의한 질식 효과
- 반응 과정에서 생성된 메타인산의 방진 효과
- 열분해 시 유리된 NH_4^+와 분말 표면의 흡착에 의한 부촉매 효과
- 분말 운무에 의한 열방사의 차단 효과

6. 화재를 소화하는 방법 중 물리적 방법에 의한 소화가 아닌 것은?

① 억제소화　　② 제거소화
③ 질식소화　　④ 냉각소화

해설 산화반응(산소와의 화학반응)의 진행을 차단하는 것을 억제소화라 한다.

7. 물과 반응하여 가연성 기체를 발생하지 않는 것은?

① 칼륨　　　　② 인화아연
③ 산화칼슘　　④ 탄화알루미늄

해설 산화칼슘과 물이 반응하면 수산화칼슘을 생성한다.
$$CaO + H_2O \rightarrow Ca(OH)_2$$

8. 다음 물질을 저장하고 있는 장소에서 화재가 발생하였을 때 주수소화가 적합하지 않은 것은?

① 적린　　　　② 마그네슘 분말
③ 과염소산칼륨　④ 유황

해설 마그네슘과 물이 반응하면 수산화마그네슘과 가연성가스인 수소가 발생하여 화재를 촉진시킬 우려가 있다.
$$Mg + 2H_2O \rightarrow Mg(OH)_2 + H_2 \uparrow$$

9. 과산화수소와 과염소산의 공통 성질이 아닌 것은?

① 산화성 액체이다.
② 유기화합물이다.

③ 불연성 물질이다.
④ 비중이 1보다 크다.

해설 과산화수소(H_2O_2)는 투명한 청색의 산소와 수소의 화합물로서 수용액은 거의 투명하게 보이며 과염소산($HClO_4$)은 염소의 산소산으로 물에 대하여 가용성을 띠는 액체이다. 공통적으로 산화성 액체이며 비중이 1보다 큰 불연성의 산화제이다.

10. 다음 중 가연성 가스가 아닌 것은?

① 일산화탄소　　② 프로판
③ 아르곤　　　　④ 메탄

해설 아르곤은 스스로 연소하지도 못하고 연소를 도와주지도 못하는 불연성 가스이다.

11. 화재 발생 시 인간의 피난 특성으로 틀린 것은?

① 본능적으로 평상시 사용하는 출입구를 사용한다.
② 최초로 행동을 개시한 사람을 따라서 움직인다.
③ 공포감으로 인해서 빛을 피하여 어두운 곳으로 몸을 숨긴다.
④ 무의식 중에 발화 장소의 반대쪽으로 이동한다.

해설 화재 발생 시 밝은 곳으로 이동하여 피난 동선을 찾으려는 행동을 하게 된다.

12. 실내화재에서 화재의 최성기에 돌입하기 전에 다량의 가연성 가스가 동시에 연소되면서 급격한 온도 상승을 유발하는 현상은?

① 패닉(panic) 현상
② 스택(stack) 현상
③ 파이어 볼(fire ball) 현상
④ 플래시 오버(flash over) 현상

정답　6. ①　7. ③　8. ②　9. ②　10. ③　11. ③　12. ④

[해설] 화재 발생 5~6분 후 화재실 온도는 800 ~900℃ 정도에 이른다. 이때 유리창이 깨지며 화염이 건물 외부로 방출된다. 이를 플래시 오버라 하며 성장기에서 최성기로 넘어가는 시기에 발생한다.

13. 다음 원소 중 할로겐족 원소인 것은?

① Ne
② Ar
③ Cl
④ Xe

[해설] 할로겐족 원소는 7족 원소(F, Cl, Br, I, At)이며, Ne, Ar, Xe은 0족 원소(불활성 기체)이다.

14. 피난 시 하나의 수단이 고장 등으로 사용이 불가능하더라도 다른 수단 및 방법을 통해서 피난할 수 있도록 하는 것으로 2방향 이상의 피난통로를 확보하는 피난대책의 일반 원칙은?

① risk-down 원칙
② feed-back 원칙
③ fool-proof 원칙
④ fail-safe 원칙

[해설] (1) fail safe 원칙
- 한 가지 피난기구 이상이 있을 때 다른 수단으로 이용 가능하도록 하여야 한다.
- 두 방향 이상의 피난 동선이 이루어져 있어야 한다.

(2) fool proof 원칙
- 피난설비는 간단명료하여야 하며 고정식 위주로 한다.
- 피난수단을 조작이 간편한 원시적 방법으로 하는 원칙이다.
- 피난 통로는 완전 불연화 시설로 하여야 한다.

15. 목재 건축물의 화재 진행 과정을 순서대로 나열한 것은?

① 무염착화-발염착화-발화-최성기
② 무염착화-최성기-발염착화-발화

③ 발염착화-발화-최성기-무염착화
④ 발염착화-최성기-무염착화-발화

[해설] 목재 건축물의 화재는 고온 단시간에 이루어지며 무염착화→발염착화→발화→최성기 순으로 진행된다.

16. 탄산수소나트륨이 주성분인 분말소화약제는?

① 제1종 분말
② 제2종 분말
③ 제3종 분말
④ 제4종 분말

[해설] 문제 5번 해설 참조

17. 공기와 할론 1301의 혼합기체에서 할론 1301에 비해 공기의 확산속도는 약 몇 배인가? (단, 공기의 평균분자량은 29, 할론 1301의 분자량은 149이다.)

① 2.27배
② 3.85배
③ 5.17배
④ 6.46배

[해설] 그레이엄의 확산속도 법칙에 의하여

$$\frac{U_A}{U_B} = \sqrt{\frac{M_B}{M_A}}$$ 에서

$$\frac{U_{공기}}{U_{할론}} = \sqrt{\frac{149}{29}} = 2.27$$

$$U_{공기} = 2.27 \times U_{할론}$$

공기의 확산속도가 할론 1301보다 2.27배 빠르다.

18. 불연성 기체나 고체 등으로 연소물을 감싸 산소 공급을 차단하는 소화 방법은?

① 질식소화
② 냉각소화
③ 연쇄반응차단소화
④ 제거소화

[해설] 가연물에 산소 공급을 차단하여 산소의 농도가 15% 이하가 되면 연소가 중단되는데 이를 질식소화라 한다.

19. 공기 중의 산소의 농도는 약 몇 vol% 인가?

① 10　　② 13　　③ 17　　④ 21

해설 공기의 체적 성분비 : 질소(78 vol%), 산소 (21 vol%), 아르곤 및 기타(1 vol%)

20. 자연발화 방지대책에 대한 설명 중 틀린 것은?

① 저장실의 온도를 낮게 유지한다.

② 저장실의 환기를 원활히 시킨다.

③ 촉매물질과의 접촉을 피한다.

④ 저장실의 습도를 높게 유지한다.

해설 저장실의 습도가 높게 되면 열의 축적이 많아져 자연발화의 원인이 되므로 저장실의 환기를 양호하게 하여 건조하게 유지해야 한다.

제 2 과목　　　**소방유체역학**

21. 그림과 같이 수조의 밑부분에 구멍을 뚫고 물을 유량 Q로 방출시키고 있다. 손실을 무시할 때 수위가 처음 높이의 1/2로 되었을 때 방출되는 유량은 어떻게 되는가?

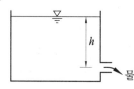

① $\dfrac{1}{\sqrt{2}}Q$　　　　② $\dfrac{1}{2}Q$

③ $\dfrac{1}{\sqrt{3}}Q$　　　　④ $\dfrac{1}{3}Q$

해설 $Q_1 = A V_1 = A\sqrt{2gh}\,[\text{m}^3/\text{s}]$

$Q_2 = A V_2 = A\sqrt{2g \cdot \dfrac{h}{2}}\,[\text{m}^3/\text{s}]$

$\dfrac{Q_2}{Q_1} = \dfrac{A\sqrt{gh}}{A\sqrt{2gh}} = \dfrac{1}{\sqrt{2}}$ 이므로

$\therefore\ Q_2 = \dfrac{1}{\sqrt{2}}Q_1 = \dfrac{1}{\sqrt{2}}Q$

22. 다음 중 등엔트로피 과정은 어느 과정인가?

① 가역 단열과정

② 가역 등온과정

③ 비가역 단열과정

④ 비가역 등온과정

해설 등엔트로피 과정은 $S_1 = S_2$

　$(S = \text{constant})$이므로

$\Delta S = S_2 - S_1 = \dfrac{\delta Q}{T}\,[\text{kJ/K}] = 0$

$\therefore\ \delta Q = 0$이므로 가역 단열과정이다.

23. 비중이 0.95인 액체가 흐르는 곳에 그림과 같이 피토 튜브를 직각으로 설치하였을 때 h가 150 mm, H가 30 mm로 나타났다면 점 1위치에서의 유속(m/s)은?

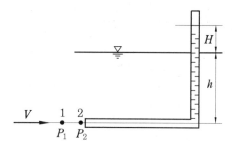

① 0.8　　② 1.6　　③ 3.2　　④ 4.2

해설 $\dfrac{P_1}{\gamma} + \dfrac{V_1^2}{2g} = \dfrac{P_2}{\gamma} + \dfrac{V_2^2}{2g}$

여기서, $\dfrac{P_1}{\gamma} = h$, $\dfrac{P_2}{\gamma} = H + h$, $V_2 = 0$

$h + \dfrac{V_1^2}{2g} = H + h + 0$

$\therefore\ V_1 = \sqrt{2gH} = \sqrt{2 \times 9.8 \times 0.03}$

　　　　$= 0.767 \fallingdotseq 0.8\,\text{m/s}$

24. 어떤 밀폐계가 압력 200 kPa, 체적 0.1 m³인 상태에서 100 kPa, 0.3 m³인 상태까지 가역적으로 팽창하였다. 이 과정이 $P-V$ 선도에서 직선으로 표시된다면 이 과정 동안에 계가 한 일(kJ)은?

① 20　　② 30　　③ 45　　④ 60

[해설] 계가 한 일 $_1W_2$

$$= \frac{(P_1 - P_2) \times (V_2 - V_1)}{2} + P_2(V_2 - V_1)$$

$$= \frac{(200 - 100) \times (0.3 - 0.1)}{2} + 100(0.3 - 0.1)$$

$$= 10 + 20 = 30 \text{kJ}$$

25. 유체에 관한 설명으로 틀린 것은?

① 실제 유체는 유동할 때 마찰로 인한 손실이 생긴다.

② 이상 유체는 높은 압력에서 밀도가 변화하는 유체이다.

③ 유체에 압력을 가하면 체적이 줄어드는 유체는 압축성 유체이다.

④ 전단력을 받았을 때 저항하지 못하고 연속적으로 변형하는 물질을 유체라 한다.

[해설] 이상 유체(ideal fluid)란 점성이 없고 비압축성인 유체로 밀도 변화가 없다.

26. 대기압에서 10℃의 물 10 kg을 70℃까지 가열할 경우 엔트로피 증가량(kJ/K)은? (단, 물의 정압비열은 4.18 kJ/kg · K 이다.)

① 0.43　　　　　② 8.03

③ 81.3　　　　　④ 2508.1

[해설] $\Delta S = \frac{\delta Q}{T} = \frac{m C_p dT}{T} = m C_p \ln \frac{T_2}{T_1}$

$$= 10 \times 4.18 \times \ln \frac{343}{283} ≒ 8.04 \text{kJ/K}$$

27. 물속에 수직으로 완전히 잠긴 원판의 도심과 압력중심 사이의 최대 거리는 얼마인가? (단, 원판의 반지름은 R이며, 이 원판의 면적관성모멘트는 $I_{xc} = \frac{\pi R^4}{4}$ 이다.)

① $\frac{R}{8}$　　② $\frac{R}{4}$　　③ $\frac{R}{2}$　　④ $\frac{2R}{3}$

[해설] $y_p = \bar{y} + \frac{I_{xc}}{A\bar{y}}$ 에서

$$y_p - \bar{y} = \frac{I_{xc}}{A\bar{y}} = \frac{I_{xc}}{(\pi R^2)R} = \frac{\frac{\pi R^4}{4}}{\pi R^3} = \frac{R}{4} \text{[m]}$$

28. 그림과 같은 곡관에 물이 흐르고 있을 때 계기압력으로 P_1이 98 kPa이고, P_2가 29.42 kPa이면 이 곡관을 고정시키는 데 필요한 힘은 몇 N인가? (단, 높이차 및 모든 손실은 무시한다.)

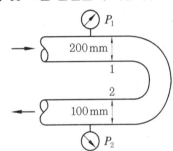

① 4141　　　　　② 4314

③ 4565　　　　　④ 4744

[해설] $\frac{P_1}{\gamma} + \frac{V_1^2}{2g} + Z_1 = \frac{P_2}{\gamma} + \frac{V_2^2}{2g} + Z_2$

$Z_1 = Z_2$ 에서 $\frac{P_1 - P_2}{\gamma} = \frac{V_2^2 - V_1^2}{2g}$

$A_1 V_1 = A_2 V_2$ 에서 $\frac{A_2}{A_1} = \frac{V_1}{V_2} = \left(\frac{d_2}{d_1}\right)^2$

$V_2 = V_1 \left(\frac{d_1}{d_2}\right)^2 = V_1 \left(\frac{200}{100}\right)^2 = 4V_1 \text{[m/s]}$

$$\frac{98-29.42}{9.8}=\frac{16\,V_1^2-V_1^2}{2\times9.8}=\frac{15\,V_1^2}{19.6}$$

$$\therefore\ V_1=\sqrt{\frac{19.6(98-29.42)}{15\times9.8}}=3.02\,\text{m/s}$$

$$V_2=4\,V_1=4\times3.02=12.08\,\text{m/s}$$

※ $Q=A_1V_1=A_2V_2$

$$=\frac{\pi}{4}\times(0.2)^2\times3.02\fallingdotseq0.095\,\text{m}^3/\text{s}$$

$\Sigma F=\rho Q(V_2-V_1)$ 에서

$$P_1A_1-F+P_2A_2=\rho Q(V_2-V_1)$$

$$F=P_1A_1+P_2A_2-\rho Q(V_2-V_1)$$

$$=P_1A_1+P_2A_2+\rho Q(V_1-V_2)$$

$$=98000\times\frac{\pi}{4}(0.2)^2+29420\times\frac{\pi}{4}(0.1)^2$$

$$+1000\times0.095\times\{3.02-(-12.08)\}$$

$$\fallingdotseq4744\,\text{N}$$

29. 점성계수가 0.101 N · s/m², 비중이 0.85 인 기름이 내경 300 mm, 길이 3 km의 주철관 내부를 0.0444 m³/s의 유량으로 흐를 때 손실수두(m)는?

① 7.1   ② 7.7

③ 8.1   ④ 8.9

[해설] $V=\dfrac{Q}{A}=\dfrac{0.0444}{\dfrac{\pi}{4}\times(0.3)^2}\fallingdotseq0.63\,\text{m/s}$

$$Re=\frac{\rho VD}{\mu}=\frac{850\times0.63\times0.3}{0.101}$$

$$=1591<2100$$

$$\therefore\ h_L=f\frac{L}{d}\frac{V^2}{2g}=\left(\frac{64}{Re}\right)\frac{L}{d}\frac{V^2}{2g}$$

$$=\left(\frac{64}{1591}\right)\times\frac{3000}{0.3}\times\frac{(0.63)^2}{2\times9.8}=8.15\,\text{m}$$

30. 물의 체적을 5 % 감소시키려면 얼마 의 압력(kPa)을 가하여야 하는가?(단, 물의 압축률은 5×10⁻¹⁰ m²/N이다.)

① 1   ② 10^2

③ 10^4 ④ 10^5

[해설] $\beta=\dfrac{1}{K}=\dfrac{-\dfrac{dV}{V}}{dP}$ 에서

$$dP=\frac{-\dfrac{dV}{V}}{\beta}=\frac{0.05}{5\times10^{-10}}=10^8\,\text{Pa}$$

$$=10^5\,\text{kPa}$$

※ $K=\dfrac{1}{\beta}=\dfrac{1}{5\times10^{-10}}=2\times10^9\,\text{Pa}$

$$=2\times10^6\,\text{kPa}$$

31. 옥내 소화전에서 노즐의 직경이 2 cm 이고, 방수량이 0.5 m³/min이라면 방수 압(계기압력, kPa)은?

① 35.18   ② 351.8

③ 566.4   ④ 56.64

[해설] 방수량(Q)$=0.653D^2\sqrt{P}$ [L/min]

여기서, D : 노즐의 직경(mm)

P : 방수압(kgf/cm²)

$$\therefore\ P=\left(\frac{500}{0.653\times20^2}\right)^2=3.66\,\text{kgf/cm}^2$$

$$=3.66\times98\,\text{kPa}\fallingdotseq358.7\,\text{kPa}$$

32. 공기 중에서 무게가 941 N인 돌이 물 속에서 500 N이라면 이 돌의 체적(m³) 은?(단, 공기의 부력은 무시한다.)

① 0.012   ② 0.028

③ 0.034   ④ 0.045

[해설] $G_a=W+F_B$ 에서 $F_B=G_a-W$

$$V=\frac{F_B}{\gamma_w}=\frac{G_a-W}{\gamma_w}$$

$$=\frac{941-500}{9800}=0.045\,\text{m}^3$$

33. 그림과 같이 비중이 0.8인 기름이 흐르고 있는 관에 U자관이 설치되어 있다. A점에서의 계기압력이 200 kPa일 때 높이 h[m]는 얼마인가?(단, U자관 내의

유체의 비중은 13.6이다.)

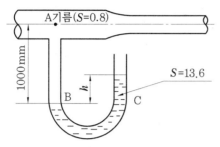

① 1.42   ② 1.56

③ 2.43   ④ 3.20

해설 $P_A + (9.8 \times 0.8) \times 1 = 13.6 \times 9.8h$

$$200 + 7.84 = 13.6 \times 9.8h$$

$$\therefore \ h = \frac{207.84}{13.6 \times 9.8} = 1.56\,\text{m}$$

34. 열전달 면적이 A 이고, 온도 차이가 10℃, 벽의 열전도율이 10 W/m·K, 두께 25 cm인 벽을 통한 열류량은 100 W이다. 동일한 열전달 면적에서 온도 차이가 2배, 벽의 열전도율이 4배가 되고 벽의 두께가 2배가 되는 경우 열류량(W)은 얼마인가?

① 50   ② 200

③ 400   ④ 800

해설 $Q = \lambda A \dfrac{\Delta t}{L} [\text{W}]$

$$\frac{Q_2}{Q_1} = \left(\frac{\lambda_2}{\lambda_1}\right)\left(\frac{\Delta t_2}{\Delta t_1}\right)\left(\frac{L_1}{L_2}\right)$$

$$= \left(\frac{40}{10}\right)\left(\frac{20}{10}\right)\left(\frac{25}{50}\right) = 4$$

$$\therefore \ Q_2 = 4Q_1 = 4 \times 100 = 400\,\text{W}$$

35. 지름 40 cm인 소방용 배관에 물이 80 kg/s로 흐르고 있다면 물의 유속 (m/s)은?

① 6.4   ② 0.64

③ 12.7   ④ 1.27

해설 $\dot{m} = \rho A V$에서

$$V = \frac{\dot{m}}{\rho A} = \frac{80}{1000 \times \frac{\pi}{4}(0.4)^2} = 0.64\,\text{m/s}$$

36. 지름이 400 mm인 베어링이 400 rpm으로 회전하고 있을 때 마찰에 의한 손실동력은 약 몇 kW인가? (단, 베어링과 축 사이에는 점성계수가 0.049 N·s/m² 인 기름이 차 있다.)

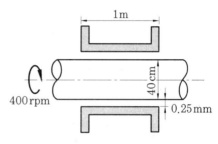

① 15.1   ② 15.6

③ 16.3   ④ 17.3

해설 회전속도(V)

$$= \frac{\pi D N}{60} = \frac{\pi \times 0.4 \times 400}{60} \fallingdotseq 8.38\,\text{m/s}$$

전단력(F) $= \mu A \dfrac{V}{h} = \mu(\pi D L)\dfrac{V}{h}$

$$= 0.049(\pi \times 0.4 \times 1) \times \frac{8.38}{0.25 \times 10^{-3}}$$

$$= 2064\,\text{N}$$

손실동력(kW)

$$= \frac{FV}{1000} = \frac{2064 \times 8.38}{1000} \fallingdotseq 17.3\,\text{kW}$$

37. 12층 건물의 지하 1층에 제연 설비용 배연기를 설치하였다. 이 배연기의 풍량은 500 m³/min이고, 풍압이 290 Pa일 때 배연기의 동력(kW)은? (단, 배연기의 효율은 60 %이다.)

① 3.55   ② 4.03

③ 5.55   ④ 6.11

정답 34. ③   35. ②   36. ④   37. ②

[해설] $H_{kW} = \dfrac{PQ}{\eta_s} = \dfrac{0.29 \times \left(\dfrac{500}{60}\right)}{0.6} ≒ 4.03\,\text{kW}$

38. 다음 중 배관의 출구측 형상에 따라 손실계수가 가장 큰 것은?

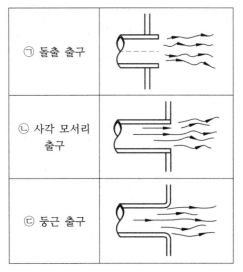

㉠ 돌출 출구	
㉡ 사각 모서리 출구	
㉢ 둥근 출구	

① ㉠

② ㉡

③ ㉢

④ 모두 같다.

39. 원관 내에 유체가 흐를 때 유동의 특성을 결정하는 가장 중요한 요소는?

① 관성력과 점성력

② 압력과 관성력

③ 중력과 압력

④ 압력과 점성력

[해설] 레이놀즈수(Re)는 유체동역학에서 유동의 특성을 결정하는 가장 중요한 무차원수로 $Re = \dfrac{관성력}{점성력}$ 이다.

40. 토출량이 1800 L/min, 회전차의 회전수가 1000 rpm인 소화펌프의 회전수를 1400 rpm으로 증가시키면 토출량은 처음

보다 얼마나 더 증가되는가?

① 10 %

② 20 %

③ 30 %

④ 40 %

[해설] $\dfrac{Q_2}{Q_1} = \dfrac{N_2}{N_1} = \dfrac{1400}{1000} = 1.4$

∴ 토출량은 처음보다 40 % 증가한다.

제3과목 **소방관계법규**

41. 화재예방, 소방시설 설치·유지 및 안전관리에 관한 법령상 소방시설 등의 자체점검 중 종합정밀점검을 받아야 하는 특정소방대상물 대상 기준으로 틀린 것은?

① 제연설비가 설치된 터널

② 스프링클러설비가 설치된 특정소방대상물

③ 공공기관 중 연면적이 1000 m² 이상인 것으로서 옥내소화전설비 또는 자동화재탐지설비가 설치된 것(단, 소방대가 근무하는 공공기관은 제외한다.)

④ 호스릴 방식의 물분무등소화설비만이 설치된 연면적 5000 m² 이상인 특정소방대상물(단, 위험물 제조소 등은 제외한다.)

[해설] 호스릴 방식의 물분무등소화설비만을 설치한 경우는 제외한다.

42. 위험물안전관리법령상 제조소 등이 아닌 장소에서 지정수량 이상의 위험물을 취급할 수 있는 경우에 대한 기준으로 맞는 것은?(단, 시·도의 조례가 정하는 바에 따른다.)

① 관할 소방서장의 승인을 받아 지정수량 이상의 위험물을 60일 이내의

기간 동안 임시로 저장 또는 취급하는 경우

② 관할 소방대장의 승인을 받아 지정 수량 이상의 위험물을 60일 이내의 기간 동안 임시로 저장 또는 취급하는 경우

③ 관할 소방서장의 승인을 받아 지정 수량 이상의 위험물을 90일 이내의 기간 동안 임시로 저장 또는 취급하는 경우

④ 관할 소방대장의 승인을 받아 지정 수량 이상의 위험물을 90일 이내의 기간 동안 임시로 저장 또는 취급하는 경우

해설 다음 각 호의 어느 하나에 해당하는 경우에는 제조소 등이 아닌 장소에서 지정수량 이상의 위험물을 취급할 수 있다.

(1) 시·도의 조례가 정하는 바에 따라 관할소방서장의 승인을 받아 지정수량 이상의 위험물을 90일 이내의 기간 동안 임시로 저장 또는 취급하는 경우

(2) 군부대가 지정수량 이상의 위험물을 군사 목적으로 임시로 저장 또는 취급하는 경우

43. 소방기본법상 화재경계지구의 지정권자는?

① 소방서장

② 시·도지사

③ 소방본부장

④ 행정자치부장관

해설 시·도지사는 화재가 발생할 우려가 높거나 화재가 발생하는 경우 그로 인하여 피해가 클 것으로 예상되는 지역을 화재경계지구로 지정할 수 있다.

(1) 시장지역

(2) 공장·창고가 밀집한 지역

(3) 목조건물이 밀집한 지역

(4) 위험물의 저장 및 처리 시설이 밀집한 지역

(5) 석유화학제품을 생산하는 공장이 있는 지역

(6) 소방시설·소방용수시설 또는 소방출동로가 없는 지역

(7) 소방청장·소방본부장 또는 소방서장이 화재경계지구로 지정할 필요가 있다고 인정하는 지역

44. 위험물안전관리법령상 위험물 중 제1석유류에 속하는 것은?

① 경유 ② 등유

③ 중유 ④ 아세톤

해설 제4류 위험물(인화성 액체)

종류		지정수량	물질
특수인화물		50 L	이황화탄소, 디에틸에테르
제1석유류	수용성	400 L	아세톤, 시안화수소
	비수용성	200 L	휘발유, 콜로디온
알코올류		400 L	메틸알코올, 에틸알코올
제2석유류	수용성	2000 L	아세트산, 히드라진
	비수용성	1000 L	등유, 경유
제3석유류	수용성	4000 L	에틸렌글리콜, 글리세린
	비수용성	2000 L	중유, 클레오소트유
제4석유류		6000 L	기어유, 절삭유, 실린더유
동식물유류		10000 L	아마인유, 건성유, 해바라기유

45. 화재예방, 소방시설 설치·유지 및 안전관리에 관한 법령상 수용인원 산정 방법 중 다음과 같은 시설의 수용인원은 몇

명인가?

> 숙박시설이 있는 특정소방대상물로서 종사자수는 5명, 숙박시설은 모두 2인용 침대이며 침대수량은 50개이다.

① 55
② 75
③ 85
④ 105

해설 숙박시설

(1) 침대가 있는 경우 : 종사자 수+침대수
(2) 침대가 없는 경우 : 종사자 수+바닥면적 합계/3 m²

∴ 수용인원 산정수
= 5명+2인용×50 = 105명

46. 위험물안전관리법령상 관계인이 예방규정을 정하여야 하는 위험물을 취급하는 제조소의 지정수량 기준으로 옳은 것은 어느 것인가?

① 지정수량의 10배 이상
② 지정수량의 100배 이상
③ 지정수량의 150배 이상
④ 지정수량의 200배 이상

해설 지정수량 기준

(1) 지정수량의 10배 이상의 위험물을 취급하는 제조소
(2) 지정수량의 100배 이상의 위험물을 저장하는 옥외저장소
(3) 지정수량의 150배 이상의 위험물을 저장하는 옥내저장소
(4) 지정수량의 200배 이상의 위험물을 저장하는 옥외탱크저장소
(5) 지정수량의 10배 이상인 일반취급소

47. 화재예방, 소방시설 설치·유지 및 안전관리에 관한 법령상 공동 소방안전관리자를 선임해야 하는 특정소방대상물이 아닌 것은?

① 판매시설 중 도매시장 및 소매시장

② 복합건축물로서 층수가 5층 이상인 것
③ 지하층을 제외한 층수가 7층 이상인 고층 건축물
④ 복합건축물로서 연면적이 5000 m² 이상인 것

해설 공동 소방안전관리자를 선임해야 하는 특정소방대상물

(1) 고층 건축물(지하층을 제외한 층수가 11층 이상인 건축물만 해당)
(2) 지하가
(3) 복합건축물로서 연면적이 5000 m² 이상인 것 또는 층수가 5층 이상인 것
(4) 도매시장 및 소매시장
(5) 소방안전관리대상물 중 소방본부장, 소방서장이 지정하는 것

48. 소방기본법령상 소방안전교육사의 배치대상별 배치기준으로 틀린 것은?

① 소방청 : 2명 이상 배치
② 소방서 : 1명 이상 배치
③ 소방본부 : 2명 이상 배치
④ 한국소방안전협회(본회) : 1명 이상 배치

해설 소방안전교육사의 배치대상별 배치기준

(1) 한국소방안전협회(본회 : 2명 이상, 시·도지부 : 1명 이상)
(2) 한국소방산업기술원 : 2명 이상

49. 소방시설공사업법령상 정의된 업종 중 소방시설업의 종류에 해당되지 않는 것은 어느 것인가?

① 소방시설설계업
② 소방시설공사업
③ 소방시설정비업
④ 소방공사감리업

해설 소방시설업의 종류

(1) 소방시설공사업 : 설계도서에 따라 소방

정답 46. ① 47. ③ 48. ④ 49. ③

시설을 신설, 증설, 개설, 이전 및 정비
하는 영업

(2) 소방공사감리업 : 소방시설공사에 관한
발주자의 권한을 대행하여 소방시설공사
가 설계도서와 관계 법령에 따라 적법하
게 시공되는지를 확인하고, 품질·시공
관리에 대한 기술지도를 하는 영업

(3) 소방시설설계업 : 소방시설공사에 기본
이 되는 공사계획, 설계도면, 설계 설명
서, 기술계산서 및 이와 관련된 서류를
작성하는 영업

50. 소방기본법상 소방대장의 권한이 아닌 것은?

① 소방활동을 할 때에 긴급한 경우에
는 이웃한 소방본부장 또는 소방서
장에게 소방업무의 응원을 요청할
수 있다.

② 화재, 재난·재해, 그 밖의 위급한
상황이 발생한 현장에서 소방활동을
위하여 필요할 때에는 그 관할구역에
사는 사람 또는 그 현장에 있는 사람
으로 하여금 사람을 구출하는 일 또
는 불을 끄거나 불이 번지지 아니하
도록 하는 일을 하게 할 수 있다.

③ 사람을 구출하거나 불이 번지는 것
을 막기 위하여 필요할 때에는 화재
가 발생하거나 불이 번질 우려가 있
는 소방대상물 및 토지를 일시적으로
사용하거나 그 사용의 제한 또는 소
방활동에 필요한 처분을 할 수 있다.

④ 소방활동을 위하여 긴급하게 출동
할 때에는 소방자동차의 통행과 소
방활동에 방해가 되는 주차 또는 정
차된 차량 및 물건 등을 제거하거나
이동시킬 수 있다.

해설 소방활동을 할 때에 긴급한 경우에는
이웃한 소방본부장 또는 소방서장에게 소
방업무의 응원을 요청할 수 있는 사람은
소방본부장이나 소방서장이다.

51. 소방시설공사업법상 도급을 받은 자가 제3자에게 소방시설공사의 시공을 하도 급한 경우에 대한 벌칙기준으로 옳은 것은? (단, 대통령령으로 정하는 경우는 제외한다.)

① 100만원 이하의 벌금

② 300만원 이하의 벌금

③ 1년 이하의 징역 또는 1000만원 이
하의 벌금

④ 3년 이하의 징역 또는 1500만원 이
하의 벌금

해설 1년 이하의 징역 또는 1천만원 이하의 벌금
(1) 영업정지처분을 받고 그 영업정지 기간
에 영업을 한 자
(2) 공사감리자를 지정하지 아니한 자
(3) 거짓 보고한 자
(4) 공사감리 결과의 통보 또는 공사감리
결과보고서의 제출을 거짓으로 한 자
(5) 소방시설업자가 아닌 자에게 소방시설
공사 등을 도급한 자

52. 화재예방, 소방시설 설치·유지 및 안 전관리에 관한 법령상 주택의 소유자가 소방시설을 설치하여야 하는 대상이 아닌 것은?

① 아파트 　　　　② 연립주택

③ 다세대주택 　　④ 다가구주택

해설 주택용 소방시설
(1) 단독경보형 감지기(주택용 화재경보기)
: 구획된 실마다 설치, 소화기 : 세대별,
층별 1개 이상 설치
(2) 단독·다중·다가구 : 각 가구별로 소유
권이 구분되어 있지 않음(즉, 소유주가

1인)
    (3) 공동주택(연립 · 다세대) : 각 가구별로
        소유권이 구분되어 있음

53. 소방기본법상 화재경계지구의 지정대상이 아닌 것은? (단, 소방청장 · 소방본부장 또는 소방서장이 화재경계지구로 지정할 필요가 있다고 인정하는 지역은 제외한다.)

① 시장지역
② 농촌지역
③ 목조건물이 밀집한 지역
④ 공장 · 창고가 밀집한 지역

[해설] 화재경계지구의 지정대상(대통령령)
    (1) 시장지역
    (2) 공장 · 창고가 밀집한 지역
    (3) 목조건물이 밀집한 지역
    (4) 위험물의 저장 및 처리시설이 밀집한 지역
    (5) 석유화학제품을 생산하는 공장이 있는 지역
    (6) 소방시설 · 소방용수시설 또는 소방출동로가 없는 지역
    (7) 소방청장 · 소방본부장 또는 소방서장이 화재경계지구로 지정할 필요가 있다고 인정하는 지역

54. 위험물안전관리법령상 제4류 위험물별 지정수량 기준의 연결이 틀린 것은 어느 것인가?

① 특수인화물-50 L
② 알코올류-400 L
③ 동식물유류-1000 L
④ 제4석유류-6000 L

[해설] 동식물유류-10000 L

55. 화재예방, 소방시설 설치 · 유지 및 안전관리에 관한 법상 소방시설 등에 대한

자체점검을 하지 아니하거나 관리업자 등으로 하여금 정기적으로 점검하게 하지 아니한 자에 대한 벌칙기준으로 옳은 것은?

① 6개월 이하의 징역 또는 1000만원 이하의 벌금
② 1년 이하의 징역 또는 1000만원 이하의 벌금
③ 3년 이하의 징역 또는 1500만원 이하의 벌금
④ 3년 이하의 징역 또는 3000만원 이하의 벌금

[해설] 화재예방, 소방시설 설치 · 유지 및 안전관리에 관한 법률 위반 시 벌칙
    (1) 소방시설에 대한 자체점검을 하지 않거나 관리업자 등으로 하여금 정기적으로 점검하게 하지 않으면 1년 이하의 징역 또는 1천만원 이하의 벌금
    (2) 소방시설의 점검결과를 보고하지 않으면 200만원 이하의 과태료
    (3) 거짓으로 보고하면 200만원의 과태료

56. 소방기본법령상 특수가연물의 저장 및 취급기준을 2회 위반한 경우 과태료 부과기준은?

① 50만원   ② 100만원
③ 150만원   ④ 200만원

[해설] 과태료 부과기준
    (1) 특수가연물의 저장 및 취급기준을 위반한 경우 : 1회(20만원), 2회(50만원), 3회(100만원), 4회 이상(100만원)
    (2) 불을 사용할 때 지켜야 하는 사항을 위반한 행위로 인하여 화재가 발생한 경우 : 1회(100만원), 2회(150만원), 3회(200만원), 4회 이상(200만원)

57. 소방기본법령상 특수가연물의 품명과 지정수량 기준의 연결이 틀린 것은?

① 사류-1000 kg 이상

[정답] 53. ②   54. ③   55. ②   56. ①   57. ②

② 볏짚류-3000 kg 이상

③ 석탄·목탄류-10000 kg 이상

④ 합성수지류 중 발포시킨 것-20 m^3 이상

해설 특수가연물 종류

품명	수량	품명	수량
면화류	200 kg 이상	가연성 고체류	3000 kg 이상
나무껍질, 대팻밥	400 kg 이상	가연성 액체류	2 m^3 이상
넝마, 종이 부스러기	1000 kg 이상	석탄, 목탄류	10000 kg 이상
사류	1000 kg 이상	목재 가공품, 나무 부스러기	10 m^3 이상
볏짚류	1000 kg 이상	합성 수지류	발포 시킨 것	20 m^3 이상
			그 밖의 것	3000 kg 이상

58. 화재예방, 소방시설 설치·유지 및 안전관리에 관한 법령상 특정소방대상물로서 숙박시설에 해당되지 않는 것은 어느 것인가?

① 오피스텔

② 일반형 숙박시설

③ 생활형 숙박시설

④ 근린생활시설에 해당하지 않는 고시원

해설 오피스텔은 업무시설에 해당된다.

59. 화재예방, 소방시설 설치·유지 및 안전관리에 관한 법령상 정당한 사유 없이 피난시설, 방화구획 및 방화시설의 유지·관리에 필요한 조치 명령을 위반한 경우 이에 대한 벌칙기준으로 옳은 것은?

① 200만원 이하의 벌금

② 300만원 이하의 벌금

③ 1년 이하의 징역 또는 1000만원 이하의 벌금

④ 3년 이하의 징역 또는 1500만원 이하의 벌금

해설 정당한 사유 없이 피난시설, 방화구획 및 방화시설의 유지·관리에 필요한 조치 명령을 위반한 경우 3년 이하의 징역 또는 3000만원 이하의 벌금에 처한다.

60. 화재예방, 소방시설 설치·유지 및 안전관리에 관한 법령상 소방시설이 아닌 것은?

① 소화설비

② 경보설비

③ 방화설비

④ 소화활동설비

해설 소방시설의 종류

구분	종류
소화설비	• 소화기구 • 옥내·외소화전설비 • 스프링클러설비 • 물분무등 소화설비
경보설비	• 자동화재탐지설비 • 자동화재속보설비 • 통합감시시설 • 비상벨설비 • 비상방송설비 • 가스누설경보기 • 누전경보기
소화활동 설비	• 연결송수관설비 • 연결살수설비 • 무선통신보조설비 • 비상콘센트설비 • 연소방지설비 • 제연설비
소화용수 설비	• 상수도 소화용수설비 • 소화수조 • 저수조

61. 상수도 소화용수설비의 화재안전기준에 따라 호칭지름 75 mm 이상의 수도배관에 호칭지름 100 mm 이상의 소화전을 접속한 경우 상수도 소화용수설비 소화전의 설치기준으로 맞는 것은?

① 특정소화대상물의 수평투영면의 각 부분으로부터 80 m 이하가 되도록 설치할 것

② 특정소화대상물의 수평투영면의 각 부분으로부터 100 m 이하가 되도록 설치할 것

③ 특정소화대상물의 수평투영면의 각 부분으로부터 120 m 이하가 되도록 설치할 것

④ 특정소화대상물의 수평투영면의 각 부분으로부터 140 m 이하가 되도록 설치할 것

해설 상수도 소화용수설비 설치기준
(1) 호칭지름 75 mm 이상의 수도배관에 호칭지름 100 mm 이상의 소화전을 접속할 것
(2) 소화전은 소방자동차 등의 진입이 쉬운 도로변 또는 공지에 설치할 것
(3) 소화전은 특정소방대상물의 수평투영면의 각 부분으로부터 140 m 이하가 되도록 설치할 것

62. 분말소화설비의 화재안전기준에 따른 분말소화설비의 배관과 선택밸브의 설치기준에 대한 내용으로 틀린 것은?

① 배관은 겸용으로 설치할 것

② 선택밸브는 방호구역 또는 방호대상물마다 설치할 것

③ 동관은 고정압력 또는 최고사용압력의 1.5배 이상의 압력에 견딜 수 있는 것을 사용할 것

④ 강관은 아연도금에 따른 배관용 탄소강관이나 이와 동등 이상의 강도·내식성 및 내열성을 가진 것을 사용할 것

해설 배관은 전용으로 설치해야 한다.

63. 다음 설명은 미분무소화설비의 화재안전기준에 따른 미분무소화설비 기동장치의 화재감지기 회로에서 발신기 설치기준이다. ( ) 안에 알맞은 내용은? (단, 자동화재탐지설비의 발신기가 설치된 경우는 제외한다.)

> • 조작이 쉬운 장소에 설치하고, 스위치는 바닥으로부터 0.8 m 이상 (㉠)m 이하의 높이에 설치할 것
> • 소방대상물의 층마다 설치하되, 당해 소방대상물의 각 부분으로부터 하나의 발신기까지의 수평거리가 (㉡)m 이하가 되도록 할 것
> • 발신기의 위치를 표시하는 표시등은 함의 상부에 설치하되, 그 불빛은 부착면으로부터 15° 이상의 범위 안에서 부착지점으로부터 (㉢)m 이내의 어느 곳에서도 쉽게 식별할 수 있는 적색등으로 할 것

① ㉠ 1.5, ㉡ 20, ㉢ 10

② ㉠ 1.5, ㉡ 25, ㉢ 10

③ ㉠ 2.0, ㉡ 20, ㉢ 15

④ ㉠ 2.0, ㉡ 25, ㉢ 15

해설 발신기 설치기준
(1) 조작이 쉬운 장소에 설치하고, 스위치는 바닥으로부터 0.8 m 이상 1.5 m 이하의 높이에 설치할 것
(2) 소방대상물의 층마다 설치하되, 당해 소방대상물의 각 부분으로부터 하나의 발신기까지의 수평거리가 25 m 이하가 되도록 할 것. 다만, 복도 또는 별도로

구획된 실로서 보행거리가 40 m 이상일 경우에는 추가로 설치하여야 한다.

(3) 발신기의 위치를 표시하는 표시등은 함의 상부에 설치하되, 그 불빛은 부착면으로부터 15° 이상의 범위 안에서 부착지점으로부터 10 m 이내의 어느 곳에서도 쉽게 식별할 수 있는 적색등으로 할 것

64. 피난기구의 화재안전기준에 따라 숙박시설·노유자시설 및 의료시설로 사용되는 층에 있어서는 그 층의 바닥면적이 몇 m^2마다 피난기구를 1개 이상 설치해야 하는가?

① 300 　② 500
③ 800 　④ 1000

해설 피난기구 : 층마다 설치하되, 숙박시설·노유자시설 및 의료시설로 사용되는 층에 있어서는 그 층의 바닥면적 500 m^2마다, 위락시설·문화집회 및 운동시설·판매시설로 사용되는 층 또는 복합용도의 층에 있어서는 그 층의 바닥면적 800 m^2마다, 계단실형 아파트에 있어서는 각 세대마다, 그 밖의 용도의 층에 있어서는 그 층의 바닥면적 1000 m^2마다 1개 이상 설치한다.

65. 소화기구 및 자동소화장치의 화재안전기준에 따른 캐비닛형 자동소화장치 분사헤드의 설치 높이 기준은 방호구역의 바닥으로부터 얼마이어야 하는가?

① 최소 0.1 m 이상 최대 2.7 m 이하
② 최소 0.1 m 이상 최대 3.7 m 이하
③ 최소 0.2 m 이상 최대 2.7 m 이하
④ 최소 0.2 m 이상 최대 3.7 m 이하

해설 캐비닛형 자동소화장치
(1) 분사헤드의 설치 높이는 방호구역의 바닥으로부터 최소 0.2 m 이상 최대 3.7 m 이하

(2) 화재감지기는 방호구역 내의 천장 또는 옥내에 면하는 부분에 설치할 것
(3) 방호구역 내의 화재감지기의 감지에 따라 작동되도록 할 것
(4) 화재감지기의 회로는 교차회로방식으로 설치할 것
(5) 개구부 및 통기구(환기장치를 포함한다.)를 설치한 것에 있어서는 약제가 방사되기 전에 해당 개구부 및 통기구를 자동으로 폐쇄할 수 있도록 할 것
(6) 작동에 지장이 없도록 견고하게 고정시킬 것
(7) 구획된 장소의 방호체적 이상을 방호할 수 있는 소화성능이 있을 것

66. 할로겐화합물 및 불활성기체 소화설비의 화재안전기준에 따른 할로겐화합물 및 불활성기체 소화설비의 수동식 기동장치의 설치기준에 대한 설명으로 틀린 것은 어느 것인가?

① 5 kg 이상의 힘을 가하여 기동할 수 있는 구조로 할 것
② 전기를 사용하는 기동장치에는 전원표시등을 설치할 것
③ 기동장치의 방출용 스위치는 음향경보장치와 연동하여 조작될 수 있는 것으로 할 것
④ 해당 방호구역의 출입구 부근 등 조작을 하는 자가 쉽게 피난할 수 있는 장소에 설치할 것

해설 할로겐화합물 및 불활성기체 소화설비의 수동식 기동장치의 설치기준
(1) 방호구역마다 설치할 것
(2) 5 kg 이하의 힘을 가하여 기동할 수 있는 구조로 할 것
(3) 해당 방호구역의 출입구 부근 등 조작을 하는 자가 쉽게 피난할 수 있는 장소에 설치할 것

정답 64. ②　65. ④　66. ①

(4) 기동장치의 조작부는 바닥으로부터 0.8 m 이상 1.5 m 이하의 위치에 설치하고, 보호판 등에 따른 보호장치를 설치할 것
(5) 기동장치에는 가깝고 보기 쉬운 곳에 "할로겐화합물 및 불활성기체 소화설비 기동장치"라는 표지를 할 것
(6) 전기를 사용하는 기동장치에는 전원표시등을 설치할 것
(7) 기동장치의 방출용 스위치는 음향경보장치와 연동하여 조작될 수 있는 것으로 할 것

67. 연소방지설비의 화재안전기준에 따라 연소방지설비의 살수구역은 환기구 등을 기준으로 지하구의 길이방향으로 최대 몇 m 이내마다 1개 이상의 방수헤드를 설치하여야 하는가?

① 150 　　　② 200
③ 350 　　　④ 400

해설 방수헤드 설치기준
(1) 천장 또는 벽면에 설치할 것
(2) 방수헤드 간의 수평거리는 연소방지설비 전용헤드의 경우에는 2 m 이하, 스프링클러헤드의 경우에는 1.5 m 이하로 할 것
(3) 살수구역은 환기구 등을 기준으로 지하구의 길이방향으로 350 m 이내마다 1개 이상 설치하되, 하나의 살수구역의 길이는 3 m 이상으로 할 것

68. 구조대의 형식승인 및 제품검사의 기술기준에 따른 경사강하식 구조대의 구조에 대한 설명으로 틀린 것은?

① 구조대 본체는 강하방향으로 봉합부가 설치되어야 한다.
② 연속하여 활강할 수 있는 구조로 안전하고 쉽게 사용할 수 있어야 한다.
③ 땅에 닿을 때 충격을 받는 부분에는 완충장치로서 받침포 등을 부착하여야 한다.
④ 입구틀 및 취부틀의 입구는 지름 50 cm 이상의 구체가 통과할 수 있어야 한다.

해설 경사강하식 구조대의 구조
(1) 연속하여 활강할 수 있는 구조로 안전하고 쉽게 사용할 수 있어야 한다.
(2) 입구틀 및 취부틀의 입구는 지름 50 cm 이상의 구체가 통과 할 수 있어야 한다.
(3) 포지는 사용 시에 수직방향으로 현저하게 늘어나지 아니하여야 한다.
(4) 포지, 지지틀, 취부틀 그 밖의 부속장치 등은 견고하게 부착되어야 한다.
(5) 구조대 본체는 강하방향으로 봉합부가 설치되지 아니하여야 한다.
(6) 구조대 본체의 활강부는 낙하 방지를 위해 포를 2중 구조로 하거나 또는 망목의 변의 길이가 8 cm 이하인 망을 설치하여야 한다. 다만, 구조상 낙하 방지의 성능을 갖고 있는 구조대의 경우에는 그러하지 아니하다.
(7) 본체의 포지는 하부지지장치에 인장력이 균등하게 걸리도록 부착하여야 하며 하부지지장치는 쉽게 조작할 수 있어야 한다.
(8) 손잡이는 출구 부근에 좌우 각 3개 이상 균일한 간격으로 견고하게 부착하여야 한다.
(9) 구조대 본체의 끝부분에는 길이 4 m 이상, 지름 4 mm 이상의 유도선을 부착하여야 하며, 유도선 끝에는 중량 3 N(300 g) 이상의 모래주머니 등을 설치하여야 한다.
(10) 땅에 닿을 때 충격을 받는 부분에는 완충장치로서 받침포 등을 부착하여야 한다.

69. 스프링클러설비의 화재안전기준에 따른 습식유수검지장치를 사용하는 스프링클러설비 시험장치의 설치기준에 대한 설명으로 틀린 것은?

① 유수검지장치에서 가장 가까운 가지배관의 끝으로부터 연결하여 설치해야 한다.

② 시험배관의 끝에는 물받이 통 및 배수관을 설치하여 시험 중 방사된 물이 바닥에 흘러내리지 않도록 해야 한다.

③ 화장실과 같은 배수처리가 쉬운 장소에 시험배관을 설치한 경우에는 물받이 통 및 배수관을 생략할 수 있다.

④ 시험장치 배관의 구경은 유수검지장치에서 가장 먼 가지배관의 구경과 동일한 구경으로 하고 그 끝에 개폐밸브 및 개방형 헤드를 설치해야 한다.

해설 유수검지장치에서 가장 멀리 있는 가지배관의 끝으로부터 연결하여 설치해야 한다.

70. 화재조기진압용 스프링클러설비의 화재안전기준에 따라 가지배관을 배열할 때 천장의 높이가 9.1 m 이상 13.7 m 이하인 경우 가지배관 사이의 거리 기준으로 맞는 것은?

① 2.4 m 이상 3.1 m 이하
② 2.4 m 이상 3.7 m 이하
③ 6.0 m 이상 8.5 m 이하
④ 6.0 m 이상 9.3 m 이하

해설 가지배관
(1) 토너먼트 방식이 아닐 것
(2) 가지배관 사이의 거리는 2.4 m 이상 3.7 m 이하로 할 것. 다만, 천장의 높이가 9.1 m 이상 3.7 m 이하인 경우에는 2.4m 이상 3.1 m 이하로 한다.

71. 옥내소화전설비의 화재안전기준에 따라 옥내소화전 방수구를 반드시 설치하여야 하는 곳은?

① 식물원
② 수족관
③ 수영장의 관람석
④ 냉장창고 중 온도가 영하인 냉장실

해설 방수구의 설치 제외
(1) 냉장창고 중 온도가 영하인 냉장실 또는 냉동창고의 냉동실
(2) 고온의 노가 설치된 장소 또는 물과 격렬하게 반응하는 물품의 저장 또는 취급 장소
(3) 발전소·변전소 등으로서 전기시설이 설치된 장소
(4) 식물원·수족관·목욕실·수영장(관람석 부분을 제외한다) 또는 그 밖의 이와 비슷한 장소
(5) 야외음악당·야외극장 또는 그 밖의 이와 비슷한 장소

72. 스프링클러설비의 화재안전기준에 따른 특정소방대상물의 방호구역 층마다 설치하는 폐쇄형 스프링클러설비 유수검지장치의 설치 높이 기준은?

① 바닥으로부터 0.8 m 이상 1.2 m 이하
② 바닥으로부터 0.8 m 이상 1.5 m 이하
③ 바닥으로부터 1.0 m 이상 1.2 m 이하
④ 바닥으로부터 1.0 m 이상 1.5 m 이하

해설 폐쇄형 스프링클러설비 유수검지장치의 설치 높이 기준 : 유수검지장치를 실내에 설치하거나 보호용 철망 등으로 구획하여 바닥으로부터 0.8 m 이상 1.5 m 이하의 위치에 설치하되, 그 실 등에는 가로 0.5 m 이상 세로 1 m 이상의 출입문을 설치하고 그 출입문 상단에 "유수검지장치실"이라고 표시한 표지를 설치할 것

73. 포소화설비의 화재안전기준에 따른 용어 정의 중 다음 ( ) 안에 알맞은 내용은 어느 것인가?

( ) 프로포셔너 방식이란 펌프와 발포기의 중간에 설치된 벤투리관의 벤투리 작용과 펌프 가압수의 포소화약제 저장탱크에 대한 압력에 따라 포소화약제를 흡입·혼합하는 방식을 말한다.

① 라인　　　　　② 펌프

③ 프레셔　　　　④ 프레셔 사이드

해설 포소화약제 혼합방식

(1) 펌프 프로포셔너 방식 : 펌프의 토출관과 흡입관 사이에 설치한 혼합기에 펌프에서 토출된 물의 일부를 보내고, 농도 조정밸브에서 조정된 약제를 약제 탱크에서 펌프 흡입측으로 보내어 이를 혼합하는 방식

(2) 프레셔 프로포셔너 방식 : 펌프와 발포기 중간에 설치된 벤투리관의 벤투리 작용과 펌프 가압수의 포소화약제 저장탱크에 대한 압력에 의하여 포소화약제를 흡입·혼합하는 방식

(3) 라인 프로포셔너 방식 : 펌프와 발포기의 중간에 설치된 벤투리관의 벤투리 작용에 의하여 포소화약제를 흡입·혼합하는 방식

(4) 프레셔 사이드 프로포셔너 방식 : 펌프의 토출관에 혼합기를 설치하고 약제 압입용 펌프로 포 원액을 압입시켜 혼합하는 방식

74. 소화기구 및 자동소화장치의 화재안전기준에 따른 수동으로 조작하는 대형소화기 B급의 능력단위 기준은?

① 10단위 이상　　② 15단위 이상

③ 20단위 이상　　④ 25단위 이상

해설 소화기의 능력단위 기준

(1) 소형소화기란 능력단위가 1단위 이상이고 대형소화기의 능력단위 미만인 소화기를 말한다.

(2) 대형소화기란 화재 시 사람이 운반할 수 있도록 운반대와 바퀴가 설치되어 있고 능력단위가 A급 10단위 이상, B급

20단위 이상인 소화기를 말한다.

75. 포소화설비의 화재안전기준에 따른 포소화설비의 포헤드 설치기준에 대한 설명으로 틀린 것은?

① 항공기 격납고에 단백포 소화약제가 사용되는 경우 1분당 방사량은 바닥면적 $1\,m^2$당 $6.5\,L$ 이상 방사되도록 할 것

② 특수가연물을 저장·취급하는 소방대상물에 단백포 소화약제가 사용되는 경우 1분당 방사량은 바닥면적 $1\,m^2$당 $6.5\,L$ 이상 방사되도록 할 것

③ 특수가연물을 저장·취급하는 소방대상물에 합성계면활성제포 소화약제가 사용되는 경우 1분당 방사량은 바닥면적 $1\,m^2$당 $8.0\,L$ 이상 방사되도록 할 것

④ 포헤드는 특정소방대상물의 천장 또는 반자에 설치하되, 바닥면적 $9\,m^2$마다 1개 이상으로 하여 해당 방호대상물의 화재를 유효하게 소화할 수 있도록 할 것

해설 소방 대상물별 약제 저장량

소방대상물	포소화약제의 종류	방사량
차고, 주차장, 항공기 격납고	수성막포	3.7 $L/m^2 \cdot$ 분
	단백포	6.5 $L/m^2 \cdot$ 분
	합성계면활성제포	8.0 $L/m^2 \cdot$ 분
특수가연물 저장, 취급소	수성막포, 단백포 합성계면활성제포	6.5 $L/m^2 \cdot$ 분

76. 소화기구 및 자동소화장치의 화재안전기준에 따라 대형소화기를 설치할 때 특

정소방대상물의 각 부분으로부터 1개의 소화기까지의 보행거리가 최대 몇 m 이내가 되도록 배치하여야 하는가?

① 20   ② 25   ③ 30   ④ 40

[해설] 소화기 : 각 층마다 설치하되, 특정소방대상물의 각 부분으로부터 1개의 소화기까지의 보행거리가 소형소화기의 경우에는 20 m 이내, 대형소화기의 경우에는 30 m 이내가 되도록 배치할 것

77. 미분무소화설비의 화재안전기준에 따른 용어 정의 중 다음 ( ) 안에 알맞은 것은?

> "미분무"란 물만을 사용하여 소화하는 방식으로 최소설계압력에서 헤드로부터 방출되는 물입자 중 99 %의 누적체적분포가 (㉠) μm 이하로 분무되고 (㉡)급 화재에 적응성을 갖는 것을 말한다.

① ㉠ 400, ㉡ A, B, C

② ㉠ 400, ㉡ B, C

③ ㉠ 200, ㉡ A, B, C

④ ㉠ 200, ㉡ B, C

[해설] 미분무소화설비의 화재안전기준
(1) "미분무소화설비"란 가압된 물이 헤드 통과 후 미세한 입자로 분무됨으로써 소화성능을 가지는 설비를 말하며, 소화력을 증가시키기 위해 강화액 등을 첨가할 수 있다.
(2) "미분무"란 물만을 사용하여 소화하는 방식으로 최소설계압력에서 헤드로부터 방출되는 물입자 중 99 %의 누적체적분포가 400 μm 이하로 분무되고 A, B, C급 화재에 적응성을 갖는 것을 말한다.
(3) "저압 미분무소화설비"란 최고사용압력이 1.2 MPa 이하인 미분무소화설비를 말한다.
(4) "중압 미분무소화설비"란 사용압력이 1.2 MPa을 초과하고 3.5 MPa 이하인 미분무소화설비를 말한다.

(5) "고압 미분무소화설비"란 최저사용압력이 3.5 MPa을 초과하는 미분무소화설비를 말한다.

78. 소화수조 및 저수조의 화재안전기준에 따라 소화수조의 채수구는 소방차가 최대 몇 m 이내의 지점까지 접근할 수 있도록 설치하여야 하는가?

① 1   ② 2   ③ 4   ④ 5

[해설] 채수구 설치
(1) 65 mm 이상의 나사식 결합금속구를 설치할 것
(2) 설치 위치 : 0.5 m 이상 1 m 이하
(3) "채수구" 표지
(4) 소화수조가 옥상 또는 옥탑 부근에 설치된 경우에는 지상에 설치된 채수구에서의 압력이 최소 0.15 MPa 이상이 되어야 한다.
(5) 소방차 2 m 이내의 지점까지 접근할 수 있어야 한다.

소화수조 용량	20 m³ 이상 ~40 m³ 미만	40 m³ 이상 ~100 m³ 미만	100 m³ 이상
채수구의 수	1개	2개	3개

79. 분말소화설비의 화재안전기준에 따라 분말소화약제 저장용기의 설치기준으로 맞는 것은?

① 저장용기의 충전비는 0.5 이상으로 할 것

② 제1종 분말(탄산수소나트륨을 주성분으로 한 분말)의 경우 소화약제 1 kg당 저장용기의 내용적은 1.25 L일 것

③ 저장용기에는 저장용기의 내부압력이 설정압력으로 되었을 때 주밸브를 개방하는 정압작동장치를 설치할 것

[정답] 77. ①   78. ②   79. ③

④ 저장용기에는 가압식은 최고사용압력 2배 이하, 축압식은 용기의 내압시험압력의 1배 이하의 압력에서 작동하는 안전밸브를 설치할 것

[해설] 분말소화약제 저장용기의 설치기준

(1) 저장용기에는 가압식은 최고사용압력의 1.8배 이하, 축압식은 용기의 내압시험압력의 0.8배 이하의 압력에서 작동하는 안전밸브를 설치할 것

(2) 저장용기에는 저장용기의 내부압력이 설정압력으로 되었을 때 주밸브를 개방하는 정압작동장치를 설치할 것

(3) 저장용기의 충전비는 0.8 이상으로 할 것

(4) 저장용기 및 배관에는 잔류 소화약제를 처리할 수 있는 청소장치를 설치할 것

(5) 축압식의 분말소화설비는 사용압력의 범위를 표시한 지시압력계를 설치할 것

※ 제1종 분말(탄산수소나트륨을 주성분으로 한 분말)의 경우 소화약제 1 kg당 저장용기의 내용적은 0.8 L일 것

80. 할론소화설비의 화재안전기준에 따른 할론 1301 소화약제의 저장용기에 대한 설명으로 틀린 것은?

① 저장용기의 충전비는 0.9 이상 1.6 이하로 할 것

② 동일 집합관에 접속되는 용기의 충전비는 같도록 할 것

③ 저장용기의 개방밸브는 안전장치가 부착된 것으로 하며 수동으로 개방되지 않도록 할 것

④ 축압식 용기의 경우에는 20℃에서 2.5 MPa 또는 4.2 MPa의 압력이 되도록 질소가스로 축압할 것

[해설] 할론소화약제 저장용기의 개방밸브는 전기식·가스압력식 또는 기계식에 따라 자동으로 개방되고 수동으로도 개방되는 것으로서 안전장치가 부착된 것으로 하여야 한다.

소방설비기계기사 필기 총정리

2021년 1월 10일 인쇄
2021년 1월 15일 발행

저 자 : 마용화
펴낸이 : 이정일

펴낸곳 : 도서출판 **일진사**
　　　　www.iljinsa.com
(우) 04317 서울시 용산구 효창원로 64길 6
전화 : 704-1616 / 팩스 : 715-3536
등록 : 제1979-000009호 (1979.4.2)

값 28,000 원

ISBN : 978-89-429-1654-2